MANUFACTURING PROCESS

3판

기계공작법

전언찬 · 변상민 · 이현섭 지음

교문사

머리말

기계공작법(機械工作法, Manufacturing)은 소재를 가공하여 새로운 제품을 만들어내는 데 필요한 기초 지식을 습득할 수 있는 분야로서, 기계공학에서 가장 기본이 되면서 다양한 내용을 광범위하게 다루는 학문 분야이다. 제품을 생산하기 위해서는 아이디어를 도출하고, 이를 토대로 제품을 설계하며, 설계를 바탕으로 제품을 만든다. 제품을 만들기 위해서는 이에 필요한 기계와 공구가 있어야 되며, 기계를 다룰 수 있는 기술이 있어야 된다. 그러기 위해서는 기계의 특성을 이해하고 최적의 가공조건을 찾아서 제품을 가공할 수 있는 능력이 있어야 된다.

이 책은 앞에서 언급한 내용들을 쉽게 해결할 수 있도록 다양한 기계의 종류와 여러 가지 가공방법 그리고 폭넓은 자료들을 수록하였으며, 이전의 교재 내용을 새롭게 재구성하였다.

이 책의 내용과 특징을 요약하면 다음과 같다.

첫째, 제 I 편 주조에서 제 VIII 편 CNC 공작기계까지 기계공작법에서 필수적으로 다루어야 되는 내용을 다양한 그림과 표와 함께 수록하였다. 전체 내용은 주조, 용접, 소성가공, 절삭가공, 연삭 및 입자가공, 열처리, 측정 및 CNC 공작기계 등이며, 여기에 참고문헌과 부록을 추가하였다. 그리고 제 VIII 편의 머시닝 센터에 위치결정, 헬리컬 절삭, 공구경과 공구길이 보정시 옵셋방법 및 고정사이클의 다양한 내용 등을 대폭 추가하였다. 특히 그림과 표를 많이 수록하였기 때문에 현장 기술자들이 참고할 만한 자료가 많을 것으로 생각된다.

둘째, 새로운 전공용어는 한자와 영어를 병기하고 그 뜻을 먼저 설명하고 나서 내용을 설명하였다. 따라서 기계공작법을 처음 접하는 대학생들도 전공용어를 이해하고 기계공작법을 이해하는데 별 어려움이 없을 것으로 생각된다.

셋째, 각 장별로 풍부하고 다양한 예제를 많이 수록하였다. 예제의 풀이는 앞에서 설명한 이론을 다시 설명하였기 때문에 이론을 이해하고 응용하는데 많은 도움이 될 것으로 생각된다. 그리고 연습문제는 과거 기사 및 기술사 시험문제로 자주 출제되었던 내용을 제목 위주로 수록하였다. 따라서 국가기술자격시험을 준비하는 사람은 연습문제 위주로 공부하면 좋은 결과가 있을 것으로 생각된다.

넷째, 심화문제는 계산문제뿐만 아니라 깊이 있고 다양한 문제들을 새로 추가하였으며, 정답의 풀이과정을 상세하게 설명하였다. 용접은 심화문제 1과 2로 나누었고, 심화문제 2에서는 용접설계를 할 때 실제

모양에 따른 용접도면을 완성시키는 문제들을 추가하였다. 또한 CNC공작기계는 NC선반과 머시닝센터로 나누어서 심화문제 1과 심화문제 2로 나타내었다. 각각의 문제에 대하여 최소한의 조건을 부여하고 NC프로그램을 작성하도록 하였다.

다섯째, 이 책을 저술하면서 참고로 하였던 참고문헌을 공통과 각 장별로 나누어서 빠짐없이 수록하였다. 참고문헌은 각 장별로 한글, 영문 및 일본어 순으로 나타내었고 각 언어 안에서는 정해진 순서가 없다. 분야별로 내용을 좀 더 상세하게 알고 싶으면 적합한 참고문헌을 활용하길 바란다. 그리고 본문에 넣지 못한 일부 내용은 부록 Ⅰ과 Ⅱ에 나누어서 수록하였다. 부록 Ⅰ에는 결정면의 밀러지수와 각종 고체의 물성값을 상세하게 나타내었고, 부록 Ⅱ에는 그리스 문자, 원소의 주기율표 및 여러 가지 단위환산표를 나타내었으니 참고하기 바란다.

여섯째, 이 책은 깊이 있는 이론보다 다양한 가공방법과 관련 지식을 평범하게 기술하였기 때문에 기계공학을 전공하는 학생뿐만 아니라 비전공사도 쉽게 접할 수 있을 것으로 생각된다. 따라서 4년제 대학과 전문대학을 비롯하여 사내기술대학 등에서 교재 및 참고서로 사용하는데 부족함이 없을 것으로 생각된다. 그리고 현장 기술자와 고급 기술자, 국가기술자격시험을 준비하는 사람들에게 참고서로 활용될 수 있기를 기대한다.

기계공작법의 범위가 매우 넓고 내용이 다양하기 때문에 국내외의 많은 저서, 논문 및 회사의 자료들을 참고하고 인용하였으며, 지면을 통하여 해당 저자와 회사에 진심으로 감사의 말씀을 전하는 바이다. 그리고 학문적으로나 내용면에서 미흡한 부분이 많을 것으로 생각되며, 이 책을 읽는 독자 여러분께서 아낌없는 지도 편달 있으시길 바란다.

끝으로 이 책의 출판을 위하여 협조와 지원을 아끼지 않으신 교문사 관계자 분들에게 깊은 감사를 드린다. 그리고 동아대학교 기계공학과 정밀가공실험실을 비롯한 관련 실험실의 졸업생과 재학생들에게도 고마움을 표하는 바이다.

2022년 4월
부산 승학산 기슭에서
저자 씀.

차례

제 I 편 주조

제 II 편 용접

제 III 편 소성가공

제 IV 편 절삭가공

제 V 편 연삭 및 입자가공

제 VI 편 열처리

제 VII 편 측 정

제 VIII 편 CNC 공작기계

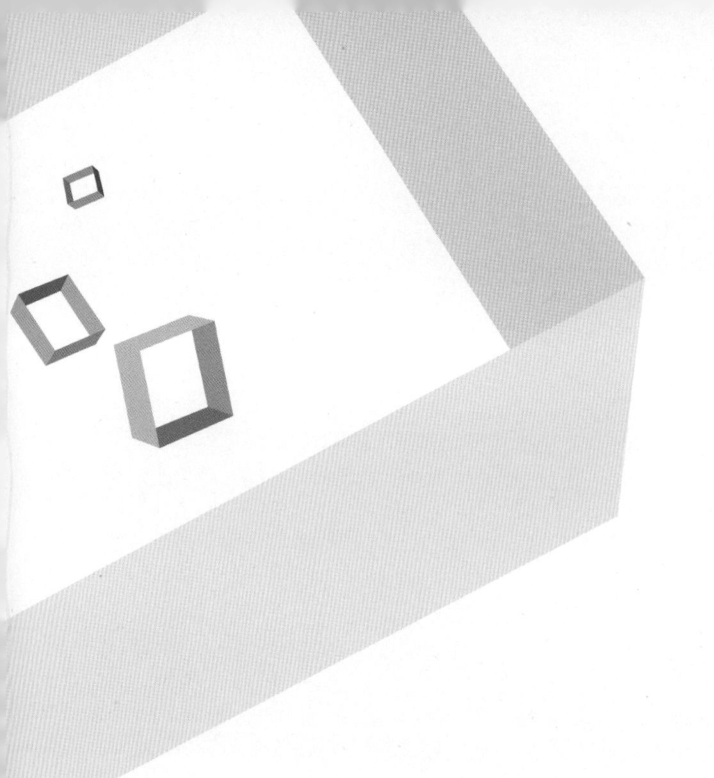

I

주조

01장 모 형
02장 주형의 종류
03장 주물사
04장 탕구계의 설계
05장 용해로
06장 특수주조법
07장 주물재료
08장 주물제품의 설계
09장 주물의 처리
10장 주물결함과 검사

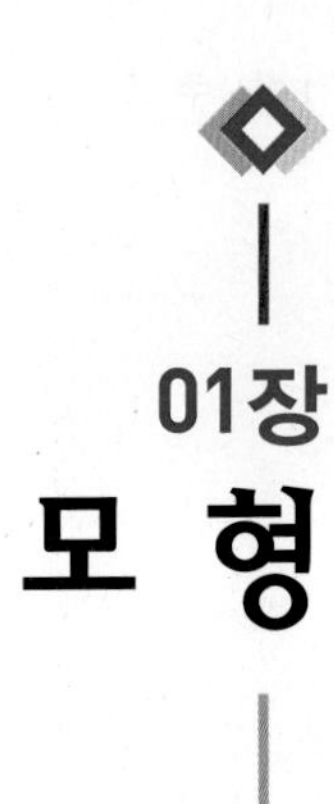

01장 모 형

1.1 모형의 종류

모형(模型, pattern)이란 주조될 제품의 원형으로서 주형의 공동부(cavity)를 준비하는 데 사용되며, 목재나 금속으로 만들어진다. **주형**(鑄型, mold)은 2개 또는 여러 조각의 금속블록을 조합해서 만들거나 내화성 입자(모래)를 결합시켜 만든다. 주형 내부에 있는 주공동부는 원하는 제품의 반대형상으로 되어 있으며 용융재료가 채워지게 된다. 주형은 또한 보조공동부를 포함하고 있는데, 이는 용융금속이 주공동부까지 흘러가는 통로 역할을 한다.

모형은 일반적으로 목재로 되어 있으며, 이를 **목형**(木型, wood pattern)이라고 한다. 목재 이외에 금속인 구리, 알루미늄, 황동과 비금속인 플라스틱, 왁스, 콘크리트 등으로 모형을 만들기도 한다. 목재는 가공하기가 용이하지만 변형되기 쉬운 단점이 있으며, 금속은 가공하기는 어려우나 수명이 길다는 장점이 있다.

1.1.1 현형

제품치수, 수축여유 및 가공여유를 부여하고, 필요에 따라 코어 프린트(core print)를 붙여 실제 제품과 같은 모양의 모형을 만드는 것을 **현형**(現型, solid pattern)이라 한다. 여기에는 단체모형(one piece pattern), 2편으로 조립되는 분할모형(split pattern), 3편 이상으로 조립되는 조립모형(built-up pattern) 등이 있다. 그림 1.1, 그림 1.2 및 그림 1.3은 위의 예를 도시한 것이다.

그림 1.1 단체모형

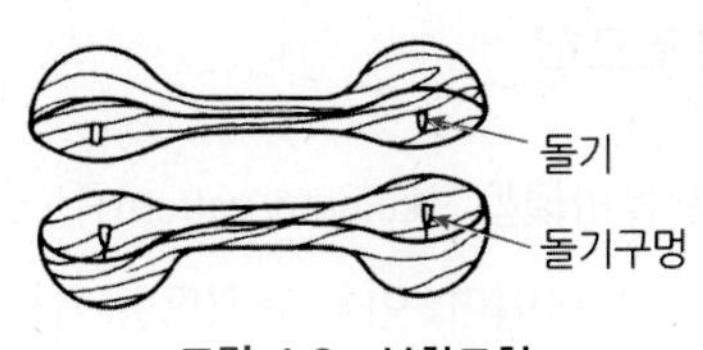

그림 1.2 분할모형

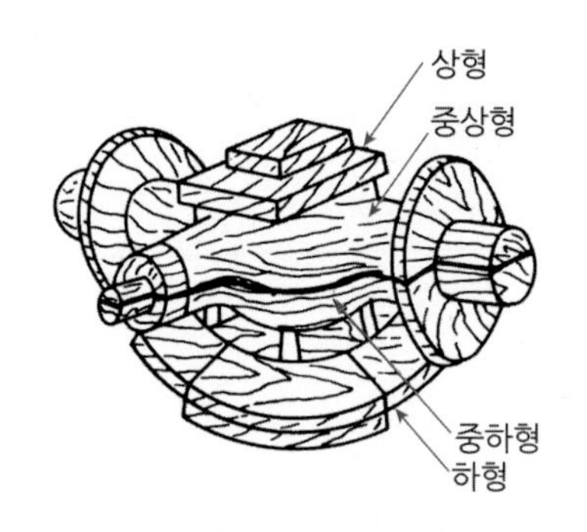

그림 1.3 조립모형

1.1.2 회전모형

회전모형(回轉模型, sweeping pattern)은 주물의 형상이 어느 축을 중심으로 한 회전체일 경우 그 회전체의 단면의 반쪽 판을 말하며, 이것은 현형보다 재료는 절약되지만 주형제작에 보다 많은 시간을 요하므로 주물의 수량이 적을 때 유리하다. 그림 1.4는 회전모형의 예를 도시한 것이다.

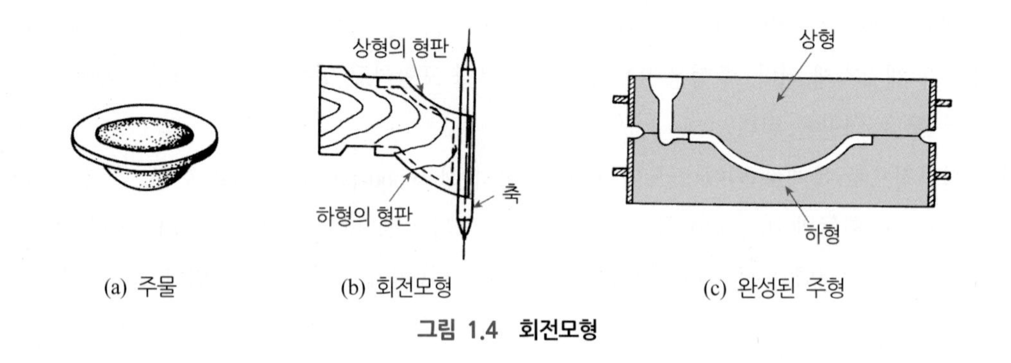

(a) 주물 (b) 회전모형 (c) 완성된 주형

그림 1.4 회전모형

1.1.3 부분모형

모형이 대칭형상을 하고 있고, 몇 개의 부분이 연속되어 전체를 이룰 때 그 일부분에 해당하는 모형을 **부분모형**(部分模型, section pattern)이라 한다. 그림 1.5는 그 예를 도시한 것이며, 특히 대형 주물을 소량으로 제작할 때 경제적이다.

1.1.4 골조모형

골조모형(骨組模型, skeleton pattern)은 골격만을 목재로 만들고 공간에 점토와 같은 점성 재료를 충전하여 만드는 모형이며, 이를 **골격모형**(骨格模型)이라고도 한다. 특히 수량이 적고 대형의 주물을 얻고자 할 때 제작비를 줄일 수 있어 경제적이다. 그림 1.6은 곡관용 골조모형을 도시한 것이다.

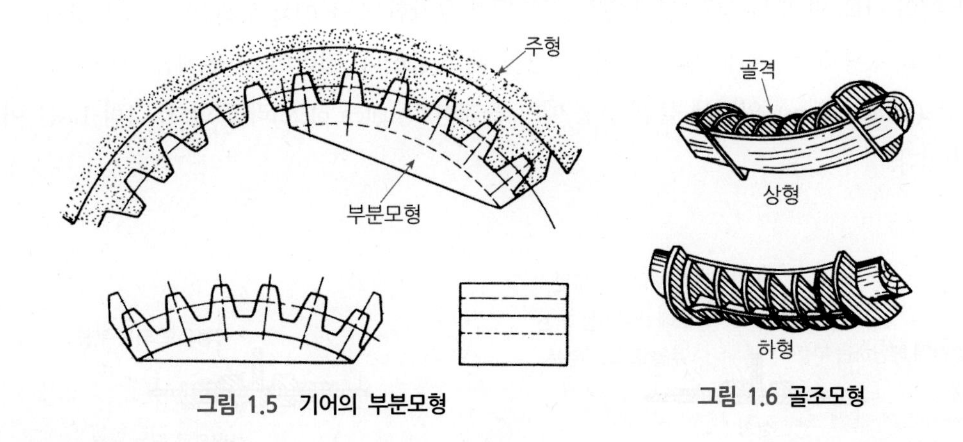

그림 1.5 기어의 부분모형

그림 1.6 골조모형

1.1.5 긁기모형

주물의 형상이 가늘고 길며, 단면이 일정할 때는 그 단면형의 긁기판(strickle)을 만들어 주물사를 긁어서 주형을 제작하는 모형을 **긁기모형**(strickle pattern)이라 한다. 주물의 수량이 적을 때 경제적이다. 그림 1.7(a)는 그 예를 도시한 것이다.

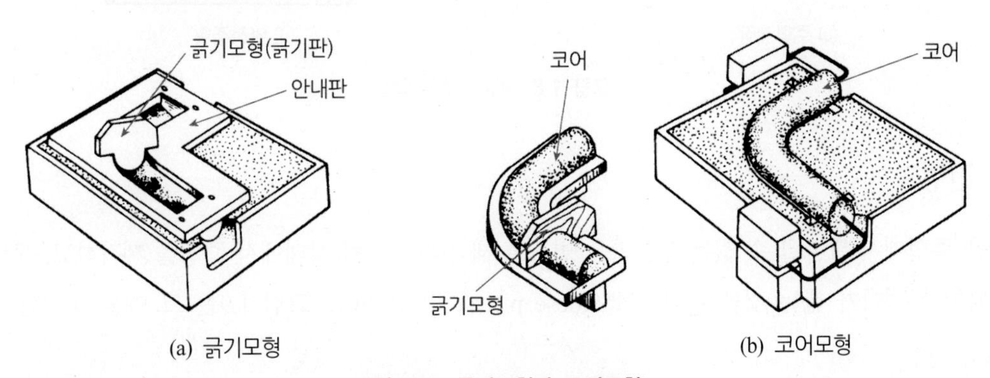

(a) 긁기모형

(b) 코어모형

그림 1.7 긁기모형과 코어모형

1.1.6 코어모형

파이프와 같이 중공주물을 만들 때 이 부분에 사용되는 주형을 **코어**(core)라 하며 코어를 만들기 위한 모형을 **코어모형**(core pattern)이라 한다. 코어가 지지될 부분을 **코어 프린트**(core print)라 한다. 그림 1.7(b)는 코어모형이다.

1.1.7 매치 플레이트

평평한 판의 한쪽 면 또는 양쪽 면에 모형을 만들어 부착한 것을 **매치 플레이트**(match plate)라고 하며, 소형의 주물을 주형제작기계에 의하여 대량 생산할 때 사용한다. 정반의 한 면에만 모형을 붙인 것을 패턴 플레이트(pattern plate), 양면에 붙인 것을 매치 플레이트(match plate)라고 한다. 그림 1.8은 이의 예를 도시한 것이다.

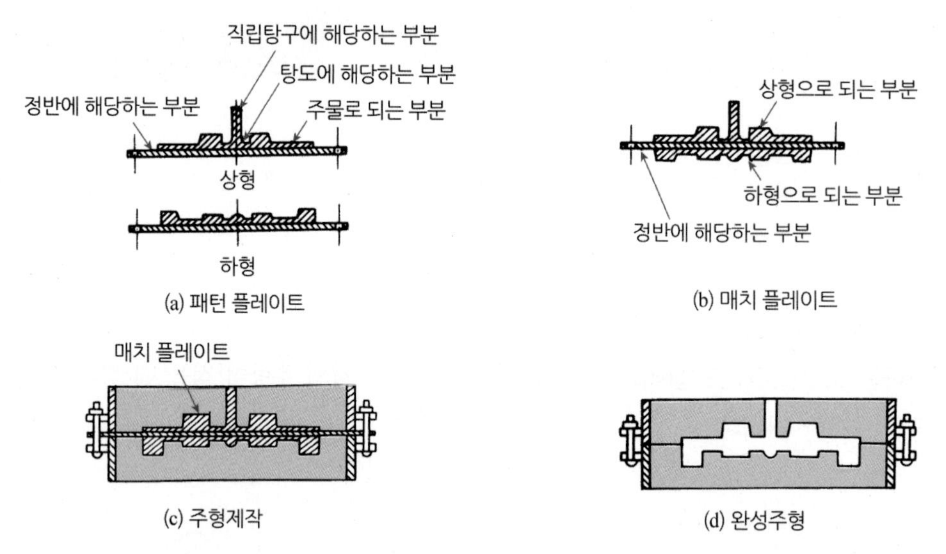

그림 1.8 매치 플레이트

1.1.8 잔형

모형을 주형에서 뽑아낼 수 없는 부분만을 별도로 제작하여 조립 상태에서 주형을 제작하고, 모형을 뽑을 때 남겨 두었다가 뽑는 것을 **잔형**(殘型, loose piece)이라고 하며, 그림 1.9는 그 예를 도시한 것이다.

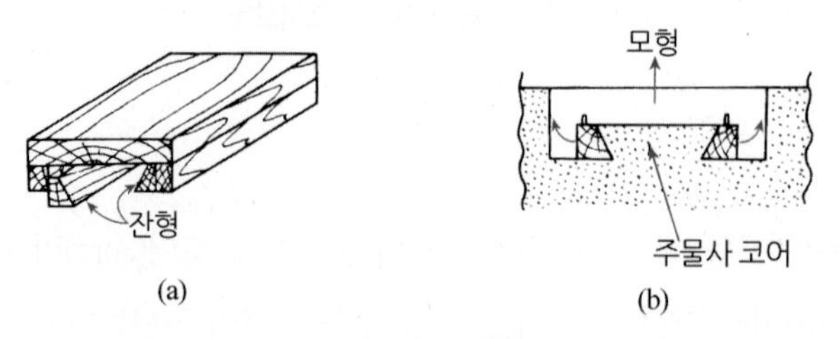

그림 1.9 잔형

1.2 목재의 건조

1.2.1 목재의 이상적인 구비조건

모형재료에는 목재, 구리, 알루미늄, 황동, 플라스틱, 왁스 및 콘크리트 등이 있으나, 주로 목재가 많이 사용되므로 여기서는 목형용 재료에 대해서만 취급하기로 한다.

목형용 재료의 이상적인 구비조건을 들면 다음과 같다.

① 건조되어 수분, 수지가 적고 수축이 없을 것

② 재질이 균일해서 변형이 없을 것

③ 가공이 용이하고 가공면이 고울 것

④ 적당한 강도와 경도를 가져서 파손이나 마모되지 않을 것

⑤ 가격이 쌀 것

1.2.2 목재의 수축방지법

목재(木材)의 수축은 수종, 수령, 벌채시기 및 방향 등에 따라 다르다. 일반적으로 수축률은 섬유방향, 반경방향, 연륜방향 순으로 증가한다. 목재의 수축을 가능한 방지하려면 다음과 같은 조건을 만족시키는 것이 좋다.

① 좋은 수종으로서 정상적으로 성장한 것을 택할 것

② 장년기의 수목을 겨울에 벌채할 것

③ 건조재를 택할 것

④ 목편을 조합하여 사용할 것

⑤ 도장을 할 것

1.2.3 목재의 건조

1) 자연건조법

자연건조법(自然乾燥法, natural seasoning)은 목재를 옥외나 옥내에서 통풍이 잘 되는 곳에 적치하는 방법으로, 일반적으로 환목 또는 큰 목재에 대해서는 야적법을 이용하고 판재 또는 할재에 대해서는 가옥적법 등이 사용된다. 자연건조법은 경비가 적게 들지만 건조 정도에 제한을 받으며 2개월에서 1년 정도의 장시간을 요한다. 그림 1.10은 가옥적법의 일례를 도시한 것이다.

(a) 입괘법

(b) 평적법(잔목 없음)

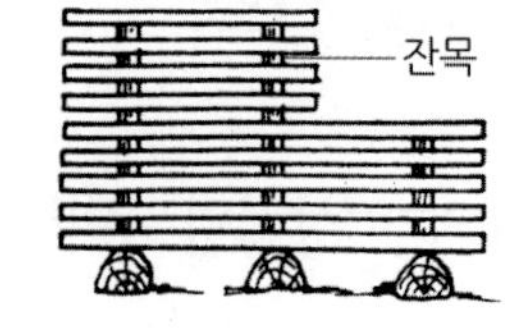

(c) 평적법(잔목 사용)

그림 1.10 가옥적법

2) 인공건조법

단시간에 인공적으로 건조하는 것을 **인공건조법**(人工乾燥法, artificial seasoning)이라 하며 다음의 방법들이 이에 속한다.

① **열기건조법**(熱氣乾燥法, hot air seasoning) : 옥내 공기를 70℃ 정도까지 가열해서 송풍기로 목재 사이에 보내어 건조하는 방법이며, 일반적으로 열원은 보일러의 폐기에서 얻는다.

② **침재법**(浸材法, water seasoning) : 원목을 약 2주간 수침시켜 수액과 수분을 치환시킨 후에 환기가 잘되는 곳에서 건조시키는 방법인데, 이 방법에 의하면 균열은 방지할 수 있으나 강도와 탄성이 감소하고 염수에 침지한 경우에는 경도 및 비중은 크나 흡습성이 크므로 건축용에는 부적당하다.

③ **자재법**(煮材法, boiling water seasoning) : 목재를 용기에 넣고 수증기로 내부의 수액을 축출한 후에 건조시키는 방법이다. 이 방법은 조작 및 설비가 비교적 간단하고 살균 효과가 있으며, 수축과 변형이 적고 건조가 빠르나 강도가 다소 떨어지는 결점이 있다.

④ **진공건조법**(眞空乾燥法, vacuum seasoning) : 진공 상태에서 건조하며 열원은 가스 혹은 고주파 가열장치를 이용한다.

⑤ **훈재법**(燻材法, smoking seasoning) : 배기 가스 혹은 연소 가스로써 건조하는 방법이다.

⑥ **전기건조법**(電氣乾燥法, electric heat seasoning) : 공기 중에서 전기저항열 혹은 고주파열로 건조하는 방법이다.

⑦ **약제건조법**(藥劑乾燥法, chemical seasoning) : KCl, 산성 백토, H_2SO_4 등과 같은 흡습성이 강한 건조제를 밀폐된 건조실에 목재와 함께 넣고 건조하는 방법이며 소량의 목재 처리에 적당하다.

3) 함수율

함수율(含水率)은 수분을 완전히 증발시킨 목재의 무게에 대한 목재에 함유된 수분의 중량비를 말하며 다음과 같이 표시한다.

$$U(\%) = \frac{W_1 - W_2}{W_2} \times 100 \tag{1.1}$$

W_1 : 건조되기 전의 목재의 중량

W_2 : 100 ~ 105℃로 건조시킨 목재의 중량

U : 함수율(%)

1.3 목형 제작법

1.3.1 목형 제작 시 고려사항

목형(木型)은 설계도면 → 현도(現図)→ 목재 준비 → 목형 제작의 순으로 제작되며, 현도에서 다음 사항을 고려해야 한다.

1) 수축여유

용융금속이 응고, 냉각될 때 수축이 일어나므로 주형을 수축량만큼 크게 만들기 위하여 목형에 여유를 가산해야 하며 이를 **수축여유**(收縮餘裕, shrinkage allowance)라 한다. 이때 수축여유를 고려한 자를 **주물자**(shrinkage scale)라 한다. 각 주물 재료의 수축여유는 표 1.1과 같다.

표 1.1 주물의 수축여유

주물 재료	수축여유	
	길이 1 m에 대하여	길이 1자(尺)에 대하여(1 ft)
주철	8 mm	1/8 ″
가단주철	15 mm	3/16 ″
주강	20 mm	1/4 ″
알루미늄	20 mm	1/4 ″
황동, 청동, 포금 등	15 mm	3/16 ″

제품의 길이를 l, 목형의 길이를 L, 수축률을 ϕ라 하면

$$\phi = \frac{L-l}{L} \tag{1.2}$$

로 표시되며, 주물의 치수를 목형의 치수와 수축여유의 항으로 다시 표시하면

$$l = L(1-\phi) \tag{1.3}$$

이 된다.

현형과 주물의 관계에서 주물의 중량을 계산할 수 있다.
식 (1.3)에서 길이를 체적으로 나타내면 식 (1.4)와 같다.

$$l^3 = L^3(1-\phi)^3 \fallingdotseq L^3(1-3\phi) \tag{1.4}$$

이므로, 주물의 체적 수축률은 길이 수축률의 3배이다.

W_c, W_p를 각각 주물의 중량, 목형의 중량이라 하고, S_c, S_p를 주물과 목형의 비중이라 하면 식 (1.5)를 얻을 수 있다.

$$\frac{S_c}{S_p} = \frac{W_c}{W_p(1-3\phi)}$$

즉,
$$W_c = \frac{S_c}{S_p}(1-3\phi)\,W_p \tag{1.5}$$

각종 재료의 비중과 수축률 및 S_c/S_p의 값은 표 1.2, 표 1.3과 같다.

표 1.2 각종 재료의 비중 및 수축률

목재	비중	금속 및 합금	비중	수축률(%)
한국 소나무	0.4 ~ 0.6	주철	7.4	0.7 ~ 1.1
이깔나무	0.48	주강	7.8	1.5 ~ 2.0
전나무	0.46	황동	8.6	1.2 ~ 1.5
박달나무	0.52	청동	8.7	1.5
벚나무	0.6 ~ 0.7	알루미늄	2.7	1.5 ~ 1.8
나왕	0.4 ~ 0.45	아연	7.1	1.6 ~ 2.6
미송	0.5	주석	7.3	0.7 ~ 0.8

표 1.3 S_c/S_p의 값

목재 \ 주물	주철	황동	청동	동
적송	12.5	14.2	14.6	14.9
백송	16.7	19.0	19.6	19.8

예제 1.1

비중 0.45인 소나무로 된 목형의 중량이 5 kg일 때 비중 7.8인 주철주물의 중량을 계산하여라. 단 주철의 수축률은 0.8%이다.

풀이 $W_c = \frac{S_c}{S_p}(1-3\phi)W_p$에 의하여

$$W_c = \frac{7.8}{0.45} \times (1-3\times0.008)\times 5 = 84.6\,(\text{kg})$$

2) 가공여유

주물이 기계가공을 요할 때는 가공에 필요한 치수만큼 크게 현도를 표시하며, 이 양을 **가공여유**(加工餘裕, machining allowance)라 한다. 가공여유는 주물의 크기 및 가공 정도에 따라 표 1.4, 표 1.5와 같다.

표 1.4 가공여유(mm)

	소형 주물	중형 주물	대형 주물	변형이 생길 주물
주철	1 ~ 1.5	2 ~ 3	3 ~ 6	6 ~ 9
황동	1 ~ 2		2 ~ 3	

표 1.5 가공여유(mm)

억센 절삭	1 ~ 5
중간 절삭	3 ~ 5
정밀 절삭	5 ~ 10

3) 목형구배 또는 인발구배

주형에서 목형을 빼낼 때 파손될 염려가 있을 경우는 목형에 구배를 두면 안전하게 빼낼 수 있는데, 이때의 구배를 **목형구배**(木型勾配, pattern draft), 또는 **인발구배**라 한다. 목형구배는 주물의 크기에 따라 다르나 보통 1 m에 대하여 6 ~ 7 mm 정도로 한다.

4) 코어 프린트

중공부의 주물을 만들기 위하여 코어가 사용되며 이를 지지하는 부분을 **코어 프린트**(core print)라 한다. 그림 1.11은 코어 프린트의 한 예이다.

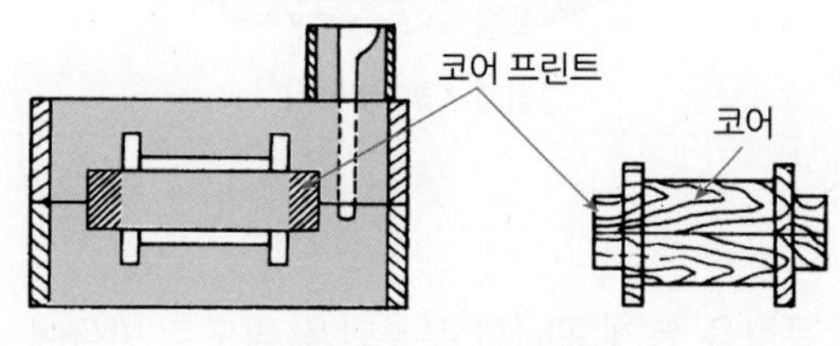

그림 1.11 코어 프린트

5) 라운딩

용융금속이 주형 내에서 응고할 때 주형에 그림 1.12와 같이 각이 진 부분이 있으면, 주형의 면에 직각 방향으로 **수상정**(樹狀晶, dendrite)이 발달하게 되어 대각선 방향으로 결정입자의 경계가 생기게 되며 불

순물 등이 석출되고, 외력에 의한 응력집중이 생기기 쉽다. 또 주형에 각이 진 부분이 있으면 용융금속을 주입할 때 주형이 파괴되기 쉽고 주형에서 목형을 빼낼 때에도 주형이 파괴되기 쉽다.

이상과 같은 결함의 발생이 예상될 때에는 목형을 둥글게 하며, 이 때 모서리 부분을 둥글게 하는 것을 **라운딩**(rounding)이라 한다.

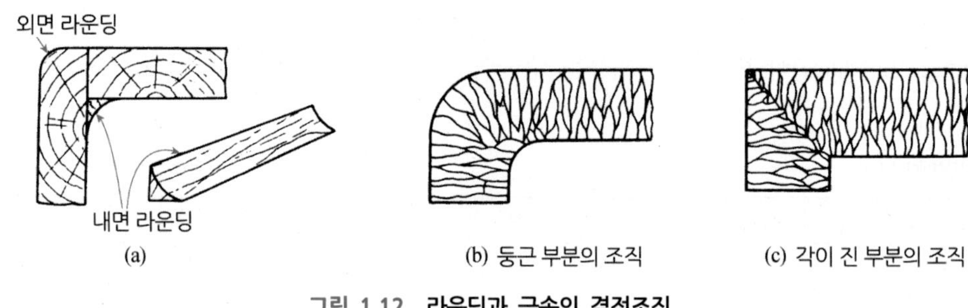

그림 1.12 **라운딩과 금속의 결정조직**

6) 덧붙임

두께가 균일하지 못하거나 형상이 복잡한 주물은 용융금속의 응고 및 냉각속도의 차에 의한 응력 때문에 주물에 변형 또는 균열이 생기는 경우가 많다. 이것을 방지하기 위하여 목형에 그림 1.13과 같이 **덧붙임**(stop-off)을 두어 주형을 제작하면 주형의 덧붙임 부분에 금속의 지지부가 생겨 주물의 변형 및 균열을 방지할 수가 있으며, 그 부분은 다음에 잘라낸다.

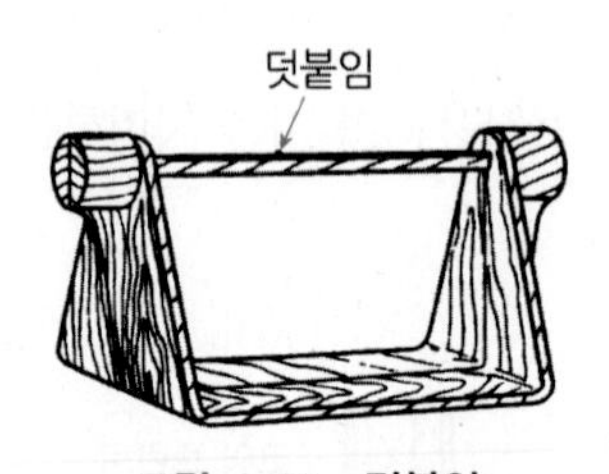

그림 1.13 **덧붙임**

7) 잔형

주형을 제작할 때 주형에서 목형을 뽑기 곤란한 부분만을 별도로 만들어 조립된 상태에서 주형을 제작하고, 목형을 빼낼 때에는 분리해서 빼낸다. 이것을 **잔형**(殘型, loose piece)이라 한다.

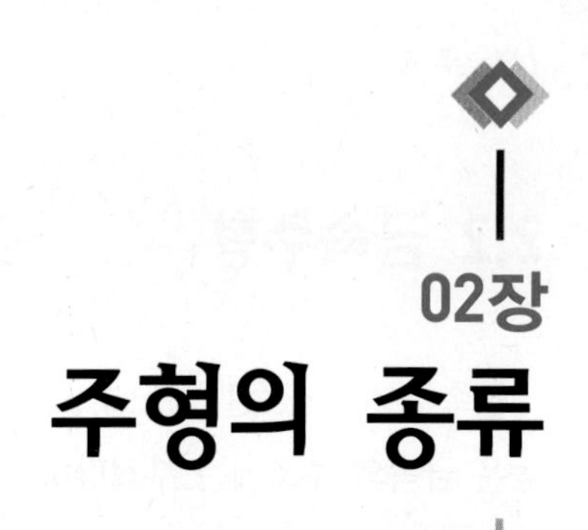

02장
주형의 종류

주형(鑄型, mould)은 주형 재료에 따라 사형(砂型, sand mould)과 금형(金型, metal mould) 그리고 특수 주형(特殊鑄型, special mould)으로 구분한다. 한편 사형은 수분 상태에 따라 생사형(생형, green sand mould)과 건조사형(건조형, dry sand mould)으로 나뉜다.

2.1 사형

2.1.1 생형

생형(生型, green sand mould)은 산이나 하천에서 채취한 모래를 그대로 사용하는 주형이며, 주형을 제작할 당시의 수분을 그대로 함유한 상태에서 주탕하는 생형은 수증기의 발생이 많고, 기공(blow hole)이 생기기 쉬우며, 급냉에 의하여 주물재질의 불균일을 초래한다. 특히 주강과 같은 고온의 상태에서는 부적당하다.

2.1.2 건조형

건조형(乾燥型)은 주형을 제작한 후 모래를 건조시킨 형을 말하며, 생형의 단점을 보완하기 위하여 건조형을 사용하며 큰 강도의 주형을 요하는 두꺼운 주물, 복잡한 주형 및 코어 등에 적합하다.

2.1.3 표면건조형

표면건조형(表面乾燥型)은 생형으로서는 강도 등이 불충분하고, 건조형으로까지 할 필요가 없는 경우에 주형을 가스 토치 등으로 모래의 표면만 건조시킨 주형이다.

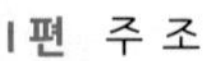

2.2 금속주형

금속주형(金屬鑄型, metal mould)은 **금속제 주형**으로서 보통 내열강으로 만든다. 이 주형은 용융점이 높은 금속의 주조에는 부적당하나 알루미늄과 같이 융점이 낮은 것에 사용될 때에는 주물의 치수 정도가 우수하므로 소형, 대량 생산의 경우에 유리하다.

2.3 특수주형

특수 목적으로 시멘트나 합성수지 및 물유리 등을 모래와 배합하여 만들거나, 그림 1.14와 같이 사형과 금속형을 동시에 사용하는 **냉강주형**(冷剛鑄型, chilled mould) 등을 **특수주형**(特殊鑄型, special mould)이라 한다. 그림 1.14는 접촉표면에 내마모성을 요하는 롤러 주물을 얻기 위한 주형으로서, 롤러 몸체의 표면은 금속주형에서 응고하도록 하여 냉각속도를 높여서 경도가 큰 시멘타이트 조직을 얻고, 자루(journal) 부분은 사형에서 응고하도록 하여 서냉시킴으로써 회주철을 얻는다. 이와 같이 냉강주형에서 얻은 급냉조직의 주물을 **냉강주물**(冷剛鑄物)이라 한다.

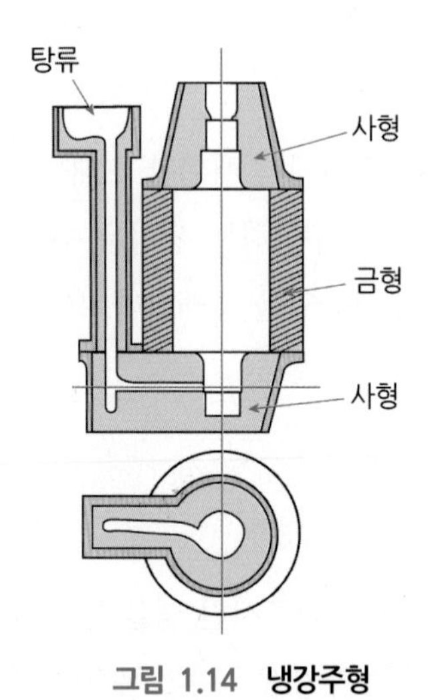

그림 1.14 냉강주형

2.4 주형제작

2.4.1 주형공구

1) 주형상자

재료에 따라 분류하면 목제 주형상자, 금속제 주형상자가 있고(그림 1.15), 주형을 제작한 후 상자를 제거하여 다른 주형을 계속 제작할 수 있는 개폐식 주형상자(snap flask)도 있다.

(a) 일반적인 주형상자

(b) 개폐식 주형상자

그림 1.15 주형상자

2) 정반

정반(定盤)은 그림 1.16과 같이 목형 또는 주형상자를 놓는 받침대로서 주형도마라고도 하며, 변형이 적은 것이 좋다.

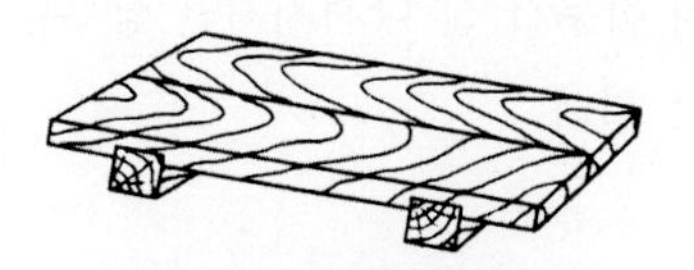

그림 1.16 정반(주형도마)

3) 목마

목마(木馬)는 회전모형을 지지할 때 사용되며 그림 1.17은 그 예이다.

그림 1.17 목마

4) 수공구

주물제작 개수가 적을 때 손작업주형을 만들며, 이에 사용되는 **수공구**(手工具)는 삽, 흙손, 목형 뽑개, 송곳, 직선자, 다짐봉, 탕구봉 및 체 등이 있다.

2.4.2 주형기계

주형 제작에 사용되는 **주형기계**(鑄型機械)의 종류를 들면 다음과 같다.

1) 졸트 주형기

그림 1.18에서와 같이 모래가 담긴 주형틀을 압축공기로 밀어올린 후 공기를 배제하면 주형 틀과 테이블의 자중에 의해서 테이블이 낙하하여 본체와 충돌할 때 주물사는 관성에 의하여 다져진다. 이런 운동을 **졸트운동**(jolt motion)이라 한다. 공기가 배출되면 자중에 의하여 피스톤이 낙하하고, 이때 배기공은 차단되어 실린더 내의 압력이 상승하여 피스톤이 다시 올라간다. 이런 운동이 되풀이된다. 이와 같은 주형기를 **졸트 주형기**(jolt moulding machine)라고 한다.

졸트 주형기에 의한 조형은 주형의 하부가 잘 다져지지만 상부는 잘 다져지지 않는 단점이 있다. 졸트 주형기를 진동식(振動式) 주형기라고 한다.

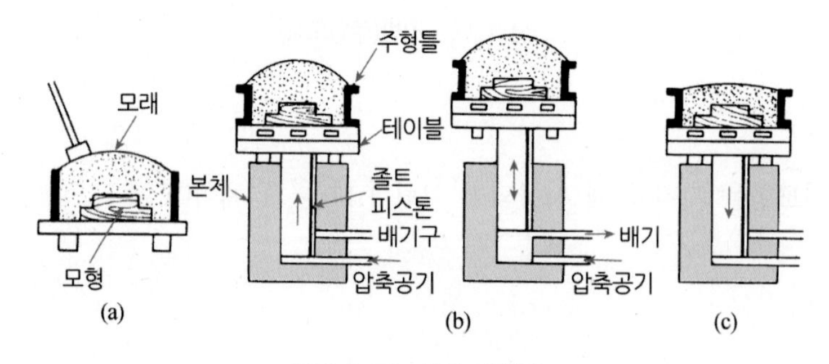

그림 1.18 졸트 주형기

2) 스퀴즈 주형기

그림 1.19와 같이 주물사가 담긴 주형틀을 압축공기의 힘으로 위로 들어 올려 상부에 고정된 평판(천정)에 의하여 주물사가 눌려 다져진다. 이와 같은 운동을 **스퀴즈 운동**(squeeze motion)이라 하고, 이런 주형기를 **스퀴즈 주형기**(squeeze moulding machine)라고 한다.

스퀴즈 주형기에 의한 주형은 졸트 주형기에 의한 것과는 반대로 상부는 잘 다져지나 하부에는 응력전달이 덜 되어 잘 다져지지 않는 단점이 있다. 스퀴즈 주형기를 압축식(壓縮式) 주형기라고 한다.

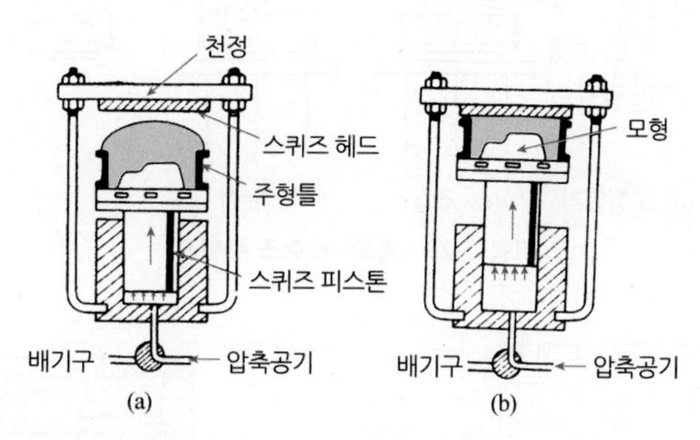

그림 1.19 스퀴즈 주형기

3) 졸트-스퀴즈 주형기

졸트식과 스퀴즈식의 장단점을 서로 보완하여 만든 것을 **졸트-스퀴즈 주형기**(jolt-squeeze moulding machine)라 하며, 그림 1.20은 그 예이다. 먼저 하형에 모래를 채우고 졸트운동에 의해 모래를 다진 다음 (a) 이를 반전시켜(b) 상형에 모래를 채운 다음 스퀴즈 운동에 의해 모래를 다진다(c). 그런 다음 상하 주형을 분리하여 모형을 빼내고(d) 이를 조립하여(e) 주형을 완성시킨다(f).

그림 1.21은 주형상자 안의 모래를 다질 때 모형으로부터의 거리에 대한 모래의 밀도(密度)를 나타낸 것이다. 그림에서와 같이 졸트 주형기는 모형으로부터 거리가 멀어질수록 사층밀도가 감소하는 반면 스퀴즈 주형기는 모형으로부터 거리가 멀어질수록 사층밀도가 증가한다.

그림 1.22는 모형을 주형에서 빼내기 위하여 미리 진동을 주는 진동기의 원리를 나타내며, 피스톤의 좌단이 실린더에 충격을 줄 때 실린더 위에 있는 주형상자를 진동시켜서 모형과 주형간의 간격을 넓힌다. 피스톤이 실린더에 충격을 주고 반발하여 피스톤 구멍과 흡기공이 연결되면, 피스톤은 좌측으로 더 운동하여 피스톤 구멍이 막히고, 피스톤의 압축력에 의하여 피스톤이 좌측으로 운동한다.

모형 뽑기는 그림 1.23과 같이 리미트 스위치나 타이머의 조작에 의하여 자동화되어 있다.

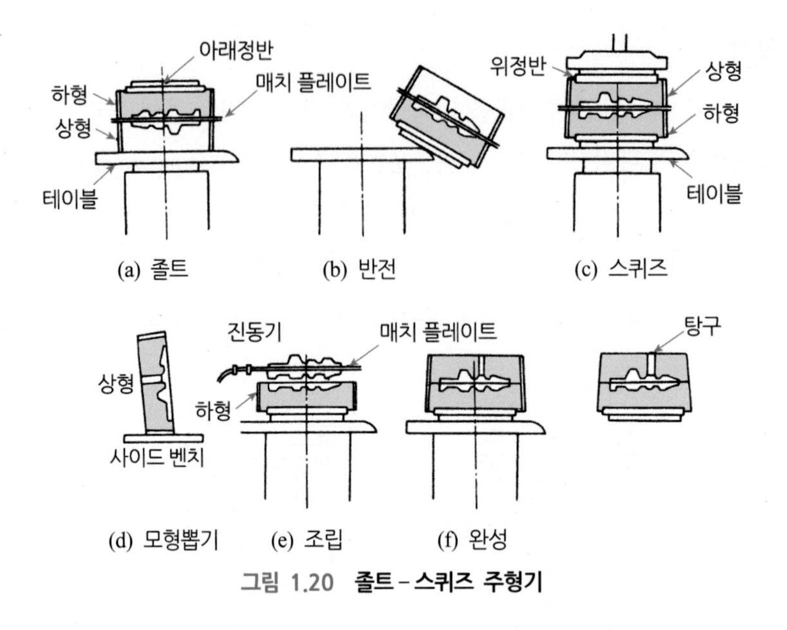

그림 1.20 **졸트 – 스퀴즈 주형기**

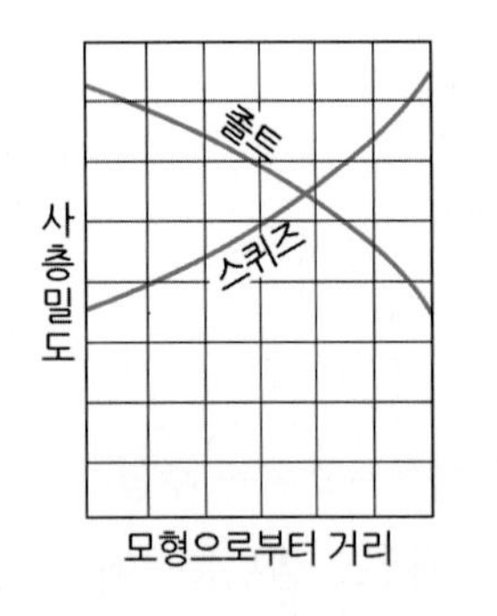

그림 1.21 **모래층 밀도**

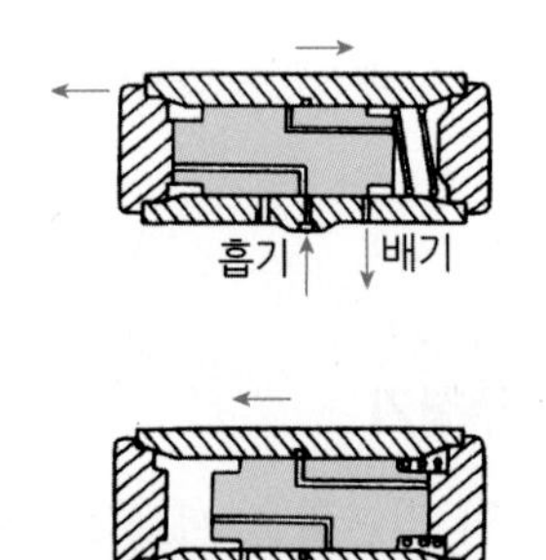

그림 1.22 **진동기의 원리**

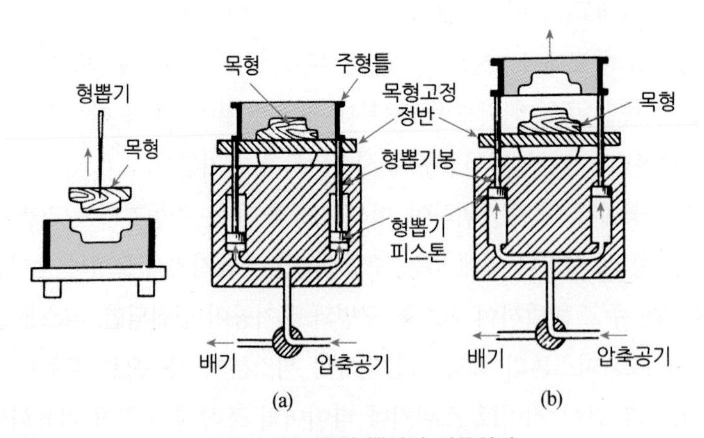

그림 1.23 **목형 뽑기의 작동원리**

4) 코어 주형기계

그림 1.24에 나타낸 코어 주형기계는 모래를 5 ~ 7 kg/cm^{2}의 압축공기로 코어 틀 속에 넣고 공기는 밖으로 배출시켜 코어를 만든다. 다짐 정도가 균등한 코어를 대량 생산할 때 적합하다.

5) 샌드 슬링거

그림 1.25에 나타낸 샌드 슬링거(sand slinger)는 주물사를 모형에 투사하는 임펠러(impeller), 여기에 모래를 공급하는 벨트 컨베이어 및 이들을 지지하는 지지대로 구성된다. 주물사의 운반, 투입 및 다짐이 동시에 행해지기 때문에 능률적이고 주형의 모든 부분이 균등하게 다져지며, 다른 주형기에 비하여 소음과 진동이 적은 장점이 있으나 시설비가 많이 드는 단점도 있다.

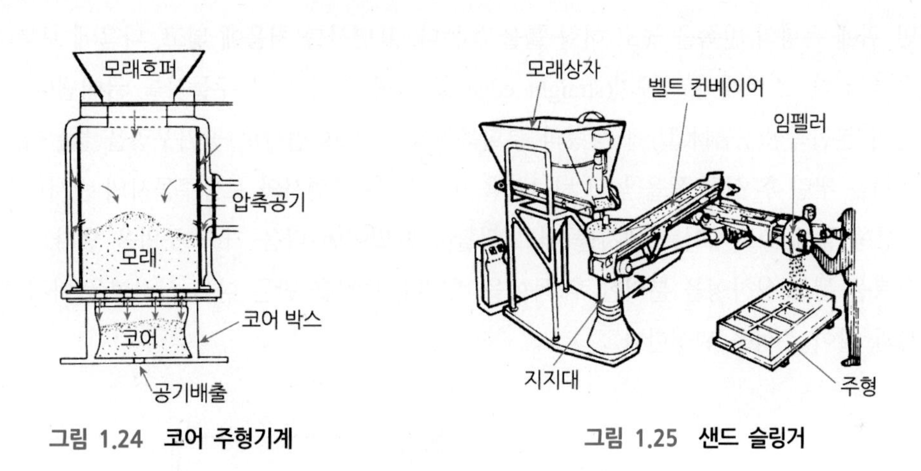

그림 1.24 코어 주형기계 그림 1.25 샌드 슬링거

2.4.3 단체형에 의한 주형 제작

단체형(單體型)에 의한 주형 제작은 다음과 같이 한다.

- 바닥 모래를 평평하게 고르고 정반을 전후로 움직이며 안정시킨다.
- 하형 상자를 그림 1.26과 같이 놓고 상자 내측에 점토수(粘土水)를 바른다.
- 목형을 놓을 때는 중요부가 하형 상자에 오게 함으로써 쇳물의 압력에 의하여 조직이 치밀해진다.
- 목형의 표면에 표면사(表面砂)를 넣고 그 위에 주물사를 넣는다.
- 긁기봉을 상자에 대고 평평하게 한다. 가스 뽑기 구멍을 철사(vent wire)로 뚫는다. 하형 상자를 뒤집고 분리사(分離砂)를 뿌린다. 상형 상자를 맞추어 놓고 적당한 위치에 탕구봉을 세운다.
- 상형 상자의 모래를 다지고 평평하게 한 다음 탕구봉을 주위로 흔들어 구멍을 넓힌 다음 빼낸다.
- 상하 주형을 분리하고 목형을 빼낸다. 탕도를 탕구 최소단면적의 $\frac{1}{2} \sim \frac{3}{4}$이 되게 만든다.
- 주형의 내부표면에 흑연가루 등을 바르고 상하 주형을 조용히 맞추면 그림 1.27과 같이 주형이 완성된다.

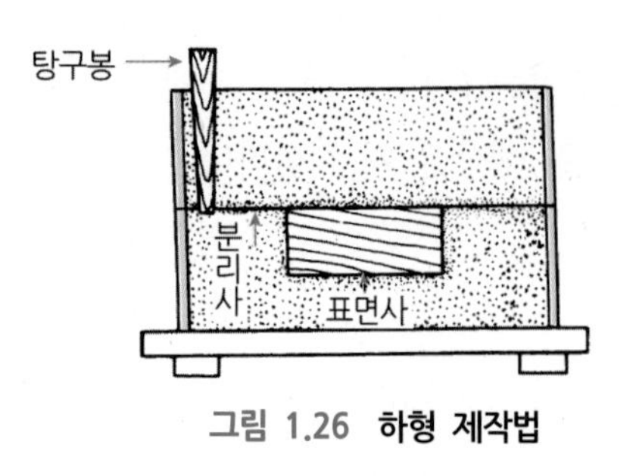

그림 1.26 하형 제작법

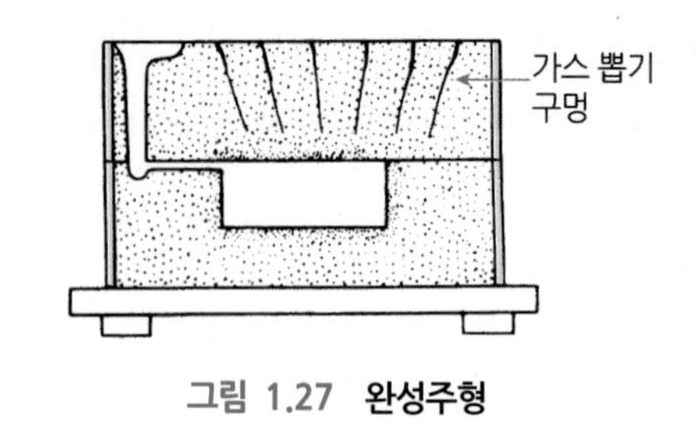

그림 1.27 완성주형

2.4.4 분할형에 의한 주형 제작

2개의 목형으로 주형을 만들 때 작업 과정은 다음과 같다.

- 정반 위에 목형의 반쪽을 놓고 하형 틀을 놓는다. 표면사를 처음에 넣고, 다음에 보통주물사를 넣은 다음 다진다. 스트레이트 에지(straight edge)를 하형 틀에 대고 주물사를 긁어낸다.
- 하형의 분할목형(分割木型)에 상형의 분할목형을 맞추고 철사로 공기구멍을 뚫는다.
- 분리사를 뿌린 후 상형 틀을 놓고 탕구봉을 놓은 다음 표면사와 보통주물사의 순서로 장입하고 다진다. 상형 틀에 스트레이트 에지를 대고 평활하게 밀어낸 다음 가스 구멍을 낸다.
- 탕구봉을 뽑고 상하형을 분리한 후 목형을 빼낸다. 탕로를 만든 다음 상하형을 다시 조립하여 그림 1.28과 같이 주형을 완성한다.

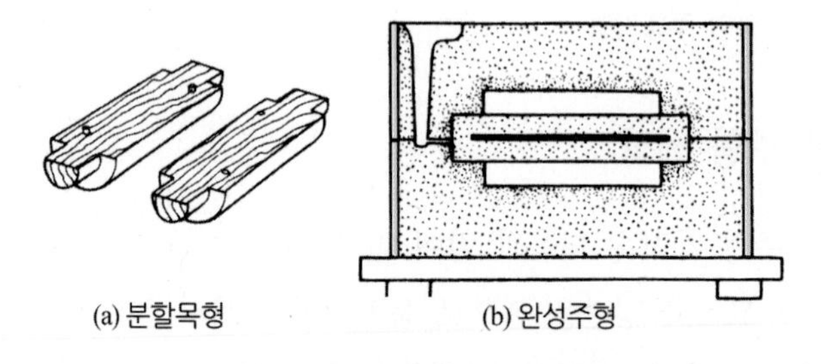

그림 1.28 분할목형과 완성주형

2.4.5 코어 제작

코어(core)는 통기도, 강도, 내열성 및 가축성(可縮性) 등을 고려해야 한다.

코어 틀을 맞추어 고정하고 코어용 주물사를 채워 가볍게 다진 다음 코어 바(core bar)를 코어의 길이보다 약간 짧게 잘라 점토수를 칠하여 코어에 끼워 넣는다.

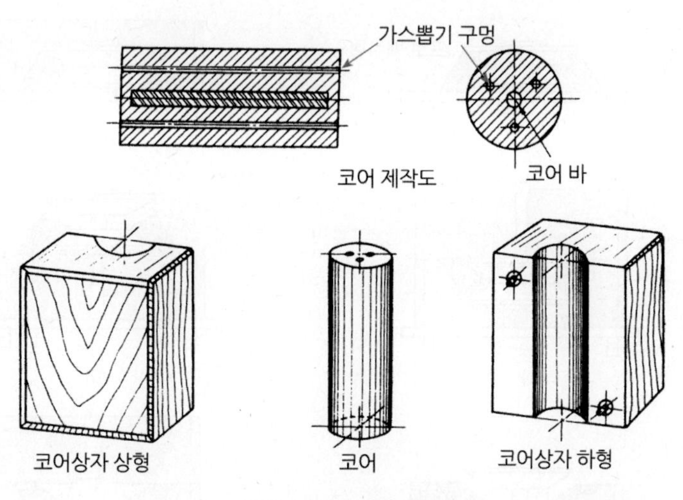

그림 1.29 코어 제작

가스뽑기 구멍을 만든 후 코어 틀을 가볍게 두드려서 코어를 헐거워지게 한 다음 코어 틀에서 빼낸다. 다음에 철판 뒤에 얹어서 건조시킨다. 그림 1.29는 원형 코어를 제작하는 과정을 나타낸 것이다. 코어 프린트만으로 코어의 자중을 지탱할 수 없거나 용융금속의 부력에 의하여 파괴되거나 변형될 우려가 있을 때는 그림 1.30과 같은 **코어 받침대**(chaplet)를 사용하는 것이 좋다. 코어 받침대는 용탕을 주입하면 용해되어 제품의 일부가 되기 때문에 가능하면 주물과 같은 재질을 사용하는 것이 좋다.

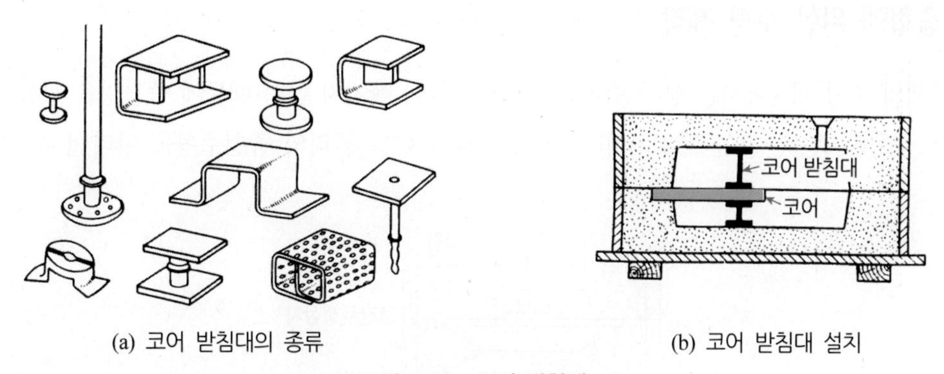

(a) 코어 받침대의 종류 (b) 코어 받침대 설치

그림 1.30 코어 받침대

2.4.6 드로 백에 의한 주형 제작

그림 1.31에서 보는 바와 같이 목형을 조립하여 정반 위에 놓고 표면사로 풀리(pulley) 목형을 채우고 주형 스푼 등으로 다진다. 이 부분을 **드로 백**(draw back)주형이라 한다.

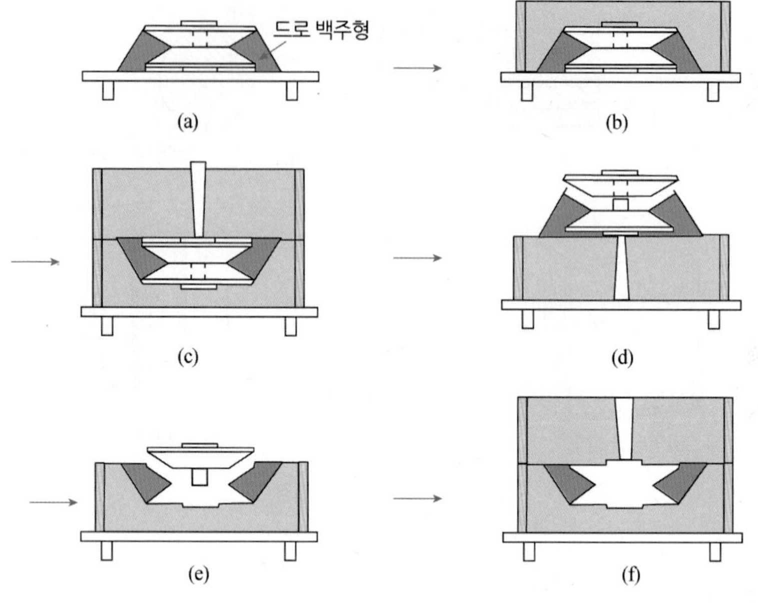

그림 1.31 드로 백에 의한 주형 제작

드로 백 부분에 분리사를 뿌리고 하형 틀에 넣어 보통 주물사를 채우고 다진 다음에 그림의 순서로 완성 주형을 제작한다.

2.4.7 중첩에 의한 주형 제작

기어 소재의 주형 제작에서는 상하 주형만으로는 목형이 빠지지 않기 때문에 중간형을 사용해야 한다. 이와 같은 주형을 **중첩주형**(重疊鑄型)이라 하며, 그림 1.32는 풀리의 중첩주형을 나타낸 것이다.

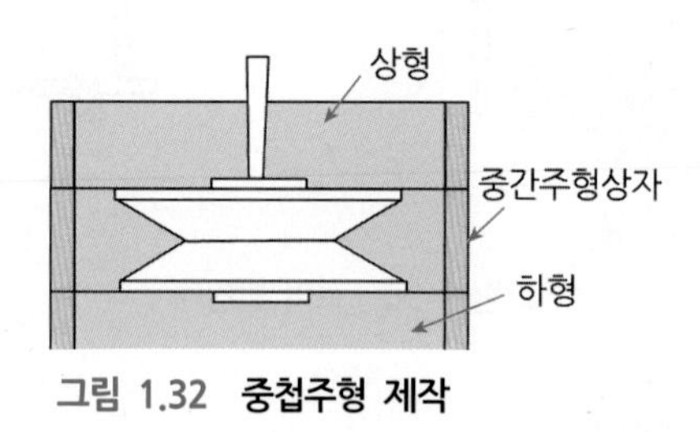

그림 1.32 중첩주형 제작

2.4.8 긁기형에 의한 주형 제작

그림 1.33~1.34와 같이 주물사를 긁어냄으로써 주형이 제작되는 것을 말하며, 작업 순서는 각각의 그림과 같다.

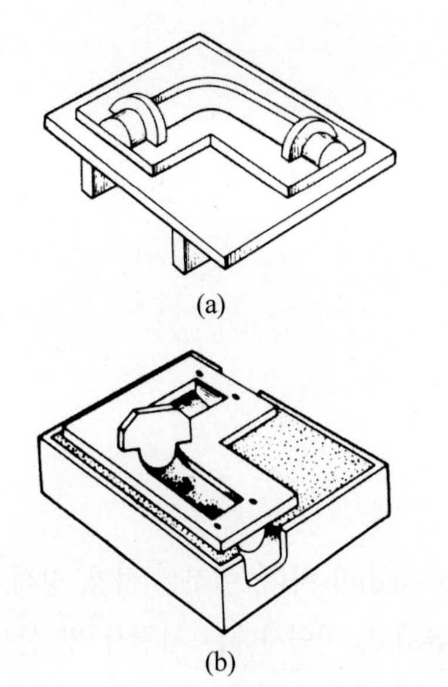

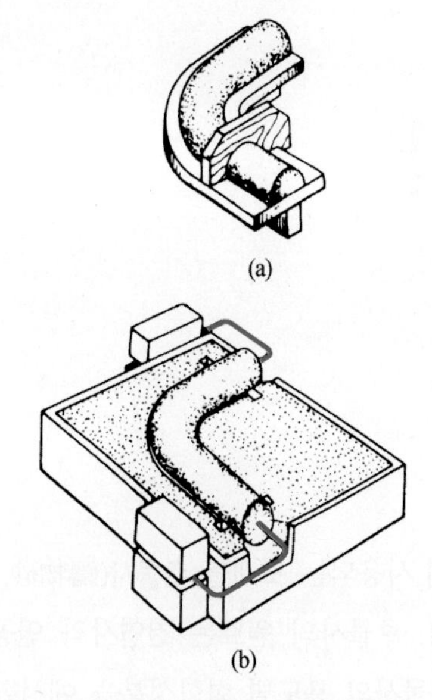

그림 1.33 긁기 안내판과 형을 이용한 주형 제작

그림 1.34 긁기 안내판과 형을 이용한 코어 제작

03장

주물사

주형 제작에 사용되는 모래를 **주물사**(鑄物砂, moulding sand)라 하며, 이것은 석영, 장석, 점토 등으로 구성되어 있다. 주물사의 원료는 천연사와 인공사로 분류되고, 천연사에는 하천사 및 산사 등이 있다.

표 1.6은 주물사의 용도별 화학성분을 예시한 것이다. 주물사는 SiO_2가 80% 이상이며 Al_2O_3 6~10%, Fe_2O_3 2~5%, 기타 MgO와 CaO 등이 소량 첨가되어 있다.

표 1.6 주물사의 용도별 화학성분

용도 \ 성분(%)	SiO_2	Al_2O_3	Fe_2O_3	MgO	CaO	기타
주철(소형용)	82.22	9.48	4.25	0.32	—	나머지
주철(중형용)	85.85	8.27	2.32	0.8	0.50	〃
주철(대형용)	88.40	6.30	2.00	0.50	0.78	〃
청동	78.86	7.89	5.40	1.18	0.50	〃

주물사에 모래 이외에 다양한 재료를 첨가한다.

① 석탄, 코크스(cokes) 분말 등을 첨가하여 성형성(成形性)을 증가시키고, 주물사의 주물에 대한 **소실부착**(燒失附着)을 방지하며 주물사에 다공성(多孔性)을 준다.

② 톱밥, 동물의 털, 볏짚 등을 적당히 첨가하면 다공성으로 만드는 데 효과가 크다.

③ 당밀, 유지 및 인조수지를 혼합하면 건조시킬 때 연소되어 강도(強度)와 통기성(通氣性)을 증가시키는 이점이 있다.

3.1 주물사의 구비요건

주물사는 다음과 같은 구비조건을 요구하고 있다.

① 내화성(耐火性)이 크고 화학적 변화가 없어야 한다.
② 성형성이 좋아야 한다.
③ 통기성이 좋아야 한다.
④ 적당한 강도를 가져야 한다.
⑤ 주물표면에서 이탈이 잘 되어야 한다.
⑥ 열전도성이 불량하고 보온성(保溫性)이 있어야 한다.
⑦ 쉽게 노화하지 않고 복용성(復用性)이 있어야 한다.
⑧ 적당한 입도(粒度)를 가져야 한다.
⑨ 가격이 싸야 한다.

3.2 점결제

점결제(粘結劑, binder)는 주물사가 성형이 잘 될 수 있도록 첨가하는 것으로서 점성이 매우 크다. 일반적으로 많이 사용되는 점결제는 점토, 벤토나이트, 유기질 점결제 및 특수 점결제 등이 있다.

3.2.1 점토

점토(粘土)는 SiO_2 46.42%, Al_2O_3 33.95%, 수분 16%, 기타 Fe_2O_3, CaO, MgO 등을 함유한 담황색의 흙이며 대기 중의 수분을 흡수한다. 수분을 가하면 점착성을 갖게 되어 주물사의 결합제로 사용되나 내화도와 통기성이 떨어지는 것이 결점이다. 큰 내화도가 필요할 때에는 내화점토를 사용한다.

3.2.2 벤토나이트

벤토나이트(bentonite)는 화산재의 풍화에 의하여 생성된 점토로서 K, Na 이온을 가진 약알칼리성 반응을 일으키는 알칼리 벤토나이트와 H_2, Mg, Ca 이온을 가진 약산성 반응을 일으키는 벤토나이트의 두 종류가 있는데, 이에 수분을 가하면 점결성이 클뿐 아니라 건조하면 강도가 크고 통기성, 내화도도 크기 때문에 최근에는 점결제로서 이것을 주로 사용하고 있다.

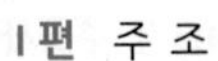

표 1.7 국내 벤토나이트 산지와 화학성분(%)

산지	SiO_2	Al_2O_3	Fe_2O_3	CaO	MgO	alkali	연소손실	*SK(Seger Cone No.)
충북 영동군 상촌면	61.63	22.48	2.06	1.02	2.31	1.02	10.42	16
경남 울산시 근교	67.73	20.57	2.39	1.70	2.33	0.27	5.03	16
〃	67.79	20.52	2.06	1.65	2.64	0.77	5.31	17
〃	66.66	20.68	1.94	1.86	2.84	0.16	5.42	16
경북 포항시 근교	69.70	16.60	1.25	1.32	0.67	0.28	6.61	17
〃	66.37	22.32	2.34	0.72	0.66	0.31	5.01	16
〃	70.72	17.68	2.99	1.81	2.40	0.20	5.49	17

※ 주물편람 참조.

표 1.7에 국내 벤토나이트의 산지별 화학성분을 표시하였다. 벤토나이트는 SiO_2가 60~70%, Al_2O_3 15~22%, Fe_2O_3 2% 내외, 기타 CaO와 MgO가 소량씩 첨가되어 있다.

3.2.3 유기질 점결제

최근에는 각종 부생산물인 **유기질(有機質) 점결제**가 만들어지고 있으며, 일반적으로 유기질 점결제는 열분해 온도가 낮기 때문에 200～250℃ 정도에서 건조시켜도 큰 건조강도를 가지며, 대기 중에서 흡습성이 적고 주입 후의 붕괴성도 좋으며 주물의 표면이 아름답다. 유기질 점결제에는 유류, 곡분류, 당류, 합성수지, 피치(pitch), 프로틴(protein) 및 송지(松脂) 등이 있다.

3.2.4 특수 점결제

규산소다, 시멘트 및 석고 등도 점결제의 역할을 한다. 규산소다는 가스형법에 사용되고 CO_2 가스의 주입에 의하여 경화된다. 시멘트를 8～12% 정도 첨가하고 수분 4～6%로 배합하여 대형의 주형 혹은 코어 제조에 사용한다. 강도 및 경도가 크지만 고온에서의 붕괴성이 불량하므로 주물에 균열이 발생하기가 쉽다. 소석고가 점결제로 사용되며, 통기도는 불량하지만 정밀주조에 사용된다. 이들을 **특수점결제**라고 한다.

3.3 주물사의 종류

3.3.1 생사(혹은 생형사)

생사(生砂, green sand)는 바닥 모래에 수분을 적당히 가하여 사용하는 경우가 많으며, 반복하여 사용하는 동안 손실된 성분을 보충할 필요가 있다.

일반적인 화학조성은 규사분 75 ~ 85%, 점토분 5 ~ 13%, 알칼리 토류 2.5% 이하, 알칼리분 0.75% 이하, 철분 6% 이하, 결합수분 6% 내외가 양호하며, 일반 주철주물 및 비철주물용으로 주로 사용된다.

3.3.2 건조사(혹은 건조형 사)

건조사(乾燥砂, dry sand)는 건조형에 사용되는 주물사로서 생사보다 수분, 점토분 및 내열재를 많이 첨가한다. 건조하면 강도가 크고 통기성도 증가하며, 통기성과 내화성을 증가시킬 목적으로 톱밥, 왕겨 및 코크스 등을 첨가한다.

주강용 주형은 거의 건조형이다. 주입 온도가 높고 가스 발생이 많으며, 응고 속도가 크고 수축률이 높기 때문에 주형의 내화성, 통기성, 가축성을 요한다.

3.3.3 표면사

주형 모래 중 주물과 접촉하는 부분의 주물사를 표면사(表面砂, facing sand)라 하며, 주물의 표면을 깨끗하게 하기 위하여 입도가 작고, 내화성이 높은 석탄가루나 코크스 가루를 고사, 신사, 규사, 점결제 등과 배합하여 사용한다. 그림 1.26 참조.

3.3.4 코어용 사

코어는 주형 내부에서 용융금속과 접하는 면적이 크고 고온에 장시간 접하기 때문에 내열성이 크고 통기도가 좋아야 한다. 또한 주탕 시 탕의 충격에 파괴되지 않기 위해서는 점결성도 커야 하고 주조 후 쉽게 붕괴시킬 수 있어야 한다. 코어용 사(core sand)는 보통 신사 6, 고사 4의 비율로 배합하고 소량의 점토를 가한다.

주강용 코어용 사에는 규사를 가하여 내화도를 높인다. 필요에 따라서는 합성수지, 소맥류, 당밀, 아마인류, 점토 등을 혼합하여 주형을 200℃ ~ 250℃로 건조로에서 건조하면 합성수지 및 아마인류 등은 탄화하여 소결성을 준다.

3.3.5 분리사

분리사(分離砂, parting sand)는 상하금형을 분리할 수 있도록 금형 제작 시에 상하 주형의 경계면에 살포하는 건조된 모래로서 점토가 섞이지 않은 하천사를 주로 사용한다(그림 1.26 참조).

3.3.6 롬사(또는 롬형 사)

롬사(loam sand)는 건조사보다 내화도는 낮으나 생형사보다는 형이 단단하며, 고사 6, 하천사 4의 비율로 배합하고 점결성을 주기 위하여 점토수 15%를 가하고 당밀 등을 첨가한다. 통기성을 좋게 하기 위하여 쌀겨, 볏짚, 털, 톱밥 등을 첨가한다. 롬사는 주로 회전목형에 의한 주형 제작에 사용된다.

3.3.7 가스형 사

규사에 규산소다(물유리)를 5% 정도 배합하여 이것에 CO_2 가스를 접촉시켜 경화시킨 주물사를 가스형사(gas sand)라 하며, 건조형의 대용으로 개발된 것이다. 강도는 건조형보다 크고 경화속도가 크지만 주조 후 주형 붕괴가 힘들고, 조형 후 장시간 방치하면 표면의 모래가 쉽게 파손된다.

3.4 주물사의 성질시험

3.4.1 강도시험

주형에는 쇳물의 정압 및 동압이 작용하므로 주물사로서 인장강도, 굽힘강도, 전단강도 등이 일정값 이상 되어야 한다. 일반적으로 AFA(미국주물사협회, American Foundarymen's Association)의 표준 시험값을 사용한다.

그림 1.35에서와 같이 주물사를 내경 50.8 mm(2 in)인 원통에 넣고, 6.5 kg의 중추를 50.8 mm의 높이에서 3회 낙하시켜 50.8 mm 높이의 시험편이 되도록 한다.

1) 압축시험

습식의 경우는 30 g/cm²/sec의 속도로, 건식의 경우는 150 g/cm²/sec의 속도로 압축하여 압축강도를 측정한다.

2) 전단시험

전단시험편을 만들어 그림 1.36과 같이 시험하며 전단강도 $= \dfrac{P}{50.8 \times 50.8}$ (g/mm²)가 된다.

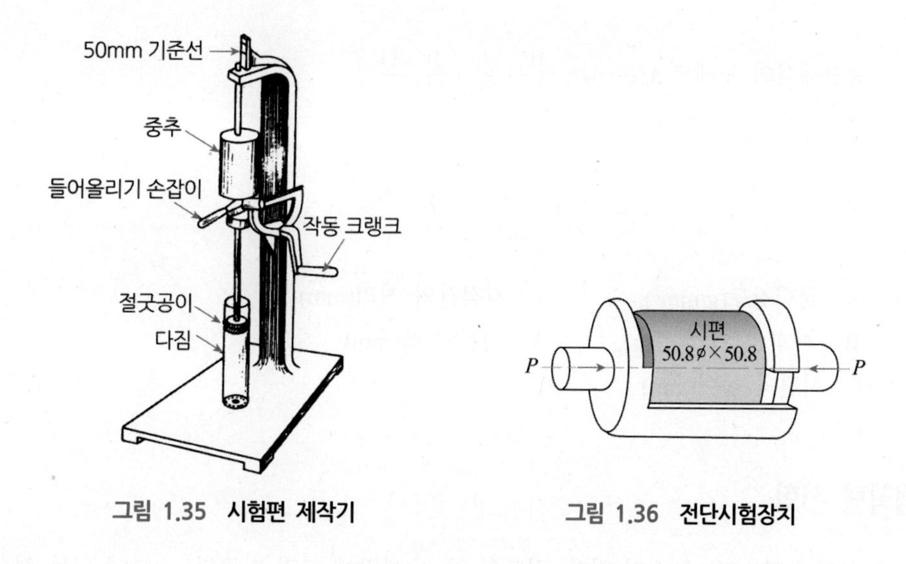

그림 1.35 시험편 제작기

그림 1.36 전단시험장치

3) 인장시험

그림 1.37과 같이 인장시험편을 만들어 인장하여 파괴 시의 강도 $\sigma = \frac{W}{A}$를 측정한다.

단 W : 파괴 시의 하중(g), A : 시험편의 단면적(mm^2)이다.

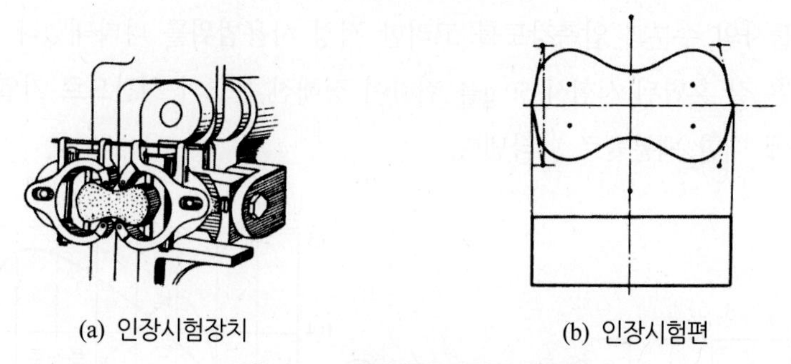

(a) 인장시험장치

(b) 인장시험편

그림 1.37 인장시험 장치와 시험편

4) 굽힘강도

시편의 규격은 10 × 10 × 50, 25 × 25 × 140, 25 × 25 × 200(mm) 중에서 선정하고, 굽힘 강도는 식 (1.6)에 의하여 산출한다.

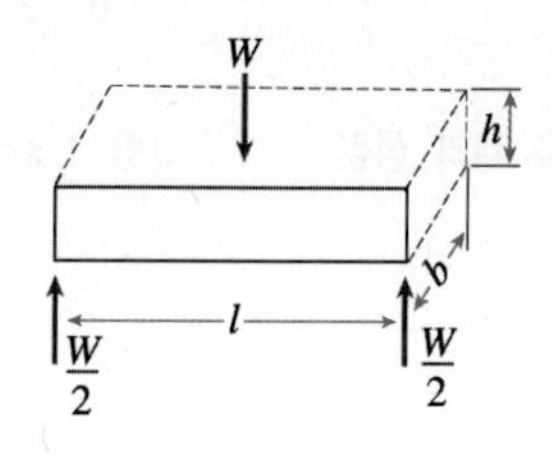

중앙에서의 모멘트 M은 $M = \frac{W}{2} \cdot \frac{l}{2} = \frac{W \cdot l}{4}$

단면계수 Z는 $Z = \frac{bh^2}{6}$

$$\therefore \sigma_b = \frac{M}{Z} = \frac{W \cdot l}{4} / \frac{bh^2}{6} = \frac{3}{2} \cdot \frac{W \cdot l}{bh^2} \quad (1.6)$$

단 σ_b : 굽힘강도(g/mm²), l : 지점간의 거리(mm)
W : 파괴 시의 하중(g), b : 시편의 폭(mm)
h : 시편의 높이(mm)

3.4.2 점착력 시험

주물사의 점착력(粘着力)은 모래의 입자, 점토의 양, 수분량에 따라 다르다. 수분이 너무 적으면 분말체가 공간을 메우고, 너무 많으면 점액상이 되어 어느 경우도 강도가 떨어지며 수분량이 적당할 때 강도가 크게 되고 통기도도 좋게 된다. 주형의 강도는 점토량이 일정하면 입자의 치수가 큰 것이 강도가 크고 각형이 환형보다 강도가 크다.

그림 1.38, 그림 1.39 및 그림 1.40에 수분, 점토, 벤토나이트가 강도에 미치는 영향을 표시하였다. 특히 그림 1.40은 생형주물사의 수분과 압축강도를 고려한 적정 사용범위를 나타내었다.

수분함유량시험법은 잘 혼합된 시험사 50 g을 취하여 정해진 온도와 시간으로 가열한 후 무게를 달아 중량의 차를 원중량에 대한 백분율로 나타낸다.

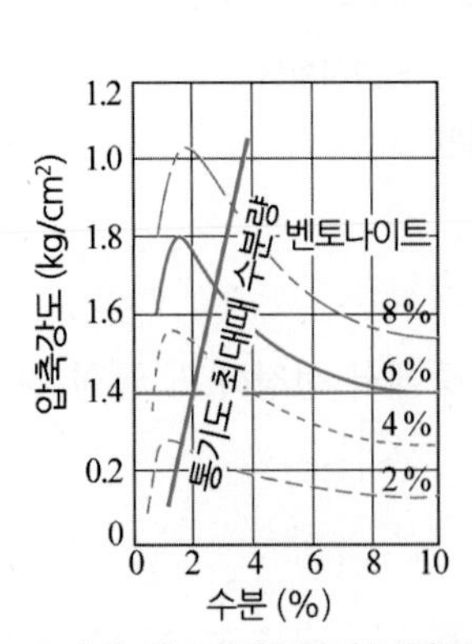

그림 1.38 규사에 벤토나이트를 첨가하였을 때의 성질

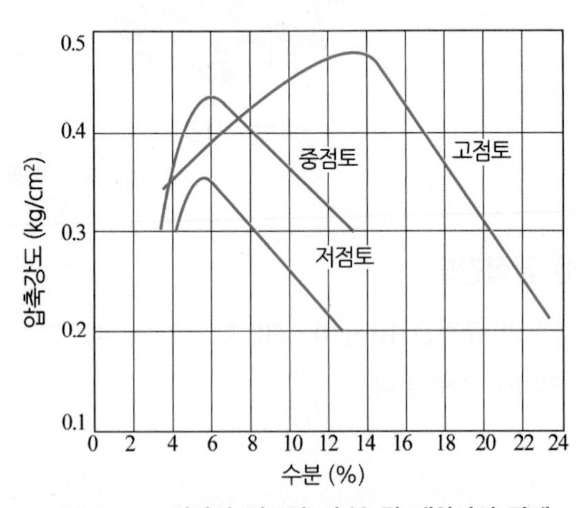

그림 1.39 신사의 점토량, 수분 및 내압과의 관계

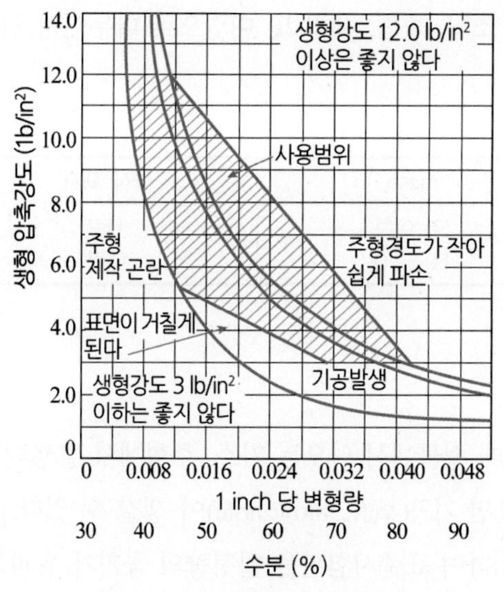

그림 1.40 주물사의 적정 범위

3.4.3 입도

모래의 입자가 크면 주물 표면이 거칠뿐 아니라 용융금속이 입자 사이에 침투하여 달라붙기 쉽고, 너무 작으면 통기성이 불량하여 기공의 원인이 되기 쉽다.

모래입자의 크기를 구별할 때는 체를 사용하는데, 한 변의 길이 1인치인 체에서 한 변의 분할등분수 (mesh, #)로서 **입도**(粒度, grain size)를 표시한다. 모래입도의 %를 표시하는 데에는 체 눈이 큰 순서로 체를 쌓아 놓고 건조된 시료를 넣어 일정한 시간 동안 흔들어 각 체에 남은 모래의 중량을 식 (1.7)에 의해서 계산한다.

$$\text{모래입도}(\%) = \frac{\text{체 위에 남은 모래}(g)}{\text{시료}(g)} \times 100 \tag{1.7}$$

표 1.8은 체의 눈금의 호칭치수와 호칭번호의 관계이다.

표 1.8 체의 통과 치수와 호칭

호칭치수(μ)	통과치수(mm)	호칭번호	호칭치수(μ)	통과치수(mm)	호칭번호
6730	6.73	3	420	0.43	40
3360	3.36	6	297	0.297	50
2380	2.38	8	210	0.210	70
1680	1.68	12	149	0.149	100
1190	1.19	16	105	0.105	140
840	0.84	20	74	0.074	200
590	0.59	30	53	0.053	270

표 1.9는 모래 입자의 크기를 조립, 중립, 세립 및 미립으로 나누어서 입도를 약식으로 표시한 것이다.

표 1.9 입도의 약식 표시 범위

약식 표시	mesh	약식 표시	mesh
조립	50 이하	세립	70 ~ 140
중립	50 ~ 70	미립	140 이상

3.4.4 통기도

주형에 용융금속을 주입했을 때 쇳물에서 나오는 가스, 주형에서 발생하는 가스, 주형의 공동부에 있는 공기 등을 충분히 처리하지 않으면 **기공**(氣孔, blow hole)이 생길 수 있다. 이러한 가스 및 공기가 주물사를 통과하는 정도를 비교하기 위하여 표준시험편을 일정량의 공기가 통과하는 시간, 압력을 측정하여 식 (1.8)에 의하여 **통기도**(通氣度, permeability)를 계산한다.

$$K = \frac{Q \cdot h}{P \cdot A \cdot t} \tag{1.8}$$

단 K : 통기도

Q : 통과공기량(cm^3 또는 cc)이며 입구와 출구의 압력차가 일정할 때 유출공기량으로 표시한다.

P : 공기압력(수주의 높이 g/cm^2) A : 시편의 단면적(cm^2)

t : 통과시간(min) h : 시편의 높이(cm)

만일 표준시편 $A = \frac{\pi}{4} \times (5.08)^2$, $h = 5.08$을 사용하고 $Q = 2000$cc라고 하면

$$K = \frac{501.2}{Pt} (cm^4/g \cdot min) \tag{1.9}$$

그림 1.41은 통기도 측정 장치의 예를 도시한 것이다.

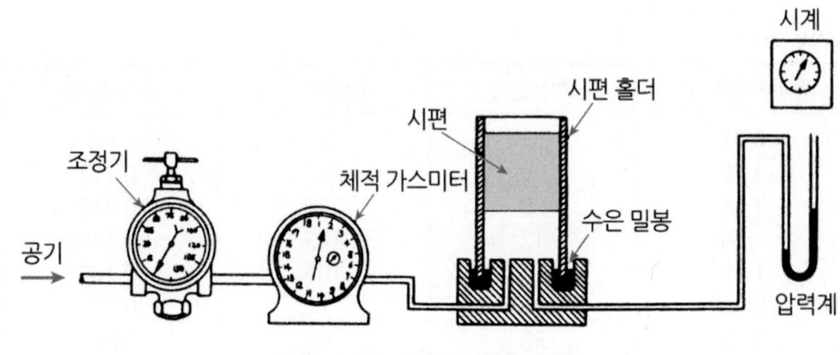

그림 1.41 통기도 측정 장치

3.4.5 내화도

내화도(耐火度, refractoriness)의 측정은 주물사를 삼각추로 성형하고 노에서 가열하여 그 연화굴곡하는 온도를 측정한다. 그림 1.42는 **제게르콘**(Seger cone)에 의한 내화도시험을 도시한 것이다. 제게르 콘을 2시간 동안 자연건조시키고 노내에 넣어 서서히 온도를 높인다. 200℃에서 1시간 가열하고 매 5분마다 300℃의 비율로 온도를 높여 삼각추의 머리가 바닥에 닿을 때의 온도를 내화도로 한다.

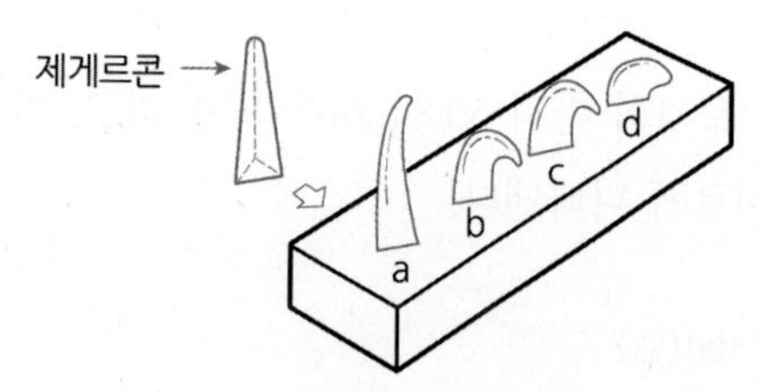

그림 1.42 제게르콘에 의한 내화도 시험

간편법으로 **소결내화도**(燒結耐火度)를 측정하는 경우가 많다. 그림 1.43과 같이 백금 리본을 시편 위에 대고 일정 온도로 가열하여 일정 시간 유지한 후 접촉부의 소결상태를 관찰하고, 소결부가 없을 때에는 시편의 다른 위치에서 보다 높은 온도로 가열하여 소결이 시작될 때를 소결점(燒結点)으로 한다. 이때 백금 리본의 누르는 힘은 170 g, 가열 시간은 4 min이다.

자연사의 내화도는 낮은 경우 1,250 ~ 1,350℃이고 높은 것은 1,500 ~ 1,600℃이다. 그런데 주철의 주입온도가 1,350 ~ 1,450℃이고, 주강의 경우는 1,500 ~ 1,550℃이므로 자연사의 내화도는 다소 부족하기 때문에 내화성이 큰 도형제를 주형의 표면에 살포하는 것이 필요하다.

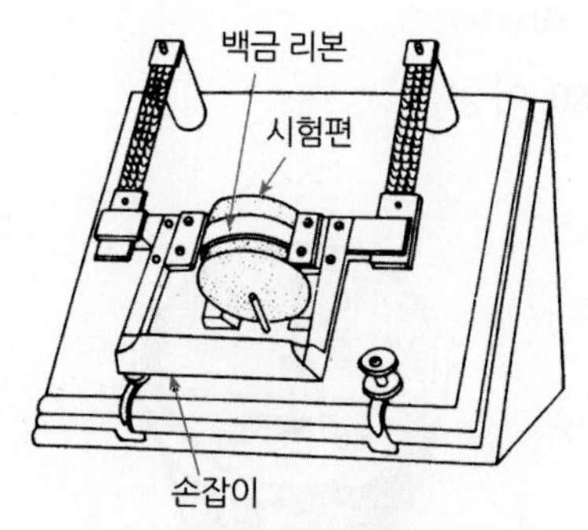

그림 1.43 내화도시험(소결내화도)

3.4.6 성형성

주형을 만들 때 조형의 용이성을 **성형성**(成形性, flowability)이라 하며, 주형의 일부에 다짐을 주었을

때 그 효과가 구석구석까지 잘 전달되는 것은 성형성이 좋은 것이고 국부적인 효과만 있을 때는 성형성이 불량한 것이다. 이 성형성을 측정하는 방법은 일반적으로 Dietert 유동식 시험법 및 Kyle의 유동성 시험법이 주로 쓰인다.

Dietert 방법은 표준 다짐 장치로 3회 다져서 높이 50.8 mm(지름 50.8 mm)로 한 것을 4회, 5회 다져 4회 다짐 후의 높이와 5회 다짐 후의 높이의 차 x를 측정하여 식 (1.10)으로 계산한다.

$$F = \frac{50.8 - x}{50.8} \times 100(\%) \tag{1.10}$$

Kyle의 방법은 표준 다짐 장치로 3회 다져 50.8 mm가 되게 하고, 다시 2 kg의 중추로 3회 더 다져서 상하면의 경도를 측정하여 그 비로써 나타낸다.

$$F = \frac{\text{하면의 경도}}{\text{상면의 경도}} \times 100(\%) \tag{1.11}$$

3.4.7 경도

주형의 경도(硬度, hardness)는 다짐 정도를 표시하며 주형의 강도 및 통기도와도 관계가 있다.

그림 1.44는 AFS의 표준경도계로서 0.1 in 변위시키는데 237 g의 힘을 요하는 스프링으로 직경 0.2 in인 강구(鋼球, steel ball)를 지지하고 있으며, 이 강구로 주형면을 압입했을 때 압입된 깊이로 경도를 표시한다. 즉, 압입깊이가 강구의 반경인 0.1 in일 때에는 주형의 경도는 0이고, 깊이가 없을 때에는 경도 지시 눈금이 100이 되도록 되어 있다.

- 무르게 다진 주형의 경도 : 70 이하
- 중간 정도 다진 주형의 경도 : 70 ~ 80
- 단단하게 다진 주형의 경도 : 80 이상

그림 1.44 AFS 표준경도계

3.5 주물사 처리 기계

주조공장에서 제품 1톤에 대하여 대략 5 톤의 주물사를 관리해야 한다. 제품의 품질을 높이고 생산 능률을 올리기 위해서는 주물사의 합리적인 처리가 요구된다. 주물사 처리의 과정을 도시하면 그림 1.45와 같다.

주물사 처리를 대별하면 주조 후 주형으로부터의 주물사의 회수 처리, 신사와 점결제 및 첨가제의 혼합 작업, 이것들의 운반 작업 등 세 가지가 있다.

주조공장의 규모, 모래의 종류 및 용도 등에 따라 알맞은 주물사를 공급할 수 있게 해야 한다.

3.5.1 분쇄기

분쇄기(粉碎機)는 주물사를 사용 목적에 알맞은 크기로 분쇄하는 기계이며, 볼 밀(ball mill) 및 에지 밀(edge mill) 등이 있다.

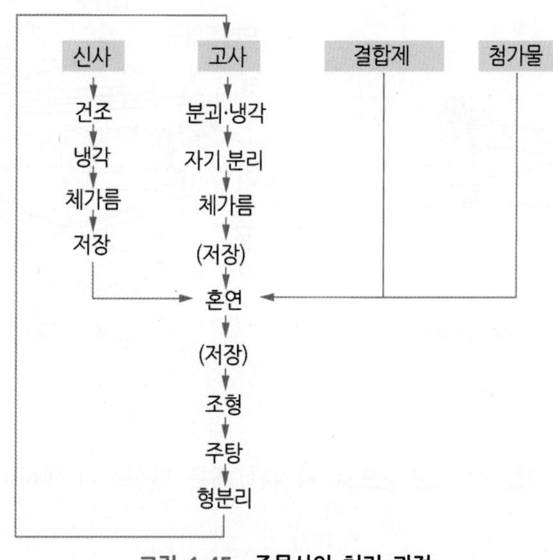

그림 1.45 주물사의 처리 과정

3.5.2 건조기

주물사를 건조시키는 **건조기**(乾燥機)에는 수평식 및 수직식이 있다. 그림 1.46은 수평식 건조기로서 내부에 모래를 이동시키는 날개가 있다.

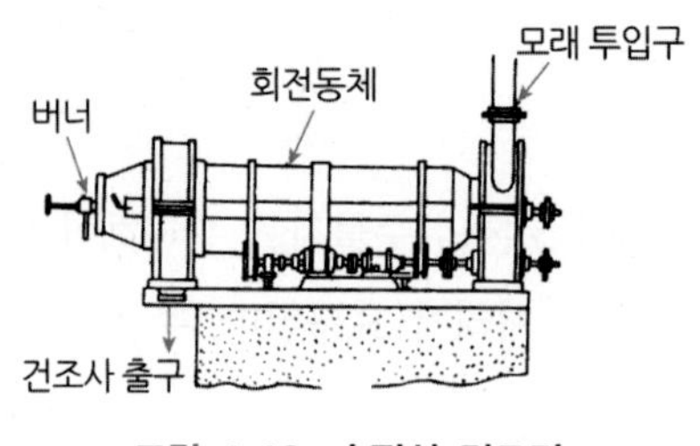

그림 1.46 수평식 건조기

3.5.3 모래 입자의 분리

1) 자기분쇄기

자기분쇄기(磁氣粉碎機)는 그림 1.47과 같이 영구 자석 혹은 전자석을 이용하여 철편 등을 제거하며, 처리 능력은 4 ton/h 정도이고 벨트 속도가 10 m/min일 때 자속은 120,000 Mx 정도, 35 m/min일 때에는 500,000 Mx 정도이다.

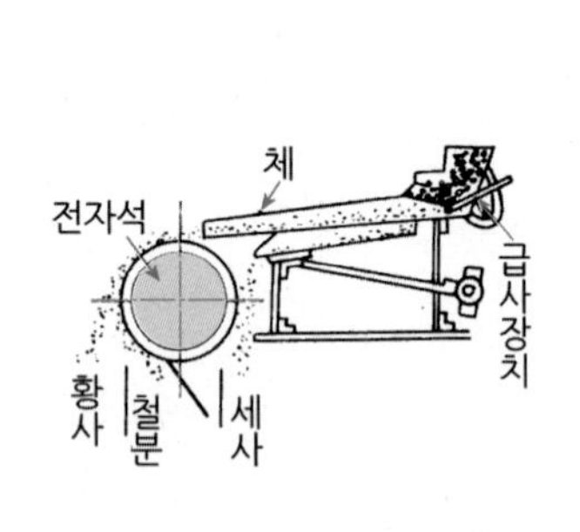

그림 1.47 자기분쇄기

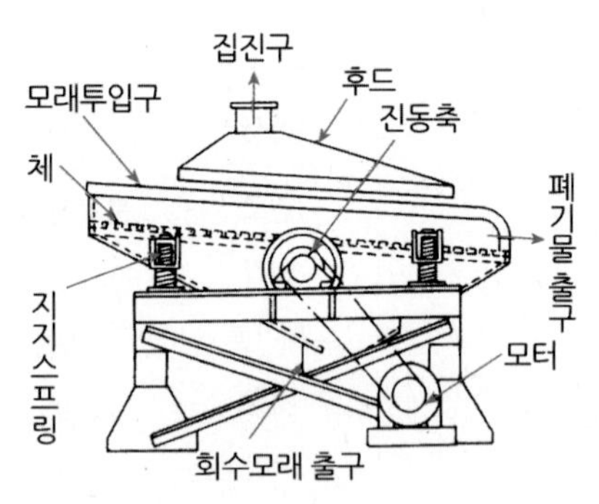

그림 1.48 진동식 기계체

2) 체

그림 1.48과 같은 진동식 체로서 스프링으로 지지된 대를 편심축에 의하여 진동시키는 형식이다.

3.5.4 혼사기

혼사기(混砂機, sand mixer)에서는 서로 반대 방향으로 고속 회전하는 원판에 모래가 충돌하여 분쇄되면서 혼합된다. 그림 1.49는 원판식 혼사기이고 그림 1.50의 프로펠러식 혼사기는 기어 장치에 의하여 원통 내의 프로펠러 스크류(propeller screw)를 회전시키고, 이것이 공급된 주물사를 혼합시킨다.

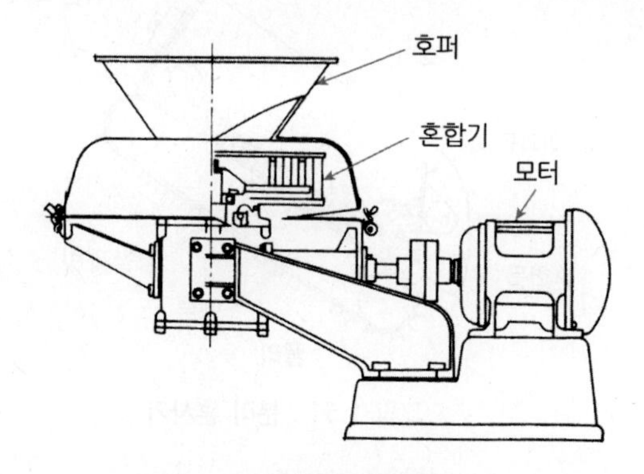

그림 1.49 원판식 혼사기

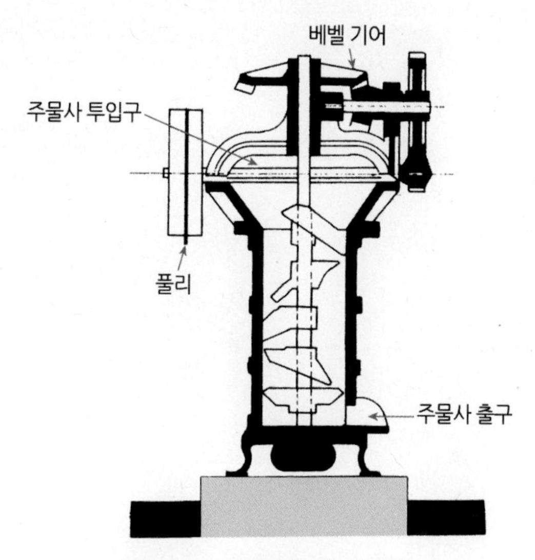

그림 1.50 프로펠러식 혼사기

3.5.5 분리 혼사기

그림 1.51에 나타낸 **분리 혼사기**는 2개의 풀리에 수많은 강철 빗이 있는 벨트가 씌워져 있다. 강철 빗에 의하여 뭉쳐져 있던 모래가 분쇄되고 금속편 등의 혼합물이 분리되어 밑으로 내려오면 운전을 멈추고 제거한다. 또 강철 빗과 토출에 의하여 고루 섞어지고 가열된 주물사일 경우에는 냉각속도를 크게 하는 역할도 한다.

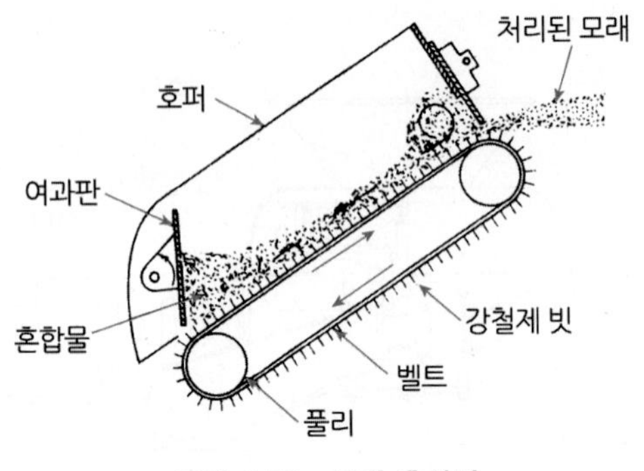

그림 1.51 **분리 혼사기**

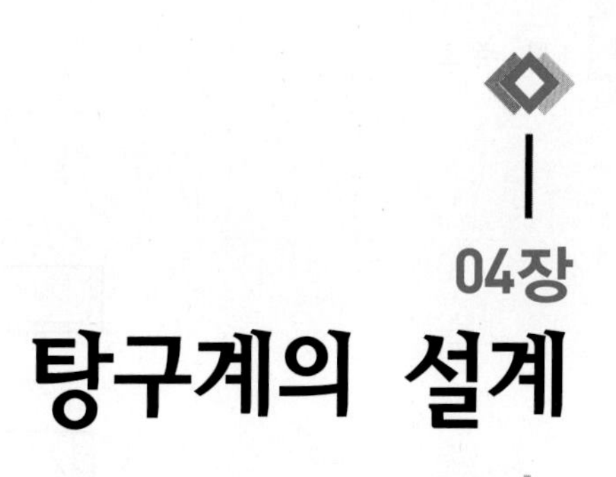

04장
탕구계의 설계

4.1 탕구계

탕구계(湯口系, gating system)는 주형 안에 쇳물을 유입시키기 위하여 만든 통로를 말하며, 그림 1.52와 같이 탕류, 탕구(sprue), 탕도(runner) 및 주입구(gate) 등으로 구성된다. 탕구계는 쇳물이 유입 중에 주형에 손상을 주지 않고, 가스를 흡입하지 않으며, 주입량과 온도구배가 알맞도록 설계되어야 한다.

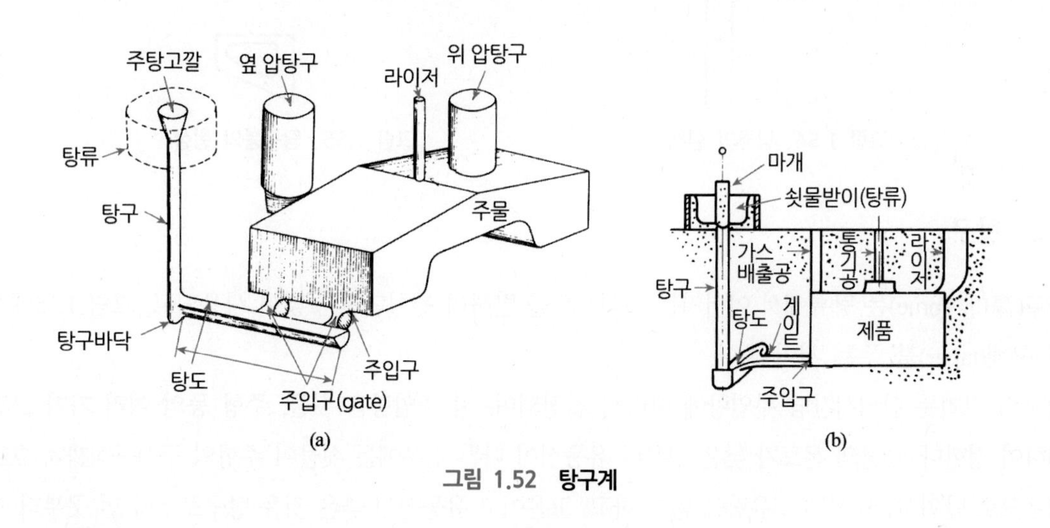

그림 1.52 **탕구계**

4.1.1 탕류

탕류(湯留, pouring basin)는 쇳물을 받아서 일시적으로 저장하는 곳으로서 쇳물받이라고도 한다. 용탕을 주입할 경우 비산을 방지하여 산화를 방지하고, 불순물 등이 들어가지 않고 조용히 유동시키기 위하여 그림 1.53과 같이 마개(stopper), 댐(dam) 및 여과기(strainer) 등을 설치하면 좋다.

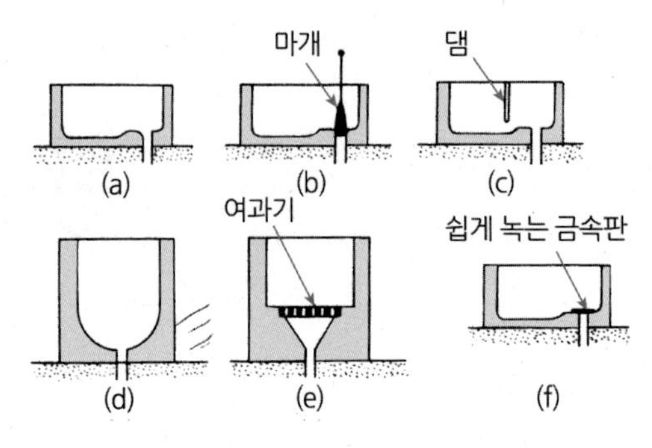

그림 1.53 탕류의 종류

탕류는 주탕 시 불순물이 들어가지 않도록 설계해야 하며(그림 1.54 참조), 이때 탕류의 직경은 탕구 직경의 5 ~ 9배($D \cong (5 \sim 9)d$), 탕류의 깊이는 탕구 직경의 2배 이상($h \geq 2d$)으로 하는 것이 바람직하다.

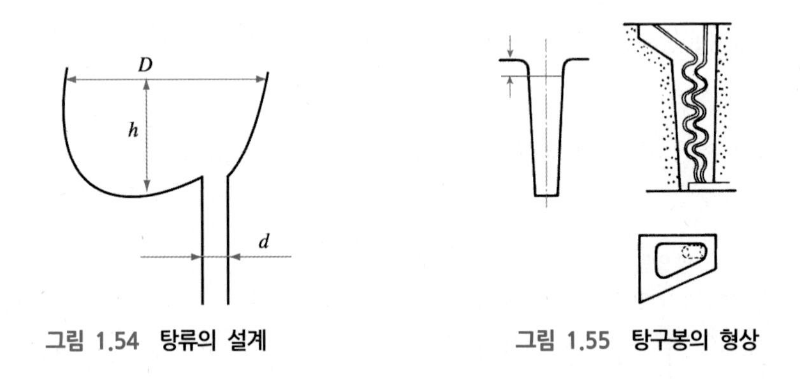

그림 1.54 탕류의 설계

그림 1.55 탕구봉의 형상

4.1.2 탕구

탕구(湯口, sprue)는 탕류에서 이어지는 수직유로를 말하며 원형단면이 많이 사용되고, 그림 1.55에서와 같이 구배(taper)를 두는 것이 좋다.

탕구의 크기는 단위시간당 주입량에 따라서 결정되며, 이 주입량은 쇳물, 주형 등의 여러 가지 조건을 고려하여 정한다. 쇳물의 온도가 낮은 경우나 유동성이 나쁜 경우에는 쇳물이 주형의 구석구석까지 흐르기 어려우므로 단위시간당의 주입유량을 많게 하고, 고온이고 유동성이 좋은 것은 탕구로부터 먼 곳부터 차례로 응고해 가는 온도구배를 가지도록 비교적 주입유량을 적게 한다. 또 주형이 강한 경우에는 쇳물로 손상되는 일이 없으므로 유량을 많게 하고 유속도 크게 하며, 약한 경우에는 유량도 적고 유속도 낮게 한다.

4.1.3 탕도

탕도(湯道, runner)는 탕구 하단에서 주형의 적절한 위치에 설치한 주입구(gate)까지 쇳물을 안내하기 위한 수평유로를 말한다. 탕도는 쇳물의 온도가 저하하지 않도록 직경을 어느 정도 크게 해야 하며, 슬랙(slag)이나 불순물의 유입을 방지할 수 있는 형상이 바람직하다. 그림 1.56에 여러 가지 탕도의 형상을 나타내었다. 그림에서 (a), (b), (c), (d)는 가벼운 불순물을 제거할 수 있는 구조이다. 특히 (b)는 쇳물에 와류(volute)를 일으켜 용탕 속에 있는 가벼운 불순물이 표면으로 쉽게 떠오르게 한 것이다. 그리고 (e)는 댐을 설치하여 무거운 불순물을 제거하는 구조이고, (f)는 여과기(strainer)를 설치하여 불순물을 제거하는 구조이다.

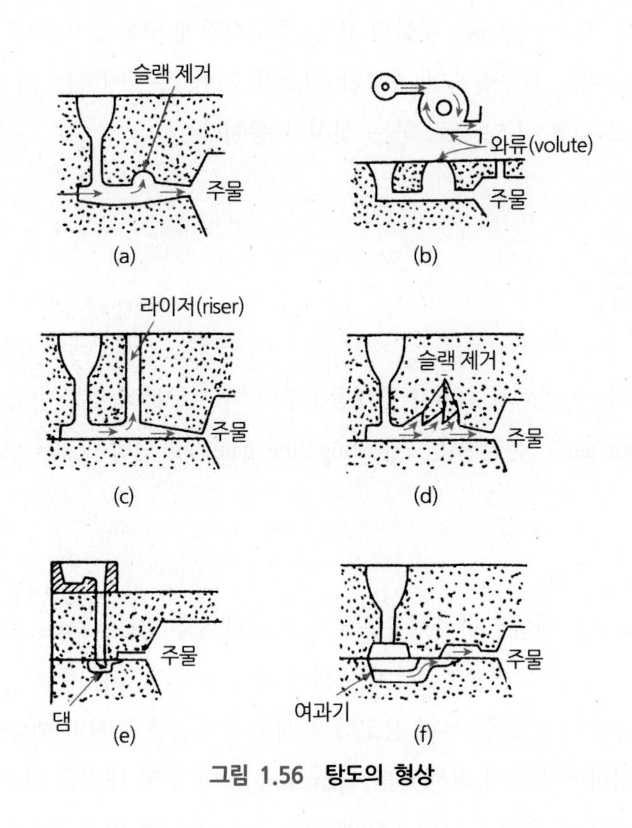

그림 1.56 탕도의 형상

4.1.4 주입구

주입구(注入口, gate)는 탕도로부터 갈라져서 주형공동부로 들어가는 통로를 말하며 하나의 탕도에 여러 개의 주입구를 설치하는 것이 보통이다.

주입구의 크기는 쇳물의 온도가 낮거나 유동성이 불량하면 크게 하고, 쇳물의 온도가 높거나 유동성이 양호하면 작게 한다. 그리고 게이트는 주철주물에서는 불순물 혼입을 방지하고, 주조 완료후 절단할 때의 노력을 덜기 위하여 단면적을 작게 하는 것이 바람직하다. 반면 강주물의 경우는 게이트에서의 저항을 적게 하고 유동성이 비교적 나쁜 쇳물을 신속히 유입시키기 위하여 탕도보다 단면적을 크게 하는 것이 원칙이다.

4.1.5 주입구

주입구(鑄入口, choke)는 주형공동부의 입구를 말하며 주물이 응고되면 자르는 부분이다. 연성이 큰 주강주물은 톱으로 절단하며 연성이 작은 주철주물은 망치나 해머(hammer)로 자른다.

4.1.6 탕구비

탕구봉, 탕도, 게이트의 크기의 비율은 쇳물의 유동, 주입시간에 영향을 미치며 이 비를 **탕구비**(湯口比, gating ratio)라 한다. 탕구비는 탕구설계의 중요한 기초가 되며, 주철에서는 이 비를 1 : 1 ~ 0.75 : 0.75 ~ 0.5, 주강에서는 1 : 1.2 ~ 1.5 : 1.5 ~ 2로 하는 것이 보통이다.

4.2 탕구의 종류

탕구의 종류는 탕도 또는 게이트의 위치가 주형공동부의 어느 부분에 있는가에 따라서 낙하식 탕구(top gate), 압상식 탕구(bottom gate), 분할면 탕구(parting line gate) 및 단탕구(step gate) 등으로 나누어진다.

4.2.1 낙하식 탕구

낙하식 탕구(落下式 湯口)는 게이트가 주형공동부 바로 위에 있는 것으로서, 그림 1.57에서와 같이 양동이로 물을 수조에 붓는 것과 같은 양상으로서 벽두께가 얇고 깊이가 깊은 주물에 적당하다. 이것은 쇳물의 온도강하가 적고, 쇳물이 아래쪽에서부터 응고하기 때문에 치밀한 조직의 제품을 얻을 수 있는 장점이 있지만, 용탕의 산화가 심하며 쇳물이 **비산**(飛散, spattering)하며 주형 내벽을 파손시키기 쉬운 단점이 있다. 이와 같은 단점을 방지하기 위하여 그림 1.58에서와 같이 탕구 맨 위에 작은 탕구를 등간격으로 설치한다든지, 여기에 여과기(strainer)를 만든다.

그림 1.57 낙하식 탕구

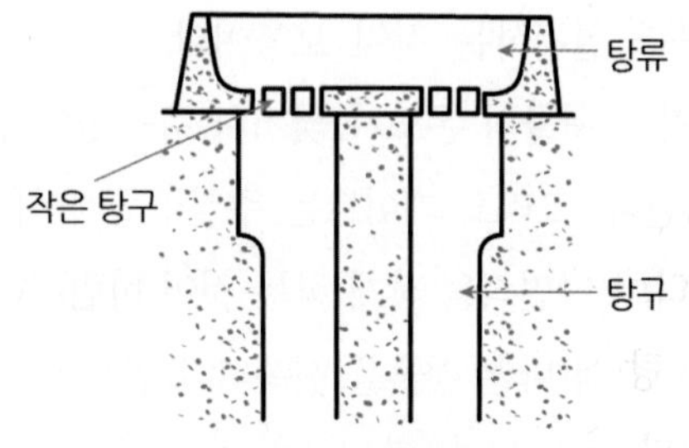

그림 1.58 원통주물의 게이트

4.2.2 압상식 탕구

압상식 탕구(押上式 湯口)는 게이트를 주형공동부의 최하단에 두는 것을 말하며, 그림 1.59와 같은 탕구로서 벽두께가 두껍고 깊이가 얕은 주물에 적당하다. 이것의 장점은 쇠물이 비산하지 않고 조용히 유입되며 용제나 불순물이 잘 떠오른다는 것이다. 단점으로는 쇳물의 응고가 위에서 아래로 진행되기 때문에 용탕의 주입이 어려우며 **수축공**(收縮孔, shrinkage cavity)이 생기기 쉽다는 것이다. 이를 방지하기 위하여 탕도에 그림 1.60과 같이 압탕구(feeder)를 설치하여 모자라는 쇳물을 보충하고 용탕에 압력을 가하게 한다.

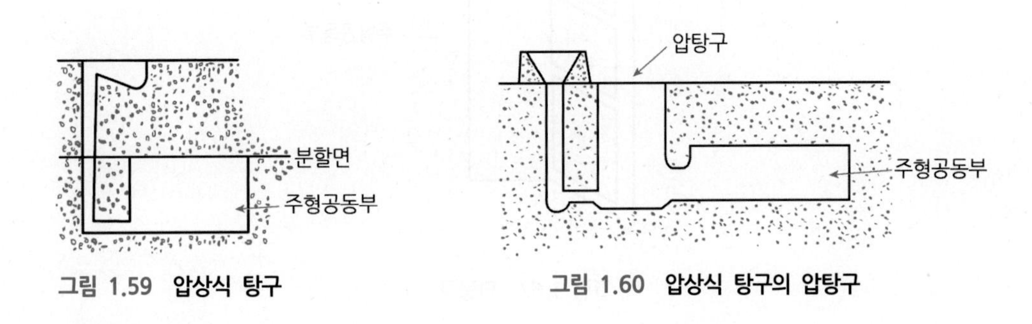

그림 1.59 압상식 탕구　　그림 1.60 압상식 탕구의 압탕구

4.2.3 분할면 탕구

분할면 탕구(分割面 湯口)는 게이트의 위치가 그림 1.61에서와 같이 주형공동부의 중간에 있는 것을 말하며 **중간 탕구**(中間 湯口)라고도 한다. 이것은 낙하식 탕구와 압상식 탕구의 중간형으로서 각각의 장단점을 고루 가지고 있다.

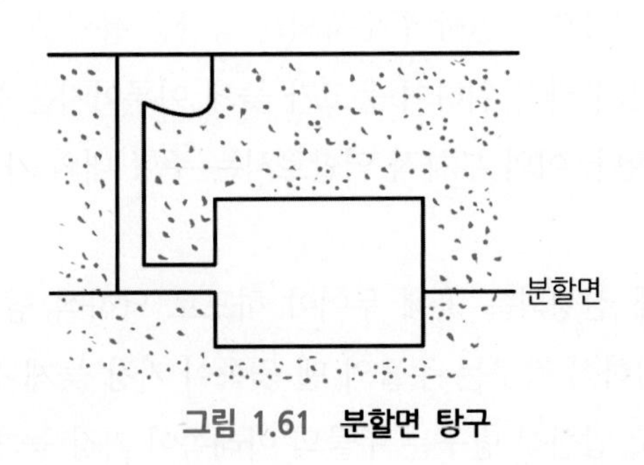

그림 1.61 분할면 탕구

4.2.4 단탕구

단탕구(段湯口, step gate)는 그림 1.62에서와 같이 게이트가 상하로 여러 개 있는 것을 말하며, 낙하식 탕구와 압상식 탕구를 조합시킨 것과 같다. 게이트는 위로 약간 경사지게 만든다. 주물의 깊이가 깊을 때 매우 유용하다. 쇳물을 주입시키면 쇳물은 먼저 제일 낮은 게이트에서 유입되며 이때는 압상식 탕구의

역할을 하게 된다. 쇳물의 유입량이 증가하면 무게가 무거워져서 주입에 필요한 압력이 커져야 된다. 쇳물이 어느 정도 주입되면 이제 그 위의 게이트로부터 쇳물이 유입되는데, 이때는 낙하식 탕구의 역할을 하게 된다.

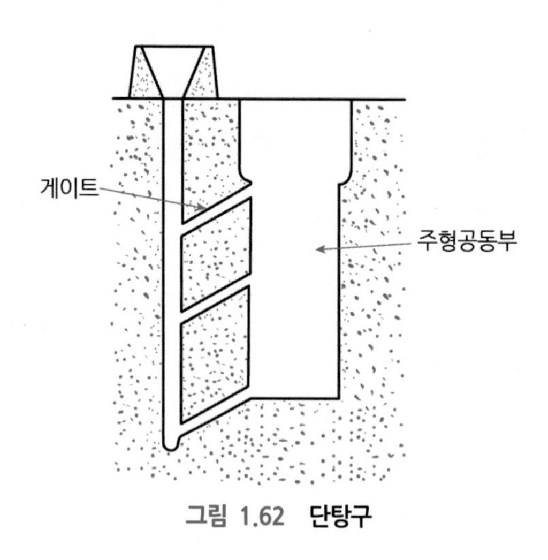

그림 1.62 **단탕구**

4.3 압탕구와 라이저

4.3.1 압탕구

주형 내에서 용탕의 응고 및 냉각으로 인하여 수축되는 양만큼 용탕을 보충하고, 주형 내의 탕에 정압을 가해서 주물의 조직을 치밀하게 하기 위하여 응고가 늦게 이루어지는 높은 위치에 여분의 용탕을 둔 것을 **압탕구**(押湯口, feeder)라 한다. 이의 부차적 역할로서는 주형 내의 가스, 수증기를 배출시키고 불순물을 부유시킨다.

압탕구는 용탕의 응고가 늦게 진행되는 곳에 두어야 하므로 낙하식 탕구와 압상식 탕구의 압탕구의 위치가 서로 달라야 한다. 즉, 낙하식 탕구는 주물의 맨 윗쪽이 가장 늦게 응고되므로 압탕구는 주형공동부 윗쪽에 설치해야 된다. 그리고 압상식 탕구는 주물의 아래쪽이 가장 늦게 응고되므로 쇳물이 주입되는 탕도에 압탕구를 설치해야 된다(그림 1.52(a), 그림 1.60 참조).

4.3.2 라이저

라이저(오르기, riser)는 주형 내에 있는 가스나 수증기를 배출시키고 불순물을 부유시키며, 주입량을 짐작하게 한다. 라이저의 역할이 압탕구에서는 부차적인 역할이 된다.

라이저는 압탕구보다 크기가 훨씬 작으며 탕구계의 종류에 따른 위치의 제약을 크게 받지 않는다. 주형 공동부의 윗쪽에 설치함과 동시에 탕도에도 설치하여 가스나 불순물 등을 배출시켜 양호한 주물을 얻게 한다(그림 1.52, 그림 1.56(c) 참조).

4.4 탕구계의 설계

4.4.1 연속의 법칙

비압축성 유체에 대해서는 다음과 같은 **연속의 법칙**(principle of continuity)이 성립한다.

$$Q = A_1 V_1 = A_2 \cdot V_2 = \cdots = \text{const.} \tag{1.12}$$

단 Q : 단위시간당의 유량(m^3/sec), A : 유로의 단면적(m^2), V : 유속(m/sec)

4.4.2 베르누이의 방정식

그림 1.63에서 보는 바와 같이 수조에 물을 가득 채우고 아래쪽의 구멍을 통하여 물을 밖으로 보내는 구조를 생각해보자. 이 때 1의 위치에서 유체의 에너지 E_1은 2에 있어서의 에너지 E_2에 1에서 2까지 유동하는 동안의 손실 에너지 E_{loss}를 합한 것과 같다. 즉,

$$E_1 = E_2 + E_{\text{loss}} \tag{1.13}$$

만약 마찰 에너지를 무시한다면 1의 위치에서의 위치 에너지, 압력 에너지 및 운동 에너지의 합은 2의 위치에 있어서의 그것들의 합과 같다. 즉,

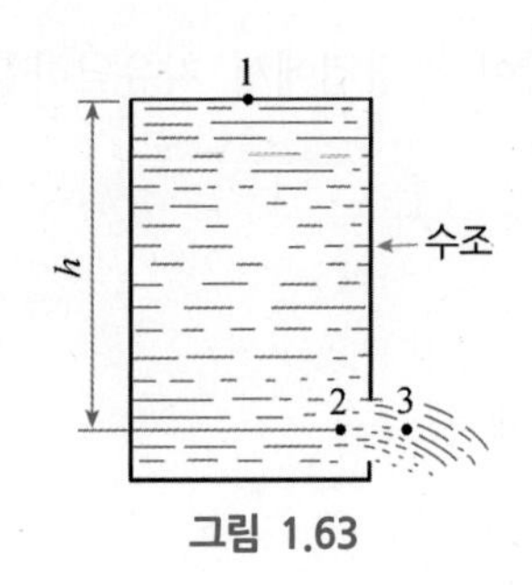

그림 1.63

$$h_1 + \frac{{v_1}^2}{2g} + \frac{p_1}{\gamma} = h_2 + \frac{{v_2}^2}{2g} + \frac{p_2}{\gamma} \tag{1.14}$$

단 h : 기준면인 오리피스의 중심에서의 높이(mm)
v : 오리피스의 유속(m/sec)
γ : 유체의 비중량(kg/mm³)
p : 압력(kg/mm²)
g : 중력가속도(980cm/sec³)

식 (1.14)를 **베르누이의 방정식**(Bernoulli's equation)이라 한다.

2점을 지나는 수평선을 기준선으로 취하면 $h_2 = 0$이 되며, $A_1 \gg A_2$라 하면 $v_1 \fallingdotseq 0$이 된다. 그러므로 식 (1.14)에서

$$h_1 + 0 + \frac{p_1}{\gamma} = 0 + \frac{{v_2}^2}{2g} + \frac{p_2}{\gamma} \tag{1.15}$$

가 된다.

$p_1 = p_2$(=대기압)이므로

$$v_2 = \sqrt{2gh_1} \tag{1.16}$$

이 되며 $h_1 = h$, $v_2 = v$로 놓으면

$$v = \sqrt{2gh} \tag{1.17}$$

이다. 실제 응용에서는 속도계수를 곱해야 한다.

4.4.3 수직주탕

그림 1.64에서 보는 바와 같이 용탕이 주탕컵에서 자유낙하할 때 이를 **수직주탕**(垂直注湯, vertical gating)이라고 한다. 이 때

$$v_2 = \sqrt{2gh_c}, \quad v_3 = \sqrt{2gh_t}$$

그런데 연속의 법칙 $A_2 \cdot v_2 = A_3 \cdot v_3$에서

$$\frac{A_3}{A_2} = \frac{v_2}{v_3} = \sqrt{\frac{h_c}{h_t}} \tag{1.18}$$

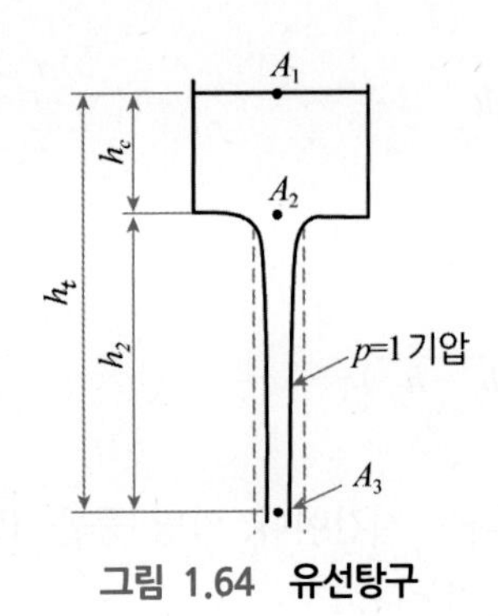

그림 1.64 유선탕구

단 A_2, A_3는 탕구의 단면적이 아니고 용액 stream의 단면적이다. 2와 3 위치 사이의 단면적은 h에 따라 쌍곡선함수로 변화시켜야 하지만 일반적으로 A_2와 직선으로 연결하기 때문에 상부에서는 단면적이 약간 크게 되어 저속, 저압으로 되며, 탕이 주형벽으로부터 가스를 흡입하게 되고 금속과 반응하여 산화물을 형성하거나 기공(blow hole)을 형성한다.

예제 1.2

그림 1.65와 같이 40 in × 20 in × 10 in 크기의 주물의 주조에서 10 in 높이의 주탕컵에서 쇳물을 부을 때 주입시간을 계산하여라.

단 주입구의 단면적은 2 in × 2 in = 4 in^{2}이다.

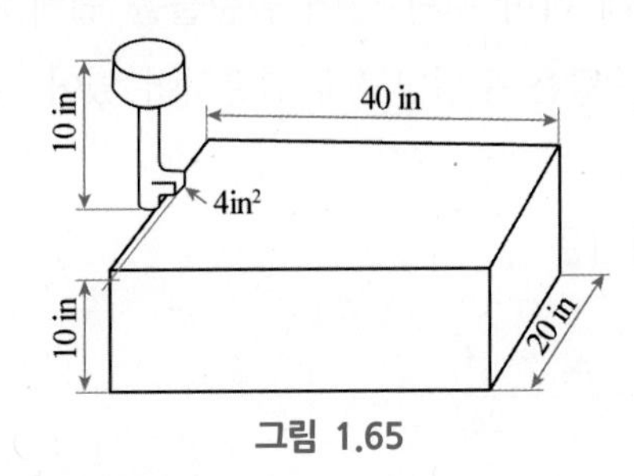

그림 1.65

$$t = \frac{V}{Q} = \frac{V}{A \cdot v}(V: \text{용적}) = \frac{40 \times 20 \times 10}{(2 \times 2) \cdot \sqrt{2 \times 386 \times 10}} = 23(\text{sec})$$

4.4.4 압상주탕

주탕 시 쇳물의 비산 및 산화를 줄이기 위하여 그림 1.66과 같이 압상주탕(押上注湯, bottom gating)으로 하는 수가 있다.

흡인 작용(吸引 作用)이 없는 탕구라고 가정하면

$$A_m \cdot dh = A_g \cdot \sqrt{2g(h_t - h)} \cdot dt \tag{1.19}$$

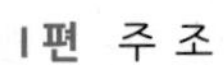

$$\therefore \frac{dh}{\sqrt{2g(h_t - h)}} = \frac{A_g}{A_m} \cdot dt$$

$$\therefore \frac{1}{\sqrt{2g}} \int_0^{h_m} \frac{dh}{\sqrt{h_t - h}} = \frac{A_g}{A_m} \int_0^{t_f} dt$$

$$\therefore t_f = \frac{2A_m}{A_g\sqrt{2g}} (\sqrt{h_t} - \sqrt{h_t - h_m}) \tag{1.20}$$

단 t_f : 주형을 채우는 데 요하는 시간이다. 압탕 등을 고려하여 $h_t > h_m$이며 h_t를 크게 할수록 식 (1.20)에서 t_f는 줄어든다.

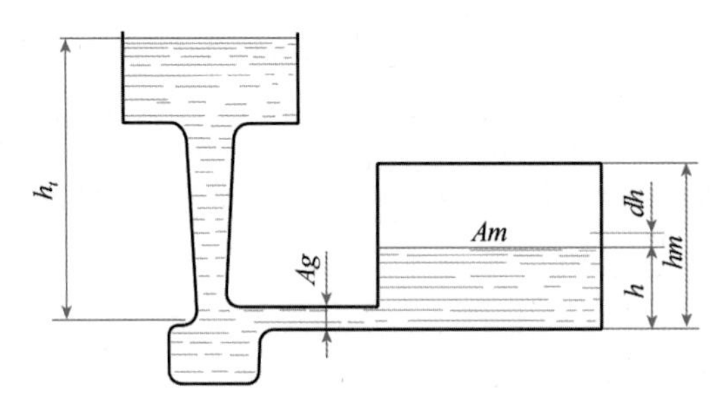

그림 1.66 흡인작용이 없는 삼투성 수직탕구

4.4.5 수평주탕

용액을 주형 내에 잘 분포하게 하며 주탕 중에 불순물을 쉽게 제거하기 위하여 **수평주탕**(水平注湯, horizontal gating)을 하나, 수평주탕은 수평탕구에 연결되어 있어 그 방향 변환에서 **교축**(交縮, throttle) 때문에 흡인작용이 생긴다.

그림 1.67에서 베르누이 방정식은

$$h_2 + \frac{p_2}{\gamma} + \frac{{v_2}^2}{2g} = h_3 + \frac{p_3}{\gamma} + \frac{{v_3}^2}{2g} \tag{1.21}$$

그런데 $h_2 = h_3$이고 교축단면적 A_2는 A_3보다 작으므로 $v_2 > v_3$이다.

$$\therefore \frac{p_3 - p_2}{\gamma} = \frac{{v_2}^2 - {v_3}^2}{2g}$$

$$\therefore p_2 = p_3 - \frac{\gamma}{2g}({v_2}^2 - {v_3}^2) \tag{1.22}$$

그런데 p_3는 대기압이므로 p_2는 대기압 이하로서 흡인작용을 한다. 따라서 수평탕구에 있어서도 흡인작용을 방지하기 위해서는 압력을 일정하게 하도록 설계해야 한다.

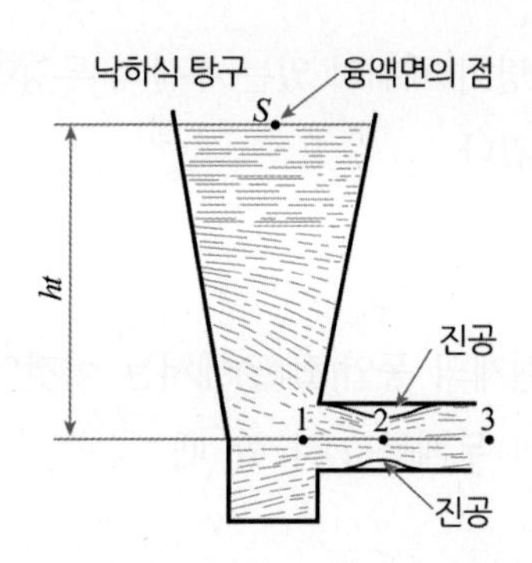

그림 1.67 불삼투성 주형 내에서의 오리피스의 영향

탕구설계에 있어서 고려해야 할 주철 및 주강의 적당한 주입시간은 표 1.10과 같다.

표 1.10 주철 및 주강의 주입시간(강주물 연구회 자료)

주철(cast iron)		주강(cast steel)	
중량(kg)	주입시간(sec)	중량(kg)	주입시간(sec)
100 이내	4 ~ 8	100 ~ 250	4 ~ 6
500 이내	6 ~ 10	250 ~ 500	6 ~ 12
1000 이내	10 ~ 20	500 ~ 1000	12 ~ 20
4000 이내	25 ~ 35	1000 ~ 3000	20 ~ 50
4000 이상	35 ~ 60	3000 ~ 5000	50 ~ 80

4.5 압상력의 계산

주형 내의 탕이 정지 상태에 있을 때는 접촉면에 직각방향으로만 힘을 작용시킨다. 수평방향과 하향방향의 힘은 주형이 파괴되지 않으면 안전하지만, 상방향의 경우 **압상력**(押上力)이 상형의 중량보다 크면 상형이 들리어 탕이 유출하게 된다. 따라서 가능하면 상형의 중량이 압상력보다 커야 하며, 부득이 적을 때에는 중추를 놓아 안전을 도모해야 한다.

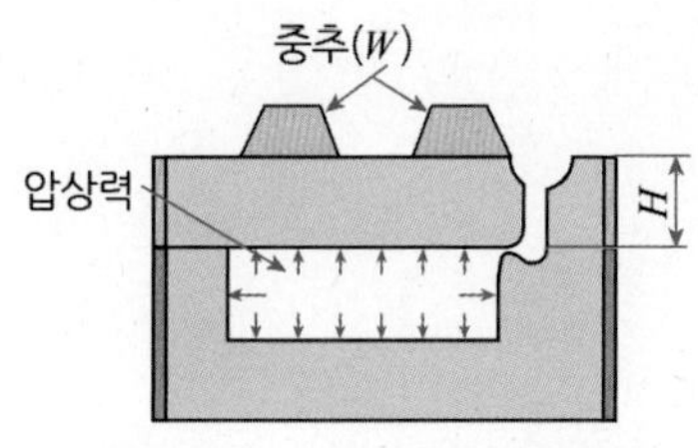

그림 1.68 중추를 설치한 주형

그림 1.68에서 위에서 본 주형에 용탕이 채워져 있는 부분의 투영면적을 A, 탕의 비중량을 γ, 유효높이를 H라 할 때 압상력 F_u는 다음과 같다.

$$F_u = A \cdot \gamma \cdot H \tag{1.23}$$

이상은 정압(靜壓)의 경우이므로 실제의 동압(動壓)에서는 이것의 1.5 ~ 2배 정도가 된다.

만일 중추(W)가 필요하다면 상형의 무게를 G라 할 때

$$W = A \cdot \gamma \cdot H - G \tag{1.24}$$

가 된다.

예제 1.3

그림 1.68에서 위에서 본 용탕부의 투영면적 $A = 400\ \text{mm} \times 300\ \text{mm}$이고 주탕컵의 유효높이 $H = 150\ \text{mm}$인 주형에 비중량 $\gamma = 7.5\text{g/cm}^3$인 주철을 주입할 때 상형의 무게가 200 kg이라 하고 중추의 무게를 계산하여라.

풀이 $F_u = 40 \times 30 \times 15 \times 7.5 = 135{,}000\ \text{g} = 135\ \text{kg}$

동압 = 2 × 정압으로 보면

압상력 = 135 × 2 = 270 kg

∴ 중추의 무게 $W = 270 - 200 = 70\ \text{kg}$

05장

용해로

주조과정은 고체의 원료를 용해하여 목적의 재질이 될 수 있도록 성분을 조성하고 불순물을 제거하며, 주형 내에서 충분히 유동할 수 있도록 승온되어야 한다. 이와 같이 원료를 용해하는 로(furnace)를 용해로(熔解爐)라 한다.

5.1 용해로의 분류

5.1.1 용해로를 열원에 따라 분류하면

① 고체연료 용해로 : 용선로(cupola), 도가니로

② 액체연료 용해로 : 도가니로, 반사로

③ 기체연료 용해로 : 천연 가스가 많은 미국, 소련 등에서 지금의 예열장치에 사용

④ 전기로 : 에루(Heroult)식 아크로

5.1.2 용해금속의 종류에 따라 분류하면

① 철주물용 용해로

i) 주철주물용 : 용선로, 전기로

ii) 주강주물용 : 전기로, 평로, 반사로

② 비철주물용 용해로 : 도가니로, 전기로 등으로 분류할 수 있다.

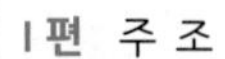

5.2 용해로의 종류

5.2.1 용선로

용선로(熔銑爐, cupola)는 주철 용해에 주로 사용되며 그 용량은 단위시간당 용해할 수 있는 능력을 톤(ton)으로 표시한다. 일반적으로 사용되는 용선로의 용량은 3 ~ 10 ton/hr이다. 용선로의 규격은 용해층의 안지름과 풍공에서 장입구까지의 높이로 표시한다.

노를 라이닝(lining) 재료에 따라 분류하면 산성로(acid furnace)와 염기성로(basic furnace)가 있으며, 전자의 라이닝 재료의 주성분은 규산(SiO)이며 용탕의 P, S는 잘 제거되지 않으나 C, Si, Mn 등은 제거된다. 후자의 라이닝 재료의 주성분은 염기성 재료인 MgO이며 P, S를 제거할 수 있다. 용선로는 다른 종류의 노에 비해 열효율이 좋고 구조가 간단하여 시설비가 염가이고 작업이 간편하며 노에서 임의의 양만큼 수시로 출탕할 수 있는 등의 장점을 갖고 있으나, 원료가 고온에서 장시간 접촉하기 때문에 성분 변화가 많고 산화하여 탕이 많이 줄어드는 단점도 있다. 표 1.11은 용선로의 용량과 규격을 표시한다.

표 1.11 용선로의 용해능력과 규격(mm)

용 량 (ton/hour)	바 깥 지 름		안지름	라이닝 두께		송풍관 지 름	장 입 구	
	동 체	풍 통		장입구 하 부	장입구 상 부		수	치 수
1/2 ~ 1	810	1170	585	115	65	160	1	380 × 410
1 ~ 2	910	1270	690	〃	〃	250	1	510 × 510
3 ~ 5	1040	1450	810	〃	〃	290	1	560 × 560
5 ~ 6	1300	1700	940	180	65	360	1	690 × 740
6 ~ 7	1420	1880	1140	180	115	360	1	690 × 760
9 ~ 10	1680	2140	1220	230	115	430	1	690 × 760

[비고] ① 용선로의 유효높이는 풍공 부분 지름의 4 × 5배로 한다(풍공으로부터 장입구까지의 높이).

② 풍공비$=\dfrac{\text{풍공 전면적}}{\text{풍공부 내부 단면적}}=\dfrac{1}{3}\sim\dfrac{1}{20}$로 한다. 보통 $\dfrac{1}{5}\sim\dfrac{1}{8}$을 사용

그림 1.69는 용선로의 구조를 나타낸 것이며 풍공비(風孔比, tuyere ratio) $=\dfrac{\text{풍공의 총 단면적}}{\text{풍공부의 노의 단면적}}$가 1 ton 노에서는 15 ~ 30%, 3 ton 노에서는 10 ~ 20%, 5 ton 노에서는 10 ~ 12% 정도이다. 풍공에서 장입구 하단까지의 높이인 유효 높이를 H라 하고, 풍공의 안지름을 D라 할 때, 유효 높이비$=\dfrac{H}{D}$는 4 ~ 5이다.

바람구멍비(풍공비)가 과대하고 풍속이 클 때는 용해재가 산화되거나 냉각되고, 풍공비가 너무 적을 때에는 중심부의 연소가 불충분하여 균일한 용해가 될 수 없다. 풍공비는 코크스질, 코크스 형상 및 원료

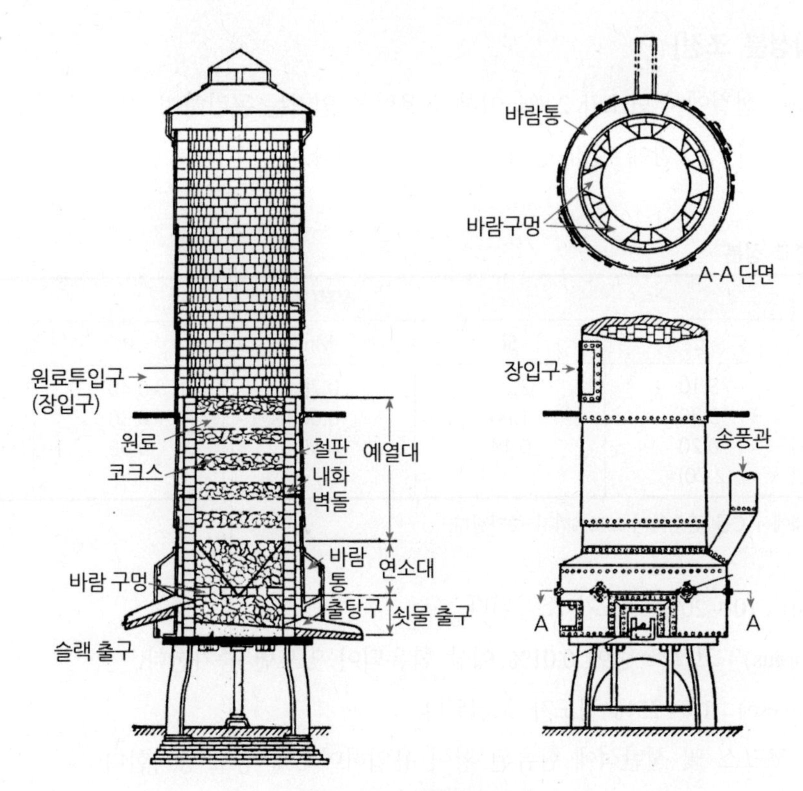

그림 1.69 용선로의 구조

의 종류에 따라 변한다. 풍공은 단면이 원형 또는 사각형이며 풍공의 높이는 쇳물이 고이는 높이를 한도로 하여 되도록 낮게 한다.

용선로에 장입되는 원료 및 코크스 등의 양과 크기에 따라 다르나 바람구멍을 통해서 들어가는 공기는 상당히 큰 압력으로 송풍되어야 노내 저항을 이기고 계속 공급할 수 있다. 이론송풍량은 식 (1.25)와 같다.

$$Q = \frac{1000\,W}{60} \times \frac{K}{100} \times \frac{k}{100} \times L = \frac{WKkL}{600} \tag{1.25}$$

단　Q : 송풍량(m^3/min)

W : 용해능력(ton/hr)

L : 탄소 1 kg의 연료에 필요한 공기량(m^3/kg)

K : 원료 100 kg의 용해에 필요한 코크스량(kg)

k : 코크스 100 kg 중에 함유된 탄소량(kg)

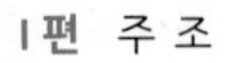

[노 내의 화학성분 조정]

① 탄소(carbon) : 선철에서 탄소가 2.8% 이하의 용탕을 얻기는 곤란하며, 용탕의 탄소량은 노 내에서 증가하고 온도가 상승함에 따라 증가량은 더욱 커진다.

표 1.12 원료의 중요 성분

배합재료	성분(%)				
	C	Si	Mn	P	S
선 철	3.10	2.21	0.78	0.40	0.02
고주철	3.20	1.90	0.60	0.30	0.08
고강철	0.20 (2.70)*	0.14	0.45	0.06	0.04

* 고강철은 용선로 내에서 C를 흡수하여 2.70%까지 증가한다.

② 규소(silicon) : 10 ~ 20% 정도가 소실된다.

③ 인(phosphorous) : 코크스 중에 0.01% 이상 함유되어 있으면 증가한다.

④ 망간(manganese) : 15 ~ 25% 정도가 소실된다.

⑤ 황(sulfur) : 코크스 및 석탄석에 함유된 황이 용입하여 3% 정도 증가한다.

i) 황은 용제인 석탄석($CaCO_3$)에 의하여 제거할 수 있다. 즉,

$CaCO_3+FeS \rightarrow CaS+FeO+CO_2$(철 중의 탈황작용)

$CaCO_3+S+CO \rightarrow CaS+2CO_2$

$2CaCO_3+2SO_2+3C \rightarrow 2CaS+5CO_2$

(이때 CaS는 용재) } (코크스의 탈황작용)

ii) FeMn에 의하여 탈황할 수 있다.

$2FeMn+S \rightarrow Mn_2S+2Fe$

(Mn_2S는 용재)

iii) 탄산소다(Na_2CO_3)에 의한 탈황작용

$Na_2CO_3+FeS \rightarrow Na_2S+FeO+CO_2$(철 중의 탈황)

$Na_2CO_3+S+C+O \rightarrow Na_2S+2CO_2$(코크스 중의 탈황)

5.2.2 반사로

반사로(反射爐, reverberatory furnace)는 그림 1.70과 같이 연소실과 용해실로 되어 있으며, 용해실에는 깊이 300 ~ 350 mm 정도의 용탕저유부가 있고, 석탄이나 중유의 연소 가스가 원료를 직접 가열함과 동시

에 벽돌을 가열하여 그것에서 반사되는 열로 금속을 용융시킨다.

출탕부는 용해실 측벽에 설치되어 있으며 노 바닥은 규사로 라이닝되어 있고, 측벽은 내화벽돌로 되어 있다. 노의 용해능력은 1회의 용해량으로 하며 15 ~ 40 ton 정도가 많다. 용선로에서의 용해에 비하여 비교적 순수한 것을 얻을 수 있으며 일시에 다량의 용탕을 얻을 수 있다. 따라서 대형 주물 및 고급주물을 얻을 때, 즉 가단주철 등을 용해할 때 주로 사용된다. 또 용선로나 도가니로에서는 원료의 크기에 제한을 받지만 반사로에서는 비교적 큰 것도 용해할 수 있다.

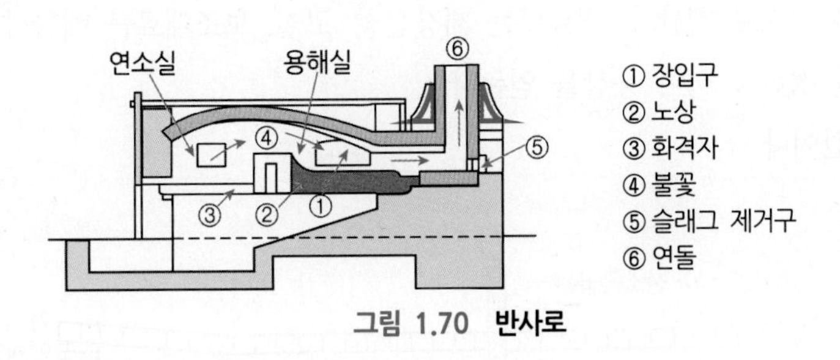

그림 1.70 **반사로**

5.2.3 전로

전로(轉爐, converter)는 제강로의 일종으로서 그림 1.71과 같은 노 내를 코크스 등에 의하여 자연상태까지 예열한 후 용선로에서 용해된 철을 전로로 옮겨 가열된 압축공기를 용융금속에 주입하면 산화작용에 의하여 C, Mn, Si 등이 산화하여 강이 된다.

전로의 용량은 1회의 제강량(ton)으로 표시하며, 대형은 10 ~ 40 ton이고 소형은 $\frac{1}{2}$ ~ 3 ton이다. 강 1 ton에 대하여 350 ~ 400 m^{3}의 공기가 필요하며 공기 압력은 1.5 ~ 2.0 kg/cm^{2}이고, 1회 작업은 15 ~ 20 min 정도이다.

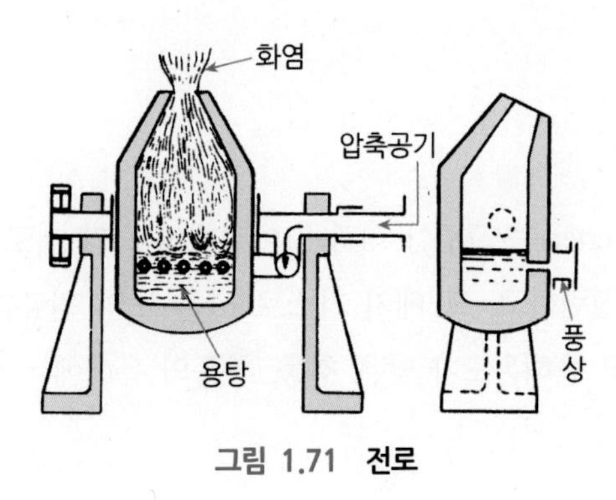

그림 1.71 **전로**

5.2.4 평로

평로(平爐, open hearth furnace)는 1회에 다량의 용강을 얻는 노로서 그림 1.72와 같다. 대형은 50～500 ton, 중형은 10～25 ton, 소형은 3～5 ton 정도이고, 공급되는 가스와 공기를 예열하는 축열실과 원료를 용해하는 반사로로 되어 있다.

축열실은 내화벽돌로 되어 있고 노의 라이닝 재료에 따라 산성평로와 염기성평로가 있다.

축열실에서 가스와 공기를 1000℃～1200℃ 정도로 예열하여 연소실에 보내며 밸브를 20～30 min마다 작동하여 예열과 방열을 교대로 행한다. 원료로는 제강선철, 고철, 보조재료를 배합하고 1800℃ 정도로 가열하여 용융, 산화 및 정련을 하여 용강을 얻는다.

작업 시간은 7～8시간이다.

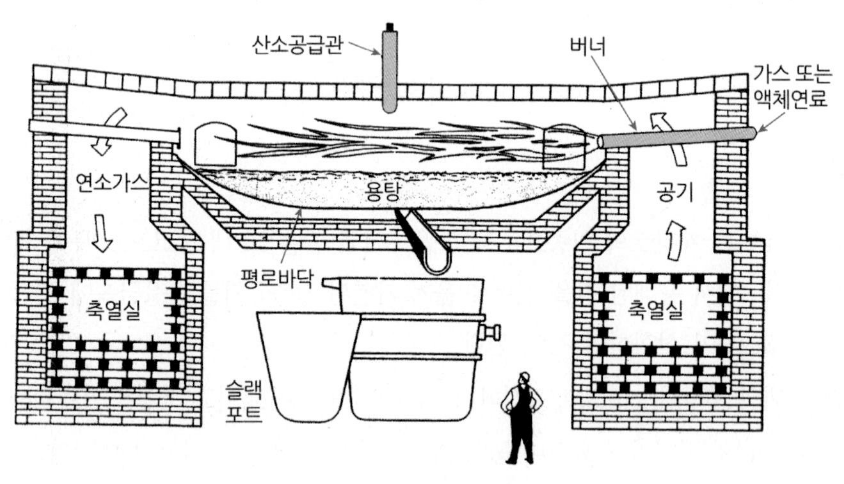

그림 1.72 대형 평로

5.2.5 로크웰식 전로

로크웰식 전로(Rockwell converter)는 그림 1.73과 같이 2개의 노가 서로 연결되어 한쪽에서 중유 버너로 연소 가스를 유입시켜 용해정련하고, 그 배기 가스로 다른 노의 원료를 예열한다. 이 작업을 교대로 함으로써 열효율을 높일 수 있고 용해온도가 낮은 청동, 황동의 용해에는 더욱 효율이 좋다. 용량은 용해 원료의 중량(kg)으로 표시한다.

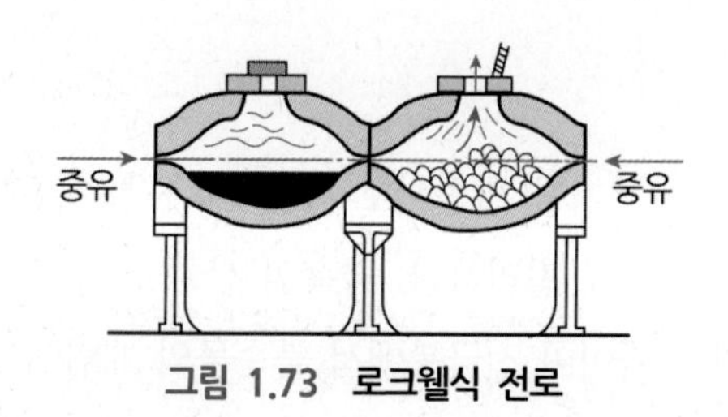

그림 1.73 로크웰식 전로

5.2.6 도가니로

노 내에 있는 도가니 속에 Cu 합금 및 Al 합금과 같은 비철합금의 용해에 사용되고 있다. **도가니로** (crucible furnace)에서는 연료가 원료와 직접 접촉되지 않으므로 비교적 순수한 것을 얻을 수 있고 설비비가 적게 드나, 열효율이 낮은 것이 단점이다. 그러므로 이 노는 원료의 종류가 많고 용해량이 적을 때 적합하다. 도가니의 종류에는 연료에 따라 코크스로, 중유로, 가스로, 전기로 등이 있고, 자연통풍식과 강제통풍식이 있다.

도가니의 재질에 따라 Cu 합금, Al 합금 및 기타 비철금속에 널리 사용되는 흑연도가니, Al 합금, Mg 합금 및 Zn 합금에 사용되는 철제 도가니가 있다.

도가니의 규격은 1회에 용해할 수 있는 재료의 중량(kg)으로 표시한다. 예를 들면, 1회에 1 kg의 동을 용해할 수 있으면 1번(#1) 도가니라 한다. 그림 1.74는 각종 도가니로를 도시한 것이다.

도가니의 사용 횟수는 작업 및 상태에 따라 다르나 대략 다음과 같다.

- 강용 흑연 도가니 : 3회 이하
- 황동, 청동용 흑연 도가니 : 15 ~ 20회

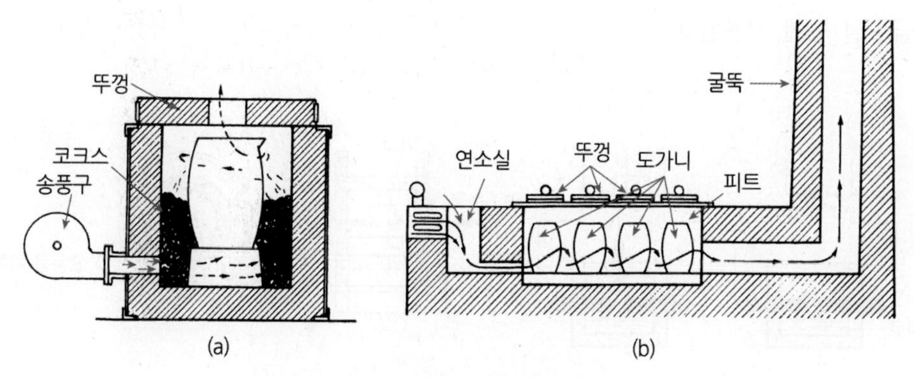

그림 1.74 각종 도가니로

5.2.7 전기로

전기로(電氣爐, electric furnace)는 전기를 열원으로 하는 제강, 특수주강의 용해에 주로 사용하며, 조작이 용이하고 온도 조절을 정확히 하기에 편리하다. 금속의 산화 손실이 적고 정확한 성분의 용탕을 얻을 수 있는 이점도 있으나, 전력비가 고가이며 전극봉에서 불순물의 개입이 있을 수 있으므로 전극봉 선택에 주의를 요하는 단점도 있다.

전기로의 종류는 다음과 같다.

- 전기로
  - ① 전기 전호로
    - i) 간접 전호로
    - ii) 직접 전호로
  - ② 유도 전기로
    - i) 고주파 유도로
    - ii) 저주파 유도로
  - ③ 전기 저항로

1) 전기 전호로

전기 전호로(電氣電弧爐, electric arc furnace)는 탄소전극 사이에서 발생되는 간접적인 열에 의하여 원료를 용해하는 간접 전호로와 탄소전극과 원료가 각각 한 극이 되어 직접 전호(電弧, arc)를 발생시켜 그 열로 자체 원료를 용해하는 직접 전호로가 있다.

(1) 간접 전호로(indirect arc furnace)

두 탄소전극 사이에서 발생되는 아크의 복사열과 반사열에 의하여 원료가 가열되어 용해되며, 탕의 온도를 균일하게 하기 위하여 수평폭 주위로 요동시킨다. 노의 중앙부에 장입구 및 출탕구인 구멍이 하나 있고, 요동각도는 탕면과 출탕구에 따라 조절하며, 온도가 낮고 용해율이 낮기 때문에 용융점이 낮은 동합금 및 합금주철 등에 사용된다.

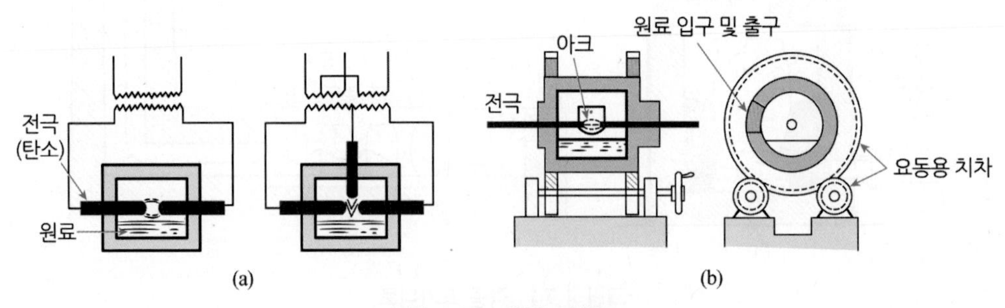

그림 1.75 간접 전호로

노의 용량은 250 ~ 1,000 kg이며, 전력은 70 ~ 300 kW이고 80 ~ 90%의 효율을 낸다. 원료가 1 ton일 때 용해시간은 황동에는 40 min, 동에는 60 min 정도이다. 그림 1.75는 간접 전호로를 도시한 것이다.

(2) 직접 전호로(direct arc furnace)

탄소전극과 원료가 직접 아크를 발생시켜 원료를 용해시키는 노이며 그림 1.76은 직접 전호로의 예로서 삼상 및 단상 등이 있다.

이 노의 대표적인 것은 그림 1.77에 나타낸 바와 같이 출탕 시에 경사시킬 수 있는 에루(Heroult)식 전기로이다. 그 구조는 쇳물이 고이는 노상부, 보온 및 전극을 지지하는 천정부로 되어 있고, 내화벽돌로 만들어져 있다.

전극과 원료 사이의 전호열과 전류가 원료를 통할 때의 저항열에 의하여 용금(熔金)을 얻는다. 지극히 고온(1,800℃ 정도)이므로 휘발성이 적은 고력주철, 가단주철 및 강의 제조에 사용한다.

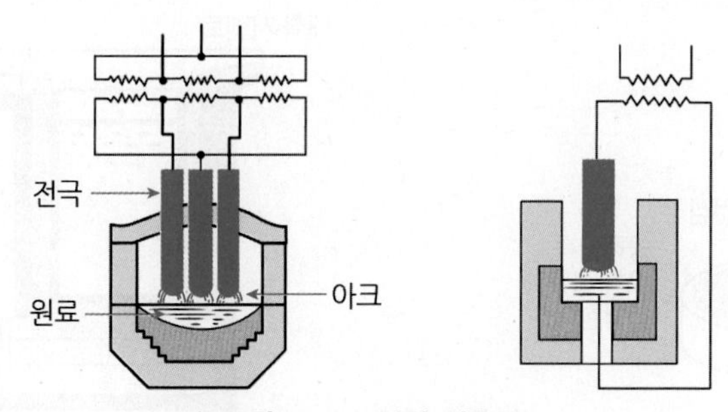

그림 1.76 직접 전호로

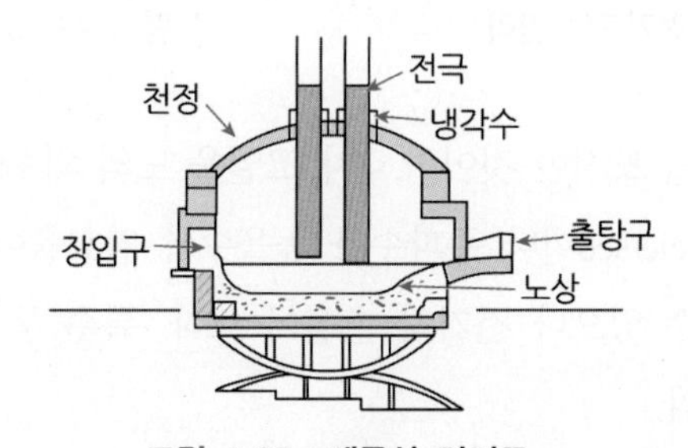

그림 1.77 에루식 전기로

노상의 재료에 따라 산성로와 염기성로가 있으며, 산성로는 Si를 주성분으로 하는 것으로서 C, Si, Mn를 제거할 때 사용된다. 염기성로는 MgO를 주성분으로 하는 것으로서 P, S를 제거할 수 있다.

2) 유도전기로

유도전기로(誘導電氣爐, induction furnace)는 유도 가열 방식에 의하여 금속의 냉재 용해, 용탕의 승온 및 성분을 조정하는 노로서 다음의 종류가 있다.

- 유도로
  - 무철심(도가니형) 유도로
    - 고주파 무철심 유도로
    - 저주파 무철심 유도로
  - 홈형 유도로(저주파)
    - 밀폐홈형 유도로
    - 개방홈형 유도로

전기 도체의 외주에 코일을 감고 교류전류를 통하면 전자유도 작용으로 도체에 유도전류(I^2R)가 발생하며 금속을 용해한다.

그림 1.78은 유도전기로의 원리를 도시한 것이다.

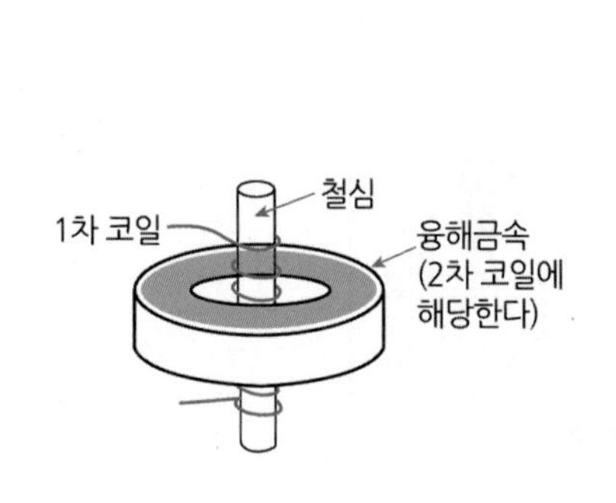

그림 1.78 유도전기로의 원리

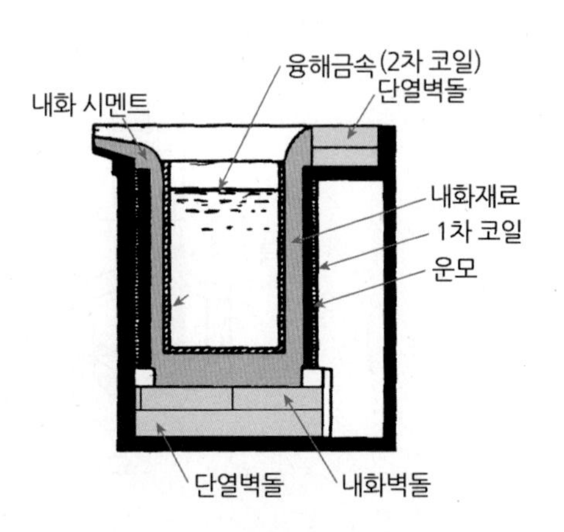

그림 1.79 고주파 유도전기로

그림 1.79는 고주파로의 구조를 도시한 것이며, 1차 코일을 노의 외주에 감고 2차 코일은 노 내의 탕이 된다. 주파수는 400 ~ 10,000 cycle/sec이나 주파수가 높을수록 열효율이 좋다. 노의 용량은 2 kg ~ 8 ton 정도이고 양질의 용탕을 얻을 수 있으나 전기적 손실이 크다. 특수 동 제조에 주로 사용되며 Cu 합금, Au, Ag 등의 제조에도 사용된다.

그림 1.80은 저주파유도로이며 ①은 1차 코일이고, ②는 변압기의 철심이다. ①에 전류를 통하면 V형의 홈, ③ 속의 용금이 2차 코일 역할을 하여 유도전류를 발생시켜 열을 낸다.

주파수는 60 ~ 180 cycle/sec이고, 용량은 200 ~ 1,000 kg이 보통이며 10 ton급도 있다. 이 노는 Zn, Al 등과 같이 과열을 피하는 재료의 용해에 적합하다. 처음에는 용금을 V형 홈에 넣어야 하며, 주조할 때도 어느 정도 용금을 남겨두어야 다음 용해작업을 할 수 있다. 따라서 이질금속을 하나의 노에서 용해하기에는 부적당하다.

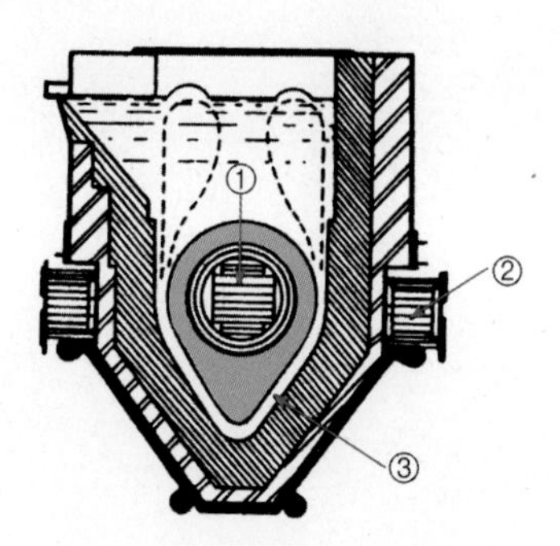

그림 1.80 저주파 유도전기로

06장

특수주조법

특수주조법(特殊鑄造法, special casting)은 모래 주형에서 주조하는 방법과는 달리 주형 내의 용융금속에 압력을 가하여 주조하거나 정밀주형으로 정밀도가 높은 주조를 하는 것 등을 말한다.

용탕에 압력을 가하는 것으로는 원심주조법과 다이캐스팅법이 있으며, 정밀주조법에는 주형의 제작 방법에 의하여 셸 주형법, 인베스트먼트 주조법 및 CO_2가스 주조법 등이 있고, 이밖에도 저압주조법, 진공주조법, 연속주조법 등이 있다.

6.1 원심주조법

6.1.1 개 요

원심주조법(遠心鑄造法, centrifugal casting)은 용융금속에 압력을 가하여 양질의 주물을 얻는 방법으로 원심력을 이용한다. 즉, 주형을 300 ~ 3,000 rpm으로 회전시키며 쇳물을 주입하여 그 원심력으로 주물을 가압하고, 또 주물 내외의 원심력의 차로 불순물을 분리시켜서 특히 외주부에 양질의 제품을 얻는 것이다.

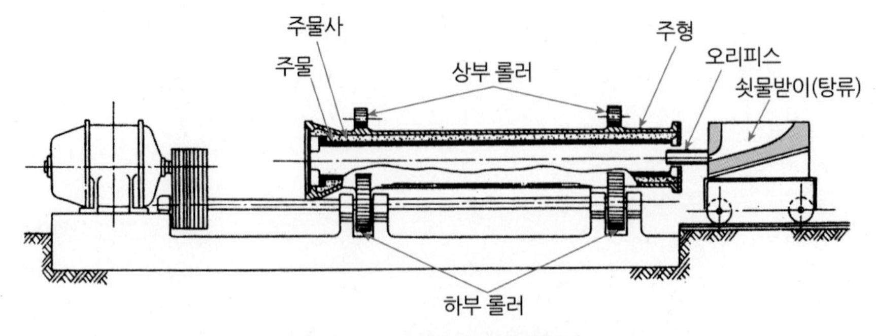

그림 1.81 수평식 원심주조기

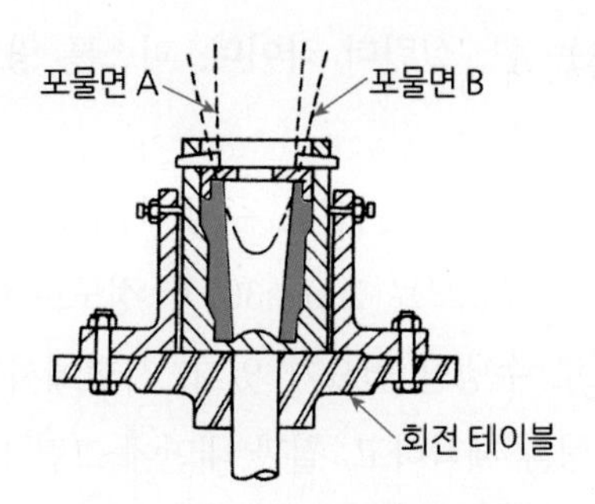

그림 1.82 수직식 원심주조기

원심주조기는 그림 1.81과 같은 수평식과 그림 1.82와 같은 수직식이 있으며, 고속회전으로 쇳물을 주형에 밀어 붙인다. 이런 방법을 **진정한 원심주조법**(true centrifugal casting)이라 한다. 이에 반하여 차륜 같은 것을 주조할 때 전자보다는 비교적 저속으로 주형을 회전시키고 코어를 사용하는 방법이 있으며, 이를 **반원심주조법**(semicentrifugal casting)이라 한다. 또한 탕구봉 둘레로 여러 개의 주물이 될 공동부를 마련하여 원심력은 다만 이 여러 개의 공동부에 쇳물을 원활히 공급하는 데에만 이용하는 방법이 있다. 이때 각각 주물이 될 공동부형상은 반드시 회전체가 아니라도 좋다. 이를 **센트리퓨지법**(centrifuging)이라 한다(그림 1.83 참조).

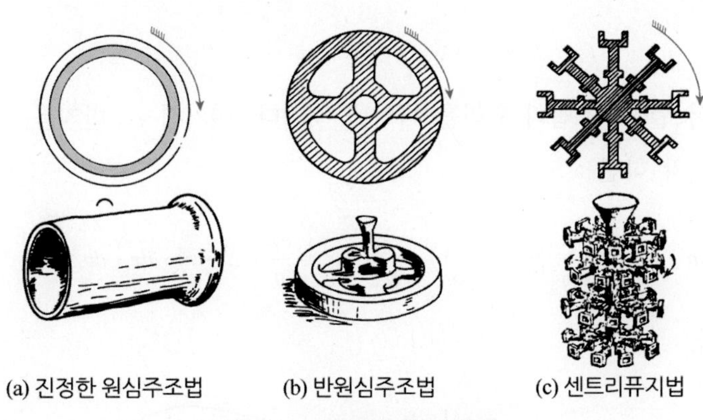

그림 1.83 원심주조법의 종류

위의 세 가지 원심주조법의 특징을 비교하면 표 1.13과 같다.

표 1.13 원심주조법의 특성

항목	진정한 원심주조법	반원심주조법	센트리퓨지법
회전수	고속	중속	저속
제품의 복잡성	단순	중간	복잡

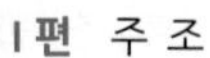

원심주조법으로 만드는 제품으로는 관, 실린더 라이너, 피스톤 링, 브레이크 링 및 차륜 등을 들 수 있다.

주형 재료에는 금형과 사형이 있으며, 금형은 주철, 주강, 특수강으로 되어 있다. 형의 온도가 낮을 때는 주물의 외측이 백선화되는 경향이 있으므로 200~300℃ 정도로 예열하는 수도 있다. 주물이 대형일 때는 주형이 과열될 염려가 있으므로 수냉할 필요가 있다. 사형에서는 원심력에 의하여 주형이 파괴될 수 있으므로 석면 등을 혼합하여 주형을 제작하고, 철관 내면에 그림 1.84와 같이 요철을 만들어 주물사의 부착을 돕는다.

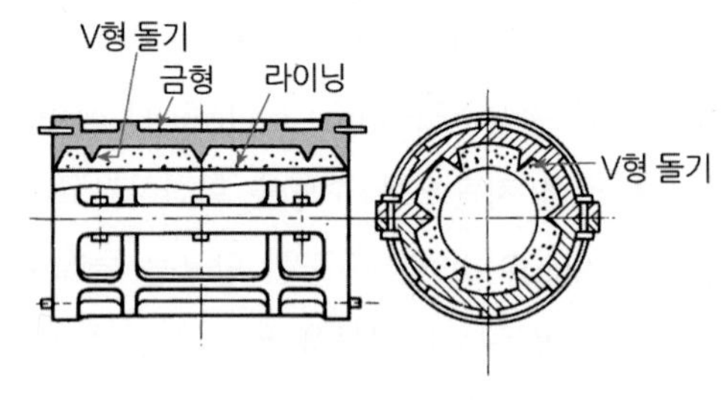

그림 1.84 사형의 상세도

6.1.2 회전수의 계산

1) 수평식

그림 1.85는 수평식 원심주조법의 원리를 나타낸 것이다. 여기서 r : 반지름, dm : 질량, ω : 각속도, dC : 원심력(遠心力)이라 하면

$$dC = dm \cdot r\omega^2 = (r \cdot d\theta \times dr \times 1) \cdot \frac{\gamma}{g} \times r\omega^2 = \frac{\gamma}{g} \cdot \omega^2 \cdot r^2 \cdot dr \cdot d\theta \tag{1.26}$$

단 γ는 비중량이다.

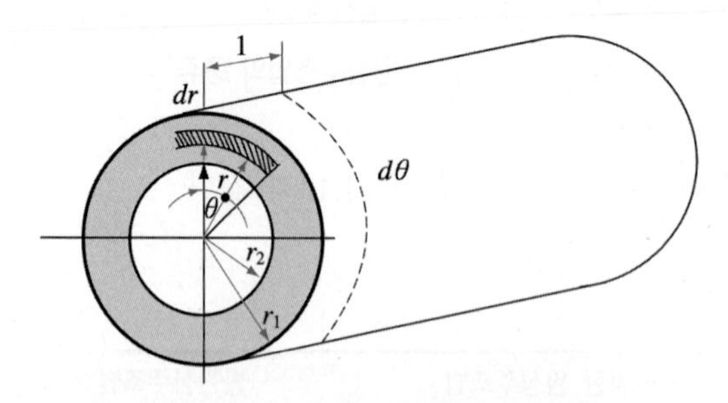

그림 1.85 수평식 원심주조의 원리

원통의 단위길이에 대한 원심력(주형표면의 작용력)은

$$C=\frac{\gamma}{g}\cdot\omega^2\int_0^{2\pi}\int_{r_2}^{r_1}r^2\cdot dr\cdot d\theta=2\pi\cdot\frac{\gamma}{g}\cdot\omega^2\left(\frac{{r_1}^3-{r_2}^3}{3}\right) \tag{1.27}$$

주형 단위표면에 작용하는 원심력(주형 표면의 가압력)은

$$C_{sp}=\frac{C}{2\pi r_1}=\frac{\gamma\cdot\omega^2}{3g}\left({r_1}^2-\frac{{r_2}^3}{r_1}\right) \tag{1.28}$$

G를 단위길이(원통 길이 방향)의 중량이라 하면

원통 상부에서의 합력은 $= C-G$,
원통 하부에서의 합력은 $= C+G$

그림 1.86의 사선부의 삼각형은 비례관계가 있으므로 다음과 같은 식이 성립한다.

$$\frac{e}{G}=\frac{r}{C}\qquad \therefore\ e=G\cdot\frac{r}{C} \tag{1.29}$$

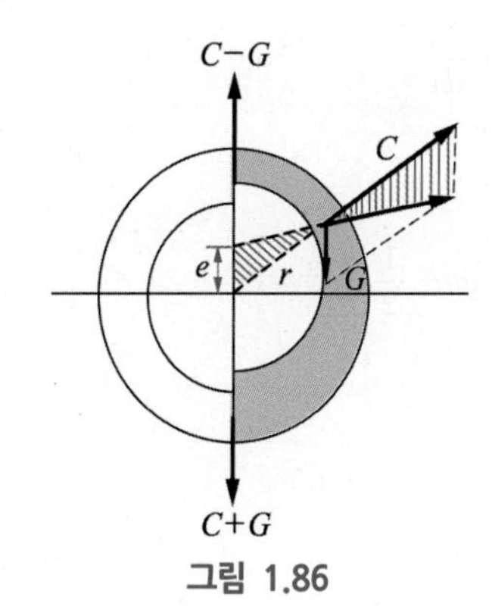

그림 1.86

$$G=m\cdot g\text{와 } C=mr\cdot\omega^2\text{이므로 } e=m\cdot g\times\frac{r}{m\cdot r\cdot\omega^2}=\frac{g}{\omega^2} \tag{1.30}$$

즉, 회전수가 커지면 중심차는 적어진다. 그러나 ω는 너무 크게 하면 원통에 큰 인장력(引張力)이 작용하여 균열이 생길 염려가 있으므로 회전수는 G_{NO}, 즉 $\frac{\text{원심력에 의한 가속도}}{\text{중력에 의한 가속도}}$에 의하여 산정하는 것이 보통이다.

$$G_{NO}=\frac{r\cdot\omega^2}{g}=\frac{\left(\frac{D}{2}\right)\left(\frac{2\pi N}{60}\right)^2}{(980\text{cm/sec}^2)}=\frac{DN^2}{179{,}000} \tag{1.31}$$

D : 주물의 내경(cm), N : 회전수(rpm)

표 1.14는 주물재료의 G_{NO}를 나타낸 것이다. 특히 두께가 얇은 실린더 라이너는 다른 제품보다 회전수를 크게 해야 된다.

표 1.14 주물재료의 G_{NO}

주물	주형	G_{NO}
주철관	사형	65 ~ 75
주강관	금형	50 ~ 65
포금관	금형	50 ~ 70
실린더 라이너	금형	110 ~ 120

2) 수직식

그림 1.87은 수직식 원심주조법의 원리를 나타낸 것이다. 여기서 원주속도 $v = x \cdot \omega$, 원심력 $= m \cdot \omega^2 x$가 중력 $m \cdot g$와 평형을 이루므로 $R = m\sqrt{g^2 + \omega^4 \cdot x^2}$ 이고 액체가 정지상태에 있으므로 자유표면은 항상 R과 직각이어야 한다.

$$\tan\theta = \frac{m\omega^2 \cdot x}{mg} \qquad \tan\theta = \frac{dy}{dx} \tag{1.32}$$

$$\therefore\ \frac{dy}{dx} = \frac{\omega^2 x}{g}$$

$$\therefore\ g \cdot dy - \omega^2 x \cdot dx = 0, \quad gy - \frac{1}{2}\omega^2 x^2 = c \tag{1.33}$$

$x = 0$일때 $y = 0$이므로 $\therefore\ c = 0$

$$\therefore\ g \cdot y - \frac{1}{2}\omega^2 \cdot x^2 = 0,$$

$$\therefore\ x^2 = 2\left(\frac{g}{\omega^2}\right) \cdot y \tag{1.34}$$

따라서 식 (1.34)는 포물선을 이루는 것을 알 수 있다. 주형의 직경은 고정되었는데 y가 증가하면 x가 증가하므로 주물은 위로 갈수록 얇아진다.

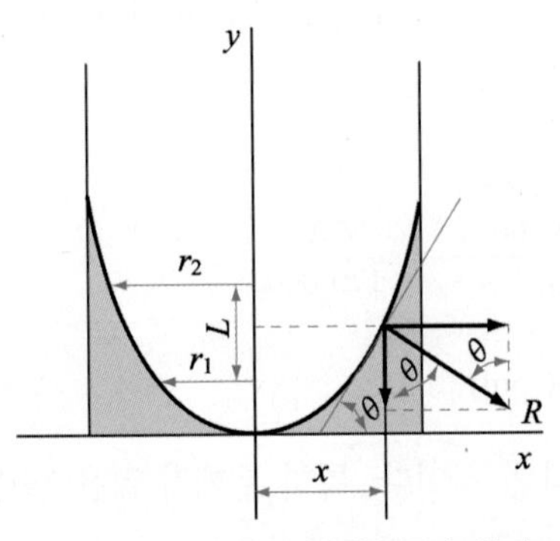

그림 1.87 수직식 원심주조의 원리

즉, 회전수가 커지면 상하의 차는 작아지지만 회전수가 작아지면 이 차가 커져서 길이방향으로 두께가 균일한 원통을 만드는 데는 부적당하다.

실제로는 포물선의 정점으로부터 떨어진 일정 길이의 부분을 사용하며, 이때 하부의 안지름 r_1(cm)와 상부의 안지름 r_2(cm)와 원통의 길이 L(cm)과의 관계는

$$y_2 = \frac{\omega^2}{2g}{r_2}^2$$

$$\therefore\ L = y_2 - y_1 = \frac{\omega^2}{2g}({r_2}^2 - {r_1}^2) = \frac{\left(\frac{2\pi N}{60}\right)^2}{2\times 980}\cdot({r_2}^2 - {r_1}^2)$$

$$y_1 = \frac{\omega^2}{2g}{r_1}^2$$

$$\therefore\ N = 423\sqrt{\frac{1}{{r_2}^2 - {r_1}^2}\times L} \tag{1.35}$$

예제 1.4

수평식 원심주조기에서 벽두께 $t = 10\,\text{mm}$, 외경 $D_0 = 400\,\text{mm}$인 주철관을 주조할 때 주형의 회전수(N)과 단위면적의 원심력(C_{sp})을 계산하여라. 단, 주철의 비중량 $\gamma = 7.5\text{g/cm}^3$, $G_{NO} = 50$이다.

풀이 $G_{NO} = \frac{D\cdot N^2}{179000}$에서 $50 = \frac{(40-2)\cdot N^2}{179000}$

$\therefore\ N = 486\text{rpm}$

$$C_{sp} = \frac{\gamma\cdot\omega^2}{3g}\left({r_1}^2 - \frac{{r_2}^3}{r_1}\right) = \frac{7.5\times\left(\frac{2\pi N}{60}\right)^2}{3\times 980}\left(20^2 - \frac{19^3}{20}\right)$$

$$= 377\ \text{g/cm}^2 = 0.377\ \text{kg/cm}^2$$

예제 1.5

수직식 원심주조기에서 벽두께 $t = 8\sim 10\,\text{mm}$, 외경 $D_0 = 600\,\text{mm}$, 길이 $L = 400\,\text{mm}$인 주철관을 주조할 때 주형의 회전수(N)을 계산하여라.

풀이 $r_1 = \frac{60}{2} - 1 = 29\ \text{cm}$, $r_2 = \frac{60}{2} - 0.8 = 29.2\ \text{cm}$

$$\therefore\ N = 423\sqrt{\frac{L}{{r_2}^2 - {r_1}^2}} = 423\sqrt{\frac{40}{29.2^2 - 29^2}}$$

$$= 785\ \text{rpm}$$

6.2 다이캐스팅

다이캐스팅(die casting)은 정밀한 금형에 용융금속을 고압 고속으로 주입하여 주물을 얻는 방법으로서, 1838년에 미국의 Bruce에 의하여 개발되었으며 금형 다이를 사용하기 때문에 다이캐스팅이라고 한다. 이 방법의 특징은 다음과 같다.

① 정도(精度)가 높고 주물 표면이 깨끗하여 다듬질 작업을 줄일 수 있다.
② 조직이 치밀하여 강도가 크다.
③ 얇은 주물의 구조가 가능하며 제품을 경량화할 수 있다.
④ 주조가 빠르기 때문에 대량생산으로 단가를 줄일 수 있다.

이상의 장점이 있으나, 다음의 단점도 있다.
① 다이의 제작비가 고가이기 때문에 소량생산에 부적당하다.
② 다이의 내열강도 때문에 용융점이 낮은 비철금속에 국한된다.

주물재료에는 Al 합금, Zn 합금, 동합금, Mg 합금, Pb 합금 및 Sn 합금 등이 있으며, 제품에는 자동차 부품, 전기기계, 통신기기용품, 일용품 등이 있다.

용탕을 다이에 가압주입하기 위한 장치가 필요하며, 가압실(pressure chamber)의 구동방식에 따라 열가압실식(hot chamber type)과 냉가압실식(cold chamber type)이 있다.

6.2.1 다이의 구조 및 재료

그림 1.88은 다이캐스팅의 냉가압실식 공정을 대략적으로 나타낸 것으로서, 금형 다이는 2개 이상 분할되어 있어서 주물제품을 다이에서 분리시키는 데 편리하게 되었다. 아연, 알루미늄, 구리, 마그네슘, 납 및 주석 등의 합금으로 된 용융금속이 래이들(ladle)로부터 가압챔버에 부어진다(그림 1.88(a)). 이때 챔버는 가열되지 않은 상태이다. 다음에 플런저의 전진운동으로 용탕은 20,000 psi 또는 그 이상의 압력으로 주형에 주입된다(그림 1.88(b)). 주물이 응고된 후 금형이 열리고 코어가 빠진다(그림 1.88(c)). 마지막으로 이젝터 핀(ejector pin)이 주물제품을 주형으로부터 방출시킨다(그림 1.88(d)).

용탕의 주입속도는 15 ~ 60 m/sec이고 탕구의 지름은 5 ~ 30 mm, 공기배제홈의 깊이는 0.1 mm 정도이다. 다이는 주조 개시 전에 Zn 합금에 대해서는 80 ~ 200℃, Al 및 Mg 합금에는 150 ~ 300℃, Cu 합금에는 250 ~ 350℃로 예열한다.

금형(金型)의 재료는 내열성과 열처리의 안정성, 내부식성이 커야 하며, 표 1.15는 많이 사용되는 금형용 강재의 화학성분과 적용금속의 예이다.

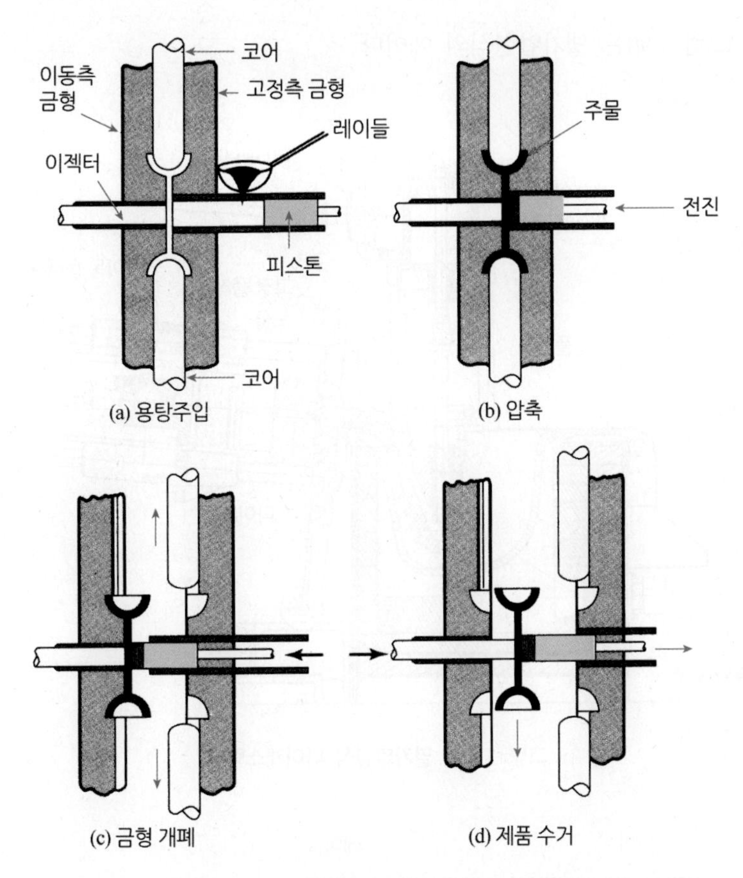

그림 1.88 냉가압실식 다이캐스팅 작업공정

표 1.15 다이용 재료(%)

C	Si	Mn	Cr	V	W	Ni	Mo	Co	적용주조금속
0.20 ~ 0.50									Sn 합금, Pb 합금
0.40 ~ 0.50	0.30	0.65 ~ 0.80	0.75 ~ 0.90						〃 〃
0.40 ~ 0.50	0.30	0.40 ~ 0.80	2.00 ~ 2.50	0.15 ~ 0.30					Zn 합금, Mg 합금
0.30 ~ 0.40	0.80	0.20 ~ 0.35	4.75 ~ 5.75			1 ~ 1.50			Mg 합금, Al 합금
0.30 ~ 0.40	0.80	0.20 ~ 0.35			0.75 ~ 0.50		1 ~ 1.50	0.50	Zn 합금, Mg 합금
0.35 ~ 0.45	0.35	0.20 ~ 0.35	2.50 ~ 3.50	0.30 ~ 0.60	8.0 ~ 10.0				Al 합금, Cu 합금

6.2.2 다이캐스팅기

다이캐스팅기(die casting machine)는 용탕의 온도에 따라서 열가압실식과 냉가압실식으로 나눈다. 열가압실식은 그림 1.89와 같이 내열주철제 포트에 **구즈 넥**(goose neck)이 있어 포트 내의 용금을 구즈 넥에 유입시키고, 압축공기, 수압, 유압에 의한 플런저의 작동으로 구즈 넥 내의 용금을 다이에 넣어 주조하는 것이다. 냉가압실식은 용금의 온도가 그리 높지 않고 유동성이 낮은 것을 고압력으로 금형 내에 압입하는

다이캐스팅기이다. 그림 1.90은 냉가압실식의 예이다.

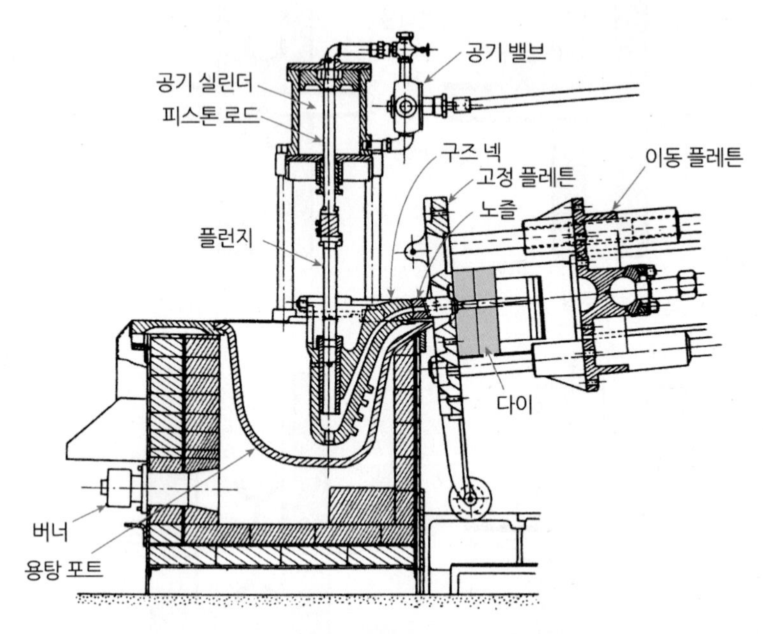

그림 1.89 열가압실식 다이캐스팅기

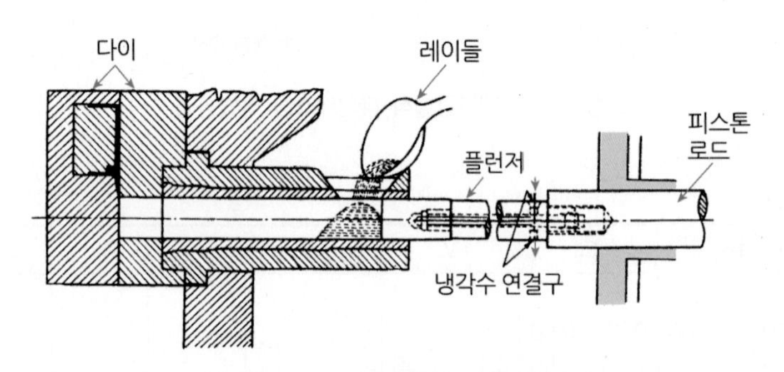

그림 1.90 냉가압실식 다이캐스팅기

열가압실식에서 용탕의 가압력이 50 ~ 200 kg/cm²인데 비하여 냉가압실식에서는 200 ~ 300 kg/cm²이며, 후자에서는 응고 후에 계속 압력을 가하면 단조효과(鍛造效果)까지 기대할 수 있다.

표 1.16은 재료의 다이캐스팅 주물과 사형 주물의 기계적 성질의 비교표이다. 다이캐스팅한 제품이 주조제품보다 인장강도, 연신율 및 경도 등이 우수함을 알 수 있다.

표 1.16 다이캐스팅 주물과 사형 주물과의 기계적 성질비교

합금조성(%)	인장강도(kg/mm²)		연신율(%)		비커스 경도(Hv)		비고
	다이캐스팅	사형	다이캐스팅	사형	다이캐스팅	사형	
Cu Si Al 4.0 4.5 잔여	14.5 ~ 18.4	10.5 ~ 12.0	1.4 ~ 2.0	0.2 ~ 0.6	61 ~ 83	62 ~ 72	주조한 그대로
Si Mg Mn Al 9.0 0.4 0.4 잔여	16.0 ~ 25.7	9.8 ~ 11.5	1.0 ~ 2.5	0.2 ~ 1.0	58 ~ 89	64 ~ 70	

표 1.17은 여러 가지 비철합금에 대한 다이캐스팅 주물의 기계적 성질과 정밀도를 나타내었다.

표 1.17 다이캐스팅 재료의 기계적 성질과 주조정밀도

다이캐스팅 재료	비중	인장강도 (kg/mm²)	연신율 (%)	브리넬 경도 (H_B)	정밀도 (mm)
Sn 합금	7 ~ 9	6 ~ 8	1 ~ 2.5	20 ~ 30	±0.013
Pb 합금	10 ~ 11	5 ~ 7	1 ~ 1.5	15 ~ 25	±0.025
Zn 합금	6.5 ~ 7.5	15 ~ 20	1 ~ 1.5	80 ~ 100	±0.025
Al 합금	2.6 ~ 3.0	16 ~ 25	2 ~ 5	60 ~ 120	±0.038
Mg 합금	1.8 ~ 2.0	15 ~ 25	2 ~ 5	40 ~ 70	±0.030
Cu 합금	8.0 ~ 9.0	30 ~ 60	5 ~ 20	70 ~ 150	±0.080

그림 1.91은 금형제작비가 제품의 원가에 미치는 영향을 주조제품과 다이캐스팅 제품에 대하여 생산비로 비교한 그림으로서, 생산량이 많을 때에는 다이캐스팅의 경제성을 보장할 수 있다. 즉, 제작개수가 많으면 금형 제작비가 제품 1개당 원가에 미치는 영향이 적기 때문에 가격이 싸다.

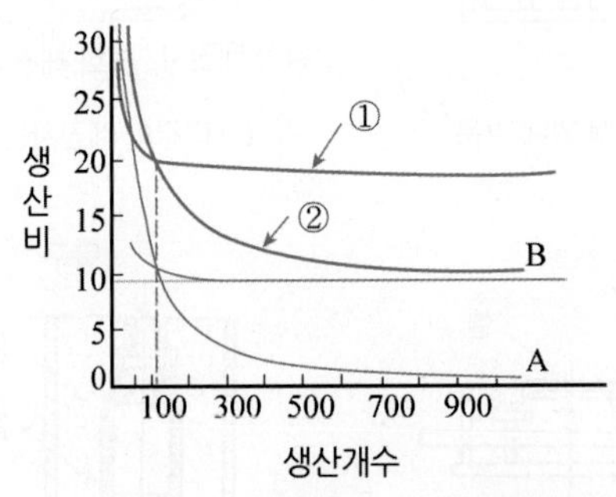

① 사형 주물제품 1개당 원가(재료비 · 목형비 · 다듬질가공비 · 공장간접비 등)
② 다이캐스팅 제품 1개당 원가(A+B)
A : 금형 제작비
B : 금형 이외의 비용

그림 1.91 금형제작비가 제품원가에 미치는 영향

6.3 셸 주조법

셸 주조법(shell moulding)은 모형에 박리제(剝離劑)인 규소수지를 바른 후 주형재 140 ~ 200 mesh 정도의 S_iO_2와 열경화성 합성수지를 배합하여 일정 시간 가열하여 조형하는 주조법으로서, 독일인 J. Croning이 발명하였기 때문에 **크로닝법**(Croning Process) 혹은 C-프로세스라고도 한다.

셸 주조법의 특징은 다음과 같다.

① 숙련공이 필요없으며 완전 기계화가 가능하다.

② 주형에 수분이 없으므로 작은 기공 등의 발생이 없다.

③ 주형이 얇기 때문에 통기불량에 의한 주물 결함이 없다.

④ **셸**(shell)만을 제작하여 모아 놓은 다음에 일시에 많은 주조를 할 수 있다.

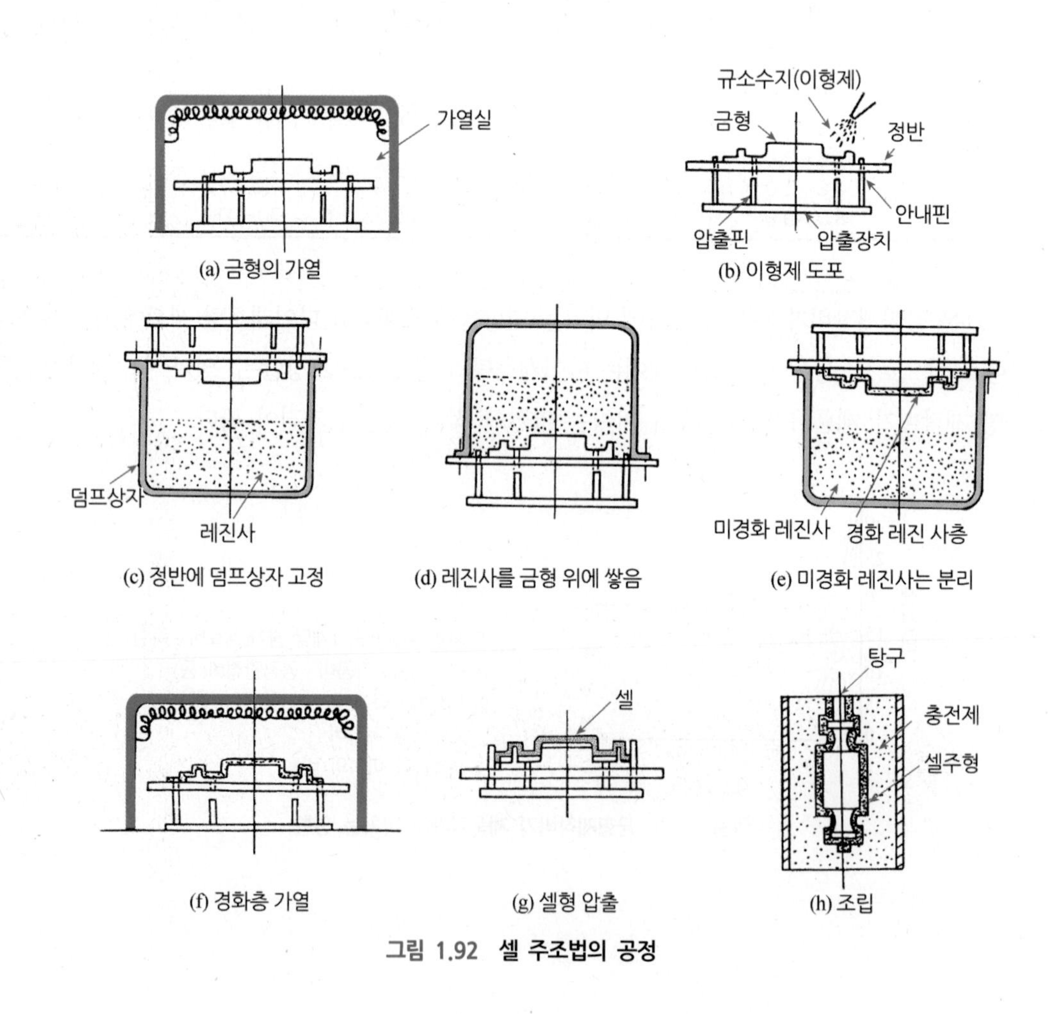

그림 1.92 **셸 주조법의 공정**

그림 1.92와 같이 금형을 250℃ 정도까지 가열실에서 가열하고 박리제인 규소수지를 금형에 분사한 후 규사(SiO_2)와 합성수지를 배합한 레진 모래(resin sand)를 반전상자에 넣어 가열된 금형에 레진 모래가 용융 접착하게 한다. 금형과 함께 300~350℃까지 가열로에서 가열경화시킨 후 셀(shell)을 금형에서 분리시켜 조립함으로써 주형을 만든다.

그림 1.93은 이상의 작업을 순차적으로 할 수 있는 셀 조형기를 도시한 것이다.

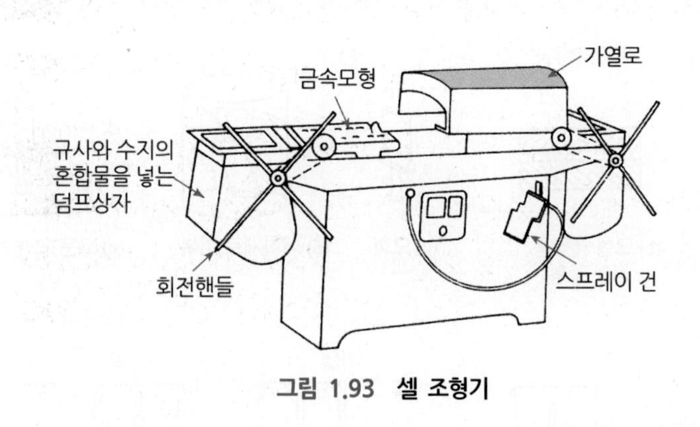

그림 1.93 셀 조형기

6.4 인베스트먼트 주조법

인베스트먼트 주조법(investment casting)은 제작하려는 주물과 동일한 모형을 왁스(wax) 또는 파라핀(paraffin) 등으로 만들어 주형재에 매몰하고 다진 다음, 가열로에서 가열하여 주형 경화시킴과 동시에 모형재인 왁스나 파라핀을 유출시켜 주형을 완성하여 주조하는 방법이다. 이것을 일명 로스트 왁스(lost wax)법이라고도 하는데, 이 방법의 특징은 치수의 정도와 표면의 평활도가 여러 정밀주조법 중에서 가장 우수하지만 주형제작비가 많이 드는 단점이 있다.

6.4.1 주형제작

① 목재, 합성수지, 금속 등으로 원형을 만들고, 그것을 모형으로 하여 왁스 제작용 금형을 주조하여 만든다. 필요에 따라서는 직접 소성가공하여 왁스모형 제작용 다이를 만들 수 있다.

② 다이에 왁스를 30 kg/cm^2, 합성수지를 80 kg/cm^{2}의 압력으로 주입하여 응고시킨다.

③ 왁스 모형을 금속 다이에서 꺼내어 규사, Al_2O_3에 점결제인 에틸 실리케이트(ethyl silicate) 등을 혼합한 내화재료를 도장한다. 이 내화재료를 **인베스트먼트**(investment)라 한다.

④ 도장된 왁스 모형을 인베스트먼트 재료로 매몰하고 방치하여 연화시킨다.

⑤ 왁스를 주형에서 가열 용해시켜 유출시킨다.

⑥ 주형을 500 ~ 1,000℃ 정도로 가열하고 주탕하면 탕의 유동성이 좋아진다.

⑦ 인베스트먼트재 주형을 파괴하여 주물을 꺼낸다. 제품은 일반적으로 기계가공을 요하지 않으며 두께 0.3 mm 정도의 얇은 주조도 가능하다.

그림 1.94는 앞에서 설명한 인베스트먼트 주조법의 공정도이다.

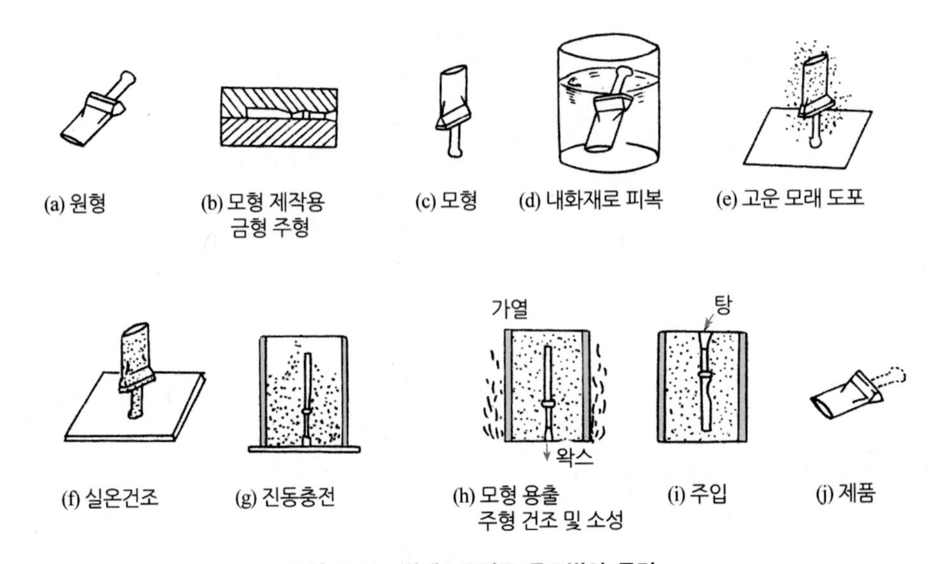

그림 1.94 **인베스트먼트 주조법의 공정**

6.4.2 유사 인베스트먼트 주조법

1) 쇼 주조법

쇼 주조법(Shaw process)은 1953년 영국의 쇼(Shaw)에 의하여 발명된 주조법으로서 모형에 내화재와 가수분해된 에틸 실리케이트 및 젤리(jelly)제의 혼합물을 충전시킨 후 경화되어 경질 고무처럼 되었을 때 모형을 뽑아내면 강성에 의하여 원모형과 같은 주형으로 된다.

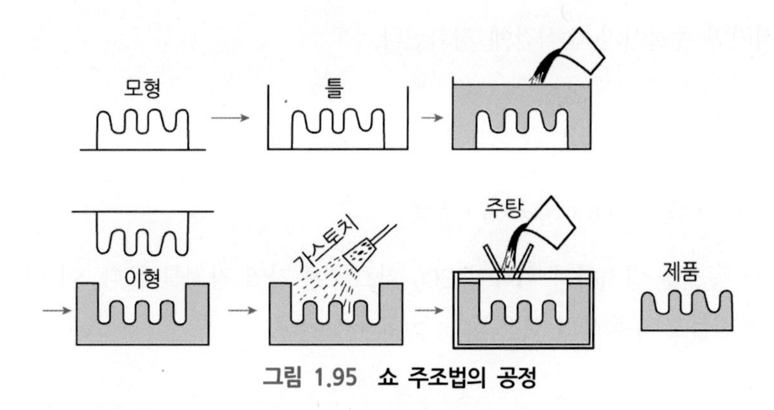

그림 1.95 쇼 주조법의 공정

주형을 약 1,000℃로 가열 경화시키면 미세한 균열이 주형면에 발생하여 통기성을 좋게 한다.

이 방법의 특징은 하나의 모형으로 많은 주형을 만들 수 있다는 것이다. 그림 1.95는 쇼 주조법의 공정도이다.

2) 풀 몰드 주조법

풀 몰드 주조법(full mold process)은 모형을 폴리스틸렌(polystyrene)으로 만들고 사형주형을 제작하여 여기에 용탕을 주입하면 모형이 기화되도록 한 주조법이다. 폴리스틸렌은 접합이 가능하므로 복잡한 주형 제작을 용이하게 할 수 있다.

3) 엑스 프로세스

엑스 프로세스(X-process)는 인베스트먼트 주조법에서 왁스를 가열하여 제거하지 않고 증기로 녹여내는 방법이다.

4) 머 카스트법

왁스 대신 수은을 사용하는 것을 **머 카스트법**(Mer-cast)이라 한다.

6.5 CO_2 가스 주조법

CO_2 가스 주조법(CO_2 gas casting)은 단시간에 건조주형을 얻는 방법으로 주형재인 주물사에 물유리(특수 규산소다)를 5 ~ 6% 정도 첨가한 주형에 CO_2 가스를 통과시켜 경화하게 하는 것이다. CO_2 가스를 1 ~ 1.5기압으로 약 5초 이상 통과시키고 주물사 0.5 kg의 증가마다 통과 시간을 1초의 비율로 증가시킨다.

CO_2 가스를 통과시키면 주물사가 순식간에 경화된다.

주물사를 경화시키는 화학반응식은 다음과 같다.

$$Na_2SiO_3 + CO_2 = SiO_2 + Na_2CO_3 + \text{발열}$$

CO_2 가스 분사 시 동결을 방지하기 위하여 CO_2 가스통에 가열 장치를 둔다. 이 방법의 단점은 주조 후에 주형의 해체가 힘들고 주물사의 복용성이 없다는 것이다.

6.6 저압주조법

다이캐스팅에서는 탕에 압력을 주어 주입하지만 **저압주조법**(低壓鑄造法, low pressure casting)에서는 1기압 이하의 저압 압축 불활성 가스로 그림 1.96에서와 같이 용탕을 주형에 밀어 올린다. 때로는 주형의 공기를 빨아내는 진공 펌프가 사용되기도 한다. 수분 후에 주형 내의 탕이 응고되면 가압을 중지하여 급탕관 내의 탕이 흘러 내리게 한다. 이와 같은 주조법에서 얻은 주물은 밀도가 크고, 불순물이 적으며 치수 정도가 좋다.

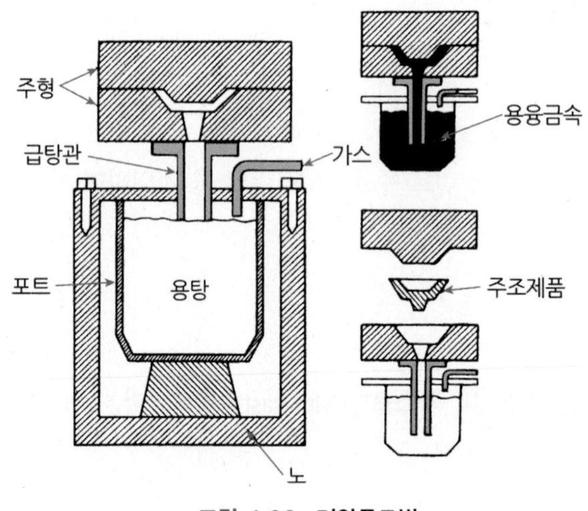

그림 1.96 저압주조법

6.7 진공주조법

대기 중에서 주강을 용해하여 주조하면 O_2, H_2, N_2 등의 가스가 탕에 들어간다. O_2는 산화물을 형성하고, H_2는 백점 또는 미소 균열의 원인이 되며 N_2는 질화물을 형성한다. 이러한 주물의 결함을 방지하기 위하여 재료를 진공에서 용해하여 진공에서 주입하거나, 대기 중에서 주입하는 것을 **진공주조법**(眞空鑄造法, vacuum casting)이라고 한다.

진공 주조는 대기압하에서 용해하고 주입만을 진공하에서 행하는 경우도 있다. 그 밖의 진공 처리법으로는 대기압하에서 용해한 쇳물을 레이들(ladle)에 받은 후에 진공 탈가스 처리하며, 이것을 진공이나 대기압하에서 주입하는 방법도 있다. 진공 주조는 특수합금의 정밀 주조에 사용되는데, 특히 스테인리스강, 내열강, 공구강, 자성합금, Ti 합금 등의 용해에 많이 이용된다.

진공 주조법은 일반 주조법에 비해 쇳물 중에 외기의 영향에 의한 가스나 비금속 개재물(介在物, inclusion)이 거의 없는 것이 특징이다. 그림 1.97(a)는 아크식 진공 주조 장치가 있는 진공로의 구조를, 그림 1.97(b)는 레이들의 쇳물을 탈 가스처리하는 진공로를 나타낸 것이다.

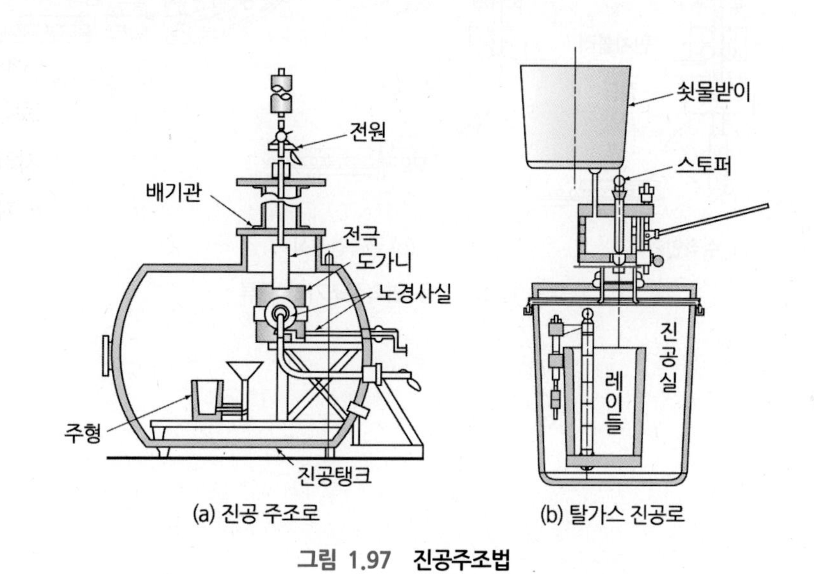

그림 1.97 진공주조법

6.8 연속주조법

연속주조법(連續鑄造法, continuous casting)은 용해로에서 나오는 용융금속을 그 자리에서 연속적으로 주조작업하는 것을 말한다. 그림 1.98은 강의 연속주조기를 나타낸 것이다. 노에서 나온 용탕이 일종의 탕류인 턴디시(tundish)를 통해서 밑바닥이 없는 구멍형의 수냉주형에 주입된다. 다음으로 주형면에 응고층이 형성되고 이 응고층이 냉각되면서 수축이 일어나 응고 표면과 주형면 사이에 틈이 생기게 되어 주형면과의 마찰이 감소되고 이런 상태에서 외곽이 응고된 부분을 주형 아래에서 수냉으로 완전히 응고시키면서 **핀치롤**(pinch roll)로 잡아당겨서 강괴(鋼塊, steel ingot)를 뽑아내는 방법이다.

이 방법의 장점은 강괴의 재질이 좋고 균일하며 작업능률도 좋고 성력화가 이루어지며 용탕손실이 작은 점을 들 수 있다. 그러나 연속주조법은 설비비가 많이 소요되어 생산량이 적은 경우에는 적용이 곤란하고 고합금강과 같은 특수강 중에는 아직도 해결되지 않은 문제점들이 남아 있다.

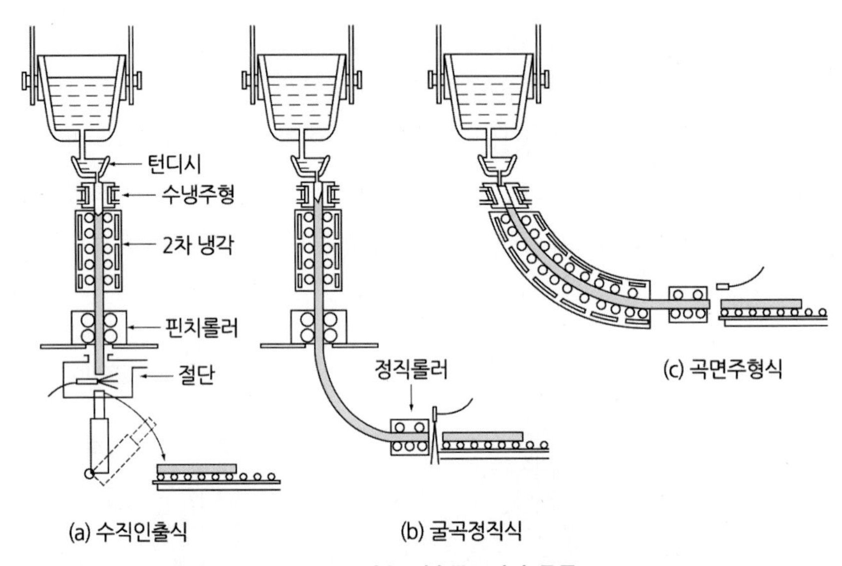

그림 1.98 강용 연속주조기의 종류

07장
주물재료

주물재료(鑄物材料)에는 주철, 주강, 동합금, Al 합금, Mg 합금, Zn 합금 등이 있으며, 주물의 사용목적에 따라 알맞는 금속과 성분을 선택해야 한다. 또 주조 시에 생기는 성분의 증감과 변화를 알아야 한다.

7.1 주철

주철(鑄鐵, cast iron)은 주조 시에 흑연이 석출하여 파단면이 회색인 회주철(gray cast iron)과 흑연의 존재가 적은 백주철(white cast iron)이 있으며, 이 두 가지의 중간에 속하는 반주철(mottled cast iron)도 있다.

주철을 넓은 의미에서 분류하면 표 1.18과 같다.

표 1.18 주철의 분류(광의)

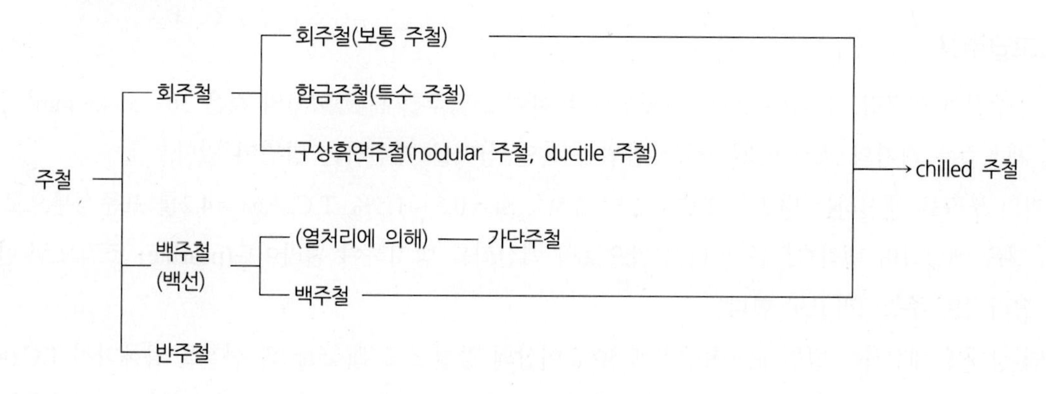

주철조직에 가장 큰 영향을 주는 것은 C와 Si이며, 독일인 E. Maurer는 전탄소량(T.C., total carbon)과 규소량의 관계가 각종 주철조직에 미치는 영향에 대하여 그림 1.99와 같은 내용을 발표하였다.

E. Maurer는 직경 75 mm의 환봉주물을 1,250℃에서 건조형에 주입하고 냉각속도를 일정하게 한 상태에서 각종 시료의 조직을 조사하여 그림과 같이 다이아그램을 작성하였다. 이를 Maurer **선도**라고 한다.

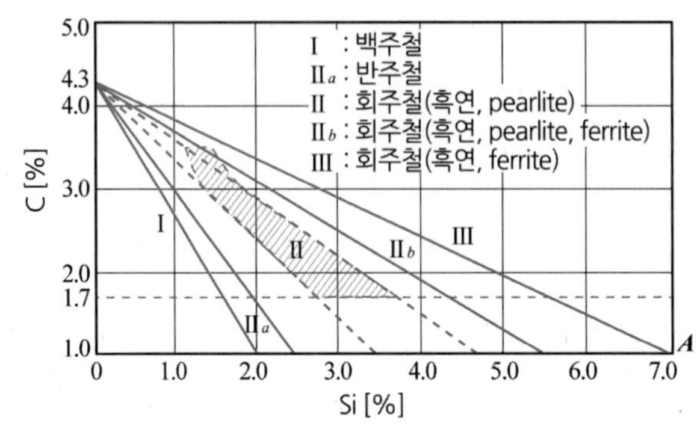

그림 1.99 Maurer 선도

주철은 다소 강도는 낮으나 주조성이 좋고 값이 저렴하기 때문에 많이 사용된다. 최근에는 회주철의 기계적 성질도 많이 향상되었고, 구상흑연주철 등이 출현하여 주강, 가단주철 못지 않게 많이 사용되고 있다.

1) 회주철

회주철(灰鑄鐵, gray cast iron)은 선철과 고철을 용해한 것으로서 규격은 표 1.19와 같고 인장강도를 크게 하기 위해서 강 스크랩(scrap)을 첨가하며 Ca−Si 등의 접종제로 C, Si를 감소시켜 백선화되는 것을 방지한다.

2) 고급주철

보통 주철의 인장강도는 10 ~ 20 kg/mm^{2}인데 비하여 **고급주철**(高級鑄鐵)의 것은 30 ~ 35 kg/mm^2 정도이다. 제조법은 기지의 조직을 개선하는 방법과 흑연 상태를 개선하는 방법이 있다.

기지의 조직을 개선하는 방법은 T.C. = 2.5 ~ 3.5%, Si = 0.5 ~ 1.5%, T.C. + Si = 4.2를 표준성분으로 하고, 주형을 예열하며 냉각속도를 느리게 함으로써 백선화를 방지하여 펄라이트(pearlite) 조직으로 한다. 일명 펄라이트 주철이라고도 한다.

흑연 상태를 개선하는 방법에는 용선로에 50% 이상의 강철 스크랩(scrap)과 선철을 용해하여 T.C.(total carbon)를 3% 이하로 저하시키든지, 주입온도를 높게 하면 흑연이 미세하고 균일하게 되는 경향을 이용하여 용선로에서 탕을 전기로에 옮겨 1,500 ~ 1,600℃까지 가열하여 주입함으로써 강도가 큰 주물을 얻는 방법, 그리고 용융상태의 주철에 진동을 주어 S와 같은 불순물을 뜨게 하여 제거시키는 방법 등이 있다.

미하나이트 주철(Meehanite cast iron)은 미국의 Meehan 회사가 개발한 것으로 선철에 많은 강철 스크랩을 배합한 저탄소 주철에 Ca−Si, Fe−Si 등으로 접종하여 균일 미세화시킨 고급주철의 일종이다.

표 1.19 회주철(KSD 4301)

종류	기호	주철품의 주요 두께 (mm)	공시재의 주조된 상태의 직경 (mm)	인장강도 (kg/mm^2)	항절시험		브리넬 경도 (H_B)
					최대 하중 (kg)	deflection (mm)	
회주철품 1종	GC 10	4 이상 50 이하	30	10 이상	700 이상	3.5 이상	201 이하
회주철품 2종	GC 15	4 이상 8 이하	13	19 이상	180 이상	2.0 이상	241 이하
회주철품 2종	GC 15	8 이상 15 이하	20	17 이상	400 이상	2.5 이상	223 이하
회주철품 2종	GC 15	15 이상 30 이하	30	15 이상	800 이상	4.0 이상	212 이하
회주철품 2종	GC 15	30 이상 50 이하	45	13 이상	1,700 이상	6.0 이상	201 이하
회주철품 3종	GC 20	4 이상 8 이하	13	24 이상	200 이상	2.0 이상	255 이하
회주철품 3종	GC 20	8 이상 15 이하	20	22 이상	450 이상	3.0 이상	235 이하
회주철품 3종	GC 20	15 이상 30 이하	30	29 이상	900 이상	4.5 이상	223 이하
회주철품 3종	GC 20	30 이상 50 이하	45	17 이상	2,000 이상	6.5 이상	217 이하
회주철품 4종	GC 25	4 이상 8 이하	13	28 이상	220 이상	2.0 이상	269 이하
회주철품 4종	GC 25	8 이상 15 이하	20	26 이상	500 이상	3.0 이상	248 이하
회주철품 4종	GC 25	15 이상 30 이하	30	25 이상	1,000 이상	5.0 이상	241 이하
회주철품 4종	GC 25	30 이상 50 이하	45	22 이상	2,300 이상	7.0 이상	229 이하
회주철품 5종	GC 30	8 이상 15 이하	20	31 이상	550 이상	3.5 이상	269 이하
회주철품 5종	GC 30	15 이상 30 이하	30	30 이상	110 이상	5.5 이상	262 이하
회주철품 5종	GC 30	30 이상 50 이하	45	27 이상	2,600 이상	7.5 이상	248 이하
회주철품 6종	GC 35	15 이상 30 이하	30	35 이상	1,200 이상	5.5 이상	277 이하
회주철품 6종	GC 35	30 이상 50 이하	45	32 이상	2,900 이상	7.5 이상	269 이하

미하나이트 주철은 열처리경화가 가능하고 내마모성이 우수하여 실린더, 캠, 크랭크, 축, 기어, 프레스다이 등에 사용된다. 표 1.20은 그 기계적 성질을 나타낸 것이다.

표 1.20 미하나이트 주철의 기계적 성질

종류	인장강도(kg/mm^2)	항복점(kg/mm^2)	브리넬 경도(H_B)
MG 10	42 ~ 45	37 ~ 42	215 ~ 240
GA	35 ~ 42	32 ~ 39	196 ~ 222
BG	35 ~ 42	32 ~ 39	240 ~ 310
GD	> 25	> 21	> 170

3) 구상흑연주철

구상흑연주철(球狀黑鉛鑄鐵, ductile cast iron)은 보통 주철 중의 편상흑연(片狀黑鉛)을 구상화한 주철로서, 기지의 종류에 따라 펄라이트형과 페라이트(ferrite)형이 있다. 펄라이트형은 인장강도가 50 ~ 70

kg/mm²이며 연율은 1 ~ 5%이고, 페라이트형은 인장 강도 50 ~ 60 kg/mm², 연율은 10 ~ 20%이다. 구상흑연주철은 경도 220 ~ 230 H_B이며 내열성, 내마모성도 우수하고 절삭성도 좋다. 표 1.21은 구상흑연주철의 타재료에 대한 기계적 성질을 비교한 것이며, 제조법은 다음과 같다.

i) 선철, 강 스크랩 등이 사용되고 제품 재질의 종류, 용해로에 따라 배합 비율은 다르다.

ii) 용선로, 저주파전기로, 에루식 전기로 등의 노를 이용한다.

iii) S는 흑연구상화가 되기 전에 0.02% 이하가 되도록 탈황되어야 한다.

iv) Ce처리법, Mg처리법, Ca처리법에 의하여 구상흑연주철을 얻는다.

v) 시멘타이트(cementite) 분해와 페라이트(ferrite)화를 위하여 어닐링한다.

표 1.21 구상흑연주철과 다른 재료의 기계적 성질 비교

성질	회선	고급 주철	가단 주철	구상흑연주철		주강	구조 용강	흑연강
				주조	어닐링			
흑연형상	편상	세편상	절상	구상	구상			점상
항장력 kg/mm²	22	30 ~ 45	37 ~ 60	50 ~ 70	40 ~ 55	38 ~ 60	52 ~ 64	85
항복점 〃	—	—	19 ~ 31	40 ~ 60	35 ~ 45	18 ~ 28	34	67
신 율 %	—	—	2 ~ 10	1 ~ 6	8 ~ 20	8 ~ 20	18 ~ 22	6
경 도 H_B	180	225	110 ~ 150	220 ~ 280	140 ~ 180	140 ~ 170	140 ~ 170	255
항압력 kg/mm²	99 ~ 100	100 ~ 140	35 ~ 60	85 ~ 125	—	35 ~ 55	38 ~ 60	85

4) 합금주철(특수주철)

주철의 5대 원소인 C, Si, Mn, P, S의 다섯 가지 외에 Ni, Cr, Cu, Mo, Al, W, Mg, V 등을 첨가하든가, Si, Mn, P를 증가시켜 강도, 내열성, 내부식성, 내마모성 등을 개선한 주철을 합금주철(合金鑄鐵, alloy cast iron)이라 한다. 첨가되는 원소의 영향은 다음과 같다.

i) Cu : 0.25 ~ 2.5% 첨가하면 경도가 커지고 내마모성, 내부식성이 커진다.

ii) Cr : 0.2 ~ 1.5% 첨가하면 펄라이트 조직이 미세화되며, 경도, 내열성, 내부식성이 증가한다.

iii) Ni : 두꺼운 부분의 조직이 억세게 되는 것을 방지함과 동시에 얇은 부분의 칠(chill)이 발생하는 것을 방지한다. 14 ~ 38% 첨가하면 내열성, 내산성, 내마모성이 되며, 비자성인 오스테나이트(austenite)가 된다.

iv) Mo : 흑연화를 방지하며, 0.25 ~ 1.25% 첨가하면 흑연을 미세화시키고, 강도, 경도, 내마모성을 증대시킨다.

v) Ti : 탈산제이며 흑연화를 촉진하나 너무 많이 첨가하면 흑연화를 방지한다. 0.3% 이하 첨가하면 고탄소, 고규소주철의 흑연을 미세화시켜 강도를 높인다.

vi) V : 0.10 ~ 0.50% 첨가하면 흑연을 미세화시키고 강력한 흑연화의 방지제가 된다.

5) 가단주철

가단주철(可鍛鑄鐵, malleable cast iron)은 백선을 열처리해서 가단성을 부여한 것이며, 파단면의 상태에 따라 백심가단주철과 흑심가단주철로 나눈다. 가단주철은 인장강도, 연율이 연강과 비슷하고 주철의 성질을 갖고 있으며 주조가 용이하므로 자동차 부품, 관이음 및 농기구 부품 등에 이용된다.

7.2 주강

강은 철과 탄소의 합금 중 탄소가 1.7% 이하이고, 주강(鑄鋼, cast steel)은 일종의 탄소강으로 C는 보통 0.1 ~ 0.6% 정도이며, C = 0.2% 이하인 저탄소강, C = 0.2 ~ 0.5%인 중탄소강, C = 0.5% 이상인 고탄소강 등으로 분류할 수 있다. 탄소 외의 성분은 Si = 0.20 ~ 0.70%, Mn = 0.5 ~ 1.0%, P < 0.05, S < 0.06% 등이다.

기관차의 프레임, 햄머 등은 보통 주철로서는 인장에 약하고 충격에 견디지 못하며, 가단주철은 대형에는 부적당하여 인성이 큰 주강을 필요로 하게 된다.

1) 보통 주강

주강은 인장강도가 35 ~ 60 kg/mm^2, 연율이 10 ~ 25%이며 주조상태에서는 조직이 억세므로 풀림 열처리(어닐링)하여 사용한다.

주강은 주철에 비하여 강하고 인성(靭性, toughness)이 크다. 강도는 탄소함유량에 지배되며, 이것이 증가함에 따라 증가하나 인성은 오히려 저하된다. 표 1.22는 탄소강 주강품의 규격이며 SC42 ~ SC49가 기계구조용 부품에 가장 많이 사용된다.

주강의 조직은 주조한 채로는 결정립이 거칠고 여리므로 어닐링(annealing)하여 사용한다. C < 0.85%의 것은 페라이트와 펄라이트로 되고, 펄라이트량은 탄소함유량에 비례하여 변화하고, C = 0.85%에서 페라이트는 없어지고 펄라이트만이 남는다. C > 0.85%의 것은 펄라이트와 유리시멘타이트로 되고, 후자의 양은 탄소함유량에 비례하여 증감한다. 주강의 주조성은 주철에 비하여 나쁘며, 유동성이 낮고, 응고수축이 크다. 따라서 두께가 얇은 것이나, 두께 변화가 큰 설계는 되도록 피해야 한다. 용접성은 주철보다 좋고, 특히 C 0.3% 이하의 것은 용접이 용이하다.

표 1.22 탄소강 주강품(KS D 4101)

종류	기호	인장시험			단면수축률 (%)	굽힘시험*	
		인장강도 (kg/mm²)	항복점 (kg/mm²)	연신율 (%)		굽힘각도	내측반경 (mm)
특수주강 1종	SC 37	37 이상	18 이상	26 이상	35 이상	120°	25
2종	SC 42	42 이상	21 이상	24 이상	35 이상	120°	25
3종	SC 46	46 이상	23 이상	22 이상	30 이상	90°	25
4종	SC 49	49 이상	25 이상	20 이상	25 이상	90°	25

2) 합금주강(특수주강)

합금주강(合金鑄鋼, alloy cast steel)은 보통 주강에 Mn, Cr, Mo 등을 첨가하여 강도, 인성, 내열성, 내마모성 및 내식성 등을 개선한 것이다.

탄소강의 연성은 탄소함유량이 증가함에 따라 저하되고, 탄소강의 경화능(硬化能)은 한계가 있다. 뿐만 아니라 고온이나 저온에서 그 기계적 강도는 저하된다. 이러한 탄소강의 결함은 각종 합금원소를 첨가하면 배제될 수 있다. 즉, 특수주강은 이러한 합금강을 사용한 것이며, 그 목적은 기계적 강도의 향상, 경화능의 향상, 고온 또는 저온에서의 안정성 향상, 내식성, 절삭성의 향상 등으로 요약될 수 있다. 표 1.23은 주요합금원소의 기능을 요약한 것이다.

표 1.23 주강의 주요 합금성분의 성능

원소	%	주요 성능
Manganese	0.25 ~ 0.40	황과 화합하여 취성을 방지함
	> 1%	변태점을 저하시키고 변태를 순화시켜 경화능을 증대시킴
Sulfur	0.08 ~ 0.15	쾌삭성을 줌
Nickel	2 ~ 5	강인성을 줌
	12 ~ 20	내식성을 줌
Chromium	0.5 ~ 2	경화능을 증대시킴
	4 ~ 18	내식성을 줌
Molybdenum	0.2 ~ 5	안정한 탄화물형성, 결정입 성장방지
Vanadium	0.15	안정한 탄화물형성, 연성을 유지한채 강도향상시킴. 결정입 미세화를 촉진시킴
		강력한 경화능 촉진제
Boron	0.001 ~ 0.003	고온에서 높은 경도를 줌
Tungsten		강도를 향상시킴
Silicon	0.2 ~ 0.7	스프링강
	2	자성을 향상시킴
	높은 함유율	내식성을 줌
Copper	0.1 ~ 0.4	질화강의 합금성분
Aluminum	소량	탄소를 불활성입자로 고정시킴
Titanium	…	크롬강의 마르텐사이트 경도를 저하시킴

일반적으로 구조용으로 사용되는 경우는 특수금속의 첨가량은 적다. 망간 1 ~ 2%, C 0.2 ~ 1.0%의 저망간강은 인장강도와 항복점(降伏點)이 보통 주강보다 높으면서 연신율이 저하되지 않으므로 잘 이용된다. C 0.2 ~ 0.3%의 것은 구조용에 잘 이용된다. 크롬 2% 이하를 가지는 저크롬강은 강하고 인성이 있으므로, C가 적은 것(0.1 ~ 0.25)은 침탄하여 하중이 과히 크지 않고 장시간 마멸에 견딜 필요가 있는 곳에, C가 0.3 ~ 0.5%의 것은 내마멸성이 고온에서 요구되는 곳에, C가 0.6 ~ 0.8%의 것은 볼밀이나 쇄광기의 이(치) 같은 곳에 사용된다. 크롬과 니켈을 첨가한 것은 크롬만 첨가한 것보다 인장강도에 대한 항복점의 비가 높으므로 강도, 내마멸성을 요구하는 주요 부분에 사용된다.

표 1.24는 주강의 어닐링 온도이며 그림 1.100과 그림 1.101은 주강에서 C가 기계적 성질에 미치는 영향을 표시한 것이다. 탄소(C)는 강도, 경도 및 항장력을 증가시키지만 충격치, 단면수축률 및 연신율 등은 감소시킨다.

표 1.24 주강의 어닐링 온도

탄소량(%)	어닐링 온도(℃)
0.12	875 ~ 925
0.12 ~ 0.29	840 ~ 870
0.30 ~ 0.49	815 ~ 840
0.5 ~ 1.0	790 ~ 815

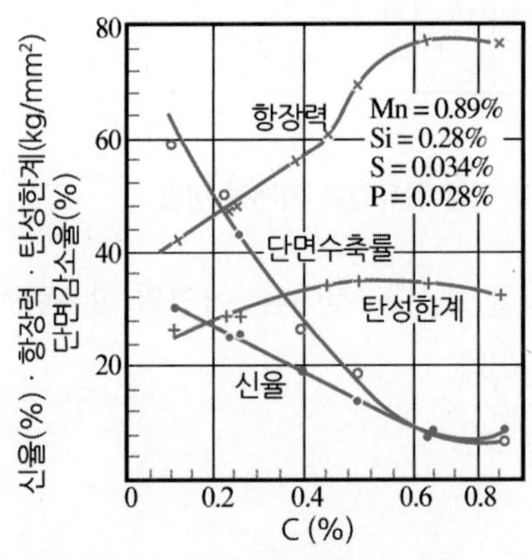

그림 1.100 주강의 탄소량과 기계적 성질

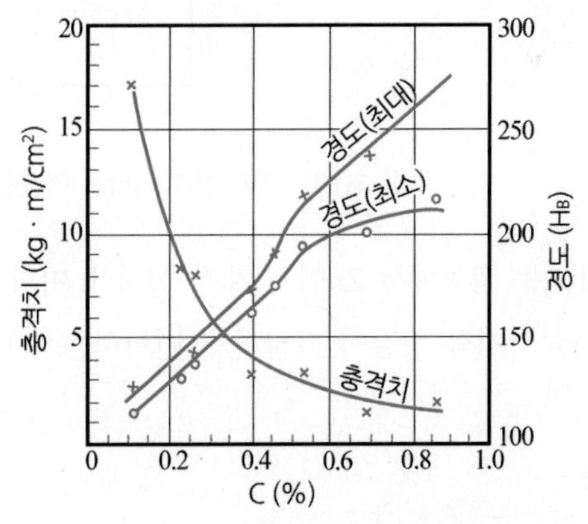

그림 1.101 주강의 탄소량과 기계적 성질

7.3 동합금

동(銅, copper)의 비중은 8.9로 철(Fe)보다 무겁다. 용융금속은 강보다도 유동성이 불량하고 수축률도 크며, 기공이 생기기 쉽고 강도가 적기 때문에 합금으로서 많이 사용된다. 대표적인 것은 황동과 청동이다.

1) 황동

황동(黃銅, brass)은 Cu와 Zn의 합금으로서 주조성, 가공성, 기계적 성질 및 내식성이 좋으며, 청동보다 값이 싸고 색깔도 좋으므로 널리 사용된다. 연율이 가장 큰 황동은 Cu = 70%, Zn = 30%(7.3황동)이며, 황동계의 합금에는 다음과 같은 것이 있다.

해수에 내구성이 큰 6.4황동 및 naval황동(Cu = 70%, Zn = 29%, Sn = 1%), 주물 및 단조에 적합한 delta 황동(Cu = 55%, Zn = 41%, Pb = 2%, Fe = 2%) 등이다.

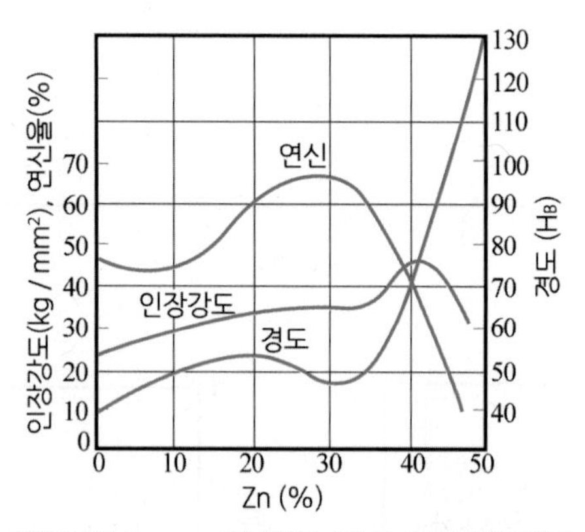

그림 1.102 황동판(1.5 mm, 어닐링한 것)의 아연 함유량과 기계적 성질

그림 1.102는 황동에서 Zn이 기계적 성질에 미치는 영향을 도시한 것이다. 아연의 함유량이 증가함에 따라 황동의 기계적 성질이 다양하게 변화하는 것이 특징이다.

2) 청동

청동(靑銅, bronze)은 Cu와 Sn의 합금으로서 Sn은 강도, 경도, 내식성을 증가시키는 영향이 Zn보다 크며, 합금의 종류 및 용도는 다음과 같다.

Cu = 95%, Sn = 5%의 청동은 주화에, Cu = 96%, Sn = 4%의 청동은 동상에, Sn = 12 ~ 16%, Cu = 나머지의 청동(포금)은 베어링에 사용된다.

청동계의 합금에는 인청동(0.2 ~ 1.0%의 P를 함유), Al청동(Cu = 90%, Al = 10%의 합금) 등이 있다.

그림 1.103은 700℃로 어닐링한 1.7 mm의 청동판에서 Sn이 기계적 성질에 미치는 영향을 나타낸 것이다.

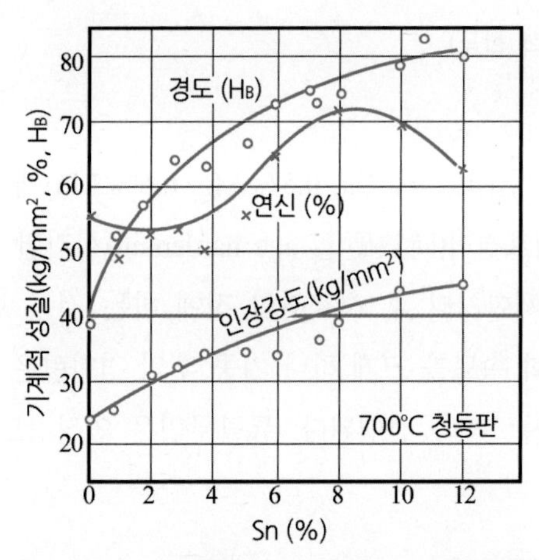

그림 1.103 청동판의 주석 함량과 기계적 성질

7.4 알루미늄 합금

알루미늄(Al)은 비중이 2.7이며 전기전도성이 양호하고, 가단성이 있어 봉재 및 판재로도 사용된다. Al 합금(aluminium alloy)에는 Cu계, Si계, Zn계 등이 있으나 주조용 Al 합금의 대표적인 것이 Al－Si계 합금(실루민)이다.

1) 실루민

실루민(silumin)은 그대로 주조하면 조직이 조대화되므로 금속 Na 또는 Na염을 첨가하면 조직이 미세화되며 기계적 성질도 개선된다. Al 합금 중 주조성이 가장 우수하며 고온 취성도 없다. 인장강도는 18 kg/mm², 연율 4～6% 정도이며 주형은 사형, 금속형이고 다이캐스팅도 한다.

표 1.25는 실루민의 용도를 나타낸 것이다.

표 1.25 실루민의 용도

Si 5% 사형	건축재료, 자동차, 선박기구, 계기의 하우징, 화학공업기구
Si 5% 금속주형	취사용 기구, 용기 및 기계부품
Si 10% 사형	실외에서 사용하는 주물, 기계용 주물
Si 13% 정제	증발기, 선박용, 차량용 가구

2) 고강도 알루미늄 합금(강력 합금)

(1) 듀랄루민

듀랄루민(duralumin)은 2017 합금(Al, 4% Cu, 0.5% Mg, 0.5% Mn)에 해당하며, 500 ~ 510℃에서 용체화처리 후 수냉하여 상온에서 시효경화(時效硬化, age hardening)시키면 기계적 성질이 개선되며, 강도가 크고 성형성도 좋다. 가공은 용체화처리 후 시효경화 전에 하는 것이 보통이다. 이와 같은 용체화처리 후의 냉간가공은 처음의 시효경화 속도를 크게 하나 가공 후의 경화량은 가공도가 클수록 적어진다. 시효 후 다시 냉간가공하면 시효경화는 더욱 진행된다. 듀랄루민은 인장강도가 40 kg/mm^2 이상 된다.

(2) 초듀랄루민

초(超)듀랄루민(super duralumin, SD)은 2024 합금(Al, 4.5% Cu, 1.5% Mg, 0.6% Mn)으로서 T4 처리를 하면 약 48 kg/mm^{2}의 강도를 가지며, 항공 재료로 사용된다. T6 처리하면 T4 처리한 것에 비하여 강도는 같으나 내력이 상승하고 연신율이 감소한다. 인장강도 50 kg/mm^2 이상의 듀랄루민을 말한다.

(3) 초초듀랄루민

초초(超超)듀랄루민(extra super duralumin, ESD)은 1.5 ~ 2.5% Cu, 7 ~ 9% Zn, 1.2 ~ 1.8% Mg, 0.3 ~ 1.5% Mn, 0.1 ~ 0.4% Cr을 함유한다. Alcoa 75S 등이 이에 속하며 인장강도 54 kg/mm^2 이상의 듀랄루민을 말한다. 항공기용 재료에 쓰인다.

이 밖에 HD 합금(5.5% Zn, 1.2 ~ 2% Mg, 0.7 ~ 0.8% Mn, 0.25 ~ 0.3% Cr)이 있으며, 이것은 고온변형 저항이 낮은 특징이 있고, 420℃에서 용체화하여 20일 상온시효시키면 인장강도 50 kg/mm^2, 내력 28 kg/mm^2, 연신율 15%의 특성을 가진다.

3) Al - Cu계 합금

4.5% Cu 합금은 주조성이 좋고 내마모성이 크므로 실린더 헤드, 피스톤 등에 사용된다.

4) Al - Cu - Si계 합금

Cu 3 ~ 8%, Si 3 ~ 8%로 되며 Si가 주조성을 개선하고 Cu가 절삭성을 개선한다. 사형, 금속형에 적합하고 인장강도는 18 kg/mm^2, 연율은 2% 이상이다. 500℃ 부근에서 템퍼링(tempering)한 것은 인장강도 28 kg/mm^{2}에 달한 것도 있다.

5) Al – Mg계 합금

Al에 3.5 ~ 11.0%의 Mg를 함유시킨다. 내식성, 강도, 연신율이 우수하며 절삭성도 양호하다. 열처리된 것은 30 kg/mm^2 정도의 인장강도와 12% 이상의 연신율을 갖는 것도 있다.

6) Al – Cu – Ni – Mg계 합금

Y **합금**이라 부르며 Cu 2%, Ni 1.5%, Mg 1.5% 정도이고, 나머지는 Al이며 인장강도는 20 kg/mm^2, 연신율은 1.5%로서 내열성이 우수하여 자동차 및 비행기의 피스톤 등에 사용된다. 사형, 금속형에 모두 적합하나 금속형을 사용하면 조직이 치밀하여 기계적 성질이 좋게 된다.

7.5 마그네슘 합금

마그네슘(magnesium)은 상온에서 비중이 1.74로서 공업용 금속 중 가장 가볍다. Mg – Al – Zn계 합금을 Elektron이라 하여 Mg가 90% 이상이고, Al 및 Zn이 10% 정도로서 인장강도 17 ~ 20 kg/mm^2, 연율 3 ~ 5%이다. 또 Mg – Al 합금 중 미국의 Dow metal Co.에서 개발한 Dow metal은 Elektron과 함께 Mg 합금의 대표적인 것이다.

Mg 합금의 특징은 인장강도가 15 ~ 35 kg/mm^2이고 강도/비중의 비가 커서 경합금재료로 적합하다. 주물에서도 인장강도, 연율, 충격치 등이 Al 합금과 비슷하고 절삭성이 아주 우수하다.

7.6 백색 합금

Pb, Sn 등을 주성분으로 하는 합금은 백색이므로 **백색 합금**(白色合金, white metal)이라 하며, 땜납(solder), 활자금속, 베어링 금속 등에 사용된다.

1) 땜납(solder)

모재의 용융점보다 낮아야 하고 잘 밀착되어야 한다.

i) **연납**(soft solder) : 용융점이 400℃ 이하인 납(Pb)과 주석(Sn) 합금이 주로 사용된다.

ii) **경납**(hard solder) : 용융점이 400℃ 이상으로서 황동납(Cu – Zn), 은납(황동에 6 ~ 10%의 Ag), 양은납(황동에 8 ~ 12%의 Ni) 등 여러 가지가 있다.

2) 활자금속

활자금속(活字金屬)은 용융 온도가 낮고 응고수축이 적다. 안티몬(Sb)은 응고 시에 0.95% 팽창하고, Pb는 3.44% 수축한다. Pb에 Sb를 첨가하면 직선적으로 수축이 감소되어 Sb 75%에서 0이 된다. 또한 Sb는 경도를 높이고 용융점을 저하시킨다.

3) 베어링 메탈

베어링 메탈(bearing metal)에 요구되는 조건은 축에 적응할 수 있도록 점성과 인성이 있을 것, 열전도율이 클 것, 주조성이 좋을 것, 마찰계수가 적고 마모저항이 클 것, 윤활유에 침식되지 않도록 내식성이 클 것, 가격이 쌀 것 등이다.

i) **동(Cu)기지 베어링 합금** : gun metal, P-청동, Pb = 20 ~ 40%이고 나머지가 Cu인 Kelmet, Al－청동 등이다.

ii) **주석(Sn)기지 베어링 합금** : Sn에 Sb = 6 ~ 12%, Cu = 4 ~ 6%인 Babbitt metal이 대표적이다.

iii) **납(Pb)기지 베어링 합금** : Sb = 10 ~ 20%, Sn = 5 ~ 15%이고 Pb = 나머지이다.

iv) **아연(Zn)기지 베어링 합금** : Zn = 80 ~ 90%에 Cu, Sn 등을 첨가한다.

08장

주물제품의 설계

8.1 설계의 기본원칙

주물설계(鑄物設計)에 있어서는 경제적인 주조법에 적응할 수 있는 모형을 보장할 수 있도록 해야 하며, 주형과의 반응, 가스가 용이하게 빠져나갈 수 있는 형상을 가질 것과 응고냉각 때 생기는 수축이 주물 각 부분에서 불균일한 변형, 균열, 수축공동 등이 발생하지 않도록 각 부분의 냉각이 고르게 진행되도록 형상을 선택하는 것이 가장 중요한 원칙이다. 또한 넓은 평면을 피하고 기계가공면을 되도록 적게 함과 아울러 한 방향으로 모을 것, 기계가공의 기준면을 정하여 두는 것도 중요하다. 또한 주형제작의 용이성, 조형 시의 치수변화를 막기 위하여 적당한 구배를 둘 것이 요망된다.

8.2 설계상의 주의사항

먼저 주형의 상하형 경계면(parting plane)의 위치를 결정해야 한다. 이 경계면 위치는 다음 항목들에게 영향을 끼친다.

(1) 코어의 수
(2) 유효하고 경제적인 탕구계
(3) 주물중량
(4) 코어지지방법
(5) 치수 정도
(6) 주조의 용이성

주물제품을 설계할 때 일반적인 주의사항은 다음과 같다.

1) 가능한 한 코어 사용 억제

건조형으로 된 코어의 사용을 제한하는 것이 바람직하다. 파이프 형상의 제품을 주조작업으로 만들려면 코어를 사용하게 되는데 설계 변경으로 코어를 사용하지 않아도 된다면 그렇게 하는 것이 바람직하다.

2) 모서리는 가능하면 둥글게 할 것

그림 1.104는 모서리를 둥글게 하는 방법에 따라서 경계면 위치가 어떻게 영향을 받는가를 나타낸다. 그림 1.105와 같이 부분도에 구배가 지정되면 경계면도 고정되나, 구배를 두라는 지시만이 도면에 주어지면 보다 경제적인 주조를 할 수 있게 된다.

코어는 불필요하게 사용하지 말아야 한다. 약간의 설계 수정으로 코어의 배제가 가능하다.

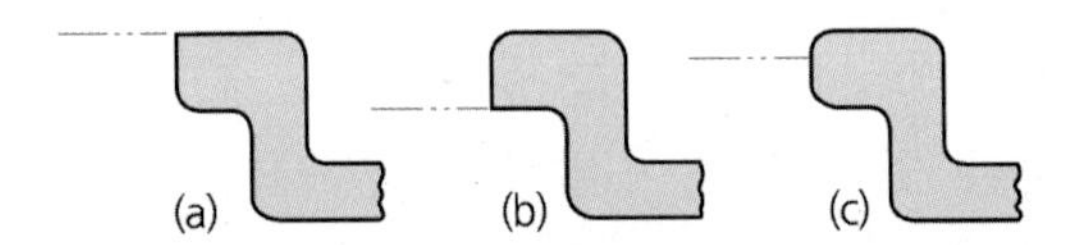

그림 1.104 모서리의 둥글림이 경계면에 주는 영향

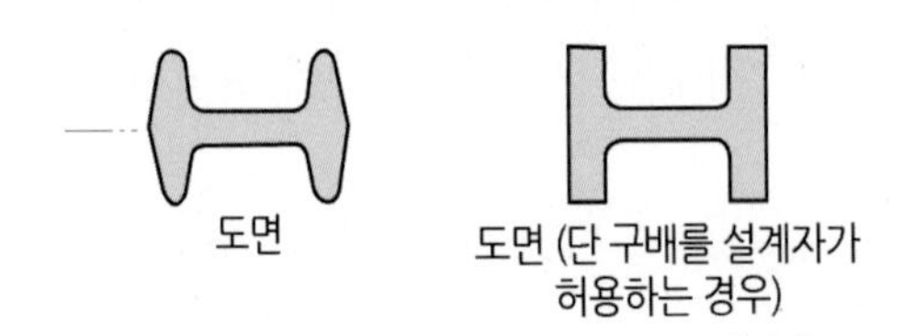

경계면의 선택 예 (과장된 그림)

그림 1.105 도면에 선택 이유가 주어질 때 경계면의 선택과 결과

3) 두께의 급격한 변화를 줄일 것

주물은 모든 부분에서 균일한 두께를 가지는 것이 이상적이다. 그러나 부득이하게 두께를 변화시켜야 할 때는 급격한 변화를 피해야 한다. 또한 주물부분이 서로 교차할 때는 두 가지 문제가 파생한다. 첫째는 응력집중이다. 교차부의 내측모서리가 예리하면 이곳은 응력집중을 받게 되므로 적당한 반경으로 둥글게 이어져야 한다. 둘째는 응고에 관련된 것이다. 주물의 각 부분이 서로 교차하는 곳에서 국소적으로 큰 질량부분이 생긴다.

이는 그림 1.106과 같이 내접원을 그려보면 쉽게 알 수 있다. 그림에서 *d*가 *a*, *b*, *c*보다 큰 질량부분이다. 정상적인 응고상태하에서의 *d*는 소위 **열점**(熱點, hot spot)이라고 하는 가장 응고가 더딘 부분이며, 여기에서 수축공동이 생기게 된다. 교차부에서 두께의 차가 크면 그림 1.107과 같이 매우 심한 열점이 생긴다. 이때도 적절하게 모서리를 둥글게 만드는 것이 좋다.

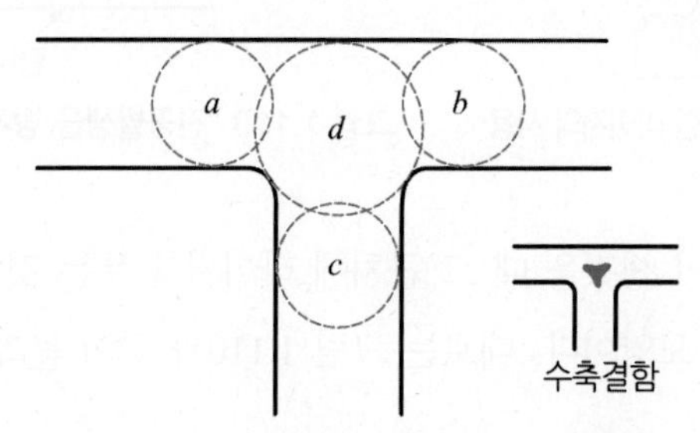

그림 1.106 열점의 위치를 찾는 내접원법

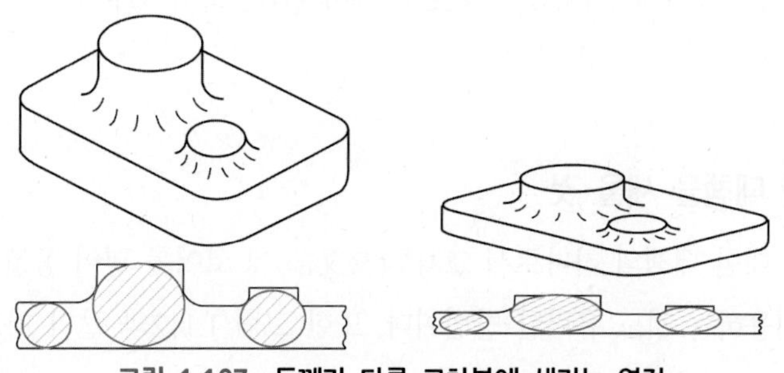
그림 1.107 두께가 다른 교차부에 생기는 열점

4) 열점이 발생하지 않도록 설계할 것

그림 1.108은 반경치의 부적절한 경우와 적절한 경우를 나타낸다. (a)의 경우 내측모서리 근방에 액체금속이 남아 있을 때, L자의 양다리 부분은 수축하여 인장력을 접합부에 작용시킴으로써 결함이 생기게 된다. (b)는 이 난점을 경감시킨다. (c)는 응고상의 관점에서는 상당한 개선이나, 내측 모서리 부분이 인장응력을 받을 때는 오히려 약화된다는 단점을 가지고 있다.

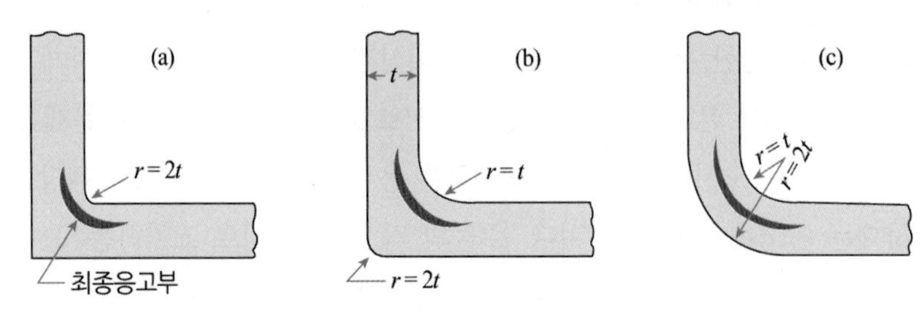

그림 1.108 교차부 반경치와 최종 응고부((a), (b)는 불량, (c)는 양호)

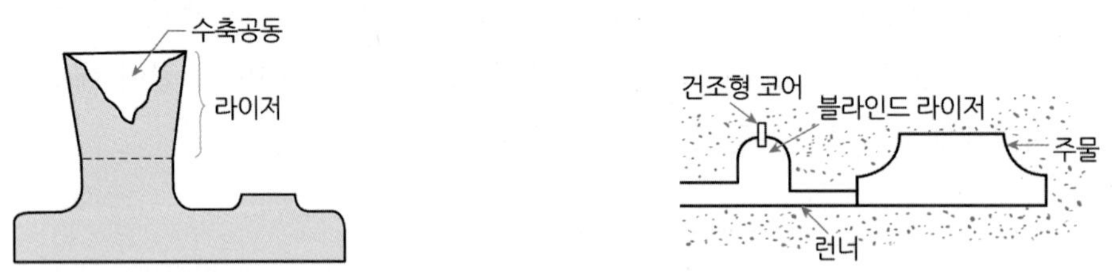

그림 1.109 수축공동을 방지하기 위한 라이저의 사용

그림 1.110 진공발생을 방지하기 위한 블라인드 라이저의 이용

그림 1.107과 같이 심한 열점이 생겼을 때 그 근처에 라이저를 두는 것이 필요하다. 그림 1.109는 그림 1.107의 열점 위에 라이저를 둔 모양이다. 때로는 그림 1.110과 같이 블라인드 라이저(blind riser)를 두기도 한다.

라이저를 두면 여분의 금속을 용해해야 하고 응고 후 제거해야 하므로 주물원가를 증대시킨다. 따라서 가능하면 주물설계에서 불필요한 라이저를 줄이도록 해야 한다. 라이저와 탕구계가 주물중량의 10 ~ 50%까지 차지할 수도 있다.

5) 교차부는 적절한 대책을 세울 것

그림 1.111은 열점에 대한 대책의 하나로서 교차부(交叉部)에 코어를 넣어 응고 후 구멍이 남게 하거나 냉각쇠(chill block)를 이용하는 것도 유력한 방법이다. 또한 그림 1.112와 같이 처음부터 교차부의 단면을 줄이는 것도 한 가지 방법이다.

그림 1.111 교차부에서의 결함을 없애기 위하여 코어를 넣어 구멍을 만드는 예

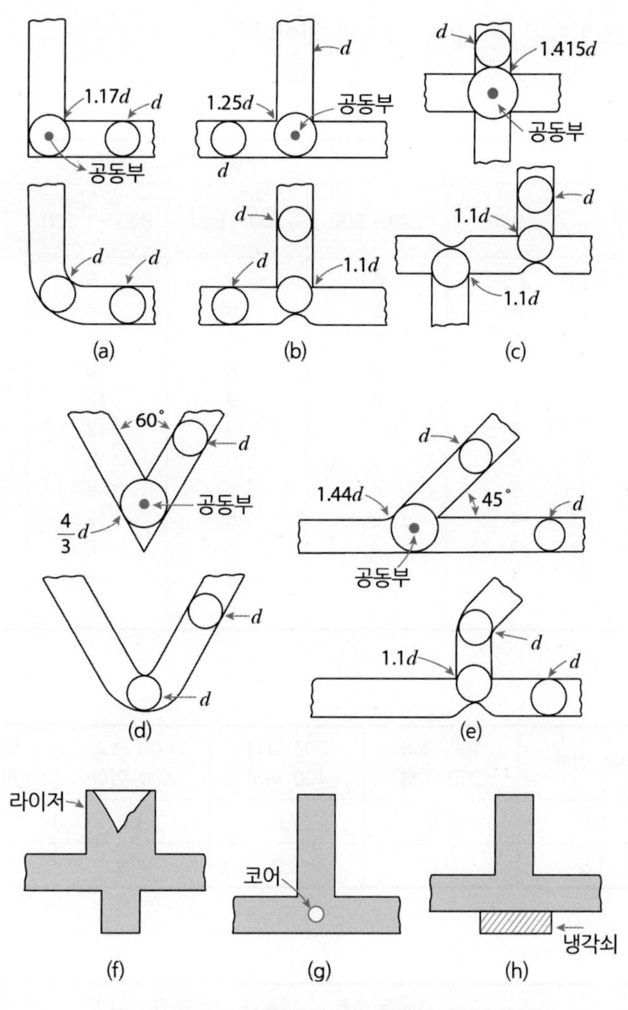

그림 1.112 교차부에서 수축공동에 대한 대책

주물설계에서 또 하나의 문제는 수축, 특히 교차부에서의 수축문제이다. 수축은 대부분 주형 내에서 구속된 상태에서 일어나므로, 응고 시나 응고 후의 내부응력 발생과 균열의 원인이 된다.

주물의 최소 두께는 모든 종류의 주물설계에서 매우 중요한 인자가 된다. 이는 주물의 형상과 크기, 주조금속의 재질, 주조법 등에 따라 달라지므로 경제적으로 얻을 수 있는 최소 두께를 정확하게 정하기는 힘들다. 주철주물에서는 너무 얇게 하면 급냉조직이 되어 여리게 되고, 용탕의 유동이 충분치 못하여 결함이 생기게 되므로 재질에 따라 다르게 할 필요가 있다. 주강은 특히 용탕의 유동성으로부터 최소 두께가 정해진다. 표 1.26에 이들 값을 표시하였다.

주물의 두께는 코어의 이동으로 상형면에 접하는 것은 얇고, 하형면에 접하는 것은 두꺼워질 가능성이 크다. 또 좌우의 두께도 치수가 달라질 수가 있다. 이러한 점을 고려하여 두께의 공차를 표 1.27의 범위로 허용한다. 또 길이의 치수도 주형의 방해로 예정한 수축을 하지 않아서 틀려질 수 있으므로 허용공차를

두는 것이 필요해진다. 표 1.28은 이 값을 나타낸 것이다.

표 1.26 주물의 최소 두께

단위 : mm

재질	인장강도 (kg/mm²)	주물의 크기(도면치수)					
		<200	200 ~ 500	500 ~ 800	800 ~ 1,500	1,500 ~ 2,200	2,200 ~ 3,000
회주철 제1종	10	3.5	4	5	6	8	10
〃 제2종	15	4	5	6	8	10	12
〃 제3종	20	5	6	7	10	12	14
〃 제4종	25	6	7	8	10	12	16
〃 제5종	30	7	8	9	12	14	18
〃 제6종	35	8	9	10	12	16	20
구상흑연주철		4	5	6	8	12	—
가 단 주 철		3	4	6	8	—	—
주 강		4	6	8	12	16	20
동 합 금		3	4	6	8	—	—
알루미늄합금		3	4	6	8	10	—
마그네슘합금		3	4	6	8	10	—

표 1.27 길이의 치수차

단위 : mm

가공치수		100 이하	100 초과 200 이하	200 초과 400 이하	400 초과 800 이하	800 초과 1,600 이하	1,600 초과 3,150 이하
치수차	정밀급±	1.0	1.5	2.0	3.0	4.0	—
	보통급±	1.5	2.0	3.0	4.0	5.0	7.0

표 1.28 두께의 치수차

단위 : mm

가공치수		5 이하	5 초과 10 이하	10 초과 20 이하	20 초과 30 이하	30 초과 40 이하
치수차	정밀급±	0.5	1.0	1.5	2.0	2.0
	보통급±	1.0	1.5	2.0	3.0	4.0

09장

주물의 처리

9.1 주물의 주입

주형에 탕을 주입하기 전에 압상력을 고려하여 상자를 볼트로 고정하든가 중추를 놓아 안전하게 해야 한다. 주입온도가 너무 높으면 조직이 조대화되고 온도가 너무 낮으면 성분이 불균일하게 되므로 적당한 온도에서 가능한 빠른 속도로 주입하는 것이 바람직하다. 표 1.29는 각 금속에 대한 주입온도의 예이다.

표 1.29 주물의 주입온도

주물의 종류	주입온도(℃)	주물의 종류	주입온도(℃)
주철 주강	1,300 ~ 1,350 1,500 ~ 1,600	Elektron (Mg 합금) Babbit metal (주석 합금)	620 ~ 680 450
황동 청동 및 포금 알루미늄 청동	1,000 ~ 1,100 1,050 ~ 1,150 1,150 ~ 1,200	알루미늄 주물 Y 합금 실루민	680 ~ 720 670 ~ 700 720 ~ 620

9.2 주입 후 처리

9.2.1 탕구

주철의 탕구는 해머로 쳐서 자르고, 주강의 것은 가스 토치로 절단한다. 동합금, Al 합금 등은 해머 또는 가스 절단이 곤란하므로 톱으로 절단해야 한다.

9.2.2 모래떨기

브러시 등으로 주물 표면에 붙어 있는 모래를 떨어낼 수 있으며, 다음과 같은 기계가 사용된다.

① 텀블러(tumbler) : 모래떨기와 주물표면을 평활하게 하기 위하여 강제회전 드럼 속에 주물과 철편을 넣고 회전시키면 상호충돌에 의하여 작업이 이루어진다.

② 샌드 블라스팅기(sand blasting machine) : 높은 압력의 압축공기로 모래를 분사시켜 주물표면을 깨끗이 한다.

③ 그릿 블라스팅기(grit blasting machine) : 각이 예리한 주철이나 강철편(grit)을 압축공기로 분사시켜 주물표면을 깨끗이 한다.

④ 쇼트 블라스팅기(shot blasing machine) : 작은 강구(鋼球, steel ball)를 압축공기나 큰 원심력으로 주물에 분사시켜 주물표면을 깨끗이 한다. 그림 1.113은 쇼트 블라스팅의 원리를 도시한 것이다.

그림 (a)는 압축공기를 이용한 블라스팅의 예를 나타내었고, 그림 (b)는 원심력을 이용한 블라스팅의 예를 나타내었다.

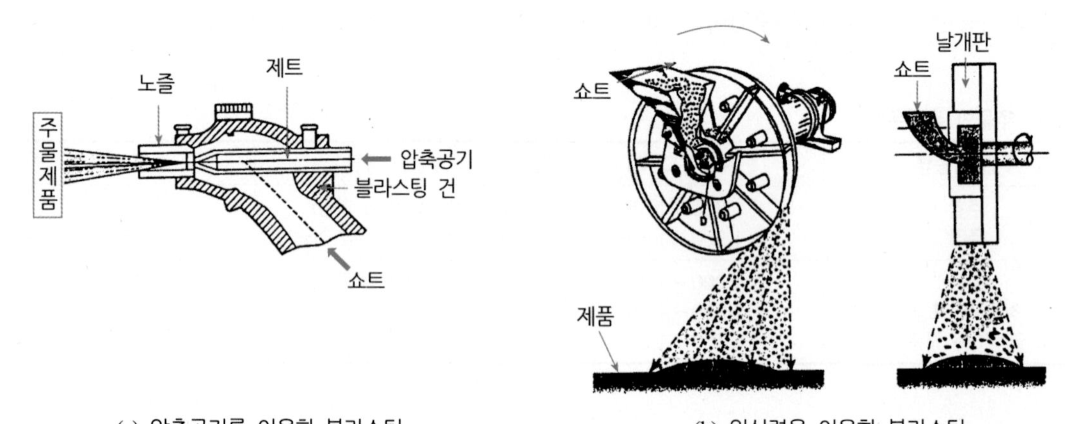

(a) 압축공기를 이용한 블라스팅 (b) 원심력을 이용한 블라스팅

그림 1.113 **쇼트 블라스팅의 원리**

9.2.3 산 세척

주물표면에 붙은 미립물이나 산화물의 탈락을 쉽게 하고 균열을 쉽게 발견하기 위하여 불화수소산이나 희염산, 희황산액에 수십 시간 침지하여 세척하고 묽은 가성소다, 석회유 등으로 주물 표면에 있는 산을 중화시킨다. 이를 산 세척(酸洗滌, pickling)이라 한다.

10장

주물결함과 검사

10.1 주물의 결함

10.1.1 기공

주형 내의 가스가 배출되지 못하여 주물에 생기는 **결함**(缺陷, defect)을 **기공**(氣孔, blow hole)이라 하며, 다음과 같은 것이 원인이 된다.

① 주형과 코어에서 발생하는 수증기에 의한 것
② 용탕에 흡수된 가스의 방출에 의한 것
③ 주형 내부의 공기에 의한 것

10.1.2 수축공

주형 내의 탕이 응고수축하여 생긴 결함을 **수축공**(收縮孔, shrinkage cavity)이라 하며, 다음과 같은 것이 원인이 된다.

① 그림 1.114(a)에 표시된 바와 같이 응고온도 구간이 짧은 합금에서 압탕량이 부족할 때 괴상이 생긴다.
② 그림 1.114(b)에 표시된 바와 같이 응고온도 기간이 짧은 합금에서 온도구배가 부족할 때 중심선에 일직선으로 생긴다.
③ 그림 1.114(c)는 응고온도 기간이 긴 합금의 경우 수축공이 결정입 간에 널리 분포하고 있음을 보여준다.

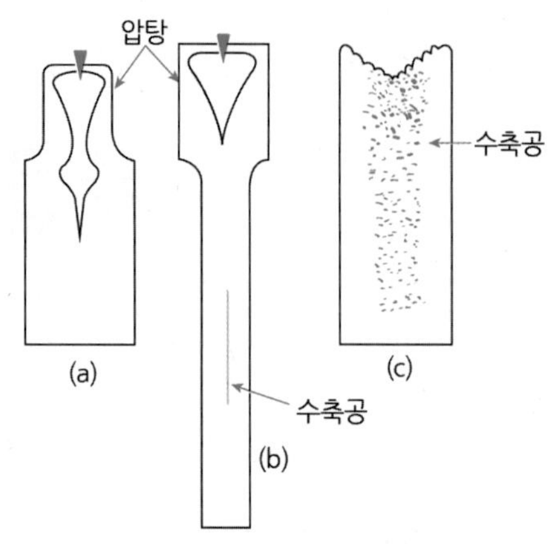

그림 1.114 수축공의 형상과 분포

10.1.3 편석

주물의 일부분에 불순물이 집중되든가 성분의 비중차에 의하여 국부적으로 성분이 치우치거나 처음 생긴 결정과 후에 생긴 결정 간에 경계가 생기는 현상 등을 편석(偏析, segregation)이라 하며, 이에는 다음과 같은 것이 있다.

1) 성분편석

예를 들어, 강을 설명하면 그림 1.115에서 보는 바와 같이 응고초기 a_1에서 결정의 탄소함유량은 M_1, 응고중기 a_2에서 M_2이고, 응고종기 a_3에서는 M_3로서 종기로 갈수록 탄소함유량이 증가되고 있음을 알 수 있다. 이 사실로서 수지상 결정의 가지 사이에 탄소함유량이 많음을 알 수 있다. 또한 강괴의 내측의 탄소함유량이 외측의 것보다 많음을 알 수 있다. 이와 같이 주물의 부분적 위치에 따라 성분의 차가 있는 것을 성분편석(成分偏析)이라 한다.

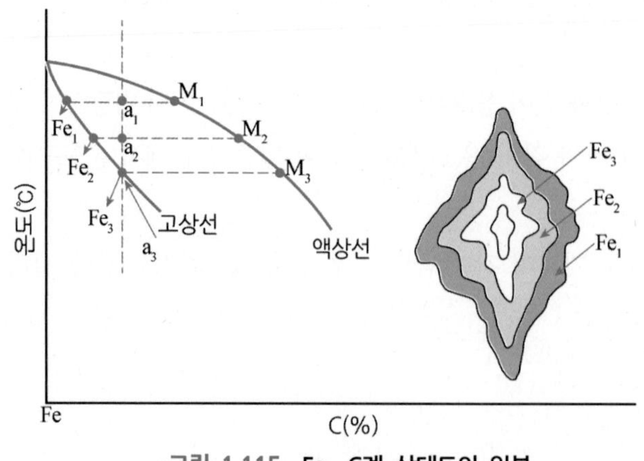

그림 1.115 Fe-C계 상태도의 일부

2) 중력편석

Pb-Sb-Sn기의 베어링 합금을 응고시킬 때 초기에 정출할 Sb가 많은 것은 Sb가 비중이 작기 때문에 위에 뜨는 것을 알 수 있다. 이와 같이 비중차에 의하여 불균일한 합금이 되는 것을 **중력편석**(重力偏析, gravity segregation)이라 한다.

중력편석을 방지하는 방법은 두 가지가 있다. 하나는 결정의 침하 또는 부상을 방지할 목적으로 침상 또는 수지상의 초정을 만들기 위하여 특수 원소를 첨가하는 방법과 다른 하나는 용탕을 급냉하는 것이다.

3) 정상편석과 역편석

응고방향에 따라 용질이 액체 중에 이동하여 주물의 중심부에 용질이 모이게 되며, 응고시간이 길수록 성분 함량이 많게 되는 편석을 **정상편석**(正常偏析, normal segregation)이라 하는데, 앞의 예인 강(성분편석에서)의 경우도 여기에 속한다. 용질이 주물표면에 스며 나와 성분 함량이 많은 결정이 주물의 바깥쪽에 정출하고, 초기에 정출되어야 할 성분 함량이 적은 결정이 주물 안쪽에 정출하는 편석을 **역편석**(逆偏析, inverse segregation)이라 한다. 그림 1.116은 역편석이 일어난 그림이며 간혹 청동주물에서 이와 같은 현상이 일어난다.

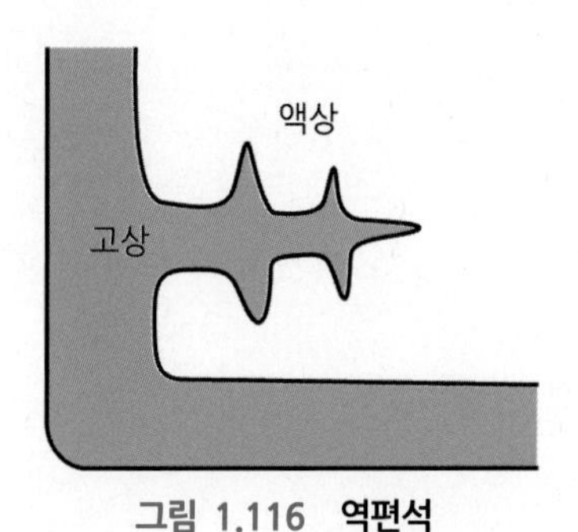

그림 1.116 역편석

10.1.4 고온 균열

용융금속이 응고냉각될 때 i) 완전 용액 영역, ii) 소량의 고체를 보유하는 용액 영역, iii) 소량의 용액을 보유하는 고체 영역으로 생각할 수 있다. i)과 ii)의 경우에는 인장력의 영향을 받지 않으나 iii)의 경우는 어떤 원인에 의한 인장력을 받아 결정입계가 파괴되었을 때 조직을 통하여 용액이 보급될 능력이 없기 때문에 영구 균열로 남게 되며, 이것을 **고온 균열**(高溫龜裂, hot tear) 또는 **열간 균열**(熱間龜裂)이라 한다.

이러한 균열은 황화물, 인화물과 같은 저용융점 불순물이 함유되었을 때 많이 발생한다.

그림 1.117은 고온 균열의 설명도이다.

고온 균열을 발생시키는 응력의 예를 들면 코어 주위에 주입된 용금은 응고됨에 따라 수축하고, 코어는 열을 받아 팽창되므로 주물에 인장응력이 발생된다. 이의 방지를 위해서는 응고 직후 바로 코어를 제거하거나 코어에 겨 같은 가소성 재료를 넣어 신축성을 주어야 한다.

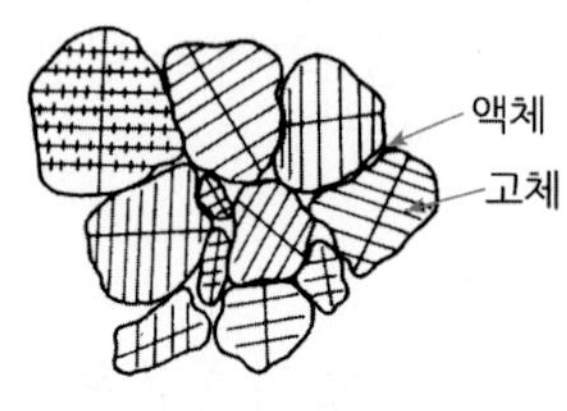

그림 1.117 액막기의 상황

10.1.5 주물표면 불량

① 흑연 또는 도포제에서 발생하는 가스에 의한 것
② 용탕의 압력에 의한 것
③ 모래의 결합력 부족에 의한 것
④ 통기성의 부족에 의한 것
⑤ 주물사의 크기에 의한 것

10.1.6 치수불량

① 주물자 선정의 잘못에 의한 것
② 목형의 변형에 의한 것
③ 코어의 이동에 의한 것
④ 주물상자 조립의 불량에 의한 것
⑤ 중추의 중량 부족에 의한 것

10.1.7 변형과 균열

금속이 고온에서 저온으로 냉각될 때 어느 이상의 온도에서는 결정입자 간에 변형저항을 주고 받지 않으나, 어떤 온도가 되면 그때부터 저항을 주거나 받게 된다. 이 온도를 **천이온도**(遷移溫度, transition temperature)라 하며, 이 온도 이하에서 결정입의 변형을 저지하는 응력을 잔류응력이라고 한다.

이상의 원인에 의하여 수축이 부분적으로 다를 때 변형과 균열이 생기며, 방지법은 다음과 같다.

① 단면의 두께 변화를 심하게 하지 말 것
② 각부의 온도차를 적게 할 것
③ 각이 진 부분을 둥글게 할 것
④ 급냉하지 말 것

10.1.8 유동불량

주물에 너무 얇은 부분이 있거나 탕의 온도가 너무 낮을 때에는 탕이 말단까지 미치지 못하여 불량주물이 되는 경우도 있다. 보통 주철에서는 3 mm, 주강에서는 두께 4 mm가 한도이다.

10.1.9 불순물 혼입

① 용제의 점착력이 커서 용탕에서 분리가 잘 되지 않는 경우
② 용제가 탕구나 라이저에 부유할 여유가 없이 용탕에 빨려 들어가는 경우
③ 금형 내의 주물사가 탕에 섞여 들어가는 경우

10.2 주물의 검사

주물의 검사방법은 간단하고도 확실한 결과를 얻도록 하는 것이 좋고, 결함을 검사하는 데에는 파괴검사와 비파괴검사로 크게 나눌 수 있다. 다음과 같은 검사 및 시험법에 의하여 주물의 양부를 판정할 수 있다.

10.2.1 육안검사

① 외관검사 : 치수검사, 표면검사
② 파면검사 : 동일 조건에서 주조된 시험편의 파면을 보고 결정입자의 관찰, 편석 등을 검사
③ 형광검사 : 주물 표면에 형광물질을 바른 후 빛을 투과하면 결함부에 스며든 형광물질에 의하여 결함 유무 및 크기 등을 알 수 있음.

10.2.2 기계적 성질시험

기계적 성질시험에는 강도시험, 경도시험, 충격시험, 마모시험 및 피로시험 등이 있다.

10.2.3 물리적시험

① **현미경검사** : 파면을 평활하게 연마한 후 부식시켜 결정입자의 크기, 조직, 편석 및 불순물의 존재를 관찰한다.

② **압력시험** : 유체의 압력으로 강도 및 누설 여부를 시험

③ **타진음향검사** : 두드려서 음향을 듣고 균열 여부를 확인

④ **방사선검사** : X선 등의 촬영으로 결함 여부 확인

⑤ **초음파탐상검사** : 그림 1.118과 같이 주물의 일단에 초음파진동자를 대고 충격적인 진동을 주면 주물 내부를 통하여 끝까지 전파되었다가 반사되어 되돌아온다. 이때 주물내부에 편석 등의 결함이 있으면 그곳에서 반사되어 돌아온다. 이의 시간차에 의하여 결함 유무를 확인하고 그 위치를 알아내는 방법을 **초음파탐상검사**(超音波探傷檢査)라 한다.

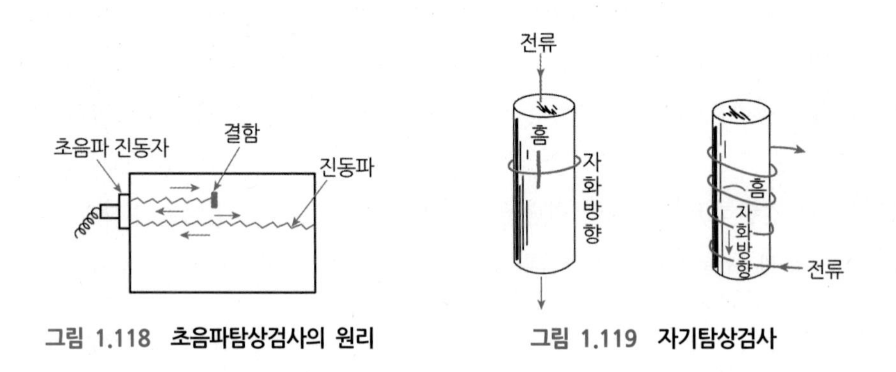

그림 1.118 초음파탐상검사의 원리

그림 1.119 자기탐상검사

⑥ **자기탐상검사** : 그림 1.131과 같이 주물을 전류로 자화(磁化)하여 주위에 미세한 철분과 표면장력이 작은 액을 혼합하여 바르면 결함 부위에 철분이 모이게 되어 결함의 위치와 크기를 추정할 수 있다. 이것을 **자기탐상검사**(磁氣探賞檢查)라 한다.

10.2.4 화학분석시험

중요부의 위치에 구멍을 뚫어 칩(chip)을 얻어 화학분석으로 성분원소의 종류와 양을 알아낸다.

10.2.5 내부응력시험

주물을 2개소에서 절단하고, 각 온도에서 어닐링하였을 때 절단과 직각 방향의 치수 변화를 비교한다.

10.2.6 유동성시험

유동성에 영향을 주는 인자는 비중, 표면장력, 열팽창률, 점성, 비열, 열용량, 용해잠열, 열전도율, 주입 온도, 응고 온도, 주형 온도 등이고, 일반적으로 사용되는 시험 방법은 통로가 좁은 나선형 주형(channel)에 탕을 주입하여 유동한 길이로 비교측정하는 것이다.

연습문제

제1장 모형

1. 모형의 종류를 열거하고 설명하여라.
2. 현형의 종류를 열거하고 설명하여라.
3. 매치 플레이트와 패턴 플레이트를 구분하여 설명하여라.
4. 목재의 이상적인 구비조건을 열거하고 설명하라.
5. 목재의 수축방지법에 대하여 써라.
6. 목형용 목재의 이상적인 구비조건을 써라.
7. 목재의 건조법에 대하여 써라.
8. 목재의 인공건조법의 종류를 열거하고 설명하여라.
9. 함수율에 대하여 설명하여라.
10. 목형 제작 시 고려사항을 열거하고 설명하라.
11. 목형제작에서 고려되어야 하는 다음 사항에 대하여 써라.
   ① 수축여유(shrinkage allowance) ② 가공여유(machining allowance)
   ③ 목형 구배(pattern draft) ④ 라운딩(rounding)
   ⑤ 코어 프린트(core print) ⑥ 덧붙임(stop off)

12. 주물제품의 길이를 ℓ, 목형의 길이를 L이라 하면 수축률(ϕ)은 어떻게 계산하는가? 그리고 이것이 체적수축률과 어떤 관계인지 설명하여라.

13. 다음의 주물재료에 대하여 길이 1m당 수축여유를 몇 mm 두는 것이 적당한지 기술하라.
① 주철　② 주강　③ 알루미늄　④ 황동

14. 각종 재료의 비중은 주물의 중량을 계산할 때 쓰인다. 다음 재료의 비중은 얼마인가?
① 주철　② 주강　③ 황동　④ 알루미늄　⑤ 아연　⑥ 소나무

15. 수축률이란 무엇인가?

제2장 주형의 종류

16. 주형의 종류를 대별하고 설명하여라.

17. 사형의 종류를 대별하고 설명하여라.

18. 건조형과 표면건조형을 비교 설명하여라.

19. 냉강주형에 대하여 설명하여라.

20. 졸트운동(jolt motion)에 대하여 설명하여라.

21. 스퀴즈운동(squeeze motion)에 대하여 설명하여라.

22. 주형기계의 종류를 열거하고 설명하여라.

23. 졸트-스퀴즈 주형기에 대하여 설명하여라.

24. 모형으로부터의 거리에 따른 사층밀도를 졸트운동과 스퀴즈운동에 대하여 그림을 그려서 설명하여라.

25. 코어 프린트와 코어 지지대(chaplet)를 각각 설명하여라.

26. 드로백(draw back) 주형에 대하여 설명하여라.

제3장 주물사

27. 주물사의 구비조건에 대하여 써라.

28. 주물사에 모래 이외에 첨가되는 것을 설명하여라.

29. 점결제의 종류를 열거하고 설명하여라.

30. 유기질 점결제에 대하여 설명하여라.

31. 벤토나이트의 특징 및 용도를 설명하여라.

32. 주물사의 종류와 각각의 특징에 대하여 써라.

33. 표면사와 분리사의 용도를 비교 설명하여라.

34. 코어용 모래와 롬형 모래의 신사와 고사의 비를 설명하여라.

35. 주물사의 성질시험 가운데 강도시험의 종류를 열거하고 설명하여라.

36. 다음 주물사의 성질을 시험하는 방법에 대하여 써라.
① 통기도 ② 강도 ③ 내화도 ④ 입도 ⑤ 경도 ⑥ 성형성

37. 소결내화도에 대하여 설명하여라.

38. 제게르 콘(Seger cone)은 무엇인가?

39. 주물사 처리장치에 대하여 써라.

제4장 탕구계의 설계

40. 탕구계에 대하여 설명하여라.

41. 탕류의 설계 시 고려사항은 무엇인가?

42. 불순물을 제거시키기 위한 탕도의 형상에 대하여 설명하여라.

43. 탕구비에 대하여 설명하여라.

44. 탕구계를 도시하고 각부 명칭과 기능을 써라.

45. 탕구의 종류를 열거하고 설명하여라.

46. 낙하식 탕구와 압상식 탕구를 비교하여 설명하여라.

47. 압탕구(feeder)의 주 역할과 부차적인 역할을 설명하여라.

48. 탕구계의 설계 시 고려하는 베르누이의 방정식에 대하여 설명하여라.

49. 라이저(riser)와 압탕구(feeder)에 대하여 써라.

50. 수평주탕에서 교축현상(throttling)에 대하여 설명하여라.

51. 압상력이란 무엇인가?

제5장 용해로

52. 용해금속의 종류에 따른 용해로의 종류를 들고 각각에 대하여 설명하여라.

53. 용해로를 열원에 따라 분류하고 간략하게 설명하라.

54. 용선로(cupola)의 구조를 도시하고, 각부의 명칭을 써라.

55. 용광로(blast furnice)와 용선로를 비교 설명하여라.

56. 용선로의 장단점을 들어라.

57. 노를 라이닝 재료에 따라 분류하면 산성로와 염기성로가 있다. 이들 노를 설명하고 특징을 비교하여라.

58. 주철 용탕에서 황의 제거방법을 설명하여라.

59. 평로의 구조를 도시하고 설명하여라.

60. 도가니로의 특징을 설명하여라.

61. 로크웰식 전로(Rockwell converter)에 대하여 설명하여라.

62. 주강의 용해법에 대하여 설명하여라.

63. 제강로의 종류를 열거하고 설명하여라.

64. 전로(converter)에 대하여 설명하여라.

65. 전기로의 종류를 열거하고 설명하여라.

66. 직접 전호로와 간접 전호로를 비교 설명하여라.

67. 에루식 전기로의 구조를 그리고 설명하여라.

68. 유도 전기로의 원리를 그림을 그려서 설명하여라.

제6장 특수주조법

69. 특수주조법의 종류를 열거하고 각각에 대하여 설명하여라.

70. 원심주조법에서의 원심력, 편심, 길이에 따른 주물두께 변화 등을 식으로 설명하여라.

71. 원심주조법의 종류를 열거하고 설명하여라.

72. G_{NO}란 무엇인가?

73. 냉가압실식 다이캐스팅의 작업공정을 설명하여라.

74. 다이캐스팅의 특징을 설명하여라.

75. 셀 주조법의 작업공정을 설명하여라.

76. 셀 주조법의 특징에 대하여 설명하여라.

77. 인베스트먼트 주조법에 대하여 설명하여라.

78. 인베스트먼트란 무엇인가?

79. 유사 인베스트먼트 주조법에 대하여 설명하여라.

80. 쇼(Show) 주조법에 대하여 설명하여라.

81. CO_2 가스 주조법에 대하여 설명하여라. 그리고 CO_2 가스가 주물사를 경화시키는 반응식을 써라.

82. 진공주조법에 대하여 설명하여라.

83. 연속주조법에 대하여 설명하여라.

제7장 주물재료

84. 주철의 종류를 들고 각각에 대한 특징을 설명하여라.

85. 고급주철의 제조법에 대하여 설명하여라.
① 기지의 조직을 개선하는 방법
② 흑연의 상태를 개선하는 방법

86. Maurer 선도에 대하여 설명하여라.

87. 구상흑연주철에 대하여 설명하여라.

88. 철의 5대 원소와 그것이 주철에 미치는 영향에 대하여 설명하여라.

89. 주철과 강을 탄소함유량에 따라서 구분하고 각각의 특징을 비교하라.

90. 탄소강을 탄소함유량에 따라 분류하고 그 용도를 써라.

91. 탄소강의 기계적인 성질을 증가시키기 위하여 첨가하는 주요 합금원소에 대하여 그 성능을 써라.
① Mn ② Ni ③ Cr ④ Mo ⑤ V ⑥ W ⑦ Cu ⑧ Ti

92. 탄소함유량이 탄소강에 미치는 기계적인 성질에 대하여 그림을 그려서 설명하여라.

93. 황동의 기계적 성질을 설명하여라.

94. 황동과 청동의 특성을 비교 설명하여라.

95. 실루민에 대하여 설명하여라.

96. 듀랄루민의 종류를 열거하고 설명하여라.

97. 마그네슘 합금에 대하여 설명하여라.

98. 백색합금의 종류를 열거하고 설명하여라.

99. 다음 주물재료의 비중을 나타내어라.
① 주철 ② 탄소강 ③ 동 ④ 알루미늄 ⑤ 마그네슘 ⑥ 납 ⑦ 아연 ⑧ 주석

제8장 주물제품의 설계

100. 주물설계 시 주의사항을 열거하고 설명하여라.

101. 열점이란 무엇인가?

102. 교차부의 해결방안에 대하여 설명하여라.

제9장 주물의 처리

103. 주물 표면에 부착된 모래를 떨어내기 위한 방법에 대하여 설명하여라.

104. 아래 주물재료의 주입온도를 써라.
① 주철 ② 주강 ③ 황동 ④ 청동 ⑤ 실루민

105. 블라스팅(blasting)의 종류를 열거하고 설명하여라.

제10장 주물결함과 검사

106. 주물결함의 종류를 들고 각각의 특징을 설명하여라.

107. 기공(blow hole)의 원인과 그 대책에 대하여 설명하여라.

108. 수축공에 대하여 설명하여라.

109. 편석의 종류를 열거하고 설명하여라.

110. 다음의 편석에 대하여 상세하게 설명하여라.
① 성분편석
② 중력편석
③ 정상편석과 역편석

111. 성분편석에 대하여 설명하여라.

112. 역편석이란 무엇인가?

113. 주물제품의 결함 가운데 고온균열에 대하여 설명하여라.

114. 초음파검사에 대하여 설명하여라.

115. 자기탐상검사에 대하여 설명하여라.

심화문제

01. 목형의 중량 50 kg, 비중 0.5이고, 주철의 비중이 7.5라면 이때 주물의 중량은 얼마인가?(단 주철의 수축률은 0.8%이다.)

풀이 주물과 목형의 중량을 각각 W_c 및 W_p라 하고 주물과 목형의 비중을 각각 S_c 및 S_p라 하면

$$\frac{S_c}{S_p}=\frac{W_c}{W_p(1-3\phi)}$$

여기서 ϕ : 수축률

$$\therefore \ W_c=\frac{S_c}{S_p}(1-3\phi)W_p$$
$$=\frac{7.5}{0.5}(1-3\times0.008)\times50=732\ \text{kg}$$

답 732 kg

02. 시험편의 높이가 24 cm, 단면적이 5 cm^2, 시험편에 통과시키는 공기압력이 4 kg/cm^{2}일 때 6초 동안에 시험편을 통과한 공기량이 500 cm^{3}이라면 통기도는 얼마인가?

풀이 K : 통기도, Q : 통과공기량(cm^3 또는 cc), h : 시험편의 높이(cm)
P : 공기압력(kg/cm^2), A : 시험편의 단면적(cm^2), t : 통과시간(sec)이라 하면

$$K=\frac{Q\cdot h}{P\cdot A\cdot t}=\frac{500\times24}{4\times5\times6}=100(\text{cm}^4/\text{kg}\cdot\text{sec})$$

답 100 cm^4/kg · sec

03. 그림과 같은 주형에서 용탕부의 가로가 400 mm. 세로가 400 mm이고, 주물상부까지의 높이가 200 mm라고 하면 주탕 시 중추의 무게는 얼마로 하면 좋은가?(단 주철의 비중량은 7.5 g/cm^{3}이고 상형의 무게는 400 kg이다.)

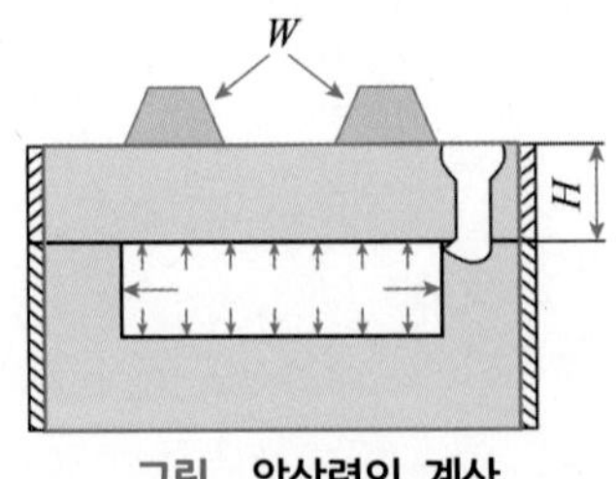

그림 압상력의 계산

풀이 용탕부의 단면적을 A, 용탕의 비중량을 r, 주형 상단에서 용탕까지의 거리를 H라 하면 압상력 F는 다음과 같다.

$$F = A \cdot r \cdot H$$

상형의 무게를 G라 하면 중추의 무게 W는

$$W = A \cdot r \cdot H - G$$

가 된다.

압상력

$$F = A \cdot r \cdot H = 40 \times 40 \times 7.5 \times 20 = 240{,}000(\text{g}) = 240(\text{kg})$$

위에서 구한 압상력은 정지압력의 경우이며, 실제 작업 시에는 용탕의 주입에 의한 동압이 작용하므로 상기 계산값의 약 2배로 한다.

실제 압상력(동압) = 240 × 2 = 480(kg)

$\therefore\ W = A \cdot r \cdot H - G$

$= 480 - 400 = 80\,(\text{kg})$

답 80 kg

04. 주물의 단면이 직경 800 mm인 원형이고 비중량이 7.2 g/cm³이며 유효높이가 500 mm일 때 용탕을 주입시키면 압상력은 얼마인가? 그리고 주형상자 상형의 무게를 1,450 kg이라 하면 중추의 무게는 최소한 몇 kg 이상 되어야 하는가?

풀이 주물의 단면적을 A, 비중량을 r, 유효높이를 H, 압상력을 F라 하면

$F = Ar\text{H} = 3.14 \times 40 \times 40 \times 7.2 \times 50 = 1{,}808{,}640(\text{g}) = 1808.64(\text{kg})$

동압은 정압의 두 배 정도되므로

$F = 1808.64 \times 2 \fallingdotseq 3617(\text{kg})$

주형상자 상형의 무게를 G, 중추의 무게를 W라 하면

$W = F - G = ArH - G$

= 3,617-1,450=2,167(kg)

답 2,167 kg

05. 주철에 섞여 있는 유황을 제거시키는 방법을 설명하여라.

풀이 (1) 석회석($CaCO_3$)에 의한 방법

$CaCO_3 + FeS \rightarrow CaS + FeO + CO_2$ (철 중의 탈황)

$CaCO_3 + S + CO \rightarrow CaS + 2CO_2$

$2CaCO_3 + 2SO_2 + 3C \rightarrow 2CaS + 5CO_2$ (코크스 중의 탈황)

(2) 페로망간(FeMn)에 의한 방법

$2FeMn + S \rightarrow Mn_2S + 2Fe$($Mn_2S$는 용제)

(3) 탄산소다(Na_2CO_3)에 의한 방법

$Na_2CO_3 + FeS \rightarrow Na_2S + FeO + CO_2$(용융금속 중의 탈황)

$Na_2CO_3 + S + C + O \rightarrow Na_2S + 2CO_2$(코크스 중의 탈황)

06. 수평식 원심 주조에서 원심력을 C, 주물의 중량을 G라 하면 주물이 정지했을 때 아래쪽이 두꺼워진다. 그림과 같이 편심량을 e, 주물의 반경을 r이라 할 때 편심량을 구하라.

풀이 원통 상부에서의 합력은 $= C - G$

원통 하부에서의 합력은 $= C + G$

그림에서 사선부의 삼각형은 다음과 같은 식이 성립한다.

$$\frac{e}{G} = \frac{r}{C} \qquad \therefore e = G \cdot \frac{r}{C}$$

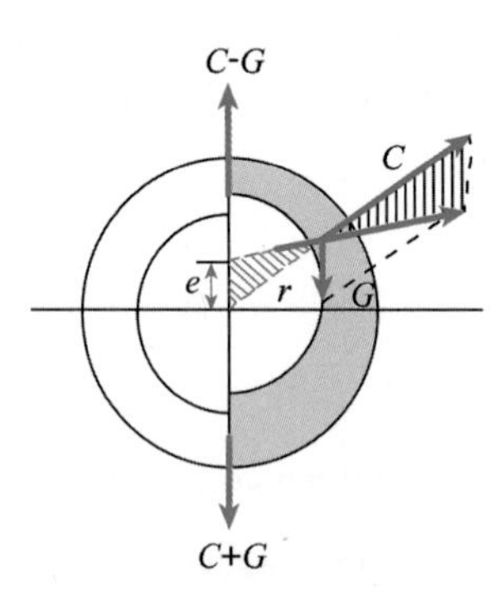

그림 수평식 원심주조

$$G = m \cdot g\text{와 } C = mr \cdot \omega^2\text{이므로 } e = m \cdot g \times \frac{r}{m \cdot r \cdot \omega^2} = \frac{g}{\omega^2}$$

즉, 회전수가 커지면 중심차는 적어진다. 그러나 ω는 너무 크게 하면 원통에 큰 인장력이 작용하여 크랙이 생길 염려가 있으므로 회전수는 G_{NO}, 즉 $\frac{\text{원심력에 의한 가속도}}{\text{중력에 의한 가속도}}$에 의하여 산정하는 것이 보통이다.

07. 외경 500 mm, 두께 20 mm인 주철관을 수평 원심주조기로 가공하려고 한다. 이때 주형의 회전수는 얼마로 하면 좋은가? (단 주철의 비중량은 7.5 g/cm^3, G_{NO}=60이다.)

풀이

$$G_{NO} = \frac{\text{원심력의 의한 가속도}}{\text{중력에 의한 가속도}}$$

$$= \frac{r\omega^2}{g} = \frac{\left(\frac{D}{2}\right)\left(\frac{2\pi N}{60}\right)^2}{980} = \frac{DN^2}{179{,}000}$$

$$60 = \frac{(50-4) \cdot N^2}{179{,}000}$$

$$\therefore N = 483(\text{rpm})$$

답 483 rpm

08. 주강에 포함된 탄소량과 다음의 기계적 성질과의 관계를 그림을 그려서 설명하여라.

① 경도　② 충격치　③ 항장력　④ 단면수축률
⑤ 연신율　⑥ 탄성한계

풀이

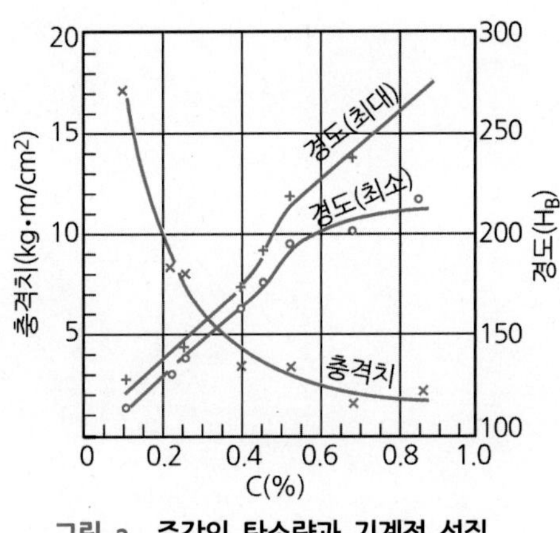

그림 a　**주강의 탄소량과 기계적 성질**

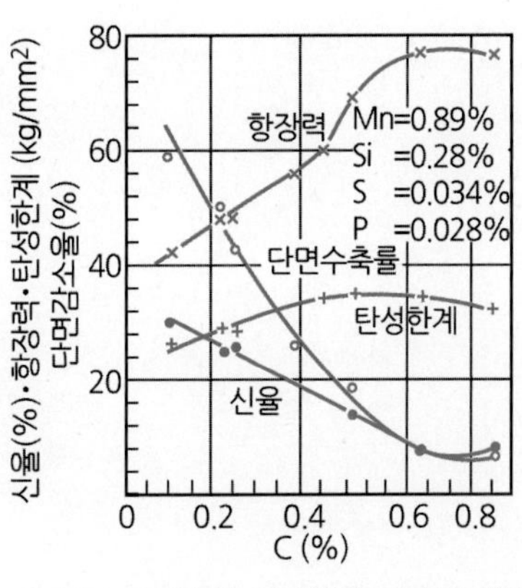

그림 b　**주강의 탄소량과 기계적 성질**

탄소량과 경도 및 충격치의 관계는 그림 a와 같다. 즉, 주강에 포함된 탄소량이 증가함에 따라 경도는 거의 직선적으로 증가한다. 반면 충격치는 탄소량이 적은 범위에서는 급격하게 감소하지만, 탄소량이 많은 범위에서는 완만하게 감소한다.

그림 b에서 탄소량이 증가함에 따라 항장력은 증가하는 경향을 보이지만, 단면수축률과 연신율은 급격하게 감소하는 경향을 보이고 있다. 한편 탄성한계는 완만한 증가세를 보이다가 탄소량 0.4% 이상에서는 거의 일정한 값을 나타내고 있다.

II

용 접

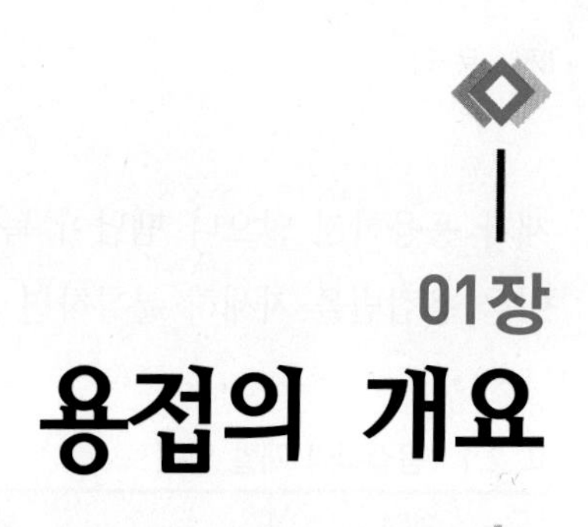

용접의 개요

1.1 용접의 정의

용접(熔接, welding)이란 2개 혹은 그 이상의 물체나 재료를 용융 또는 반용융 상태로 하여 접합(接合)하든가 상온 상태의 부재를 접촉시키고, 압력을 작용시켜 접촉면을 밀착시키면서 접합하는 금속적 이음(metallurgical jointing)과 두 물체 사이에 용가재(溶加材)를 첨가하여 간접적으로 접합시키는 작업을 말한다.

1.2 용접의 역사

용접의 역사는 오랜 옛날부터 금속의 이용과 더불어 발전되어 B.C. 3000년경 메소포타미아(Mesopotamia) 지방에서 구리판의 납땜이 사용되었다. B.C. 1350년경에 중동 지방에서 **단접법**(鍛接法)이 사용되었으며, A.D. 310년경에 역시 인도에서 단접법이 사용되었다. 이들 용접법의 열원으로 목탄이나 석탄을 사용하였으나, 본격적인 용접의 발달은 18세기 말경 전기 에너지를 쉽게 이용할 수 있게 된 후로부터 현재에 이르기까지 많은 용접법이 발달되었고(표 2.1 참조), 앞으로도 계속 발전될 것이다.

1.3 용접의 종류

용접을 대별하면 **융접**(融接, fusion welding), **압접**(壓接, pressure welding)과 **납땜**(brazing and soldering)이 있다. 융접은 접합부에 용융금속을 생성 혹은 공급하여 용접하는 방법으로 **모재**(母材, parent metal)가 용융되지만 가압은 필요하지 않다. 압접은 국부적으로 모재가 용융되지만 가압력이 필요하며, 납땜은 모

재가 용융하지 않으나 땜납이 녹아서 접합면 사이에 표면장력의 흡인력(吸引力)이 작용되어 접합된다. 이들 용접법을 자세히 분류하면 표 2.2와 같다.

표 2.1 용접법의 개발 연대

연대	특허품	국적	발명자
1801	아크 발견	영국	Sir Humphrey Davy
1880	탄소 아크 용접법	독일	N.V. Benardos
1885	탄산가스 피포 · 금속 아크 용접법	독일	N.V. Benardos
1886	전기저항 용접법	미국	E. Thomson
1888	금속 아크 용접법	소련	N.G. Slawjanow
1889	텅스텐 쌍극 용접법	독일	H. Zerener
1890	잠호 용접법	소련	N.G. Slawhanow
1900	테르밋 용접법	독일	H. Gold schmidt
1900	산소 아세틸렌가스 용접법	프랑스	E. Fouche or Picard
1904	공정 용접법	스위스	H. Wasserman
1907	피복 용접봉	스웨덴	O. Kjellberg
1916	셀룰로우스계 피복 용접봉	미국	R. Smith
1920	헤리 아크 용접법	미국	Linde Co.
1923	용융 아크 용접법	벨기에	M.G. Motte
1926	원자 수소 용접법	미국	J. Langmuir
1928	시그마 용접법	미국	Linde Co.
1928	탄산가스 아크 용접법	미국	P. Alexander
1936	서브머지드 아크 용접	미국	Union carbide Co.
1937	용제 혼입 용접봉	벨기에	Arcos Co.
1938	전자빔 용접법	독일	K.H. Steigerwald
1943	초음파 용접법	미국	A. Behr
1944	폭발 용접법	영국	L.R. Carl
1950	플라스마 아크 용접법	독일	F. Buhorn
1951	일렉트로 슬래그 용접법	소련	Paton 연구소
1957	마찰 용접법	소련	A.I. Chudikow
1958	초음파 용접법	미국	T.H. Maiman
1960	레이저 용접법	미국	J.B. Jones
1960	일렉트로 가스 아크 용접법		

표 2.2 용접법의 분류

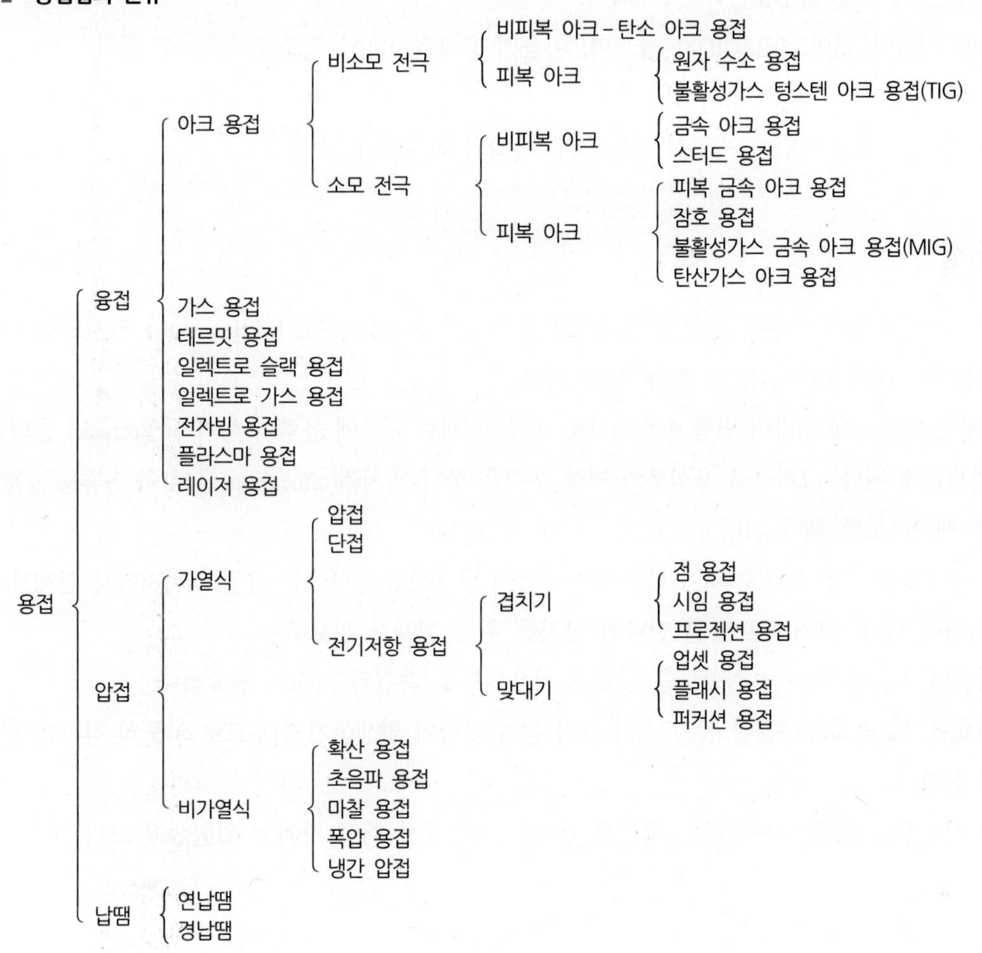

1.4 용접의 특징

최근 기계나 구조물에 사용되고 있는 공업용 재료의 약 90%가 철강이고, 그 중 약 80%가 압연재 혹은 주물이며, 이들의 결합에는 거의 용접을 이용한다. 그러므로 용접의 장단점을 잘 살펴 적용범위를 확실히 하는 것이 좋다.

1.4.1 장점

1) 용접 구조물은 균질하고 강도가 높으며, 절삭 칩(chip)이 적으므로 재료의 중량을 줄일 수 있다.
2) 이음의 형상을 자유롭게 선택할 수 있으며, 구조를 간단하게 하고 재료의 두께에 제한이 없다.

3) 기밀(氣密)과 수밀성(水密性)이 우수하다.

4) 주물에 비하여 신뢰도(信賴度)가 높으며, 이음의 효율을 100% 정도로 높일 수 있다.

5) 주물 제작 과정과 같이 주형이 필요하지 않으므로 적은 수의 제품이라도 제작이 능률적이다.

6) 용접 준비와 용접 작업이 비교적 간단하며, 작업의 자동화가 용이하다.

1.4.2 단점

1) 용접부가 단시간에 금속적 변화를 받음으로써 변질하여 **취성**(脆性, brittleness)이 커지므로 이것을 적당한 열처리를 하여 취성을 작게 해야 한다.

2) 용접부는 열영향에 의하여 변형 수축되므로, 용접한 재료 내부에 응력이 생겨 균열(crack) 등의 위험이 발생하게 된다. 그러므로 용접부의 변형 수축은 풀림 열처리(annealing)를 하여 **잔류응력**(殘留應力)을 제거하도록 해야 한다.

3) 용접 구조물은 모두 하나로 되어 있으므로 균열이 발생하였을 때에는 균열이 퍼져나가 전체가 파괴될 위험이 있다. 그러므로 균열 전파의 방지를 위한 설계가 필요하다.

4) 용접공의 기술에 의하여 결합부의 강도가 좌우되므로 숙련된 기술이 필요하다.

5) **기공**(氣孔, blow hole), 균열 등의 여러 가지 용접 결함이 발생하기 쉬우므로 이들의 검사를 철저히 해야 한다.

6) 용접부는 응력 집중에 민감하고 구조용 강재는 저온에서 취성 파괴의 위험성이 크다.

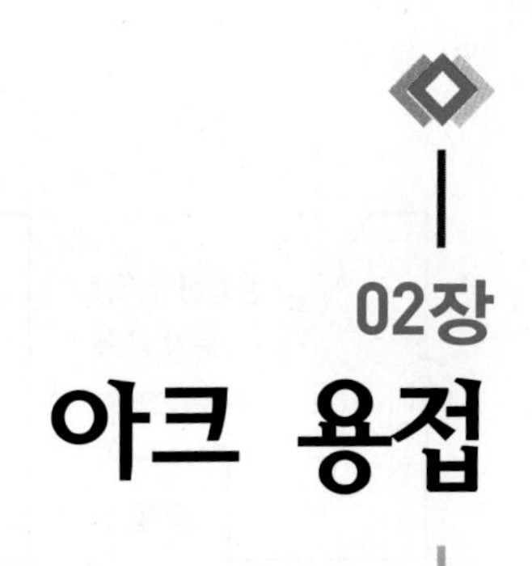

02장

아크 용접

2.1 아크 용접의 기초

아크 용접(arc welding)은 그림 2.1에서와 같이 사용하는 **전극**(電極, electrode)의 종류에 따라 구분하며, 피복 아크 용접봉을 사용하는 것을 금속 아크 용접(metal arc welding)이라 하고, 탄소 전극을 사용하면 탄소 아크 용접(carbon arc welding)이라 한다. 보통 아크 용접이라고 함은 가장 많이 실용화되어 있는 피복 금속 아크 용접을 말한다(그림 2.2). 이 용접법은 **모재**(母材, base metal)와 금속 전극과의 사이에 아크를 발생시켜 강한 아크열에 의하여 용접봉과 모재를 융합시켜서 **용착금속**(溶着金属, deposited metal)을 만들어 모재와 모재를 접합시키는 방법이다.

아크열의 발생 온도는 대단히 높아 약 6,000℃가 된다. 아크열에 의하여 녹은 용접봉의 금속은 용적(溶滴, droplet)으로 되어 아크력에 의하여 비드의 종단인 크레이터(crater)의 **용융지**(溶融池, molten pool)로 운반되고, 피복제(flux)는 아크열에 분해되며, 이때 발생한 가스는 용융금속을 덮어서 용융금속 중에 산소와 질소가 침입하여 악영향을 미치지 않도록 보호하는 역할을 한다. 즉, 용융금속의 산화(oxidation)와 질화(nitrizing)가 일어나지 않도록 보호작용을 하는 것이다. 그리고 피복제가 용융되어 슬랙(slag)이 만들어지고 이것이 탈산작용을 하며, 응고 중 용착금속의 급냉을 방지하는 역할을 한다.

전원은 교류와 직류를 사용하는데 교류 전원을 사용하는 것을 교류 용접이라 하고, 직류 전원을 사용하는 것을 직류 용접이라고 한다. 직류 용접은 그림 2.3에서와 같이 모재 쪽에 양극(+)을 연결하였을 때를 **정극성**(正極性, straight polarity, 약자 DCSP)이라 하고, 음극(—)을 연결하였을 때를 **역극성**(逆極性, reverse polarity, 약자 DCRP)이라 한다. +쪽의 발열량이 —쪽보다 많으므로 정극성은 모재의 두께가 두꺼울 때, 역극성은 모재의 두께가 얇을 때 적합하다.

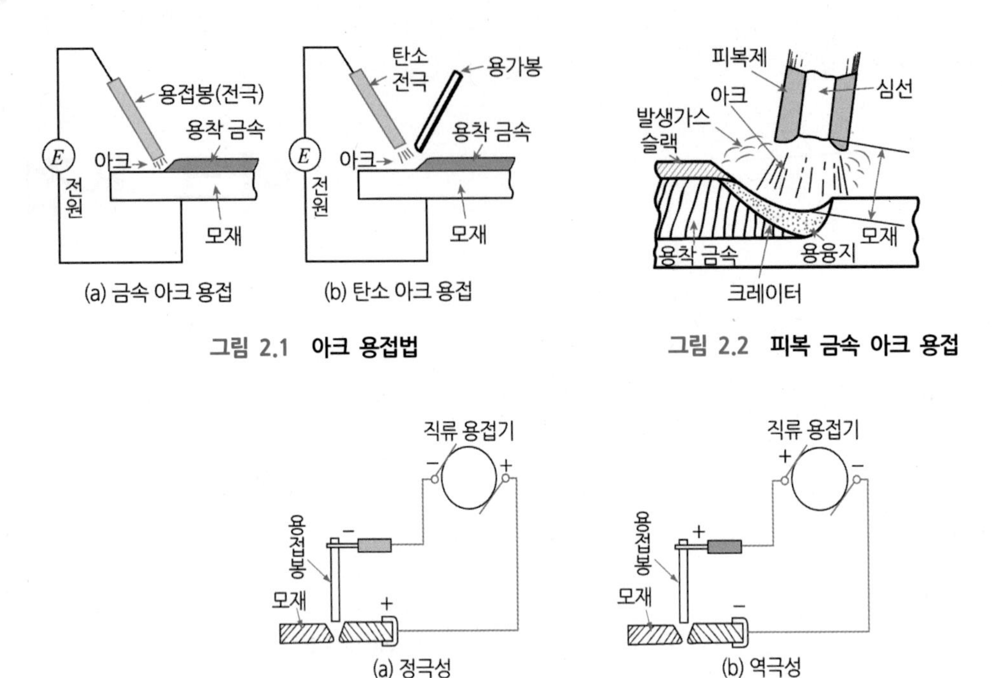

그림 2.1 아크 용접법

그림 2.2 피복 금속 아크 용접

그림 2.3 아크 용접 회로와 극성

교류 용접은 모재쪽에 정, 부의 어느 쪽 극성을 연결해도 극성이 교차되어 흐르므로 발열량에 차가 없다. 모재와 용접봉 사이의 아크 전압은 아크의 길이와 더불어 증가하고 전류의 증가와 더불어 증가한다. 용접봉의 용융 속도는 전류치에 비례하고 아크 전압에는 관계 없다. 교류 용접에 있어서 아크 전압은 약 20 ~ 40 V이고 가장 많이 사용되는 전류는 50 ~ 400 A 정도, 아크의 길이는 1.0 ~ 4 mm 정도이며 용접을 하고 있지 않을 때, 즉 **무부하 전압**(無負荷 電壓, no load voltage)은 약 80 V이다. 무부하 전압을 **개로전압**(開路電壓, open circuit voltage)이라고도 한다.

그리고 아크열에 의하여 녹은 모재의 용융지(molten pool)의 깊이는 용접의 양부를 판단하는 기준이 되며, 이 용융지의 깊이에 영향을 주는 인자는 전류량, 극성, 아크 길이의 안전성, 전극의 기울기, 용접봉의 지름 및 운봉 속도 등이다.

2.2 아크의 성질

2.2.1 아크

용접봉과 모재와의 사이에 직류 전압을 걸어서 양쪽을 한 번 접촉하였다가 약간 떼면 청백색의 강렬한 빛이 발생한다. 이것을 **아크**(arc)라고 하며, 이 아크를 통하여 큰 전류(약 50 ~ 400A)가 흐르는데, 이 전류는 금속 증기와 그 주위에 각종 기체 분자가 해리(解離)하여 정전기를 가지는 **양이온**(ion)과 부전기를 가지는 **음전자**(electron)로 분리되어, 이들이 정과 부의 전극으로 고속도로 이동하는 결과 아크 전류가 발생하는 것이다(그림 2.4 참조). 직류 아크 중의 전압 분포는 그림 2.5와 같이 3단계, 즉 V_A = 양극 전압 강하(anode drop), V_K = 음극 전압 강하(cathode drop), V_P = 아크 기둥 강하(arc column drop)로 되며, 전극의 전압 강하는 전극의 표면에서 아주 짧은 길이의 공간에서 생기는 것으로, 그 값은 전극 물질의 종류에 의하여 결정되고 아크의 길이와 아크의 전류에 관계없이 일정하다.

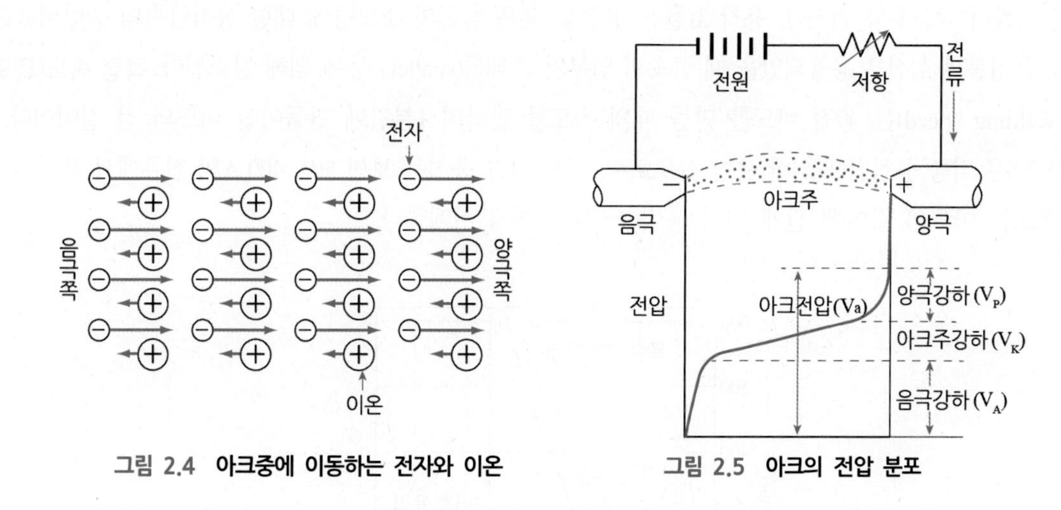

그림 2.4 **아크중에 이동하는 전자와 이온**

그림 2.5 **아크의 전압 분포**

그리고 아크 기둥(arc column)을 **플라스마**(plasma)라고도 하며, 이것은 가스와 금속 원자가 정부(正負)의 이온으로 해리되어 운동하고 있는 것이다.

아크 전압(arc voltage) V_a는 $V_a = V_A + V_K + V_P$로서 전극 사이의 거리에 비례하면서 변화하고, 그 비례 상수는 피복제의 종류와 아크 전류, 아크 길이에 비례하면서 커진다.

2.2.2 용접입열

용접입열(熔接入熱, weld heat input)이란 용접부에 외부에서 주는 열량을 말하며, 피복 아크 용접에서 단위 길이 1 cm당 발생하는 전기적 에너지(용접입열)를 H로 표시하면

$$H = \frac{60EI}{v} \text{(Joule/cm)} \tag{2.1}$$

이며, 여기서 아크 전압 E[V], 아크 전류 I[A], 용접 속도 v (cm/min)이다. 실제는 이 전기적 에너지 외에 피복제의 분해로 인한 화학적 에너지가 가산되어야 한다. 피복 아크 용접에 사용되는 전류는 50 ~ 400

A, 아크 전압은 20 ~ 40 V, 아크의 길이는 1.5 ~ 4 mm, 용접 속도는 8 ~ 30 cm/min 정도이다.

2.2.3 용착 속도

단위시간에 용착하는 금속의 양을 **용착 속도**(熔着速度, deposition rate)라 하며, 용융 속도와 더불어 용접 능률을 판정하는 기준이 되는 것으로 g/min, kg/h 등으로 나타낸다.

용융 속도는 용접봉 혹은 용접 심선이 1분간에 용융되는 길이(mm/min) 혹은 중량(g/min)으로 나타내며, 용접봉의 지름(심선의 지름)이 동일할 때에는 전압과 전류가 높을수록 커지며, 전압과 전류가 일정하면 용접봉의 지름이 작을수록 커진다. 용착 효율은 용접봉 혹은 심선의 소모량에 대한 용착금속의 중량비율을 말하며, 용접봉과 심선은 용융되었을 때 금속의 일부가 스패터(spatter) 등에 의해 감소된다. **용접 속도**(熔接速度, welding speed)는 용접 비드를 만들 때의 속도를 말하며 1분간에 만들어진 비드의 전 길이이다.

그림 2.6은 각종 용접법에 의한 용착 속도로서, 피복 아크 용접을 보면 50 ~ 400 A의 전류에서 용접봉의 용착 속도는 아크의 길이에 관계 없이 용접(아크) 전류에 비례한다.

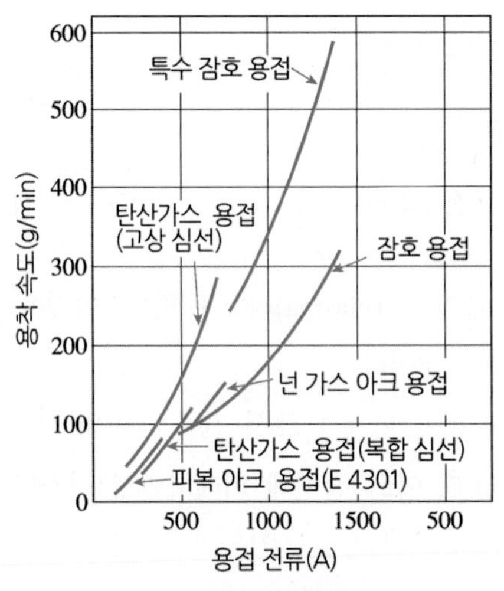

그림 2.6 **각종 용접법의 용착 속도**

2.2.4 용융금속의 이행

용접봉에서 모재로 용융금속이 **이행**(移行, melting metal transfer)하는 것은 다음과 같은 3가지의 형식이 있다.

① **입적 이행**(粒滴移行, globuler transfer)

② **스프레이 이행**(spray transfer)

③ **핀치 효과 이행**(pinch effect transfer)

그림 2.7에서 (a)의 **단락형**(短絡型)을 입적 이행이라고도 하며, 용적이 모재와 접촉하여 빨려 들어가는 형태로 용착한다.

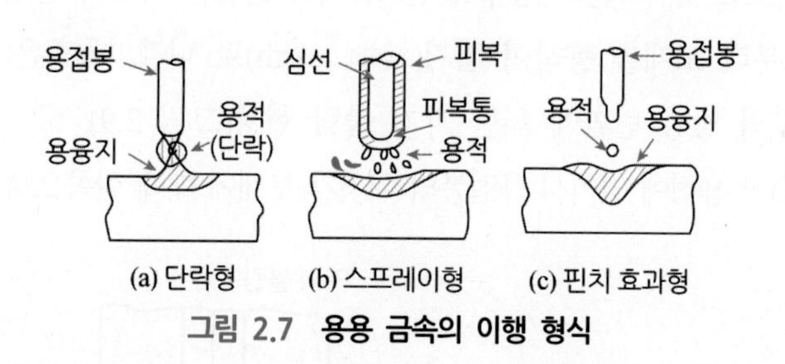

그림 2.7 용용 금속의 이행 형식

그림 2.7(b)의 스프레이형은 용적이 작은 입자로 되어 이행하는 것으로서 모든 피복 아크 용접봉이 이에 속한다. (c)의 핀치 효과형은 서브머지드 용접(submerged welding)과 같은 대전류를 사용하는 것에 많이 있으며, 그림 2.8과 같이 원형 단면의 도체 중에 전류가 흐르면 전류소선의 사이가 서로 흡인력이 생겨 이 힘은 중심으로 모이며, 이것이 압력으로 변하여 도체 용융부의 일부 단면을 작아지게 하면서 이 부분의 중심의 압력이 다른 단면의 큰 부분의 중심의 압력보다 크게 된다. 이것 때문에 죄어진 부분은 점점 더 죄어져서 용융부가 절단되게 된다. 이와 같이 절단되는 것을 **핀치 효과**(pinch effect)라고 한다.

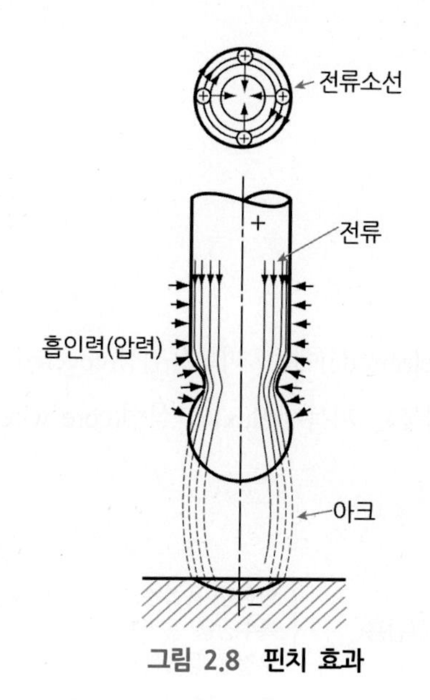

그림 2.8 핀치 효과

2.2.5 자기 불림

아크가 자장(磁場)의 영향을 받아 어떤 한 곳으로 쏠리는 현상을 **자기 불림**(magnetic arc blow)이라 한다. 즉, 용접 중에 전류가 만드는 자장이 평형을 잃어버릴 때 자력이 아크에 작용하며, 아크가 정상 상태에서 벗어나 용접점이 밖으로 벗어나는 현상을 말한다. 자기 불림은 다음과 같은 2가지 기본 형식이 있다.

1) 전류가 용접봉으로부터 모재를 통하여 접지(接地, earth)로 나갈 때(혹은 전류가 반대로 들어와서 나갈 때) 전류 경로의 방향 변환에 의한 자기 불림 현상(그림 2.9)
2) 자성 재료(磁性 材料)의 용접에 있어서 용접봉의 위치가 모재에 대해 한쪽으로 치우쳐 있을 때(그림 2.10)

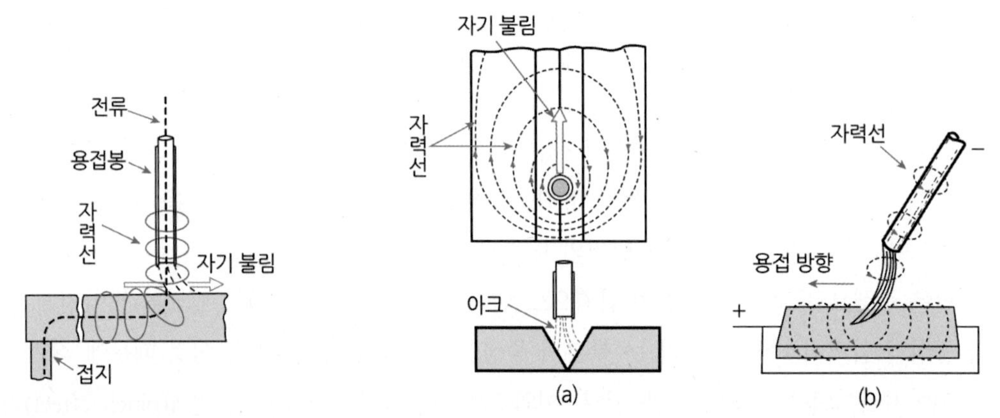

그림 2.9 **전류 경로의 방향 변환에 의한 자기 불림**

그림 2.10 **전극 위치의 기울임에 의한 자기 불림**

2.3 아크 용접봉

2.3.1 용접봉

아크 용접봉(熔接棒, arc welding electrode)에는 피복용접봉(covered electrode)과 나(裸)용접봉(bared electrode)의 2종류가 있으며, 피복 용접봉은 피복제(flux)와 심선(core wire)으로 되어 있고, 용접봉의 분류는 다음과 같다.

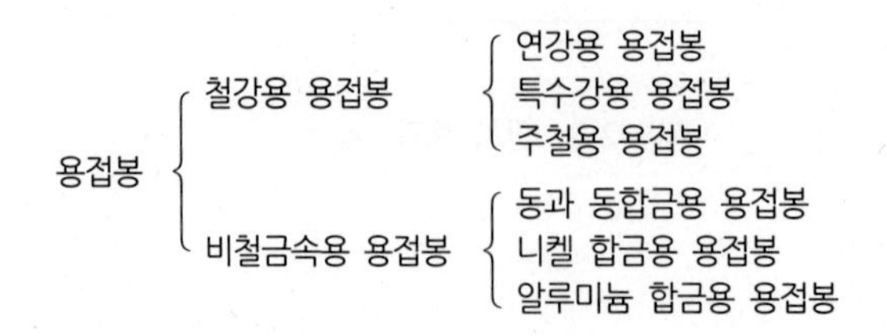

2.3.2 심선

심선(心線, core wire)은 용접하는데 있어서 중요한 역할을 하는 것이므로 용접봉을 선택할 때에는 먼저 심선의 성분을 알아야 한다. 심선은 대체로 모재와 동일한 재질의 것이 많이 쓰이고 있으며, 연강용 용접봉의 심선은 주로 저탄소 **림드강**(rimmed steel)을 사용한다.

연강 용접에 쓰이는 연강 아크 용접용 심선의 화학 성분을 표 2.3에 나타내었다.

심선의 제조 방법으로는 전기로, 평로 또는 순산소 전로 등을 이용하여 **강괴**(鋼塊, steel ingot)로부터 열간압연에 의하여 제조되며, 특히 심선은 용착금속의 균열을 방지하기 위해서 저탄소로 황, 인, 구리 등의 불순물을 적게 하도록 되어 있다. 그리고 연강용 아크 용접봉의 심선은 KSD 3508에 규정되어 있다.

표 2.3 연강 아크 용접봉의 심선 성분(KS D 3508)

종류		기호	화학 성분(%)					
			C	Si	Mn	P	S	Cu
1종	A	SWRW 1A	<0.09	<0.03	0.35 ~ 0.65	<0.020	<0.023	<0.20
	B	SWRW 1B	<0.09	<0.03	0.35 ~ 0.65	<0.030	<0.030	<0.30
2종	A	SWRW 2A	0.10 ~ 0.15	<0.03	0.35 ~ 0.65	<0.020	<0.023	<0.20
	B	SWRW 2B	0.10 ~ 0.15	<0.03	0.35 ~ 0.65	<0.030	<0.030	<0.30
지름 (mm)		1.0 1.4 2.0 2.6 3.2 4.0. 4.5 5.0 5.5 6.0 6.4 7.0 8.0 9.0 10.0				허용 오차 ±0.05 mm (지름 8 mm 이하) ±0.10 mm (지름 9 ~ 10 mm)		

2.3.3 피복제의 역할

심선의 주위에 피복되어 있는 **피복제**(被覆劑)는 다음과 같은 역할을 한다.

(1) 공기 중의 산소, 질소의 침입을 방지한다.

(2) 용융금속에 대하여 탈산작용(용융금속 중의 산소를 제거하는 작용)을 하며, 용착금속의 기계적 성질을 좋게 한다.

(3) 용융금속 중에 필요한 원소를 공급하여 기계적 성질을 좋게 한다.

(4) 아크의 발생과 아크의 안정을 좋게 한다.

(5) 슬랙(slag)을 만들어 용착금속의 급냉을 방지한다.

(6) 아크를 용접부에 집중시킨다.

2.3.4 연강용 피복 아크 용접봉의 분류

연강용 피복 아크 용접봉은 KSD 7004에 규정되어 있으며 약 10종류가 있다. 최근에는 다시 사용 목적에 따라 전용 용접봉까지 제조되고 있어 용접 작업을 한층 효과적으로 하고 있다.

표 2.4는 연강용 피복 아크 용접봉의 종류를 나타낸 것이다.

표 2.4 연강용 피복 아크 용접봉(KS D 7004)

용접봉의 종류	피복제의 계통	용접 자세	전류의 종류
E 4301	일루미나이트계	*F.V. OH. H*	AC 또는 DC(±)
E 4303	라임티탄계	*F.V. OH. H*	AC 또는 DC(±)
E 4311	고셀룰로스계	*F.V. OH. H*	AC 또는 DC(+)
E 4313	고산화티탄계	*F.V. OH. H*	AC 또는 DC(−)
E 4316	저수소계	*F.V. OH. H*	AC 또는 DC(+)
E 4324	철분 산화티탄계	*F.H-Fil*	AC 또는 DC(±)
E 4326	철분 저수소계	*F.H-Fil*	AC 또는 DC(+)
E 4327	철분 산화철계	*F.H-Fil*	*F*에서는 AC 또는 DC, *H-Fil* 에서는 AC 또는 DC(−)
E 4340	특수계	*F.V.OH. H-Fil*	AC 또는 DC(±)

《참고》 ① 용접 자세에 쓰인 기호의 뜻
F : 아래 보기, *V* : 수직, *OH* : 위 보기, *H* : 수평, *H-Fil* : 수평 자세 필릿(표 중의 용접 자세는 봉 지름 5 mm 이하의 것에 적용한다)
사용 전류의 종류에 쓰인 기호의 뜻
AC : 교류, DC(±) : 직류봉 + 또는 −, DC(−) : 직류봉 −, DC(+) : 직류봉 +

2.3.5 피복제의 계통별 특성

1) 일루미나이트계(illuminite type, E 4301)

일루미나이트계(TiO_2FeO)를 30% 이상 함유한 것으로 광석, 사철(hematite) 등을 주성분으로 한 슬랙 생성계이며, 보통 피복 용접봉은 모든 자세 용접에 사용된다.

우리나라에서 생산되는 용접봉 중에서 가장 많으며, 슬랙은 비교적 유동성이 좋고 용입 및 기계적 성질도 양호하며, 특히 내부 결함이 적어 선박, 교량, 기타 압력 용기 등의 중요 기기에도 널리 사용되고 있다.

2) 라임티탄계(lime titanium type, E 4303)

슬랙 생성계인 산화티탄(TiO_2)을 주성분으로(30% 이상) 하며, 일반적으로 두꺼운 피복을 한 것이다. 비드는 평면적이며 슬랙은 유동성이 풍부하고 무겁지 않은 다공성(多孔性)이기 때문에 벗겨짐이 양호하다.

비드의 외관은 곱고 작업성이 대단히 양호하여 모든 용접 자세에 사용된다. 용입이 약간 적기 때문에 박판(薄板) 용접에 적합하다.

3) 고셀룰로스계(high cellulose type, E 4311)

가스 시일드계의 대표적인 것으로, 피복제 중에는 유기물(셀룰로스)을 약 30% 정도 포함하고 있어, 용접 시에 이 유기물이 연소해서 발생하는 다량의 환원성 가스(CO, H_2)에 의해 용융금속을 공기 중의 산소나 질소의 나쁜 영향으로부터 보호한다.

이 용접봉은 피복이 얇고 슬랙의 생성량이 대단히 적으므로 특히 수직자세나 위보기 용접의 작업성이 좋다. 또 대단히 좁은 홈 등의 용접에도 쓰인다.

4) 고산화티탄계(high titanium oxide type, E 4313)

슬랙 생성계인 산화티탄을 주성분으로 한 피복제를 사용한 것으로, 아크는 안정되고 스패터도 적으며, 슬랙의 제거도 양호하여 모든 용접 자세에 쓰인다. 이 용접봉은 용입이 얇으므로 박판 용접에 좋다. 용접 중 슬랙의 제거도 좋으나 기계적 성질이 약간 떨어지며 고온에서 균열을 일으키기 쉬운 결점이 있으므로 주요 부분의 용접에는 사용하지 않는다.

5) 저수소계(low hydrogen type, E 4316)

피복제 중에 수소원이 되는 성분의 유기물을 포함하고 있지 않고 탄산칼슘($CaCO_3$), 불화칼슘(CaF)을 주성분으로 하는 피복제이다. 특징으로는 용착금속 중의 수소 함유량이 다른 피복봉에 비하여 현저하게 낮고(약 1/10 정도), 또 강력한 탈산작용(脫酸作用) 때문에 산소량도 적으므로 용착금속은 강인성(强靭性)이 풍부하고 기계적 성질, 내균열성 등이 우수하다. 두꺼운 구조물의 제1층 용접 혹은 구속이 큰 연강 구조물, 고장력강 및 탄소나 황의 함유량이 많은 강의 용접에 사용되고 있다.

6) 철분 산화티탄계(iron powder type, E 4324)

고산화티탄계에 다시 철분을 가한 것으로 고산화티탄계의 우수한 작업성과 철분계의 고능률성을 겸비한 용접봉이다. 아크는 조용해서 스패터가 적고 용입이 얕다. 용착금속의 기계적 성질이 E 4313과 거의 같고, 아래보기, 수평 자세 필릿 용접에 한정된다.

7) 철분 저수소계(iron low hydrogen type, E 4326)

E 4316에 다시 철분을 가해 보다 고능률화(高能率化)를 도모한 것으로 용착금속의 기계적 성질도 E 4316과 거의 같다.

8) 철분 산화철계(iron oxide type, E 4327)

산화철을 주성분으로 하여 이것에 철분을 첨가한 용접봉으로, 대체로 규산염을 많이 포함하여 산성 슬랙을 생성한다. 철분의 양이 많기 때문에 용착 효율이 크고, 용접 속도가 빨라 고능률을 목적으로 하는 아래보기 및 수평 자세 필릿 용접에 사용되지만 특히 수평 겹치기 용접에 많이 사용한다.

9) 특수계(special type, E 4340)

특수계는 앞에 쓴 어느 것의 계통에도 속하지 않는 것으로, 사용 특성 또는 용접 결과가 특수하게 제작된 것이며, 용접 자세는 메이커에서 장려하는 자세에만 사용해야 한다.

KSD 7004에 규정된 연강용 피복 아크 용접봉의 기호는 E 43△□과 같이 나타내는데 다음과 같은 의미를 가지고 있다.

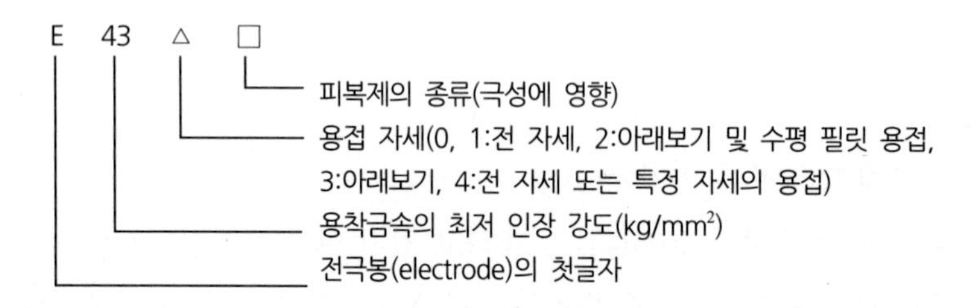

한편 일본은 E 대신에 D(denki)를 사용하며, 최저 인장 강도의 단위는 우리나라와 같다. 미국은 우리나라와 같이 첫 글자는 E로 표시하나, 최저 인장강도 43 kg/mm^2 대신에 1b/in^2 단위의 60,000 psi의 첫 두 자리를 써서 E 6001, E6016 등으로 부른다. 예를 들면 다음과 같다.

한국	일본	미국
E 4301	D 4301	E 6001
E 4316	D 4316	E 6016

2.3.6 용접봉의 선택 방법

용접봉은 용접 결과를 좌우하는 큰 인자가 되므로 사용 목적에 알맞게 선택하지 않으면 안 된다. 알맞은 용접봉을 선택하려면 용접봉의 내균열성, 아크의 안정성, 스패터링(spattering), 슬랙의 성질 등을 잘 알아야 한다. 연강용 피복 아크 용접봉의 내균열성을 비교하면 그림 2.11과 같다.

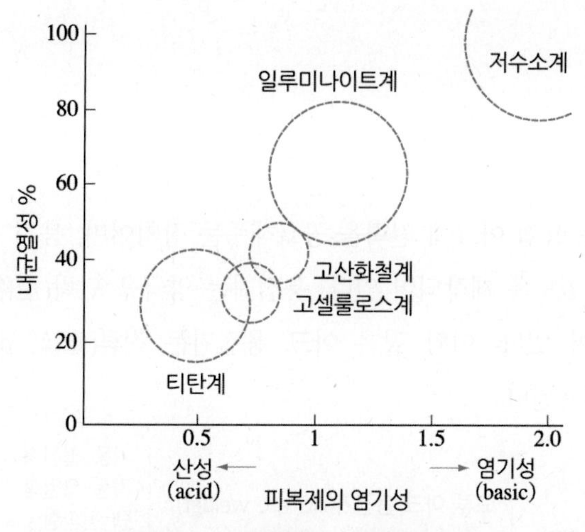

그림 2.11 **용접봉의 내균열성 비교**

내균열성이 가장 좋은 것은 저수소계이고, 다음이 일루미나이트계, 제일 나쁜 것이 티탄계이다. 같은 일루미나이트계라도 내균열성이 좋은 것과 나쁜 것이 있다.

다음은 각 작업 시에 알맞은 피복제의 계통을 나타낸 것이다.

(1) 내압 용기, 철골 등의 비교적 큰 강도가 걸리는 두꺼운 판에는 아래층에 우수한 강도와 내균열성을 갖는 저수소계(E 4316)를, 위층에는 작업성이 좋은 일반 구조물에 적합한 일루미나이트계(E 4301)를 사용한다.

(2) 박판 구조물 등과 같이 충분한 강도를 요하지 않는 것은 작업성이 좋고 비드의 외관이 아름다운 고산화티탄계(E 4313)가 좋으며, 수직 자세 아래보기 용접에도 좋은 결과를 얻는다.

(3) 기계의 받침판 등과 같은 두꺼운 판을 아래보기 필릿(fillet) 용접을 할 때 제1층에서 완전한 용입을 얻을 수 있는 일루미나이트계를 쓰며, 수직 용접부에는 일루미나이트계 또는 라임티탄계를 선택한다.

이상 설명한 용접봉의 선택 방법을 정리하면 그림 2.12와 같다.

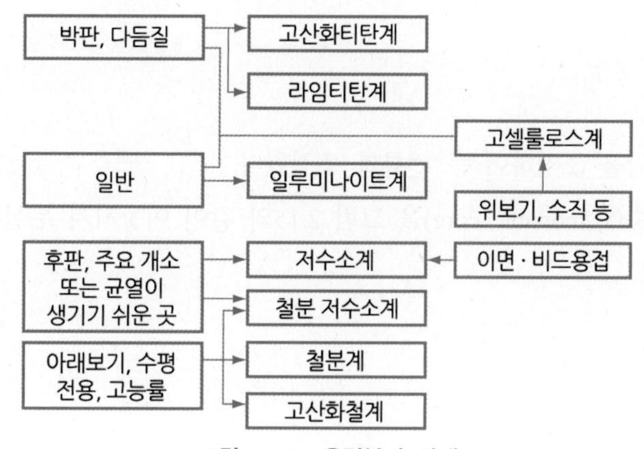

그림 2.12 **용접봉의 선택**

2.4 아크 용접기

2.4.1 아크 용접기

아크 용접기(arc welder)는 용접 아크에 전력을 공급해주는 장치이며, 용접 작업에 적당하도록 낮은 전압에서 큰 전류가 흐를 수 있도록 제작되어 있다. 용접기는 양극을 단락(短絡)하여도 전류가 일정 한도 이상은 흐르지 않도록 되어 있다. 이와 같은 아크 용접기는 **직류**(直流, direct current)와 **교류**(交流, alternative current) 모두 사용된다.

- 아크 용접기
  - 교류 아크 용접기(AC arc welder)
    - 가동 철심형
    - 가동 코일형
    - 탭 전환형
    - 가포화 리액터형
  - 직류 아크 용접기(DC arc welder)
    - 발전형
    - 정류기형

2.4.2 교류 용접기

1) 가동 철심형 교류 용접기

그림 2.13과 그림 2.14에 나타낸 가동철심형 교류용접기는 용접에 적당한 저전압 대전류를 공급할 수 있는 변압기이며, 1차 코일은 교류 전원에 접속하고, 2차 코일은 70 ~ 100 V의 저전압으로 하여, 2차 코일의 절환 탭으로 코일의 권선비에 따라 큰 전류를 조정한다.

그림 2.13에서 1차 코일(입력) 쪽의 전압을 E_1, 코일의 권수를 T_1, 2차 코일(출력) 쪽의 전압을 E_2, 코일의 권수를 T_2라고 하면

$$\frac{E_1}{E_2} = \frac{T_1}{T_2}$$

$$\therefore E_2 = \frac{T_2}{T_1} \times E_1 \tag{2.2}$$

즉, 2차 코일 쪽의 전압을 조정하여 큰 전류를 조정한다.

그리고 **가동철심**(可動鉄心, movable core)을 그림 2.15와 같이 이동시켜 누설전류를 변화시켜 미세한 전류를 조정할 수 있다.

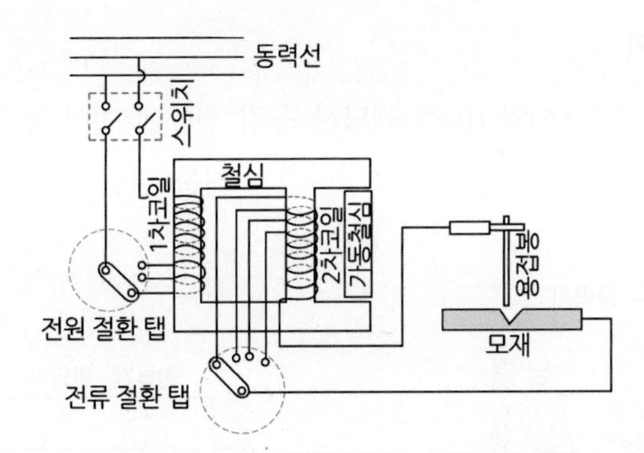

그림 2.13 **가동 철심형 교류 용접기의 배선**

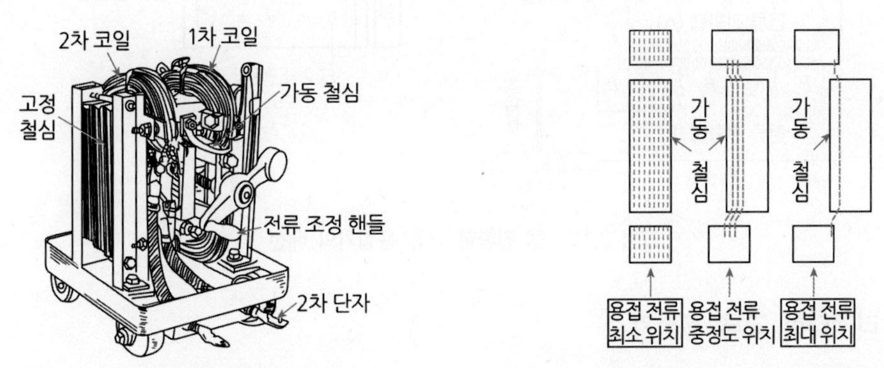

그림 2.14 **가동 철심형의 내부 구조**

그림 2.15 **가동 철심에 의한 누설 자속의 변화**

2) 가동 코일형 교류 용접기

그림 2.16과 같이 가동 1차 코일을 교류 전원에 접속하고 가동 핸들로써 1차 코일을 상하로 움직여 2차 코일과의 간격을 변화시켜서 전류를 조정할 수 있게 한 것이 가동 코일형(movable coil type) 교류 용접기이다.

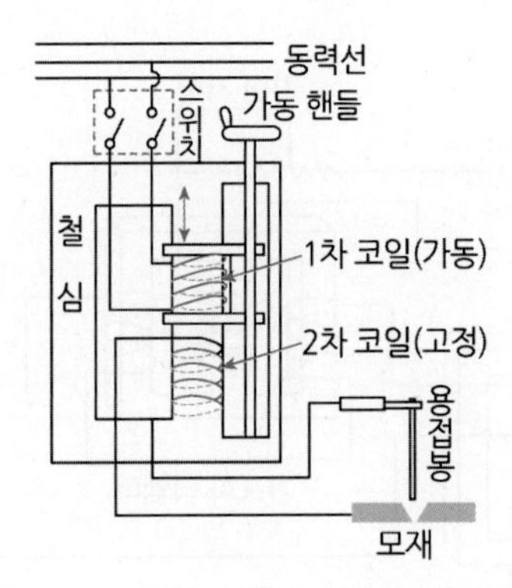

그림 2.16 **가동 코일형 교류 용접기의 배선**

3) 탭 전환형 교류 용접기

그림 2.17과 같이 전류 전환탭 (A)와 (B)를 적당한 용접 전류에 이어 놓고 용접하는 것을 탭 전환형 교류 용접기라고 한다. 임의의 전류를 수시로 조정하기 어려운 결점이 있다.

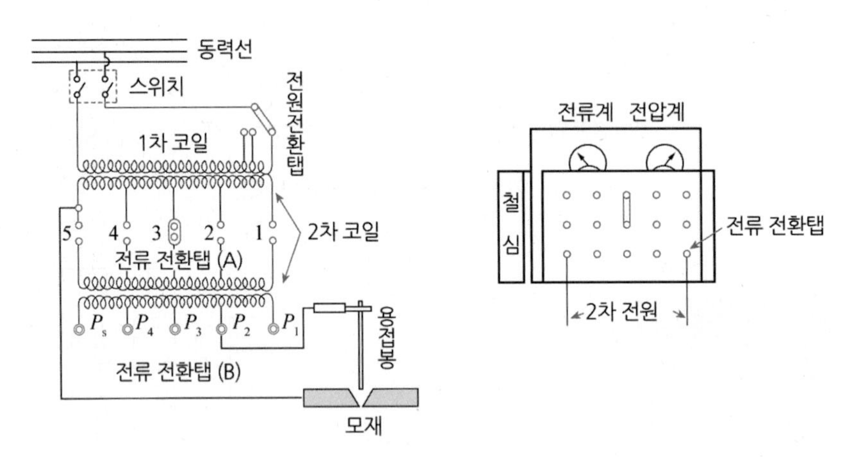

그림 2.17 **탭 전환형 교류 용접기의 배선**

4) 가포화 리액터형 교류 용접기

그림 2.18과 같이 변압기와 가포화 리액터(saturable reactor)를 조합한 용접기이며, 직류 여자(直流 勵磁) 코일을 가포화(可飽和) 리액터에 감아 놓았다.

용접 전류의 조정은 직류 여자 전류로 한다. 직류 여자 전류를 작게 하면 리액턴스(reactance)가 커져서 용접 전류는 작아진다. 반대로 직류 여자 전류가 커지면 리액터 철심은 포화되어 리액턴스는 작게 되고 용접 전류는 커진다. 그러므로 전류 조정을 정기적으로 할 수 있으므로 원격 조정(remote control)을 할 수 있다.

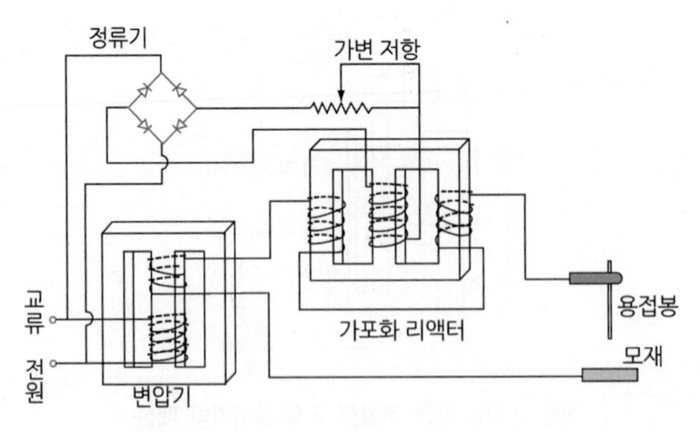

그림 2.18 **가포화 리액터형 교류 용접기의 배선**

2.4.3 직류 용접기

직류 용접기는 특히 안정된 용접 아크가 필요한 용접에 사용되므로 최근 많이 사용되고 있다. 특수 용접에서 비철합금(非鐵合金)인 알루미늄 합금, 스테인리스강 및 박판 용접(薄板 熔接) 등에 이용되고 있다.

1) 발전형 직류 용접기

발전형 직류 용접기는 그림 2.19와 같이 3상 교류 유도 전동기를 사용하여 직류 발전기를 구동하여 직류를 발전하는 것과 가솔린 엔진이나 디젤 엔진으로 발전기를 구동하여 발전하는 것이 있다.

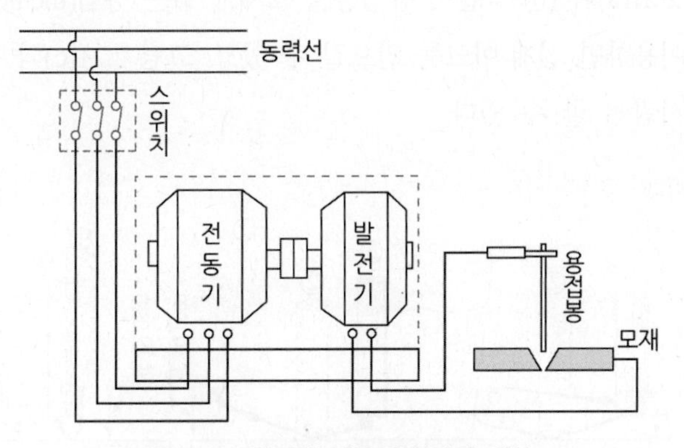

그림 2.19 발전형 직류 용접기의 배선

2) 정류기형 직류 용접기

정류기형 직류 용접기는 그림 2.20과 같이 교류를 정류(整流)하여 직류를 얻는 것이다. 정류기에는 셀렌 정류기(selenium rectifier), 실리콘 정류기(silicon rectifier) 및 게르마늄 정류기(germanium rectifier) 등이 사용되고 있다.

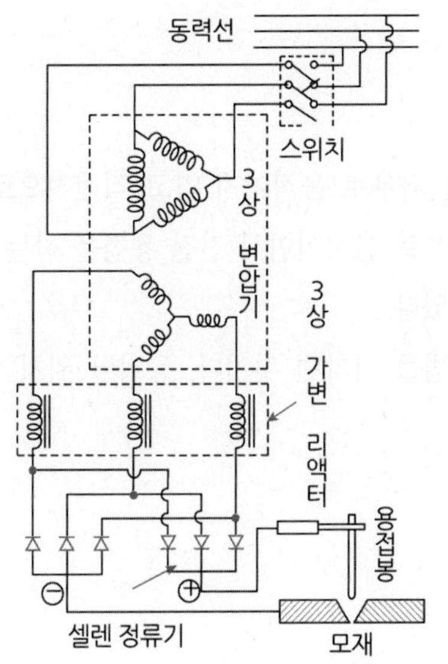

그림 2.20 셀렌 정류형 직류 용접기의 배선

2.5 아크의 발생과 운봉법

2.5.1 아크의 발생

아크를 발생시킬 때에는 용접봉의 끝을 모재(母材)에 가까이 해서 아크를 일으킬 위치를 정한 뒤 재빨리 용접봉을 모재에 접촉시켜 순간적으로 3 ~ 4 mm 끌어올리면 아크가 발생된다. 아크를 발생시키는 방법으로 그림 2.21과 같이 용접봉의 끝을 모재 표면에 순간적으로 가볍게 대었다가 재빨리 끌어올리면 아크가 발생되는데, 그림 2.21(a)나 (b)와 같이 용접봉을 모재에 긁는 방법(method of striking arc)이 있다. 긁는 방법은 초심자가 이용하면 쉽게 아크를 일으킬 수 있고, 그림 2.21(c)와 같이 찍는 방법(method of tapping arc)은 숙련된 사람이 할 수 있다.

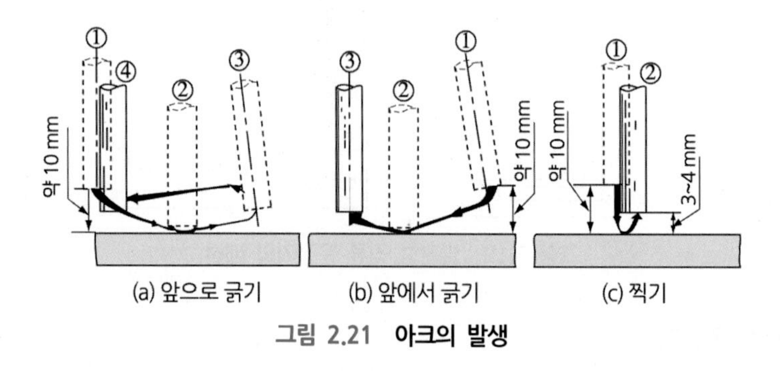

그림 2.21 아크의 발생

그림 2.21은 아크 발생법의 3가지 방법이며, 숫자는 용접봉의 이동 순서이고 용접봉의 경로에서 가는 부분은 힘차고도 재빨리 움직이는 것을 의미한다.

2.5.2 운봉법

운봉법(運棒法)에는 용접봉을 좌우로 움직이지 않고 직선적으로 용접을 하는 직선 비드(straight bead)법, 용접봉 끝을 좌우로 반달형으로 움직이면서 전진 용접을 하는 위빙 비드(weaving bead)와 지그재그로 처올리는 휘핑(whipping)법이 있다.

그림 2.22는 여러 가지 운봉법을 나타낸 것이다. 용접할 위치 및 용접자세에 따라서 다양한 운봉법이 사용된다.

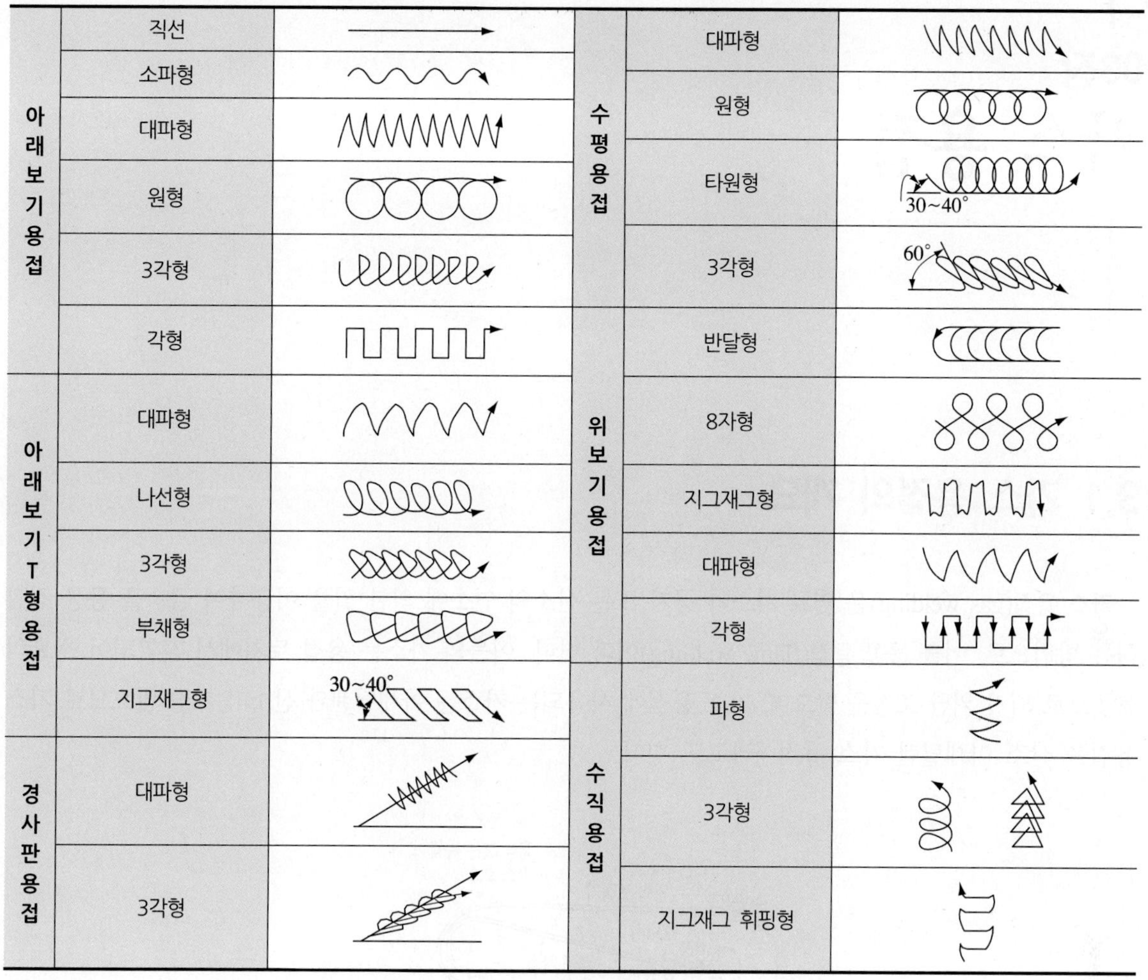

용접	운봉법	
아래보기 용접	직선	
	소파형	
	대파형	
	원형	
	3각형	
	각형	
아래보기 T형 용접	대파형	
	나선형	
	3각형	
	부채형	
	지그재그형	30~40°
경사판 용접	대파형	
	3각형	
수평 용접	대파형	
	원형	
	타원형	30~40°
	3각형	60°
위보기 용접	반달형	
	8자형	
	지그재그형	
	대파형	
	각형	
수직 용접	파형	
	3각형	
	지그재그 휘핑형	

그림 2.22 여러 가지 운봉법

03장 가스 용접

3.1 가스 용접의 개요

가스 용접(gas welding)은 연료 가스와 공기 또는 산소의 연소에 의한 열을 이용하여 금속을 용융 접합하는 방법으로, 이를 **불꽃 용접**(flame welding)이라 한다. 이들의 가스는 용접 토치에서 혼합되어 소요의 불꽃으로 되기 위한 조정을 받으며, 가스 용접에 사용되는 가스는 아세틸렌과 산소가 가장 많으므로 가스 용접을 산소 아세틸렌 가스 용접이라고도 한다.

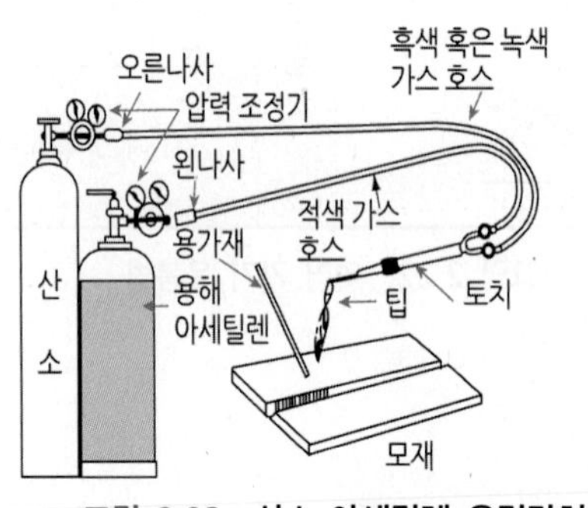

그림 2.23 산소 아세틸렌 용접장치

그림 2.23은 산소 아세틸렌 용접의 용접 장치를 도시한 것이며, 산소 용기와 아세틸렌 용기의 압력 조정기에서 각각 적당한 압력으로 조정을 받은 산소와 아세틸렌 가스가 오른 나사로 연결된 흑색이나 녹색의 가스 호스를 통하는 산소와 왼나사로 연결된 적색 호스를 통하는 아세틸렌 가스가 용접 토치에서 용접에 필요한 이론적인 혼합비 1:1인 표준 불꽃을 만들어 **용가재**(溶加材, filler metal)를 용융시켜 용접을 하는 것이다.

3.2 연료 가스

용접용 가스는 아세틸렌 가스(C_2H_2)가 가장 많이 사용되고, 수소(H_2), 도시가스(석탄가스), LPG(액화석유 가스 : liquefied petroleum gas), 천연 가스, 메탄 가스 등이 있으며, 이들이 가스 용접이나 절단에 사용되려면 다음과 같은 성질이 있어야 한다.

① 불꽃의 온도가 높을 것

② 연소속도가 빠를 것

③ 발열량이 클 것

④ 용융금속과 화학 반응을 일으키지 않을 것

표 2.5는 각종 연료 가스의 성질을 표시한 것이다. 이 가운데 공기와의 이론적인 불꽃온도가 가장 높은 것이 아세틸렌가스이다.

표 2.5 각종 연료 가스의 성질(온도 15.5°C, 압력 760 mmHg)

가스의 종류	분자식	비중	비용적(m^3/kg)	밀도(kg/m^3)	발열량 (kcal/m^3)		공기와의 이론 불꽃 온도(℃)	정압 생성열 (kcal/m^3)
					총발열량	실제 발열량		
아세틸렌	C_2H_2	0.9056	0.901	1.109	13,204	12,759	2,632	2,025
메탄	CH_4	0.5545	1.475	0.677	9,010	8,120	2,066	918
에탄	C_2H_6	1.0494	0.778	1.283	15,688	14,353	2,104	1,210
프로판	C_3H_8	1.5223	9.537	1.862	22,340	20,559	2,116	1,488
부탄	C_1H_{10}	2.0100	0.406	2.460	29,035	29,035	2,132	1,800
수소	H_2	0.0696	11.776	0.084	2,899	2,448	2,210	—

3.3 아세틸렌 가스

3.3.1 아세틸렌의 발생

아세틸렌 가스는 카바이드(CaC_2, 탄화석회)에 물을 가하면 발생한다.

$$CaC_2 + 2H_2O \rightarrow C_2H_2 + Ca(OH)_2 + 29.95 \text{ kcal} \tag{2.3}$$

이와 같이 하여 순수한 카바이드 1 kg은 이론적으로 348 ℓ 의 아세틸렌 가스를 발생하게 되지만, 순수한 카바이드가 존재하지 않으므로 보통 사용하고 있는 카바이드 1 kg은 아세틸렌 가스가 230~300 ℓ 발생하는 것으로 계산한다.

3.3.2 아세틸렌의 성질

아세틸렌(C_2H_2)은 탄소 24, 수소 2의 중량비(重量比)를 가진 무색, 무미, 무취의 화합물이다. 보통 아세틸렌 가스는 카바이드에 물을 작용시켜 얻으므로 불순물인 암모니아(NH_3), 유화수소(H_2S), 인화수소(H_2P) 등을 함유하기 때문에 악취가 나게 된다. 아세틸렌 가스의 비중은 0.91(공기는 1)로서 공기보다 가벼우며, 1 ℓ의 무게는 15℃ 1기압에서 1.176g이며, 1 kg의 아세틸렌은 0.84 m^3의 체적을 가지고 1 m^3의 아세틸렌을 연소시킬 때의 발열량은 13,400칼로리이다. 아세틸렌은 여러 가지 액체에 잘 용해하며, 물(H_2O)은 동일 체적의 C_2H_2를 용해하고, 석유는 2배, 벤젠은 4배, 알코올은 6배, 아세톤(acetone : CH_3COCH_3)은 25배의 C_2H_2를 용해시킨다.

그리고 대기압(大氣壓)하에서 영하 82℃이면 액화하고, 영하 85℃이면 고체로 된다.

10기압하에서 아세톤 1 ℓ는 C_2H_2를 240 ℓ 용해하고 아세톤은 압력에 비례하면서 다량의 C_2H_2를 용해한다.

용해된 아세틸렌의 양은 50 ℓ의 용기에서는 아세톤이 21 ℓ가 포화 흡수되어 있어 15℃, 15기압에서는 아세톤 1 ℓ에 아세틸렌 324 ℓ가 용해되므로 아세톤 21 ℓ가 들어 있는 50 ℓ 용기에는 아세틸렌을 약 6,800 ℓ 용해시킬 수 있다.

$$21\,\ell \times 324 = 6{,}804 \fallingdotseq 6{,}800\,\ell$$

이때 용기 속에 들어간 아세틸렌의 무게는 910 ℓ가 1 kg이 되므로 6800 ÷ 910 = 7.5 kg이 된다.

보통 용접용으로는 30 ℓ의 용기를 사용하고 아세틸렌을 5 kg 충전하므로 가스의 용적은 5 × 910 = 4550 ℓ로서 약 4,500 ℓ로 된다.

3.3.3 아세틸렌의 위험성

아세틸렌은 탄화수소 중에서 가장 불완전한 가스이므로, 특히 위험성을 내포하고 있어 충분한 주의를 해야 한다.

1) 온도의 영향

아세틸렌은 공기 중에서 가열하여 406 ~ 408℃ 부근에 도달하면 자연 발화를 하고 505 ~ 515℃가 되면 폭발이 일어난다.

2) 압력의 영향

아세틸렌은 1기압 이하에서는 폭발의 위험이 없지만 2기압 이상으로 압축하면 폭발을 일으킬 수 있다.

불순물을 포함하고 있는 경우에는 위험성이 커져서 1.5기압으로 압축하여도 충격, 가열 등의 자극을 받아서 다음 식과 같이 반응하여 폭발한다.

$$C_2H_2 = 2C + H_2 + 64\ \text{kcal} \tag{2.4}$$

따라서 아세틸렌 발생기에서는 1.3기압 이상의 가스를 발생시켜서는 안 된다.

3) 외력의 영향

아세틸렌은 충격, 마찰, 진동 등에 의하여 폭발하는 일이 있다. 특히 압력이 높을수록 위험성은 크다.

4) 혼합 가스의 위험성

아세틸렌이 공기 또는 산소와 혼합된 경우에 불꽃 또는 불티 등으로 착화되어 폭발한다. 아세틸렌의 폭발 사고는 대부분 이 혼합 가스에 의한 것이므로 혼합 가스가 되지 않도록 하거나, 사용할 경우에는 혼합 가스를 배제한 후에 사용해야 한다.

특히 아세틸렌 10 ~ 15%와 산소 80 ~ 90%가 혼합되면 가장 위험성이 크다.

5) 화합물의 영향

아세틸렌이 구리(Cu), 은(Ag), 수은(Hg)과 접촉되어 화합물, 즉 아세틸렌 구리, 아세틸렌 은, 아세틸렌 수은이 되면 건조 상태의 120℃ 부근에서 맹렬한 폭발성을 가지게 되므로, 아세틸렌 용기 및 배관을 만드는 경우 구리 및 구리 합금(구리 함유량 62% 이상의 합금)을 사용하면 안 된다.

이 폭발의 관계식은 다음과 같다.

$$2Cu + C_2H_2 = Cu_2C_2 + H_2 \tag{2.5}$$

특히 이들의 폭발성 화합물은 습기, 녹, 암모니아가 있는 곳에서 생성되기 쉽다.

6) 아세틸렌 실린더 밸브

용기 밸브는 용기 위에 붙어 있는 것으로 아세틸렌을 용기 밖으로 유출시키는 부분이다. 재료는 아세틸렌과 혼합되어 아세틸렌 구리가 되는 것을 막기 위해서 동합금으로 만들지 않고 강철제로 만든다.

3.4 아세틸렌 가스 발생기

3.4.1 발생기의 분류

아세틸렌 가스 발생기는 가스를 사용할 때에만 발생하도록 카바이드와 물을 작용시키는 방법에 따라 그림 2.24와 같이 주수식(注水式), 침수식(浸水式) 및 투입식(投入式) 등으로 구분한다.

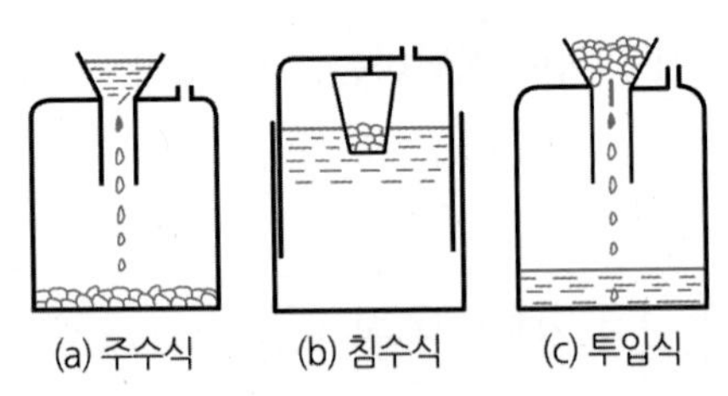

그림 2.24 아세틸렌 발생기(정치식 발생기)

3.4.2 주수식 발생기

자동 주수식 발생기는 그림 2.25와 같이 물탱크에 물을 가득 채우고 카바이드를 카바이드 충전통에 넣는다.

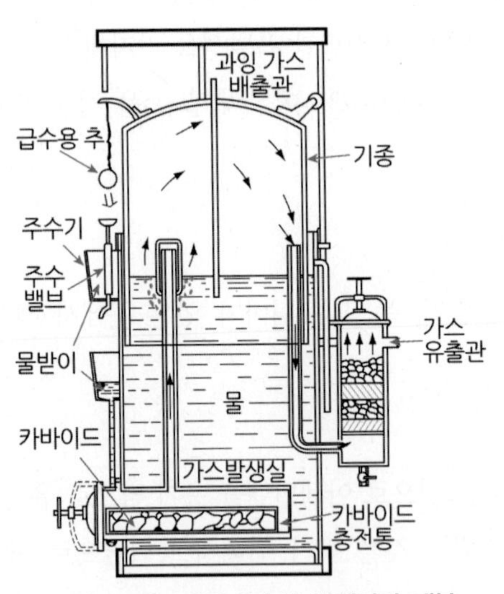

그림 2.25 자동 주수식 발생기의 내부

주수 밸브로부터 물이 물받이를 통해 카바이드에 주수되면 카바이드와 물이 접촉하여 아세틸렌이 발생되며, 이때 발생된 가스는 가스 발생관을 통하여 기종 내에 들어가게 된다. 기종 내에 들어온 가스의 압력으로 기종이 위로 올라가게 되면 급수용 추가 주수 밸브에서 떨어져 물의 주수가 끝난다. 외부에서 가스를 사용하게 되면 가스가 방출되어 기종 내의 압력이 떨어져 기종이 아래로 하강하게 되는데, 이때 급수용 추가 주수기에 있는 주수 밸브를 내려누르게 되어 밸브가 열려 주수를 하므로 가스가 발생되어 기종이 다시 위로 올라가게 된다.

3.4.3 침수식 발생기

침수식 발생기에는 유기종형(有氣鐘形)과 무기종형(無氣鐘形)이 있다.

1) 유기종형(bell-type)

그림 2.26에 나타낸 바와 같이 물탱크에 물을 가득 채우고 카바이드를 카바이드 통에 넣어 뚜껑을 닫아 물과 카바이드를 접촉시켜 아세틸렌을 발생시키면, 기종이 상승하게 되어 카바이드 통은 수면에서 떨어져 가스의 발생이 없어지므로 상승이 정지된다. 외부에서 가스를 사용하면 기종이 내려와 물과 통 속에 있는 카바이드가 다시 접촉되어 가스를 발생하게 된다.

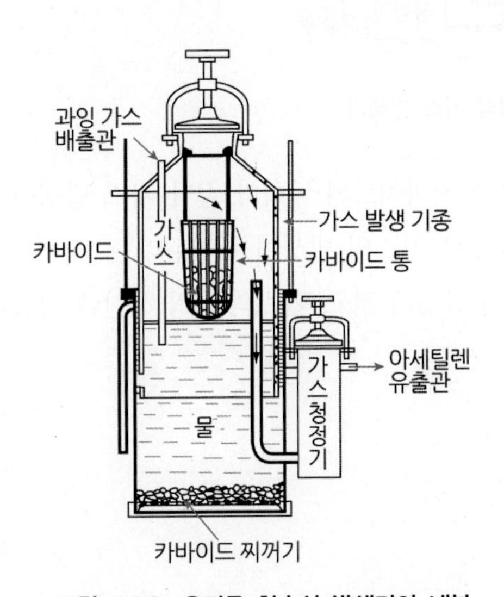

그림 2.26 유기종 침수식 발생기의 내부

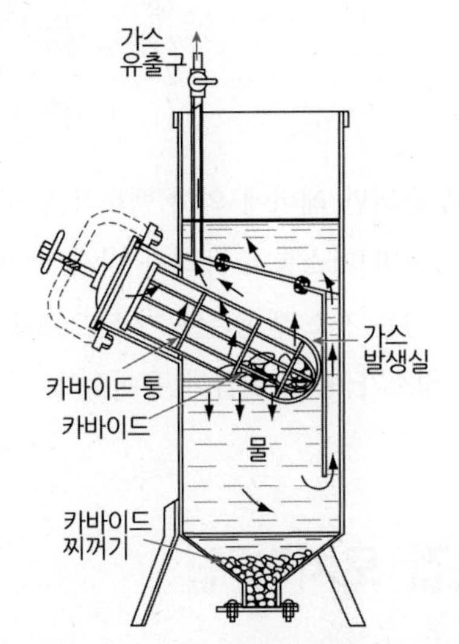

그림 2.27 무기종 침지식 발생기의 내부

2) 무기종형(non bell-type)

그림 2.27과 같이 가스 발생실 내의 수면이 상승하면 카바이드 통은 물속에 잠기게 되어 물에 잠긴 카바이드에서 아세틸렌이 발생되어 가스의 압력으로 수면을 밀게 된다. 눌린 물은 통로를 따라 가스 발생실의 위쪽으로 올라가게 되어 카바이드는 수면과 떨어져 가스의 발생이 정지된다. 가스를 사용하면 가스 발생실

내의 압력이 낮아져 눌려 있던 위쪽의 물이 아래로 내려와 카바이드를 잠기게 하여 다시 가스를 발생한다.

3.4.4 투입식 발생기

자동 투입식 발생기는 그림 2.28과 같이 가스발생실과 기종이 분리되어 있는 것이 많다. 기종이 내려가면 카바이드 낙하 밸브 레버에 의해 밸브가 열려 카바이드가 물속에 떨어져 가스를 발생하게 되고, 발생된 가스는 파이프를 통하여 가스 수세기(水洗器)로 해서 기종에 들어가게 되어 기종이 상승된다.

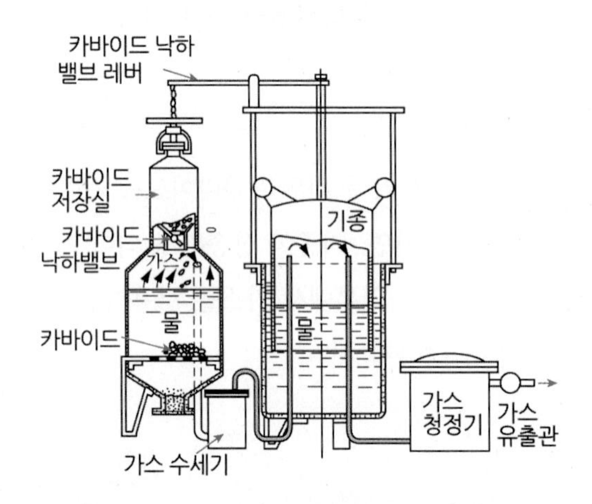

그림 2.28 투입식 가스 발생기

기종이 상승되면 레버에 의해 밸브가 닫히게 되므로 카바이드의 낙하가 끝나 가스 발생이 정지된다. 가스를 사용하면 가스통이 내려가 다시 밸브가 열리므로 가스의 발생이 시작된다.

이것의 장점은 가스 발생 온도가 낮으므로 불순물의 발생이 적고, 가스의 대량 생산에 적합하다. 또한 용기 내의 청소가 쉽고 취급이 용이하다.

3.5 용접 토치와 팁

3.5.1 용접 토치

용접 토치(welding torch)는 산소와 아세틸렌을 혼합실에서 혼합하여 팁에서 분출 연소하여 용접을 하는 것이다.

용접 토치는 아세틸렌 압력이 0.07 kg/cm^2 이하에 사용되는 저압식과 0.07 ~ 1.3 kg/cm^{2}에 사용되는 중압식이 있다. 저압식 토치는 구조에 따라서 A형은 니들 밸브(needle valve)를 가지고 있지 않은 것(독일식 토치)과 B형은 니들 밸브를 가지고 있는 것(프랑스식 토치)으로 분류한다.

3.5.2 저압식 토치

1) 니들 밸브를 가지고 있는 토치(B형)

B형 토치는 아세틸렌 발생기의 압력 0.07 kg/cm² 이하와 용해 아세틸렌의 압력 0.2 kg/cm² 이하일 때에 많이 사용되는 것으로, 토치의 구조는 그림 2.29와 같이 인젝터 노즐(injector nozzle)과 니들 밸브를 가지고 있다. 인젝터의 중심에서 산소를 분출시켜 노즐의 주위에서 아세틸렌을 흡수하여 혼합실에서 2가지 가스를 혼합하도록 되어 있다. 이것을 프랑스식 토치라고 한다.

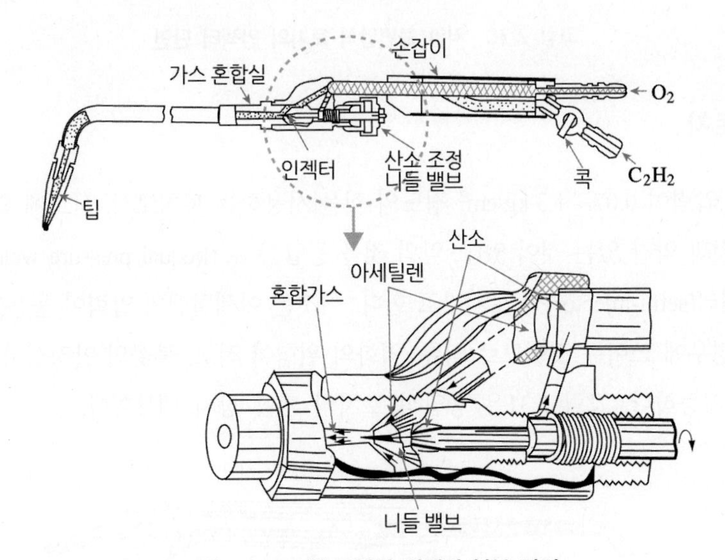

그림 2.29 B형 토치의 인젝터 부분 단면

2) 니들 밸브를 가지고 있지 않은 토치(A형)

A형인 독일식 토치는 아세틸렌 발생기 혹은 용해 아세틸렌의 압력 0.2 kg/cm² 이하인 C_2H_2를 산소의 압력 1 ~ 5 kg/cm²로 분출되는 인젝터 속에서 흡인시켜, 2가지 가스가 혼합할 수 있는 구조를 가지고 있는 것으로 그림 2.30과 같다. 이 토치의 가스 혼합 비율을 변화시키려면 산소 조종기(regulator)를 가감하여 산소압을 변화하여 분출(injection) 속도를 변화하도록 하는 것이다.

이 토치는 인젝터의 분출 구멍이 일정하고 인젝터의 혼합실과 팁이 하나로 되어 있으며, 이것을 거위목(goose neck)형 팁이라 한다. 따라서 가스의 혼합량을 변화시키려면 인젝터의 크기를 변화시켜야 하므로 많은 수의 거위목형 팁이 필요하게 된다. 자유로운 불꽃의 조정을 할 수 없어서 불변압식 토치라고도 한다.

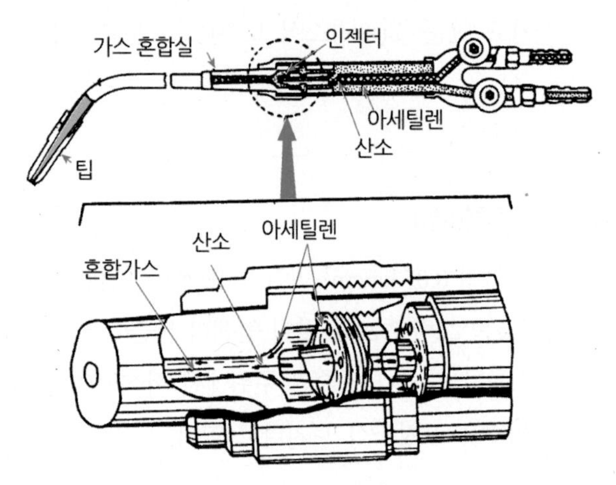

그림 2.30 **저압 불변압식 토치의 인젝터 단면**

3.5.3 중압식 토치

아세틸렌의 사용 압력이 0.07 ~ 1.3 kg/cm^2 정도의 것을 사용하는 토치로서, 산소에 의해 아세틸렌의 흡인력이 전혀 없는 것과 약간 있는 것이 있다. 앞의 것을 등압식 토치(equal pressure welding torch)라 하고, 뒤의 것을 세미인젝터(semi-injector)식 토치라고 한다. 이것은 아세틸렌의 압력이 높은(중압 발생기, 용해 아세틸렌에 사용) 경우에 쓰이는 것이므로 역류, 역화의 위험이 적고, 불꽃의 안정성이 좋기 때문에 두꺼운 강판의 용접이 가능하다. 그림 2.31은 중압식 토치의 혼합 장치 내부이다.

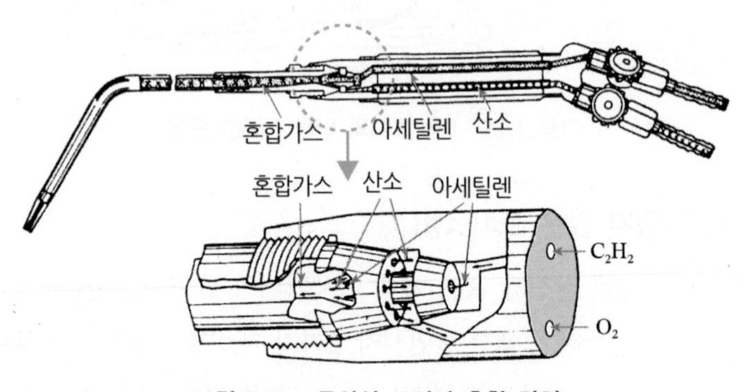

그림 2.31 **중압식 토치의 혼합 장치**

3.5.4 팁

토치의 선단에 팁(tip)이 있으며 이것은 일반적으로 번호로 표시하고 있다.

독일식 토치(A형)의 팁의 번호는 연강판의 용접 가능한 두께를 표시하는데, 가령 팁 번호 10번은 10 mm의 연강판이 용접 가능한 것을 표시하고 있다. 표 2.6은 독일식(A형) 토치의 팁 번호에 따른 사용

압력과 용접가능한 연강판의 판두께를 나타낸 것이다.

프랑스식 토치(B형)는 산소 분출구에 니들 밸브(needle valve)를 가지고 있으며, 산소 분출구의 크기를 팁에 맞추어서 어느 정도 조절할 수 있게 되어 있다. 더구나 산소 분출구가 토치에 설치되어 있으므로 팁이 소형 경량으로 작업하기가 쉽다.

프랑스식 팁의 번호는 팁에서 불꽃으로 되어 유출되는 아세틸렌의 양(l/h)을 표시하고 있으며, 연강판의 용접 가능한 판두께는 팁 번호의 $\frac{1}{100}$에 해당되며, 예를 들어 1,000번은 10 mm의 연강판을 용접할 수 있다는 의미이다. 표 2.7은 프랑스식(B형) 토치의 팁 번호에 따른 사용압력과 연강판 판두께를 나타낸 것이다.

표 2.6 독일식(A형) 토치의 사용 압력

형식	팁 번호	산소압력 (kg/cm^2)	아세틸렌 압력 (kg/cm^2)	판두께 (mm)
A 1호	1	1.0	0.1	1 ~ 1.5
	2	〃	〃	1.5 ~ 2
	3	〃	〃	2 ~ 4
	5	1.5	〃	4 ~ 6
	7	〃	0.15	6 ~ 8
A 2호	10	2.0	0.15	8 ~ 12
	13	〃	〃	12 ~ 15
	16	2.5	0.2	15 ~ 18
	20	〃	〃	18 ~ 22
	25	〃	〃	22 ~ 25
A 3호	30	3.0	0.2	25 이상
	40	〃	〃	〃
	50	〃	〃	〃

※ 팁번호는 모재의 두께를 나타낸다.

표 2.7 프랑스식(B형) 토치의 사용 압력

형식	팁 번호	산소압력 (kg/cm^2)	아세틸렌 압력 (kg/cm^2)	판두께 (mm)
B 0호	50	1.0	0.1	0.5 ~ 1
	70	〃	〃	〃
	100	〃	〃	1 ~ 1.5
	140	〃	〃	〃
	200	〃	〃	1.5 ~ 2
B 1호	250	1.0	0.1	〃
	315	1.5	〃	3 ~ 5
	400	〃	〃	〃
	500	〃	0.15	5 ~ 7
	630	〃	〃	〃
	800	2.0	〃	7 ~ 10
	1,000	〃	〃	〃
B 2호	1,200	2.0	0.15	9 ~ 13
	1,500	2.5	〃	〃
	2,000	〃	0.2	12 ~ 20
	2,500	〃	〃	〃
	3,000	3.0	〃	20 ~ 30
	3,500	〃	〃	〃
	4,000	〃	〃	25 이상

※ 팁번호는 1시간에 소비하는 아세틸렌의 양을 l로 표시한다.

3.5.5 역류, 역화, 인화

1) 역류

용접 토치는 토치의 인젝터의 작용으로 산소의 압력에 의하여 흡인되는 구조로 되어 있으나 팁의 끝이 막히게 되면 산소가 아세틸렌 도관 내에 흘러들어가 수봉식 안전기로 들어간다. 만약 안전기가 불안전하면 산소가 아세틸렌 발생기에 들어가 폭발을 일으키게 된다. 이것을 역류(逆流, contra flow))라 한다. 용해 아세틸렌에서는 안전기를 사용하지 않아도 폭발 사고는 일어나지 않는다.

2) 역화

역화는 토치의 취급이 잘못될 때 순간적으로 불꽃이 토치의 팁 끝에서 빵빵 또는 탁탁 소리를 내며 불길이 기어들어갔다가 곧 정상이 되든가 또는 완전히 불길이 꺼지는 현상을 말한다. 역화(逆火, back fire)가 일어나는 것은 작업물에 팁의 끝이 닿았을 때, 팁의 끝이 과열되었을 때, 가스 압력이 적당하지 않을 때, 팁의 죔이 완전하지 않았을 때 일어난다.

3) 인화

인화(引火, flash back)는 불꽃이 혼합실까지 밀려들어오는 것으로 이것이 다시 불완전한 안전기를 지나 발생기에까지 들어오면 폭발을 일으킬 수 있다.

인화의 원인으로는 팁의 과열, 팁 끝의 막힘, 팁 죔의 불충분, 각 기구의 연결 불량, 먼지의 부착, 가스 압력의 부적당, 호스의 비틀림 등이 있다.

인화나 역화가 일어나는 것은 산소, 아세틸렌의 내뿜는 속도가 불꽃의 연소속도보다 느릴 때 일어난다. 따라서 가스의 압력이 부족할 때에는 특히 인화나 역화가 일어나기 쉽다.

3.6 가스 용접의 불꽃

3.6.1 산소 아세틸렌 불꽃

산소(O_2)와 아세틸렌(C_2H_2)을 1 : 1로 혼합하여 연소시키면 그림 2.32에 나타낸 것과 같이 3가지 부분으로 나누어지는 불꽃이 발생한다.

①부분은 팁에서 나온 혼합 가스가 다음과 같은 화학반응을 일으키며 연소된다.

$$C_2H_2 + O_2 = 2CO + H_2 \tag{2.6}$$

2개 용적의 일산화탄소와 1개 용적의 수소를 만들고, 이것은 환원성(還元性) 불꽃인 흰색 부분이 된다. 일산화탄소와 수소는 공기 중에서 산소를 끌어들여 연소되어 고열(3,200 ~ 3,500℃)을 발하는 ②부분이 되며, 무색에 가깝고 백색 불꽃을 둘러싼다.

②의 부분도 완전 연소하려면 또 산소가 부족하므로 약간의 환원성을 띤다. 그러므로 이 부분의 불꽃으

로 용접을 하면 용접부의 산화를 방지하게 된다.

③의 부분은 이 가스가 다시 그 주위에 퍼져 있는 공기 속의 산소와 화합하여 거의 완전 연소에 가까운 불꽃이 되어 2,000℃ 정도의 열을 내고, 온도는 선단으로 갈수록 낮아진다. ①의 부분을 불꽃 흰색 부분 또는 **백심**(白心, cone), ②의 부분을 속불꽃(inner flame), ③의 부분을 겉불꽃(outer flame)이라고 한다.

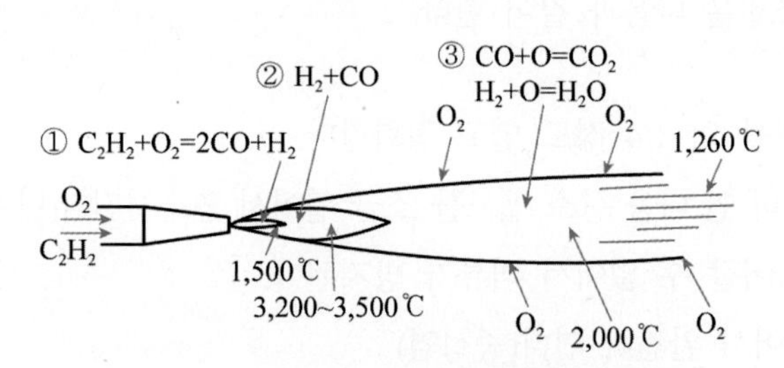

그림 2.32 산소 아세틸렌 불꽃의 구성

3.6.2 불꽃의 종류

1) 중성염

1개 용적의 아세틸렌이 완전 연소하는 화학 반응은 다음 식과 같다.

$$C_2H_2 + 2.5O_2 = 2CO_2 + H_2O \tag{2.7}$$

즉, 2.5개 용적의 산소를 필요로 한다. 이 중에 1개 용적은 산소 용기에서, 1.5개 용적은 공기 중에서 공급을 받는 것으로 된다. 이와 같은 불꽃을 **중성염**(中性炎, neutral flame) 혹은 **표준염**(標準炎)이라 하며 표준염은 용접부에 산화나 탄화의 해를 주지 않는다.

2) 산화염

산소를 아세틸렌보다 많이 공급하면 백심이 짧게 되어 속불꽃이 없어지고 겉불꽃이 크게 된다. 이것을 산소가 과잉으로 된 불꽃인 **산화염**(酸火炎, oxidizing flame)이라 하며, 이 산화염은 금속을 산화하는 성질이 있으므로 쉽게 산화되지 않는 황동, 청동, 납땜 등의 용접에 이용된다.

3) 탄화염

산소를 아세틸렌보다 적게 공급하면 백심과 속불꽃이 함께 길게 되며 아세틸렌이 과잉으로 된 불꽃을 아세틸렌 과잉염 혹은 **탄화염**(炭火炎, carburizing flame)이라 하며, 탄화염은 산화 작용이 일어나지 않으므로 산화를 극도로 방지할 필요가 있는 스테인리스강, 알루미늄, 모넬메탈 등의 용접에 이용한다.

즉, 산소 아세틸렌 불꽃의 중성염은 보통 용접에, 산화염은 쉽게 산화하지 않는 금속에, 탄화염은 산화하기 쉬운 금속에 사용된다.

3.6.3 불꽃의 조절

산소 아세틸렌 불꽃의 조절은 다음과 같이 한다.

① 토치의 아세틸렌 밸브를 약 1/4 정도 열고 점화한다.
② 아세틸렌 밸브를 완전히 연 다음 산소 밸브를 조금 열어서 연소시킨다(탄화염). 이렇게 해야 산소가 아세틸렌 도관으로 들어갈 수 없어서 역류가 방지된다.
③ 산소 밸브를 계속 열어서 완전히 연다(중성염).
④ 산소 밸브를 더 열거나 아세틸렌 밸브를 조금 닫는다(산화염).

이상과 같이 산소 아세틸렌 불꽃의 조절은 탄화염, 중성염 및 산화염 순으로 할 수 있다.

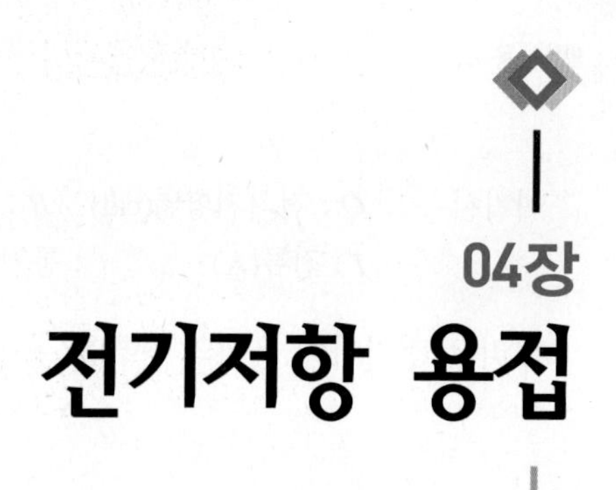

04장 전기저항 용접

4.1 전기저항 용접의 원리

전기저항 용접(電氣抵抗熔接, electric resistance welding)의 역사는 1877년에 미국의 톰슨(Elihu Thomson)이 전기 실험을 하는 도중 전기 회로에 고장이 일어나 도선과 도선이 접촉하여 그 사이에서 불꽃이 튀면서 도선이 하나로 접합되는 것을 우연히 발견한 데서 시작된 것이다. 1885년에 톰슨이 전기저항 용접기를 발명하면서부터 전기저항 용접이 각광을 받게 되었고, 1930년경에 들어서 급속한 발전을 보게 되었다.

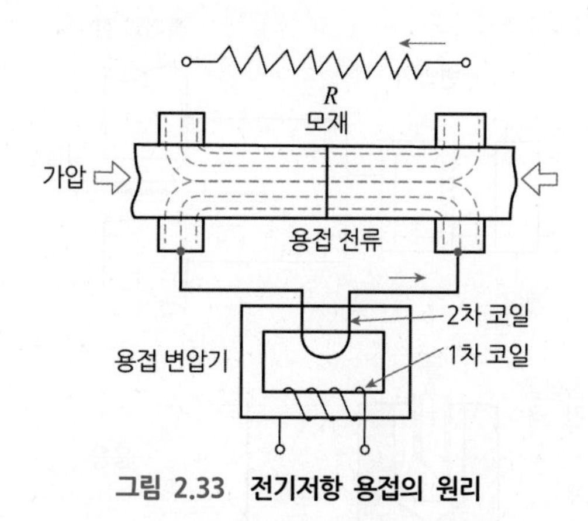

그림 2.33 전기저항 용접의 원리

전기저항 용접은 그림 2.33과 같이 용접하려고 하는 재료를 서로 접촉시켜 놓고 이것에 전류를 통하면 전기저항열로 접합면의 온도가 높아졌을 때 가압하여 용접을 한다. 이때 전기 저항열은 **줄(Joule)의 법칙**에 의해서 다음과 같이 계산한다.

$$Q = 0.24 I^2 R t \tag{2.8}$$

여기서 Q : 전기저항열(cal) R : 저항(Ω)
I : 전류(A) t : 통전 시간(sec)

그리고 전기저항 용접의 종류를 용접 방법에 의하여 분류하면 다음과 같다.

- 전기저항 용접
  - 겹치기 저항 용접
    - 점 용접
    - 프로젝션 용접
    - 시임 용접
  - 맞대기 저항 용접
    - 업셋 용접
    - 플래시 용접
    - 맞대기 시임 용접
    - 퍼커션 용접

4.2 점 용접

점 용접(點熔接, spot welding)은 그림 2.34에서와 같이 2개 또는 그 이상의 금속을 두 전극 사이에 끼워 넣고 전류를 통하면 접촉부는 요철(凹凸) 때문에 접촉 저항이라는 대단히 큰 저항층이 생겨, 이 저항으로 발열이 먼저 일어나 용접부의 온도는 급격히 상승하여 금속은 녹기 시작한다. 여기에 적당한 방법에 의해

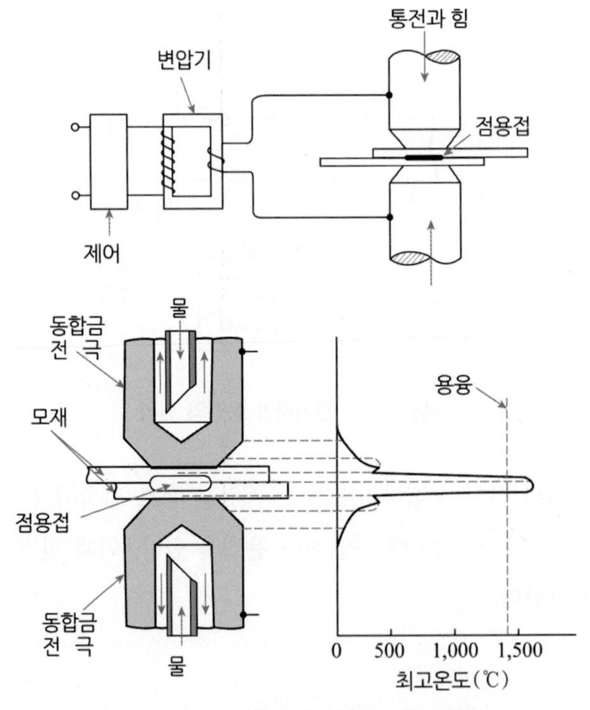

그림 2.34 점 용접의 원리와 온도 분포

수직의 압력을 가하면 접촉부는 변형되어 접촉 저항이 감소된다. 그러나 제일 처음의 접촉 저항으로 인해서 온도가 상승되었기 때문에 용접부 금속 자신의 고유 저항은 더욱 더 증가되고 온도가 상승되어 반용융 상태 또는 용융 상태에 달한다. 이와 같은 방법으로 알맞은 용접 온도에 달하면 상하의 전극으로 압력을 가하여 용접부를 밀착시킨 다음 전극을 용접부에서 떼면 전류의 흐름이 정지되어 용접이 완료된다. 이때 전류를 통하는 통전 시간은 재료에 따라 1/400초에서부터 몇 초 동안으로 되어 있다.

점 용접의 온도 분포의 경향은 그림 2.34와 같으며, 접합면의 일부는 녹아 바둑알 모양의 단면으로 용접이 된다. 이 부분을 너깃(nugget)이라 한다. 그리고 점 용접뿐만 아니라 전기저항 용접에 미치는 요인으로는 용접 전류, 통전 시간, 가압력, 모재 표면의 상태, 전극의 재질 및 형상, 용접 피치 등 여러 가지가 있다. 이 중 가장 큰 영향을 미치는 것으로는 **용접 전류**(熔接電流), **통전 시간**(通電時間), **가압력**(加壓力) 이며 이들을 **전기저항 용접의 3대 요소**라고 한다. 그리고 여기에 전극의 형상을 추가하여 전기저항 용접의 4대 요소라고 하기도 한다.

점 용접의 용접 조건은 표 2.8와 같다.

표 2.8 연강판 점 용접 조건의 예(보통)

판두께 (mm)	전극		시간 (s)	가압력 (kg)	전류 (A)	너깃 지름 (mm)
	d(mm)	*D*(최소)mm				
0.5	3.5	10	0.4	45	4,000	3.6
1.0	5.0	13	0.6	75	5,600	5.3
1.6	6.3	13	0.9	115	7,000	6.3
2.0	7.0	16	1.1	150	8,000	7.1
3.2	9.0	16	1.8	260	10,000	9.4

[주] 1. 열간 압연 강재 인장 강도 30 ~ 32 kg/mm^2
2. 전극은 RWMA의 2급(도전율 75% H_{RB} 75)
3. 용접 시간은 1초(s)에 60 Hz일 때이므로 0.6 s는 36 Hz이다.

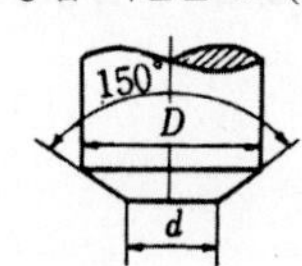

단 D : 전극봉재료 지름
d : 전극 통전부 지름

4.3 프로젝션 용접

프로젝션 용접(projection welding)은 점 용접과 같은 것으로 그림 2.35에서와 같이 제품의 한쪽 또는 양쪽에 작은 돌기(突起, projection)를 만들어 이 부분에 용접 전류를 집중시켜 압접하는 방법이다. 또 이 용접에서는 제품에 돌기부를 만들지 않고 모재의 각, 모서리, 끝, 돌출부 등을 돌기 대신으로 사용하는

방법도 있다.

이 용접에서는 점 용접과 달리 여러 점을 동시에 용접하기 때문에 대단히 능률이 좋고, 돌기부(突起部)의 형상을 연구하면 견고한 이음을 얻을 수 있다.

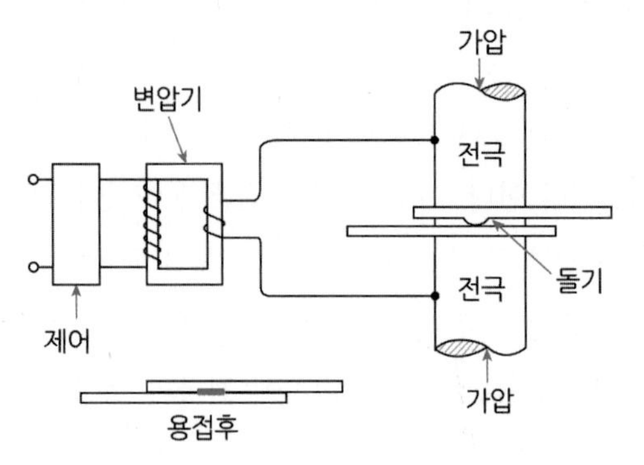

그림 2.35 **프로젝션 용접의 원리**

이 용접의 용도는 강판, 강력 청동, 스테인리스강, 니켈 합금 등의 용접에 적합하고, 알루미늄 합금, 아연, 아연판 또는 강-황동, 강-청동 등의 다른 종류의 금속 용접도 가능하다.

4.4 심 용접

심 용접(seam welding)은 그림 2.36과 같이 원판상의 롤러 전극 사이에 2장의 판을 끼워서 가압 통전하고 전극을 회전시켜 판을 이동시키면서 연속적으로 점 용접을 반복하는 것이며, 하나의 연속된 선 모양의 접합부가 얻어지므로 주로 기밀, 수밀을 필요로 하는 이음에 이용된다. 용접 전류의 통전 방법에는 단속 통전법, 연속통전법 및 맥동통전법의 3가지가 있다.

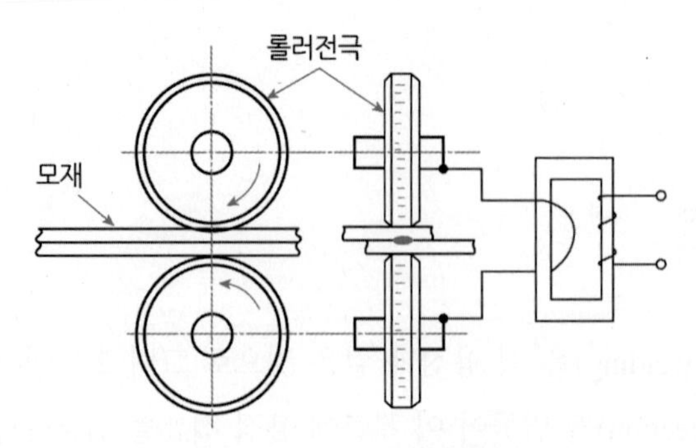

그림 2.36 **심 용접의 원리**

4.5 업셋 용접

업셋 용접(upset welding)은 전기저항 용접 중에서 제일 먼저 개발된 것으로 현재 널리 사용되고 있는 용접법이며, 맞대기 용접(butt welding)이라고도 한다. 그림 2.37에서와 같이 모재를 서로 맞대어 가압하여 전류를 통하면 용접부는 먼저 접촉 저항에 의해서 발열이 되며, 다음에 고유저항에 의해서 더욱 온도가 높아져 용접부가 단접 온도에 도달했을 때 모재를 축 방향으로 힘을 가해 가압하면 두 모재는 융합이 된다. 이때 전류를 차단시켜 용접을 완료한다. 업셋 용접을 모재에 압력(힘)을 가하고 열을 가하는 공정을 순서대로 나타내면 선가압후가열(先加壓後加熱)이라고 할 수 있다.

이 용접에서 접촉 저항을 크게 하기 위해서는 처음 모재를 맞대었을 때 가압은 작은 힘으로 하고 단접 온도에 달하게 되면 큰 힘으로 가압을 해야 한다. 용접 후 모재가 맞닿은 부분의 산(山)의 높이는 그다지 높지 않다.

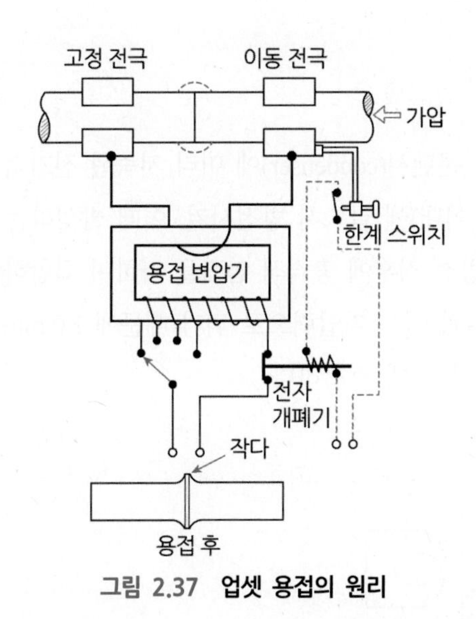

그림 2.37 업셋 용접의 원리

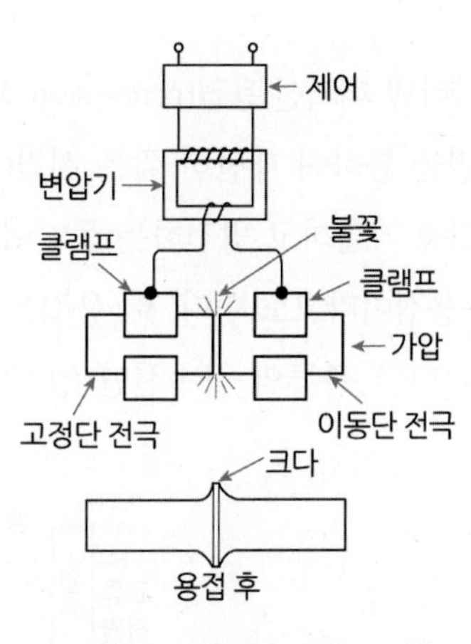

그림 2.38 플래시 용접의 원리

4.6 플래시 용접

플래시 용접(flash welding)은 앞에서 설명한 업셋 용접과 거의 같은 것으로서 불꽃 용접이라고도 한다.

이 용접의 원리는 그림 2.38에서 나타낸 것과 같이 용접하고자 하는 모재를 서로 약간 띄어서 고정단, 이동단의 전극에 각각 고정하고 전원을 연결하여 전극 사이에 전압을 가한 뒤 서서히 이동단을 전진시켜 모재에 가까이 한다. 소재면에는 반드시 요철이 있어 모재가 닿아 그 부분에 높은 집중 저항이 형성된다.

이 모재의 용접부 끝면을 가볍게 접촉시키면 그 접촉점에 집중적으로 단락 대전류가 흘러 접촉 저항과 대전류에 의하여 국부적으로 발열하여 잠시 동안에 과열, 용융되어 불꽃이 비산된다.

그 후 플래시의 발생에 의해 그 부분의 접촉은 끊어지나 다시 이동단 전극을 전진시키면 다음의 다른 부분이 접촉되어 앞에서와 마찬가지로 플래시를 발생한다. 이와 같이 플래시 현상이 연속되는 것에 의해 모재 끝면의 금속 산화물, 기타 불순물은 비산되어 깨끗한 상태가 된다. 이와 같이 해서 청정도와 가열 온도가 알맞은 상태가 되었을 때 빨리 강한 압력을 가해 업셋(upset)을 행한다. 이 업셋에 의해 불순물이나 용융금속이 용접부 주위로 밀려나오고 모재는 서로 완전히 접촉되어 단락 대전류가 흐르며, 일정 시간 후에 업셋 전류를 차단사켜 압접을 완료한다. 이를 압력(힘)을 가하고 열을 가하는 공정을 순서대로 나타내면 선가열후가압(先加熱後加壓)이라고 할 수 있다. 용접 후 모재가 맞닿은 부분의 산의 크기는 업셋 용접보다 크다.

4.7 퍼커션 용접

그림 2.39에 나타낸 퍼커션 용접(percussion welding)은 콘덴서(condenser)에 미리 저축된 전기적 에너지를 금속의 접촉면을 통하여 대단히 짧은 시간(1/1000초 이내)에 급속히 방전시켜, 이때 발생하는 아크에 의해 접합부를 집중 가열하고 방전하는 동안이나 또는 방전 직후에 충격적 압력을 가하여 접합하는 것으로서, 방전 충격 용접이라고도 한다. 이 용접은 짧은 시간과 작은 가압력으로 되기 때문에 1.0 mm 이하의 금속선이나 서로 다른 종류의 금속선인 열전대를 접합하는 데 적합하다.

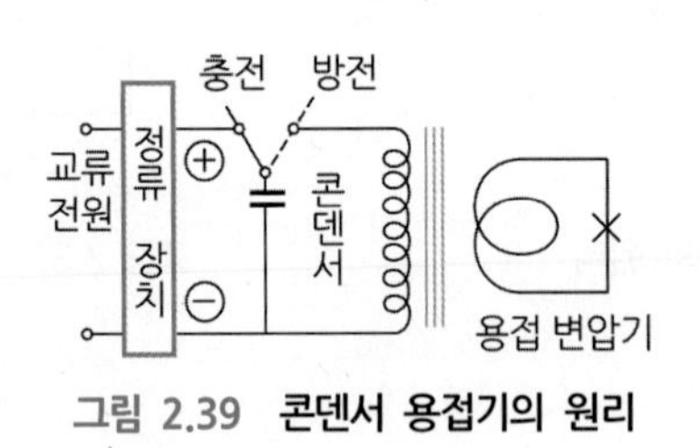

그림 2.39 콘덴서 용접기의 원리

05장
특수 용접

5.1 특수 용접의 개요

아크 용접은 용접봉을 사용하여 수작업으로 하는 경우가 많기 때문에 용접 구조물의 형상, 치수 등에 따라 시공 조건이 다른 작업에 비하여 편리하다. 그러나 조선, 차량 등의 일정한 조건의 용접물을 장시간 연속적으로 작업할 때에는 용접을 기계화하고 자동화하는 것이 유리하다. 또한 미세한 부분을 정밀하게 용접하기 위해서는 일반적인 용접 외에 전자빔, 플라스마, 레이저 및 초음파 등을 이용하여 용접한다. 이렇게 함으로써 경제적으로 유리한 작업을 할 수 있다. 이와 같은 조건에 대한 특수한 용접을 **특수 용접**(特殊 熔接, special welding)이라 하며, 이들의 종류를 열거하면 아래와 같다.

1) 불활성 가스 아크 용접(inert gas arc welding)
2) 탄산가스 아크 용접(CO_2 gas arc welding)
3) 서브머지드 아크 용접(submerged arc welding)
4) 원자 수소 용접(atomic hydrogen welding)
5) 스터드 용접(stud welding)
6) 일렉트로 슬랙 용접(electro-slag welding)
7) 일렉트로 가스 아크 용접(electro gas arc welding)
8) 테르밋 용접(thermit welding)
9) 전자빔 용접(electron beam welding)
10) 플라스마 용접(plasma welding)
11) 레이저 용접(laser beam welding)
12) 고주파 용접(high frequency welding)
13) 초음파 용접(ultrasonic welding)

14) 마찰 용접(friction welding)

15) 폭발 용접(explosive welding)

5.2 불활성 가스 아크 용접

5.2.1 불활성 가스 아크 용접의 원리

이것은 특수한 용접부를 공기와 차단한 상태에서 용접하기 위하여 특수 토치(torch)에서 불활성(不活性) 가스(inert gas)를 전극봉 지지기를 통하여 용접부에 공급하면서 용접하는 방법이다. 불활성 가스에는 아르곤(Ar: argon)이나 헬륨(He: helium) 등이 사용되며, 전극으로는 텅스텐(tungsten) 봉 또는 금속봉이 사용된다.

불활성 가스 아크 용접(inert gas arc welding)은 그림 2.40과 같이 불활성 가스 분위기에서 텅스텐 전극을 사용하는 방법과 금속 전극을 사용하는 2가지 방법이 있다.

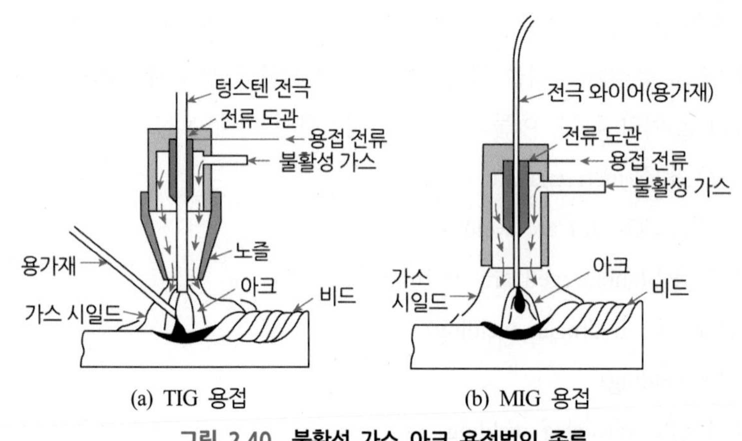

(a) TIG 용접 (b) MIG 용접

그림 2.40 불활성 가스 아크 용접법의 종류

즉, 열원으로 사용되는 전극이 아크 열에 의해서 녹지 않는 비소모식(불용 전극식)과 녹는 소모식(가용 전극식)이 있다.

비소모식은 텅스텐 전극봉을 사용하므로 불활성 가스 텅스텐 아크 용접(inert gas tungsten arc welding) 또는 **티그**(TIG) **용접**이라 한다. 또한 소모식은 긴 심선 용가재(filler metal)를 전극으로 사용하므로 불활성 가스 금속 아크 용접(inert gas metal arc welding) 또는 **미그**(MIG) **용접**이라고 한다.

이 용접법은 모재가 극히 얇은 것에 대해서는 용접봉을 쓰지 않으며, 두꺼운 판에 대해서는 용접봉(보통 모재와 동질의 것)을 사용한다. 현재 알루미늄 합금, 구리 및 구리 합금, 스테인리스강(stainless steel) 등의 용접에 많이 사용하고 있다.

그림 2.40(a)는 TIG(tungsten inert gas) 용접으로 텅스텐 전극은 거의 소모되지 않으므로 비용극식(非溶極式) 불활성 가스 아크 용접이라 한다.

그림 2.40(b)는 MIG(metal inert gas) 용접으로 전극선을 연속적으로 소모하여 용착금속을 만드는 것이므로 용극식(溶極式) 불활성 가스 아크 용접이라 한다.

5.2.2 TIG 용접의 특성

TIG 용접에는 직류, 교류 전원의 어느 것이나 사용되는데, 직류 전원을 사용할 때에는 그 극성을 잘 알아서 용접을 해야 한다.

1) 직류 용접

직류 용접에서 용접 전류 회로는 그림 2.41에 표시한 것과 같이 **정극성**(正極性, DC straight polarity)과 **역극성**(逆極性, DC reversed polarity)이 있다.

직류 정극성을 접속하면 전극은 (−)이고 모재는 (+)이다. 그러므로 전자는 전극에서 모재 쪽으로 흐르며 가스 이온은 반대로 흐른다. 직류 역극성에서는 전극은 (+)이고 모재는 (−)이므로 전자는 모재에서 전극 쪽으로 흐르고 가스 이온은 전극에서 모재쪽으로 흐른다.

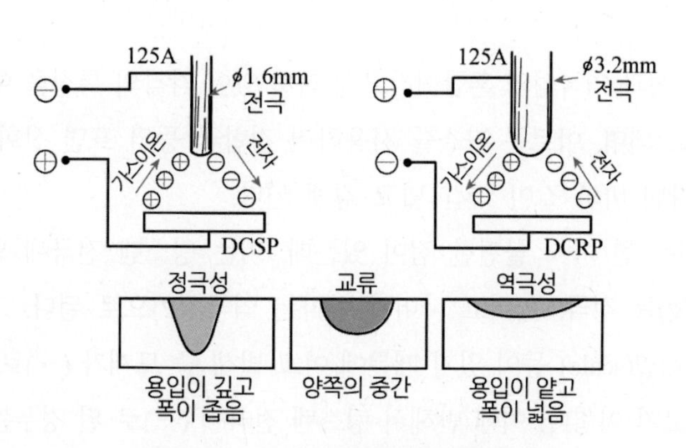

그림 2.41 TIG 용접의 직류 전원의 극성

정극성은 전자가 전극으로부터 모재 쪽으로 고속으로 흐르므로 모재는 전자의 충돌 작용에 의해 강한 충격을 받아 약간의 열효과를 받는다. 따라서 정극성으로 접속하면 비드의 폭이 좁고 용입이 깊어진다. 이와 반대로 역극성은 전자는 전극에 충돌 작용을 가하므로 전극 끝이 과열되어 용융되는 경향이 있다. 그러므로

역극성으로 접속할 때는 정극성의 경우보다 지름이 큰 전극이 필요하다. 이때에는 버드의 폭이 넓고 용입이 얕아진다. 교류전원을 사용하면 비드의 폭과 용입깊이가 직류 정극성과 역극성의 중간 정도이다.

2) 청정 작용

역극성 용접이 갖는 하나의 효과는 **청정 효과**(淸淨效果, surface cleaning action)이다. 이것은 가속된 가스 이온이 모재에 충돌하여 이것에 의해 모재 표면의 산화물이 파괴되는 것이다.

이 작용은 마치 샌드 블라스트(sand blast)로 표면의 이물질을 제거하는 것과 같이 산화막을 제거한다. 그 때문에 알루미늄이나 마그네슘 등과 같은 강한 산화막이나 용융점이 높은 산화막이 있는 금속이라도 용제 없이 용접이 된다. 이 청정 작용은 불활성 가스로 헬륨(He)을 사용하는 경우는 아르곤을 사용하는 것에 비해 헬륨 이온이 지나치게 가벼우므로 거의 효과가 없다.

알루미늄은 표면이 산화물(Al_2O_3)인 내화성 물질이기 때문에 모재의 용융점(660℃)보다 매우 높은 용융점(2,050℃)을 가지고 있어 가스 용접이나 아크 용접이 곤란하나, TIG 용접의 역극성을 사용하면 용제 없이도 용접이 쉽고 아르곤 이온이 모재 표면에 충돌하여 산화물을 제거하므로 용접 후 비드의 주변을 보면 흰색을 띤 부분이 생긴다. 이 흰색 부분을 벗기면 알루미늄의 금속 광택이 나타난다.

한편 역극성은 전극이 가열되어 녹아서 용착금속에 혼입되는 때도 있고, 또 아크가 불안정하게 되어 용접 조작이 어렵기 때문에 알루미늄이나 마그네슘 및 그 합금의 용접에는 직류 용접 대신에 주로 다음과 같은 교류 용접이 사용된다.

3) 교류 용접

교류 용접은 직류 정극성과 역극성의 혼합이라고 알려져 있어 각각의 특징을 이용할 수 있다. 즉, 전극의 지름은 비교적 작아도 되며, 아르곤 가스를 사용하면 경합금 등의 표면 산화막의 청정 작용이 있어 용입은 그림 2.41에 나타낸 바와 같이 약간 넓고 깊게 된다.

그러나 교류 용접에서는 한 가지 불편한 점이 있는데, 이는 텅스텐 전극에 의한 정류 작용이다.

교류 용접의 반파(半波)는 정극(SP)이고 나머지 반파는 역극(RP)으로 된다. 그러나 실제로는 모재의 표면에 수분, 산화물, 스케일(scale) 등이 있기 때문에 아크 발생 중 모재가 (−)로 된 때는 전자가 방출되기 어렵고 또 전류가 흐르기 어렵다. 이에 반해서 텅스텐 전극이 (−)로 된 경우는 전자가 다량으로 방출된다. 따라서 아크 전류는 흐르기 쉽고 그림 2.42와 같이 증가한다. 이 결과 2차 전류는 부분적으로 정류되어서 전류가 불평형하게 된다. 이 현상을 전극의 **정류 작용**(整流作用)이라 한다.

이때 불평형 부분을 직류 성분(DC component)이라 하며, 이 크기는 교류 성분의 1/3에 달하는 때도 있고, 때에 따라서는 그림 2.43과 같이 반파가 완전히 혹은 부분적으로 없어져서 아크를 불안정하게 하는 요소가 된다.

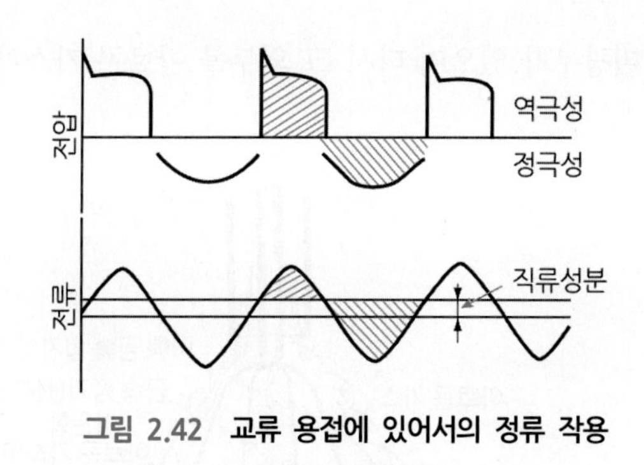

그림 2.42 교류 용접에 있어서의 정류 작용

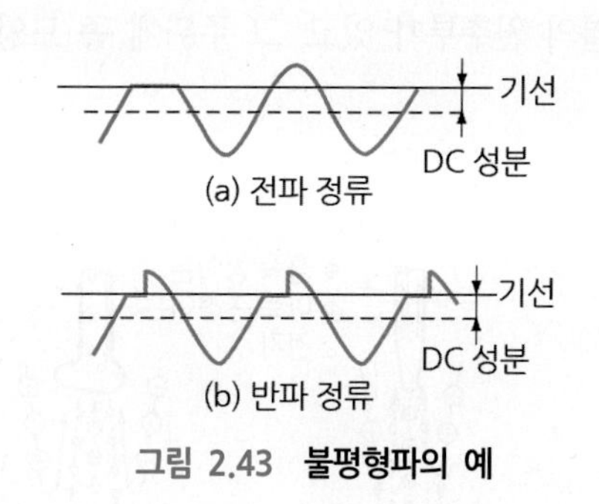

그림 2.43 불평형파의 예

또 정류 작용으로 인해 불평형 전류가 흐르면 1차 전류가 많아져 교류 용접기의 변압기가 이상하게 가열되어 소손의 원인이 되므로, 이것을 방지하기 위해 2차 회로에 콘덴서(condenser)를 삽입하는 방법이 있는데 이것을 평형형 교류 용접기라 한다.

5.2.3 MIG 용접

MIG 용접은 TIG 용접의 텅스텐 전극 대신 나심선(裸心線)의 지름 1.0 ~ 2.4 mm의 금속 와이어를 일정한 속도로 토치에 송급하여 와이어와 모재와의 사이에 아크를 발생시켜 용접을 하는 것이다. 이 방법에는 전자동 용접법과 반자동 용접법이 있다.

MIG 용접에 사용되는 용접 전원은 직류의 정전압 특성(定電壓特性)과 상승 특성(上昇特性)이 많이 사용되어 아크의 자기 제어(自己制御)를 할 수 있도록 되어 있으며, 이 용접은 주로 알루미늄과 그 합금, 스테인리스강, 동과 그 합금 등의 용접에 사용된다.

1) MIG 용접 아크의 특성

아르곤 가스 MIG 용접의 용입은 직류 전원을 사용할 때 극성에 따라 그림 2.44와 같은데, 이것은 TIG 용접의 용입 상태와 정반대의 현상이다.

그림 2.44(a)의 역극성은 스프레이형(spray type)의 금속 이행(金屬移行)을 하고 용융금속의 미세 입자(정이온)와 아르곤의 정이온이 모재에 충돌하여 모재를 격렬히 가열하므로 유두상의 깊은 용입이 생긴다.

그림 2.44(b)의 정극성은 Ar의 정이온과 모재에서 방사하는 금속 정이온이 전극의 선단 아래쪽에서 충돌하여 용적(溶滴)을 들어올려 낙하를 방해하므로 전극의 선단이 평평한 머리부를 만들게 되면, 이 부분의 온도가 점차로 높아짐에 따라 중력에 의하여 큰 용적이 간헐적으로 낙하하게 된다. 즉, **입적형**(粒滴型, globular type)의 금속 이행이 일어나므로 모재의 용입은 비교적 얇은 평평한 용입이 생긴다. 그러므로 MIG 용접은 직류 용접의 역극성을 사용한다. 이때 아크는 그림 2.45에 표시한 것과 같이 중심부에 가늘

고 긴 백열의 원추부가 있고, 그 주위에 종 모양의 미광부가 있으며 다시 그 외부를 아르곤 가스가 둘러싸고 있다.

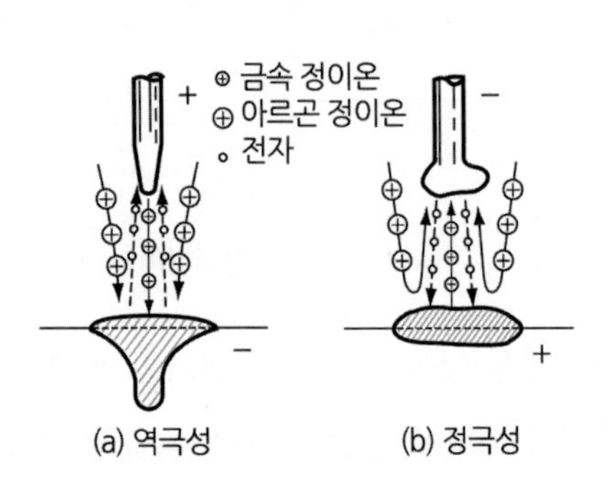

그림 2.44 MIG 용접의 용입 상태(아르곤의 경우)

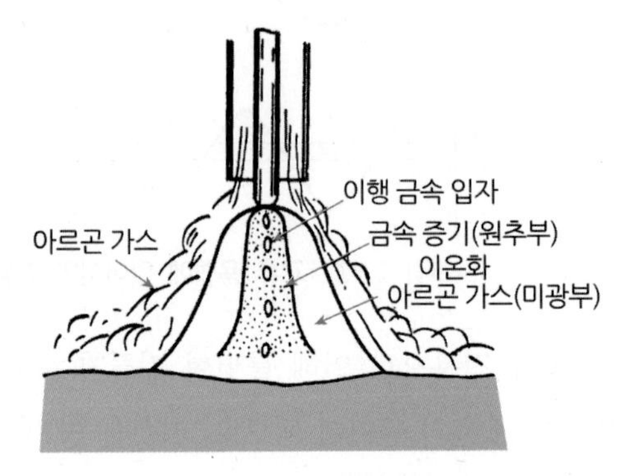

그림 2.45 MIG 용접 아크의 상태

이 용접의 아크는 대단히 안정되고 그 중심의 원추부는 금속 증기가 발광되고 있는 부분으로, 그 속을 와이어의 용적이 고속도로 용융 푸울에 투사되고 있다. 원추부를 둘러싸고 있는 미광부는 주로 아르곤 가스의 발광에 의한 것으로 가스 이온은 (+)전극에서 모재 표면에 충돌되어 표면 산화막의 청정 작용(淸淨作用)을 한다. 이 작용은 알루미늄, 마그네슘 등의 경합금에 중요한 것으로 TIG 용접을 할 때와 같다.

MIG 용접의 특징은 전류의 밀도가 대단히 커서 피복 아크 용접 전류 밀도의 6~8배 정도가 된다. 용접 전류가 작은 경우는 용융금속이 피복 아크 용접의 경우와 같이 비교적 큰 용적이 되어 모재로 이행하는 입적 이행(粒滴 移行, globular transfer)이 되므로 이때 비드 표면은 요철이 생기게 되며, 전류값도 임계값을 가지게 된다.

2) MIG 용접 아크의 자기 제어

피복 아크 용접에서 용접봉의 용융 속도는 아크 전류만으로 결정되고 아크 전압에는 거의 무관하지만 MIG 용접에서는 그림 2.46과 같이 아크 전압의 영향을 받는다. 동일 전류 아래에서 아크 전압이 크게 되면 용융 속도가 저하한다. 만약 아크가 길어지면 아크 전압이 크게 되어 용융 속도가 감소하기 때문에 심선이 일정한 이송 속도로 공급될 때에는 아크의 길이가 짧아지고 원래의 길이로 되돌아간다. 역으로 아크가 짧아지면 아크 전압이 작게 되고 심선의 용융 속도가 빨라져 아크의 길이가 길어져서 원래의 길이로 되돌아간다. 이와 같은 것을 MIG 용접 아크의 자기 제어(自己制御)라 하며, 또 이와 같은 특성을 만족하려면 피복 아크 용접과 다른 아크 전압의 특성인 상승 특성(上昇特性)을 가져야 한다.

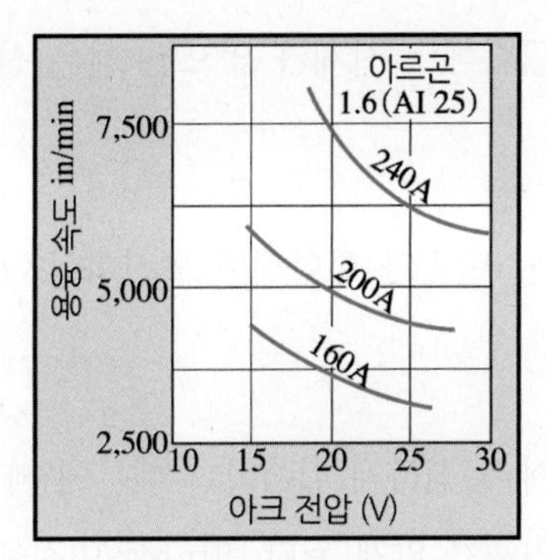

그림 2.46 용융 속도와 아크 전압(직류 역극성)

5.3 탄산가스 아크 용접

탄산가스 아크 용접(CO_2 gas arc welding)은 불활성 가스 아크 용접에서 사용되는 값비싼 아르곤(Ar)이나 헬륨(He) 대신 탄산가스를 사용하는 용접 방법이다. 만일 연강을 용접할 때 MIG 용접을 하면 아르곤을 사용하기 때문에 비경제적일 뿐만 아니라 용착금속에 기공이 생기기 쉽다. 이런 관계로 연강 용접은 가격이 싼 탄산가스를 사용하는 편이 훨씬 좋다.

용접 방법은 그림 2.47과 같이 용접 와이어(welding wire)와 모재 사이에서 아크를 발생시키고 토치 선단의 노즐에서 순수한 탄산가스(CO_2)나 이것에 다른 가스(산소나 아르곤)를 혼합한 혼합가스를 내보내어 아크와 용융금속을 대기로부터 보호하고 있다. 이 용접에 사용되는 탄산가스는 아크 열에 의해 열해리(熱解離) 되어 강한 산화성을 나타내게 되어 용융금속의 주위를

$$CO_2 \leftrightarrows CO + O \tag{2.9}$$

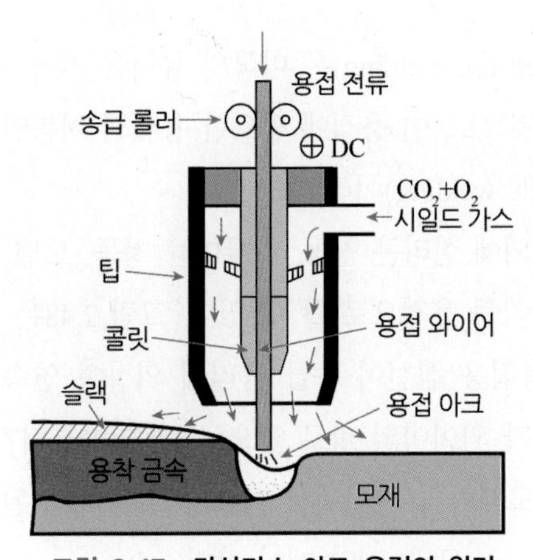

그림 2.47 탄산가스 아크 용접의 원리

산성 분위기로 만들기 때문에 용융금속에 탈산제가 없으면 철은 산화된다.

$$Fe + O \leftrightarrows FeO \tag{2.10}$$

이 산화철(FeO)이 용융강에 함유된 탄소와 화합되어 일산화탄소(CO)가 발생된다.

$$FeO + C \leftrightarrows Fe + CO \uparrow \tag{2.11}$$

이 반응은 응고점(凝固點) 가까이에서 심하게 일어나기 때문에 빠져나가려던 CO 가스가 미쳐 빠져나가지 못하여 용착금속에는 산화된 기포가 많게 된다. 따라서 이것을 없애는 방법으로 와이어에 적당한 탈산제인 망간(Mn), 규소(Si)를 첨가하면

$$2FeO + Si \leftrightarrows 2Fe + SiO_2 \tag{2.12}$$

$$FeO + Mn \leftrightarrows Fe + MnO \tag{2.13}$$

식 (2.12), 식 (2.13)과 같은 반응에 의하여 용융강 중의 FeO를 적당히 감소시켜 기공의 발생을 방지한다. 위 식의 반응에 의하여 용착금속 중의 FeO는 대부분 없어지고 동시에 CO도 발생되지 않으므로 대단히 치밀하고 양호한 용접부를 얻을 수 있다. 또 식 (2.12), (2.13)의 반응에 의해서 생성된 SiO_2, MnO는 용착금속과의 비중차에 의해 슬랙이 되어 용접 비드 표면에 분리되어 뜨게 된다. 용접 와이어에 첨가되는 탈산제로 가장 많이 쓰이는 것이 규소와 망간이며 첨가량의 조정으로 양호한 용접을 할 수 있다.

5.4 서브머지드 아크 용접

5.4.1 원리

서브머지드 아크 용접(submerged arc welding)은 미국의 유니온 카바이드 회사(Union carbide Co.)에서 1936년 처음으로 개발 실용화된 것으로, 이 용접에 필요한 용제의 이름인 유니온 멜트(union melt)를 사용하여 유니온 멜트 용접(union melt welding)이라고도 한다.

탄소강, 합금강, 스테인리스강 외에 실리콘 청동, 알루미늄 청동, 모넬 합금(Monel metal) 그 밖의 비철합금 등의 각종 재료를 반자동과 자동 용접으로 할 수 있다. 그림 2.48은 이 용접법의 작동 방법을 표시한 것으로, 와이어 릴에 감기어진 용접용 심선이 송급 롤러에 의하여 연속적으로 보내어져 이것과 동시에 용제 호퍼(flux hopper)에서 용제가 와이어의 바로 앞으로 다량 공급되기 때문에, 와이어의 선단은 용제 중에 매몰된 상태로 그 선단과 모재와의 사이에서 아크가 발생하게 된다.

와이어 송급 롤러(wire feed roller), 모터, 전압 제어 장치(voltage control box), 전류 접촉자를 일괄하여

용접두(welding head)라 하고, 이것과 와이어 릴(wire reel)이 함께 1개의 주행 대차(carriage)에 실리어 대차의 운동에 의하여 일정한 속도로 움직이며, 와이어의 선단과 용제 공급관의 선단이 모재의 용접선에 평행하게 놓여진 가이드 레일(guide rail) 위나 직접 강판 위를 이동하면서 비드를 만들어 나간다. 와이어의 송급 속도는 아크 전압의 변화에 따라서 달라지며, 전압 제어 장치의 작용에 의하여 와이어 송급 롤러의 회전 속도가 자동적으로 조정되어 일정한 와이어 송급 상태를 유지한다. 이 결과 일정한 비드를 얻게 된다. 이와 같은 용접에서 아크는 용제 중에서 발생하므로 바깥에서는 불꽃을 볼 수가 없게 된다. 그러므로 이것을 서브머지드 아크 용접(submerged arc welding) 또는 **잠호 용접**(潜弧熔接)이라고 한다.

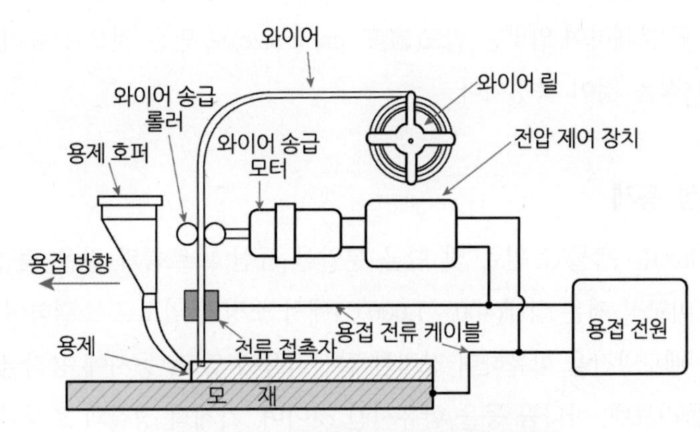

그림 2.48 서브머지드 아크 용접의 원리

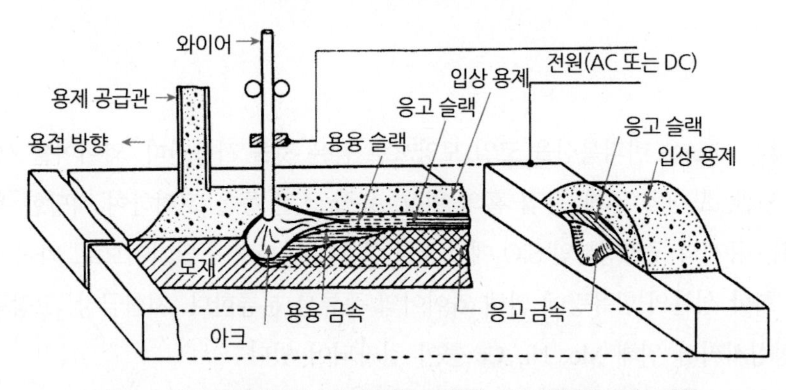

그림 2.49 서브머지드 아크(잠호) 용접의 아크 상태와 용착 상황

그림 2.49는 서브머지드 아크 용접에서 용접 진행 중의 아크, 모재와 용제의 용융 상태를 나타낸 것이다.

5.4.2 용제

용제(flux)는 산성 용제와 염기성 용제가 있다. 산성 용제는 칼슘과 알루미늄의 규산 화합물이 주성분이고, 염기성 용제는 광물질이 주성분으로 되어 있다. 그리고 이들을 제조법에 따라 분류하면 용융 용제와 소결 용제로 나눈다.

1) 용융 용제

용융 용제(fused flux)는 광물성 원료를 어떤 비율로 혼합하여 아크로에 넣어 1,300℃ 이상으로 가열해서 용해하여 응고시킨 후 분쇄하여 알맞은 **입도**(粒度, grain size)로 만든 것으로 유리 모양의 광택이 난다. 이 용제는 흡습성이 적은 것이 특징이다.

2) 소결 용제와 혼성 용제

소결 용제(sintered flux)는 광물성 원료 및 합금 분말을 규산 나트륨과 같은 점결제와 더불어 원료가 용해되지 않을 정도의 비교적 저온 상태(400 ~ 1,000℃)에서 소정의 입도로 소결하여 제조한 것을 말한다. 이 용제는 페로실리콘, 페로망간을 함유하며 강력한 탈산작용이 있고, 동시에 용착금속에 대한 합금 첨가 원소로서 니켈, 크롬, 몰리브덴, 바나듐 등을 함유시킨 것이며, 기계적 성질의 조성이 자유로운 것이 특징이다. 따라서 이 용제는 연강은 물론 고장력강, 저합금강, 스테인리스강의 용접에 적합한 것이다.

5.4.3 심선

용접용 **심선**(心線, wire)은 비피복선을 코일 모양으로 감은 것을 사용한다. 와이어를 사용할 때는 모재의 재질, 비드의 외관, 모재의 두께, 용접 홈의 형상, 용접 조건 등을 고려하여 적당한 용제를 선정해야 한다. 용착금속에는 용제의 구성성분인 SiO_2에서 Si를 흡수하여 Si량이 많아지므로, 와이어에는 Si량 등을 감소시키게 하는 화학 성분의 함유량에 의해 와이어의 종류를 분류한다. 저합금강, 고장력강용으로는 그 기계적 성질을 향상시키기 위해 Mo, Ni, Cr 등이 첨가되어 있다.

보통 구조용 강제에는 C 0.08 ~ 0.13%, Mn 0.5 ~ 1.95%, Si 0.03%, 고장력강에는 C 0.13%, Mn 1.95%, Si 0.03%, Mo 0.5% 등이 함유된 것을 사용한다. 그리고 와이어는 용접을 할 때 높은 전류를 받아 연속적으로 공급시키게 되므로 와이어의 표면은 접촉 팁(contact tip)과의 전기적 접촉을 양호하게 하기 위하거나 녹이 생기는 것을 방지하기 위해 구리로 도금을 한다. 그리고 와이어의 지름은 2.4 ~ 12.7 mm까지 있으며 보통 2.4 ~ 7.9 mm가 많이 사용된다.

5.5 원자 수소 용접

원자 수소 용접(原子水素熔接, atomic hydrogen welding)은 1926년 미국의 랭뮤어(Langmuir)에 의해 발명된 것으로 분자 상태의 수소(H_2)를 원자 상태의 수소(2H)로 열해리시켜, 이것이 다시 결합해서 분자 상태의 수소로 될 때 발생하는 열을 이용하여 순원자 상태 및 분자 상태의 수소 가스 분위기 속에서 용접하는 것으로서 아크 용접의 한 종류이다.

용접부의 수소는 다음과 같은 화학변화가 일어난다.

$$\underset{(\text{분자상태})}{H_2} \xrightarrow{(\text{흡열})} \underset{(\text{원자상태})}{2H} \xrightarrow{(\text{발열})} \underset{(\text{분자상태})}{H_2} \tag{2.14}$$

그림 2.50과 같이 수소 가스 분위기 속에 있는 2개의 텅스텐 전극봉 사이에서 아크를 발생시키면 아크의 고열을 흡수하여 수소는 열해리되어 분자 상태의 수소(H_2)가 원자 상태(2H)로 되며, 모재 표면에서 냉각되어 원자 상태의 수소가 다시 결합해서 분자 상태로 될 때 방출되는 열(3,000~4,000℃)을 이용하여 용접을 하는 방법이다.

따라서 텅스텐 봉은 아크 불꽃만 발생시키는 것으로 텅스텐 전극은 그 용융점이 대단히 높아(약 3,000℃ 정도) 용융되지 않으므로 봉의 소모는 대단히 적다. 이 용접에서 모재는 수소 가스로 싸여 공기를 완전히 차단한 속에서 용접이 진행되므로, 산화, 질화의 영향이 없기 때문에 종래에 용접이 매우 곤란하다고 알려진 특수 합금이나 얇은 금속판의 용접이 용이하게 되고, 또 연성이 풍부하고 우수한 금속 조직을 가진 용접이 되므로 표면이 매끈하며 다듬질이 필요하지 않은 등의 여러 가지 장점을 가지고 있다. 그러나 토치 구조가 복잡하여 사용상의 어려움이 있으므로 그 사용빈도가 점차 줄어들고 있다.

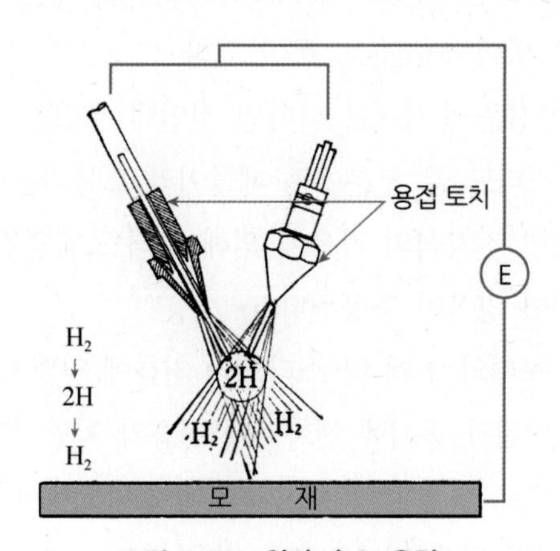

그림 2.50 원자 수소 용접

5.6 스터드 용접

스터드 용접(stud welding)은 지름이 보통 5 ~ 16 mm 정도의 강철 혹은 황동재의 스터드 볼트와 같은 짧은 봉을 평판 위에 수직으로 용접하는 방법이다.

그림 2.51에 나타낸 것은 스터드 용접기인데, 용접 건(welding gun) 및 스터드 용접 헤드(stud welding head), 제어 장치, 스터드, 페룰(ferrule) 및 용제 등으로 구성되어 있다.

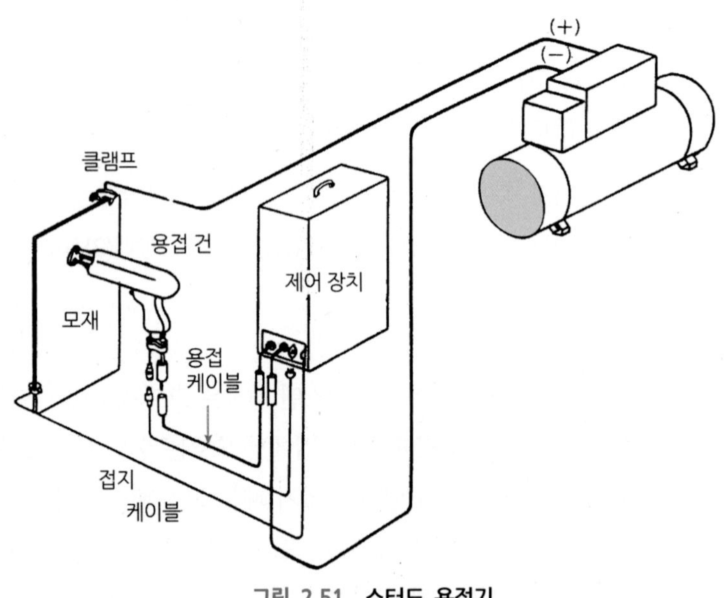

그림 2.51 **스터드 용접기**

용접 건 끝에 스터드를 끼울 수 있는 스터드 척(stud chuck) 내부에는 스터드를 누르는 스프링 및 잡아당기는 전자석(solenoid), 통전용 방아쇠(trigger) 등이 있다.

그림 2.52는 스터드 용접의 공정을 순서대로 나타낸 것인데 용접을 하고자 할 때는 먼저 용접 건의 스터드 척에 스터드를 끼우고, 스터드 끝 부분에는 페룰이라고 불리는 둥근 도자기를 붙인다.

다음에 통전용 방아쇠를 당기면 전자석의 작용에 의해 스터드가 약간 끌어올려진다(a). 이때 모재와 스터드 사이에서 아크가 발생되어 양쪽이 용융된다(b).

아크 발생 시간(통전 시간)은 모재의 두께 및 스터드의 지름에 알맞게 미리 제어 장치로 조정해 두면 일정 시간 아크가 발생된 후 소멸됨과 동시에 전자석에 전류가 차단되므로, 스터드를 잡아당기던 것이 스프링에 의해 용융 풀에 눌려지므로 용접이 된다(c). 최후에 스터드에서 척을 빼고 페룰을 제거하면 용접이 완료된다(d). 일반적으로 아크의 발생 시간은 0.1 ~ 2초 정도로 한다.

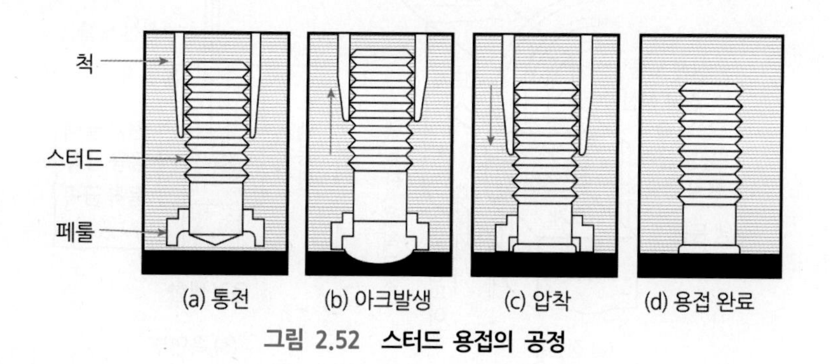

그림 2.52 스터드 용접의 공정

5.7 일렉트로 슬랙 용접

일렉트로 슬랙 용접(electro slag welding)은 1951년 소련 페톤(Paton) 전기 용접 연구소에서 개발된 것으로 특히 아주 두꺼운 모재의 용접에 이용되는 좋은 방법이다. 이 용접법은 그림 2.53과 같은 구조로 되어 있고 아크열이 아닌 와이어와 용융 슬랙 사이에 통전된 전류의 전기 저항열(주울의 열)을 이용하여 모재와 전극 와이어를 용융시키면서 미끄럼판을 서서히 위쪽으로 이동시켜 연속 주조 방식에 의해 단층 상진 용법(單層上進熔琺)을 하는 것이다. 이때 용융 슬랙 속에서 발생하는 전기저항 발생열 Q(cal)는 전극 와이어와 모재 사이의 전압을 E[V], 용접 전류를 I[A]라고 하면 다음 식이 성립된다.

$$\begin{aligned} Q &= 0.24EI(\text{cal/sec}) \\ &= 0.24I^2R(\text{cal/sec}) \end{aligned} \tag{2.15}$$

이 용접의 전기 저항열은 처음부터 일어나는 것이 아니고 용제 공급 장치로부터 미끄럼판과 모재 사이에 공급된 가루 모양의 용제 속으로 전류를 통하면 순간적으로 아크가 발생된다. 이 아크열에 의하여 용제와 용융된 전극 와이어 그리고 모재의 용융금속이 반응을 해서 전기 저항이 큰 용융 슬랙을 형성한다. 이와 같이 용융 슬랙이 형성되면 아크는 소멸되고 즉시 전기 저항열에 의하여 용접이 진행되는 것이다.

이상과 같은 점에서 용접 시작은 서브머지드 아크 용접과 같으나 용접이 시작되면 완전한 일렉트로 슬랙 용접이 된다.

전극 와이어의 지름은 보통 2.5 mm ~ 3.2 mm 정도이고 모재의 두께에 따라 1 ~ 3개를 사용한다. 18개의 전극으로 판 두께 1,000 mm까지도 용접 가능한 다전극식의 것도 연구 개발되고 있다.

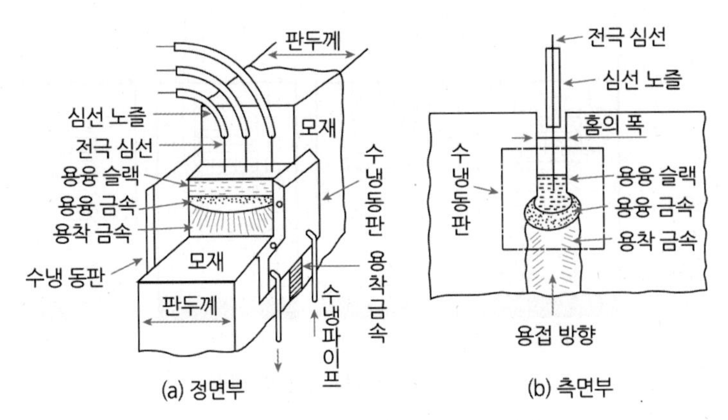

그림 2.53 **일렉트로 슬랙 용접의 원리**

5.8 일렉트로 가스 아크 용접

일렉트로 가스 아크 용접(electro gas arc welding)은 일렉트로 슬랙 용접과 같이 수직 상진 단층 용접의 일종으로 1960년에 개발된 것이며 그림 2.54와 같다. 용접방법은 일렉트로 슬랙 용접과 거의 같으며 일렉트로 슬랙 용접이 용제를 써서 용융 슬랙 속에서 전기 저항열을 이용하고 있는 데 비해, 이 용접법은 시일드 가스로서 주로 탄산가스를 사용하여 용융부를 보호하며, 탄산가스 분위기 속에서 아크를 발생시켜 그 아크열로 모재를 용융시켜 용접하는 것이다.

전극 와이어는 솔리드 와이어(solid wire) 또는 용제를 넣은 와이어(복합 와이어)가 사용되며 가이드 롤러에 의해서 자동적으로 공급된다.

이 용접법은 CO_2 또는 CO_2+O_2의 분위기 속에서 모재를 수직으로 고정한 I형 맞대기 이음에 수냉 구리 미끄럼판을 서서히 위쪽으로 이동시키므로 연속적인 용접이 된다. 용접홈은 판두께와 관계없이 12 ~ 16 mm 정도가 좋으며 CO_2 공급량은 15 ~ 20 ℓ/min 정도로 한다.

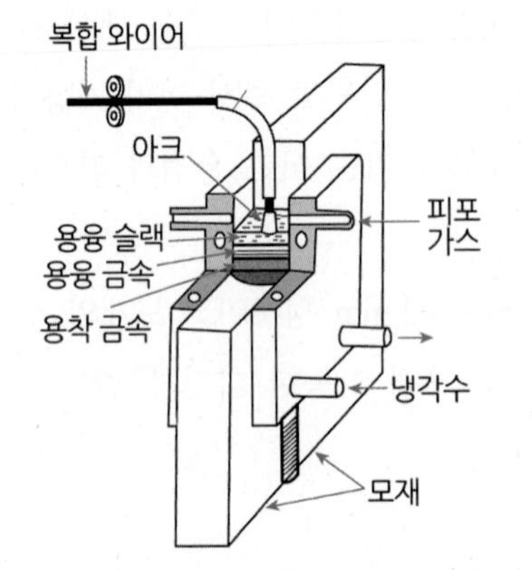

그림 2.54 **일렉트로 가스 아크용접의 원리**

5.9 테르밋 용접

테르밋 용접(thermit welding)은 1900년에 독일에서 실용화된 것으로 미세한 알루미늄(Al) 분말과 산화철(FeO, Fe_2O_3, Fe_3O_4) 분말을 약 3 ~ 4 : 1의 중량비로 혼합한 테르밋제(thermit mixture)에 과산화바륨과 마그네슘(또는 알루미늄)의 혼합 분말로 된 점화제(igniter)를 넣고, 이것을 점화하면 점화제의 화학 반응에 의하여 강렬한 발열을 일으킨다. 이를 **테르밋 반응**(thermit action)이라 하며 온도는 약 2,800℃(5,000°F) 이상에 달한다. 이 결과 산화철은 환원되어 용융 상태의 순철로 된다. 이 용융금속을 용가제라 하며, 모재의 용접에 쓰이거나 또는 열원으로서 이용한다. 일반적으로 철강의 용접에 있어서는 다음의 테르밋 반응을 기본으로 하고 있다.

$$\begin{aligned} &3FeO + 2Al = 3Fe + Al_2O_3 \\ &Fe_2O_3 + 2Al = 2Fe + Al_2O_3 + 189.1 \text{ kcal} \\ &3Fe_3O_4 + 8Al = 9Fe + 4Al_2O_3 + 702.5 \text{ kcal} \end{aligned} \tag{2.16}$$

테르밋제에는 반응 시간, 생성물의 온도, 용착금속의 야금적, 기계적 성질을 개선하여 사용 목적에 알맞게 하기 위해 다른 합금철, 연강 조각 등이 첨가된다. 이 용접법에는 용융 테르밋법과 가압 테르밋법이 있는데 용융 테르밋법(그림 2.55)이 많이 사용되고 있다. 용융 테르밋법은 두 모재에 적당한 간격을 두고 그 주위에 주형을 만들어서 모재를 적당한 온도까지 가열(강의 경우에는 800 ~ 900℃)한다. 그러면 도가니 안에서 테르밋 반응을 일으켜 용해된 용융금속 및 슬랙을 도가니 밑에 있는 구멍으로부터 유입시켜 이음 주위에 만든 주형 속에 주입하여 홈 용접으로 용착시킨다.

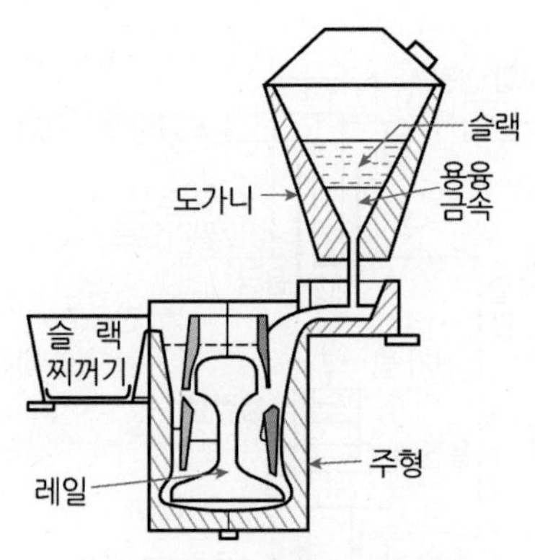

그림 2.55 용융 테르밋 용접

5.10 전자빔 용접

전자빔 용접(electron beam welding)은 1938년 독일에서 전자빔(electron beam)을 이용하여 물질을 용해하는데에서 시작되어, 1950년 독일 자이스(Zeiss)사에서 고압(7,500 V)의 전자빔을 써서 용접을 시도하였으며, 그 후 1957년 프랑스의 스토어(J.A. Stohr)가 원자로 연료봉을 피복용으로 지르코늄(Zr)을 용접한 이후 실용화와 응용이 급속히 발전되었다. 이 용접법은 그림 2.56과 같이 고진공(10^{-4} ~ 10^{-6} mmHg) 속에서 적열된 필라멘트에서 전자빔을 접합부에 조사(照射)하여 그 충격열을 이용하여 용융 용접하는 방법이다.

전자빔 용접 장치는 전자빔을 발생하는 전자빔 건(electron beam gun)과 모재를 올려놓는 용접대(carriage)가 고진공 용기 속에 있으며, 진공조 밖에서 자유로이 구동 제어한다. 용접은 진공조에 설치된 감시창(접안경, optical viewing system)을 통하여 관찰하면서 진행한다. 진공이 필요한 이유는 10^{-3} mmHg보다 높은 기압의 분위기 속에서는 공간이 전리되어 방전(放電現狀)을 잘 일으키기 때문이다.

고진공 속에서 텅스텐 필라멘트를 가열시키면 많은 열전자(熱電子)가 방출되며 이 전자의 흐름은 가속되어 고속도의 전자빔을 형성한다. 이 전자빔은 다시 전자 렌즈(magnetic lens)라고 하는 접속 코일을 통하여 적당한 크기로 만들어 용접부에 조사된다.

가속된 강력한 에너지가 전자 렌즈에 의하여 극히 작은 면적에 집중적으로 조사(照射)되므로, 모재의 조사부는 순간적으로 용융되어 극히 좁고 깊은 용입이 얻어진다. 그리고 가속 전압을 높여 빔의 집중을 아주 양호하게 하면 큰 에너지가 집중되어 조사부에 짧은 시간에 증발하게 되므로 고속의 절단이나 구멍 뚫기를 용이하게 할 수 있다.

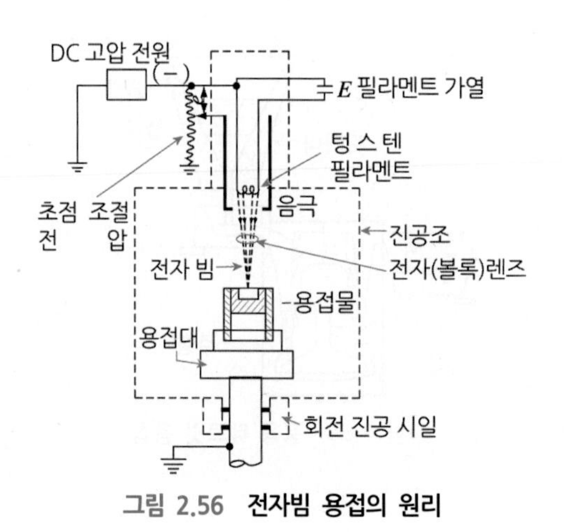

그림 2.56 **전자빔 용접의 원리**

5.11 플라스마 용접

플라스마(plasma)는 고도로 전리된 가스체의 아크를 말하며 이것을 이용한 용접으로는 플라스마 아크(plasma arc) 용접과 플라스마 제트(plasma jet) 용접이 있다.

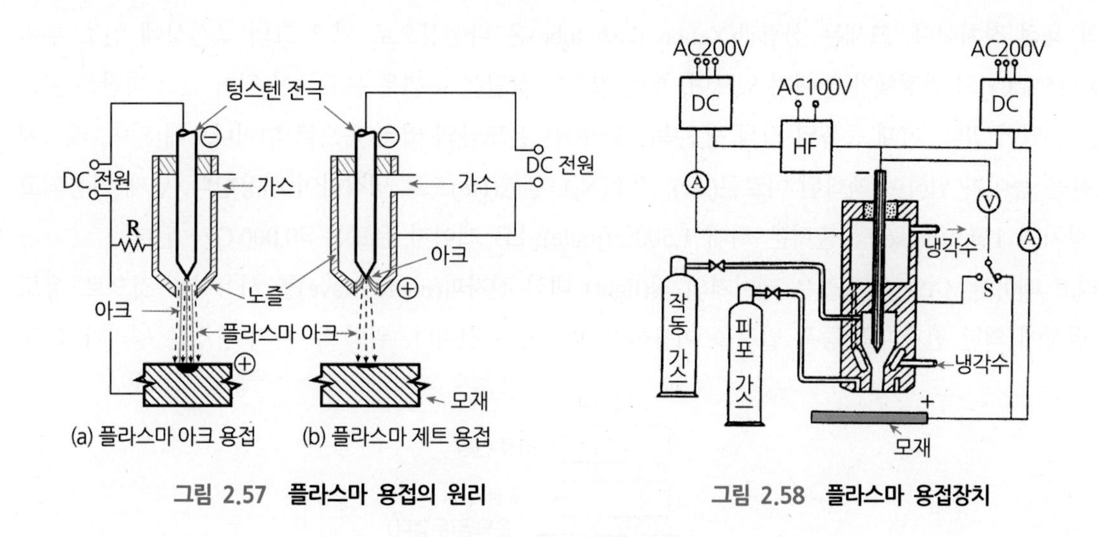

그림 2.57 플라스마 용접의 원리

그림 2.58 플라스마 용접장치

그림 2.57은 플라스마 용접의 원리를 나타낸 것으로, (a)와 같이 모재를 (+), 텅스텐 전극을 (−)로 한 것을 **플라스마 아크 용접**(plasma arc welding)이라 한다. (b)와 같이 노즐(nozzle) 자체를 (+), 텅스텐 전극을 (−)로 한 것을 **플라스마 제트 용접**(plasma jet welding)이라 한다. 그리고 (a)를 이행형, (b)를 비이행형이라고 한다. 플라스마 아크 쪽의 열이 높아 용접에는 주로 이 용접이 쓰이며, 전류가 흐르지 않는 재료와 비금속은 플라스마 제트 용접을 이용한다.

그림 2.58은 플라스마 용접 장치를 나타내며 스위치 S를 조정함으로써 이행형 아크와 비이행형 아크를 만들 수 있다. 전원은 직류를 사용하고 아크 발생용으로 고주파(HF) 전원을 병용하며, 직류 대신 교류(AC)를 사용할 수도 있다. 가스는 2중으로 사용되며 작동가스는 플라스마 발생용이고, 피포 가스(shielded gas)는 용접금속을 보호하기 위해서 사용하는 것이다.

5.12 레이저 용접

레이저(LASER, light amplification by stimulated emission of radiation; laser)는 영문 머리 글자를 떼어서 만든 이름으로, 유도 방사(誘導 放射)를 이용한 빛의 증폭기(light amplifier) 혹은 발진기를 말한다. 이

곳에서 만들어진 빛은 강렬한 에너지를 가지고 있으며 집속성(集束性)이 강한 단색 광선이다. 레이저 용접 장치의 기본형은 ① 고체 금속(루비 결정)형(solid state type), ② 가스(불활성) 방전형(gas discharge type), ③ 반도체형(semiconductor type) 등이 있으며, 이 레이저는 1960년 미국의 마이만(T. H. Maiman)에 의하여 처음으로 구체화되어 금속 절단이 가능한 광선으로 등장되었다.

고체 금속형 레이저 장치에는 직관 섬광(閃光) 방식과 나선 섬광 방식이 있는데, 그림 2.59는 나선 섬광 방식의 용접 장치이다. 크세논 섬광관(Xenon flash tube)은 나선상으로 되고 그의 축선상에 인조 루비(Al_2O_3+15% Cr)의 결정체가 놓여져 있으며, 루비 결정의 상단은 두꺼운 은도금이 되어 있고 하단은 엷은 은도금이 되어 있다. 이때 증폭된 적색 광선속(光線束)은 은도금의 엷은 쪽으로 튀어나오게 되며, 레이저의 효율을 높이기 위하여 액화된 아르곤(Ar), 질소(N_2), 헬륨(He)으로 냉각하여 사용한다. 현재 사용되고 있는 장치의 1펄스(pulse)당 출력은 최대 1,500줄(joule)이고 레이저 온도는 40,000℃가 된다.

그리고 **메이저**(MASER) **용접**은 레이저의 빛(light) 대신 전자파(micro wave)를 사용하는 것으로, 유도 방사 현상에 의한 전자파의 증폭 발진을 이용하여 용접하는 것이다. 위의 두 가지 용접은 원리가 같다.

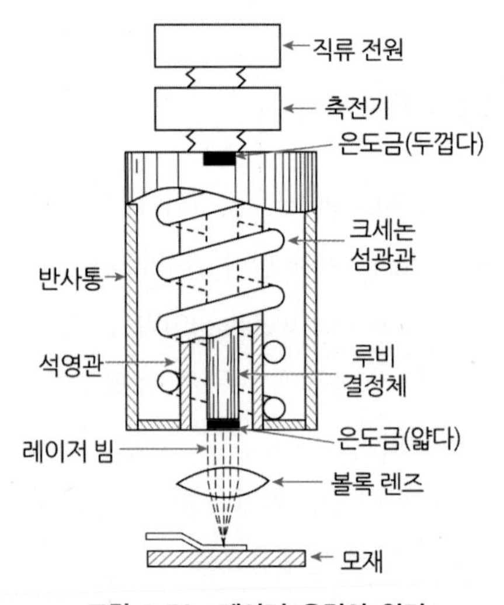

그림 2.59 **레이저 용접의 원리**

5.13 고주파 용접

고주파 용접(高周波 熔接, high frequency welding)은 고주파 전류의 **표피 효과**(表皮效果)와 **근접 효과**(近接效果)를 이용하여 금속을 가열하여 압접하는 방법으로, 유도 가열 용접법과 직접 통전 가열 용접법이 있다. 그림 2.60은 고주파 전류를 직접 소재에 통전(通電)해서 용접하는 고주파 저항용접법으로 강관을 맞대기 시임 용접을 하기 위해 개발한 것이다. 이 방법은 직접 고주파를 통전하므로 전류가 집중되어 소재를 국부적으로 유효하게 발열시키고, 접촉자를 용접 위치의 앞쪽에 두어 이음매를 따라서 압접을 진행해 나가는 것이다.

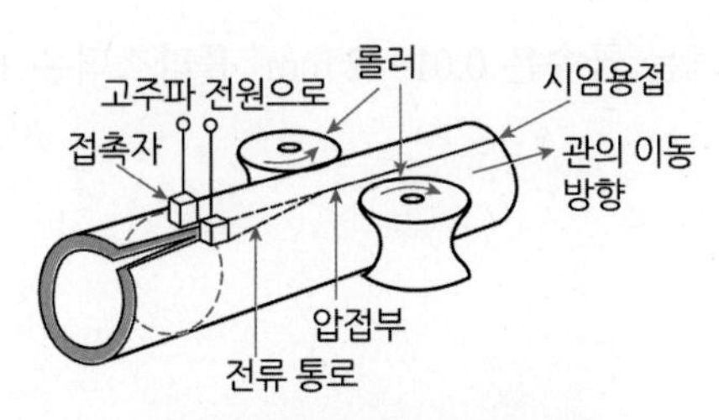

그림 2.60 고주파 저항 용접

5.14 초음파 용접

초음파 용접(超音波熔接, ultrasonic welding)은 1958년 미국의 존스(J. B. Jones)가 알루미늄의 점(spot) 용접에 초음파의 진동 효과(振動效果)를 이용한 바, 초음파만으로도 알루미늄이 접합된다는 사실을 발견한 이후에 개발된 접합법이다. 초음파 용접이란 접합하고자 하는 소재에 초음파(18 kHz 이상) 횡진동을 주어 그 진동 에너지에 의해 접촉부의 원자가 서로 확산되어 접합이 되는 것이다.

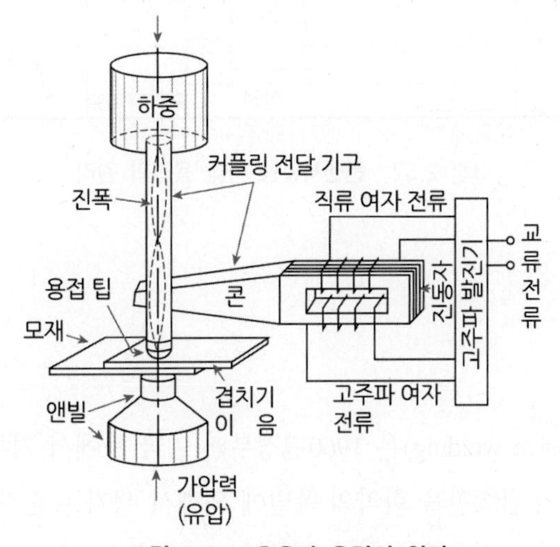

그림 2.61 초음파 용접의 원리

이 용접의 원리는 그림 2.61에 표시한 것과 같이 팁(tip)과 앤빌(anvil) 사이에 접합하고자 하는 소재를 끼워 가압하며, 서로 접촉시켜서 팁을 짧은 시간(1 ~ 7초) 진동시키면 접촉자면은 마찰에 의해 마찰열이 발생된다. 이 가압과 마찰에 의해서 소재 접촉면의 피막(산화막 등)이 파괴되어 순수한 금속끼리의 접촉이 되며 원자 간의 인력(引力)이 작용되어 접합이 이루어진다.

이 용접법에 알맞은 모재의 두께는 금속은 0.01 ~ 2 mm, 플라스틱은 1 ~ 5 mm 정도로 주로 얇은 판의 접합에 이용된다.

5.15 마찰 용접

마찰 용접(摩擦 熔接, friction welding)은 그림 2.62에 나타낸 것과 같이 근접된 접촉면에 고속 회전에 의한 마찰열을 이용하여 압접하는 방법으로, 재료의 한쪽을 고정하고 다른 쪽을 이것에 가압 접촉시키면 접촉면은 마찰열에 의해 급격히 온도가 상승되어 적당한 압접 온도에 도달했을 때 큰 압력을 가하여 업셋시키고 동시에 회전을 정지해서 용접을 완료한다.

위의 마찰 용접법을 컨벤셔널형(conventional type)이라 하며, 그 밖에 플라이 휠형(flywheel type)도 있다.

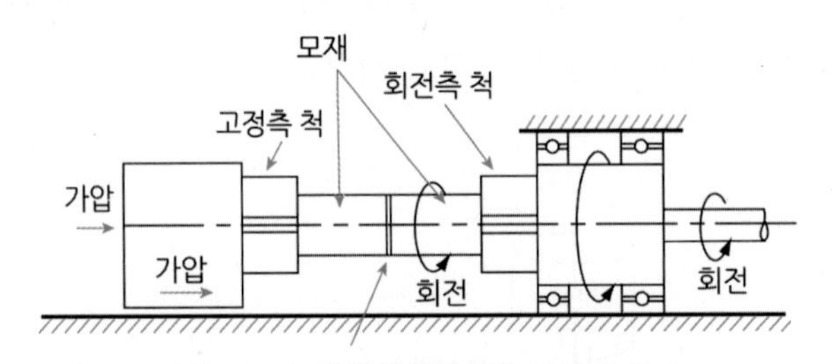

그림 2.62 컨벤셔널형 마찰 용접의 원리

5.16 폭발 용접

폭발 용접(爆發 熔接, explosive welding)은 1960년경부터 미국 등에서 기초적 분야와 응용면에 관하여 연구되기 시작한 것으로, 2장의 금속판을 화약의 폭발에 의해서 생기는 순간적인 큰 압력을 이용하여 압접하는 방법이다. 2장의 금속판을 접합시키는 방법으로는 스테인리스강, 니켈 합금, 티탄 등의 접합에 쓰이는 전면 폭발 압접과 화공기계 등의 반응기, 열 교환기, 용기류의 라이닝에 쓰이는 점 또는 선에 의한 부분 폭발 압접이 있다.

전면 폭발 압접에는 경사법과 평행법이 있는데, 이와 같은 방법의 원리는 그림 2.63에 나타낸 것과 같다. 경사법은 2장의 금속판을 (a)와 같이 일정 각도(3 ~ 30℃)로 하여 그 위에 판상(板狀)의 폭약을 설치하여 한쪽 끝에 설치된 뇌관에 점화하여 폭발시키면 폭발 시의 충격압에 의해 그림 (c)와 같이 재료의 충격표면을 파형으로 소성변형을 하면서 서로 고속도로 충돌되어 접합된다.

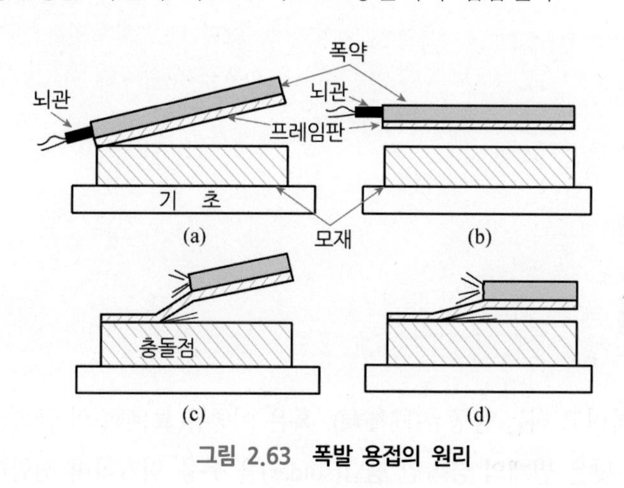

그림 2.63 폭발 용접의 원리

06장

납 땜

6.1 납땜의 원리

납땜(soldering)은 접합하려고 하는 동종류(同種類), 혹은 이종류(異種類)의 금속을 용융시키지 않고 이들의 금속 사이에 융점이 낮은 별개의 금속인 땜납(solder)을 용융 첨가하며 접합하는 방법이다. 따라서 납땜은 이종금속의 용융 접합이므로 모재에 따라 다소 차가 있으나, 거의가 용융하기 위한 경계층이 복잡하여 불균일한 합금층이 형성된다. 이 합금층의 성질에 의하여 납땜의 성능이 결정된다. 모재는 저용점의 금속에서 3,000℃ 이상의 융점을 가지고 있는 금속, 비금속 혹은 반도체 등 여러 가지가 있으며, 땜납은 융점이 50℃에서 1,400℃의 것이 사용되고 있다. 그리고 땜납의 융점이 450℃ 이하일 때를 연납땜(soldering)이라 하고, 450℃ 이상일 때를 경납땜(brazing)이라고 한다. 그림 2.64와 그림 2.65에 각각 연납땜과 경납땜을 나타내었다. 미국에서는 융점이 427℃(800°F)를 기준으로 한다.

또한 납땜은 분자 간의 흡인력(吸引力)에 의한 결합이므로 본드(bond) 결합이라고도 하며, 이 결합을 만족하게 하기 위하여 모재의 온도를 어떤 온도까지 가열하는 것이 필요한데 이 온도를 본드 온도(bond temperature)라 한다. 모재의 접착 표면은 깨끗이 청소한다. 그리고 산화를 방지하고 불순물을 제거하기 위해 여러 가지 용제를 사용하며 모세관 작용(毛細管 作用)의 효과가 있도록 하기 위해서 모재 사이의 간격을 약 0.1 mm 정도로 하는 것이 좋다.

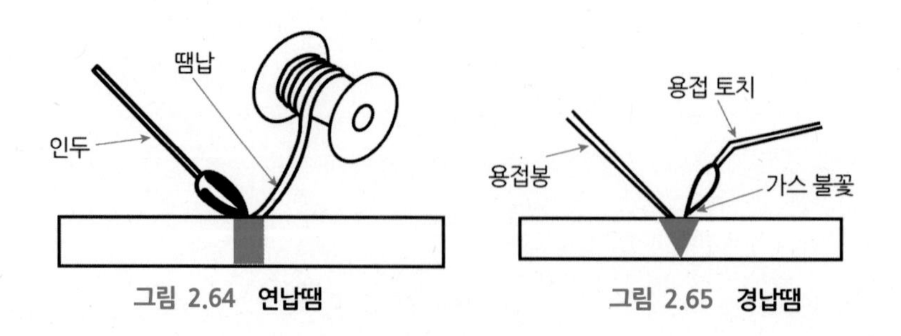

그림 2.64 **연납땜**

그림 2.65 **경납땜**

6.2 땜납

6.2.1 연납

연납땜에 사용되는 연납(soft solder)의 대표적인 땜납은 납(Pb)과 주석(Sn)의 합금이며, 합금 성분에 따라 표 2.9와 같이 분류한다. 이 땜납은 특수강, 주철, 알루미늄 등의 일부 금속을 제외한 철, 니켈, 구리, 아연 주석 등과 그 합금의 접합에 쓰인다. 연납의 용점은 450℃ 이하이다.

표 2.9 땜납의 성질과 용도

성분(%)		온도(℃)		용도
Sn	Pb	고상선	액상선	
62	38	183	183	공정 땜납
60	40	183	188	정밀 작업용
50	50	183	215	황동판용
40	60	183	238	전기용, 일반용, 황동판용
30	70	183	260	일반 저주석 땜납, 건축
20	80	183	275	가스 납땜에 적합
15	85	183	288	두꺼운 물건용
5	95	300	313	고온 땜납
3	92 Sb 5	240	285	고온용
1	97.5 Ag 1.5	310	310	고온용
Ag 3.5	96.5	310	317	고온용

땜납에는 주석, 납 이외에 안티몬(Sb), 비스무트(Bi), 아연(Zn), 카드뮴(Cd), 은(Ag) 등이 첨가된 것도 있다.

연납은 보통 기계적 강도가 크지 않으므로 강도를 필요로 하는 부분에는 부적당하다. 그러나 용융점이 낮고 거의 모든 금속을 접합시킬 수 있어 땜인두를 써서 전기 부품의 접합이나 수밀, 기밀을 필요로 하는 곳에 널리 사용되고 있다. 대규모일 때에는 토치 램프(torch lamp)나 가스 토치 등을 사용하고, 땜납의 형상으로는 봉, 선, 실 모양 등이 있으며, 특별한 것은 중공(中空)으로 된 선재 내부에 용제를 꽉 채운 것과 입상(粒狀)의 땜납재에 용제를 혼합한 페이스트(paste) 모양의 것이 있다.

6.2.2 경납

융점 450℃ 이상의 땜납제를 경납(hard solder)이라 한다. 경납에는 은납, 황동납, 인동납, 알루미늄납 및 니켈납 등이 있으며, 기타 특수 용도의 납이 몇 종 있다. 경납의 형상에는 선, 세편, 분말, 페이스트

모양이 있고, 알루미늄-규소계의 납은 피복판 모양으로 된 것을 사용하고 있다.

1) 은납

은납(silver brazing)은 표 2.10과 같이 은, 구리, 아연을 주성분으로 한 합금이며, 경우에 따라 카드뮴, 니켈, 주석을 첨가한다. 특징은 융점이 낮고 유동성이 좋으며 인장 강도, 전연성 등의 성질이 우수하고 은백색을 띠기 때문에 아름답지만 가격이 비싸다. 철강, 스테인리스강, 구리 및 그 합금 등의 납땜에 널리 사용하고 있다.

표 2.10 은납

종류	화학성분(%)							납땜온도 (℃)
	Ag	Cu	Zn	Cd	Ni	Sn	Pb+Fe	
BAg-1	44 ~ 46	14 ~ 16	14 ~ 18	23 ~ 25	—	—	0.15 이하	620 ~ 760
BAg-1A	49 ~ 51	14.5 ~ 16.5	14.5 ~ 18.5	17 ~ 19	—	—	0.15 이하	635 ~ 960
BAg-2	34 ~ 36	25 ~ 27	19 ~ 23	17 ~ 19	—	—	0.15 이하	700 ~ 840
BAg-3	49 ~ 51	14.5 ~ 16.5	13.5 ~ 17.5	15 ~ 17	2.5 ~ 3.5	—	0.15 이하	690 ~ 815
BAg-4	39 ~ 41	29 ~ 31	26 ~ 30	—	1.5 ~ 2.5	—	0.15 이하	780 ~ 900
BAg-5	44 ~ 46	29 ~ 31	23 ~ 27	—	—	—	0.15 이하	745 ~ 845
BAg-6	49 ~ 51	33 ~ 35	14 ~ 18	—	—	—	0.15 이하	775 ~ 870
BAg-7	55 ~ 57	21 ~ 23	15 ~ 19	—	—	4.5 ~ 5.50	0.15 이하	650 ~ 760
BAg-8	71 ~ 73	27 ~ 29	—	—	—	—	0.15 이하	780 ~ 900

2) 동납과 황동납

보통 동납(銅鉛)은 구리 86.5% 이상의 납을 말한다. 동납은 철강, 니켈 및 구리-니켈 합금의 납땜에 쓰인다. 황동납(黃銅鉛)은 표 2.11과 같이 구리와 아연을 주성분으로 한 합금이어서 아연 60% 부근까지의 여러 가지가 있으며, 아연의 증가에 따라 인장 강도가 증가된다. 주로 철강, 구리 및 그 합금의 납땜 등

표 2.11 황동납

종류	화학성분(%)											납땜온도 (℃)
	Cu	Sn	Fe	Ni	Pb	Al	Mn	Ag	P	Si	Zn	
BCuZn-0	32 ~ 36	— —	0.10 이하	—	0.50 이하	—	—	—	—	—	나머지	820 ~ 870
BCuZn-1	58 ~ 62	0.5 ~ 1.5	—	—	0.50 이하	0.01 이하	—	—	—	—	〃	905 ~ 955
BCuZn-2	57 ~ 61	1.0 이하	—	—	0.50 이하	0.02 이하	—	—	—	—	〃	900 ~ 955
BCuZn-3	56 ~ 60	—	0.25 ~ 1.25	1.0 이하	0.50 이하	0.01 이하	1.0 이하	—	—	0.25 이하	〃	855 ~ 955
BCuZn-4	48 ~ 55		0.10 이하	—	0.50 이하	—	—	—	—	—	〃	870 ~ 925

용도가 넓으나 융점이 820~930℃ 정도여서 과열되면 아연이 증발하여 다공성(多孔性)의 이음이 되기 쉬우므로 가열에 주의를 해야 한다. 도전성(導電性)이나 내진동성(耐振動性)이 나쁘며 용도에 따라 전해 작용(電解 作用)을 받아 약해지기 쉽고, 250℃ 이상에서는 인장 강도가 대단히 약한 결점이 있으나 비교적 가격이 싸기 때문에 널리 쓰이고 있다.

3) 인동납

인동납(燐銅鉛)은 표 2.12와 같이 구리를 주성분으로 하고 여기에 소량의 은, 인을 포함한 땜납재이다. 유동성이 좋고 전기나 열의 전도성, 내식성 등이 우수하나 황을 함유한 고온 가스 중에서의 사용은 좋지 못하다.

구리와 그 합금의 납땜에는 적합하지만 철이나 니켈을 함유한 금속의 납땜에는 적당하지 않다. 구리나 은의 납땜에는 납 중의 인이 탈산제(脫酸劑)가 되므로 용제의 사용은 필요하지 않다.

표 2.12 인동납

종류	화학성분(%)				납땜온도 (℃)
	P	Ag	기타 원소의 합계	Cu	
BCuP-1	4.8~5.3	—	0.2 이하	나머지	785~925
BCuP-2	6.4~7.5	—	0.2 이하	〃	735~840
BCuP-3	5.8~6.7	4.7~6.3	0.2 이하	〃	705~840
BCuP-4	6.8~7.7	4.7~6.3	0.2 이하	〃	705~815
BCuP-5	4.8~5.3	14.5~15.5	0.2 이하	〃	705~815

4) 알루미늄납

알루미늄납은 표 2.13과 같이 알루미늄을 주성분으로 하여 이것에 규소, 구리 등을 첨가한 것으로, 용융점이 600℃ 전후가 되어 모재의 융점에 가깝기 때문에 작업성은 대단히 나쁘다. 저융점의 땜납에는 아연

표 2.13 알루미늄납

종류	화학성분(%)									납땜온도 (℃)
	Si	Cu	Fe	Zn	Mg	Mn	Cr	Ti	Al	
BAl-0	9.5~10.5	3.5~4.5	0.80이하	9.5~10.5	—	—	—	—	나머지	560~580
BAl-1	4.0~6.0	0.30이하	0.80이하	0.10이하	0.05 이하	0.15 이하	—	0.20 이하	〃	620~640
BAl-2	6.8~8.2	0.25이하	0.80이하	0.20이하	—	—	—	—	〃	605~615
BAl-3	9.3~10.7	3.3~4.7	0.80이하	0.20이하	0.15 이하	0.15 이하	0.15 이하	—	〃	570~640
BAl-4	11.0~13.0	0.30이하	0.80이하	0.20이하	0.10 이하	0.15 이하	—	—	〃	585~640

또는 주석을 주성분으로 하여 이것에 구리 또는 알루미늄을 소량 첨가시켜 융점 400℃ 이하로 되게 한 연납에 가까운 것도 있다.

5) 기타 땜납재

금납은 융점이 높고 가격이 비싸기 때문에 금, 은, 구리를 주성분으로 하여 아연, 카드뮴을 첨가한 것을 사용한다. 이 종류의 땜납재는 치과용, 장식용, 전자관의 부품을 결합하는 데 사용된다. 융점은 983~1,020℃로 금 함유량이 많을수록 융점이 높다.

양은납은 구리, 아연, 니켈의 합금으로 구리 및 동합금의 납땜에 쓰인다.

마그네슘(Mg)용 땜납재에는 소량의 알루미늄과 아연을 함유한 마그네슘 합금이 쓰인다. 이 땜납재를 써서 노내 납땜을 하는 경우 마그네슘의 연소를 방지하기 위해서 베릴륨(Be)을 소량 가한 땜납재가 쓰인다.

6.3 용 제

납땜에는 용융납과 모재의 결합을 좋게 하기 위해 이음 부분에 **용제**(flux)를 뿌리기도 하고, 납땜용 가열로 내의 분위기를 조정하기도 한다.

용제의 작용은 대단히 복잡하여 땜납재에 모재 표면의 산화물 등을 제거함과 동시에 이음 부분을 둘러싸 다시 산화하는 것을 방지하는 등의 역할을 하고 있다. 보통 용제는 액상일 때에 산화물을 녹이는 능력이 크기 때문에 용제는 땜납재보다도 저온도에서 녹으며 가볍게 유동하기 쉬운 것이 좋다.

6.3.1 연납용 용제

이 용제에는 붕사, 붕산, 불화물 및 염화물 등이 쓰이고 있다.

1) 붕사($Na_2B_4O_7 \cdot 10H_2O$)

가장 일반적인 경납용 용제로서 산화를 방지하고 융점은 760℃ 전후이며, 식염, 붕산, 탄산소다 및 가성칼리 등을 혼합해서 사용하기도 한다.

2) 붕산(H_3BO_3)

산화물의 제거 작용이 우수하며, 고온에서의 유동성, 슬랙의 이탈성도 양호하다. 단독으로는 거의 사용하지 않고 붕사와 혼합해서 우수한 용제로서 널리 사용하고 있다.

3) 빙정석(3NaF · AlF_3)

빙정석(氷晶石)은 알루미늄, 나트륨의 불소 화합물로서 불순물의 용해력이 강해서 구리 납땜용의 용제로 우수하다.

4) 산화제일구리(Cu_2O)

탈산제로서의 작용이 있어 보통 붕사와 혼합시켜 주철의 경납땜에 쓰인다.

5) 염화나트륨(NaCl)

용융점이 높고 부식성이 강하며 단독으로는 사용되지 않고 혼합제로서 소량 쓰이고 있다.

6.3.2 경금속용 용제

알루미늄이나 마그네슘 같은 합금을 납땜할 때는 모재 표면의 산화막이 대단히 견고하므로, 이것에 쓰이는 용제는 산화물을 용해시켜 슬랙으로 제거해야 하기 때문에 강력한 산화물 제거 작용이 필요하다. 대표적인 용제의 성분으로는 염화리듐(LiCl), 염화나트륨(NaCl), 염화칼륨(KCl), 불화리듐(LiF), 염화아연($ZnCl_2$) 등이 있어 이것을 배합하여 사용한다.

6.4 각종 금속의 납땜

6.4.1 탄소강과 합금강의 납땜

강의 납땜에는 구리－아연계의 것, 즉 표 2.11에 나타낸 황동납 B CuZn-3이 보통 사용된다. 동납이나 황동납은 전단 강도와 인장 강도가 크므로 맞대기, 겹치기, T이음에 쓰인다. 이음의 간격이 불규칙한 경우에는 B CuZn-3, 6, 7이 적합하다.

납땜 온도를 낮게 하는 경우에는 표 2.10에 표시한 은납이 좋다. 그중에서도 비교적 융점이 낮은 B Ag-1에서 B Ag-7이 좋다. 이음의 간격은 동납의 경우에는 유동이 쉬우므로 0.05 mm 이하로 하여 가볍게 누르는 것과 같이 한다.

고탄소강이나 합금강으로 된 공구를 납땜하는 경우가 많은데 열처리 전에 납땜하는 경우에는 열처리 온도에 견디는 땜납이 필요하다. 즉, 탄소 공구강의 담금질 온도는 760 ~ 820℃이므로 납땜 온도 820℃ 이상의 땜납이 필요하다. 납땜과 동시에 담금질하는 경우에는 담금질 온도 가까이나 그 이하의 응고 온도

를 갖는 땜납을 쓴다. 그림 2.66에 바이트를 경납땜하는 것을 나타내었다.

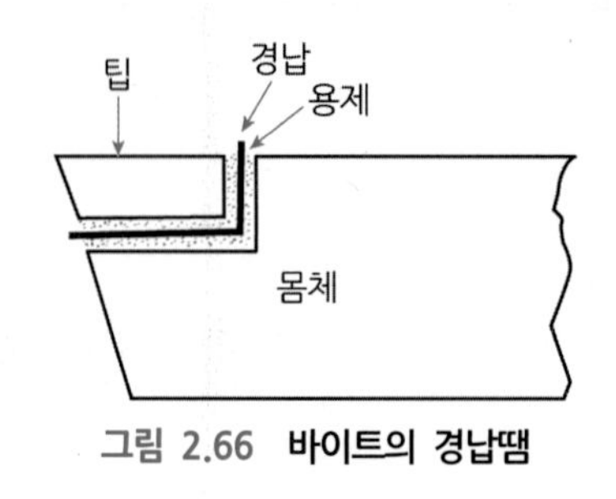

그림 2.66 바이트의 경납땜

6.4.2 주철의 납땜

회주철은 흑연이 흡착을 방해하는 관계로 납땜이 어려우나, 가단주철이나 구상흑연주철의 납땜에는 거의 문제가 없다. 땜납에는 니켈을 포함한 은납 B Ag-3, 4가 좋다. 동납, 황동납도 쓰이나 융점이 높다. 또 강이나 주철의 납땜에는 인을 포함한 땜납, 즉 인동납을 사용하면 인과 철의 취약 화합물을 만들어 이음이 부스러지게 된다.

6.4.3 스테인리스강 납땜

스테인리스강의 납땜에는 보통 은납이나 황동납이 쓰인다. 특히 내식성을 요구하는 경우에는 니켈을 포함한 은납을 사용하는 것이 좋다. 고온에서 강도가 요구되는 때는 니켈-크롬계나 은-망간계 땜납재와 동납이 적합하다.

니켈을 함유하지 않고 크롬이 비교적 적은 스테인리스강, 즉 13크롬 스테인리스강(마르텐사이트계 스테인리스강)에서는 변태점 이상의 온도에서 냉각하면 모재가 경화된다. 이 경우에는 융점이 낮은 땜납재를 택하며 급냉, 급열을 피한다.

6.4.4 구리 및 그 합금의 납땜

7.3 황동이나 6.4 황동의 납땜에는 보통 인동납이나 은납을 사용한다. 아연이 적은 황동(Zn 20% 이하)에는 황동납도 사용된다. 인을 함유한 청동에는 인동납과 은납이 좋다. 주석이 적은 경우에는 황동납도 사용된다.

규소를 함유한 청동은 황동납, 인동납, 은납을 이용한 납땜을 하며 연납땜은 어렵다. 또 이 종류의 합금은 고온에서도 부스러지기 쉬우므로 납땜 중 열응력이 일어나지 않게 서서히 가열함과 동시에 조립부를 지지하면서 작업을 진행할 필요가 있다.

납이 들어 있는 황동은 적당한 용제를 써서 인동납이나 은납으로 납땜을 한다. 알루미늄 청동도 적당한 용제를 사용하면 납땜이 된다. 표 2.12에 동합금의 납땜에 잘 사용되는 인동납의 규격을 나타내고 있다.

6.4.5 알루미늄과 그 합금의 납땜

경납땜에는 표 2.13에 표시한 알루미늄-규소계의 땜납이 사용된다. 납땜은 먼저 접합부를 깨끗이 청소한 뒤 강하게 작용하는 용제를 써서 납땜을 한다. 이때 용제의 주성분으로 각종 염화물이 쓰인다. 특히 염화리듐이 중요한 역할을 한다.

6.4.6 그 밖의 금속의 납땜

니켈 및 그 합금에는 은납 B Ag-1, 2가 잘 쓰인다. B Ag-7은 균열되기 쉬우므로 내식성 재료에는 은 50% 이상이 좋다. 또 동납도 사용된다. 내열재의 경우에는 니켈-크롬계의 땜납이 우수하다. 인을 함유한 땜납은 이음을 취약하게 하므로 부적당하다.

텅스텐이나 몰리브덴의 납땜에는 은납이 쓰인다. 텅스텐용의 땜납에는 니켈, 니켈-구리, 구리, 금-구리 등의 합금도 쓰인다. 티탄에는 순은, 은납이 쓰이고 있다. 귀금속의 납땜, 즉 전기 접점을 작업대에 접합하는 경우에는 은납이 사용된다. 백금의 납땜에는 백금에 금을 합금시킨 땜납이 사용된다. 그리고 은의 납땜에는 소량의 아연을 첨가한 땜납이 쓰인다.

07장

절 단

절단(切斷, cutting)은 용접과 상반되는 작업으로서 용접 작업의 능률화를 위하여 신속한 절단 방법이 필요하며, 절단법의 종류는 가스 절단과 아크 절단이 있다.

7.1 가스 절단법

7.1.1 가스 절단

1) 가스 절단의 원리

가스 절단(gas cutting)은 철판을 산소 절단 기류의 산화 반응(酸化 反應)에 의하여 절단하는 방법이다. 이 산화 반응은 철판을 어떤 온도 이상 가열(약 800 ~ 1,000℃)하여 산소 중에 방치하면 철판이 연소하는 것을 도와서 산화철로 변하면서 강렬한 반응열을 발생하는 것이다.

즉, 철판을 미리 800 ~ 1,000℃로 예열하여 이곳에 절단 토치의 팁 중심에서 순도가 높은 산소를 분출시키면 급격한 연소 작용을 일으켜 철판은 산화철이 되며, 이때 산소 기체의 분출력에 의해 산화철이 밀려나므로 2 ~ 4 mm의 부분적인 홈이 생긴다. 이와 같은 작업을 반복하면 절단이 되는 것이다. 절단 시 철의 화학 반응은 다음과 같다.

$$
\begin{aligned}
&\mathrm{Fe} + \frac{1}{2}\mathrm{O_2} = \mathrm{FeO} + 64.0\ \mathrm{kcal} \\
&2\mathrm{Fe} + \frac{3}{2}\mathrm{O_2} = \mathrm{Fe_2O_3} + 190.7\ \mathrm{kcal} \\
&3\mathrm{Fe} + 2\mathrm{O_2} = \mathrm{Fe_3O_4} + 266.9\ \mathrm{kcal}
\end{aligned}
\tag{2.17}
$$

철판의 두께가 두꺼울수록 산소의 양이 많이 필요하다. 철판이 절단되려면 위의 화학 반응식과 같이 항상 새로운 산소가 공급되어야 하며, 용융금속이 산소의 분출력에 의하여 밀려나가야 한다.

2) 드래그의 생성

가스 절단에서 철판을 일정한 속도로 절단할 때 절단 홈의 밑으로 갈수록 슬랙의 방해, 산소의 오염, 절단 산소 속도의 저하 등에 의해 산화 작용과 절단이 느려져, 절단면을 보면 그림 2.67에 표시한 것과 같이 거의 일정한 간격으로 평행한 곡선이 나타난다. 이 곡선을 **드래그선**(drag line)이라 하며, 진행 방향에 따라 측정한 1개의 드래그선의 처음과 마지막의 양끝 거리를 **드래그**(drag) 또는 **드래그 길이**라 한다. 이 길이는 가스 절단의 양부를 판정하는 기준이 되므로 대단히 중요하다.

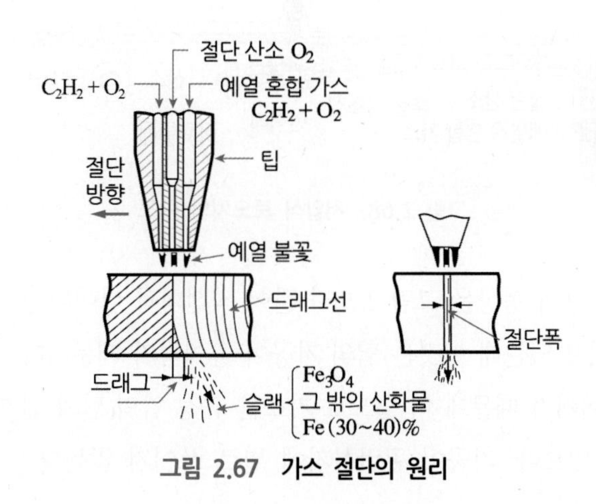

그림 2.67 가스 절단의 원리

드래그의 길이는 주로 절단 속도, 산소 소비량 등에 의하여 변한다. 예를 들면, 절단 속도를 느리게 하면 드래그의 길이는 0이 된다.

한편 절단 속도를 일정하게 했을 때 산소의 소비량(압력)을 적게 하면 드래그의 길이가 길어지며 슬랙이 달라붙어 절단면이 거칠어지지만, 산소량을 증가하면 드래그의 길이도 짧아진다. 그러나 산소의 압력이 증가해도 그 이상 드래그의 길이가 짧아지지 않는 한계가 있다. 이를 소재(강판)의 두께와 비교하여 나타낸 것을 **드래그**(%)라고 한다. 경제적인 면에서 드래그의 길이가 긴 것이 좋으나 잘못하면 절단의 끝 부분에서 미처 절단이 되지 않은 부분이 남게 된다. 드래그(%)는 대체적으로 강판 두께의 20%를 표준으로 하고 있다.

$$\text{드래그}(\%) = \frac{\text{드래그 길이}(\text{mm})}{\text{강판 두께}(\text{mm})} \times 100 \tag{2.18}$$

보통 절단 시 강판 두께에 따른 드래그의 길이는 다음과 같다.

표 2.14 강판 두께와 드래그의 길이

강판 두께(mm)	12.7	25.4	51	51 ~ 152
드래그의 길이(mm)	2.4	5.2	5.6	6.4

3) 절단 토치의 구조

그림 2.68에 나타낸 바와 같은 저압식 절단 토치는 산소와 아세틸렌을 혼합하여 예열용 가스를 만드는 부분과 고압의 산소만을 분출하는 부분으로 나눈다. 또, 토치 끝에 붙어 있는 팁은 그림 2.69와 같이 두 가지 가스를 2중으로 된 동심원의 구멍으로부터 분출하는 **동심형**(同心型, concentric type)인 프랑스식과 가스가 각각 별개의 팁으로부터 분출되는 **이심형**(異心型, eccentric type)인 독일식이 있다.

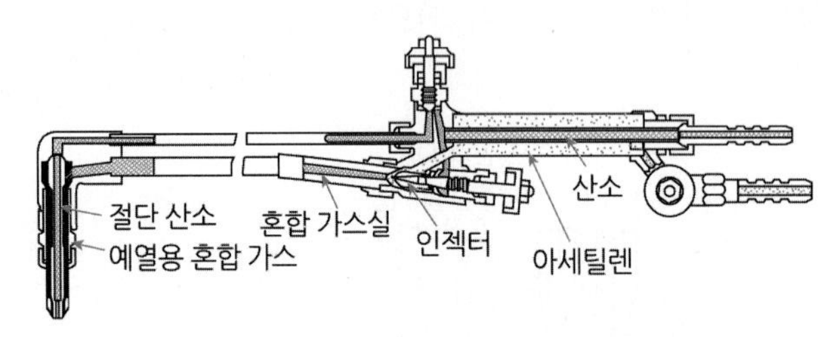

그림 2.68 저압식 토오치의 구조

그리고 절단 산소의 분출구의 형상은 그림 2.70과 같이 직선형과 다이버젠트형(divergent type)이 있다. 대체로 직선형이 많이 쓰이고 있는데 이것은 팁의 가공이 용이하기 때문이다. 다이버젠트형은 구멍이 끝으로 감에 따라 조금씩 넓어지기 때문에 이 팁으로 가스를 규정 압력(팁의 설계 압력)으로 사용하면 대단히 능률이 좋다고 알려져 있으나, 가공이 곤란하기에 별로 쓰이지 않는다.

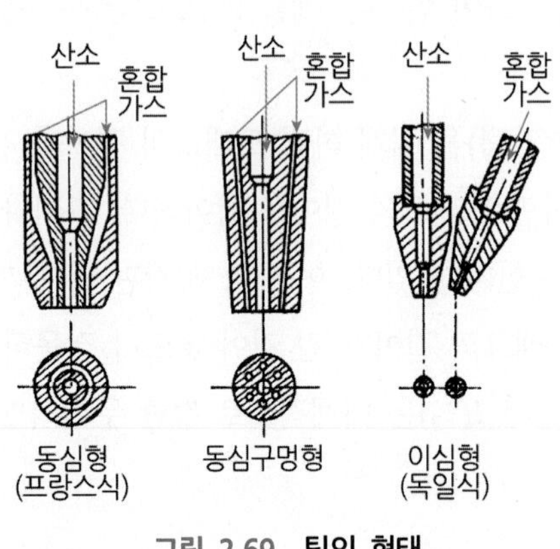

그림 2.69 팁의 형태

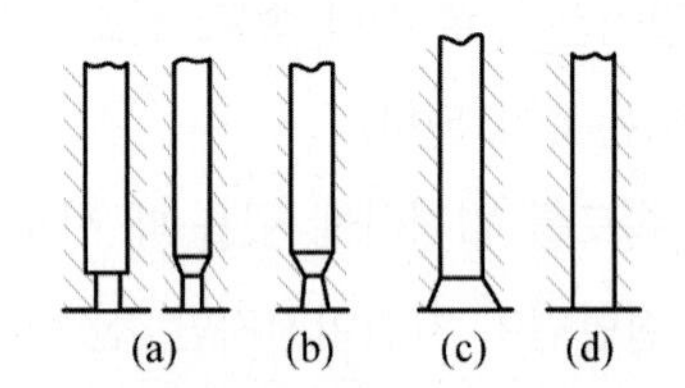

(a) 분류의 속도를 크게 할 수 있다(가스절단, 일반용).
(b) 다이버젠트 노즐이라 불리며, 분류의 속도를 음속 이상으로 할 수 있다.
(c) 분류의 속도가 작다(가우징용).
(d) 후판 절단용

그림 2.70 절단 산소 분출구의 형상

동심형 절단 토치는 조작 방향에 관계 없이 어떤 경우에도 사용할 수 있으므로 매우 편리하다.

7.1.2 분말 절단

주철, 스테인리스강, 동 및 알루미늄 등은 보통 가스 절단이 곤란한 금속으로 알려져 있다. 이런 금속을 절단하는 방법으로 절단부에 철분(鐵粉)이나 용제(flux)의 미세한 분말을 압축공기 또는 압축 질소로 연속해서 팁을 통해 분출되도록 하면(그림 2.71) 예열 불꽃 중에서 이들과 연소 반응(燃燒 反應)을 일으켜 절단부를 고온도로 만들어 산화물을 용해함과 동시에 제거하여 연속적으로 절단을 하게 된다. 이 절단법은 여러 가지 금속은 물론 콘크리트까지도 절단이 가능하다.

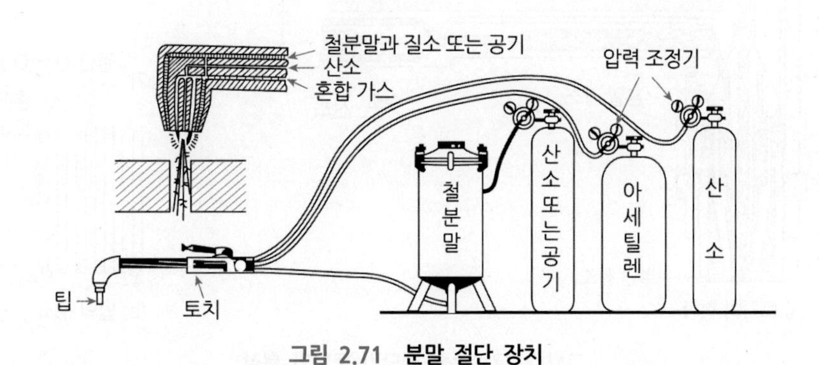

그림 2.71 분말 절단 장치

이상과 같은 절단법을 **분말 절단**(粉末 切斷), 즉 **파우더 절단**(powder cutting)이라 한다. 여기에서 철분을 사용하는 것을 철분 절단, 용제를 사용하는 것을 플럭스 절단(flux cutting)이라고 한다.

철분 절단은 200메시(mesh) 정도의 철분에 알루미늄 분말을 배합한 미세분말을 공급하여, 철분의 연소열로 절단부의 온도를 높여 녹이기 어려운 산화물을 용융 제거하여 절단하는 방법이다.

플럭스 절단은 주로 스테인리스강의 절단에 쓰이는데, 용점이 높은 크롬 산화물을 제거하는 약품을 절단 산소와 함께 공급한다.

7.1.3 수중 절단

수중 절단(水中 切斷, under water cutting)은 침몰선의 해체, 교량의 개조, 항만과 방파제의 공사 등에 사용되는데, 수중 절단 토치의 형상은 그림 2.72와 같다. 이것이 일반적인 절단 토치와 크게 다른 것은 팁의 바깥쪽에 커버가 있어 이것으로 압축공기나 산소를 분출시켜 물을 배제하고, 이 공간에서 절단을 하는 것이다. 또 수중에서 점화를 할 수 없기 때문에 점화용 보조 팁이 필요하며 토치를 수중에 넣기 전에 보조 팁에 점화를 한다. 연료 가스로는 수소, 아세틸렌, LPG 및 벤젠 등이 쓰이고 있는데 그중 수소가 주로 많이 쓰인다. 수소는 고압으로 사용이 가능하고 수중 절단 중 기포(氣泡)의 발생이 적어 작업이 쉽다.

작업을 시작할 때 예열 불꽃의 점화는 약품이나 아크를 써서 수중에서 행하게 된다. 수중에서 작업을 할 때 예열 가스의 양은 공기 중에서의 4~8배, 절단 산소의 분출량은 1.5~2배로 한다.

보통 수중 절단은 물 깊이 50 m까지 가능한 것으로 되어 있다. 현재의 기술수준으로 수심 100여 미터까지 가능한 토치가 개발되었다는 보고도 있다.

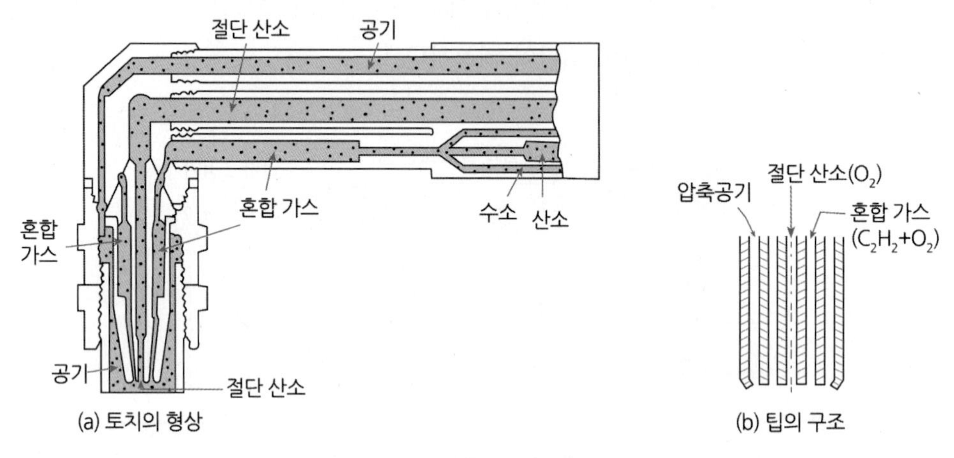

그림 2.72 수중 절단기 토치의 형상

7.2 아크 절단

아크 절단(arc cutting)은 아크열을 이용하는 절단법으로 금속을 녹여서 자르는 물리적 방법이다. 이 방법은 가스 절단에 비해 절단면이 매끈하지 못하지만, 가스 절단이 곤란한 금속에도 사용할 수 있는 장점이 있다.

아크 절단은 탄소 아크 절단이나 금속 아크 절단 등과 같이 아크를 이용하는 방법과 플라스마 제트에 의해 제트 모양의 불꽃을 써서 절단하는 방법이 있다.

7.2.1 산소 아크 절단

산소 아크 절단(oxygen arc cutting)은 그림 2.73과 같이 가운데가 빈 전극봉과 모재 사이에서 아크를 발생시켜 모재를 가열하고, 가운데 구멍에서 절단 산소를 불어내어 가스 절단을 하는 방법이다. 절단 시 직류를 사용하지만 교류를 사용할 때도 있다.

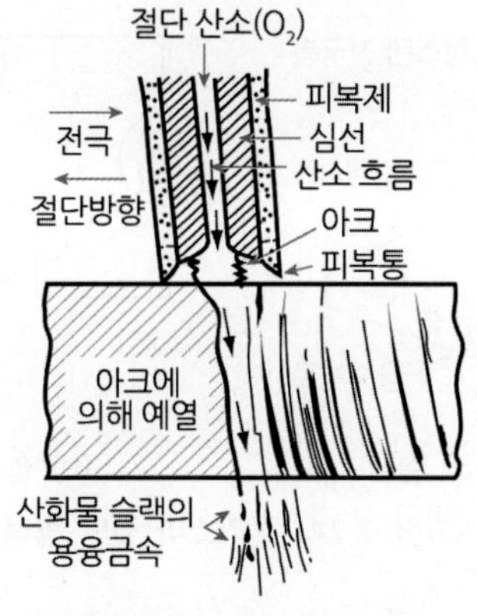

그림 2.73 산소 아크 절단

7.2.2 불활성 가스 아크 절단

불활성 가스 아크 절단(inert gas arc cutting)은 MIG 절단과 TIG 절단의 2종류가 있으며, 어느 것이나 MIG 아크 용접과 TIG 아크 용접 장치를 높은 전류 밀도로 전용하여 상당히 깊은 용입이 되도록 하면 된다.

7.2.3 플라스마 아크 절단

플라스마 아크 절단(plasma arc cutting)은 아크 플라스마의 성질을 이용한 절단법이다. 이 플라스마는 기체를 가열하여 온도가 상승되면 기체 원자의 운동은 대단히 활발하게 되어 마침내는 기체의 원자가 원자핵과 전자로 분리되어 (+), (−)의 이온 상태로 된 것을 플라스마(plasma)라 한다.

아크 방전에 있어 양극 사이에서 강한 빛을 발하는 부분을 아크 플라스마라고 하는데, 아크 플라스마는 종래의 아크보다 고온도(10,000 ~ 30,000℃)로 높은 열에너지를 가지는 열원이다.

그림 2.74(a)는 텅스텐 전극과 모재 사이에서 아크 플라스마를 발생시키므로 이행형 아크 플라스마 절단을 할 수 있으며, 이것을 플라스마 아크 절단이라고 한다. 그림 2.74(b)는 텅스텐 전극과 수냉 노즐과의 사이에서 아크를 발생시키고 비이행형 아크 플라스마 절단을 할 수 있으므로 이것을 **플라스마 제트 절단**(plasma jet cutting)이라고 한다.

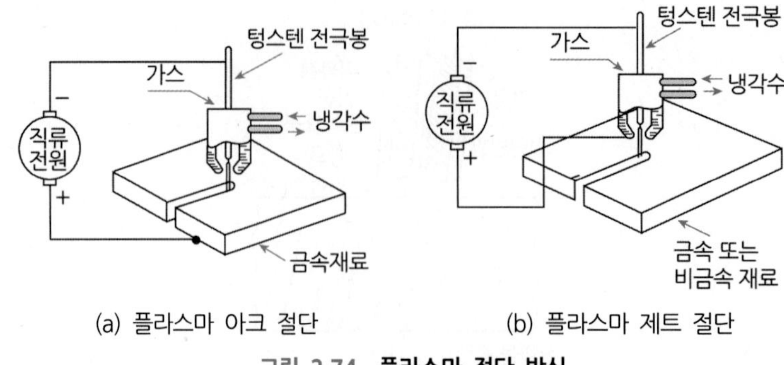

(a) 플라스마 아크 절단 (b) 플라스마 제트 절단

그림 2.74 플라스마 절단 방식

이 플라스마 제트 절단법은 절단하려는 재료에 전기적 접속을 하지 않는 것이므로 금속 재료는 물론 비금속의 절단에도 사용된다. 한편 플라스마 아크 절단은 플라스마 제트 절단보다 모재에 많은 열을 공급할 수 있으므로 전도성이 있는 두꺼운 모재의 절단에 적합하다.

08장

용접 결함 및 검사

8.1 용접 결함의 종류

용접은 여러 가지의 용접 결함(熔接 缺陷, welding detection)을 유발하게 된다. 즉, 용접열에 의한 모재의 변질, 변형과 수축, 잔류 응력(殘留 應力)의 발생, 용접부 내의 화학 성분과 조직의 변화 등의 결함을 피할 수 없다.

용접 결함의 종류는 표 2.15에 나타낸 바와 같이 치수상 결함, 구조상 결함 및 성질상 결함 등으로 나눌 수 있다.

표 2.15 용접 결함의 종류

용접 결함	결함의 종류
치수상 결함	변형 용접부의 크기가 부적당 용접부의 형상이 부적당
구조상 결함	기공 슬랙 섞임 융합불량 용입불량 언더컷 오버랩 용접균열 표면결함
성질상 결함	인장강도 부족 항복강도 부족 연성 부족 경도 부족 피로강도 부족 충격에 의한 파괴 화학성분 부적당 내식성 불량

8.1.1 치수상 결함

용접은 국부적으로 급격히 가열하여 강철이 용융점(약 1,500℃) 전후까지 도달하였다가 바로 주위의 모재에 열을 전도시키고 단시간에 실온 부근까지 냉각되므로, 용접부를 중심으로 하여 부분적으로 큰 온도 구배를 가지게 된다. 이것은 열에 의한 팽창, 수축이 장소와 시간에 따라 큰 차이를 발생하기 때문이다. 그러므로 변형과 잔류 응력의 양은 용접부에 주어진 열량에 비례하므로 이것을 최소로 하려면 용접 설계와 용접 시공법을 잘 연구해야 된다.

그림 2.75는 용접 이음부에 발생하는 열변형에 의한 치수상 결함들을 나타내고 있다.

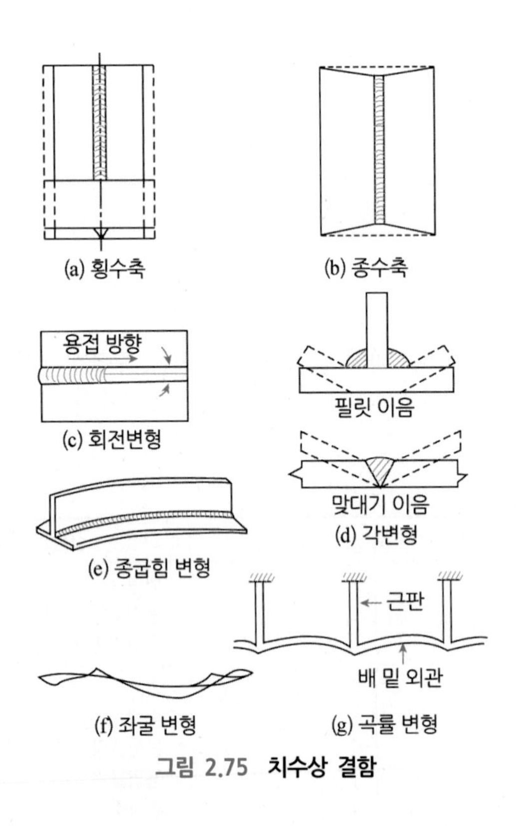

그림 2.75 치수상 결함

8.1.2 구조상 결함

구조상 용접 결함은 용접물의 안전성을 저해하는 중요한 인자로, 결함이 발생하는 장소에 따라서 용접 금속의 균열과 모재의 균열이 있으며, 아크 발생 온도에 따라 고온 균열과 저온 균열이 있다. 그리고 균열의 대소는 마크로(macro) 균열과 마이크로(micro) 균열 등이 있다. 그림 2.76은 여러 가지 구조상 용접 결함과 균열을 나타내고 있다.

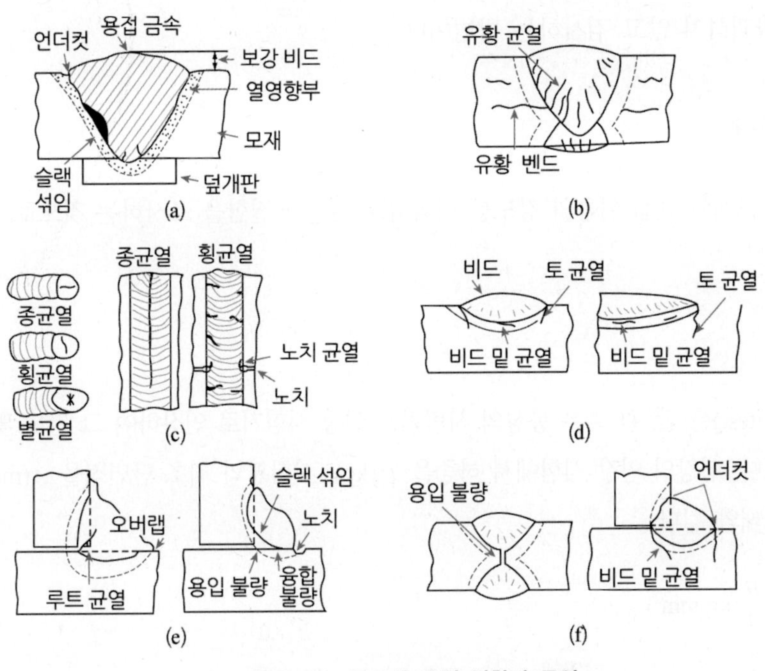

그림 2.76 구조상 용접 결함과 균열

8.1.3 성질상 결함

용접부는 국부적인 가열에 의하여 융합하는 이음 형식이기 때문에 모재와 같은 성질이 되기 어렵다. 용접 구조물은 어느 것이나 사용 목적에 따라 기계적, 물리적, 화학적인 성질에 대하여 정해진 요구 조건이 있는데, 이것을 만족시키지 못하는 것을 성질상 결함이라 한다.

8.2 용접부 시험 및 검사

용접부의 안정성(soundness)과 신뢰성을 조사하는 방법이 여러 가지 있는데, 크게 나누어 보면 작업 검사(procedure inspection)와 완성 검사(acceptance inspection)로 나눌 수 있다. 작업 검사는 좋은 용접 결과를 얻기 위한 것이므로 용접 전이나 용접 도중에 혹은 용접 후에 하는 검사로서, 용접공의 기능, 용접 재료, 용접 설비, 용접 시공 상황, 용접 후 열처리 등의 적부를 검사하는 것을 말한다.

완성 검사는 용접 후에 용접 제품이 요구하였던 모든 조건이 만족되었는가를 검사하는 것으로, 완성 검사에 이용되는 방법은 파괴 시험법(destructive testing)과 비파괴 시험법(non destructive testing)으로 대별된다. 파괴 시험법은 피검사부를 절단, 굽힘, 인장 혹은 소성변형을 주어 시험하는 방법이고, 비파괴

시험법은 모재를 파괴하지 않고 검사하는 방법이다.

8.2.1 기계적 시험

기계적 시험법은 모재와 용접 이음의 강도를 시험하고 연성과 결함을 조사하는 것으로, 보통 재료 시험법과 같다.

1) 인장 시험

인장 시험(tension test)은 판, 관 혹은 봉상의 시험편을 인장 시험기로 인장하여 그 강도 및 연성(ductility)을 측정하는 방법이다. 연강의 인장 시험에서 하중을 P(kg), 시험편의 최초 단면적을 A(mm^2)이라고 하면 응력(stress) σ는 아래와 같다.

$$\sigma = \frac{P}{A}(\mathrm{kg/mm^2}) \tag{2.19}$$

그리고 시험편의 파단 후의 길이를 l(mm), 최초의 길이를 l_o라 하면 변형률(strain) ϵ은

$$\epsilon = \frac{l - l_o}{l_o} \times 100 \tag{2.20}$$

와 같이 되고, 파단 후의 시험편의 단면적을 A'(mm^2), 최초의 원 단면적을 A(mm^2)라 하면 단면 수축률 ϕ는 다음과 같다.

$$\phi = \frac{A - A'}{A} \times 100 \tag{2.21}$$

2) 굽힘 시험

굽힘 시험(bending test)은 용접부의 연성(延性)과 안전성을 조사하기 위하여 사용되는 시험법으로 굽힘 방법에는 자유굽힘(free bend), 롤러굽힘(roller bend)과 형틀굽힘(guide bend)이 있으며, 보통 180°까지 굽힌다. 또 시험하는 표면의 상태에 따라서 표면굽힘 시험(surface bend test), 이면굽힘 시험(root bend test), 측면굽힘 시험(side bend test)의 3가지 방법이 있다.

3) 경도 시험

브리넬(Brinell) 경도, 로크웰(Rockwell) 경도, 비커스(Vickers) 경도 시험기는 압입체인 다이아몬드 또는 강구로 눌렀을 때, 재료에 생기는 소성변형(塑性變形)에 대한 자국으로 경도를 계산하고 있다. 쇼어(Shores)

경도 시험은 낙하-반발 형식으로 재료의 탄성변형(彈性 變形)에 대한 저항으로써 경도를 표시한다.

4) 충격 시험

충격 시험(impact test)은 재료가 파괴될 때 재료의 성질인 인성(toughness)과 그 반대의 성질인 취성(brittleness)을 시험하는 것이다. 용착금속의 충격 시험은 충격 굽힘 시험기에서 흡수 에너지와 충격값을 구한다.

5) 피로시험

시험 재료에 반복 하중을 작용시키면 그 응력이 재료의 항복점 이하의 응력이더라도 파단되는 수가 있다. 이 현상을 재료의 **피로**(疲勞, fatigue)라 한다. 반복 하중의 응력이 클수록 파단되기까지의 수명이 짧다. 즉, **피로시험**(fatigue test)은 재료의 피로한도 혹은 내구 한도로 시험하며, 시간 강도(어떤 횟수의 반복 하중에 견디는 응력의 극한치)를 구하는 방법이다. 철강 재료는 특별한 목적이 없을 때 반복 횟수는 10^7회까지 시험하면 피로한도가 구해진다. 시험편의 형상, 응력의 작용 방법, 응력 상태의 변동 등은 시험 목적에 따라 변경된다.

8.2.2 화학적 및 야금학적 시험

이 시험법의 종류와 방법에 대하여 표 2.16과 같이 구분하여 나타내었다.

표 2.16 화학적 및 야금학적 시험법

종류		목적	방법
화학적 시험법	화학 분석	① 용접봉과 심선, 모재, 용착금속의 화학 조성 분석 ② 불순물의 함유량 조사	화학 분석
	부식 시험	용접 구조물의 내식성 조사	부식성 분위기를 만들어 시험
	수소 시험	수소량 측정	① 확산성 수소량 측정법 ② 진공 추출법
야금학적 시험법	파면 시험	용접금속과 모재의 파면 검사	육안 혹은 낮은 배율의 확대경을 사용
	육안 조직 시험	용접부의 용입 상태, 열영향부의 범위, 결함의 분포 상황 등을 조사	조직 시험편을 만들어 육안으로 검사
	현미경 조직 검사	용접부의 용입 상태, 열영향부의 범위, 결함의 분포 상황 등을 조사	조직 시험편을 만들어 약 50~2,000배 현미경으로 검사
	설퍼 프린트 시험	유화물의 함유량과 분포 상태를 검출	묽은 황산에 담근 사진용 인화지를 시험편 단면에 밀착시킨 후 정착액으로 정착시킨다.

8.2.3 비파괴 시험

시험 재료 혹은 제품의 재질과 형상, 치수에 변화를 주지 않고 그 재료의 안전성을 조사하는 방법을 비파괴 검사(non destructive testing or inspection: 약칭 NDT 혹은 NDI)라 하고, 압연 재료, 주조품, 용접물 등에 널리 이용되고 있다. 이것에 대한 종류와 방법은 표 2.17과 같이 구분하여 나타내었다.

표 2.17 비파괴 검사의 종류와 방법

종류	목적	방법
외관 검사	① 작은 결함 검사 ② 수치의 적부 검사	렌즈, 반사경, 현미경 또는 게이지로 검사
누출 검사	기밀, 수밀 검사	정수압, 공기압에 의한 방법
침투 검사	작은 균열과 작은 구멍의 흠집 검사	① 형광 침투 검사 ② 염료 침투 검사
초음파 검사	내부의 결함 또는 불균형층의 검사	진동수 0.5 ~ 15 MHz를 사용하여 ① 투과법 ② 펄스 반사법 ③ 공진법
자기 검사	자성체의 결함 검사	자화 전류 500 ~ 5,000A를 사용
와류 검사	금속의 표면이나 표면에 가까운 내부 결함의 검사	금속내에 유기되는 와류 전류(eddy current)의 작용을 이용
방사선 투과 검사	내부 결함 검사	① X선 투과 검사 ② γ선 투과 검사

09장
용접 설계

용접 설계(熔接設計, welding design)는 용접 시공의 중요한 일부분으로 어떤 구조물의 일부 또는 전체를 용접으로 작업할 때 적당한 재료와 이음 형상을 선택하여, 이것에 타당한 용접 방법과 용접 순서를 결정하고, 용접 후에 검사와 사후 처리의 방법을 선정하는 것이다. 그리고 올바른 용접 설계를 하려면 용접 재료, 이음의 기계적 성질, 용접 시공법, 변형과 잔류 응력의 발생, 용접 비용의 계산 및 용접 검사법에 대한 정확한 지식이 필요하다.

9.1 용접 이음의 설계

9.1.1 용접 이음의 종류

1) 모재의 배치에 의한 **용접 이음**의 종류를 나타내면 그림 2.77과 같이 ① 맞대기(butt) 이음, ② 덮개판(strap) 이음, ③ 겹치기(lap) 이음, ④ 티(tee) 이음, ⑤ V모서리(corner) 이음, ⑥ 변두리(edge) 이음 등이 있다.

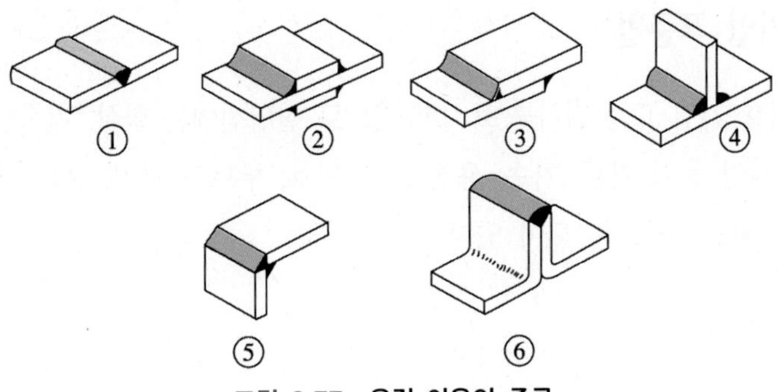

그림 2.77 용접 이음의 종류

2) 용가재의 첨가 형태에 따라 구분하면 ① 버트 혹은 홈(butt or groove) 용접, ② 필릿(fillet) 용접, ③ 슬롯(slot) 혹은 플러그(plug) 용접 등이 있다.

3) 용접부의 표면 형상에 따라 구분하면 그림 2.78과 같이 ① 납작꼴 용접, ② 오목꼴 용접, ③ 볼록꼴 용접, ④ 연속 용접, ⑤ 단속 용접 등이 있다.

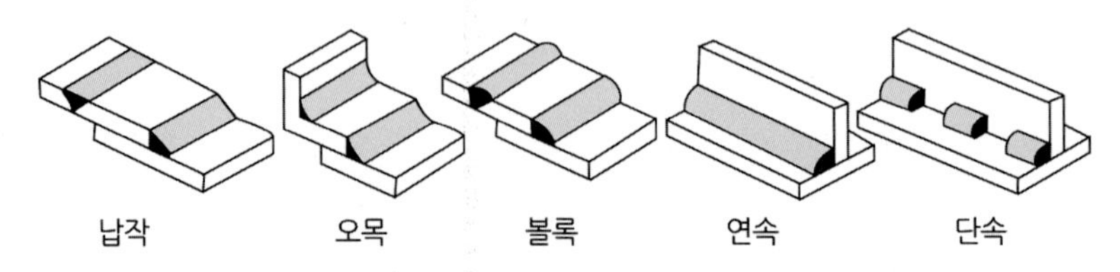

그림 2.78 **용접부 표면 형상의 종류**

4) 모재 이음 형식은 접촉부의 홈 모양에 따라 그의 명칭을 그림 2.79와 같이 나타낸다.

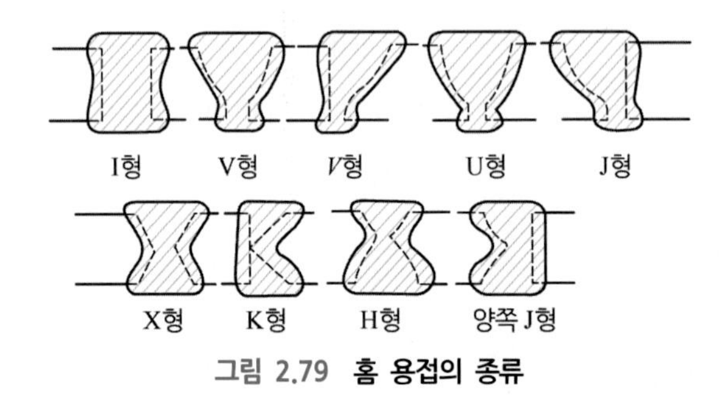

그림 2.79 **홈 용접의 종류**

9.1.2 용접 기호

용접 기호(熔接記號, welding symbols)는 용접 구조물의 제작에 적용되는 용접의 종류, 홈 설계의 상세와 용접 시공상의 주의 사항 등을 제작 도면에 기입하고, 그의 제작을 정확하고 신속하게 진행시키기 위하여 KS B 0052에 규격으로 정하고 있다. 용접 기호와 보조 기호를 표 2.18에 나타내었다.

9.1.3 용접 기호 기입 표준법

그림 2.80은 용접 기호 기입 표준 위치를 표시한 것으로 설명선에는 화살, 지시선(指示線), 기선(基線), 꼬리를 구분하고 기본적인 용접 기호, 치수, 용접 보조 기호, 루트의 간격, 홈의 각도와 용접 시공 방법 등의 특기 사항을 기입할 수 있도록 되어 있다.

표 2.18 용접 기호와 보조 기호

(a) 아크 용접과 가스 용접

용접 종류		기호	용접 종류		기호
버트 용접 및 그루브 용접	I 형	‖	필릿 용접	연속	
	V 형	V		단속	
	X 형			연속(병렬)	
	U 형			단속(병렬)	
	H 형			단속 (지그재그)	
	V 형		플러그 용접		
	K 형		비드 용접		
	J 형		용입 용접		
	양면 J 형		덧살올림 용접		

(b) 보조 기호

구분		기호	비고
용접부의 표면 형상	납작꼴	—	기선의 외부로 향해 기호를 붙인다
	볼록꼴	⌒	
	오목꼴	‿	
용접부의 다듬질 방법	치핑	C	다듬질 방법을 특별하게 구별하지 않을 때는 *F*로 한다
	연삭	G	
	절삭	M	
현장 용접		●	전둘레 용접이 확실할 때는 이것을 생략하여도 좋다
전둘레 용접		○	
전둘레현장 용접		⊙	

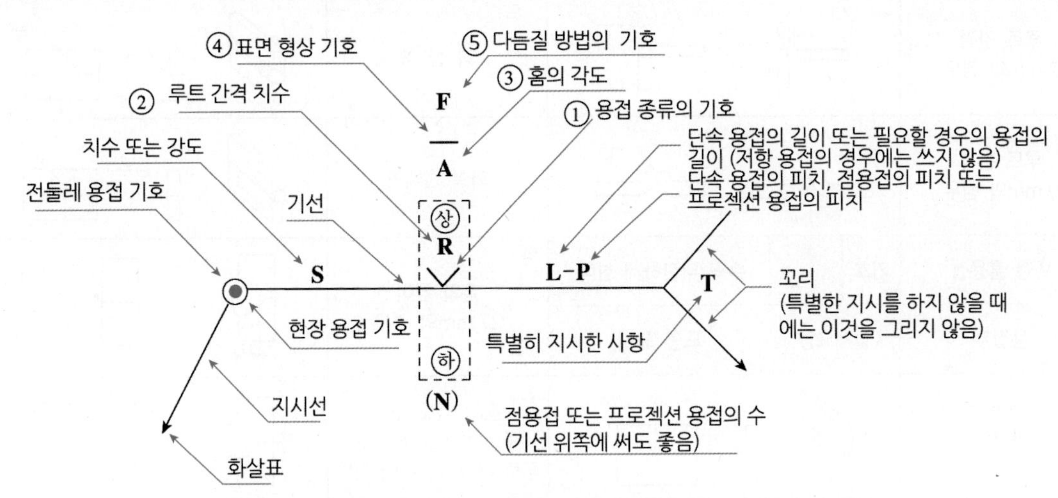

그림 2.80 용접을 하는 쪽이 화살표의 반대쪽일 때 용접 기호의 표시법

그림 2.81과 그림 2.82는 각종 용접 기호의 기입 방법과 그의 실제 모양을 표시하고 있다.

I 형 홈용접	기호 ‖	수직 나란하게 한다
용접부	실제모양	도면 표시
화살쪽		
화살 반대쪽		
양쪽		
루트 간격 2 mm의 경우	2	2
루트 간격 2 mm의 경우	2	2
루트 간격 0 mm의 경우	0	0

V 형 홈용접	기호 ∨	수직 나란하게 한다.
용접부	실제모양	도면 표시
화살쪽		
화살 반대쪽		
홈의 깊이 16 mm 홈의 각도 60° 루트 간격 2 mm의 경우	60°, P16, 2	16, 2, 60°
받침쇠를 사용 판재의 두께 12 mm 홈의 각도 45° 루트 간격 4.8 mm 다듬질 방법이 절삭인 경우	이 부분을 절삭 다듬질 45°, 12, 4.8	12, 4.8, 45°, M

X 형 홈용접	기호 X	수직 나란하게 한다
용접부	실제모양	도면 표시
양쪽		
홈의깊이 화살쪽 16 mm, 화살 반대쪽 9 mm, 홈의 각도 화살쪽 60° 화살 반대쪽 90° 루트 간격 3 mm의 경우	60°, 9, 16, 90°	9, 90°, 16, 3, 60°

U 형 홈용접	기호 Ұ	수직 나란하게 한다.
용접부	실제모양	도면 표시
화 살 쪽		
화살 반대쪽		
홈의 깊이 27 mm의 경우	27	27
홈의 각도 25° 루트 반지름 6 mm 루트 간격 0 mm의 경우	0, r=6, 25°	r=6, 0, 25°

H 형 홈용접	기호 Ƴ	수직 나란하게 한다.
용접부	실제모양	도면 표시
양쪽		
홈의 길이 2.5 mm 홈의 각도 25° 루트 반지름 6 mm 루트 간격 0 mm의 경우	25°, r=6, 25, 0, 25, r=6, 25°	25°, r=6

그림 2.81 각종 용접 기호 기입 예(1)

V형 홈용접	기호	V	수직선과 이와 45°로 교차하는 직선으로 그리고 높이를 같게 한다.
용접부	실제모양		도면 표시
화살쪽	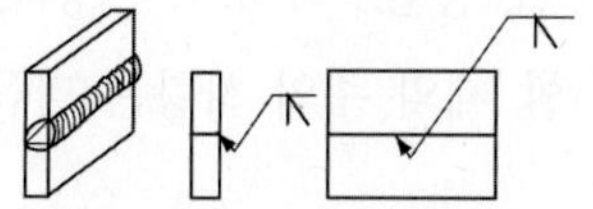		
화살 반대쪽	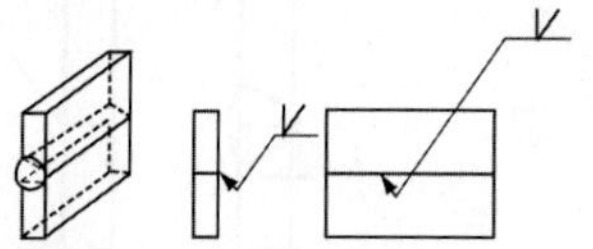		
T이음, 받침쇠를 사용한 홈의 각도 45°, 루트 간격 6.4 mm의 경우	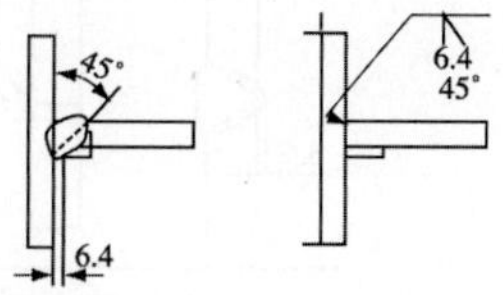 45°, 6.4		6.4 45°

K형 홈용접	기호	K	V형 홈용접 기호 표시의 대칭이다.
용접부	실제모양		도면 표시
화살쪽	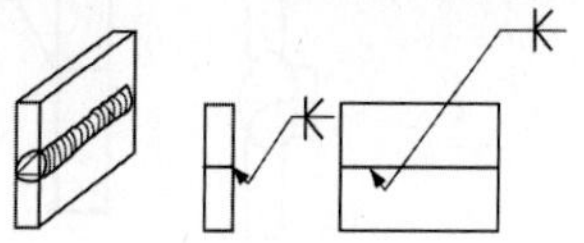		
화살쪽 홈의 깊이 16 mm 홈의 각도 45° 화살 반대쪽 홈의 각도 45° 루트 간격 2 mm의 경우	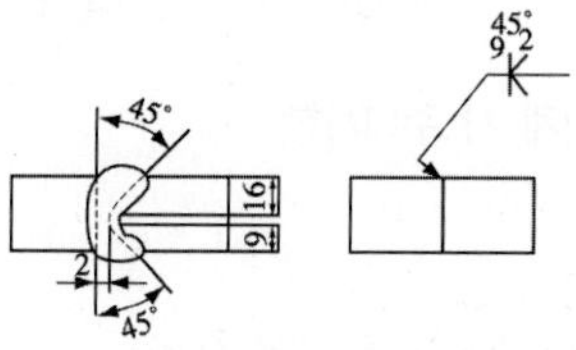 45°, 16, 16, 2, 45°		45° 9 2
T이음 홈의 깊이 10 mm 홈의 각도 45° 루트 간격 2 mm의 경우	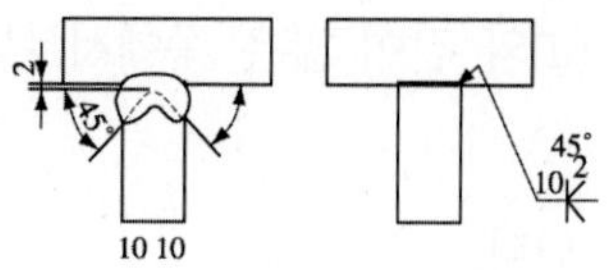 2, 45°, 10 10		45° 10 2

J형 홈용접	기호	ᒍ	수직선과 이와 ¼원으로 그리고 원 바깥쪽의 직선 부분은 반지름의 약 ½
용접부	실제모양		도면 표시
화살쪽	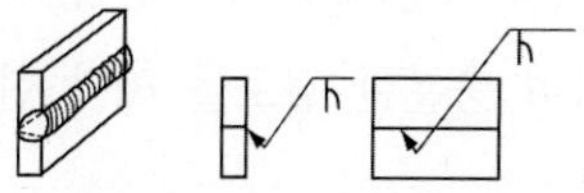		
화살 반대쪽	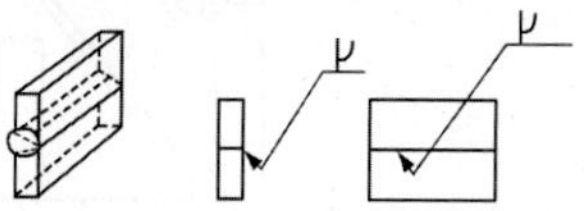		
홈의 깊이 28 mm 홈의 각도 35° 루트 반지름 13 mm 루트 간격 2 mm의 경우	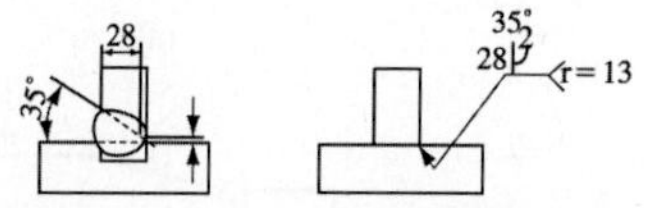 28, 35°		35° 28 2 r=13

U형 홈용접	기호	K	수직 나란하게 한다.
용접부	실제모양		도면 표시
양쪽	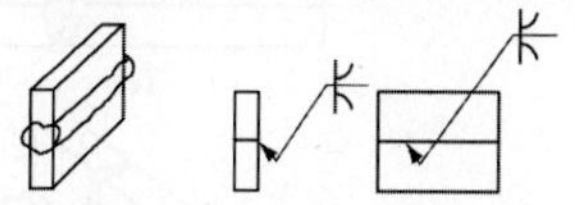		
홈의 깊이 24 mm 홈의 각도 35° 루트 반지름 13 mm 루트 간격 3 mm의 경우	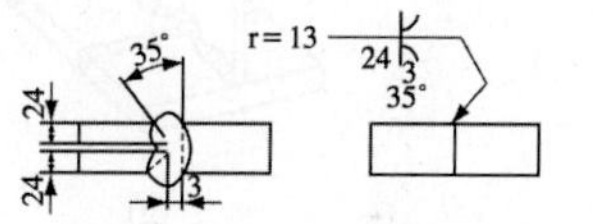 35°, 24, 24, 3		r=13 24 3 35°

플레어 V형 / 플레어 X형 홈용접	기호	) (	플레어 V형은 2개의 ¼원을 서로 등지게 그린다. 플레어 X형은 2개의 반원을 서로 등지게 그린다.
용접부	실제모양		도면 표시
화살쪽	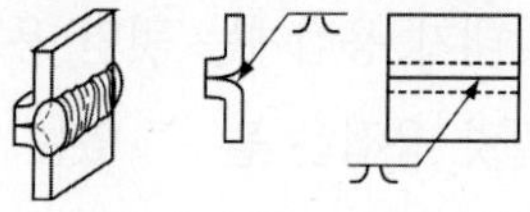		
화살 반대쪽	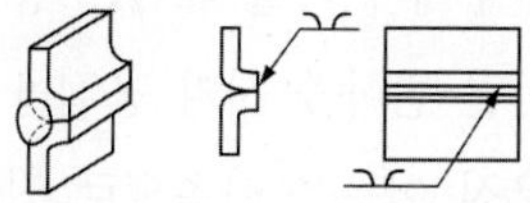		
양쪽	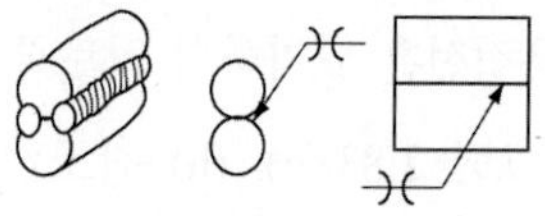		

그림 2.82 각종 용접 기호 기입 예(2)

9.2 용접 이음의 선택

용접 이음은 용접부의 구조 및 판두께, 홈 용접법에 따라서 선정해야 하며, 용접 구조물에 대하여 정확한 이음의 선택을 해야 한다. 즉, 공정수, 시간, 용접 시공법, 용접부의 구조와 정적, 동적, 반복 하중 등에 대하여 충분한 검토를 해야 한다. 용접 이음의 설계를 할 때의 주의 사항은 다음과 같다.

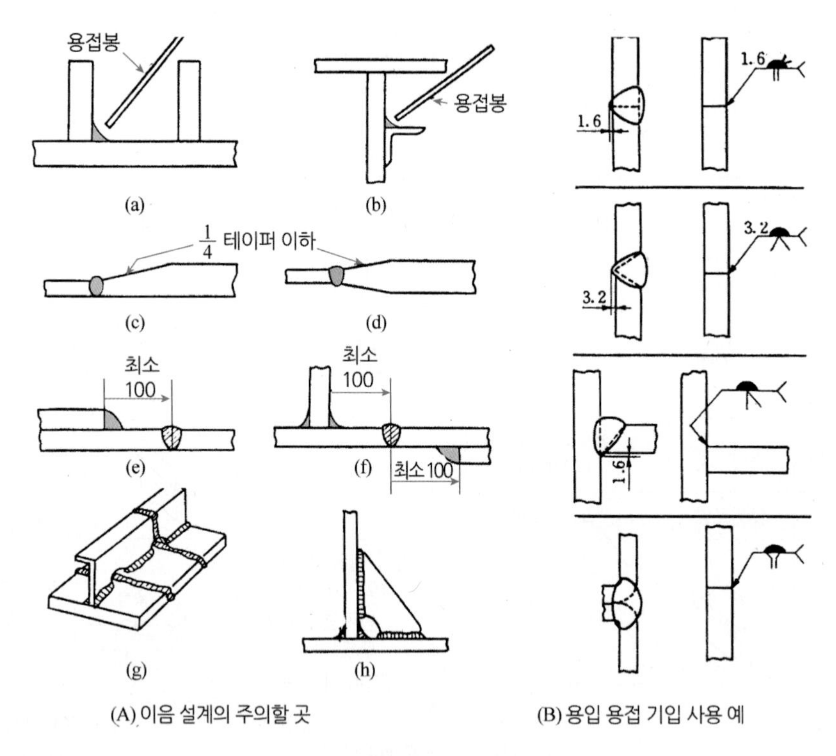

그림 2.83 용접 이음 설계 시 주의사항

1) 아래보기 용접을 많이 한다.
2) 용접 작업에 지장을 주지 않도록 공간을 둔다(그림 2.83(a), (b) 참조).
3) 맞대기 용접에는 뒷면 용접과 **이파 용접**(裏波 熔接)을 하여 용입 부족이 없도록 한다.
4) 필릿 용접은 될 수 있는 대로 피하고 맞대기 용접을 한다.
5) 판두께가 다를 때에는 용접 이음을 그림 2.83(c), (d)와 같이 얇은 쪽에서부터 경사 테이퍼 1/4로 단면 변화를 시켜 용접을 하도록 한다.
6) 용접 이음을 한쪽으로 집중되게 설계하지 않도록 한다.
7) 용접선은 교차하지 않도록 하고 만일 교차가 불가피하면 그 부분을 둥근 아치(arch)형으로 설계한다(그림 2.83 (g), (h) 참조).
8) 충격과 반복 하중 그리고 저온과 인장 강도 등에 대한 이음의 설계를 해야 한다.

연습문제

제1장 용접의 개요

1. 용접을 정의하고, 중요한 용접법을 중심으로 용접의 역사를 설명하여라.

2. 용접의 장단점을 다른 접합방법과 비교하여 써라.

3. 용접의 종류를 들어라.

제2장 아크 용접

4. 아크(arc)란 무엇인가?

5. 탄소 아크 용접과 금속 아크 용접을 비교 설명하여라.

6. 개로 전압이란 무엇인가?

7. 직류 정극성과 역극성에 대하여 설명하여라.

8. 다음의 용어를 설명하고 단위도 같이 나타내어라.
① 용착속도　　② 용융속도　　③ 용접속도

9. 용접 입열에 대하여 설명하여라.

10. 용융금속의 이행 형태에 대하여 설명하여라.

11. 핀치 효과란 무엇인가?

12. 자기 불림(magnetic arc blow) 현상이란 무엇인가?

13. 피복제의 역할을 설명하여라.

14. 용접 심선(core wire)에 대하여 설명하여라.

15. 피복제의 종류를 들고 그 각각에 대하여 설명하여라.

16. 아래 피복제의 내균열성을 그림을 그려서 비교 설명하여라.
① 티탄계　　② 고셀룰로스계　　③ 일루미나이트계　　④ 저수소계

17. 아크 용접기의 종류를 들고 그 원리를 써라.

18. 교류 아크 용접기에서 용접부(2차 코일측)의 큰 전류를 조정하는 방법을 설명하여라. 1차 코일측의 전압 E_1, 코일의 권수 T_1이고, 2차 코일측의 전압 E_2, 코일의 권수 T_2이다.

19. 다음 교류 아크 용접기에서 용접부(2차 코일측)에 가해지는 미세전류 조정방법에 대하여 설명하여라.
① 가동 철심형　② 가동 코일형　③ 탭 전환형

20. 직류 아크 용접기와 교류 아크 용접기의 장단점을 써라.

21. 아크를 발생시키는 방법을 설명하여라.

22. 운봉법의 종류를 열거하고 설명하여라.

제3장 가스 용접

23. 가스 용접에서 연료가스의 구비조건(성질)을 간단히 설명하여라.

24. 다음에 열거하는 각종 연료가스의 분자식, 비중 및 공기와의 이론적인 불꽃온도(℃)를 나타내어라.
① 아세틸렌　② 메탄　③ 에탄　④ 프로판　⑤ 부탄　⑥ 수소

25. 산소-아세틸렌 가스 용접의 원리를 설명하여라.

26. 산소-아세틸렌 가스 용접의 토치를 도시하고 설명하여라.

27. 가스 용접의 장단점에 대하여 써라.

28. 아세틸렌 가스의 성질에 대하여 설명하여라.

29. 아세틸렌 가스의 위험성에 대하여 설명하여라.

30. 아세틸렌 가스 발생기의 종류를 들고, 각각에 대하여 설명하여라.

31. 저압식 토치와 중압식 토치를 비교 설명하여라.

32. 저압식 토치 가운데 니들 밸브가 있는 것과 없는 것의 구조를 간략하게 그리고 설명하여라.

33. 독일식 토치(A형)와 프랑스식 토치(B형)의 팁 번호의 의미, 팁 번호의 상관관계를 설명하여라.

34. 가스 용접에서 역류, 역화 및 인화에 대하여 설명하여라.

35. 가스 용접에서 불꽃의 종류를 열거하고 설명하여라.

36. 아세틸렌 가스의 완전연소식을 유도하라.

37. 가스 용접에서 불꽃의 점화부터 불꽃 조절을 순서대로 설명하라.

제4장 전기저항 용접

38. 전기저항 용접의 원리를 설명하여라.

39. 전기저항 용접의 종류를 열거하고 설명하여라.

40. 전기저항 용접의 3대 요소에 대하여 설명하여라.

41. 너깃(nugget)에 대하여 설명하여라.

42. 점 용접의 원리와 장단점을 설명하여라.

43. 프로젝션 용접에 대하여 설명하여라.

44. 업셋 용접과 플래시 용접을 비교 설명하여라.

45. 심 용접은 전류의 통전 방법에 따라 다음과 같이 3가지로 분류한다. 각각의 특징을 설명하여라.
① 연속통전법　　② 단속통전법　　③ 맥동통전법

46. 퍼커션 용접의 원리를 설명하여라.

제5장 특수 용접

47. 특수용접의 종류를 들고 간단히 설명하여라.

48. 불활성가스 아크 용접(inert gas arc welding)에 대하여 써라.

49. TIG와 MIG를 비교 설명하여라.

50. TIG에서 직류전원의 극성과 모재의 용입깊이와의 관계를 설명하여라.

51. TIG에서 음극의 청정작용(cleaning action)이란 무엇인가?

52. MIG의 아크특성에 대하여 설명하여라.

53. 탄산가스 아크 용접의 원리와 용도에 대하여 설명하여라.

54. 서브머지드 아크(Submerged arc) 용접에 대하여 써라

55. 원자수소 용접에 대하여 써라

56. 스터드 용접(stud welding)의 원리, 용접 공정 및 용도에 대하여 설명하여라.

57. 일렉트로 슬랙 용접의 원리와 특징을 설명하여라.

58. 일렉트로 가스 아크 용접에 대하여 써라.

59. 테르밋(Thermit) 용접에 대하여 써라.

60. 테르밋 반응을 설명하여라.

61. 플라스마(Plasma) 용접에 대하여 써라.

62. 레이저(Laser) 용접에 대하여 써라.

63. 전자빔 용접의 특징을 설명하여라.

64. 고주파 용접에 대하여 설명하여라.

65. 초음파 용접의 원리를 설명하여라.

66. 마찰 용접과 폭발 용접에 대하여 설명하여라.

제6장 납땜

67. 납땜의 원리를 설명하여라.

68. 연납땜과 경납땜을 구분하여 설명하여라.

69. 경납땜에 사용되는 땜납의 종류를 열거하고 설명하여라.

70. 연납용 용제의 종류를 열거하고 설명하여라.

71. 탄소강 바이트의 선단에 초경 팁을 납땜하여 고정시키고자 한다. 납땜의 종류와 땜납의 종류에 대하여 설명하여라.

72. 각종 금속을 납땜하고자 할 때 어떤 종류의 땜납을 사용하는 것이 좋은지 설명하여라. 복수 개의 땜납 가능
① 탄소강의 납땜 ② 구상흑연주철의 납땜 ③ 스테인리스강의 납땜 ④ 황동의 납땜
⑤ 청동의 납땜 ⑥ 알루미늄 합금의 납땜 ⑦ 니켈 및 그 합금의 납땜

제7장 절단

73. 가스 절단의 원리에 대하여 설명하여라.

74. 드래드에 대하여 설명하여라. 그리고 드래그(%)는 어떻게 구하는가?

75. 표준형 드래그란 무엇인가?

76. 절단 토치에서 다이버젠트 노즐에 대하여 설명하여라.

77. 절단 토치에서 절단 산소와 혼합 가스의 분출구의 형상에 따라서 동심형과 이심형으로 나누어지는데 이들을 그림을 그려서 설명하여라.

78. 분말 절단에 대하여 설명하여라.

79. 수중절단에 대하여 설명하여라.

80. 아크 절단의 종류를 열거하고 설명하여라.

81. 플라스마 아크 절단에 대하여 설명하여라.

제8장 용접 결함 및 검사

82. 용접 결함의 종류를 열거하고 설명하여라.

83. 치수상 결함의 종류를 열거하고 설명하여라.

84. 좌굴변형과 곡률변형에 대하여 설명하여라.

85. 언더 컷의 발생원인과 방지책을 설명하여라.

86. 오버랩의 발생원인과 방지책을 설명하여라.

87. 다음의 용접 결함을 용접부 단면의 그림을 그려서 설명하여라.

① 토 균열　② 비드 밑 균열　③ 루트 균열

88. 피시 아이(fish eye)란 무엇인가?

89. 용접 균열의 종류(치수상 결함)를 열거하고 설명하여라.

90. 용접부 비파괴시험(검사)의 종류를 열거하고 설명하여라.

제9장 용접 설계

91. 용접이음의 종류를 열거하고 설명하여라.

① 모재의 배치에 따라

② 용가재의 첨가 형태에 따라

③ 용접부의 표면 형상에 따라

92. 용접 기호 표시법을 설명하여라(용접을 하는 쪽이 화살표 반대쪽일 때).

93. 용접의 종류에 따른 용접 기호를 표시하여라.

① I형　② V형　③ V형　④ U형　⑤ X형

⑥ H형　⑦ K형　⑧ J형　⑨ 양면 J형

94. 용접부의 표면에 대한 다듬질 방법은 다음과 같다. 이들을 설명하여라.

① 치핑(C)

② 연삭(G)

③ 절삭(M)

④ 특별히 구별하지 않음(F)

95. 용접이음의 설계 시 주의사항을 설명하여라.

심화문제 1

01. 아크 용접에서 직류 정극성과 역극성을 그림을 그려서 설명하여라.

풀이 (1) 정극성(straight polarity) : 직류전원을 사용하면 아크는 전발열량의 약 70%가 양극에서 발생한다. 이 경우 그림 (a)에서와 같이 모재를 양극으로 하면 모재가 충분하게 용융되어 두꺼운 모재의 용접도 가능하다. 이와 같은 회로 구성을 정극성이라 한다. 모재가 두꺼우면 정극성이 유리하다.

(2) 역극성(reverse polarity) : 회로 구성을 정극성과 반대로 한 것으로서 전극을 양극으로, 모재를 음극으로 한다. 이것을 역극성이라 하며 얇은 모재를 용접할 때 이용한다(그림b).

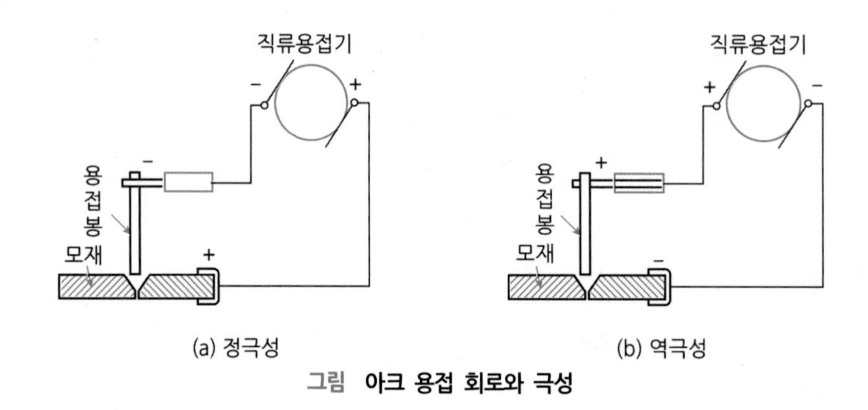

그림 아크 용접 회로와 극성

02. 연강용 피복 아크 용접봉의 표시 방법을 설명하여라. 그리고 일본과 미국과의 차이점을 설명하여라.

풀이 연강용 피복 용접봉의 기호는 KSD7004에 규정되어 있으며 다음과 같은 의미를 가지고 있다.
예를 들어 용접봉의 기호가 E43○□라고 하면 각각은 다음과 같다.

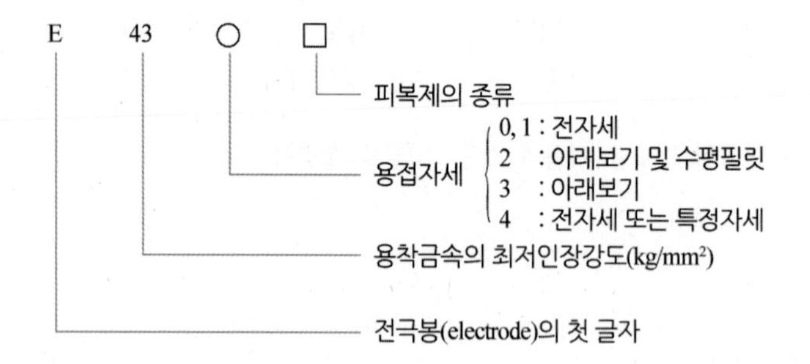

한편 일본은 E 대신 D(denki)를 쓰며 미국은 최저인장강도 43 kgf/mm^2 대신 60,000 psi의 첫 두 자리를 사용하여 E6001, E6013 등으로 한다.
이를 비교하면 다음과 같다.

한국	일본	미국
E 4301	D 4301	E 6001
E 4311	D 4311	E 6011
E 4316	D 4316	E 6016
E 4327	D 4327	E 6027

03. 산소 아세틸렌 가스 용접에서 산소와 아세틸렌을 1 대 1로 혼합하여 연소시키면 공기 중의 산소를 끌어들여 완전 연소한다. 이때의 화학 반응식을 완성시켜라.

풀이 가스 용접(gas welding)은 가연성 가스와 산소와의 연소열을 이용하여 접합시키는 것으로서, 가연성 가스에는 아세틸렌(C_2H_2), 프로판(C_3H_8), 부탄(C_4H_{10}), 수소(H_2) 및 천연가스 등이 있다. 이 가운데 아세틸렌 가스는 연소 온도가 높고 불꽃 조절이 용이하며, 모재에 끼치는 악영향이 적기 때문에 가장 많이 이용된다. 그래서 가스 용접이라 하면 일반적으로 산소-아세틸렌 가스 용접을 말한다.

산소 1용적과 아세틸렌 1용적을 혼합하여 연소시키면

$$C_2H_2 + O_2 \rightarrow 2CO + H_2$$

로 된다. 여기서 CO와 H_2가 공기 중의 산소와 만나서 다음과 같이 반응한다.

$$2CO + O_2 \rightarrow 2CO_2$$

$$H_2 + \frac{1}{2}O_2 \rightarrow H_2O$$

따라서 아세틸렌이 완전 연소되려면 다음과 같다.

$$C_2H_2 + 2\frac{1}{2}O_2 \rightarrow 2CO_2 + H_2O$$

즉, 아세틸렌 1용적이 완전 연소되는데 필요한 산소는 $2\frac{1}{2}$용적이다.

04. 150기압의 산소가 50 l의 용기 속에 가득 차 있다. 1시간에 250 l를 쓴다면 몇 시간 쓸 수 있는가?

풀이 전체의 산소량 : $150 \times 50 = 7,500\ l$

1시간에 250 l를 사용하므로

$$7,500 \div 250 = 30\text{시간}$$

답 30시간

05. 전기저항 용접의 원리를 설명하여라. 그리고 장단점을 열거하여라.

풀이 (1) 원리

두 모재를 접촉시키고 전류를 흘려보내면 두 모재의 접촉저항에 의하여 저항열이 발생되어 접촉부는 가열 · 용융된다. 이때 모재에 기계적인 압력을 가하여 용접하는 것을 전기저항 용접이라 한다.

발생되는 열량은 줄(Joule)의 법칙에 따라

$$Q = 0.24 I^2 Rt(\text{cal})$$

가 된다. 여기서 전류 : I(A), 저항 : $R(\Omega)$, 시간 : t(sec)이며, 전류가 많이 흐를수록, 저항이 클수록 그리고 시간이 길수록 발생되는 열량은 커진다.

전기저항 용접은 큰 전류를 짧은 시간에 흐르게 하므로 작업속도가 매우 빠르며 국부적인 가열로 인하여 변형이나 잔류응력이 작다. 강과 Al 및 Cu합금 등의 용접에 많이 이용되며 대량생산에 적합하다(그림 참조).

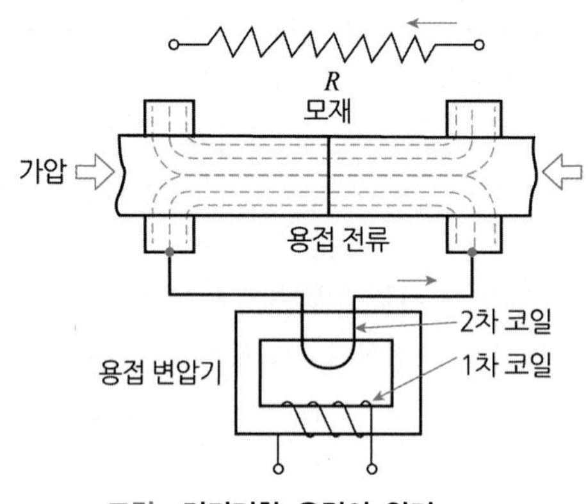

그림 전기저항 용접의 원리

(2) 전기저항 용접의 장단점

•장점 : ① 용접시간이 매우 짧다. ② 용접봉이 필요없다. ③ 미숙련공도 작업하기 쉽다.
④ 이종금속의 용접이 가능하다. ⑤ 대량생산에 적합하다. ⑥ 자동화가 가능하다.

•단점 : ① 설비비가 비싸다. ② 용접이음에 제한이 많다.

06. TIG와 MIG에 대하여 그림을 그려서 설명하여라.

풀이 불활성 가스란 다른 원소와 화합하기 어려운 가스를 말하며, 이와 같은 가스를 사용하여 대기 중의 산소나 질소의 침입을 방지하면서 접합시키는 방법을 불활성 가스 아크 용접이라 한다. 불활성 가스는 아르곤(Ar)과 헬륨(He)이 있으며, 텅스텐봉이나 금속봉을 전극으로 사용하고 있다. 전자를 TIG(inert gas tungsten arc welding)라 하고, 후자를 MIG(inert gas metal arc welding)라 한다.

TIG 용접은 그림 (a)에서와 같이 전극이 소모되지 않으므로 별도의 용가재가 필요하며, MIG 용접은 그림 (b)에서와 같이 전극 자체가 용접봉의 역할을 하기 때문에 별도의 용가재가 필요 없다. 용접성이 매우 나쁜 스테인리스강이나 알루미늄 합금 등의 용접이 가능하며, 용접부의 산화나 질화가 잘 되지 않는 장점이 있지만, 설비비가 비싸다는 단점이 있다.

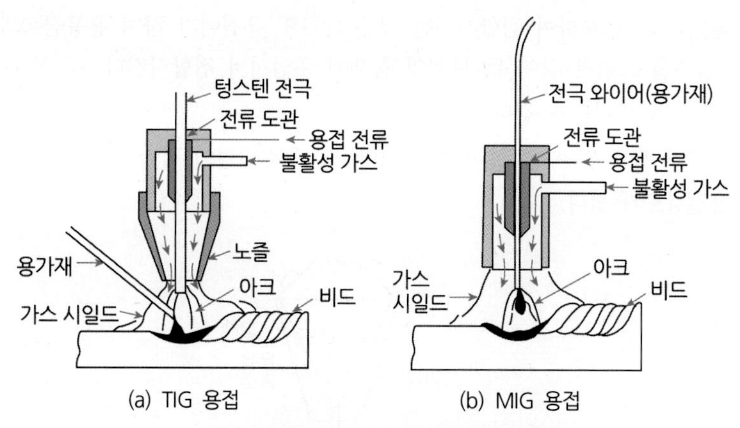

그림 불활성 가스 아크 용접법의 종류

07. 서브머지드 아크 용접과 그 특징을 설명하여라.

풀이 분말상의 용제 속에 심선용접봉을 넣고 모재와의 사이에 통전시켜 아크를 발생시킨 다음, 그 아크열로 용제, 심선 및 모재를 용융시켜 용접하는 방법이며, 아크가 용제 속에 묻혀 있으므로 이와 같은 이름이 붙었다. 이것을 유니온 멜트 용접(union melt welding) 또는 링컨 용접(Lincoln welding)이라고도 한다(그림 참조).

서브머지드 아크 용접의 특징은 다음과 같다.

•장점 : ① 열효율이 높다. ② 용접속도가 빠르다(수동의 10~20배). ③ 용접신뢰도가 높다.

•단점 : ① 용접방향의 제한이 많다. ② 설비 및 유지비가 비싸다.

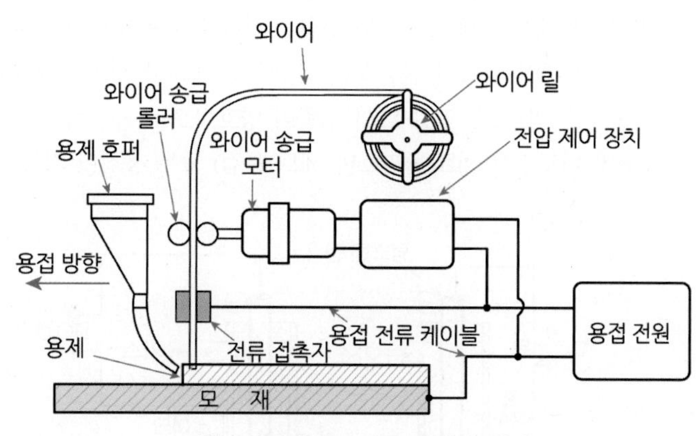

그림 서브머지드 아크 용접의 원리

08. 테르밋 용접에 대하여 설명하여라. 그리고 테르밋 반응에 대하여 설명하여라.

풀이 산화철과 Al분말을 혼합한 것을 테르밋제라 하며 이것에 점화제를 넣고 점화시키면 다음과 같은 화학 반응(테르밋 반응)을 일으키면서 약 3,000℃의 높은 열을 낸다.

$$3Fe_3O_4 + 8Al = 9Fe + 4Al_2O_3 + 702.5\ kcal$$

이와 같은 높은 열을 이용하여 접합시키는 것을 테르밋 용접이라 하며 용융금속과 알루미나(슬랙)를 얻는다. 용융금속을 그림과 같이 두 모재의 틈새에 주입시켜 접합시킨다.

테르밋 용접의 특징은 다음과 같다.

•장점 : ① 전기가 필요 없다. ② 설비비가 싸다. ③ 용접변형이 작다.

•단점 : ① 용접강도가 낮다.

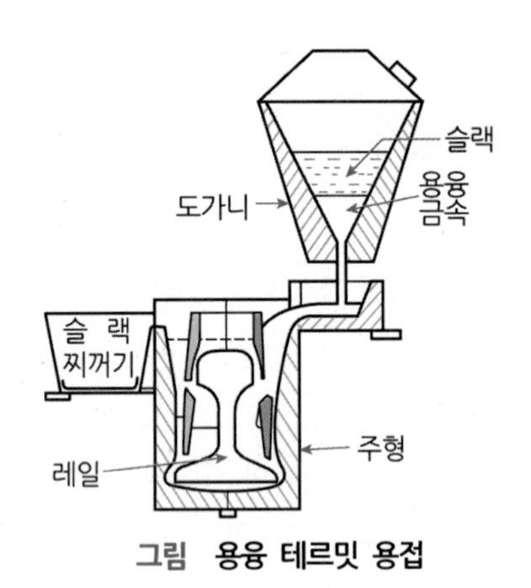

그림 용융 테르밋 용접

09. **플라스마 용접에 대하여 그림을 그려서 설명하여라.**

풀이 기체를 높은 온도로 가열시키면 전자와 이온으로 분리된다. 이들 전자와 이온이 섞여서 도전성을 가진 가스가 되며, 이를 플라스마(plasma)라 하고 플라스마를 이용하여 접합시키는 것을 플라스마 용접(plasma welding)이라 한다. 플라스마는 텅스텐 전극과 모재 사이에서 발생되는 플라스마 아크와 텅스텐 전극과 노즐 사이에서 발생되는 플라스마 제트로 나뉘어진다. 전자를 이용하여 접합시키는 것을 플라스마 아크 용접(그림 (a), 후자를 이용하여 접합시키는 것을 플라스마 제트 용접이라 한다(그림 (b) 참조).

이 용접법의 특징은 고온을 얻을 수 있고 열의 집중이 양호하므로 용입이 매우 깊다. 또한 도전성 재료(플라스마 아크 용접) 및 비도전성 재료(플라스마 제트 용접) 모두 용접이 가능한 반면 작업 범위가 넓으면 비경제적이다.

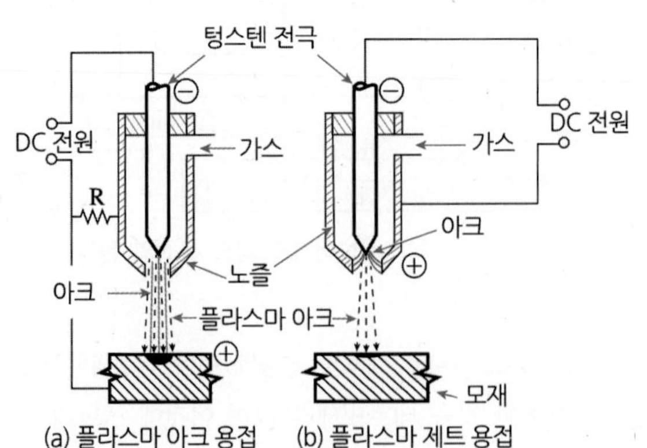

그림 플라스마 용접

10. 전자빔 용접의 원리와 장단점을 설명하여라.

풀이 진공실 안에 있는 텅스텐 필라멘트를 가열하면 여기서 전자가 방출된다. 이를 전자빔이라 하며 이것이 모재에 부딪힐 때 그 충돌에너지를 이용하여 접합시키는 것을 전자빔 용접(electron beam welding)이라 한다. 이 용접법은 고진공(10^{-4}~10^{-6} mmHg)이 필요하며 모든 조작은 진공실 밖에서 이루어진다(그림 참조).

전자빔 용접법의 장단점은 다음과 같다.

- 장점 : ① 비드의 폭이 좁고 깊은 용입을 얻을 수 있다.
  ② 대기 중의 산소나 질소 등의 영향을 받지 않는다.
  ③ 우수한 용접부를 얻을 수 있다.
- 단점 : ① 고진공장치가 필요하다.
  ② 설치, 유지비가 비싸다.
  ③ 대형공작물의 용접이 곤란하다.

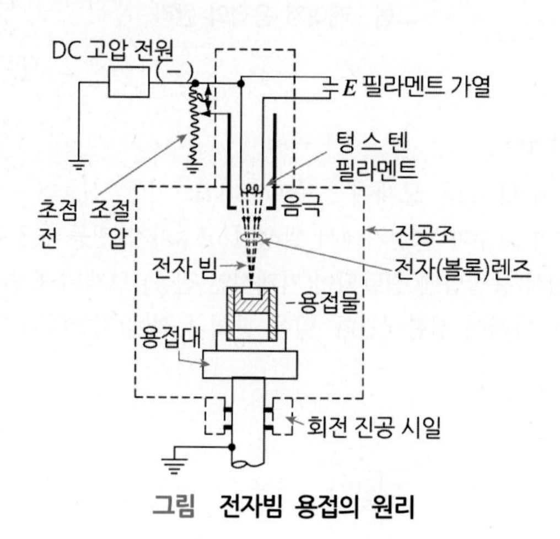

그림 전자빔 용접의 원리

11. 레이저 용접의 원리 및 특징을 설명하여라.

풀이 레이저(laser)는 유도방사에 의한 빛의 증폭기(light amplification by stimulated emission of radiation)란 뜻이며 그 첫 글자를 따서 레이저라 한다. 그림과 같이 크세논 섬광판에서 발생된 빛이 루비결정체를 지나는 동안 증폭되어 매우 강렬한 빛으로 된다. 이것을 레이저라 하며 렌즈로 레이저를 한 곳으로 집중시켜 모재를 녹이고 접합한다. 이와 같은 용접을 레이저 용접이라 하며 이 용접법의 특징은 다음과 같다.

- 장점 : ① 폭이 좁고 깊은 용입을 얻을 수 있다.
  ② 비도전성 재료의 용접이 가능하다.
- 단점 : ① 설치, 유지비가 비싸다.
  ② 대형공작물의 용접이 곤란하다.

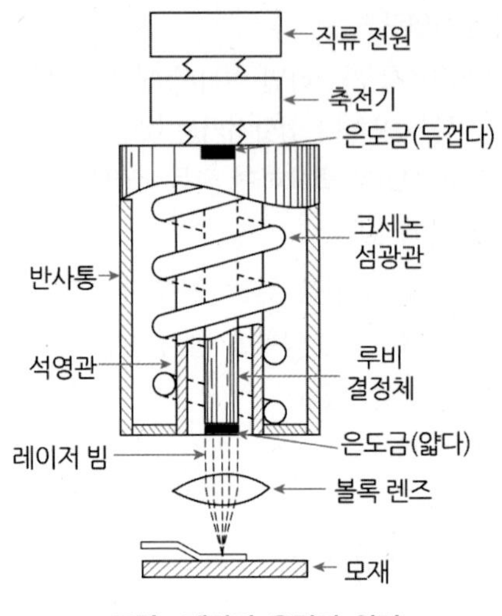

그림 레이저 용접의 원리

12. 초음파 용접의 원리를 설명하여라.

풀이 초음파 용접(ultrasonic welding)은 모재에 초음파(18 kHz 이상) 진동을 주어 마찰열을 발생시켜 접합하는 것이다. 즉, 그림과 같이 고주파 발진기에서 발생된 고주파가 진동자를 진동시키고(전기적인 진동) 이것이 선단에 연결된 콘에서 용접팁에 전달되어(기계적인 진동) 모재의 표면에 부딪혀 마찰열을 발생시킨다. 또한 앤빌을 통해 힘을 가하여 접합시킨다. 얇은 판의 용접에 적합하며 비금속의 용접도 가능한 반면 설치, 유지비가 비싸다.

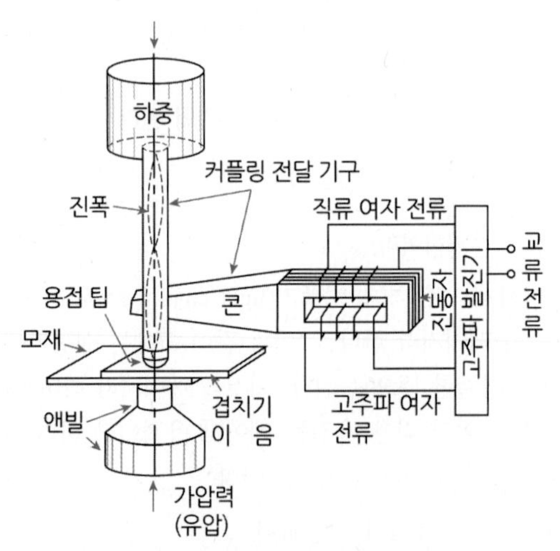

그림 초음파 용접의 원리

13. 가스 절단 시 생기는 드래그에 대하여 그림을 그리고 다음을 설명하여라.

① 드래그 라인 ② 드래그(%)

③ 표준형 드래그 ④ 강판의 두께와 드래그의 길이

풀이 일정한 속도로 가스 절단을 할 때 불꽃이 모재 속으로 들어갈수록 슬래그가 방해하고 산소가 오염되며 절단 속도가 저하되어 그림과 같이 일정한 간격으로 평행한 곡선이 나타난다. 이 곡선을 드래그 라인(drag line)이라 하며, 상하 드래그 라인의 거리의 차이를 드래그(drag) 또는 드래그 길이라 한다. 드래그는 가스 절단의 양부를 판정할 수 있는 기준이 되며, 산소의 소비량, 절단 속도 등에 따라 변한다. 예를 들어, 절단 속도가 아주 느리면 드래그는 0이 된다. 산소의 소비량을 증가시키면 드래그는 짧아지지만, 더 이상 짧아지지 않는 한계가 있다. 강판을 절단할 때 드래그는 일반적으로 강판 두께의 20%를 표준으로 하고 있다. 드래그(%)는 다음과 같이 구한다.

$$\text{드래그}(\%) = \frac{\text{드래그의 길이(mm)}}{\text{강판 두께(mm)}} \times 100$$

강판의 절단 시 드래그는 강판의 두께에 따라 달라지며 다음 표와 같다.

표 강판의 두께와 드래그의 길이

강판의 두께(mm)	12.7	25.4	51	51~152
드래그의 길이(mm)	2.4	5.2	5.6	6.4

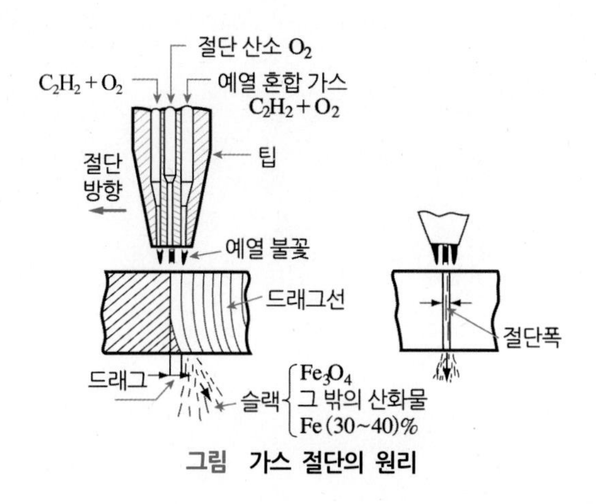

그림 가스 절단의 원리

14. 용접을 하는 쪽이 화살표의 반대쪽일 때 용접 기호의 표시 방법을 그림을 그려서 설명하여라.

풀이 용접 기호의 표시 방법은 국제표준화기구(ISO)에서 규정하고 있으며, 우리나라도 ISO에 준하여 KS에 표준화시켜 놓고 있다. 용접 기호에 표시되어야 할 사항은 그림에서와 같이 화살표, 지시선, 기선 및 꼬리 등으로 나타내며, 여기에 용접 기호, 치수 및 강도, 루트 간격, 홈의 종류 및 각도, 다듬질 방법, 기타 특이 사항 등을 기입한다.

용접을 하는 쪽이 화살표의 반대쪽이면 용접에 관한 중요한 정보를 기선의 위쪽에 표시한다. 여기서 중요한 정보는 용접 종류, 루트 간격, 홈의 각도, 표면 형상, 다듬질 방법 및 치수 또는 강도 등이다. 기선 가장 가까운 곳에 용접 종류를 표시하고 이어서 루트 간격, 홈의 각도, 표면 형상 및 다듬질 방법을 순서대로 표시하고 치수 또는 강도는 용접 종류보다 앞쪽에 표시한다. 그 밖의 것은 그림을 참고하기 바란다.

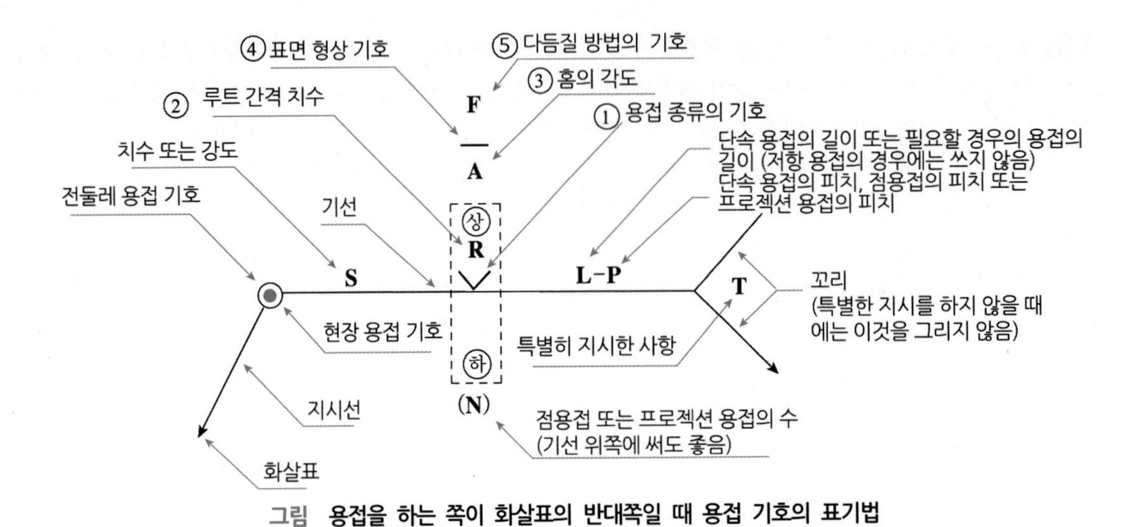

그림 용접을 하는 쪽이 화살표의 반대쪽일 때 용접 기호의 표기법

심화문제 2

01. 다음 그림에 나타낸 용접 이음에 대하여 그 명칭을 써라.

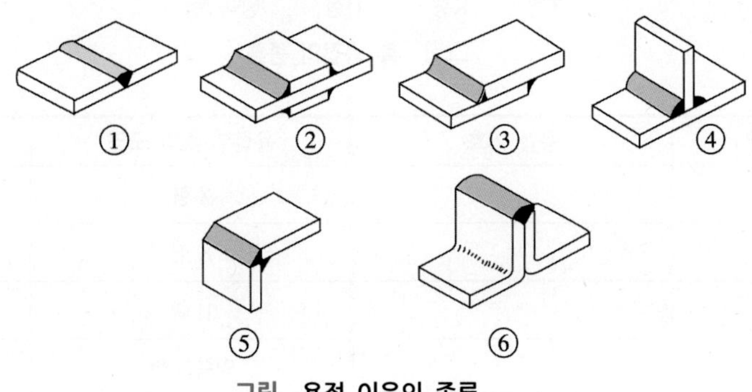

그림 용접 이음의 종류

02. 용접부는 표면 형상에 따라서 다음과 같이 표시한다. 이들을 설계도면상의 용접 기호로 나타내어라.

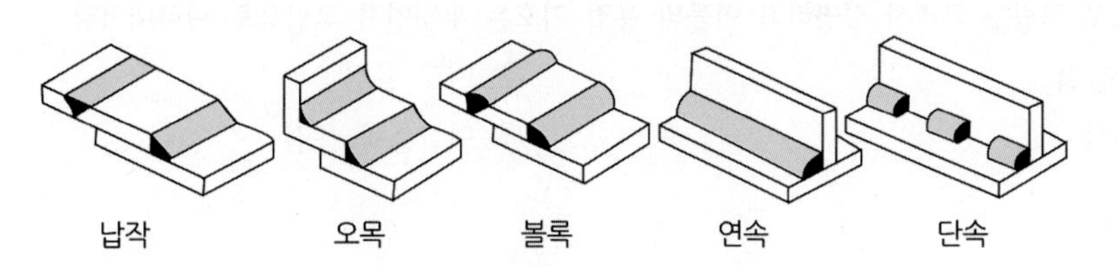

그림 용접부 표면 형상의 종류

용접부 표면 형상	용접 기호	용접부 표면 형상	용접 기호
납작꼴		연속 용접	
오목꼴		단속 용접	
볼록꼴			

03. 모재 이음의 형식은 접촉부 홈(groove)의 모양에 따라 다음 그림과 같이 나타내고 I형, V형 등으로 부른다. 이들을 설계도면상의 용접 기호로 나타내어라.

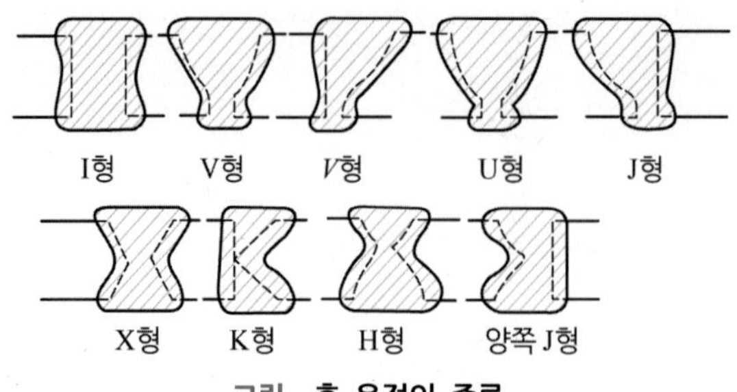

그림 홈 용접의 종류

용접부 홈의 모양	용접 기호	용접부 홈의 모양	용접 기호
I 형		X 형	
V 형		K 형	
V 형		H 형	
U 형		양쪽 J 형	
J 형			

V : 베벨(bevel)

04. 다음의 용접을 그림을 그려서 설명하고 이들의 용접 기호는 무엇인지 그림으로 나타내어라.

① 플러그 용접
② 비드 용접
③ 용입 용접
④ 덧살올림 용접

05. 다음 그림과 같이 판에 원형 봉을 용접하고자 한다. 다음의 용접 방법을 그림을 그려서 설명하고, 이들 용접의 용접 기호를 표시하여라.

① 현장 용접
② 전(온)둘레 용접
③ 전둘레현장 용접

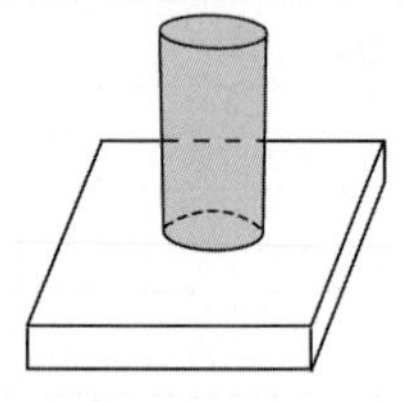

06. 다음 그림과 같이 V형 홈 용접을 하고자 한다. 실제 모양에 치수를 기입하고 용접도면을 바르게 표시하여라.

① 홈의 깊이 16 mm, 홈의 각도 60°, 루트 간격이 2 mm임.

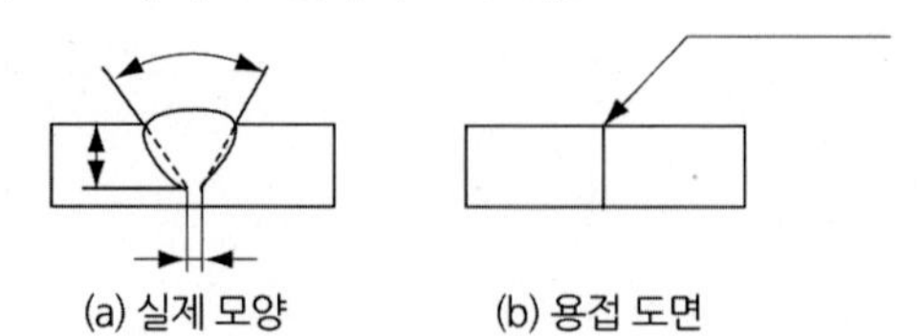

② 받침쇠 사용, 판재의 두께 12 mm, 홈의 각도 45°, 루트 간격 4 mm, 표면은 절삭 다듬질을 함.

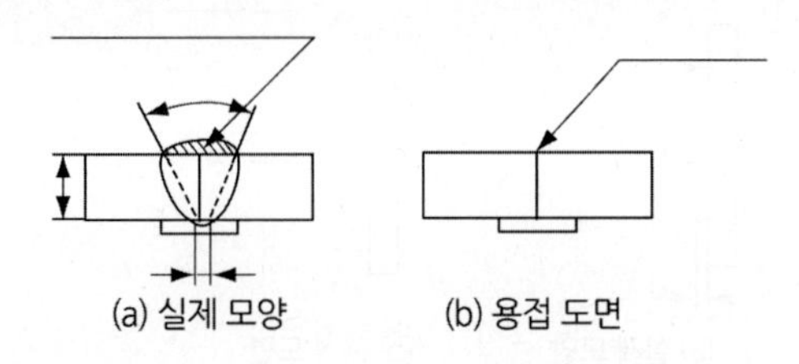
(a) 실제 모양 (b) 용접 도면

07. 다음 그림에서와 같이 X형 홈 용접을 하고자 한다. 홈의 깊이는 화살표쪽 16 mm, 그 반대쪽 9 mm, 홈의 각도는 화살표쪽 60°, 그 반대쪽 90°, 루트 간격은 3 mm이다. 실제 모양에 치수를 기입하고 용접도면을 바르게 표시하여라.

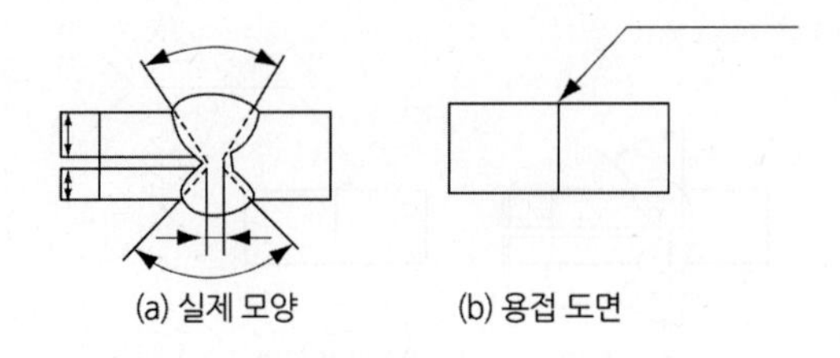
(a) 실제 모양 (b) 용접 도면

08. 다음 그림과 같이 U형 홈 용접을 하고자 한다. 홈의 각도 25°, 루트 반경 6 mm, 루트 간격 0 mm이다. 실제 모양에 치수를 기입하고 용접도면을 바르게 표시하여라.

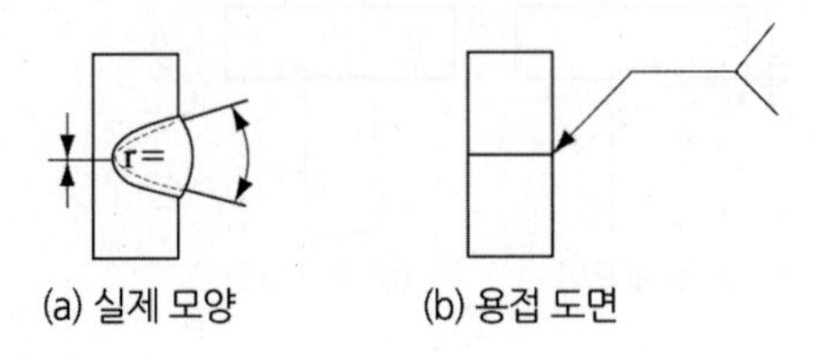

(a) 실제 모양 (b) 용접 도면

09. 다음 그림과 같이 H형 홈 용접을 하고자 한다. 홈의 깊이 30 mm, 홈의 각도 25°, 루트 반경 6 mm, 루트 간격 0 mm이다. 실제 모양에 치수를 기입하고 용접도면을 바르게 표시하여라.

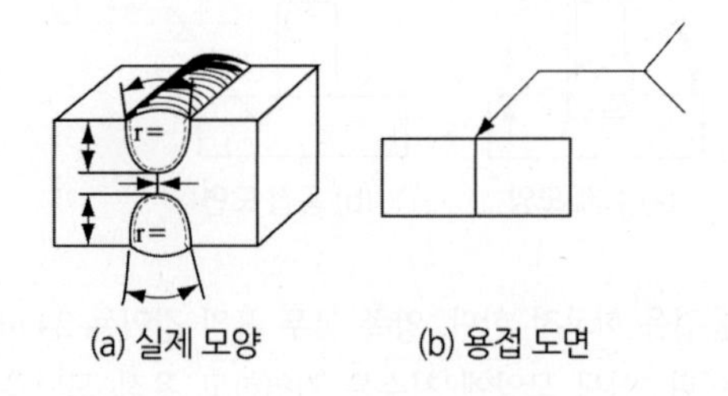

(a) 실제 모양 (b) 용접 도면

10. 다음 그림과 같이 *V*(bevel)형 홈 용접으로 T이음을 하고자 한다. 이 때 홈의 각도는 45°, 루트 간격은 5 mm이다. 실제 모양에 치수를 기입하고 용접 도면을 바르게 표시하여라.

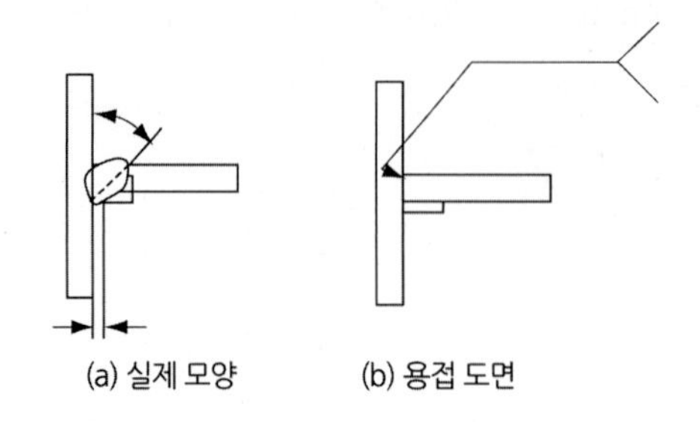

11. 다음 그림과 같이 K형 홈 용접을 하고자 한다. 실제 모양에 치수를 기입하고 용접 도면을 바르게 표시하여라.

① 홈의 깊이는 화살표쪽 16 mm, 그 반대쪽 9 mm, 홈의 각도는 양쪽 모두 45°, 루트 간격은 2 mm이다.

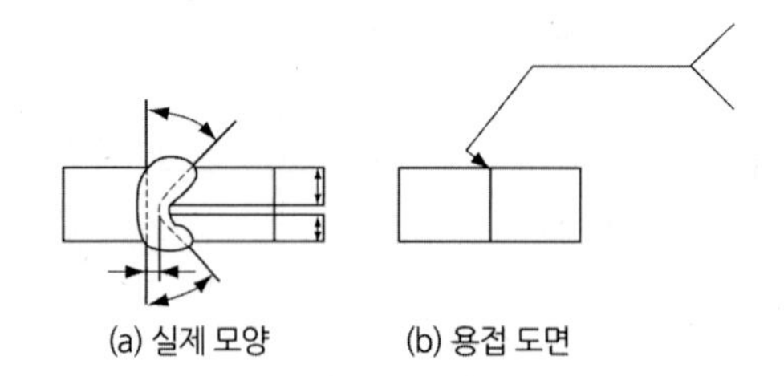

② T이음이고 홈의 깊이는 양쪽 모두 10 mm, 홈의 각도 45°, 루트 간격은 1 mm이다.

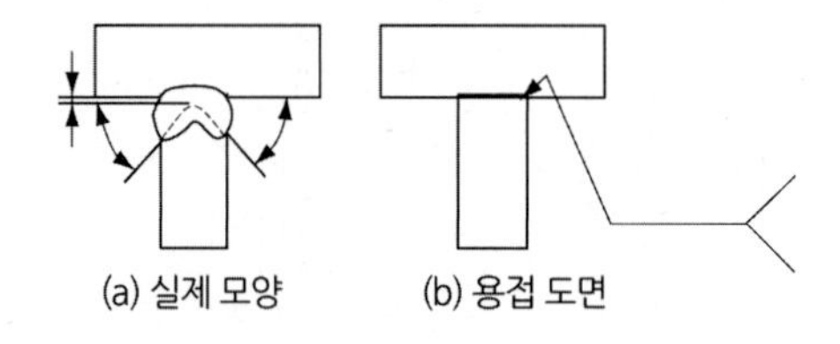

12. 다음 그림과 같이 J형 홈 용접을 하고자 한다. 이 때 홈의 깊이는 28 mm, 홈의 각도 35°, 루트 반경 13 mm, 루트 간격 2 mm이다. 실제 모양에 치수를 기입하고 용접 도면을 바르게 표시하여라.

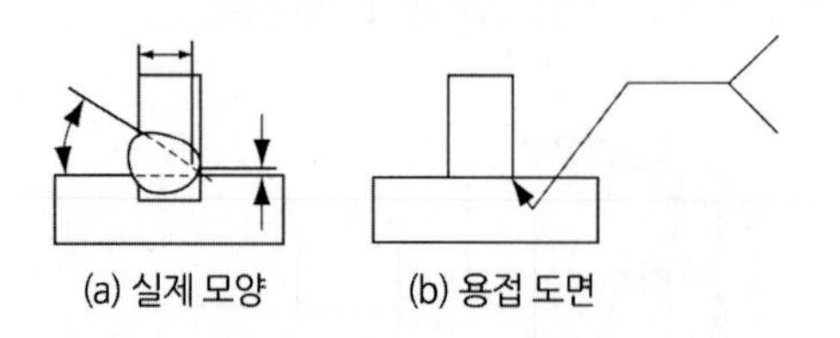

13. 다음 그림과 같이 양면 J형 홈 용접을 하고자 한다. 양쪽 모두 홈의 깊이는 24 mm, 홈의 각도는 35°이다, 루트 반경은 10 mm, 루트 간격은 3 mm이다. 실제 모양에 치수를 기입하고 용접 도면을 바르게 표시하여라.

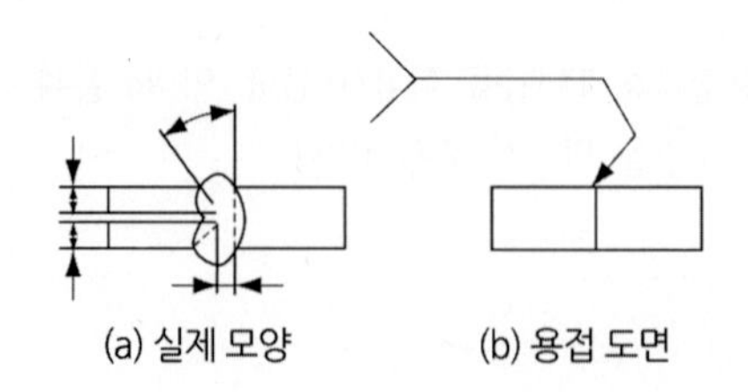

III 소성가공

01장 소성이론
02장 단 조
03장 압 연
04장 압 출
05장 인 발
06장 제 관
07장 프레스가공
08장 전조가공
09장 고에너지 속도가공

01장
소성이론

1.1 금속재료의 탄성과 소성

재료에 외력(外力)을 가하면 재료 내부에는 응력이 발생하여 변형이 일어난다. 외력이 작으면 이것을 제거하면 재료는 완전히 원래의 형상으로 복귀하나 외력이 어느 정도 커지면 이를 제거하여도 완전히 원래대로 복귀하지 않고 약간의 변형이 남는다. 이러한 변형을 **소성변형**(塑性變形, plastic deformation)이라 하고, 이러한 소성변형을 일으키는 재료의 성질을 **소성**(塑性, plasticity) 혹은 **가소성**(可塑性)이라 한다. 이에 대하여 완전히 원형으로 복귀하는 것을 **탄성변형**(彈性變形, elastic deformation)이라 한다. 많은 물질은 소성을 가지고 있으나, 상온에서 소성변형을 일으키기 어려운 물질도 온도나 습도를 상승시키면 소성변형을 일으키기 쉬워지는 경향이 있다. 이 가소성을 이용하는 가공을 **소성가공**(塑性加工, plastic working)이라 한다.

소성가공으로 재료의 형상이나 치수를 바라는 대로 변화시킬 수 있으며, 재료의 성질도 아울러 변화시킬 수 있다. 소성가공은 다른 가공방식에 비하여 성형속도가 가장 빠른 가공이므로, 현대의 기계공업에서 그 중요성이 갈수록 증대되고 있다. 일반적으로 금속재료는 비금속재료에 비하여 큰 소성변형을 일으킬 수 있으므로 소성가공의 좋은 대상이 된다. 비금속재료에서도 가열로 소성이 증대되는 것은 소성가공이 가능하다. 플라스틱(plastics) 재료의 많은 것은 이러한 예이다. 특히 열가소성 플라스틱(thermoplastic resin)은 상온에서도 양호한 가소성을 가진다.

외력이 가해질 때 생기는 변형은 일반적으로 탄성변형과 소성변형의 합이다. 이들의 관계 및 **응력**(應力, stress)과 **변형률**(變形率, strain)의 표시법을 설명하기 위하여 인장시험의 예를 든다. 그림 3.1은 연강의 인장시험 결과이다.

P는 외력(하중), A_0는 시험편의 최초의 단면적, l_0는 시험편의 최초의 표점거리(gauge length)이다. **공칭응력**(公稱應力, nominal stress) S와 **공칭스트레인**(nominal strain) ϵ은 각각 식 (3.1)과 식 (3.2)와 같다.

공칭응력 $S = \dfrac{P}{A_0}$ (3.1)

공칭스트레인 $\epsilon = \dfrac{l - l_0}{l_0}$ (3.2)

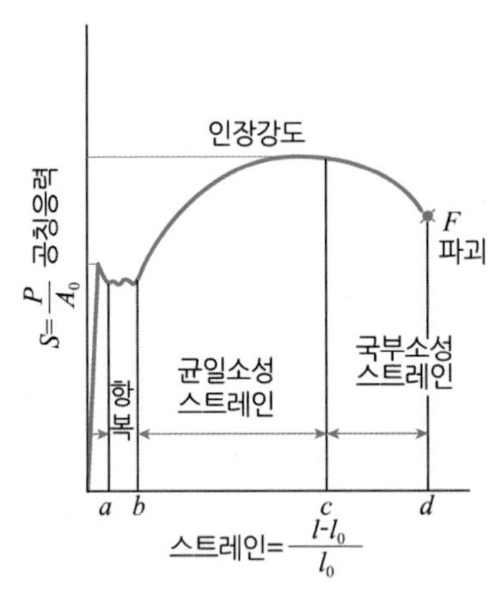

그림 3.1 **연강의 공칭응력-스트레인 곡선**

단 l는 표점거리의 늘어난 상태에서의 길이이다. 실제로는 시험편 길이가 l_0부터 차츰 늘어나면 단면적은 A_0보다 차츰 감소되어간다. 임의의 순간에서 실제 단면적 A일 때 $\sigma = \dfrac{P}{A}$를 생각하여 이 σ를 진응력(眞應力, ture stress)이라 한다.

P가 차츰 증가하면 σ도 커지고 ϵ도 증가하며 일반적으로 그림 3.2와 같이 된다(연강의 경우는 그림 3.1). 그림 3.2에서 0부터 a까지는 σ와 ϵ은 비례하며 실질적으로 S와 ϵ도 비례하여

$$\frac{S}{\epsilon} = E(\text{종탄성계수}) \text{ 또는 } \frac{\sigma}{\epsilon} = E \tag{3.3}$$

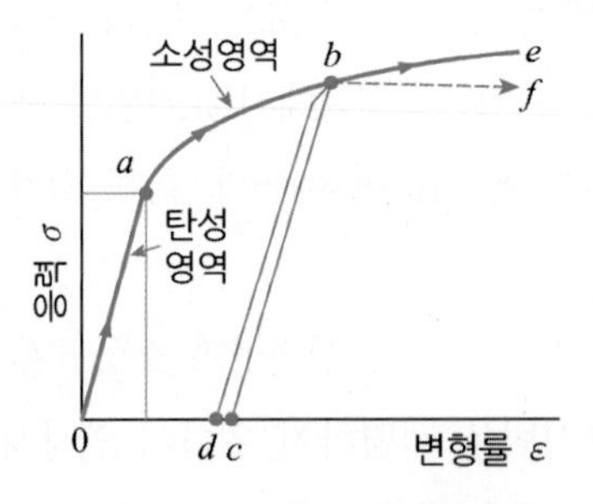

그림 3.2 **응력과 변형률 관계**

이다. 이것이 후크의 법칙(Hooke's law)이다. 이 부분에서는 외력을 제거하면 변형은 완전히 원상태로 복귀한다. 즉, 이는 탄성변형에 해당한다. 응력 σ가 a 이상이 되면 σ보다도 ϵ의 증가가 커져서 ab와 같은

곡선을 따라 변화하게 되어 비례관계는 성립되지 않는다. 이때 가령 b점에서 외력을 제거하면 스트레인은 완전히 영이 되지 않고, c에 대응하는 스트레인을 남기게 된다. 이와 같이 되는 것을 재료가 **항복**(降伏, yielding)을 일으켰다고 한다. 그러나 시간이 경과하면 스트레인은 $0c$부터 $0d$로 조금 감소된다. 이 d점에 대응하는 스트레인이 **영구변형**(永久變形, permanent deformation)으로 남게 된다. 이와 같이 외력을 제거한 후 시간의 경과에 따라 잔류스트레인(residual strain)이 감소하는 현상을 **탄성여효**(彈性餘效, elastic after effect)라고 한다.

또한 그림 3.2에서와 같이 시간과 더불어 스트레인이 $b \rightarrow f$ 로 커져 가는 일이 있다. 이 현상을 **크리프**(creep)라 한다.

고체재료에 탄성한도 이상의 응력을 일으키게 하면 소성변형을 일으키는 것은 물질을 구성하는 원자, 분자가 상호간에 그 위치를 변화시킨 결과이다. 그리고 금속재료에서는 한 번 어떤 방향으로 소성변형을 받으면 같은 방향으로 소성변형을 일으키는 데 대하여 저항력이 증대한다. 이것은 탄성한도의 상승이나 경도의 증가로 나타난다. 이런 현상을 **가공경화**(加工硬化, work hardening) 또는 **변형경화**(變形硬化, strain hardening)라 한다.

1.2 금속결정의 소성변형

1.2.1 일반적인 소성변형

금속이 외력을 받아 소성변형이 발생할 때 금속을 구성하는 결정립에 일어나는 변화를 보면 탄성한계를 넘었을 때 그 표면에는 결정립 내부에 서로 평행한 선이 나타남을 알 수 있다(그림 3.3). 외력이 더 커져서 변형이 진행하면 이 선의 수도 증가한다. 이들 평행한 선은 개개의 결정이 어떤 결정면에서 **슬립**(slip)을 일으켜 생긴 것이며, 이것을 **슬립라인**(slip line)이라 한다.

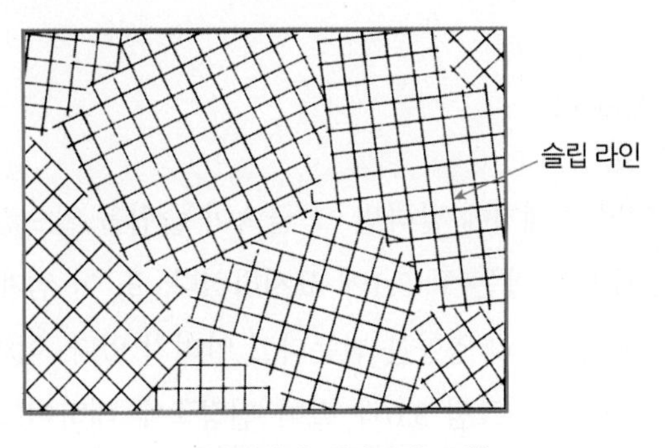

그림 3.3 결정입자와 입자경계 모형

단결정(單結晶)으로 된 금속의 소성변형을 X선 등을 사용하여 조사하여 보면 그림 3.4와 같으며 이는 결정이 여러 개의 슬립면(slip plane)에서 서로 슬립을 일으킨 결과임을 알 수 있다. 이때 슬립면과 미끄러짐이 생기는 방향, 즉 슬립방향(slip direction)은 결정형에 따라 정해진 면과 방향이 있다. 표 3.1은 이를 표시한 것이다.

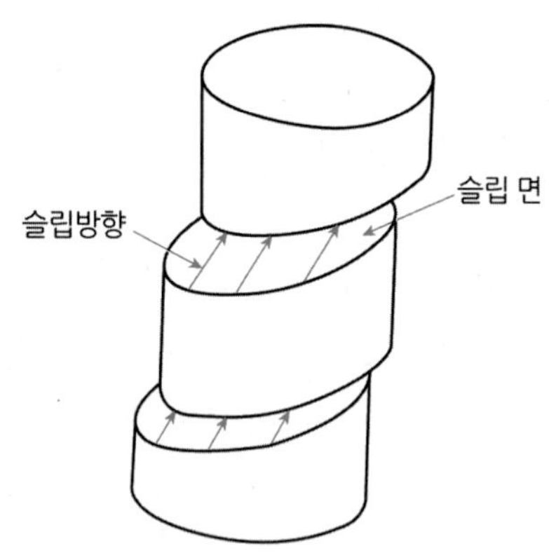

그림 3.4 **단결정의 소성변형**

슬립면은 보통 원자밀도가 가장 높은 면과 일치하고, 슬립방향도 원자가 가장 촘촘히 배열된 방향임을 알게 된다. 슬립면상에서의 변위는 원자간 거리의 수백 배이다.

결정 내에는 원자밀도 최대의 면은 무수히 있음에도 불구하고, 실제로 슬립을 일으키는 면은 한정된 것이며, 이 활동하는 슬립면은 슬립대(slip band)라 하는 슬립라인 군이 되는 경향이 있다. 이 슬립대 내의 이들 슬립면 사이의 간극은 거의 일정하고, 알루미늄의 경우 약 200 Å(1 Å = 10^{-8} cm) 정도이며, 슬립 내와 슬립대 사이의 간극은 그의 100배 정도이다. 또 각 슬립면에서의 슬립은 동시에 발생하는 것은 아니고, 한 면에서 슬립이 끝나면 이웃 슬립면에서의 슬립이 발생하는 바와 같이 불연속적으로 변형이 진행된다. 이러한 슬립을 일으키는 원동력은 슬립면에 작용하는 전단응력(剪斷應力)이라 생각되며, 그림 3.5와 같이 단면적 A_0인 둥근 봉을 축방향으로 P의 힘으로 잡아당길 때, 슬립면 a에서의 슬립방향의 단위면적당의 전단응력 τ를 계산하면

$$\tau = \frac{P}{A_0} cos\lambda \cos\phi \tag{3.4}$$

와 같이 된다. 이 τ값이 어떤 임계치에 달하면 그 금속이 슬립을 일으킨다는 것이 실험적으로 알려져 있다. 이 임계전단응력값의 대표적 예는 표 3.1에 표시하였다. 또 이 임계전단응력은 온도, 스트레인 속도, 결정의 순도, 결정의 이력(履歷) 등의 영향을 받는다고 알려져 있다. 이와 같이 슬립면상의 슬립으로 재료는 늘어나며, 이 때문에 슬립면은 그림 3.6과 같이 인장축에 대하여 회전을 일으킨다.

표 3.1 금속단결정의 슬립면, 슬립방향과 임계전단응력

결정형	금속	슬립면	슬립방향	20℃에서의 임계전단응력 (kg/mm²)
면심입방격자	Al	(111)*	[101]	0.10 0.060 0.092
	Cu	(111)	[101]	
	Ag	(111)	[101]	
	Au	(111)	[101]	
	Al · Cu	(111)	[101]	
체심입방격자	α-Fe	(110)	[111]	2.8
		(112)	[111]	
		(123)	[111]	
	Mo	(112)	[111]	
	W	(112)	[111]	
	K	(123)	[111]	
	Na	(112)	[111]	
	β-황동	(110)	[111]	
조밀육방격자	Mg	(0001)	[2110]	0.083 0.058 0.094
	Cd	(0001)	[2110]	
	Zn	(0001)	[2110]	
	Be	(0001)	[2110]	
능면체	Bi	(111)	[101]	0.221
	Hg	(100) 기타		0.007

* 슬립면의 표시기호는 Miller notation이다(부록 참조).

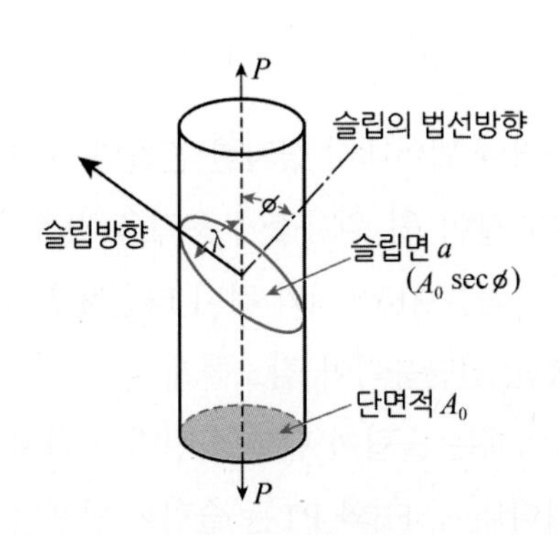

그림 3.5 봉의 인장 시 슬립면과 슬립방향

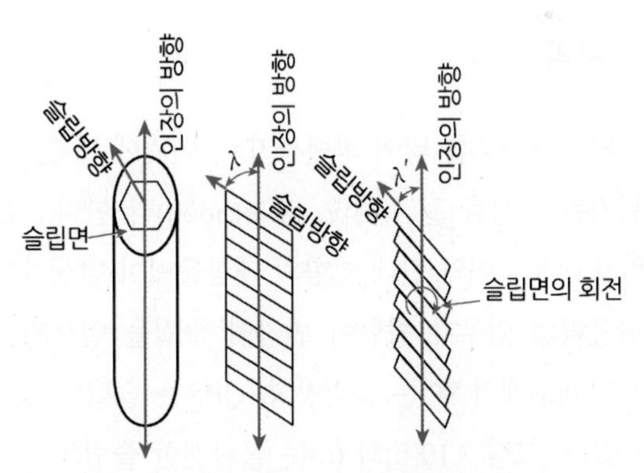

그림 3.6 결정격자의 회전과 방향의 변화

1.2.2 쌍정

결정에 발생하는 소성변형의 또 하나의 형태에 쌍정(雙晶, twinning)이 있다. 이것은 그림 3.7 및 그림 3.8과 같이 외력이 작용하면 결정의 일부가 결정학적으로 특정한 면을 경계로 하여 평행이동하여, 이 면에 대하여 서로 대칭인 결정의 복합체가 되는 경우이다. 예컨대 철을 충격적으로 변형시키면 결정립 중에는 슬립과 다른 직선상의 선이 나타날 때가 있으며, 이는 쌍정이 생긴 결과이다. 철의 경우는 충격하중이 작용했을 때 밖에 볼 수 없으나 면심입방격자의 결정의 소성변형에서는 쌍정을 흔히 보게 된다.

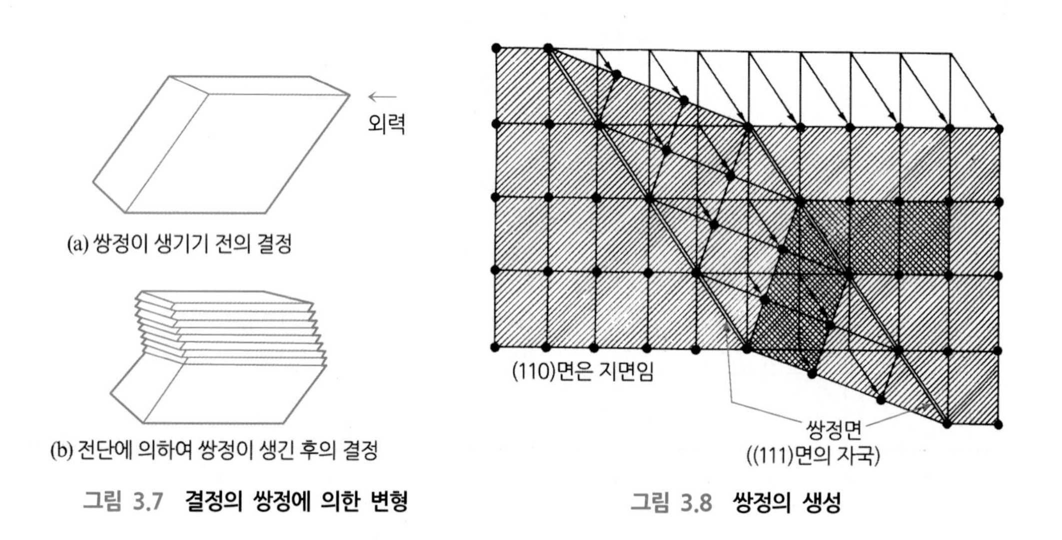

그림 3.7 결정의 쌍정에 의한 변형

그림 3.8 쌍정의 생성

1.2.3 전위

상자 내에 구(球)를 넣어 정렬시키고, 여기에 다른 구를 추가하거나 덜어내서 상자를 흔들면 구의 정렬이 바뀌지는 현상을 전위(轉位, dislocation)라 한다. 그림 3.9(a)와 같이 윗 원자층에 응력을 작용시키면 아래 원자층에는 이와 반대 방향의 저항응력이 발생하고, 여기에 그림 3.9(b)에서와 같이 타원자를 추가하면 저항응력의 일부가 방향이 변하여 슬립을 일으키는 데 필요한 전단응력이 감소하게 된다.

그림 3.10(a)에서 SQ는 슬립방향, QRS는 슬립면을 나타내며, 이때는 슬립이 단면의 전역에 걸쳐서 발생하고 있다. 그림 3.10(b)와 (c)는 불완전한 슬립의 두 형식을 나타내며, FE와 PT는 슬립이 발생한 깊이를 나타내는 선이다. 이리하여 슬립면 내의 슬립을 일으키는 영역과 일으키지 않은 영역을 가르는 경계선으로서 전위의 개념에 도달하게 된다. 그림 3.10(b)와 (c)의 슬립의 형식은 근본적으로 다르다. (b)의 FE는 순수한 인상전위(刃狀轉位, edge dislocation)이며 DE가 슬립의 방향이다. 이에 대하여 (c)의 PT는 순수한 나선전위(螺旋轉位, screw dislocation)이며, 슬립방향은 점 X가 X'으로 이동하는 방향이다.

인상전위에서는 그림 3.10(b)와 같이 슬립면이 노출되는 방향(D부터 E로 가는 방향)이 전위선 EF에 수직이었으나, 나선전위에서는 그림 (c)와 같이 슬립면이 노출되는 방향(X부터 X'으로 가는 방향)은 전위선 PT에 평행하다. 그리고 이러한 전위는 P점의 주위를 단면을 따라 X부터 X'까지 반시계방향으로 1회전하면 1원자면 앞서게 된다. 즉, 원자면이 나선상으로 이어졌으므로 나선전위라 한다. 나선전위는 정해진 슬립면을 가지지 않으며, 만곡된 면을 따라 슬립을 일으킬 수 있다.

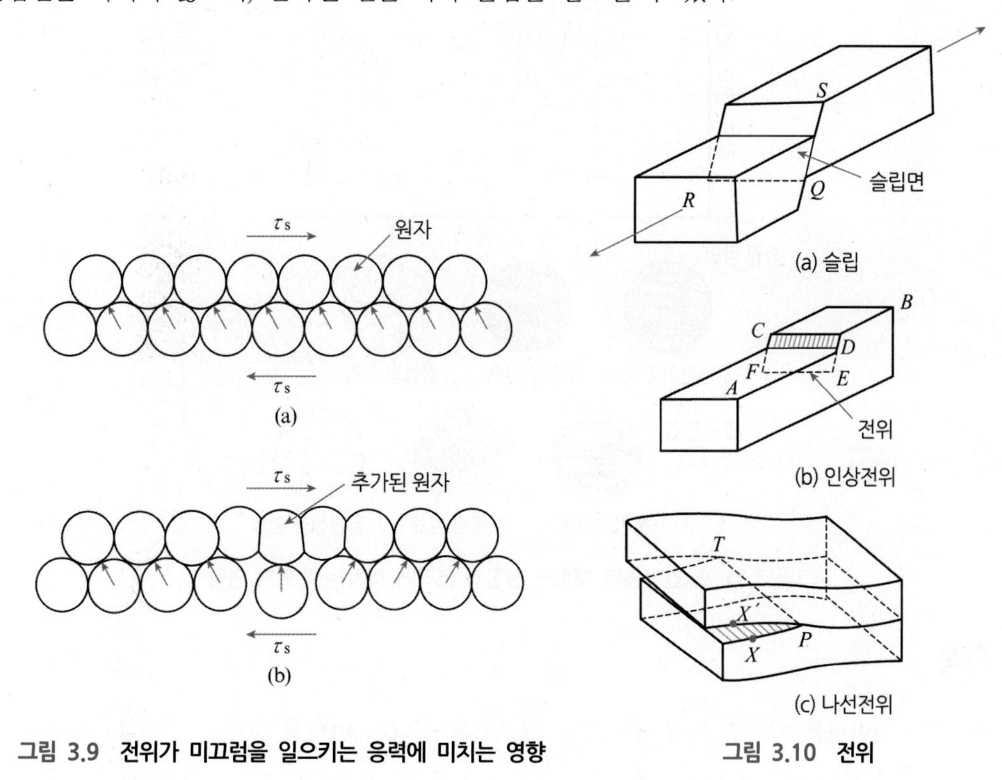

그림 3.9 전위가 미끄럼을 일으키는 응력에 미치는 영향

그림 3.10 전위

1.3 금속재료의 성질 변화

금속재료를 가열하면 가공경화 현상이 제거되어 연화되는데, 그 변화는 가열온도, 가열속도, 가공도 등에 따라 다르다. 재료를 저온에서 고온으로 가열하는 동안에 재료의 성질 변화는 그림 3.11과 같이 3단계에 의한다고 할 수 있다.

① 회복(recovery)

② 재결정(recrystallization)

③ 결정입자 성장(grain growth)

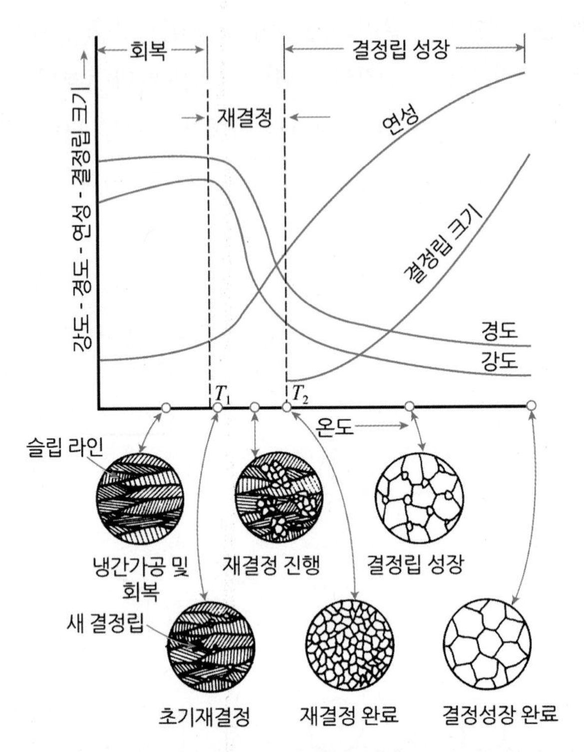

그림 3.11 냉간가공된 재료의 성질과 조직에 미치는 온도의 영향

1.3.1 회복

금속재료가 소성변형을 받으면 그를 구성하는 결정립은 상당히 변형된 상태에 있으나, 가열하면 원자운동이 활발해져서 정상적인 상태로 돌아간다. 이때 어떤 온도 이하에서는 재료의 결정립은 그대로 존재하고, 결정 내의 변형만이 어느 정도 해소되어간다. 이것을 **회복**(回復, recovery)이라 하며, 그림에서와 같이 강도, 경도 및 연성의 변화가 거의 없다. 그리고 이것을 **내부응력의 이완**(relaxation)이라고 한다.

1.3.2 재결정

가열온도가 회복구간보다 높을 때에는 변형되어 있는 큰 하나의 결정에서 다수의 변형이 없는 작은 새 결정립들이 발생한다. 새로운 결정입자가 온도가 증가함에 따라 점차 성장되며 이전의 결정이 없어지는데, 이것을 **재결정**(再結晶, recrystallization)이라 한다(그림 3.12 참조).

일반적으로 재결정현상은 여러 가지 인자의 영향을 받으며, 이를 요약하면 다음과 같다.

① 변형량이 클수록, 변형 전의 결정립이 작을수록, 금속의 순도가 높을수록, 변형 시의 온도가 낮을수록 그리고 어닐링 시간이 길수록 재결정 온도는 낮아진다.

② 동일금속에서 재결정 완료 시의 결정립의 크기는, 원칙적으로 재결정 온도가 낮을수록 작고, 입자의

크기는 변형량이 클수록 작다.

③ 재결정 온도 이상으로 유지하면 온도가 높을수록 또 시간이 길수록 결정립은 커진다. 즉, 재결정 후 결정립은 성장한다.

④ 각종 성질의 불균일성이 원인이 되어 이상적으로 큰 결정립을 형성할 때가 있고, 이를 **이상성장**(異狀成長, germination)이라 한다. 그 원인으로서 입자 크기의 부동, 변형불균일, 온도구배 및 농도구배 등이 있다.

⑤ 금속 중에 제2의 성분상으로서 다른 물질이 있으면 입자의 성장이 방해된다. 그러나 어떤 적정량이 존재하면 이상성장이 촉진될 때도 있다.

그림 3.12는 재결정이 발생하여 성장, 완료되는 과정을 상세하게 보여주고 있으며, 표 3.2는 순금속의 재결정 온도를 표시하였다. 보통 **재결정 온도**(recrystallization temperature)는 냉간가공된 순금속이나 합금이 약 1시간 동안 완전히 재결정하는 온도(재결정 완료 온도)를 말한다.

재결정이 일어나면 금속재료의 강도와 경도는 급격하게 낮아지며, 이와 반대의 성질인 연성은 크게 증가한다. 따라서 이 구간은 기계적인 성질의 변화가 심하며 불안정한 상태이다.

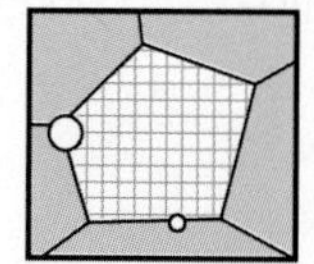
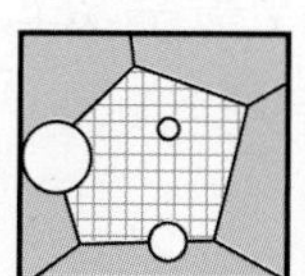
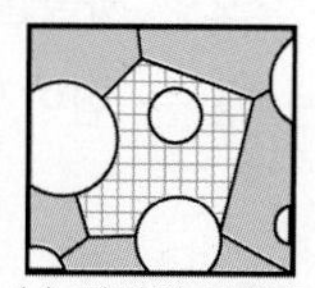

(a) 초기재결정(T_1) (b) 재결정 진행(1) (c) 재결정 진행(2)

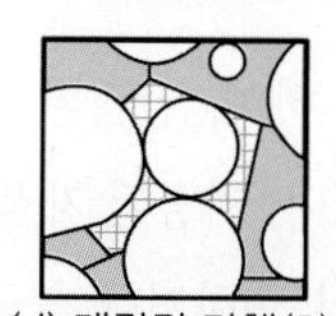
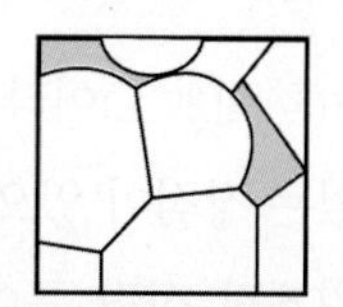
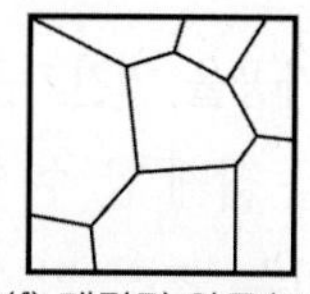

(d) 재결정 진행(3) (d) 재결정 진행(4) (f) 재결정 완료(T_2)

그림 3.12 재결정 과정(백색은 신생결정이고 사선은 구결정)

표 3.2 순금속의 재결정 온도

순금속	재결정 온도(℃)	T_r/T_m	순금속	재결정 온도(℃)	T_r/T_m
금(Au)	약 200	0.35	알루미늄(Al)	150 ~ 240	0.45 ~ 0.5
은(Ag)	약 200	0.38	아연(Zn)	7 ~ 75	0.4 ~ 0.5
동(Cu)	210 ~ 250	0.35 ~ 0.37	주석(Sn)	-7 ~ 25	0.53 ~ 0.59
철(Fe)	350 ~ 450	0.35 ~ 0.40	납(Pb)	-3	0.45
니켈(Ni)	530 ~ 660	0.40 ~ 0.54	백금(Pt)	50	0.359

T_r/T_m : 재결정 온도와 용융 온도의 비이다.

1.3.3 결정입자 성장

재결정 온도 이상에서는 인접된 결정입자(結晶粒子)들끼리 서로 병합하여 결정입자의 성장(grain growth)을 일으키며, 그 정도는 어닐링 온도가 높거나 유지 시간이 길수록 심하다.

1.4 냉간가공과 열간가공

금속의 소성가공에는 가공 온도에 따라 냉간가공(cold working)과 열간가공(hot working)이 있는데, 전자는 재결정 온도 이하에서, 후자는 재결정 온도 이상에서 가공하는 것을 말한다.

1.4.1 냉간가공(상온가공)

냉간가공(冷間加工)은 재결정 온도 이하에서의 가공을 말하며 금속의 인장강도, 항복점, 탄성한계, 경도, 연율, 단면수축률 등과 같은 기계적 성질을 변화시키는 데 영향을 준다.

냉간가공은 표면의 상태가 양호한 제품을 얻을 수 있고, 제품의 가공정밀도도 양호하며, 가공 후의 변형도 작지만 제품을 가공하는 데 큰 힘이 든다.

1.4.2 열간가공(고온가공)

재결정 온도 이상에서의 가공을 열간가공(熱間加工)이라 하며, 안정된 범위 내에서 1회에 많은 양의 변형을 할 수 있어 가공시간을 짧게 할 수 있는 장점이 있으나, 가공된 제품은 표면이 산화되어 변질되기 쉽고 냉각됨에 따라 형상, 치수, 조직 및 기계적 성질 등이 변하거나 불균일하게 되는 단점도 있다.

금속의 종류에 따라서는 실온에서의 가공이 반드시 냉간가공이라고 할 수는 없다. 예컨대 납이나 주석을 실온에서 가공하면 열간가공이 된다(표 3.2 참조). 대개의 금속재료는 먼저 열간가공한 다음 냉간가공을 하여 판이나 선 또는 봉 등을 소요의 형상과 치수로 만든다. 이것은 금속재료가 고온에서 가공하기 쉬운 것과 경제적 이유 때문이나, 열간가공으로 달할 수 있는 치수에는 한계가 있고, 예컨대 판이나 선재의 압연에서는 특별한 방법을 채용하지 않는 한 두께나 직경을 5 mm 이하로 하기는 어렵다. 이 이하의 치수는 보통 냉간가공에 의지한다. 또한 열간가공은 재료를 희망하는 형상으로 하는데 큰 변형을 주기 위해서만이 아니라, 주조 조직을 균일하고 미세한 결정립으로 만드는 것도 중요한 목적의 하나이다.

일반적으로 열간가공만으로 얻은 제품은 냉간가공으로 만든 제품에 비하여 균일성이 적다. 이것은 열간에서 가공되는 재료의 표면이 산화되어 나빠지고, 또 재료의 온도분포가 불균일해지기 쉽고, 열간부터 실온까지 냉각하는 사이에 재료가 수축하여 그 치수가 불규칙해지기 때문이다. 따라서 치수, 형상 조직, 기계적 성질들이 균일한 것을 얻고자 할 때는, 열간가공 후 충분히 고도의 냉간가공을 하고 경우에 따라서는 다시 어닐링을 해야 한다. 열간가공을 할 때 **적열취성**(赤熱脆性, hot shortness)이 생겨서 전연성이 적고 파괴하기 쉬워질 때가 있다. 이것은 불순물이 약간 혼입하여 저용융점의 성분이 결정입계에 생겨서 이것이 가공 중의 발생열로 녹기 때문이다. 불순물로서는 동합금중의 납, 금 중의 납, Ni 및 철 중의 유황, 아연 중의 주석 등이 있다.

1.5 금속재료의 소성항복조건

소성변형 중에 있는 소재는 많은 경우에 그림 3.13과 같이 3차원 응력 상태에 놓이게 되고 각 방향의 응력면(1면, 2면, 3면)에 수직응력과 전단응력이 존재하므로 총 9개의 응력성분이 존재하게 된다. 모멘트 평형($\sigma_{ij} = \sigma_{ji}$)에 의해 독립적인 응력 성분은 6개가 존재한다. 이와 같은 일반적인 3차원 응력 상태에서 소재가 소성항복에 도달했는지 판단하는 조건은 다음과 같은 두 가지 조건이 가장 많이 사용된다.

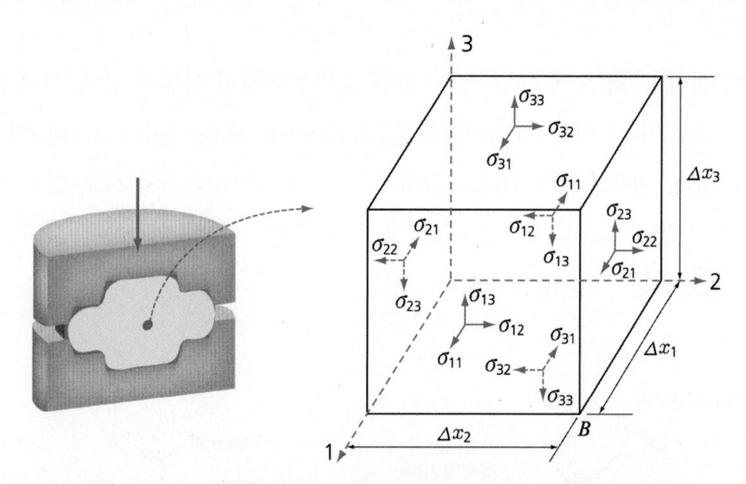

그림 3.13 소성변형 중인 소재내의 한 점에서의 3차원 응력상태

1.5.1 Von Mises 항복조건

Von Mises 항복조건은 소재내의 한 점에서 전단 변형으로 유발된 에너지가 어떤 한계치에 도달했을 때 그 점에서 소성항복이 발생한다는 조건이다. 항복조건을 수식으로 나타내면 아래와 같다.

$$\bar{\sigma} = \frac{1}{\sqrt{2}}\left\{(\sigma_{11}-\sigma_{22})^2 + (\sigma_{22}-\sigma_{33})^2 + (\sigma_{33}-\sigma_{11})^2 + 6(\sigma_{12}^2 + \sigma_{23}^2 + \sigma_{31}^2)\right\}^{\frac{1}{2}} = Y = \sqrt{3}K \qquad (3.5)$$

여기서, $\bar{\sigma}$는 유효응력(effective stress) 혹은 상당응력(equivalent stress)이라 하고, Y 및 K는 인장시험(tension test)으로 얻을 수 있는 인장항복강도와 비틀림시험(torsion test)으로 얻을 수 있는 전단항복강도를 나타낸다. 식 (3.5)를 주응력($\sigma_{\text{I}} > \sigma_{\text{II}} > \sigma_{\text{III}}$)으로 나타내면 식 (3.6)과 같다.

$$\bar{\sigma} = \frac{1}{\sqrt{2}}\left\{(\sigma_{\text{I}} - \sigma_{\text{II}})^2 + (\sigma_{\text{II}} - \sigma_{\text{III}})^2 + (\sigma_{\text{III}} - \sigma_{\text{I}})^2\right\}^{\frac{1}{2}} = Y = \sqrt{3}K \tag{3.6}$$

즉, 유효응력이 인장항복강도에 도달하면 3차원 응력상태의 소재내의 한 점이 소성변형상태에 놓여진 것으로 판단하는 조건이다. 이를 전단변형에너지설(distorsion-energy theory)이라고 한다.

1.5.2 Tresca 항복조건(최대전단응력설, maximum shear stress theory)

Tresca 항복조건은 소재내의 한 점에서 최대 전단응력이 어떤 한계치에 도달했을 때 그 점에서 소성항복이 발생한다는 조건이다. 최대 전단응력(τ_{max})은 식 (3.7)과 같이 주응력 편차 중에서 가장 큰 편차의 절반으로 계산된다.

$$\tau_{max} = \frac{\sigma_{\text{I}} - \sigma_{\text{III}}}{2} = K = \frac{1}{2}Y \tag{3.7}$$

즉, 최대 전단응력이 전단항복강도에 도달하면 3차원 응력상태의 소재내의 한 점이 소성변형상태에 놓여진 것으로 판단하는 조건이다. 이를 최대전단응력설(maximum shear stress theory)이라고 한다.

그림 3.14는 Von Mises 항복조건과 Tresca 항복조건을 주응력 공간에서 서로 상대적으로 비교해 놓은 그림이다. Tresca 항복조건이 Von Mises 항복조건보다 소재내의 한 점에서 응력 값이 높아질 때, 더 빨리 항복에 도달한다고 판단하는 것을 알 수 있다.

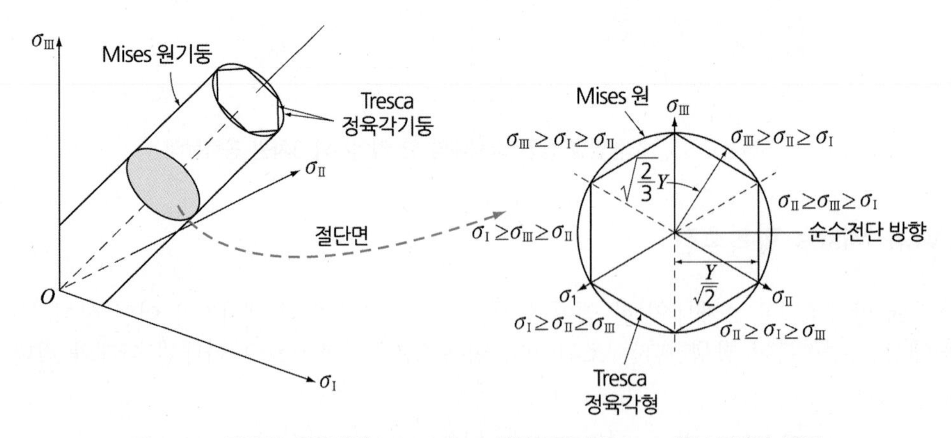

그림 3.14 주응력 공간에서 Von Mises 항복조건과 Tresca 항복조건의 비교

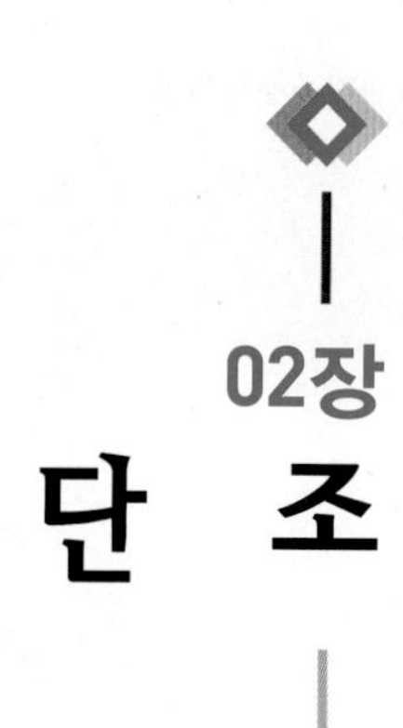

02장 단 조

2.1 단조의 개요

단조(鍛造, forging)란 금속재료를 소성유동이 잘 되는 상태에서 압축력이나 충격력을 가하여 단련(鍛鍊)하는 것이며, 일반적으로 금속은 고온에서 소성이 크므로 단조할 재료는 고온으로 가열한다.

단조의 목적은 외력을 가하여 재료를 압축하여 재료의 일부 또는 전체의 높이를 줄임과 동시에 옆으로 퍼지게 하여 차츰 소요의 형상으로 성형하는 것이며, 또 하나는 조대(粗大)한 수지상결정을 파괴하여 이를 미세화하고 재료 내의 기포를 압착하여 균질화하며 물리적 및 기계적 성질을 개선하는 데 있다. 즉, 금속을 성형하고 단련하는 것이다.

단조의 가압방법으로 예전에는 해머를 사용하여 손으로 두들겨 희망하는 형으로 하였으나, 큰 소재를 가공하기 위하여 기계해머와 단조프레스가 사용되게 되었다. 크랭크축과 같이 복잡한 기계부품을 정밀하게 제작하기 위하여, 형(단형)을 사용하여 드롭해머로 신속하고 경제적으로 단조할 수 있게 되었다. 이러한 **형단조**(型鍛造)에는 밀폐형 상하 한 쌍의 형을 사용한다.

직경이 25 ~ 50 mm 이하의 원형단면봉의 단조에는 회전스웨지법(rotary swaging)이 사용된다. 이는 소요경(所要經)으로 가공하기 위한 1쌍의 다이가 고속으로 회전하며, 봉을 그 단면의 직경방향으로 가압하여 축방향으로 늘려가며 소요의 형상치수로 가공한다. 또 봉의 머리를 변형시켜 볼트의 머리를 만들고, 봉 끝에 구멍을 내는 데 업셋단조기(upsetter)를 사용한다. 이는 작업이 거의 자동적으로 행해지는 대량생산에 적합한 가공기계이다.

압연단조는 1쌍의 반원주형 롤의 표면에 형을 파놓고 롤의 회전압축으로 성형한다. 냉간가공의 헤딩(heading)은 볼트의 머리를 만들 때 이용하며, 코이닝(coining)은 프레스로 매끄러운 표면과 정도(精度)가 높은 치수를 얻고자 할 때 이용된다. 이상을 요약하면 단조방식을 다음과 같이 분류할 수 있다.

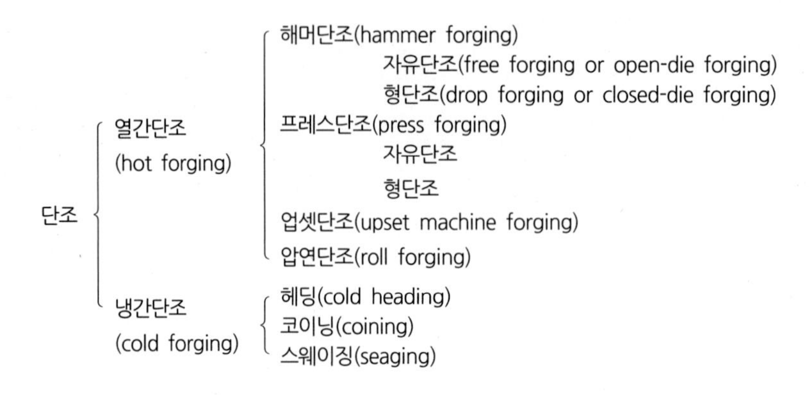

2.2 단조 이론

2.2.1 자유단조에서의 단조에너지

단조작업 중 가장 간단한 것은 한 쌍의 편평한 서로 평행한 형 사이에서 재료를 압축하여 성형하는 작업이다. 이와 같이 단순한 형상의 형으로 상하로 가압하여 성형하는 단조가공법을 **자유단조**(自由鍛造)라 한다. 이때 재료와 형의 가압면 간에 마찰이 없으면 원주나 각주를 축방향으로 압축하면 재료의 각부는 균일하게 변형하여 그 측면이 평행하며, 높이가 줄어든 원주나 각주로 변형된다.

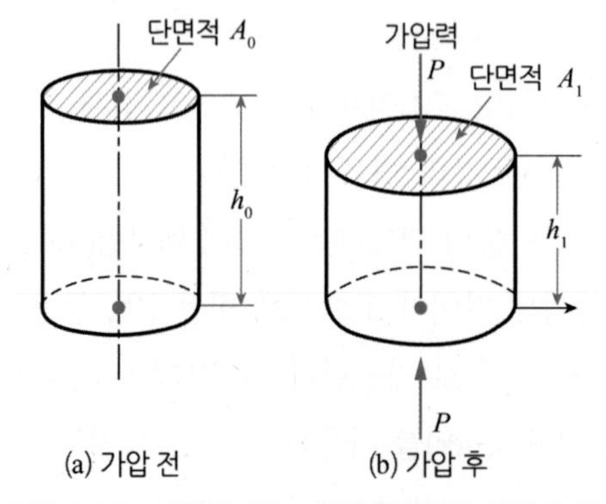

그림 3.15 마찰이 없는 가압면에서의 원주의 압축

그림 3.15와 같이 가압 전후의 원주의 높이를 h_0, h_1, 또 단면적을 A_0, A_1이라 할 때 최종 가압력을 구할 수 있다. 그런데 아무리 마찰이 없는 자유단조라고 하지만 원형단면은 불규칙한 변형이 일어날 수 있다.

그림 3.16과 같이 각 변이 h_0, l_0, b_0인 사각주를 압축하는 경우를 생각해 보자.

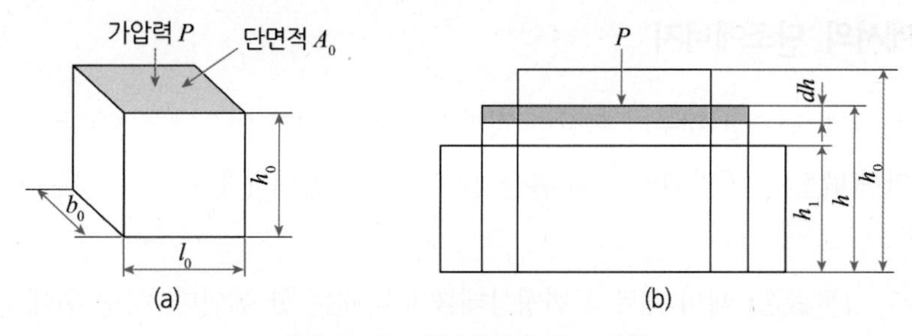

그림 3.16 4각 기둥의 단조 모형

미소높이 dh를 변형시키는 데 필요한 에너지 dE는

$$dE = P \cdot dh = \frac{P \cdot V \cdot dh}{A \cdot h} = V \cdot \frac{P}{A} \cdot \frac{dh}{h} \tag{3.8}$$

이다. 단 A : 단면적, V : 체적, h : 높이

체적은 불변으로 간주할 수 있으므로 $V = A \cdot h = A_0 \cdot h_0 = A_1 \cdot h_1$이다. 식 (3.8)의 $\frac{P}{A}$는 $P = A \cdot K_f$ (변형저항$= K_f$)와 같고, 가공재료는 변형저항 K_f에 저항하면서 높이 dh만큼 감소하므로, 식 (3.8)은 다음과 같이 표시될 수 있다.

$$dE = -V \cdot K_f \cdot \frac{dh}{h} \tag{3.9}$$

따라서 h_0에서 h_1까지 변형시키는 데 필요한 에너지는 다음과 같다.

$$E = -\int_{h_0}^{h_1} V \cdot K_f \cdot \frac{dh}{h} = V\int_{h_1}^{h_0} K_f \cdot \frac{dh}{h} \tag{3.10}$$

K_f의 전체변형 과정에 대한 평균값을 K_{fm}이라 하면

$$E = V \cdot K_{fm}\int_{h_1}^{h_0} \frac{dh}{h} = V \cdot K_{fm} \ln\frac{h_0}{h_1} \tag{3.11}$$

이며, 이 식으로부터 단조기계의 능력을 계산할 수 있다.

예제 3.1

5 ton 프레스로 단면적 250 cm^{2}인 소재를 단조작업하였을 때 단조변형저항은 얼마인가? (단 프레스의 효율은 80%이다.)

풀이 프레스의 용량 : P, 단면적 : A

단조변형저항 : K_f, 프레스의 효율 : η라 하면

$$P = \frac{A \cdot K_f}{\eta}$$

$$\therefore K_f = \frac{P}{A} \cdot \eta = \frac{5000}{250} \times 0.8 = 16(\mathrm{kg/cm^2})$$

2.2.2 형단조에서의 단조에너지

단조품의 형상은 극히 단순한 것부터 복잡한 것까지 여러 가지가 있으나 실제로는 비교적 대칭형상을 가진 것이 많다. 단형(鍛型)은 가압되었을 때 홈을 완전히 또한 용이하게 채울 수 있는 형상으로 설계해야 한다.

그림 3.17은 형단조(型鍛造) 때의 재료의 변형상태를 나타내는 한 예이다. 하형 위에 놓인 재료는 상형에서부터 압축되어 외측으로 밀려 상·하형 간의 오목한 공동부로 침입하며, 그 끝이 형 벽면에 닿으면 저항이 증대하므로 상하로 퍼져서 점차 공동부에 충만됨과 아울러, 형의 플래시(flash)부로 밀려나게 된다. 그림 3.18과 같이 재료가 형의 주요부를 채우면 남은 재료는 형의 플래시부로 밀려나온다. 이것은 비교적 얇으므로 빨리 냉각되어 변형저항이 증대하여 내부의 재료를 봉쇄하는 역할을 하고, 내부의 압력을 높여 재료가 형 내의 구석구석까지 완전하게 충만되는 데 도움을 준다. 재료가 형 내에 충실하게 채워지려면 형의 구석이나 모서리를 둥글게 해야 하며, 벽면의 경사도 적당히 하여 재료가 형 내에서 유동하기 쉽도록 해야 한다. 또 플래시부가 너무 얇고 그 모서리가 예리하면 형 자체가 소성변형을 일으킬 우려가 있다.

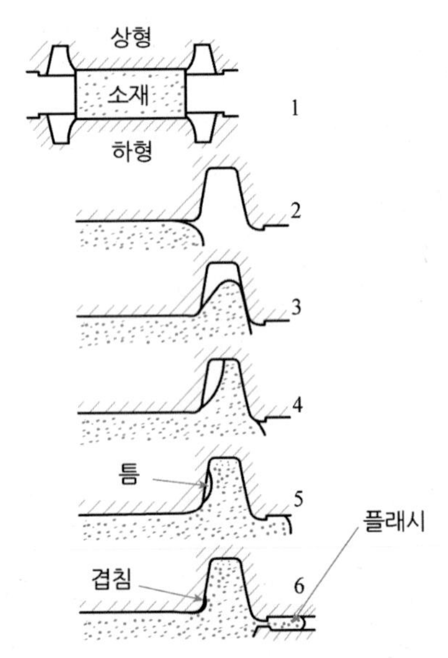

그림 3.17 형 내에서의 재료의 변형과정

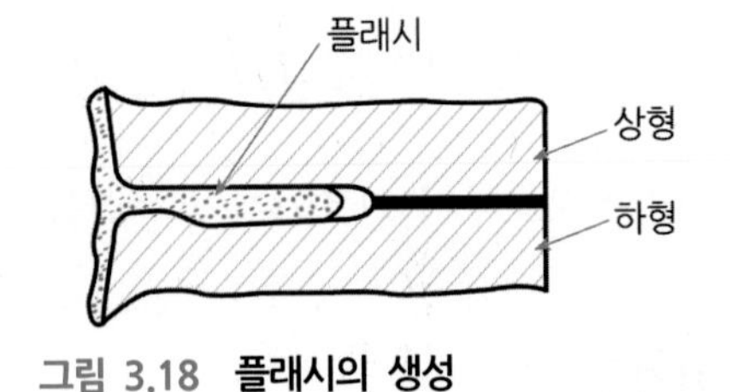

그림 3.18 플래시의 생성

그림 3.19와 같이 마찰을 동반하는 2차원 단조하중을 생각해 보자.

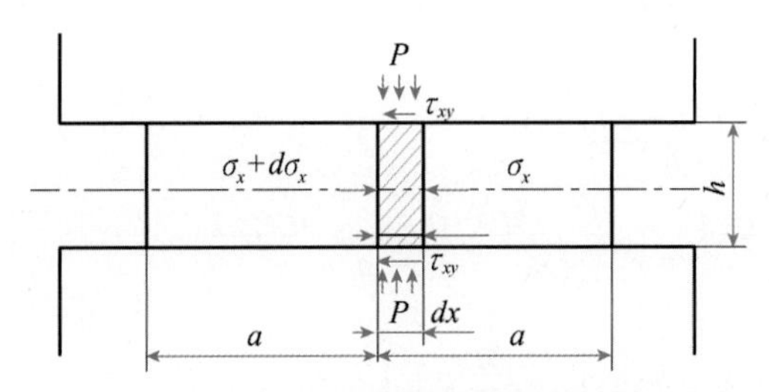

그림 3.19 2차원 단조에서의 판에 작용하는 응력

$\sigma_y = -p$를 압축응력, σ_x를 앤빌(anvil)에 평행한 방향으로 금속을 유동시키는 데 필요한 압축응력, τ_{xy}를 재료와 공구면의 전단응력이라 하고, 단위축에 대하여 x방향의 평균방정식을 구하면 다음과 같다.

$$(\sigma_x + d\sigma_x - \sigma_x)(h \times 1) - 2\tau_{xy}(dx \times 1) = 0$$

$$\therefore h \cdot d\sigma_x - 2\tau_{xy} \cdot dx = 0 \tag{3.12}$$

최대 전단응력설 $\sigma_1 - \sigma_3 = \sigma_0$가 2차원에서는 $\sigma_1 - \sigma_2 = \sigma_0$이며, 본 그림에서는 $\sigma_1 - \sigma_2 = \sigma_x - \sigma_y = \sigma_x + p = \sigma_0$이므로 $d\sigma_x + dp = 0$이다. 이를 식 (3.12)에 대입하면

$$dp + \frac{2 \cdot \tau_{xy}}{h} \cdot dx = 0 \tag{3.13}$$

이다.

그런데 $\tau_{xy} = f \cdot p$(f : 마찰계수)이므로

$$dp + \frac{2f \cdot p}{h} dx = 0$$

$$\int \frac{dp}{p} + \frac{2f}{h} \int dx = \ln c$$

$$\ln p + \frac{2f \cdot x}{h} = \ln c$$

$$\therefore \ln \frac{p}{c} = -\frac{2fx}{h}$$

$$\therefore p = c \cdot e^{-\frac{2fx}{h}} \tag{3.14}$$

상수 c를 구하기 위하여 자유표면에서 $x = a, \sigma_x = 0$의 경계조건을 이용한다.

$\sigma_x + p = \sigma_0$에서 $p = \sigma_0$

$$\ln c = \log \sigma_0 + \frac{2fa}{h}$$

이다.

$$\ln p + \frac{2fx}{h} = \ln a_0 + \frac{2fa}{h}$$

$$\therefore \ln p = \ln a_0 + \frac{2f(a-x)}{h}$$

$$\therefore p = e^{\ln\sigma_0 + \frac{2f(a-x)}{h}} = e^{\ln\sigma_0} \cdot e^{\frac{2f(a-x)}{h}} = a_0 e^{\frac{2f(a-x)}{h}} \tag{3.15}$$

$$\therefore \sigma_x = \sigma_0 - p = \sigma_0\left[1 - e^{\frac{2f(a-x)}{h}}\right] \tag{3.16}$$

그런데 $e^y = \left[\left(1+\frac{1}{n}\right)^n\right]^y = \left(1+\frac{1}{n}\right)^{ny} = 1^{ny} + \frac{ny}{1!} \times 1^{ny-1} \times \frac{1}{n} + \cdots$
$= 1 + y + \cdots$이므로

$$p = \sigma_0\left[1 + \frac{2f}{h}(a-x)\right] \tag{3.17}$$

$$\sigma_x = \sigma_0\left[-\frac{2f}{h}(a-x)\right] \tag{3.18}$$

평균압력 $p_{av} = \dfrac{\int_0^a p \cdot dx}{a \times 1} = \dfrac{1}{a}\int_0^a \sigma_0 \cdot e^{\frac{2f(a-x)}{h}} \cdot dx$

$$= \frac{\sigma_0}{a}\frac{[e^{\frac{2f}{h}(a-x)}]_0^a}{-\frac{2f}{h}} = \frac{\sigma_0}{a} \cdot \frac{[1-e^{\frac{2fa}{h}}]}{-\frac{2f}{h}} = \frac{\sigma_0}{a} \cdot \frac{[e^{\frac{2fa}{h}}-1]}{\frac{2f}{h}}$$

$$= \frac{\sigma_0[e^{\frac{2fa}{h}}-1]}{\frac{2fa}{h}} \tag{3.19}$$

단조물의 폭을 b라 하면 단조하중 P는

$$P = p_{av} \cdot (2a \cdot b) = 2p_{av} \cdot a \cdot b \tag{3.20}$$

식 (3.20)의 p_{av}에 표 3.3의 변형저항 K_f를 대입하면

$$P = 2 \cdot K_f \cdot a \cdot b \tag{3.21}$$

가 된다.

표 3.3 고온변형저항 K_f(kg/mm²)

강의 종류	온도(℃)					
	700°	800°	900°	1,000°	1,100°	1,200°
탄소강 C 0.14%	47.7	31.7	26.0	22.7	19.1	17.0
탄소강 C 0.24%	60.5	39.1	30.0	25.0	20.8	17.2
탄소강 C 0.55%	—	42.0	34.3	28.0	21.0	15.9
Cr-Mo강 C 0.14% Cr 3.12% Mo 0.20%	51.6	31.7	27.6	25.0	20.7	12.7
Cr-Mn강 C 0.49% Cr 0.77% Mn 1.12%	78.0	39.6	34.2	28.2	23.3	18.8
13 Cr강 C 0.14% Cr 13.09% Ni 0.66%	—	39.5	36.0	29.1	25.2	21.1
Cr-Ni강 C 0.09% Cr 18.59% Ni 8.33%	—	39.2	33.5	28.2	25.8	23.8
Cr-Ni강 C 0.10% Cr 20.96% Ni 9.14% Sy 1.62%	42.3	39.2	35.7	34.4	29.2	23.5

2.3 단조온도와 단조로

2.3.1 단조온도

단조온도(鍛造溫度, froging temperature)는 재질, 단조물의 크기, 단조기계의 용량 등에 따라 다르나, 일반적으로 순금속, 고온일수록 변형 저항이 감소하므로 단조가 용이하지만 다음과 같은 제한을 받는다.

① 재질이 변하기 쉬우므로 너무 고온으로 가열하지 말 것

② 장시간 가열하지 말 것

③ 변형될 염려가 있으므로 균일하게 가열할 것

④ 온도가 너무 낮으면 내부응력이 잔류하게 되므로 적당한 온도로 가열할 것

보통 금속재료는 온도가 높을수록 변형능(變形能)이 커져서 단조가 용이하지만 이에는 두 가지 제한이 있다. 하나는 최고 단조온도(最高鍛造溫度)이고, 또 하나는 단조 종료온도(鍛造終了溫度)이다.

최고 단조온도에 도달하면 재료의 표면 가까이에서 연소나 용융이 생긴다. 이렇게 되면 재료는 여리게 되고 균열이 생기기 쉬워져서 단조가 불가능해진다. 또한 너무 높은 온도에서 단조를 하면 단조 종료온도도 자연히 높아져서, 가공이 끝나도 재결정 온도 이상에 머물고 있으면 재결정의 진행으로 단조품의 결정립이 커지고 좋은 결과를 얻지 못한다. 따라서 단조 종료온도는 재결정 온도보다 약간 높게 유지토록 하는 것이 가장 바람직하다.

이와 같이 단조 종료온도가 낮을수록 그 조직은 미세화되나, 작업시간이 너무 길어서 단조품에는 상당한 내부응력이 발생하여, 내부에 균열이 생기거나 파괴되는 수가 있다. 따라서 강재의 단조 중 온도가 800℃ 이하로 저하됐을 때는 재가열을 하여 단조를 계속하고 재료 내에 잔류응력을 남기지 않도록 한다. 또 강은 300℃ 부근에서 **청열취성**(靑熱脆性, blue shortness)을 일으켜 이 온도에서는 상온 때보다 오히려 가소성(可塑性)이 저하되므로 이 온도 부근에서 단조하는 것은 피해야 한다.

표 3.4에 각종 재료의 대략의 최고 단조온도와 단조 종료온도를 표시하였다.

표 3.4 단조온도

재료	최고 단조 온도(℃)	단조 종료 온도(℃)	재료	최고 단조 온도(℃)	단조 종료 온도(℃)
보통강 강괴	1,250	850	니켈·크롬, 몰리브덴강	1,200	850
합금강 강괴	1,250	850	망간 청동	800	600
보통강(강재)	1,250	800	네이발 청동	800	650
니켈강	1,250	850	니켈 청동	850	700
크롬강	1,250	850	알루미늄 청동	850	650
니켈·크롬강	1,250	850	실진 청동	780	650
망간강	1,250	900	인 청동	600	400
스테인리스강	1,250	900	모넬메탈	1,150	1,040
공구강	1,250	900	듀랄루민	550	400
고속도강	1,250	950	동	800	700
표면경화강	1,250	800	6 : 4 황동	750	500
고장력강	1,250	800	7 : 3 황동	850	700
스프링강	1,250	900			

2.3.2 단조로

금속을 단련하거나 열처리할 때 사용하는 **단조로**(鍛造爐)에는 여러 가지가 있으며, 단조물과 연료가 직접 접촉하는 직접식 가열로와 연료와 직접 접촉하지 않는 간접식 가열로가 있다. 직접식 가열로에는 벽돌화덕(fire bed smith hearth)과 지면화덕(floor hearth), 간접식 가열로에는 반사로, 전기저항로, 염조로, 가스로 및 고주파로 등이 있다.

표 3.5에 단조로의 종류, 특징 및 용도를 나타내었다.

표 3.5 단조로의 종류, 특징 및 용도

가열로 명칭	연료	특징	용도
벽돌화덕	Cokes 목탄, 석탄	구조가 간단하고 사용하기 편리함. 온도 조절이 곤란하고 균일 가열이 어렵다.	소형 재료 가열에 많이 사용
반사로	무연탄, 중유, Gas	대형 소재의 가열에 사용한다.	큰 재료 등
가스로	Gas	조작이 간편하고 온도 조절이 용이하다.	작은 재료용 및 열처리용
중유로	중유	특수 분사용 장치가 필요함. 조작이 용이하다.	중 · 소형 재료에 적당함.
전기로	전열	온도 조절이 가장 쉽고 작업이 용이하다. 재질의 변화도 적다.	작은 재료용 및 열처리용
염조로	각종	일정한 온도로 균일하게 가열할 수 있다.	열처리용
고주파로	전기유도열	빨리 가열하며 시간이 적게 걸린다.	작은 재료용 및 열처리용

2.4 단조기계

2.4.1 개요

단조기계(鍛造機械)는 순간적으로 충격적인 타격력을 가하는 해머(hammer)와 비교적 고속으로 가압하는 기계프레스(mechanical press) 그리고 느린 속도로 누르는 수압프레스(hydraulic press)가 있다. 또한 최근에는 해머보다 더 고속으로 가압하는 고속단조기가 일부 작업에 사용되고 있다.

표 3.6에 단조기계를 분류하였다. 그리고 그림 3.20은 각종 단조기계 중 일부를 간단히 도시한 것이다.

표 3.6 단조기계의 분류

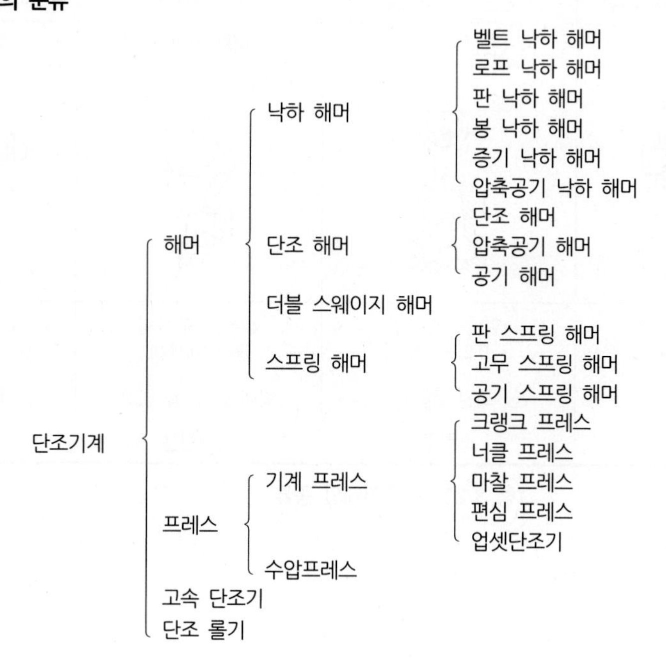

명칭	판드롭 해머	벨트 드롭 해머	체인 드롭 해머	공기 증기드롭 해머
	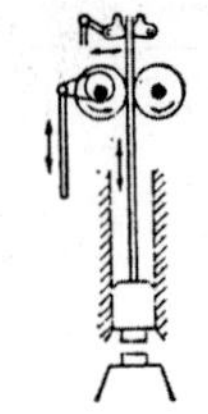	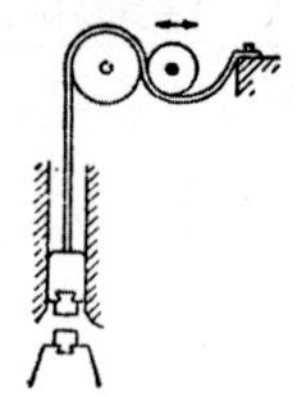	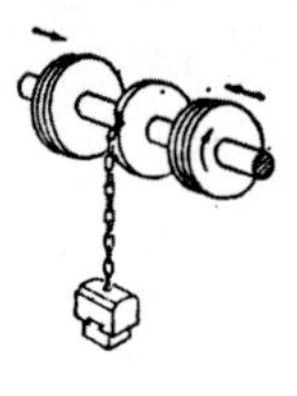	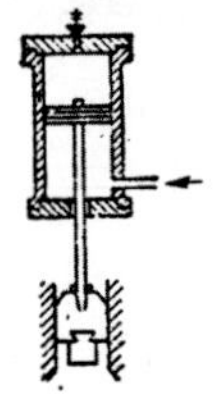
용량	G[t] 0.2~10t	G[t] 0.2~2t	G[t] 0.2~10t	G[t] 0.5~10t
종류	자유낙하, 판과 원통의 마찰	자유낙하, 벨트와 원통의 마찰	자유낙하와 마찰원판	자유낙하
용도	형단조, 자유단조용	형단조, 자유단조용	형단조, 자유단조용	형단조, 자유단조용
명칭	공기 증기 해머	공기 크랭크 해머	파워 헬브 해머	디블 스웨이징 해머
	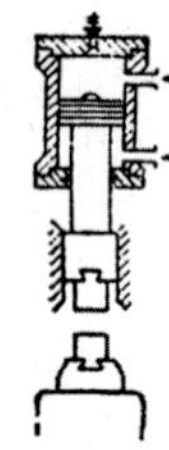	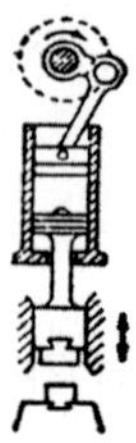	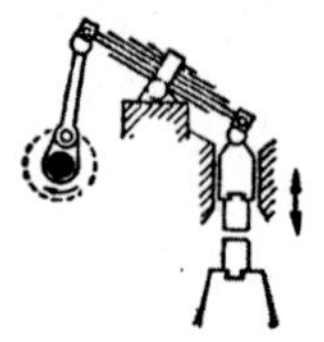	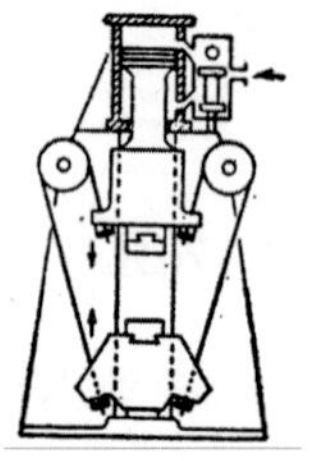
용량	$G\frac{v^2}{2g}$[t−m] 0.5~20t	$G\frac{v^2}{2g}$[t−m]	$G\frac{v^2}{2g}$[t−m] 15~250[kg]	$G\frac{v^2}{2g}$[t−m] 2.0~40[t−m]
종류	강제낙하와 기압	강제낙하와 공기스프링	강제진동	기압
용도	예비단조, 자유단조용	높은 매분타격수	높은 매분타격수	고에너지효율, 소진동
명칭	프레스	편심 프레스	너클 프레스	마찰 프레스
	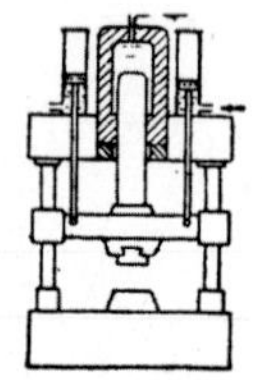	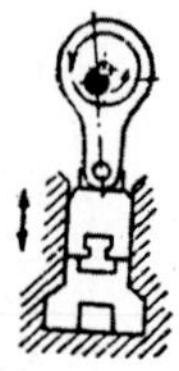	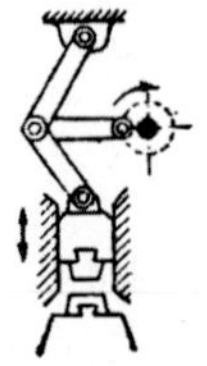	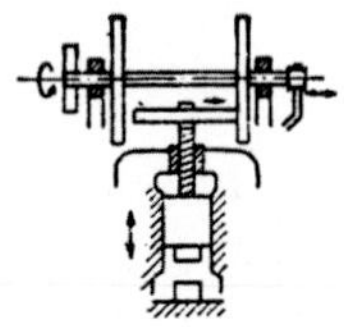
용량	G[t] 10~50,000t	G[t]−하사점 0.2~200t	G[t]−하사점 30~10,000t	G[t]−최하점 10~3,000t
종류	고압수	회전크랭크	회전크랭크와 링크	원반의 마찰
용도	대형용	소형용	중소형용	중소형용

그림 3.20 단조기계의 종류

2.4.2 해머

해머(hammer)는 공작물에 순간적 타격력을 작용시키는 기계로서 해머의 용량은 램, 피스톤 헤드, 피스톤 로드 및 상부 다이의 낙하중량 또는 그 일량으로 표시하나, 때로는 낙하 해머(hammer)에서 $\frac{\text{낙하중량}}{0.75}$을 낙하 해머의 용량(容量)으로도 표시한다. 램은 인력, 크랭크, 마찰, 압축공기 및 증기력 등으로 상향운동을 시키고 중력, 압축공기, 증기 및 스프링의 작용으로 낙하시킨다.

1) 해머의 충격력

해머가 공작물에 충격을 가할 때 충격 시의 속도를 v, 충격 후의 것을 v_2, 낙하부의 질량을 $m_1\left(=\frac{W_1}{g}\right)$, 피타격체의 질량(앤빌, 공작물, 하부 다이)을 $m_2\left(=\frac{W_2}{g}\right)$라 하고, 비탄성체의 충격의 경우 모멘텀(momentum) 일정식을 적용하면

$$m_1 v = (m_1 + m_2) \cdot v_2 \tag{3.22}$$

이다.

충격 시의 운동 에너지(E_1)는

$$E_1 = \frac{1}{2} m_1 v^2 \tag{3.23}$$

충격 후의 유효 에너지(E_2)는

$$E_2 = \frac{1}{2}(m_1 + m_2) \cdot {v_2}^2$$
$$= \frac{1}{2}(m_1 + m_2)\left(\frac{m_1 \cdot v}{m_1 + m_2}\right)^2$$

충격 후의 유효 에너지(E_{1-2})는

$$E_{1-2} = \frac{1}{2} m_1 \cdot v^2 - \frac{1}{2}(m_1 + m_2)\left(\frac{m_1 \cdot v}{m_1 + m_2}\right)^2 = \frac{1}{2} v^2 \left(\frac{m_1 m_2}{m_1 + m_2}\right) \tag{3.24}$$

따라서 효율(η)은

$$\therefore \text{효율 } \eta = \frac{E_{1-2}}{E_1} = \frac{1}{2} v^2 \left(\frac{m_1 m_2}{m_1 + m_2}\right) / \frac{1}{2} m_1 \cdot v^2$$
$$= \frac{m_2}{m_1 + m_2} = \frac{W_2}{W_1 + W_2} \tag{3.25}$$

이 된다.

식 (3.25)에서 앤빌(anvil)의 중량(重量)이 크면 클수록 해머 효율은 증가하나 실제에 있어서는 낙하중량의 20～25배를 취하고 있다. 예로서 $W_2 = 20W_1$인 경우에는 $\eta = 95\%$가 된다.

낙하거리와 낙하속도(落下速度) 및 낙하가속도(落下加速度)의 관계는 그림 3.21과 같고, 낙하중량이 W kg이고 낙하거리가 H인 때의 타격 에너지 E는

$$E = W \cdot H = W \cdot \frac{v^2}{2g} \tag{3.26}$$

이다. 여기서 v는 타격속도이다.

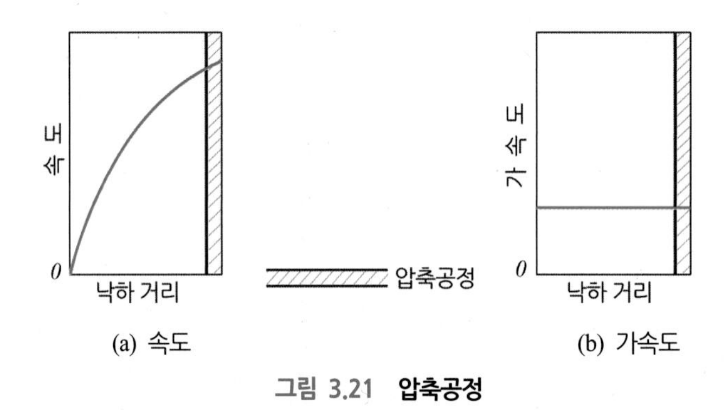

(a) 속도 (b) 가속도

그림 3.21 **압축공정**

예제 3.2

단조작업에서 해머의 무게 $W = 200$ kg, 타격속도 $v = 15$ m/sec, 해머의 효율 $\eta = 0.8$이다. 이때 단조 에너지는 얼마인가? (단 $g = 9.8\ \mathrm{m/sec^2}$이다.)

풀이 낙하중량이 W kg이고 낙하거리가 H m일 때의 단조 에너지 E는

$$E = W \cdot H = \frac{W \cdot v^2}{2g} \cdot \eta$$

$$= 200 \times \frac{15 \times 15}{2 \times 9.8} \times 0.8 \fallingdotseq 1{,}840(\mathrm{kg \cdot m})$$

낙하 해머의 낙하속도와 에너지와의 관계를 알아보기 위하여 낙하부의 중량을 W_1, 낙하부를 끌어올리는 힘을 P라 하면 $P > W_1$이어야 한다. 지금 질량 W_1/g에 힘 $(P - W_1)$이 t_1시간 작용하여 v의 속도를 얻었다고 하면 다음과 같이 된다.

$$v = \frac{P - W_1}{W_1/g} \cdot t_1 = \frac{(n-1)W_1}{W_1/g} \cdot t_1 = (n-1) \cdot g \cdot t_1 \tag{3.27}$$

단 $P = n \cdot W_1$, g : 중력가속도

같은 시간 t_1 사이에 낙하체의 속도가 0에서부터 v가 되도록 하는 데 필요한 높이 h는 다음과 같다.

$$h = \frac{1}{2}g \cdot {t_1}^2 = \frac{1}{2}(g \cdot t_1) \cdot t_1 = \frac{1}{2}v \cdot t_1 \tag{3.28}$$

판 드롭 해머(board drop hammer)의 경우에 롤이 t_1 동안에 일정회전(속도 v)을 하여 판에 준 일은 $P \cdot v \cdot t_1 = n \cdot W_1 \cdot v \cdot t_1$이 되며, 낙하체가 하는 일은 $h \cdot W_1$이 된다.

이들 양자의 차인 마찰손실일을 L이라 하면

$$\begin{aligned} L &= P \cdot v \cdot t_1 - h \cdot W_1 = n \cdot W_1 \cdot v \cdot t_1 - h \cdot W_1 = \left\{ \frac{n \cdot v^2}{(n-1) \cdot g} - \frac{v}{2} \cdot t_1 \right\} \cdot W_1 \\ &= \left\{ \frac{nv}{(n-1) \cdot g} - \frac{1}{2} \cdot t_1 \right\} \cdot v \cdot W_1 \end{aligned} \tag{3.29}$$

가 되며, 이 식에서 낙하체의 상승속도를 크게 할수록 손실일 L이 커지는 것을 알 수 있다.

Fischer에 의하면 인양높이가 작은 것에는 $n = 1.2,\ v = 0.8\,\mathrm{m/sec}$ 정도로 하고, 큰 것에는 $n = 2.0,\ v = 1.2\,\mathrm{m/sec}$ 정도로 하는 것이 좋다고 한다.

그림 3.22와 같은 벨트 드롭 해머에서 벨트 끝에 장력 P를 가하여 중량 W를 인양할 때 P와 W의 관계는 다음과 같다.

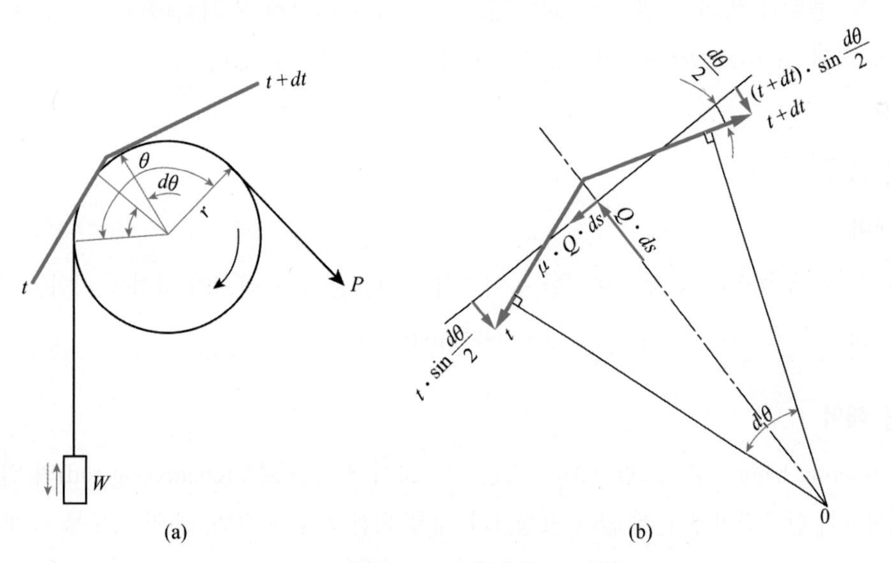

그림 3.22 **벨트드롭 해머에서 장력과 중량의 관계**

그림 3.22(b)에서 Q는 벨트의 단위길이에 대한 압력이라 하고 반지름 방향의 평형 상태를 생각하면

$$Q \cdot ds = t \cdot \sin\frac{d\theta}{2} + (t+dt) \cdot \sin\frac{d\theta}{2} = 2t \cdot \sin\frac{d\theta}{2} + dt \cdot \sin\frac{d\theta}{2} \tag{3.30}$$

로 되며, $\sin\frac{d\theta}{2} \fallingdotseq \frac{d\theta}{2}$와 $dt \cdot \sin\frac{d\theta}{2} \fallingdotseq 0$로 놓으면

$$Q \cdot ds = t \cdot d\theta \cdots \tag{3.31}$$

축심 O에 대한 회전 모멘트를 취하면

$$(t+dt) \cdot r = (t + \mu \cdot Q \cdot ds) \cdot r$$
$$\therefore dt = \mu \cdot Q \cdot ds \cdots \tag{3.32}$$

이다.

식 (3.31), 식 (3.32)에서

$$\int_P^W \frac{dt}{t} = \mu \int_0^\theta d\theta$$
$$\therefore \log\frac{W}{P} = \mu \cdot \theta$$
$$\therefore W = P \cdot e^{\mu\theta} \tag{3.33}$$

여기에서 θ는 벨트와 바퀴의 접촉각, μ는 벨트와 바퀴의 마찰계수(摩擦係數)이다. 예로서 $\mu = 0.3$, $\theta = \pi(180°)$라 하면 $W = 2.57P$로서 P의 2.57배의 중량을 인양할 수 있다.

2) 해머의 종류

(1) 낙하 해머

벨트, 로프, 판 등을 이용하여 램을 일정한 높이까지 끌어올린 후 낙하시켜 타격을 가하는 해머를 낙하 해머(drop hammer)라고 하며, 타격속도는 15 ~ 60회/min이다.

(2) 스프링 해머

스프링 해머(spring hammer)는 그림 3.23과 같은 구조로서 커넥팅 로드(connecting rod)의 일단(一端)에 스프링을 연결하여 단조깊이에 관계 없이 크랭크가 계속 회전할 수 있으며, 램의 속도를 크게 하여 타격 에너지를 증가시키고 크랭크 핀의 위치를 조정하여 행정(行程, stroke)을 변경할 수 있다. 크랭크의 회전수는 대형물에 대하여는 70회/min, 소형물에 대하여는 200 ~ 300회/min이며, 스프링 해머는 행정이 짧고 타격속도가 크므로 소형물 단조에 적합하다.

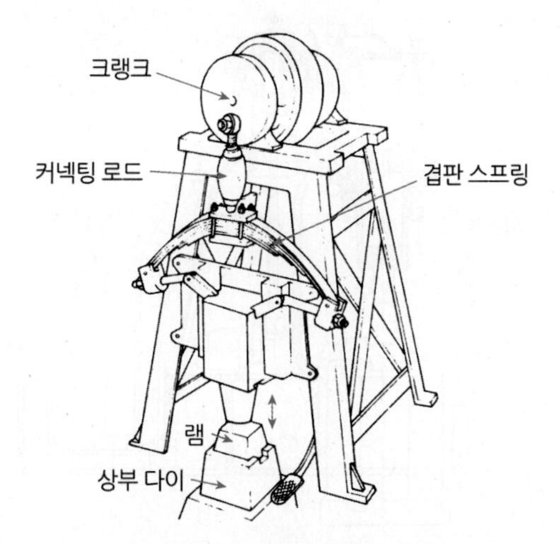

그림 3.23 스프링 해머의 구조

(3) 레버 해머

레버 해머(lever hammer)는 그림 3.24와 같이 구조가 비교적 간단한 것인데, 램의 중량은 100 kg 정도이며, 타격횟수는 많으나 앤빌 면과 램 면과의 평행 관계가 유지되지 않는 결점이 있다.

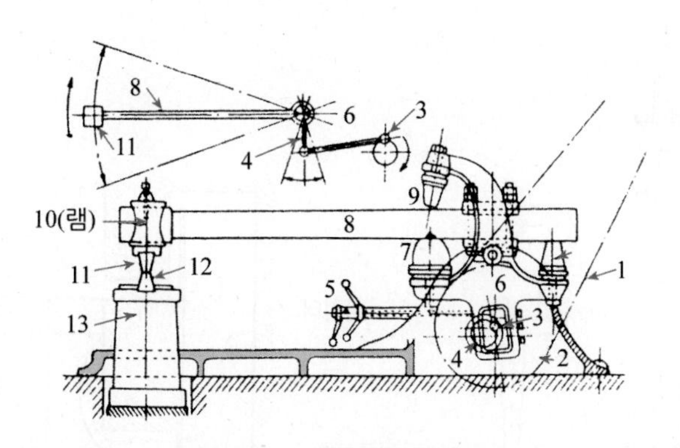

그림 3.24 레버 해머의 구조

(4) 공기 해머

공기 해머(air hammer)는 그림 3.25와 같은 구조로서 자체 내에 공기압축 장치가 있어 이 압축공기에 의하여 램을 상하로 운동시킨다. 용량은 $\frac{1}{40}$ ~ 2 ton 정도이고, 상승 높이는 350 ~ 820 mm, 타격속도는 100 ~ 200회/min이며, 용량 1 ton에 대하여 약 100마력의 전동기가 요구된다.

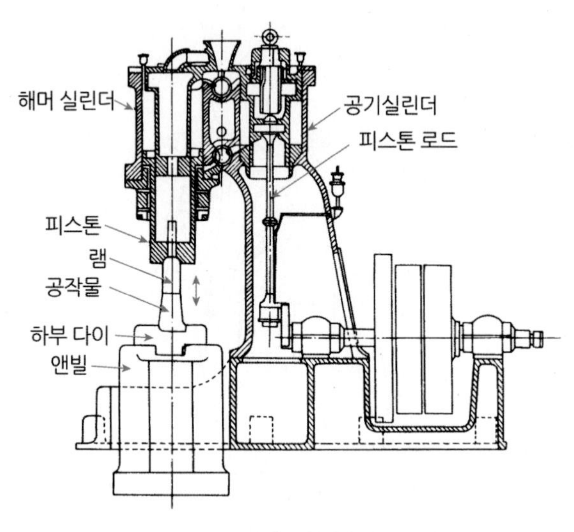

그림 3.25 공기 해머의 구조

(5) 증기 해머

증기 해머(steam hammer)는 그림 3.26과 같은 구조로서 단동식(單動式)과 복동식(復動式)이 있다.

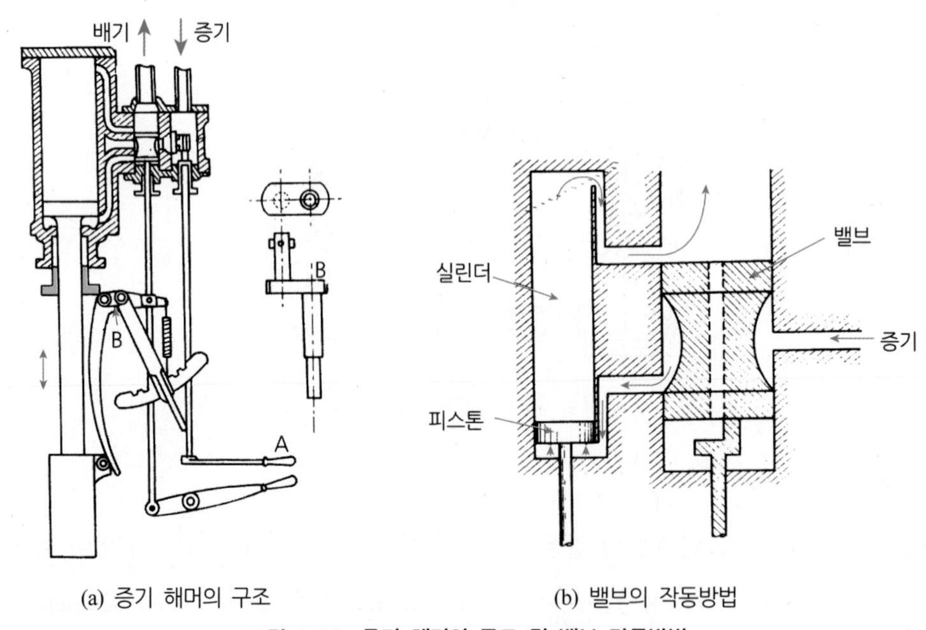

(a) 증기 해머의 구조 (b) 밸브의 작동방법

그림 3.26 증기 해머의 구조 및 밸브 작동방법

단동식에서는 램이 상승할 때에만 증기압이 작용하고, 복동식에서는 램이 낙하할 때에도 증기압이 작용한다. 용량 3 ton 이하에서는 단주식으로 되어 있고, 그 이상에는 쌍주식으로 되어 있다. 타격력의 미세한 조정이 이 해머의 특징이며, 증기량의 조절은 수동 또는 자동으로 행한다.

그림 3.26에서 A를 수평으로 회전시켜 증기구를 개폐하고 레버 B를 돌려 현위치에서 피스톤 상부 실린더 내의 증기를 배기구로 내보내고 증기가 피스톤 하부 실린더 내에 들어가 피스톤을 상승시킨다. 밸브를 위로 올리면 증기는 피스톤 위로 올라가고 피스톤 밑에 있던 증기는 밸브의 중공을 통하여 위로 나간다. 이와 같은 동작을 수동 또는 자동으로 되풀이한다.

예제 3.3

용량 10 ton인 증기 해머의 수평유효압력 $p = 3\ \mathrm{kg/cm^2}$이고 실린더의 직경이 30 cm 일때 행정 끝부분의 가속도와 속도를 계산하여라. 단 행정 $H = 1\ \mathrm{m}$이다.

풀이 전작용력$= 10{,}000 + \frac{\pi}{4} \times (30)^2 \times 3 = 12{,}119.5\ \mathrm{kg}$

$$\therefore \text{가속도 } \alpha = \frac{\text{힘}}{\text{질량}} = \frac{12{,}119.5}{10{,}000/9.8} = 11.88\ \mathrm{m/sec^2}$$

$$\text{속도 } v = \sqrt{2\alpha H} = \sqrt{2 \times 11.88 \times 1} = 4.88\ \mathrm{m/sec}$$

2.4.3 프레스

1) 프레스의 용량

프레스(press)는 해머와 같이 타격을 가하지 않고 저속운동으로 압력을 가하며, 해머에 비하여 작용압력이 내부까지 잘 전달되고 에너지 손실이 적으며 진동도 적다. 프레스의 용량은 램에 작용하는 최대 압력(전압력)으로 표시하며, $A(\mathrm{cm^2})$를 실린더의 면적, $p(\mathrm{kg/cm^2})$를 실린더 내의 압력이라 하면 용량 P는 다음과 같다.

$$P = \frac{p \cdot A}{1{,}000}(\mathrm{ton}) \tag{3.34}$$

단조물의 유효단조면적 A_e, 변형저항을 K_f라 하고 프레스의 기계 효율을 η라 하면

$$P = \frac{A_e \cdot K_f}{\eta}(\mathrm{ton}) \tag{3.35}$$

가 된다.

표 3.7은 수압 프레스의 가공 능력과 증기 해머와의 용량을 비교한 것이다.

표 3.7 수압 프레스의 가공능력과 증기 해머의 용량 비교

수압 프레스 용량(ton)	가공할 강괴 최대 치수(직경, mm)	환산증기 해머 용량(kg)
300	305	1,350
500	406	2,270
750	610	4,500
1,000	763	7,250
1,500	1,015	11,300
2,000	1,240	22,700
3,000	1,520	—
4,000	1,650	—
5,000	1,750	—

2) 프레스의 종류

(1) 크랭크 프레스

기계 프레스(동력 프레스, power press)에 대해서는 제8장에서 기술하기로 하고 우선 크랭크 프레스(crank press)의 용량에 대하여 설명한다. 그림 3.27에서 C: 크랭크 샤프트의 중심, e: 크랭크 암(arm)의 길이, p: 크랭크 핀, h: 단조물 변형높이, P: 프레스의 수직가압력이라 하면 토크 T는

$$T = P\sin\theta \cdot e = P \cdot e\sin\theta = P\sqrt{e^2-(e-h)^2} = P\sqrt{h(2e-h)} \tag{3.36}$$

이다.

전동기의 출력 N(HP)은 크랭크의 회전수를 n(rpm)이라 하면 다음과 같다.

$$\text{동력}(N) = F \cdot v = F \cdot \omega r = T \cdot \omega \tag{3.37}$$

단 F: 힘(kg), ω: 각속도(rad/sec), r: 반지름(cm)

$$N = \frac{2\pi n}{60} \cdot \frac{T}{75 \times 100}$$

이다.

$$\therefore\ T = 71620\frac{N}{n}(\text{kg-cm}) \tag{3.38}$$

식 (3.38)에서 동력 N을 계산할 수 있다.

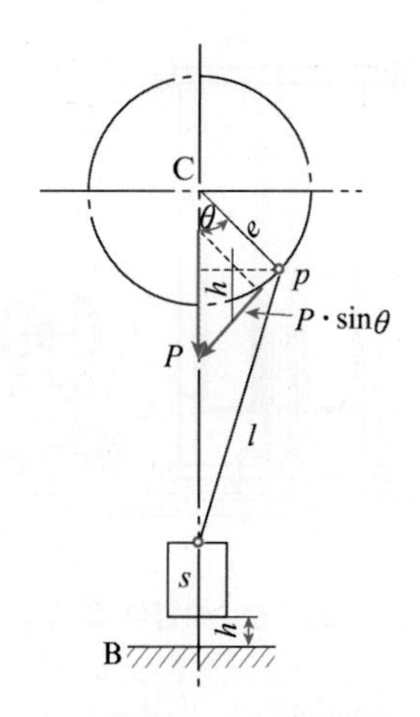

그림 3.27 크랭크운동

예제 3.4

크랭크 프레스의 암 길이 e = 10 cm, 단조높이 h = 1 cm, 유효단조면적 A = 10 cm × 4 cm, 피단조물의 단조저항 K_f = 10 kg/mm²(= 1,000 kg/cm²), 프레스의 기계효율 η = 50%라 할 때 모터의 동력 N(HP)을 계산하여라. 단 연속으로 1분에 10회 작업한다.

풀이 가압력 $P = A \cdot K_f = (10 \times 4) \times 1{,}000 = 40{,}000$ kg

토크 $T = P \cdot \sqrt{h(2e-h)} = 40{,}000 \times \sqrt{1(2\times 10-1)}$

$= 40{,}000 \times \sqrt{19} = 174{,}356$ kg · cm

$\therefore$ 가압에 요하는 동력 $N = \dfrac{2\pi \times n}{60} \cdot \dfrac{T}{75\times 100} = \dfrac{2\pi\times 10}{60} \cdot \dfrac{174{,}356}{75\times 100} = 24.345$ HP

$\therefore$ 모터의 동력 $N' = \dfrac{N}{\eta} = \dfrac{24.345}{0.5} = 48.69$ HP

(2) 순수수압 프레스(pure hydraulic press)

램의 상하운동은 프레스 실린더와 복귀 실린더 내에 압력수를 교대로 공급하여 행한다. 램 하강용 실린더 내의 수압은 200 ~ 300 kg/cm²이고, 복귀 실린더 내의 수압은 10 kg/cm² 정도이다.

그림 3.28에서 I은 펌프실, II는 축압기(accumulator), III은 프레스의 몸체이다.

램을 하강시킬 때에는 흡입관 (2) → 송수관 (5) → 조정 밸브 (10) → 수압 실린더 (14)의 순으로 압력수가 유동하고, 램을 상승시킬 때에는 실린더 → 조정 밸브 (10) → 송수관 (24)로 연결하여 실린더 내의 물을 빼내고, 밸브 (10)에서 압력수를 송수관 (13)으로 보내어 복귀 실린더 내의 피스톤 하부에 공급한다.

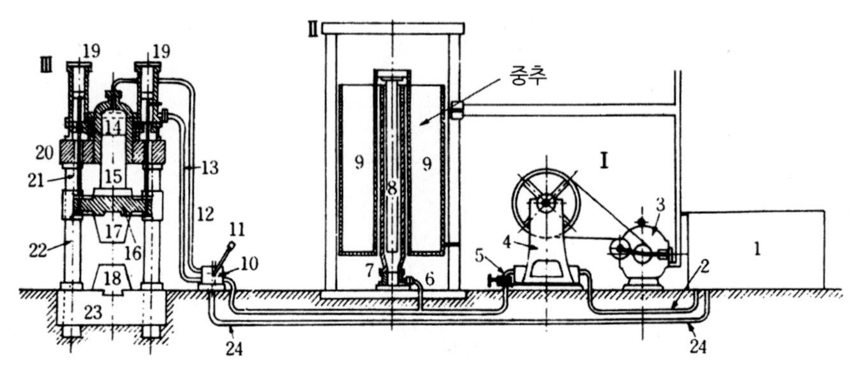

그림 3.28 **순수수압식 프레스**

(3) 증기수압 프레스

증기수압 프레스(steam hydraulic press)는 고압의 증기로 작동되는 펌프에 의하여 고압의 압력수를 프레스 실린더 내에 공급하는 것으로서, 실린더 압력은 400 ~ 500 kg/cm^{2}가 되어 순수수압 프레스보다 고압이다. 그림 3.29는 증기수압 프레스의 예이다.

(4) 공기수압 프레스

공기수압 프레스(air hydraulic press)는 증기수압 프레스의 증기 대신 공기를 공급하는 것으로서 나머지의 작동 원리는 증기수압 프레스와 동일하다.

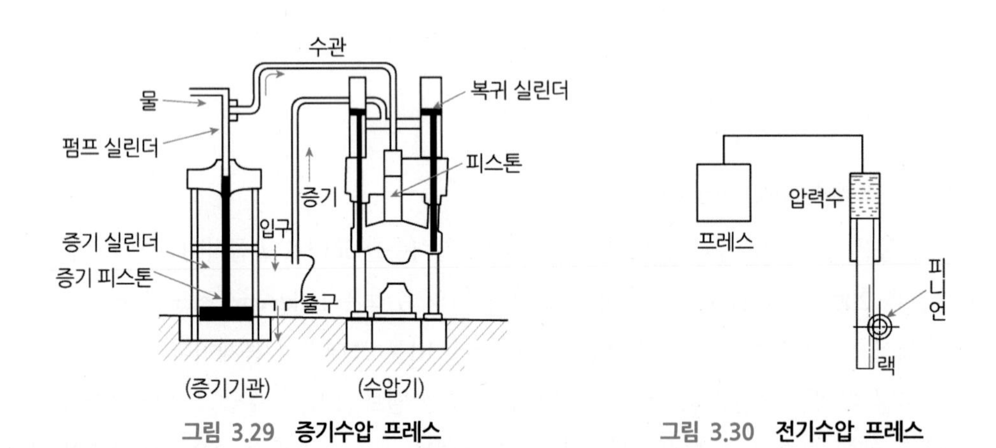

그림 3.29 **증기수압 프레스**

그림 3.30 **전기수압 프레스**

(5) 전기수압 프레스

전기수압 프레스(electric hydraulic press)는 그림 3.30과 같이 랙(rack)과 피니언(pinion)의 작동으로 압력수를 발생시키는 프레스이며, 수압은 400 ~ 500 kg/cm^2 정도이다.

2.4.4 압연단조

압연단조기(壓延鍛造機)는 그림 3.31과 같이 맞물고 회전하는 롤의 홈(groove) 또는 돌기(projection)에 의하여 소정의 단면형상을 갖는 길고 얇은 단조물을 얻을 수 있으며, 차축(axile) 등을 제작한다. 차축을 제작할 때에는 플랜지(flange)를 붙이기 위하여 업셋팅이 따른다. 압연단조(roll forging)는 일반적으로 형단조의 전가공(前加工)으로 행해지는 경우가 많다.

그림 3.32는 압연단조의 하나이며 링으로 된 소재를 롤 사이에 넣고 가압함으로써 단면을 줄이고 직경을 확대하는 가공이다. 베어링 레이스(bearing race) 등의 제작에 이용된다.

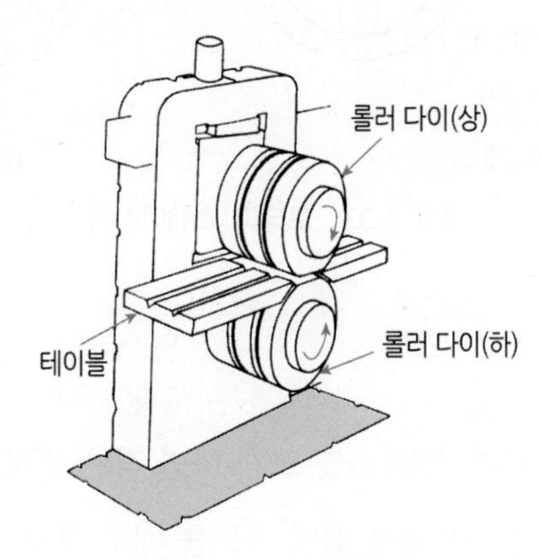

그림 3.31 압연단조기

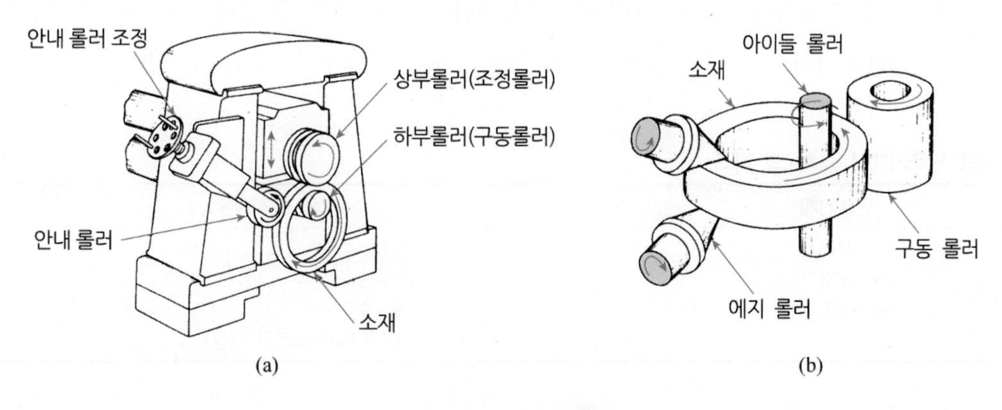

그림 3.32 링 압연단조기

2.4.5 로타리 스웨이징기

주축과 함께 다이를 회전시켜서 다이에 타격을 가해 단조하는 것을 로타리 스웨이징(rotary swaging)이라 한다. 그림 3.33(a)는 다이가 2개인 경우이고, 그림 3.33(b)는 다이가 4개인 경우이다. 어느 경우나 다이와 해머가 회전하면서 해머 머리가 롤러에 접할 때 해머가 다이를 가압한다. 롤러와 롤러 사이를 운동할 때에는 원심력(遠心力)에 의하여 벌어지며 이때 소재가 공급된다.

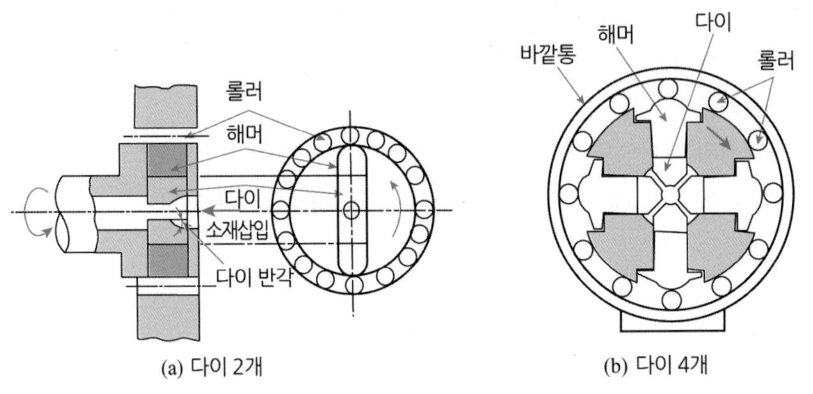

그림 3.33 로타리 스웨이징기

2.4.6 고속단조기

램의 타격 에너지 $\left(E=\dfrac{Gv^2}{2g}\right)$는 램의 속도($v$)를 크게 하면 작은 중량의 램으로도 큰 에너지를 얻을 수 있다. 이리하여 최근에는 고압가스를 사용하여 램의 속도를 매우 크게 한 **고속단조기**(高速鍛造機)가 출현하였고, 그 대표적인 것에 다이나팍(Dynapac)이라 하는 것이 있다. 표 3.8은 각종 단조용 기계의 램의 속도를 비교한 것이다. 따라서 동일한 타격 에너지를 내는 드롭해머의 램 중량에 비하여 고속단조기의 램의 중량은 약 1/10 이하로 할 수가 있고 기계 전체의 중량도 매우 작게 할 수 있다.

표 3.8 각종 단조기계의 램속도의 비교

단조기계	램속도(m/sec)
기계프레스	0.02 ~ 1.5
드롭해머	4 ~ 5
증기해머	5 ~ 9
고속단조기	15 ~ 39(100까지 가능)

고속단조기는 기계의 크기에 비하여 매우 큰 타격 에너지를 가지므로, 보통의 드롭 해머로는 수 회의 타격을 요하던 것이 1회의 타격으로 단조 작업을 완료할 수 있어서 형과 소재의 접촉시간이 매우 단축되므로 가열소재의 열이 형으로 빼앗기는 것이 적고, 소재가 냉각하지 않은 동안에 형의 세부에 유입하여 보통의 형단조로 불가능한 복잡한 형상도 고정도로 가공할 수 있다. 특히 얇은 핀(fin)이나 미세한 부분이 잘 형성된다. 그리고 그림 3.34는 그 제품의 몇 가지이다.

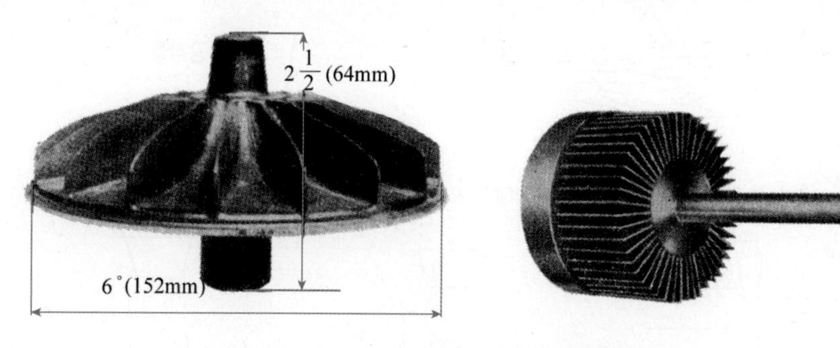

그림 3.34 고속단조기에 의한 제품 예

2.5 단조작업

2.5.1 자유단조

공작물에 압력을 가할 때 압력의 작용방향과 직각인 방향으로의 금속유동에 구속을 주지 않는 단조를 **자유단조**(自由鍛造, free forging)라 하며, 주로 소형물이 많고 단조 후에 기계가공을 하는 경우가 많다. 자유단조의 기본 작업은 다음과 같다.

1) 늘이기

늘이기(drawing)는 그림 3.35와 같이 재료에 타격을 가하여 단면적을 감소시키고 길이 방향으로 늘이는 가공이다.

2) 업셋단조

업셋단조(upsetting, upset forging)는 재료를 축방향으로 압축하여 단면을 크게 하고 길이를 짧게 하는 가공이며, 그림 3.36과 같이 자유단의 길이를 L_0, 단면적을 A_0라 하고, 업셋 후의 그것들을 L_1 및 A_1이라 하면 $L_0 \cdot A_0 = L_1 \cdot A_1$에서 **단조비**(鍛造比, forging ratio) R은

$$R = \frac{L_1}{L_0} = \frac{A_0}{A_1} = \frac{{D_0}^2}{{D_1}^2} \tag{3.39}$$

이다.

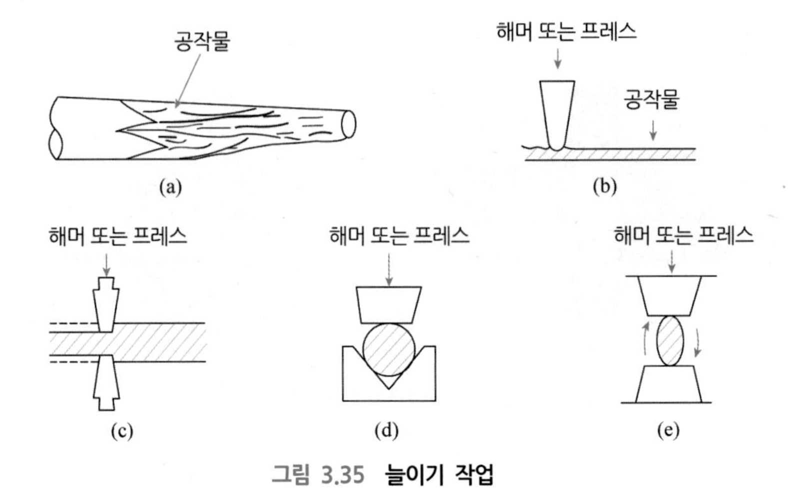

그림 3.35 **늘이기 작업**

가공부의 길이가 그 지름에 비하여 너무 크면 좌굴현상(座屈現狀, buckling)이 생겨서 목적을 달성할 수 없다. 이에 관하여 다음과 같은 원칙이 있고, 이를 업셋단조의 3원칙이라 한다(그림 3.37).

제1원칙 : 1회의 타격으로 완료하려면 업셋할 길이 L은 소재의 지름 D_0의 3배 이내로 한다.

제2원칙 : 제품지름(D)이 $1.5D_0$보다 작을 때 L은 $(3\sim6)D_0$로 할 수 있다.

제3원칙 : 제품지름(D)이 $1.5D_0$이고 $L > 3D_0$일 때는 공구 간의 최초의 간극(L_0)은 D_0를 넘어서는 안된다.

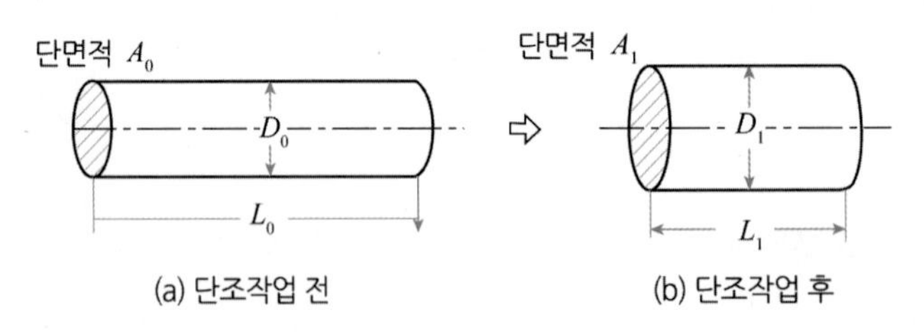

그림 3.36 **업셋단조 시 단조비의 표시법**(A_0/A_1 또는 L_1/L_0)

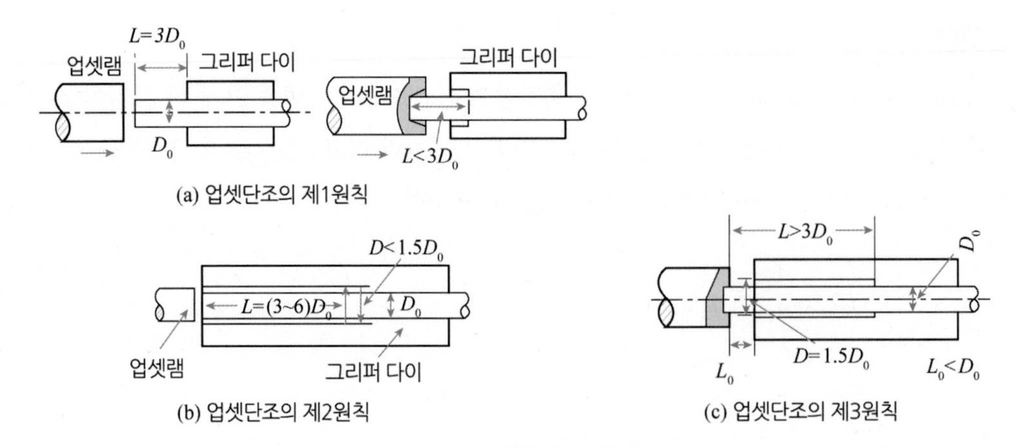

그림 3.37 **업셋단조의 3원칙**

3) 넓히기

넓히기(spreading)는 가공재료를 앤빌 위에 놓고 가압하여 폭을 넓히는 가공이며, 그림 3.38은 그 예이다.

4) 굽히기

굽히기(bending)는 그림 3.39와 같이 하며 이때 재료의 외측은 연신되고 내측은 압축된다.

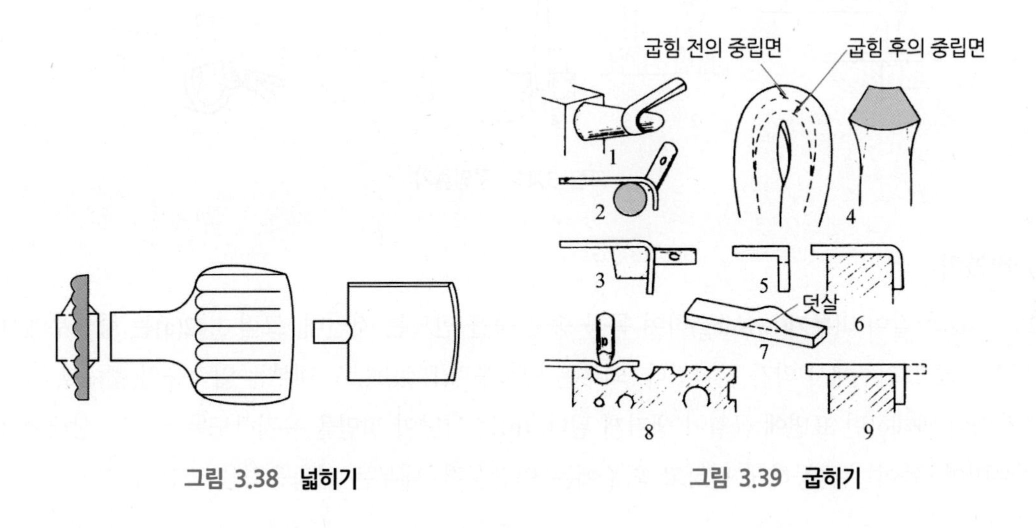

그림 3.38 넓히기　　그림 3.39 굽히기

응력과 변형이 없는 중립면(中立面)은 내측으로 이동한다. 외측이 얇아지는 것을 방지하기 위해서는 덧살을 붙이면 된다.

5) 단짓기

그림 3.40은 예리한 끌(chisel)로 단면적을 급변시켜 단짓기(setting down)하는 작업이다. 그림 3.40(a)는 한쪽에만 단짓기를, (b)는 양쪽에 단짓기를 하는 예이다.

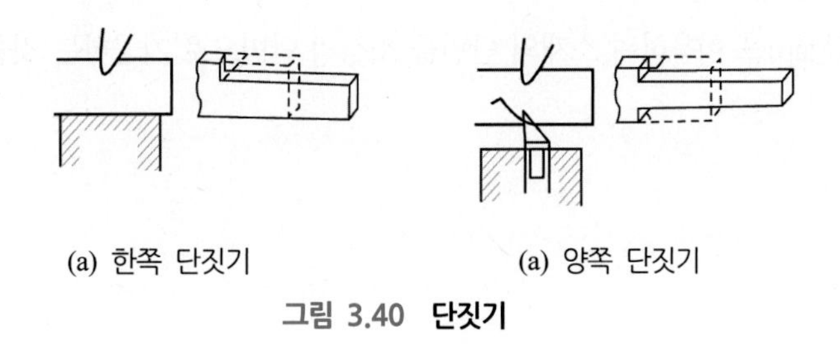

(a) 한쪽 단짓기　　(a) 양쪽 단짓기

그림 3.40 단짓기

6) 구멍뚫기

구멍뚫기(punching)는 그림 3.41과 같이 무딘 펀치(punch)를 대고 타격을 주어 구멍을 뚫거나, 지름이 큰 구멍일 때에는 앤빌의 혼(horn)부에 끼우고 확대한다.

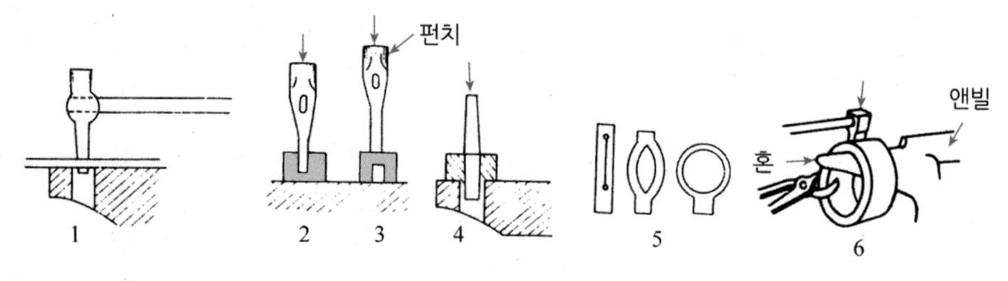

그림 3.41 구멍뚫기

7) 비틀기

그림 3.42와 같이 **비틀기**(twisting)하여 목공 송곳 등을 만드는 것인데, 그림 3.42(a)는 중심부에서 높이의 변화가 없고 외주에서 약간 낮아진다. 외부는 인장응력(印張應力), 내부는 압축응력(壓縮應力)을 받게 되며 장력이 과대하면 표면에 균열이 생기게 된다. (b)는 양단이 평면을 유지하도록 고정한 상태에서 비트는 경우이며, 높이는 균등하게 변하고 외주에는 인장응력, 내부는 압축응력을 받는다.

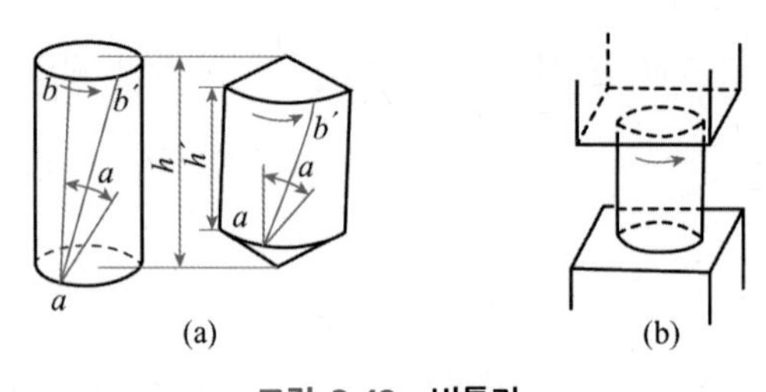

그림 3.42 비틀기

8) 태핑

그림 3.43과 같이 탭(tap)을 이용하여 소재의 단면을 소정의 단면으로 가공하는 것을 **태핑**(tapping)이라 한다.

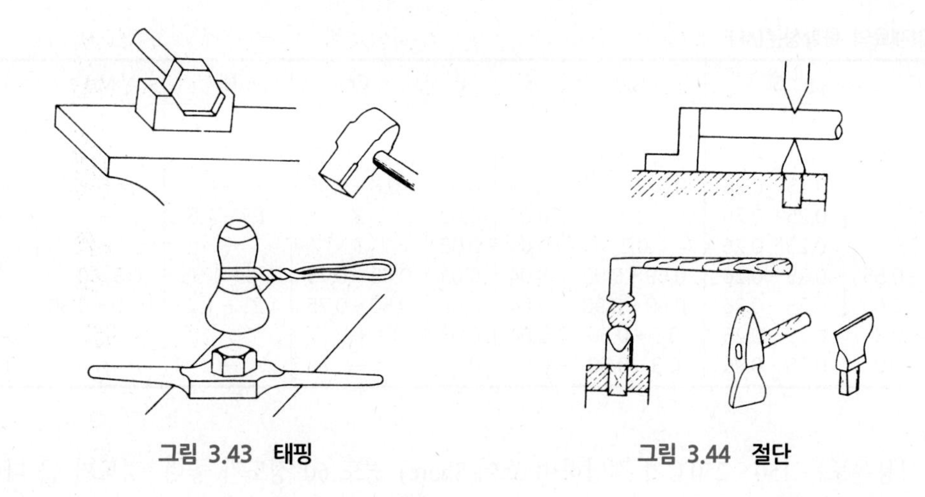

그림 3.43 태핑　　　　　그림 3.44 절단

9) 절단

절단(cutting-off)할 소재가 클 때에는 기계톱 또는 절단기를 사용하나 작을 때에는 그림 3.44와 같이 끌(chisel)을 사용한다.

2.5.2 형단조

형단조(型鍛造, closed-die forging)는 소재를 단형(鍛型) 안에 넣어서 압축시켜 단조작업하는 것을 말하며, 압축에 의한 금속의 유동은 다이 내에서만 행하여지며, 여분의 재료는 접합면 사이에 핀(fin)으로 유출된다. 형단조 작업에 의한 제품은 조직이 미세하고 강도가 크다. 스패너, 크랭크 샤프트, 커넥팅 로드 및 차축 등이 형단조에 의하여 제작된다.

1) 단형재료

단형재료(鍛型材料)의 구비 조건은 다음과 같다.

① 내마모성이 커야 한다.
② 내열성이 커야 한다.
③ 수명이 길어야 한다.
④ 강도가 커야 한다.
⑤ 염가이어야 한다.

표 3.9는 단형재료의 예인데, No. 1, 3, 4, 7 등은 낙하 해머에 적합하고, No. 2, 5, 6은 프레스용에 적합하며, No. 8, 9는 대형물 단조에 적합하다.

표 3.9 단형재료의 화학성분(%)

No.	C	Si	Mn	S	P	Cr	Ni	Mo	V	W
1	0.47 ~ 0.55	0.1 ~ 0.2	0.5 ~ 0.6	0.04	0.03	0.6 ~ 0.75	1.5 ~ 1.75	—	—	—
2	0.9 ~ 0.75	0.1 ~ 0.2	0.3 ~ 0.4	0.04	0.03	3.25 ~ 3.75	—	—	—	—
3	0.48 ~ 0.50	0.25 ~ 0.26	0.57 ~ 0.67	0.04	0.03	0.8 ~ 0.9	—	—	—	—
4	0.25	0.25 ~ 0.26	0.2	0.04	0.03	3	1.7 ~ 1.8	—	—	7.5
5	0.25	0.25 ~ 0.26	0.2	0.04	0.03	3	—	—	—	14
6	0.45 ~ 0.55	0.25 ~ 0.26	0.69 ~ 0.90	0.04	0.03	0.45 ~ 0.75	1.0 ~ 1.55	0.3 ~ 0.7	—	—
7	0.50 ~ 0.60	0.25 ~ 0.26	0.69 ~ 0.90	0.04	0.03	0.50 ~ 0.75	1.25 ~ 1.75	0.10 ~ 0.30	0.3	—
8	0.6 ~ 0.8	0.25 ~ 0.26	0.3 ~ 0.50	0.04	0.03	—	—	—	0.3	—
9	0.9 ~ 1.0	0.25 ~ 0.26	0.3 ~ 0.50	0.04	0.03	—	—	—	0.3	—

단형의 사용온도는 150 ~ 250℃가 적당하며 쇼어(Shore) 경도 60 정도가 좋다. 경도가 큰 다이는 해머에는 부적당하고 프레스로 하는 것이 좋다.

2) 단형설계 시 고려사항

단형에 파놓은 공동부는 제품형상에 따라 여러 가지이나 대략 그림 3.45와 같다. 즉, 이것은 소, 중형의 단조품을 양산할 때 전 공정의 단형(각 공동부에 해당)을 한 단형 내에 조합한 것이며, 가열한 소재를 단형 위에서 각 공동부 위로 이동시켜 도중 재가열 없이 연속하여 행하는 것이다. 즉, 양단에 자유단조에 상당하는 늘리기형(fuller), 단내기형(edger), 굽힘형(bender), 절단날 등을 두고, 중앙에 예비가공형(blocker)과 완성가공형(finisher)를 파 둔다. 따라서 단형의 설계에는 먼저 소재로부터 제품에 이르기까지의 공정, 즉 단조방안을 생각해야 한다. 소재를 바로 완성가공형에 넣는 경우도 있다. 형단조품의 크기(무게)는 30 g부터 1 ~ 2 ton에 이르는 것도 있다. 단형의 설계 시 고려할 점을 열거하면 다음과 같다.

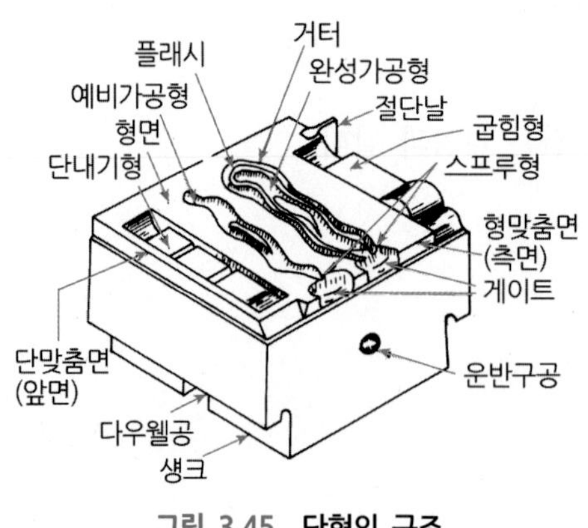

그림 3.45 단형의 구조

① 제품이 단형에서 쉽게 인발(引拔)되도록 하기 위하여 그림 3.46과 같이 인발구배를 두며 인발구배는 표 3.10을 기준으로 한다.

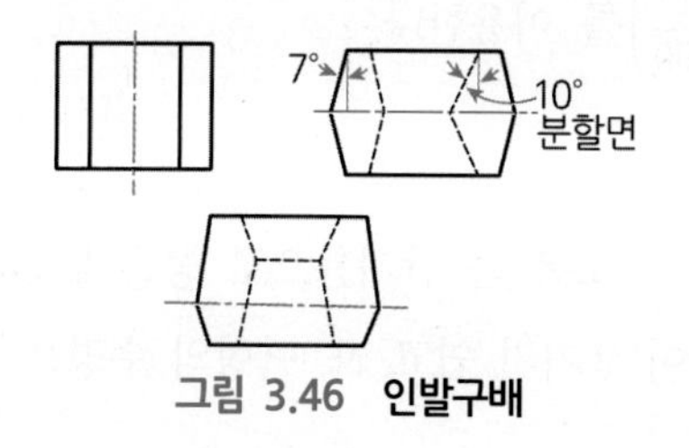

그림 3.46 인발구배

표 3.10 인발구배

단조면 깊이	외면인발 기울기	내면인발 기울기
60mm 미만	7°	7°
60mm 이상	7°	10°

② 단조방향과 직각방향인 단형의 두께는 표 3.11을 기준으로 한다.

표 3.11 단형 두께

형단조면적(cm^2)	60 미만	60 ~ 125	125 ~ 250	250 ~ 350	350 ~ 500
최소 두께(mm)	3	4	5	6	8

③ 단형 접합면에 홈(flash)을 파서 여분의 금속이 유출할 수 있게 한다.

그림 3.47은 형 접합면의 홈에 여분의 금속이 유출되어 충만된 거터(gutter)를 나타낸 것이다.

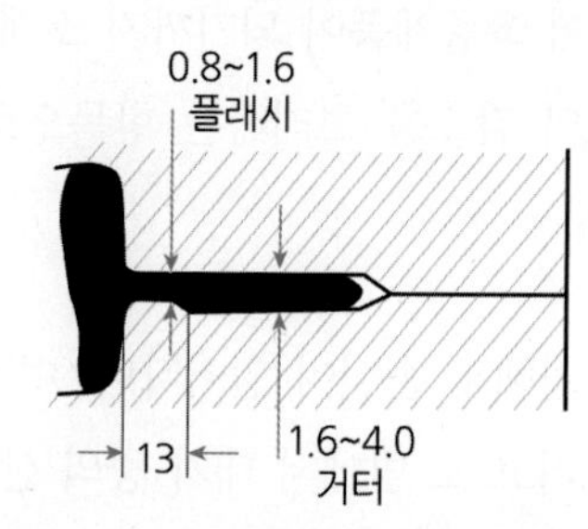

그림 3.47 플래시와 거터의 치수 예

④ 기계가공이 필요한 경우에는 가공여유(加工餘裕)를 표 3.12에 준하여 둔다.

표 3.12 가공여유

기준치수(mm)	50 이하	50 ~ 125	125 ~ 250	250 ~ 500	500 이상
가공여유(mm)	2.5	3.0	4.0	4.5	6.0

⑤ 수축여유를 고려한다.

단형의 치수는 제품치수보다 크게 한다. 이는 수축여유(收縮餘裕)를 고려하기 때문이다.

수축여유는 단조 종료온도부터 상온까지의 수축량을 생각하고, 다시 형 온도도 고려하여 보통 주물자

와 같이 실제 치수보다 눈금 크기를 늘려 만든 자$\left(\frac{13}{1000} \sim \frac{21}{1000}\right)$를 이용한다.

⑥ 모서리부와 구석부는 둥글게 한다.

모서리부나 구석부에서는 재료의 유동이 방향전환을 하므로 되도록 큰 반지름으로 둥글게(rounding) 해야 한다. 이것이 작으면 제품에 재료가 접혀져 겹쳐지는 결함이 생기기 쉽고, 또 단형의 수명은 응력집중으로 균열이나 마멸을 초래하므로 짧아진다(그림 3.48).

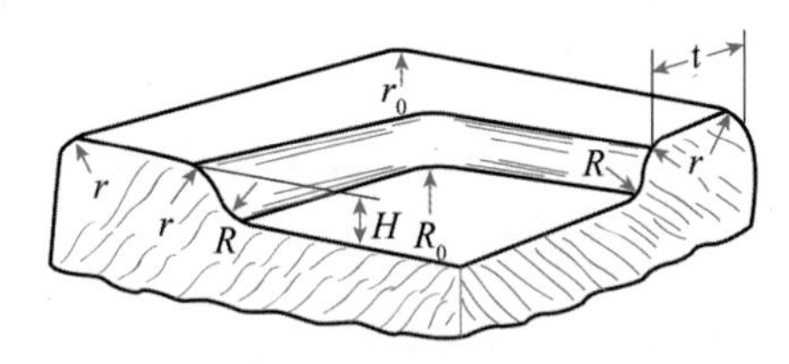

r : 모서리 반경(단면형상 변화부)
r_0 : 모서리 반경(평면형상 변화부)
R : 뽑기구배의 구석의 반경
R_0 : 평면형상 변화부의 구석의 반경
t : 단면형상 변화부의 리브의 폭
H : 단면형상 변화부의 단의 높이

그림 3.48 단조품의 구석과 모서리의 라운딩

3) 소재 재료의 중량 계산 시 고려사항

단조작업에서 재료의 중량을 결정할 때는 소재와 제품의 중량 및 체적은 동일하다고 가정하여 계산한다. 그러나 단조공정 중 재료는 제거되어 최종제품이 되기까지 소재의 중량은 감소하므로 이를 예견하여 소재중량을 크게 계산해야 한다. 재료의 감소를 초래하는 항목으로는 다음과 같은 것이 있다.

(1) 스케일에 의한 손실(scale loss)

가열로 내에서 단조 소재는 산화에 의해서 손실이 일어나며, 이것은 노 내의 분위기상황이나, 재료의 표면적, 가열시간 등에 따라 다르다. 그리고 노 밖에서 대기 중의 산화에 의하여도 상당히 감량된다. 일반적으로 4.5 kg 이하의 단조품에서는 7.5%, 4.5 ~ 11 kg의 단조품에서는 6%, 그 이상 큰 것에서는 5% 정도이다.

(2) 플래시 중량(flash weight)

이것은 단조품의 중량과 형상에 따라 상당히 다르며, 심한 경우에는 플래시에 의한 재료손실이 제품중량의 50% 정도가 될 때도 있다. 단조완료 후 이 플래시를 전단형으로 트리밍하여 절단하나, 이를 열간에서 할 때는 냉간에서 할 때에 비하여 그 두께를 크게 하여도 된다. 단조품의 중량에 따른 플래시의 두께와 폭의 대략치를 표 3.13에 표시한다.

(3) 집게로 잡는 부분의 손실

자유단조에서는 가열한 소재를 불집게(tonghold)로 잡고 작업한다. 이에 필요한 집는 부분의 길이는 소재의 크기와 중량에 따라 다르나 적어도 13 mm 정도는 필요하다. 또 이때 제품과 이 부분과의 사이는 스프루(sprue)라고 하는 가느다란 부분을 가지며, 스프루는 단조품을 형에서 빼낼 때 파손되지 않을 만큼의 강도가 필요하다. 이 스프루의 중량은 단조품 중량의 7.5% 정도로 한다.

표 3.13 플래시의 최대 두께와 폭

단조품의 중량 (kg)	열간 트리밍		냉간 트리밍	
	두께(mm)	폭(mm)	두께(mm)	폭(mm)
0 ~ 0.5	3.2	19	1.6	19
0.5 ~ 2.3	3.2	25	1.6	25
2.3 ~ 4.5	4.0	32	2.4	32
4.5 ~ 6.8	5.0	35	3.2	35
6.8 ~ 11.5	5.5	38	4.0	38
11.5 ~ 22.7	6.4	45	4.8	45
22.7 ~ 45.5	8.0	51	6.5	51
45.5 ~ 91.0	9.3	63	—	—

(4) 절단손실

재료로부터 단조용 소재를 절단할 때의 손실이며, 재료의 지름에 따라 다르나 50 mm 이하의 경우 3%, 50 ~ 75 mm에서 4%, 75 ~ 100 mm 정도에서 5%, 100 mm 이상의 것에서 6% 정도이다.

4) 형단조작업

1회의 가압이나 타격으로 제품을 완성하기는 어려우나 그림 3.49와 같은 과정을 거쳐 커넥팅 로드(connecting rod)의 제품이 얻어진다.

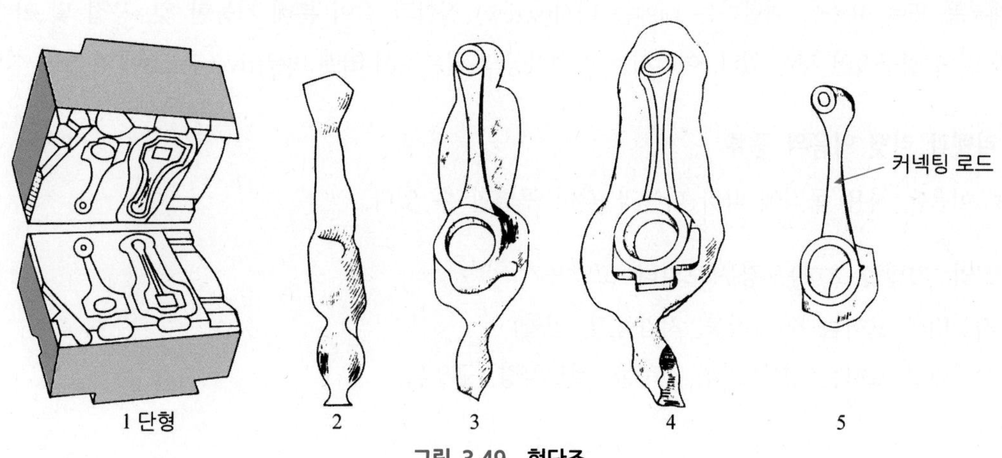

그림 3.49 형단조

2.5.3 단접

연강과 같은 재질은 고온에서 점성이 크고 금속 간에 친화력이 큰데, 이런 상태에서 두 소재를 서로 접촉시키고 해머로 충격을 가하면 점착된다. 이른 단접(鍛接, forge welding)이라 하고, 연강의 단접온도는 1,100~1,200℃가 적당하다. 접촉면의 산화철 등을 제거하기 위하여 단접제로 붕산, 붕사 80%와 염화암모니아 20%의 혼합제, 철분 85%+붕산 10%+붕사 5% 등이 사용된다. 그림 3.50은 단접방법을 보여주며, 이를 그룹별로 분류하면 다음과 같다.

① 맞대기 단접 : 1, 2
② 겹치기 단접 : 3, 4, 5, 6, 7
③ 쪼개어 물리기 단접 : 8, 9

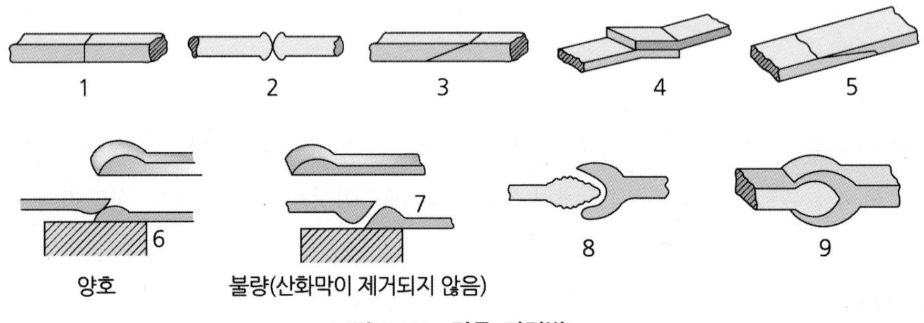

그림 3.50 각종 단접법

2.5.4 리벳 이음

기계부품 또는 요소를 결합하는 데에는 나사(screw) 결합과 같이 분해 가능한 것, 용접 및 리벳(rivet) 이음과 같이 영구적인 것이 있다. 여기서는 소성가공의 일부로서 리벳 이음(rivet joint)에 대하여 설명한다.

(1) 리벳과 리벳 이음의 종류

리벳 이음은 사용 목적에 따라 다음과 같이 구별할 수 있다.

① 고압, 기밀을 요하는 경우(보일러, 고압용기)
② 기밀만을 요하는 경우(물통, 저압용기, 연돌)
③ 강도만을 요하는 경우(교량, 건축물, 철도차량, 구조물)

리벳에는 냉간에서 제조되는 것과 열간에서 제조되는 것이 있다. 냉간 리벳은 연강선재 또는 비철선재로 되어 있는 것이 보통이고 열간 리벳은 압연재로 만들어진다.

리벳을 머리형상에 따라 분류하면 그림 3.51과 같다.

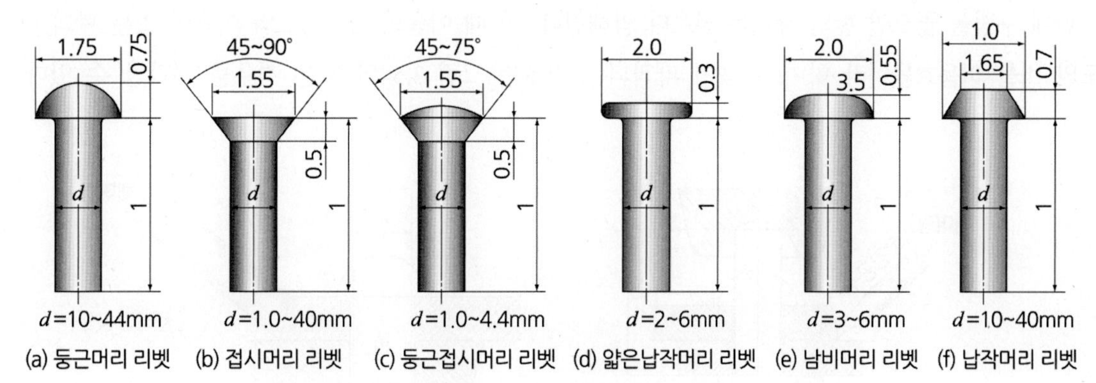

그림 3.51 **리벳의 종류**

판의 상대위치에 따라 리벳 이음을 분류하면 이음이 되는 판을 서로 겹친 상태에서 이음을 하는 겹침 이음(lap joint), 이음이 되는 판을 맞대어 놓고 상하판(또는 한쪽에만)에 덮개판(strap)을 놓은 맞대기 이음(butt joint)이 있다.

또 리벳의 배열에 따라 그림 3.52와 같은 리벳 이음의 종류가 있다.

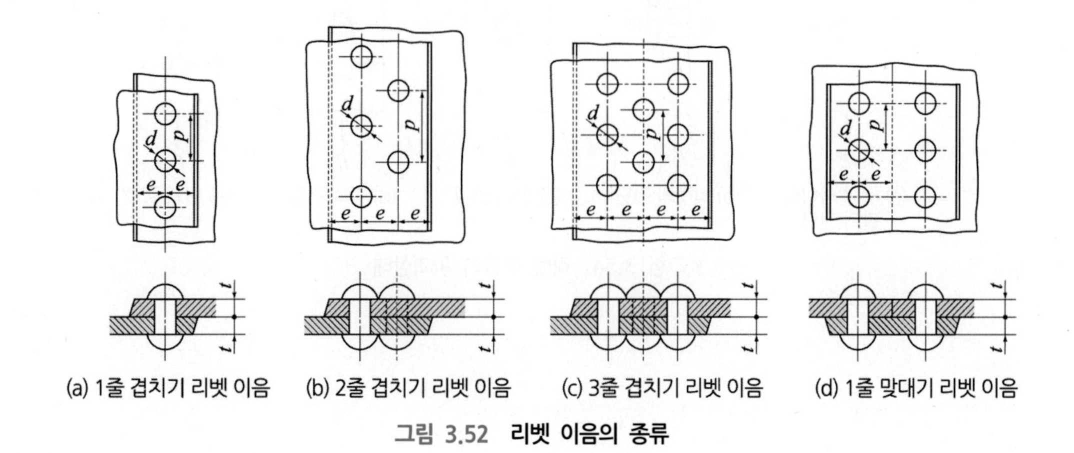

그림 3.52 **리벳 이음의 종류**

(2) 리벳 이음 작업(riveting)

펀치 또는 드릴을 사용하여 구멍을 뚫고 한쪽은 스냅(snap)으로 받치고 다른 쪽에서는 스냅을 대고 그 위를 해머로 타격을 가한다. 기밀을 요할 때에는 그림 3.53과 같이 코킹(caulking) 공구를 사용하여 판

끝을 눌러 붙임으로써 틈막기를 하며 이것을 **코킹**(caulking)이라 한다. 그리고 판을 어긋나게 밀어 주무로써 리벳 구멍과 리벳 간의 틈인 유체의 통로를 차단하는 것을 **플러링**(fullering)이라 한다.

(3) 리벳 이음의 강도

판에 구멍을 뚫으면 판의 강도는 전보다 약해진다. 이 때 이음의 파괴강도와 이음이 없는 판의 파괴강도의 비를 **이음효율**이라 하며, 이음이 파괴되는 경우는 그림 3.54와 같은 경우를 생각할 수 있다.

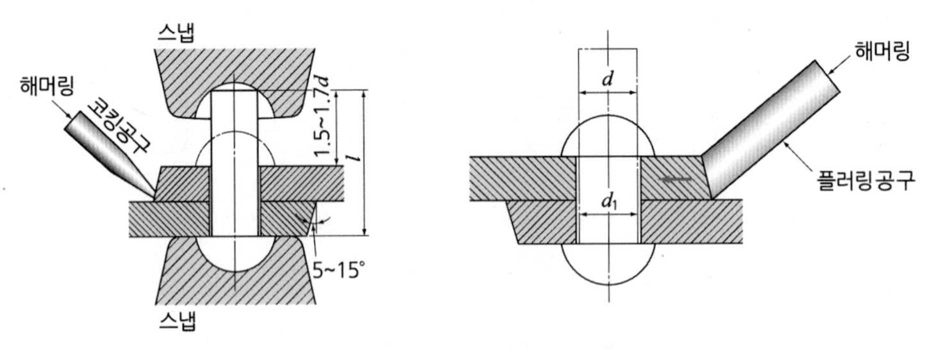

그림 3.53 코킹과 플러링

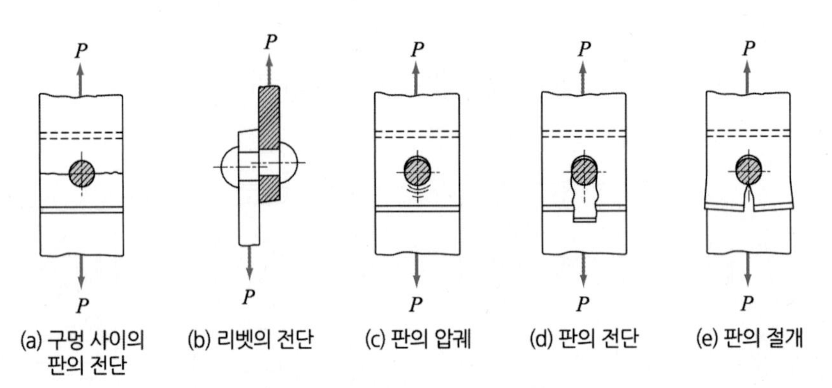

그림 3.54 리벳 이음의 파괴상태

03장
압 연

3.1 압연의 개요

압연가공(壓延加工, rolling)은 상온 또는 고온에서 회전하는 롤(roller) 사이에 재료를 통과시켜 그 소성을 이용하여 판재, 형재, 관재 등으로 성형하는 가공법이다. 특히 금속재료에서는 동시에 주조조직을 파괴하고 재료 내부의 기포를 압착(壓着)하여 균등하고 우수한 성질을 줄 수 있어서, 재료를 단련(鍛錬)하는 것도 압연가공이 행하여지는 중요한 목적의 하나이다. 이 방법은 주조나 단조에 비하여 작업이 신속하고 생산비가 저렴한 특징이 있으므로 금속가공 중 매우 중요한 위치를 차지하고 있다. 이 방법은 균일한 단면형상을 가진 긴 강재를 만드는데 가장 경제적일 뿐 아니라 광범위하고 다양한 제품을 얻을 수 있다. 재료도 납합금과 같은 연한 것에서부터 스테인리스강과 같은 경한 것까지 있으며, 백열상태의 슬래브(slab)로부터 냉간압연판까지, 또 두께 40 cm, 폭 110 cm의 알루미늄의 인고트(ingot)로부터 종이 같이 얇은 박판까지, 또는 4각의 빌릿(billet)으로부터 보통의 형재나 복잡한 형상의 형재로 변형되는 등 매우 광범위한 제품을 얻을 수 있다. 그림 3.55는 인고트가 압연에 의하여 각종 형강으로 만들어지는 계통도이다.

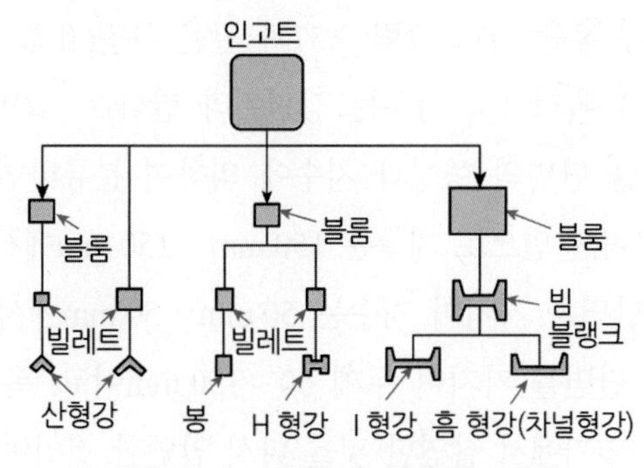

그림 3.55 압연으로 제조되는 형강

압연에 의하여 금속의 주조조직을 파괴하고, 내부의 기공(氣孔)을 압착하여 균질하게 한다. 그림 3.56은 압연조직을 보여 준다.

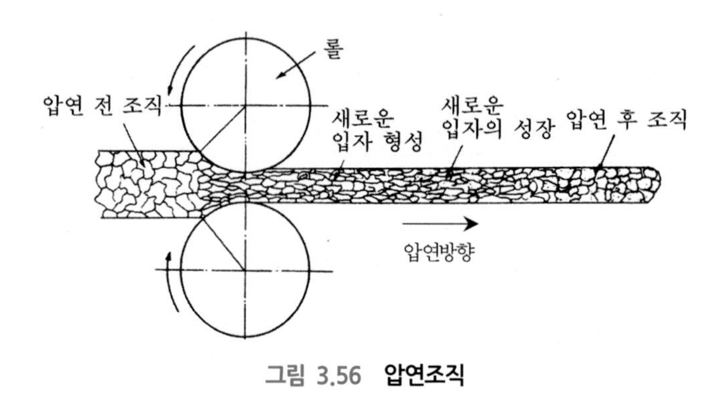

그림 3.56 **압연조직**

3.2 압연가공

금속의 압연가공은 소재의 재결정 온도(再結晶 溫度) 이상에서 행하는 **열간압연**(熱間壓延, hot rolling)과 그 이하에서 행하는 **냉간압연**(冷間壓延, cold rolling)으로 대별된다. 열간압연에서는 재료의 가소성이 크고 변형저항이 작으므로 압연 가공에 요하는 동력이 작아도 되고, 큰 변형을 용이하게 할 수 있어서 단조품과 같은 양호한 성질을 제품에 줄 수 있다.

압연작업은 목적에 따라 다음과 같은 종류가 있다.

3.2.1 분괴압연

제강공정에서 만들어지는 인고트(ingot)는 먼저 분괴압연기에 넣어 소요의 치수나 형상의 강편으로 압연한다. **분괴압연**(分塊壓延) 전에 인고트를 균열로에 넣고 내부와 외부의 온도가 균일하게 될 때까지 가열한다. 분괴압연기는 롤의 둘레에 홈을 파서 그림 3.57과 같은 **공형**(孔型, pass)을 마련한 2단 또는 3단 롤러로 열간에서 작은 단면의 소재(철강의 경우는 강편이라 한다)로 압연한다.

분괴압연기에서 압연된 제품을 단면의 형상과 치수에 의하여 분류하면 대체적으로 다음과 같다.

① **블룸**(bloom) : 대략 정사각형 단면으로 치수는 150 mm × 150 mm에서 450 mm × 450 mm 정도이다.

② **빌릿**(billet) : 정사각형의 단면을 가지며 치수는 50 mm × 50 mm에서 150 mm × 150 mm인 봉이다.

③ **슬래브**(slab) : 직사각형의 단면을 가지며 두께 50 ~ 150 mm이고, 폭 600 ~ 1500 mm인 판재이다.

④ **시트 바**(sheet bar) : 분괴압연기에서 압연한 것을 다시 압연한 것이며, 두께 8 ~ 20 mm 정도이고 폭이 200 ~ 400 mm 정도이다.

⑤ **시트**(sheet) : 두께 0.75 ~ 15 mm이고 폭 450 mm 이상인 판재이다.

⑥ **와이드 스트립**(wide strip) : 두께 0.75 ~ 15 mm이고, 폭 450 mm 이상인 coil로 된 긴 판재이다.

⑦ **네로우 스트립**(narrow strip) : 두께 0.75 ~ 15 mm이고 폭 450 mm 이하인 coil로 된 긴 판재이다.

⑧ **플레이트**(plate) : 두께 3 ~ 75 mm의 긴 판이다.

⑨ **플렛**(flat) : 두께 6 ~ 8 mm이고, 폭 20 ~ 450 mm인 재료이다.

⑩ **라운드**(round) : 지름이 200 mm 이상인 환봉이다.

⑪ **바**(bar) : 지름이 12 ~ 100 mm, 또는 100 mm × 100 mm 범위의 사각단면을 갖는 긴 봉재이다.

⑫ **로드**(rod) : 지름이 12 mm 이하인 긴 봉재이다.

⑬ **섹션**(section) : 각종 형상의 단면재이다.

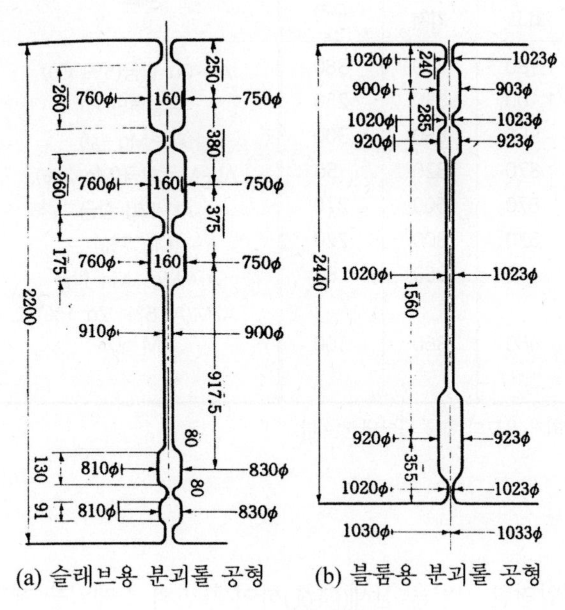

(a) 슬래브용 분괴롤 공형 (b) 블룸용 분괴롤 공형

그림 3.57 **분괴롤 공형의 예**

3.2.2 형재 및 선재의 압연

공형을 가진 2단 롤로 블룸, 빌릿, 빔 블랭크를 수 회 내지 수십 회 압연하여 그림 3.58과 같은 형재(형강)나 선재의 제품으로 다듬는다.

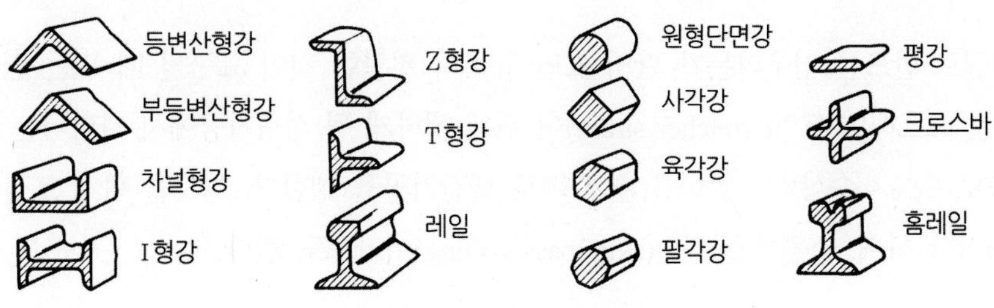

그림 3.58 **각종 압연형강**

3.2.3 판재 열간압연

두꺼운 판이나 중판은 슬래브 또는 직접 편평 인고트로부터 열간압연하여 릴(reel)에 그대로 감아들여 코일로 한다. 박판을 구식의 풀오버식 압연기로 제조할 때는 시트 바를 그대로 또는 겹쳐서 압연한 후 떼어내서 제품으로 한다. 표 3.14는 각종 재료의 열간압연 온도를 나타낸 것이다.

표 3.14 판재의 열간압연 온도

재료	압연온도(℃)		온도 구간	재료	압연온도(℃)		온도 구간
	최고	최저			최고	최저	
연강	1,180	800	380	Al – Cu 합금(5% Cu)	480	360	120
특수강	1,100	850	250	듀랄루민 K	540	400	140
동	950	650	300	(Al – Mg – si)			
α-황동	870	820	50	Al – Mn 합금(Mn 2%)	520	350	170
α + β 황동	870	600	270	Al – Mg 합금	360	330	30
순 알루미늄	520	300	220	(Mg 7%)			
듀랄루민	440	360	80	Al – Mg – Mn 합금	500	400	100
(Al – Cu – Mg)				AZM(Al 6%, Zn 1%)	310	280	30
Y 합금	460	360	100	AM 503	350	300	50
(Al – Cu – Ni)							

※ 온도 구간은 압연 최고 온도와 최저 온도의 차를 나타낸 것이다.

3.2.4 판재 냉간압연

판재의 냉간압연은 열간압연한 코일을 산세(酸洗)하여 표면의 스케일을 제거한 후 상온에서 압연하여 박판을 제조하는 작업이다. 많은 경우 4단 내지 다단 롤의 압연기로 압연한다. 이전에는 열간압연한 판을 1매씩 또는 겹쳐서 2단 내지 4단 롤로 압연하여 박판으로 만들었으나 현재는 코일로 압연하게 되었다. 필요에 따라 제품표면에 묻은 유지류를 전해세정(電解洗淨)하여 어닐링한다. 압연공정 도중에 어닐링을 행할 때도 있다.

3.2.5 판재 조질압연

연질판을 경질로 만드는 경우라든가 판의 표면이 특히 평활한 것이 요구될 때 또는 연강판의 항복점 현상에 기인되는 스트레인 모양(stretcher strain)이 뒤에 행하게 될 성형가공에서 나타나는 것을 방지하기 위하여, 4단 롤로 수%~수십%의 압하율(壓下率)로 냉간가공을 행한다. 이것을 판재 **조질압연**(調質壓延, temper rolling)이라 하며, **스킨패스 압연**(skin pass rolling)이라고도 한다.

3.2.6 정직

판재나 형재의 굽음이나 뒤틀림을 교정하기 위하여 그림 3.59와 같이 여러 개의 롤을 가진 롤 정직기(straightening roll)를 거치게 하거나 또는 인장 정직기(stretcher)로 소재의 양단을 잡고 인장소성변형을 주어 정직(整直)한다. 또 원형단면재에 대하여는 그림 3.60과 같이 같은 방향으로 회전하는 경사롤 정직기에 걸어서 똑바로 만든다.

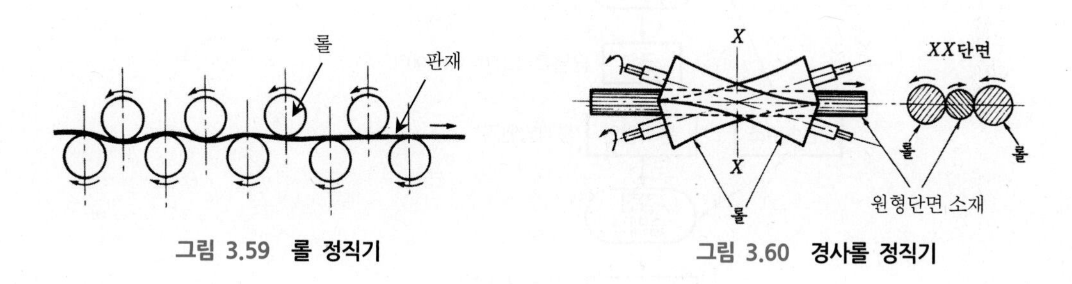

그림 3.59 **롤 정직기**

그림 3.60 **경사롤 정직기**

3.2.7 특수 압연

그림 3.61의 압연에 의한 타이어의 성형, 그림 3.62의 차륜의 압연성형법, 후술하는 만네스만 압연법에 의한 구멍뚫기 등 특수 목적에 이용되는 압연이 특수 압연(特殊壓延, special rolling)이다.

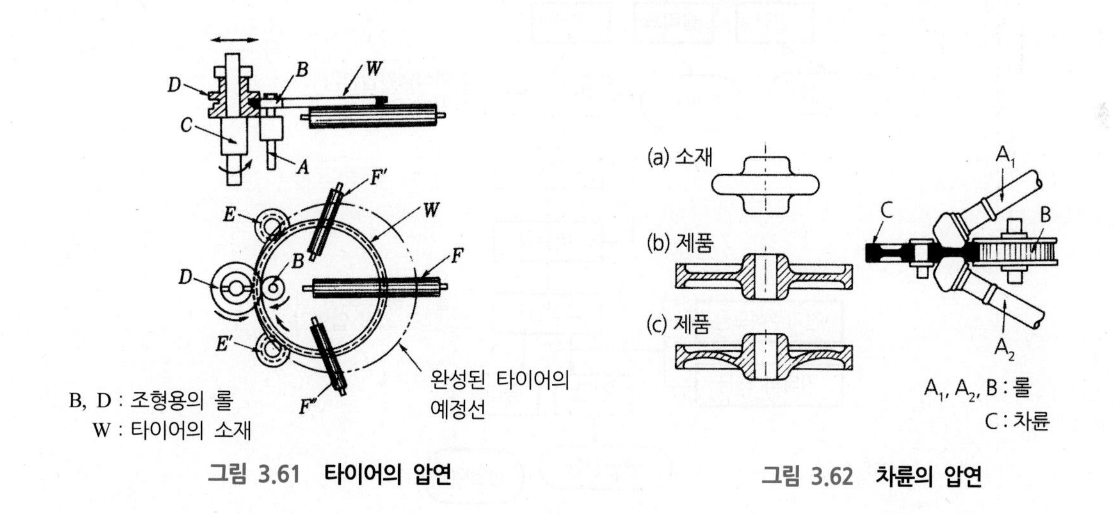

그림 3.61 **타이어의 압연**

그림 3.62 **차륜의 압연**

압연가공은 단조 등에 비하여 극히 생산성 높은 가공법이며 수십 년 전에는 600 mm 폭의 대판이 압연속도 80 m/min 정도로 가공되어 코일중량도 2 ton 정도였으나, 현재는 코일중량 40 ton 이상의 것이 2,200 m/min의 고속도로 가공될 만큼 발달하였다. 또 압연제품의 치수, 정도, 품질에 따라 고도의 것이 요구되게 되고, 이 목적을 달성하기 위하여 압연기 자체가 정밀기계로 설계제작되는 것이 필요해졌으며, 그의

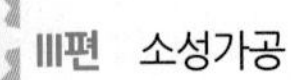

운전, 제어에도 고급 계측제어기술이 응용되고 있다. 그림 3.63은 열간 및 냉간압연 시 강판의 제조공정을 표시하는 제조공정도이다.

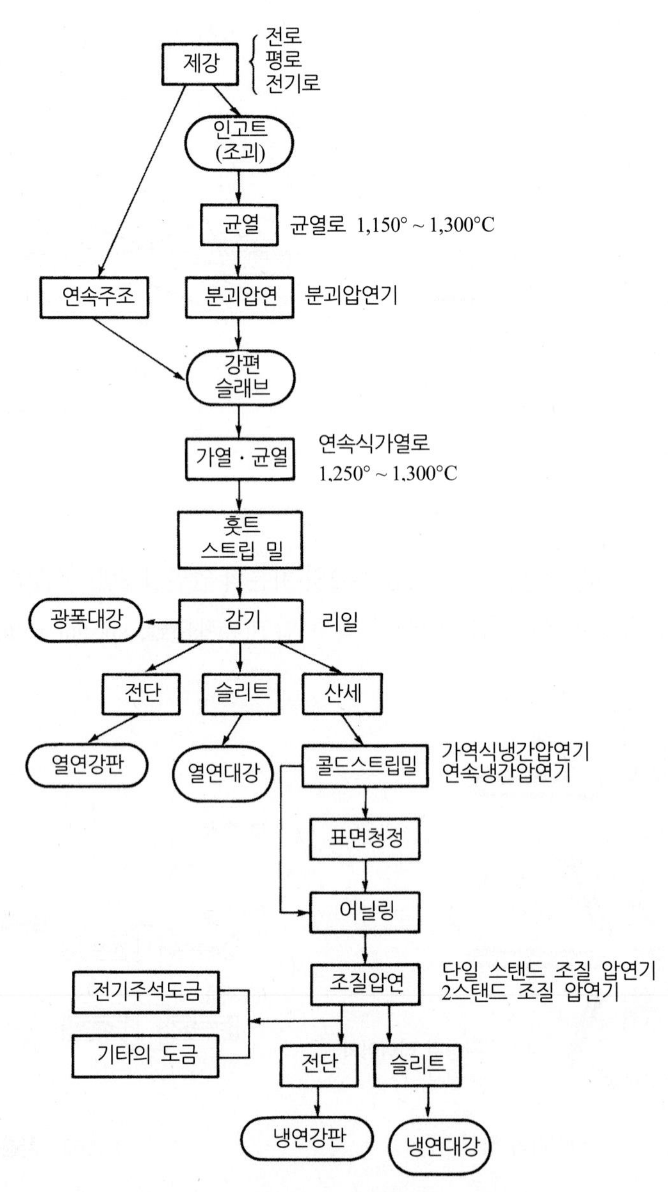

그림 3.63 **열연강판 및 냉연강판의 제조공정도**

3.3 압연가공의 역학적 해석

3.3.1 기초

압연 중의 재료의 소성변형 현상을 알아서 적절한 압연조건을 찾고 압연기의 설계에 대한 자료를 마련하는 것은 중요하다. 그러나 판의 압연과 같이 평 롤에 의한 경우는 상당히 자세히 해결되어 있으나, 형재와 같이 홈(공형)을 가진 롤에 의한 경우는 이론적인 취급이 곤란하므로 현재까지 공형의 설계 등이 모두 경험에 의지하고 있다.

그림 3.64는 직사각형 단면의 재료를 동일 직경의 한 쌍의 원주형 롤로 압연하여 두께를 감소시키는 가장 기본적이고 간단한 경우의 압연과정의 설명도이다. 압연 전후의 소재의 두께를 각각 H_0, H_1이라 하면 $(H_0 - H_1)$을 **압하량**(壓下量, rolling reduction), $\frac{(H_0 - H_1)}{H_0} \times 100\%$를 **압하율**(壓下率, draft, percent reduction in thickness)이라 한다. 그리고 압연 전후의 소재의 단면적을 각각 A_0, A_1이라 하면 **단면 감소량**(單面 減少量)은 $A_0 - A_1$, **단면 감소율**(單面 減少率)은 $\frac{A_0 - A_1}{A_0} \times 100\%$가 된다. 또한 압연 전후의 소재의 길이를 각각 L_0, L_1이라 하면 **연신량**(延伸量)은 $L_1 - L_0$, **연신율**(延伸率)은 $\frac{L_1 - L_0}{L_0} \times 100\%$가 된다. 또 압연 전에 B_0의 폭을 가진 재료를 압연하면 그 폭은 커져서 B_1이 된다. $(B_1 - B_0)$를 **폭증가**(幅增加, width spread), $\frac{B_1 - B_0}{B_0} \times 100\%$를 **폭증가율**(幅增加率)이라 한다. 폭증가는 롤의 직경($2R$), 압하율, 압연속도, 재료의 단면형상과 크기, 온도, 재질, 롤면과 재료의 표면상태 등에 따라 다른데, E.Siebel은 다음과 같은 실험식으로 나타내었다. 즉,

$$B_1 - B_0 = C \cdot \left(\frac{H_0 - H_1}{H_0} \right) \sqrt{R(H_0 - H_1)} \tag{3.40}$$

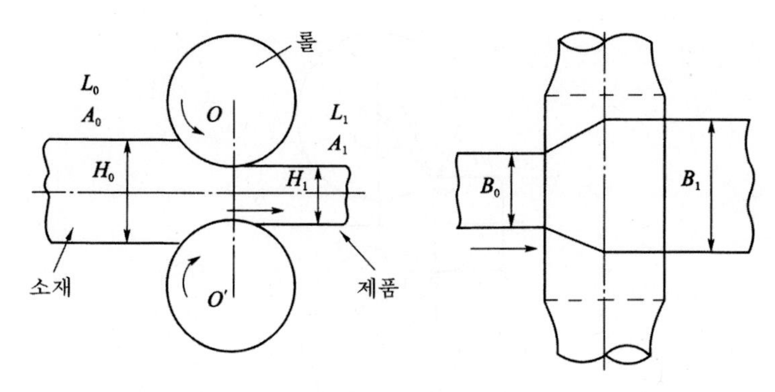

그림 3.64 압연 전후의 소재 판 두께 및 폭의 변화

여기서 C는 상수(이것을 Siebel 상수라고 한다)이며 연강의 열간압연의 경우 $C=0.31\sim0.35$ 정도, 강이면 $C=0.36$, 알루미늄은 $C=0.45$, 납은 $C=0.33$ 정도이다.

예제 3.5

직경 600 mm, 폭 1,000 mm인 롤러를 사용하여 두께 20 mm인 연강판을 두께 16 mm로 열간압연하려고 한다. 압하량, 압하율 및 폭증가량을 구하라. 단 Siebel 상수는 0.33으로 한다.

풀이 압연 전의 소재의 두께를 H_0, 압연 후의 소재의 두께를 H_1, 압연 전후의 소재의 폭을 각각 B_0 및 B_1, 롤러의 반경을 R 그리고 Siebel 상수를 C라 한다.

(1) 압하량 : $H_0 - H_1 = 20 - 16 = 4\text{ mm}$

(2) 압하율 : $\dfrac{H_0 - H_1}{H_0} \times 100 = \dfrac{20-16}{20} \times 100 = 20\%$

(3) 폭증가 : $B_1 - B_0 = \dfrac{C(H_0 - H_1)\sqrt{R(H_0 - H_1)}}{H_0}$

$$= \frac{0.33 \times 4\sqrt{300 \times 4}}{20} \fallingdotseq 2.28\text{ mm}$$

3.3.2 자력으로 압연이 가능한 조건

그림 3.65는 압연가공의 상태를 나타낸 것이다.

여기서

P : 롤에서의 압력

μP : P로 인하여 생기는 마찰력

μ : 롤과 소재 사이의 마찰계수

F : P와 μP의 합력

α : 접촉각(contact angle)

ρ : P와 F가 이루는 각(마찰각)

F_x : 압연방향(x축 방향)의 분력

F_y : 압연방향과 직각방향(y축 방향)의 분력

이다.

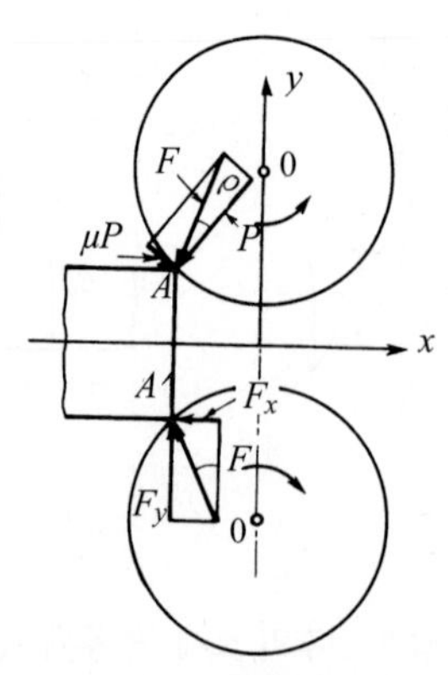

그림 3.65 압연가공의 상태

1) 자력으로 압연이 불가능한 조건

그림 3.65에서 소재와 롤이 접촉하는 부분을 상세하게 그리면 그림 3.66과 같다. 여기서 P의 x방향 분력은 $P\sin\alpha$가 되며 소재의 압연방향과 반대이다. 그리고 μP의 x방향 분력은 $\mu P\cos\alpha$로서 소재의 압연방향과 동일하다.

소재가 자력(自力)으로 압연이 불가능하다고 하는 것은 P의 x방향 분력이 μP의 x방향 분력보다 크다는 것을 의미한다.

즉,

$$\mu P\cos\alpha < P\sin\alpha$$

$$\mu < \frac{\sin\alpha}{\cos\alpha}$$

$$\therefore \mu < \tan\alpha \tag{3.41}$$

여기서 $\tan\rho = \dfrac{\mu P}{P} = \mu$

이므로 이것을 위 식에 대입하면

$$\tan\rho < \tan\alpha \tag{3.42}$$

가 된다. tan의 값은 각도의 크기에 비례하므로 위 식은 다음과 같이 나타낼 수 있다.

$$\therefore \rho < \alpha \tag{3.43}$$

즉, **접촉각**(接觸角, contact angle)이 **마찰각**(摩擦角, friction angle)보다 크면 롤의 회전만으로 압연이 되지 않는다. 이때 소재에 외력을 가하던가 마찰계수를 크게 하면 압연이 가능하다. 마찰계수를 크게 하는 방법으로는 롤의 표면을 거칠게 하거나 롤의 표면에 홈을 파는 방법 등이 있다.

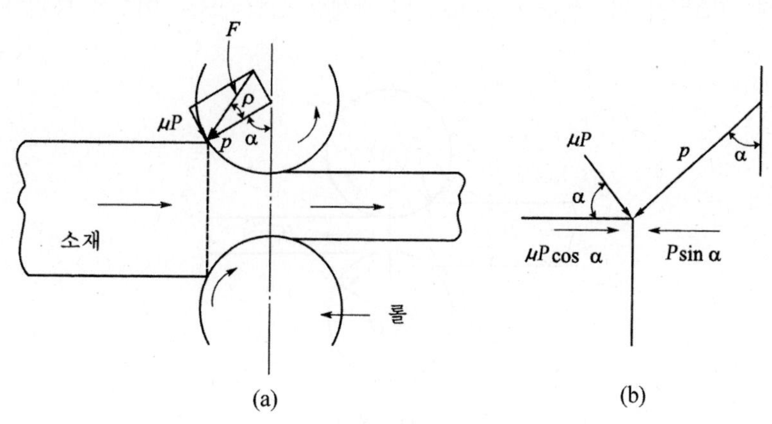

그림 3.66 판재 압연 과정

2) 자력으로 압연이 가능한 조건

자력으로 압연이 가능한 조건은 그림 3.61에서 μP의 x방향 분력이 P의 x방향 분력보다 크면 된다. 즉,

$$\mu P\cos\alpha \geqq P\sin\alpha$$

$$\mu \geqq \frac{\sin\alpha}{\cos\alpha}$$

$$\mu \geqq \tan\alpha \tag{3.44}$$

$$\tan\rho \geqq \tan\alpha \tag{3.45}$$

$$\therefore \rho \geqq \alpha \tag{3.46}$$

따라서 마찰각이 접촉각보다 크면 자력으로 압연이 가능해진다.

3.3.3 압하량, 롤의 직경 및 마찰계수의 관계

그림 3.67에서와 같이 압하량을 $H_0 - H_1$, 롤의 직경을 D(반경 R), 접촉각을 α라 하고 마찰계수를 μ라 하면

$$\frac{H_0 - H_1}{2} = R - R\cos\alpha = \frac{D}{2}(1-\cos\alpha)$$

$$\therefore H_0 - H_1 = D(1-\cos\alpha)$$

$$= D\left(1 - \frac{1}{\sqrt{1+\tan^2\alpha}}\right) \tag{3.47}$$

(삼각함수의 기본공식에서 $1+\tan^2\alpha = \sec^2\alpha$ 대입)

소재가 자력으로 압연되기 위해서는 $\mu \geqq \tan\alpha$의 관계가 성립하므로 이것을 대입하면

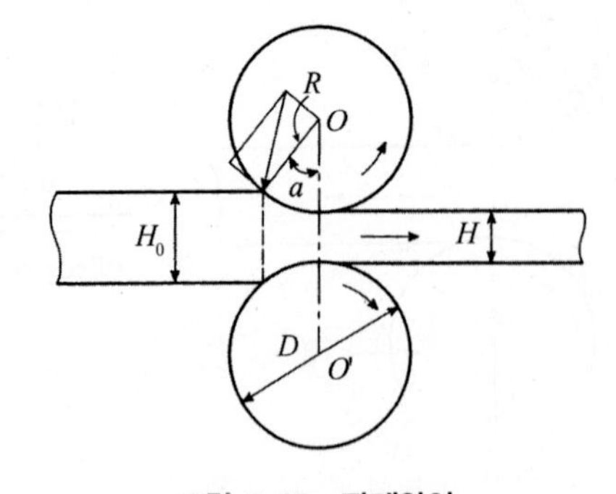

그림 3.67 판재압연

$$H_0 - H_1 \leqq D\left(1 - \frac{1}{\sqrt{1+\mu^2}}\right) \tag{3.48}$$

이 된다. 위의 결과로부터 압하량을 크게 하기 위해서는 롤의 직경과 마찰계수가 커야 함을 알 수 있다.

3.3.4 중립점

판재압연에서 압연 전의 소재의 두께 및 속도를 H_0 및 v_0, 압연 후의 소재 두께 및 속도를 H_1 및 v_1, 그리고 롤 표면과 접촉하고 있는 임의 위치의 소재 두께와 속도를 H 및 v, 롤의 원주속도를 V라 한다면 이들을 그림 3.68과 같이 나타낼 수 있다.

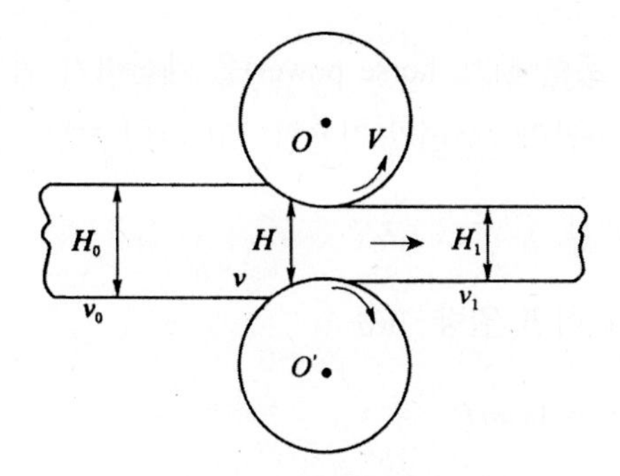

그림 3.68 판재압연과정

여기서 소재 폭의 변화는 압하량의 변화에 비해 큰 영향을 미치지 않기 때문에 압연 전후의 폭을 B로 일정하게 나타내면 다음과 같은 식이 성립한다.

$$v_0 B H_0 = v B H = v_1 B H_1 \tag{3.49}$$

그런데 $H_0 > H > H_1$이므로 식 (3.49)에서 $v_0 < v < v_1$이 성립한다. 즉, 압연이 진행되면서 압연속도가 점점 커지는데 압연속도와 롤의 원주속도가 같은 점, 즉 $v = V$가 성립하는 곳이 있다. 이곳을 **중립점**(中立點, neutral point) 또는 **등속점**(等速點, no-slip point)이라 한다.

압연압력(壓延壓力)은 그림 3.69에서와 같이 접촉길이가 증가함에 따라서 점점 증가하다가 감소한다. 이와 같은 현상은 인장력을 가하지 않았을 때와 전후방 인장력을 가했을 때 모두 비슷하게 나타난다. 여기서 압연압력의 최대치가 나타나는 곳을 **프릭션힐**(friction hill)이라 하며, 이 점은 중립점과 일치한다. 프릭션힐은 마찰계수가 클수록 높게 나타나며, 전후방 인장력을 가하면 낮아진다.

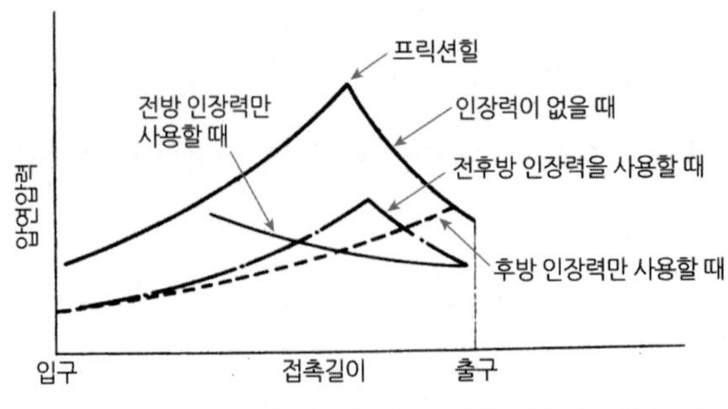

그림 3.69 전후방 인장력에 의한 압연압력의 변화

3.3.5 압연동력

압연에 요하는 **토크**(torque)와 **동력**(動力, horse power)을 계산하기 위하여 그림 3.70에서와 같이 롤의 축심에서 a(cm)인 거리에 총 압연압력 P(kg)가 작용한다고 하면 2개의 롤을 회전시키기 위한 토크 T는

$$T = 2P \cdot a \tag{3.50}$$

이며, 롤의 회전수를 n rpm이라 하면 일량 W는

$$W = 2(2\pi a \cdot n \cdot P) = 4\pi anP \tag{3.51}$$

이다. 따라서 동력 N(HP)은 다음과 같다.

$$N = \frac{4\pi\, anP}{75 \times 60 \times 100}(\text{HP}) \tag{3.52}$$

식 (3.52)는 금속을 변형시키는데 요하는 동력이며 원동기의 동력손실과 원동기에서 롤까지의 동력전달 과정의 마찰 손실 등은 별도로 계산해야 한다.

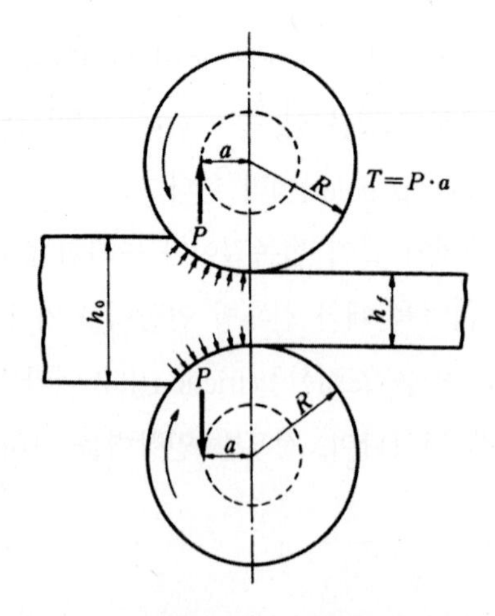

그림 3.70 압연작업 시 발생하는 힘과 토크

3.4 압연기의 종류

압연기(rolling mill)는 분류기준에 따라 다음과 같이 여러 가지로 분류할 수 있다.

① 작업 온도에 따라서

i) 열간 압연기　　ii) 냉간 압연기

② 제품의 단면형상에 따라서

i) 분괴압연기(blooming mill)　　ii) 빌릿 압연기(billet mill)

iii) 슬래브 압연기(slab mill)　　iv) 시트 바 압연기(sheet bar mill)

v) 시트 압연기(sheet mill)

③ 롤의 수 및 회전방향에 따라서

i) 2단 압연기(two-high mill)(비가역)　　ii) 2단 가역 압연기(two-high reversing mill)

iii) 3단 압연기(three-high mill)　　iv) 4단 압연기(four-high mill)

v) 다단 압연기(multi-high mill)　　vi) 특수 압연기(special mill)

실제 압연기는 롤의 수와 회전방향에 따른 분류가 보통이며, 이에 따른 압연기의 종류를 나타내면 표 3.15와 같다.

표 3.15 압연기의 종류

형식	구조	용도	형식	구조	용도
2단식		소형재 박판	6단식 (클라스터)		대판
가역 2단식		대형재 분괴 두꺼운판	센지미어형 (20단)		경질대판 박판 냉압
3단식		대형재 분괴 중판 다층판	만능형		형재

(계속)

형식	구조	용도	형식	구조	용도
4단식		대판 박판 냉압	유니템퍼형		조질냉압

3.4.1 2단 압연기

그림 3.71(a)는 2단 비가역(非可逆) 압연기이며, 지름이 동일한 2개의 롤을 1쌍으로 하여 한쪽 방향으로만 압연이 된다. 가장 오래된 형식의 압연기로서 박판, 소형재 및 관재용 압연기로 많이 사용된다. 재압연을 하기 위해서는 소재를 이동시켜야 한다.

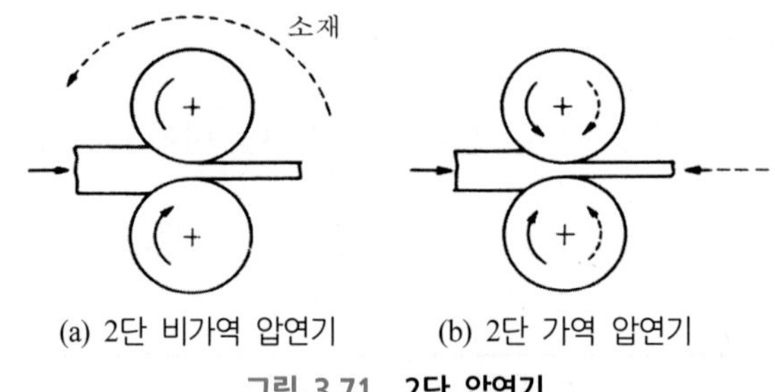

(a) 2단 비가역 압연기 (b) 2단 가역 압연기

그림 3.71 2단 압연기

그림 3.71(b)는 2단 가역(可逆) 압연기로서 (a)와 비슷하다. 그러나 롤을 역전시킬 수 있어서 (a)에서와 같이 소재를 운반할 필요가 없다. 한 번 압연하고 다음 번 압연을 위하여 상하 롤의 간격을 좁히고 반대방향으로 회전시킨다. 대형재료의 압연에 유리하여 분괴, 대형재료, 두꺼운 판재 등의 압연에 사용된다.

3.4.2 3단 압연기

3단 압연기(three high mill)는 그림 3.72에서와 같이 2단 압연기의 상부에 1개의 롤을 더 둔 것이며, 서로 이웃하는 각 롤에 서로 반대반향의 회전을 주고 있다. 틸팅 테이블(tilting table)이나 리프팅 테이블(lifting table)의 병용으로 롤을 역전시키지 않고도 왕복 모두 가공할 수가 있어 대형재료의 가공에 편리하다. 분괴압연부터 선재, 소형재료 등의 경량제품의 압연에까지 채용되고 있다. 얇은 판을 직경이 큰 롤로 압연하면 힘도 토크도 커지므로 표 3.15에서 3단 압연기의 우측 그림과 같이 중간롤의 지름을 상, 하 롤보다 약 30% 작게 하여 압연동력을 줄인 것을 라우드식 3단 압연기(Lauth's plate mill)라 한다. 이것은 강판의 냉간압연에 사용된다.

이와 같이 롤지름이 다를 때 상하 롤지름을 R_1, 중간 롤지름을 R_2라 하면 상당반경 $R_m = 2R_1R_2/(R_1 + R_2)$를 사용하여 압연하중과 기타의 추정이 가능하다.

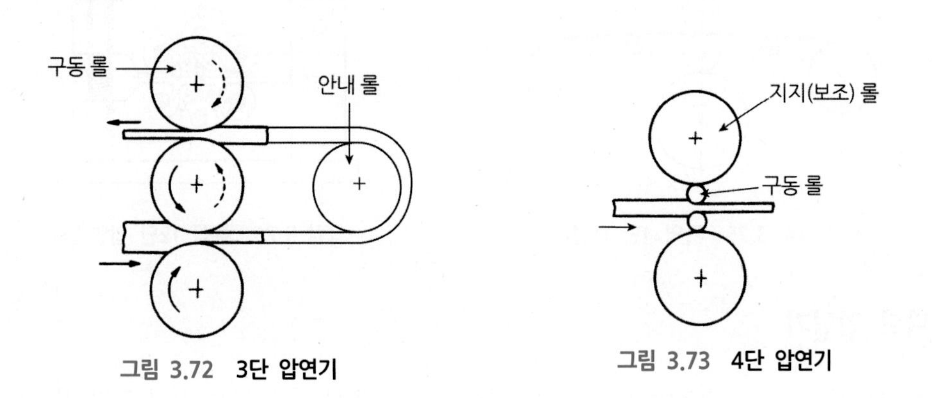

그림 3.72 **3단 압연기**

그림 3.73 **4단 압연기**

3.4.3 4단 압연기

그림 3.73은 4단 압연기로서 소재와 접촉하는 롤(구동 롤)은 지름이 작고, 외측의 지지 롤은 지름이 크다. 롤의 지름이 작으면 소요 동력이 적게 들기 때문에 이런 구조를 택하는 것이다. 열간압연에도 사용되나 박판의 냉간압연기로서 가장 많이 사용되며 표면이 깨끗한 판을 얻을 수 있다.

그림 3.74와 같이 전방인장과 후방인장을 가하는 코일 장치를 갖는 Steckel 압연기가 있다. 이 압연기는 박판의 압연에 적합하며 주로 냉간압연에 이용되어 제품의 표면을 매끈하게 한다.

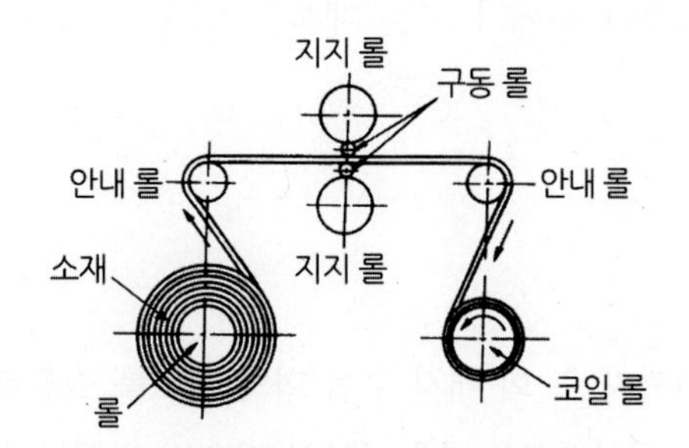

그림 3.74 **Steckel 4단 압연기**

가역 4단 압연기(four high reversing mill)는 구동 롤을 직류전동기로 구동하여 롤의 역전을 가능하게 한 것이며, 압연기 전후에 텐션 릴(tension reel)과 페이오프 릴(pay off reel)을 결합하여 롤의 전후양방으로부터 장력을 작용시킨다. 구동 롤은 직접 동력이 전달되므로 그 지름은 비교적 크고, 특히 경질의 것을 제외하고 모든 재료의 냉간압연에 이용된다(그림 3.75).

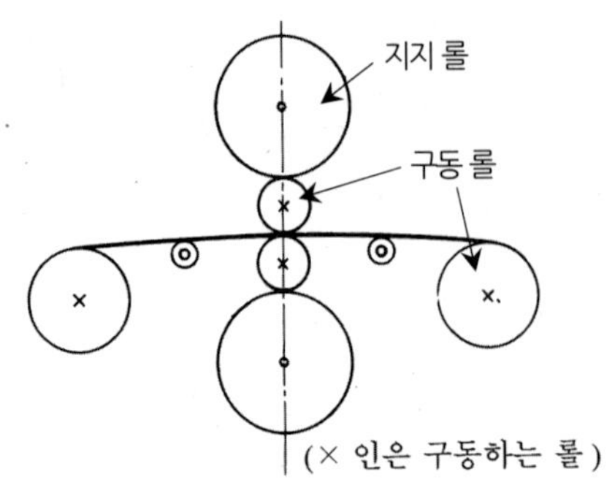

그림 3.75 가역 4단 압연기

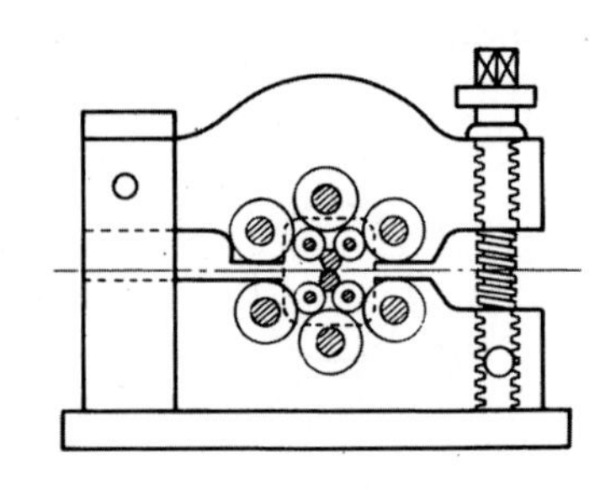
그림 3.76 론식 12단 압연기

3.4.4 다단 압연기

4단 압연기에서는 구동 롤의 압연방향을 변경시킬 수 없으므로 구동 롤의 직경 크기에는 제한이 있다. 이 직경을 더욱 작게 하기 위하여 상하의지지 롤을 각각 2개씩 배치한 것이 6단 압연기(six high mill)이며 역전이 가능한 것도 있다. 대판의 냉간압연용이며 최소 가공두께는 고탄소강이나 스테인리스강의 경우 약 0.1 mm까지, 황동이나 동은 0.02 mm 정도까지 압연가능하며 제품두께의 공차도 작다. 보통은 구동 롤을 구동하나 경질재의 압연의 경우는지지 롤을 구동하는 것도 있다. 그림 3.76은 상하에 각각 6개의 롤을 배치한 론식 12단 압연기(Rohn type cluster mill)이며, 경질 합금강판도 두께 0.01 mm까지 용이하게 냉간압연이 가능하다.

센지미어 20단 압연기(Sendzimir mill)는 구동 롤 직경을 매우 작게 하고 구동 롤의 간극을 극히 정밀하게 조절할 수 있으며, 판폭에 연하여 두께가 고른 제품을 얻을 수 있다(표 3.15 참조).

3.4.5 특수 압연기

1) 연속 압연기

압연은 소재로부터 제품이 되기까지 수 회 내지 수십 회의 패스를 필요로 하므로 압연기를 여러 대 사용할 필요도 생긴다. 압연기의 대수 설치방식은 2대 이상의 경우는 병렬형과 직렬형(tandem)이 있고 병렬형에는 대체로 안내가 필요하다. 직렬형은 연속형이라고도 한다. 그림 3.77(a)는 연속 2단 압연기(continuous two high mill), (b)는 연속 4단 압연기를 표시한다. 재료의 속도는 각 롤을 패스할 때마다 빨라지므로 롤의 회전수를 점점 빠르게 한다. 롤을 통과한 다음 재료가 순조롭게 거침없이 전진할 수 있도록 각 롤 간의 압하율과 롤회전 속도비에 일정 관계를 유지하도록 한다. 특히 4단 압연기를 2기 내지 5기 연속하여 설치한 것은 현재 얇은 강판 제조의 주력이 되어 있다.

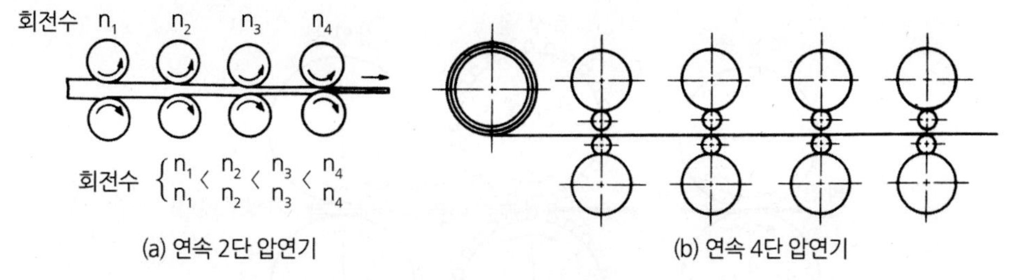

그림 3.77 연속 압연기

2) 만능 압연기

만능 압연기(萬能 壓延機, universal mill)는 보통의 압연에서는 폭증가(幅增加)로 부정확해지는 양단면을 정확하게 하기 위하여, 그림 3.78과 같이 재료의 출구측에 한 쌍의 수직롤을 배치한 것이며 평강의 압연에 사용된다.

이 압연기의 응용으로서 I형강, H형강, 홈형강 및 레일 등의 형재나 관재의 압연에도 널리 사용되고 있다. 그림 3.79는 I형강의 압연의 예를 표시한다.

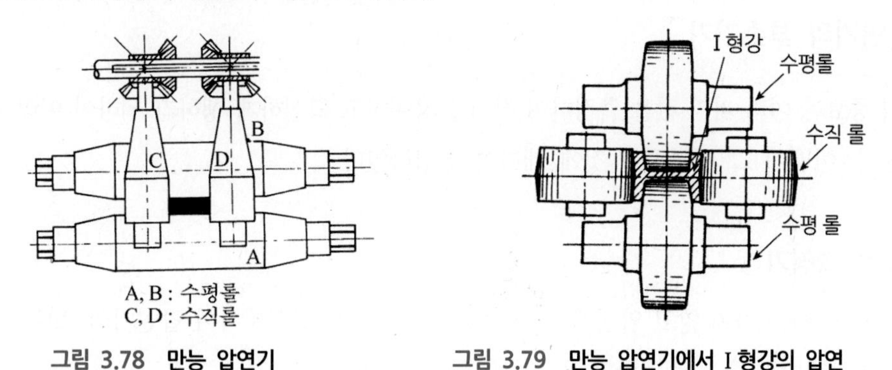

그림 3.78 만능 압연기

그림 3.79 만능 압연기에서 I 형강의 압연

3) 유성 압연기

유성 압연기(遊星壓延機, planetary rolling mill)는 그림 3.80과 같이 직경이 큰 상하의 지지롤의 주위에 양측을 케이지로 지지한 다수(예컨대 상하에 각각 26개씩)의 소경 작업롤(유성롤이라 함)을 롤러 베어링과 같이 배치하여, 지지롤과 케이지를 동방향으로 구동시켜 이들 작업롤의 자전공전으로 압연을 행하는 것이다. 그 특징은 1회의 패스로 90% 이상의 큰 압하율이 가능한 점이며 열간압연에서 인고트를 1회만 통과시켜도 대판의 제조가 가능하다.

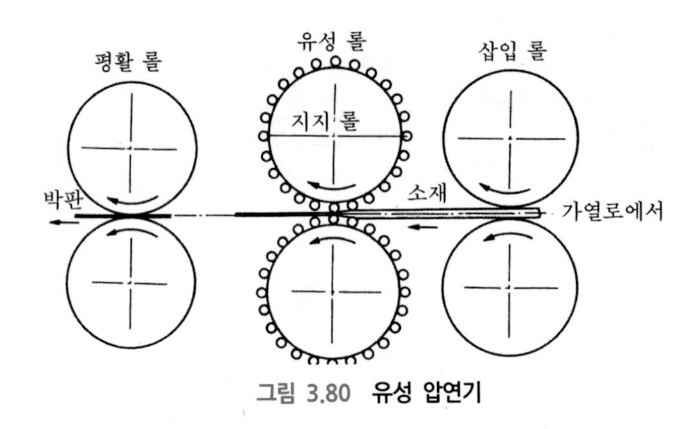

그림 3.80 유성 압연기

4) 유니템퍼 압연기

유니템퍼 압연기(unitemper mill)는 조질 전용의 4단 압연기로서 압하율을 조절하기 쉽고 또한 동력의 절감을 꾀한 것이다.

3.4.6 압연기의 부속기기

압연 시의 중요한 여러 가지 값을 측정하여 작업을 용이하고 확실하게 행하기 위하여 여러 가지 측정기기가 사용된다. 아래에 그 기본적인 것에 대하여 설명하였다.

1) 압연하중 측정기

무리한 압하(壓下)를 하지 않고 압연기의 최고 능력을 유지시키기 위하여 압연기의 스탠드에 압연하중 측정기를 붙여서 압연하중을 측정한다.

이것은 스트레인 게이지(strain gage)를 이용하여 탄성스트레인을 측정하여 간단히 구할 수가 있다.

2) 장력측정기(tension meter)

압연 중의 판재에 전방, 후방 또는 전후양방향으로 장력(張力)을 작용시켜 압연시킴으로써 압연압력을 감소시킬 수 있으므로, 장력의 측정은 판의 절단을 방지하기 위하여 필요하다. 또한 판두께 제어를 위하여도 장력의 정확한 값을 알 필요가 있다. 그림 3.81은 장력롤을 붙인 스프링의 처짐을 차동트랜스의 출력으로 측정하는 방법이며, 그림 3.82는 장력롤의 상하방향의 위치를 측정함으로써 판의 장력을 알 수 있다. 이 장력롤의 상하운동을 이용하여 릴의 전동기의 계자전류를 조정하여 장력을 일정치로 자동적으로 유지할 수가 있다. 어느 경우에나 압연 중의 장력을 소정치로 유지하기 위한 자동제어에 이용된다.

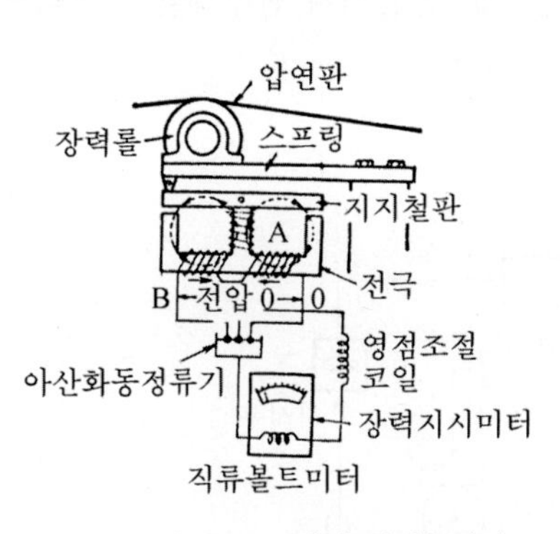

그림 3.81 판의 장력측정기

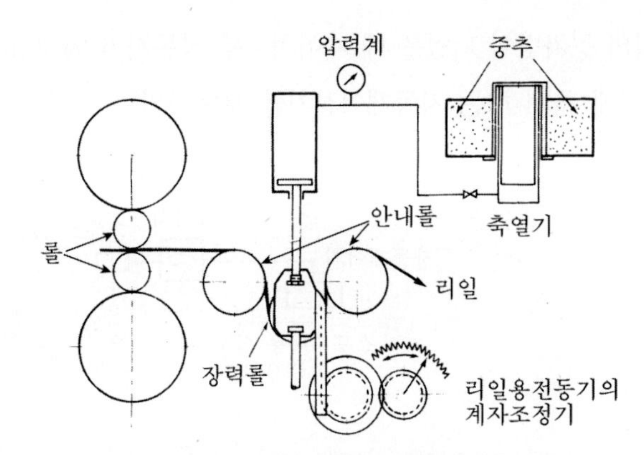

그림 3.82 4단 압연기의 전방장력조정장치

3) 판두께 측정기(thickness gauge)

두께가 공차 내에 있는 판재 제품을 만들기 위하여는 압연 중 계속하여 판두께를 측정할 필요가 있다. 압연속도가 느릴 때는 마이크로미터로 측정할 수도 있으나, 압연속도가 빨라지면 이는 불가능해지며 고성능의 주행 마이크로미터(flying micrometer)가 사용된다. 이것은 2개의 롤로 판을 끼고 이들 롤의 상대적 변위를 전기적으로 측정한다. 그러나 이것은 판의 단면부터 10 ~ 20 mm까지의 판두께를 측정할 수 있을 뿐이며 임의의 위치에서의 두께는 측정할 수 없다. 또 고속압연이 될수록 롤변위는 판 두께 변화에 정확하게 추종할 수 없는 결점도 있다. 따라서 직접 판에 접촉되지 않고 판의 임의의 위치의 두께를 측정할 수 있는 X선 판두께 측정기(X-ray thickness gage)나 β선 판두께 측정기(Beta gage)가 사용된다. 이들은 X선이나 β선이 판을 통과하면 그 판두께에 따라 선의 세기가 약해지는 것을 이용한 것이며, 그림 3.83은 X선형의 일종인 Westing House 형의 판두께 측정기를 나타낸 것이다. 이것으로 0.1 ~ 1 mm 정도의 연강판의 판두께가 측정된다. 박판의 대량 압연의 경우 이러한 측정기를 이용하여 압연 직후의 판두께를 측정하여 그것이

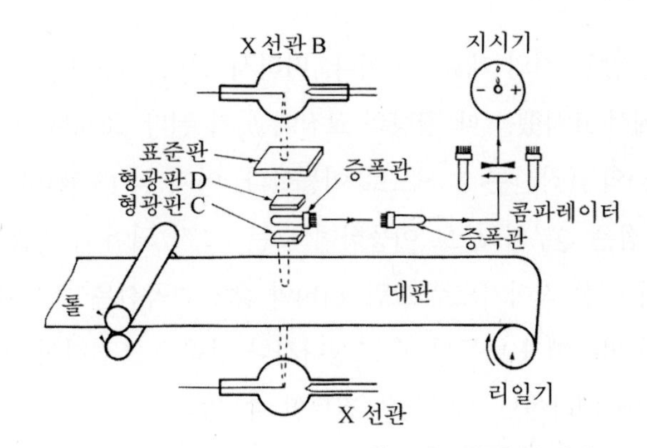

그림 3.83 Westing House형 X선 판두께 측정기

소정의 공차밖이 되었을 때 제어회로를 작동시켜 압하량 또는 장력을 증감시켜 판두께를 자동적으로 공차 내에 들게 하는 자동제어장치를 부속시키는 수가 많다(그림 3.84).

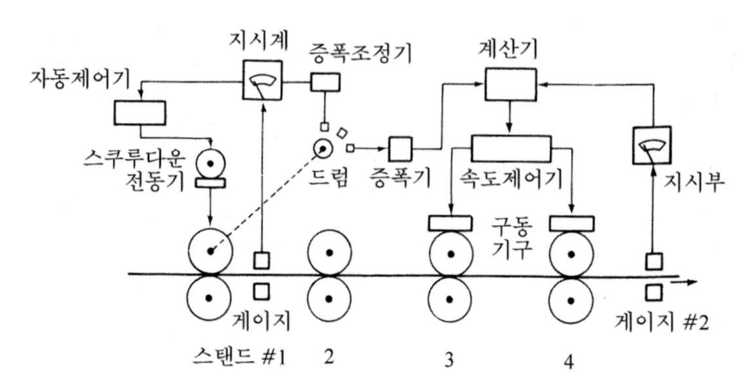

그림 3.84 4단 연속압연기에서의 판두께 자동제어계

3.4.7 압연기의 강성과 압연조건

상술한 바와 같이 압연 중에는 판두께의 길이 방향의 변동이 있으므로 가공 중 이를 측정하여 압하나사(압력조정나사)로 롤 간극을 가감하거나 혹은 장력을 가감하여 판두께를 제어한다.

압연기의 **강성**(剛性, stiffness)을 나타내기 위하여 압연기의 스프링상수를 K라 하면 압연하중은 대략

$$P = K(h_2 - c_0) \tag{3.53}$$

로 주어진다. 여기서 c_0는 최초 설정된 롤 간극, h_2는 압연 후의 재료의 두께이다. 한편 판의 변형응력으로부터는 평균압연압력을 p_m라 하고, 판폭을 b라 하면 압연하중은 근사적으로

$$P = p_m b \sqrt{R'(h_1 - h_2)} \tag{3.54}$$

로 주어진다. 여기서 h_1은 압연 전의 재료두께이다. 따라서 그림 3.85와 같이 식 (3.53) (A직선)과 식 (3.54) (B곡선)을 한 그림에서 표시했을 때 쌍방의 교점이 h_2가 된다. 조정나사를 헐겁게 늦추어 식 (3.53)의 c_0를 크게 하면 그림 (a)의 A직선은 A'선으로 이동한다. 이때 식 (3.54)의 p_m의 변화가 없다고 하면 B곡선은 그대로이므로 교점은 Q부터 Q'로 이동하여 h_2는 h_2'가 되어 두꺼워진다. 이에 대하여 장력을 부가하면 기술한 바와 같이 p_m은 작아지므로 그림의 (b)와 같이 B곡선은 B'선이 되어 h_2는 h_2''로 변하고 판두께는 감소된다. 따라서 판두께가 변동할 때 조정나사나 장력을 조절하여 계속 h_2의 두께로 유지하는 것이 가능하며, 다른 인자에 대하여도 제어량을 검토할 수 있다.

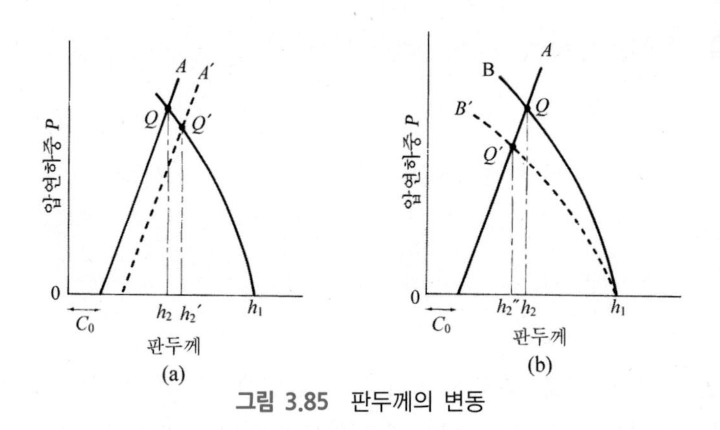

그림 3.85 판두께의 변동

3.5 롤

3.5.1 롤의 형상

롤(roller)은 압연기에서 아주 중요한 부분이며, 롤에 따라 제품의 질이 결정되고 또 압하량(壓下量)이 정해진다. 그림 3.86과 같이 롤은 축두(軸頭)인 목(neck), 회전전달부인 워블러(wobbler) 및 본체(body)로 되어 있으며, 표 3.16은 롤 각부 치수의 예이다.

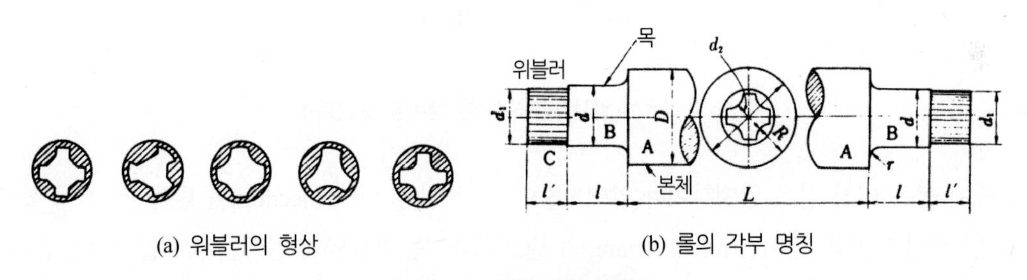

(a) 워블러의 형상 (b) 롤의 각부 명칭

그림 3.86 롤의 각부 명칭

표 3.16 롤의 치수

롤명	d	l	d_1	r	d_2	R	L	롤의 형식
분괴 롤	0.95D	0.86d	0.92d	0.13d	0.6d	0.25d_1	2.5D	3단 또는 역전식
대형 롤	0.60 〃	0.8 〃	0.9 〃	0.1 〃	0.6 〃	0.25 〃	3.0 〃	〃
중형 롤	0.60 〃	0.8 〃	0.9 〃	0.1 〃	0.6 〃	0.23 〃	3.0 〃	2중 2단식
소형 롤	0.55 〃	d+30 mm	0.9 〃	0.1 〃	0.6 〃	0.23 〃	3.0 〃	3단 또는 2중식
판재 롤(두꺼움)	0.68 〃	0.9d 〃	0.9 〃	0.1 〃	0.66 〃	0.30 〃	3.0 〃	Lauth식
판재 롤(얇음)	0.75 〃	0.9 〃	0.9 〃	0.1 〃	0.66 〃	0.30 〃	2.0 〃	2단식
연속 롤	0.58 〃	0.8 〃	0.9 〃	0.1 〃	0.6 〃	0.25 〃	2.0 〃	2단 또는 4단

3.5.2 롤의 종류

롤의 종류는 판재용으로는 원주형의 평롤(plain surface roller), 형재용으로는 홈롤(grooved roller)이 있다. 홈의 형을 공형(孔型, caliber) 또는 패스(pass)라 한다. 그리고 롤의 재료에 따라서 분류하면 주철 롤과 강철 롤이 있다.

1) 평롤

판재압연용의 평롤은 원통형인데, 압연 시 롤의 처짐 및 열팽창을 고려할 필요가 있다. 압연압력에 의한 처짐을 고려하면 폭방향으로 균일한 두께의 판을 만들려면 롤 몸체의 형상을 약간 수정할 필요가 있다. 즉, 롤 캠버(roller camber)를 두어야 한다. 일반적으로 열간압연에서는 그림 3.87과 같이 가운데를 오목하게 하고 냉간압연용에서는 가운데를 볼록하게(크라운을 붙인다고 한다) 표면을 연마하여(폭이 넓은 경우 0.07 ~ 0.12 mm 정도 볼록하게 한다.) 압연 시에 재료와의 접촉면이 완전히 원주가 되도록 한다. 캠버량은 압연될 재료의 종류와 크기, 롤의 재질, 직경 및 몸체의 길이 등에 따라 다르다.

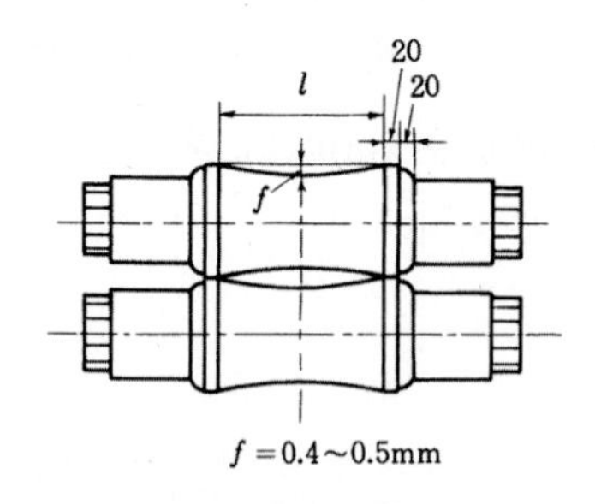

그림 3.87 열간압연용 롤(롤 캠버를 둔 경우)

작업 중에 롤은 이와 같은 열팽창이나 압연하중에 의한 처짐(roll deflection)을 받는 것 외에 롤압력에 의하여 탄성적인 편평화(扁平化, roll flattening)가 발생한다. 즉, 재료와의 접촉면에서 롤의 곡률반경 R'이 변형하기 전의 반경 R보다 커진다.

J. Hitchcock에 의하면

$$R'/R = 1 + \frac{CP'}{B_0(H_0 - H_1)} \tag{3.55}$$

단 $C = 16(1-\nu^2)/\pi E$이며, ν는 재료의 포아송(Poisson)비, E는 종탄성계수, P'은 롤반경이 R'이 되었을 때의 압연하중이다. 이 식에서 압연하중 P'은 롤반경 R'이 정해지지 않으면 구할 수 없으므로, 보통은 축차근사법(逐次近似法)으로 변형후의 롤반경 R'을 구한다.

특히 가공경화한 박판을 냉간압연하는 경우 압연하중을 아무리 크게 하여도 롤의 변형만이 커져서 접촉부의 길이(ℓ)가 증대하여 롤 면압력은 증가하지 않고, 재료도 얇아지지 않는 현상이 일어난다. 따라서 롤에는 재료에 대하여 압연가능한 최소 두께가 존재하고 롤직경 $2R$과 마찰계수 μ에 비례하여, 또 롤의 종탄성계수에 반비례하여 이 최소 판두께 $H_{\min}$은 작아진다. 또 재료의 변형저항이 크면 재료의 최소 두께도 커진다.

M. D. Stone은 식 (3.55)을 사용하여 압연가능한 최소 두께 $H_{\min}$을 해석적으로 다음과 같이 구하였다. 즉,

$$H_{\min} = 3.58 \cdot \frac{2R\mu\,(2k_m - \sigma_b)}{E} \tag{3.56}$$

여기서 $2k_m$은 소재의 평면스트레인 압축변형저항이며, σ_b는 전방 및 후방장력의 평균치, $2R$은 롤직경, E는 롤재료의 종탄성계수, μ는 마찰계수이다. 이로부터 경질재료를 얇게 압연하려면 작업롤의 지름이 작은 것을 사용해야 함을 알 수 있다.

2) 홈 롤

분괴 및 형재압연용 롤은 그 둘레에 그림 3.88과 같이 홈(공형)을 여러 개 가진다. 이 공형은 대별하여 **개공형**(開孔型, open pass)과 **폐공형**(閉孔型, tongue and groove pass)의 두 가지가 된다.

전자는 직사각형, 능형, 다각형 등의 공형에 많고 폐공형은 한쪽 롤의 공형 홈에 다른쪽 롤의 돌기부가 깊이 끼어들어가서 뚜껑 역할을 하는 공형이며, 형강용의 공형이 주로 이에 속한다. 이들의 형상설계는 거의 경험을 바탕으로 하고 있다. 열간압연의 경우는 수축여유를 고려에 넣는다(강의 경우 평균 1.5% 정도). 공형 내에서 재료의 퍼짐으로 롤은 차츰 마멸되어 수정절삭의 필요가 생기므로, 절삭여유를 작게 하기 위하여 측벽은 경사시킨다. 경사는 클수록 좋으나 대체로 15°까지이다. 공형의 상하면은 볼록형(convex shape)으로 할 때가 많다. 블룸(bloom)으로부터 일반 형재제품으로 하기까지 대략 3단계가 있다.

제1단계는 거칠은 압연의 분괴단계로 압하율이 크다. 제2단계는 형상작성의 성형단계이며 최후에 다듬질압연이 된다. 채널(channel)형재나 I 형재에서는 성형단계로서 대칭형인 채 행하는 보통법과 굽힘을 이용한 버터플라이법 또는 비스듬히 성형하는 다이아고날법 등이 있다. 그림 3.89는 레일의 공형 예이다. 그림 3.90은 I 형강과 채널형강의 패스의 예이다.

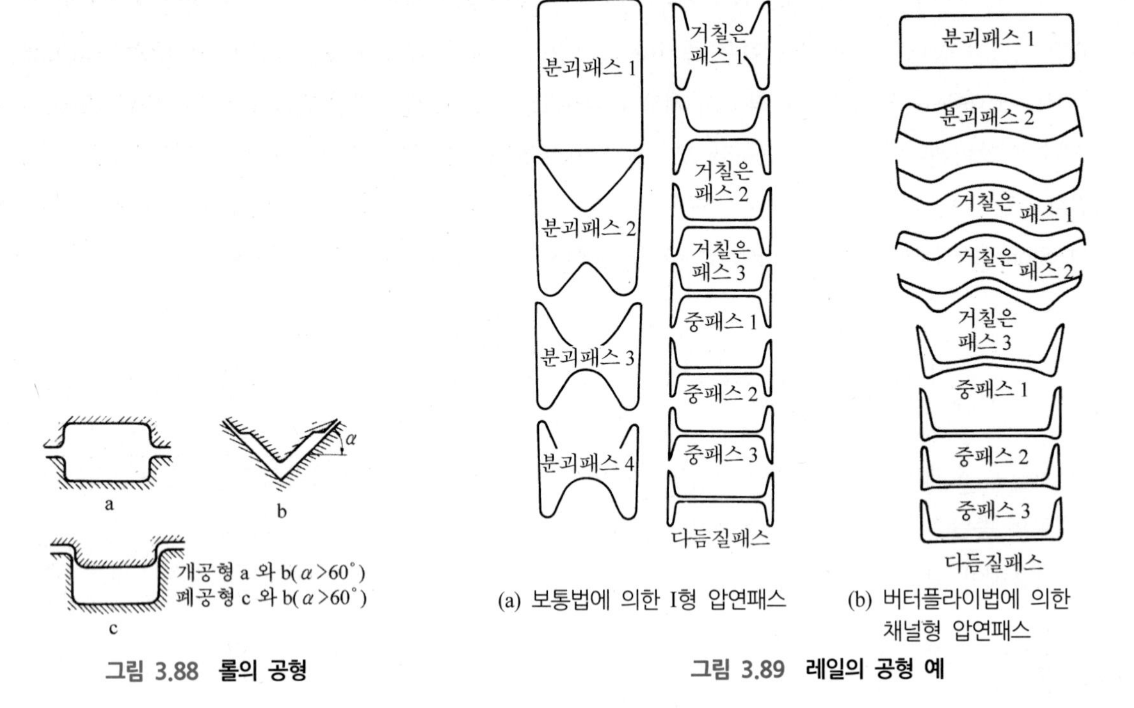

그림 3.88 롤의 공형

그림 3.89 레일의 공형 예

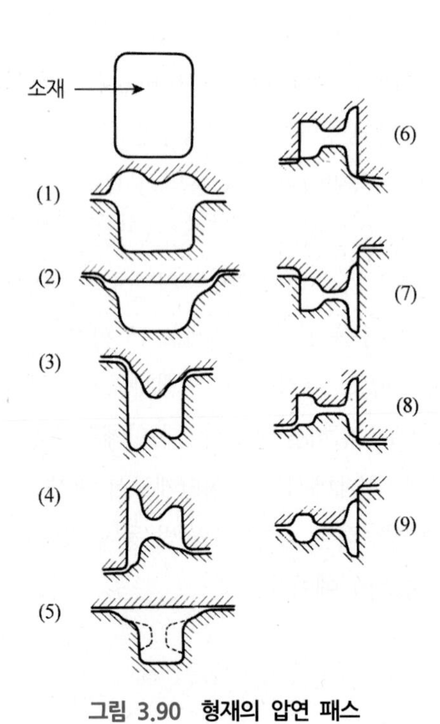

그림 3.90 형재의 압연 패스

3.6 특수 압연

3.6.1 만네스만 압연기

만네스만 압연기(Mannesmann mill)는 그림 3.91에서와 같은 형상으로 수평선에서 롤의 표면은 5 ~ 10° 경사져 있으며, 중심부는 약 25 mm 정도가 동일 지름으로써 평탄부를 이룬다. 두 롤은 수평으로 상호 6 ~ 12° 정도 교차되어 있어 이 각도의 크기에 의하여 빌릿의 진행 속도가 정해진다.

2개의 롤의 회전방향은 같은 방향이다. 그림 3.92에서 롤 표면의 접선력(마찰력) F 및 F'의 분력 $F\cos\alpha$와 $F'\cos\alpha$에 의하여 롤은 회전운동을 하게 되고, 분력 $F\sin\alpha$와 $F'\sin\alpha$에 의하여 공작물이 전진운동을 한다.

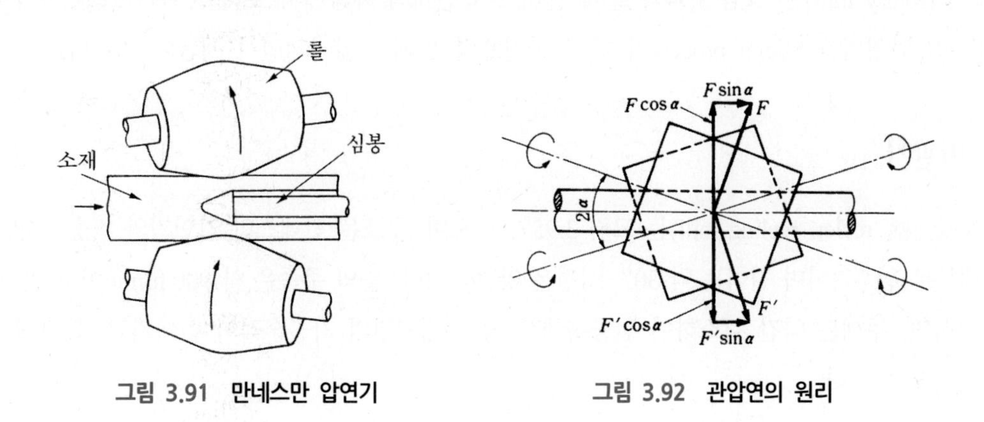

그림 3.91 만네스만 압연기

그림 3.92 관압연의 원리

롤의 중심부는 지름이 크기 때문에 표면속도가 증가하여 빌릿은 심한 비틀림과 함께 표면은 인장을 받아 늘어나게 되므로, 지름의 감소만으로는 보충할 수가 없어 빌릿 중심의 재료가 외측으로 유동하게 된다. 이때 빌릿의 중심에 **심봉**(心棒, mandrel)을 압입하고 빌릿과 함께 회전시키면 공(孔)작업이 촉진된다. 빌릿이 롤 사이에서 이탈하지 못하도록 가이드 장치가 설치되어 있다. 롤의 주속은 75 ~ 900 m/min 정도이며 소재의 가열온도는 저탄소강의 경우 1,250℃ 정도이다.

3.6.2 플러그 밀

플러그 밀(plug mill)은 그림 3.93에서 보듯이 원형에 가까운 공형을 여러 개 가진 2단 압연기이며, 공형의 중앙에 원형단면의 플러그가 고정되어 있다. 일반적으로 소요치수의 관에 대해서 1개의 롤패스와 1개의 심봉을 이용한다. 소재가 1회 통과하고 난 뒤 되돌리기롤에 의해 처음자리로 되돌리고, 관을 90° 돌려 다시 두 번째로 통과시키면 된다. 소재관의 바깥지름을 줄이는 동시에 안지름을 넓혀서 관 벽두께를 작게 한다.

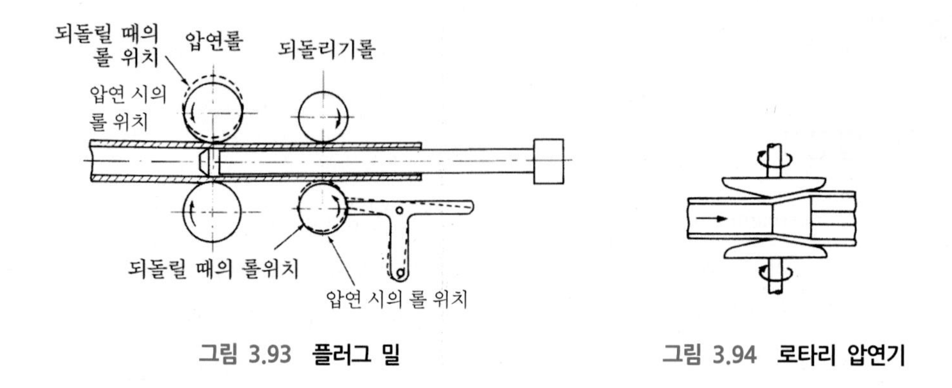

그림 3.93 **플러그 밀**

그림 3.94 **로타리 압연기**

3.6.3 로타리 밀

로타리 밀(rotary mill)은 그림 3.94와 같이 플러그 압연기의 제품에서 보다 지름을 크게 하기 위하여 사용한다. 이 압연법을 Stiefel process라 하며 파이프벽 두께가 얇아지면서 지름이 커진다.

3.6.4 마관기

마관기(摩管機, reeler, reeling mill)는 그림 3.95와 같으며, 구조는 만네스만 압연기와 비슷하지만, 롤은 형상이 대부분 원주형이며 길이는 약 30″, 직경은 약 34″이다. 롤의 주속은 약 900 ft/min이고 관경은 4% 정도 증가하며, 두께는 약간 감소하여 전공정에서 생긴 내외면의 가공흔적이 없어지고, 표면에 광택이 생기며 원형으로 된다.

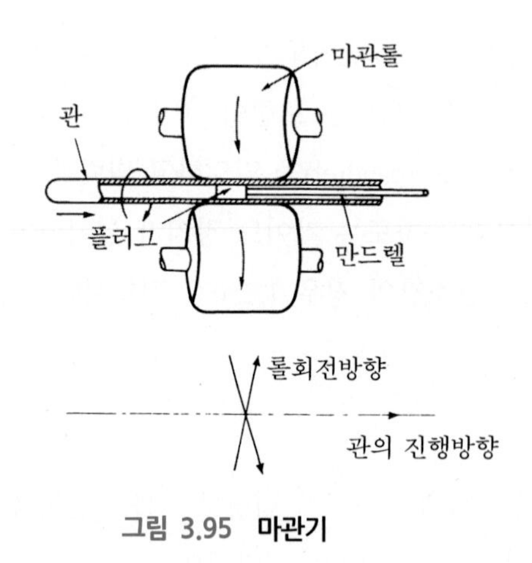

그림 3.95 **마관기**

3.6.5 정형기

정형기(定型機, sizer, sizing mill)는 바깥지름과 진원도를 확보하기 위해서 통과시키는 외경축소용의 압연기이며, 직경이 70 mm 정도 이상의 것은 그림 3.96과 같이 수평면에 대하여 45°의 경사로 상호직교하여 직렬로 배치한 2단 압연기의 조합으로 되어 있다. 스탠드수는 5 ~ 7개이다. 바깥지름이 70 mm 이하의 가는 관인 경우엔 리듀싱 밀(reducing mill)을 이용한다. 이는 정형롤기의 스탠드수를 증가하여 8 ~ 22대 연결한 것이며, 고온의 소재관은 차츰 그 바깥지름을 축소하여 최종 롤을 나올 때는 정확한 바깥지름이 되도록 한 것이다.

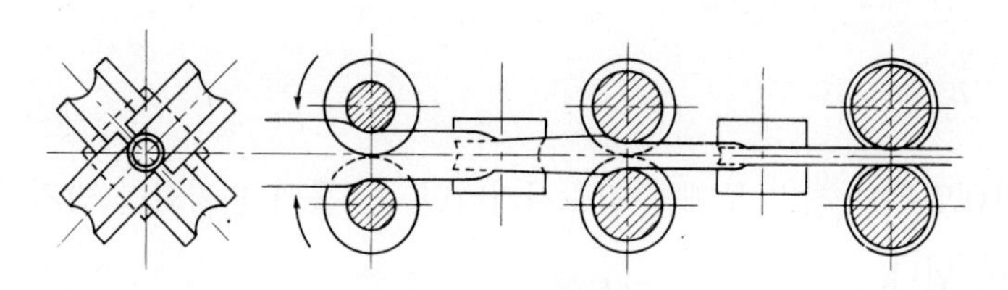

그림 3.96 정형롤기

3.7 압연제품의 결함

3.7.1 롤의 편평화

압연할 때 큰 힘이 롤을 통해 소재에 전달된다. 롤의 압력이 증가함에 따라 롤에 탄성변형이 생기는데 이렇게 되면 롤이 편평해지게 된다. 자동차에 하중을 크게 가하면 타이어가 바닥면처럼 편평해지는 것과 같은 현상이다. 롤이 편평해진다고 하는 것은 롤이 재료와 접촉한 곳에서 롤의 곡률반경(曲率半徑, radius of curvature)이 증가하는 현상이다. 롤 편평화(扁平化)에 대한 가장 잘 알려진 해석은 Hitchcock의 해석이다.

이 해석결과에 의하면

$$R' = R\left[1 + \frac{cP}{b(h_o - h_f)}\right] \tag{3.57}$$

여기서 R은 변형되기 전의 롤의 반지름, R'은 변형된 후의 반지름이다. $c = 16(1-\nu^2)/\pi E$(롤 재료에 대한), 롤 재료가 강인 경우 $c = 3.34 \times 10^{-4}\mathrm{in}^2/\mathrm{ton}$, P는 변형된 롤 지름에 바탕을 둔 평균 압연압력이다. P가 R'의 함수이므로 식 (3.57)의 정확한 해는 시행착오법(試行錯誤法)으로 풀 수 있다.

롤이 편평해지게 되면 롤이 재료보다 더 쉽게 변형하는 조건이 된다. 그러므로 압연할 수 있는 최소 두께가 존재하게 되는데 이 한계두께는 다음과 같다.

$$h_{\min} = \left[\frac{14.22\mu^2 R(1-v_s^{\,2})}{E_s} + \frac{9.02\mu R(1-v_r^{\,2})}{E_r} \right] (\bar{\sigma}_0{}' - \sigma_t) \tag{3.58}$$

여기서 R = 변형되지 않은 롤의 반지름
E_s = 압연될 재료의 탄성계수
v_r = 롤재료의 포아송비
E_r = 롤 재료의 탄성계수
σ_t = 전후방 인장력의 평균
v_s = 압연될 재료의 포아송비
$\bar{\sigma}_0{}' = \frac{2}{\sqrt{3}}\bar{\sigma}_0$

식 (3.58)에서 나타내었듯이 최소 두께를 감소시키려면 즉, 롤의 편평화를 방지하기 위해서는 다음과 같은 사항을 고려해야 한다.

① 압하량을 감소시킨다.
② 롤의 탄성계수를 크게 한다.
③ 롤과 소재 사이의 마찰력을 감소시킨다.
④ 롤의 반경을 감소시킨다.
⑤ 소재를 전후방에서 인장한다.
⑥ 소재를 겹쳐서(포개서) 인장한다.

3.7.2 롤의 굽힘

압연가공에서 롤에 큰 힘을 가하게 되면 롤의 탄성변형에 의해서 생기는 또 하나의 문제가 롤의 굽힘(bending)이다. 그림 3.97은 직경이 일정한 롤로 압연가공할 때 큰 압하력에 의해서 롤이 굽어진 것을 나타낸 것이다.

압연롤이 굽어지면 재료의 가장자리가 중심부보다 얇게 되고 심하면 재료의 가장자리가 중심부보다 길게 된다. 그렇게 되면 소재의 중심부에는 인장잔류응력이, 가장자리에는 압축잔류응력이 생겨[(그림 3.98(a)] 중심부에 균열이 생기든지[그림 3.98(b): 지퍼균열이라고도 한다], 비틀어지든지[그림 3.98(c), 가장자리에 주름이 생기기도 한다[그림 3.98(d)].

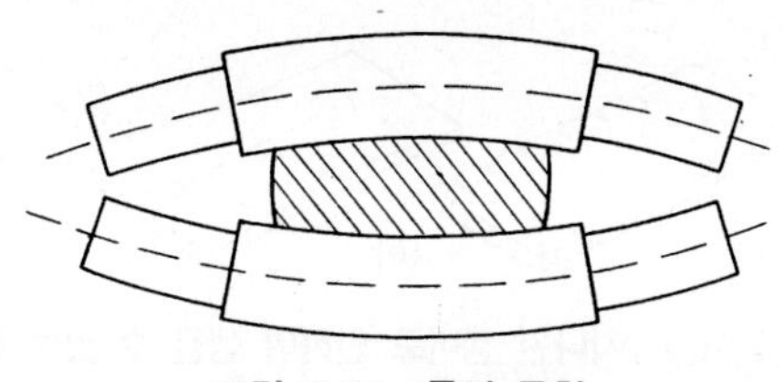

그림 3.97 롤의 굽힘

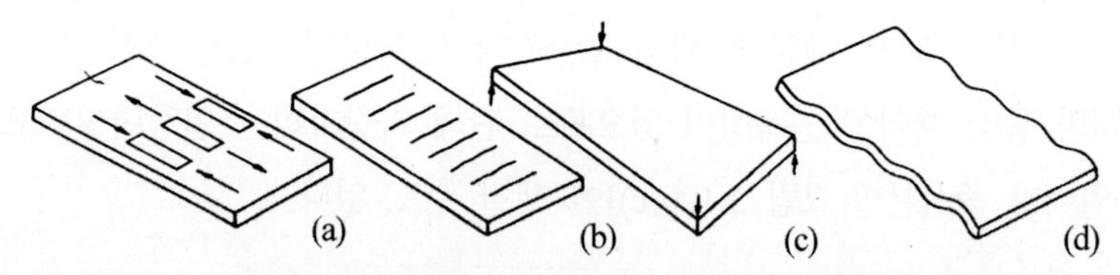

그림 3.98 캠버가 불충분한 롤로 압연했을 때 제품에 발생할 수 있는 현상

이러한 문제를 해결하기 위하여 롤이 캠버(camber, 또는 크라운)를 갖도록 한다[그림 3.99(a)]. 이렇게 하면 압연할 때 그림 3.99(b)에서와 같이 접촉면이 서로 평행하게 된다. 그러나 압연 중 롤의 중심부가 가장자리보다 훨씬 빨리 가열되어 온도가 더 높게 되기 때문에 중심부가 더 불룩해지는 경향이 있다. 그러므로 롤에 캠버를 만들 때 이 점을 감안해야 한다. 그러나 평균온도분포에 도달하는 데 수시간이 걸리고 그 동안에는 초기 캠버가 적당하지 못할 것이기 때문에 문제가 복잡해진다. 계산한 캠버가 한 가지 폭의 재료와 특수한 압연하중에만 맞을 것이기 때문에 가열기간 중에는 재료의 폭을 달리 하여 압연하는 계획을 세워서 가열기간 중 캠버의 변화를 허용할 수 있다.

만일 롤의 캠버가 너무 크면 판의 중심이 가장자리보다 더 많이 연신된다. 그렇게 되면 그림 3.98과는 반대로 중심부에 압축잔류응력, 가장자리에 인장잔류응력이 생겨서[그림 3.100(a)] 가장자리 균열[그림 3.100(b)], 중심분할(中心分割) [그림 3.100(c)], 중심선주름[그림 3.100(d)]이 생길 수 있다.

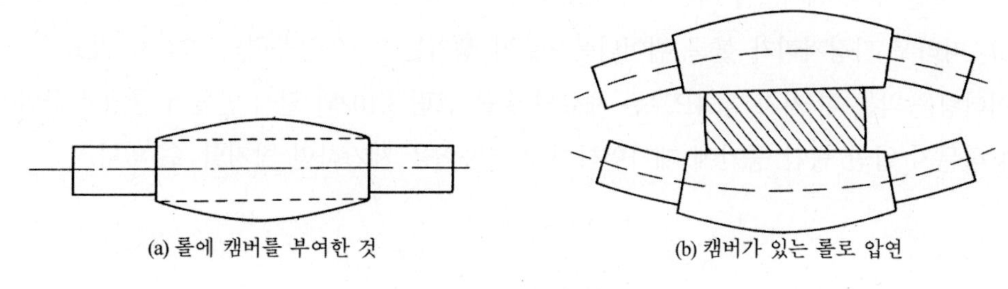

그림 3.99 롤의 굽힘

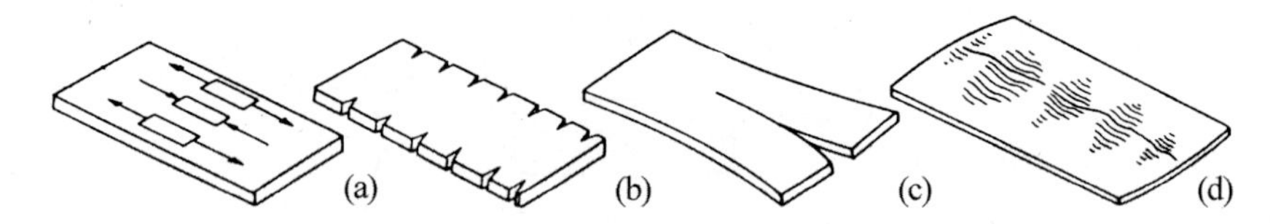

그림 3.100 지나친 캠버로 인하여 생길 수 있는 현상

판의 중심부의 두께 감소는 거의 전부 길이의 증가로 나타나는 반면 가장자리에서 두께 감소의 일부는 가로연신(폭방향의 연신)이 되기 때문에 판의 끝이 약간 둥글게 되고 중심선 주름이 생긴다[그림 3.100(d)]. 가장자리와 중심 사이에 연속성이 있으므로 판의 가장자리는 인장변형되고, 그림 3.100(b)와 같이 가장자리 균열이나 중심분할[그림 3.100(c)]이 생길 수도 있다.

3.7.3 엘리게이터링

두께방향의 불균일변형 때문에 가장자리 균열이 생길 수 있다. 재료의 표면만이 변형되게 하는, 즉 압하력이 작은 압연조건에서는(두꺼운 슬래브를 약간 감소시킬 경우) 재료의 단면은 표면은 인장되고 중심부는 압축된다. 이와 반대로 압하력을 매우 크게 하면, 즉 단면감소율을 크게 하면 변형이 판의 두께 전체에 걸쳐 일어나고 중심부가 표면보다 옆으로 더 많이 늘어나는 경향이 있으며 단면은 가운데가 볼록한 모양이 된다. 이것으로 인한 2차인장응력 때문에 가장자리에 균열이 생긴다. 이러한 형태의 가로변형에서는 표면보다는 중심쪽으로 갈수록 폭방향으로 연신이 더 많이 일어난다. 그러므로 표면은 인장이 되고 중심은 압축이 된다. 이러한 응력분포가 압력방향으로도 생기며, 만일 슬래브의 중심선을 따라 금속학적으로 약하다면(기공이나 기타 주조결함으로 인한) 그림 3.101과 같은 파괴가 일어날 것이다. 이러한 형태의 파괴를 엘리게이터링(alligatoring)이라고 한다. 엘리게이터링(또는 크로커 다일링(crocodiling))은 부착마찰로 재료가 롤에 부착하는 경향이 클 때 잘 생긴다.

가장자리 균열은 수직 에지롤을 사용하여 최소로 할 수 있다. 에지롤을 사용하면 가장자리를 곧게 유지할 수 있고, 따라서 가장자리가 불룩 튀어나옴으로써 생기는 2차인장응력의 축적을 막을 수 있다.

엘리게이터링을 막는 한 가지 방법으로는 재료의 끝을 그림 3.102와 같이 만들어 끝에서 균열이 시작되지 못하게 하든지 압연 중간 중간에 재가열하여 잔류응력을 제거하면 방지할 수 있다.

그림 3.101 (a) 스테인리스 강봉의 열간압연에서 발생한 엘리게이터링,
(b) 전기동판(재용해하지 않은 음극판 자체)의 냉간압연에서 발생한 엘리게이터링

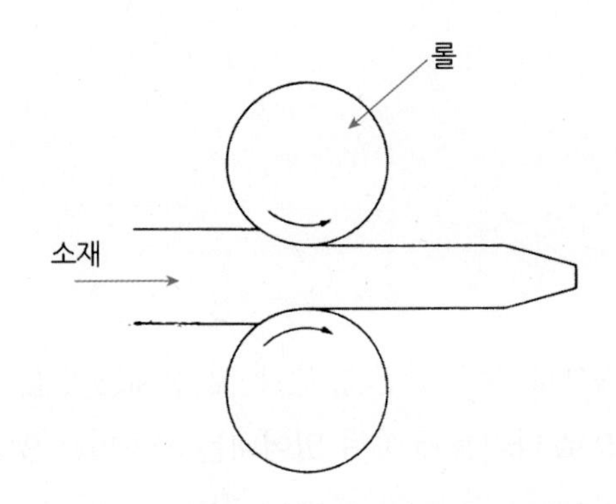

그림 3.102 엘리게이터링을 방지하기 위한 방법

3.7.4 기타 결함

균열 이외의 결함이 잉곳(ingot) 생산단계나 압연 중 생긴 결함 때문에 생길 수 있다. 파이프나 기포의 불완전 용접 때문에 내부균열이 생긴다. 비금속 개재물이나 펄라이트가 압연방향으로 배열되어 두께방향의 강도가 현저하게 감소한다. 압연제품은 표면과 체적의 비가 크기 때문에 모든 생산단계 중 표면 조건은 중요하다. 질을 좋게 유지하기 위하여는 빌릿의 표면으로부터 슬레브, 시임, 스캐브(그림 3.102) 같은 표면결함을 제거하기 위하여 연삭, 치핑(chipping)하여 제거하든지 산소 토치로 태워 없애야 한다. 롤이나 가이드에 결함이 있으면 냉간압연판에 긁히는 흠이 생길 수 있다. 때로는 압연윤활유를 제거하는 데 문제가 생기기도 하고 열처리 후 변색 때문에 문제가 생긴다.

04장

압 출

4.1 압출의 개요

Al, Zn, Cu, Mg 등의 비철금속으로 각종 단면재, 관재 및 선재를 얻을 때 소성이 큰 재료를 컨테이너(container)에 넣고, 강력한 압력으로 다이를 통하여 밀어내는 가공법을 **압출**(押出, extrusion) 또는 **압출가공**(押出加工)이라 한다.

전에는 비철금속 등 연질금속에 한정되었으나 최근에는 각종 강재 및 특수강도 압출한다. 압출에는 큰 압력이 필요하므로 일반적으로 열간에서 행하는데, 이 방법은 대형의 강괴(鋼塊, steel ingot)를 수차에 걸쳐 압연하는 것을 1회의 압출로 얻을 수 있다는 것이 큰 장점이다. 그림 3.103은 압출가공으로 얻어지는 각종 단면의 예이다. 그리고 그림 3.104는 이용되고 있는 압출제품의 예를 나타낸 것이다.

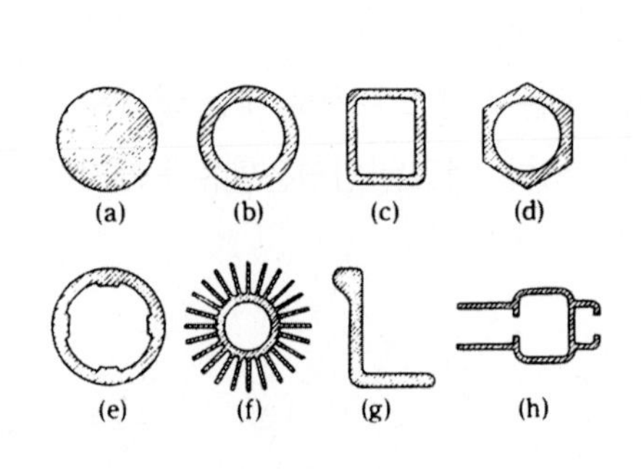

그림 3.103 **각종 단면의 압출재**

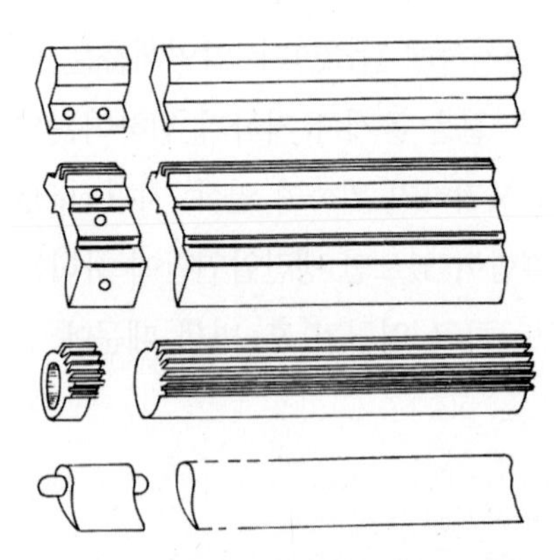

그림 3.104 **압출제품의 이용 예**

4.2 압출가공의 종류

압출가공은 램의 진행 방향과 제품의 이동방향에 따라 **전방압출**(前方押出, forward extrusion)과 **후방압출**(後方押出, backward extrusion)이 있다.

전방압출은 그림 3.105(a)에서와 같이 램의 진행 방향과 제품의 이동방향이 같은 경우이다. 그리고 후방압출은 그림 (b)에서와 같이 램의 진행방향과 제품의 이동방향이 반대이다. 전방압출에서는 컨테이너 내의 빌릿(billet)이 전부 동시에 움직이기 때문에 컨테이너 벽과 빌릿 사이의 마찰에 의한 동력이 램의 진행 방향과 압출재의 유동방향이 반대인 후방압출에 비하여 크며, 압출완료 시 전방압출에서는 20~30%의 빌릿이 컨테이너에 잔류하나 후방압출에서는 잔류 빌릿을 10% 정도까지 줄일 수 있다. 전방압출을 **직접압출**(直接押出, direct extrusion), 후방압출을 **간접압출**(間接押出, indirect extrusion)이라고도 한다.

전방압출의 경우는 소재의 외주가 컨테이너의 내벽과 마찰을 일으키며 이동하지만, 후방압출에서는 이 마찰이 크게 줄고 소비동력이 적으므로 경한 재료에 적합하나, 제품표면에 스케일(scale)이 같이 압출되어 나오는 결점이 있으며 조작이 불편한 단점도 있다. 압출종료 후 컨테이너 내에 남는 소재량은 후방압출이 전방압출 때보다 적다. 보통 열간압출에서는 전방압출이 더 많이 사용된다. 후방압출은 납파이프 제조에 널리 이용된다.

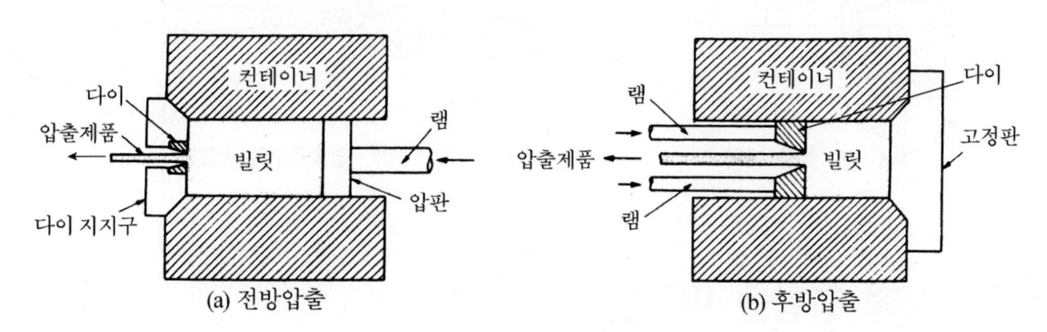

그림 3.105 압출방식

전후방 압출가공의 특징을 비교하면 표 3.17과 같다.

표 3.17 전후방 압출가공의 비교

압출방법 / 항목	전방압출	후방압출
소재에 가할 수 있는 힘	대	소
소재와 컨테이너 사이의 마찰력	대	소
소재를 가공하는 데 필요한 동력	대	소
잔류 빌릿	대(20~30%)	소(10%)

4.3 압출 다이

압출 다이의 재질은 W－강, Cr－Mo강 및 W－Cr강이 많이 사용되며, 다이의 형상은 그림 3.106과 같다. 구멍은 제작될 봉 또는 파이프의 지름보다 다소 작게 한다. 그 이유는 소재가 다이를 통과하면서 구속되었다가 다이를 통과하고 나면 자유롭게 유동할 수 있으며, 부피가 커지기 때문이다. 구체적으로 나타내면 제품 지름이 25 ~ 65 mm의 봉일 때에는 다이의 내경을 봉 직경의 0.94배, 25 mm 이하일 때에는 0.97배로 한다. 베어링(bearing)면의 길이를 짧게 하면 소재와 베어링 간의 마찰력이 적기 때문에 동력은 적게 소모되지만 베어링면이 쉽게 마모되어 수명이 짧게 된다. 반면에 베어링면의 길이를 길게 하면 베어링면의 마모가 적어 수명은 길어지고 제품의 치수는 정확하지만 동력 소비가 많다. 컨테이너는 그림 3.107과 같이 여러 겹으로 보강되어 있다.

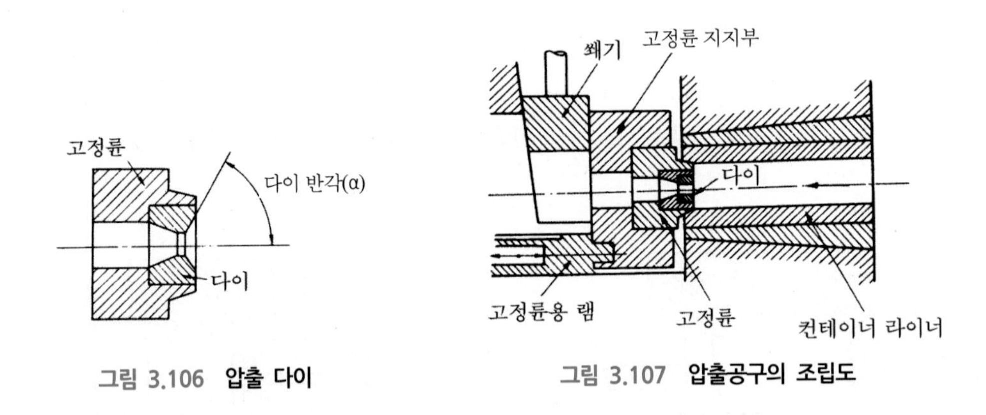

그림 3.106 **압출 다이**

그림 3.107 **압출공구의 조립도**

4.4 압출력에 영향을 미치는 인자

압출력에 영향을 미치는 인자로는 ① 압출방법(전방압출 또는 후방압출), ② 압출비, ③ 가공온도와 압출속도, ④ 마찰력, ⑤ 다이의 형상 등이 있으며, 이 인자들은 독립적으로 영향을 미치는 것이 아니고 상호 관련성이 있다.

4.4.1 압출방법

그림 3.108에서 보는 바와 같이 전방압출에서는 소재가 최대 압력값에서 다이를 통하여 유출하기 시작하여 압력이 점차 감소하지만, 후방압출에서는 유출하는 동안에 일정 압력을 유지하고 있다. 이는 전방압

출은 압출이 진행되면 컨테이너와 소재 사이에 마찰면적이 점점 작아지나 후방압출에는 어느 구간 동안 일정하기 때문이다. 또 컨테이너 내의 소재의 길이가 짧아지면 출구 바로 뒤의 소재가 출구쪽으로 빨려 들어가게 되면서 뒷부분에는 깔대기 모양의 구멍이 생겨 램의 면에 압력이 작용하지 않거나 적어지는 순간 압력은 갑자기 하강한다. 이와 같이 압출행정이 최후의 단계에서는 소재 표면의 산화물이 압출봉의 중심에 그림 3.109와 같이 끌려 들어가서 **파이프**(pipe) 또는 코어(core)라고 하는 깔대기형의 결함이 생긴다. 이때 압판 또는 다이의 치수를 컨테이너의 직경보다 조금 작게 하여 소재의 최외층을 제품부에서 제외되도록 하면 이러한 결점을 경감시킬 수 있다. 그 후 소재가 너무 짧아 유동이 어렵게 되면 압력은 급상승한다.

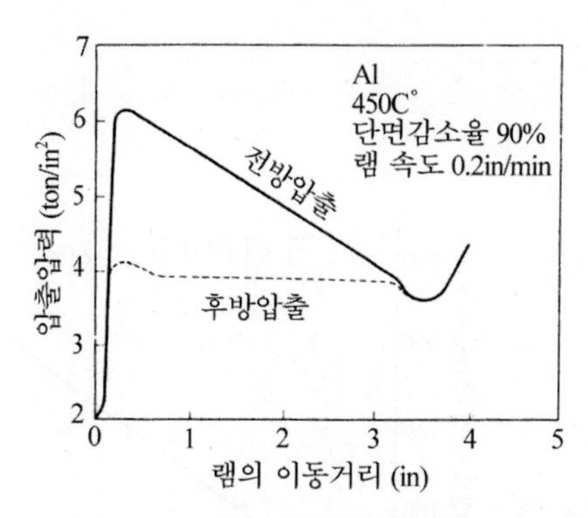

그림 3.108 램의 이동거리와 압출압력의 관계

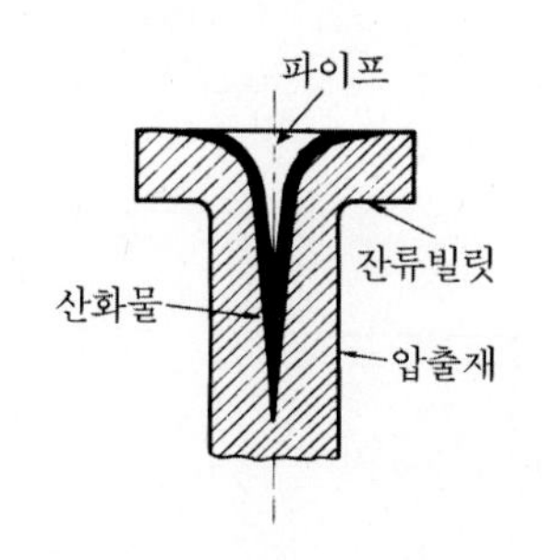

그림 3.109 압출재에 생기는 파이프

4.4.2 압출비

빌릿과 컨테이너 사이에 마찰이 없으며 소재는 단면의 모든 위치에서 균일하게 변형한다고 가정한다. 압출 전의 소재(素材)의 길이를 L_0, 단면적을 A_0라 하고, 압출 후의 것을 L_f 및 A_f라 하면 **압출비**(押出比, extrusion ratio)는 $r = \frac{L_f}{L_0} = \frac{A_0}{A_f}$이다. 소재의 길이 dL의 변화에 필요한 에너지 dE는 다음과 같다.

$$dE = \sigma \cdot A \cdot dL \tag{3.59}$$

변형저항 $\sigma = \sigma_0$로 일정하다면 L_0에서 L_f로 변형하는 데 요하는 총에너지 E는 다음과 같다.

$$E = \sigma_0 \int_{L_0}^{L_f} A \cdot dL = \sigma_0 \int_{L_0}^{L_f} A \cdot \frac{L}{L} \cdot dL = \sigma_0 \cdot V \int_{L_0}^{L_f} \frac{dL}{L} = \sigma_0 V \ln \frac{L_f}{L_0} \tag{3.60}$$

램의 일량 W는 압출압력(押出壓力)을 p라 하고 이동거리가 L일 때

$$W = p \cdot A \cdot L \tag{3.61}$$

이다. 따라서 식 (3.60)과 식 (3.61)에서

$$\sigma_0 \cdot V \ln \frac{L_f}{L_0} = p \cdot A \cdot L$$

그런데 $V = A_0 \cdot L_0 = A \cdot L = A_f \cdot L_f$이므로

$$p = \sigma_0 \cdot \ln \frac{L_f}{L_0} = \sigma_0 \cdot \ln \frac{A_0}{A_f} \tag{3.62}$$

$$\therefore \text{ 압출력 } P = \sigma_0 \cdot A_0 \ln \frac{A_0}{A_f} \tag{3.63}$$

이다.

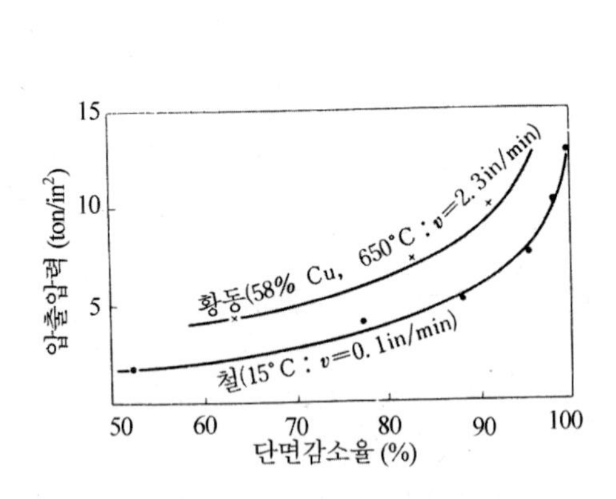

그림 3.110 **단면감소율과 압출압력**

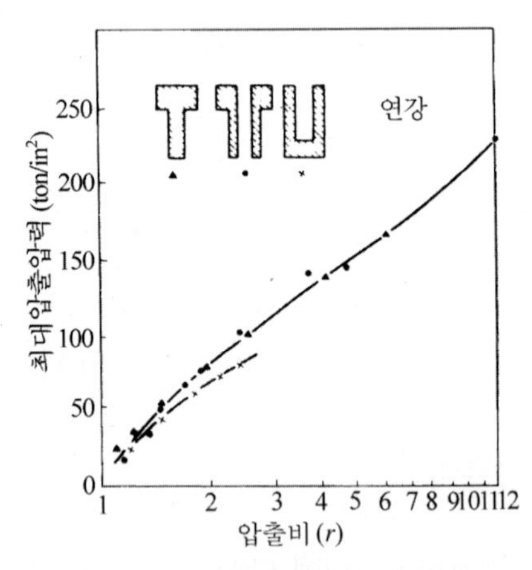

그림 3.111 **압출비와 최대 압출압력**

식 (3.63)에 의한 계산은 이상적인 것이기 때문에 실제 압출력은 계산값의 50% 정도에 불과하다. 실제 단면감소율(斷面減少率)과 압출압력, 압출비와 압출압력의 관계는 각각 그림 3.110, 그림 3.111과 같다.

4.4.3 가공온도, 압출압력 및 압출속도

대부분의 금속은 온도가 상승함에 따라 유동성이 양호해지므로 열간압출(熱間押出)을 많이 한다. 그러나 고온에서는 다이와 소재 간의 윤활이 곤란해지며 다이가 연화(軟化)되어 수명이 단축되는 등의 문제가 수반된다. 금속의 유동에 의한 자체 내의 발생열이 상당히 크며, 이를 고려하여 실제로 **열간취성온도**(熱間脆性溫度) 이하로 하는 것이 보통이다. 온도와 압출압력의 관계는 그림 3.112와 같다.

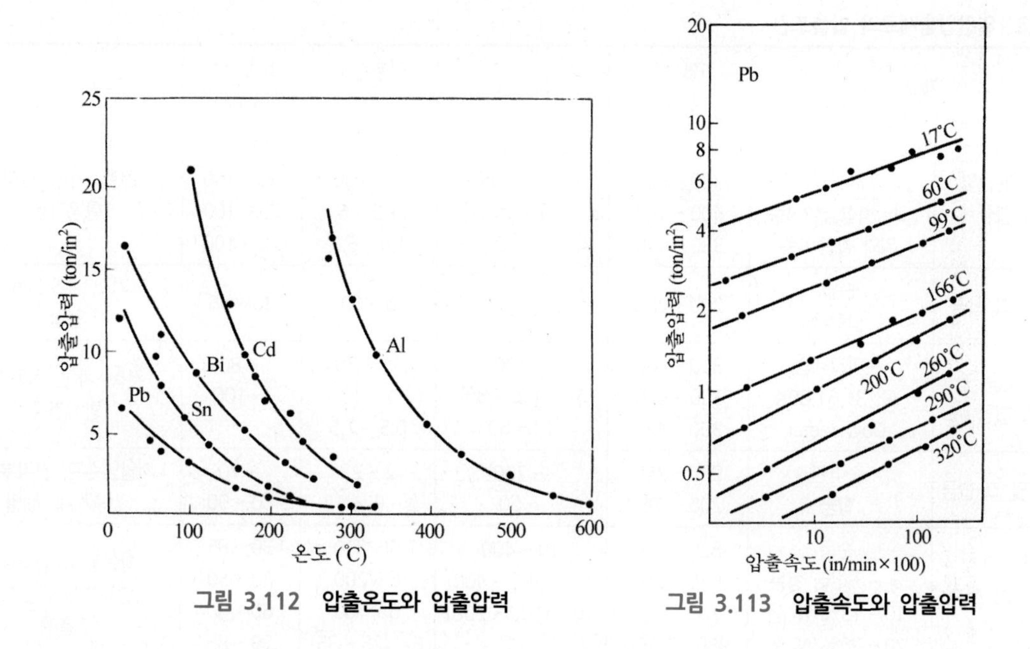

그림 3.112 압출온도와 압출압력

그림 3.113 압출속도와 압출압력

그림 3.113에서와 같이 압출속도가 증가하면 압출응력은 크게 증가한다. 압출속도가 커지면 금속의 슬립(slip) 유동에 의한 발생열이 많아져 소재의 온도가 상승하는 효과도 다소 있다.

표 3.18은 각종 금속의 압출조건이다.

4.4.4 윤활

Al, Cu, Zn 등 비철금속은 열간압출에서 윤활제를 사용하지 않고 압출할 수 있으나 강은 고온으로 가열하기 때문에 다이 및 컨테이너를 심하게 마멸시키므로 윤활이 필요하다. 1942년 유진 세쥬르네(Ugine Sejournet)에 의하여 개발된 **유리**(glass)**피복 윤활**이 있다. 그림 3.114와 같이 빌릿에 유리를 도포하고 컨테이너에 넣어서 압출을 행하면 마찰열을 받아 유리가 용해되어 윤활작용(潤滑作用)을 하므로 압출력을 크게 감소시킬 수 있다.

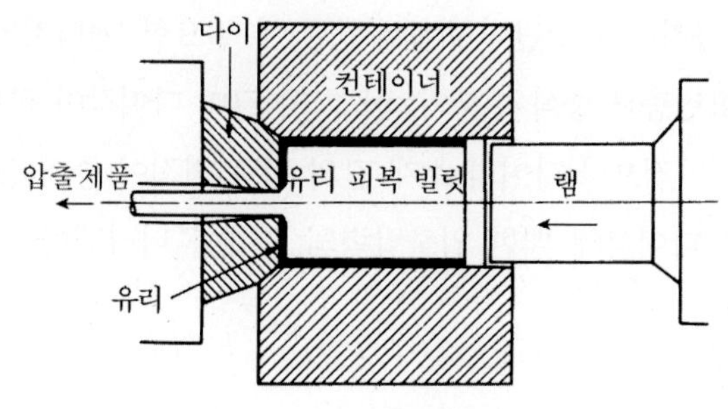

그림 3.114 유리피복윤활(세쥬르네)법

표 3.18 열간압출재료의 압출조건

재료		가열온도 (℃)	압출비	압출속도 (m/min)	압출압력 (kg/mm²)	용도
알루미늄 및 그 합금	순 알루미늄 내식합금 고장력합금 2,4종 위와 같은 6종	400 ~ 550 380 ~ 520 400 ~ 480 380 ~ 440	~ 500 6 ~ (30 ~ 80) 6 ~ 30 6 ~ 30	27 ~ 75 1.5 ~ 30 1.5 ~ 6 1.5 ~ 5.5	30 ~ 60 40 ~ 100 75 ~ 100 75 ~ 100	건축, 차량, 장식, 항공기용
납 및 그 합금	순납 납합금	200 ~ 260	—	6 ~ 60	30 ~ 65	가스, 수도관용, 땜납
마그네슘 및 그 합금	순마그네슘 AZ 31,61,80X Dow metal	350 ~ 440 300 ~ 400 300 ~ 420	~ 100 10 ~ (50 ~ 80) 10 ~ 80	15 ~ 30 1 ~ 10 0.5 ~ 7.5	~ 80 ~ 100 —	건축, 차량, 항공기, 방식전극
아연 및 그 합금	순아연 합금	250 ~ 350 200 ~ 320	~ 200 ~ 50	2 ~ 23 2 ~ (5 ~ 12)	~ 70 80 ~ 90	저압냉수관, 전기부품, 건축자재, 레일
동 및 그 합금	순동 $\alpha+\beta$황동, 청동 10 ~ 13% Ni 동 20 ~ 30% Ni 동	820 ~ 910 650 ~ 840 700 ~ 780 980 ~ 1,100	10 ~ 400 10 ~ (300 ~ 400) 10 ~ (150 ~ 200) —	6 ~ 300 6 ~ 200 6 ~ 100 6 ~ (25 ~ 35)	30 ~ 65 20 ~ 50 60 ~ 80 50 ~ 85	황동봉재, 선소재, 열교환품 관용재, 건축용
니켈 및 그 합금	순니켈 니켈합금	1,000 ~ 1,200	유리 ~ 200 흑연 ~ 20	20 ~ 220	—	내식 - 내열관, 터빈
철강	강, 저합금강 스테인리스강 고속도강	1,100 ~ 1,300 1,150 ~ 1,200 1,100 ~ 1,150	10 ~ (20 ~ 45) 10 ~ 35 —	120 ~ 220	40 ~ 120	강관, 중공강재, 베어링 강관, 이형재
티탄 및 그 합금	순티탄 합금	370 ~ 540 870 ~ 1,040 650 ~ 760 815 ~ 1,040	유리 20 ~ 100 Grease 8 ~ 40	0.4 ~ 1.5 2.5 ~ 5.0	— —	제트기관 부품, 화공용기, 열교환품, 가스터빈 부품

4.4.5 다이의 형상

그림 3.115에서는 컨테이너와 소재 사이의 마찰이 작은 것(A형), 큰 것(B형) 및 열의 영향을 받은 것(C형) 등을 나타내었는데, 마찰이 클수록 소재의 표면층의 금속과 중심부의 소재 사이에 슬립이 심하여 흐름선(流線, stream line)이 불규칙하며 전단변형(剪斷變形)에 필요한 에너지의 소비가 많아진다.

또 다이각이 크면 소재의 표면층과 중심 부분의 속도차가 크며 다이각이 작으면 속도 차가 작아 슬립에 의한 전단변형 에너지의 소비는 적으나 다이와 소재 간의 접촉 면적이 증대하므로 이로 인한 마찰동력(摩擦動力)이 커진다. 표 3.19는 다이각에 대한 압출압력의 관계를 나타낸다.

그림 3.115 압출 시 마찰에 의한 재료의 흐름선(A. Sandin)

표 3.19 다이각에 대한 압출압력(Ti)

다이 반각 ($\alpha°$)		단위체적당 일량 또는 평균 램 압력(kg/mm^2)	가공조건
열 간	90 80 70(최적각) 60	24.9 23.0 20.0(극소값) 27.0	870℃ 압출비 $r = 21$ 저점성 그리스 윤활
냉 간	75 60 45	11.4 10.4 10.0	불화물 피막 윤활

4.5 기타 압출방법

4.5.1 충격 압출

상온에서 특히 변형저항이 크지 않은 대부분의 재료는 냉간에서 압출 및 천공가공이 가능하다. 납, 주석, 알루미늄, 구리 및 그 합금, 마그네슘 합금 등의 비철금속재료는 예전부터 크랭크 프레스나 너클 프레스 같은 파워프레스로 하중을 충격적으로 가하여, 변형속도를 크게 하여 냉간에서 압출하는 일이 행하여져 왔다. 비철금속재료에 대한 이와 같은 가공법을 **충격압출**(衝擊押出, impact extrusion)이라 하고, 그 대표적인 제품이 아연의 건전지 케이스와 튜브류이며, 치약, 약품, 그림물감 등의 용기가 이 방법으로 만들어진다.

그림 3.116은 충격압출을 나타낸 것인데, (a)는 후방압출을, 그리고 (b)는 전방압출의 예를 나타내었다.

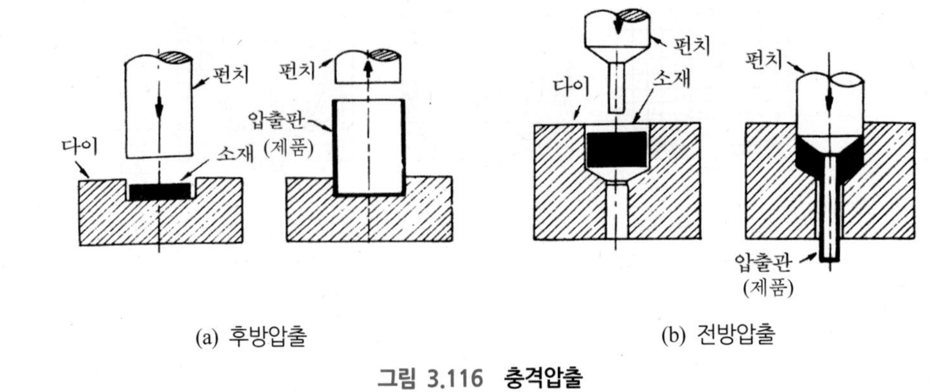

그림 3.116 충격압출

충격압출 압력은 압출비 $r = \dfrac{A_0}{A_1}$에 따라 크게 좌우되나, 소재의 두께 H_0와 펀치의 직경 d와의 비 H_0/d, 펀치와 다이 사이의 틈새 C의 영향을 받는 것 외에 공구형상, 윤활제의 종류 등에 따라서도 변한다. 그러나 제품의 높이에는 거의 영향을 받지 않는다.

충격압출에서는 연질재료에서 벽두께가 직경의 2~3% 정도까지, 높이가 직경의 4~6배 정도까지의 용기는 1공정으로 만들어진다. 원통부의 벽두께는 가정용품에는 0.1~0.2 mm 정도이며, 일반적으로 바닥의 두께는 원통벽두께의 최대 두께보다 0.2~1 mm 정도 두꺼운 것이 바람직스럽다. 벽두께가 0.1 mm 이하로 매우 얇아지면 펀치가 조금 편심되어도 벽이 파단되므로, 이와 같은 얇은 용기는 충격압출로 만드는 것이 적당치 않다. 표 3.20에 몇 가지 재료에 대한 펀치 직경 d와 제품의 벽두께 t 및 높이 H와의 관계를 표시하였다.

표 3.20 충격압출로 만들 수 있는 최소의 벽두께와 제품의 높이

소재	형상 및 치수	벽두께 (t/d)min	높이 (H/d)max
알루미늄, 아연 동, 듀랄루민 65:35 황동, 연강	(그림: t, H, d)	0.01 0.02 0.03	6~7 6~7 1~3

4.5.2 정수압압출

종래 냉간에서의 전방압출에서는 소재와 다이, 컨테이너 간에 상당히 큰 마찰력이 작용하므로, 압출압력도 매우 높아져서 경질재의 압출은 곤란하였다. 이것을 그림 3.117과 같이 고압액체를 매체로 하여 압출을 하면 이 매체가 소재와 컨테이너의 접촉면 간을 지나 외부로 새어 나가려고 함에 따라 유체윤활상태가 발생하여 접촉면의 마찰력은 크게 저하되고, 소재에 작용하는 고압액체에 의한 소재 자체의 고압하의 연성증대 효과와 더불어 재료의 변형이 극히 용이해진다. 이 압출법을 **정수압압출**(靜水壓押出, hydrostatic extrusion)이라 하며, 종래 냉간압출이 곤란하였던 6·4황동, 마그네슘, 기타의 취성재료도 균열을 발생하지 않고 냉간에서 압출이 가능해진다. 다이로부터 압출된 제품에도 높은 압력, 즉 **배압**(背壓, back fluid pressure)을 작용시키면 재료 전체가 높은 정수압하에서 변형하므로 균열이 생기지 않고 한층 더 큰 소성변형을 행하게 할 수 있다.

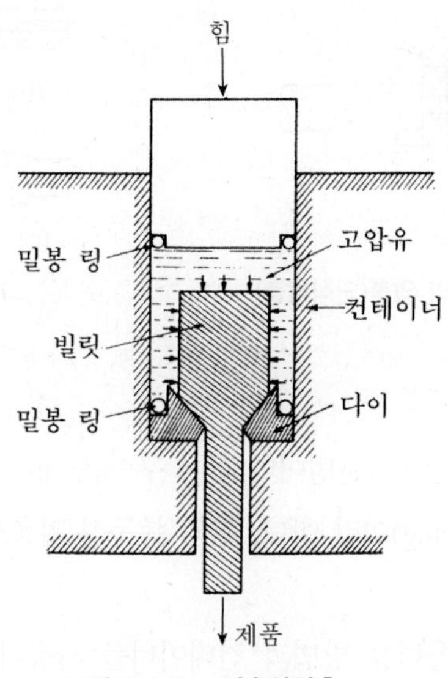

그림 3.117 정수압압출

4.5.3 압출방법의 응용

1) 관의 압출

관(管, pipe)도 봉과 같이 압출된다. 이때는 그림 3.118과 같이 **심봉**(心棒, mandrel)을 사용한다. 심봉은 보통 가압판측에 붙어 있으나, 후방압출에서는 컨테이너의 타단에 고정된다. 전자는 구멍이 없는 소재거나 구멍이 있는 소재거나 모두 가공할 수 있으나, 후자는 구멍이 있는 소재만 가공할 수 있다. 구멍이 미리 뚫린 소재로부터 관을 압출하는 것을 **단식압출**(單式押出, 그림 3.118)이라 하며, 특히 구멍이 없는 소재로부터 직접 관을 압출할 때에는 그림 3.119와 같이 압축, 천공, 압출의 3단계로 가공하는 **복동식 압출법**(複動式押出法)을 사용한다. 이것은 맨드렐 M과 가압판 A를 가진 플런저 P가 서로 독립적으로 움직이게 되어 있다. 먼저 소재 B를 컨테이너 C에 넣고 플런저를 밀어 가압판으로 소재를 가압한다. 다음 맨드렐을 전진시켜 소재 중심에 구멍을 뚫는다. 구멍이 생기면 플런저로 압출을 개시한다. 소재는 맨드렐과 다이구멍 사이의 틈으로 압출되어 관이 된다.

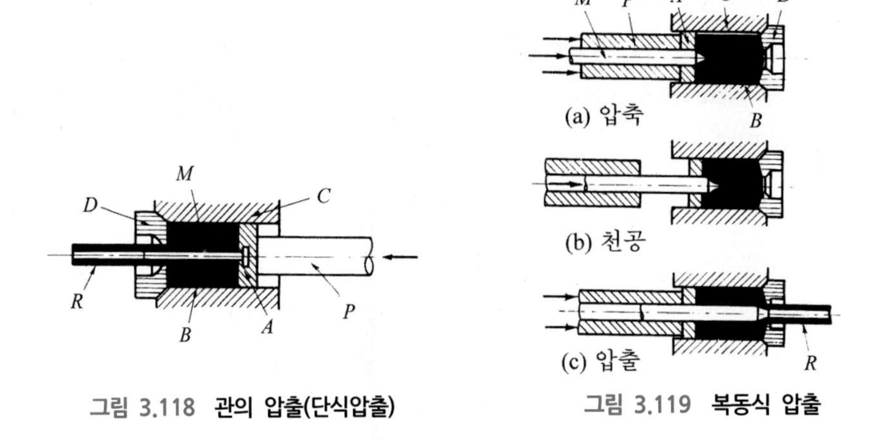

그림 3.118 관의 압출(단식압출)

그림 3.119 복동식 압출

2) 천공가공

소재에 맨드렐을 깊이 압입하여 관통 구멍이나 깊은 구멍을 내서 관이나 밑바닥이 있는 용기를 만드는 가공법을 **천공가공**(穿孔加工, piercing)이라 한다. 관의 복동식 압출법에도 이용되고 있으나, 특히 빌릿의 구멍뚫기에 응용되기도 한다.

천공가공법에는 컨테이너를 사용하는 방법과 컨테이너를 사용하지 않는 **자유천공법**(自由穿孔法, free piercing)이 있다. 후자는 주로 얇은 소재에 이용된다. 그림 3.120은 전자에 속하는 3가지 방법을 도시하였다.

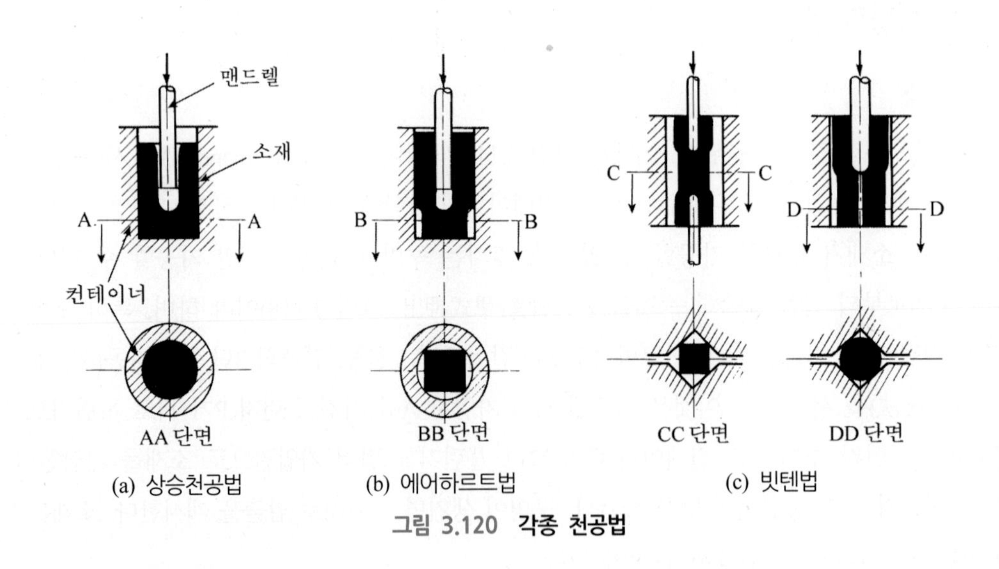

그림 3.120 각종 천공법

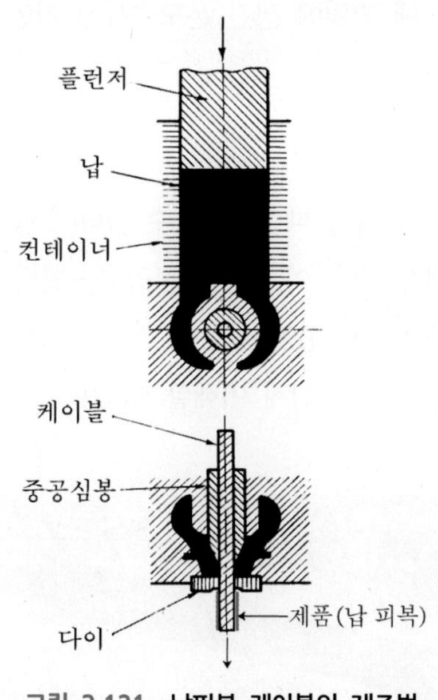

그림 3.121 납피복 케이블의 제조법

3) 케이블의 피복

케이블(cable)을 납 또는 알루미늄으로 피복한 피복케이블은 열간압출법을 이용하여 제조한다. 그림 3.121은 수직식 압출기를 사용한 납피복케이블의 제조법을 나타낸 것이며, 압출기의 하부전방에 있는 다이를 거쳐 납으로 피복된 케이블이 유출한다. 즉, 컨테이너 내의 가열 납이 플런저로 밀려 브리지로 갈려 컵모양으로 되었다가, 이어 관이 되어 중공의 맨드렐로부터 나오는 케이블의 둘레에 밀어붙여 케이블을 피복한다.

4.6 압출제품의 결함

4.6.1 파이핑

압출결함의 대표적인 것으로 알려진 **파이핑**(piping)은 산화물이 개입하여 생기며 그 형상은 그림 3.109에 나타낸 바와 같다. 이것은 마치 통에 물을 가득 채운 다음 아래쪽의 구멍을 통해서 물을 빼면 물의 높이가 낮아졌을 때 가운데에 구멍이 생기는 것과 같은 현상으로서 이것은 동합금에서 특히 잘 생기는데 다른 재료에서도 생기는 수가 있다. 빌릿의 산화된 표피가 램을 앞질러 모여서 급속히 유동하는 금속의 자리를 차지하기 위하여 빌릿의 중심으로 향하여 앞으로 진입할 때 이것이 생긴다. 산화피막은 빌릿의 뒤 모퉁이에서부터 안으로 좁아져서 나팔모양으로 되고, 다이 안으로 계속되어 관모양의 결함이 형성된다. 때로는 중심봉이 그 바깥 것과 완전히 분리된다. 이러한 결함의 이유로서는 빌릿－컨테이너계면의 마찰조건이나 뜨거운 빌릿을 찬 컨테이너에 넣을 때 빌릿에 생긴 온도경사에 기인한 빌릿의 소성변화를 들고 있다.

4.6.2 V자 균열

중심파열(또는 V자균열)은 압출비가 작을 때 일어날 수 있다(그림 3.122). 이 결함은 압출다이에서의 변형영역에 미치는 마찰조건도 관계가 있다. 이 경우에는 공구−빌릿계면의 마찰이 크면 좋은 제품이 나오는 반면 마찰이 작으면 중심파열(中心破裂)이 생긴다. 이것은 단면감소율이 작을 경우 소성영역에서 등방향 인장응력이 발생한다는 사실로부터 쉽게 이해할 수 있다.

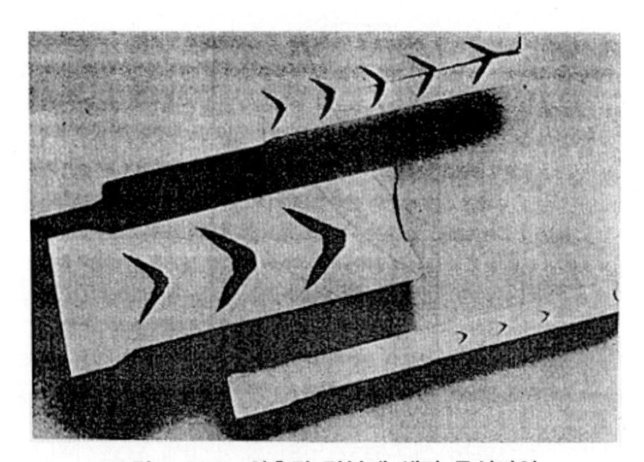

그림 3.122 압출된 강봉에 생긴 중심파열

4.6.3 가로균열

다이 영역에서 생긴 2차인장응력이 있을 때 열간 및 냉간취성(冷間脆性)으로 인한 균열이 압출제품에서 생기는 수가 있다. 조건에 따라 이러한 결함의 형태가 반복되는 표면 균열에서부터 파괴된 제품에까지 이르고 있지만, 반복되는 **가로균열**(때로는 전나무 균열이라고도 한다)이 가장 흔한 형태이다. 이것의 전형적인 예를 그림 3.123에 나타내었다. 열간압출에서 이러한 결함이 가장 잘 일어나는 이유는 어떤 온도에서의 압출속도가 너무 커서 그 변형열로 인해 다이 근처의 온도가 열간취성 영역에까지 상승하기 때문이다.

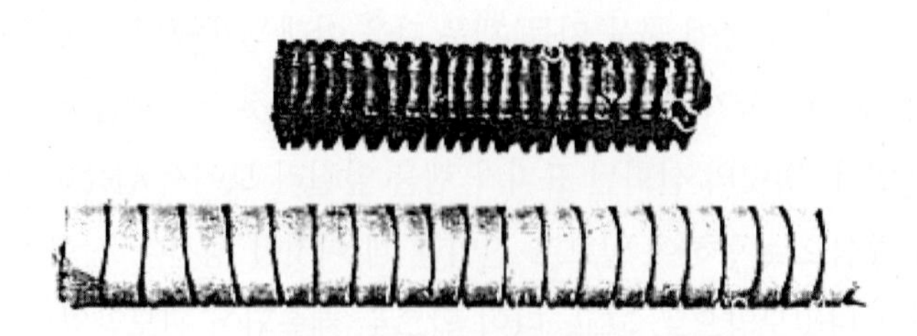

그림 3.123 압출봉의 가로균열

4.6.4 산화물 개입

단조품과 압연제품의 랩(lap)과 비슷한 결함으로 압출제품에는 산화물 개입이란 결함이 있다. 랩의 깊이는 그다지 깊지 않지만 압출제품의 산화물은 중심까지 퍼져있으며 상당한 길이에 걸쳐 존재한다. 예를 들면, 납 파이프에서는 산화물의 동심원을 축과 수직인 단면에서 볼 수 있고, 이 산화물은 납의 장입방법과 관계가 있다.

4.6.5 결정입자 과대성장

압출 후나 압출한 다음 재가공하기 위하여 재가열한 후에 압출제품의 어떤 영역이 나머지 부분보다 결정입자가 훨씬 큰 경우가 있다. 이러한 결정립이 조대한 영역은 기계적 성질이 비교적 나빠서 재료를 더 가공하려고 하면 재료가 깨어지는 수가 종종 있다. 현저한 결정립 성장을 나타내는 영역의 분포는 압출단면에 따라 상당히 변하지만, 환봉의 경우 횡단면 조직을 보면 표면에서나 중앙부에서 조대한 결정이 나타나는 것이 보통이다.

4.6.6 세로줄

압출알루미늄합금봉의 표면에 세로줄이 있으면 원주방향의 강도가 약하고 층상파괴가 일어나는데, 이것은 금속간화합물 입자의 일렬배열에 기인한다. 이 금속간화합물 입자는 빌릿 중심부의 **편석**(偏析, segregation) 때문에 생긴 것인데, 구멍을 여러 개 가진 다이를 이용한 압출에서 이들 입자가 빌릿축의 최인근 다이 구멍의 끝 위로 흐르기 때문에 압출봉의 표면에 나타난 것이다.

4.6.7 압출제품의 결함 방지책

빌릿의 $\frac{2}{3}$ 정도가 압출된 후에는 빌릿 표면이 산화피막과 함께 중심으로 유동되어 압출된다. 이때 압출제품의 내부에는 결함이 생긴다. 이러한 것을 방지하기 위한 방법으로서 다음과 같은 것이 있다.

① 빌릿의 $\frac{2}{3}$ 정도가 압출되었을 때 잔류재료를 제거한다.

② 압판의 지름을 컨테이너의 것보다 작게 하여 압출 시에 산화피막이 있는 표면재료는 컨테이너에 잔류하게 한다. 이 방법을 황동 등에 적용한다.

③ 압출 전에 표면을 기계가공하여 산화피막 등 불순물을 제거하는 것이다. 이때에는 가열 시에 산화막이 다시 생기지 않도록 해야 한다.

05장

인 발

5.1 인발의 개요

인발(引拔, drawing)은 그림 3.124와 같이 테이퍼 형상의 구멍을 가진 다이에 소재를 통과시켜 구멍의 최소 단면치수로 가공하는 것을 말하며, 외력으로는 인장력이 작용하고, 다이 벽면은 소재에 압축력을 작용시킨다.

인발가공은 보통 상온에서 행하고 가공 중 변형에 의한 발생열이 상당히 많다. 인발가공에서는 주로 봉(rod)과 선(wire) 등을 가공하고, 관(pipe)가공도 한다. 관가공에서는 심봉(心棒, mandrel)을 사용하는 경우와 사용하지 않는 경우가 있으며, 전자에서는 지름의 감소와 함께 관 벽의 두께도 감소시키지만 후자에서는 관 벽의 두께는 증가시키고 지름은 감소시킨다.

인발가공은 외력이 인장력이므로 단면감소율에 한계가 있으며, 또 단면이 균일한 긴 제품을 만들 때에는 최초에 모두 통과시키고 인발장치에 물려야 하는 부분이 반드시 필요하므로, 이 부분은 결국 손실이 되어 재료이용률이 나빠진다. 인발가공은 열간, 냉간 어느 것으로서도 행해질 수 있으나 주로 냉간가공이 많이 이용된다. 일반적으로 인발작업은 비교적 가공비가 비싸므로 사전에 압연이나 압출로 가는 봉이나 관으로 만들어 그 후의 인발작업의 공정수를 줄이도록 한다.

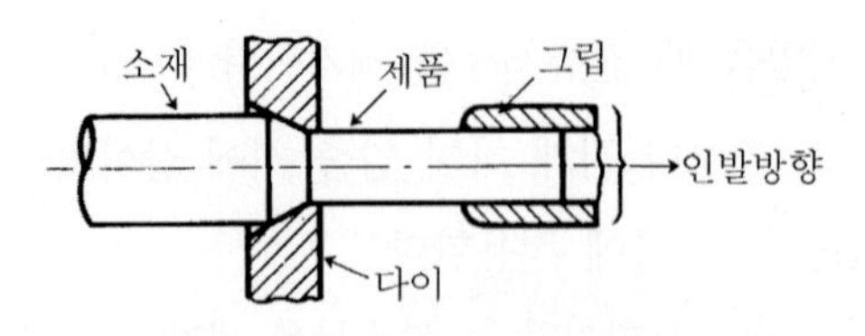

그림 3.124 봉 또는 선의 인발

5.2 인발가공의 역학적 해석

인발가공에 필요한 인발력(引拔力)은 다음의 합으로 이루어진다.

① 소재의 지름을 감소시키는 데 요하는 힘

② 소재와 다이 벽 사이의 마찰을 이기는 데 요하는 힘

③ 다이 입구와 출구간에서 표면층의 전단변형에 요하는 힘

또 이상의 인발력은 다음 조건의 영향을 받는다.

i) 다이각, ii) 다이와 소재의 마찰계수, iii) 단면감소율, iv) 소재의 유동성, v) 인발속도 등이다. 실제 인발가공에서는 소재와 다이의 마찰력이 매우 크게 작용하여 이것이 인발력에 큰 영향을 미친다. 그런데 마찰력까지 고려하면 수식이 너무 복잡해지므로 여기서는 마찰을 무시한 인발력만 고려하기로 한다.

완전 윤활에 의하여 마찰과 표면 전단변형이 없고 그림 3.125와 같이 주응력 σ_r와 압축응력 σ_θ만이 작용한다고 가정할 때, 육면체의 미소 요소에 대한 평형방정식(平衡方程式, equation of equilibrium)은 다음과 같다.

$$(\sigma_r + d\sigma_r)\{(r+dr)\cdot d\theta\} = \{4(rd\theta \cdot dr)\cdot \sigma_\theta\}$$
$$\therefore\ [\sigma_r \cdot r^2 + 2\sigma_r \cdot r \cdot dr + \sigma_r (dr)^2 + r^2 \cdot d\sigma_r + 2r \cdot d\sigma_r \cdot dr + d\sigma_r (dr)^2] \cdot (d\theta)^2 \tag{3.64}$$
$$= 4r \cdot d\theta \cdot dr \cdot \sigma_\theta \cdot \sin\frac{d\theta}{2} + \sigma_r \cdot r^2 \cdot (d\theta)^2$$

$\sigma_r \cdot (dr)^2 = 0,\ 2r \cdot d\sigma_r \cdot dr = 0,\ d\sigma_r \cdot (dr)^2 = 0,\ \sin\frac{d\theta}{2} = \frac{d\theta}{2}$로 놓고 정리하면

$$\frac{d\sigma_r}{dr} + 2 \cdot \frac{\sigma_r - \sigma_\theta}{r} = 0 \tag{3.65}$$

이다.

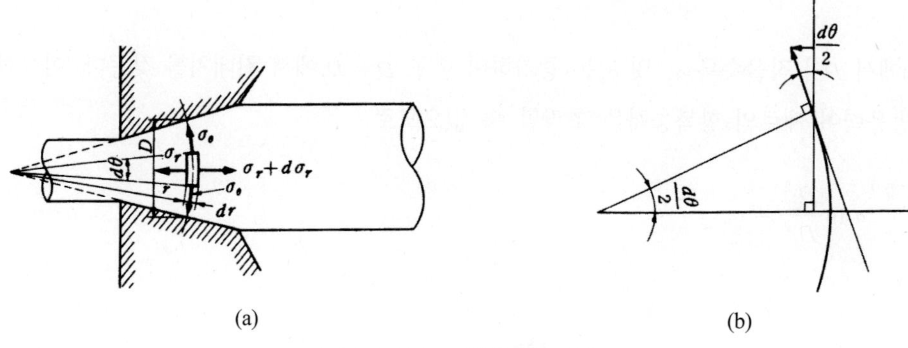

그림 3.125 인발가공의 응력

식 (3.65)에 Von Mises의 항복조건(降伏條件)인 $\sigma_r - \sigma_\theta = \sigma_0$을 대입하면

$$\frac{d\sigma_r}{dr} + 2\frac{\sigma_0}{r} = 0 \tag{3.66}$$

이다.

$$\therefore \frac{1}{\sigma_0} \cdot d\sigma_r + 2\frac{dr}{r} = 0$$

$$\therefore \frac{\sigma_r}{\sigma_0} + \ln r^2 = c$$

$$\therefore \sigma_r = C - \sigma_0 \cdot \ln r^2$$

$$\sigma_\theta = C - \sigma_0(1 + \ln r^2) \ [\text{단 } C = c \cdot \sigma_0] \tag{3.67}$$

경계조건(境界條件) $r = r_0$에서 $\sigma_r = 0$을 대입하여 적분상수 C를 구한다. 즉,

$$0 = C - \sigma_0 \cdot \ln {r_0}^2$$

$$\therefore C = \sigma_0 \cdot \ln {r_0}^2$$

$$\therefore \sigma_r = \sigma_0 \cdot \ln \frac{{r_0}^2}{r^2}$$

$$\sigma_\theta = \sigma_0\left(\ln \frac{{r_0}^2}{r^2} - 1\right) \tag{3.68}$$

그런데 $\frac{r_0}{r} = \frac{D_0}{D}$이므로

$$\sigma_r = \sigma_0 \cdot \ln \frac{{D_0}^2}{D^2}$$

$$\therefore \sigma_\theta = \sigma_0\left(\ln \frac{{D_0}^2}{D^2} - 1\right) \tag{3.69}$$

이다.

식 (3.69)에서 D가 작을수록 σ_r 및 σ_θ는 증가하며 출구 $D = D_f$에서 최대치를 갖는다. 이상적인 소성체에서는 인발응력이 재료의 항복응력을 초과할 수 없으므로

$$\sigma_0 \ln \frac{{D_0}^2}{{D_f}^2} = \sigma_0$$

로 놓으면

$$\therefore \ln\frac{D_0^{\ 2}}{D_f^{\ 2}} = 1 \quad \therefore \frac{D_f^{\ 2}}{D_0^{\ 2}} = \frac{1}{e} \tag{3.70}$$

단면감소율 $q = \dfrac{A_0 - A_f}{A_0} = 1 - \dfrac{A_f}{A_0} = 1 - \dfrac{D_f^{\ 2}}{D_0^{\ 2}}$에서

$$\frac{D_f^{\ 2}}{D_0^{\ 2}} = 1 - q$$

$$\therefore 1 - q = \frac{1}{e} \quad \therefore q = 1 - \frac{1}{e} = 0.63 \tag{3.71}$$

즉, 이상적인 소성체가 균일변형을 받을 때 최대 단면감소율은 63%이다.

5.3 인발가공의 종류

인발가공은 단면의 형상, 치수나 인발기계의 구조, 다이의 종류 등에 따라서 여러 가지로 분류되지만 대체로 다음과 같이 된다.

5.3.1 봉재 인발

봉재 인발(棒材 引拔, bar drawing)은 원형단면봉이나 형재 등의 인발이며, 기계로서는 인발기(draw bench)를 사용한다. 그림 3.126은 인발기를 나타낸 것으로서 봉의 크기가 커서(대체적으로 직경 5 mm 이상) 드럼에 감을 수 없는 경우 이와 같은 기계를 사용한다.

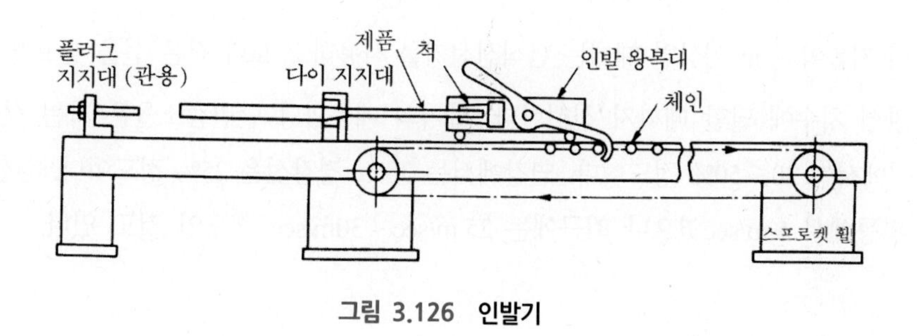

그림 3.126 인발기

5.3.2 관재 인발

관재 인발(管材 引拔, tube drawing)은 관을 인발하는 것을 말한다. 바깥지름만을 다듬질할 때에는 맨드

렐(mandrel) 없이 하고(그림 3.127), 안지름을 다듬질할 경우는 맨드렐이나 플러그(plug)를 이용한다. 어느 것이나 인발기를 이용한다. 또 타원형, 익단면형 등의 여러 가지의 이형관(異形管)은 특수공형의 다이를 사용해서 원형관과 같이 인발가공한다. 맨드렐은 사용할 때도 있지만 또 사용하지 않을 수도 있다(그림 3.127, 그림 3.128, 그림 3.129 참조).

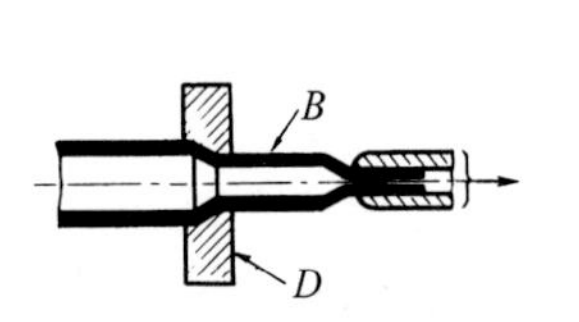

그림 3.127 **맨드렐을 사용하지 않는 관의 인발**

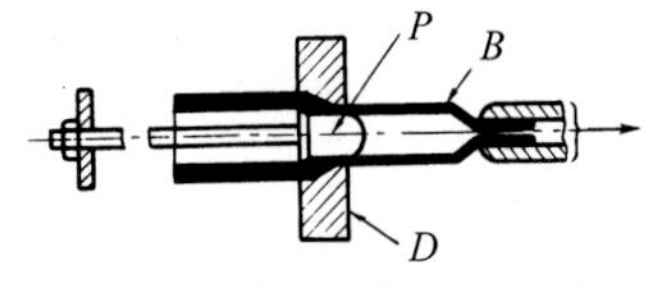

그림 3.128 **플러그를 사용하는 관의 인발**

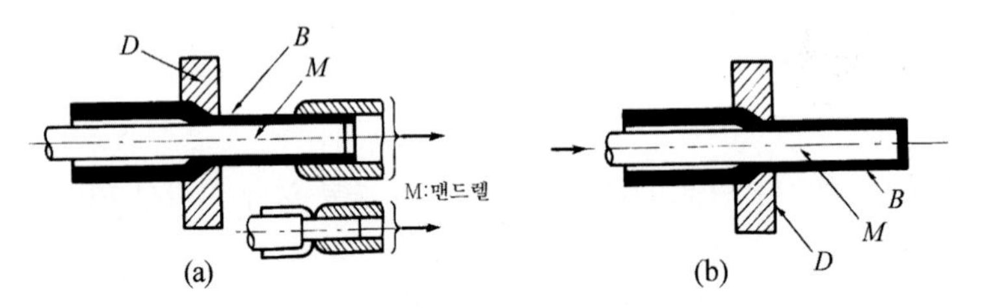

그림 3.129 **맨드렐을 사용하는 관의 인발**

5.3.3 선재 인발

직경 약 5 mm 이하의 가는 막대기의 인발을 특히 선재 인발(線材 引拔, wire drawing) 또는 신선(伸線)이라 한다. 즉, 열간압연으로 가공되는 최소 봉지름은 대체로 5 mm이다. 이 이하의 선재는 감을 수 있으므로 그림 3.130과 같은 신선기(伸線機, wire drawing machine)를 이용한다.

완성 제품의 지름이 $\frac{1}{4}$in 이상일 때에는 단식신선기를 사용하고 보다 작은 선을 얻고자 할 때에는 연속 신선기에서 완성 치수에 달할 때까지 신선한다. 다이의 매통과당 단면감소율은 가는 선에 대하여 15 ~ 25%, 굵은 선에서는 20 ~ 50% 정도이다. 연강에서는 30%, 경강선은 25% 정도이다. 신선속도는 강선에서 4 m/sec, 황동에서 5 m/sec였으나 최근에는 25 m/sec ~ 30m/sec 정도인 것도 있다.

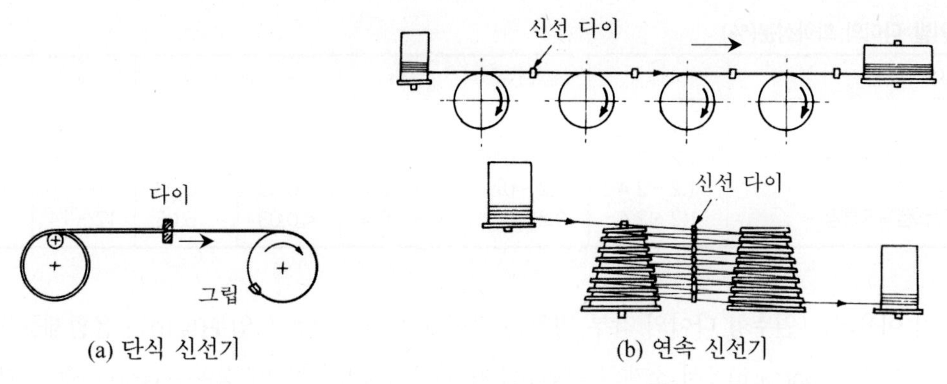

그림 3.130 신선기

5.3.4 롤 다이에 의한 인발

직사각형 단면의 형재 또는 직사각형의 관재를 만들 때에는 인발기에서 다이 대신 turk's head를 사용한다. 이것은 동일평면 내에서 4개의 롤을 설치하고 그 패스가 소요단면을 이루며, 소재로서는 원형 단면의 봉재 또는 관재를 사용한다(그림 3.131 참조). 그 밖에 Steckel형 4단 냉간판압연기 등도 인발가공의 일종이다.

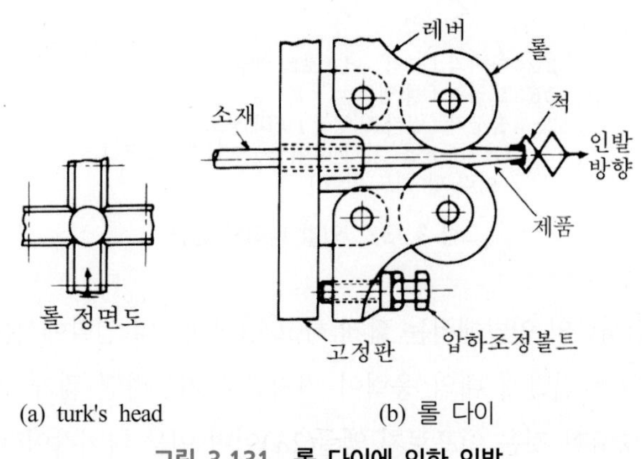

그림 3.131 롤 다이에 의한 인발

5.4 인발 다이

인발 다이(drawing die)는 충분한 강도를 가짐과 동시에 경도가 크고 인성이 커야 한다. 지름이 큰 소재의 인발에는 열처리된 탄소강, 특수강 등이 사용되고, 지름이 작은 소재의 인발에는 대부분 경질합금이 사용되며 다이아몬드도 사용된다. 표 3.21은 인발 다이의 종류와 성분 예이다.

표 3.21 인발 다이의 화학성분(%)

종류	C	Si	Mn	P	S	Cr	W
(1) 탄소강	1.20 ~ 2.0	0.1 ~ 0.3	0.3 ~ 0.4	<0.03	<0.03	—	—
(2) 크롬강	1.2 ~ 2.2	0.1 ~ 0.3	0.3 ~ 1.0	<0.03	<0.03	12 ~ 14	—
(3) 텅스텐강	1.2 ~ 2.4	0.2 ~ 0.5	0.3 ~ 0.4	<0.03	<0.03	—	3 ~ 8
(4) 텅스텐 - 크롬강	1.2 ~ 2.4	0.2 ~ 0.5	0.3 ~ 0.4	<0.03	<0.03	12 ~ 14	6 ~ 8

가장 많이 이용되는 원추형 다이의 각부 명칭은 그림 3.132와 같다. 도입부(bell)는 윤활제를 도입하는 역할을 하고 수축부(approach)에서 소재의 단면감소가 이루어지며, 다음의 정형부(bearing)는 평행한 부분이다. 정형부의 길이는 제품경의 $\frac{1}{4} \sim \frac{3}{4}$으로 하며 재료와 다듬는 정도에 따라 길이가 달라진다. 그리고 출구부(relief)는 인발가공이 끝나고 제품이 빠져나오는 부분이다.

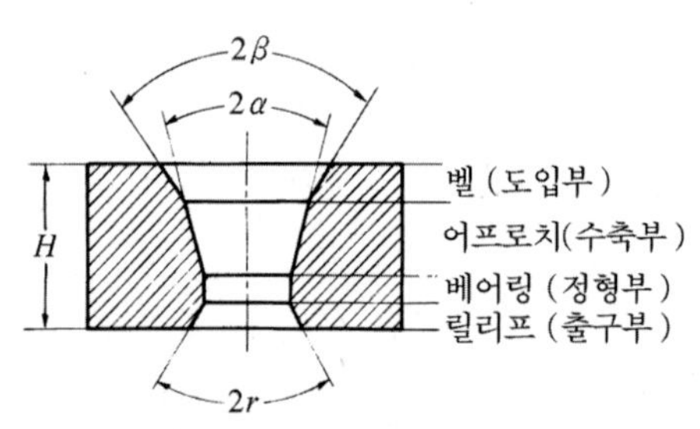

2α: 다이각 (교각, 어프로치 앵글)
2β: 도입각 (벨 앵글)
2r: 출구각 (릴리프 앵글) (60° 정도)
(α, β, r 를 각각 다이각, 도입각, 출구각이라 할 때도 있다)

그림 3.132 인발 다이의 형상

베어링 면의 길이는 연질재료의 인발에서는 짧게 하고 경질재료의 인발에서는 길게 한다. 그러나 너무 길게 하면 인발력이 증가하고 인발재 내의 응력이 커지므로 가능하면 짧게 하는 것이 좋다.

다이의 각 중에서 가장 중요한 것은 어프로치 앵글(2α)이며 이를 다이각이라 한다. 연질재료에는 α를 크게 하고 경질재료에서는 작게 한다. 즉, Al과 Ag은 $\alpha = 15°$, Cu는 $\alpha = 14°$, Cu-Zn 및 Cu-Sn은 $\alpha = 10°$, 그리고 강은 $\alpha = 8°$ 정도이다.

인발작업에서 윤활제의 선택은 아주 중요하다. 다이벽과 인발재 사이의 윤활은 마찰을 감소시켜 다이의 수명을 증가시키고 제품의 표면 상태를 좋게 하며 인발력을 감소시킨다. 또한 냉각 효과도 좋다. 윤활제에는 건식과 습식이 있으며, 건식윤활제로는 석탄, 구리스(grease), 비누, 흑연 등이 사용된다. 경질금속의 인발에는 소재에 Pb, Zn 등을 도금하고 또는 인산염을 피복한다. 습식윤활제로는 종유(種油), 종유와 비눗물의 혼합물 등이 사용된다.

5.5 인발력에 미치는 인발조건의 영향

5.5.1 다이각

단면감소율이 일정하다고 했을 때 인발응력(引拔應力)에 미치는 다이각은 그림 3.133에서와 같이 세 가지로 나타낼 수 있다. 순변형에 필요한 인발응력은 다이각에 관계없이 일정하며 입구와 출구의 전단을 위한 부가응력은 다이각에 비례하여 증가한다. 그러나 외부마찰력에 의한 인발응력은 다이각이 증가함에 따라서 감소한다. 이들 세 가지의 인발응력을 합한 것이 전체 인발응력으로서 그림에서와 같이 인발응력이 최소로 되는 다이각이 존재한다. 이때의 다이각을 **최적(最適) 다이각**이라고 한다. 재료별로 구체적인 최적 다이각은 앞의 5.4절에 나타내었다.

일반적으로 최적 다이각은 그림 3.134에서와 같이 단면감소율이 증가함에 따라서 증가한다. 그리고 역장력(逆張力)을 가하면 다이각의 영향이 적어지고 인발력도 감소한다.

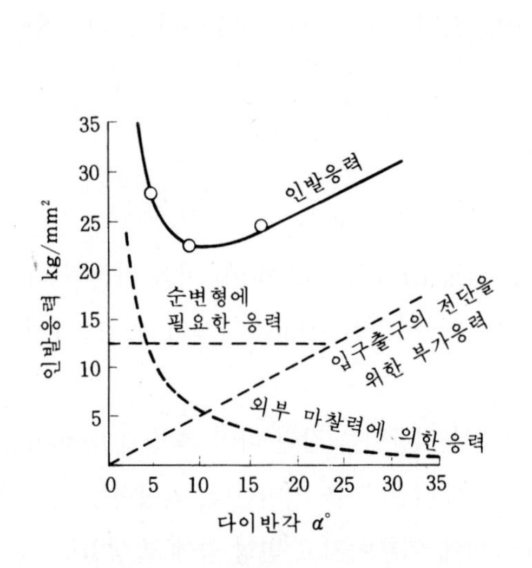

그림 3.133 인발응력과 다이각과의 관계

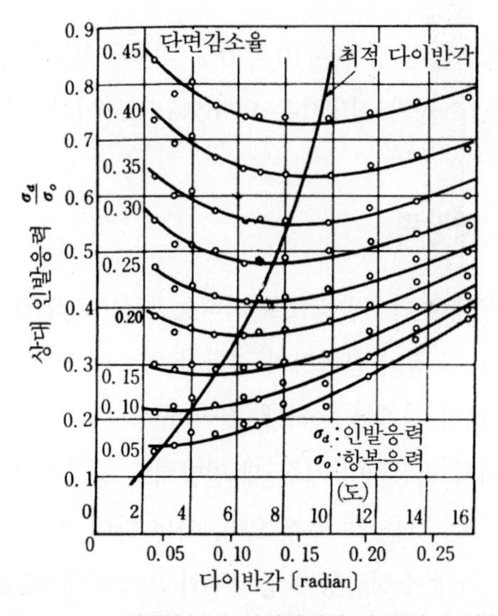

그림 3.134 인발응력과 다이반각의 관계(강의 인발)

5.5.2 단면감소율

소재를 인발하기 전의 단면적을 A_0, 인발한 후의 단면적을 A_f라 할 때 $\frac{A_0 - A_f}{A_0}$를 **단면감소율**(斷面減少率)이라 하며, 다이각이 일정할 경우 인발응력은 단면감소율의 증가와 더불어 증가하며 인발응력이 인장강도에 도달하면 소재가 파단되어 인발이 불가능하게 된다. 그림 3.135는 동선(銅線)을 인발할 때인 발력과 단면감소율과의 관계를 나타낸 것이다.

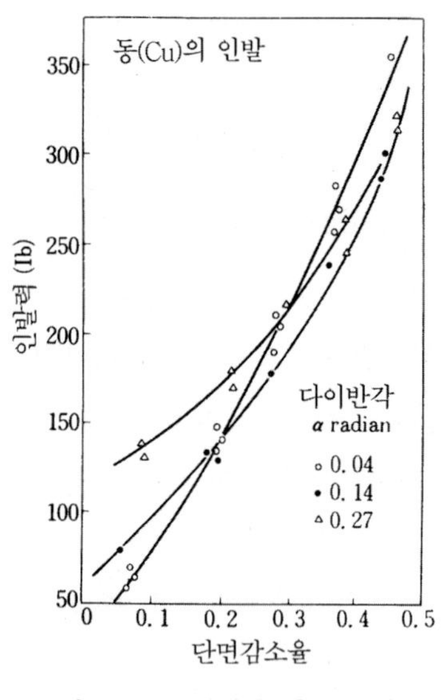

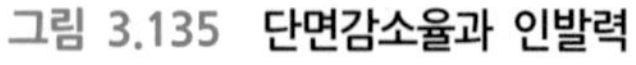
그림 3.135 단면감소율과 인발력

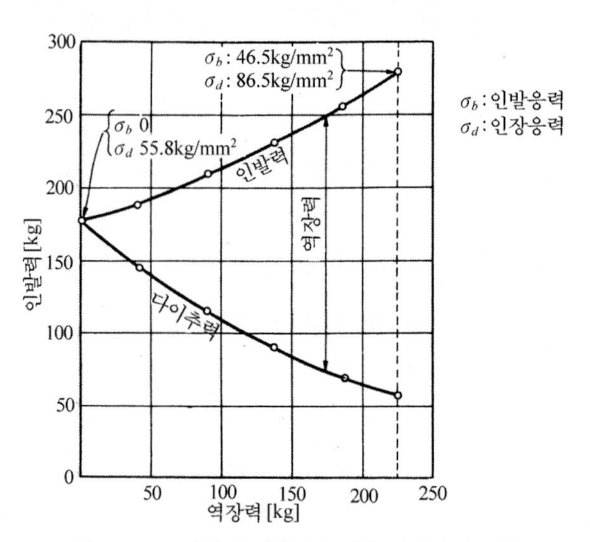

그림 3.136 강선의 인발력에 대한 역장력의 영향

단면감소율은 강봉은 10 ~ 30%, 비철금속봉은 15 ~ 30%, 강관은 15 ~ 20% 정도이다. 그리고 황동의 경우 단면감소율의 최댓값은 약 65% 정도이다.

5.5.3 역장력

인발방향과 반대방향으로 가하는 힘을 **역장력**(逆張力, back tension)이라 하며, 이를 가하면 다이의 마멸이 적고 수명이 길어지며 정확한 치수의 제품을 얻을 수 있다. 그림 3.136은 $C = 0.44\%$인 강의 역장력과 인발력의 관계를 나타낸 것이다.

그림에서 역장력이 커질 때 인발력도 증가하나 인발력에서 역장력을 감한 다이 **추력**(推力, thrust force)은 감소하는 것을 알 수 있으며, 이는 다이 벽면압력 p가 감소하는 것을 의미한다. 역장력을 가하면 앞에 든 장점 외에 소성변형이 중심부와 외측부에 비교적 균등하게 이루어지고 변형 중에 발생열도 적어진다. 또 제품에 잔류 응력이 작다. 그러나 역장력을 가할 수 있는 별도의 설비가 필요하고, 1회의 단면감소율이 감소하며 유지보수비가 많이 드는 단점이 있다.

5.5.4 다이의 직경

인발 후 제품의 직경은 다이구멍의 직경과 동일하게 되어야 한다. 그러나 출구에서 방향변환으로 유기되는 전단변형 때문에, 출구단의 모서리 반지름과 인발응력 및 재료의 탄성계수에 의하여 제품의 직경은 다이구멍경보다 크게 될 경우와 작게 되는 경우가 있다. 신선의 경우 Ni선과 동선에서는 다이구멍보다 가늘게 인발되며, 피아노선과 같은 경선(硬線)에서는 다이 구멍보다 굵게 인발되고, 관을 맨드렐 없이 인발하면 바깥지름이 감소된다.

5.5.5 인발속도

저속에서 인발속도가 증가하면 인발력이 급증하나 속도가 어느 값 이상 되면 인발력에 대한 속도의 영향은 작아진다. 실용적인 인발 속도는 30 ~ 2500 m/min이며, 고속에서는 열의 발생이 많아진다.

5.5.6 마찰력

다이구멍 내벽에 작용하는 마찰력 μp의 대소는 인발력과 제품의 품질에 관계가 있으며 되도록 작은 것이 좋다. 마찰계수 μ는 다이 벽면압력 p, 다이 표면상태, 사용윤활제 및 윤활법 등에 따라 다르며, 극히 양호할 때 약 0.02이고 보통은 0.08 ~ 0.13 정도이다. 표면상태가 나쁘고 윤활제도 부적당할 때는 0.2 ~ 0.25 정도가 된다.

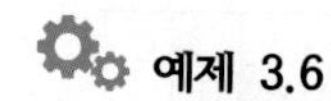

예제 3.6

직경 4 mm의 와이어를 인발가공하여 직경 3 mm로 만들었다. 단면감소율은 얼마인가?

풀이 인발가공 전의 와이어의 단면적을 A_0, 가공 후의 와이어의 면적을 A_1이라 하면

$$\text{단면감소율} = \frac{A_0 - A_1}{A_0} \times 100\%$$

$$= \frac{4^2 - 3^2}{4^2} \times 100\%$$

$$\fallingdotseq 43.8\%$$

5.6 인발가공

5.6.1 강선의 제조

열간압연으로 5 ~ 10 mm의 지름으로 다듬어서 코일상으로 묶은 선 소재에 대체로 다음과 같은 공정을 실시하여 신선(伸線)한다.

선 소재 → 열처리(연강선은 어닐링을 하든가 또는 열처리를 하지 않고 경강선은 파텐팅을 실시함) → 산세(酸洗) → 수세(水洗) → (녹붙이) → 중화액적 → 건조 → 신선.

열처리는 재료를 연화시켜 가공성능을 증가시키기 위한 것이다. **파텐팅**(patenting)은 신선작업의 경우에 실시하는 특별한 열처리법이며 C가 0.25% 이상의 강에 실시한다. 이것은 높은 강도와 연성을 다같이 갖는 조직을 주어 고도의 신선에 견디도록 하기 위한 것이다. 조직으로서는 소르바이트 조직에 상당한다. 어닐링에 의해 얻어지는 펄라이트 조직은 담금질, 템퍼링에 의한 소르바이트 조직에 비해 강도가 낮고 불균일하며, 거칠은 조직을 나타내므로 신선가공 시 가공이 균일하게 행해지지 않고 선의 인성이나 내구성이 현저하게 나빠진다. 파텐팅은 담금질, 템퍼링과 같이 2단계의 조작을 거치지 않고 오스템퍼 처리를 하여 담금질 온도로부터 템퍼링 온도범위로 급냉시키는 1단계법을 채용하는 것이다(그림 3.137 참조). 이 경우 가열온도는 조금 높게 해서 900～950℃로 하고 템퍼링 온도는 400～600℃이다. 파텐팅의 냉각법으로서는 세 가지의 방법이 채용된다. 그 하나는 공기 중에서 냉각하는 것이며, 다른 하나는 비교적 낮은 온도의 용해된 납 중에서 냉각하는 것이다(이것을 metallic hardening process라 한다). 그리고 세 번째는 고온의 용해납 중에서 가열하고 저온의 용해납 중에서 냉각하는 것이다(이것을 double lead process라고 한다).

그림 3.138은 강에 탄소함유량이 증가함에 따라 파텐칭 열처리를 한 경우의 인장강도를 나타낸 것이다. 탄소함유량이 증가할수록 인장강도가 직선적으로 증가함을 알 수 있다.

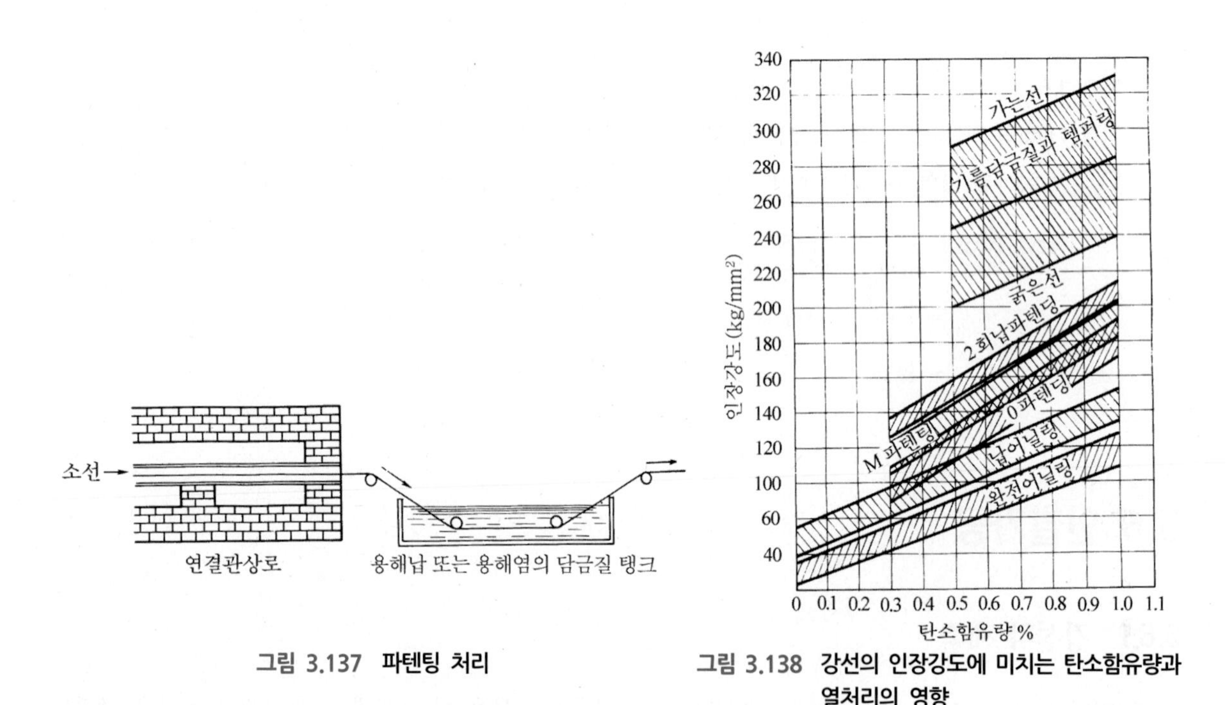

그림 3.137 파텐팅 처리

그림 3.138 강선의 인장강도에 미치는 탄소함유량과 열처리의 영향

5.6.2 강관의 인발작업

열간압연을 한 관은 냉각 후 일단에 포인팅(pointing)을 한다. 즉, 다이구멍을 통과시켜 인발기의 척에 물리게 하기 위해서이다. 이것은 스웨이징 머신에 의하거나 단조로 행한다. 다음에 신선의 경우와 같이 어닐링 → 산세 → 수세→ 윤활제피복액(예컨대 소맥분, 지방을 포함한 물 에멀전) → 건조로 → 인발의 공정순이 된다. 관의 인발작업은 안지름 치수를 조절하지 않은 맨드렐 없이 뽑는 방법과 플러그를 다이부에 정치시키는 플러그(plug) 법과 맨드렐을 표재와 동시에 인발하는 방법 등이 있다.

첫째 방법으로는 안지름이 변화하여 벽두께는 바깥지름의 축소비율과 동일하게 되지 않고 대체로 증가하나 단면감소율이 커지면 감소한다. 셋째 방법에서는 인발 후 맨드렐을 빼내는 작업이 필요하다.

5.7 인발제품의 결함

5.7.1 중심균열

인발제품의 결함은 소재의 결함에서 오는 경우와 인발과정에서 발생하는 경우가 있다. 가장 흔한 결함은 그림 3.139에서와 같이 V자형의 **중심균열**(中心龜裂)이며, 이 결함은 소성영역에서의 2차 인장응력 발생과 관계가 있다.

단면감소율이 일정할 때 다이각이 클수록 결함발생 가능성이 증가하고, 다이각이 증가할수록 이것이 생기지 않게 하는 임계감소율이 증가한다. 그리고 다이각이 일정할 때 임계감소율은 마찰이 클수록 증가한다.

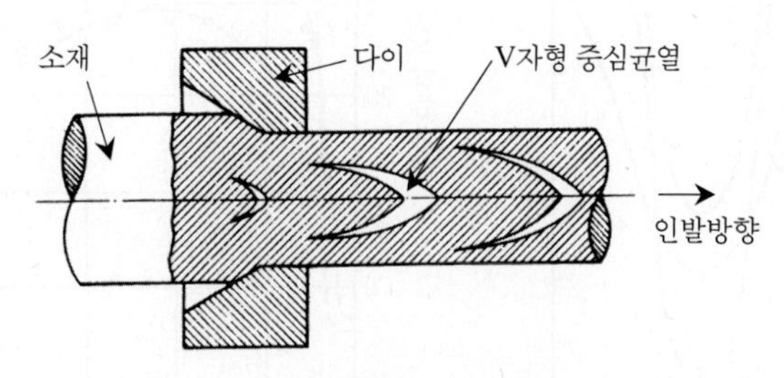

그림 3.139 인발제품의 중심 균열

5.7.2 잔류응력

냉간인발제품에 발생하는 **잔류응력**(殘留應力)은 단면감소율에 따라 다음 두 가지로 나눌 수 있으며, 이것이 생기는 방향은 그림 3.140에 나타낸 바와 같다. 패스(Pass)당 단면감소율이 1% 이하인 경우 축방향

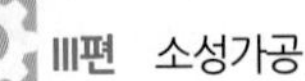

의 잔류응력은 표면에서 압축응력, 중심에서 인발응력이고, 반지름 방향의 잔류응력은 표면에서 0이고 중심에서 인발응력이 발생한다.

단면감소율이 큰 경우에는 위와는 반대로 축방향과 원주방향의 잔류응력은 표면에서 인장응력, 중심에서 압축응력이 발생하고, 반지름 방향의 것은 중심에서 압축응력이 된다. 그림 3.141은 중심으로부터의 거리에 대한 잔류응력, 단면감소율에 대한 축방향의 잔류응력을 다이각을 변화시켜 나타내었다.

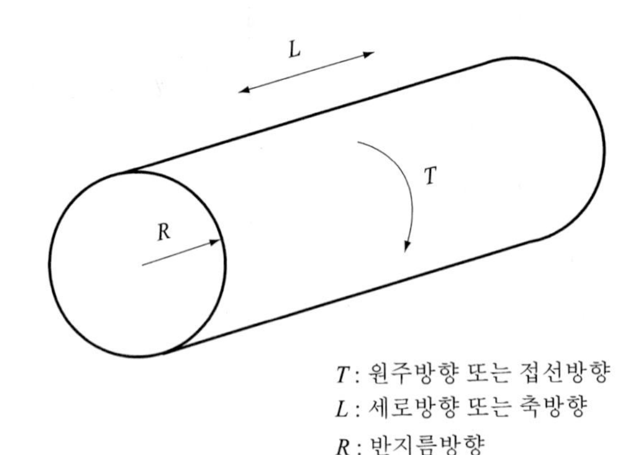

그림 3.140 잔류응력이 생기는 방향

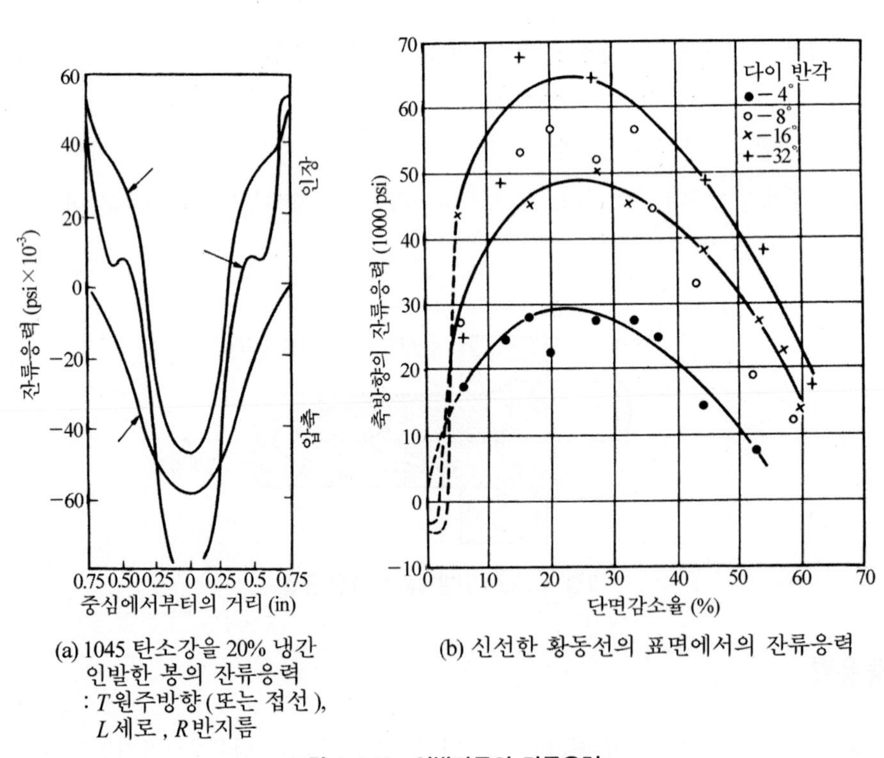

그림 3.141 인발가공의 잔류응력

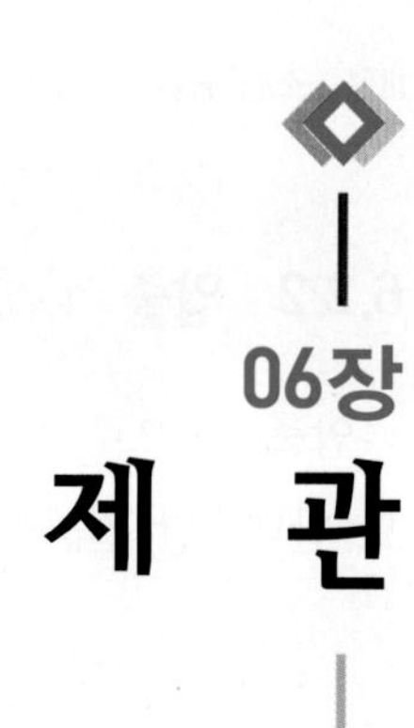

06장 제 관

6.1 제관의 개요

제관(製管, pipe making)은 관을 제조하는 것을 말하며, 관은 이음매가 없는 관(seamless pipe)과 이음매가 있는 관(seamed pipe)으로 크게 나눌 수 있다.

- 관
  - 이음매 없는 관
    - 만네스만 천공법
    - 압출
    - 오무리기 가공
  - 이음매 있는 관
    - 단접
    - 용접
      - 가스용접
      - 전기저항 용접

6.2 이음매가 없는 관의 가공

6.2.1 만네스만 천공법

만네스만 천공법은 이음매가 없는 관을 가공하는 대표적인 방법으로서 가운데가 볼록한 한 쌍의 롤 사이에 공작물을 넣어서 회전시키면서 공작물 속으로 맨드렐을 넣어 구멍을 뚫는 방법이다. 여기에 대해서는 3.6.1절에서 상세하게 설명하였기 때문에 여기서는 생략한다.

6.2.2 압출

압출가공으로 이음매 없는 관을 만드는 방법으로 4.5.3절에 나타낸 천공가공(piercing)이 있다. 이 방법도 만네스만 천공법에서와 같이 맨드렐을 사용하는데 이에 관한 것은 그림 3.120을 참고하기 바란다.

6.3 이음매가 있는 관의 제조

6.3.1 단접

맞대기 단접관은 열간압연된 스트립(strip)을 구부려서 만들며, 두께가 관의 두께에 상당하고 폭은 원주에 상당하며 가장자리가 직각 또는 조금 볼록하게 다듬어진 소재 스트립을 **스켈프**(skelp)라 한다. 이 스켈프를 단접 온도(약 1,400℃)로 가열해서 그림 3.142와 같이 다이 또는 롤패스를 통과시켜 인발하면, 스켈프는 원형으로 굽혀지고 이음매는 다이 또는 롤패스를 통과할 때 압축되어서 맞대기 **단접**(鍛接, forge welding)이 행해진다.

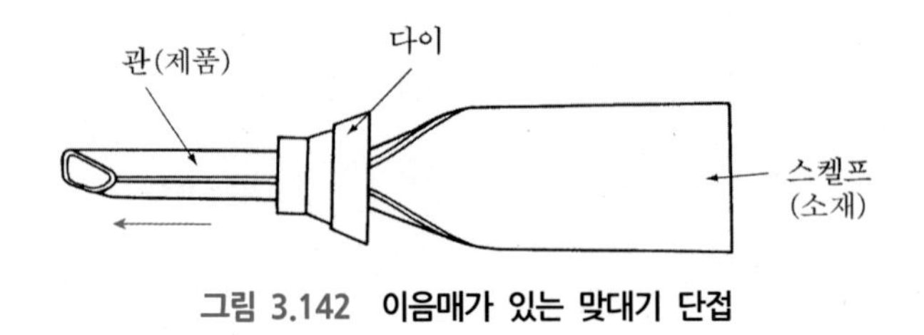

그림 3.142 이음매가 있는 맞대기 단접

6.3.2 용접

두께가 얇은 소형관을 만드는 방법이며 재료로서는 스트립을 이용한다. 성형과 전기저항 용접에 의한 관의 가공은 그림 3.143과 같다. 규정치수로 세로로 자른 스트립은 에지 컨디셔너(edge conditioner)로 가

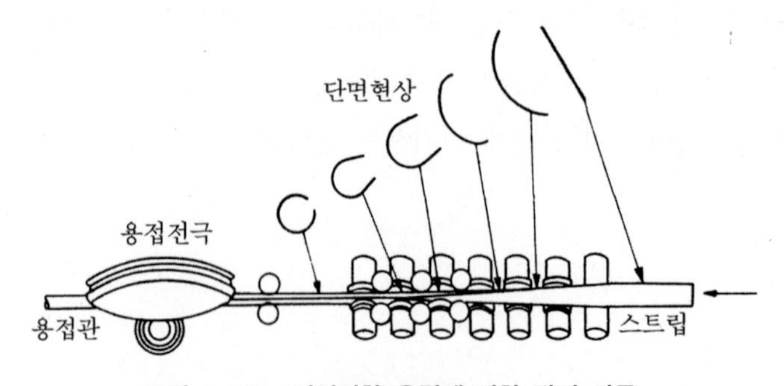

그림 3.143 전기저항 용접에 의한 관의 가공

장자리를 깨끗이 다듬어 깎고, 계속해서 6 ~ 9쌍의 수평성형롤과 3 ~ 4쌍의 수직성형롤을 통과시켜 원형으로 한다. 최초의 5쌍의 수평롤은 구동하나 그밖의 롤은 구동하지 않는다. 성형롤을 나온 원형의 관의 세로이음매는 전기저항 용접에 의해 맞대기용접을 한다. 전극으로서는 회전변압기에 붙인 2매의 동(Cu) 원판을 이용하며 맞대기압력은 1쌍의 수직롤로 유지한다.

그림 3.144는 관에 가스용접하는 것을 나타내었다. 이것의 성형은 전단계에서 그림 3.142에서 나타낸 단접을 이용한다.

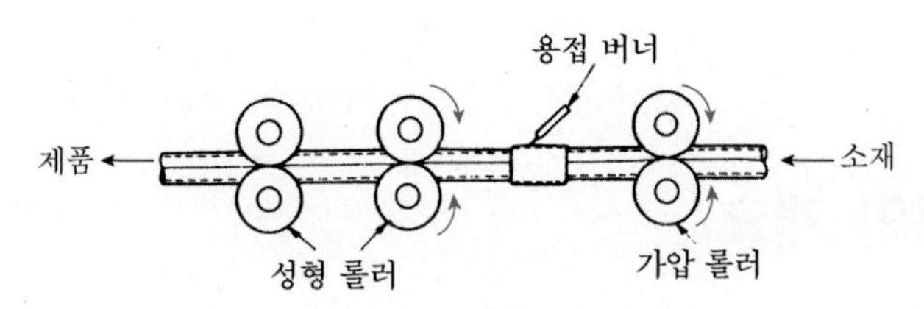

그림 3.144 관의 가스용접

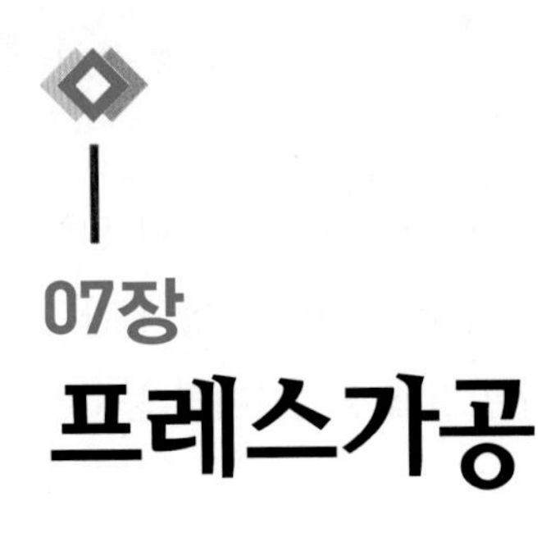

07장 프레스가공

7.1 프레스가공의 개요

프레스가공(press working)은 각종 프레스를 이용하여 전단가공(剪斷加工), 성형가공(成形加工) 및 압축가공(壓縮加工)을 하는 것을 말한다. 프레스는 각종 기구를 이용하여 펀치(punch)와 다이(die) 사이에 있는 소재에 힘을 가하여 성형가공하는 기계이다.

프레스는 사용 목적에 따라 여러 가지로 분류할 수 있으며 동력원과 구동기구에 따라 분류하면 표 3.22와 같다.

표 3.22 프레스의 형식과 종류

구분	대분류	소분류	구동기구
인력 프레스		수동 프레스 발 프레스	나사, 편심축과 원판 레버
동력 프레스	기계 프레스	크랭크 프레스 크랭크레스 프레스 토글 프레스 캠 프레스 마찰 프레스	크랭크 편심축과 원판 크랭크와 토글 캠과 크랭크 마찰차와 나사
	액압 프레스	유압 프레스 수압 프레스	유압 수압

프레스가공에 이용되는 주대상은 판재(板材)이며 이것을 먼저 적당한 크기로 절단한 다음 구부리거나 인장하거나 또는 압축하여 제품을 만든다. 프레스가공은 대부분 냉간가공이지만 두꺼운 판은 열간가공을 할 때도 있다. 프레스가공을 표 3.23과 같이 분류할 수 있다.

표 3.23 프레스가공의 종류

가공방법	종류	
전단가공	블랭킹 펀칭 전단 분단	노칭 트리밍 세이빙 브로칭
성형가공	굽힘가공 교정가공	드로잉가공 박판성형가공
압축가공	코이닝 엠보싱	스웨이징
박판특수가공	마폼법 게린법	액압가공법

7.2 프레스의 종류

프레스의 용량은 최대 가압력(加壓力)을 톤(ton)으로 표시하며 프레스에는 다음과 같은 것이 있다.

7.2.1 인력 프레스

인력(人力) 프레스에는 그림 3.145(a), (b)의 수동 프레스와 그림 3.146과 같은 발 프레스가 있으며, 얇은 판의 펀칭(punching) 등에 주로 사용된다.

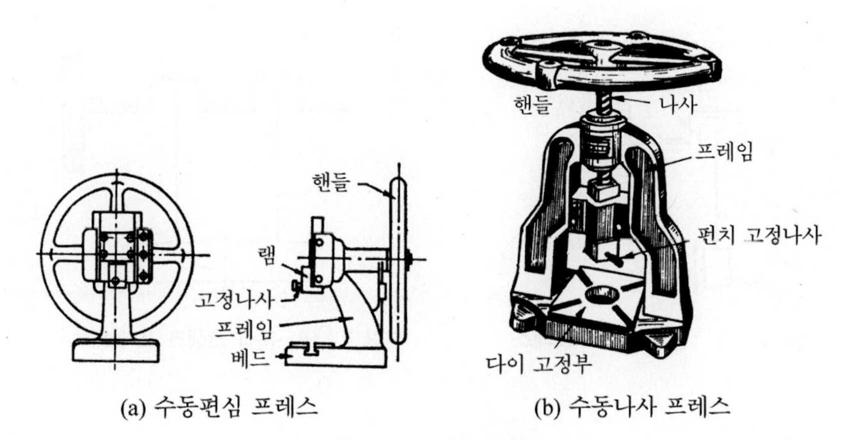

(a) 수동편심 프레스 (b) 수동나사 프레스

그림 3.145 수동 프레스

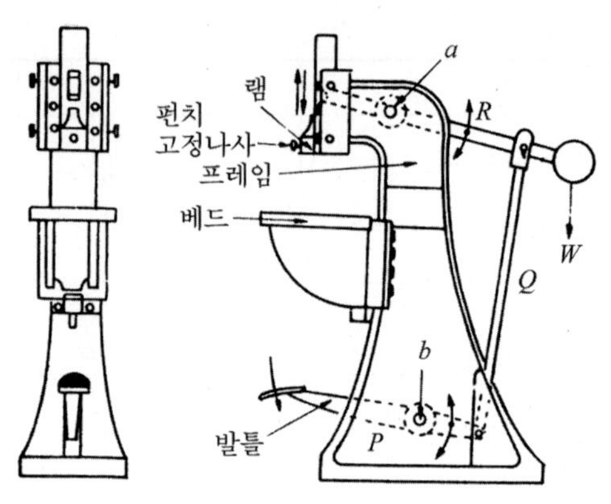

그림 3.146 발 프레스

7.2.2 동력 프레스

동력(動力) 프레스는 기계 프레스(mechnical press)와 유압 프레스(hydraulic press)가 있다.

1) 기계 프레스

(1) 크랭크 프레스

크랭크 프레스는 크랭크의 수에 따라 단식 크랭크 프레스(single crank press)와 복식 크랭크 프레스(double crank press)가 있으며, 소재압판의 유무에 따라 단동식 크랭크 프레스와 복동식 크랭크 프레스가 있다. 그림 3.147은 단식 크랭크 프레스, 그림 3.148은 복식 크랭크 프레스이고, 그림 3.149는 복동식 크랭크 프레스이다. 그리고 그림 3.150은 복동식 크랭크 프레스의 행정과 크랭크각의 관계를 나타낸 것이다.

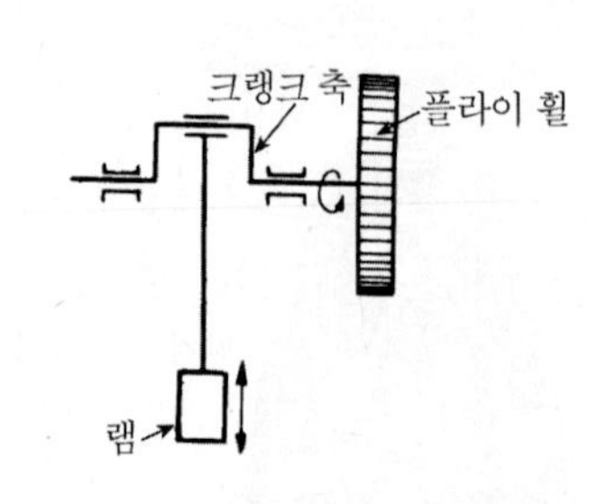

그림 3.147 단식 크랭크 프레스

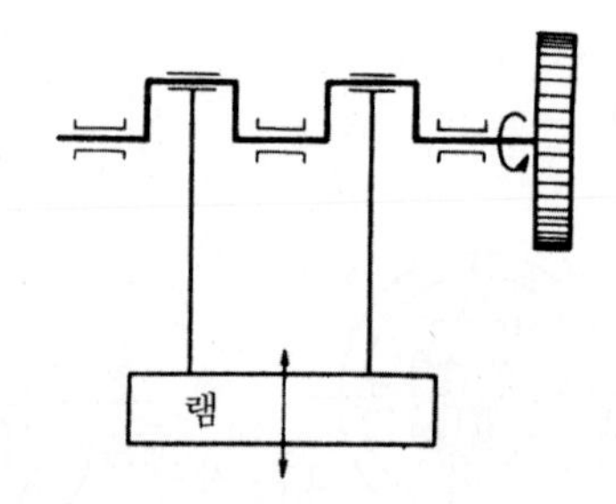

그림 3.148 복식 크랭크 프레스

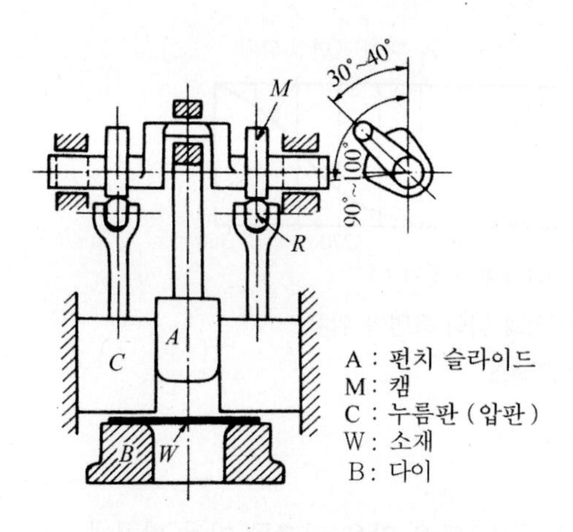

그림 3.149 복동식 크랭크 프레스

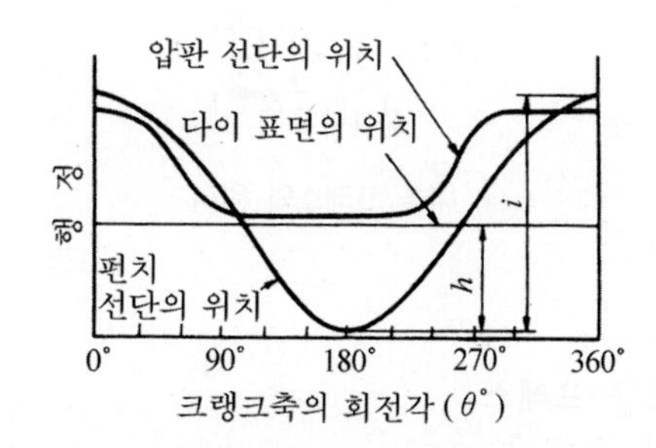

그림 3.150 복동식 크랭크 프레스의 행정과 크랭크각

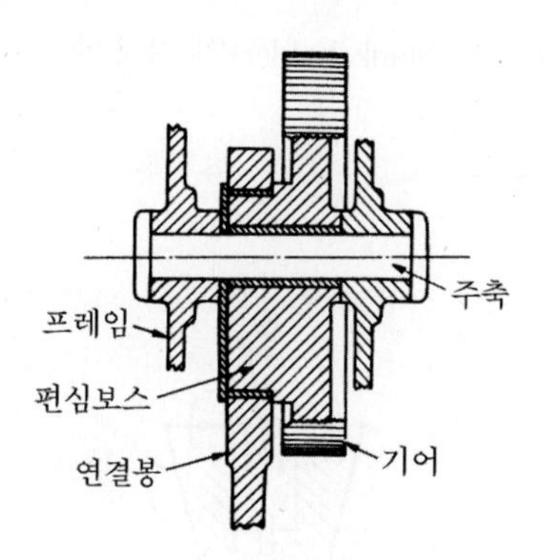

그림 3.151 크랭크레스 프레스

(2) 크랭크레스 프레스

그림 3.151과 같이 주축은 프레임(frame)에 끼워져 있고 기어에는 편심된 보스(boss)가 끼워져 있으며 동력은 기어로 전달된다. 이것을 **크랭크레스 프레스**(crankless press)라고 한다.

(3) 너클 프레스

그림 3.152(a)와 같이 플라이 휠(flywheel)의 회전운동을 크랭크 기구에 의하여 직선운동으로 바꾸고 이를 너클(knuckle) 기구를 이용하여 일정 **행정**(行程, stroke)의 직선운동을 시키는 프레스를 **너클 프레스**(knuckle press)라고 한다. 그림 (b)는 너클 프레스의 크랭크각과 다이 표면의 위치를 나타낸 것이다.

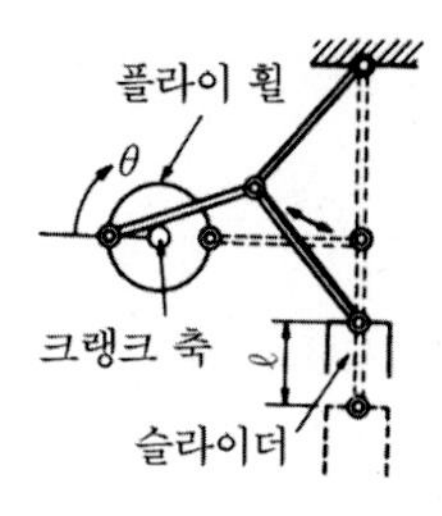

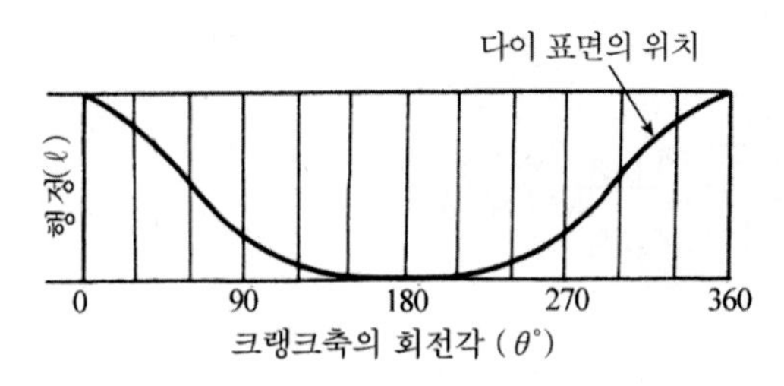

(a) 너클 프레스의 원리 (b) 크랭크각과 다이 표면의 위치

그림 3.152 **너클 프레스**

(4) 토글 프레스

토글 프레스(toggle press)는 그림 3.153과 같이 크랭크의 회전운동은 많은 링크를 거쳐 펀치에 전달하는 기구로 되어 있으며, 속도가 느리기 때문에 가공물에 대하여 순간적인 충격을 주지 않고 가공의 끝부분에서 큰 힘을 발생하고, 펀치가 블랭크 홀더(blank holder)의 작용까지 하기 때문에 블랭킹(blanking), 코이닝(coining) 및 압출가공 등에 많이 이용된다.

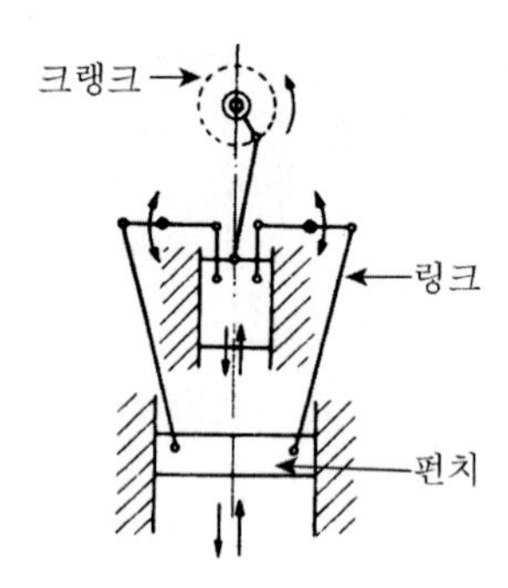

그림 3.153 **토글 프레스**

(5) 마찰 프레스

회전하는 마찰차를 좌우로 이동시켜 수평마찰차와 교대로 접촉시킴으로써 나사에 고정된 펀치 슬라이드(punch slide)를 상하운동시킨다. 슬라이드가 하강하면 플라이 휠인 마찰차의 외주에 접촉하므로 수평마찰차의 회전 속도가 커지고 슬라이드의 하강속도가 커진다.

그림 3.154는 마찰 프레스(friction press)의 예이다. 마찰 프레스는 마찰차인 플라이 휠에 저장된 에너지를 1회의 작업에 전부 소비하므로 딥드로잉(deep drawing)과 같이 행정의 중간부에서 주로 가공하고, 그 전후에서는 큰 하중이 걸리지 않는 경우에는 부적당하다. 성형, 부조(浮彫 embossing), 굽힘가공, 압인(壓印, coining) 등에 적합하다.

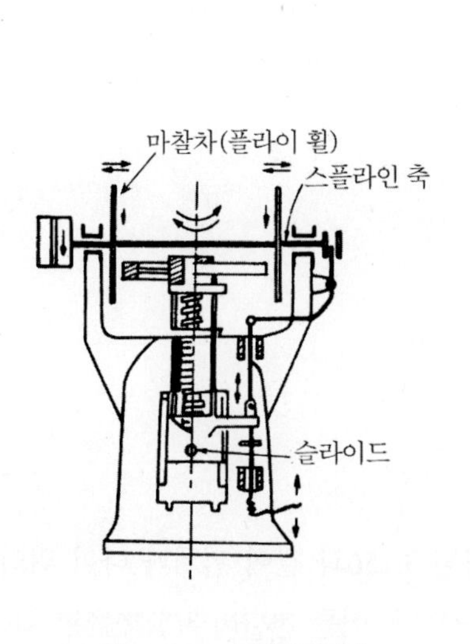

그림 3.154 마찰 프레스

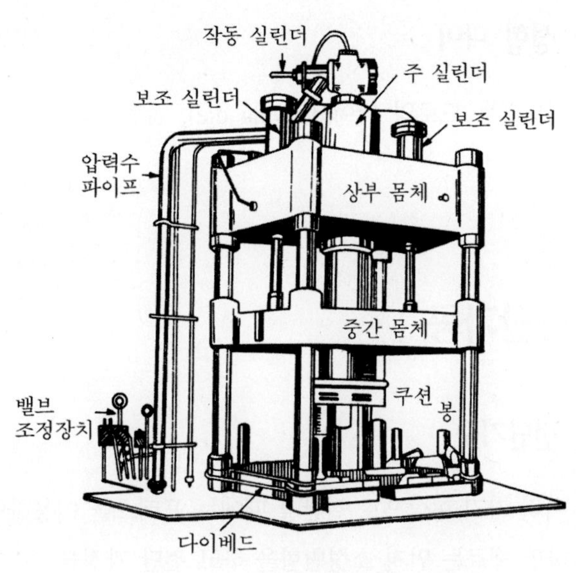

그림 3.155 수압식 복동 액압 프레스

2) 액압 프레스

액압 프레스는 액압을 이용하여 슬라이드를 운동시키는 프레스로서 유압식과 수압식이 있고 구조는 거의 같다. 행정을 임의로 조정할 수 있고 행정에 관계없이 큰 힘을 낼 수 있다. 그림 3.155는 수압식 복동 액압 프레스의 예이다.

7.3 다이와 펀치

프레스가공에서 상형을 펀치(punch), 하형을 다이(die)라 하며, 때로는 상형이 다이이고 하형이 펀치인 경우도 있다. 다이와 펀치 재료의 선택은 가공조건에 적합하도록 해야 한다. 프레스에 사용되는 다이는 다음과 같이 분류할 수 있다.

7.3.1 절단 다이

절단 다이는 타발(打拔) 다이(blanking die), 순차이송 다이(follow die) 및 복동식 다이(compound die) 등이 있다.

7.3.2 성형 다이

성형 다이에는 드로잉 다이(drawing die), 굽힘 다이(bending die) 및 스탬핑 다이(stamping die) 등이 있다.

7.4 전단가공

7.4.1 전단기구

판을 여러 가지 형상으로 절단할 때에는 프레스를 이용하여 그림 3.156과 같이 펀치가 다이 위의 재료를 가압하면 재료는 먼저 소성변형을 하고 전단 과정을 거쳐 파단된다. 이를 전단기구(剪斷機構, shearing mechanism)라 한다.

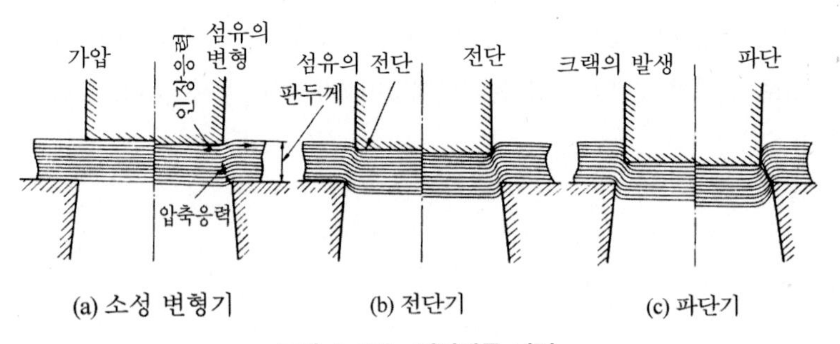

그림 3.156 전단가공 과정

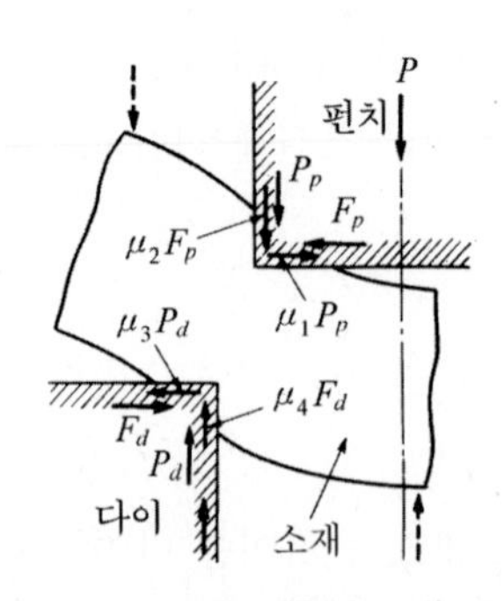

그림 3.157 공구 날끝에 작용하는 힘

즉, 그림 3.156(a)와 같이 재료 표면은 인장응력을 받고 그것은 펀치와 다이의 모서리(edge) 부분에 집중되며, 가공이 진행됨에 따라 재료의 탄성한계를 넘어 소성변형에 들어가서 재료를 압축한다. 가공이 더욱 진행되어 모서리의 압축응력이 재료의 전단저항보다 크게 되면 그림 3.156(b)와 같이 전단이 시작되고, 마침내 그림 3.156(c)와 같이 펀치 모서리와 다이 모서리의 전방에서 크랙이 발생하여 그것이 서로 이어지면 파단되는 것이다. 이때 그림 3.157과 같이 세로 및 가로 방향의 집중응력에 의한 굽힘 모멘트(bending moment)가 재료를 펀치와 다이의 측면에 밀착시킴으로써 전단면을 광택있는 깨끗한 면으로 하는, 소위 버니싱(burnishing) 작용이 이루어진다.

재료가 받는 외력은 공구날 끝부분에 집중하고 있으나, 자세히 관찰하면 펀치와 다이의 정면 및 측면에 작용하는 수직력과 마찰력의 8개의 힘이 작용하고 있다. 이들은 관통력 및 측압으로서 작용하는 이외에 재료는 굽힘을 받는다. 이들의 힘이 어느 정도 이상 커지면 재료 내의 날 끝부분부터 균열이 생긴다. 균열이 생기면 응력집중효과에 의하여 전보다 작은 힘으로 균열이 성장하고, 이 시기에 전단하중은 감소하기 시작한다. 상하 양쪽의 균열이 이어지면 절단이 끝난다. 균열의 발생방향은 대체로 상대방의 날끝 방향으로 향하며, 클리어런스의 대소에 따라서 균열의 회합이 잘 이루어지지 않는다.

7.4.2 블랭킹과 펀칭

1) 블랭킹과 펀칭

블랭킹과 펀칭은 소재에 전단응력을 발생시켜 소정의 형상과 치수로 절단하는 가공이며, 그림 3.158에 나타낸 프레스를 이용하여 가공한다. 펀치와 다이 사이에는 틈새(clearance)가 있어야 하며 펀치에 스크랩(scrap)이 끼워져 올라오지 않도록 스트리퍼(stripper)가 설치되어야 한다.

그림 3.159(a)와 같이 판재에서 필요한 형상의 제품을 잘라내는 것을 **블랭킹**(blanking)이라 하고, 역으로 그림 3.159(b)와 같이 잘라낸 쪽은 폐품이 되고 구멍이 뚫리고 남은 쪽이 제품이 되는 것이 **펀칭**(punching)

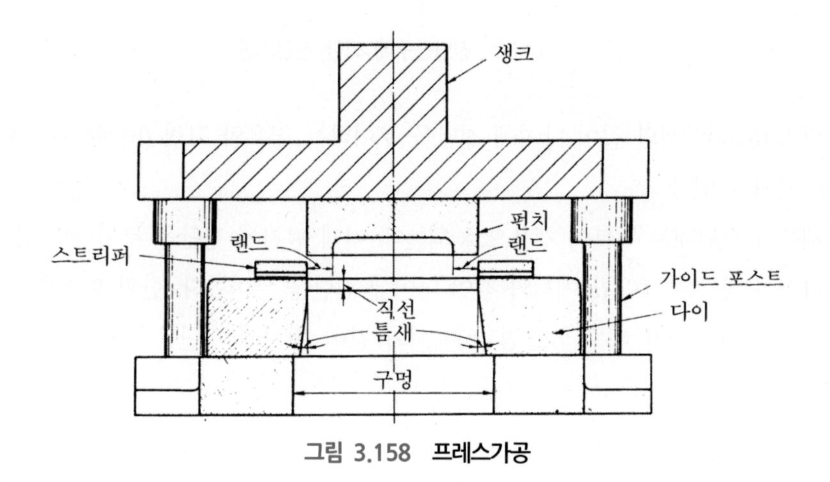

그림 3.158 프레스가공

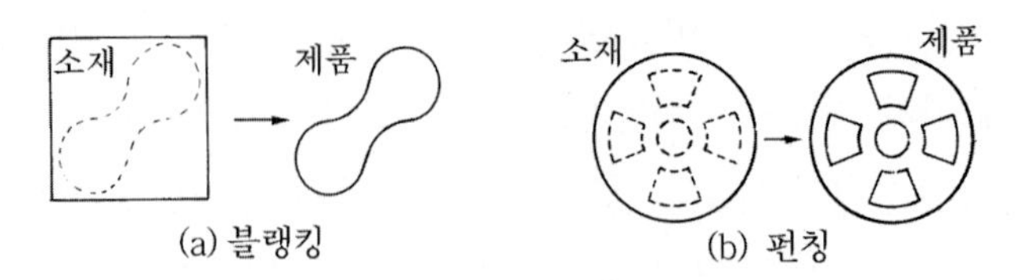

그림 3.159 블랭킹과 펀칭

이라고 한다. 어느 쪽의 경우든 펀치와 다이로 되어 있는 1쌍의 공구를 사용한다.

그림 3.159(a)의 블랭킹에서 잘라낸 제품을 블랭크(blank)라 하고, 남은 부분을 스크랩(scrap)이라 한다. 블랭킹에서는 다이를 소정치수로 하고, 펀칭에서는 펀치를 소정치수로 한다.

2) 전단각

블랭킹이나 펀칭은 그의 절단윤곽이 폐곡선인데 반하여 전단은 절단선이 재료의 끝에서 시작하여 끝에서 끝난다. 따라서 공구로서는 다이와 펀치 선단의 2매의 날(blade)이 이용되고 그중 아랫날은 고정된다. 절단길이가 클 때에는 동시 절단부를 짧게 하여 전단하중을 적게 하기 위하여 그림 3.160에서와 같이 펀치에 전단각(剪斷角, shear angle)을 부여하여 가공한다. 그림에서 K는 소재에 가해지는 힘(kg)이고 μ는 마찰계수, ω는 전단각이다.

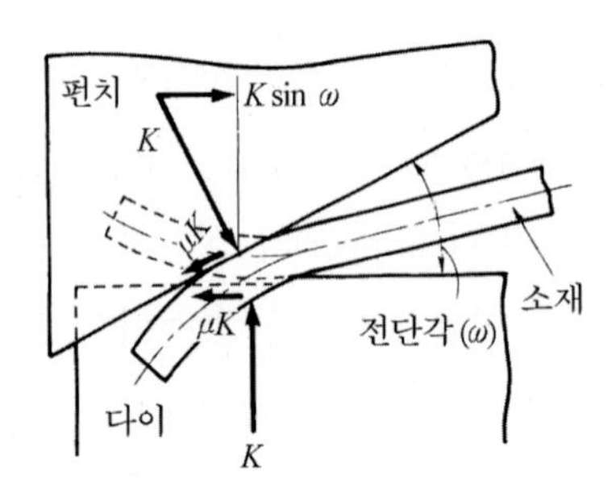

그림 3.160 전단공구에 의한 전단가공

전단각은 그림 3.161(a)에서와 같이 다이에 전단을 부여하는 경우와 그림 (b)에서와 같이 펀치에 전단을 부여하는 두 가지가 있다.

블랭킹은 소재에서 오려내는 부분이 제품으로 되는데 이때 펀치에 전단을 부여하면 평평한 제품을 얻을 수 없다. 따라서 블랭킹은 그림 (a)에서와 같이 다이에 전단을 부여한다. 한편 펀칭은 소재에서 오려내고 남은 부분이 제품으로 되기 때문에 그림 (b)에서와 같이 펀치에 전단을 부여한다.

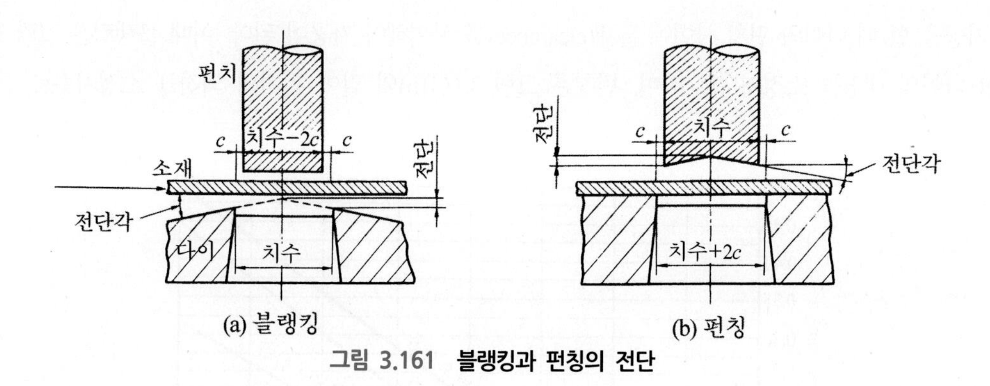

(a) 블랭킹 (b) 펀칭

그림 3.161 블랭킹과 펀칭의 전단

다이에 전단을 부여하는 것은 그림 (a)에서와 같이 다이의 평면과 수직한 면에 동시에 주기도 하지만, 전단각이 크면 다이의 모서리가 너무 예리해져서 충격력에 약하게 된다. 그래서 그림 3.162(a)에서와 같이 수직면에만 전단각(φ)을 부여하는 경우가 있다. 그림 3.162(b)와 (c)는 전단각은 부여하지 않았지만 가공된 제품을 쉽게 꺼내도록 하기 위하여 (b)의 경우 다이의 안쪽 공간을 넓게, 그리고 (c)의 경우 다이 안쪽 구멍에 **녹 아웃**(knock-out)을 설치한 예를 나타낸 것이다.

한편 펀치에 전단을 부여하는 펀칭의 경우 그림 3.163에서와 같이 펀치의 선단을 경사지게 하는 경우(그림 a)와 펀치 선단의 내부를 오목하게 파내는 것(그림 b) 등이 있다.

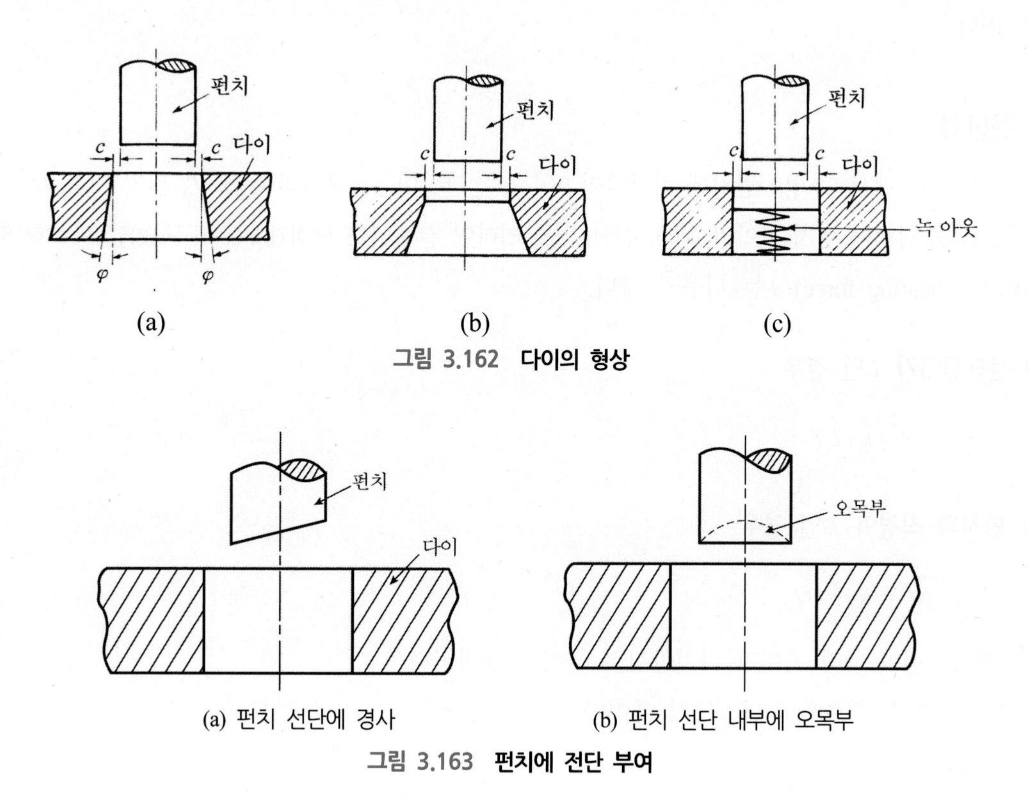

(a) (b) (c)

그림 3.162 다이의 형상

(a) 펀치 선단에 경사 (b) 펀치 선단 내부에 오목부

그림 3.163 펀치에 전단 부여

전단가공을 할 때 다이와 펀치 사이에 **틈새**(clearance)를 부여해야 가공이 된다. 이때 블랭킹은 그림 3.161(a)와 같이 다이의 내경을 소정치수로 하며, 펀칭은 그림 3.161(b)와 같이 펀치의 외경을 소정치수로 한다.

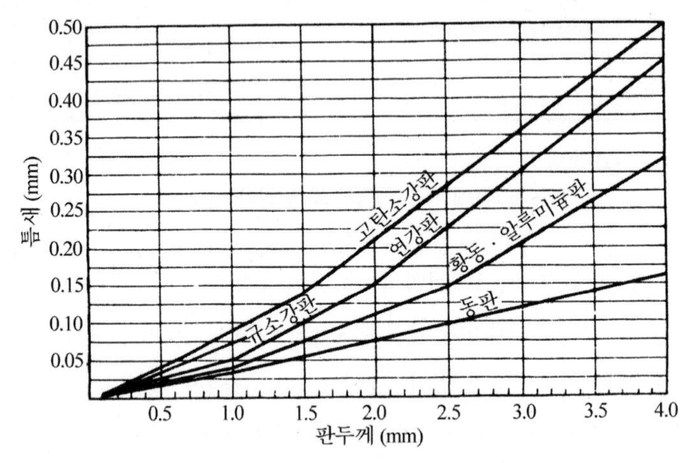

그림 3.164 판두께와 간극(틈새)

그림 3.164는 판두께에 의한 틈새의 예이다. 그림에서 알 수 있듯이 소재(판)의 두께가 두꺼울수록 틈새도 커짐을 알 수 있다. 그리고 연질재료(동, 알루미늄 등)보다 경질재료(각종 강판)의 틈새가 커야함을 알 수 있다.

3) 전단력

블랭킹과 펀칭에서 다이나 펀치에 전단각이 0이고, 전단길이 L, 판재의 두께 T, 펀치 지름 D, 소재의 전단강도를 τ, 다이와 펀치 사이의 틈새, 전단 등에 의하여 결정되는 보정계수(補正係數)를 k라 하면 **전단력**(剪斷力, shearing force) P는 다음과 같다.

(1) 전단길이가 L인 경우

$$P = k\tau LT \tag{3.72}$$

(2) 펀치의 직경이 D인 경우

$$P = k\tau\pi DT \tag{3.73}$$

k는 가공조건에 따라 차이가 나지만 1로 놓아도 무방하다.

표 3.24는 각종 재료의 전단강도의 예이다.

표 3.24 각종 재료의 전단강도

재료	전단강도(kg/mm^2)	
	연질	경질
납	2 ~ 3	—
주석	3 ~ 4	—
알루미늄	7 ~ 11	13 ~ 16
듀랄루민	22	38
아연	12	20
동	18 ~ 22	25 ~ 30
황동	22 ~ 30	35 ~ 40
청동	32 ~ 40	40 ~ 60
양은	28 ~ 36	45 ~ 56
철판	32	40
딥드로잉용 철판	30 ~ 35	—
강철판	45 ~ 50	55 ~ 60
강철 0.1% C	25	32
〃 0.2% 〃	32	40
〃 0.3% 〃	36	48
〃 0.4% 〃	45	56
〃 0.6% 〃	56	72
〃 0.8% 〃	72	90
〃 1.0% 〃	80	105
규소탄소강	45	56
스테인리스 강판	52	56
니켈	25	—

그림 3.165와 같이 펀치에 전단각 γ를 두어 판재를 전단할 때 전단력 P는 다음과 같다. 일반적으로 작용전단날의 길이 L과 가공물의 전단두께 T 사이에는 $L > T\cot\gamma$의 관계에 있으나. $L = T\cot\gamma$라 하면

$$P = k \cdot \tau \cdot \frac{T}{\tan\gamma} \cdot T = k \cdot \frac{\tau \cdot T^2}{\tan\gamma} \tag{3.74}$$

여기서 k : 보정계수이며, τ는 표 3.24의 값의 30 ~ 60% 정도이다.

블랭킹이나 펀칭에서 펀치에 발생하는 응력을 p라 하면

$$p = \frac{P}{A_p} = \frac{k \cdot \tau \cdot L \cdot T}{A_p} \quad \text{(임의의 전단)}$$

$$p = \frac{P}{A_p} = \frac{k \cdot \tau \cdot \pi \cdot D \cdot T}{A_p} = \frac{4k\tau \cdot T}{D} \quad \text{(원형 전단)} \tag{3.75}$$

여기서 A_p는 펀치의 단면적이다. 식 (3.75)에서 p를 펀치 재료의 허용응력으로 놓으면 D와 T 관계를 구할 수 있다. 펀치의 **좌굴**(座屈, buckling)을 고려하여 펀치의 최대 허용하중을 전단력 P와 같게 하면

$$P = \frac{\pi^2 EI}{l^2} = k \cdot \tau \cdot L \cdot T = k \cdot \tau \cdot \pi D \cdot T$$

에서

$$l \leqq \pi\sqrt{\frac{E \cdot I}{k \cdot \tau \cdot L \cdot T}} \text{ (임의의 전단)}$$

$$l \leqq \pi\sqrt{\frac{E \cdot \frac{\pi D^4}{64}}{k \cdot \tau \cdot \pi D \cdot T}} = \pi\sqrt{\frac{ED^3}{64k \cdot \tau \cdot T}} \text{ (원형 전단)} \tag{3.76}$$

이다.

이상에서 펀치의 강도가 충분하고 좌굴의 염려가 있을 때에는 펀치를 보강하여 사용할 수도 있다.

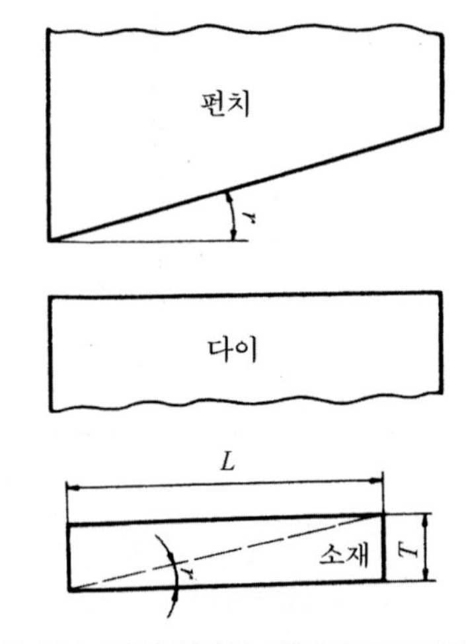

그림 3.165 판재 전단의 예(펀치에 전단각 부여)

예제 3.7

전단저항 $\tau = 32\,\text{kg/mm}^2$이고, 두께 $T = 10\,\text{mm}$인 강판에 직경 $D = 20\,\text{mm}$의 구멍을 $v = 6\,\text{m/min}$의 평균속도로 구멍을 뚫을 때 전단력 P와 소요동력 N을 계산하여라. 단 기계효율 $\eta = 50\%$이고 보정계수 $k = 1$로 한다.

풀이 전단력 $P = \tau \cdot \pi D \cdot T = 32 \times \pi \times 20 \times 10 = 20{,}096\,\text{kg}$

동력 $N = \dfrac{P \cdot v}{75 \times 60 \times \eta} = \dfrac{20096 \times 6}{75 \times 60 \times 0.5} = 53.6\text{HP}$

7.4.3 전단

프레스가공용 소재를 그림 3.166에서와 같이 직선으로 자르거나 또는 원형이나 이형의 소재로 잘라내는 것을 전단(剪斷, shearing) 또는 재단(裁斷)이라 하며, 대개 펀치에 전단을 둔다. 이는 절단 분리되는 부분이 전단각에 의하여 굽어지기 때문이다.

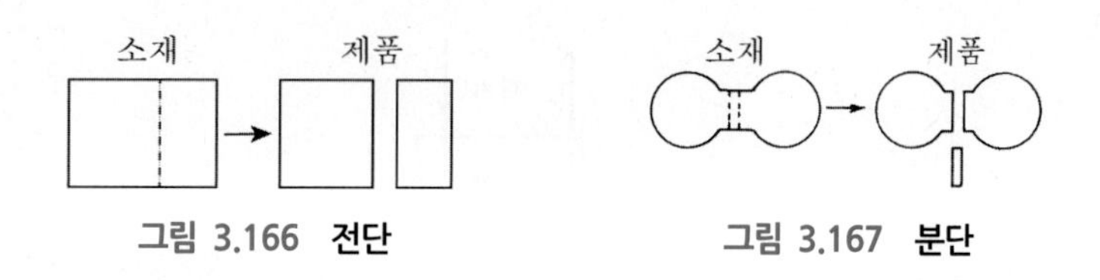

그림 3.166 전단　　그림 3.167 분단

7.4.4 분단

분단(分斷, parting)은 그림 3.167과 같이 제품을 분리하는 가공이며 전단에 의한 것과 칩을 발생시키는 절단이 있다. 제품에 굽힘이 생기므로 다이나 펀치에 전단을 둘 수 없고, 변형과 튀어오름을 방지하기 위하여 강력한 홀더를 설치해야 하며, 분단은 2차 가공에 속한다.

7.4.5 노칭 또는 슬로팅

전단은 한쪽 끝에서 다른쪽 끝까지 완전히 절단 분리되나 **노칭**(notching)은 한쪽 끝에서 시작하여 같은 쪽으로 개방되는 **윤곽절단**(輪廓切斷)을 말한다. 노칭은 그림 3.168에서와 같이 U형이나 V형 노치를 만드는 것을 말하며 그림 3.169는 **슬로팅**(slotting)을 나타낸 것이다.

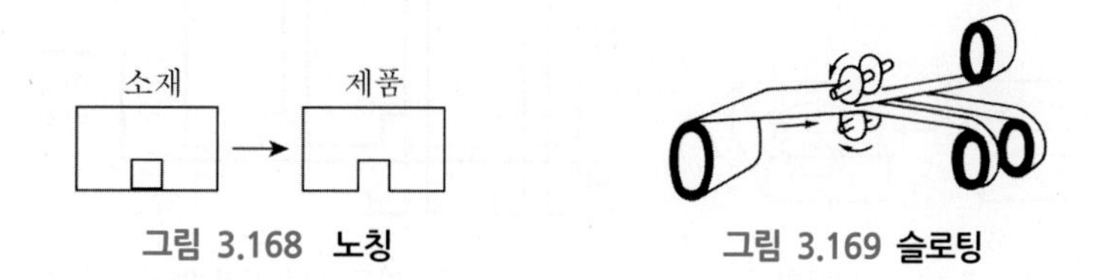

그림 3.168 노칭　　그림 3.169 슬로팅

7.4.6 트리밍

그림 3.170에서와 같이 펀치와 다이로써 인발 제품의 플랜지(flange)를 소요의 형상과 치수로 잘라내는 것을 **트리밍**(trimming)이라 하며, 2차 가공에 속한다.

7.4.7 셰이빙가공

절단면을 양호하게 하기 위하여 절단된 면을 다시 전단하는 것을 **셰이빙가공**(shaving)이라 한다(그림 3.171). 펀치와 다이의 틈새는 2/100 mm 정도이며, 판두께의 수% 정도를 깎아내는 일종의 절삭가공이다. 그림 3.172는 셰이빙가공한 제품의 예를 나타낸 것이다.

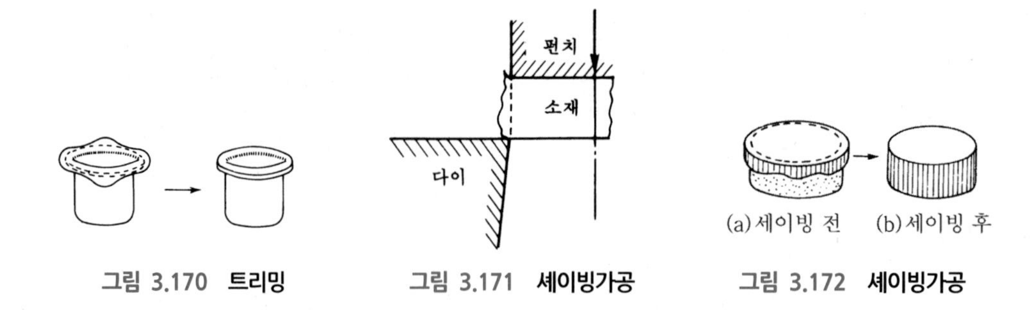

그림 3.170 트리밍　　그림 3.171 셰이빙가공　　그림 3.172 셰이빙가공

7.4.8 브로칭

브로칭(broaching)은 절삭가공에서의 브로치(broach)를 프레스가공의 다이와 펀치에 응용한 것이라 볼 수 있으며, 구멍의 확대 다듬질이나 홈가공은 펀치를 브로치로 하고, 외형의 다듬질에는 다이를 브로치로 한다.

그림 3.173에 브로칭에 의한 제품가공 예를 나타내었다.

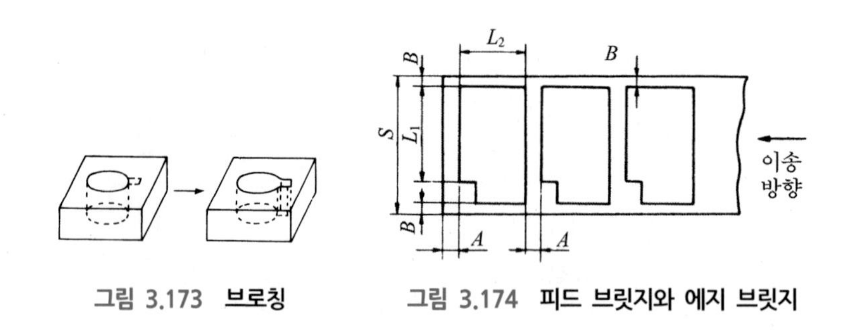

그림 3.173 브로칭　　그림 3.174 피드 브릿지와 에지 브릿지

7.4.9 브릿지

소재의 이용률을 높이기 위해서는 블랭크의 외형 간격이나 블랭크 간의 간격을 작게 하는 것이 좋다. 이때의 간격을 브릿지(bridge)라고 하는데, 그림 3.174에서와 같이 블랭크 간의 간격(그림에서 A)을 피드 브릿지(feed bridge), 블랭크와 가장자리의 간격(그림에서 B)을 에지 브릿지(edge bridge)라 한다. 브릿지가 너무 작으면 가공할 때 소재의 추력에 의하여 다이와 펀치 사이에 소재단이 끌려 들어가게 되어 하중이 크게 되고, 불량제품이 되는 수가 있으므로 최소의 여유 치수를 두어야 한다. 표 3.25는 브릿지의 최소 치수 예이다.

표 3.25 브릿지의 최소 치수(mm)

재료	길이 / 판두께 t	피드 비릿지(A)			에지 브릿지(B)
		50 미만	50이상 100미만	100 이상	
일반금속	0.5 미만 0.5 이상	0.7 $0.4+0.6t$	1.0 $0.65+0.7t$	1.2 $0.8+0.8t$	1.2A
규소강	0.3 미만 0.3 이상	1.2 $0.9+t$	1.4 $1.1+t$	1.6 $1.3+t$	1.2A
페놀 수지 운모	0.5 미만 0.5 이상	1.2 $0.8+0.8t$	1.4 $0.9+t$	1.6 $1+1.2t$	1.5A
파이버 셀룰로이드	0.5 미만 0.5 이상	1.0 $0.65+0.7t$	1.2 $0.8+0.8t$	1.4 $0.9+t$	1.5A

7.4.10 정밀 블랭킹

절단면을 좋게 하는 다른 방법은 정수압력을 날끝 가까이에 발생시켜 균열의 발생을 적극적으로 억제하여 소성변형을 길게 지속시키도록 하는 것이다. 그림 3.175에 표시하는 **정밀블랭킹**(fine blanking) 가공은 다이와 누르기링, 펀치와 대향판누르기(펀치) 사이에 판재를 끼우고 전단하여 절단면의 가공도 뿐만 아니라 치수 정도가 좋은 정밀한 제품을 얻는 가공법이다. 그림 3.176에 정밀 블랭킹용 다이를 나타내었으며 누르기링의 3각형돌기가 정수압 발생에 주요 역할을 한다.

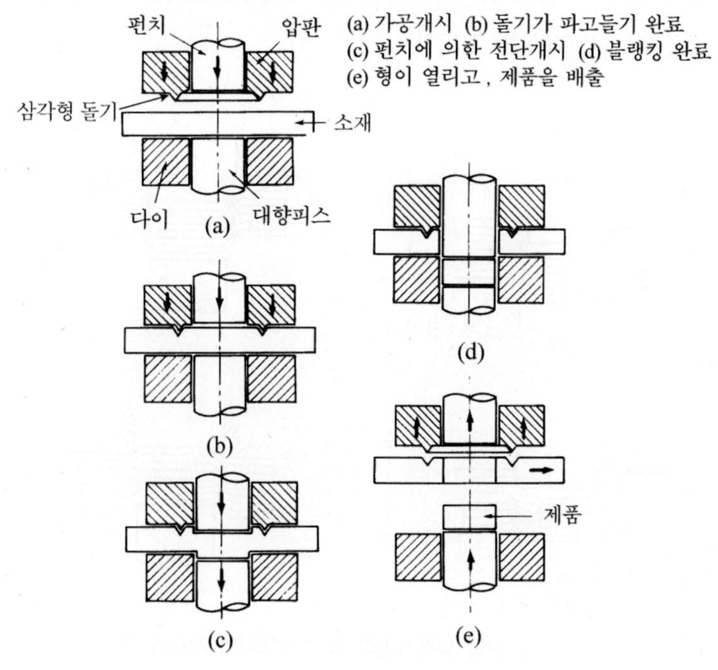

그림 3.175 정밀 블랭킹가공법의 가공공정

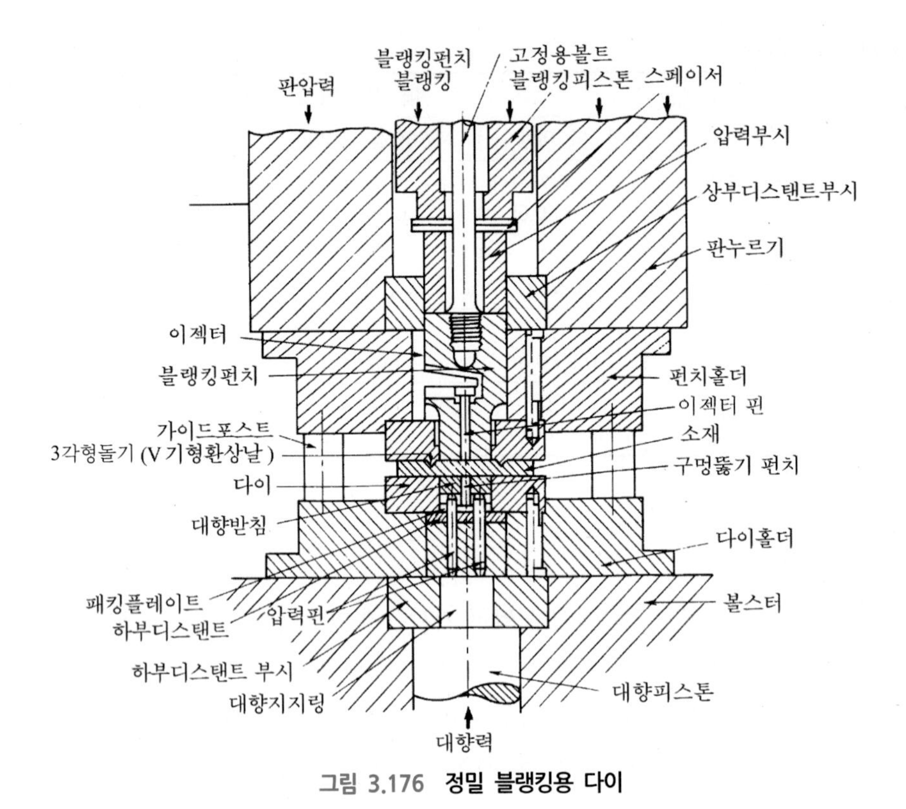

그림 3.176 정밀 블랭킹용 다이

이밖에 모서리반지름이 있는 다이를 이용하는 다듬질 블랭킹법(finish blanking)과 제품의 버(burr)를 제거할 수 있는 상하블랭킹법도 있다(그림 3.177).

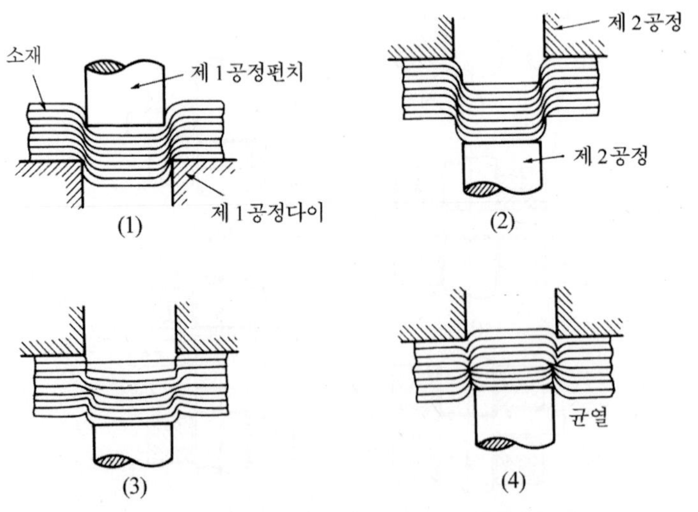

그림 3.177 상하 블랭킹법의 각 과정에서의 재료의 변형

7.5 성형가공

7.5.1 굽힘가공

1) 굽힘가공의 개요

단면이 균일한 재료에 굽힘 모멘트를 가해서 **굽힘가공**(bending)을 행할 때 그림 3.178에서와 같이 외측은 인장응력(引張應力)이 발생하여 늘어나고 내측은 압축응력(壓縮應力)이 생겨 수축된다. 소재의 중앙부근에서 신축(伸縮)이 생기지 않는, 즉 응력이 생기지 않는 면이 있는데 이것을 **중립면**(中立面, neutral plane)이라 한다. 중립면의 외측에서는 재료가 얇아지고 내측에서는 두껍게 되어 단면의 형상이 차츰 변하는 동시에 단면적도 변하여 중립면의 위치도 차츰 변하여 가는 것이다. 굽힘가공을 끝낸 제품을 보면 판의 경우 중립면은 내측으로 치우치게 된다.

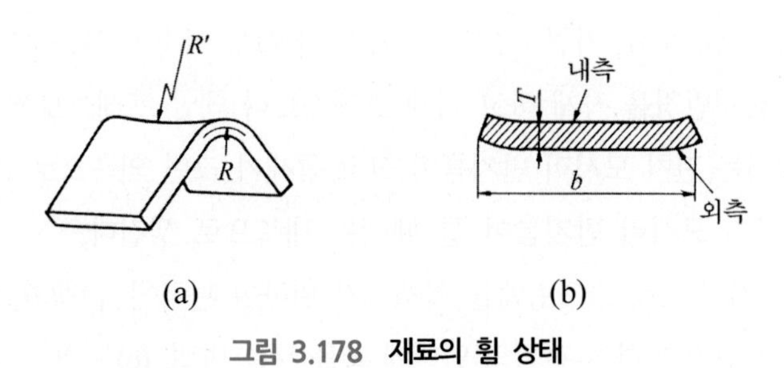

그림 3.178 재료의 휨 상태

그림 3.178에서 굽어진 부분의 굽힘반경(곡률반경)을 R, 굽힘폭을 b, 재료의 두께를 T라 하면 R이 작거나 $b < (5 \sim 6)\ T$일 경우에는 폭 전체에 휨이 생기고, R이 크거나 굽힘폭 b가 클 때에는 양단의 일부만 휘게 된다.

V굽힘과 같이 예리한 굽힘에서는 굽힘을 받지 않는 평면부가 축방향의 변형을 강하게 구속하기 때문에 폭의 변형은 거의 없다.

굽힘가공은 굽어지는 형상에 따라서 L굽힘, V굽힘 및 U굽힘 등이 있다.

2) 스프링백

소재에 외력을 가했다가 제거시키면 본래대로 돌아가려는 현상을 **스프링백**(springback)이라 한다. 그림 3.179는 L굽힘에서 스프링백에 의한 변형을 나타내었는데, 스프링백이 일어나면 굽힘각도는 α_1에서 α_2로 작아지고 굽힘반경은 R_1에서 R_2로 커짐을 알 수 있다.

그림 3.180의 점선은 가공 후의 스프링백을 표시한 것이며, V굽힘에서 스프링백은 항상 외측으로 벌어

지는 쪽이지만 U굽힘에서는 가공조건에 따라 외측 또는 내측으로 된다.

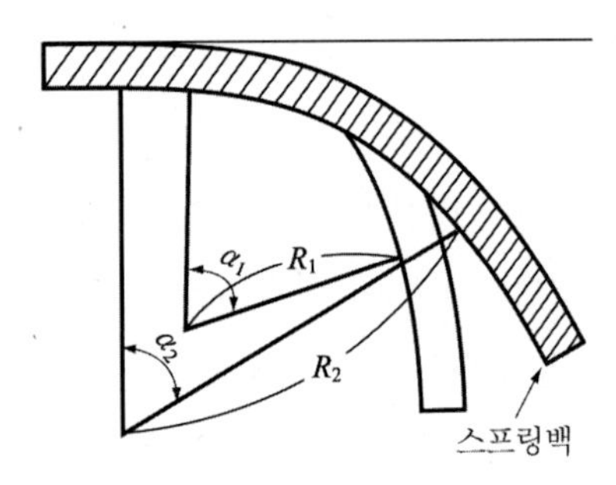

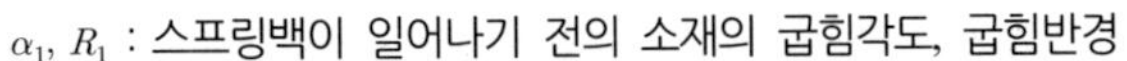
α_1, R_1 : 스프링백이 일어나기 전의 소재의 굽힘각도, 굽힘반경

α_2, R_2 : 스프링백이 일어난 뒤의 소재의 굽힘각도, 굽힘반경

그림 3.179 스프링백에 의한 소재의 변형

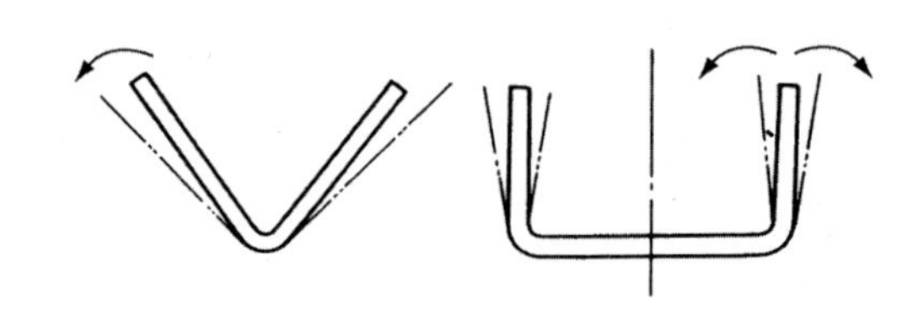
그림 3.180 V굽힘, U굽힘의 스프링백

스프링백의 양은 판의 재질, 두께, 가공조건 등에 따라 다르며, 이것이 작을수록 정밀한 제품이 얻어진다. 이것을 작게 하려면 굽힘반경을 작게 하고 기계 프레스보다 액압 프레스로써 긴 시간 가압하는 것이 유리하다. 특히 U굽힘에서는 펀치 모서리 반지름이 크고 틈새가 크면 외측으로 스프링백이 생기며, 펀치 모서리 반지름이 작고 다이 모서리 반지름이 클 때에는 내측으로 생긴다.

그림 3.181(a)에서는 펀치의 외측 스프링백을 억제하기 위하여 펀치에 구배(θ)를 두는 방법이고, (b)는 펀치 외측 스프링백을 억제하기 위하여 펀치의 밑면에 홈을 두는 방법, (c)는 펀치 외측 스프링백을 억제하기 위하여 밑면의 소재가 위로 올라오도록 하는 방법, (d)는 내측 스프링백을 억제하기 위하여 다이 측면에 구배를 두는 방법, (e)는 내측 스프링백을 억제하기 위하여 펀치 아랫면을 가압하는 방법이다.

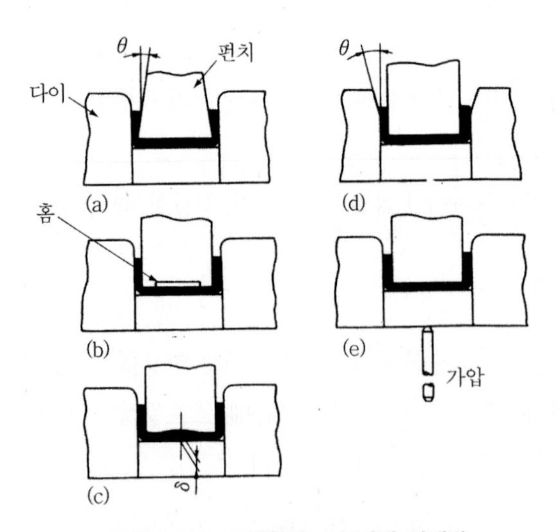

그림 3.181 U굽힘의 스프링백 억제법

3) 굽힘가공에서의 역학

(1) 규정치수로 굽히는데 필요한 판의 길이

판이 예리하게 굽혀지면 중립면이 내측으로 옮겨지고 판이 얇아지며, 판길이는 중립면이 중앙에 있다고 가정하고 계산한 경우보다 작아도 된다. 실제의 굽힘부는 그림 3.182(a)와 같이 되지만 (b)와 같이 생각하여 치수 계산을 한다. 쇄선이 중립면의 위치이다. R을 굽힘부의 내측반경, d를 재료의 내측에서 중립면까지의 거리, t_0를 판두께라고 한다면 (b)와 같은 굽은 판의 길이 L은

$$L = L_1 + L_2 + (R + d)\frac{\pi \cdot \alpha}{180} \tag{3.77}$$

$\frac{d}{t_0}$는 $\frac{R}{t_0}$의 함수이며 굽힘가공방법 및 판에 가해지는 인장력과 압축력의 정도에 따라 변한다. $\frac{R}{t_0} > 6$이면 $\frac{d}{t_0} = \frac{1}{2}$, $\frac{R}{t_0} \leqq 5$이면 $\frac{d}{t_0} = 0.4$가 되어 $\frac{d}{t_0}$값은 $\frac{1}{3} \sim \frac{1}{2}$ 사이에 있다.

연질재료에서 $\frac{d}{t_0}$ 값은 더 작아진다.

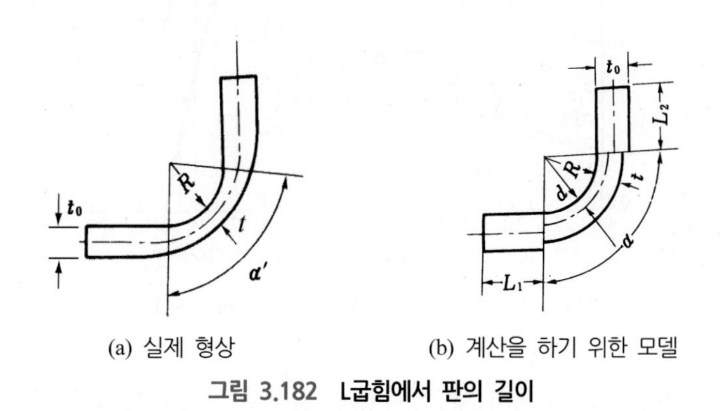

(a) 실제 형상 (b) 계산을 하기 위한 모델

그림 3.182 L굽힘에서 판의 길이

(2) 스프링백 계수

굽힘하중을 제거하고 난 뒤의 스프링백은 가공조건에 의해 영향을 받는다. 일반적으로 탄성한도가 높고 강한 재료일수록 스프링백의 양이 크다. 또 굽힘각 α(도) 및 $\frac{R}{t_0}$이 클수록 커진다. 실제 작업을 할 때에는 스프링백 양을 고려하여 형을 만들어 과다하게 굽히든가, 또는 굽힘부를 최종적으로 옆으로부터 강압(setting)하여 스프링백 양을 적게 하고 있다. 스프링백 양은 L굽힘(90°의 굽힘각도)에 대해서 연강의 0.5°부터 스프링강의 15° 정도까지 있다.

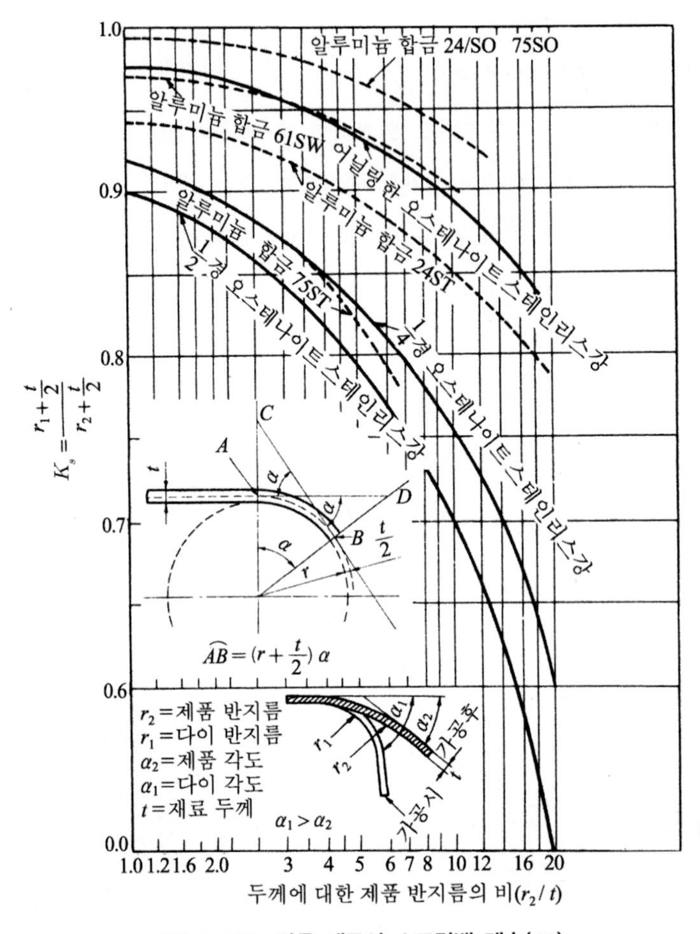

그림 3.183 각종 재료의 스프링백 계수(K_s)

스프링백에 영향을 미치는 인자(소재의 재질, 두께, 굽힘각도 및 굽힘반경 등)를 스프링백 계수(K_s)라 하며, 이를 다음 식과 같이 나타낼 수 있다.

$$\alpha_1\left(r_1 + \frac{t}{2}\right) = \alpha_2\left(r_2 + \frac{t}{2}\right)$$

$$K_s = \frac{\alpha_2}{\alpha_1} = \frac{r_1 + \frac{t}{2}}{r_2 + \frac{t}{2}} \tag{3.78}$$

그림 3.183은 각종 재료의 스프링백 계수에 대하여 나타내었는데 두께에 대한 제품 반지름의 비가 클수록 그리고 경질재료일수록 스프링백이 크게 일어남(K_s가 작아짐)을 알 수 있다.

(3) 최소 굽힘 반경

소재를 예리하게 굽히면 최외층의 늘어남은 매우 커지며 균열이 생긴다. 즉, 굽힘에 의한 균열파괴는 인장측의 최대 스트레인이 그 재료의 인장시험 시의 파단 스트레인 ϵ_f와 같아질 때 발생한다고 해도 좋다. 최외층의 스트레인 $\epsilon_{\max} = \dfrac{t-d}{R+d}$이다.

그림 3.182에서 연질재료$(R/t_o \le 5)$의 경우

$$d \fallingdotseq 0.4t_0$$

라고 하면 $t \fallingdotseq t_0$

$$R = \frac{t_0}{5}\left(\frac{3}{\epsilon_{\max}} - 2\right) \tag{3.79}$$

이다. 이 식의 $\epsilon_{\max}$를 재료의 ϵ_f에 같게 놓으면 **최소 굽힘 반경**$(R_{\min})$을 구할 수 있게 된다.

$\dfrac{R_{\min}}{t_0}$의 값은 극연강에서는 0.5, 탄소강에서는 3.0, 알루미늄합금에서는 2.0~3.0 정도이다.

(4) 굽힘에 필요한 힘

소요압력은 재질, 제품의 형상, 가공법에 의해 결정되며 굽힘모멘트로부터 구해진다. 판을 단순히 굽힐 때의 힘은 다음 식으로 계산한다.

V형 다이[그림 3.184(a)]의 경우

$$P_1 = 1.33 \times \frac{bt^2}{L}\sigma_u \tag{3.80}$$

P_1은 펀치에 가해지는 굽힘력, b는 판폭, t는 판두께, L은 다이의 홈폭, 즉 스판, σ_u는 판의 인장강도이다. 일반적으로 $L = 8t$이다.

U형 굽힘[그림 3.184(b)]의 경우

$$P_2 = 0.67bt\sigma_u\left(1 + \frac{t}{L}\right) \tag{3.81}$$

$$P_3 = 0.67\frac{bt^2}{L}\sigma_u \tag{3.82}$$

단 P_3는 밑면의 압력(pad pressure)이며 굽힘가공 중 밑면을 편평하게 유지하기 위한 것이다.

V형 다이의 경우 스프링백을 막기 위한 최종 강압력을 P_4라 하면

$$P_4 = wb\sigma_1 \tag{3.83}$$

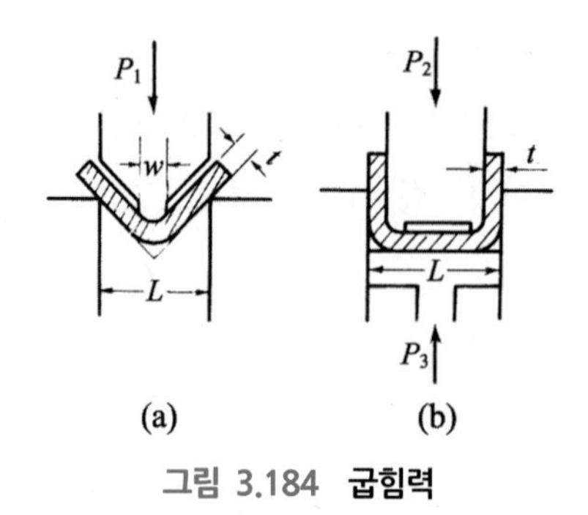

그림 3.184 **굽힘력**

단 w는 그림에서와 같이 굽힘부의 투영폭이며, σ_1은 비강압력이다. σ_1은 연강에서 35 ~ 70 kg/mm^{2}이다.

4) 굽힘가공 방법

굽힘가공에는 냉간가공과 열간가공이 있으며 두꺼운 재료나 형재의 굽힘은 보통 후자이다. 가공방법으로서는 대체로 그림 3.185에 나타낸 것과 같은 세 가지가 있다. 즉, 폴더(folder or rotary machine)에 의한 굽힘가공과 프레스에 의한 굽힘가공 및 롤을 이용하는 굽힘가공이다.

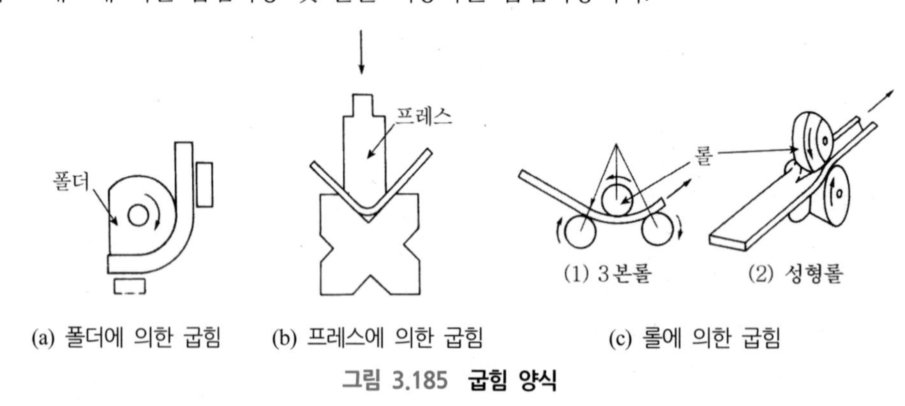

그림 3.185 **굽힘 양식**

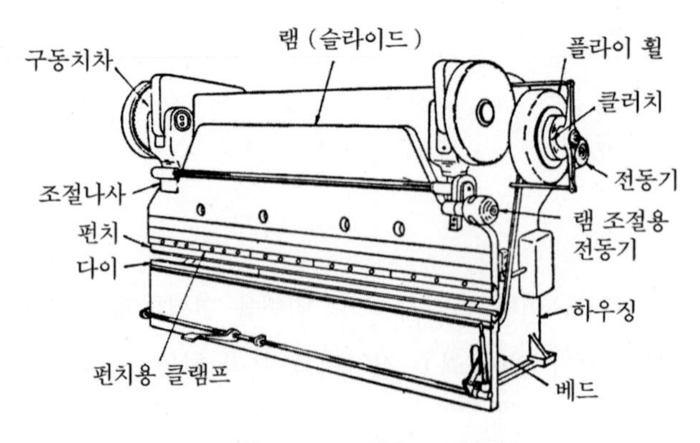

그림 3.186 **프레스 브레이크**

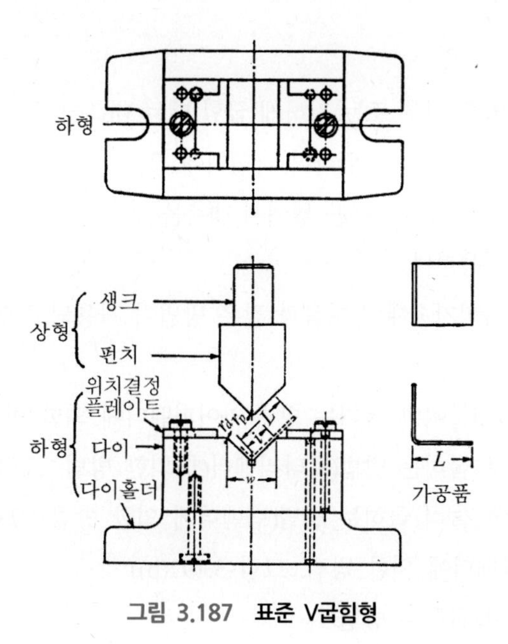

그림 3.187 표준 V굽힘형

프레스에 의한 굽힘가공은 그림 3.186에 나타낸 프레스 브레이크(press brake) 등의 프레스를 사용한다. 그리고 그림 3.187에 표준 V굽힘형을, 그림 3.188에 프레스 브레이크에 사용되는 각종 굽힘형을 나타내었다. 롤 이용 시는 그림 3.185(c)−(1)과 같은 굽힘롤(bending roll)에 의한다든가 또는 (c)−(2)와 같은 롤 성형기(roll-forming machine)를 이용한다.

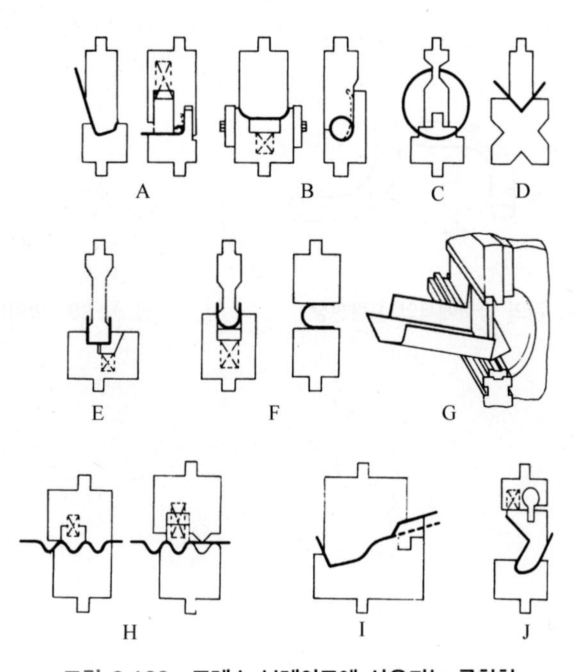

그림 3.188 프레스 브레이크에 사용되는 굽힘형

5) 관의 굽힘가공

관의 굽힘가공 시, 두께가 얇은 경우 또는 강하게 굽힐 때는 내측에 주름이 생기든지 국부적으로 찌그러지기 쉽다(그림 3.189). 이것을 피하기 위하여 굽힘형에 홈을 파서 관과의 접촉을 많게 하여 외측을 구속하든가(그림 3.190) 또는 내측에 충전물을 넣어서 내측을 구속한다. 충전물로는 모래, 납 및 코일스프링, 볼체인(ball chain) 등을 이용한다.

이와 같은 관이나 형재의 굽힘가공에는 다음과 같은 방법이 사용되고 있으며, 대개의 경우 냉간에서 행한다.

(1) 고정된 형의 주위에 밀어붙이며 굽히는 방법(와이퍼벤더에 의한 방법. 그림 3.190)
(2) 형을 회전시키며 차례로 굽히는 방법(로타리벤더에 의한 방법. 그림 3.191)
(3) 양단을 지지하고 중앙을 눌러 굽히는 방법(램벤더에 의한 방법. 그림 3.192(a))
(4) 굽힘롤에 의한 방법(롤벤더에 의한 방법. 그림 3.192(b))
(5) 프레스형 속에 밀어넣어 굽히는 방법

그림 3.192(c)는 볼체인을 사용한 것이다.

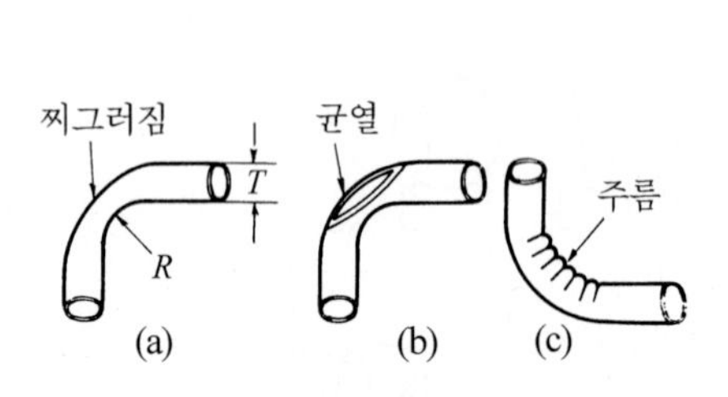

그림 3.189 관의 굽힘에서의 불량현상

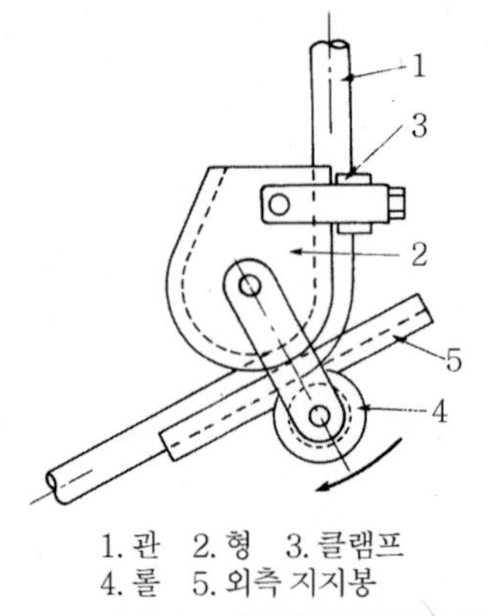

그림 3.190 와이퍼벤더에 의한 방법

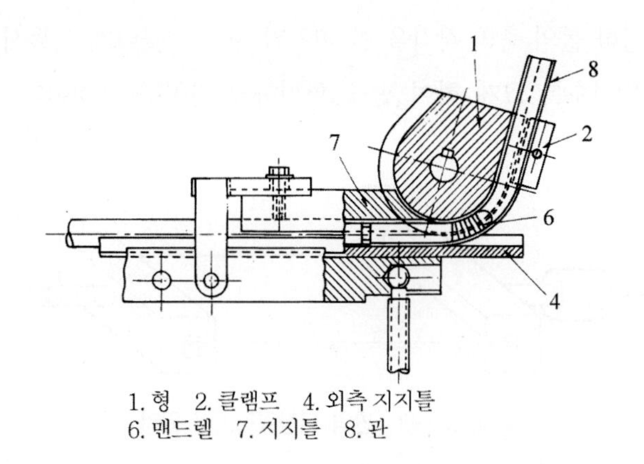

그림 3.191 회전하는 형(로타리 벤더)에 의한 관의 굽힘

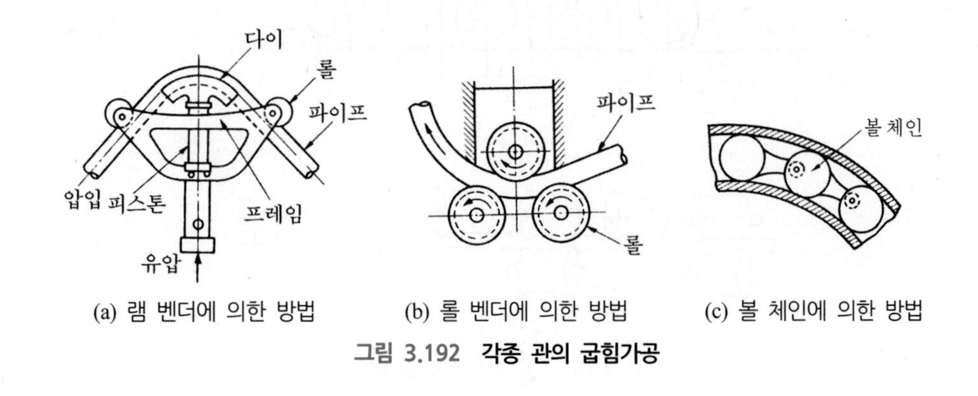

(a) 램 벤더에 의한 방법 (b) 롤 벤더에 의한 방법 (c) 볼 체인에 의한 방법

그림 3.192 각종 관의 굽힘가공

7.5.2 교정작업

압연가공, 인발가공, 압출가공 등에 의한 제품은 스트레인이 다소 존재하여 굽혀지거나, 비틀어지거나 하는 일이 많다. 이것을 평면 또는 직선으로 정직(整直)하는 것이 **교정작업**(矯正作業, flattening and straightening leveling)이다. 이것에는 대체로 4가지의 방법이 채용되고 있다.

즉, 역굽힘법, 인장법(引張法, tretching process), 롤러교정법(roller leveling process)과 국부가열법(局部加熱法)이다. 제 1의 방법은 긴 물건에 이용되고, 제 4의 방법은 판재의 중앙에 늘어진 부분을 가열해서 평탄하게 한 다음 냉각할 때에 인장하는 방법이다. 일반적으로는 제 2의 방법과 제 3의 방법이 많이 사용되며, 제 2의 방법은 우수하나 작업이 느리고 재료손실이 많으며 가격이 비싼 결점이 있다. 인장법은 그림 3.193과 같이 인장정직기(引張整直機, strectcher)로 단면 전체에 한결같이 항복점 이상으로 인장하중을 걸어, 0.5 ~ 수%의 소성 스트레인을 준 다음 인장력을 제거하여 교정하는 방법이며, 이렇게 하면 재료 내의 잔류응력은 크게 감소된다. 이 방법은 롤러정직기에 의한 방법보다도 고정도의 평탄한 판을 얻게 된다. 롤 교정기(roller leveler, straightening roll)는 작업이 신속하여 가장 널리 이용되고 있다. 이 방법은 그림

3.194에서와 같이 동형의 상하 롤의 축의 각각을 반 피치씩 서로 어긋나게 이동시켜 배치하고, 상하 롤간의 간격은 출구 쪽으로 가까워질수록 크게 하여 판을 평평하게 가공하는 것이다.

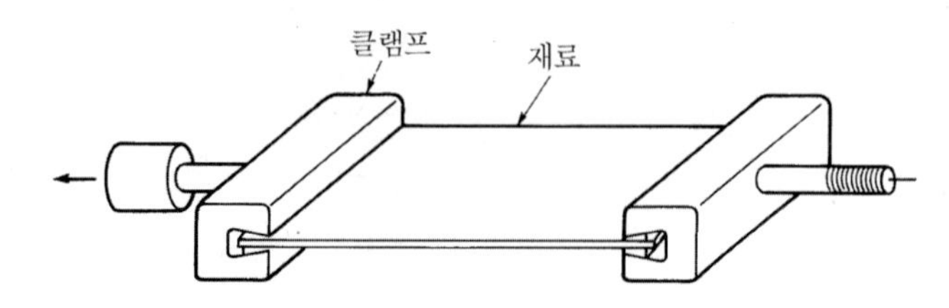

그림 3.193 판의 인장정직기의 원리

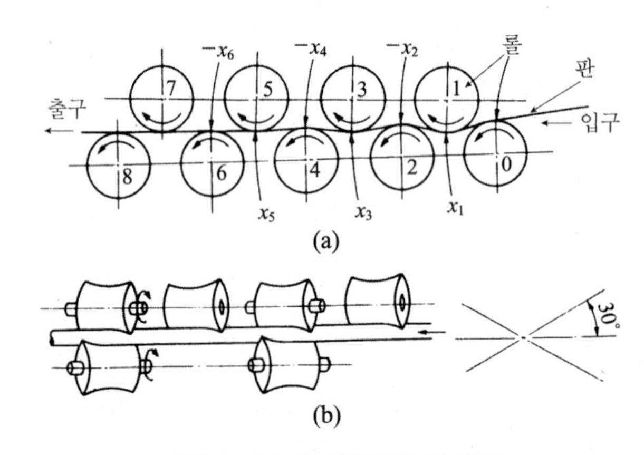

그림 3.194 롤 교정기의 롤 배치

7.5.3 드로잉가공

판금가공에서 평면 블랭크(blank)를 프레스를 이용하여 밑바닥이 붙어있는 원통형, 각통형, 반구형 등의 제품을 가공하는 작업을 **드로잉가공**(drawing) 또는 오무리기 가공이라고 한다. 이 방법의 특징은 원통형 제품의 경우 소재의 반경방향으로는 외력이 작용하여 인장응력이 발생하고 원주방향으로는 압축응력이 발생한다는 것이다. 그리고 제품의 길이가 직경에 비하여 큰 것을 가공할 때 이를 **딥드로잉**(deep drawing)이라 한다.

1) 드로잉 기구

그림 3.195와 같은 원형 드로잉, 즉 원판으로부터 원통형 용기를 만드는 경우를 생각한다.

d_d의 공경(孔径)을 가지는 다이 위에 두께 t_0, 바깥지름 D_0의 소재판을 놓고, d_p의 바깥지름을 가진 펀치로 위로부터 밀어 누르면 펀치의 작용으로 원판은 내측으로 오므러듦과 동시에 다이구멍 속으로 부풀어 나와 원통형의 벽이 이루어진다. 다이 상면에서의 오무러드는 상태는 바깥지름 D_0가 D_1, …과 같이 차츰

작아지고, 동시에 반지름방향으로 늘어나면서 변형하여 다이 상부의 r_d에 달하면 굽힘을 받고 방향을 바꾼 뒤, 그 후로는 펀치에 의한 인장력만을 받는다. 오무리기부에서는 반지름방향으로 인장과 원주방향으로 압축을 받게 된다.

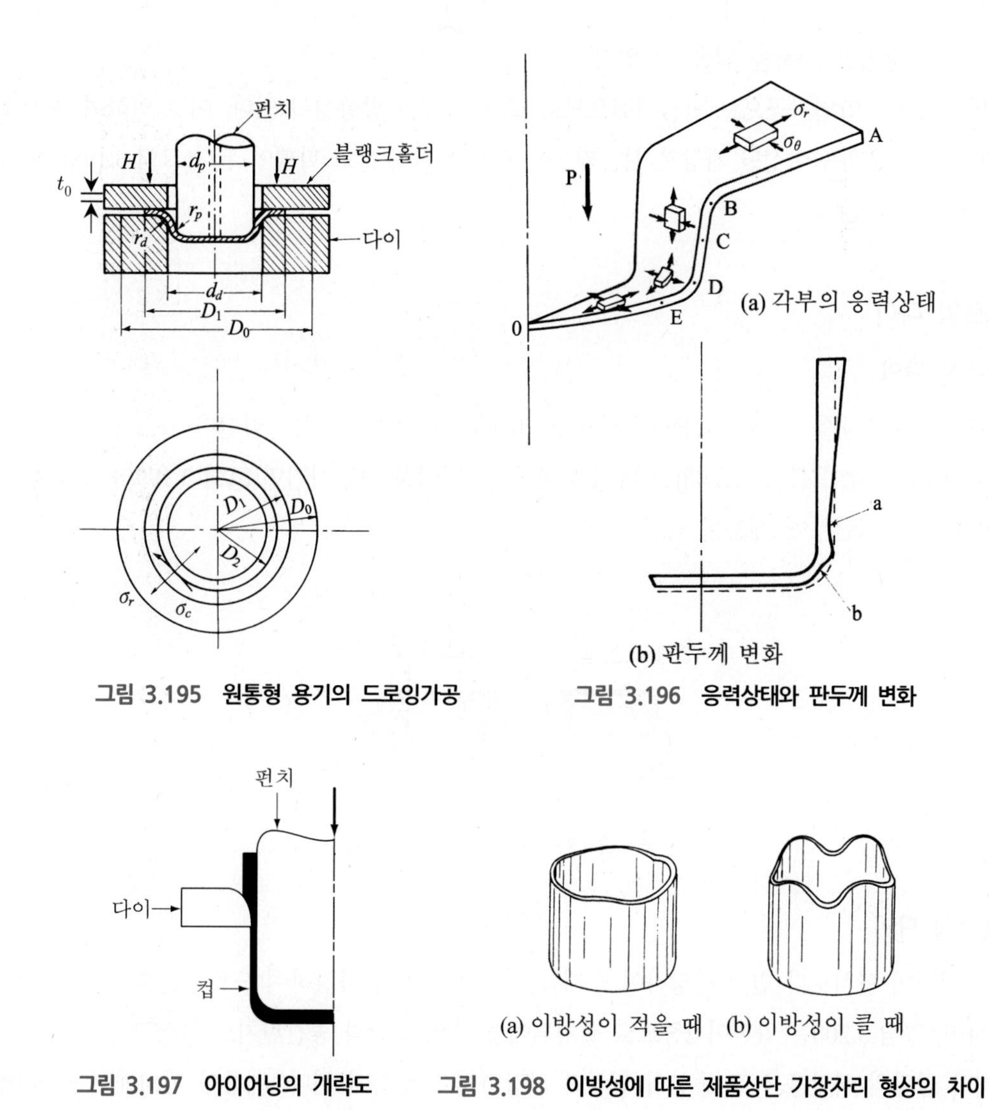

그림 3.195 원통형 용기의 드로잉가공

그림 3.196 응력상태와 판두께 변화

그림 3.197 아이어닝의 개략도

그림 3.198 이방성에 따른 제품상단 가장자리 형상의 차이

판두께 t_0는 바깥지름 D_0에 비하여 작으므로 오무리는 중에 원주방향에 압축응력이 발생하면 **좌굴**(座屈, buckling)이 발생하여 주름이 생기기 쉽다. 따라서 다이 상면이 평면인 경우에는 주름발생을 방지하기 위하여 반드시 블랭크 홀더(blank holder)가 필요하다.

소재상의 각 점이 제품이 되기까지 받은 응력상태는 그림 3.196(a)에서와 같이 시시각각으로 변화한다. 최외주는 원주방향으로 압축응력(항복응력)만 받으므로 제품이 된 경우 그림 3.196(b)에서와 같이 가장

두꺼워진다. 따라서 원통제품은 상단의 가장자리가 가장 두껍고 차츰 얇아져 펀치의 모서리 부근에서 가장 얇아진다.

이 중간에 소재의 두께 t_0와 동일한 장소가 존재한다. 동일 두께의 제품을 만들려면 다소 두꺼운 판을 사용하여 펀치와 다이 간의 틈새를 작게 하여 이곳을 통과시키면 그림 3.197과 같은 아이어닝(ironing)에 의하여 두께가 균일한 제품을 얻을 수 있다.

판은 일반적으로 압연가공으로 만들어졌으므로 그 성질에는 방향성이 있다. 이로 인하여 원판을 딥드로잉하였을 때 원통제품의 상단 가장자리는 깨끗한 원주가 되지 않고 파형이 된다(그림 3.198). 이 현상을 귀발생(earing)이라 한다.

2) 드로잉 다이

(1) 단동식 다이

단동식 다이는 소재를 누르는 압판(押板, blank holder)이 없는 다이를 말한다.

그림 3.199(a)와 같이 블랭크(소재)를 다이 위에 놓고 펀치를 하강시키면 그림 3.199(b)와 같은 용기로 성형되어 다이의 하단부에 제품은 낙하된다.

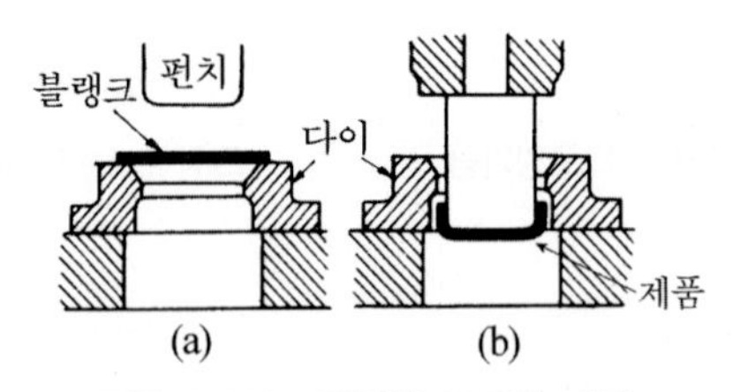

그림 3.199 단동식 드로잉 다이

(2) 복동식 다이

소재의 압판이 펀치보다 먼저 하강하여 소재를 누르고 펀치가 하강하여 드로잉을 하는 다이를 복동식 다이라 하며, 그림 3.200은 압판이 2중으로 설치되어 외주의 압판과 중간펀치로 블랭크를 만들고, 다음은 중간펀치가 압판의 역할을 하고 중심의 펀치가 하강하여 드로잉이 된다. 제품이 펀치에서 쉽게 빠질 수 있도록 펀치에는 공기 구멍이 있다.

(3) 준복동식 다이

그림 3.201과 같이 다이가 위에 있고 펀치가 아래에 있는 구조를 준복동식 다이라고 한다. 이 때 펀치는 고정되어 있고 다이가 하강하면 녹 아웃(knock-out)이 상승하고 압판이 하강하여 드로잉이 이루어진다.

녹 아웃은 다이가 하강하면 상승하고, 드로잉이 완성되어 다이가 상승하면 스프링의 작용에 의하여 제품이 밀려 빠진다. 가공 초기에는 압판의 압력이 적으나 가공이 진행됨에 따라 점점 증가하기 때문에 기준압력을 정하기가 곤란하므로 얕은 드로잉에 주로 이용된다.

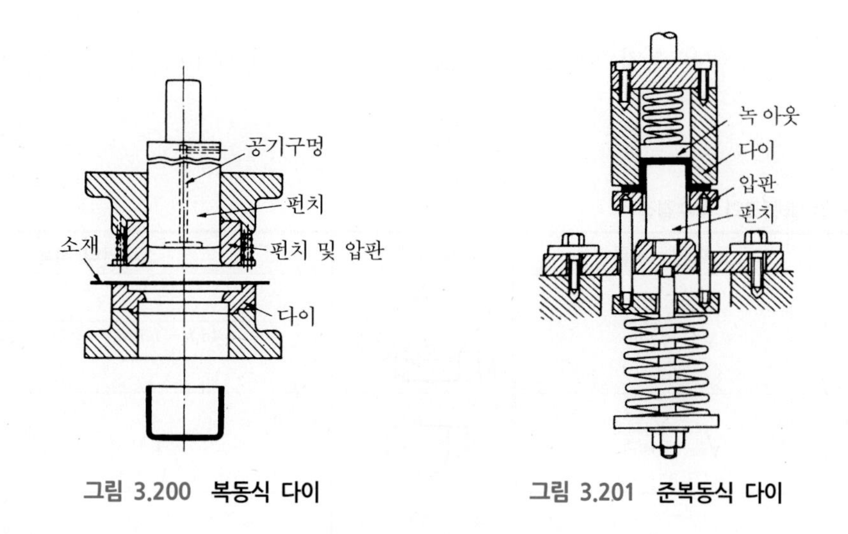

그림 3.200 복동식 다이

그림 3.201 준복동식 다이

3) 딥드로잉

드로잉된 것을 다시 드로잉을 하여 깊은 용기를 만드는 것을 **딥드로잉**(deep drawong)이라 한다. 딥드로잉에는 용기의 내외면이 드로잉 때의 것과 같은 직접 딥드로잉(direct deep drawing)과 드로잉 때의 내외면이 바뀌지는 **역식(逆式) 딥드로잉**(inverse deep drwaing)이 있다. 그림 3.202(a)는 컵을 어닐링하여 직접 딥드로잉을 행하는 것이며, 그림 3.202(b)는 연속적으로 직접 딥드로잉을 하는 것이다.

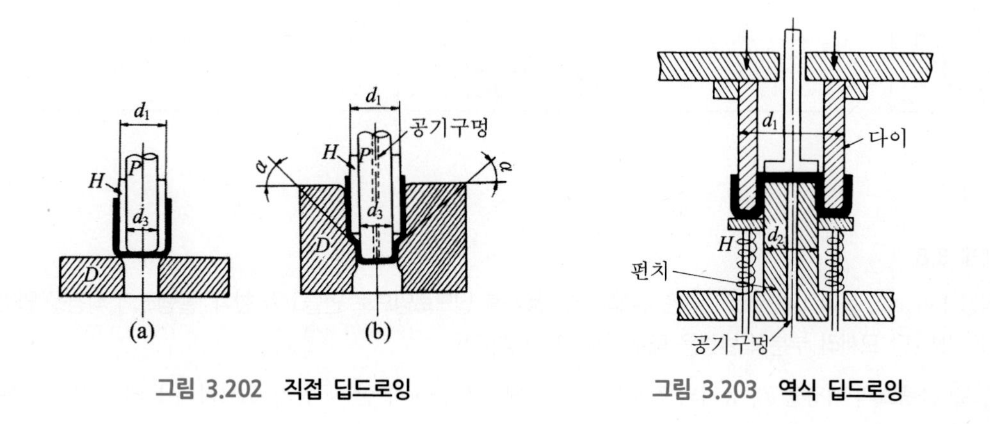

그림 3.202 직접 딥드로잉

그림 3.203 역식 딥드로잉

그림 3.203은 역식 딥드로잉을 보여 주며, 내외면이 바뀌므로 한 면이 계속 인장 또는 압축만을 받는 일이 없다.

4) 블랭크의 치수결정

압연, 압출, 인발 등에서는 소재 체적과 제품의 체적이 일정하다고 생각하고 소재의 치수를 결정하였으나, 드로잉에서는 소재의 두께 변화를 무시하고 표면적이 일정한 것으로 생각하여 소재의 치수를 계산한다. 표 3.26은 복잡하지 않은 용기의 드로잉에 필요한 블랭크 치수 예이며, 복잡한 형상은 근사적으로 구한다.

표 3.26 원통형 컵 블랭크의 치수결정

제품의 형상	소재판의 지름	제품의 형상	소재판의 지름
d, h	$\sqrt{d^2+4dh}$	d_2, d_1, r, f, h	$\sqrt{d_2^{\,2}+4d_1h-1.72d_1r-0.56r^2+2f(d_1+d_2)}$
d_2, d_1, h	$\sqrt{d_2^{\,2}+4d_1h}$	d, $\frac{d}{2}$, h	$1.41\sqrt{d^2+2dh}$
d_2, d_1, f, h	$\sqrt{d_1^{\,2}+4d_1h+2f(d_1+d_2)}$	d_2, d_1, h, $\frac{d_1}{2}$	$\sqrt{d_1^{\,2}+d_2^{\,2}+4d_1h}$
d_2, d_1, h_2, h_1	$\sqrt{d_2^{\,2}+4(d_1h_1+d_2h_2)}$	d_2, d_1, h	$\sqrt{d_1^{\,2}+d_2^{\,2}+4h^2}$
d, h, r	$\sqrt{d^2+4d(h-0.43r)}$	d_2, d_1, f, h, $\frac{d_1}{2}$	$1.41\sqrt{d_1^{\,2}+2d_1h+f(d_1+d_2)}$
d_2, d_1, h, r, R	$\sqrt{d_2^{\,2}+4d_1h[h-0.43(R+r)]}$	d_2, S, d_1	$\sqrt{d_1^{\,2}+2S(d_1+d_2)}$

예제 3.8

직경 150 mm, 높이 100 mm의 얇은 두께의 원통용기를 딥드로잉으로 만들고자 한다. 블랭크의 직경을 얼마로 하면 되는가? (단 모서리 부분의 반경은 매우 작다고 가정한다)

풀이 블랭크의 직경을 D, 용기의 직경을 d, 용기의 높이를 h라 할 때 용기 모서리 부분의 반경이 매우 작으면 다음과 같이 계산한다.

$$D=\sqrt{d^2+4dh}$$
$$=\sqrt{150^2+4\times150\times100}$$
$$\fallingdotseq 290\text{ mm}$$

5) 드로잉가공 조건 결정

(1) 드로잉률

딥드로잉에서는 필요에 따라 1회, 2회 등으로 가공하여 제품의 지름을 줄여 나간다. 이때 블랭크의 지름을 d_0, 1회 가공에서 지름을 d_1, 최종 n회 가공에서 얻은 지름을 d_n이라 하면 **전(全)드로잉(오무리기)률** m은 다음과 같다.

$$m = \frac{d_n}{d_0} = \frac{d_1}{d_0} \cdot \frac{d_2}{d_1} \cdot \frac{d_3}{d_2} \cdots\cdot \frac{d_n}{d_{n-1}} \tag{3.84}$$

이며

$$\frac{d_1}{d_0} = m_1,\ \frac{d_2}{d_1} = m_2,\ \frac{d_3}{d_2} = m_3,\ \cdots,\ \frac{d_n}{d_{n-1}} = m_n$$

이라 하면

$$m = m_1 \cdot m_2 \cdot m_3 \cdots m_n \tag{3.85}$$

이다. 즉, 전드로잉률은 각 드로잉률의 곱과 같다. 드로잉률은 재질 및 $\frac{t}{d_0}$에 따라 다르다. 표 3.27은 각종 재료에 따른 드로잉률을 나타내었고, 표 3.28은 $\frac{t}{d_0}$를 고려한 드로잉률의 예이다.

표 3.27 각종 재료의 드로잉률

재료	제1회 드로잉률	2, 3, 4회 드로잉률
연강	0.5 ~ 0.55	0.75 ~ 0.80
스테인리스강	0.50 ~ 0.55	0.80 ~ 0.85
양철*	0.60 ~ 0.65	0.90 ~ 0.95
동	0.53 ~ 0.60	0.80 ~ 0.85
황동	0.50 ~ 0.55	0.80 ~ 0.95
니켈	0.50 ~ 0.55	0.75 ~ 0.80
알루미늄	0.55 ~ 0.60	0.80 ~ 0.85
듀랄루민	0.55 ~ 0.60	0.90 ~ 0.95

* 양철(洋鐵)은 양면에 주석(Sn)을 입힌 얇은 연강철판을 말하며, 부식에 강하고 물, 기름 및 가스 등의 침투를 잘 막을 뿐만 아니라 열전도율이 높기 때문에 통조림용 깡통의 재료로 많이 쓰인다.

표 3.28 t/d_0를 고려한 드로잉률(연강, 황동)

드로잉률	제품의 상대 두께 $t/d_0 \times 100$											
m_1	1.0 ~ 0.8	0.8 ~ 0.6	0.5 ~ 0.4	0.3	(0.2)	(0.15)	(0.1)	(0.09)	(0.08)	(0.07)	(0.06)	(0.05)
$m_2 \cdots mn$	0.52 0.7	0.53 0.7	0.55 0.7	0.59 0.7	(0.66) (0.73)	(0.75) (0.75)	(0.85) (0.85)	(0.86) (0.86)	(0.88) (0.88)	(0.89) (0.89)	(0.90) (0.90)	(0.92) (0.92)

※ 괄호는 곤란한 드로잉 가공의 범위를 표시한다.

(2) 펀치와 다이의 노즈 반지름

그림 3.204(a)에서 r_d와 r_p가 커지면 블랭크의 굽힘 저항이 감소되어 드로잉이 용이하나 너무 크면 블랭크가 빨리 끌려 들어가 용기에 주름이 생기며, 너무 작으면 인장변형이 커져서 모서리가 얇아지고 심하면 파단된다. 그림 3.204(b)는 $\frac{r_p}{t}$ 및 $\frac{r_d}{t}$와 드로잉률의 관계이며, r_d와 r_p가 커질수록 드로잉률이 감소하므로 단면감소를 크게 할 수 있다.

일반적으로 1회 드로잉에서

$$(4 \sim 6) \cdot t \leqq r_d \leqq (10 \sim 20) \cdot t$$
$$(4 \sim 6) \cdot t \leqq r_p \leqq (10 \sim 20) \cdot t \tag{3.86}$$

이며, 2회, 3회에서는 r_d 및 r_p는 작아진다.

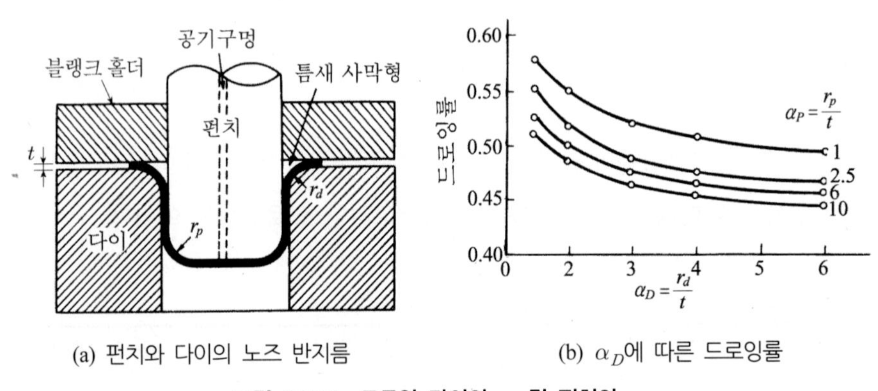

(a) 펀치와 다이의 노즈 반지름 (b) α_D에 따른 드로잉률

그림 3.204 드로잉 다이의 r_d 및 펀치의 r_p

(3) 압판의 힘

압판(押板, blank holder)의 압력이 너무 크면 펀치력이 커져서 때로는 블랭크가 파열되기도 한다. 또 압력이 너무 작으면 제품에 주름이 생기므로 적당한 값이어야 한다. 압판은 고정식과 정압식이 있는데 전자에서는 다이 상면과 압판의 간격을 일정하게 하며 가공 중 약간의 주름이 발생하나 펀치와 다이 사이에서 제거된다. 드로잉할 때 두께가 약간 증가하므로 다이 상면과 압판의 간극은 (1.1 ~ 1.3)t로 하는 것이 좋다. 정압식의 경우에는 고무, 스프링, 유압 및 압축공기 등으로 가공 중에 일정한 힘으로 가압한다.

즉, d_0를 블랭크의 치수, d_d를 다이의 치수, h_s를 압판에 작용하는 단위면적당의 압력이라 하면 압판에 가해지는 압력(H)은 다음과 같다.

$$H = \frac{\pi (d_0^{\,2} - d_d^{\,2}) \cdot h_s}{4} \tag{3.87}$$

h_s는 블랭크의 인장강도의 5 ~ 6%이며 5 ~ 35 kg/cm² 정도이다.

표 3.29는 재료에 따른 압판 압력의 예이다.

표 3.29 압판가압력(h_s)

재료	h_s(kg/cm²)
연강	20 ~ 35
알루미늄	5 ~ 10
황동	15 ~ 20

(4) 펀치의 하중

가장 흔히 사용되는 것은 블랭크가 파손되는 압력을 드로잉 압력으로 하는 것이다. 실제로는 이 압력보다 작게 작용된다.

그림 3.205와 같이 용기의 평균지름을 d, 판두께를 t, 블랭크의 인장강도를 σ라 하면 펀치력 P는

$$P = \pi \cdot d \cdot t \cdot \sigma \tag{3.88}$$

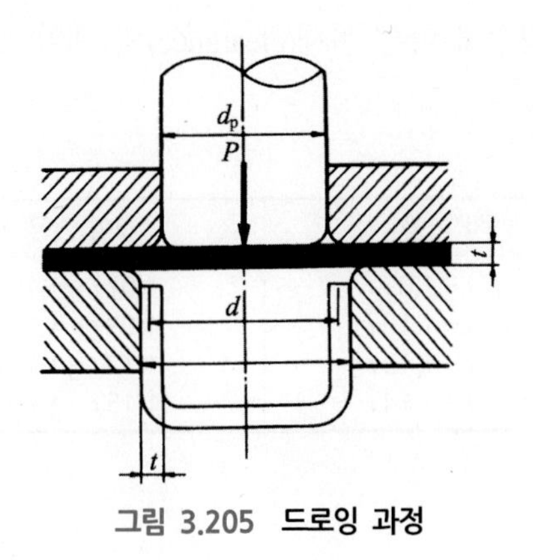

그림 3.205 드로잉 과정

이다. 또는 σ는 너무 크다 하여 σ와 항복응력 σ_y의 평균치를 이용하기도 한다.

$$P = \pi \cdot d \cdot t \frac{\sigma + \sigma_y}{2} \tag{3.89}$$

Shuler 사에서는 d/d_0의 값에 의한 보정계수 n을 식 (3.88)에 곱한 것을 드로잉력으로 택하고 있으며 n값은 표 3.30과 같이 정하고 있다.

표 3.30 d/d_0에 의한 n값

드로잉률 d/d_0	0.55	0.575	0.6	0.625	0.65	0.675	0.7	0.725	0.75	0.775	0.8
드로잉비 d_0/d	1.82	1.74	1.67	1.60	1.54	1.48	1.43	1.38	1.33	1.29	1.25
n	1.0	0.93	0.86	0.79	0.72	0.66	0.6	0.55	0.5	0.45	0.4

(5) 다이와 펀치 간의 클리어런스

다이와 펀치 간의 틈새, 즉 클리어런스 C는 딥드로잉의 결과 가장자리 쪽의 판두께가 증대하므로, **아이어닝**(ironing) 작용을 받는 것을 피하기 위하여는 소재 판두께보다 크게 할 필요가 있다. 약간의 아이어닝 작용으로 작은 주름을 없애고 제품 형상을 매끄러운 원통형으로 하려면

$$C = (1.05 \sim 1.30)t_0 \tag{3.90}$$

아이어닝을 필요로 하지 않을 때는

$$C = (1.4 \sim 2.0)t_0 \tag{3.91}$$

로 한다.

표 3.31은 소재 두께와 가공 횟수에 따른 틈새(clearance)의 예이다.

표 3.31 드로잉 다이 틈새

소재 두께[in]	1차 가공	2차 가공	정확한 치수 가공
0.015 이하	$1.07t \sim 1.09t$	$1.08t \sim 1.10t$	$1.04t \sim 1.05t$
0.016 ~ 0.050	$1.08t \sim 1.10t$	$1.09t \sim 1.12t$	$1.05t \sim 1.06t$
0.051 ~ 0.125	$1.10t \sim 1.12t$	$1.12t \sim 1.14t$	$1.07t \sim 1.09t$
0.126 이상	$1.12t \sim 1.14t$	$1.15t \sim 1.20t$	$1.08t \sim 1.10t$

7.5.4 박판성형가공

1) 스피닝

선반의 주축에 다이를 고정하고, 그 다이에 블랭크를 심압대로 눌러 블랭크를 다이와 함께 회전시켜 막대기(stick)나 롤(roller)로 가공하여 성형하는 것을 **스피닝**(spinning)이라고 한다. 그림 3.206은 이 방법의 예이다.

다이의 재료로는 금속 외에 목재를 사용하기도 한다. 소재와 막대기는 마찰이 심하므로 윤활을 충분히

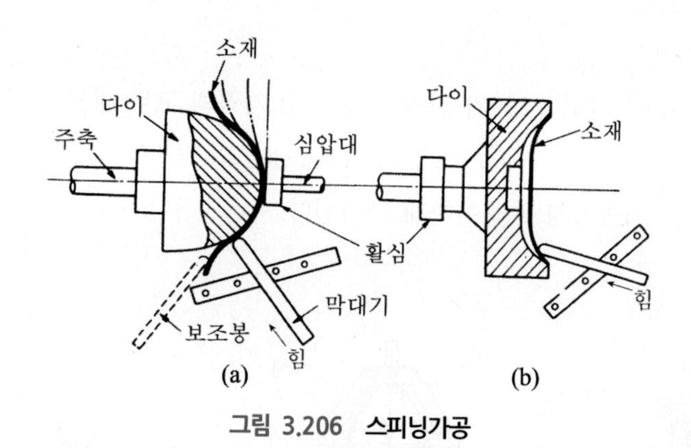

그림 3.206 스피닝가공

해야 한다. 이 방법은 소량 생산에 적합하며 원통형상 외에는 가공할 수 없다.

그림 3.207에 스피닝에 의한 제품의 예를 여러 가지 나타내었다.

2) 벌징

벌징(bulging)에는 최소 지름으로 드로잉한 용기에 고무를 넣고 압축하는 고무 벌징 가공과 액체를 넣어서 가공하는 액체 벌징 가공이 있다.

(1) 고무 벌징

그림 3.208과 같이 최소 지름으로 성형된 용기(소재)에 고무를 넣고 이를 압축하면 고무가 가로 방향으로 팽창하면서 원용기를 다이 형상으로 되게 한다. 이를 **고무 벌징**(rubber bulging)이라고 한다. 고무 벌징에서 다이는 최대 직경부에서 분리할 수 있게 되어야 한다. 이 방법에 의하여 용기 외에 나사 붙은 뚜껑 등을 가공한다.

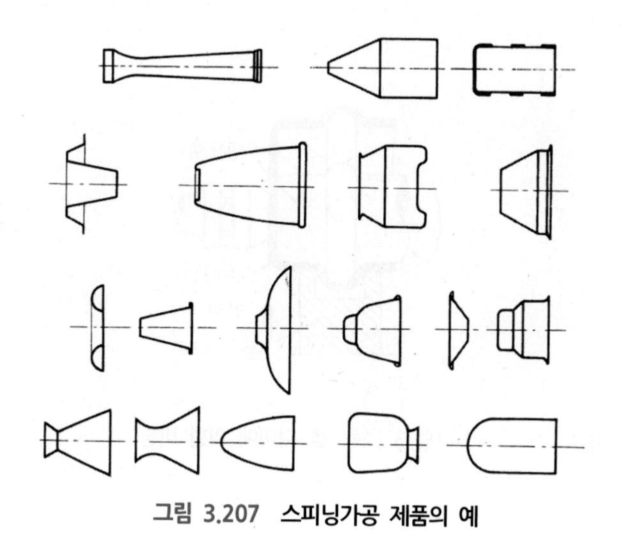

그림 3.207 스피닝가공 제품의 예

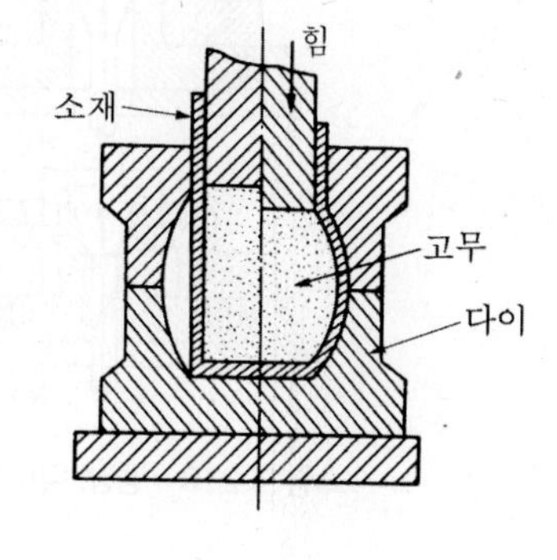

그림 3.208 고무 벌징

(2) 액체 벌징

액체 벌징(liquid bulging)은 그림 3.209와 같이 고무 벌징 가공의 고무 대신 액체를 고무 주머니에 넣어 사용하는 것이다. 이 방법을 이용하면 딥드로잉(deep drawing)의 난관인 플랜지(flange) 주름살은 해결된다. 그림 3.209(c)와 같은 등반사경도 용이하게 제작된다.

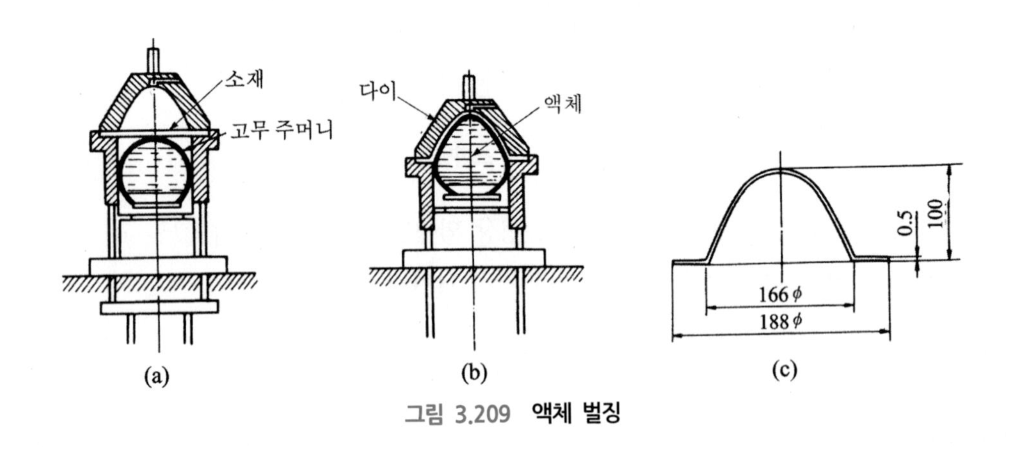

그림 3.209 액체 벌징

3) 비딩

비딩(beading)은 드로잉된 용기에 홈을 내는 가공으로서 보강이나 장식이 목적이다. 이 방법에는 그림 3.210과 같이 팽창 다이를 이용하는 것과 그림 3.211과 같이 롤 다이를 이용하는 것 등이 있다.

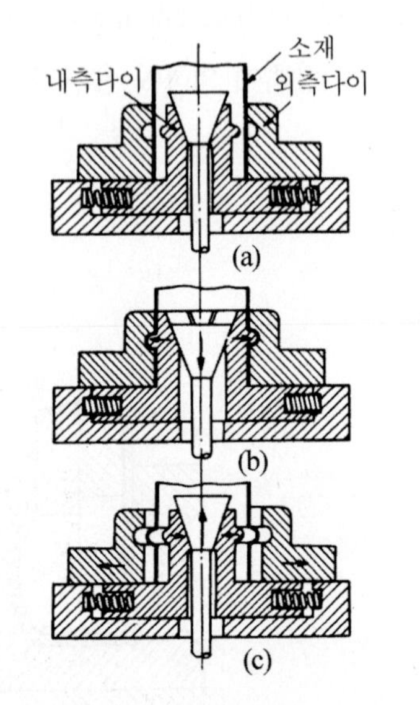

그림 3.210 팽창 다이에 의한 비딩

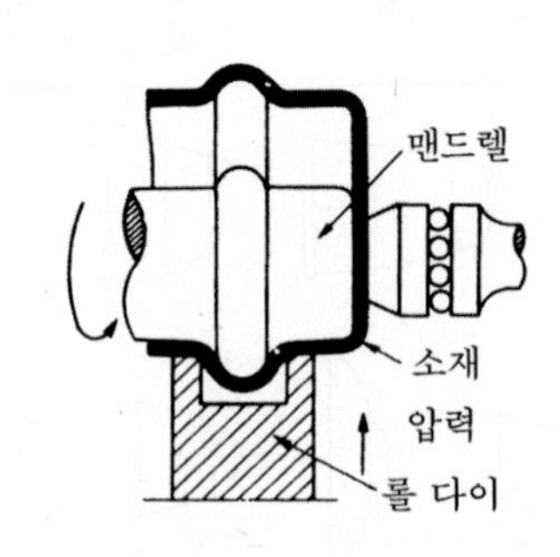

그림 3.211 롤 다이에 의한 비딩

4) 컬링

컬링(curling)은 그림 3.212와 같이 용기의 가장자리를 둥글게 말아 붙이는 가공이며 목적은 비딩과 같이 보강이나 장식이다. 이 방법의 이용은 통의 가장자리, 힌지(hinge), 판으로 된 손잡이 등이다.

이 방법에는 그림 3.212와 같은 프레스 다이에 의한 것과 그림 3.213과 같이 롤 다이에 의한 컬링이 있다.

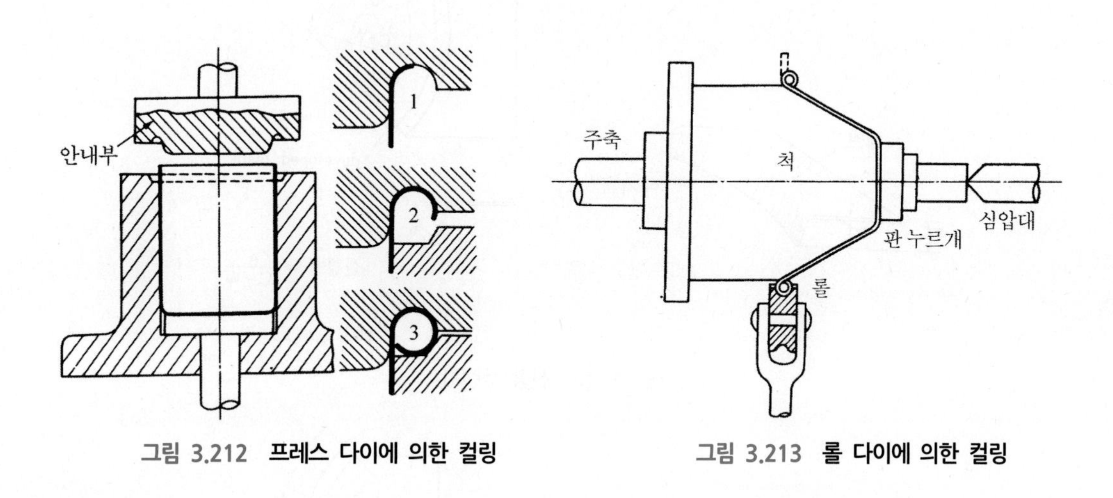

그림 3.212 **프레스 다이에 의한 컬링**　　그림 3.213 **롤 다이에 의한 컬링**

5) 시밍

시밍(seaming)은 판과 판을 잇는 방법으로서 그림 3.214와 같이 가공한다.

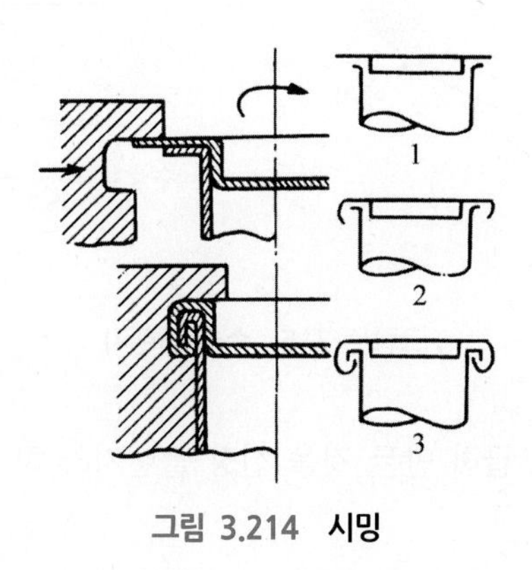

그림 3.214 **시밍**

6) 플랜지가공

판의 가장자리를 굽혀서 플랜지(flange)를 만드는 가공을 플랜지가공이라 하며, 그림 3.215와 같이 평면상의 외형선이 오목꼴(concave)을 취하고 있는 플랜지는 신장(伸張)을 받으므로 신장 플랜지(stretch flange)라 하고, 그림 3.216과 같이 평면상의 외형선이 볼록꼴(convex)을 취하고 있는 플랜지는 수축(收縮)

을 받으므로 수축 플랜지(shrink flange)라 한다.

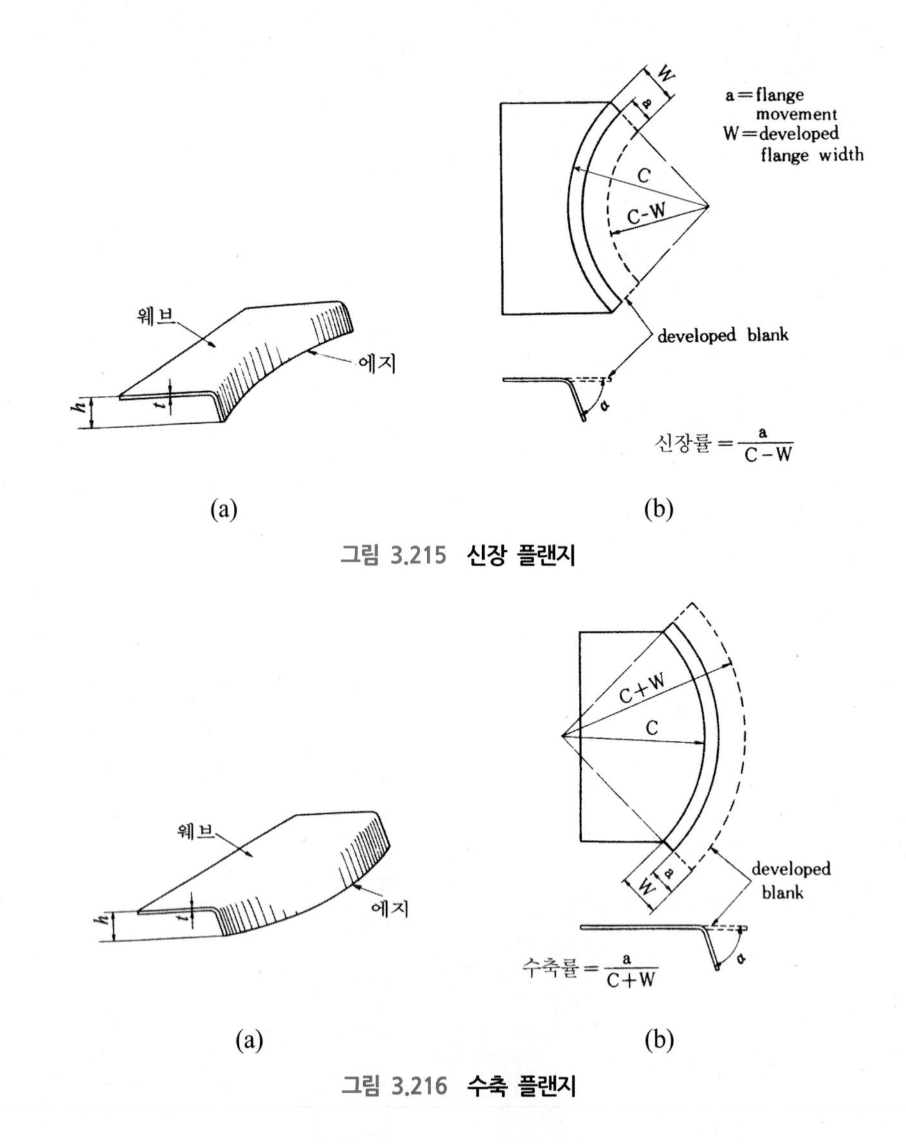

그림 3.215 신장 플랜지

그림 3.216 수축 플랜지

즉, 원통의 가장자리를 외측으로 굽혀 만든 것을 신장 플랜지라 하고, 원판의 가장자리를 내측으로 굽혀 만든 것을 수축 플랜지라 한다.

7) 인장성형법

굽힘가공에서 스프링백(springback)을 제거하거나 줄이기 위하여 굽힘가공 중에 소재를 항복응력 이상까지 인장하거나 압축을 하면서 성형하는 것을 **인장성형법**(引張成形法, stretch forming)이라 한다.

그림 3.217(a)에서는 성형 펀치 다이가 수직방향으로 운동하고, 인장 죠(jaw)가 수평방향으로 작용하여

성형하며, 그림 3.217(b)에서는 소재가 인장된 상태에서 드로잉 된다.

모든 합금은 2~4% 신연(伸延)되었을 때 의외로 연성이 커져서 신연되지 않은 상태에서의 성형력의 $\frac{1}{3}$ 정도로 성형이 가능하다.

이 성형법은 죠에 물리는 소재의 손실에도 불구하고 항공기, 지붕 패널(panel) 등의 성형에 많이 이용된다.

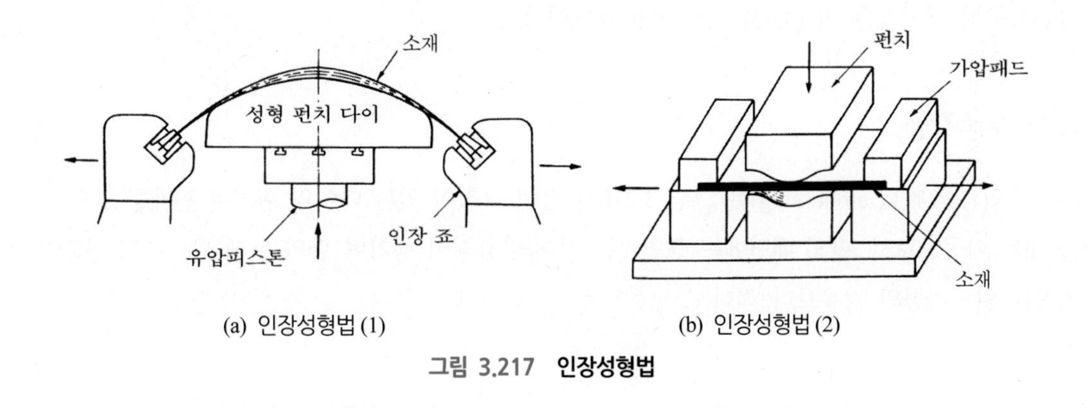

(a) 인장성형법 (1)　　(b) 인장성형법 (2)

그림 3.217 **인장성형법**

7.6 압축가공

그림 3.218과 같이 소재를 상하면에서 압축(壓縮)하면 소정의 변형이 생기며 A를 압축유효면적, k_f를 압축저항이라 하면 압축력 P는 다음과 같다.

$$P = k_f \cdot A \tag{3.92}$$

k_f는 재료에 따라 다르고 압축 변형률 $\frac{h_0 - h_1}{h_0} \times 100(\%)$의 함수이다. 여기서 h_0는 소재의 압축 전의 두께, h_1은 압축 후의 두께이다.

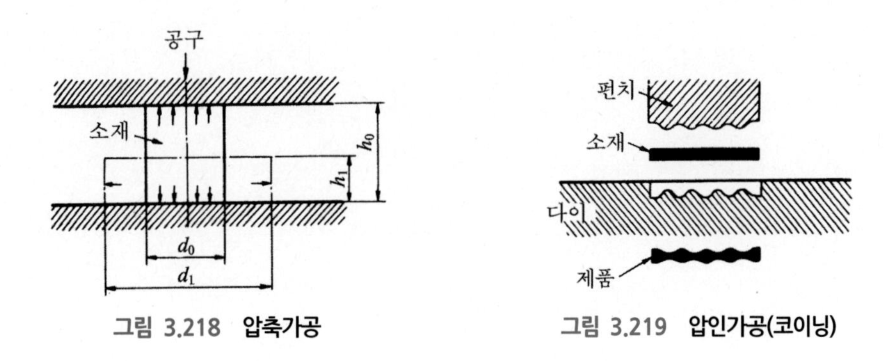

그림 3.218 **압축가공**　　그림 3.219 **압인가공(코이닝)**

7.6.1 압인가공

압인가공(壓印加工, coining)은 그림 3.219와 같이 소재면에 요철을 내는 가공으로, 표면형상은 이면의 것과는 무관하며 판두께의 변화에 의한 가공이다. 화폐, 메달, 뱃지(badge) 및 문자 등을 압인가공하는 경우가 많다.

압인가공의 펀치력은 식 (3.92) 값의 3배 정도이다.

7.6.2 부조가공

부조가공(浮彫加工, embossing)은 그림 3.210과 같이 요철이 있는 다이와 펀치로 판재를 눌러 판에 요철을 내는 가공으로서, 판의 배면에는 표면과는 반대의 요철이 생기며 판의 두께에는 거의 변화가 없다. 펀치력은 압인가공의 경우보다 적다.

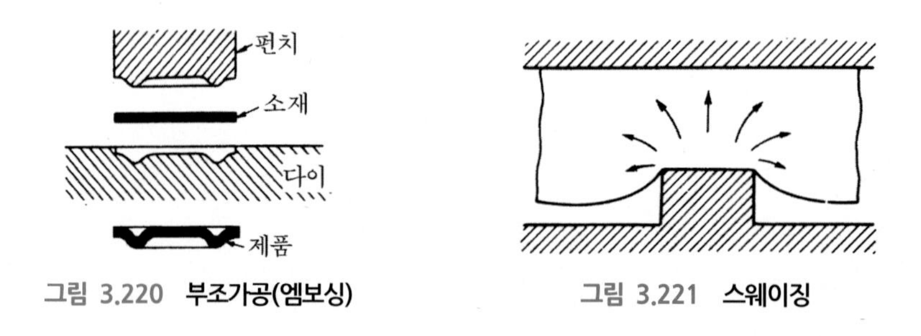

그림 3.220 **부조가공(엠보싱)**　　　그림 3.221 **스웨이징**

7.6.3 스웨이징

스웨이징(swaging)은 그림 3.221과 같이 두께를 감소시키는 압축가공으로서 소재의 면적에 비하여 압축 유효 면적이 아주 작은 경우이다. 재료의 평균 압축 변형 저항을 k_f라 하면 스웨이징의 펀치력 P는

$$P > 3 \cdot (A \cdot k_f) \tag{3.93}$$

이다. 단 A : 압축면적.

7.7 박판 특수성형가공

7.7.1 마폼법

마폼법(Marform process)은 1950년 Marform에 의하여 개발된 것으로, 그림 3.222와 같이 펀치를 아래쪽에, 고무 등의 흡압재(吸壓材)로 된 다이가 위쪽에 놓여 있다.

이 방법의 특징은 플랜지가 작아져 소재 파열의 위험이 적어짐에 따라 모서리 반경을 작게 할 수 있다는 것과 가공 중 펀치의 측면에 수평압력이 작용하는 것 등이다.

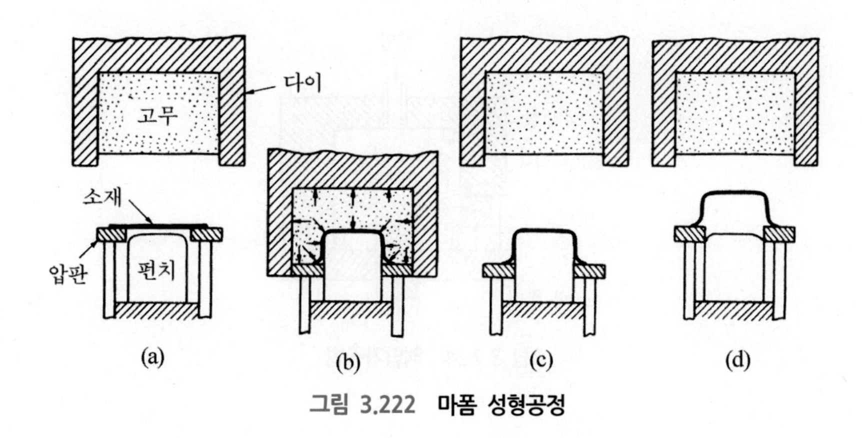

그림 3.222 마폼 성형공정

7.7.2 게린법

게린법(Guerin process)은 그림 3.223과 같이 다이 위에 소재를 놓고 고무 다이로 가압하여 제품을 얻는 방법이다. 고무가 밑으로 밀려나오지 못하도록 리테이너(retainer)가 설치되어 있다.

이 방법의 특징은 다이의 값이 싸다는 것과 다이를 고정할 필요가 없는 것 등이다. 한편 소재 지지구가 없어 주름이 생길 수 있다.

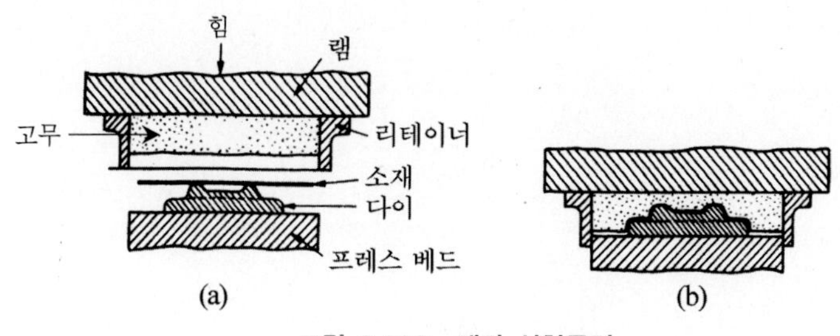

그림 3.223 게린 성형공정

7.7.3 액압가공법

액압가공법(液壓加工法, hydroforming)은 마폼법에서 고무 대신 액체를 사용한 것이다. 액압가공법에서는 그림 3.224에서와 같이 2개의 고무막이 사용되는데, 그중 하나는 액체밀폐용, 다른 하나는 소재와 접촉하는 성형용이다.

펀치가 상승하고 액압을 조절하며 1,000 kg/cm^{2}까지의 압력이 가능하다. 또 펀치의 운동에 의하지 않고 액압실의 압력을 독자적으로 600 kg/cm^{2}까지 올릴 수 있다. 이 방법의 특징은 작업 중에 압력을 자유로이 조절할 수 있다는 것이다.

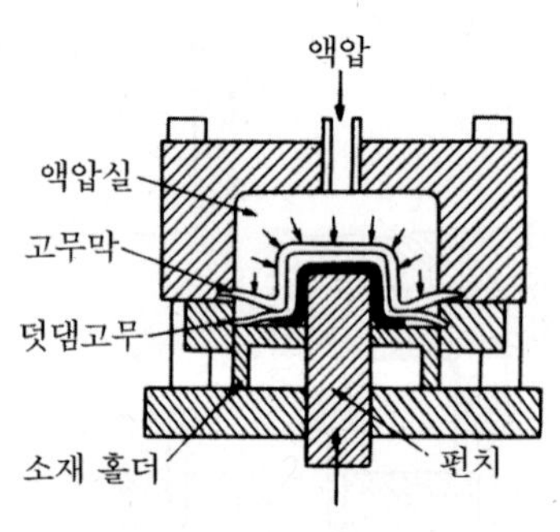

그림 3.224 액압가공법

08장

전조가공

8.1 전조가공의 개요

전조가공(轉造加工, form rolling)은 소재나 공구(롤) 또는 그 양쪽을 회전시켜 공구의 표면형상과 동일한 형상을 소재에 각인하는 가공법이며, 회전하면서 행하는 일종의 단조(鍛造)라고 볼 수 있다. 즉, 그림 3.225와 같이 소재와 공구는 점에서 접촉하고 소성변형은 부분적으로 제한되므로 비교적 작은 가공력으로 성형을 할 수 있다. 또 전조가공은 소재의 솟아오름에 의해서 형상이 형성되므로, 절삭에서와 같이 소재의 1차가공(압출이나 인발)때 얻게 된 축방향으로 배열된 결정조직이 중단되지 않고 연속되는 **섬유상의 조직**(流線, stream line)을 얻는다(그림 3.226). 더욱이 소성변형량이 크면 재료는 가공경화하고 결정이 미세화하여 경한 조직이 되므로(그림 3.227) 정적강도나 충격강도 및 피로강도가 증대한다.

전조가공으로 제조되는 것에는 원통 롤, 볼, 링, 나사, 치차, 스플라인축 및 냉각핀이 붙은 관 등이 있다.

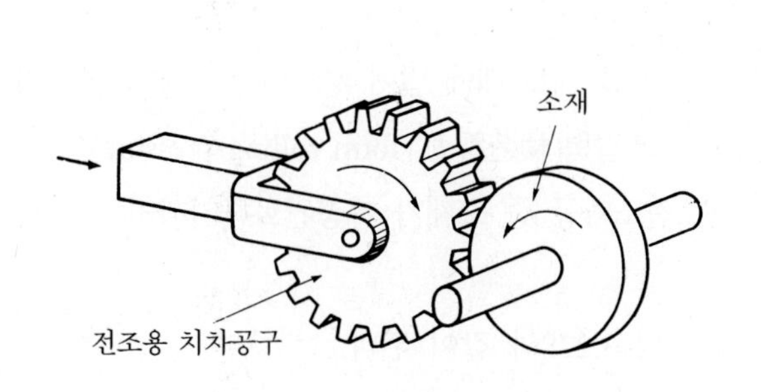

그림 3.225 치차의 전조

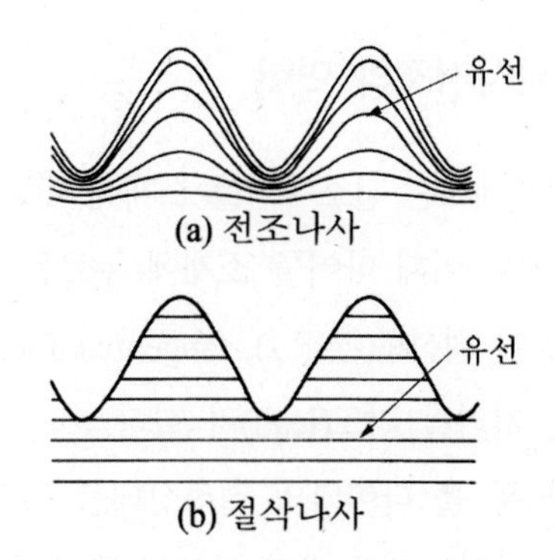

그림 3.226 재료 단면의 유동의 비교

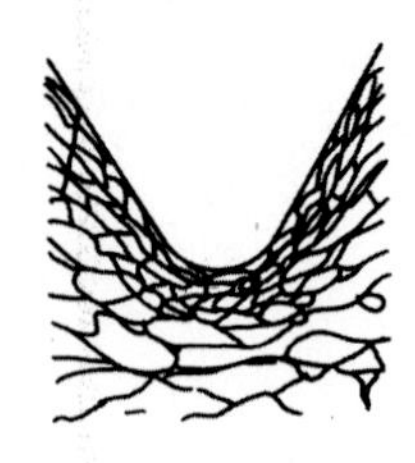

그림 3.227 전조나사의 골 부근의 조직

전조가공의 특징을 열거하면 다음과 같다.

① 압연이나 압출 등에서 생긴 소재의 섬유가 절단되지 않기 때문에 제품의 강도가 크다.

② 소재와 공구가 국부적으로 접촉하기 때문에 비교적 작은 힘으로 가공할 수 있다.

③ 칩(chip)이 생성되지 않으므로 소재의 이용률이 높다.

④ 소성변형에 의하여 제품이 가공경화되고 조직이 치밀하게 되어 기계적 강도가 향상된다.

전조가공에는 나사전조와 치차전조 등이 있다.

8.2 나사전조

나사전조(螺絲轉造, thread form rolling)는 제작하려는 나사의 형상과 피치(pitch)가 같은 다이에 소재를 넣고 나사전조 다이를 작용시켜 나사를 가공하는 것이다.

나사전조에는 평다이 전조, 롤 다이 전조, 로타리 플라네타리 전조 및 차동식 전조 등이 있다.

8.2.1 나사전조의 역학

나사전조에서는 전조다이를 소재에 대고 눌러 그 산을 재료 내에 밀어 넣으면서 소재를 굴리며 나사산을 형성한다. 이때 다이를 소재에 누르는 하중이 **전조압력**(轉造壓力, form rolling pressure)이며, 소재를 굴리는 힘이 **접선력**(接線力, tangential force)이고, 전조가공 중 소재가 가공완료하기까지 그 축방향으로 이동하는 거리를 리드(lead)라 한다.

소재와 두 롤 다이와의 접촉상태를 표시하면 그림 3.228과 같이 된다.

접촉면 면적을 A라 하고 전조에 있어서 재료의 변형저항을 H라 하면 전조압력 P는 다음과 같이 된다.

$$P = A \cdot H \tag{3.94}$$

접촉면적 $A = L \cdot B(L = L_1 + L_2 + L_3 + L_4 + \cdots)$가 된다. 나사전조의 변형저항치는 표 3.32와 같다.

접선력 T는 소재에 작용하는 모멘트의 평형으로부터 구할 수 있다. 전조압력이 접촉면적 A에 균일하게 분포한다고 하면, 그림 3.229로부터 D_0를 소재의 직경이라 하면 근사적으로

$$P \cdot B = T \cdot D_0 \tag{3.95}$$

가 성립되고 실제 $T/P = 0.16(\sim 0.18)$ 정도가 된다.

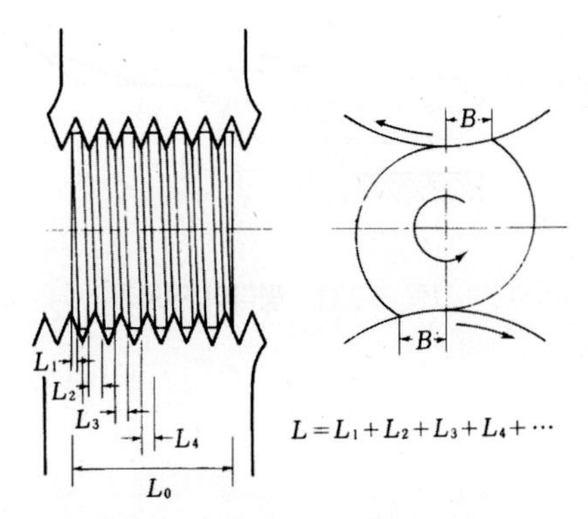

그림 3.228 소재와 전조다이와의 접촉

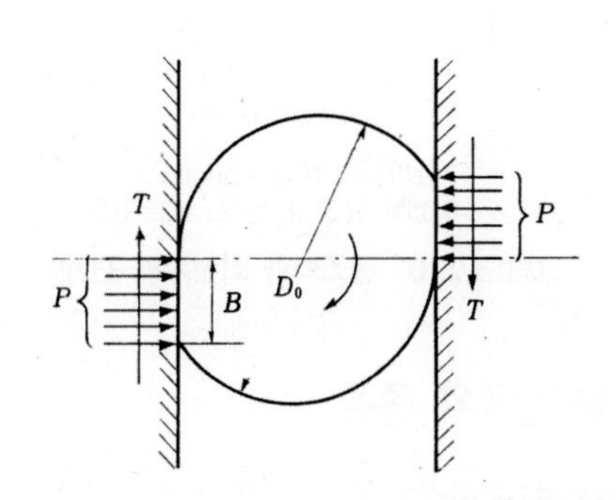

그림 3.229 전조압력 P와 접선력(T)과의 관계

표 3.32 각종 재료의 나사전조에서의 변형저항값

재료	처리	비커스 경도	변형저항 H(kg/mm^2)
Ni－Ci 강	조질(調質)	320	720
〃	어닐링	275	540
Mo 강	조질	325	700
〃	어닐링	190	440
SKS 3 (합금공구강)	어닐링	240	610
S 55 C (기계구조용 탄소강)	조질	250	660
〃	노멀라이징	215	560
〃	어닐링	185	510
S 35 C (기계구조용 탄소강)	조질	225	470
〃	어닐링	175	410
〃	인발	260	480
〃	어닐링	160	380
S 17 C (기계구조용 탄소강)	인발	225	400
〃	어닐링	155	350
S 10 C (기계구조용 탄소강)	인발	220	330
〃	어닐링	110	300
황동	인발	150	360

그림 3.230은 소재의 회전수에 따른 전조력(轉造力)의 변화를 나타낸 것으로서 소재를 처음 1회전시키

는 데 전조력이 가장 많이 필요함을 알 수 있다.

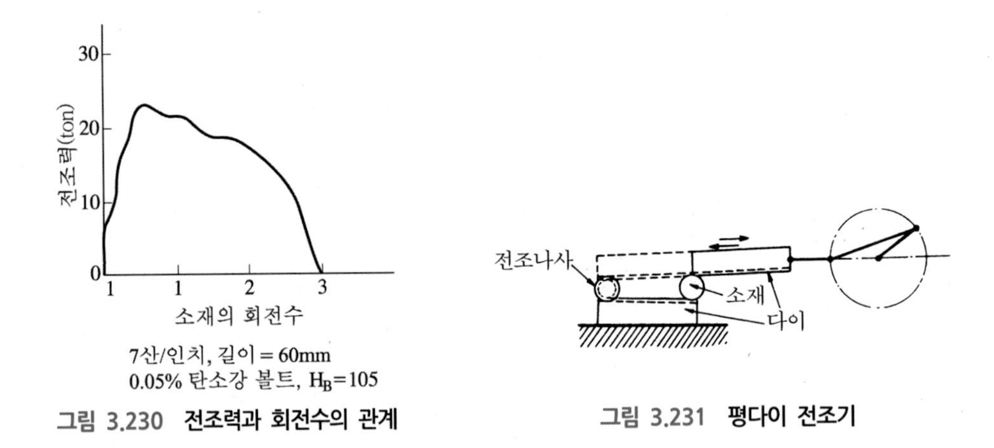

그림 3.230 전조력과 회전수의 관계

그림 3.231 평다이 전조기

8.2.2 나사전조의 종류

1) 평다이 전조기

평다이 전조는 그림 3.231과 같이 평다이 전조기를 사용하여 평다이 중 하나는 고정시키고, 다른 한 개를 직선운동시켜 1회의 행정으로 전조가공을 하는 것이다.

전조 때의 하중은 다이 면에 수직 성분, 구름 방향 성분인 접선력, 나사축방향 성분으로 되어 있다. 다이에는 성형부와 다듬질부가 있으며, 다듬질부의 최소 길이는 나사의 반회전 거리인 $\pi d_e/2$로 한다(d_e : 나사의 유효 지름).

2) 롤 다이 전조기

롤 다이(roller die) 전조기는 그림 3.232와 같이 2개의 롤 다이 사이에 소재를 넣어 전조가공하는 것인데, 두 축은 평행하고 그중 하나는 축이 이동하도록 되어 있으며, 다른 하나는 위치가 고정되어 있다. 소재는 지지대가 받치고 있어 아랫쪽으로 흐르지 않는다.

그림 3.233은 나사의 지름에 대한 전조압력을 표시한 예이다.

나사의 직경이 증가할수록, 나사의 피치가 클수록 전조압력이 증가함을 알 수 있다.

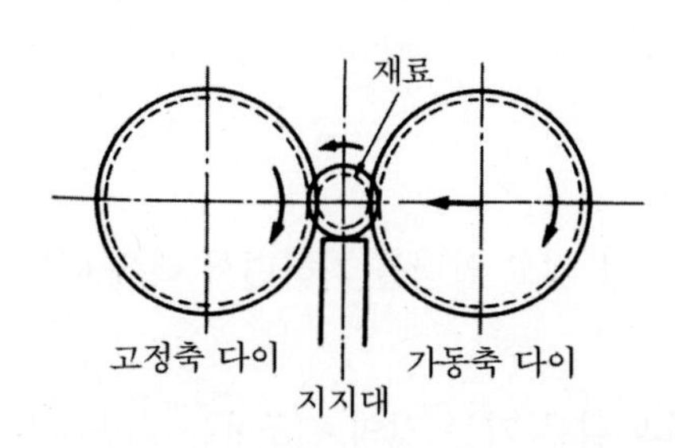

그림 3.232 롤 다이 나사 전조기

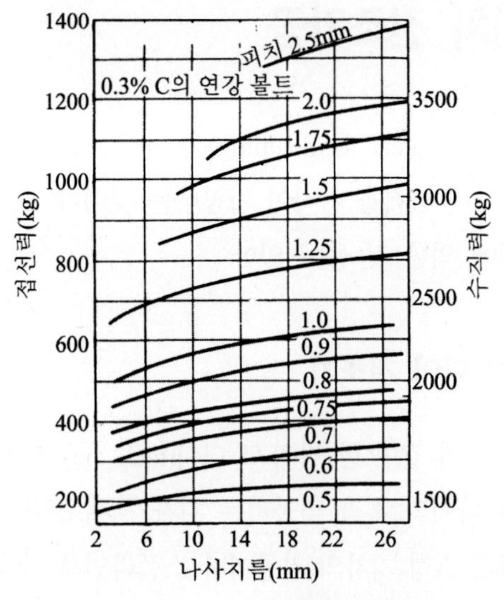

그림 3.233 나사 지름과 전조력

3) 로타리 플라네타리 전조기

로타리 플라네타리(rotary planetary) 전조는 그림 3.234와 같이 세그먼트(segment) 다이를 고정시키고 원형 다이를 회전시켜 자동으로 장입된 소재가 타단에서 완성된 나사로 나오며 대량 생산에 적합하다. 크랭크운동에 의한 평 다이 전조기에서는 가공을 하지 않는 귀환행정(return stroke)이 있으나, 로타리 플라네타리 전조기에서는 그와 같은 공전(空轉)이 없다.

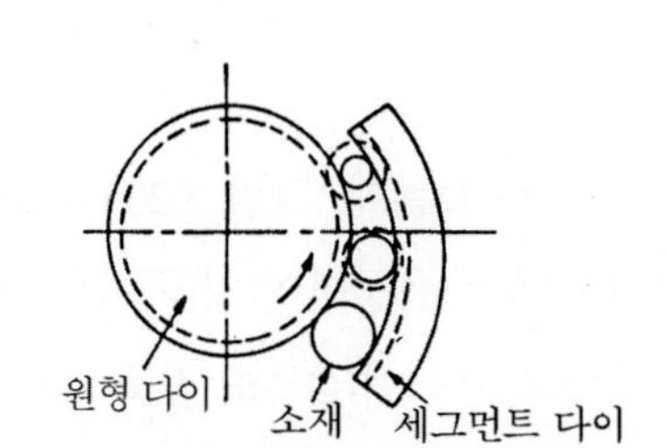

그림 3.234 플라네타리식 나사 전조기

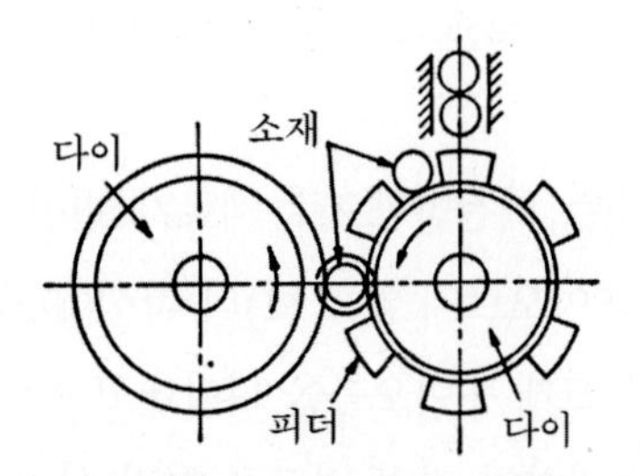

그림 3.235 차동식 나사 전조기

4) 차동식 전조기

그림 3.235와 같이 크기가 다른 2개의 원형 다이를 동일 방향으로 회전시키며 소재를 다이의 원주속도 차의 $\frac{1}{2}$의 속도로 접선 방향에서 공급하여 회전시키면, 다이의 최소 간격을 통과할 때 나사가공이 된다. 이와 같은 방법을 **차동식 전조**(差動式 轉造)라 한다.

8.3 치차 전조가공

치차 전조가공(gear form rolling)은 나사전조와 같이 1개, 2개 또는 3개의 공구를 유압이나 캠(cam) 방식으로 소재에 압력을 가하여 가공하는 것이다. 치차(齒車) 전조가공의 종류는 랙 다이, 피니언 다이 및 호브 다이에 의한 것 등이 있다.

8.3.1 랙 다이 전조기

그림 3.236과 같이 한 쌍의 **랙 다이**(rack die) 사이에 소재를 넣고 압력을 가하면서 랙을 이동시켜 소재를 굴리면 다이의 홈과 맞물리는 치차가 제조된다.

이 방법은 소형 치차의 가공이나 스플라인축, 세레이션과 같은 가는 것의 전조에는 적합하나, 대형 치차에서는 랙이 길어져야 하므로 부적당하다.

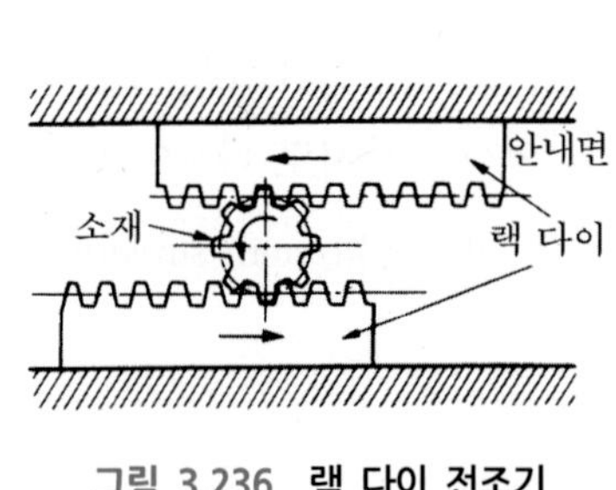

그림 3.236 랙 다이 전조기

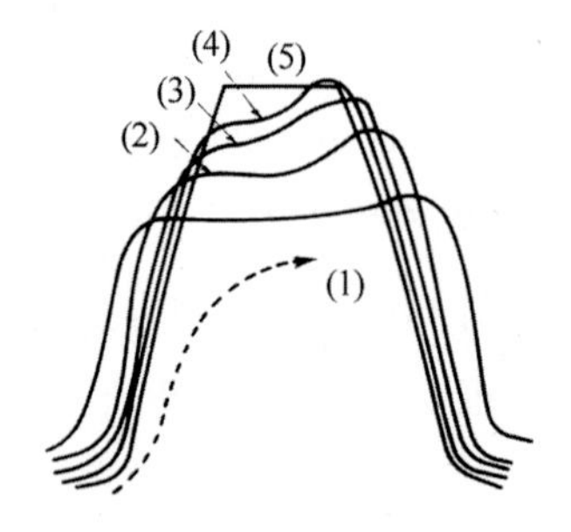

그림 3.237 치형의 솟아오름

치차의 전조에서는 회전방향으로 재료가 변형유동하여 솟아오르는데, 그림 3.237과 같이 치형에 대하여 좌우대칭으로 솟아오르지 않고 (1)의 파선(破線)과 같이 재료는 유동하여 양 치차의 축심을 잇는 선상을 치형이 지날 때 크게 솟아오름을 나타내고 우측이 더 솟아오른다. 유압으로 전조하는 경우 설정압력이 크면 1회전당의 삽입량이 커져 비교적 빨리 삽입과정을 끝내고 우측의 불균등한 솟아오름을 작게 할 수 있다. 그림 3.237에서 (2), (3), (4) 및 (5)는 치차 전조가공의 횟수가 증가함에 따른 치차 표면의 유동상황 및 모양의 변화를 나타낸 것이다.

8.3.2 피니언 다이 전조기

그림 3.238과 같이 **피니언 다이**(pinion die)를 소재에 접촉시키면서 압력을 가한 상태에서 회전시키면 치형이 만들어지며, 전조력이 클 때에는 2개 또는 3개의 피니언 다이로 다른 방향에서 가압한다.

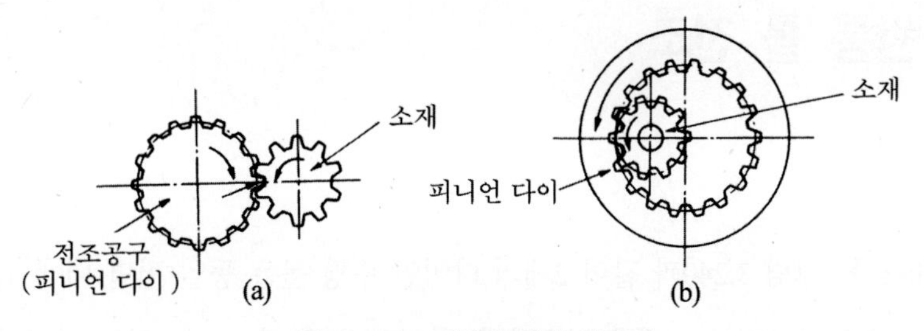

그림 3.238 **피니언 다이 전조기**

(a)의 외접형에서는 공구 또는 소재의 어느 한쪽을 구동하면 되지만, 치차가 소재의 원주를 정수로 나누어야 하므로 제조될 수 있는 치차에 제한이 생긴다. 이와 같은 자유구동방식의 결점을 제거하려면 공구와 소재의 양쪽을 강제구동하면 어떤 경우에나 소정의 치수를 가진 치차의 전조를 할 수가 있다. 다만 전자에 비하여 구동기구가 복잡해진다. (b)와 같은 내접형을 사용할 때는 공구의 이끝이 파고 들기 쉬운 형을 하고 있으므로, 비교적 재료가 잘 솟아오르는 이점이 있으나 공구의 제작이 간단하지 않다.

8.3.3 호브 다이 전조기

그림 3.239와 같이 호브 다이(hob die) 전조기는 전조공구(호브)를 상하에 두고 소재는 축방향으로 보낸다. 소재는 분할대(index head)에 의하여 소정의 각도만큼 회전시켜 다이 사이에 넣는다.

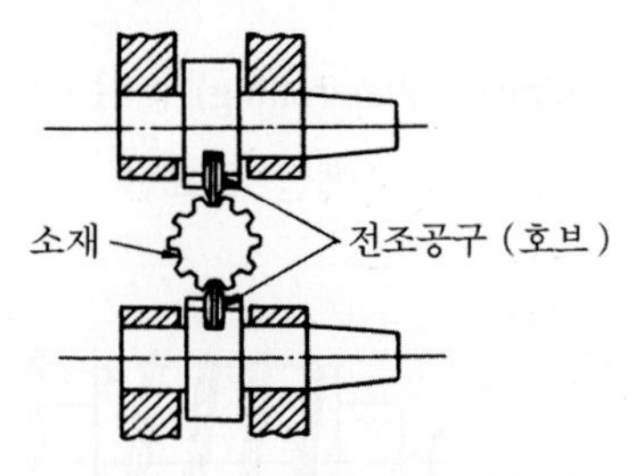

그림 3.239 **호브 다이 전조기**

8.4 볼 및 원통 롤 전조

8.4.1 볼 전조

볼 전조(ball rolling)는 그림 3.240과 같이 2개의 다이인 수평 롤은 동일 평면 내에 있지 않고 교차되어 있어 소재에 전조압력을 가하면서 소재를 이송한다. 다이의 홈은 볼을 형성하는 가공면이며 산은 소재를 오목하게 패이게 하면서 최후에는 절단하는 역할을 한다.

강구(鋼球, steel ball)의 전조는 800~1,000℃의 열간에서 행한다.

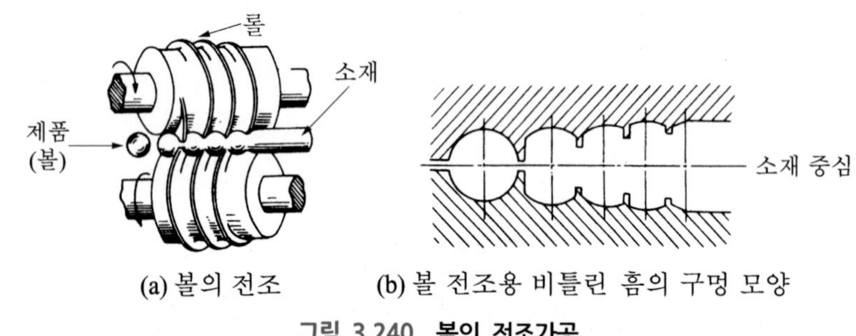

(a) 볼의 전조 (b) 볼 전조용 비틀린 홈의 구멍 모양

그림 3.240 볼의 전조가공

8.4.2 원통 롤 전조

그림 3.241과 같은 **원통 롤 전조**(cylindrical roller rolling)에서는 볼의 전조에서처럼 다이인 롤을 교차시킬 수 없고 평행하게 해야 하며, 한쪽의 다이 롤에만 필요한 나선형의 돌기를 만들어 가공한다.

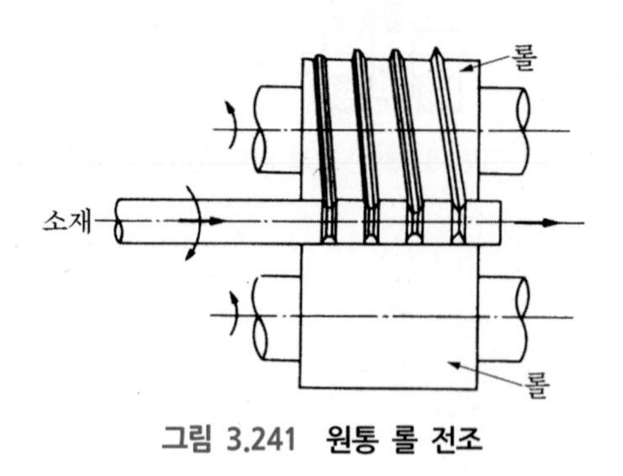

그림 3.241 원통 롤 전조

09장

고에너지 속도가공

9.1 고에너지 속도가공의 개요

최근 우주항공용, 일반항공기용으로 사용되는 내열합금(耐熱合金)이나 고장력합금(高張力合金)을 성형하는 데 폭발이나 방전 같은 높은 에너지와 큰 속도를 이용한 가공법이 개발되었다.

이 가공법은 $10^{-3} \sim 10^{-6}$초 정도의 극히 짧은 시간에 큰 에너지를 방출하여 금속을 성형하는 것이며, 방출시간이 짧으므로 단위시간당 에너지, 즉 에너지 속도가 대단히 크다. 이를 **고에너지 속도가공**(high energy rate forming, 약하여 HERF)이라 한다.

이 가공법의 대표적인 것으로는 가공력의 원천으로 화약의 폭발 에너지를 이용하는 **폭발성형**(爆發成形, explosive forming), 고전압의 방전에 의한 전기적 에너지를 이용하는 **액중방전성형**(液中放電成形, electro-hydraulic forming), 전자 에너지를 이용한 **전자형성**(電磁形成, electro-magnetic forming) 및 압축가스의 방출 에너지를 이용한 해머의 고속타격에 의한 **고속단조가공**(高速鍛造加工, pneumatic mechanical high velocity forming) 등이 있다.

고에너지 속도가공을 이용하면 고장력합금과 같이 강도가 큰 재료와 형상이 복잡한 것도 1회 가공에 완전 성형이 가능하고, 보통의 가공으로는 성형이 되지 않거나, 성형이 곤란한 재료, 복잡한 형상의 제품 또는 대형치수의 제품의 성형이 매우 용이하며, 스프링백이 작은 정밀한 제품을 얻을 수 있다. 동일제품의 대량생산에는 적합하지 않고, 다품종 소량생산에 적합하며 재료의 절감이 가능한 이점이 있다.

그림 3.242는 두께 8.4 mm의 알루미늄판으로 구형(球形)의 용기를 만드는 폭발성형의 한 예를 나타낸 것이다. 폭발성형을 이용할 경우 1회의 가공으로 제품을 만들 수 있지만, 프레스를 이용하여 성형할 경우 750톤 정도의 프레스가 필요하다.

보통의 성형에서 변형속도(變形速度)는 기계의 램 속도로 규정되어 있었으나, 고에너지 속도가공에서는 에너지 형태나 제품의 형상의 영향을 받는다. 그림 3.243은 여러 가지 가공방법에 따른 변형속도를 비교한 것인데, 고에너지 속도가공이 다른 가공방법보다 변형속도가 큰 것을 알 수 있다. 그림 3.237과 같은 경우는 소재판과 폭약과의 거리 (S)로 변형속도를 변화시킬 수 있다.

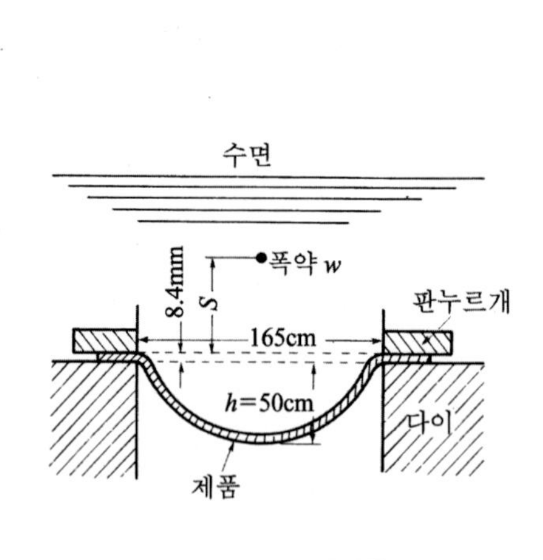

그림 3.242 **폭발성형**

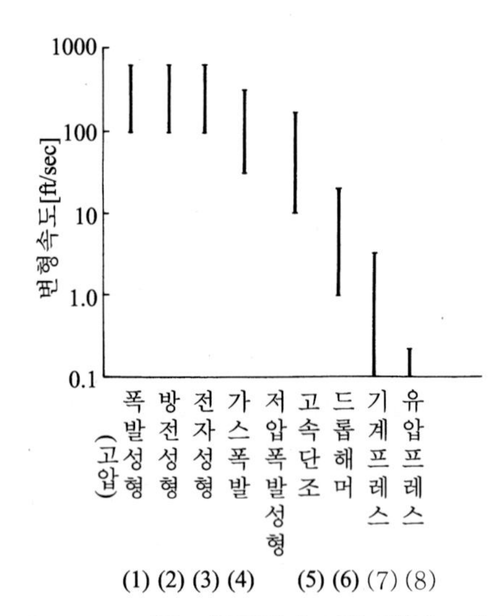

그림 3.243 **각종 가공방법에 의한 변형속도의 비교**

9.2 폭발성형

그림 3.242와 같이 다이 위에 소재를 놓고 이를 액체(물) 속에 넣어 얼마만큼의 거리를 두고 화약을 폭발시켜, 이로부터 얻게 되는 충격파의 압력, 가스팽창 및 유체압력 등으로 금속의 판 또는 관을 급속히 변형시키는 것을 폭발성형이라 한다. 그림 3.242와 같이 소재를 받치는 바닥이 없는 다이를 사용하는 경우 **자유성형**(自由成形, free forming)이라 하고, 바닥이 있는 다이를 사용하는 **형성형**(型成形, die forming, 그림 3.244) 및 관의 일부를 넓히는 원통벌지 성형(그림 3.245) 등이 있다.

먼저 폭발이 발생하면 고온, 고압의 가스가 발생하나, 주위에 있는 물의 질량 때문에 온도상승속도에 비례한 빠르기로 가스는 팽창할 수 없으므로, 압력이 단시간에 급상승하여 물을 통하여 밖을 향해 반지름 방향으로 퍼지려 하고 소위 **충격파**(衝擊波, shock wave)가 생긴다. 방사상으로 퍼진 충격파가 소재판에 부딪쳐 판에 부분적으로 높은 압력이 작용했을 때, 판은 저압방향으로 가속되어 이에 상응한 운동 에너지를 가지며 성형이 이루어진다. 팽창한 가스는 내부압력이 저하되나 에너지가 높아진 용기 내의 물이 여기에 유입하므로 급격한 단열압축을 받아 수축한다. 그 때문에 가스는 다시 내부 에너지가 높아지고 또 다시 팽창으로 바뀐다. 이와 같이 팽창, 수축을 반복하지만 판의 성형에는 충격파 외에 2차적 유체압력이 큰 작용을 한다고도 한다.

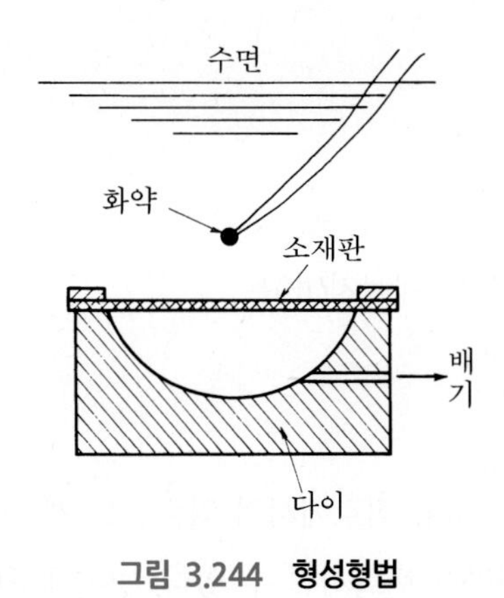

그림 3.244 형성형법

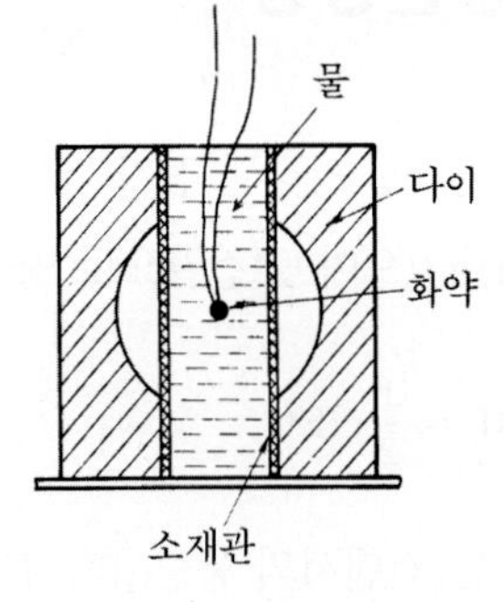

그림 3.245 관의 벌지가공

충격파의 압력(P)은 수중을 전파함에 따라 감소하여 시간 및 공간의 함수로 표시하면

$$P = p_m \exp(-t/\theta) \tag{3.96}$$

가 되고,

p_m : 정해진 거리에서의 최대응력
t : 블랭크까지의 압력 전달시간
θ : 정해진 거리 및 폭약 종류에 따라 정해지는 시간특성상수이다.

일반적으로 시간특성상수 θ는 최대압력이 50%로 저하할 때까지의 시간이며, 시간-압력선상에서 직선부분으로서 실용구역이고, P는 p_m의 30% 정도이다.

그림 3.246은 변형속도가 느린 저폭약을 사용하여 이것의 연소로 피스톤을 가속하여 관을 벌지가공하는 폭발성형의 예를 나타낸 것이다.

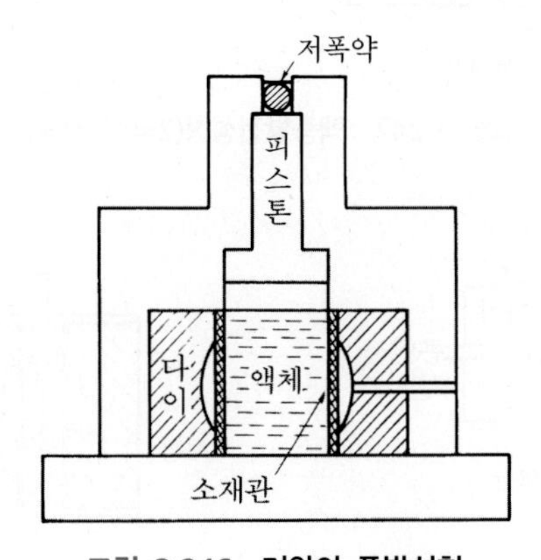

그림 3.246 저압의 폭발성형

9.3 액중방전성형

폭약 대신 콘덴서에 저장된 전기 에너지를 이용하는 것이 **액중방전성형**(液中放電成形)이다. 그림 3.247에 이것을 나타내었으며 고전압으로 충전된 콘덴서의 방전 에너지(W)는

$$W = \frac{1}{2}CV^2 \tag{3.97}$$

이다. 여기서 C는 컨덴서의 용량(μF), V는 충전전압(kV)이다. 회로에서의 열손실을 제거한 것이 액중에 설정된 간극에서 방출되므로, 전원의 제어에 의하여 변형량을 변화시킬 수 있다. 방전에 의하여 발생하는 충격파와 가스압력 및 액류를 이용하여 가공한다. 성형방식에는 그림 3.247과 같은 2극식 전극 외에 소재를 한쪽의 전극으로 한 단극식(그림 3.248)이 있으며 그림 3.249와 같이 전극 간에 금속세선을 연결하고 선을 기화시켜 압력을 발생시키는 방식도 있다.

이 도선방전에 의하면 전극간극을 크게 할 수 있으므로 압력원을 넓힐 수 있고, 또 방전이 안정하므로 그림과 같이 관의 가공에 유리하다.

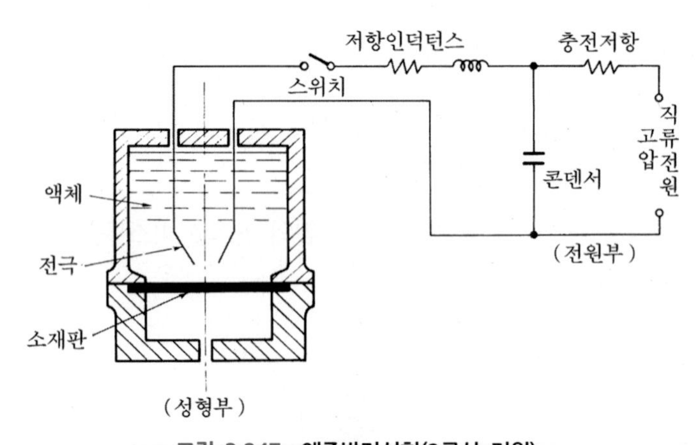

그림 3.247 액중방전성형(2극식 전원)

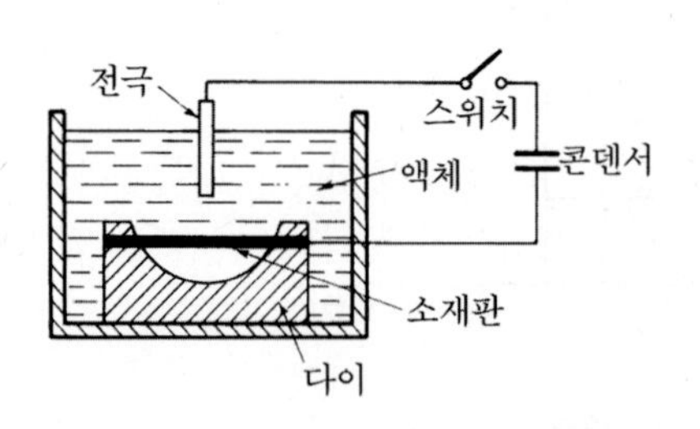

그림 3.248 단극식 전극에 의한 성형

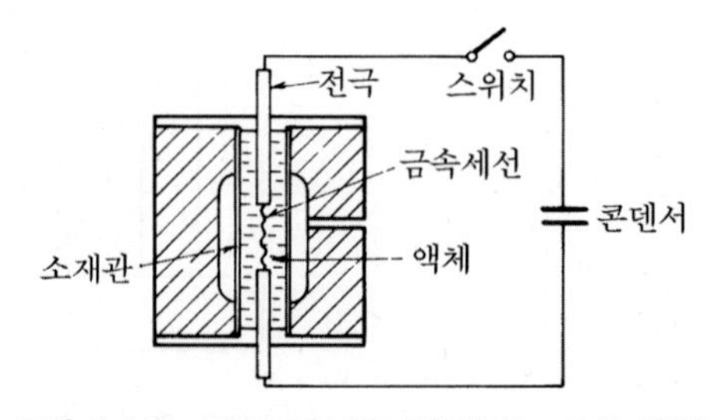

그림 3.249 파이프의 벌지가공(가는 도선 사용)

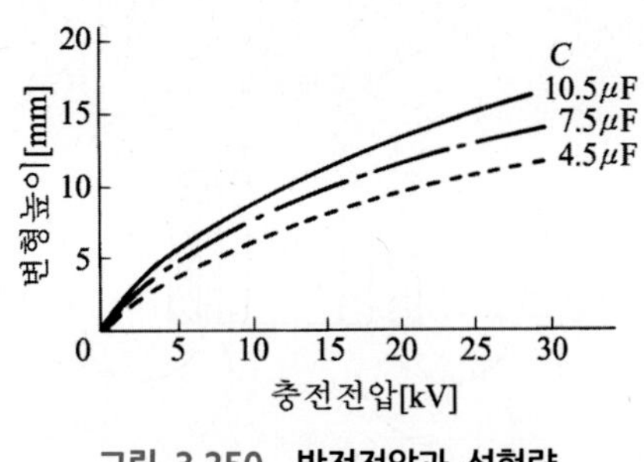

그림 3.250 방전전압과 성형량

그림 3.247의 성형량과 방전 에너지와의 관계를 표시한 것이 그림 3.250이며 횡축은 에너지 제어에 중요한 역할을 하는 전압이다. 보통 충전에너지 W와 변형높이 h와의 관계는 다른 조건을 일정하게 하였을 때

$$h = kW^{\alpha} \tag{3.98}$$

로 주어지며, 성형이 충격파의 역적(力積)에 의존된다고 하여 k, α가 주어지고 있다.

9.4 전자성형

전기적 에너지를 순간적으로 해방하면 고속변화자계가 발생하며, 이 자계 내에 성형하려는 도체를 놓고 도체 내를 흐르는 유도전류와 자계(磁界)로 인하여 생기는 힘으로 금속을 성형하는 것이 **전자성형법**(電磁成形法)이다. 그림 3.251은 가장 기본적인 전자성형법이며, 코일에 콘덴서 방전에 의한 방전전류를 흐르게 하면 펄스적인 강한 자계가 코일과 도체소재 사이에 발생하여 전자력으로 소재는 내측을 향하여 변형한다. 소재 1 cm^2당에 작용하는 힘은 표면의 자계의 에너지 밀도와 같고, 자속밀도를 B 가우스라 할 때 $B^2/8\pi$ [$dyne/cm^2$]이 된다. 자속밀도가 30만 가우스이면 약 35 kg/mm^2의 압력을 얻는다. 그림 3.252와 같이 여러 가지 형상으로 코일을 감아 자계를 만들면 스웨이지가공, 벌지가공, 오무리기가공, 엠보싱가공, 조립작업 등을 할 수 있고 특히 불규칙 형상에 적용된다. 전자성형법을 **자력성형법**(磁力成形法)이라고도 한다.

성형의 난이도는 자속밀도 B를 일정하게 하면 전기저항이 큰 것일수록 성형이 용이하며, 동, 알루미늄, 마그네슘, 철의 순서가 된다. 다만 도체의 자기적 성질에 따라 방전전류의 주파수를 적당히 선택할 필요가 있고, 강자성 재료에서는 자기적 작용의 크기가 힘에 큰 영향을 끼치므로 저주파를 택하는 것이 유리하다.

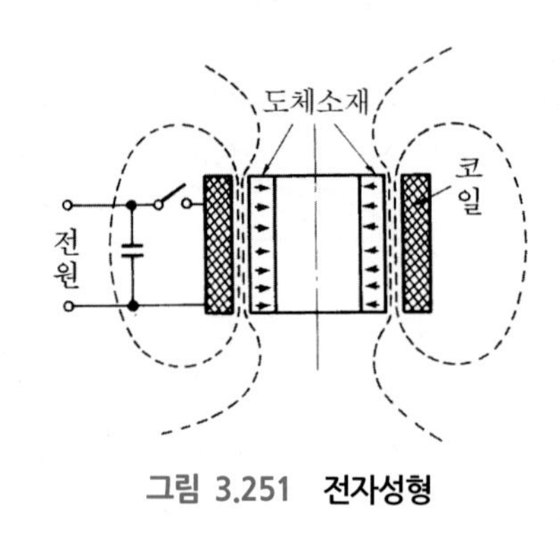

그림 3.251 **전자성형**

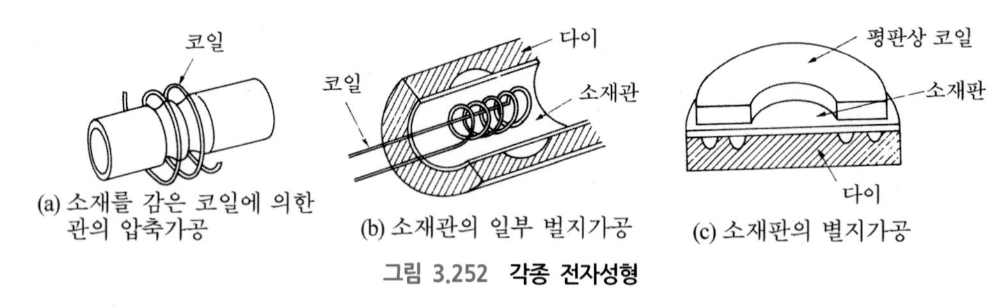

(a) 소재를 감은 코일에 의한 관의 압축가공 (b) 소재관의 일부 벌지가공 (c) 소재판의 별지가공

그림 3.252 **각종 전자성형**

9.5 가스성형

가스성형법은 그림 3.253과 같이 고에너지 연료 가스에 점화하여 폭발압력을 이용하는 방법으로서 폭발이 안정되어야 하고, 연료 가스는 유해하지 않아야 하며, 특정 온도 및 압력하에서 가스체를 유지하고 있어야 한다. 이러한 연료 가스에는 수소(H_2), 에탄(ethane), 메탄(methane) 및 천연 가스 등이 있다.

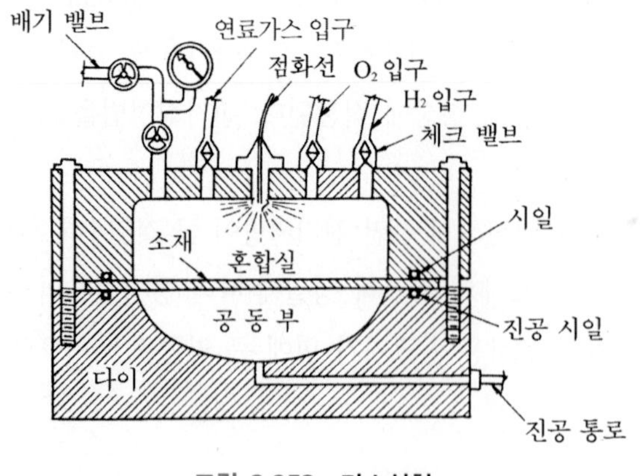

그림 3.253 **가스성형**

연습문제

제1장 소성이론

1. 소성가공의 특징을 설명하여라.

2. 소성가공에 이용되는 재료의 기계적인 성질을 열거하고 설명하여라.

3. 소성변형과 탄성변형의 영역을 응력과 변형률 관계의 그림으로 설명하여라.

4. 후크의 법칙(Hooke's law)에 대하여 그림을 그려서 설명하여라.

5. 금속결정의 소성변형에서 쌍정과 전위에 대하여 설명하여라.

6. 소성가공에 이용되는 금속재료의 성질 변화 3단계에 대하여 써라.

7. 재결정에 대하여 설명하여라.

8. 다음 금속들을 재결정 온도가 높은 순서대로 표시하여라.
① 금 ② 동 ③ 철 ④ 텅스텐 ⑤ 니켈 ⑥ 아연 ⑦ 알루미늄 ⑧ 납

9. 소성가공의 종류를 들고 간단히 설명하여라.

10. 다음 용어를 설명하여라.
① 재결정 온도 ② 단면감소율 ③ 가공경화 ④ 회복

11. 냉간가공과 열간가공을 비교하여 설명하여라.

12. 재료의 항복조건에 대하여 설명하여라.

13. 최대 전단응력설에 대하여 설명하여라.

제2장 단조

14. 단조가공의 목적은 무엇인가?

15. 단조가공의 종류를 열거하고 설명하여라.

16. 형단조에서 플래시(flash)란 무엇이며, 이것을 두어야 하는 이유를 설명하여라.

17. 단조온도에 대하여 설명하여라.

18. 자유단조와 형단조에 대하여 써라.

19. 청열취성이란 무엇인가?

20. 단조기계의 종류를 들고 설명하여라.

21. 단조비에 대하여 설명하여라.

22. 단조 해머의 종류를 열거하고 설명하여라.

23. 단조 프레스의 종류를 열거하고 설명하여라.

24. 압연단조작업에 대하여 설명하여라.

25. 로타리 스웨이징(rotary swaging)에 대하여 설명하여라.

26. 자유단조작업의 종류를 열거하고 설명하여라.

27. 단조비(forging ratio)에 대하여 단조가공 전 · 후의 그림을 그려서 설명하여라.

28. 업셋단조의 3원칙에 대하여 설명하여라.

29. 좌굴현상(buckling)에 대하여 설명하여라.

30. 단조금형 설계 시 고려사항을 설명하여라.

31. 단조결함에 대하여 설명하여라.

32. 다음 단조기계의 용량표시에 대하여 써라.
① hammer ② crank press ③ 유압 press

33. 단조기계인 낙하 해머의 효율(η)에 대하여 설명하여라. 단, 해머가 공작물에 충격을 가할 때 충격 시의 속도 v_1, 충격 후의 속도 v_2, 낙하부의 질량과 중량을 m_1 및 W_1, 피 타격체의 질량과 중량을 각각 m_2 및 W_2라 한다.

34. 단조재료의 중량 계산 시 고려사항을 설명하여라.

35. 단접(forge welding)이란 무엇인가?

36. 리벳 이음에서 코킹(caulking)과 플러링(fullering)에 대하여 설명하여라.

제3장 압연

37. 압연가공(rolling)에 대하여 써라.

38. 분괴압연이란 무엇인가?

39. 분괴압연기에서 나온 제품은 단면의 형상과 치수에 의하여 다음과 같이 부른다. 이에 대하여 설명하여라.
① 블룸 ② 빌릿 ③ 슬래브 ④ 시트 바 ⑤ 플레이트 ⑥ 바 ⑦ 로드

40. 냉간압연과 열간압연을 비교 설명하여라.

41. 압연가공에서 다음을 설명하여라.
   ① 압하율 ② 단면감소율 ③ 연신율 ④ 폭증가율(증폭율)

42. 압연가공에서 소재와 롤 사이에서 생기는 접촉각과 마찰각에 대하여 설명하여라.

43. 압연가공에서 소재가 자력으로 롤 사이에 공급되기 위한 조건에 대하여 설명하여라.

44. 압하량($H_0 - H_1$), 롤의 직경(D) 및 마찰계수(μ)와의 관계를 설명하여라.

45. 압연가공에서 프릭션 힐(friction hill)과 중립점에 대하여 설명하여라.

46. 압연기의 종류를 열거하고 설명하여라.

47. 4단 압연기에서 구동 롤과지지 롤에 대하여 설명하여라.

48. 유성압연기(planetary rolling mill)에 대하여 설명하여라.

49. 만네스만 압연기에 대하여 설명하여라.

50. 롤의 편평화를 방지하기 위한 방법에 대하여 설명하여라.

51. 롤 캠버(roll camber)는 무엇이며, 이를 두는 이유를 설명하여라.

52. 압연가공에서 엘리게이터링(alligatoring)에 대하여 설명하고 이의 방지대책에 대하여 설명하여라.

제4장 압출

53. 압출가공(extrusion)에 대하여 써라.

54. 전방압출과 후방압출을 비교 설명하여라.

55. 후방압출의 장단점을 써라.

56. 압출력에 영향을 미치는 인자에 대하여 설명하여라.

57. 압출 전후의 제품의 길이 또는 단면적으로 압출비를 설명하여라.

58. 압출제품에 생기는 파이핑(piping)에 대하여 설명하여라.

59. 압출제품에 유리피복 윤활을 하는 이유와 방법을 설명하여라.

60. 압출결함의 종류를 열거하고 설명하여라.

61. 충격압출을 설명하고, 이에 의해서 생산되는 제품의 예를 몇 가지 들어라.

62. 정수압압출에 대하여 써라.

63. 압출가공을 응용한 천공가공(piercing)에 대하여 설명하여라.

64. 압출제품의 결함 방지책을 설명하여라.

제5장 인발

65. 인발가공에 대하여 설명하여라.

66. 인발응력과 다이 각도 사이의 관계를 도시하고 설명하여라.

67. 인발가공의 종류를 열거하고 설명하여라.

68. 관의 인발방법에 대하여 설명하여라.

69. 인발다이의 그림을 그려서 각 부에 대하여 설명하여라.

70. 인발력에 미치는 인발조건의 영향에 대하여 설명하여라.

71. 인발응력과 다이각의 관계를 그림을 그려서 설명하여라.

72. 인발가공에서 최적 다이각에 대하여 설명하여라.

73. 인발가공에서 역장력에 대하여 써라.

74. 인발가공에서 파텐팅(patenting)에 대하여 설명하여라.

75. 인발제품의 결함에 대하여 설명하여라.

제6장 제관

76. 이음매가 없는 관(Seamless pipe)의 제조법의 종류를 들고 간단히 설명하여라.

77. 만네스만 천공법에 대하여 설명하여라.

78. 제관(pipe making)의 종류를 열거하고 설명하여라.

제7장 프레스 가공

79. 프레스(press) 가공의 종류를 열거하고 각각에 대하여 간단하게 설명하여라.

80. 복동식 크랭크 프레스의 행정과 크랭크각에 대하여 설명하여라.

81. 너클 프레스에 대하여 설명하여라.

82. 토글 프레스에 대하여 설명하여라.

83. 마찰 프레스에 대하여 설명하여라.

84. 전단각의 부여에 대하여 블랭킹과 펀칭으로 나누어 설명하여라.

85. 타공(punching)과 타발(blanking)에 대하여 써라.

86. 전단가공의 종류를 열거하고 설명하여라.

87. 전단가공에서 에지 브릿지와 피드 브릿지에 대하여 설명하여라.

88. 굽힘가공에서 스프링백(spring back)에 대하여 설명하고 그 방지대책을 설명하여라.

89. 굽힘가공에서 중립면을 설명하여라.

90. L굽힘에서 제품의 길이를 구하라.

91. 관을 굽힘가공할 때 불량을 방지하기 위한 대책을 설명하여라.

92. 교정작업의 종류를 열거하고 설명하여라.

93. 딥 드로잉(deep drawing)에 대하여 써라.

94. 역식 딥 드로잉에 대하여 설명하여라.

95. 드로잉률에 대하여 써라.

96. 드로잉에서 아이어닝(ironing)에 대하여 설명하여라.

97. 박판 성형가공의 종류를 열거하고 설명하여라.

98. 스피닝(spinning)에 대하여 설명하여라.

99. 벌징(bulging)에 대하여 설명하여라.

100. 비딩(beading)에 대하여 설명하여라.

101. 신장 플랜지가공과 압축 플랜지가공에 대하여 설명하여라.

102. 압축가공의 종류를 열거하고 설명하여라.

103. 코이닝과 엠보싱에 대하여 설명하여라.

104. 박판 특수성형가공법의 종류를 열거하고 설명하여라.

105. 마폼 프로세스(Marform process)에 대하여 설명하여라.

제8장 전조가공

106. 전조가공이 무엇인지 나사를 예로 들어서 설명하여라.

107. 전조가공의 특징에 대하여 설명하여라.

108. 전조력과 소재의 회전수의 관계를 그림을 그려서 설명하여라.

109. 나사 전조가공의 종류를 열거하고 설명하여라.

110. 로타리 플라네타리 전조기에 대하여 설명하여라.

111. 치차 전조가공의 종류를 열거하고 설명하여라.

112. 볼 전조가공에 대하여 설명하여라.

제9장 고에너지 속도가공

113. 고에너지 속도가공의 종류를 열거하고 설명하여라.

114. 폭발성형에 대하여 설명하여라.

115. 액중방전성형의 원리를 설명하여라.

116. 전자성형의 원리를 설명하여라.

심화문제

01. 금속에 열을 가했을 때 일어나는 성질 변화에 대하여 그림을 그려서 설명하여라.

풀이 금속에 열을 가하면 분자가 활발하게 움직인다. 이로 인하여 금속 자체의 성질이 변화하며, 온도에 따라서 그림과 같이 3단계로 변화하게 된다.

(1) 회복(recovery) : 어떤 온도 이하에서는 금속의 결정 입자는 변화하지 않고 내부응력만 이완되는 것을 회복이라 한다. 이를 내부응력의 이완이라고도 한다.

(2) 재결정(recrystallization) : 회복 구간을 지나서 좀 더 가열하면 새로운 결정 입자가 생겨난다. 이것을 재결정이라 한다. 이 구간에서 금속의 성질이 크게 변화한다. 즉, 강도와 경도는 크게 저하되며, 연성은 증가한다.

(3) 입자성장(grain growth) : 재결정이 완료되어 새로 생긴 결정 입자가 점차 성장하는 구간이다. 이 구간에서는 연성이 크게 증가한다.

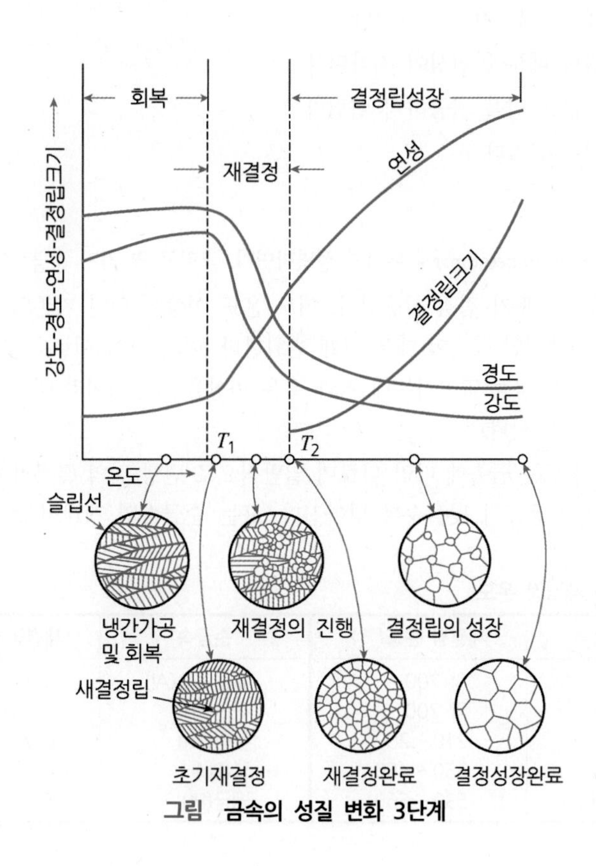

그림 금속의 성질 변화 3단계

02. 열간가공과 냉간가공에 대하여 설명하여라. 그리고 장단점을 비교 설명하여라.

풀이 (1) 열간가공(hot working) : 재결정 온도 이상에서 가공하는 것이다.

•장점 : ① 1회에 많은 양을 가공할 수 있다.
② 가공시간을 단축시킬 수 있다.
③ 가공에 큰 에너지가 필요하지 않다.

•단점 : ① 변형이 심하다.
② 기계적 성질이 불균일하다.
③ 정밀도가 높지 않다.

(2) 냉간가공(cold working) : 재결정 온도 이하에서의 가공을 말한다.

•장점 : ① 정밀도가 높게 가공할 수 있다.
② 기계적인 성질이 양호하다.
③ 가공 후 변형이 적다.
④ 후가공 공정이 줄어든다.

•단점 : ① 가공에 큰 에너지가 필요하다.
② 가공경화 때문에 연성이 저하된다.
③ 1회에 많은 양을 가공하기 어렵다.
④ 가공시간이 길다.

03. 재결정 온도(recrystallization temperature)에 대하여 설명하여라. 그리고 몇 가지 순금속의 재결정 온도를 나타내어라.

풀이 금속에 열을 가하면 온도가 점점 상승한다. 어느 온도 이상이 되면 기존의 결정입자에서 새로운 결정입자가 생겨나며 기계적인 성질이 매우 크게 변화한다. 이와 같이 새로운 결정입자가 생겨나서 성장하여 기존의 결정입자가 점점 없어지는데 이와 같은 현상을 재결정이라 하며 재결정이 일어나는 구간의 온도를 재결정 온도라 한다.

금속의 재결정 온도는 금속에 따라 다르며 일반적으로 변형 전의 결정입자가 작을수록, 금속의 순도가 높을수록, 그리고 온도가 낮을수록 낮아진다. 표는 순금속의 재결정 온도를 나타낸 것이다.

표 순금속의 재결정 온도

순금속	재결정 온도(℃)	순금속	재결정 온도(℃)
금(Au)	약 200	알루미늄(Al)	150 ~ 240
은(Ag)	약 200	아연(Zn)	7 ~ 75
동(Cu)	210 ~ 250	주석(Sn)	−7 ~ 25
철(Fe)	350 ~ 450	납(Pb)	−3
니켈(Ni)	530 ~ 660	백금(Pt)	50

04. 단조온도(최고 단조온도와 단조 종료온도)에 대하여 설명하여라.

풀이 금속을 일정온도 이상 가열하여 단조작업하게 된다. 온도가 높으면 단조작업하기 쉽지만 변형이 크게 되며, 반대로 온도가 낮으면 작업하기는 어렵지만 가공 후 변형이 적다. 이와 같이 온도가 너무 높거나 너무 낮으면 좋은 제품을 얻을 수 없다. 이때 단조작업을 시작하는 온도를 최고 단조온도라 하며 단조작업을 완료하는 온도를 단조 종료온도라 한다. 단조 종료온도는 그 재료의 재결정 온도 부근으로 하는 것이 가장 좋다. 왜냐하면 재결정 온도보다 높으면 단조작업이 끝난 후에 재결정이 진행되므로 결정입자가 바뀌어 기계적인 성질이 변하며, 반대로 재결정 온도보다 낮으면 내부응력이 발생하여 균열이나 파손의 원인이 되기 때문이다. 표는 금속의 단조온도를 나타낸 것이다.

표 각종 금속의 **단조온도**

금속	최고 단조 온도(℃)	단조 종료 온도(℃)	금속	최고 단조 온도(℃)	단조 종료 온도(℃)
탄소강	1,300~1,100	800	고속도강	1,250	950
니켈강	1,200	850	청동	850	700
크롬강	1,200	850	듀랄루민	550	400
스테인리스강	1,300	900	황동	750~750	500~700

05. 업셋단조의 3원칙에 대하여 설명하여라.

풀이 업셋단조의 3원칙은 그림과 같이 나타낼 수 있으며 다음과 같다.

(1) 1회의 타격으로 완료하려면 업셋할 길이 L은 소재의 지름 D_0의 3배(보통 2.5배) 이내로 한다.

(2) 제품지름(D)이 1.5 D_0보다 작을 때는 L은 (3~6) D_0로 할 수 있다.

(3) 제품지름이 1.5 D_0이고 $L > 3D_0$일 때는 공구간의 최초의 간극은 D_0를 넘어서는 안된다.

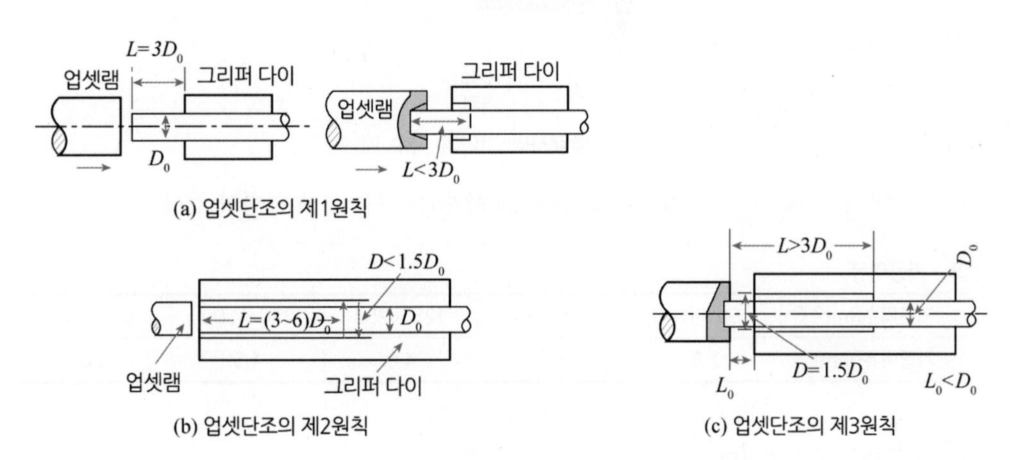

그림 **업셋단조의 3원칙**

06. 단조금형(단형) 설계 시 고려사항을 열거하고 설명하여라.

풀이 (1) 제품이 단형에서 쉽게 인발(引拔)되도록 하기 위하여 그림과 같이 인발구배를 두며 인발구배는 표를 기준으로 한다.

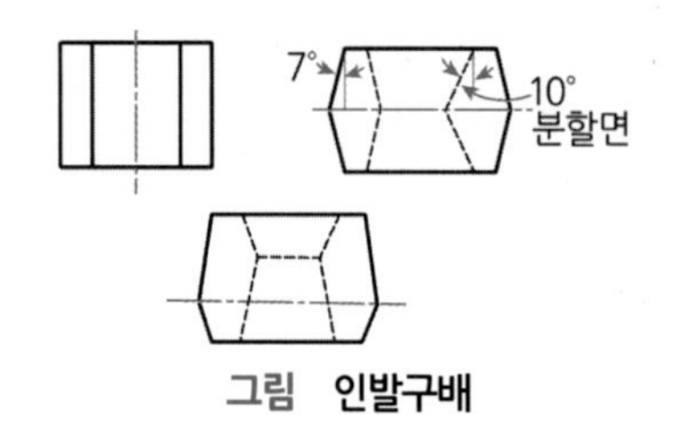

그림 인발구배

표 인발구배

단조면 깊이	외면인발 기울기	내면인발 기울기
60mm 미만	7°	7°
60mm 이상	7°	10°

(2) 단조방향과 직각방향인 단형의 두께는 표를 기준으로 한다.

표 단형 두께

형단조면적(cm^2)	60 미만	60 ~ 125	125 ~ 250	250 ~ 350	350 ~ 500
최소 두께(mm)	3	4	5	6	8

(3) 단형 접합면에 홈(flash)을 파서 여분의 금속이 유출할 수 있게 한다. 다음 그림은 형 접합면의 홈에 여분의 금속이 유출되어 충만된 거터(gutter)를 나타낸 것이다.

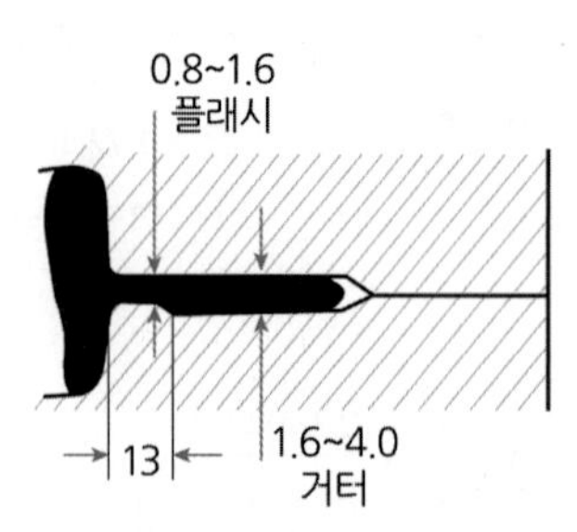

그림 플래시와 거터의 치수 예

(4) 기계가공이 필요한 경우에는 가공여유(加工餘裕)를 다음 표에 준하여 둔다.

표 가공여유

기준치수(mm)	50 이하	50 ~ 125	125 ~ 250	250 ~ 500	500 이상
가공여유(mm)	2.5	3.0	4.0	4.5	6.0

(5) 수축여유를 고려한다.

단형의 치수는 제품치수보다 크게 한다. 이는 수축여유(收縮餘裕)를 고려하기 때문이다.

수축여유는 단조 종료온도부터 상온까지의 수축량을 생각하고, 다시 형 온도도 고려하여 보통 주물자와 같이 실제 치수보다 눈금 크기를 늘려 만든 자를 이용한다.

(6) 모서리부와 구석부는 둥글게 한다.

모서리부나 구석부에서는 재료의 유동이 방향전환을 하므로 되도록 큰 반지름으로 둥글게(rounding) 해야 한다. 이것이 작으면 제품에 재료가 접혀져 겹쳐지는 결함이 생기기 쉽고, 또 단형의 수명은 응력 집중으로 균열이나 마멸을 초래하므로 짧아진다.

07. 리벳 이음에서 코킹과 플러링에 대하여 설명하여라.

풀이 펀치 또는 드릴을 사용하여 구멍을 뚫고 한쪽은 스냅(snap)으로 받치고 다른 쪽에서는 스냅을 대고 그 위를 리벳 해머로 타격을 가한다. 기밀을 요할 때에는 그림 (a)와 같이 코킹(caulking) 공구를 사용하여 판 끝을 눌러서 틈막기를 하며 이것을 코킹(caulking)이라 한다. 그리고 그림 (b)와 같이 플러링 공구로 판을 어긋나게 밀어 주어 리벳 구멍과 리벳 간의 틈인 유체의 통로를 차단하는 것을 플러링(fullering)이라 한다.

그림에서와 같이 리벳의 직경을 d, 판에 뚫린 구멍의 직경을 d_1, 판의 표면에서 리벳의 돌출부분의 길이를 L이라고 하면, 좌굴을 일으키지 않고 리벳 작업이 될 수 있는 돌출부의 길이는 대략 다음과 같다.

$$L \leq (1.5 \sim 1.7)d$$

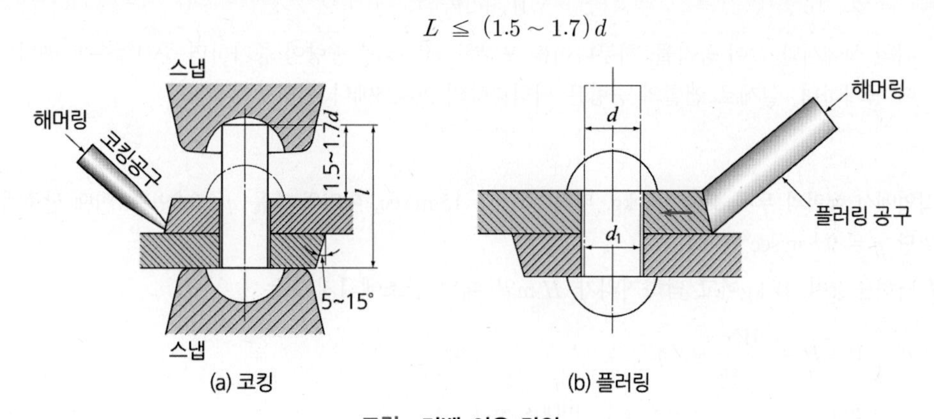

그림 리벳 이음 작업

08. 단조작업에서 낙하 해머의 효율은 낙하중량/앤빌중량의 함수로 나타낸다.

v_1 : 충격 시 해머의 낙하속도

v_2 : 충격 후 해머의 낙하속도

m_1 : 낙하부의 질량(= W_1/g)

m_2 : 앤빌의 질량((= W_2/g)

W_1 : 낙하부의 중량

W_2 : 앤빌의 중량(앤빌, 공작물, 하부다이 등 포함)이라고 할 때 다음을 구하라.

1) 충격 시의 운동에너지(E_1)　　　　2) 충격 후의 운동에너지(E_2)

3) 낙하 해머의 효율(η)

풀이 운동량 일정식을 적용하면

$$m_1v_1 = (m_1 + m_2)v_2$$

1) 충격 시의 운동에너지

$$E_1 = \frac{1}{2}m_1 v_1^2$$

2) 충격 후의 운동에너지

$$\begin{aligned} E_2 &= \frac{1}{2}m_1 v_1^2 - \frac{1}{2}(m_1+m_2)v_2^2 \\ &= \frac{1}{2}\left(\frac{m_1 m_2}{m_1+m_2}\right)v_1^2 \end{aligned}$$

3) 낙하 해머의 효율

$$\begin{aligned} \eta &= \frac{E_2}{E_1} = \frac{1}{2}\left(\frac{m_1 m_2}{m_1+m_2}\right)v_1^2 / \frac{1}{2}m_1 v_1^2 \\ &= \frac{m_1 m_2}{m_1+m_2} \\ &= \frac{W_2}{W_1+W_2} \end{aligned}$$

위의 식에서와 같이 공작물, 하부다이를 포함한 앤빌부의 중량이 증가하면 증가할수록 해머의 낙하 효율이 증가하며, 실제로 앤빌의 중량은 낙하중량의 20~25배나 된다.

09. **단조작업에서 해머의 무게** $W = 200$ kg, **타격속도** $v = 15$ m/sec, **해머의 효율** $\eta = 0.8$**이다. 이때 단조에너지는 얼마인가?(단** $g = 9.8$ m/sec^2**이다.)**

풀이 낙하중량이 Wkg이고 낙하거리가 H m일 때의 단조에너지 E는

$$\begin{aligned} E &= W \cdot H = \frac{W \cdot v^2}{2g} \cdot \eta \\ &= 200 \times \frac{15 \times 15}{2 \times 9.8} \times 0.8 \fallingdotseq 1{,}840(\text{kg} \cdot \text{m}) \end{aligned}$$

답 1,840 kg · m

10. **5 ton 프레스로 단면적 250 mm^{2}인 소재를 단조작업하였을 때 단조변형저항은 얼마인가?(단 프레스의 효율은 80%이다.)**

풀이 프레스의 용량 : P, 단면적 : A

단조변형저항 : K_f, 프레스의 효율 : η라 하면

$$P = \frac{A \cdot K_f}{\eta}$$

$$\therefore K_f = \frac{P}{A} \cdot \eta = \frac{5{,}000}{250} \times 0.8 = 16(\text{kg}/\text{mm}^2)$$

답 16 kg/mm^2

11. 압연가공에서 다음을 그림을 그려서 설명하여라.

1. 압하율
2. 폭증가율
3. 연신율
4. 단면감소율

풀이 그림에서와 같이 압연 전후의 판의 두께를 각각 H_0 및 H_1, 단면적을 각각 A_0 및 A_1, 길이를 각각 L_0 및 L_1, 폭을 각각 B_0 및 B_1이라 한다.

(1) 압하율 $= \dfrac{H_0 - H_1}{H_0} \times 100\%$

(2) 폭증가율 $= \dfrac{B_1 - B_0}{B_0} \times 100\%$

(3) 연신율 $= \dfrac{L_1 - L_0}{L_0} \times 100\%$

(4) 단면감소율 $= \dfrac{A_0 - A_1}{A_0} \times 100\%$

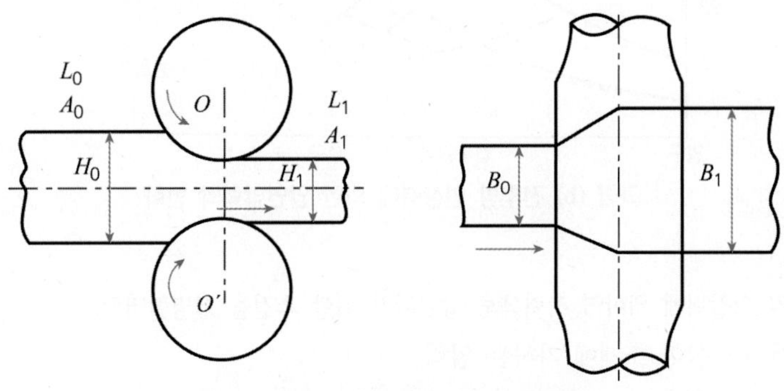

그림 압연 전후의 두께 및 폭의 변화

12. 압연가공에서 중립점(neutral point)에 대하여 설명하여라. 그리고 이것과 프릭션 힐의 관계를 설명하여라.

풀이 판재압연에서 압연 전의 소재의 두께 및 속도를 H_0 및 v_0, 압연 후의 소재 두께 및 속도를 H_1 및 v_1, 그리고 롤 표면과 접촉하고 있는 임의 위치의 소재 두께와 속도를 H 및 v라 하고, 롤의 원주 속도를 V라 한다면 이를 그림 (a)와 같이 나타낼 수 있다.

여기서 소재의 폭의 변화는 압하량의 변화에 비해 큰 영향을 미치지 않기 때문에 압연 전후의 폭을 B로 일정하게 나타내면 다음과 같은 식이 성립한다.

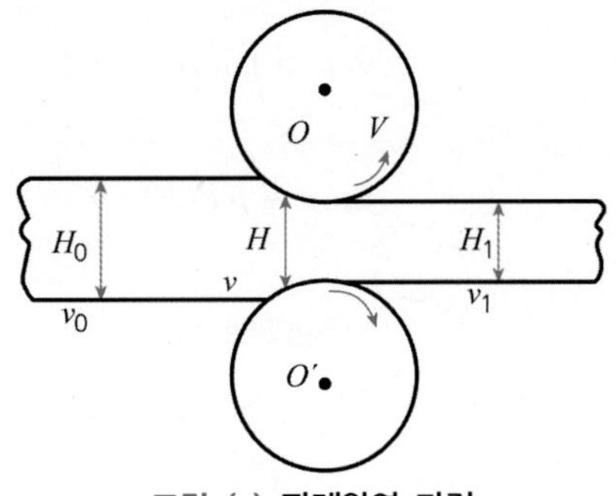

그림 (a) 판재압연 과정

$$v_0 BH_0 = vBH = v_1 BH_1$$

그런데 $H_0 > H > H_1$이므로 식에서 $v_0 < v < v_1$이 성립한다. 즉, 압연이 진행되면서 압연 속도와 롤의 원주 속도가 같은 점, 즉 $v = V$가 성립하는 곳을 중립점 또는 등속점(no-slip point)이라 한다.

압연 압력의 분포는 그림 (b)에서와 같이 접촉 길이가 증가함에 따라서 점점 증가하다가 감소한다. 이와 같은 현상은 인장력을 가하지 않았을 때와 전후방 인장력을 가했을 때 모두 비슷하게 나타난다. 여기서 압연 압력의 최대치가 나타나는 곳을 프릭션 힐(friction hill)이라 하며, 이 점은 중립점과 일치한다. 프릭션 힐은 마찰계수가 클수록 높게 나타나며, 전후방 인장력을 가하면 낮아진다.

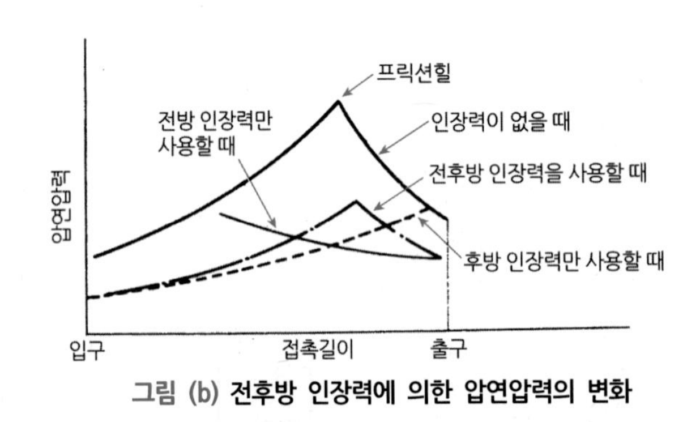

그림 (b) 전후방 인장력에 의한 압연압력의 변화

13. 소재가 롤과 소재의 마찰력에 의하여 자력으로 압연되기 위한 조건을 설명하여라.

풀이 그림 (a)에서 P : 롤이 소재에 가하는 압력

α : 접촉각

μ : 마찰계수

μP : 마찰력

ρ : 마찰각

F : P와 μP의 합력

이라 하면 소재가 자력으로 압연되기 위해서는 그림 (b)에서와 같이 마찰력(μP)의 수평분력이 롤러가 소재에 가하는 압력(P)의 수평분력보다 커야 한다. 즉,

$$\mu P \cos\alpha \geq P \sin\alpha$$

$$\therefore \mu \geq \tan\alpha$$

그림 (a)에서

$$\tan\rho = \mu P / P = \mu$$

위의 두 식에서

$$\tan\rho \geq \tan\alpha$$

$$\therefore \rho \geq \alpha$$

따라서 소재가 자력으로 압연되기 위해서는 마찰각이 접촉각보다 커야 한다.

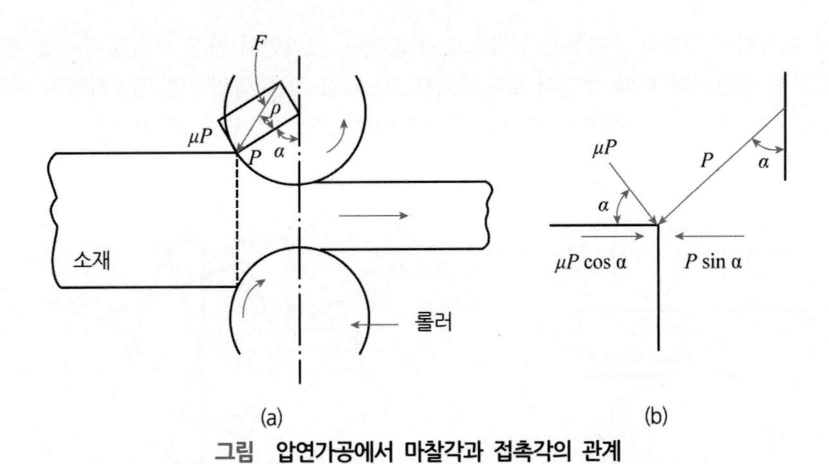

그림 압연가공에서 마찰각과 접촉각의 관계

14. 판재압연에서 소재가 자력으로 압연될 때 압하량, 롤의 직경 및 마찰계수의 관계를 설명하여라.

풀이 그림에서와 같이 압하량을 $H_0 - H_1$, 롤의 직경을 D(반경 R), 접촉각을 α라 하고, 마찰계수를 μ라 하면

$$\frac{H_0 - H_1}{2} = R - R\cos\alpha = \frac{D}{2}(1 - \cos\alpha)$$

$$\therefore H_0 - H_1 = D(1 - \cos\alpha) = D\left(1 - \frac{1}{\sqrt{1+\tan^2\alpha}}\right)$$

소재가 자력으로 압연되기 위해서는 $\mu \geq \tan\alpha$의 관계가 성립하므로

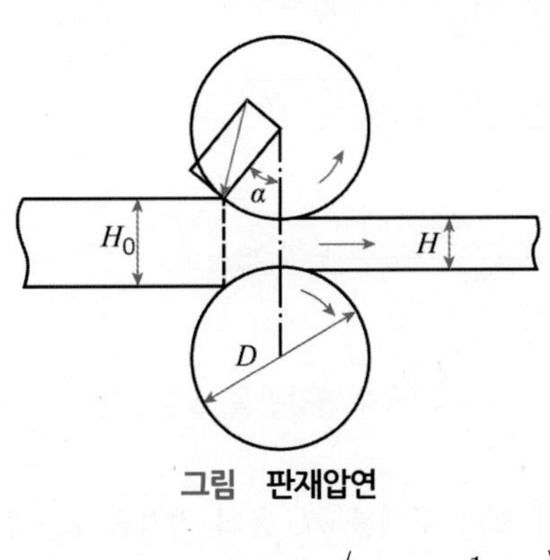

그림 판재압연

$$H_0 - H_1 \leq D\left(1 - \frac{1}{\sqrt{1+\mu^2}}\right)$$

이 된다. 위의 결과로부터 압하량을 크게 하기 위해서는 롤의 직경과 마찰계수가 커야 한다.

15. 만네스만 압연(천공)법에 대하여 설명하여라.

풀이 만네스만 압연(천공)법은 봉을 이음매가 없는 관으로 만드는 대표적인 방법이다. 그림 (a)에서와 같이 가운데가 볼록한 롤러 사이에 소재를 넣고 롤러를 회전시킨다. 두 개의 롤러는 그림 (b)에서와 같이 수

평으로 교차되어 있어서 공작물은 한쪽으로 이송된다. 그러면서 가장 오목한 부분을 통과할 때 소재는 소성변형을 일으키며 이때 선단의 뾰족한 맨드릴(mandrel)을 압입하면 천공작업이 이루어진다. 두 개의 롤러는 6~12° 정도 수평으로 교차되어 있으며 회전방향은 같은 방향이다.

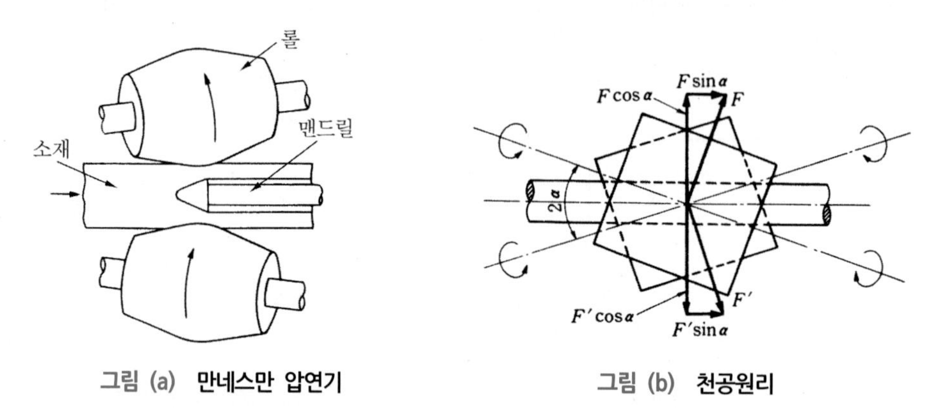

그림 (a) 만네스만 압연기　　　그림 (b) 천공원리

16. 직경 600 mm, 폭 1,000 mm인 롤을 사용하여 두께 20 mm인 연강판을 두께 16 mm로 열간압연하려고 한다. 다음을 구하라. 단 Siebel의 상수는 0.33이다.

1) 압하량　　2) 압하율　　3) 폭증가(량)

풀이 압연 전의 소재의 두께를 H_0, 압연 후의 소재의 두께를 H_1, 압연 전후의 소재의 폭을 B_0 및 B_1, 롤의 반경을 R이라 한다.

1) 압하량 : $H_0 - H_1 = 20 - 16 = 4\text{ mm}$

2) 압하율 : $\dfrac{H_0 - H_1}{H_0} \times 100 = \dfrac{20-16}{20} \times 100 = 20\%$

3) 폭증가 : $B_1 - B_0 = \dfrac{C(H_0 - H_1)\sqrt{R(H_0 - H_1)}}{H_0}$

$$= \frac{0.33 \times 4\sqrt{300 \times 4}}{20} \fallingdotseq 2.28\text{mm}$$

17. 직경 350 mm인 롤로 폭 300 mm, 두께 30 mm의 연강판을 열간압연하여 두께 24 mm가 될 때 롤의 접촉각은 얼마 정도인가?

풀이 압연 전의 두께를 H_0, 압연 후의 두께를 H, 롤의 직경을 D, 접촉각을 α라 하면

$$\frac{H_0 - H}{2} = \frac{D}{2}(1 - \cos\alpha)$$

$$\therefore H_0 - H = D(1 - \cos\alpha)$$

$$30 - 24 = 350(1 - \cos\alpha)$$

$$\cos\alpha = 1 - \frac{6}{350} \fallingdotseq 0.983$$

$$\therefore \alpha \fallingdotseq 10^\circ$$

18. 전후방 압출가공을 비교 · 설명하여라.

풀이 전방압출은 직접압출이라고도 하며 그림 (a)와 같이 램의 진행방향과 소재가 압출되는 방향이 같은 것을 말한다. 후방압출은 간접압출이라고도 하며 그림 (b)에서와 같이 램의 진행방향과 소재가 압출되는 방향이 반대인 것을 말한다. 전후방 압출가공의 특징을 비교하면 다음 표와 같다.

표 전후방 압출가공의 비교

항목 \ 압출방법	전방압출	후방압출
소재에 가할 수 있는 힘	대	소
소재와 컨테이너 사이의 마찰력	대	소
소재를 가공하는 데 필요한 동력	대	소
잔류 빌릿	대(20 ~ 30%)	소(10%)

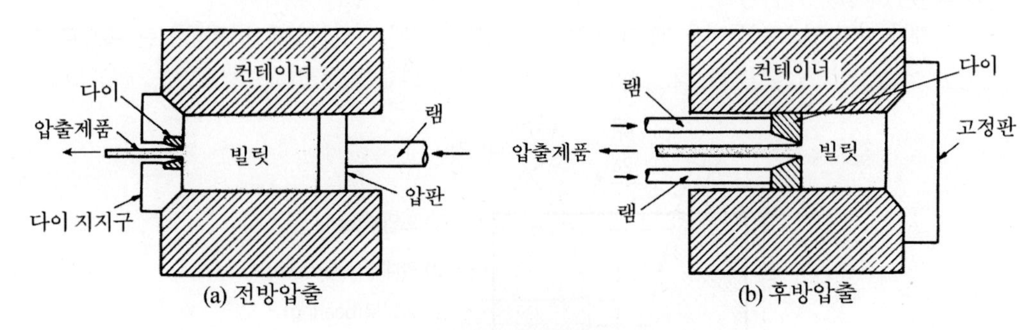

그림 전방압출과 후방압출

19. 압출가공에서 램의 이동거리와 압출압력과의 관계를 그림을 그려 설명하여라.

풀이 램의 이동거리와 압출압력과의 관계는 그림과 같다. 즉, 램의 이동거리가 증가하면서 압출압력은 급격하게 증가한다. 전방압출(직접압출)의 경우는 최대치를 지나면서 점차 압출압력이 감소한다. 여기에 비하여 후방압출(간접압출)의 경우는 압출압력이 어느 값에 도달하면 램의 이동거리가 증가하여도 거의 일정한 값을 나타낸다. 전방압출의 압력이 후방압출의 압력보다 큰 것은 컨테이너 안의 빌릿(billet)이 전부 동시에 움직이므로 빌릿과 컨테이너 사이의 마찰이 크기 때문이다. 램의 이동거리가 점점 커져서 빌릿의 길이가 짧아지면 출구 바로 뒤쪽의 소재가 빨려들어 가면서 압출압력은 갑자기 감소하였다가 소재가 너무 짧아지면 소재의 유동이 어려워지면서 압출압력이 급격하게 증가한다. 이 때 파이핑(piping)현상이 생긴다.

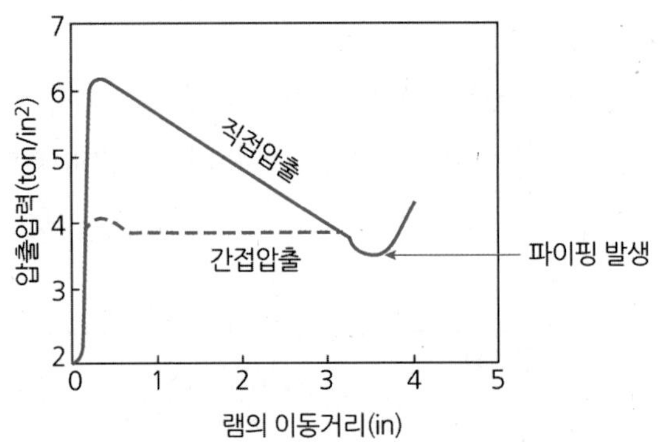

그림 압출가공에 있어서 램의 이동거리와 압출압력의 관계

20. 인발다이의 형상을 그림을 그려서 각 부분을 설명하여라.

풀이 인발다이의 형상은 그림과 같으며 4부분으로 나누어진다.

1) 도입부(bell)

소재가 다이 안으로 들어올 때 제일 먼저 접촉되는 부분으로서 소재의 직경이 큰 폭으로 감소된다.

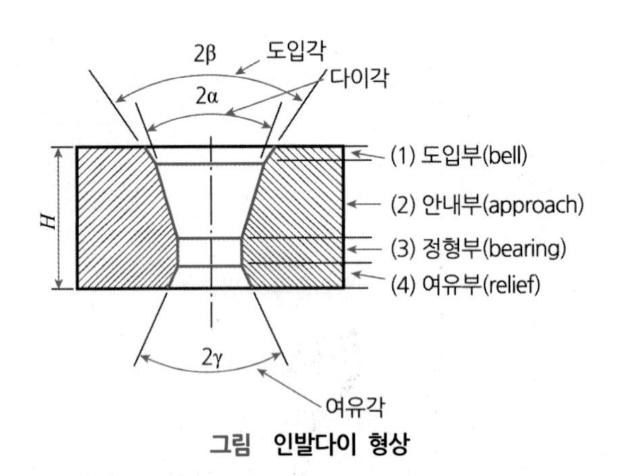

그림 인발다이 형상

2) 안내부(approach)

소재가 본격적으로 인발되는 곳으로서 이 부분의 각도(다이각)가 가장 중요한 역할을 한다. 연질재료에서는 크게 하고 경질재료에서는 작게 한다. Al과 Ag은 α를 15° 내외, Cu 및 그 합금은 10°~14°, 강은 약 8° 정도로 한다.

3) 정형부(bearing)

내경이 일정한 부분으로서 제품의 치수(외경)가 여기서 결정된다. 연질재료를 인발할 때는 정형부의 길이를 짧게 하고 경질재료를 인발할 때는 길게 한다.

4) 여유부(relieve)

소재에 구속이 끝난 지점으로서 소재가 통과하는 다이의 끝부분이다.

21. 인발응력에 미치는 다이각의 영향을 그림을 그려서 설명하여라.

풀이 인발응력은 다음과 같은 3가지 응력의 합으로 이루어진다.

① 소재의 지름을 감소시키기 위한 힘(순변형에 필요한 응력)

② 소재와 다이 사이의 마찰을 이기는데 필요한 힘(외부마찰력에 의한 응력)

③ 다이 입구와 출구 사이에서 표면층의 전단변형에 필요한 힘(입출구 사이의 전단을 위한 부가응력)

이상 3가지의 응력은 그림에서와 같이 나타난다. 즉, 소재의 직경을 감소기키는데 필요한 응력은 다이각에 관계없이 일정하고, 입출구 사이의 전단을 위한 부가응력은 다이반각에 비례하여 직선적으로 증가하며, 외부마찰력에 의한 응력은 다이반각이 커질수록 접촉면적이 줄어들기 때문에 감소한다. 이들 3가지 응력의 합은 그림에서와 같이 나타나며, 인발응력이 최소가 되는 다이반각이 존재한다. 이 각을 최적다이각이라 한다.

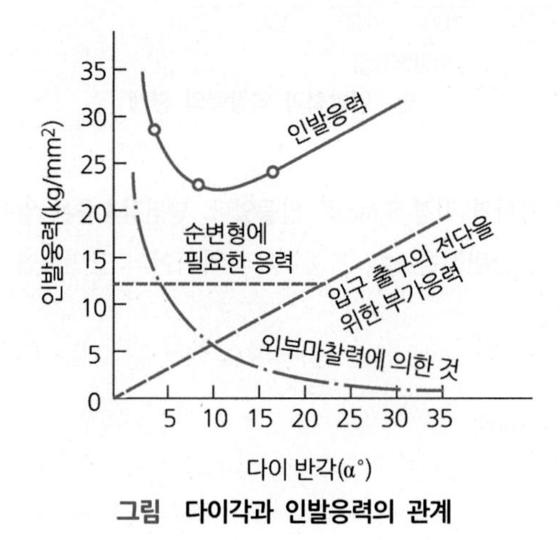

그림 다이각과 인발응력의 관계

22. 인발가공에서 역장력이란 무엇이며 이것과 인발력과의 관계를 그림을 그려서 설명하여라.

풀이 역장력이란 인발방향과 반대방향으로 가하는 힘을 말하며, 그림에서 나타낸 바와 같이 인발력을 증가시킴에 따라 역장력도 증가시켜야 한다. 그러나 인발력에 대한 역장력의 차인 다이 추력은 감소한다. 그러므로 다이의 마멸이 적고 수명이 길어지며 정밀도가 높은 가공을 할 수 있고, 소재 내외부의 기계적인 성질의 차가 줄어들며, 마찰력의 감소로 인하여 열의 발생도 적어진다. 그러나 역장력을 가하기 위하여 별도의 설비를 갖추어야 하며, 전체 인발력의 증가로 인하여 단면감소율에 제한을 받는 단점도 있다.

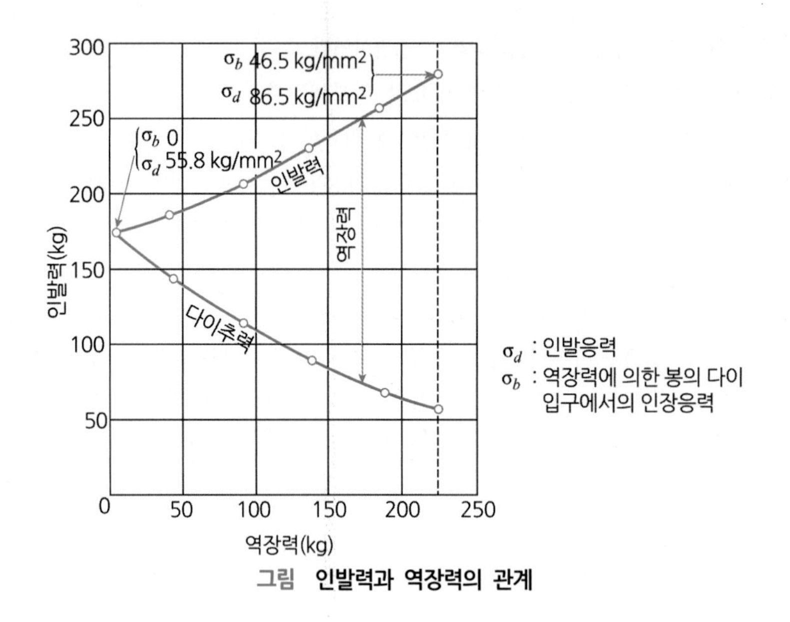

그림 인발력과 역장력의 관계

23. 직경 4 mm의 와이어를 인발가공하여 직경 3 mm로 만들었다. 단면감소율은 얼마인가?

풀이 인발가공 전의 와이어의 단면적을 A_0, 가공 후의 와이어의 단면적을 A_1이라 하면

$$단면감소율 = \frac{A_0 - A_1}{A_0} \times 100\%$$

$$= \frac{4^2 - 3^2}{4^2} \times 100\%$$

$$\fallingdotseq 44\%$$

24. 블랭킹과 펀칭에 대하여 설명하여라.

풀이 그림에서와 같은 전단가공에서 4각형의 소재에서 빗금친 원형부분을 따낼 경우, 빗금친 B부분을 블랭크(blank), 나머지 A부분을 스크랩(scrap)이라 한다. 블랭킹(blanking)은 빗금친 B부분을 제품으로 하는 것이고, 펀칭(punching)은 블랭킹과 반대로 A부분을 제품으로 하는 것이다.

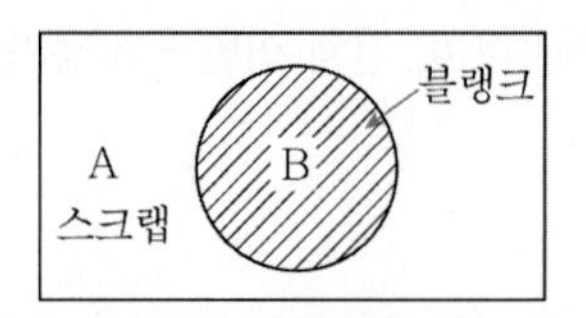

그림 전단가공에서의 블랭크와 스크랩

전단가공에서 전단력을 감소시키기 위하여 다이나 펀치에 전단각(shear angle)을 부여한다. 그런데 블랭킹과 펀칭은 제품을 취하는 부분이 서로 다르기 때문에 전단각을 부여하는 곳도 서로 다르다. 또한 다이와 펀치 사이의 여유(clearance)도 다른 부분에 부여한다. 즉, 블랭킹은 그림 (a)에서와 같이 다이를

소정치수로 하고 전단각도 다이에 부여한다. 한편 펀칭은 그림 (b)에서와 같이 펀치를 소정치수로 하고 전단각도 펀치에 두어야 한다.

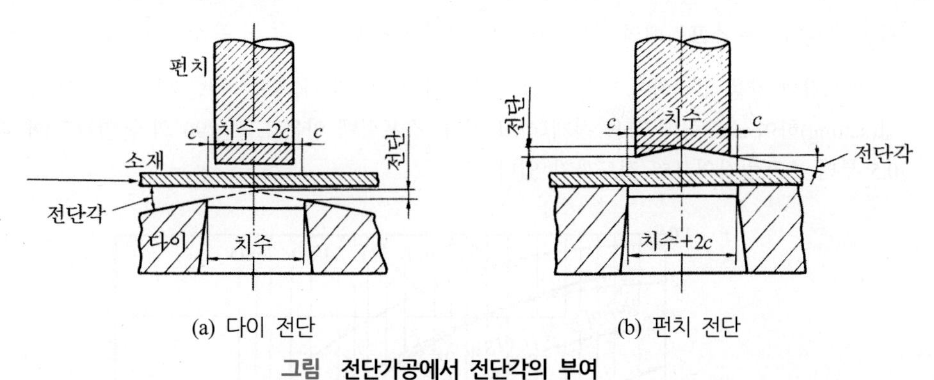

(a) 다이 전단 (b) 펀치 전단

그림 전단가공에서 전단각의 부여

25. L굽힘가공 시 소재의 길이를 구하여라. 그리고 소재의 두께에 따른 중립면의 위치를 설명하여라.

풀이 굽힘가공을 하면 소재의 외측은 인장을 받고 내측은 압축을 받으며 중립면은 이론상으로는 중앙에 위치하지만, 실제로는 약간 내측으로 이동하게 된다. 실제 제품의 형상은 그림 (a)와 같이 되지만, 소재의 길이를 구하기 어려우므로 그림 (b)와 같이 생각하여 소재의 길이를 구한다.

그림에서와 같이 소재의 두께가 t_0이며 이를 구부렸을 때 구부려진 부분의 두께를 t, 반경을 r 그리고 소재의 내측에서 중립면까지의 거리를 d, 굽힘각도를 α, 소재 양단의 길이를 각각 L_1, L_2라 하면 소재의 길이 L은 다음과 같다.

$$L = L_1 + L_2 + (r+d)\frac{\pi \cdot \alpha}{180}$$

중립면의 위치 (d)는 t_0 및 r의 크기에 따라 변하며 재료의 경도에 따라서도 변한다. $\frac{r}{t_0} > 6$이면 $d = 0.5t_0$,

$\frac{r}{t_0} \le 5$이면 $d = 0.4t_0$이며, 일반적으로 $d = 0.4t_0$이다. 경질재료일수록 d/t_0가 커지고 연질일수록 d/t_0가 작아진다.

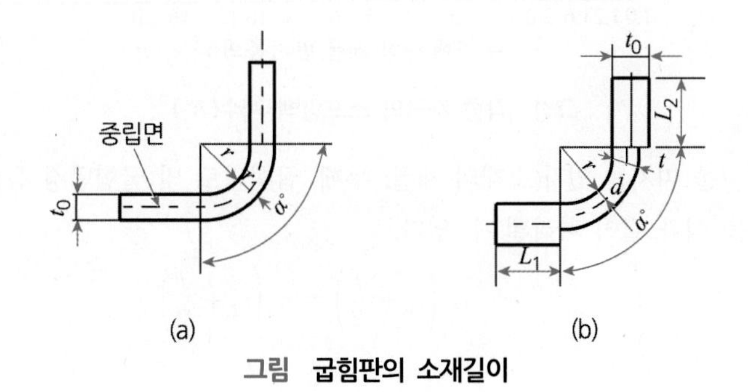

(a) (b)

그림 굽힘판의 소재길이

26. L굽힘을 할 때 스프링백에 영향을 미치는 스프링백 계수에 대하여 그림을 그려서 설명하여라.

풀이 굽힘하중을 제거하고 난 뒤의 스프링백은 가공조건에 의해 영향을 받는다. 일반적으로 탄성한도가 높고 강한 재료일수록 스프링백의 양이 크다. 또 굽힘각 α(도) 및 $\frac{R}{t_0}$이 클수록 커진다. 실제 작업을 할 때에는 스프링백 양을 고려하여 형을 만들어 과다하게 굽히든가, 또는 굽힘부를 최종적으로 옆으로부터 강압(setting)하여 스프링백 양을 적게 하고 있다. 스프링백 양은 L굽힘(90°의 굽힘각도)에 대해서 연강의 0.5°부터 스프링강의 15° 정도까지 있다.

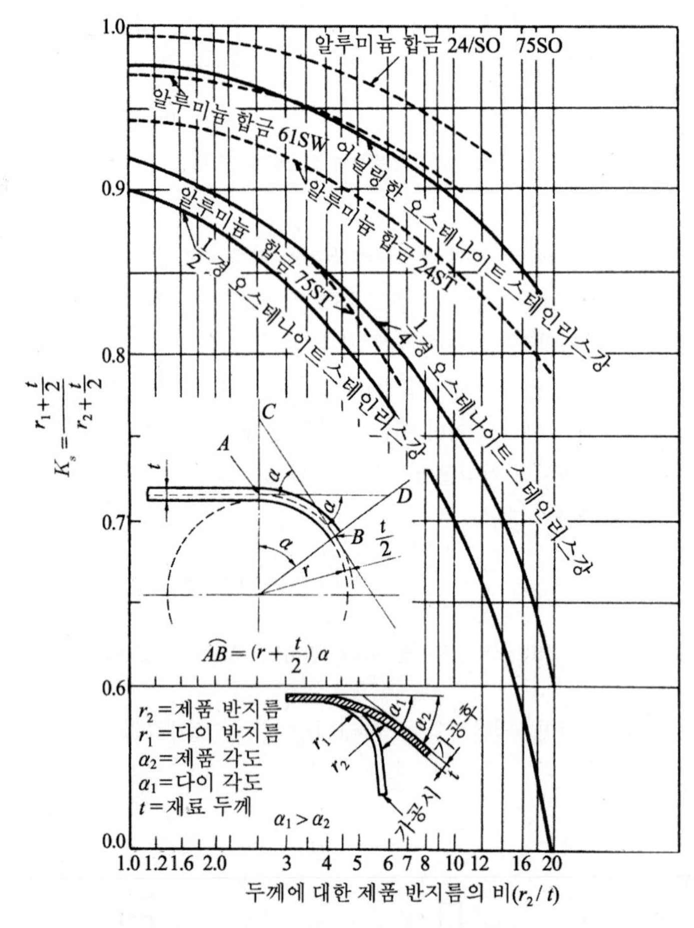

그림 각종 재료의 스프링백 계수(K_s)

스프링백에 영향을 미치는 인자(소재의 재질, 두께, 굽힘각도 및 굽힘반경 등)를 스프링백 계수(K_s)라 하며, 이를 다음 식과 같이 나타낼 수 있다.

$$\alpha_1\left(r_1 + \frac{t}{2}\right) = \alpha_2\left(r_2 + \frac{t}{2}\right)$$

$$K_s = \frac{\alpha_2}{\alpha_1} = \frac{r_1 + \frac{t}{2}}{r_2 + \frac{t}{2}}$$

위 그림은 각종 재료의 스프링백 계수에 대하여 나타내었는데 두께에 대한 제품 반지름의 비가 클수록 그리고 경질재료일수록 스프링백이 크게 일어남(K_s가 작아짐)을 알 수 있다.

27. 두께(t) 3 mm, 폭(b) 40 mm의 연강판을 다이 입구의 홈폭(L) 24 mm인 V형 굽힘다이로서 구부릴 때 필요한 힘은?(단 연강판의 인장강도는 45 kg/mm²(계수 = 1.33)이다.)

풀이 소재의 인장강도를 σ, 계수를 c, V굽힘에 필요한 힘을 P_V라 하면

$$P_V = c\frac{\sigma \cdot l \cdot t^2}{L}$$

$$= 1.33 \times \frac{45 \times 40 \times 3^2}{24}$$

$$= 897.75(\text{kg})$$

28. 두께 15 mm인 연강판에 8 m/min의 속도로 펀칭하여 직경 20 mm의 구멍을 뚫으려고 할 때 필요한 전단력과 소요동력을 구하여라(단 전단저항은 30 kg/mm², 보정계수는 1, 기계효율은 70%로 한다).

풀이 소재의 두께 : t, 펀칭속도 : v, 구멍의 직경 : d

전단력 : F_s, 소요동력 : P, 전단저항 : τ

보정계수 : k, 기계효율 : η라고 하면

전단력 $F_s = k \cdot \tau \cdot \pi d \cdot t = 1 \times 30 \times \pi \times 20 \times 15 = 28{,}260$ (kg)

소요동력 $P = \dfrac{F_s \times v}{75 \times 60 \times \eta} = \dfrac{28{,}260 \times 8}{75 \times 60 \times 0.70} \fallingdotseq 71.7$(HP)

29. 판두께 5 mm인 연강판에 직경 10 mm의 구멍을 뚫으려고 한다. 이때 프레스의 평균속도를 8 m/min, 재료의 전단강도를 30 kg/mm², 기계의 효율을 70%, 보정계수를 1이라 할 때 다음을 계산하여라.

1) 전단력

2) 소요동력

풀이 전단력 : P, 보정계수 : k, 판두계 : t, 구멍의 직경 : d, 프레스의 가공평균속도 : v, 재료의 전단강도 : τ_s, 기계의 효율 : η, 소요동력 : N라고 하면

전단력 $P = k \cdot \tau_s \cdot \pi dt = 30 \times \pi \times 10 \times 5 = 4{,}710$(kg)

소요동력 $N = \dfrac{P \cdot v}{75 \times 60 \times \eta} = \dfrac{4{,}710 \times 8}{75 \times 60 \times 0.6} \fallingdotseq 14$(HP)

30. 딥 드로잉(deep drawing)에서 제품(용기)의 높이가 40 mm, 용기 밑부분의 지름이 30 mm인 것을 만들려고 한다. 소재의 지름은 얼마 정도인가?(단 이 제품과 소재의 두께는 고려하지 않는다.)

풀이 제품의 높이는 h, 제품 밑부분의 지름을 d라 할 때 필요한 소재(blank)의 직경 D는 다음과 같이 구할 수 있다.

$$D = \sqrt{d^2 + 4dh}$$

따라서 소재의 직경 D는

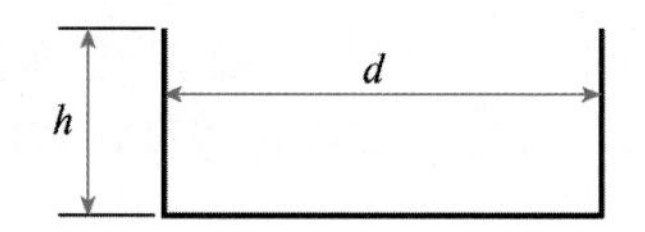

$$D = \sqrt{30^2 + 4 \times 30 \times 40}$$
$$= \sqrt{5{,}700}$$
$$\fallingdotseq 75.7(\mathrm{mm})$$

31. 직경 150 mm, 높이 100 mm의 얇은 두게의 원통용기를 딥 드로잉으로 만들고자 한다. 블랭크의 직경을 얼마로 하면 되는가? (단, 모서리 부분의 반경은 매우 작다고 가정한다.)

풀이 블랭크의 직경을 D, 용기의 직경을 d, 용기의 높이를 h라 할 때 용기모서리 부분의 반경이 매우 작으면 다음과 같이 계산한다.

$$D = \sqrt{d^2 + 4dh}$$
$$= \sqrt{150^2 + 4 \times 150 \times 100}$$
$$\fallingdotseq 290(\mathrm{mm})$$

32. 두께 $t = 2$ mm, $C = 0.2\%$의 탄소강판에 지름 20 mm의 구멍을 펀치로 뚫을 때 전단하중 $P = 4{,}000$ kg이었다. 이때의 전단강도는?

풀이 전단가공에서 구멍의 직경을 D, 전단강도를 τ라고 하면 전단하중(P)은 다음과 같이 구한다. 여기서 t는 소재의 두께이다.

$$P = \pi D \cdot \tau \cdot t$$
$$\therefore \tau = \frac{P}{\pi D \cdot t} = \frac{4{,}000}{\pi \times 20 \times 2} \fallingdotseq 31.8(\mathrm{kg/mm^2})$$

33. 두께 5 mm, 탄소 0.2%의 연강에 지름 25 mm의 구멍으로 펀칭할 때 펀칭력은 얼마인가?(단 판의 전단응력(전단저항)은 25 kg/mm^{2}로 한다.)

풀이 t : 판재의 두께, D : 펀치의 직경, τ : 소재의 전단응력, k : 보정계수, P : 전단력이라 하면

$$P = k \cdot \tau \cdot \pi D \cdot t$$

가 된다. 여기서 k를 1로 두면

$$P = \tau \cdot \pi D \cdot t$$
$$= 25 \times \pi \times 25 \times 5$$
$$= 9{,}813(\mathrm{kg})$$

IV

절삭가공

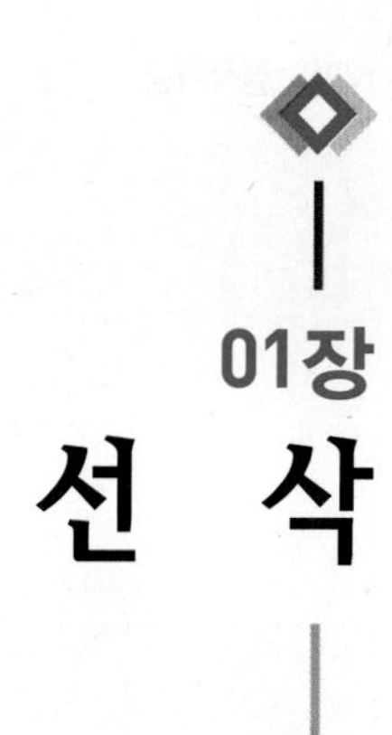

01장

선　삭

선반(lathe)에서 공작물의 회전과 그 회전축을 포함하는 평면 내에서 공구의 직선운동에 의하여 공작물을 원하는 형태로 절삭하는 것을 **선삭**(旋削, turning)이라 한다.

1.1 선반의 종류

선반은 여러 가지 방법에 의해 분류할 수 있으며 작업 목적에 따라 분류하면 다음과 같다.

① 보통선반(engine lathe)
② 탁상선반(bench type lathe)
③ 공구선반(tool room lathe)
④ 정면선반(face lathe)
⑤ 수직선반(vertical lathe)
⑥ 터릿선반(turret lathe)
⑦ 다인선반(multi-cut lathe)
⑧ 모방선반(copying lathe)
⑨ 자동선반(automatic lathe)
⑩ NC선반(NC lathe)

1.1.1 보통선반

보통선반(普通旋盤, engine lathe)은 가장 일반적인 선반으로 18, 9세기에 영국에서 **증기기관**(蒸氣機關, steam engine)이 발명되어 선반에 엔진을 사용하였기 때문에 지금까지 그 이름이 불려지고 있다. 그림 4.1

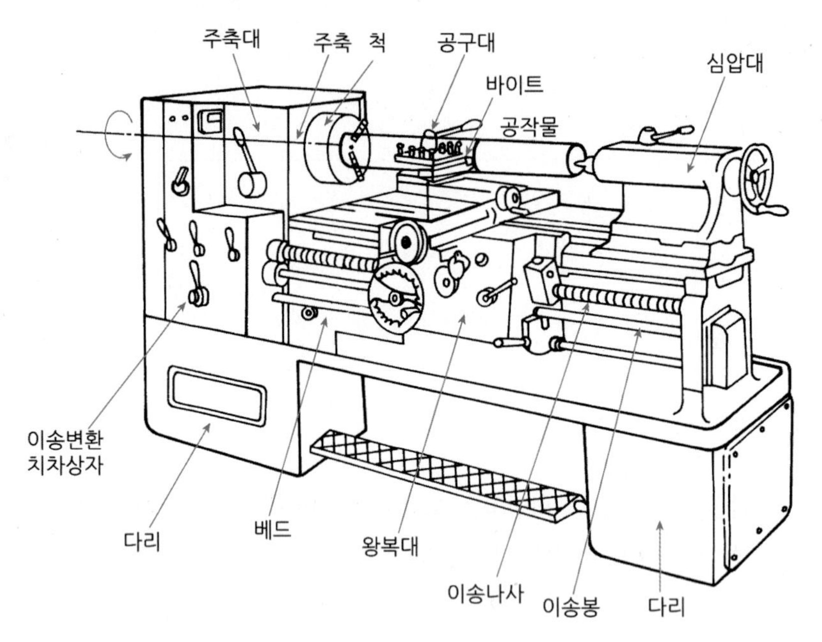

그림 4.1 **선반의 구조**

은 보통선반의 구조를 나타낸 것이다. 보통선반의 구조와 이에 관한 상세한 설명은 1.2절 선반의 주요부와 부속장치에서 한다.

1.1.2 탁상선반

탁상선반(卓上旋盤, bench type lathe)은 그림 4.2와 같이 탁자 위에 설치하여 사용하는 소형선반으로서

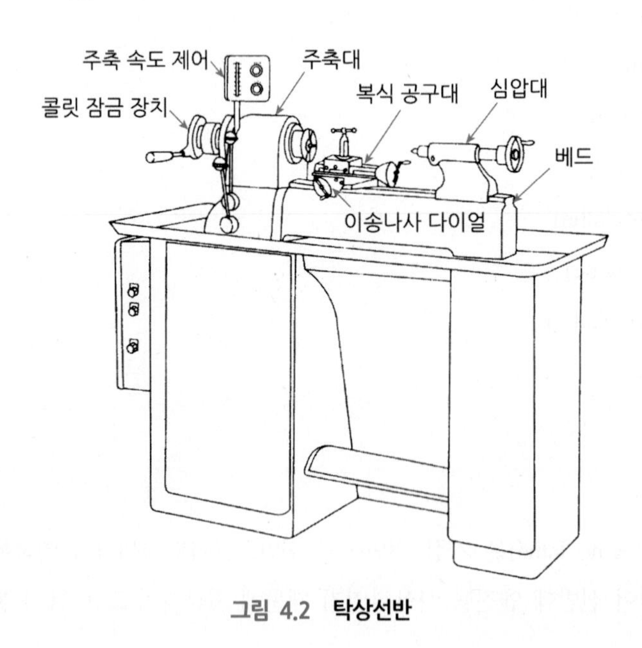

그림 4.2 **탁상선반**

대체적으로 베드(bed)의 길이가 900 mm, 가공할 수 있는 최대 직경이 200 mm 이하인 선반을 말한다.

1.1.3 공구선반

공구선반(工具旋盤, tool room lathe)은 각종 공구(밀링커터, 탭, 드릴, 호브 등)를 가공하는데 사용되는 것이며, 정도(精度)가 높고 릴리빙(relieving)을 할 수 있는 장치가 있다. 릴리빙이란 총형커터, 호브 등의 여유각을 깎는 것을 말하며, 공구에 주어야 할 윤곽에 맞는 총형 바이트를 사용하여, 그림 4.3과 같이 공작물의 회전에 따라 바이트를 전후로 움직여서 공구에 필요한 여유각을 부여하는 것이다. 보통은 캠(cam)으로 공구대를 전후로 움직이도록 한다.

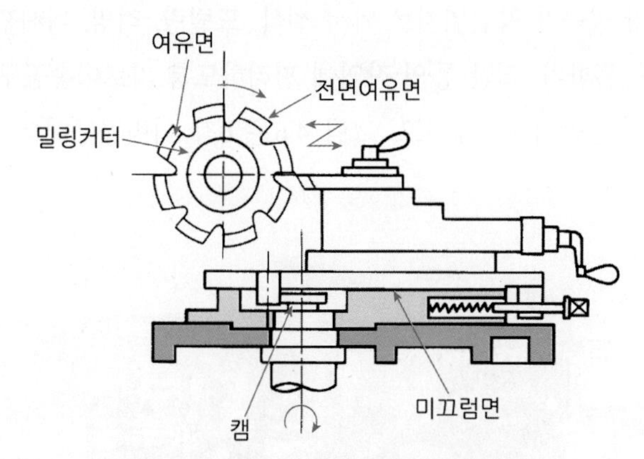

그림 4.3 공구선반에서 밀링커터의 릴리빙

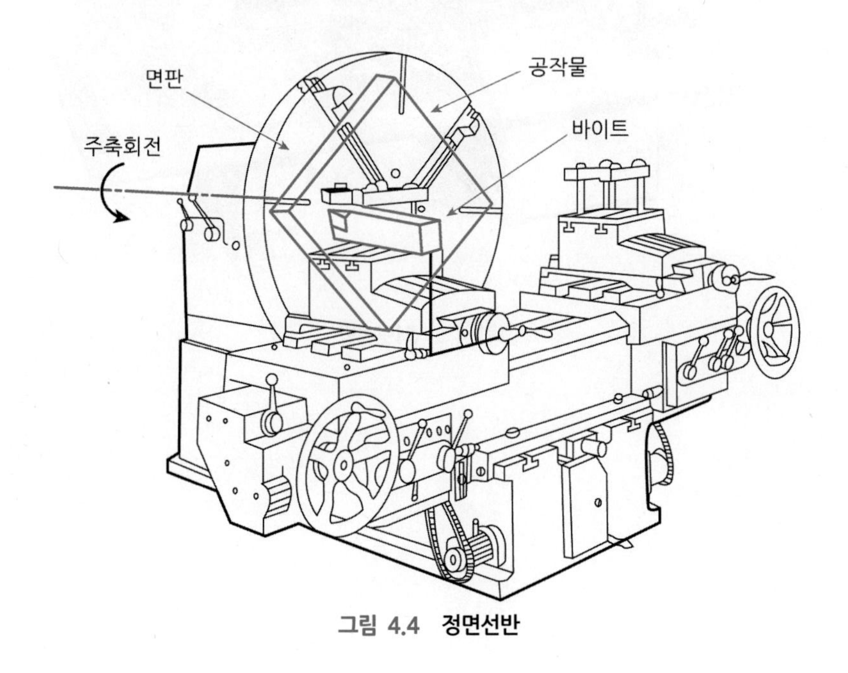

그림 4.4 정면선반

1.1.4 정면선반

그림 4.4와 같은 정면선반(正面旋盤, face lathe)은 비교적 외경이 크고 길이가 짧은 공작물에 대하여 주로 단면절삭을 행할 목적으로 사용되는 것이며 일반적으로 스윙이 크고 베드가 짧다. 주축을 수직으로 한 수직선반(垂直旋盤, vertical lathe)도 사용된다.

1.1.5 터릿선반

터릿선반(turret lathe)은 동일 치수의 제품을 다수 제작하는 경우에 경제적으로 사용되는 것이며, 터릿(turret)이라 하는 선회공구대에 여러 개의 공구를 고정시키고 공작물을 한 번 주축에 고정시킨 다음, 차례차례로 터릿의 선회에 따라 공구가 작업위치로 와서 선삭, 드릴링, 리밍, 나사깎기 및 기타 가공을 할 수 있게 되어 있다. 그 밖에도 홈파기, 절단 등의 작업에 편리하도록 가로이송공구대를 별도로 가지고 있는 것이 많다. 그림 4.5는 터릿선반의 한 예이고, 그림 4.6은 6각 터릿공구대를 나타낸 것이다.

그림 4.5 터릿선반

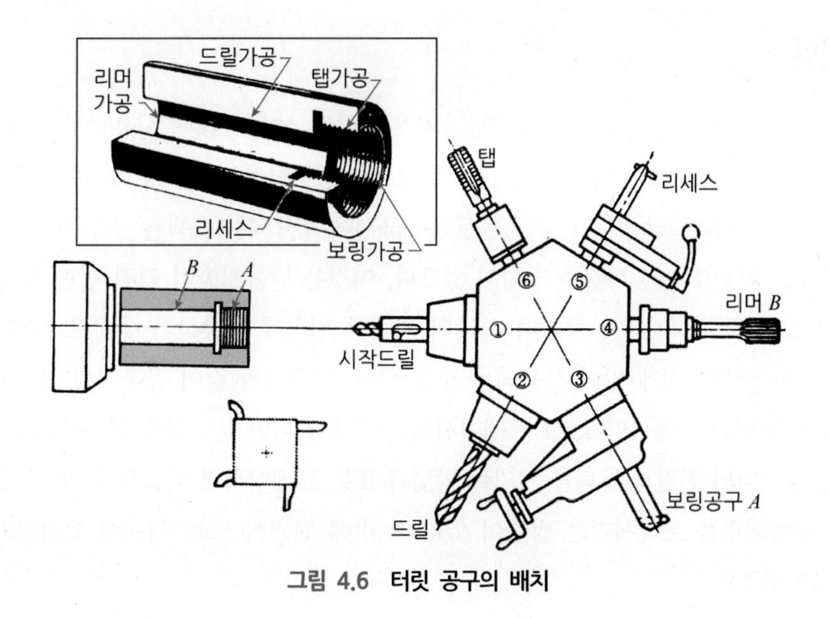

그림 4.6 터릿 공구의 배치

1.1.6 다인선반

다인선반(多刃旋盤, multi-cut lathe)은 그림 4.7과 같이 동시에 여러 군데를 절삭할 수 있도록 다수의 공구를 설치한 선반이며 작업이 매우 능률적이다.

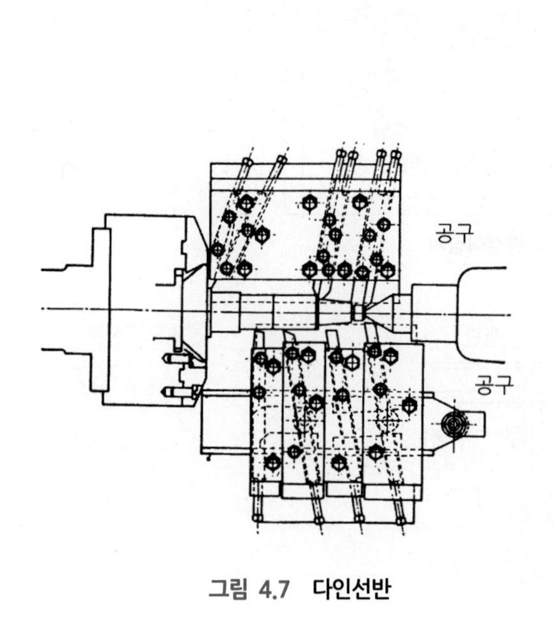

그림 4.7 다인선반

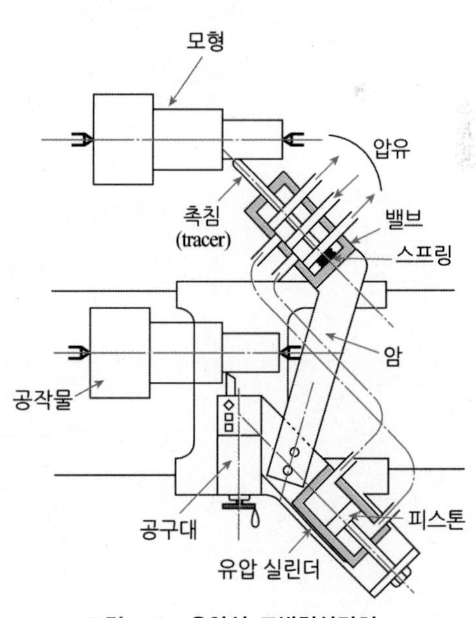

그림 4.8 유압식 모방절삭장치

1.1.7 모방선반

최근에는 작업능률을 높이기 위하여 자동모방장치가 부착된 선반이 많이 사용되고 있다.이를 **모방선반**(模倣旋盤, copy lathe)이라 한다. 이것은 동일한 형상으로 공작물을 여러 개 가공할 때 매우 편리하다. 가장 간단한 방법은 테이퍼절삭장치의 **형판**(型板, templet)에 소요되는 윤곽을 주고 이것에 롤을 대고 윤곽을 따라 공구대를 앞뒤로 이송시키는 방법이 있으나, 이것은 절삭저항이 직접 형판 및 롤에 작용하고, 롤을 크게 하면 모방정밀도가 좋지 못하며 윤곽의 미세한 변화에 순응하지 못하므로 비교적 단순하고 원활한 윤곽에만 사용된다. 현재 많이 사용되는 것으로는 그림 4.8과 같이 공구대에 고정된 지점을 갖는 트레이서(tracer)를 모델에 접촉시키고, 그 트레이서의 공구대에 대한 움직임을 이용하여 유압회로(油壓回路)를 제어하고, 공구대의 전진과 후퇴를 시키는 방법과 또는 트레이서의 이동을 공기 마이크로미터 방식으로 확대하여 유압회로를 조작시키는 방법이 있다. 이밖에 전기식 또는 기계식 모방장치가 있다(그림 4.9 및 그림 4.10 참조).

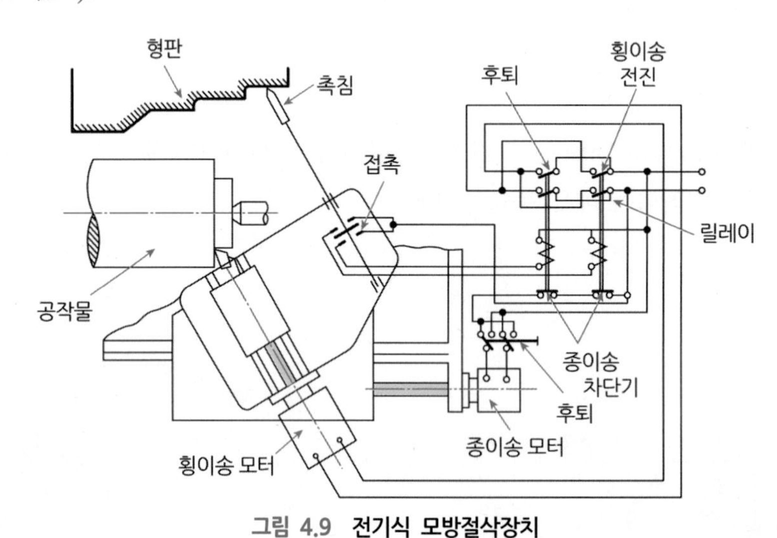

그림 4.9 전기식 모방절삭장치

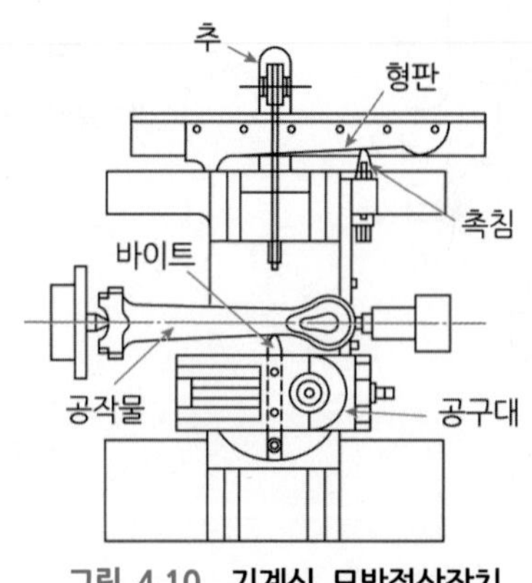

그림 4.10 기계식 모방절삭장치

1.1.8 자동선반

자동선반(自動旋盤, automatic lathe)은 터릿선반과 같은 생각으로 공작물을 한 번 주축에 고정한 다음, 각종 공구를 공정순서대로 자동적으로 작업 위치에 가져가서 가공하는 것이다. 공작물의 설치, 제거(봉재를 가공할 때는 봉재의 공급과 제품의 절단)까지를 자동적으로 행하는 것을 전자동(全自動), 공작물의 설치, 제거를 작업자가 수동으로 행하는 것을 반자동(半自動)이라고 하고 있다. 이것은 공구의 위치 고정에 상당한 숙련을 요하고 시간도 소요되므로 제작 수량이 상당히 많을 때 경제적이다.

이와 같은 단축자동선반에서는 동시에 작업하고 있는 공구의 수가 적고 대부분의 공구는 놀고 있으므로, 주축의 수를 여러 개로 하여 주축에 붙인 공작물이 공정순서대로 배열된 공구의 위치로 선회(旋回)하여 가공되는 형식의 다축자동선반(multiple spindle automatic lathe)이 대량생산에 유리하게 사용되고 있다. 그림 4.11은 단축반자동선반을, 그림 4.12는 다축자동선반을 도시한다.

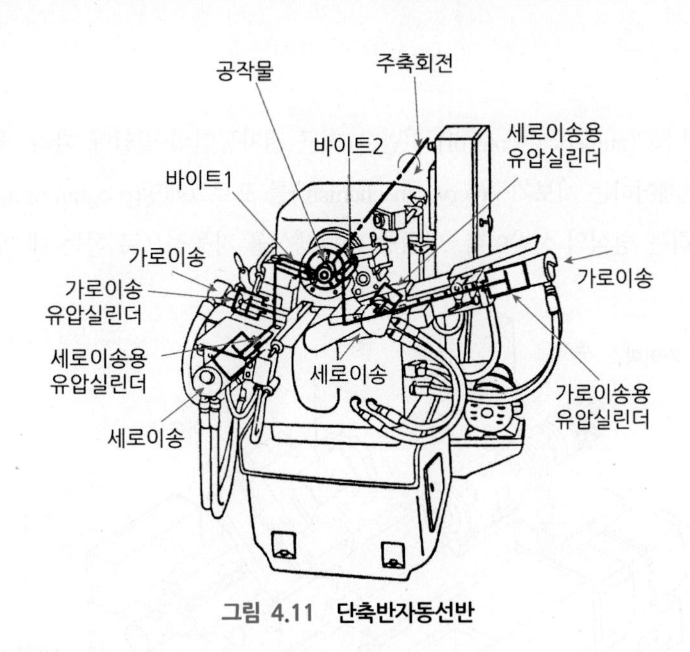

그림 4.11 단축반자동선반

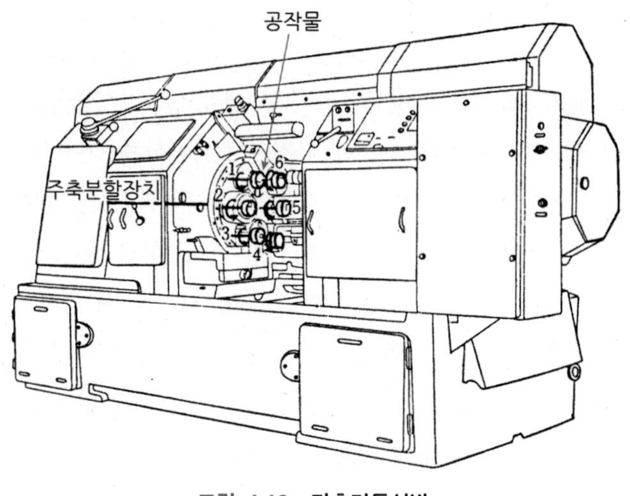

그림 4.12 다축자동선반

1.1.9 NC 선반

그림 4.13에 나타낸 NC(numerical control) 선반은 최근 전자공업의 발달에 따라 개발된 것으로, 작업의 순서, 조건 등 동력을 제어하는 서보기구(servo mechanism)를 프로그래밍(programming)된 수치를 입력하여 전자계산기구로 제어하는 방식의 선반이다. 다품종 소량생산을 자동적으로 하는 데 매우 유리한 선반이다.

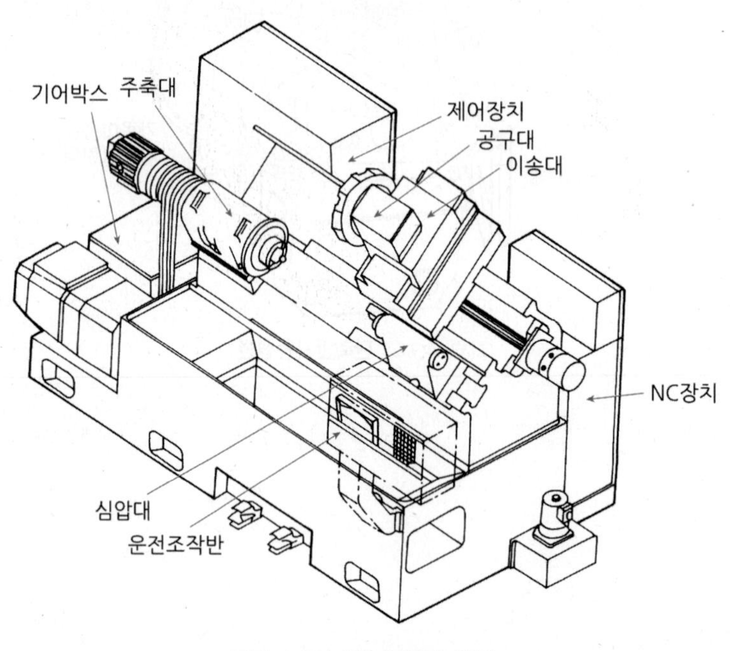

그림 4.13 NC 선반의 구성

앞에서 열거한 것 외에도 철도차량의 바퀴를 가공하는 차륜선반(wheel lathe), 내연기관이나 자동차 등의 크랭크축을 가공하는 크랭크축 선반(crank shaft lathe), 나사를 가공하는 나사절삭 선반(screw cutting lathe) 등이 있다.

1.2 선반의 주요부와 부속장치

1.2.1 선반의 4대 주요부

보통선반의 구조를 그림 4.1에 나타내었으며, 4대 주요부는 베드(bed), 주축대(headstock), 왕복대(carriage) 및 심압대(tailstock)이다.

1) 베 드

베드(bed)는 선반의 맨 아래쪽에 있는 부분으로서 그 위에 주축대, 심압대 및 왕복대가 놓여 있다. 베드는 자중(自重), 공작물의 무게와 절삭력을 받으므로 **강성**(剛性, stiffness)이 높고, 변형이 매우 작은 구조로 한다. 베드의 표면에 있는 안내면은 경화하고 정밀가공을 한다. 강성을 높이기 위하여 폐쇄단면으로 하고 리브(rib)를 부착시킨다. 여기에 이송장치도 장입한다.

베드는 그림 4.14와 같이 각종 리브를 두어 절삭저항에 의한 베드의 변형에 대한 강성을 증대시키고 있다. 베드의 재질로는 내마멸성을 주고 **경년변화**(經年變化, secular change)가 없도록 브리넬 경도 200 ~ 230 정도의 미하나이트 주철과 같은 고급 주철을 사용한다. 안내면 표면은 칠(chill), 화염경화, 고주파 경화법 등으로 적당한 경도를 주고 연삭가공으로 다듬은 것과 미끄럼면에만 담금질한 강판을 사용한 것이 있다. 안내면 형상으로 구별한 베드로서는 평형, 산형 및 이들의 조합베드가 있다.

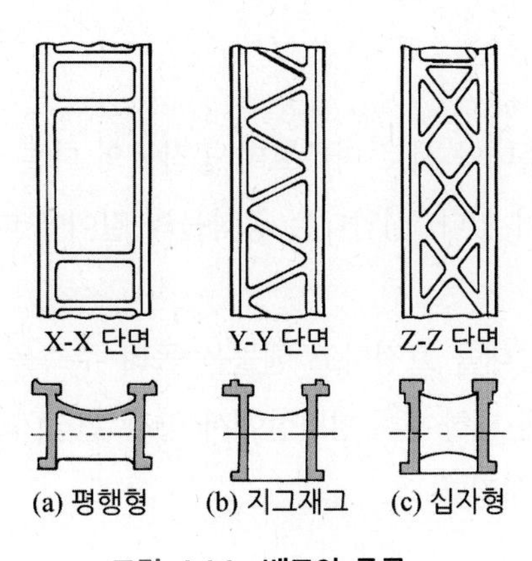

그림 4.14 베드의 종류

2) 주축대

주축대(主軸台, headstock)는 공작물을 설치하여 절삭회전운동을 행하는 주축(main spindle)이 있고, 이를 베어링으로 지지하며 정확한 회전운동을 하게 하고, 또한 이를 절삭저항을 극복하면서 동력으로 구동하는 구동기구와 공작물의 재료나 절삭깊이 및 이송 등에 상응하는 적절한 절삭속도를 얻기 위한 고속변환기구 등을 내부에 가지고 있다.

주축대에 대한 동력전달은 베드의 각부 속에 들어 있는 전동기로부터 V벨트 풀리를 거쳐 이루어진다. 이 동력은 주축대 내에서 주축까지 속도변환치차열을 통하여 전달된다. 일부 구식선반에서는 치차열 대신 몇 개의 직경이 다른 벨트구동풀리를 이용하여 속도변환을 한다. 주축은 중공축(中空軸)으로 되어 있고 그 내면은 테이퍼를 가진 경사면이며, 센터나 척 같은 공작물 고정구를 끼우게 되어 있고, 표면 역시 같은 목적으로 나사가 파져 있거나 테이퍼를 가지고 있다.

선반 중에는 무단변속장치를 사용하여 거의 0에 가까운 회전수로부터 수천 회전수에 이르기까지 임의의 주축회전수를 얻을 수 있는 형식의 것도 있다. 이런 선반에서는 직류전동기를 사용한다.

3) 왕복대

베드상의 안내면(guide way)을 따라 주축의 중심선방향으로 움직일 수 있는 왕복대(往復台, carriage)가 있다. 왕복대의 상부는 바이트를 고정하는 공구대(工具台, tool post)가 있으며 이것은 주축의 중심선방향으로 이송운동(longitudinal feed)을 할 수도 있고, 또 이와 직각방향으로 이송운동(cross feed)을 할 수도 있다. 따라서 가로 세로의 이송을 수동으로 할 수 있고, 공구와 공작물의 위치를 조정하거나 공구에 절삭깊이를 주는 조정운동을 할 수가 있다. 공구대의 이송은 베드 전방에 있는 이송봉(feed rod)의 운동에 의하여 자동적으로 행하게 할 수 있다. 또 리드 스크류(lead screw)를 사용하여 주축의 1회전당에 정확한 이송을 주어 나사를 절삭할 수 있다.

4) 심압대

심압대(心押台, tailstock)는 주축대와 서로 마주보며 공작물의 다른 끝을 지지하기 위한 것으로서 주축대와 함께 베드(bed)상에 고정되어 있다. 심압대는 공작물의 길이에 따라서 베드 위에서 그 위치를 바꿀 수가 있다.

베드상에서 적당한 위치에 심압대를 고정하고 핸들을 돌려 주축을 움직인다. offsetting screw를 돌려 심압대의 주축을 주축대의 주축에 대하여 수평면상에서 약간 편심(偏心)시킬 수 있다. 공작물을 테이퍼(taper) 가공할 때 심압대를 편심시킨다.

1.2.2 선반의 크기 표시법

선반의 크기는 베드 위의 스윙(swing over bed), 왕복대 위의 스윙(swing over carriage) 및 양 센터 간의 최대거리(max. distance between centers)로 표시한다.

베드 위의 스윙이란 베드에 닿지 않으면서 주축에 설치할 수 있는 공작물의 최대 직경을 말하며, 왕복대 위의 스윙이란 왕복대에 닿지 않고 설치할 수 있는 공작물의 최대 직경이다. 왕복대 위의 스윙은 보통의 선반에서는 베드상의 스윙의 약 1/2 정도이다. 그리고 양 센터 간의 최대거리는 심압대를 베드 위에서 주축대로부터 가장 멀리 떼어놓았을 때의 주축 및 심압축에 끼워져 있는 센터 간의 거리이며, 이는 양 센터로 지지할 수 있는 공작물의 최대길이를 나타낸다. 선반 크기를 400 × 1,000과 같이 표시했다면 이는 이 선반에서 가공가능한 공작물의 최대지름은 400 mm이고 지지할 수 있는 공작물 길이가 최대 1,000 mm임을 뜻한다.

표 4.1에 각종 선반의 형식 및 크기 표시법을 나타내었다.

표 4.1 각종 선반의 형식 및 크기 표시법

종별	형식 또는 용도	크기 표시법
보통선반 (생산선반을 포함함)	보통형 갭형 모방절삭형 롤형	베드상의 스윙 왕복대상의 스윙 양 센터 간의 최대거리
공구선반 (릴리빙선반을 포함함)	—	베드상의 스윙 왕복대상의 스윙 양 센터 간의 최대거리
정면선반	—	베드상의 스윙 왕복대상의 스윙 면판과 왕복대와의 최대거리
터릿선반	램형 새들형 드럼형 수동이송형	베드상의 스윙 가로이송대(cross slide)상의 스윙 평밀링커터의 능력 척면과 터릿 간의 최대거리
수직선반	쌍주형 터릿형 타이어보링용	베드상의 스윙 테이블 직경 테이블상면과 공구대 간의 최대거리 공구대의 상하이동 최대거리
탁상선반	—	베드상의 스윙 왕복대상의 스윙 양 센터 간의 최대거리
차륜선반	동륜용 차륜용	베드상의 스윙 면판의 직경 깎을 수 있는 차륜의 최대직경 깎을 수 있는 차륜의 최소직경 양 면판 간의 최대거리

(계속)

종별	형식 또는 용도	크기 표시법
크랭크축 선반	공작물회전형	베드상의 스윙 깎을 수 있는 크랭크축의 최대길이 크랭크암 간의 최소거리
	공구회전형	회전원판의 내경 최대크랭크반경 깎을 수 있는 크랭크축의 최대길이 크랭크암 간의 최소거리
자동선반	센터 작업용	주축의 수 및 직립축과 수평축의 구별 베드 위의 스윙 왕복대 위의 스윙 양 센터 사이의 최대거리
	척 작업용	주축의 수 및 직립축과 수평축의 구별 베드 위의 스윙 또는 가공할 수 있는 최대지름 척 정면과 길이방향이송 공구대와의 최대거리 자동이송의 최대길이
	봉재작업용	주축의 수 및 직립축과 수평축의 구별 평밀링커터의 능력 봉재이송의 최대길이 척 정면과 길이이송 공구대와의 최대거리 자동이송의 최대길이
NC 선반	CNC형 종이테이프형	베드 위의 스윙 또는 커버까지의 최대스윙 콜릿의 봉재용량 왕복대의 최대이동거리

1.2.3 선반의 부속장치

1) 센터

센터(center)는 심압대의 축에 고정하여 공작물을 지지하는 부속품으로서 그림 4.15와 같은 것들이 있다.

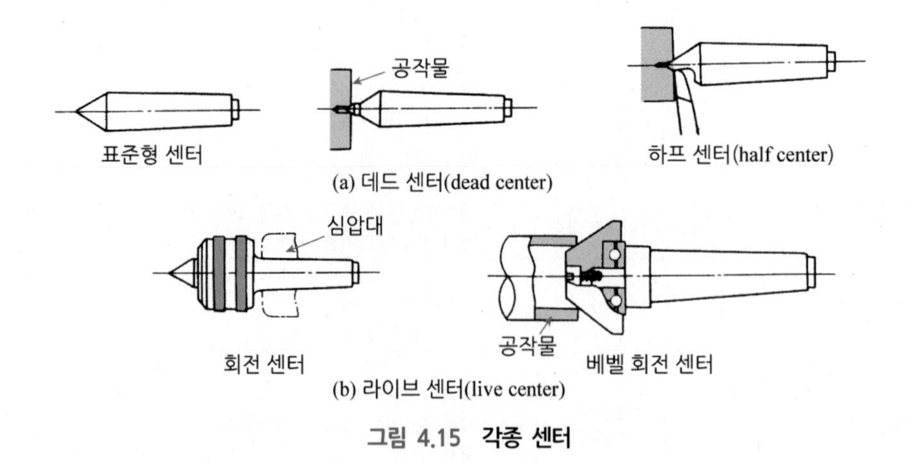

그림 4.15 각종 센터

센터가 회전하지 않을 때 이를 데드(정지) 센터(dead center), 회전할 때 라이브(회전) 센터(live center)

라 하며, 센터의 자루는 몰스 테이퍼(Morse taper)로 되어 있고 끝의 센터각은 일반적으로 60°이며 큰 공작물에 대해서는 75° 또는 90°이다. 공작물이 고속회전을 하거나 큰 경우에 센터 끝은 초경합금을 붙여 만든다. 그림 4.16은 양 센터에 의한 지지방식을 나타낸 것이다.

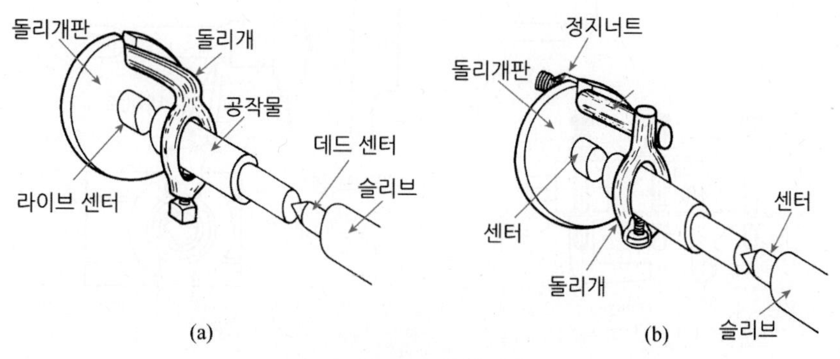

그림 4.16 양 센터 지지방식

2) 면판

그림 4.17은 주축에 **면판**(面板, face plate)을 고정한 것을 나타내었는데, 공작물의 형상이 불규칙하여 척(chuck)을 이용할 수 없는 경우에 척 대신 면판을 사용한다.

그림 4.17 면판을 이용한 공작물의 고정

3) 돌리개

돌리개(dog)는 공작물을 양 센터에 걸고 공작물을 주축과 함께 회전시키는 부속품이다. 그림 4.18은 돌리개의 종류와 사용 예이다.

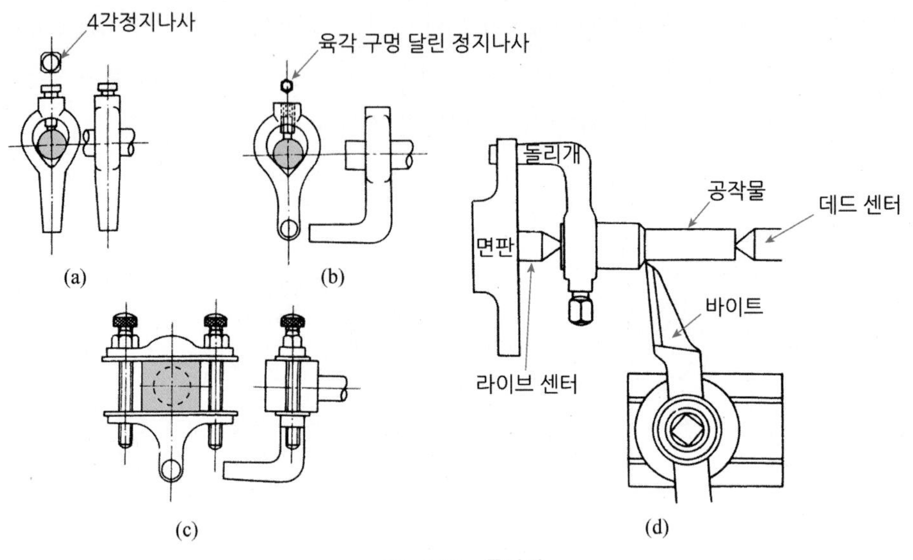

그림 4.18 **돌리개**

4) 심봉

그림 4.19와 같이 공작물의 중앙에 구멍이 있어 센터로 직접 지지할 수 없을 때에는 공작물에 심봉(心棒, mandrel)을 끼우고 지지하여 가공한다.

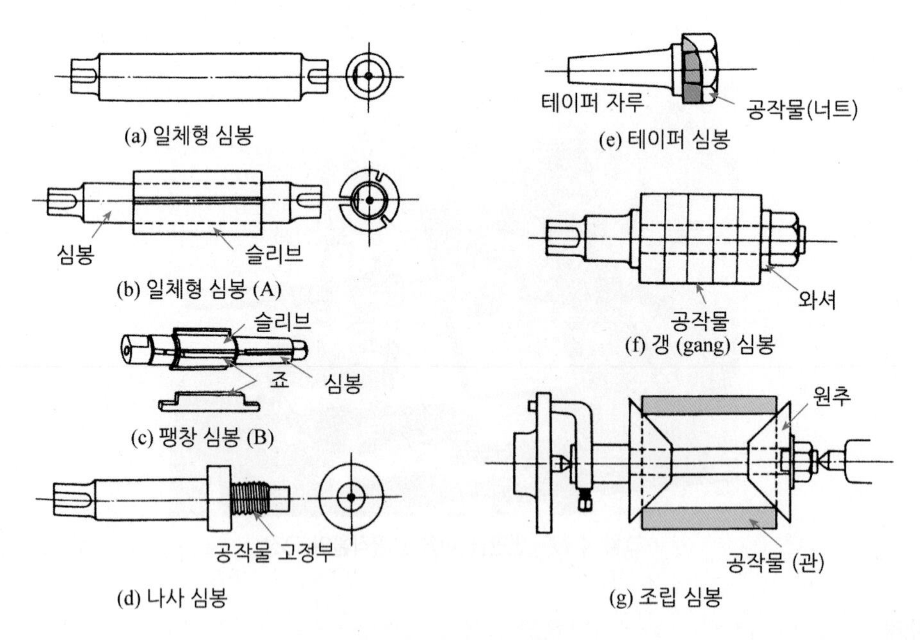

그림 4.19 **각종 심봉**

5) 척

척(chuck)은 회전하는 바이스(vise)의 일종으로서 주축에 설치하여 공작물을 고정하는 데 사용되며, 다음과 같은 종류가 있다.

① **단동 척**(independent chuck) : 단동(單動) 척은 그림 4.20(a)와 같이 4개의 죠(jaw)로 되어 있으며 각 죠가 각각 단독으로 움직여 불규칙한 공작물의 고정에 적합하다.

② **연동 척**(universal chuck) : 연동(連動) 척은 그림 4.20(b)와 같이 3개의 죠가 동시에 움직이며, 원형단면봉 또는 육각단면봉 등의 물림에 적합하다. 죠는 안지름용과 바깥지름용이 따로 있다.

③ **자석 척**(magnetic chuck) : 자석 척은 그림 4.20(c)와 같이 척의 내부에 전자석(電磁石)이 있고 이에 직류를 통하면 척이 자화되어 공작물을 흡착시킨다. 가공 후 공작물의 잔류자기를 제거하기 위하여 탈자기(脫磁器)를 사용한다.

④ **콜릿 척**(collet chuck) : 콜릿 척은 그림 4.20(d)와 같은 형상으로 공작물의 지름이 작은 경우에 사용한다.

⑤ **압축공기 척**(compressed air chuck) : 압축공기 척은 압축공기에 의하여 죠를 움직이고 공작물에 대한 고정력은 압축공기에 의하여 조절한다. 이것의 특징은 운전 중 작동이 가능하며 공작물에 고정 자국을 남기지 않는다. 압축공기 대신 유압을 이용하는 유압 척도 있다.

⑥ **드릴 척**(drill chuck) : 드릴 척은 선반에서 구멍작업을 할 때 드릴 척으로 드릴을 고정하고 드릴 척의 자루를 심압대의 축에 끼운다.

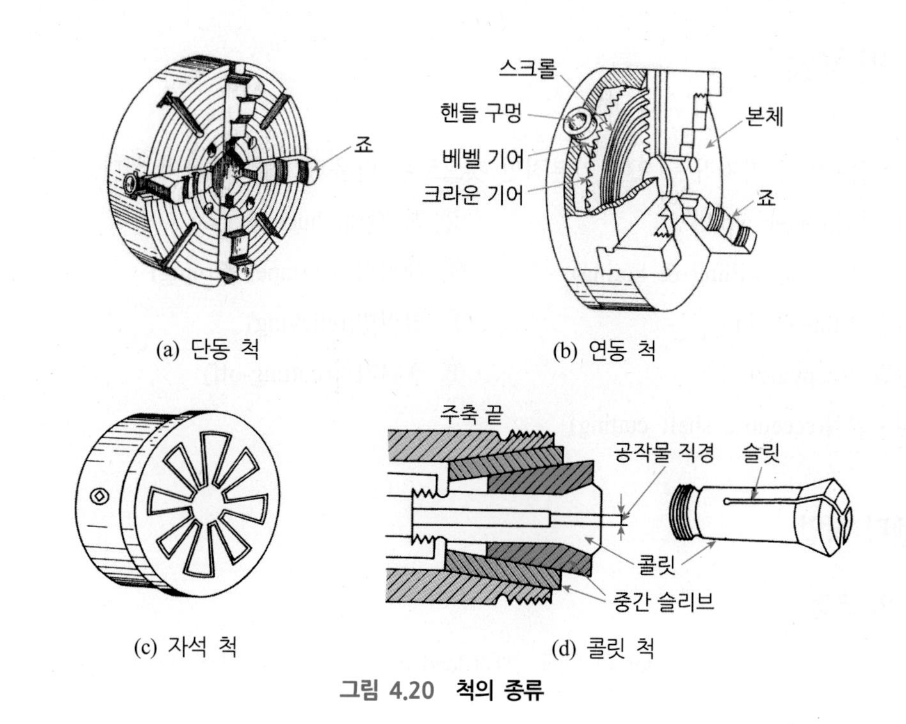

(a) 단동 척 (b) 연동 척

(c) 자석 척 (d) 콜릿 척

그림 4.20 척의 종류

6) 방진구

지름이 작고 긴 공작물, 또는 매우 긴 공작물을 가공할 때 공구의 절삭력에 의하여 공작물이 휘어져서 일정한 지름의 가공을 할 수 없으면 그림 4.21과 같은 **방진구**(防振具, work rest)를 사용하여 공작물의 휘어짐을 방지하고, 진동을 감소시킨다. 방진구는 베드에 고정하는 고정식과 왕복대와 함께 이동하는 이동식이 있다.

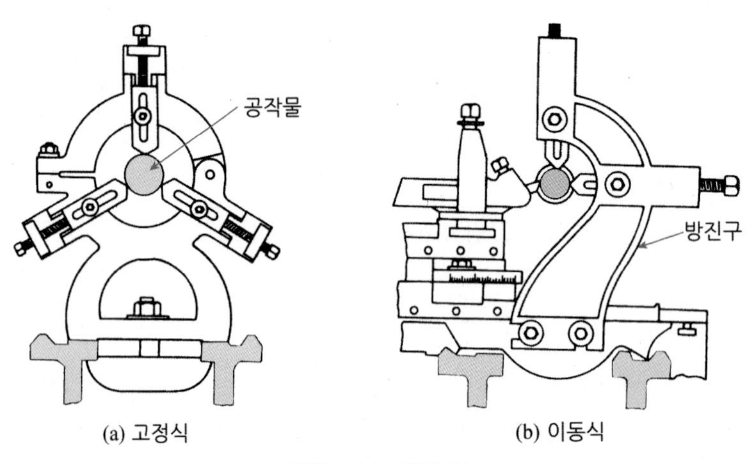

그림 4.21 방진구

1.3 선반작업

선반작업에는 여러 가지가 있으나 기본적인 것으로는 다음과 같은 것들이 있다.

① 센터 작업(center work)
② 척 작업(chuck work)
③ 드릴링 및 보링(drilling & boring)
④ 테이퍼절삭(taper turning)
⑤ 나사절삭(threading)
⑥ 릴리빙(relieving)
⑦ 모방절삭(copying)
⑧ 절단가공(cutting-off)
⑨ 편심축절삭(eccentric shaft cutting)

1.3.1 센터 작업

1) 센터의 조정

공작물을 **라이브 센터**(live center)와 **데드 센터**(dead center) 사이에 고정시키고 돌리개와 면판 등으로 회전시켜 절삭을 하는 것을 센터 작업이라 하며, 센터와 센터를 잇는 중심선과 바이트의 운동이 평행할 때 단면이 진원인 원주(圓周)가 가공된다. 양 센터의 높이가 같고 수평면상에서 중심선과 바이트의 이동선이 평행하지 않으면 원추형인 테이퍼가공이 되고, 수평투영선이 평행하고 양 센터의 높이가 다를 경우에는 쌍곡면(雙曲面)을 이루는 절삭이 된다.

이상과 같이 테이퍼절삭이나 쌍곡면절삭이 되지 않고 진원의 원주절삭을 하기 위해서는

① 라이브 센터와 데드 센터의 중심을 맞추는 것

② 절삭을 하고 난 뒤 공작물 양단의 직경을 측정

③ 바이트를 이동시켜 바이트의 끝과 양 센터의 중앙을 일치시킴

④ 양 센터로 시험봉을 지지하고 다이얼 게이지를 이동시켜 일치시키는 방법 등이 있다.

그림 4.22는 다이얼 게이지로 시험봉의 양단을 측정하여 정지(데드) 센터와 회전(라이브) 센터의 중심을 일치시키는 방법을 나타낸 것이다.

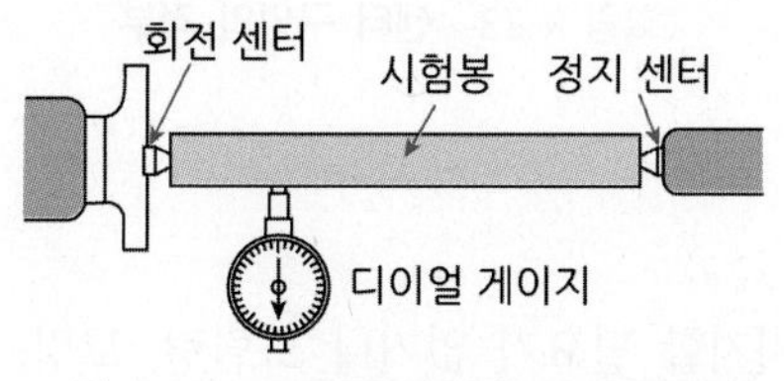

그림 4.22 시험봉에 의한 센터 맞추기

2) 센터 구멍

공작물의 재질 및 크기에 따라 구멍의 크기가 다르나 보통 표 4.2와 같은 규격의 **센터 드릴**(center drill)을 사용한다.

그림 4.23은 센터 구멍(center hole)의 적부(適否)를 표시한다.

표 4.2 센터 드릴의 규격(mm)

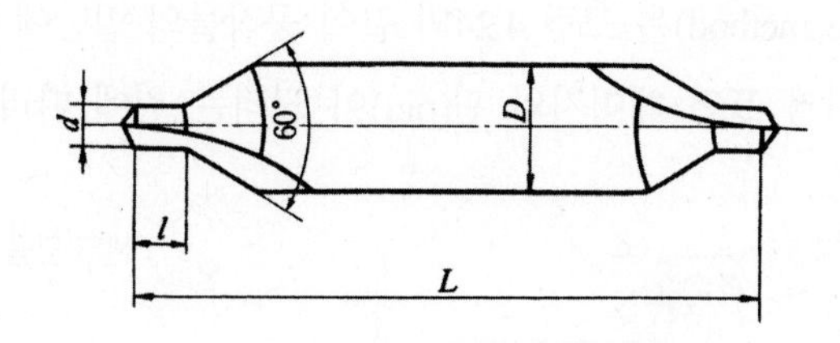

(계속)

공작물의 지름	호칭치수	d	D	l	L
5 이하	0.7	0.7	3.5	1	35
5 ~ 15	1	1	4	1.5	35
10 ~ 15	1.5	1.5	5	2	40
20 ~ 35	2	2	6	3	45
30 ~ 45	2.5	2.5	8	3.5	50
35 ~ 60	3	3	10	4	55
40 ~ 80	4	4	12	5	66
60 ~ 100	5	5	14	6.5	78
80 ~ 140	6	6	18	8	90

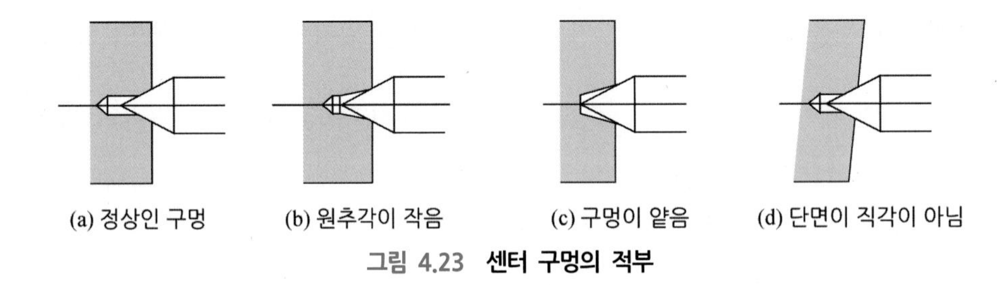

그림 4.23 **센터 구멍의 적부**

1.3.2 척 작업

공작물이 짧아서 데드 센터로 지지할 필요가 없거나 드릴링, 보링, 태핑 및 리밍을 하기 위하여 척에 의해 고정할 때가 있다. 공작물을 척에 고정하는 방법은 다음과 같다.

1) 초크법

초크법(chalk method)은 척에 공작물을 고정하고 초크(chalk)를 일정 높이에 대고 주축을 회전시켜 공작물에 닿은 초크에 의하여 높고 낮음을 조정한다.

2) 표면 게이지법

표면 게이지법(surface gauge method)은 그림 4.24와 같이 공작물의 일단에 미리 센터를 표시하고, 표면 게이지를 대고 주축을 회전시켜 표면 게이지의 핀(pin)이 그리는 원에 따라 죠를 조정한다.

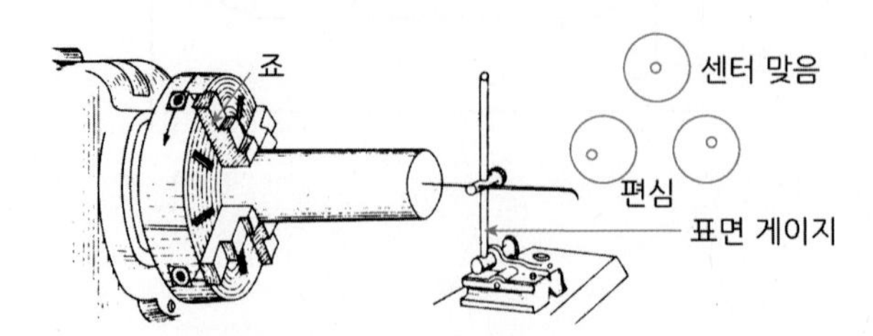

그림 4.24 **표면 게이지에 의한 센터 조정**

3) 다이얼 인디케이터법

다이얼 인디케이터법(dial indicator method)은 그림 4.25와 같이 다이얼 인디케이터에 의한 센터조정을 말한다. 이것은 중공축의 센터를 조정하기에 편리하고 다이얼 인디케이터에 의하여 높고 낮음을 알 수 있으며, 인디케이터에 나타나는 편심량의 $\frac{1}{2}$로 조정해 간다.

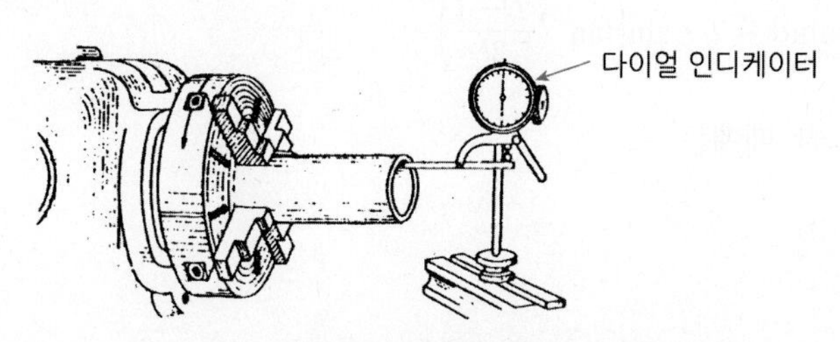

그림 4.25 다이얼 인디케이터에 의한 센터 조정

1.3.3 드릴링, 보링 및 리밍

공작물을 선반의 척에 물리고 드릴을 고정한 드릴 척을 심압대의 테이퍼 구멍에 끼워 주축을 회전시키며, 심압대에서 이송을 주는 방법에 의하여 구멍뚫기 작업을 행할 수 있다.

드릴로 뚫은 구멍을 보링 공구로 원통의 내면을 선삭하여 구멍을 확대하는 작업을 **보링**(boring)이라 하며, 가공방법은 드릴링과 같다. 또한 드릴링이나 보링 후에 구멍의 내면을 리머(reamer)로 매끈하게 다듬질 가공하는 것을 **리밍**(reaming)이라 한다.

1.3.4 테이퍼절삭

1) 심압대의 편위에 의한 방법

이것은 그림 4.26과 같이 심압대를 편위(偏位)시켜 테이퍼절삭을 하는 방법이며 편위거리 e가 같아도 공작물의 길이가 다르면 테이퍼는 다르게 된다. 이 방법은 비교적 테이퍼가 작고 공작물이 길 때에 이용된다. 수평면상에서 편위거리 e는 다음 식에 의한다.

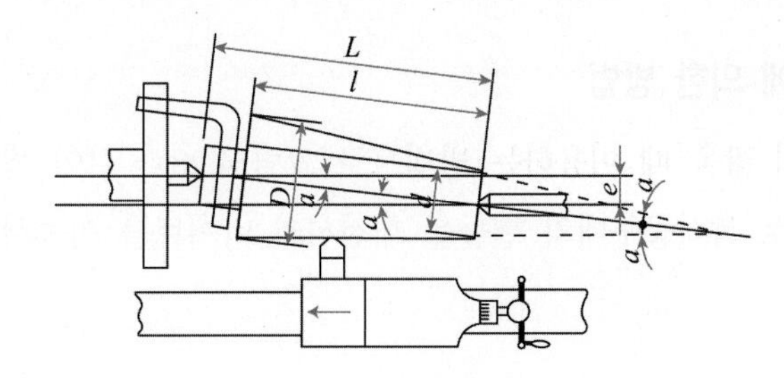

그림 4.26 심압대의 편위에 의한 테이퍼절삭

L : 공작물의 길이(mm), D, d : 테이퍼진 부분의 양단의 지름(mm), l : 테이퍼진 부분의 양단의 거리(원주대높이, mm)라 하면

$$\frac{e}{L} = \sin\alpha, \quad \tan\alpha = \frac{\frac{D-d}{2}}{l} = \frac{D-d}{2l}$$

$$\therefore e = L \cdot \sin\alpha = L \cdot \sin\left(\tan^{-1}\frac{D-d}{2l}\right) \tag{4.1}$$

이며, $D-d$가 작고 l 이 클 때에는

$$e = \frac{L(D-d)}{2l} \tag{4.2}$$

가 된다.

2) 테이퍼 장치에 의한 방법

그림 4.27과 같이 선반 뒤쪽에 붙은 테이퍼 장치에 크로스 슬라이드(cross slide)를 연결하고 테이퍼 장치의 슬라이드에 따라 왕복대를 이동시켜 테이퍼절삭을 하며, 필요한 테이퍼각은 테이퍼 장치 슬라이드의 기울임각에 의한다.

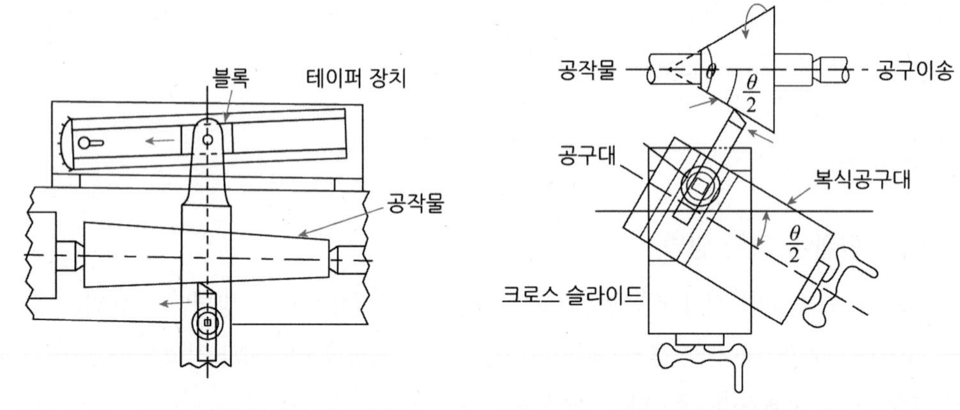

그림 4.27 테이퍼 장치에 의한 테이퍼절삭

그림 4.28 복식공구대의 경사에 의한 테이퍼절삭

3) 복식공구대의 경사에 의한 방법

테이퍼가 크고 공작물이 짧을 때 이용하는 방법으로 그림 4.28과 같이 필요한 각만큼 복식공구대를 경사(傾斜)시키고, 수동으로 복식공구대의 핸들을 회전시켜 바이트를 이송시킨다.

4) 가로이송과 세로이송을 동시에 주는 방법

베드의 아래에 있는 리드 스크류(lead screw)에 따른 이송과 함께 그와 직각방향의 이송을 주는 특수한 기어 장치가 있는 선반에서만 가능한 작업이다.

예제 4.1

그림 A에서와 같이 전체의 길이가 150 mm인 공작물에 120 mm 구간을 1/30 테이퍼가공하려고 한다. 다음을 구하라.

1) 편위량 e

2) 공구대의 회전각 $\frac{a}{2}$

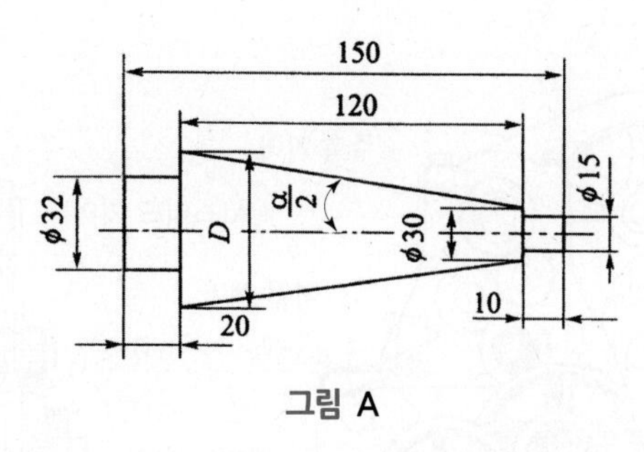

그림 A

풀이 $t = \frac{D-d}{l}$

단 t : 테이퍼

D : 테이퍼부의 큰 부분의 직경

d : 테이퍼부의 작은 부분의 직경

l : 테이퍼부의 길이

$$t = \frac{1}{30} = \frac{D-30}{120} \quad \therefore D = 34(\text{mm})$$

(1) 편위량

$$e = \frac{L(D-d)}{2l} = \frac{150(34-30)}{2\times120} = 2.5(\text{mm})$$

단, L : 공작물의 전체 길이

(2)

$$\tan\frac{\alpha}{2} = \tan\theta = \frac{D-d}{2l}$$

단, θ : 회전각, α : 테이퍼각

$$\theta = \tan^{-1}\frac{34-30}{2\times120} \fallingdotseq 0.95(°)$$

$$\therefore \theta = \frac{\alpha}{2} = 0.95°$$

1.3.5 나사절삭

선반에서 나사를 절삭할 때 주축(spindle)과 리드 스크류(lead screw)를 기어로 연결하여 회전수를 일정하게 하면 소정의 피치(pitch)를 갖는 나사(螺絲, screw, thread)를 절삭할 수 있다. 바이트의 끝은 나사산의 형상에 맞추어 연삭하고 공작물의 중심선에 대하여 직각이 되게 설치한다.

1) 변환 기어의 계산

그림 4.29는 주축의 변속기를 나타낸 것으로서 이들 기어의 조합에 의하여 주축을 변속시킨다.

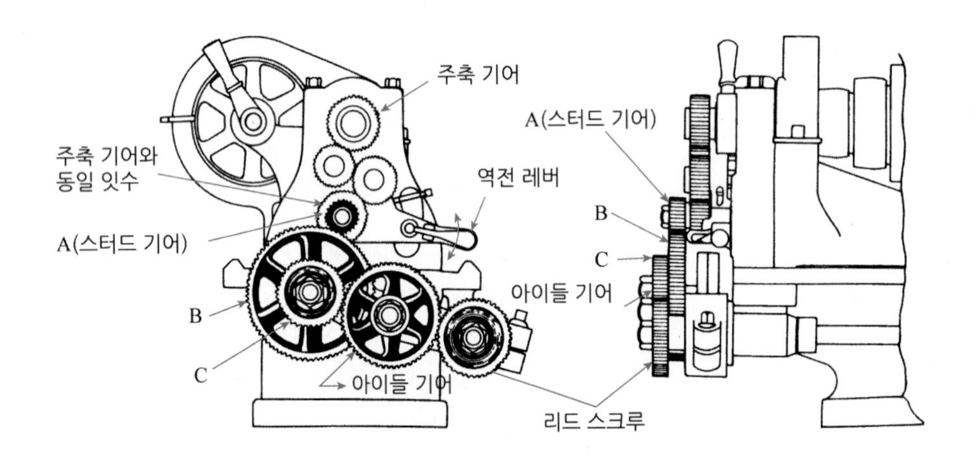

그림 4.29 주축의 변속기

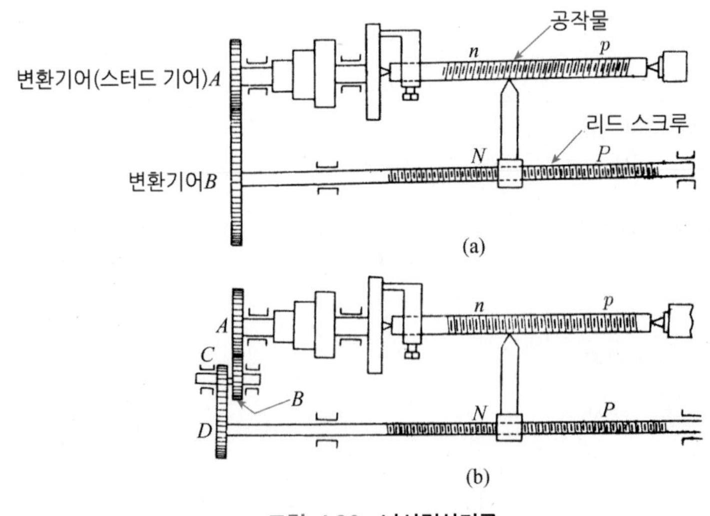

그림 4.30 나사절삭기구

선반은 인치식과 미터식이 있으며, 속도변환(速度變換)에 사용되는 **변환 기어**(changing gear)는 인치식(inch system)에서는 20 ~ 120(5개씩 차)과 127개의 잇수를 가진 기어가 있고, 미터식(meter system)에서는 20 ~ 64(4개씩 차)와 72, 80, 127개의 잇수를 가진 기어가 있다.

그림 4.30은 그림 4.29에서 리드 스크류와 주축(공작물 고정)이 변환 기어로 연결되어 있는 것을 상세하게 나타낸 그림으로서, 그림 4.30(a)는 단식 변환 기어열(A, B), 그림 4.30(b)는 복식 변환 기어열(A, B, C, D)을 나타낸 것이다.

여기서 n : 절삭되는 나사의 단위길이당의 산 수

N : 리드 스크류의 단위길이당의 산 수

p : 절삭되는 나사의 피치 $= \dfrac{1}{n}$

P : 리드 스크류의 피치 $= \dfrac{1}{N}$

A, B, C, D : 각 기어의 명칭과 그 기어의 잇수라 하면 공구대가 리드 스크류상에서 이동하는 거리와 가공되는 나사의 길이가 같으므로 $N \cdot P = n \cdot p$ 로 된다.

단식 기어열에서 $$\frac{N}{n} = \frac{p}{P} = \frac{A}{B} \tag{4.3}$$

복식 기어열에서 $$\frac{N}{n} = \frac{p}{P} = \frac{A}{B} \times \frac{C}{D} \tag{4.4}$$

(이때 $A+B > C$, $C+D > B$의 조건을 만족해야 한다.)

로 되며, 이에 대한 것을 예를 들어 설명한다.

① 미터식의 리드 스크류를 갖는 선반에서의 나사절삭(임의의 잇수 선택이 가능한 것으로 가정)

예제 4.2

리드 스크류의 피치가 6 mm인 선반에서 피치 2 mm인 나사를 절삭할 때 변환 기어를 정하여라.

풀이 $\dfrac{p}{P} = \dfrac{2}{6} = \dfrac{2\times 10}{6\times 10} = \dfrac{20}{60} = \dfrac{2\times 12}{6\times 12} = \dfrac{24}{72} = \dfrac{A}{B}$

즉, 스터드 기어 A와 리드 기어 B의 잇수는 $A=20$, $B=60$ 또는 $A=24$, $B=72$로 하면 된다.

예제 4.3

리드 스크류의 피치가 8 mm인 선반에서 피치 2.25 mm의 나사를 절삭할 때 변환 기어를 정하여라.

풀이 $\dfrac{p}{P} = \dfrac{2.25}{8} = \dfrac{2.25\times 4}{8\times 4} = \dfrac{9}{32} = \dfrac{3\times 3}{4\times 8} = \dfrac{3\times 12}{4\times 12}\times\dfrac{3\times 8}{8\times 8} = \dfrac{36}{48}\times\dfrac{24}{64} = \dfrac{A}{B}\times\dfrac{C}{D}$

즉, 복식의 기어열에서 $A=36$, $B=48$, $C=24$, $D=64$.

예제 4.4

리드 스크류의 피치가 8 mm인 선반에서 6산/in의 나사를 절삭할 때 변환 기어를 정하여라.

풀이 $\dfrac{p}{P} = \dfrac{25.4/6}{8} = \dfrac{25.4}{48} = \dfrac{25.4 \times 5}{48 \times 5} = \dfrac{127}{240} = \dfrac{1 \times 127}{3 \times 80}$

$= \dfrac{1 \times 20}{3 \times 20} \times \dfrac{127}{80} = \dfrac{127}{60} \times \dfrac{20}{80} = \dfrac{A}{B} \times \dfrac{C}{D}$

즉, 복식 기어열에서 $A = 127,\ B = 60,\ C = 20,\ D = 80.$

② 인치식의 리드 스크류를 갖는 선반에서의 나사절삭(임의의 잇수 선택이 가능한 것으로 가정)

예제 4.5

리드 스크류의 피치가 2산/in인 선반에서 피치 5 mm의 나사를 절삭할 때 변환 기어를 정하여라.

풀이 $\dfrac{p}{P} = \dfrac{5}{25.4/2} = \dfrac{10}{25.4} = \dfrac{5 \times 10}{127} = \dfrac{50}{127} = \dfrac{A}{B}$

즉, 단식 기어열에서 $A = 50,\ B = 127.$

예제 4.6

리드 스크류의 피치가 2산/in인 선반에서 피치 5산/in의 나사를 절삭할 대 변환 기어를 정하여라.

풀이 $\dfrac{p}{P} = \dfrac{25.4/5}{25.4/2} = \dfrac{2}{5} = \dfrac{2 \times 10}{5 \times 10} = \dfrac{20}{50} = \dfrac{A}{B}$

즉, 단식 기어열에서 $A = 20,\ B = 50.$

예제 4.7

리드 스크류의 피치가 6산/in인 선반에서 피치 10 mm의 나사를 절삭할 때 변환 기어를 정하여라.

풀이 $\dfrac{p}{P} = \dfrac{10}{25.4/6} = \dfrac{5 \times 60}{127} = \dfrac{5 \times 60 \times 20}{127 \times 20} = \dfrac{50}{127} \times \dfrac{120}{20} = \dfrac{A}{B} \times \dfrac{C}{D}$

즉, 복식 기어열에서 $A = 50,\ B = 127,\ C = 120,\ D = 20.$

2) 나사절삭 방법

나사는 3각 나사, 4각 나사, 사다리꼴 나사 및 테이퍼 나사 등 여러 가지가 있는데, 3각 나사가 일반적으로 가장 많이 사용되기 때문에 여기서는 3각 나사의 절삭방법에 대해서 설명한다.

① **바이트의 설치** : 인선을 공작물의 중심선과 같은 높이에서 센터 게이지(center gauge)에 의하여 맞춘다.

② **60° 나사산의 절삭을 위한 복식공구대의 위치** : 그림 4.31에서와 같이 60°의 나사산을 절삭할 때에는 복식공구대를 30° 정도 회전시켜 고정하는 것이 보통이다. 이때 절삭깊이는 복식공구대의 이송나사

로 조절하며, 바이트의 절삭작용은 좌측 날이 하게 되고 우측 날은 나사면을 다듬는 역할을 한다.

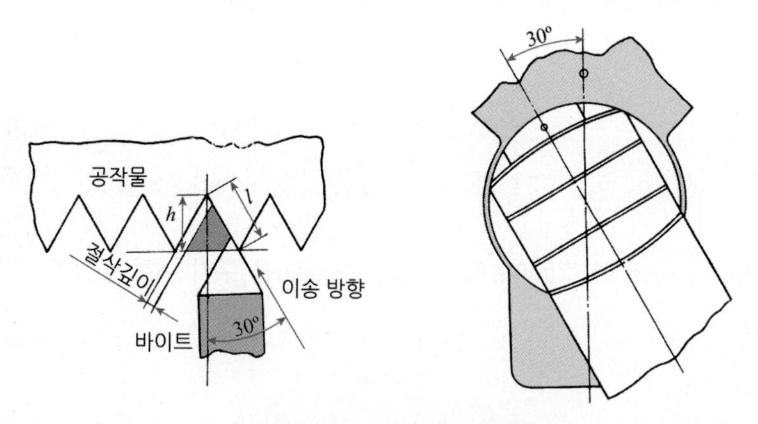

그림 4.31 60° 나사산 절삭법

나사산의 높이를 h, 복식공구대의 이송나사의 이동 거리를 l, 복식공구대의 회전각을 30°라 하면

$$\frac{h}{l} = \cos 30^\circ$$

$$\therefore l = \frac{h}{\cos 30^\circ} = \frac{h}{0.866} = 1.1547h \tag{4.5}$$

이다.

3) 체이싱 다이얼의 사용법

나사는 1회의 절삭으로 완성되는 것이 아니고 같은 곳을 계속 깎아내어 완성된다. 왕복대를 처음의 위치에 옮긴 후 다시 정확한 홈에 바이트를 넣기 위해서 **체이싱 다이얼**(chasing dial)을 이용한다.

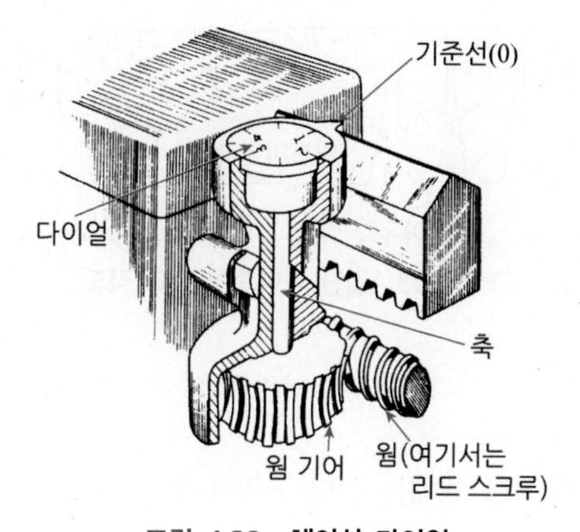

그림 4.32 체이싱 다이얼

체이싱 다이얼은 그림 4.32와 같이 왕복대에 고정된 웜 기어(worm gear)와 웜(worm, 여기서는 리드 스크류)이 맞물고 있어 리드 스크류가 회전하면 웜 기어와 동심축에 있는 눈금의 다이얼이 회전한다.

다이얼의 지침에 따라 split nut(또는 half nut)를 닫으면 바이트가 전에 가공한 홈에 정확하게 들어가게 된다.

1.3.6 릴리빙

밀링 커터와 호브(hob) 등에 여유각(餘裕角, clearance angle)을 두기 위하여 가공을 하는 것을 릴리빙(relieving)이라 한다.

1.3.7 모방절삭

모방절삭은 불규칙한 윤곽(輪廓)을 절삭할 때 가로이송이 모형판(模型板)을 따라 이루어지면서 절삭하는 방법이며, 윤곽선삭(contour turning)이라고도 한다. 특히 같은 제품을 대량으로 생산할 때 유리하며, 모방절삭에는 기계적 방법, 전기적 방법 및 유압식 방법 등이 있다.

1.3.8 절 단

절단가공(cutting-off)은 바이트로 공작물을 절단(切斷)하는 것을 말한다.

여기에 사용되는 바이트는 그림 4.33과 같은 것으로서 폭이 좁으며 가공면과의 마찰을 피하기 위하여 측면이 5° 정도의 측면 여유각(side clearance angle)을 이루는 테이퍼를 갖는다. 전면 여유각(end relief angle)은 8 ~ 12°이며 공구면의 상면 경사각(back rake angle)은 극히 작거나 0°이다.

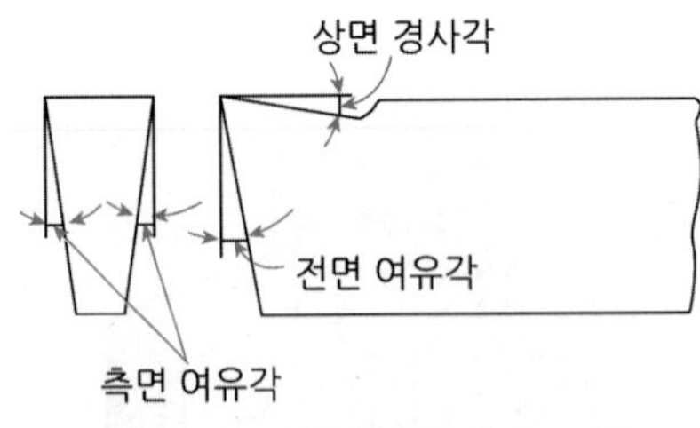

그림 4.33 절단 바이트의 주요 각도

1.3.9 편심축절삭

그림 4.34(a)와 같이 편심거리가 작을 때에는 센터 구멍을 뚫을 때 옆의 구멍과 합쳐질 염려가 있으므로

얇게 해야 한다. 그러나 크랭크축과 같이 편심거리가 큰 경우에는 그림 4.34(b)와 같이 고정구 B를 나사로 체결하고 표면 게이지에 의하여 센터를 구하여 센터 드릴로 구멍을 낸다. 가공 중 공작물의 변형을 방지하기 위하여 D, E와 같이 목편을 끼운다.

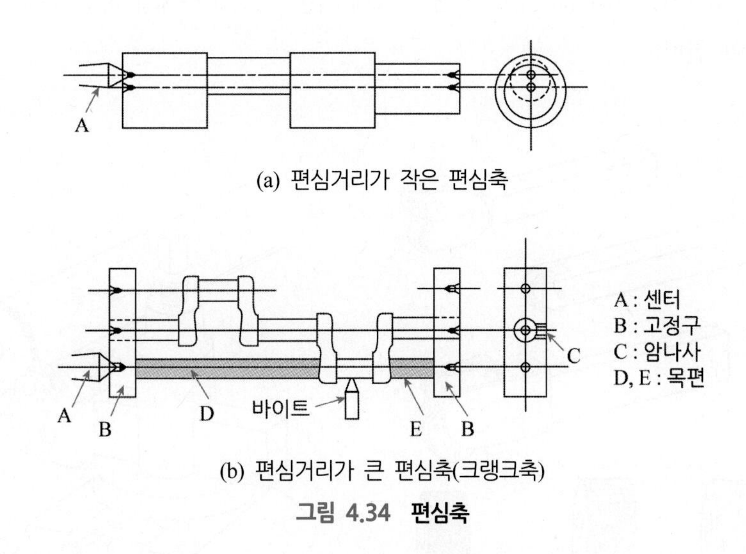

그림 4.34 편심축

1.3.10 단면절삭

그림 4.35와 같이 바이트를 공작물측에 가깝게 수평면상에서 기울이며, 또는 황삭일 때에는 바이트를 중심에 접근시키거나 혹은 중심으로부터 외주를 향하여 움직이면서 절삭하는 것을 단면절삭(端面切削, facing)이라 한다. 그러나 다듬질 절삭에서는 중심에서 외주로 절삭하는 것이 좋다. 중심부에 미가공부를 남기지 않기 위해서는 하프센터(half center)를 사용하는 수도 있다.

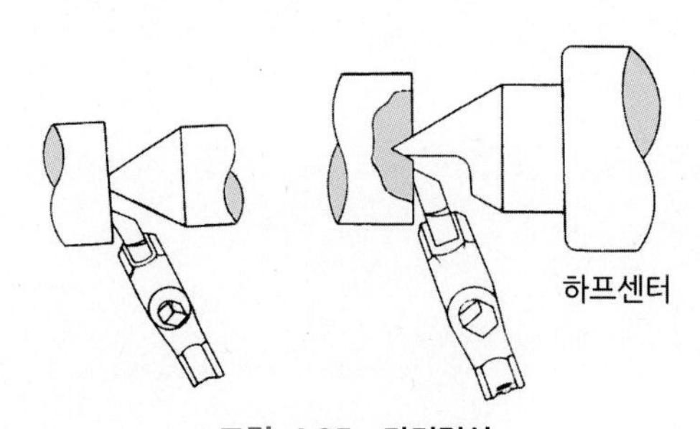

그림 4.35 단면절삭

1.3.11 널링

그림 4.36과 같이 공작물의 표면에 널(knurl)이라는 공구를 압입하여 널 표면과 같은 요철을 내는 작업

을 널링(knurling)이라 하며, 마이크로미터 등의 손잡이에 이용된다.

널이 1개인 경우에는 널의 중심과 공작물의 중심이 일치해야 하고, 2개인 경우에는 널이 공작물의 중심선에 대하여 대칭적으로 위치해야 한다. 주축의 회전수는 최저로 하고 종방향의 이송은 빠르게 한다. 널링을 하면 다듬질 치수보다 0.2 ~ 0.4 mm 정도 지름이 크게 되는 것도 고려해야 하고 절삭유를 충분히 공급하는 것도 잊지 말아야 한다.

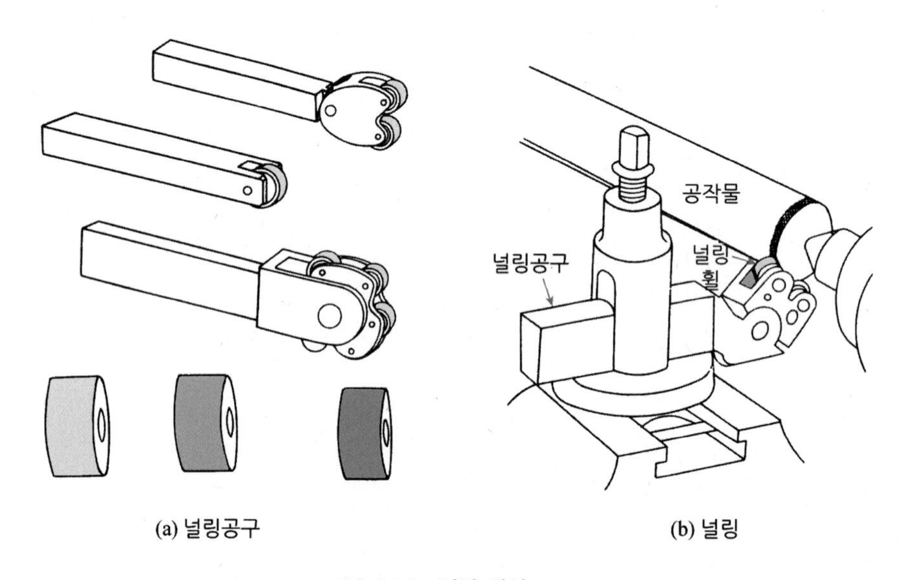

(a) 널링공구 (b) 널링

그림 4.36 널링 작업

02장
드릴가공

2.1 드릴가공의 종류

드릴가공(drilling)은 드릴(drill)을 회전시키고 그 축방향으로 이송시켜 공작물에 구멍(hole)뚫는 것을 말한다. 광의(廣義)의 드릴가공은 드릴로 구멍 뚫는 것을 비롯하여 이미 뚫은 구멍을 넓히든가, 구멍의 내면을 매끈하게 가공한다든가, 볼트의 머리가 차지할 부분을 가공하는 것 등을 포함한다. 그러나 협의(狹義)의 드릴가공은 드릴로서 단지 구멍 뚫는 것만을 의미한다.

그림 4.37은 광의의 드릴가공의 종류를 나타낸 것이다.

① **드릴링**(drilling) : 공작물에 드릴을 회전시키면서 드릴에 축방향의 이송을 주어 구멍을 뚫는 작업이다. 깊은 구멍에는 심공용 드릴을 사용하며, 드릴을 고정하고 공작물을 회전시키는 경우도 있다.

② **보링**(boring) : 드릴링에 의하여 뚫린 구멍을 확대하는 것이 주목적이고 구멍의 형상을 바로 잡기도 한다.

③ **리밍**(reaming) : 리머(reamer)를 사용하여 드릴링된 구멍의 치수를 정확히 하며 정밀가공을 한다. 리밍의 가공여유는 0.4 mm를 초과하지 않는다.

④ **태핑**(tapping) : 구멍의 내면에 나사를 내는 작업이며 탭(tap)을 뽑기 위해서는 역전전동기 또는 역전장치를 사용한다.

⑤ **카운터 보링**(counterboring) : 엔드밀(end mil)과 같은 공구를 사용하여 드릴링에 의한 구멍과 동심으로 구멍의 한쪽을 확대하며 밑은 평탄하다.

⑥ **카운터 싱킹**(countersinking) : 나사의 접시머리가 들어갈 구멍을 가공하는 것으로서 구멍의 일단을 원추형으로 확대한다.

⑦ **스폿 페이싱**(spot facing) : 너트 또는 cap screw 머리의 자리를 만들기 위하여 구멍축에 직각으로 평탄하게 가공하는 작업이다.

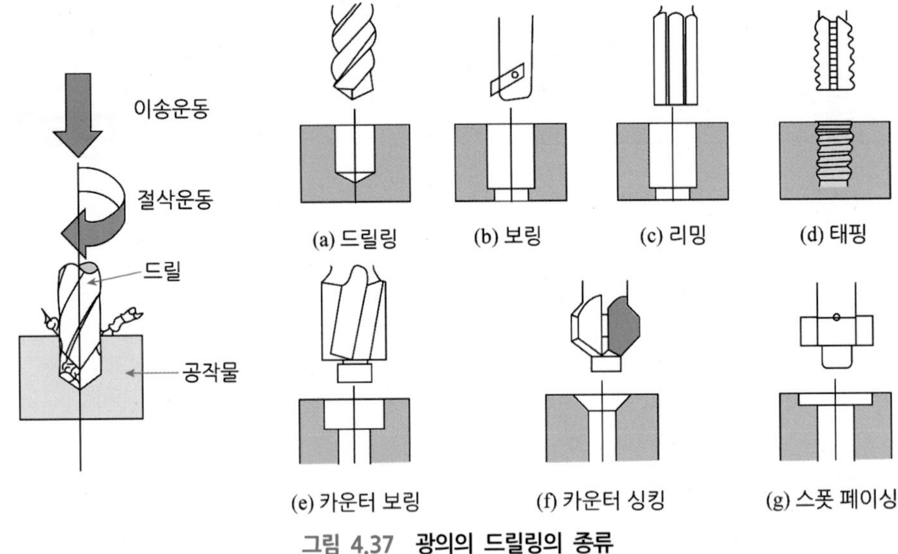

그림 4.37 **광의의 드릴링의 종류**

2.2 드릴링 머신의 구조

2.2.1 기본 구조

드릴링 머신(drilling machine)의 기본 구조는 그림 4.38과 같으며 베이스, 수직기둥(column), 헤드, 테이블 및 주축(spindle)으로 구성되어 있다. 주축의 선단에 드릴을 고정시키고 헤드를 통하여 전달된 동력으로 주축을 회전시켜 공작물에 구멍을 뚫는다.

공작물의 두께에 따라서 테이블을 상하로 조절할 수 있다.

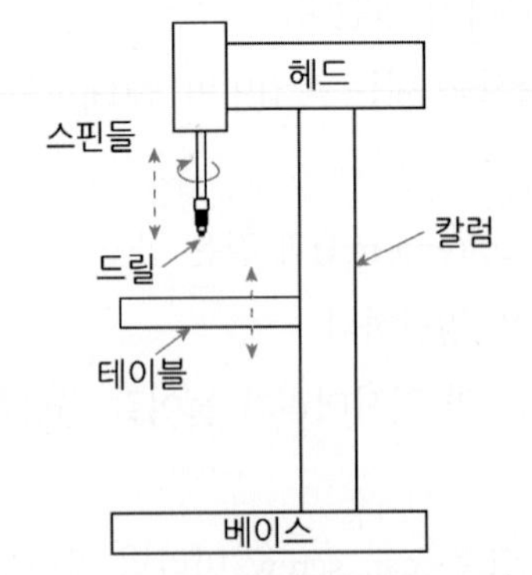

그림 4.38 **드릴링 머신의 기본 구조**

2.2.2 드릴링 머신의 크기 표시법

드릴링 머신의 크기 표시법은 다음의 3가지로 나타낸다(그림 4.38 참조).

① 뚫을 수 있는 구멍의 최대 직경

② 주축의 중심에서 컬럼 표면까지의 거리

③ 주축 선단에서 테이블 또는 베이스 상면까지의 거리

즉, 드릴링 머신에서 가공가능한 구멍의 최대직경 및 설치 가능한 공작물의 최대 크기를 그 크기 표시법으로 나타낸다.

2.3 드릴링 머신의 종류

드릴링 머신(또는 드릴 프레스)을 사용 목적과 구조에 따라 분류하면 다음과 같다.

① 탁상식 드릴링 머신(bench type drilling machine)

② 직립 드릴링 머신(upright drilling machine)

③ 레이디얼 드릴링 머신(radial drilling machine)

  i) 보통식(plain type)

  ii) 만능식(universal type)

④ 다축 드릴링 머신(multi-spindle drilling machine)

⑤ 다두 드릴링 머신(multi-head drilling machine)

⑥ 심공 드릴링 머신(deep hole drilling machine)

2.3.1 탁상식 드릴링 머신

탁상식(卓上式) 드릴링 머신은 이송(feed)을 인력으로 하는 소형의 벨트 전동식 드릴링 머신이다. 주축의 외부 슬리브(sleeve) 위에 있는 랙(rack)을 피니언(pinion)으로 상하이동시키며 가공한다. 보통 드릴의 치수는 ϕ15 이하이다. 그림 4.39는 탁상식 드릴링 머신이다.

2.3.2 직립 드릴링 머신

직립(直立) 드릴링 머신은 탁상식 드릴링 머신과 구조는 같으나, 다만 이송을 자동으로 할 수 있다는 차이가 있다. 그림 4.40은 직립 드릴링 머신의 일종으로서 A→B→C→D→E의 순서로 이송동력이 전달되어 웜(worm) E가 웜 기어(worm gear) F를 회전시켜 F의 축상에 있는 피니언이 주축 슬리브의 랙을 하향시킨다.

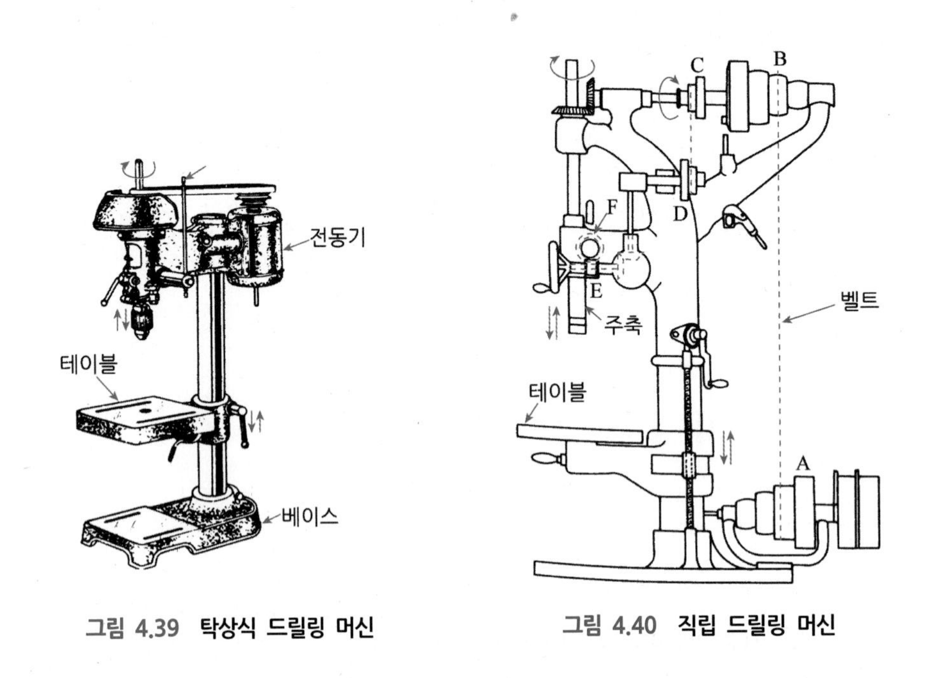

그림 4.39 **탁상식 드릴링 머신**

그림 4.40 **직립 드릴링 머신**

2.3.3 레이디얼 드릴링 머신

레이디얼 드릴링 머신(radial dirlling machine)은 대형의 공작물에 여러 개의 구멍을 뚫을 때 공작물을

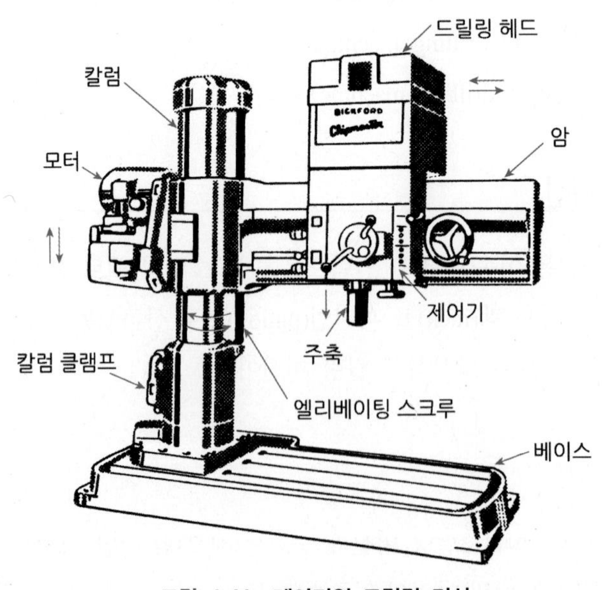

그림 4.41 **레이디얼 드릴링 머신**

이동시키지 않고 그림 4.41과 같이 암(arm)을 수직 컬럼 주위에 회전시키고 드릴링 헤드를 암(arm) 상에서 이동시켜 작업할 수 있는 공작기계이다.

레이디얼 드릴링 머신 중에서 드릴링 헤드가 암 상에서 직선운동만 하는 것을 보통식(plain type)이라 하고, 직선운동과 회전운동을 동시에 할 수 있는 것을 만능식(universal type)이라 한다.

2.3.4 다축 드릴링 머신

다축(多軸) 드릴링 머신(multi-spindle drilling machine)은 그림 4.42와 같이 주축의 위치가 조절되며, 여러 개의 구멍을 동시에 뚫을 때 사용된다. 일단 조절하여 놓으면 정밀도와 호환성이 좋다.

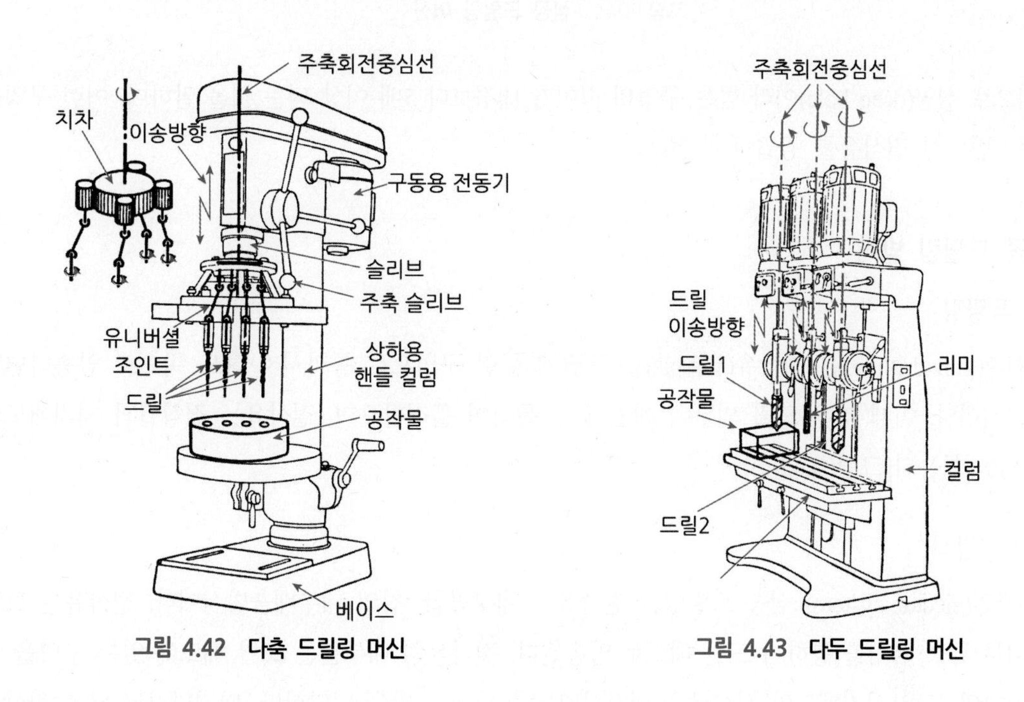

그림 4.42 다축 드릴링 머신

그림 4.43 다두 드릴링 머신

2.3.5 다두 드릴링 머신

다두(多頭) 드릴링 머신(multi-head drilling machine)은 그림 4.43과 같이 여러 개의 주축을 단일 테이블과 조합한 것이며, 주축의 간격이 고정된 것과 조절할 수 있는 것이 있다. 각 주축은 별도로 동작을 하며 순차적인 가공을 할 때 편리하다.

2.3.6 심공 드릴링 머신

심공(深孔) 드릴링 머신(deep hole drilling machine)은 그림 4.44와 같으며 총 구멍, 긴 축, 커넥팅 로드

(connecting rod) 등과 같이 긴 구멍을 요하는 구멍가공에 적합한 공작기계이며, 윤활, 공작물의 고정, 드릴의 처짐 등이 중요한 문제이다.

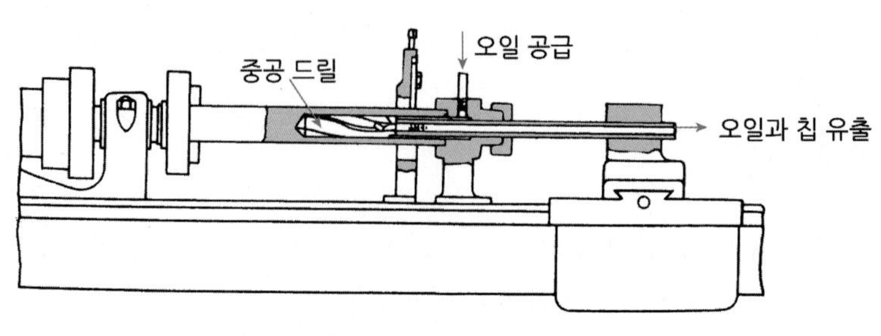

그림 4.44 심공 드릴링 머신

일반적으로 심공(deep hole)이라 함은 구멍의 길이가 내경보다 5배 이상 되는 것을 말하며, 이런 구멍을 뚫을 때는 반드시 절삭유를 공급해야 한다.

1) 심공 드릴링 방식

① 건 드릴링

건 드릴링(gun drilling)은 절삭유(切削油)를 드릴에 뚫린 구멍으로 통과시켜 헤드 쪽으로 압송하면서 가공하는 것이다. 이때 칩은 드릴 외부에 패인 홈을 통하여 흘러나오며, 절삭유는 절삭날과 지지패드의 윤활(潤滑)을 돕는다[그림 4.45(a)].

② 이젝터방식

이젝터방식(ejector system) 심공 드릴링은 절삭유의 내부공급, 칩의 내부배출방식이다. 절삭유는 드릴 튜브와 내부 튜브 사이를 통하여 드릴 헤드로 압송된다. 절삭유의 대부분은 드릴 헤드에 있는 구멍을 통하여 빠져나와 드릴 지지패드와 절삭날을 냉각시키는 동시에 윤활을 담당한다. 빠져나가고 남은 절삭유는 내부튜브의 노즐을 통하여 빠져나와서 배유구로 되돌아간다. 이때 내부튜브에 부분적인 진공이 나타나서 냉각과 윤활을 담당하였던 절삭유는 칩과 함께 내부튜브에 흡입되어 배출구로 나간다[그림 4.45(b)].

③ BTA 방식

BTA 방식(Boring and Trepaning Association system) 심공 드릴링은 외부절삭유공급과 내부칩흐름방식이다. 절삭유를 드릴 튜브와 가공되는 구멍 사이로 압송함으로써 절삭유의 유속은 빨라지고, 따라서 칩이 드릴 튜브를 통하여 효과적으로 배출된다[그림 4.45(c)].

이 BTA 방식에는 다음 3가지가 있다.

(a) 솔리드 보링

솔리드 보링(solid boring)은 그림 4.46(a)와 같이 단일 보링작업과 같이 한 번의 가공으로 소요지름을 얻을 수 있는 방법이다.

(b) 트레패닝

트레패닝(trepanning)은 단일작업으로 구멍을 뚫되, 코어를 남기는 드릴링방식이며, 지름이 큰 구멍을 뚫는 데 적합하고 단체드릴링보다 절삭동력이 적게 소요된다[그림 4.46(b)].

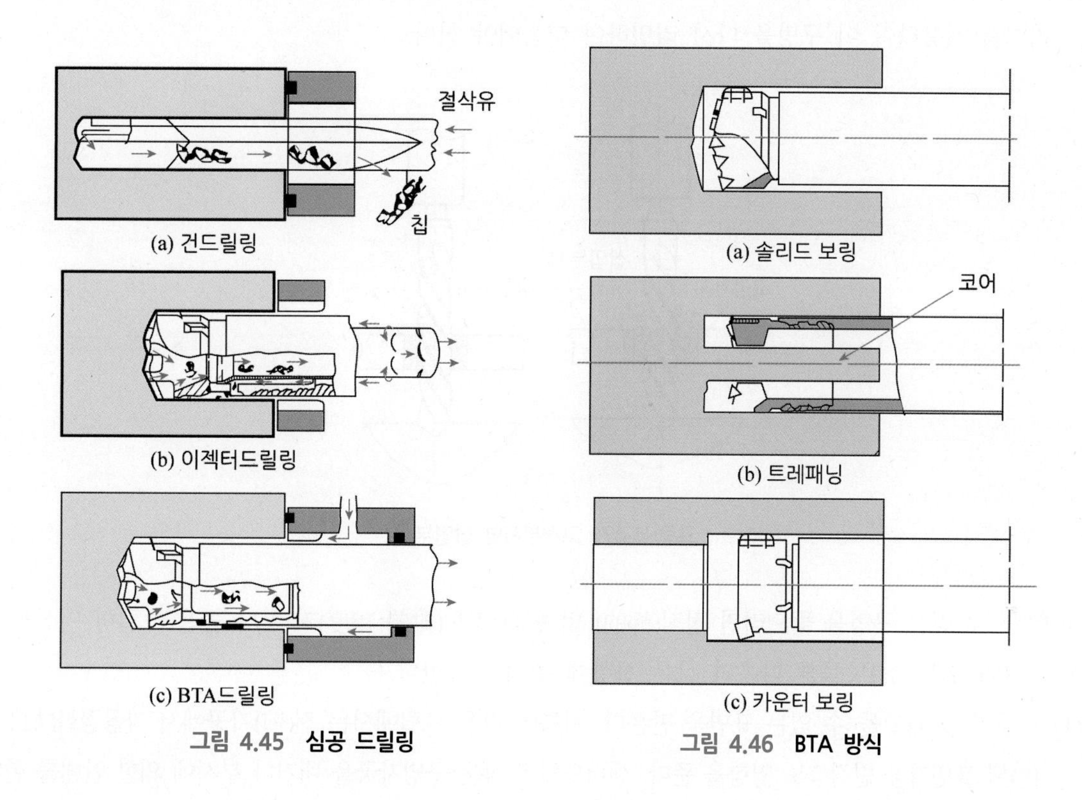

그림 4.45 심공 드릴링

그림 4.46 BTA 방식

(c) 카운터 보링

카운터 보링(counterboring)은 동력에 제한을 받아 단체에서 소요되는 지름의 구멍을 1회에 뚫을 수 없을 때 내면을 다듬고 또한 지름을 크게 하는 작업이다[그림 4.46(c)].

2) BTA 방식의 특징

공작물의 모양과 공작기계에 따라 작업방법이 결정되며, ① 공작물 회전 — 공구 회전식이 일반적으로 쓰이고, 구멍이 곧다. ② 공작물 고정 — 공구 회전식은 비대칭형 공작물을 가공하는 데 적합하다. ③ 드릴 튜브회전 — 공작물 회전식은 가장 좋은 가공법이다.

2.4 드릴가공 시 주의사항

구멍의 방향은 드릴 선단이 최초로 공작물에 접촉한 시기에서의 저항 등으로 경사하는 방향이 정해지며, 동일한 드릴을 사용하여 구멍을 뚫어도 가공된 구멍의 방향에는 차이가 생긴다. 이때 그림 4.47과 같이 안내부시(guide bush)를 사용하면 똑바른 구멍을 뚫는 데 큰 효과가 있다. 또 드릴로 뚫은 구멍은 일반적으로 진원도(眞圓度)가 나쁘며 원통도(圓筒度)도 나쁘므로 정확한 구멍을 필요로 할 때는 정밀도가 높은 리머를 사용하여 이 구멍을 다시 리밍하여 다듬어야 한다.

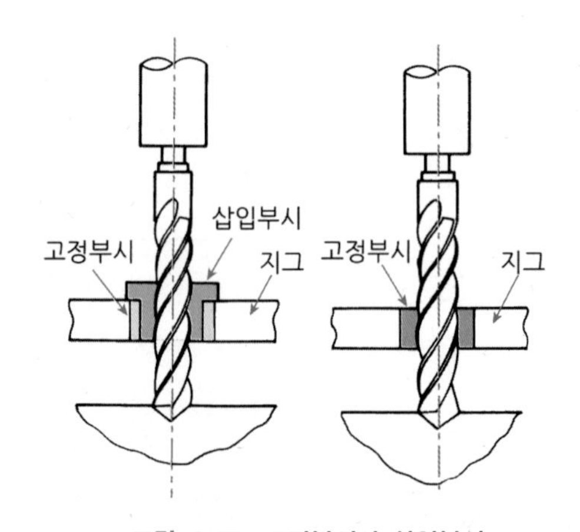

그림 4.47 고정부시와 삽입부시

일반적으로 같은 구멍을 뚫으려면 정적(靜的) 및 동적 정도(動的 精度)가 보다 높은 드릴링 머신을 사용할 필요가 있는 것은 물론 다음과 같은 사항에 주의해야 한다.

(1) 드릴이 잘 파고들 수 있는 표면을 만든다. 지름이 작은 드릴에서는 전(前)가공에서 **가공경화**(加工硬化)된 표면가공 변질층도 영향을 준다. 센터드릴로 작은 구멍자국을 내거나 부시에 의한 안내를 한다.
(2) 드릴을 되도록 짧게 설치한다.
(3) **시닝**(thinning)을 하여 **추력**(推力, thrust force)을 감소시킨다.
(4) 좌우의 날을 정확하게 대칭으로 성형하여 절삭저항(切削抵抗)이 균형되게 하여 수평분력에 의한 굽힘모멘트의 발생을 방지한다.
(5) 공작물과 드릴의 동적 거동을 해석하여 그 요인을 제거한다.
(6) 적절한 절삭유를 사용한다.

2.5 드릴의 재연삭

드릴 작업 시 드릴의 마모는 일정한 속도비로 진행되는 것이 아니고 어떤 시점에서 급속하게 진행되므로, 드릴이 너무 무디어지기 전에 그림 4.48과 같이 재연삭(再硏削)을 해야 한다. 드릴의 재연삭 항목으로는

① 날 끝각(point angle 또는 lip angle)을 바로 잡는다[그림 4.48(a)].

② 날 길이를 동일하게 한다[그림 4.48(a)].

③ 날 여유각(lip clearance angle)을 바로 잡는다[그림 4.48(b)].

④ 치즐 에지각(chisel edge angle)을 바로 잡는다[그림 4.48(b)].

⑤ 웨브 시닝(web thinning)을 정확히 한다[그림 4.48(c)].

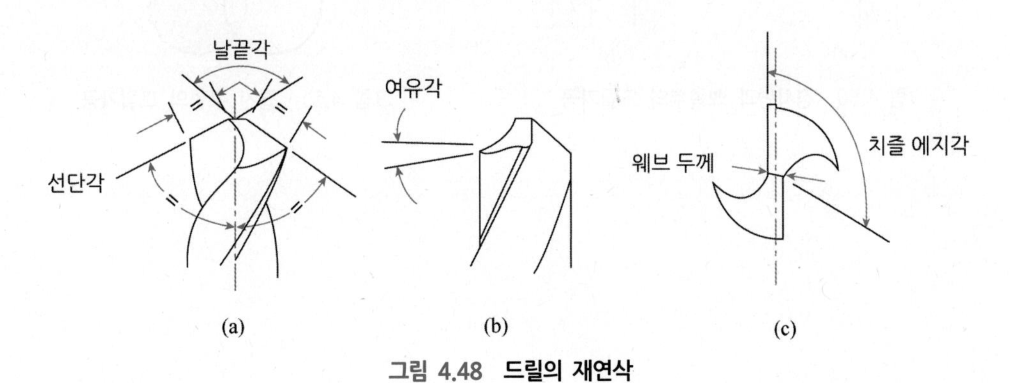

그림 4.48 **드릴의 재연삭**

2.6 특수 드릴가공

박판에 비교적 큰 구멍을 뚫을 때에는 드릴의 원추부가 판을 관통하여 판을 눌러 주는 힘이 없어 판이 심하게 움직이며 구멍이 불규칙하고 크게 된다. 박판의 드릴가공에는 그림 4.49와 같은 특수 평 드릴, 톱날(saw cutter) 또는 플라이 커터(fly cutter) 등을 사용하거나 판을 목재 사이에 넣어 조인 다음 목재와 함께 가공하는 것이 좋다.

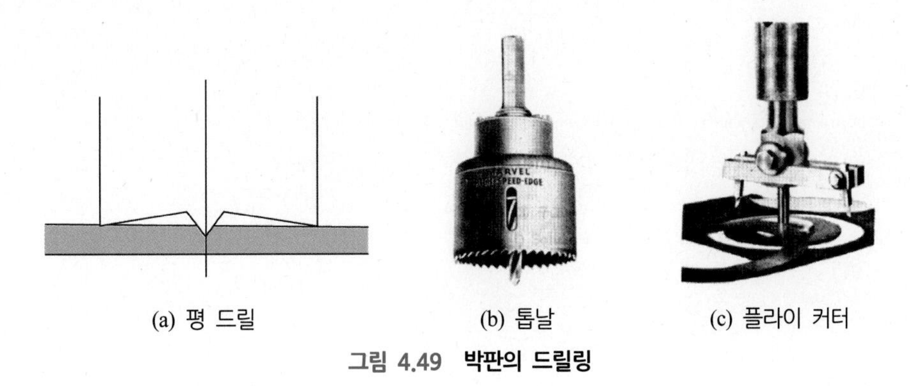

그림 4.49 **박판의 드릴링**

경사면이나 뾰족한 부분에 드릴링을 할 때에는 그림 4.50과 같이 캡(cap)을 붙이거나 엔드밀 등으로 드릴 축에 수직되게 가공한 후 드릴링을 행한다.

겹쳐진 구멍을 뚫을 때에는 그림 4.51과 같이 먼저 뚫은 구멍을 같은 종류의 재료로 메운 다음 다른 구멍을 뚫고 메운 금속을 빼낸다.

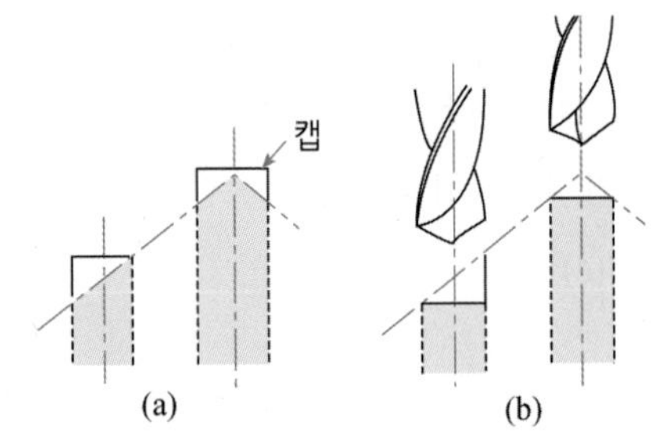

그림 4.50 경사면과 뾰족부의 드릴가공

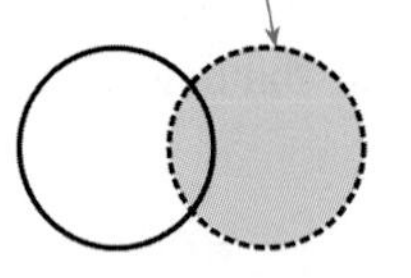

그림 4.51 겹친 구멍의 드릴가공

03장
보링가공

3.1 보링의 개요

보링(boring)은 드릴링 또는 **주조**(鑄造, casting) 등에서 이미 뚫은 구멍을 보링 바이트(boring bite)를 이용하여 확대하거나 내부를 정밀가공하는 작업이며, 여기에 사용되는 기계를 **보링머신**(boring machine)이라 한다. 보링의 원리는 선삭과 같으나 보링 머신은 공작물이 커서 회전시키면 편심될 염려가 있거나 형상이 회전하기에 곤란한 공작물의 가공에 이용된다.

그림 4.52에 보링에서 공작물과 공구의 상대운동을 표시하였다.

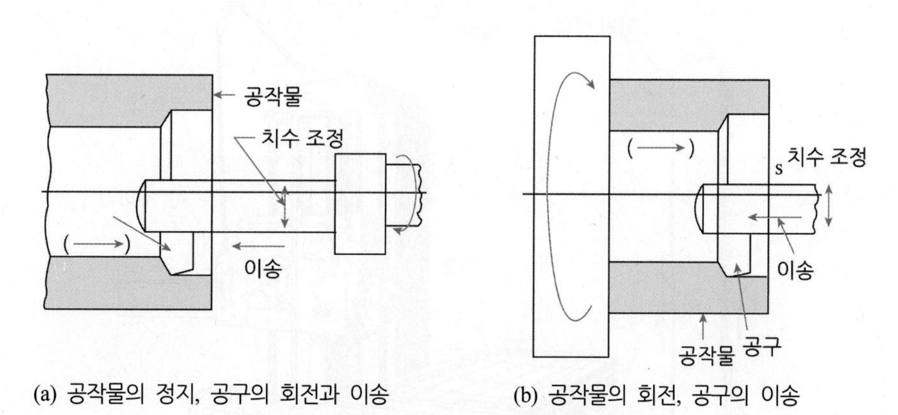

(a) 공작물의 정지, 공구의 회전과 이송 (b) 공작물의 회전, 공구의 이송

그림 4.52 보링 공구와 공작물의 상대운동

그림에서 (a)는 공작물이 정지되어 있고 공구가 회전과 이송을 하는 것이고, (b)는 공작물이 회전하고 공구가 이송하는 것을 나타낸 것이다. 이와 같이 보링은 공구와 공작물의 상대운동이 다른 두 가지 방식이 있다. 보링의 특징은 직경이 매우 큰 구멍을 가공할 수 있다는 것이다.

3.2 보링머신의 종류

3.2.1 수평보링머신

수평보링머신(horizontal boring machine)은 수평인 주축을 갖고 있으며, 그림 4.53에서와 같이 2개의 컬럼(column) 사이에 세로 방향과 가로 방향으로 움직이는 테이블, 상하 및 좌우로 움직이는 주축대(headstock), 보링 바(boring bar)를 지지하는 컬럼으로 구성되어 있다. 수평 보링머신은 다음과 같은 종류가 있다.

① **테이블형** : 테이블이 새들 위에서 주축과 평행 및 직각으로 이동한다. 보링 이외의 일반가공에 사용된다(그림 4.53).

② **플레이너형** : 테이블형과 비슷하나 새들이 없고 길이방향의 이송은 베드의 안내에 따라 컬럼이 이동하여 이루어진다. 중량이 큰 공작물에 사용된다. 그림 4.54는 수평 플레이너형 보링 머신의 개략도이다.

③ **플로어형** : 공작물을 T 홈이 있는 플로어(floor)에 고정하고 주축대는 컬럼을 따라 상하로 이동하며, 컬럼은 베드상을 따라 이동한다. 공작물이 커서 테이블형에서 가공하기 어려운 것을 가공할 때 사용되며, 그림 4.55는 수평 플로어형 보링머신의 개략도이다.

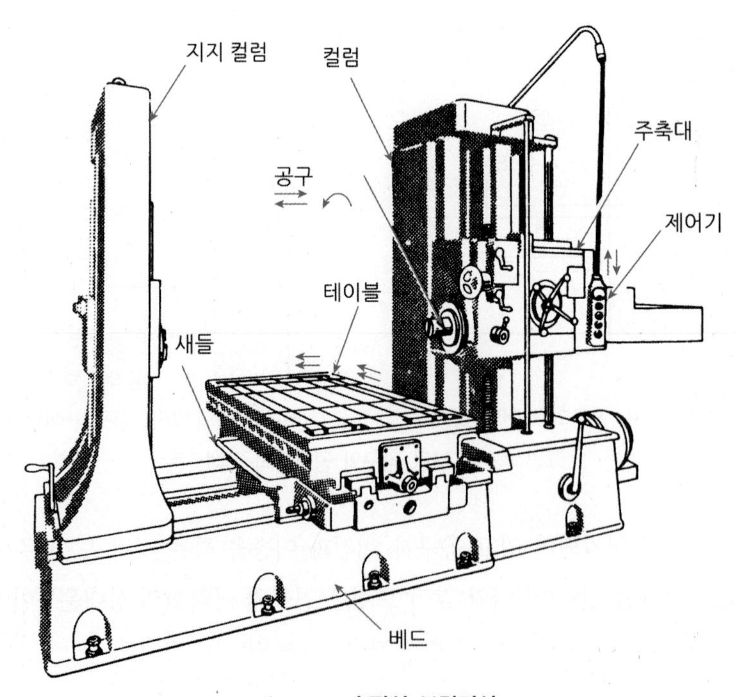

그림 4.53 수평식 보링머신

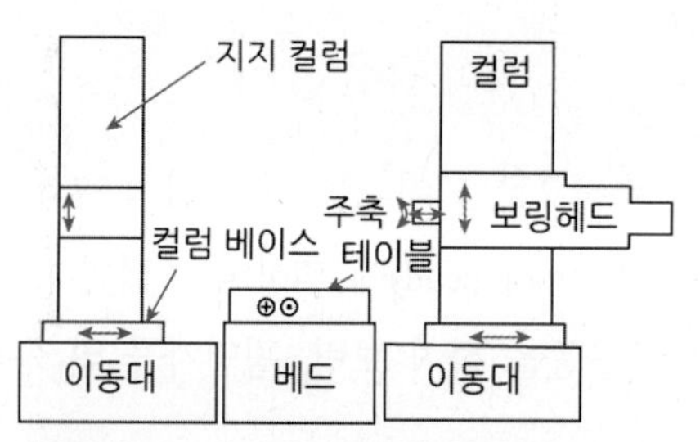

그림 4.54 수평 플레이너형 보링머신

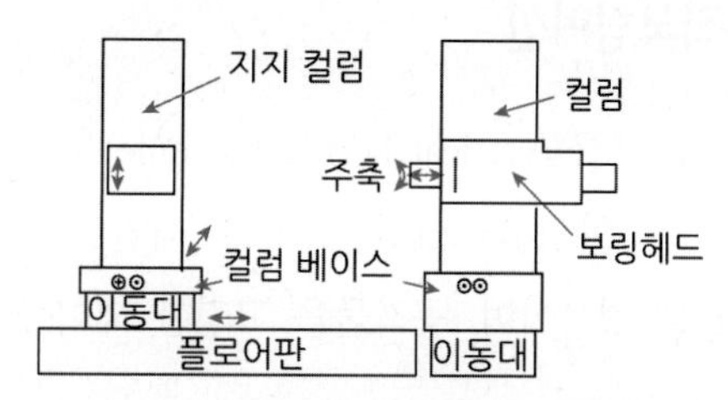

그림 4.55 수평 플로어형 보링머신

3.2.2 지그보링머신

지그보링머신(jig boring machine)은 드릴링에서 정확하지 못한 구멍가공, 각종 지그의 제작, 기타 정밀한 구멍가공을 위한 기계이며 각종 측정기가 부착되어 있다. 테이블과 주축대의 위치를 정하기 위하여 나사식 측정 장치, 표준봉 게이지, 다이얼 게이지, 현미경에 의한 광학적 측정 장치 등을 갖추고 있다. 지그보링머신에는 쌍주형과 단주형이 있으며, 그림 4.56은 단주형 지그보링머신의 일종이다.

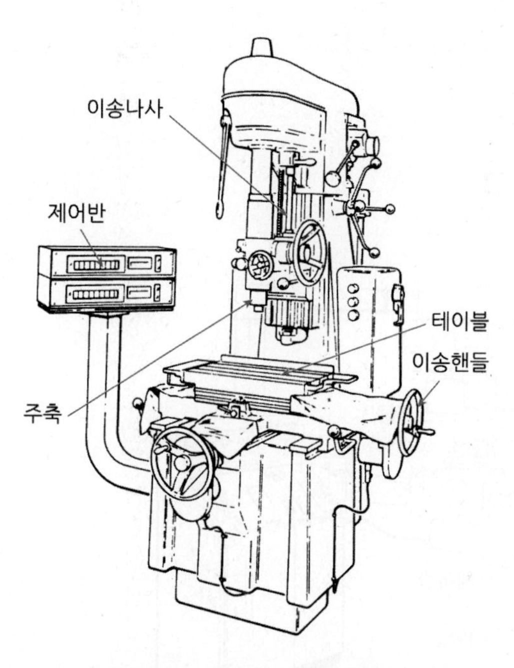

그림 4.56 단주형 지그보링머신

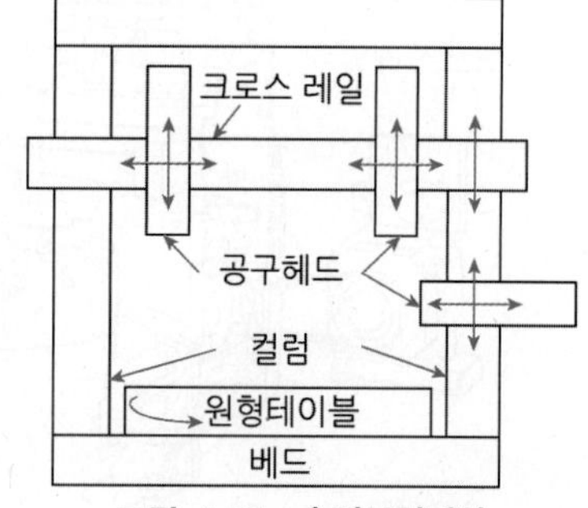

그림 4.57 수직보링머신

3.2.3 정밀보링머신

정밀(精密)보링머신(fine boring machine)은 회전수가 크고 이송의 정밀도가 높은 기구를 갖고 있으며, 바이트는 초경합금 또는 다이아몬드를 사용한다. 주축 베이링과 공구와의 위치가 일정하므로 진원도 및 진직도 등이 높다.

3.2.4 수직보링머신

수직(垂直)보링머신(vertical boring machine)은 주축이 수직으로 되어 있으며 그림 4.57과 같이 공구의 위치는 크로스 레일(cross rail)과 크로스 레일상의 공구 헤드(tool head)에 의하여 조절된다. 공구는 선삭 및 평삭과 같은 형상이며, 공작물을 고정한 테이블이 회전운동을 하여 보링, 평면가공 및 수직선삭 등을 할 수 있다.

3.2.5 직립보링머신(직립터릿선반)

직립보링머신(vertical boring machine)은 그림 4.58과 같이 주축대를 수직축상에 수평으로 위치시키고 크로스 레일이 상하로, 터릿헤드(turret head)가 크로스 레일상에서 이동하여 공작물을 고정한 테이블이 회전하도록 되어 있는 공작기계로서 직립터릿선반(vertical turret lathe)이라고도 한다. 이 공작기계는 길이가 짧고 직경이 크며 중량이 큰 공작물의 가공에 적합하다.

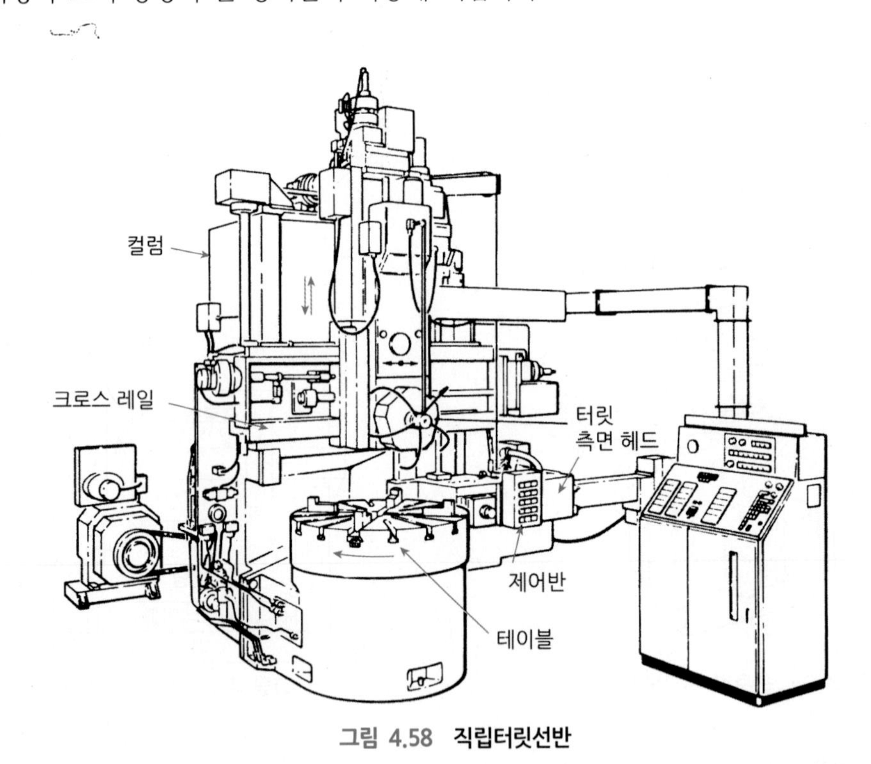

그림 4.58 직립터릿선반

3.2.6 코어 보링머신

코어 보링머신(core boring machine)은 가공할 구멍이 드릴가공할 수 있는 것에 비하여 아주 클 때에는 이것을 환형(丸形)으로 절삭하여 코어를 나오게 하며, 코어는 별도의 목적에 이용된다.

3.3 보링 공구

보링 바(boring bar)는 바이트를 고정하고 주축의 구멍에 끼워 회전시키는 봉으로서 그림 4.59와 같이 자루 부분이 테이퍼진 것과 평행부로 된 것이 있다.

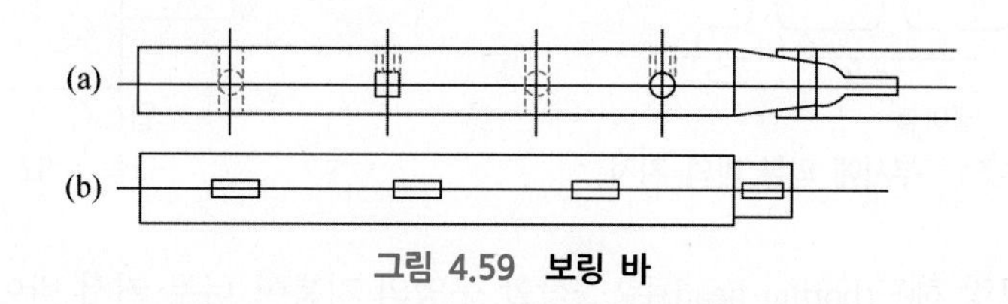

그림 4.59 **보링 바**

보링 공구는 다양하며 예를 들면 그림 4.60과 같은 것이 있다.

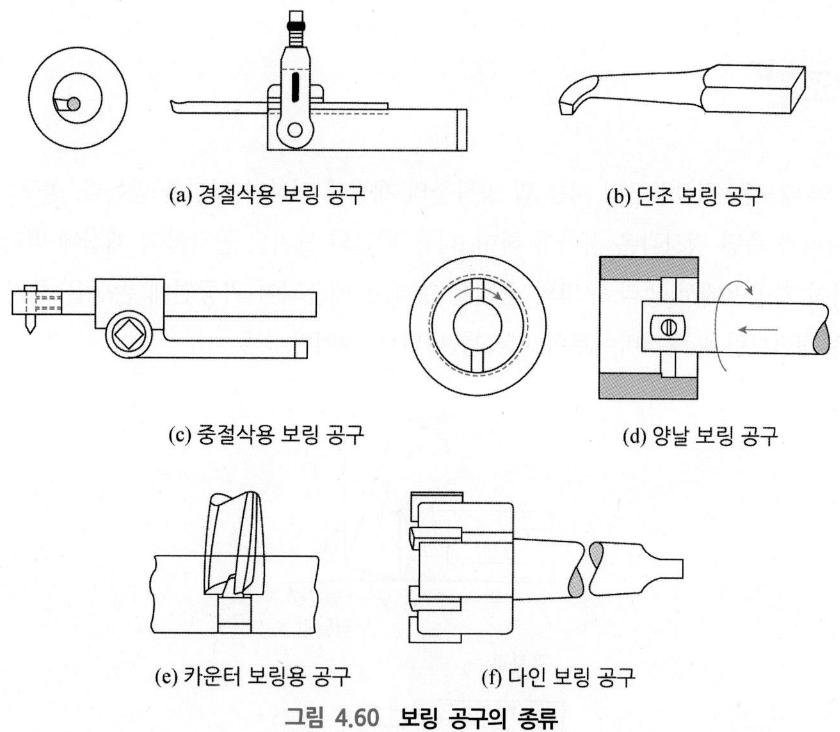

(a) 경절삭용 보링 공구 (b) 단조 보링 공구

(c) 중절삭용 보링 공구 (d) 양날 보링 공구

(e) 카운터 보링용 공구 (f) 다인 보링 공구

그림 4.60 **보링 공구의 종류**

그림 4.61은 가공된 구멍에 보링 바에 맞는 부시(bush)를 넣어 보링 바의 지지부로 이용하는 예를 보여준다.

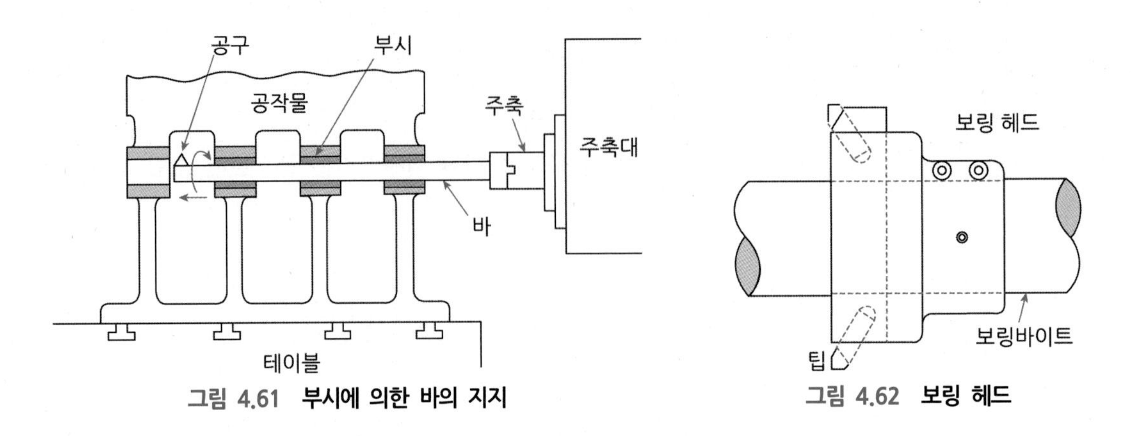

그림 4.61 **부시에 의한 바의 지지**

그림 4.62 **보링 헤드**

그림 4.62와 같은 보링 헤드(boring head)는 절삭할 구멍의 지름이 너무 커서 바이트를 보링 바에 직접 고정할 수 없을 때 사용한다.

3.4 절삭조건

보링 바이트의 각도는 절삭공구의 지름 및 공작물의 재질에 의하여 영향을 받는다. 공구의 지름이 커질수록 상면 경사각과 측면 경사각은 작아야 하며, 다른 각들의 크기는 공작물의 재질에 따라 다르다. 그리고 가공 중 칩이 가공면에서 멀리 구멍의 중심을 향해서 배출되어 가공면에 손상을 주지 않아야 한다.

그림 4.63은 정밀보링용 초경바이트의 각도를 나타낸 것이다.

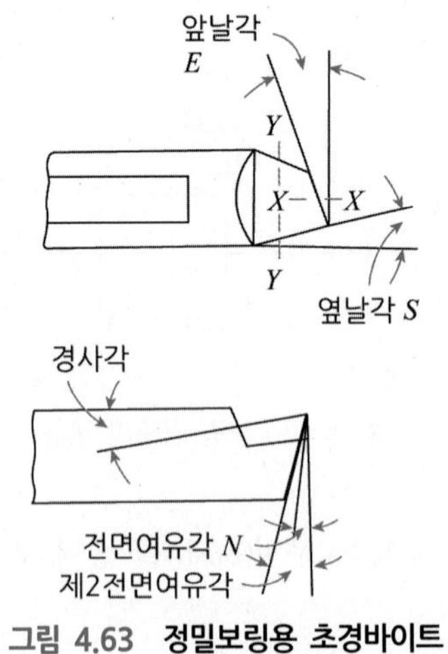

그림 4.63 **정밀보링용 초경바이트**

표 4.3은 수평식 보링머신에서 공구재질, 공작물재질에 대한 절삭 속도와 이송의 예이다.

표 4.3 수평식 보링 절삭조건의 예

공작물 재질	고속도강공구		코발트고속도강공구		초경합금공구	
	절삭속도 (m/min)	이송 (mm/rev)	절삭속도 (m/min)	이송 (mm/rev)	절삭속도 (m/min)	이송 (mm/rev)
보통강	30	0.2 ~ 1.0	40	0.2 ~ 1.0	60	0.2 ~ 1.0
니켈강	25	0.2 ~ 1.0	32	0.2 ~ 1.0	50	0.2 ~ 1.0
니켈크롬강	20	0.2 ~ 0.8	28	0.2 ~ 0.8	40	0.2 ~ 0.8
스테인리스강	15	0.2 ~ 0.8	20	0.2 ~ 0.8	30	0.2 ~ 0.8
주철	10 ~ 15	0.2 ~ 5.0	18 ~ 25	0.2 ~ 5.0	30 ~ 60	0.2 ~ 4.0
주강	8 ~ 10	0.2 ~ 3.0	14 ~ 20	0.2 ~ 3.0	25 ~ 40	0.2 ~ 2.0
황동	20 ~ 40	0.2 ~ 0.8	30 ~ 50	0.2 ~ 0.8	40 ~ 80	0.2 ~ 0.8
경합금	150 ~ 250	0.1 ~ 1.0	300 ~ 400	0.1 ~ 1.0	400 ~ 600	0.2 ~ 0.8

정밀보링(fine boring)은 고속미세이송에 의한 정밀선삭과 같은 원리로서 정도(精度)가 높고 표면거칠기가 적은 우수한 내면을 얻는 방법이다. 내연기관의 피스턴핀구멍, 코넥팅로드의 대소단의 베어링면 등의 다듬질 작업에 널리 사용되며, 연삭이 힘든 연질금속의 최종 다듬질 가공에 좋은 성과를 얻고 있다.

고속절삭을 하려면 날의 마멸이 적은 초경합금 또는 다이아몬드 바이트를 사용해야 한다. 초경바이트의 날의 각도는 그림 4.63 및 표 4.4 정도의 것이 사용되고 있다. 선단여유각은 구멍 내면에 접촉하지 않도록 안지름에 따라 되도록 크게 할 필요가 있다. 절삭깊이, 이송 및 절삭속도는 표 4.5의 범위가 사용된다.

표 4.4 보링용 초경 바이트의 날의 각도

공작물 재료	경사각 (단면 $X-X$에서)	경사각 (단면 $Y-Y$에서)	S	E	노즈반경 [mm]
연강 경강	0° ~ −6° −3° ~ −10°	−3° ~ −8° 0° ~ 15°	15°	15°	0.25
주철	0°	0°	45°	45°	0.35 ~ 1.5
알루미늄	0° ~ 15°	5° ~ 15°	45°	45°	0.35 ~ 1.5
황동	0° ~ 15°	5° ~ 20°	45°	45°	0.35 ~ 1.5

표 4.5 정밀 보링의 절삭조건

공작물 재료	절삭속도[m/min]	절삭깊이[mm]	이송[mm/rev]
알루미늄	2,000 ~ 2,700	0.10 ~ 0.35	0.02 ~ 0.13
주철	100 ~ 200	0.10 ~ 0.35	0.07 ~ 0.15
청동	170 ~ 1,300	0.05 ~ 0.35	0.02 ~ 0.13
강(어닐링) 강(로크웰경도 C 28 ~ 25)	140 ~ 600 70 ~ 300	0.10 ~ 0.35	0.07 ~ 0.17

04장

리머가공 및 탭가공

4.1 리머가공

리머(reamer)는 드릴로 뚫은 구멍을 정확한 치수로 다듬는 데 사용되는 절삭공구이며 리머를 이용하여 가공하는 것을 리머가공(reaming)이라 한다.

4.1.1 리머의 형상과 각부 명칭

리머의 형상과 각부의 명칭은 그림 4.64와 같다.

① 챔퍼(chamfer) : 절삭을 담당하는 모서리 부분으로서 절삭날의 후면에는 여유각(clearance angle)이 있도록 한다.

② 몸체(body) : 수 개의 홈과 랜드(land)로 되어 있으며, 랜드의 가장자리에는 마진(margin)이 있다. 몸체 여유각(body clearance angle)과 경사각(rake angle)이 있다.

③ 자루(shank) : 곧은 것과 테이퍼진 것이 있으며, 리머를 회전시키기 위한 뿌리부(tang)가 있다. 손 리머(hand reamer)에서는 사각두가 있어 홀더에 의하여 회전시킨다.

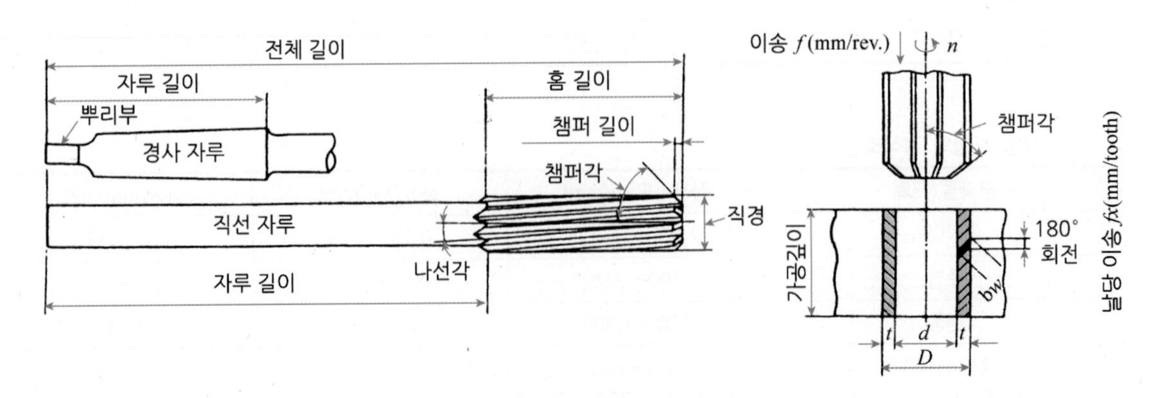

그림 4.64 리머의 형상과 각부 명칭

4.1.2 리머의 종류

리머에는 분류 방식에 따라 다음과 같은 종류가 있다.

① 구멍의 형상에 따라

i) 곧은 리머(straight reamer)

ii) 테이퍼 리머(taper reamer)

② 사용방법에 따라

i) 손 리머(hand reamer)

ii) 기계 리머(machine reamer)

③ 구조에 따라

i) 솔리드 리머(solid reamer)

ii) 중공 리머(hollow reamer)

iii) 조정 리머(adjustable reamer)

그림 4.65는 리머의 종류를 예시한 것이고, 그림 4.66은 조정 리머의 구조를 나타낸다.

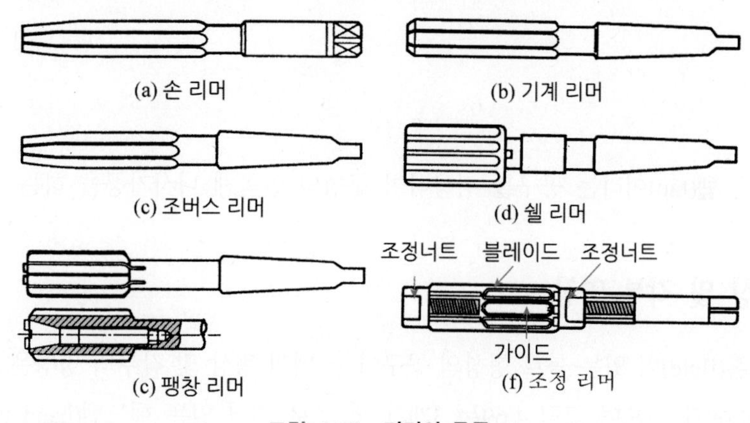

그림 4.65 리머의 종류

조정 리머는 볼트에 홈이 파져 있으며, 절삭날은 약간 경사져 있어서 조정 너트를 회전시키면 리머의 외경이 증가하거나 감소한다.

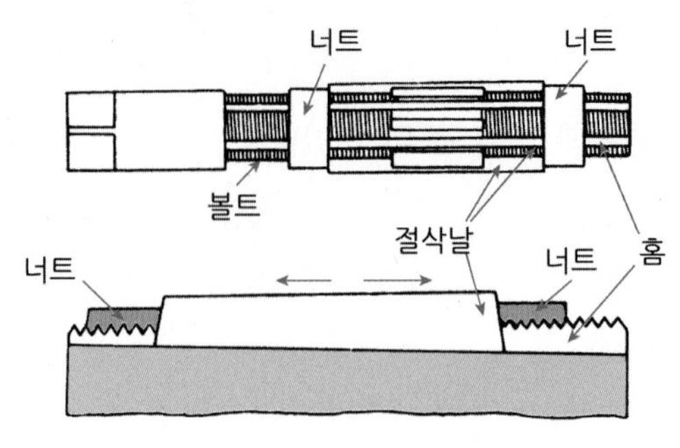

그림 4.66 조정 리머의 구조

4.1.3 리머의 가공조건

리머가공은 드릴가공에 비하여 절삭속도를 작게 하고 이송(feed)은 크게 한다. 절삭속도가 작으면 리머의 수명은 크게 되나 작업능률이 떨어지며, 절삭속도를 크게 하면 리머의 수명이 짧게 되고 랜드부가 쉽게 파손되어 가공면이 불량하게 된다. 고속도강제의 리머에서는 드릴가공 시의 $\frac{2}{3} \sim \frac{3}{4}$의 절삭속도와 2 ~ 3배의 이송을 준다.

4.2 탭가공

탭가공(tapping)은 탭(tap)이라는 공구를 사용하여 구멍의 안쪽에 나사가공을 하는 것이다.

4.2.1 탭의 형상 및 각부 명칭

탭은 3 ~ 4개의 홈(flute)이 있는 볼트 형상의 공구이다. 탭의 형상 및 각부의 명칭은 그림 4.67과 같고, 절삭작용은 그림 4.68과 같으며 그림 4.69는 3개가 한 조로 되어 있는 핸드탭(hand tap)을 나타내었다.

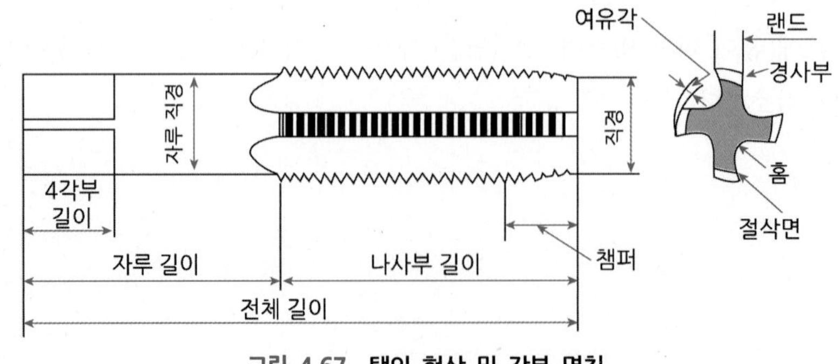

그림 4.67 탭의 형상 및 각부 명칭

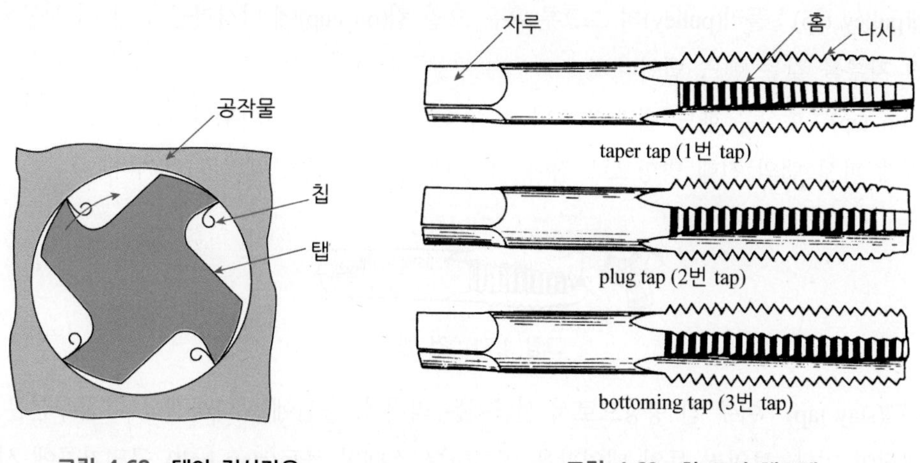

그림 4.68 탭의 절삭작용

그림 4.69 한 조의 핸드탭

① **챔퍼**(chamfer) : 테이퍼부의 길이

② **홈**(flute) : 경사면(face)을 형성하기 위한 홈이며 칩과 윤활유의 통로가 된다.

③ **힐**(heel) : 랜드부의 뒷부분

④ **선단부 직경**(point diameter) : 탭부 끝의 바깥지름

⑤ **여유부**(relief) : 마찰을 적게 하기 위하여 절삭날의 뒷부분을 깎아내어 생긴 부분

4.2.2 탭의 종류

탭에는 다음과 같은 종류가 있다.

① **핸드 탭**(hand tap) : 3개의 탭이 한 조를 형성하며, 보통 탭 렌치(tap wrench)로 탭을 고정하여 손으로 회전시켜 나사가공을 하는 탭이다(그림 4.69).

② **기계 탭**(machine tap) : 드릴링 머신에서 탭 고정구와 함께 사용할 수 있도록 제작된 탭이다.

③ **테이퍼 탭**(taper tap) : 그림 4.69의 1번 탭을 사용하거나 테이퍼용 나사 탭을 사용하여 테이퍼 구멍에 나사가공을 하며, 보통 관의 연결부에 사용된다.

④ **테퍼 탭**(tapper tap(nut tap)) : 그림 4.70과 같은 형상으로서 탭의 생크가 길고 생크부의 지름이 나사의 골지름보다 작아서 너트에 태핑이 완료되면 너트가 생크에 가득 채워질 때까지 순차적으로 탭가공할 수 있다. 주로 태핑 머신(tapping machine)에 사용된다.

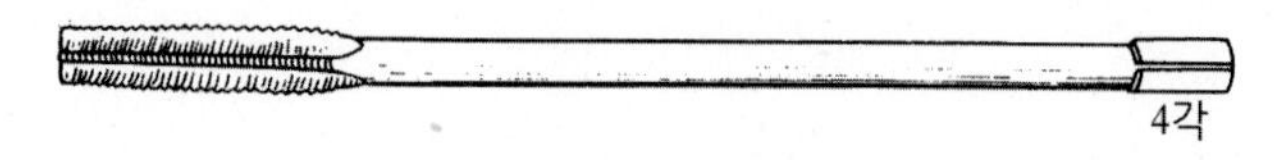

그림 4.70 테퍼 탭

⑤ 풀리 텝(pulley tap) : 풀리(pulley)의 스크루 혹은 오일 컵(oil cup)에 나사가공을 할 때 사용되는 것으로서 긴 자루를 갖는 핸드 탭이다.

⑥ 건 탭(gun tap) : 형상은 핸드 탭과 같으나 그림 4.71과 같이 테이퍼부의 5산 정도의 길이의 홈을 넓고 깊게 파서 탭의 진행 방향으로 칩이 쉽게 배출될 수 있게 제작된 탭이다.

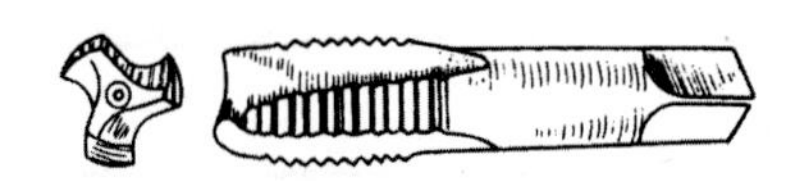

그림 4.71 **건 탭**

⑦ 스테이 탭(stay tap) : 아주 긴 형상으로서 선단에는 리머부, 중간에는 나사절삭부, 끝부분은 나사 안내부로 되어 있다. 보일러 등의 내외판을 연결하는 스테이 볼트(stay bolt) 구멍가공에 사용된다.

4.2.3 탭작업

탭 구멍은 미터나사(Metric screw thread), 유니파이 나사(Unified screw thread) 등과 같이 나사의 종류에 따라 다르나, 나사의 최소경보다 약간 크게 뚫는 것이 보통이다. 탭 구멍이 너무 작으면 절삭저항이 커서 탭을 회전시키는 것이 어렵고 또 산이 깨끗하지 못하고, 구멍이 너무 크면 산이 완성되지 못한다.

일반적으로 100% 산높이 나사, 80% 산높이 나사, 75% 산높이 나사가 많이 사용되며, 이것에 대한 탭 드릴(tap drill)의 지름은 다음과 같이 계산된다.

그림 4.72에서 D를 바깥지름, d를 안지름, P를 피치 지름, h을 산높이라 하면 $h = \frac{1}{2}(D-d)$로 되며, 100% 산높이 나사에 대하여 탭 드릴 지름(tap drill diameter, TDD)은

$$\mathrm{TDD} = \mathrm{D} - 2\mathrm{h} \tag{4.6}$$

80% 산높이 나사에 대하여

$$\mathrm{TDD} = \mathrm{D} - 2 \times \frac{4}{5}\mathrm{h} = \mathrm{D} - \frac{8}{5}\mathrm{h} \tag{4.7}$$

75% 산높이 나사에 대하여

$$\mathrm{TDD} = \mathrm{D} - 2 \times \frac{3}{4}\mathrm{h} = \mathrm{D} - \frac{3}{2}\mathrm{h} \tag{4.8}$$

로 된다.

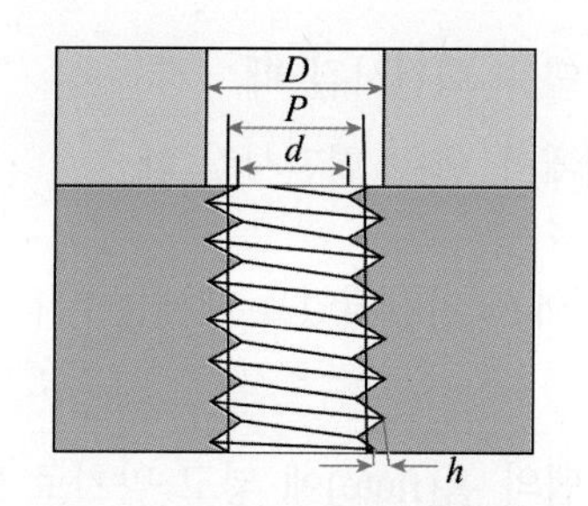

그림 4.72 탭 가공 시 지름 표시

표 4.6은 탭 절삭속도의 예이다.

표 4.6 탭 절삭속도

재료	절삭속도(m/min)	재료	절삭속도(m/min)
연강 Ni-Cr 강 열처리한 Ni-Cr강 주철	20 ~ 25 10 ~ 15 2 ~ 4 10 ~ 20	황동 청동 Al 합금	25 ~ 30 20 ~ 25 56 ~ 65

* 절삭유를 충분히 사용할 경우

핸드 탭을 사용하여 탭 작업을 할 때에는 그림 4.73과 같이 처음에 수직으로 적당히 누르면서 시계방향으로 돌리어 어느 정도 들어가면 그림 4.74와 같이 양손으로 탭 랜치의 끝부분을 잡고 회전시켜 암나사 가공을 마무리 한다. 가끔 약간씩 역전을 시켰다가 다시 절삭을 계속한다.

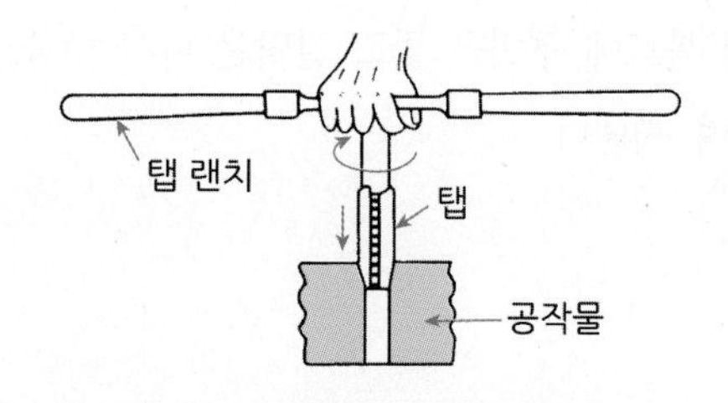

그림 4.73 핸드 탭 작업의 시작

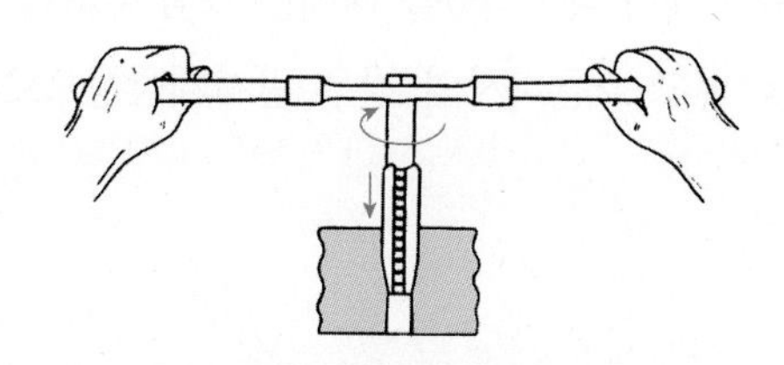
그림 4.74 핸드 탭 작업

4.2.4 탭과 볼트의 파손

탭은 다음과 같은 경우에 파손되기 쉽다.

① 구멍이 너무 작아서 과대한 절삭저항을 가할 때

② 탭이 한쪽으로 기울어져 밀착될 때

③ 절삭유가 없어 탭이 구멍에 너무 밀착될 때

④ 칩이 충전되어 있는 상태에서 탭을 회전시킬 때

⑤ 탭이 구멍의 바닥에 닿은 상태에서 탭을 회전시킬 때

이상과 같은 원인으로 탭이 구멍 내에서 파단되었을 때에는 다음과 같은 방법으로 파단된 탭을 구멍에서 빼낸다.

① 그림 4.75와 같이 끌(chisel)을 탭의 홈(flute)에 넣고 망치로 탭을 회전시킨 방향과 반대 방향으로 가볍게 타격한다.

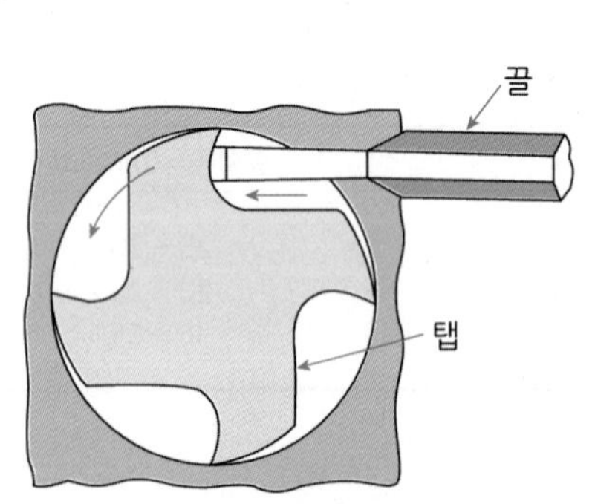

그림 4.75 **파단된 탭의 제거**

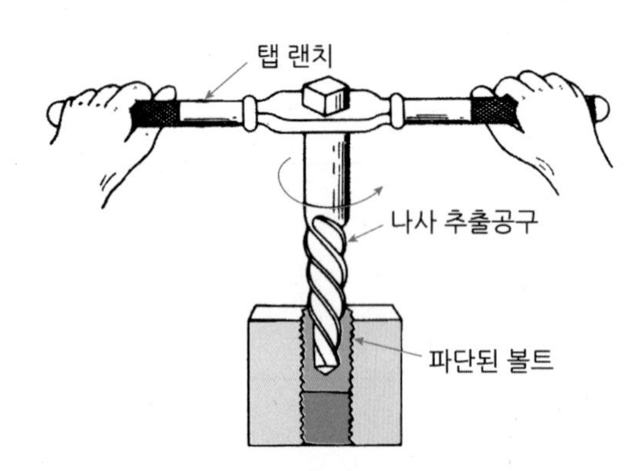

그림 4.76 **파단된 볼트의 제거**

② 소량의 질산(nitric acid)을 구멍에 주입시켜서 가공물과 탭을 침식시키면 헐겁게 되며, 탭을 빼낸 후에는 남아 있는 질산을 제거해야 한다.

볼트가 구멍에서 파단되었을 때에는 그림 4.76과 같이 볼트에 구멍을 뚫고 알맞은 나사 추출공구(screw extractor)를 넣고 오른나사의 경우 반시계방향으로 돌려 빼낸다.

05장

세이퍼 및 슬로터가공

5.1 세이퍼가공의 개요

세이퍼(shaper, shaping machine)는 바이트가 직선절삭운동을 하고 공작물이 직선이송운동을 하여 평면을 절삭하는 공작기계이며, 비교적 소형 공작물의 평면가공에 주로 사용된다. 또한 각종 부속장치를 이용하여 단면가공, 곡면가공 및 치형가공 등도 할 수 있다. 세이퍼를 **형삭기**(形削機)라고 한다. 그림 4.77에 세이퍼의 형상과 각부 명칭을 나타내었는데, 세이퍼는 직선왕복운동을 하는 램(ram)의 전면에 공구대가

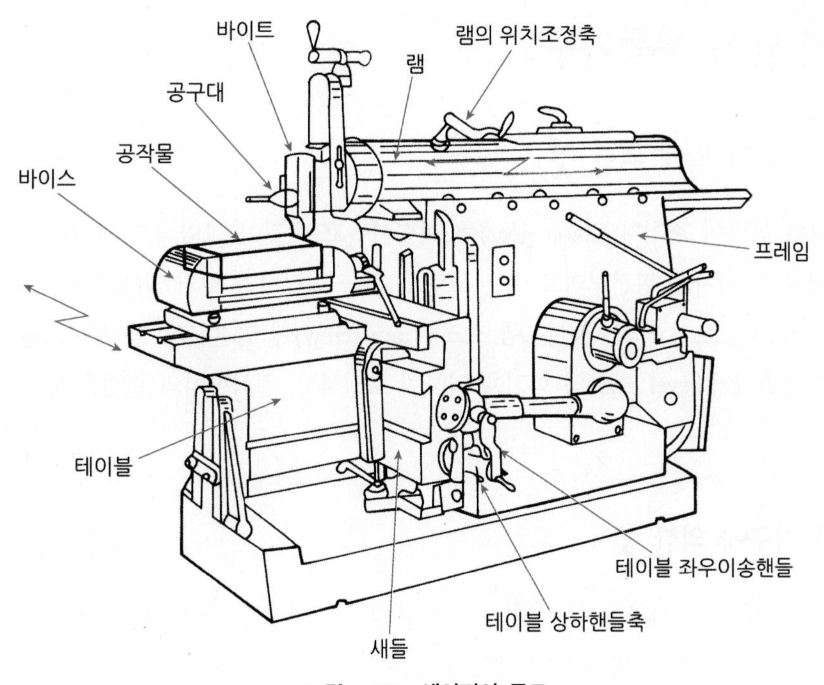

그림 4.77 세이퍼의 구조

있고 상하로 이동할 수 있는 미끄럼대가 붙어 있으며 그 위에 바이트를 고정시킨 공구판이 핀으로 붙어 있다. 램의 왕복운동은 크랭크와 링크기구를 이용한 급속귀환기구나 유압구동식이 사용되고 있다.

세이퍼의 크기는 램의 최대 행정(行程, stroke), 테이블의 크기 및 테이블의 이동거리로 표시하며 일반적으로 세이퍼는 램의 행정에 따라 표 4.7과 같은 종류가 있다.

표 4.7 세이퍼의 크기

기계 호칭	14(in)	18(in)	21(in)	24(in)
램 최대행정(mm) 행정수/min	356 17 ~ 104	457 11 ~ 101	533 9 ~ 85	610 8 ~ 74
테이블 상면의 넓이(mm × mm) 가로 방향의 이동거리(mm) 수직 방향의 이동거리(mm)	305 × 250 406 356	416 × 305 527 —	467 × 305 610 281	584 × 330 755 292
바이스 조의 벌림(mm)	190	273	273	324
전동기 동력(HP)	2	4	4	5

최근 성능이 우수한 NC 밀링머신이 개발되어 지금까지 세이퍼에서 가공하던 작업을 대부분 수행할 수 있게 되어 세이퍼는 이제 생산하지 않게 되었다.

5.2 세이퍼 램의 운동기구

5.2.1 크랭크의 로커 암에 의한 것

전동기에서 나온 동력이 소치차(pinion gear)를 회전시키고 이것이 그림 4.78에서와 같이 대치차(bull gear)와 연결되어 이 대치차를 회전시키고 이는 크랭크 핀을 회전시켜 로커 암(rocker arm)을 피봇(pivot)을 중심으로 요동시킨다. 로커 암의 상단은 램 스크루(ram screw)에 연결된다. 행정은 크랭크 핀과 크랭크 중심간의 거리를 베벨기어(bevel gear)의 회전에 의하여 조절하고, 절삭장치의 결정은 램 스크루의 회전에 의한다.

5.2.2 유압식 기구에 의한 것

유압식 기구는 그림 4.79에서와 같이 유압 펌프를 운전하는 전동기, 각종 행정 및 시간을 조절하기 위한 밸브(valve), 압력을 전달하는 피스톤 및 배관 등으로 되어 있으며, 피스톤 로드(piston rod)에 램이 연결되어 절삭공구가 직선운동을 하게 된다.

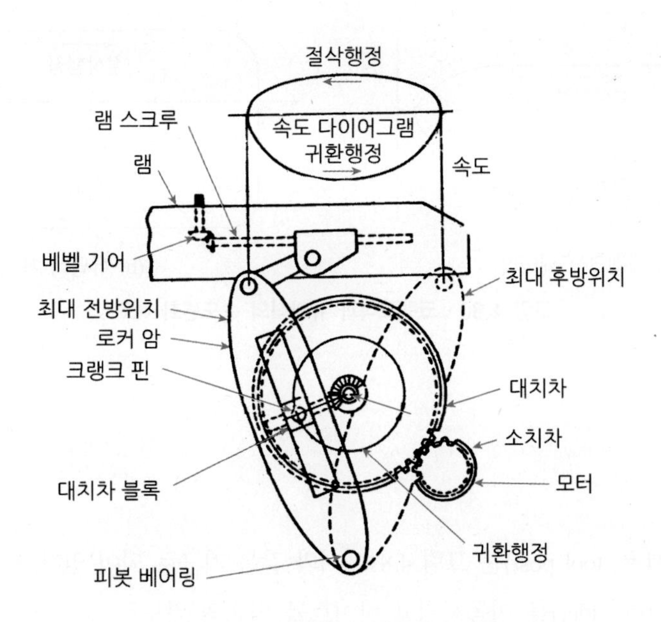

그림 4.78 크랭크에 의한 램의 운동

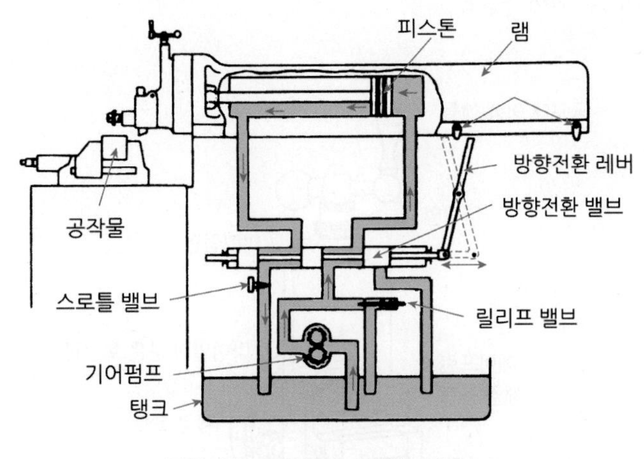

그림 4.79 유압식 세이퍼 기구

유압식 세이퍼에 있어서는 **절삭행정**(切削行程, cutting stroke) 중에 속도가 크랭크식에 비하여 비교적 일정하며 **귀환행정**(歸還行程, return stroke)의 속도가 크다.

그림 4.80은 크랭크식과 유압식에서의 속도변화를 비교한 것이다. 그림에서와 같이 유압식은 크랭크식에 비하여 일정 속도에 도달하는 시간이 절삭행정과 귀환행정 양쪽 모두 매우 짧음을 알 수 있다.

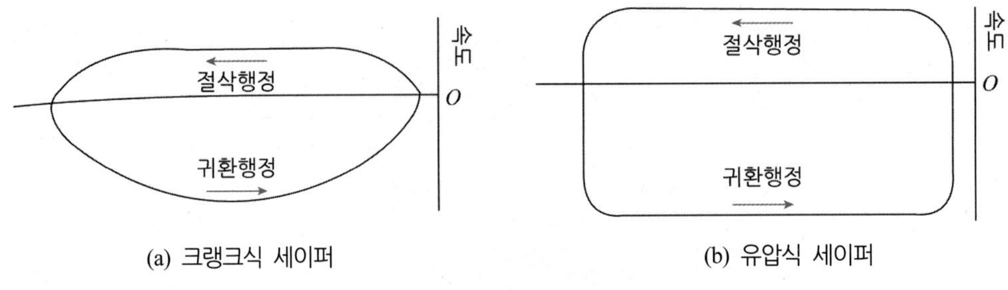

(a) 크랭크식 세이퍼 (b) 유압식 세이퍼

그림 4.80 크랭크식과 유압식의 속도변화 비교

5.3 공구대

세이퍼용 **공구대**(工具台, tool post)는 그림 4.81에서와 같은 기구로 되어 있다. 바이트의 이송은 공구대의 핸들을 돌려 슬라이더(slider)를 이동시키고 바이트를 임의의 각도로 경사시킬 때에는 회전판(swivel plate)을 돌리면 된다. 귀환행정 때 바이트와 공작물을 손상시키지 않기 위해서 힌지(hinge)를 중심으로 **클레퍼**(clapper)가 들리도록 되어 있다.

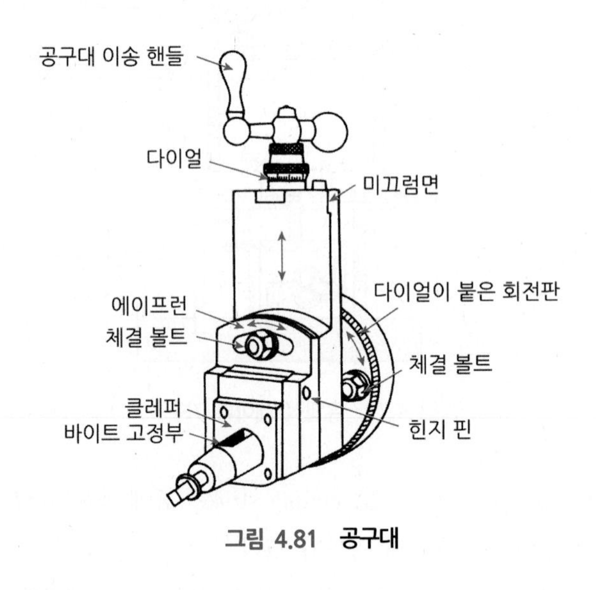

그림 4.81 공구대

5.4 세이퍼용 바이트

세이퍼용 바이트를 형상에 따라 분류하면 그림 4.82와 같다. 바이트의 각도는 공작물의 재질에 따라 다르나 선단 여유각이 4° 정도로서 선삭용의 것에 비하여 작고, 세이퍼가공에서는 선삭에서와 같은 방법으로 이송을 주지 않으므로 측면 여유각은 2 ~ 3° 정도이며, 측면 경사각은 다듬질 바이트에서 10° 정도이다.

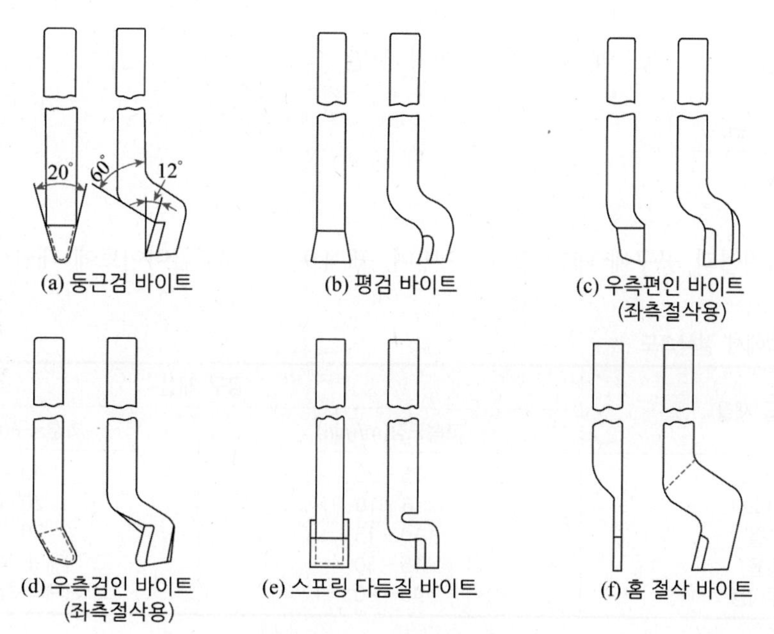

그림 4.82 세이퍼용 바이트

바이트의 고정은 적당한 각도로 견고하게 해야 한다. 세이퍼에서는 **거위목**(goose neck)을 갖는 바이트를 사용하여 절삭저항이 증가하여도 휘어져서 공작물에 파고 들어가는 일이 없도록 하는 것이 좋다. 즉, 그림 4.83(b)와 같이 고정시킨다.

바이트가 가능하면 짧게 나오도록 고정하여 진동을 적게 하는 것이 좋고, 마이너스 경사각(negative rake angle)을 갖게 하여 바이트가 공작물 속으로 파고 들어가지 않게 밖으로 회전하는 식으로 굽어지게 하는 방법도 있다.

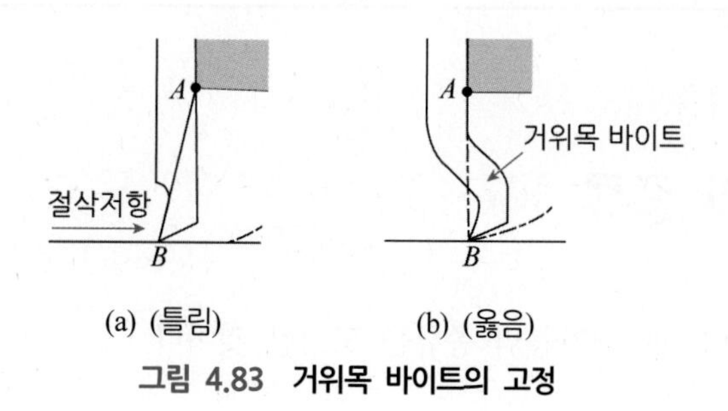

그림 4.83 거위목 바이트의 고정

5.5 세이퍼의 절삭조건

행정 중앙에서의 최대절삭속도 v는 그림 4.78에서 회전중심부터 크랭크 핀까지의 거리 r, 록커암의 길이 l, 램의 행정길이 s, 크랭크의 회전수를 n이라 하면

$$v = \frac{\pi n l s}{1 + \frac{s}{2}} \tag{4.9}$$

표 4.8은 각 공작물과 공구에 대한 절삭속도이며, 표 4.9는 초경합금바이트에 대한 절삭조건이다.

표 4.8 세이퍼 작업에서 절삭속도

공작물 재질	공구 재질	
	고속도강(m/min)	초경공구(m/min)
저탄소강	15 ~ 20	40 ~ 70
고탄소강	6 ~ 10	20 ~ 40
주철	10 ~ 15	30 ~ 40
황동	15 ~ 30	그 기계의 최고절삭속도
알루미늄	40 ~ 60	그 기계의 최고절삭속도

표 4.9 세이퍼 작업 절삭조건(초경공구)

재질	절삭깊이 (mm)	이송 (mm)	절삭속도 (m/min)	재질	절삭깊이 (mm)	이송 (mm)	절삭속도 (m/min)
경한 주철 미하나이트 주철	12.5까지	0.125 ~ 0.50	30 ~ 45	중강	9.3까지	0.25 ~ 0.38	45 ~ 52
연한 주철	〃	〃	가능한 최고속도	경강	6.25까지	0.125 ~ 0.25	45 ~ 60
주강	6.25까지	0.012 ~ 0.05	45 ~ 52	다이강	〃	〃	〃
연강	10.9까지	0.25 ~ 0.38	22 ~ 30	경황동	10.9까지	0.25 ~ 0.38	30 ~ 37

5.6 세이퍼가공의 종류

그림 4.84는 여러 가지의 세이퍼가공의 종류를 도시한 것이다.

5.6.1 수평절삭

수평면(水平面)절삭은 세이퍼 작업 중에서 가장 기본이 되는 것으로서 절삭깊이는 공구헤드에 있는 이송나사(feed screw)에 의하여 행하고 수평이송은 테이블에서 수동 또는 자동으로 주어진다.

주철 등을 가공할 때에는 행정 끝에서 공작물의 모서리가 떨어져 나가는 일이 있으므로 그림 4.85와 같이 공작물을 미리 45° 정도로 모따기를 하고 세이퍼가공을 하면 좋다.

다듬질가공에서는 경절삭(輕切削)을 하며 주철이나 강에 대해서 미세한 이송을 한다.

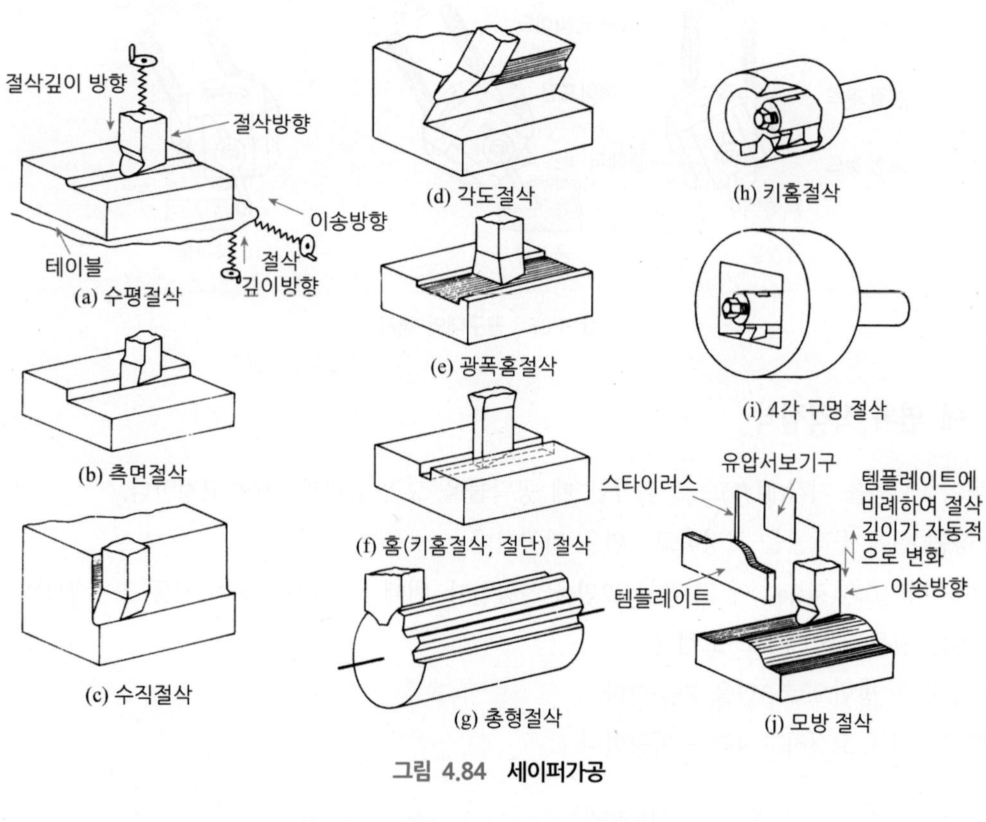

그림 4.84 세이퍼가공

그림 4.85 수평면 가공

5.6.2 수직절삭과 경사절삭

공작물의 측면, 단, 홈, 키 홈(key way)의 다듬질에는 수직(垂直)절삭을 하고, 더브테일 홈(dovetail groove) 등의 다듬질에는 경사(傾斜)절삭을 한다. 다듬질가공에서는 에이프런(apron)을 경사지게 하며 귀환행정과 이송을 줄 때 에이프런과 바이트가 공작물에 닿지 않도록 한다. 그림 4.86은 에이프런의 경사방법을 보여준다.

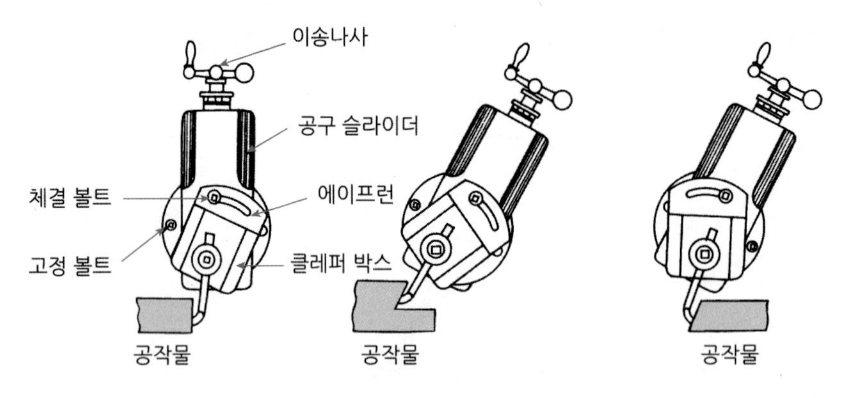

그림 4.86 **공구대의 경사**

5.6.3 네 면의 직각절삭

공작물의 네 면을 직각(直角)으로 절삭할 때 공작물을 그림 4.87과 같이 고정한다.

① 평행봉 위에 공작물을 고정하고 1면을 가공한다.

② 1면을 바이스의 죠(jaw)에 고정하고 2면을 가공한다. 이때 1면의 반대면이 이동 죠에 밀착되지 않을 때에는 황동봉을 끼우고 고정한다.

③ ②와 같은 방법으로 3면을 가공한다.

④ 평행봉 위에 고정하고 4면을 가공한다.

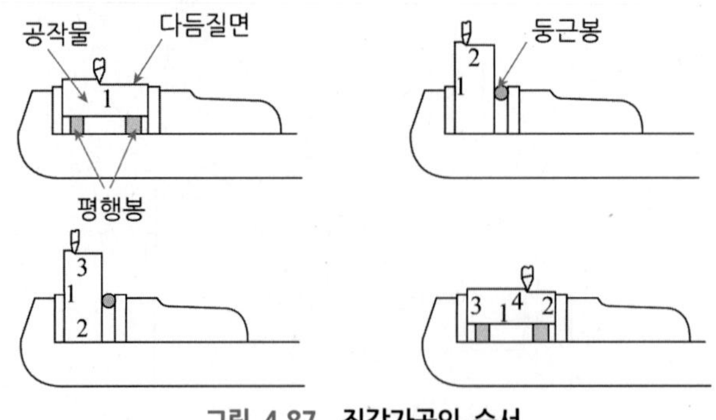

그림 4.87 **직각가공의 순서**

5.6.4 곡면절삭

폭이 좁은 곡면(曲面)절삭에는 총형 바이트를 사용하면 좋으나, 폭이 넓은 경우에는 금긋기를 하고 먼저 거친 절삭을 하여 테이블에 자동이송을 주면서 공구대의 이송 핸들을 돌리어 수직이송을 준다. 그림 4.88은 곡면절삭의 예이다.

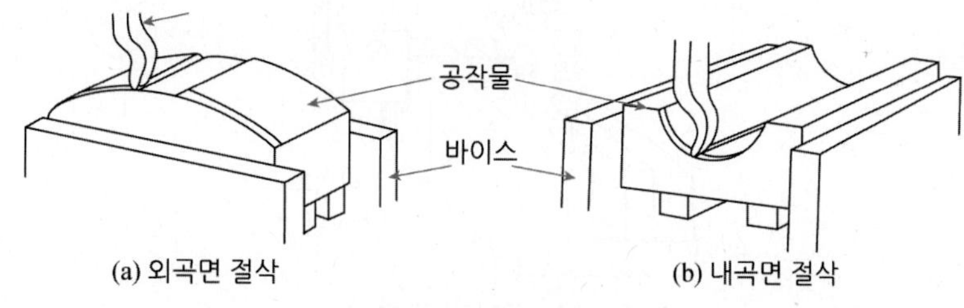

그림 4.88 곡면절삭

5.6.5 홈절삭

세이퍼로 절삭하는 홈에는 폭이 넓은 홈과 좁은 홈이 있으며, 단면의 형상에 따라 여러 가지가 있다.

1) 넓은 폭의 홈절삭

금긋기를 하고 거친 절삭을 한 다음 그림 4.89와 같이 다듬질 바이트로 측면, 바닥면, 구석을 가공한다.

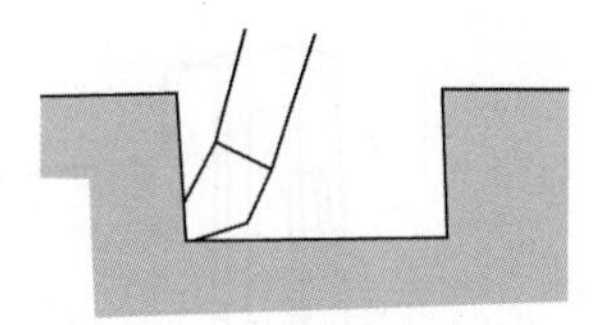

그림 4.89 홈의 구석부 가공

2) 키 홈의 절삭

그림 4.90(a)의 1, 그림 4.90(b)의 2 및 3과 같이 키 홈(key way)의 끝부분을 드릴가공한 다음 키 홈용 바이트로 선에 따라 홈절삭을 한다.

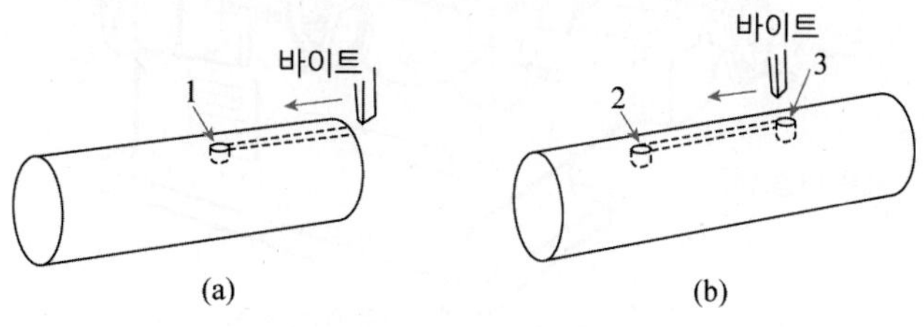

그림 4.90 축의 키 홈 가공

그림 4.91은 기어의 보스(boss)에 키 홈을 내는 방법을 보여 준다.

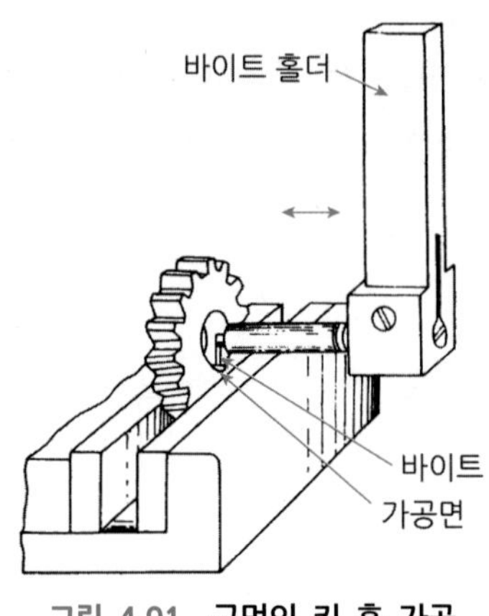

그림 4.91 **구멍의 키 홈 가공**

5.7 슬로터의 구조

슬로터(slotter, 立削機)는 구조가 세이퍼를 수직으로 세워 놓은 것과 비슷하여 수직 세이퍼(vertical shaper)라고도 한다. 그림 4.92에 슬로터의 형상과 각부 명칭이 표시되어 있다.

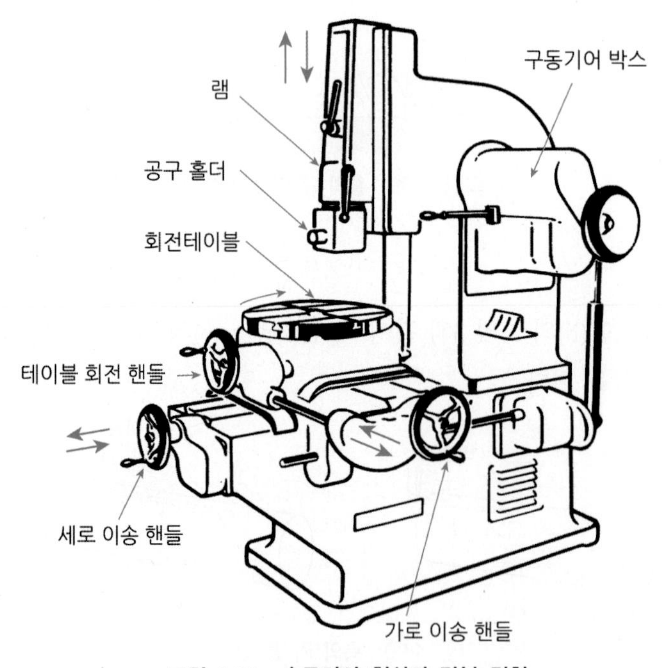

그림 4.92 **슬로터의 형상과 각부 명칭**

주로 보스(boss)에 키 홈을 절삭하기 위하여 발달된 기계로서 공작물을 베드상에 고정하고 베드에 수직인 하향으로 절삭함으로써 중절삭(重切削)을 할 수 있다. 그림 4.93은 슬로터로 할 수 있는 가공의 예이다.

슬로터의 규격은 램의 최대 행정과 테이블의 직경으로 표시한다.

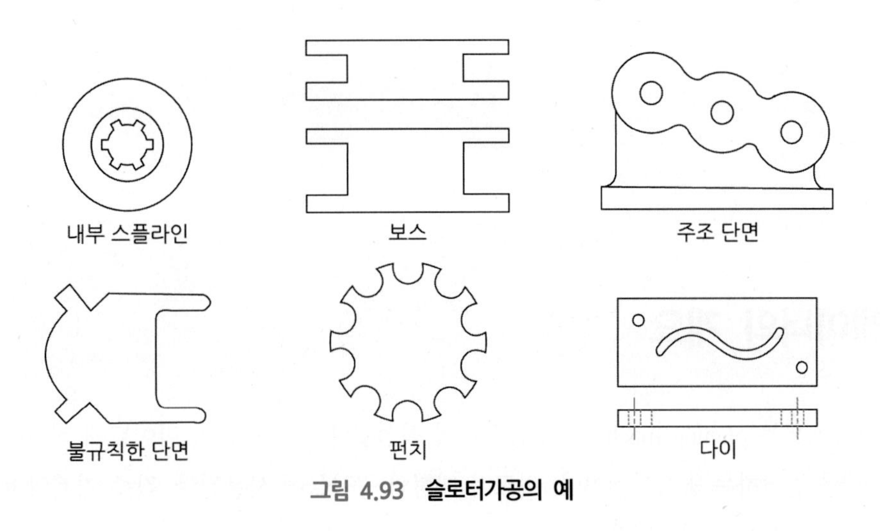

그림 4.93 **슬로터가공의 예**

5.8 슬로터 작업

슬로터용 바이트는 충분한 공간의 여유가 있으므로 강력한 바이트 홀더를 사용하는 것이 좋다. 그림 4.94는 바이트 고정구를 나타낸다.

귀환행정 때 바이트와 공작물 간의 마찰을 피하기 위하여 릴리프 블록(relief block) A는 핀 P를 중심으로 회전할 수 있게 되어 있다. 바이트 B는 쐐기 W를 나사 S로 가압하여 고정한다. 그림 4.94(a)는 절삭행정 때의 그림이고, 그림 4.94(b)는 귀환행정 때의 그림이다.

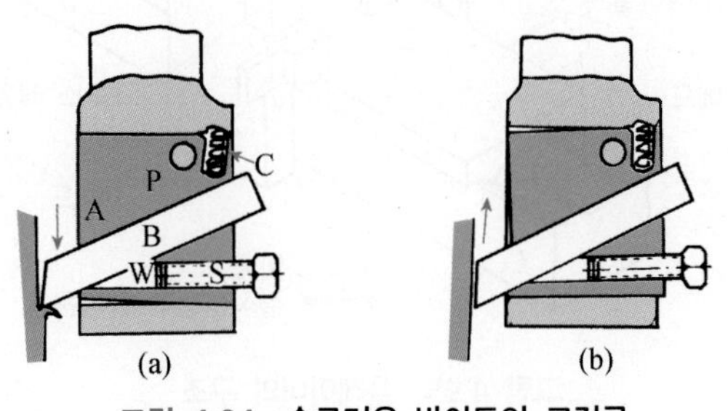

그림 4.94 **슬로터용 바이트의 고정구**

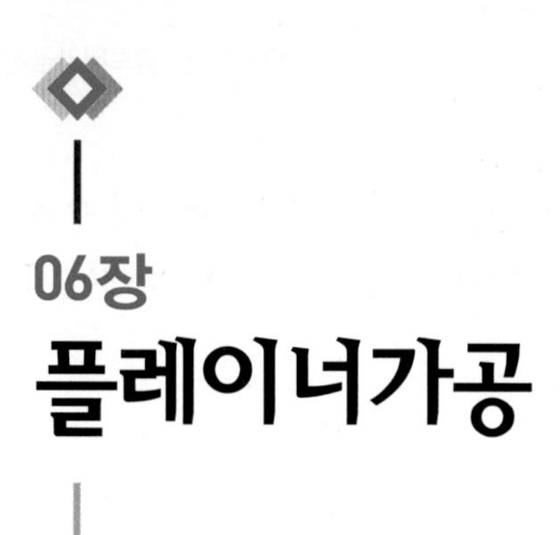

06장

플레이너가공

6.1 플레이너의 개요

플레이너(planer 또는 planing machine)는 공작물에 직선절삭운동을 주고, 바이트에 직선이송운동을 행하게 하여 평면을 절삭하는 공작기계이며, 비교적 대형의 공작물에 사용된다. 각종 기계의 베드, 컬럼 등의 표면 및 안내면 가공에 사용된다.

플레이너는 세이퍼, 슬로터와 같이 평면을 가공할 수 있는데 플레이너는 평면을 주로 가공하기 때문에 평삭기(平削機)라고도 한다.

그림 4.95는 쌍주식(雙柱式) 플레이너의 구조를 나타낸 것이다.

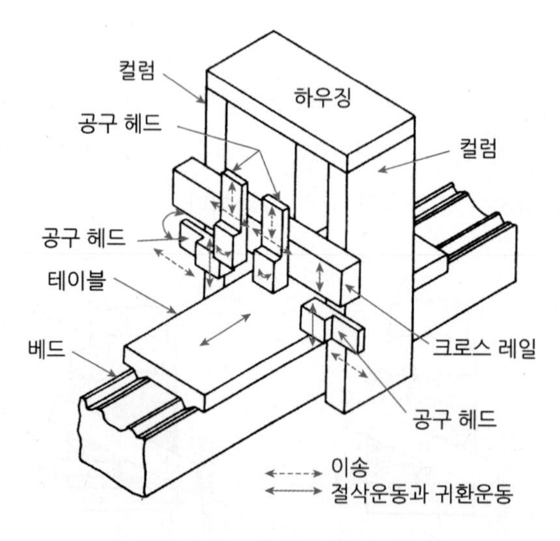

그림 4.95 플레이너의 구조

플레이너의 크기 표시는 테이블의 행정, 테이블의 폭 및 테이블에서 공구헤드까지의 거리로 한다.

6.2 플레이너의 종류

플레이너를 분류 기준에 따라 나누면 다음과 같은 종류가 있다.

① 직주(直柱)의 수에 따라

i) 쌍주식 플레이너(closed type planer)

ii) 단주식 플레이너(open-side planer)

② 용도에 따라

i) 일반용 플레이너

ii) 특수용 플레이너(cylinder용, rail용 등)

③ 테이블의 구동방식에 따라

i) 기어식 플레이너(spur gear식, helical gear식, worm gear식)

ii) 나사식 플레이너

iii) 벨트 풀리(belt-pulley)식 플레이너

iv) 변속전동기식 플레이너

v) 유압식 플레이너(hydraulic planer)

6.2.1 쌍주식 플레이너

쌍주식(雙柱式) **플레이너**(closed type planer)는 그림 4.96과 같이 2개의 **직주**(直柱, columm)가 있고, 그 사이에 **횡주**(橫柱, cross rail)가 있어 상하로 이동하게 되어 있다. 테이블 위에 공작물을 고정하고 이것을 왕복운동시켜 이 운동 방향과 직각인 방향으로 이송을 주면서 절삭한다. 이 형식의 플레이너의 크기는 테이블의 크기(길이 × 폭), 공구대의 수평 및 상하이동거리, 공구날에서 테이블까지의 최대 거리로써 표시한다.

공구대에는 상하로 이동하는 미끄럼대가 있고, 이 위에 바이트를 설치한다. 바이트는 수동 또는 동력으로 상하좌우로 위치 조정을 하며, 또 이송운동을 줄 수가 있다. 컬럼에도 옆공구대(side head)가 붙어 있다. 테이블은 베드 상면의 안내면을 따라 왕복운동을 한다. 최근에는 유압구동으로 수 10 m/min부터 100 m/min 정도의 높은 절삭속도를 낼 수 있는 것도 있다.

쌍주식 플레이너는 **문형**(門形) **프레임**이므로 견고하며, 중절삭(重切削)할 수 있는 장점이 있지만 공작물의 폭에 제한이 있다.

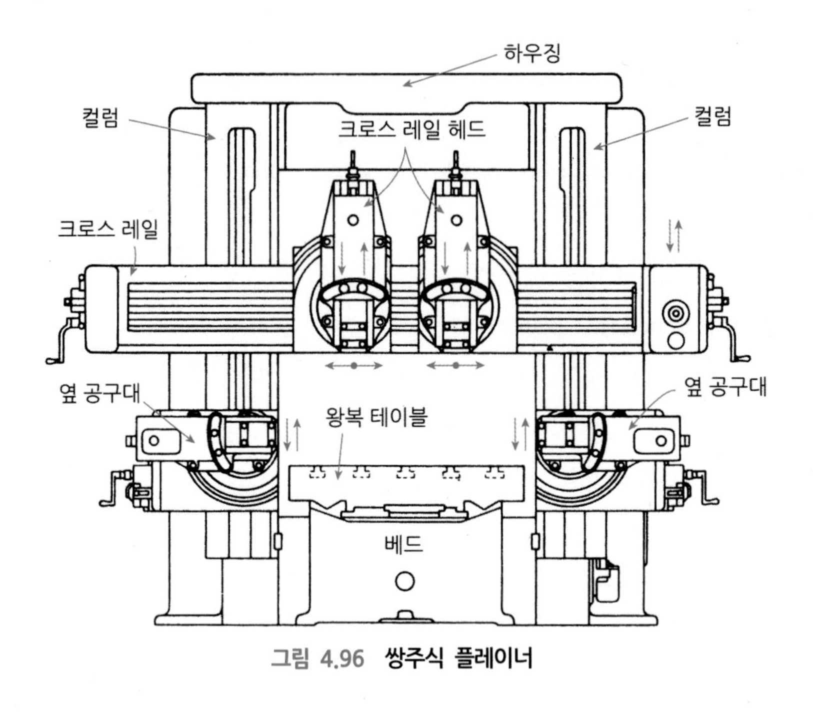

그림 4.96 **쌍주식 플레이너**

6.2.2 단주식 플레이너(open-side planer)

단주식(單柱式) 플레이너(open－side planer)는 그림 4.97과 같이 측부에 단일 직주가 있어 크로스 레일 및 공구대를 지지한다. 폭이 넓은 공작물도 가공할 수 있는 장점이 있으나 쌍주식 플레이너에 비하여 견고하지 못하며 정밀도가 낮다는 단점이 있다. 가공할 수 있는 최대 폭은 직주의 내측면에서 공구대까지의 최대 거리이다.

필요에 따라서는 회전 테이블을 설치하고 그 위에 공작물을 올려 놓는다. 크기는 쌍주식 플레이너에서와 같은 방법으로 표시한다.

6.3 테이블의 직선왕복운동기구

플레이너의 테이블은 직선절삭운동을 한다. 이것은 회전축으로부터 동력을 전달받아 직선운동으로 바뀌는데, 이와 같이 회전운동을 직선운동으로 바꾸어주는 방법에는 기어식, 나사식, 변속전동기식 및 유압식 등이 있다. 여기서는 나사식 운동기구에 대하여 설명한다.

그림 4.98과 같이 너트를 테이블 하부에 부착하고, 이것에 나사봉을 연결하여 테이블을 구동한다. 귀환행정은 기어식과 같은 방법으로 행해진다.

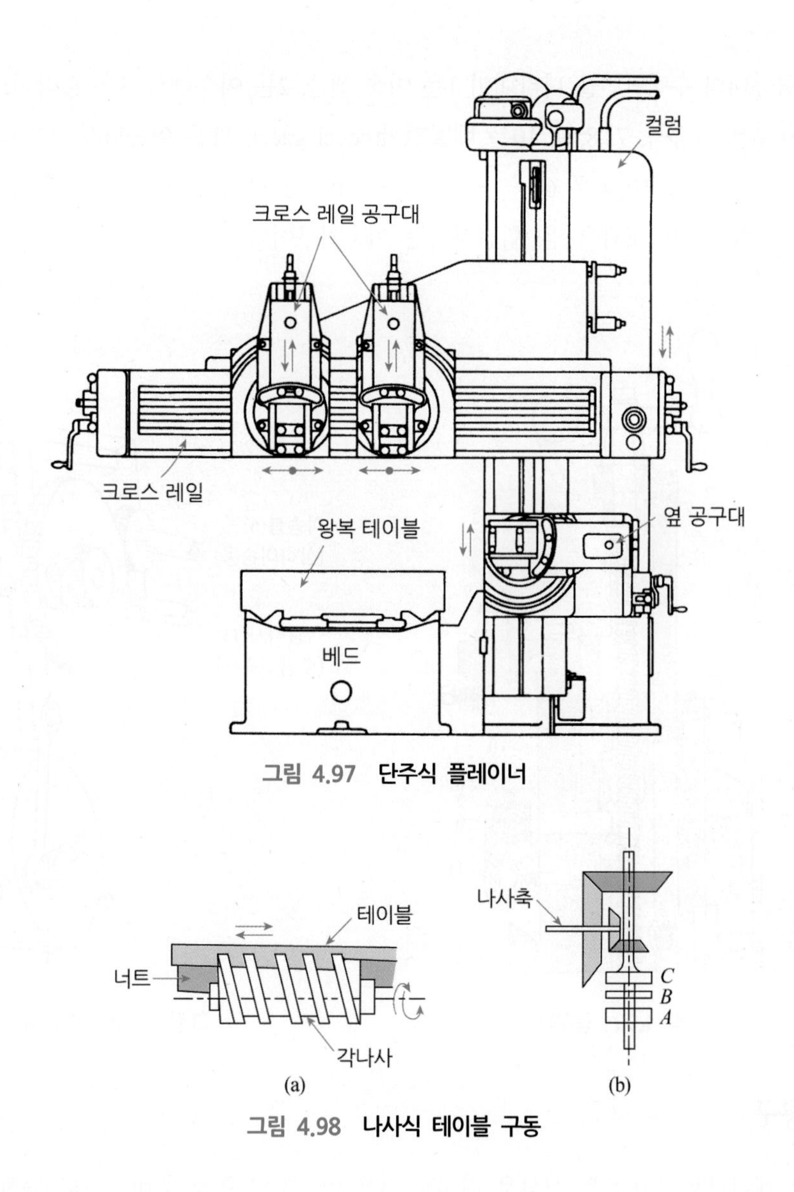

그림 4.97 단주식 플레이너

그림 4.98 나사식 테이블 구동

6.4 공구대와 공구

6.4.1 공구대

공구대(工具台, tool post)는 바이트를 고정하고 크로스 레일에 장착되어 이동하며, 이송나사에 의하여 상하방향으로 이송을 준다. 공구대의 이송은 테이블의 1왕복마다 행하여지도록 되어 있으며, 귀환행정에서 바이트가 가공면과의 마찰을 피하기 위하여 압축공기나 전자석을 이용하여 힌지(hinge)를 중심으로 들어 올리게 되어 있다.

그림 4.99는 공구대의 수직단면을 나타내며 1은 이송 핸들, 2는 이송나사, 3은 슬라이드, 4는 에이프런, 5는 새들(saddle), 6은 이송축, 7, 8, 9, 10은 베벨기어(bevel gaer), 11은 이송나사, 12는 공구 블록, 13은 공구홀더이다. 공구대의 상하이송은 6 → 7 → 8 → 9 → 10 → 12에 의하여 이루어진다.

그림 4.100은 그림 4.99의 6과 11을 회전시키는 이송기구이다.

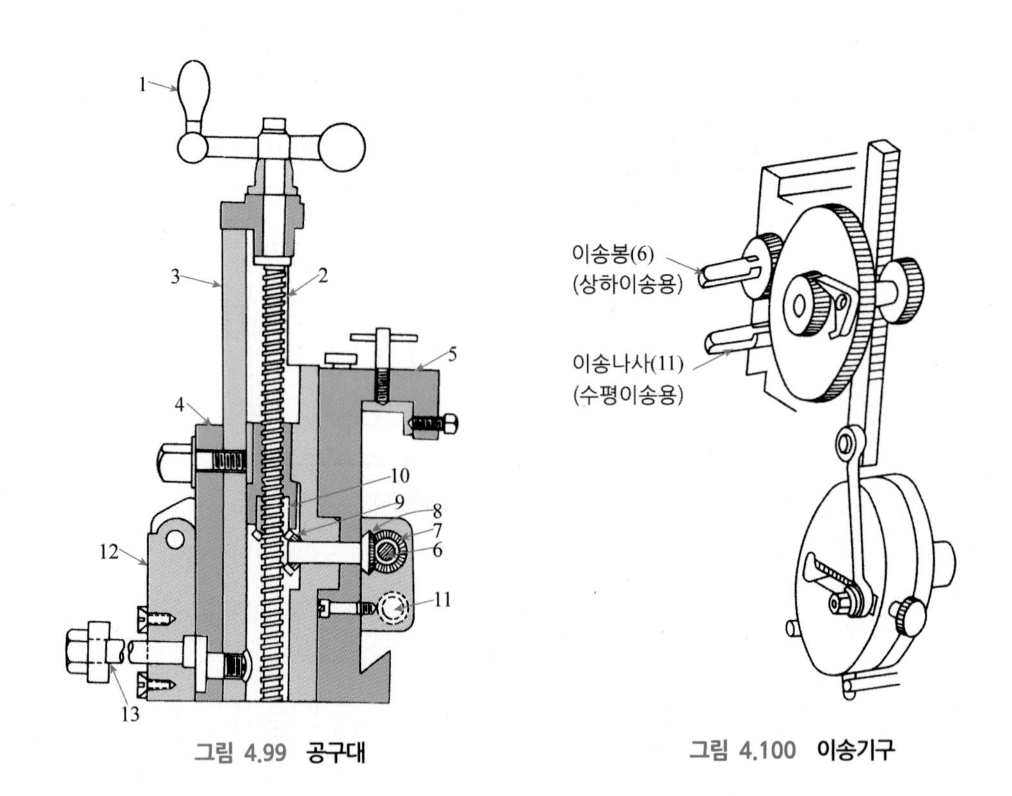

그림 4.99 **공구대**

그림 4.100 **이송기구**

6.4.2 절삭공구

일반적으로 플레이너용 바이트는 선삭용 및 세이퍼용 바이트와 형상이 비슷하나 중절삭에 견딜 수 있도록 견고하게 만들어지며, 대표적인 바이트를 그림 4.101에 나타내었다.

바이트는 경절삭용과 중절삭용, 정밀가공과 거친가공, 주철가공용과 강가공용, 바이트의 재질에 따라 고탄소강 바이트와 고속도강 바이트, 거위목(gooseneck) 유무 등으로 구분된다.

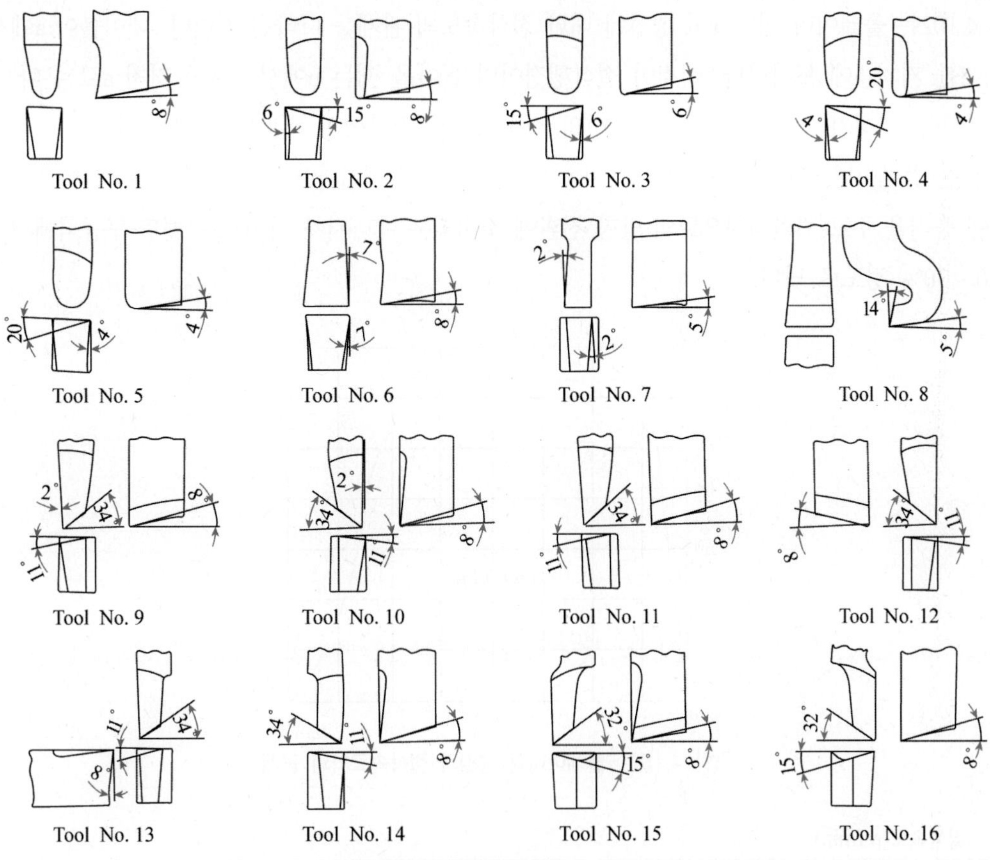

그림 4.101 플레이너용 절삭공구(The G.A. Gary Company)

6.5 절삭조건

6.5.1 절삭속도, 이송 및 절삭깊이

플레이너의 절삭속도는 테이블의 속도가 되며 행정양단 부근 이외는 일정한 절삭속도가 된다. 플레이너의 절삭속도 v_s는

$$v_s = CnL(\mathrm{m/min}) \tag{4.10}$$

$$C = 1 + \frac{v_s}{v_r} \tag{4.11}$$

여기서 n : 1분간의 테이블 왕복수, L : 행정길이, v_s : 절삭행정의 속도(m/min), v_r : 귀환행정의 속도(m/min)($\fallingdotseq 2v_s$)

그림 4.102는 플레이너 테이블의 행정에 대한 절삭속도의 관계를 나타낸 것이다. 테이블이 a에서 출발하여 c, d를 거쳐 b에 도착한다. 이것이 절삭행정이며 돌아올 때는 b에서 e, f를 거쳐 a로 온다. 이것이 귀환행정이다. 부하가 걸리지 않은 귀환 시의 절삭속도가 절삭행정 때보다 훨씬 크다.

표 4.10은 플레이너 작업에서 절삭속도, 이송 및 절삭깊이의 예이다. 절삭속도가 너무 크면 절삭 초기에 바이트에 충격을 주고 귀환행정으로의 방향 전환에 소비되는 에너지가 커지므로 벨트 구동식에서 기계효율이 20~30% 정도로 낮다.

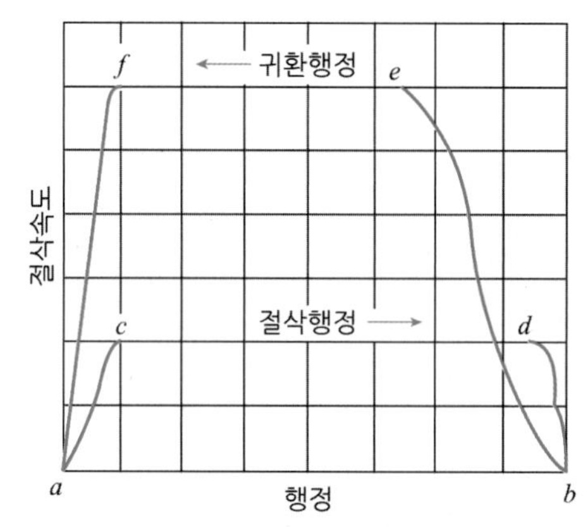

그림 4.102 플레이너의 행정과 절삭속도와의 관계

표 4.10 절삭속도(m/min)

절삭조건 / 공작물 재질	고속도강공구				주조합금공구				초경합금공구			
	절삭깊이(mm)											
	3.2	6.4	12.8	25.4	3.2	6.4	12.8	25.4	3.2	6.4	12.8	25.4
	이송(mm/stroke)											
	0.8	1.6	2.4	3.2	0.8	1.6	2.4	3.2	0.8	1.6	2.4	3.2
주철(연)	29	23	18	15	48	41	33	29	90	73	59	50
〃 (중)	21	17	14	11	38	32	27	23	73	59	48	40
〃 (경)	14	11	7.5	—	29	24	20	—	50	40	32	—
쾌삭강	27	21	17	12	42	32	26	20	106	82	64	47
강(보통절삭성)	21	17	12	9	32	24	18	14	90	68	53	40
〃 (저절삭성)	12	9	7.5	—	30	15	12	—	65	48	38	—
청동	45	45	38	—	Max	Max	Max	Max	Max	Max	Max	Max
알루미늄	60	50	45	—	〃	〃	〃	〃	〃	〃	〃	〃

6.5.2 가공시간

테이블의 1왕복에 요하는 시간 t 는 v_c : 절삭행정속도(cutting stroke speed), v_r : 귀환행정속도(returning stroke speed), s : table의 행정, c : 행정 끝에서 관성(慣性)에 의하여 가속도가 0이 아닌 시간 ≒ 1.2~2sec

이라 하면

$$t = \frac{s}{v_c} + \frac{s}{v_r} + c \tag{4.12}$$

이다.

평균왕복속도 v_m은 대략 다음과 같다.

$$v_m = \frac{2s}{s/v_c + s/v_r} = \frac{2v_c}{1 + \dfrac{v_c}{v_r}} \tag{4.13}$$

그런데 $\frac{v_c}{v_r} ≒ \frac{1}{3} \sim \frac{1}{4}$의 값이다. v_m이 구해지면 폭 b, 길이 L인 공작물 전체를 가공하는 데 걸리는 시간은 다음과 같다.

$$t = \frac{2 \cdot b \cdot L}{\eta \cdot f \cdot v_m} \tag{4.14}$$

단 f : 이송 η : 절삭효율

6.5.3 절삭동력

W : 테이블의 중량(kg), w : 공작물의 중량(kg), P : 바이트 1개의 주분력(kg, 배분력을 0으로 가정), μ : 베드와 테이블 간의 마찰계수, v_c(m/min): 절삭속도, v_r(m/min): 귀환속도라 하면

$$\text{절삭행정의 동력 } N_c(\text{HP}) = \frac{[(W+w)\mu + n \cdot P] \cdot v_c}{75 \times 60} \tag{4.15}$$

$$\text{귀환행정의 동력 } N_r(\text{HP}) = \frac{(W+w) \cdot \mu \cdot v_r}{75 \times 60} \tag{4.16}$$

이며 n은 동시에 가공하는 바이트의 수이다.

6.6 플레이너가공

6.6.1 일반적인 플레이너가공

그림 4.103에 플레이너가공의 대표적인 예를 나타내었다. 수평 및 수직절삭, 홈절삭 및 경사절삭 등이 일반적인 플레이너가공이다.

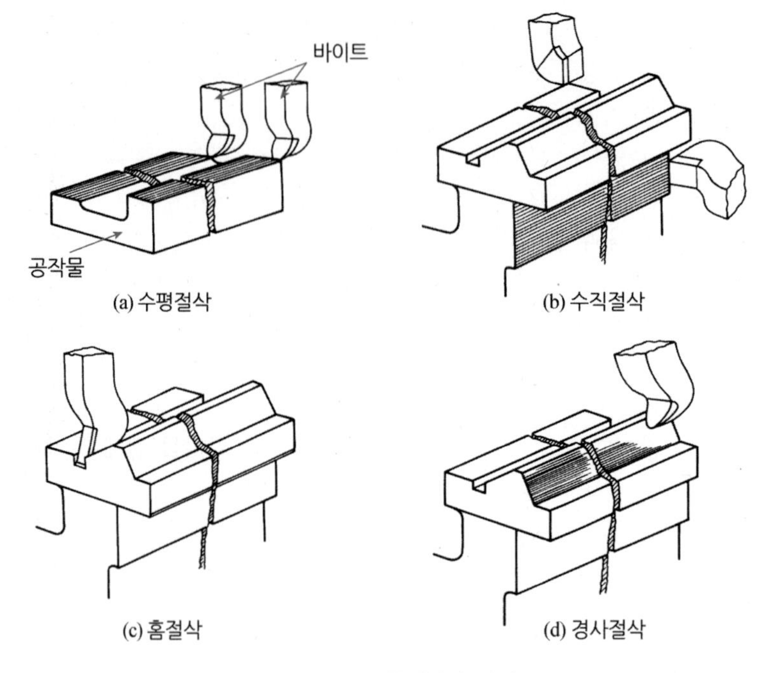

그림 4.103 플레이너 작업

6.6.2 특수 플레이너가공

플레이너에서도 세이퍼에서와 같이 공구와 공작물의 상대운동을 변환시킴으로써 여러 가지 형상을 가공할 수 있다. 다음과 같이 몇 가지 예로서 설명한다.

1) 반경봉을 이용한 반지름이 큰 원호가공

그림 4.104에서와 같이 공작물이 반경봉(半徑棒)에 고정되어 반경봉과 함께 플레이너 테이블상에 고정된 안내판에서 요동할 수 있게 되어 있다.

각 행정마다 회전시켜 테이블을 왕복운동시키면 원호의 곡면가공이 된다.

2) 부분 기어와 랙을 이용한 곡면가공

그림 4.105에서와 같이 부분 기어(gear sector)와 랙(rack)에 의하여 공구대가 회전하도록 되어 있으며, 이 회전은 새들이 크로스 레일상에서 이동할 때, 즉 이송될 때에 이루어진다. 가공면의 **곡률반경**(曲率半經, curvature radius)은 공구 끝에서 회전중심(swivel center)까지의 거리이며 이 거리는 회전중심을 clapper box(미끄럼 안내)에 따라 이동시킴으로써 조절된다.

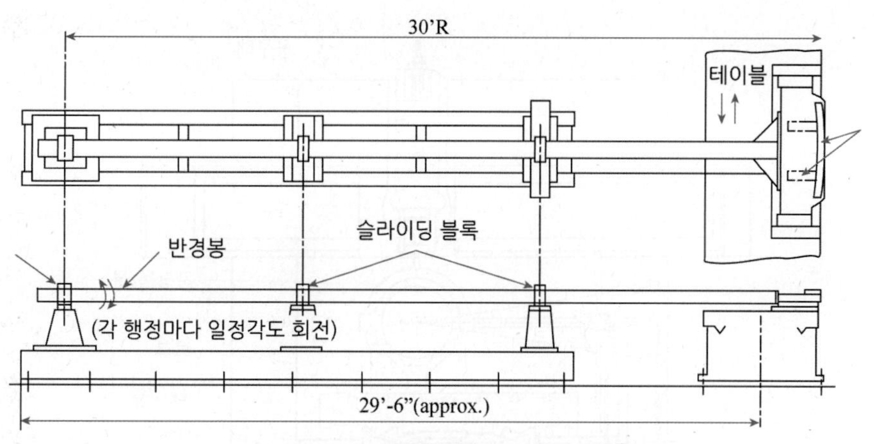

그림 4.104 반경봉에 의한 원호의 곡면가공

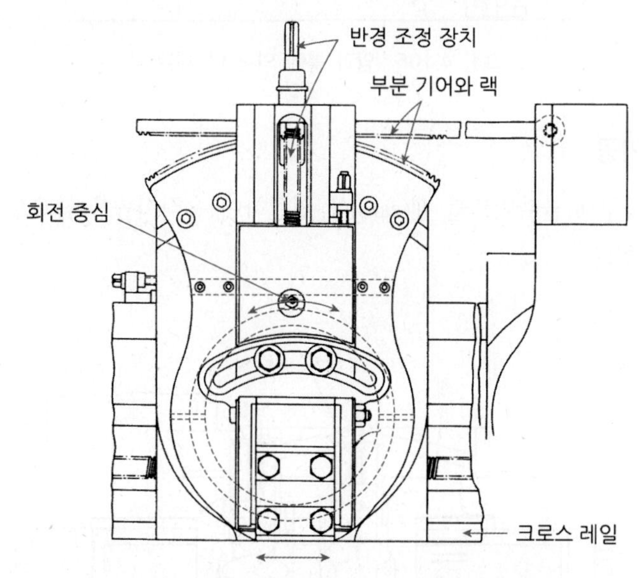

그림 4.105 랙과 부분 기어에 의한 원호의 곡면가공

3) 롤의 나선홈가공

그림 4.106에서와 같이 롤(공작물)을 V 블록에 올려놓고 각도판(angle plate)에 의하여 길이방향의 이동을 못하게 하며, 암(arm)이 가공 중 베드에 고정된 경사판에 따라 각변위를 함으로써 롤을 회전시키면 나선홈의 가공이 된다.

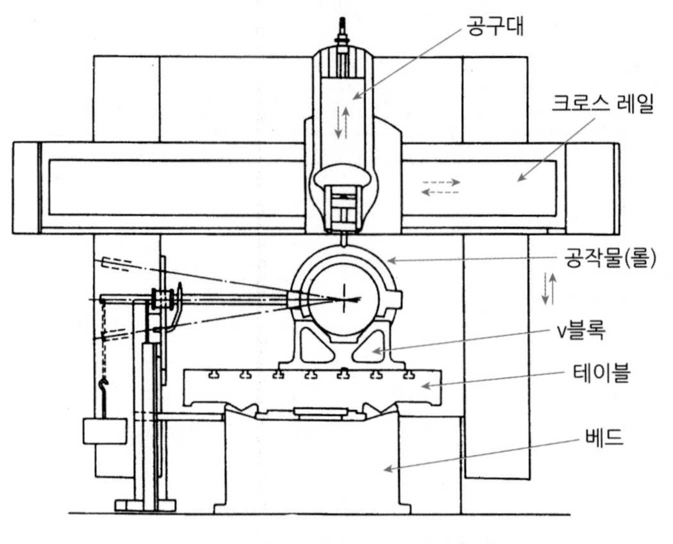

그림 4.106 암과 롤에 의한 나선홈가공

4) 캠에 의한 곡면가공

그림 4.107과 같이 공구대 슬라이드를 캠(cam)에 연결하여 수직이송을 줌으로써 캠과 같은 곡선 형상의 곡면가공을 할 수 있다.

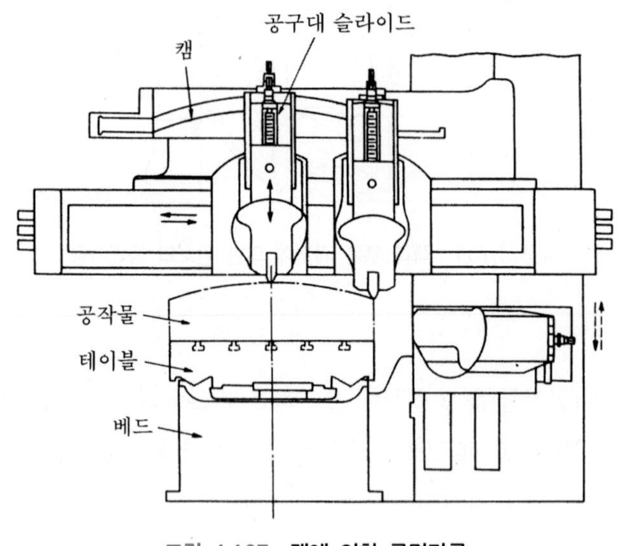

그림 4.107 캠에 의한 곡면가공

07장 밀링가공

7.1 밀링가공의 개요

밀링가공(milling)은 회전하는 밀링커터(milling cutter)를 이용하여 공작물을 이송시켜 바라는 형상으로 가공하는 것을 말하며, 여기에 사용되는 공작기계를 밀링머신(milling machine)이라 한다.

밀링머신은 밀링커터를 붙여 이것에 회전절삭운동을 하게 하는 주축과 공작물을 설치하여 이송운동을 하게 하는 테이블이 주요부를 이루고 있다. 이 양 부분을 붙여 놓은 본체의 구조에 따라 니형(knee type), 생산형(production type) 및 플레이너형(planer type) 등으로 나뉘어진다. 그림 4.108은 니형 수평밀링머신을 나타낸 것이다.

밀링머신으로 할 수 있는 가공에는 i) 평면절삭, ii) 홈절삭, iii) 곡면절삭, iv) 단면절삭, v) 기어의 치형가공, vi) 특수 나사가공, vii) 캠가공 등이 있다. 분할대(分割臺)와 같은 부속장치를 사용하여 드릴, 리머, 보링 공구, 커터 등도 제작할 수 있다.

밀링머신의 크기 표시는 호칭번호로 나타낸다. 호칭번호는 테이블의 이동량으로 나타내며, 테이블의 이동량은 테이블의 좌우이동, 새들(saddle)의 전후이동, 니(knee)의 상하이동으로 표시한다.

7.2 밀링머신의 종류

밀링머신은 주축의 구동방식, 주축방향 및 사용목적 등에 따라서 다음과 같이 분류할 수 있다.

1) 니형 밀링머신

① 수평밀링머신

가. 평형

나. 만능형

② 수직밀링머신

2) 생산형 밀링머신

3) 플레이너형 밀링머신

4) 특수형 밀링머신

① 모방밀링머신

② 공구밀링머신

③ 나사밀링머신

④ 캠 밀링머신

7.2.1 니형 수평밀링머신

니형 수평밀링머신(knee type horizontal milling machine)은 가장 일반적으로 사용되는 밀링머신이며, 그림 4.108과 같이 주축은 컬럼에 고정되어 있고 테이블이 니(knee)라고 하는 상하로 이동할 수 있는 대(台) 위에 얹혀 있는 것이며, 니는 컬럼전면의 안내면으로 안내된다.

수평밀링머신은 주로 평커터와 같은 원통 외주에 날이 있는 밀링커터로 가공하기 위한 것이며 커터에 아버(arbor)를 끼워 이를 주축단에 맞추어 끼우고, 아버의 다른 끝은 오버 암(over arm)에 지지되는 아버 지지대(arbor yoke)로 지지한다. 공작물의 높이에 따라 니의 높이를 가감하여 절삭깊이를 준다. 공작물은 테이블 위에 바이스나 고정구로 고정시킨다. 니 위에는 새들(saddle)이 있어 이것이 전후방향으로 이동할 수 있고, 그 위에 테이블이 앉아 있어 이를 좌우방향으로 수동 또는 자동이송운동을 줄 수 있게 되어 있다. 테이블의 운동은 그밖에 급속이송이 있어 복귀행정 때 쓸데없는 시간낭비를 피하게 되어 있다. 컬럼 내에 전동기와 속도변환장치가 들어 있어 주축에 동력을 전달한다.

수평식 밀링머신의 테이블을 수직축의 둘레로 어느 정도의 각도만큼 선회시킬 수 있는 구조로 한 것이 만능밀링머신(universal milling machine)이며, 대개 분할대와 조합시켜 드릴의 홈과 같은 나선홈이나 기타 복잡한 작업을 할 수가 있다. 니형 수평밀링머신에는 분할대 이외에 선회대(tilting table), 수직밀링장치(vertical milling attachment), 만능밀링장치(universal milling attachment), 슬로팅장치(slotting attachment), 원밀링장치(circular milling attachment), 고속밀링장치(high speed milling attachment), 랙밀링장치(rack milling attachment) 등의 부속장치가 있고, 이들을 이용하여 다양한 작업을 할 수 있다.

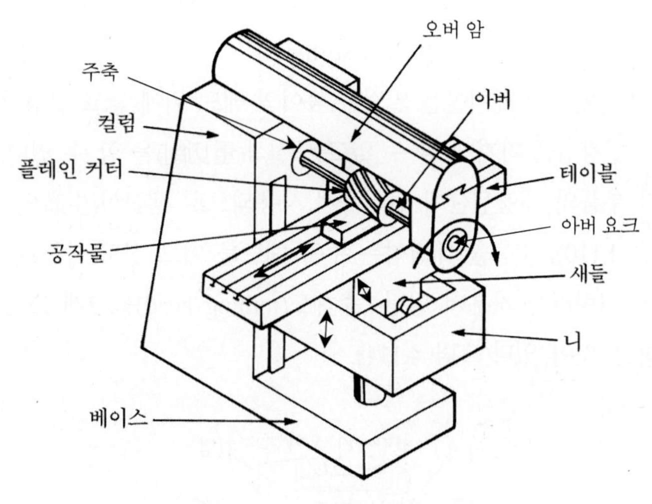

그림 4.108 니형 수평밀링머신

7.2.2 니형 수직밀링머신

그림 4.109에 나타낸 바와 같은 니형 수직밀링머신은 수직주축에 정면커터, **엔드밀**(end mill) 등을 붙여 평면 절삭, 홈가공 또는 공작물의 측면절삭 등을 하는 것이다. 수평밀링머신보다 공작물의 설치, 제거나 작업 중의 감시도 편리하며, 초경 정면밀링커터의 발달에 따라 평면가공에 많이 사용되고 있다.

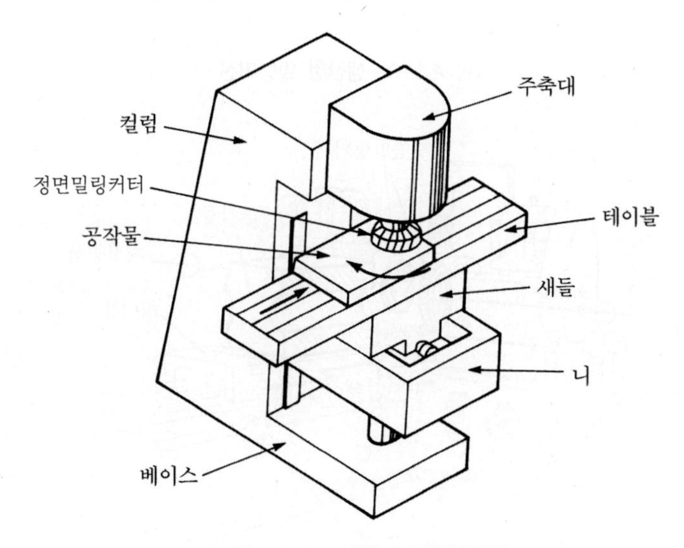

그림 4.109 니형 수직밀링머신

7.2.3 생산형 밀링머신

밀링가공의 특징 중 하나는 절삭 중에 절삭저항의 크기 및 방향이 변하는 것이다. 따라서 진동을 일으키기 쉽고 밀링머신의 각 부는 충분한 **강성**(剛性, stiffness)을 가지도록 설계되어 있으나, 니형은 그 구조상 다소 약한 결점이 있다. 따라서 테이블을 일정한 높이의 베드 위에 놓고 일정 치수의 공작물을 절삭하는 구조로 하면 대단히 큰 강성을 가지게 할 수 있고 중절삭(重切削)을 할 수 있다. 이런 형식의 밀링머신은 주로 일정한 치수의 부품의 대량생산에 편리하게 사용되므로 생산형(生産形) 밀링머신 또는 베드형 밀링머신이라 한다(그림 4.110). 주축을 내장하는 주축 헤드를 어느 정도 상하로 이동시킬 수 있게 되어 있는 것이 많다. 생산형 밀링머신 가운데 밀링주축헤드(milling head)를 2개 또는 3개를 가지고, 동시에 2면 또는 3면을 절삭하는 것이 있다(그림 4.111).

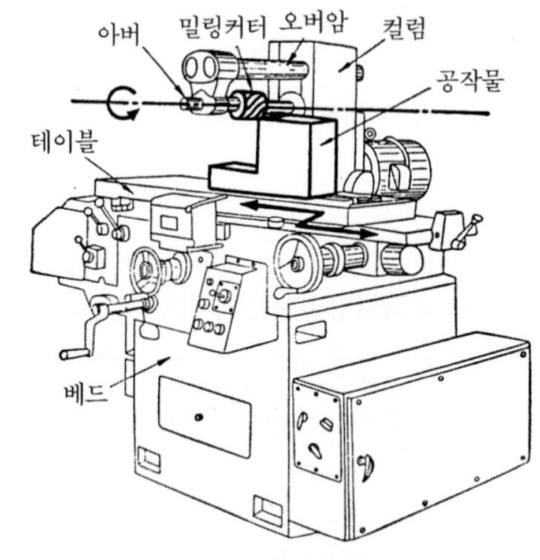

그림 4.110 생산형 밀링머신

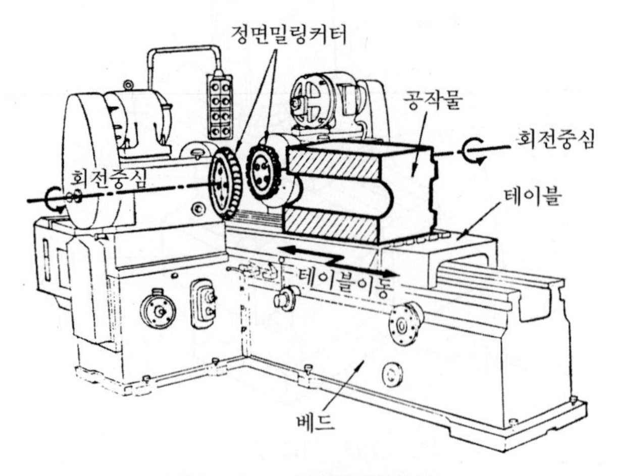

그림 4.111 양두형 밀링머신

7.2.4 플레이너형 밀링머신

밀링머신 가운데 테이블을 매우 길게 하여 플레이너와 같은 모양으로 한 것이 플레이너형 밀링머신(planer type milling machine)이며(그림 4.112), 이것을 플라노 밀러(plano-miller)라고 한다. 플레이너형 밀링머신은 일반적으로 대형공작물의 평면절삭에 사용된다.

플레이너형 밀링머신은 공작기계 가운데서 가장 큰 공작기계이며 테이블의 길이가 긴 것은 100 m짜리도 있으며, 최근에는 이보다 훨씬 긴 것도 사용되고 있다.

최근에는 테이블이 이송운동의 종점에 오면 자동적으로 급속히 최초 위치로 귀환하여 정지하는 자동사이클을 행하게 하는 장치를 갖춘 것이 많고, 이 방식에서 절삭 도중에 절삭이 필요하지 않은 곳이 있으면 급속히 지나가서 다음 절삭장소에서 이송속도로 되돌아가는 동작을 자동적으로 행하게 할 수가 있다.

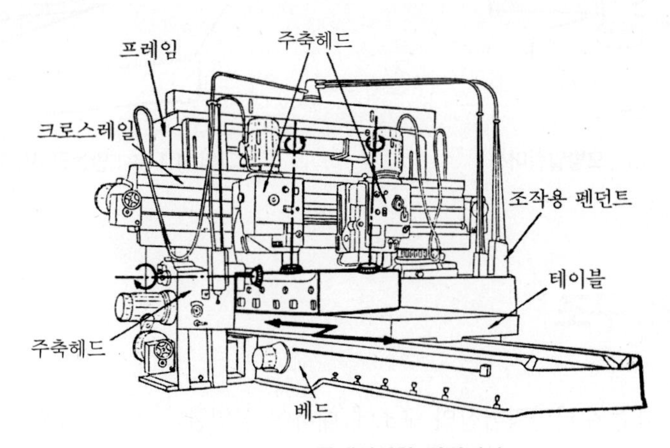

그림 4.112 플레이너형 밀링머신

7.2.5 특수형 밀링머신

특수형 밀링머신(special milling machine)은 특수한 가공방법 등을 이용하는 것으로서 모방밀링머신, 공구밀링머신, 나사밀링머신 및 캠밀링머신 등이 있다. 그림 4.113과 그림 4.114에 모방밀링머신과 만능공구밀링머신을 나타내었다.

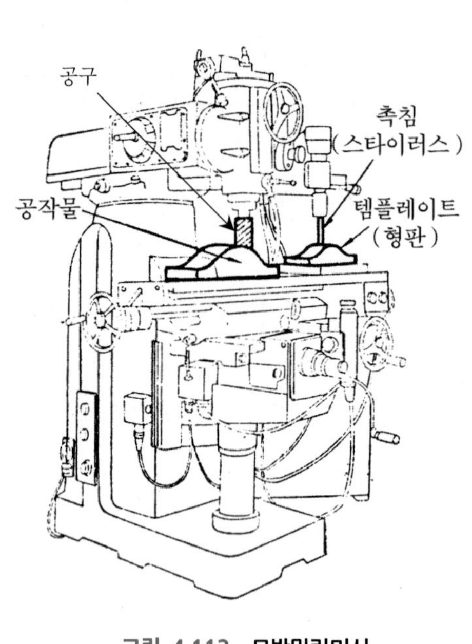

그림 4.113 모방밀링머신

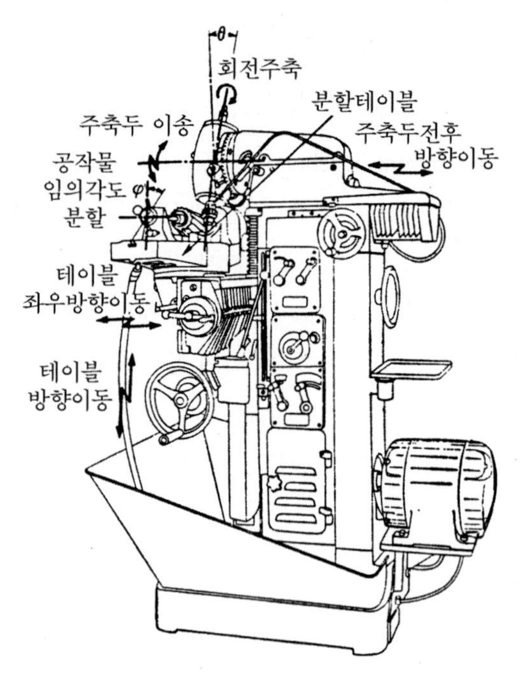

그림 4.114 만능공구밀링머신

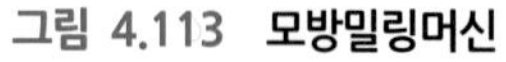

7.3 밀링머신의 구조

가장 많이 사용되는 니형 수평밀링머신의 구조에 대하여 설명한다. 니형 수평밀링머신의 구조와 주요부의 명칭은 그림 4.115와 같다.

7.3.1 컬럼과 베이스

컬럼(column)은 베이스에 견고하게 고정되어 있는 기계의 지지틀이며, 컬럼 전면의 안내에 따라 니(knee)가 상하이송을 하고, 베이스는 니의 이송용 나사를 지지하며 절삭유의 탱크로 이용된다.

7.3.2 니, 새들 및 테이블

니는 컬럼의 안내면에 따라 상하이송을 하는 부분으로서 새들(saddle)과 테이블을 지지하고 있다. 그림 4.115에서와 같이 니는 상하이송, 새들은 전후이송, 테이블은 좌우이송을 할 수 있게 되어 있으며, 이송용 볼트와 너트에는 백래시(backlash) 제거 장치가 있다. 공작물은 테이블 위에 놓고 T-볼트에 의하여 고정한다. 표 4.11은 밀링머신의 호칭 기준에 따른 테이블의 이동량을 나타낸 것이다.

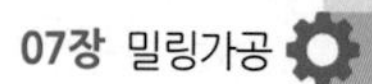

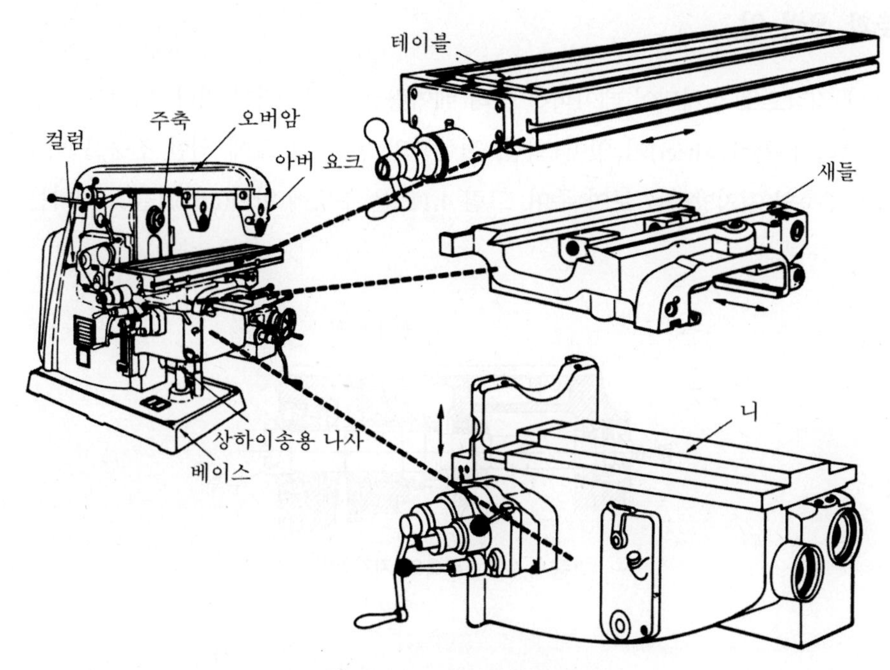

그림 4.115 니형 수평밀링머신

표 4.11 밀링머신의 호칭기준

명칭	종별	테이블의 이동량(mm)		
		좌우(테이블)	전후(새들)	상하(니)
0번	Plain milling machine	450 ~ 550	150	300
	Universal 〃	450 ~ 550	150	300
	Vertical 〃	450 ~ 550	150	300
1번	Plain 〃	550 ~ 700	200	400
	Universal 〃	550 ~ 700	175	400
	Vertical 〃	550 ~ 700	200	300
2번	Plain 〃	700 ~ 850	250	400
	Universal 〃	700 ~ 850	225	400
	Vertical 〃	700 ~ 850	250	300
3번	Plain 〃	850 ~ 1050	300	450
	Universal 〃	850 ~ 1050	275	450
	Vertical 〃	850 ~ 1050	300	350
4번	Plain 〃	1050 이상	325	450
	Universal 〃	1050 〃	300	450
	Vertical 〃	1050 〃	325	400

7.3.3 주축과 오버 암

주축은 컬럼에 직각으로 설치되어 테이퍼진 롤러 베어링으로 지지되어 있다. 이것은 강성이 크며 기어와 일체로 된 플라이 휠(flywheel)이 있어 회전, 절삭력의 변동 및 그에 의한 진동을 막고 있다.

그림 4.116은 주축의 지지방법을 보여 주며, 그림 4.117은 주축에 아버(arbor)를 고정하는 방법을 나타낸 것이다.

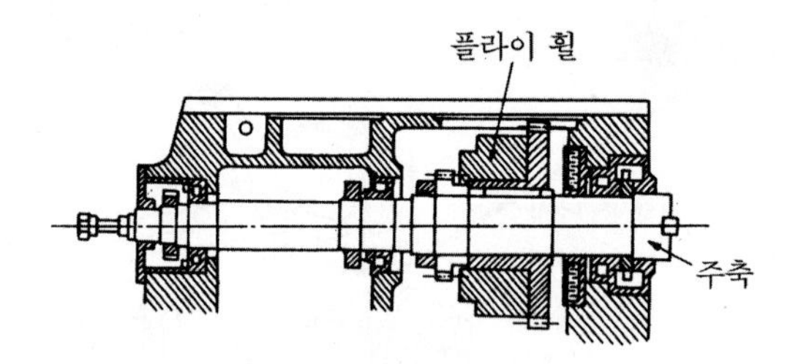

그림 4.116 **주축의 지지방법**

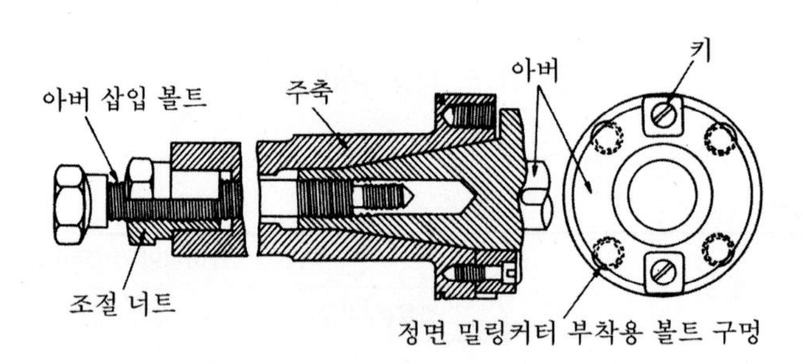

그림 4.117 **주축단과 아버 고정법**

그림 4.118에 나타낸 오버 암(overarm)은 컬럼 상부에 주축과 평행하게 설치되어 있으며, 1개 또는 2개의 아버 지지대(arbor yoke)로 아버를 지지한다.

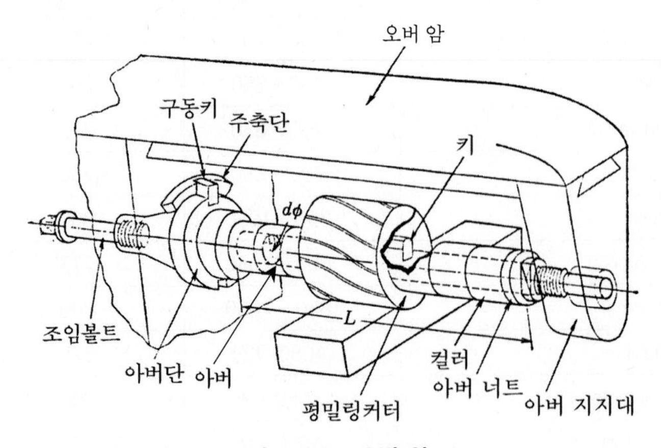

그림 4.118 **오버 암**

7.4 분할대

분할대(分割臺, dividing head, 또는 index head)는 그림 4.119와 같이 테이블에 고정하고, 공작물은 분할대의 축과 심압대의 센터 사이에 지지되며, 공작물의 원주분할, 홈파기, 각도분할 등에 사용된다.

분할법에는

① 직접분할법(면판분할법, direct dividing method)

② 단식분할법(simple dividing method)

③ 차동분할법(differential dividing method)

등이 있다.

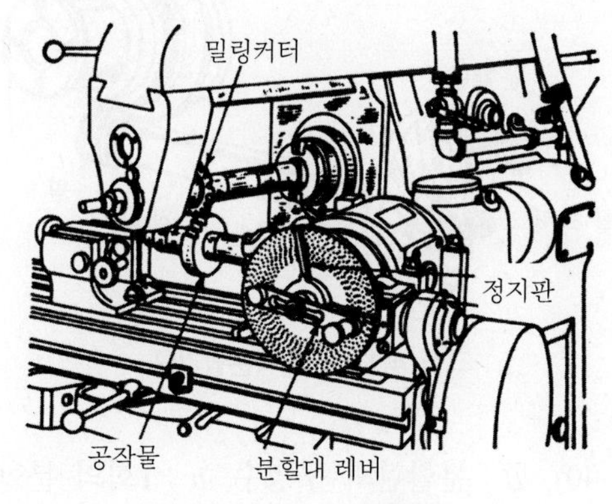

그림 4.119 분할대

7.4.1 직접분할법

직접분할법(直接分割法)은 분할대 주축을 직접 회전시켜 분할하는 것으로, Cincinnati type과 Brown & Sharpe type에서는 분할판이 24등분되어 있어 24의 인수인 2, 3, 4, 6, 8, 12, 24의 분할이 가능하다. Cincinnati type에서는 24구멍, 30구멍, 36구멍의 3열을 갖는 분할판도 있다.

직접분할 작업을 할 때에는 먼저 분할 크랭크의 측면에 있는 웜(worm) 핸들을 돌려 웜을 빼고 주축이 자유로이 회전할 수 있게 해야 한다. 그림 4.120은 직접분할기구이다.

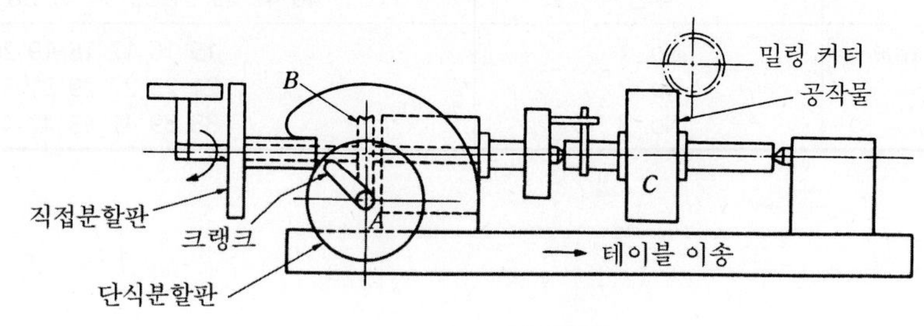

그림 4.120 직접분할기구

7.4.2 단식분할법

단식분할법(單式分割法)은 분할 크랭크의 40회전이 주축을 1회전시키도록 되어 있으며, 그림 4.121과 같은 기구로 되어 있다.

즉, 리머에 8개의 홈을 가공한다면 크랭크를 5회전씩 하면 된다.

N : 분할수, n : 크랭크의 회전수라 하면

$$n = \frac{40}{N} \tag{4.17}$$

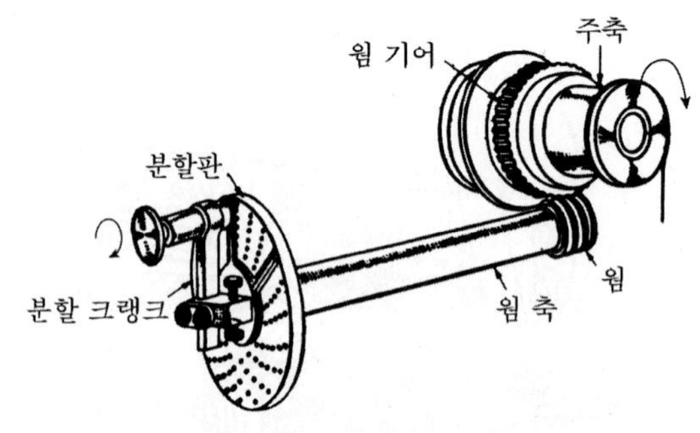

그림 4.121 단식분할기구

R : 웜과 웜 기어의 회전비(=40), H : 분할판의 구멍수, h : 1회의 분할에 요하는 구멍수라 하면

$$h = \frac{R}{N} \cdot H \quad \therefore \frac{h}{H} = \frac{R}{N} \tag{4.18}$$

가 된다.

분할판의 구멍수는 표 4.12와 같다.

표 4.12 분할판의 구멍수

형식		구멍수
Cincinnati type	전면 후면	24 25 28 30 34 37 38 39 41 42 43 46 47 49 51 53 54 57 58 59 62 66
Brown & Sharpe type	No. 1 No. 2 No. 3	15 16 17 18 19 20 21 23 27 29 31 33 38 39 41 43 47 49

예제 4.8

원주를 72등분하여라.

풀이 $\frac{h}{H}=\frac{R}{N}=\frac{40}{72}=\frac{10}{18}$

B&S사 No.1판의 18구멍을 사용하여 10구멍씩 돌리면 된다.

예제 4.9

원주를 9등분하여라.

풀이 $\frac{h}{H}=\frac{R}{N}=\frac{40}{9}=4\frac{4}{9}=4\frac{8}{18}=4\frac{12}{27}$

B&S사 No.1판의 18구멍을 사용하여 4회전하고 8구멍씩 돌리면 된다. 또는 판 No. 2의 27구멍을 사용하여 4회전하고 12구멍씩 돌리면 된다.

예제 4.10

원을 중심각 $5\frac{2}{3}°$씩 분할하여라.

풀이 $\frac{h}{H}=\frac{40}{N}$에서 $N=\frac{360°}{\theta°}$이므로

$$\frac{h}{H}=\frac{40}{N}=\frac{40\cdot\theta°}{360°}=\frac{\theta°}{9}=\frac{5\frac{2}{3}}{9}=\frac{17}{27}$$

B&S사 No.2판의 27구멍을 사용하여 17구멍씩 돌리면 된다.

7.4.3 차동분할법

차동분할법(差動分割法)은 직접분할법이나 단식분할법에서 분할할 수 없는 분할에 이용하고, 차동분할에서는 분할판이 고정되지 않으며 슬리브(sleeve)와 일체로 된 분할판을 분할대 몸체에 고정시키는 볼트를 뽑아 준다. 크랭크 핸들을 돌리면 주축이 회전하여 변환 기어(change gear) A, M, D를 움직이고 변환 기어의 중간 기어의 수가 1개이면 슬리브와 일체인 분할판은 크랭크 핸들의 회전방향으로 전진하나 중간 기어가 2개이면 크랭크 핸들의 회전방향과 반대방향으로 회전한다. 운동전달 순서는 그림 4.122에서 크랭크축 → E_1 → E_2 → 웜 → 웜 기어(공작물의 회전) → A → M → D → F_1 → F_2 → 분할판이다.

기어 A와 D의 치수비와 중간 기어의 수를 적당히 택함으로써 차동회전을 조절할 수 있다.

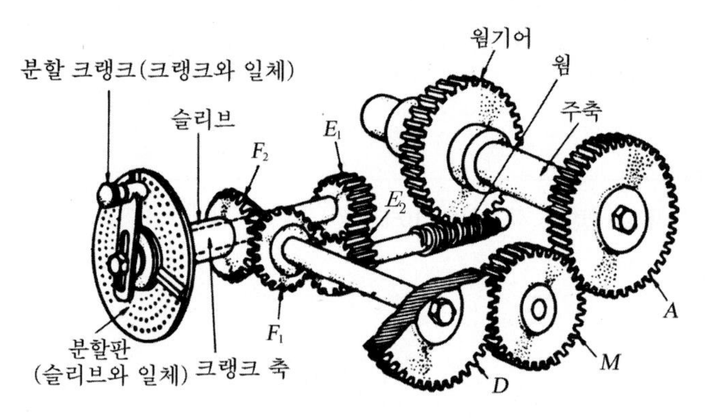

그림 4.122 **차동분할기구(Cincinnati형)**

그림 4.122에서 기어 E_1과 E_2, F_1과 F_2의 잇수는 같다. A와 D의 잇수가 동일하다면 그림 4.123과 같이 크랭크 핸들이 분할판상에서 1회전할 때 실제로는 x만큼 회전한 것이 되며, 크랭크 핸들의 분할판상에서 1회전과 실제 1회전과의 차는 $\frac{1}{40}x$가 된다.

즉, $$x-1=\frac{x}{40} \quad \therefore x=\frac{40}{39} \tag{4.19}$$

중간 기어가 1개인 경우는 그림 (a)에서와 같이 크랭크 핸들을 분할판상에서 1회전시키면 주축(공작물)은 39등분된다($\because 40 \div \frac{40}{39}=39$).

중간 기어가 2개인 경우는 그림 (b)에서와 같이 크랭크 핸들이 분할판상에서 1회전할 때 크랭크 핸들의 실제 회전 x는 다음과 같다.

$$x-1=-\frac{x}{40} \quad \therefore x=\frac{40}{41} \tag{4.20}$$

즉, 크랭크 핸들을 분할판상에서 1회전시키면 공작물은 41등분된다($\because 40 \div \frac{40}{41}=41$).

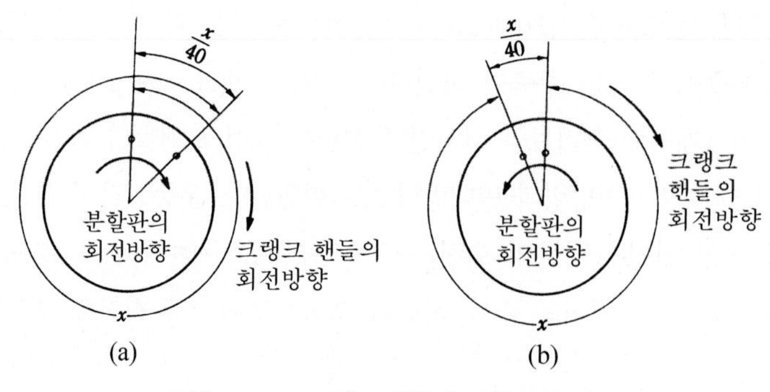

그림 4.123 **크랭크 핸들과 분할판의 회전**

그림 4.122에서 기어 A에 대한 D의 회전비를 r라 하면 분할판의 회전은 r배가 되며

$$x-1=\frac{\pm rx}{40} \quad \therefore x=\frac{40}{40\mp r} \tag{4.21}$$

(－ : 중간 기어 1개인 경우)

(+ : 중간 기어 2개인 경우)

크랭크 핸들의 분할판상의 1회전은 주축(공작물)을 $\frac{40}{40\mp r}$의 $\frac{1}{40}$회전인 $\frac{1}{40\mp r}$로 회전시킨다.

N : 분할수, H : 사용되는 분할판의 구멍수, h : 크랭크 핸들을 돌리는 구멍수, n : 주축(공작물)을 $\frac{1}{N}$ 회전시키는 데 요하는 크랭크 핸들의 회전수라 하면 다음 관계식이 성립된다.

$$n : \frac{1}{N}=1 : \frac{1}{40\mp r}$$

$$\therefore n=\frac{40\mp r}{N} \tag{4.22}$$

크랭크 핸들과 분할판의 관계에서 다음 식이 얻어진다.

$$\therefore n=\frac{h}{H} \tag{4.23}$$

식 (4.22)와 식 (4.23)에서

$$\frac{h}{H}=\frac{40\mp r}{N} \quad \therefore (\mp)r=\frac{Z_A}{Z_D}=\frac{h}{H}N-40 \tag{4.24}$$

으로 되며 Z_A와 Z_D는 그림 4.122에서 기어 A와 D의 잇수이다.

N_1 : 단식분할이 가능한 N에 가까운 수라 하면 크랭크 핸들의 회전수 (n)은 $n=\frac{40}{N_1}$으로 되며 식 (4.24)에서

$$(\mp)r=\frac{h}{H}N-40=nN-40=\frac{40}{N_1}N-40=\frac{40(N-N_1)}{N_1} \tag{4.25}$$

이 된다. 변환 기어(change gear)열은

단식에서는 $r=\frac{Z_A}{Z_D}$ (4.26)

복식에서는 $r=\frac{Z_A}{Z_B}\cdot\frac{Z_C}{Z_D}$ ($Z_A+Z_B>Z_C$, $Z_C+Z_D>Z_B$의 조건을 요한다.)

변속 기어의 회전비 r이 (－) 값일 때, 즉 $(N<N_1)$일 때에는 크랭크 핸들의 회전방향과 분할판의 방향

이 동일하도록 중간 기어를 정하고, r이 (+)값일 때에는 크랭크 핸들과 분할판의 회전방향이 서로 반대가 되도록 중간 기어를 정해야 한다.

예제 4.11

원주를 233등분하여라.

풀이 $N_1 = 240$으로 하면 $n = \frac{40}{N_1} = \frac{40}{240} = \frac{1}{6} = \frac{3}{18}$

B&S사 No.1에서 분할판의 구멍 18을 택하여 3구멍씩 돌리면 된다. 변환 기어의 회전비 r은 식 (4.25)에서

$$r = \frac{40(N-N_1)}{N_1} = \frac{40(233-240)}{240} = -\frac{40\times 7}{240} = -\frac{56}{48} = \frac{Z_A}{Z_D}$$

즉 그림 4.124와 같이 $Z_A = 56$, $Z_D = 48$의 잇수를 갖는 기어와 중간 기어 1개를 사용한다. (A와 D 기어가 같은 방향으로 회전)

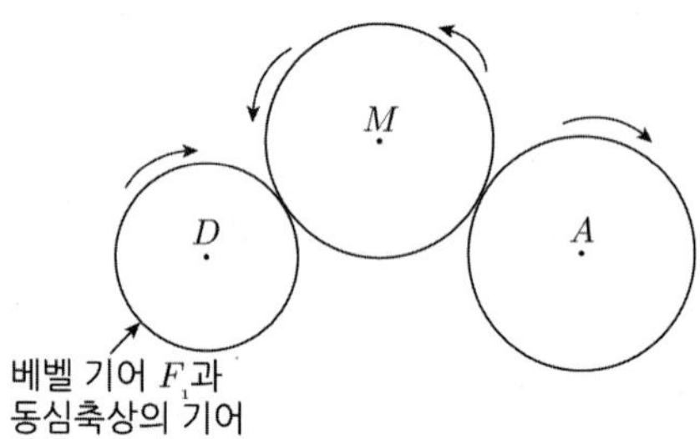

그림 4.124

예제 4.12

원주를 247등분하여라.

풀이 $N_1 = 240$으로 하면

$$n = \frac{40}{N_1} = \frac{40}{240} = \frac{3}{18}$$

B&S사 No.1판에서 18구멍을 택하여 3구멍씩 회전시키면 된다.

$$r = \frac{40(N-N_1)}{N_1} = \frac{40(247-240)}{240} = \frac{40\times 7}{240} = \frac{56}{48} = \frac{Z_A}{Z_D}$$

r이 (+)값이므로 중간 기어는 2개이며 그림 4.125와과 같다. (A와 D가 반대방향으로 회전)

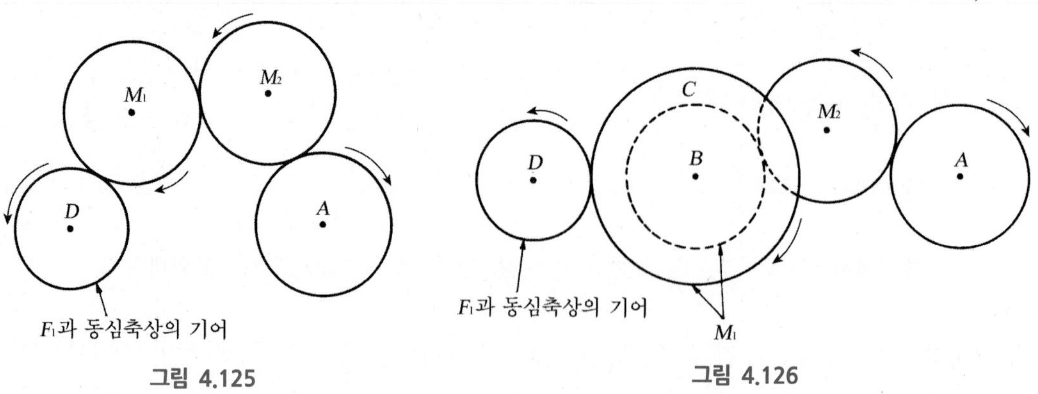

그림 4.125

그림 4.126

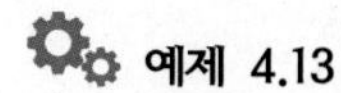

예제 4.13

원주를 257등분하여라.

풀이 $N_1 = 245$로 하면

$$n = \frac{40}{N_1} = \frac{40}{245} = \frac{8}{49}$$

B&S사 No.3판에서 49구멍을 택하여 8구멍씩 회전시키면 된다.

$$r = \frac{40(N-N_1)}{N_1} = \frac{40(257-245)}{245} = \frac{40\times12}{245}$$

$$= \frac{96}{49} = \frac{6\times16}{7\times7} = \frac{6\times8\times16\times4}{7\times8\times7\times4} = \frac{48}{56}\times\frac{64}{28} = \frac{Z_A}{Z_B}\cdot\frac{Z_C}{Z_D}$$

중간 기어는 2개를 사용하고 기어열은 그림 4.126과 같다. (A와 D가 반대방향으로 회전)

예제 4.14

원주를 319등분하여라.

풀이 $N_1 = 290$으로 하면

$$n = \frac{40}{N_1} = \frac{40}{290} = \frac{4}{29}$$

B&S사 No.2판에서 29구멍을 택하여 4구멍씩 회전시킨다.

$$r = \frac{40(N-N_1)}{N_1} = \frac{40(319-290)}{290} = \frac{40\times29}{290} = \frac{4}{1} = \frac{2\times2}{1\times1}$$

$$= \frac{2\times24}{1\times24}\times\frac{2\times30}{1\times30} = \frac{48}{24}\times\frac{60}{30} = \frac{Z_A}{Z_B}\cdot\frac{Z_C}{Z_D}$$

중간 기어는 2개를 사용하고 기어열은 그림 4.127과 같다. (A와 D가 반대방향으로 회전)

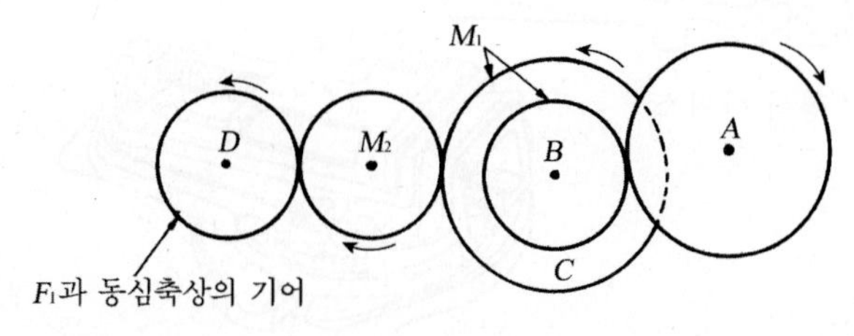

그림 4.127

맞물린 잇수비(齒數比)가 너무 크거나 너무 작지 않아야 회전에 무리가 없다는 것을 고려하고, 변환 치차의 보유 형편에 따라 단식으로 할 수 있는 것도 복식으로 하는 경우가 있다.

7.5 밀링머신의 부속장치

밀링머신의 부속장치는 앞절에서 나타낸 분할대를 비롯하여 공작물의 고정장치, 각종 밀링장치 및 아버(arbor) 등이 있다.

7.5.1 공작물의 고정장치

공작물을 고정하는 방법에는 i) 테이블에 고정하는 방법, ii) 바이스를 이용하는 방법, iii) 센터로 지지하는 방법, iv) 척을 이용하는 방법, v) 부착구를 이용하는 방법, vi) 회전 테이블을 이용하는 방법 등이 있으나 주로 바이스와 회전 테이블에 의하기 때문에 여기서는 바이스의 종류와 용도에 대하여 설명하기로 한다.

1) 바이스

바이스(vise)에는 그림 4.128과 같이 i) 평 바이스(plain vise), ii) 회전식 바이스(swivel vise), iii) 만능식 바이스(universal vise)가 있다.

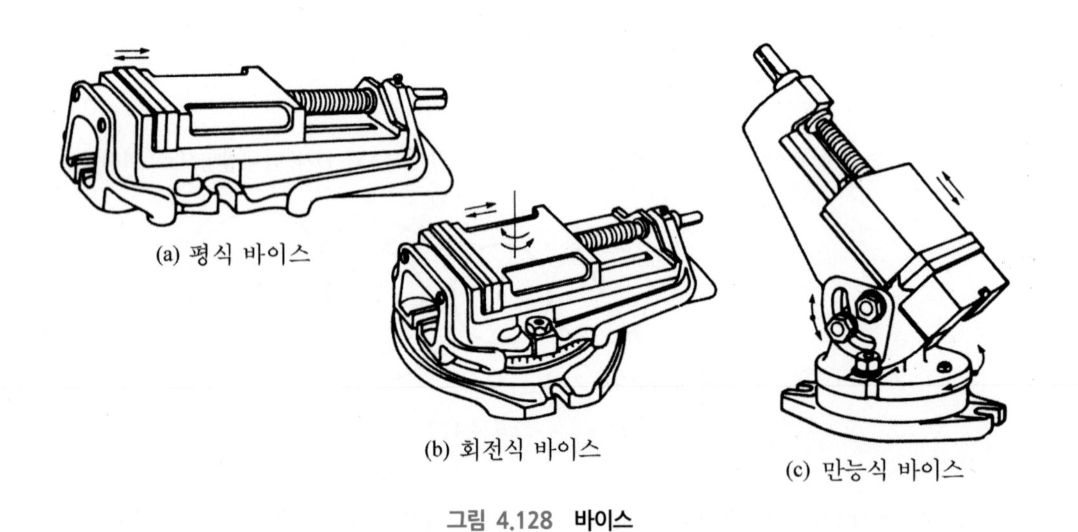

그림 4.128 바이스

2) 회전 테이블

회전 테이블(rotary table)에는 그림 4.129(a)와 같은 만능경사 테이블, 그림 (b)와 같은 원형 테이블, 그림 (c)와 같은 경사 원형 테이블 등이 있다.

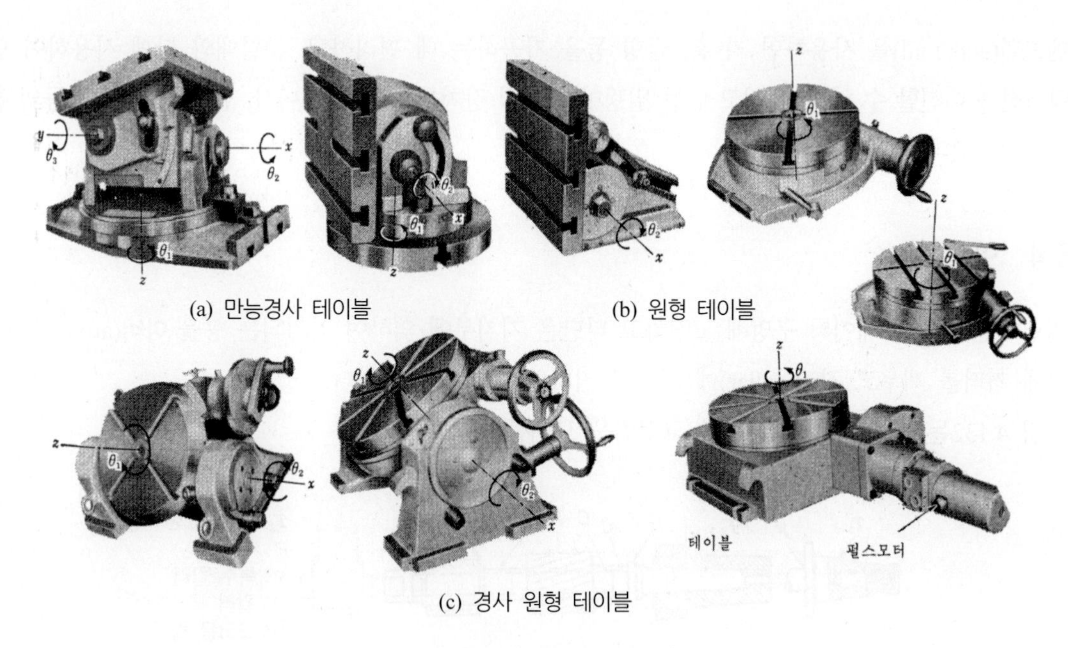

(a) 만능경사 테이블 (b) 원형 테이블

(c) 경사 원형 테이블

그림 4.129 각종 테이블

7.5.2 직립 밀링 장치

직립 밀링 장치(vertical milling attachment)는 수직식 밀링머신을 수평식 밀링머신으로 변환시키는데 이용되며, 필요한 각도만큼 회전시킬 수 있는 것도 있다. 그림 4.130은 이 장치의 예이다.

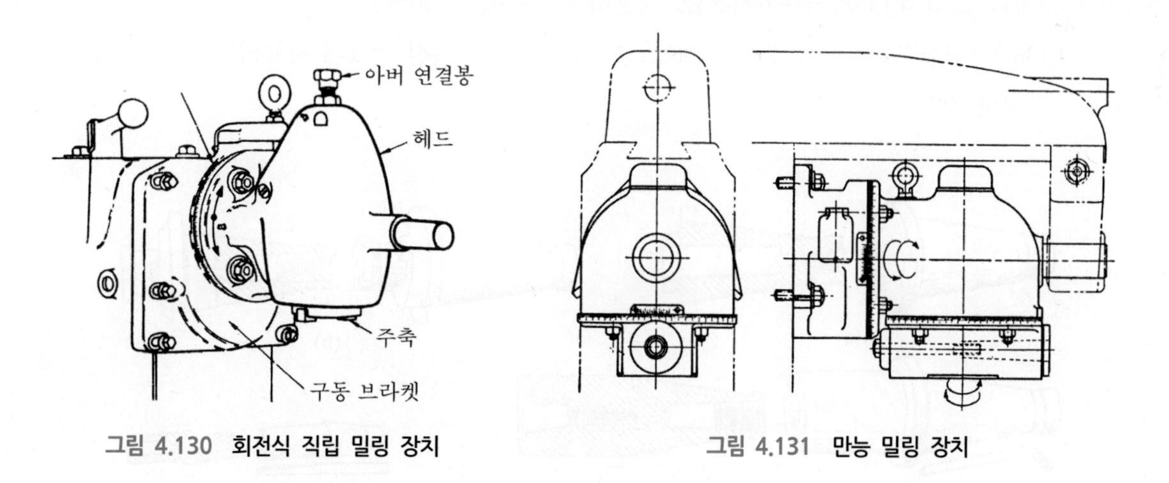

그림 4.130 회전식 직립 밀링 장치

그림 4.131 만능 밀링 장치

7.5.3 만능 밀링 장치

만능 밀링 장치(universal milling attachment)는 그림 4.131과 같이 수평식 밀링머신의 컬럼에 장착하여 수평 및 수직면에서 임의의 각도로 자유로이 회전시킬 수 있다.

엔드밀(end mill)을 사용하면 키 홈, 금형 등을 가공하는 데 편리하고, 분할대와 함께 사용하여 만능 밀링머신을 대신할 수 있다. 그리고 만능 밀링머신에 이 장치를 사용하면 나사, 밀링커터, 드릴 등의 홈을 가공할 수 있다.

7.5.4 아버

밀링머신 주축의 테이퍼 구멍에 고정하고 타단은 지지부에 의하여 지지되는 봉을 **아버**(arbor)라 하며, 이것에 커터를 끼우고 칼러(collar)에 의하여 커터의 위치를 조정한다.

그림 4.132는 아버의 각부 명칭과 고정법을 보여준다.

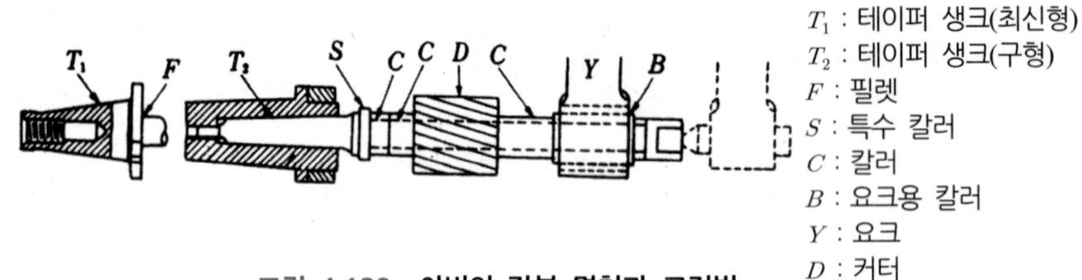

그림 4.132 아버의 각부 명칭과 고정법

7.5.5 어댑터 및 콜릿

엔드밀과 같이 자루(shank)의 크기나 테이퍼가 주축의 것과 다를 때에는 그림 4.133과 그림 4.134의 어댑터(adapter), 그림 4.135의 콜릿(collet)을 사용하여 공구를 고정한다.

그림 4.136은 어댑터와 콜릿을 조합한 예이고, 그림 4.137은 직선 생크에 사용되는 스프링 척(spring chuck)을 도시한 것이다.

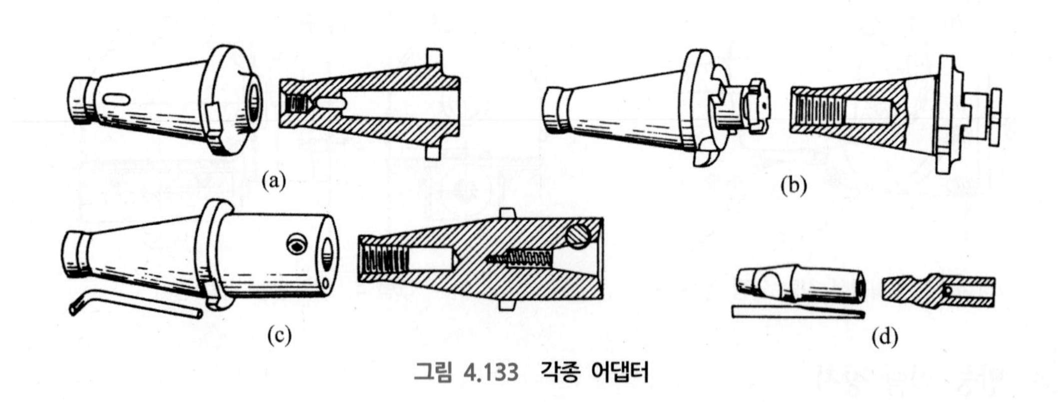

그림 4.133 각종 어댑터

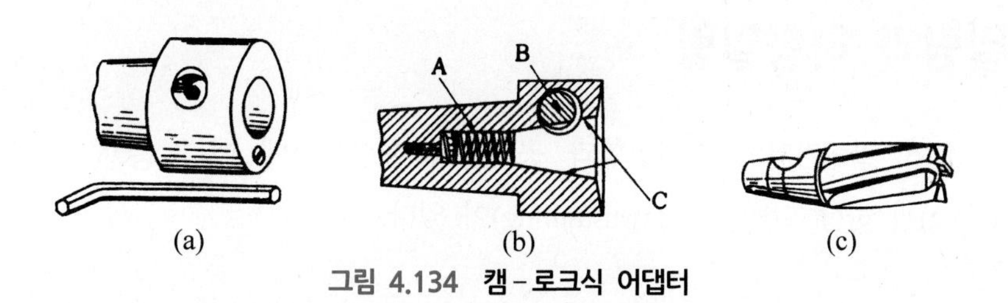

그림 4.134 캠-로크식 어댑터

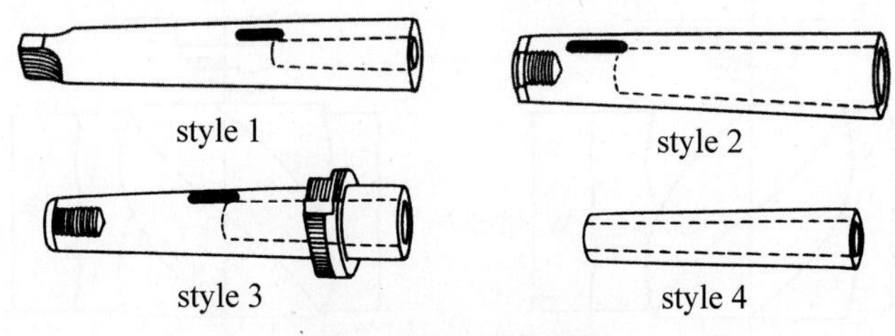

그림 4.135 각종 콜릿

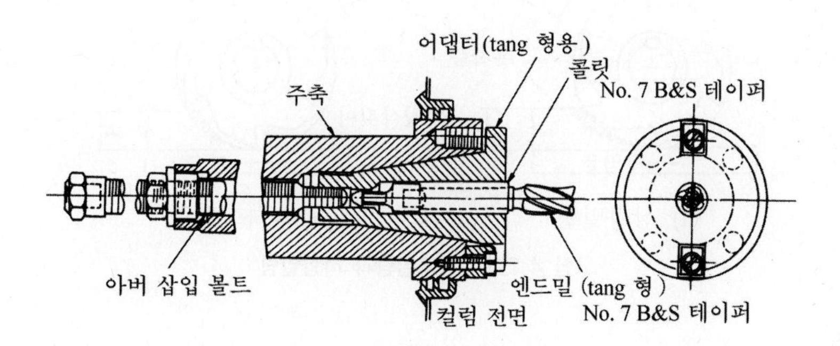

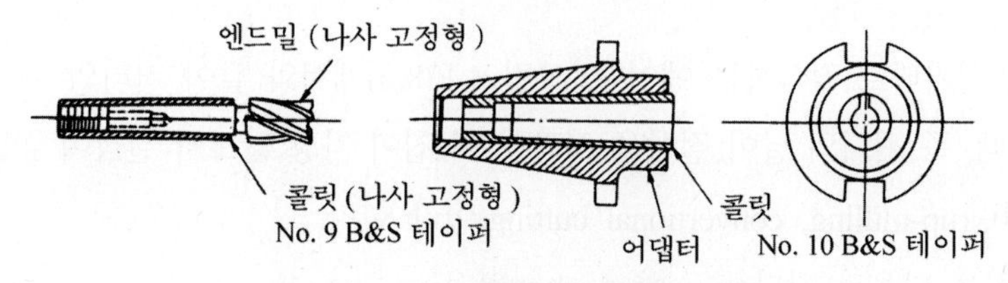

그림 4.136 어댑터와 콜릿의 조합

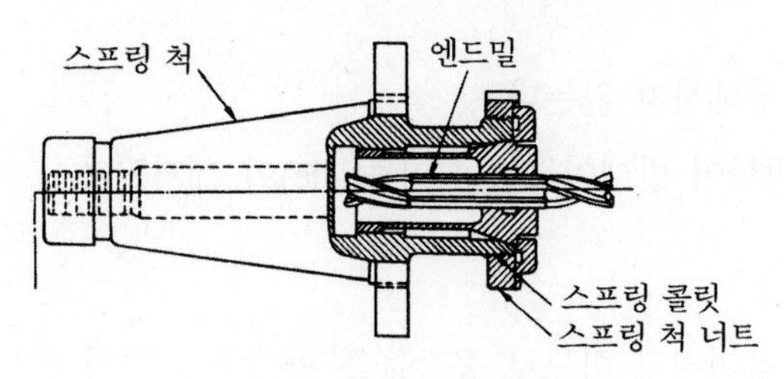

그림 4.137 스프링 척

7.6 상향밀링과 하향밀링

그림 4.138과 같이 밀링커터의 회전방향과 공작물의 이송방향에 따라 상향(上向)밀링(up-milling, conventional milling)과 하향(下向)밀링(down-milling)이 있다.

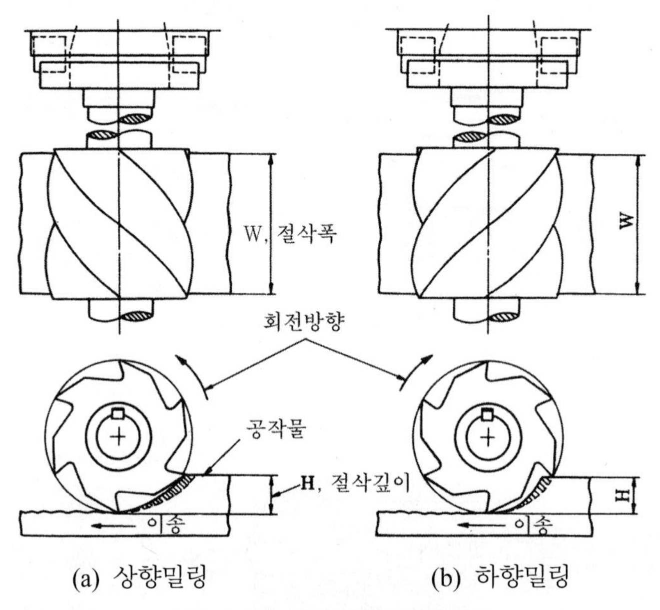

(a) 상향밀링 (b) 하향밀링

그림 4.138 상향밀링과 하향밀링

7.6.1 상향밀링

그림 4.138은 평밀링커터로 절삭하는 예이다. 그림 4.138(a)에서와 같이 커터의 회전방향과 공작물의 이송방향이 반대일 때, 즉 커터의 날이 절삭을 시작할 때 칩이 가장 얇으며 절삭이 끝날 때 가장 두껍게 되는 절삭을 상향밀링(up-milling, convertional cutting)이라 한다.

상향밀링의 장단점은 다음과 같다.

[장점]

① 칩이 절삭날의 진행을 방해하지 않는다.

② 커터와 테이블의 진행방향이 반대이므로 아이들(idle)이 제거된다.

[단점]

① 커터가 공작물을 들어 올리려고 하므로 공작물을 확실하게 고정해야 한다.

② 절삭 초기에 이송이 적으면 인선이 미끄러져서 마모가 쉽게 되고 아버의 스프링 작용으로 떨림(chattering)이 발생하는 경우가 많다.

7.6.2 하향밀링

그림 4.138(b)에서와 같이 커터의 회전방향과 공작물의 이송방향이 같은 때, 즉 절삭 초기에 칩의 두께가 가장 두껍고 절삭이 끝날 때 가장 얇게 되는 절삭을 하향밀링(down-milling, climb-cutting)이라 하며, 이것의 특징은 다음과 같다.

[장점]

① 공작물을 누르면서 절삭하므로 공작물의 고정방법이 간단하다.
② 상향밀링에서와 같은 미끄러짐이 없어 인선의 마모가 적다.

[단점]

① 테이블의 이송기구의 백래시(backlash)에 의하여 적은 아이들(idle)이라도 있으면 공작물이 커터에 끌려 들어가 떨림 또는 공작물과 커터에 손상을 가져올 수 있다.

최근의 밀링머신에서는 백래시 제거 장치가 있으며, 이것은 나사와 너트 간의 밀착에 의하여 이루어진다. 여러 종류의 백래시 제거 장치가 있으나 여기서는 유압에 의한 그림 4.139와 같은 구조를 소개한다.

나사와 너트의 마모를 줄이기 위해서는 절삭 중에만 백래시 제거장치가 작동되도록 하는 것이 좋다. 너트 A의 일단에 압력을 가하여 너트 C와 나사 B를 밀착시켜 백래시를 제거하며 너트 A는 회전하지 못하도록 실린더 헤드 D와의 사이에 키가 끼워져 있다.

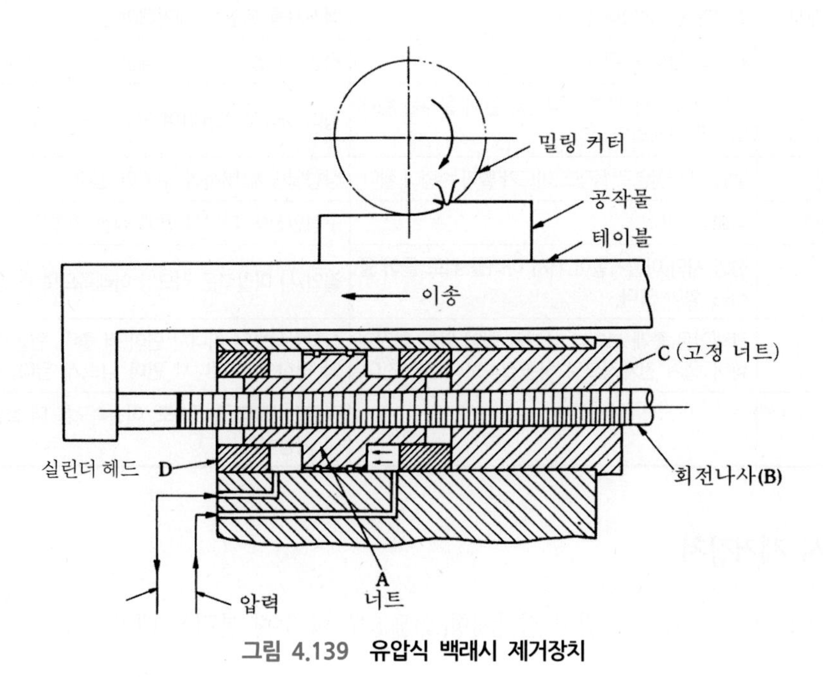

그림 4.139 유압식 백래시 제거장치

그림 4.140은 정면밀링(face milling)을 보여 주며, 이것은 상향밀링과 하향밀링이 조합된 것으로 볼 수 있다.

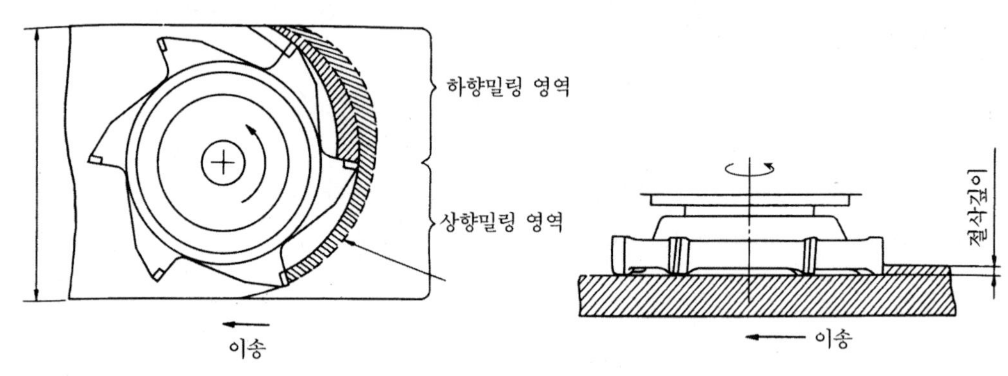

그림 4.140 정면밀링

7.6.3 상향밀링과 하향밀링의 비교

상향밀링과 하향밀링을 비교하면 표 4.13과 같다.

표 4.13 상향밀링과 하향밀링의 비교

밀링방법 / 내용	상향밀링	하향밀링
이송나사의 백래시	절삭에 큰 영향이 없다.	백래시를 완전히 제거해야 한다.
기계부착의 강성	강성이 낮아도 무방하다.	작업 시 충격이 크기 때문에 높은 강성이 필요하다.
공작물의 부착	힘이 위로 작용하여 공작물을 들어 올리는 형태이므로 불리하다.	힘이 아래로 작용하여 공작물을 누르는 형태여서 유리하다.
인선의 수명	절입 시 마찰열로 플랭크 마모가 빨라 수명이 짧다.	상향밀링에 비하여 수명이 길다.
구성인선의 영향	비교적 적다.	구성인선이 피니시 면에 직접 영향을 미치는 경우가 있다.
마찰저항	절입 시의 마찰저항이 커서 아버를 위로 들어 올리는 힘이 크다.	절입 시 마찰력은 적으나 아래쪽으로 큰 충격력이 작용한다.
다듬질면	광택면은 좋게 보이나 상향의 힘에 의한 회전저항이 생겨 전체적으로 하향절삭보다 떨어진다.	상향절삭보다 피니시 면이 더 좋다. 연질재의 경우 구성인선의 영향으로 피니시 면이 나쁘게 된다.
절삭조건	—	상향절삭보다 절삭속도, 이송속도를 더 올릴 수 있다. 중절삭이 가능하다.

7.6.4 백래시 제거장치

상향밀링에서는 그림 4.141(a)와 같이 절삭저항(切削抵抗)의 수평 분력은 테이블의 이송나사에 의한 수평 이송력과 반대방향이 되어 테이블 너트와 이송나사의 플랭크(flank)는 서로 밀어붙이는 상태가 되어 이송나사의 백래시(back lash)가 절삭력을 받아도 절삭에 영향을 미치지 않도록 되어 있다.

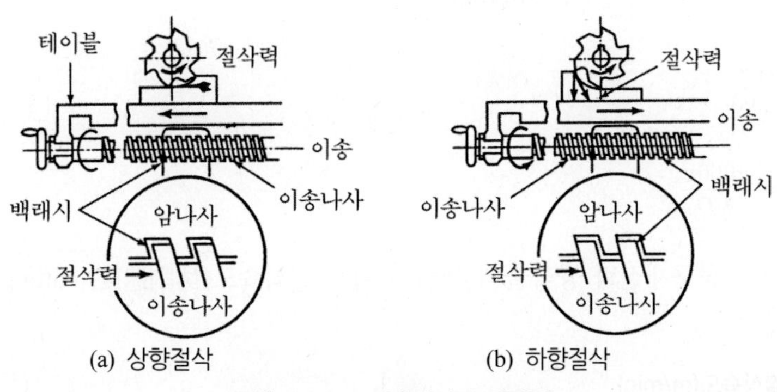

그림 4.141 이송나사의 백래시

그러나 하향밀링에서는 그림 4.141(b)와 같이 양 힘의 방향이 같으므로 절삭력의 영향을 받게 되어 공작물에 절삭력을 가하면 백래시 양만큼 이동하여 떨림(chattering)이 일어나 공작물과 커터에 손상을 입히고 절삭상태가 불안정하게 되어 백래시를 제거해야 한다.

그림 4.142는 백래시 제거장치를 나타낸 것으로 고정 암나사 이외에 다른 또 하나의 백래시 제거용 암나사가 핸들을 회전시키면 나사 기어에 의하여 이 암나사가 회전하여 백래시를 제거한다.

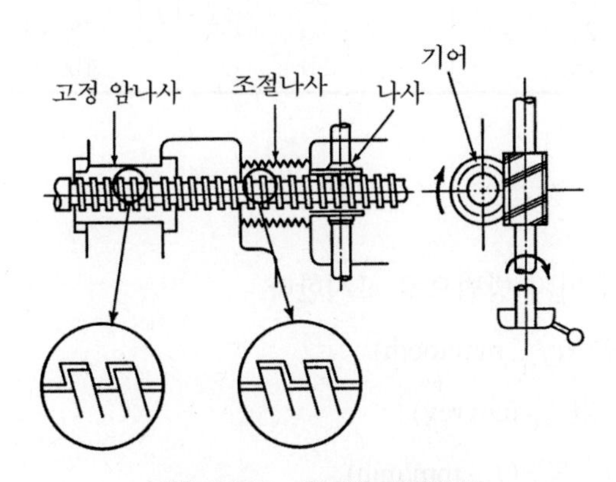

그림 4.142 백래시 제거장치

7.7 밀링가공 조건

절삭속도, 이송 및 절삭깊이는 공작기계의 생산능률에 큰 요소가 되며, 그 크기는 공작기계의 성능, 공작물의 재질 및 가공 정밀도 등 여러 가지 조건에 의하여 정해진다.

7.7.1 절삭속도

원주 밀링(peripheral milling, slab milling)에서 D : 밀링커터의 지름(mm), n : 밀링커터의 매 분당 회전수(rpm), v : 밀링커터의 절삭(원주)속도(m/min)라 하면

$$v = \frac{\pi D n}{1000} \tag{4.27}$$

$$\therefore n = \frac{1000v}{\pi D} \tag{4.28}$$

로 표시된다. 표 4.14는 공구재질과 공작물의 재질에 따른 절삭속도(切削速度, cutting speed)를 예시한다.

표 4.14 밀링커터의 절삭속도(m/min)

공작물 재질	공구재료			
	탄소강	고속도강	경질합금(황삭)	경질합금(사상)
주철(연)	18	32	50 ~ 60	120 ~ 150
〃 (경)	12	24	30 ~ 60	75 ~ 100
가단주철	9 ~ 15	24	30 ~ 75	50 ~ 100
강 (연)	14	27	20 ~ 75	150
〃 (경)	8	15	25	30
알루미늄	77	150	95 ~ 300	300 ~ 120
황동(연)	30	60	236	180
〃 (경)	25	50	150	300
청동	25	50	75 ~ 150	150 ~ 240
동	25	50	150 ~ 240	240 ~ 300

7.7.2 이송

이송(移送, feed)은 다음 세 가지 방법으로 표시한다.

① 커터의 날 1개당의 이송량(f_z, mm/tooth)

② 커터의 1회전당의 이송량(f_r, mm/rev)

③ 단위시간의 이송량 = 이송속도(f , mm/min)

$$f_z = \frac{f_r}{z} = \frac{f}{z \cdot n}$$

$$\therefore f = n \cdot f_r = n \cdot z \cdot f_z \tag{4.29}$$

단, z : 커터의 날수

표 4.15는 일본기계공업편람에서 추천하는 이송량(mm/tooth)이다.

표 4.15 이송(mm/tooth)

공작물		정면 커터		평 커터		홈 또는 측면 커터		엔드밀		총형 커터		톱날 커터	
		HS	C	HS	C	HS	C	HS	C	HS	C	HS	C
플라스틱		0.32	0.38	0.25	0.30	0.20	0.23	0.18	0.18	0.10	0.13	0.08	0.10
Al, Mg 합금		0.55	0.50	0.45	0.40	0.32	0.32	0.28	0.25	0.18	0.15	0.13	0.13
황동 청동	쾌삭	0.55	0.50	0.45	0.40	0.32	0.30	0.28	0.25	0.18	0.15	0.13	0.13
	보통	0.35	0.30	0.28	0.25	0.20	0.18	0.18	0.15	0.10	0.10	0.08	0.08
	경	0.23	0.23	0.18	0.20	0.15	0.15	0.13	0.13	0.08	0.08	0.05	0.08
동		0.30	0.30	0.25	0.23	0.18	0.18	0.15	0.15	0.10	0.10	0.08	0.08
주철	H_B 150 ~ 180	0.40	0.50	0.32	0.40	0.23	0.30	0.20	0.25	0.13	0.15	0.10	0.13
	H_B 180 ~ 220	0.32	0.40	0.25	0.32	0.18	0.25	0.18	0.20	0.10	0.13	0.08	0.10
	H_B 220 ~ 300	0.28	0.30	0.20	0.25	0.15	0.18	0.15	0.15	0.08	0.10	0.08	0.08
가단주철, 주강		0.30	0.35	0.25	0.28	0.18	0.20	0.15	0.18	0.10	0.13	0.08	0.10
탄소강	쾌삭강	0.30	0.40	0.25	0.32	0.18	0.23	0.15	0.20	0.10	0.13	0.08	0.10
	연강, 중강	0.25	0.35	0.20	0.28	0.15	0.20	0.13	0.18	0.08	0.10	0.08	0.10
합금강	H_B 180 ~ 220	0.20	0.35	0.18	0.28	0.13	0.20	0.10	0.18	0.08	0.10	0.05	0.10
	H_B 220 ~ 300	0.15	0.30	0.13	0.25	0.10	0.18	0.08	0.15	0.05	0.10	0.05	0.08
	H_B 300 ~ 400	0.10	0.25	0.08	0.20	0.08	0.15	0.05	0.13	0.05	0.08	0.03	0.08
	스테인리스강	0.15	0.25	0.13	0.20	0.10	0.15	0.08	0.13	0.05	0.08	0.05	0.08

*HS : 고속도강 커터, C : 초경 커터

절삭속도와 이송을 결정하는 데는 다음 사항을 고려해야 한다.

① 커터의 지름과 폭이 작은 경우에는 고속으로 절삭하고 거친 절삭에서는 이송을 크게 한다.

② 양호한 가공면을 얻기 위해서는 절삭속도를 크게 하고 이송을 작게 한다.

③ 커터의 수명을 크게 하기 위해서는 절삭속도를 작게 한다.

7.7.3 가공면의 표면조도

밀링커터에 의한 **표면조도**(表面粗度, surface roughness)는 날 하나하나의 자국으로 나타나겠으나 실제에 있어서는 커터의 진동, 밀링머신의 강성 등이 영향을 미친다.

그림 4.143과 같이 상향밀링에서 이송방향에 세운 수직선이 날끝과 평밀링커터의 중심을 지날 때의 점을 원점으로 하고, 이송과 반대방향으로 x축(커터가 구름운동하는 것으로 가정) 그리고 그와 수직방향으로 y축을 정한다.

t시간 후의 날끝의 좌표를 (x, y)로 하면

$$x = f \cdot t + R \cdot \sin\omega t$$
$$y = R(1-\cos\omega t) \tag{4.30}$$

날 1개의 이송을 f_z라 할 때 이론적인 표면조도의 최대높이 $R_{max} = y$이며, $x = \dfrac{f_z}{2}$가 된다.

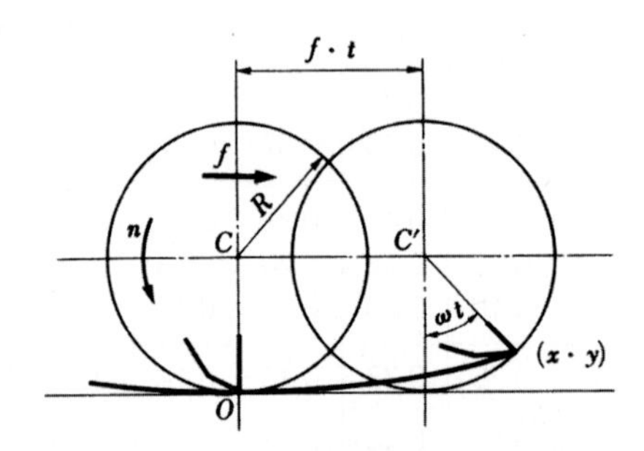

그림 4.143 **평밀링커터의 운동**

$$\therefore \frac{f_z}{2} = f \cdot t + R \cdot \sin\omega t \tag{4.31}$$

식 (4.30)에서

$$R_{max} = R(1-\cos\omega t) \tag{4.32}$$

그런데 $\sin\omega t \fallingdotseq \omega t$, $\cos\omega t \fallingdotseq 1-\dfrac{(\omega t)^2}{2}$.

식 (4.31), (4.32)에서

$$\frac{f_z}{2} = f \cdot t + R \cdot \omega t = (f + R \cdot \omega) \cdot t$$
$$R_{max} = \frac{R}{2}(\omega t)^2$$
$$\therefore t = \frac{f_z}{2(f + R \cdot \omega)} \tag{4.33}$$

$$\therefore R_{max} = \frac{{f_z}^2}{8R} \cdot \frac{1}{\left(1 + \dfrac{f}{2\pi nR}\right)^2} \tag{4.34}$$

$V = 2\pi nR$이며, 이것은 이송 f에 비하여 큰 값이므로 $\left(1 + \dfrac{f}{2\pi nR}\right)^2$을 전개하여 2항까지만 쓰면

$$R_{max} = \frac{{f_z}^2}{8R}\left(1 - \frac{f}{\pi nR}\right) \tag{4.35}$$

같은 방법으로 하향밀링에서는

$$R_{\max} = \frac{{f_z}^2}{8R}\left(1 + \frac{f}{\pi n R}\right) \tag{4.36}$$

식 (4.35), (4.36)에서 상향밀링면의 표면조도가 하향밀링면의 것보다 작다는 것을 알 수 있다.

7.8 밀링커터의 연삭

절삭을 능률적으로 하기 위해서는 커터의 인선이 예리해야 하며 이것이 마모되었을 때에는 적당한 시기에 **재연삭(再研削)**을 함으로써 커터의 수명을 연장하고 가공면을 매끈하게 할 수 있다. 마모가 심하면 마찰열에 의하여 마모가 가속화된다.

평밀링커터의 재연삭은 보통 랜드(land)만을 연삭하고 경사면은 연삭하지 않는 것이 좋다.

커터의 연삭에는 평형 또는 컵형 숫돌을 사용한다. 평형 숫돌을 사용할 경우에는 그림 4.144에서와 같이 실제의 여유각과 겉보기의 것에 차이가 있으며, 연삭면이 곡면으로 되지만 컵형 숫돌에서는 평면으로 되고 정확한 여유각이 얻어진다. 평형 숫돌을 사용할 때에는 숫돌의 지름이 200 mm 이상 되어야 평면에 가까운 연삭을 할 수 있다.

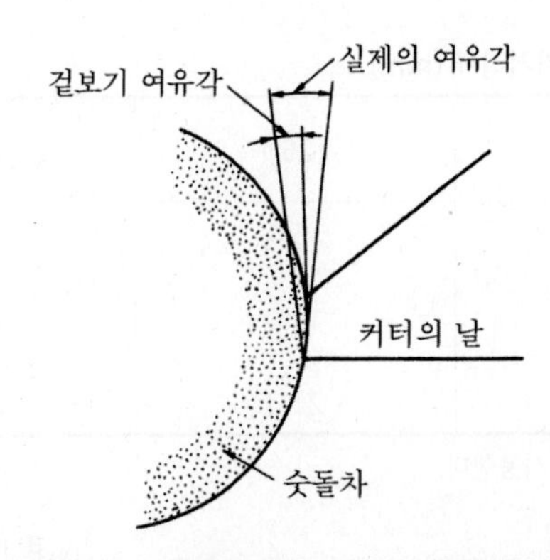

그림 4.144 평형숫돌로 연삭한 여유면의 형상

그림 4.145(a), (b)를 하향연삭, (c), (d)를 상향연삭이라 하며 그 특징은 다음과 같다. 하향연삭에서는 숫돌의 회전이 날끝으로 향하므로 버(burr)가 생겨 연삭 후 기름숫돌(oil stone)로 제거해야 한다. 상향연삭은 예리한 절삭날로 연삭하나 커터 지지대에서 커터가 떨어졌다 붙었다 하는 경우가 있어 불안정하다.

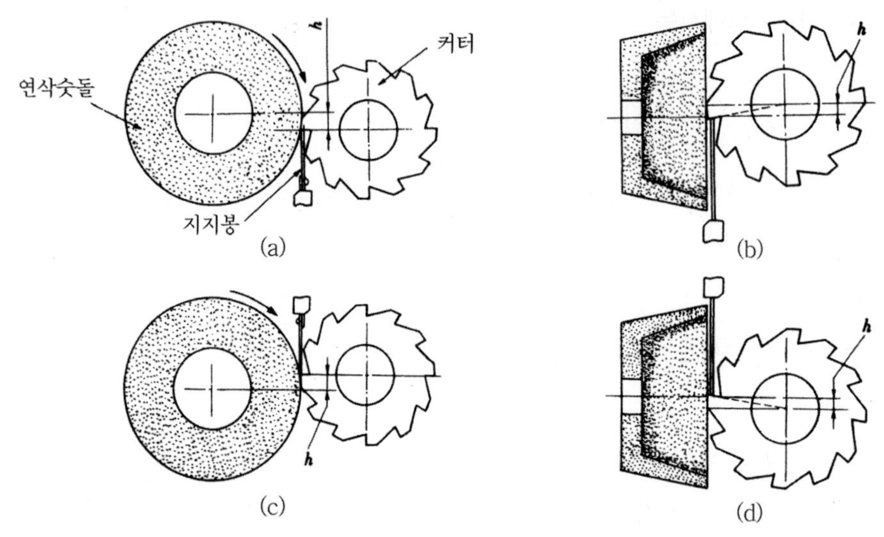

그림 4.145 밀링커터의 연삭방법

그림 4.146은 랜드의 연삭 시 숫돌과 커터의 중심을 편위시킨 것으로서 편위량은 다음과 같다.

β : 여유각(relief angle), D : 숫돌의 지름(평형 숫돌 사용 시), 커터의 지름(컵형 숫돌 사용 시), h : 편위거리라 하면

$$h = \frac{D}{2}\sin\beta \tag{4.37}$$

로 된다. 표 4.16은 여유각 β와 지름 D에 대한 편위거리 h의 값이다.

표 4.16 여유각 β와 지름 D에 대한 편위거리 h(mm)

여유각(β°) \ 지름(D mm)	100ϕ	125ϕ	150ϕ	175ϕ
5	4.3	5.4	6.5	7.5
9	7.8	9.7	11.7	13.6
12	10.3	13.0	15.6	18.0
15	12.9	16.1	19.4	22.6
20	17.1	21.3	25.6	30.0

* 작은 피치의 커터에는 지름이 작은 숫돌을 사용한다.

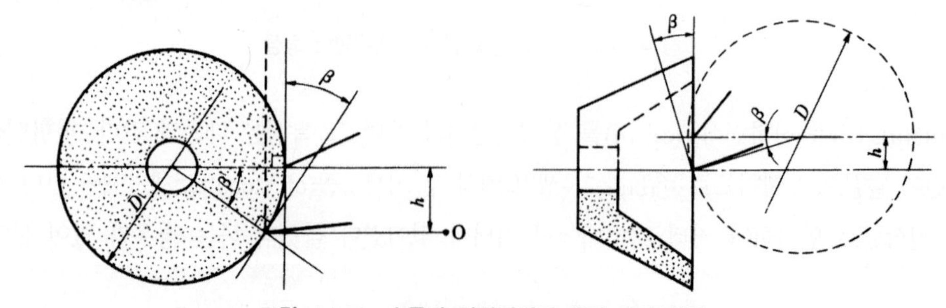

그림 4.146 숫돌과 밀링커터의 중심 관계 위치

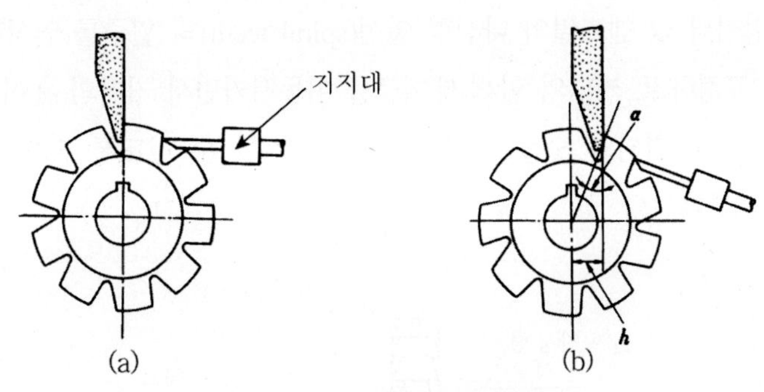

그림 4.147 **총형커터의 연삭**

총형커터(formed cutter)에서는 곡선으로 된 랜드의 연삭이 곤란하므로 날의 면을 연삭한다. 날의 면을 연삭할 때에는 그림 4.147과 같이 경사각이 0°일 때와 경사각이 0°가 아닐 경우에 따라 커터의 중심과 숫돌의 연삭면이 일치하거나 편위된다.

α : 경사각(rake angle), h : 편위거리, D : 커터의 지름이라 하면

$$h = \frac{D}{2}\sin\alpha \tag{4.38}$$

커터의 배면은 그림 4.147에서와 같이 지지대(rest)로 지지해야 하며 1회의 연삭량 0.05 ~ 0.07 mm가 적당하고 연삭 중에 횡방향의 이송을 시키면 안 된다.

그림 4.148, 그림 4.149는 측면밀링커터(side milling cutter)의 연삭법을, 그림 4.150은 엔드밀의 연삭법, 그림 4.151은 헬리컬(helical) 밀링커터의 연삭법을 보여준다.

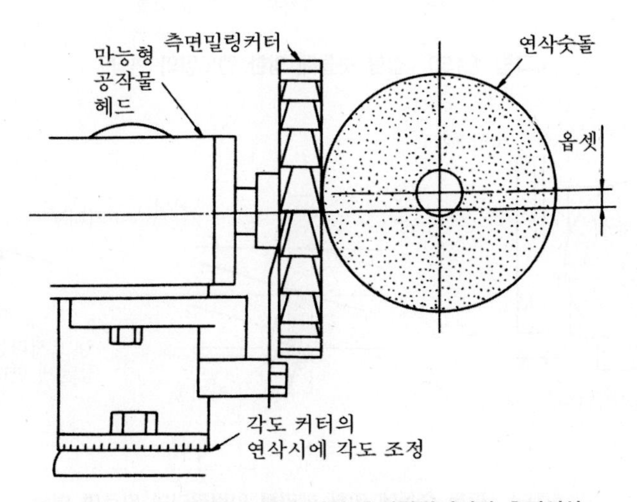

그림 4.148 **평형 숫돌에 의한 측면밀링커터의 측면연삭**

평밀링커터, 측면밀링커터 및 엔드밀의 나선형 인선(spiral teeth)의 원주를 연삭할 때에는 지지봉을 숫돌 헤드(wheel head)에 고정하고, 커터와 함께 테이블을 이동시키면서 커터의 홈이 지지봉에 따라 회전할 수 있도록 손으로 돌려주며, 커터와 숫돌이 계속적으로 접촉할 수 있도록 손으로 붙잡아 주어야 한다. 숫돌의 축은 좁은 것이 좋다.

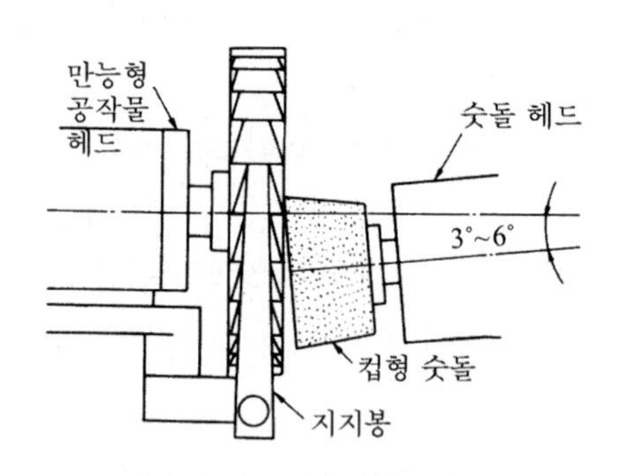

그림 4.149 컵형 숫돌에 의한 측면밀링커터의 측면연삭

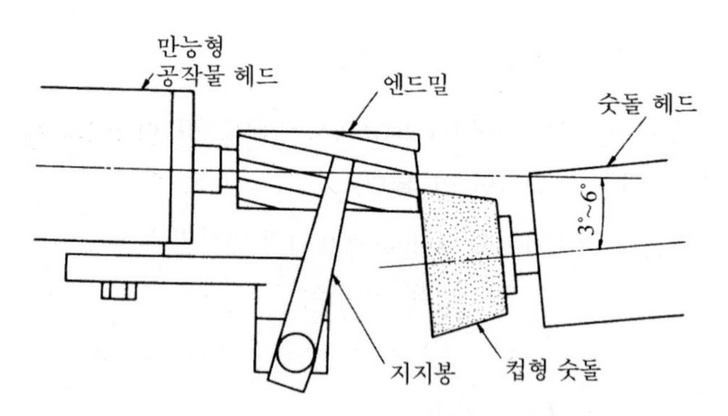

그림 4.150 컵형 숫돌에 의한 엔드밀의 연삭

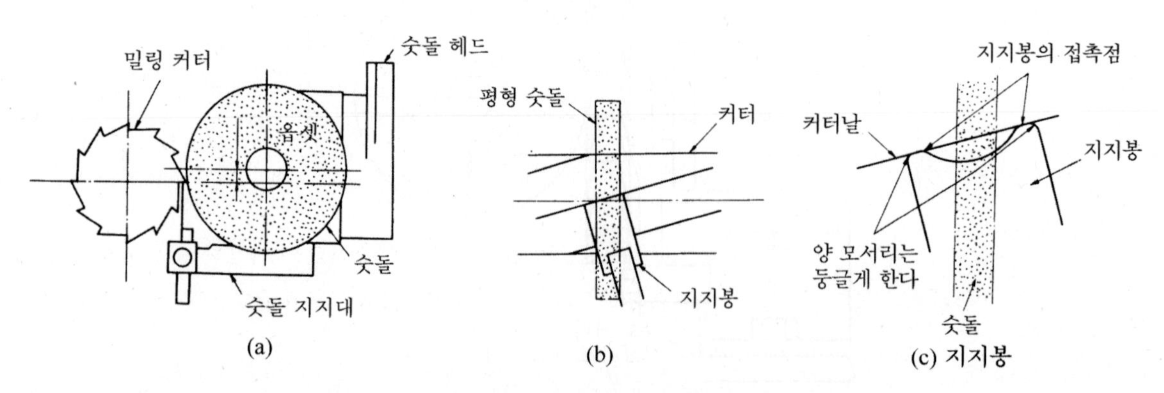

그림 4.151 평형 숫돌에 의한 헬리컬 밀링커터의 원주면 연삭

08장 브로치가공

8.1 브로치가공의 개요

브로치가공(broaching)은 브로치(broach)라고 하는 그림 4.152와 같은 다수의 날을 가진 공구를 가공할 구멍에 관통시켜서 브로치의 외형대로 구멍을 가공하는 것이다. 브로치가공은 한 번의 가공으로 복잡한 형상의 구멍을 정도(精度) 높게 가공할 수 있으므로 대량생산의 경우에 많이 사용된다. 브로치는 축부(shank), 도입부(front pilot), 절삭부(cutting teeth) 및 평행부(finishing teeth)로 구성되어 있다.

브로치 작업으로 가공할 수 있는 구멍의 예를 그림 4.153에 표시하였다.

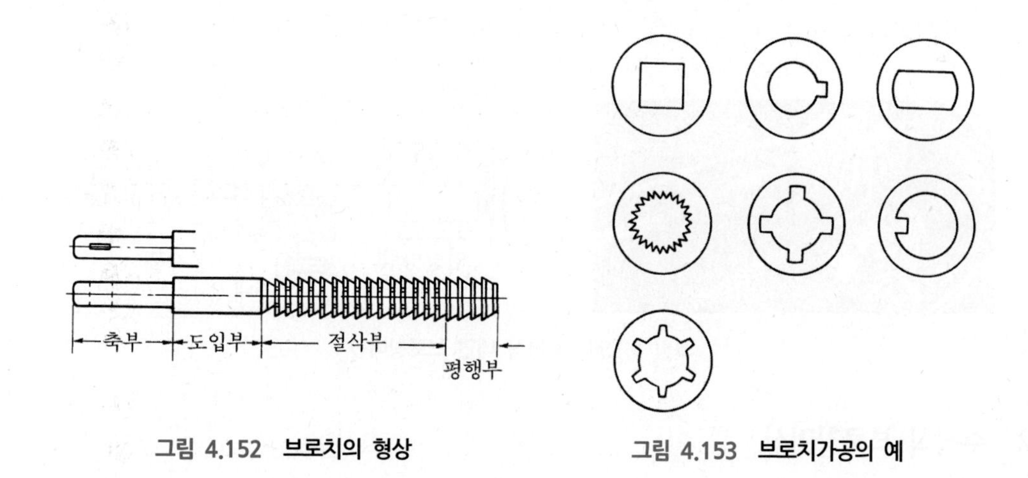

그림 4.152 브로치의 형상

그림 4.153 브로치가공의 예

브로치가공은 다른 가공에 비하여 다음과 같은 장점을 가지고 있다.

① 브로치의 이동방향에 대하여 형상과 크기가 일정하다면 어떠한 복잡한 단면도 가공할 수 있다.

② 브로치의 1회 운동으로 가공이 완성되므로 가공시간이 짧다.

③ 다듬질면이 균일하고 정밀도가 높다.

④ 스파이럴(spiral)형의 구멍가공은 다른 공작기계로서는 매우 어려우나 브로칭머신에서는 쉽게 가공할 수 있다.

8.2 브로칭머신

브로치가공을 하는 기계를 브로칭머신(broaching machine)이라 하며, 내면 브로칭머신(internal broaching machine)과 표면 브로칭머신(surface broaching mcahine)이 있고, 또 브로치의 절삭방향이 수평인가 수직인가에 따라 수평식(horizontal type)과 수직식(vertical type)으로 나뉘어진다.

8.2.1 수평식 브로칭머신

수평식 브로칭머신은 가장 일찍부터 발달한 것으로, 내면 브로치용의 것이라도 간단한 장치로 표면용으로 사용할 수가 있다. 또 설치면적은 넓어지나, 행정길이에 제한을 받지 않으며, 조작점검이 용이하며 현재도 많이 사용된다. 그림 4.154에 수평식 브로칭머신을 나타내었다. 브로치의 도입부를 공작물에 손으로 집어넣고, 브로치홀더에 브로치를 접속시키는 것이 보통이나, 이 조작을 자동 또는 반자동으로 하는 것도 많다. 램의 왕복운동은 나사와 너트에 의한 기계식 구조가 많으나 근래에는 유압식의 채용이 많아지고 있다.

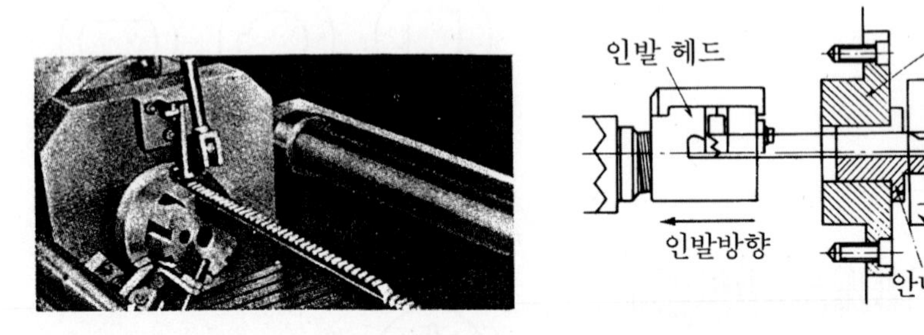

그림 4.154 수평식 내면 브로칭머신

8.2.2 수직식 브로칭머신

수직식은 수평식 브로칭 머신에 비하여 설치면적이 작아도 되고, 많은 경우 조작이 자동화되어 생산용 기계로서의 장점을 가진다. 이는 구동 방식에 따라 인상식, 인하식 및 만능식 등이 있다.

그림 4.155에 수직식 브로칭머신의 외관을 표시한다.

브로칭머신의 용량은 최대인장력 및 브로치를 붙이는 슬라이드의 행정의 길이로 표시한다.

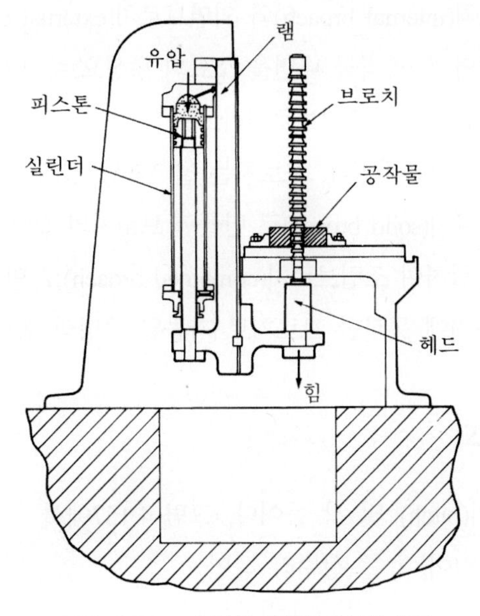

그림 4.155 수직식 브로칭머신의 구조

8.3 브로치

8.3.1 브로치의 종류

브로치는 공작물에 마련된 기초구멍을 관통시키는 것이며 조작방법에 따라 푸시브로치(push broach)와 풀브로치(pull broach)가 있다. 전자는 브로치를 구멍에 대고 눌러서 작업하는 것이며, 좌굴현상(座屈現象, buckling) 때문에 짧은 브로치에 한정되며 차츰 사용되지 않고 있다.

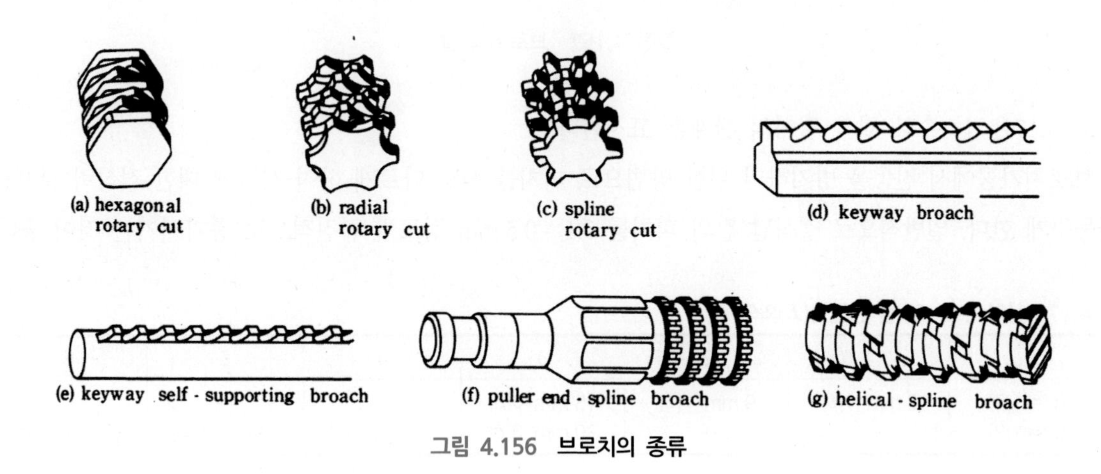

그림 4.156 브로치의 종류

또 가공부위에 따라 내면브로치(internal broach)와 외면브로치(external or surface broach)가 있다. 전자는 구멍의 키홈, 각종 형상의 구멍 등 공작물 내면을 소요의 형상으로 가공하는 것이며, 후자는 공작물의 외표면에 형상을 주기 위한 브로치이고 표면브로치라고도 한다.

그림 4.156에 브로치의 종류를 나타내었다. 브로치는 날 1개당 칩의 두께는 한도가 있으므로, 복잡한 구멍에 대하여는 보통 일체형 브로치(soild broach)로 만들면 브로치의 길이가 길어지고, 이는 제작 및 취급상 불편하므로 적당한 길이로 분할하여 조립브로치(combined broach)로 만들어 사용할 때가 많으나, 이때는 각 브로치의 도입부는 그 직전에 통과한 브로치로 가공된 구멍의 형상에 맞추어 만들 필요가 있다.

8.3.2 브로치의 피치와 각도

절삭부에서 중요한 것은 피치(pitch) 및 각 등이다. 그림 4.157에서

p : 피치, L : 절삭할 부분의 길이, C를 상수라 하면

$$p = C\sqrt{L} \tag{4.39}$$

$C = 1.5 \sim 2$(연질재에는 작은 값, 경질재에는 큰 값을 취한다)

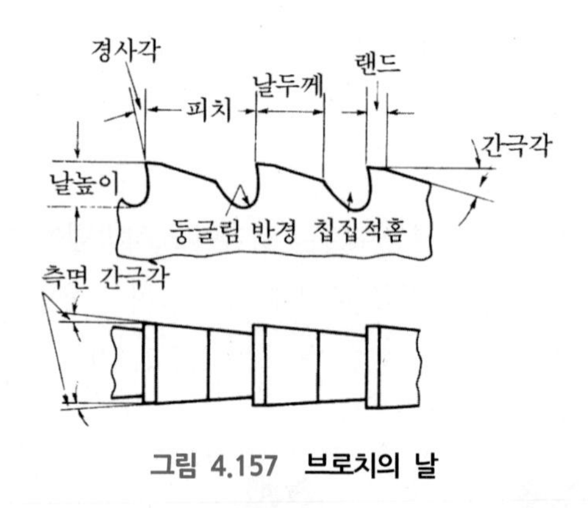

그림 4.157 브로치의 날

표 4.17은 산 수와 절삭 길이의 관계를 표시한다.

브로치가공에서 진동을 방지하기 위한 방법으로 피치를 서로 다르게 하여 시간에 대한 절삭력 분포를 균등하게 한다. 일반적으로 절삭날 간의 피치를 0.1 ~ 0.5 mm 정도씩 점진적으로 증가시키는 것이 좋다.

표 4.17 산의 수(n)와 절삭 길이(L)와의 관계

n	1	2	3	4	5	6
$L(C=1.5)$	2 mm 이하	9 mm 이하	15 mm 이하	—	—	—
$L(C=1.8)$	—	—	30 mm 이하	52 mm 이하	72 mm 이하	80 mm 이하

절삭날의 높이(gullet depth) h와 피치 p 사이에는 다음 관계를 이용하고 있다.

$$h = (0.35 \sim 0.5)p \tag{4.40}$$

절삭저항에 제한이 있으므로 동시에 절삭작용을 하는 날의 수는 6 ~ 8개 정도가 좋다. 루트반경(root radius) r과 피치의 관계는

$$r = (0.1 \sim 0.2)p \tag{4.41}$$

로 한다.

브로치의 경사각(rake angle) α와 여유각(clearnace angle) γ는 표 4.18의 값을, 피치와 랜드의 관계는 표 4.19의 값을 취한다.

표 4.18 브로치의 각(도)

공작물	경사각(α)	여유각(γ)
탄소강	15 ~ 17	4 ~ 7
경강, Ni 강, 공구강	13 ~ 15	4 ~ 7
주철, 주강	4 ~ 10	3 ~ 4
청동, 황동	2 ~ 4	3 ~ 4

표 4.19 피치와 랜드

피치(p mm)	6	6 ~ 10	10 ~ 18	18 ~ 30	30 ~ 50
랜드(f mm)	0.2	0.3	0.5	0.8	1.0

8.4 가공조건

브로치는 공구강 또는 고속도강으로 일체로 만드는 것이 보통이나, 최근에는 초경합금의 팁을 납접한 것도 있다.

브로치의 절삭속도는 공구의 재질과 형상, 공작물의 재질과 크기 등에 따라서 다른데 대체적으로 표 4.20 정도이며, 구멍 형상이 복잡할 경우는 낮게 한다.

그리고 절삭깊이는 공작물의 재질에 따라 다르며 정면브로치와 측면브로치에 따라 다르다.

표 4.21은 절삭깊이를 나타낸 것이다.

표 4.20 고속도강 브로치의 절삭속도

공작물	절삭속도(m/min)	공작물	절삭속도(m/min)
알루미늄	110	열처리합금	7
황동	34	동합금 또는 탄소강	14
강	22	연강	18
주철	16		
가단주철	18		

표 4.21 브로치의 외면절삭깊이

공작물	절삭날 1개당 절삭깊이(mm)		
	정면 브로치		측면 브로치
	거친 가공	다듬질 가공	거친 가공
강(고항장력)	0.03 ~ 0.05	0.01	0.01
강(중항장력)	0.06 ~ 0.10	0.01	0.15
주강	0.06 ~ 0.10	0.01	0.15
가단주철	0.06 ~ 0.10	0.01	0.20
주철	0.10 ~ 0.25	0.01	0.30 ~ 0.50
황동	0.10 ~ 0.30	0.01	—
청동주물	0.30 ~ 0.60	0.01	—

09장 기계톱가공

9.1 기계톱가공의 개요

금속을 절단하는 것을 기계톱(saw)이라 하며 이를 이용하여 금속을 자르는 방법은 3가지가 있다. 즉, 톱날이 왕복운동하는 활톱 기계(hack sawing machine), 톱날이 회전운동을 하며 원주에 있는 날로 절단하는 원주톱 기계(circular sawing machine) 및 톱날인 띠(band)가 절삭회전운동을 하는 띠톱 기계(band sawing machine) 등이 있다.

9.2 활톱 기계

9.2.1 활톱 기계의 구조

활톱 기계는 그림 4.158과 같이 활톱(hack saw)의 왕복운동과 이송운동으로 가공물을 절단하는데 왕복운동에는 일반적으로 크랭크기구가 많이 사용된다.

그림 4.158에서 활톱 1은 크랭크의 회전에 의하여 암(arm) 2를 따라 왕복운동을 한다. 귀환행정에서 활톱의 공작물에 대한 접촉을 가볍게 하도록 유압장치가 있다. 피스톤 3에 있는 구멍 4를 통하여 피스톤이 상승할 때에는 기름이 밑으로 쉽게 유출할 수 있으나 하강할 때에는 밸브 5에 의하여 방해를 받아 서서히 이송하게 된다.

활톱 기계의 규격은 활톱의 행정 및 절삭을 할 수 있는 최대 치수로 표시한다.

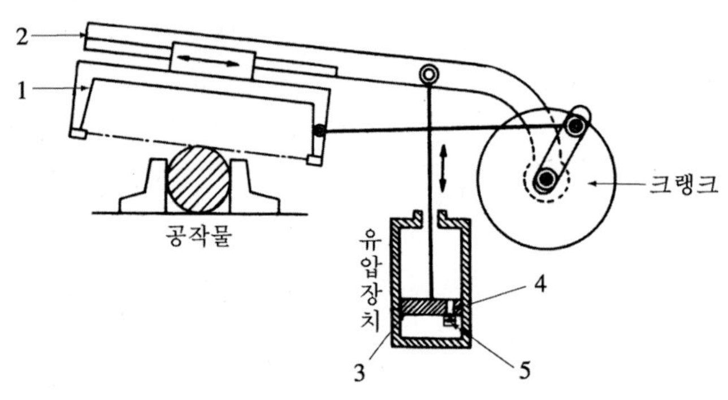

그림 4.158 활톱 기계의 구조

9.2.2 활톱

고속도강 활톱은 길이가 300 ~ 900 mm, 두께가 1.3 ~ 3.1 mm 정도이다. 그리고 피치는 1.8 ~ 10 mm이다. 톱날의 형상은 그림 4.159와 같으며, 그중에서 경사각이 0°인 직선 날(straight tooth)이 가장 널리 사용된다.

언더컷 날(undercut tooth)은 보다 큰 날에 사용되고 주철, 강과 같은 재료를 절단할 경우에는 거친 날(skip tooth)을 선택하여 절삭 능률을 크게 하는 것이 좋다.

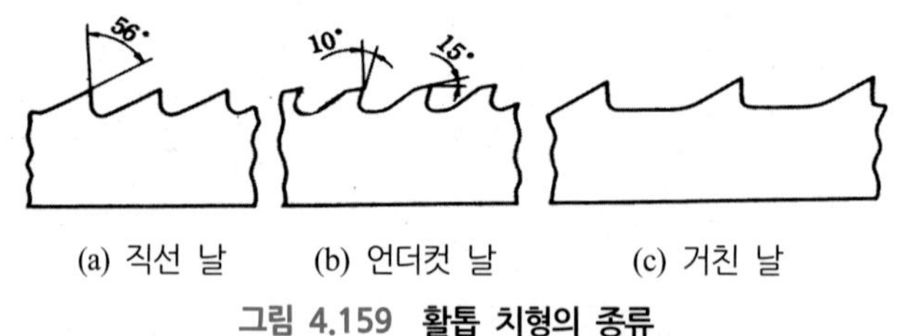

(a) 직선 날　(b) 언더컷 날　(c) 거친 날

그림 4.159 활톱 치형의 종류

그림 4.160은 활톱날의 배열을 표시한 것인데 straight set은 활톱날을 좌우로 번갈아 기울인 것이고, raker set은 날을 좌우, 중립, 좌, 우, 중립의 순으로 배열하고, wave set은 아주 작은 피치의 톱에 이용되며, 날의 group이 교대하여 좌우로 기울어져 있다.

활톱은 탄소 C = 1 ~ 1.1%인 탄소강, C = 1.1 ~ 1.2%이고, W = 2 ~ 2.5%인 합금공구강, 18.4.1(W. Cr. V의 함유량, %)의 고속도강 등의 재료로 제작된다.

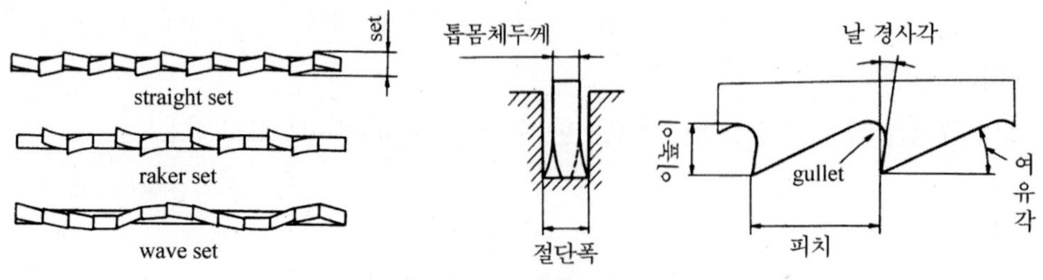

그림 4.160 활톱날의 배열

9.2.3 절삭속도

활톱의 절삭속도는 공구의 종류, 공작물의 종류, 절삭유제 등에 따라 다르나, 일반적으로 표 4.22의 범위를 택한다.

표 4.22 기계활톱의 톱날과 절삭속도

피삭재	날의 수/in	속도(m/min)	절삭유제
알루미늄	4 ~ 6	50	광물성유
화이트 메탈	4 ~ 6	45	경유
황동	4 ~ 6	45	유화유
주철	6 ~ 10	25 ~ 35	건유
드릴 봉	6 ~ 10	30 ~ 40	함황광유
니켈 합금	4 ~ 6	25 ~ 40	함황광유 또는 유화유
레일	6 ~ 10	20 ~ 40	함황광유 또는 유화유
탄소공구강	4 ~ 6	30 ~ 40	함황광유 또는 유화유
고속도강	4 ~ 6	30 ~ 35	함황광유 또는 유화유
구조용강	6	35 ~ 45	유화유

9.3 원주톱 기계

원주톱 기계(circular sawing machine)는 원판의 외주에 날을 가진 둥근톱으로 절삭하는 것이며, 밀링절삭과 같은 작용이다. 기계활톱에 비하여 능률이 높다. 그림 4.161에 원주톱 기계의 한 예를 도시한다. 그리고 절삭속도는 표 4.23의 값이 사용되고 있다.

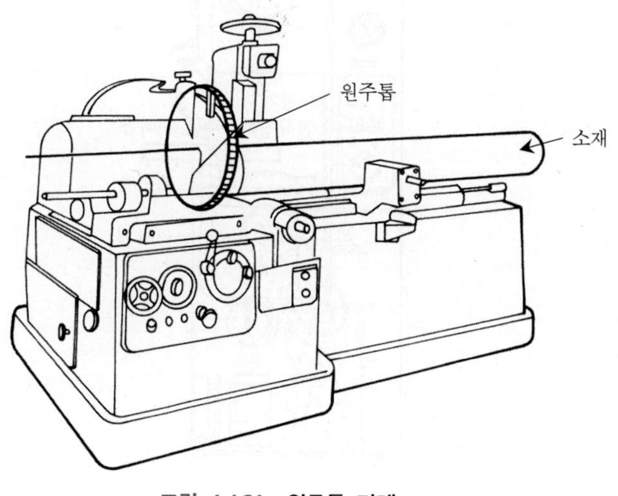

그림 4.161 원주톱 기계

표 4.23 원형단면재에 대한 절삭속도

환봉직경[mm]		0 ~ 150	175 ~ 375
공작물 재질별 절삭속도 (m/min)	보통강 Ni-Cr 강 주철 황동 청동 경합금	25 10 15 ~ 20 100 ~ 180 80 ~ 120 100 ~ 1,300	20 ~ 25 7 ~ 10 10 ~ 15 — — —

9.4 띠톱 기계

풀리(pulley)의 회전운동에 의하여 띠톱이 절단작업을 하는 기계를 띠톱 기계(band sawing machine)라 한다.

9.4.1 띠톱 기계의 종류

띠톱의 절단운동 방향에 따라 수평식과 수직식이 있다. 수평식 띠톱기계는 절삭속도가 크고 scrap 손실이 적으며, 수직식은 절단작업과 윤곽작업을 할 수 있다. 윤곽작업은 공작물을 테이블 위에서 움직여 행한다. 그림 4.162는 수직식 띠톱 기계이다.

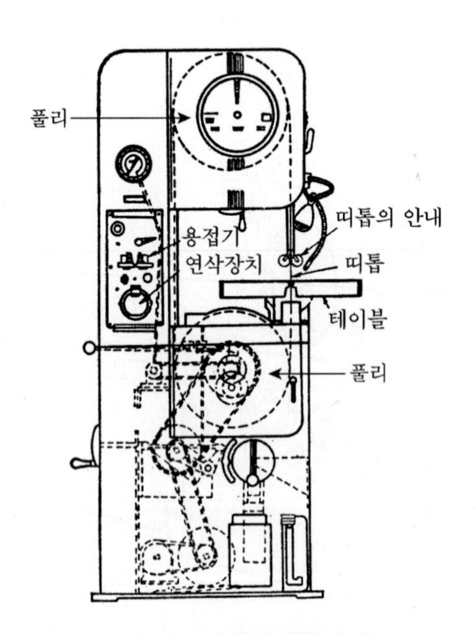

그림 4.162 수직식 띠톱 기계

9.4.2 띠톱

띠톱(band saw)에는 그림 4.163과 같이 정밀절단용, 마찰절단용, 고속절단용 및 연삭용 등 여러 가지 종류가 있고, 1 in당 2 ~ 32개의 톱니를 갖는다. 윤곽가공(contouring)에서는 절단곡선의 곡률반경(曲率半徑, curvature radius)에 따라 톱의 폭이 다르다.

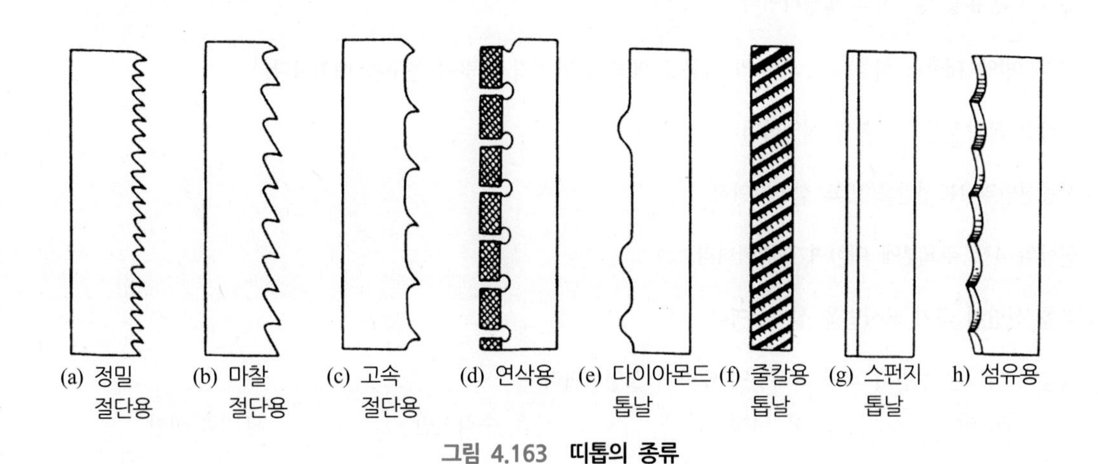

그림 4.163 띠톱의 종류

9.4.3 절삭속도

띠톱의 절삭속도는 띠톱 기계의 조건과 띠톱의 종류, 공작물의 종류에 따라 다르나 raker-set 톱니의 고속도강제의 톱으로 절단할 때 각종 재료에 대한 절삭 속도의 예를 톱날 수와 함께 표 4.24에 나타내었다.

표 4.24의 각 항의 작은 숫자는 판두께(가공재) 75 mm 정도의 비교적 두꺼운 것에, 큰 숫자는 판두께 1.5 mm와 같은 얇은 것에 대한 것이다.

특히 톱날로는 절삭이 곤란한 경한 재료의 절단에는 원판 또는 띠판을 고속으로 운동시켜 공작물에 누르고, 마찰로 인한 발열로 공작물의 접촉부를 산화, 비산시켜 공작물을 절단하는 마찰절단법이 사용되고 있다.

표 4.24 기계 띠톱의 톱날과 절삭속도

공작물 재료	톱날 수[개 / in]	절삭속도[m / min]
보통강	6 ~ 24	50 ~ 80
Ni - Cr 강	8 ~ 18	15 ~ 45
고속도강	8 ~ 24	15 ~ 45
구조용강	8 ~ 24	30 ~ 45
주철	6 ~ 18	25 ~ 65
주강	6 ~ 18	25 ~ 70

연습문제

제1장 선삭

1. 선반의 종류를 열거하고 설명하여라.

2. 터릿선반에 대하여 설명하고, 하나의 가공을 예로 들어 6각 터릿에 공구를 배치하라.

3. 유압식 모방절삭에 대하여 설명하여라.

4. 자동선반과 NC선반을 비교 설명하여라.

5. 선반의 4대 주요부에 대하여 설명하여라.

6. 보통 선반의 크기 표시법을 설명하여라.

7. 다음에 나타낸 선반의 크기 표시법에 대하여 설명하여라.
① 공구선반 ② 터릿선반 ③ 수직선반 ④ NC선반

8. 선반의 센터의 종류를 열거하고 설명하여라.

9. 선반 척(chuck)의 종류를 열거하고 설명하여라.

10. 콜릿 척(collet chuck)에 대하여 설명하여라.

11. 선반작업의 종류를 열거하고 설명하여라.

12. 테이퍼 절삭방법에 대하여 설명하여라.

13. 인치식 선반과 미터식 선반에서 속도변환에 사용되는 변환기어의 잇수에 대하여 설명하여라.

14. 체이싱 다이얼(chasing dial)에 대하여 설명하여라.

15. 널링(knurling)가공에 대하여 설명하여라.

제2장 드릴가공

16. 광의의 드릴가공의 종류를 열거하고 설명하여라.

17. 광의의 드릴링에서 다음을 그림을 그려서 설명하여라.
① 카운터 보링 ② 카운터 싱킹 ③ 스폿 페이싱

18. 드릴링 머신의 구조를 그림을 그리고 설명하여라.

19. 드릴링 머신의 크기 표시방법을 설명하여라.

20. 드릴링 머신의 종류를 열거하고 설명하여라.

21. 레이디얼 드릴링 머신에 대하여 설명하여라. 보통식과 만능식의 가공영역을 비교하라.

22. 다축(multi-spindle) 드릴링 머신과 다두(multi-head) 드릴링 머신을 설명하여라.

23. 심공 드릴링(deep hole drilling) 방식의 종류를 열거하고 설명하여라.

24. 드릴가공 시 주의사항을 설명하여라.

25. 드릴의 시닝(thinning)에 대하여 설명하여라.

제3장 보링가공

26. 보링가공방법을 설명하여라.

27. 보링머신의 종류를 열거하고 설명하여라.

28. 수평 보링머신의 종류를 열거하고 설명하여라.

제4장 리머가공 및 탭가공

29. 리머의 종류를 열거하고 설명하여라.

30. 조정 리머(adjustable reamer)의 구조를 그리고 설명하여라.

31. 탭(tap)의 종류를 열거하고 설명하여라.

32. 탭과 볼트의 파손원인에 대하여 설명하여라.

제5장 세이퍼 및 슬로터가공

33. 세이퍼의 구조를 그려서 가공원리를 설명하여라. 그리고 세이퍼의 크기 표시방법을 설명하여라.

34. 세이퍼의 크랭크에 의한 램의 운동기구를 설명하여라.

35. 크랭크식 및 유압식 세이퍼의 절삭행정 및 귀환행정의 속도를 비교하여라.

36. 클래퍼 박스(clapper box)에 대하여 설명하여라.

37. 구즈 넥(goose neck) 바이트에 대하여 설명하여라.

38. 세이퍼가공의 종류를 열거하고 설명하여라.

39. 슬로터(slotter)에 대하여 설명하여라.

제6장 플레이너가공

40. 플레이너의 구조를 그림을 그려서 설명하여라.

41. 세이퍼와 플레이너를 비교 설명하여라.

42. 세이퍼와 플레이너의 크기 표시방법을 설명하여라.

43. 플레이너에 의한 특수가공방법을 설명하여라.

44. 쌍주식과 단주식 플레이너의 장단점을 비교설명하여라.

제7장 밀링가공

45. 니형 수평밀링머신의 구조를 그리고 설명하여라.

46. 니형 수평밀링머신의 크기 표시방법에 대하여 설명하여라.

47. 니형 수직밀링머신에 대하여 설명하여라.

48. 플라노 밀러(plano-miller)에 대하여 설명하여라.

49. 니형 수평밀링머신에서 다음을 설명하여라.
① 니(knee) ② 오버 암(over arm) ③ 아버(arbor) ④ 아버 지지대(arbor yoke)

50. 밀링머신에서 분할대(dividing head)의 사용목적은 무엇인가?

51. 분할법의 종류를 열거하고 설명하여라.

52. 단식분할법의 원리를 설명하여라.

53. 차동분할법의 원리를 설명하여라.

54. 상향밀링과 하향밀링을 비교 설명하여라.

55. 백래시(backlash) 제거장치에 대하여 설명하여라.

56. 밀링가공에서 날무늬(tooth mark)가 생기는 원인과 그 감소대책을 설명하여라.

57. 밀링가공 시 날당 이송, 회전당 이송 및 시간당 이송에 대하여 설명하여라.

58. 밀링커터의 연삭 시 하향연삭과 상향연삭에 대하여 특징과 함께 설명하여라.

제8장 브로치가공

59. 브로치가공의 장점을 설명하여라.

60. 브로치의 형상을 그리고 각 부분에 대하여 설명하여라.

제9장 기계톱가공

61. 톱기계의 종류를 열거하고 설명하여라.

심화문제

01. 작업목적에 따라 선반의 종류를 열거하고 설명하여라.

풀이 (1) 보통선반(engine lathe) : 가장 널리 쓰이는 범용선반으로서 증기기관의 엔진을 사용했기 때문에 보통선반이라 한다. 공작물의 내・외면가공, 단면 및 테이퍼가공 그리고 나사가공 등 작업할 수 있는 종류가 다양하다.

(2) 탁상선반(bench lathe) : 테이블 위에 설치하여 사용하는 소형선반이다.

(3) 공구선반(tool lathe) : 각종 공구를 전문적으로 가공하기 위한 선반으로서 테이퍼가공장치, 각도측정장치 및 길이측정장치 등이 부착되어 있다.

(4) 정면선반(face lathe) : 공작물의 직경이 크고 길이가 짧은 것을 가공하기 위한 선반으로서 주축은 수직으로 되어 있으며 회전하는 테이블에 공작물을 올려놓고 가공한다.

(5) 터릿선반(turret lathe) : 6각 터릿에 공구를 작업순서대로 설치해 놓고 터릿을 회전시켜 가며 한 공작물에 일련의 작업을 연속적으로 할 수 있는 선반이다. 예를 들면 공작물의 외경절삭, 단면절삭, 드릴가공, 보링, 암나사가공 등을 순차적으로 할 수 있다.

(6) 다인선반(multi-cut lathe) : 공구대를 주축의 양쪽에 설치하고 공구를 2열로 배치하여 여러 곳을 동시에 절삭할 수 있게 한 선반으로서 작업능률이 매우 양호하다.

(7) 모방선반(copy lathe) : 불규칙한 윤곽형상을 가공하고자 할 때, 트레이서가 모형판을 따라가면서 그리는 궤적을 공구가 공작물 위에서 그대로 가공하는 선반이다. 가공면의 형상이 복잡하고 불규칙한 제품을 대량생산할 때 매우 효율적이다.

(8) NC선반(numerical control lathe) : 동력전달장치의 구동을 수치와 부호로 구성된 수치정보로 제어하는 것을 수치제어(numerical control)라 하며 이렇게 구동되는 선반을 NC선반이라 한다. 복잡한 형상의 제품을 간단하게 가공할 수 있으며 혼자서 여러 대의 선반을 관리할 수 있다.

(9) 자동선반(automatic lathe) : 각종 공구를 작업순서에 맞춰 자동적으로 작업위치에 가져와서 가공하는 선반이다. 전자동은 공작물의 설치 및 제거까지 자동으로 수행하며, 반자동은 공작물의 설치와 제거하는 작업을 작업자가 수동으로 하는 것을 말한다.

02. 선반의 부속장치를 열거하고 설명하여라.

풀이 (1) 센터(center) : 센터는 공작물의 일단을 지지하기 위하여 주축대나 심압대에 고정하는 것으로서, 주축에 고정시켜 센터가 회전하는 것을 회전센터(live center)라 하고, 심압대에 고정시킨 것을 정지센터(dead center)라 한다. 센터의 선단각은 60°가 표준이고 75°나 90°도 있다.

(2) 면판(face plate) : 면판은 공작물의 형상이 불규칙해서 척으로 고정시키기 어려울 때 척에 부착시켜 공작물을 고정하는 것이다.

(3) 돌리개(dog) : 돌리개는 공작물을 양 센터로 지지했을 때 공작물을 주축과 함께 회전시키기 위하여

사용하는 부속품이다.

(4) 맨드렐(mandrel) : 맨드렐은 원통형상의 공작물을 센터로 고정시킬 수 없을 때 공작물의 안에 끼워서 지지하는 부속품이다.

(5) 척(chuck) : 척은 주축의 스핀들에 고정시켜 공작물을 지지하는 데 사용하는 것으로서 척에 고정된 죠(jaw)의 수에 따라서 3본 척, 4본 척으로 구분하고 전자석으로 이루어진 마그네틱 척, 콜릿을 사용한 콜릿 척(collet chuck), 압축공기로 죠를 움직이는 압축공기 척, 드릴작업을 할 때 사용하는 드릴 척 등이 있다.

(6) 방진구(work rest) : 방진구는 공작물의 휨을 방지하기 위하여 공작물의 중간을 지지해 주는 부속품으로서 베드에 고정된 고정식과 왕복대와 함께 이동하는 이동식이 있다.

03. 보통선반의 크기표시에 대하여 설명하여라.

풀이 보통선반의 크기는 다음과 같은 3가지로 나타낸다.

(1) 베드 위의 스윙(swing over bed) : 베드에 닿지 않고 주축에 설치할 수 있는 공작물의 최대직경이다.

(2) 왕복대 위의 스윙(swing over carriage) : 왕복대에 닿지 않고 주축에 설치할 수 있는 공작물의 최대직경으로서 베드 위의 스윙의 약 1/2이다.

(3) 양 센터 사이의 최대거리(maximum distance between centers) : 심압대를 베드 위에서 주축대로부터 가장 멀리 이동시켜 놓았을 때 주축 및 심압대에 고정시킨 양 센터 사이의 거리를 말하며, 양 센터로 지지할 수 있는 공작물의 최대길이를 나타낸다.

04. 선반의 4대 주요부를 설명하여라.

풀이 (1) 베드(sbed) : 선반의 아래쪽에 위치하고 있으며 주축대, 심압대 및 왕복대 등을 지지하고 있다. 그렇기 때문에 강성이 높은 구조로 만들어져야 한다. 베드의 재료는 주철이 많이 사용되며 최근 레진 콘크리트(resin concrete)가 베드에 부분적으로 사용되고 있다. 베드 안내면의 형상에 따라 미국식과 영국식이 있다.

(2) 주축대(head stock) : 주축의 회전수를 변화시킬 수 있는 기어열(gear train)이 아래쪽에 있으며, 전동기로부터 동력을 전달받아서 스핀들을 회전시킨다. 스핀들의 선단에 부착된 척(chuck)에 공작물을 고정하여 회전시킨다. 주축의 회전수를 변화시키는 변속장치에는 변속기어장치, 단차 및 백기어, 유압 또는 무단변속장치 등이 있다.

(3) 왕복대(carriage) : 베드의 안내면을 따라서 주축대에 평행하게 이동하며, 에이프런(apron), 새들(saddle), 공구대 등으로 구성되어 있다. 새들은 왕복대의 움직임과 90°의 방향으로 움직이며, 새들 위에 공구대가 설치되어 있다.

(4) 심압대(tail stock) : 베드의 안내면 위에 있으며 주축대와 마주 보고 있다. 공작물을 고정시킬 때 공작물의 일단은 척으로, 다른 일단은 심압대에 고정시킨 센터로 고정한다. 심압대에 센터 대신 드릴을 고정시키고 선반에서 드릴가공을 할 수 있다. 또한 심압대의 스핀들은 주축대의 스핀들에 대하여 수평면상에서 약간 편심시킬 수도 있다.

05. 선반에 사용되는 척(chuck)의 종류를 열거하고 설명하여라.

풀이 (1) 단동 척(independent chuck) : 공작물을 고정시키는 죠(jaw)가 4개이며 각 죠는 단독으로 움직인다. 그러므로 공작물의 단면형상이 각이 진 것이나 타원 등의 고정에 적합하다.

(2) 연동 척(universal chuck) : 죠가 3개이며 이들 3개의 죠는 연동(동시에 움직임)되어 단면형상이 원형이나 6각인 공작물의 고정에 적합하다.

(3) 마그네틱 척(magnetic chuck) : 척의 내부에 전자석이 들어 있어서 자석의 힘으로 공작물을 고정시킨다. 단점으로서는 전류가 흐르지 못하는 공작물의 고정은 불가능하다는 것이다.

(4) 콜릿 척(collet chuck) : NC 및 CNC 공작기계, 머시닝 센터 등에서 사용되며 공구를 고정시키는 척이다. 내부에 스프링 콜릿이 들어 있어서 하나의 콜릿 척으로 직경이 다른 여러 개의 공구를 고정시킬 수 있다.

(5) 압축공기 척(compressed air chuck) : 압축공기를 이용하여 죠를 움직이며, 공작물의 고정도 압축공기를 이용한다. 운전중 작동이 가능하며 공작물에 죠의 자국을 남기지 않는 장점이 있다.

(6) 드릴 척(drill chuck) : 드릴을 고정시키는 척으로서 이것을 심압대에 고정시켜 선반에서 드릴가공을 할 수 있다.

06. 선반에서 테이퍼절삭 작업을 할 수 있는 방법에 대해 열거하고 설명하여라.

풀이 (1) 심압대의 편위에 의한 방법 : 심압대를 주축대에서 편위시켜 절삭하는 방법이다. 편위길이가 같아도 공작물의 길이가 다르면 테이터는 다르게 된다. 이 방법은 테이퍼가 비교적 작고 공작물의 길이가 길 때 이용된다.

(2) 테이퍼장치에 의한 방법 : 선반의 뒤쪽에 있는 테이퍼장치에 슬라이드를 연결하고 이 슬라이드에 따라서 왕복대를 이동시켜 테이퍼절삭을 한다. 테이퍼각은 슬라이드의 기울기에 따라 결정된다. 이 방법은 심압대를 편위시키는 방법보다 테이퍼를 크게 할 수 있다.

(3) 공구대의 경사에 의한 방법 : 복식공구대를 경사시켜 테이퍼절삭하는 방법으로서 공작물의 길이가 짧고 테이퍼가 클 때 이용된다. 이 방법은 공구대의 핸들을 수동으로 회전시켜 이송시키기 때문에 작업자의 숙련의존도가 크다.

(4) 가로이송과 세로이송을 동시에 주는 방법 : 공구대를 리드스크루의 회전에 따른 가로이송과 여기에 직각방향의 이송을 주는 특수장치에 의한 세로이송을 동시에 주어 테이퍼가공하는 방법이다.

07. 체이싱 다이얼(chasing dial)이 무엇인지 설명하여라.

풀이 나사를 가공하기 위해서는 1회의 가공으로 끝나는 것이 아니라 왕복대를 여러 번 왕복시켜 가공한다. 이때 왕복대를 처음의 위치로 옮겨 정확한 위치에 고정시키지 않으면 안 되는데 이때 사용되는 것이 그림에 나타낸 체이싱 다이얼이다. 그림에서와 같이 왕복대에 고정된 체이싱 다이얼의 웜기어(worm gear)는 웜(worm)에 해당되는 리드스크루와 맞물고 있어서 리드스크루가 회전하면 체이싱 다이얼은 왕복대와 함께 이동하여 그때 다이얼의 눈금이 변한다. 이 다이얼의 눈금이 일정한 곳에서 왕복대를 정지 시키면 언제나 같은 곳이 되므로 나사가공과 같은 일정한 위치에서 같은 작업이 계속되는 경우 이용하면 매우 편리하다.

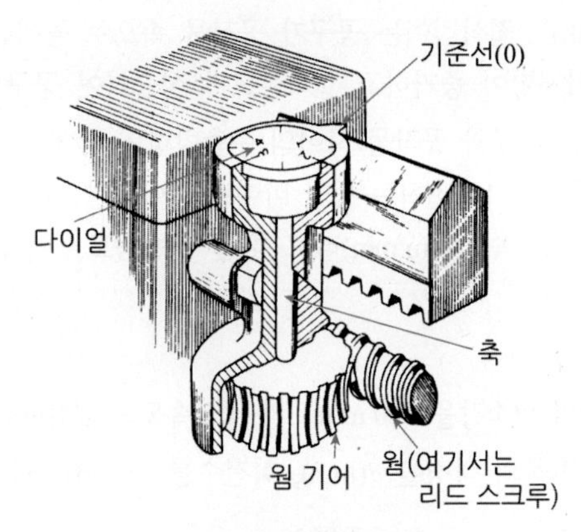

그림 체이싱 다이얼

08. 선반의 소요동력을 구하여라.

풀이 N : 선반의 전체소비동력

N_c : 선반의 공전에 소비되는 손실동력

N_p : 절삭에 사용되는 유효동력

N_F : 공구대를 이송시키는 데 필요한 이송동력이라고 하면 선반의 전체소비동력은 다음과 같다.

$$N = N_c + N_p + N_F$$

절삭저항의 주분력을 F_t(kg), 절삭속도를 v(m/min)이라 하면

$$N_p = \frac{F_t \cdot v}{75 \times 60}(\text{HP}) = \frac{F_t \cdot v}{102 \times 60}(\text{kW})$$

이송분력을 F_f(kg), 이송을 f(mm/rev), 회전수를 n(rpm)이라 하면

$$N_F = \frac{F_f \cdot n \cdot f}{75 \times 60 \times 1{,}000}(\text{HP}) = \frac{F_f \cdot n \cdot f}{102 \times 60 \times 1{,}000}(\text{kW})$$

선반의 기계적인 효율을 η라 하면

$$\eta = \frac{N_P}{N}$$

이며 $\eta = 70\sim85\%$ 정도이다.

따라서 선반의 전체소비동력을 유효동력과 효율에 의하여 환산하면 다음과 같다.

$$N = \frac{F_t \cdot v}{75 \times 60 \times \eta}(\text{HP}) = \frac{F_t \cdot v}{102 \times 60 \times \eta}(\text{kW})$$

09. 공작물을 가공할 때 중요한 요소가 절삭조건(cutting condition)이다. 이에 대하여 설명하여라.

풀이 (1) 절삭속도(cutting speed) : 절삭속도는 공작물과 공구 사이의 상대속도로서 나타내며 단위는 m/min 이다. 사용하는 공작기계에 따라서 공작물의 회전운동(선반)이나 왕복운동(플레이어), 그리고 공구의 회전운동(드릴링 머신)으로 나타내기도 하며 구성인선, 공구수명, 표면조도 등에 영향을 크게 미친다.

(2) 절삭깊이(cutting depth) : 절삭깊이는 공구가 공작물 속으로 들어간 거리로서 단위는 mm이다. 절삭깊이가 증가하면 절삭저항이 증가하고 절삭온도가 상승하여 공구의 수명이 감소한다.

(3) 이송(feedrate) : 이송은 공구와 공작물 사이의 주축방향의 상대운동 크기를 나타내며 단위는 mm/rev이다. 선반에서는 공작물이 1회전하는 동안 바이트가 이동한 거리로서 나타낸다. 그리고 1분 동안 공구가 이동한 거리를 이송속도(mm/min)라고 하면 이송속도 = 이송 × 1분간의 회전수(rpm)으로 구할 수 있다.

10. 고속도강 바이트로 직경 60 mm의 탄소강을 120 m/min의 절삭속도로 절삭하려면 회전수는 얼마로 해야 하는가?

풀이 절삭속도를 v(m/min), 공작물의 직경을 d(mm), 회전수를 n(rpm)이라 하면 이들의 관계는 다음과 같다.

$$v = \frac{\pi d n}{1{,}000}$$

$$\therefore n = \frac{1{,}000\,v}{\pi d} = \frac{1{,}000 \times 120}{3.14 \times 60} \fallingdotseq 637(\text{rpm})$$

11. 직경 80 mm의 공작물을 720 rpm으로 절삭할 때 필요한 동력을 계산하여라(단 절삭깊이는 1.2 mm, 이송은 0.3 mm/rev이며, 이때의 비절삭저항은 40 kg/mm^{2}이고 기계의 효율은 0.8이다).

풀이 v : 절삭속도(m/min), d : 공작물의 직경(mm), n : 회전수(rpm)이라 하면

$$v = \frac{\pi d n}{1{,}000} = \frac{3.14 \times 80 \times 720}{1{,}000} \fallingdotseq 180(\text{m/min})$$

절삭동력

$$N = \frac{F \cdot v}{75 \times 60 \times \eta}(\text{HP})$$

여기서 F : 절삭저항으로서 $F = K_s \cdot f \cdot t$

K_s : 비절삭저항(kg/mm^2)

f : 이송(mm/rev)

t : 절삭깊이(mm)

η : 기계효율

$$F = K_s \cdot f \cdot t = 40 \times 0.3 \times 12 = 14.4(\text{kg})$$

따라서

$$N = \frac{F \cdot v}{75 \times 60 \times \eta} = \frac{14.4 \times 180}{75 \times 60 \times 0.8} \fallingdotseq 0.72(\text{HP})$$

12. 길이가 600 mm이고, 직경이 75 mm인 탄소강을 절삭속도 120 m/min, 절삭깊이 1.5 mm 및 이송 0.2 mm/rev로 가공하려고 한다. 1회 가공에 걸리는 시간은?

풀이 길이 l, 직경 d, 절삭속도 v, 절삭깊이 t, 이송 f 그리고 가공시간을 T(min)라 하면 회전수

$$n = \frac{1{,}000v}{\pi d} = \frac{1{,}000 \times 120}{3.14 \times 75} \fallingdotseq 510(\text{rpm})$$

$$\therefore T = \frac{l}{n \cdot f} = \frac{600}{510 \times 0.2} \fallingdotseq 5.9\,(\text{min})$$

13. 선반작업에서 절삭속도가 50 m/min이고 절삭저항력이 200 kg일 때 절삭동력은 약 몇 마력(HP)인가?

풀이 N : 절삭동력

P : 절삭저항

v : 절삭속도라고 하면

$$N = \frac{P \cdot v}{75 \times 60} = \frac{200 \times 50}{75 \times 60} \fallingdotseq 2.2(\text{HP})$$

14. 복식공구대를 경사시켜 그림과 같이 테이퍼가공을 하고자 한다. 복식공구대를 몇 도 경사시키면 되는가?

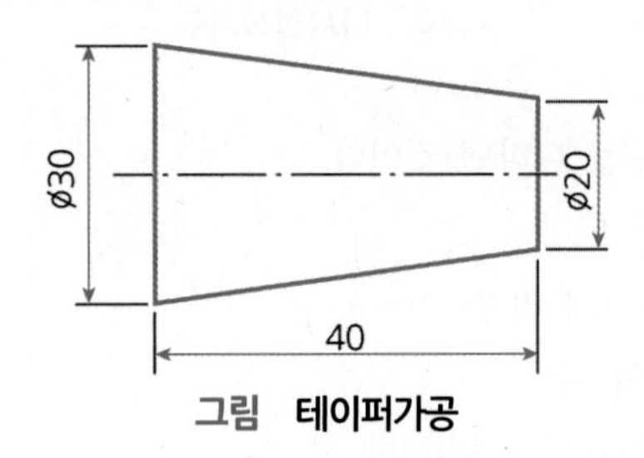

그림 테이퍼가공

풀이 공작물의 길이를 l, 큰 쪽의 직경을 D, 작은 쪽의 직경을 d, 경사각을 α라 하면

$$\tan\alpha = \frac{D-d}{2l}$$

$$\therefore \alpha = \tan^{-1}\frac{D-d}{2l} = \tan^{-1}\frac{30-20}{2 \times 40} = \tan^{-1}\frac{1}{8} = 7.125^\circ$$

15. 심압대를 편심시켜 그림과 같이 테이퍼를 가공하려고 한다. 심압대의 편심거리를 얼마로 하면 되는가?

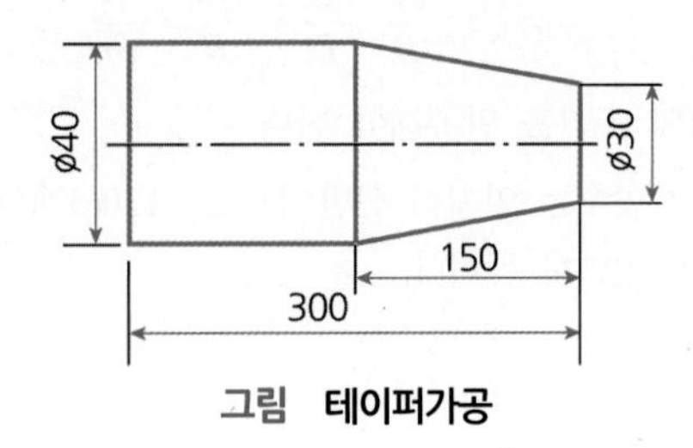

그림 테이퍼가공

풀이 큰 쪽의 직경을 D, 작은 쪽의 직경을 d, 공작물의 전체 길이를 L, 테이퍼부의 길이를 l이라 하면 편심거리

$$e = \frac{D-d}{2l} \times L$$

$$= \frac{40-30}{2\times 150} \times 300 = 10(\text{mm})$$

16. 나사가공 시 변환기어의 계산방법을 그림을 그려서 설명하여라.

풀이 선반에서 나사를 가공하기 위해서는 주축의 스핀들과 리드스크루를 연결하여 회전속도를 일정하게 하면, 요구하는 피치를 갖는 나사를 가공할 수 있다.

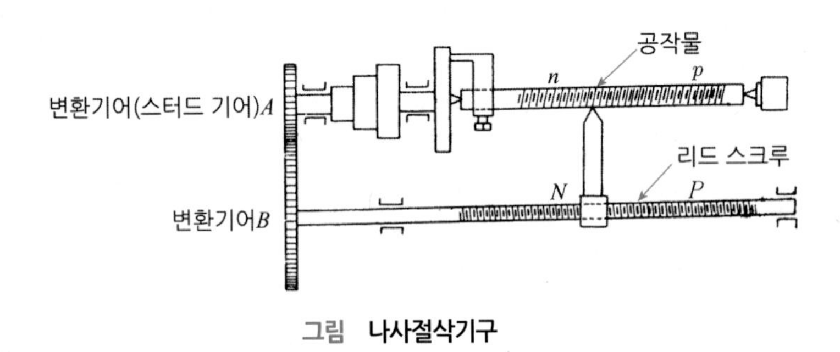

그림 **나사절삭기구**

그림은 선반의 나사절삭기구를 나타낸 것이다.

여기서 A, B : 변환기어

p : 가공되는 나사의 피치

P : 리드스크루의 피치

n : 가공되는 나사의 단위길이당 산 수

N : 리드스크루의 단위길이당 산 수

라고 하면 공구대가 리드스크루상에서 움직이는 거리와 가공되는 나사의 길이가 같으므로

$$N \cdot P = n \cdot p$$

가 된다.

(1) 변환기어를 2개만 사용하는 단식기어열에서는

$$\frac{A}{B} = \frac{p}{P} = \frac{N}{n}$$

(2) 변환기어를 4개 사용하는 복식기어열에서는

$$\frac{A}{B} \cdot \frac{C}{D} = \frac{p}{P} = \frac{N}{n}$$

이때 A + B > C, C + D > B의 조건을 만족해야 한다.

속도변환에 사용되는 기어의 잇수는 인치식 선반에서 20~120(5개씩 차)개와 127, 그리고 미터식 선반에서 20~64(4개씩 차), 72, 80, 127개 등이다.

17. 리드 스크류의 피치가 8 mm인 선반에서 피치가 2 mm인 나사를 절삭하려고 한다. 변환기어를 정하여라.

풀이 주축의 변환기어의 잇수 : A

리드 스크류의 변환기어의 잇수 : B

절삭되는 나사의 피치 : p

리드 스크류의 피치 : P

라고 하면 단식기어열에서 다음과 같이 된다.

$$\frac{A}{B}=\frac{p}{P}=\frac{2}{8}=\frac{2\times 10}{8\times 10}=\frac{20}{80}$$

즉, 기어의 잇수를 A는 20개, B는 80개로 하면 된다.

18. 리드 스크류의 피치가 4산/in인 선반에서 피치가 8 mm인 나사를 가공하려고 한다. 변환기어를 결정하여라.

풀이 리드 스크류의 피치 = 25.4/4(mm)

$$\frac{p}{P}=\frac{8}{25.4/4}=\frac{32}{25.4}=\frac{32\times 5}{25.4\times 5}=\frac{160}{127}$$

$$=\frac{160\times 30}{127\times 30}=\frac{80}{127}\times\frac{60}{30}=\frac{A}{B}\times\frac{C}{D}$$

즉, 복식기어열에서

$$A=80, B=127, C=60, D=30$$

19. 리드 스크류의 피치가 6산/in인 선반에서 피치가 10산/in인 공작물을 가공하려고 한다. 변환기어를 계산하라.

풀이 리드 스크류의 산 수를 N, 가공하려는 나사의 산 수를 n이라 하면 변환기어 $\frac{A}{B}$는

$$\frac{A}{B}=\frac{N}{n}=\frac{6}{10}=\frac{30}{50}\text{ 또는 }\frac{60}{100}$$

즉 기어의 잇수를 A는 30개, B는 50개, 또는 A는 60개, B는 100개로 하면 된다.

20. 리드 스크류의 피치가 2산/in인 선반에서 피치 6 mm인 나사를 가공할 때 변환기어를 계산하라.

풀이 리드 스크류의 피치 P= 25.4/2(mm)

공작물의 피치 p= 6 mm

$$\frac{A}{B}=\frac{p}{P}=\frac{6}{\frac{25.4}{2}}=\frac{12}{25.4}=\frac{12\times 5}{25.4\times 5}=\frac{60}{127}$$

즉 A기어의 잇수 60개, B기어의 잇수 127개를 사용하면 된다.

21. 광의의 드릴가공의 종류를 열거하고 설명하여라.

풀이 광의의 드릴가공이란 구멍을 뚫는 작업인 드릴링을 비롯하여 보링, 리밍 등을 포함한 드릴가공을 의미한다 (그림 참조).

(1) 드릴링(drilling) : 드릴을 회전시키면서 드릴의 축방향으로 이송을 주어 공작물에 구멍을 뚫는 작업이다. 협의의 드릴가공이란 이 드릴링을 의미하며 선반에서 드릴가공을 할 경우에는 공작물이 회전하고 드릴은 이송운동만 한다.

(2) 보링(boring) : 드릴가공으로 뚫은 구멍을 보링 공구를 사용하여 넓히는 작업이다.

(3) 리밍(reaming) : 드릴링 또는 보링 후 리머로서 구멍의 내면을 정밀가공하여 구멍의 치수를 정확하게 가공하는 것이다.

(4) 태핑(tapping) : 드릴로서 뚫은 구멍의 내면에 탭을 이용하여 암나사를 만드는 작업이다.

(5) 카운터보링(counterboring) : 드릴로서 뚫은 구멍의 한쪽을 엔드밀과 같은 공구를 사용하여 확대가공하는 것으로서 볼트의 머리가 차지할 부분을 가공한다.

(6) 카운터싱킹(countersinking) : 접시머리나사의 머리가 차지할 구멍을 가공하는 것으로서 구멍의 일단을 원추형으로 가공한다.

(7) 스폿페이싱(spot facing) : 너트가 차지할 자리를 만들기 위하여 구멍의 축에 대하여 직각으로 가공하는 작업이다.

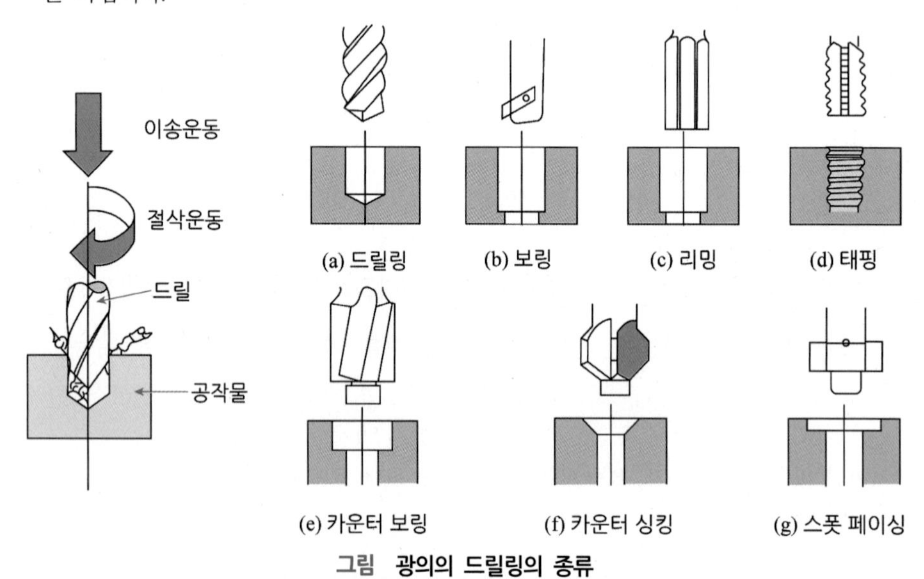

그림 광의의 드릴링의 종류

22. 드릴링 머신의 크기표시방법에 대하여 설명하여라.

풀이 일반적인 드릴링 머신의 기본구조는 그림과 같이 베이스, 칼럼, 테이블, 헤드 및 스핀들로 구성되어 있다. 이와 같은 드릴링 머신의 크기를 표시하는 방법은 3가지로 나타낼 수 있다.

(1) 가공가능한 구멍의 최대지름

(2) 칼럼의 표면에서 스핀들 중심까지의 거리

(3) 스핀들 선단에서 베이스 상면까지의 거리

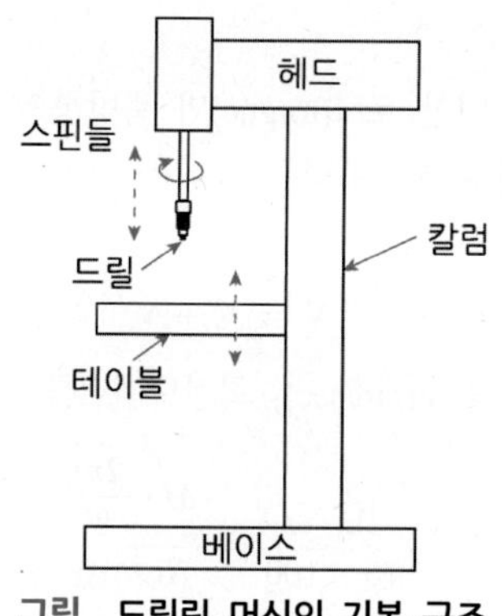

그림 드릴링 머신의 기본 구조

23. 드릴의 각부 명칭과 주요 각도에 관하여 그림을 그려서 설명하여라.

풀이 (1) 선단각(point angle 또는 lip angle) : 그림 a에서와 같이 드릴의 두 날끝이 이루는 각으로서 표준각은 118°이다. 드릴의 각도 중 가장 중요한 각으로서 공작물의 재질이 경질이면 118°보다 크게 하고, 연질이면 118°보다 작게 하는 것이 효율적이다.

(2) 여유각(clearance angle 또는 relief angle) : 드릴의 여유면은 랜드부의 왼쪽에서 오른쪽으로 갈수록 높게 경사져 있다. 이때 경사진 부분의 각도를 여유각이라 하며 보통 8~12° 정도이다.

(3) 나선각(helix angle 또는 twist angle) : 드릴의 랜드부는 드릴축에 나선의 형태로 비틀려져 있으며 이 나선이 드릴축과 이루는 각을 나선각이라 한다. 일반적인 트위스트 드릴의 나선각은 20~32° 정도이며 이것이 클수록 칩의 배출이 어려워지며 외주부의 경사각은 커진다.

(4) 경사각(rake angle) : 트위스트 드릴의 경사각은 그림 b에서와 같이 드릴의 경사면과 가공면상의 수직선이 이루는 각으로서 날의 외주부분으로 갈수록 커지고, 날의 중심부로 올수록 작아지며 웨브부분에서는 0°가 된다. 이와 같이 드릴의 경사각은 날의 위치에 따라 다르다는 것이 특징이다.

(5) 치즐에지각(chisel edge angle) : 치즐에지가 한쪽 절삭날과 이루는 각으로서 125~135° 정도이다.

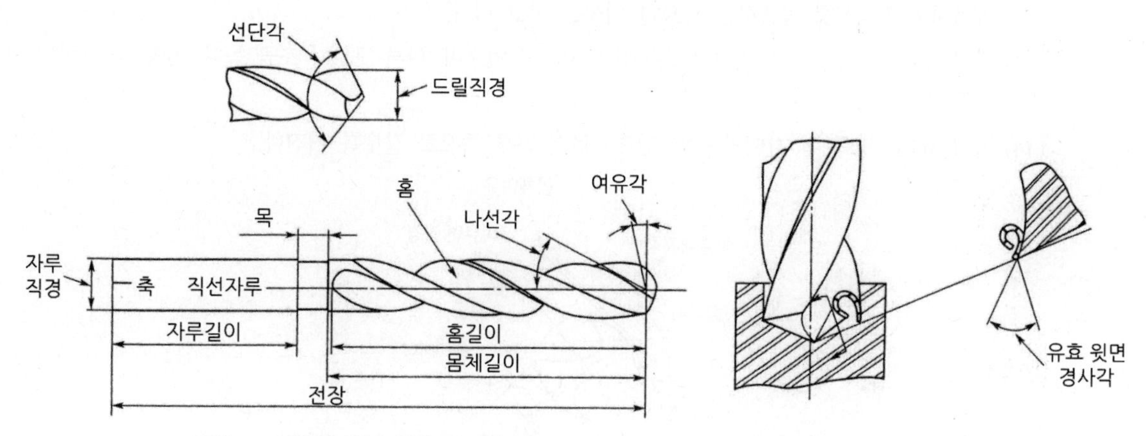

그림 a 드릴의 각부 명칭 및 주요각도

그림 b 드릴의 상면경사각

24. 드릴가공의 소요동력을 구하여라.

풀이 드릴가공을 하면 회전모멘트에 의한 토크(torgue)와 축방향의 스러스트(thrust)가 발생한다. 이들에 각각 필요한 동력을 N_t 및 N_r이라 하고 전체동력을 N이라 하면 드릴가공에 필요한 동력은 다음과 같이 구할 수 있다.

$$N = N_t + N_r \quad (1)$$

토크에 대한 동력 N_t는 각속도를 ω(rad/sec), 회전모멘트를 M(kg · cm)이라 하면

$$N_t = \frac{M \cdot \omega}{75 \times 100} = \frac{M \cdot \frac{2\pi n}{60}}{75 \times 100} = \frac{M \cdot n}{71{,}620} \text{ (HP)} \quad (2)$$

여기서 n(rpm)은 1분간의 회전수이다.

스러스트에 대한 동력 N_r는 이송을 f(mm/rev), 스러스트를 T(kg)라고 할 때 다음과 같다.

$$N_r = \frac{T \cdot f \cdot n}{75 \times 60 \times 1{,}000} = \frac{T \cdot f \cdot n}{4{,}500{,}000} \text{ (HP)} \quad (3)$$

식 (2)와 식 (3)을 식 (1)에 대입하면 드릴가공에 소요되는 동력은 다음과 같다.

$$N = N_t + N_r \quad (4)$$
$$= \frac{M \cdot n}{71{,}620} + \frac{T \cdot f \cdot n}{4{,}500{,}000} \text{ (HP)}$$

25. 드릴에 관한 다음 사항을 그림을 그려서 설명하여라.

(1) 랜드 (2) 홈 (3) 마진 (4) 웨브

풀이 드릴은 몸체(body)와 자루(shank) 부분으로 이루어진다. 위에서 열거한 4가지는 모두 몸체에 있으며, 그림에 나타낸 바와 같이 서로 관련성을 가지고 있다.

(1) 랜드(land) : 몸체를 구성하고 있는 부분으로서 이것의 폭이 클수록 홈이 좁아져서 칩의 배출이 어려워지며, 반대로 이것의 폭이 작을수록 홈이 커져서 칩의 배출이 잘 되지만 드릴 자체의 강성은 저하된다.

(2) 홈(flute) : 드릴 몸체에 홈이 파여진 부분으로서 랜드와 상반되는 성격을 가지고 있다. 가공 시 칩을 배출하고 절삭유를 공급하는 중요한 역할을 하고 있다.

(3) 마진(margin) : 랜드부의 가장 오른쪽에 위치하고 있으며, 다른 곳보다 조금 높다. 가공 시 드릴의 위치를 잡아준다.

(4) 웨브(web) : 양쪽 홈 사이의 좁은 단면으로서 자루 쪽으로 갈수록 커진다.

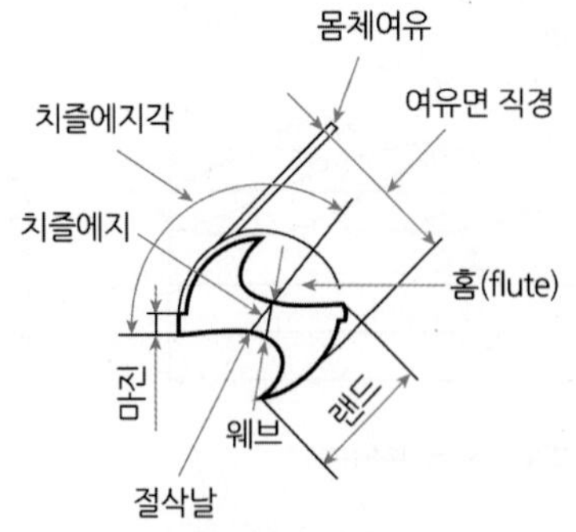

그림 드릴선단의 명칭 및 각도

26. 지름 4 mm인 드릴의 절삭속도를 80 m/min으로 하려면 드릴링머신의 주축회전수는 몇 rpm인가?

풀이 $v = \dfrac{\pi dn}{1,000}$, $n = \dfrac{1,000v}{\pi d}$

$$n = \frac{1,000 \times 80}{3.14 \times 4} \fallingdotseq 6,369(\text{rpm})$$

27. 두께 60 mm의 알루미늄판에 직경 20 mm인 고속도강 드릴로 구멍을 뚫으려고 한다. 가공시간을 계산하여라(단 회전수는 400 rpm이고, 이송은 0.2 mm/rev이며 드릴 원추부의 높이는 드릴 직경의 절반이다).

풀이 공작물의 두께 : h(mm)

회전수 : n(rpm)

이송 : f(mm/rev)

드릴 원추부의 높이 : h_1(mm)

가공시간 : t(min)

$$t = \frac{h + h_1}{n \cdot f} = \frac{60 + 10}{400 \times 0.2} = \frac{70}{80} = 0.875(\text{min})$$

28. 고속도강 드릴로서 연강판에 직경 20 mm의 구멍을 뚫을 때 측정된 추력(thrust force) 및 토크는 각각 620 kg 및 70 kg · cm로 나타났다. 이때의 절삭속도는 30 m/min, 이송이 0.2 mm/rev였다면 드릴 작업에 필요한 전체 동력은 얼마인가?

풀이 v : 절삭속도(m/min)

d : 공구의 직경(mm)

n : 회전수(rpm)

F_l : 추력(kg)

M : 토크(kg · cm)

$v = \dfrac{\pi dn}{1,000}$ 에서

$$n = \frac{1,000v}{\pi d} = \frac{1,000 \times 30}{3.14 \times 20} \fallingdotseq 478(\text{rpm})$$

공구의 회전에 필요한 동력 : P_m

$$P_m = \frac{M \times \omega}{75 \times 100} = \frac{M \cdot \frac{2\pi n}{60}}{75 \times 100} = \frac{M \cdot n}{71,620} = \frac{70 \times 478}{71,620} = 0.4672(\text{HP})$$

공구의 이송에 필요한 동력 : P_f

$$P_f = \frac{F_t \cdot f \cdot n}{75 \times 60 \times 100} = \frac{620 \times 0.2 \times 478}{75 \times 60 \times 1,000} = 0.0132(\text{HP})$$

따라서 전체의 동력 : P

$$P = P_m + P_f = 0.4672 + 0.0132 = 0.4804(\text{HP})$$

29. 직경 15 mm, 원추부의 높이가 4.2 mm인 드릴로 80 mm의 구멍을 뚫으려고 한다. 절삭속도가 36 m/min, 이송이 0.12 mm/rev라고 하면 가공시간은 얼마나 걸리는가?

풀이 $n = \dfrac{1{,}000v}{\pi d} = \dfrac{1{,}000 \times 36}{3.14 \times 15} = 764(\text{rpm})$

이송을 f, 원추부의 높이를 k, 구멍의 깊이를 h, 회전수를 n, 가공시간을 T라 하면

$$T = \frac{h+k}{f \cdot n} = \frac{80+4.2}{0.12 \times 764} \fallingdotseq 0.92(\text{min})$$

30. 직경이 15 mm인 드릴로 연강을 이송 0.3 mm/rev, 회전수 240 rpm으로 가공하려고 한다. 회전모멘트가 2,400 kg · cm, 추력이 2,000 kg이라 하면 필요한 동력은 얼마인가?

풀이 회전모멘트를 M, 각속도 $\omega = \dfrac{2\pi n}{60}$(여기서 n은 회전수)이라 하면 회전모멘트에 필요한 동력 P_1은

$$P_1 = \frac{M \cdot \omega}{75 \times 100} = \frac{M \cdot \dfrac{2\pi n}{60}}{75 \times 100} = \frac{M \cdot 2\pi n}{75 \times 60 \times 100}$$

$$= \frac{24{,}00 \times 2 \times 3.14 \times 240}{75 \times 60 \times 100} \fallingdotseq 8.04(\text{HP})$$

이송을 f, 추력을 T라 하면 이송에 필요한 동력 P_2는

$$P_2 = \frac{T \cdot f \cdot n}{75 \times 60 \times 1{,}000} = \frac{2{,}000 \times 0.3 \times 240}{75 \times 60 \times 1{,}000} = 0.032(\text{HP})$$

전체 동력

$$P = P_1 + P_2 = 8.04 + 0.032 = 8.072(\text{HP})$$

31. 보링가공의 가공방법에 대하여 설명하여라.

풀이 보링가공은 드릴가공 또는 다른 방법을 이용하여 뚫은 구멍의 크기를 확대하거나 내면을 완성가공하는 작업이다. 가공방법은 공구가 회전하는 방법과 공작물이 회전하는 방법 등 두 가지로 나눌 수 있다.

(1) 공구가 회전하는 방법 : 그림 (a)에서와 같이 공작물은 고정되어 있으며 (이송운동가능)공구가 회전 및 이송운동을 하는 방법이다. 이 방법은 공작물이 커서 이를 회전시키면 편심될 우려가 있든가, 그 형상이 회전하기 곤란한 경우에 이용된다.

(2) 공작물이 회전하는 방법 : 그림 (b)에서와 같이 공구가 고정되어 이송운동을 하고 공작물이 회전운동 및 이송운동을 하는 방법이다. 공작물의 크기가 크지 않고 회전시켜도 편심되지 않는 공작물의 가공에 이용된다.

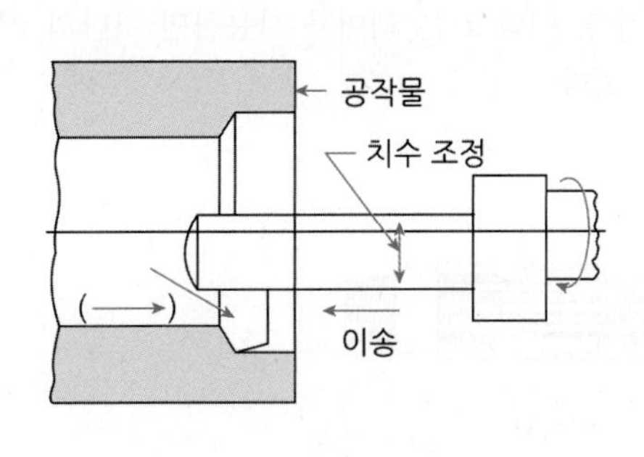

(a) 공작물의 정지, 공구의 회전과 이송

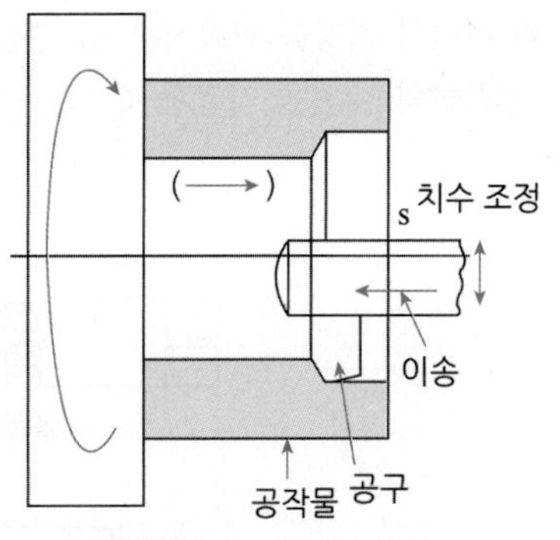

(b) 공작물의 회전, 공구의 이송

그림 보링 공구와 공작물의 상대운동

32. 보링머신의 종류를 열거하고 설명하여라.

풀이 (1) 수평 보링머신(horizontal boring machine) : 주축이 수평이며 양 칼럼(column) 사이를 왕복운동하는 테이블, 칼럼을 축으로 상하 및 좌우운동하는 주축대, 보링바를 지지하는 칼럼 등으로 구성되어 있다. 수평 보링 머신의 종류는 테이블형, 플레이너형 그리고 플로어(floor)형 등이 있다.

(2) 지그 보링머신(jig boring machine) : 테이블과 주축대 등의 이동을 정밀하게 측정할 수 있도록 각종 측정기가 부착되어 있는 보링머신이다. 그러므로 정밀한 구멍가공이 가능하며 가공된 제품의 오차는 ±2~5 μm 정도이다. 지그 보링머신은 칼럼이 두 개인 쌍주형과 하나인 단주형이 있다.

(3) 정밀 보링머신(precision boring machine) : 회전정밀도가 매우 높은 고속회전축과 직선운동의 정밀도가 높은 테이블을 사용한 보링머신으로서 피스톤의 핀 구멍, 커넥팅 로드의 베어링면 등 정밀도가 높고 표면조도가 양호한 제품의 내면가공이나 연삭가공이 어려운 연질금속의 마무리가공에 많이 사용된다.

(4) 수직 보링머신(vertical boring machine) : 양쪽 칼럼을 하우징으로 연결하고 양쪽 칼럼을 축으로 크로스 레일(cross rail)이 상하로 움직이며 여기에 스핀들이 수직으로 위치하여 좌우로 움직일 수 있게 한 보링머신이다. 또한 공구는 칼럼에 부착되어 상하로 움직일 수 있어서 공작물의 평면 및 수직면의 가공이 가능하다.

(5) 직립 터릿선반(vertical turret lathe) : 주축대를 수평으로 위치시키고 상하 및 좌우로 이동하게 하여 회전테이블에 고정시킨 공작물을 가공할 수 있는 공작기계이다. 이 공작기계는 공작물의 길이가 짧고 직경이 큰 것을 가공하는 데 적합하며 또한 무게가 매우 무거운 공작물의 가공에도 유용하다.

(6) 코어 보링머신(core boring machine) : 가공할 구멍의 직경이 매우 클 때에는 코어를 남기며 가공하는데 여기에 사용되는 기계를 코어 보링머신이라 한다.

33. 조정 리머(adjust reamer)에 대하여 설명하여라.

풀이 리머가공은 구멍의 내면을 정확한 치수로 가공하는 것으로서 하나의 리머로 리머의 직경에 해당하는 구멍의 내면만 가공할 수 있다. 따라서 비경제적이라고 할 수 있다. 이와 같은 단점을 보완하기 위한 것이 조정 리머인데 이것은 그림에서와 같이 홈이 파여져 있는 너트를 이용하여 이를 좌우로 이동시킴

으로써 리머의 직경을 변화시킬 수 있는 리머이다. 이와 같은 리머를 사용하면 하나의 리머로 직경이 다른 공작물의 내면을 가공할 수 있는 장점이 있다.

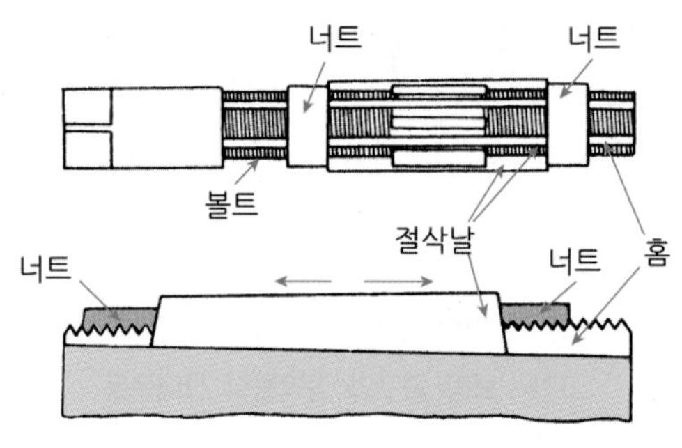

그림 조정 리머의 구조

34. 탭의 각부 명칭을 그림을 그려서 설명하여라.

풀이 탭(tap)은 평균적으로 네 개의 홈(flute)을 갖는 볼트모양의 것으로서 암나사를 가공하기 위한 공구이며 그 형상은 그림에 나타낸 것과 같다. 또한 탭은 세 개가 한 조이며 1번 탭부터 차례로 암나사를 가공한다.

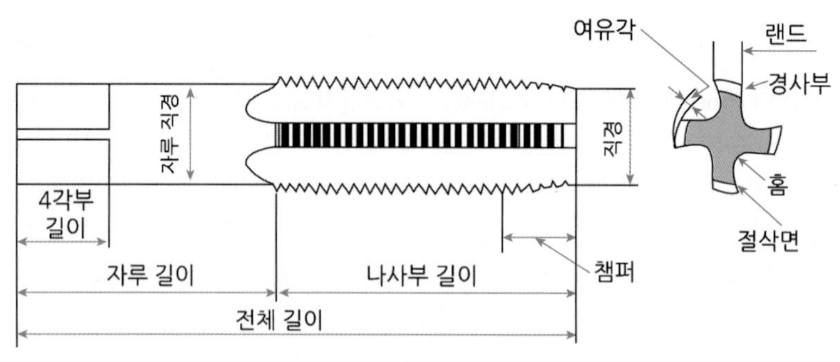

그림 탭의 형상 및 각부 명칭

(1) 챔퍼(chamfer) : 탭의 선단부에 테이퍼진 부분이다.

(2) 홈(flute) : 탭의 몸체에 길이 방향으로 파여진 부분으로서 윤활유를 공급하고 칩을 배출시키는 통로이다.

(3) 랜드(land) : 탭의 몸통을 이루는 부분으로서 여기에 나사가 각인되어 있으며 직접 나사를 가공하는 부분이다.

(4) 힐(heel) : 랜드의 뒷부분이다.

35. 탭의 종류를 열거하고 설명하여라.

풀이 (1) 핸드탭(hand tap) : 3개가 한 조를 이루는 탭으로서 탭 렌치에 고정시켜 손으로 회전시키면서 나사를 가공한다.

(2) 기계탭(machine tap) : 드릴링머신에 고정하여 나사를 가공하는 탭이다.

(3) 테이퍼탭(taper tap) : 테이퍼 구멍에 나사가공을 할 때 사용하는 테이퍼 형상의 탭이다.

(4) 너트탭(nut tap) : 자루의 길이가 긴 탭으로서 주로 기계에 고정시켜 사용한다.

(5) 풀리탭(pulley tap) : 자루의 길이가 긴 탭으로서 손으로 잡고 사용하는 핸드탭이다.

(6) 건탭(gun tap) : 탭 선단부에 홈을 매우 넓게 파서 칩의 배출이 잘 될 수 있게 한 탭이다.

(7) 스테이탭(stay tap) : 길이가 매우 긴 탭으로서 선단부는 리머, 중간부분은 나사가공, 그리고 자루쪽은 나사를 안내할 수 있는 구조로 되어 있다.

36. 세이퍼의 급속귀환운동에 대하여 그림을 그리고 설명하여라. 또한 절삭행정과 귀환행정의 속도를 비교하여라.

풀이 크랭크식 세이퍼는 그림 (a)에서와 같이 소기어(pinion), 대기어(bullgear), 로커암(rocker arm) 및 램 등으로 구성되어 있으며, 대기어의 회전운동은 로커암에 의해 직선운동으로 바뀌어 램을 직선운동시킨다. 이 운동기구를 순서대로 나타내면 다음과 같다.

① 전동기의 동력이 소기어를 회전시킨다.

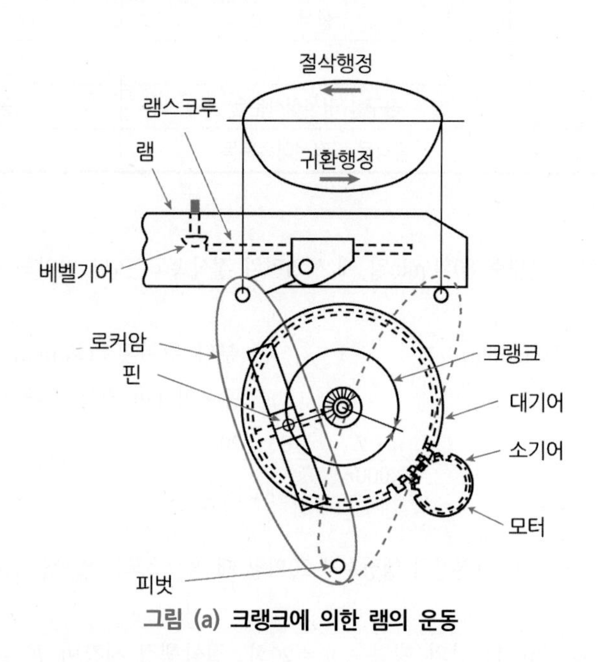

그림 (a) 크랭크에 의한 램의 운동

② 소기어의 회전이 대기어를 회전시킨다.

③ 대기어의 회전이 로커암의 홈에 들어간 크랭크핀에 의해 로커암을 피벗(pivot)을 중심으로 일정한 각도로 요동시킨다.

④ 로커암의 요동이 램을 직선운동시킨다.

위와 같은 과정을 거쳐서 램의 선단에 부착된 공구가 직선절삭운동을 한다. 절삭과정이 끝나면 램은 귀환운동을 하게 되는데, 이때에는 하중이 걸리지 않으므로 절삭과정보다는 훨씬 빠른 속도로 귀환하게 된다. 이를 급속귀환운동이라 한다. 절삭행정과 귀환행정에서의 램의 속도를 나타내면 그림 (b)와 같다.

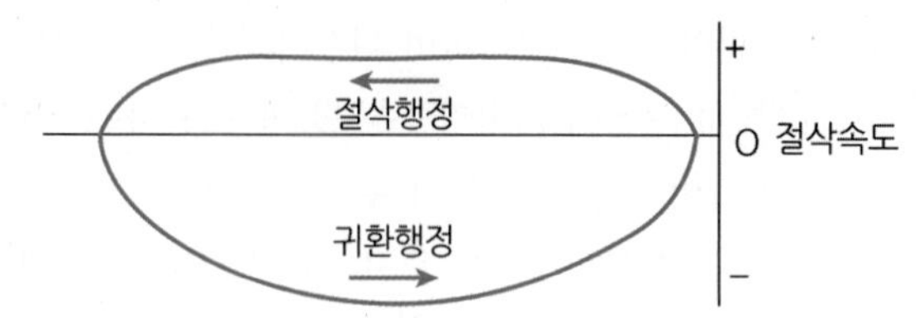

그림 (b) 크랭크식 세이퍼의 절삭 및 귀환행정 시의 속도 변환

37. 세이퍼와 플레이너의 특성을 비교하여라.

풀이 세이퍼와 플레이너의 특성은 표에 나타낸 바와 같이 가공형식, 공작물의 크기, 공구와 공작물의 상대운동 등으로 비교할 수 있다.

표 세이퍼와 플레이너의 특성

구분	세이퍼	플레이너
가공형식	형삭	평삭
공작물의 크기	소형	대형
공구와 공작물의 상대운동	공구 : 직선절삭운동	공구 : 직선이송운동
	공작물 : 직선이송운동	공작물 : 직선절삭운동

38. 행정이 200 mm이고 램의 왕복횟수 80회/min일 때 세이퍼의 절삭속도는?(단 바이트 1회 왕복에 대한 절삭행정의 시간비는 3/5이다.)

풀이 v : 세이퍼의 절삭속도(m/min)　　　n : 분당 왕복횟수(회/min)

L : 행정(mm)　　　r : 공구의 1회 왕복에 대한 절삭행정의 시간비

$$v = \frac{n \cdot L}{1{,}000r} = \frac{80 \times 200}{1{,}000 \times \frac{3}{5}} \fallingdotseq 26.7\text{(m/min)}$$

39. 세이퍼의 램의 행정이 500 mm이고 1분간의 행정수가 20회일 때 절삭속도는 얼마인가?(단 절삭행정의 시간비는 0.7이다.)

풀이 램의 행정 $L = 500$ mm, 1분간의 행정수 $n = 20$회. 절삭행정 시간비 $K = 0.7$

$$v = \frac{n \cdot L}{1{,}000K} = \frac{20 \times 500}{1{,}000 \times 0.7} \fallingdotseq 14.3\text{(m/min)}$$

40. 세이퍼가공에서 길이가 300 mm인 공작물을 절삭속도 30 m/min으로 가공하려고 한다. 절삭행정의 시간비를 0.6이라 하면 램의 1분간의 왕복횟수는 얼마인가?

풀이 램의 행정 L, 절삭속도 v, 절삭행정의 시간비를 K라 하면 램의 1분간의 왕복횟수 n은

$$n = \frac{1{,}000K \cdot v}{L} = \frac{1{,}000 \times 0.6 \times 30}{300} = 60\text{회}$$

41. 폭 300 mm, 길이 400 mm인 공작물을 세이퍼에서 절삭속도 30 m/min, 절삭깊이 1.5 mm, 이송 0.5 mm/stroke로 가공할 때 필요한 행정수(stroke/min) 및 가공시간(min)을 구하여라(단 공작물의 10 mm 앞에서 절삭이송을 하며 가공이 끝난 뒤에도 공작물의 길이보다 10 mm 더 절삭이송한다).

풀이 ① 절삭속도 : v(m/min)

가공행정 : l(mm)

행정수 : n(stroke/min)이라 하면

$$v = \frac{n \cdot l}{1,000}$$

$$\therefore n = \frac{1,000v}{l} = \frac{1,000 \times 30}{400+10+10} = \frac{30,000}{420}$$

$$≒ 71.4(\text{stroke/min})$$

② 공작물의 폭 : b(mm)

이송 : f(mm/stroke)

가공시간 : t(min)이라 하면

$$t = \frac{b}{n \cdot f} = \frac{300}{71.4 \times 0.5} ≒ 8.4(\text{min})$$

42. 밀링가공에서 칩의 평균두께 계산식을 유도하여라.

풀이 밀링가공 시 생기는 칩은 두께가 다르기 때문에 평균두께를 구하여 칩의 두께로 한다. 그림은 밀링가공에 의한 칩의 길이를 나타낸 것이다.

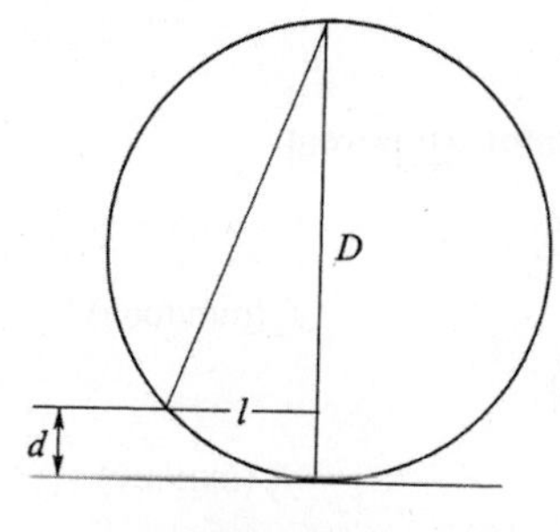

그림 칩의 길이

t_m : 칩의 평균두께(mm)

D : 밀링커터의 외경(mm)

d : 절삭깊이(mm)

l : 1개의 날이 깎아내는 칩의 길이(mm)

1개의 날이 깎아내는 칩의 길이는 원호형으로 나타나고 그 근사값은 그림에서와 같이 l로 한다.

$$l^2 = (D-d) \cdot d = Dd - d^2 \tag{1}$$

$$l = \sqrt{Dd - d^2} \fallingdotseq \sqrt{Dd}$$

또한

f : 이송속도(mm/min)

f_z : 날 1개당의 이송량(mm/tooth)

f_r : 날 1회전당 이송량(mm/rev)

z : 밀링커터의 이빨수

n : 1분간의 회전수(rpm)

$$f = n \cdot f_r = n \cdot z \cdot f_z \tag{2}$$

그리고 Q : 단위시간당 절삭량(mm³/min)

b : 절삭폭(mm)

$$Q = b \cdot d \cdot f \tag{3}$$

칩의 평균두께 t_m은 식 (1), (2), (3)으로부터

$$t_m = \frac{Q}{n \cdot z \cdot b \cdot l} = \frac{b \cdot d \cdot f}{n \cdot z \cdot b\sqrt{Dd}} \tag{4}$$

$$= \frac{f}{n \cdot z}\sqrt{\frac{d}{D}}$$

식 (4)로부터 칩의 평균두께는 밀링커터의 지름, 절삭깊이, 이송, 회전수 및 밀링커터의 이빨수에 의해서 변하는 것을 알 수 있다.

43. 밀링가공에서 이송의 표시방법에 대하여 설명하여라.

풀이 (1) 커터의 날 1개당의 이송

$$f_z \text{(mm/tooh)}$$

(2) 커터의 1회전당의 이송량

$$f_r \text{(mm/rev)}$$

커터의 잇수를 z개라 하면

$$f_r = z \cdot f_z$$

(3) 1분간의 이송속도

$$f \text{(mm/min)}$$

분당 회전수를 n(rpm)이라 하면

$$f = n \cdot f_r = n \cdot z \cdot f_z$$

44. 밀링가공에서 가공시간을 계산하여라. 평밀링가공과 정면밀링가공에 대하여 각각 나타내어라.

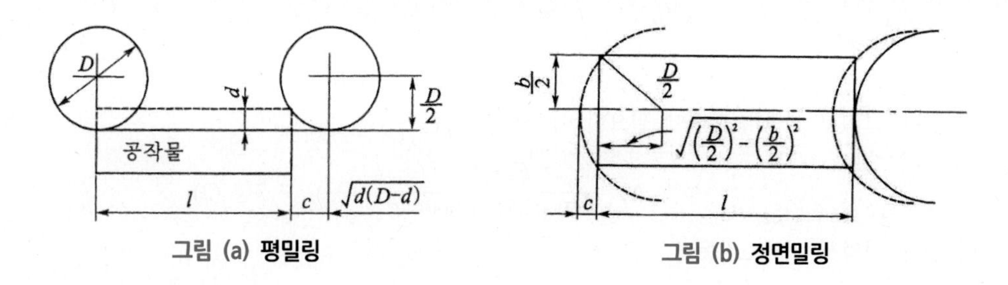

그림 (a) 평밀링　　　그림 (b) 정면밀링

D : 밀링커터의 직경

d : 절삭깊이

l : 공작물의 길이

f : 이송속도

라고 한다.

풀이 (1) 평 밀링가공의 경우 : 그림 (a)에서와 같이 공작물을 완전히 가공하려면 밀링커터가 c 만큼 더 이동해 가야 한다. 가공시간을 t라 하면

$$t = \frac{l+c}{f} \tag{1}$$

그림에서 $c = \sqrt{d(D-d)}$ 이므로 이것을 식 (1)에 대입하면

$$t = \frac{l+\sqrt{d(D-d)}}{f} \tag{2}$$

(2) 정면 밀링가공의 경우 : b를 공작물의 절삭폭이라 하면 그림 (b)에서

$$c = \frac{D}{2} - \sqrt{\left(\frac{D}{2}\right)^2 - \left(\frac{b}{2}\right)^2} \tag{3}$$

$$= \frac{D}{2}\left\{1 - \sqrt{1-\left(\frac{b}{c}\right)^2}\right\}$$

식 (3)을 식 (1)에 대입하면

$$t = \frac{l+\frac{D}{2}\left\{1-\sqrt{1-\left(\frac{b}{D}\right)^2}\right\}}{f} \tag{4}$$

45. 밀링가공에 필요한 절삭동력을 계산하여라.

F_c : 주분력(kg)

F_f : 이송분력(kg)

v : 절삭속도(m/min)

f : 이송속도(mm/min)

이라 한다.

풀이 절삭동력 N_c는

$$N_c = \frac{F_c \cdot v}{60 \times 75} \text{ (HP)} \qquad (1)$$

이 된다. 그리고 공구의 이송에 필요한 이송동력 N_f는

$$N_f = \frac{F_f \cdot f}{60 \times 75 \times 1{,}000} \qquad (2)$$

이 된다. 따라서 전체소비동력 N은

$$N = N_c + N_f = \frac{F_c \cdot v}{60 \times 75} + \frac{F_f \cdot f}{60 \times 75 \times 1{,}000} \text{ (HP)} \qquad (3)$$

만약 주축구동기구의 효율을 η_c, 그리고 이송기구의 효율을 η_f라고 하면

$$N = \frac{N_c}{\eta_c} + \frac{N_f}{\eta_f} \qquad (4)$$

46. 밀링커터의 종류를 열거하고 설명하여라.

풀이 밀링커터는 작업방식, 커터의 형태 및 구조 등에 따라서 분류할 수 있으며 다음과 같은 종류가 있다.

(1) 평 밀링커터(plain milling cutter) : 밀링커터의 외주면에만 절삭날이 있으며 평면가공에 이용된다. 커터의 폭이 좁은 것은 절삭날이 직선이고 커터의 폭이 넓은 것은 헬리컬로 되어 있다.

(2) 각 밀링커터(angular milling cutter) : 밀링커터의 외주면이 평행하지 않고 원추형으로 되어 있으며 각이 진 공작물의 절삭이나 각종 공구의 가공에 사용된다. 각은 한쪽 또는 양쪽으로 진 것이 있다.

(3) 정면 밀링커터(face milling cutter) : 커터의 외주면 및 한쪽 단면에 절삭날이 있으며 평면의 절삭에 사용된다. 평 밀링커터보다 훨씬 크며 절삭날은 삽입날(insert cutter)로 되어 있다.

(4) 총형커터(formed cutter) : 커터의 외주면이 요구하는 공작물의 외형과 같은 곡선의 윤곽을 갖는 것으로서 기어, 밀링커터, 리머 등의 윤곽을 가공할 때 사용된다.

(5) 엔드밀(end mill) : 정면 밀링커터와 같이 커터의 외주면과 한쪽 단면에 절삭날이 있으며 자루가 붙어 있다. 대형엔드밀은 커터와 자루를 분리시킬 수 있다.

47. 상향밀링과 하향밀링을 그림을 그려서 비교 · 설명하여라. 그리고 장 · 단점을 비교하여라.

풀이 (1) 상향밀링(up-milling) : 그림 (a)에서와 같이 공작물의 이송방향과 밀링커터의 회전방향이 반대가 되는 것을 상향밀링이라 한다. 생성되는 칩은 처음이 가장 얇고 마지막이 가장 두껍다. 상향밀링의 장 · 단점은 다음과 같다.

- 장점 : ① 커터와 공작물의 이송방향이 반대이므로 백래시(backlash)가 생기지 않는다.
  ② 칩이 절삭작업을 방해하지 않는다.
- 단점 : ① 밀링커터가 위로 향하므로 공작물을 견고하게 고정하여야 한다.
  ② 커터가 공작물 속으로 들어가기 어려우므로 채터진동(chattering)이 발생하기 쉽다.
  ③ 절삭초기 커터가 공작물의 표면과 마찰을 일으키므로 공구의 수명이 짧다.

(2) 하향밀링(down-milling) : 그림 (b)에서와 같이 공작물의 이송방향과 커터의 회전방향이 같은 것을 하향밀링이라 한다. 절삭초기에 칩의 두께가 가장 두껍고 절삭이 끝날 때 칩의 두께가 가장 얇다. 하향밀링의 장·단점은 다음과 같다.

•장점 : ① 공작물의 고정이 간단하다.
② 밀링커터가 공작물과 거의 90°로 접촉하므로 진동이 발생하지 않는다.
③ 절삭초기 커터가 공작물과 마찰을 일으키지 않으므로 공구의 수명이 길다.

•단점 : ① 커터와 공작물의 이송방향이 같으므로 백래시가 일어나기 쉽다.
② 칩이 절삭작업을 방해한다.

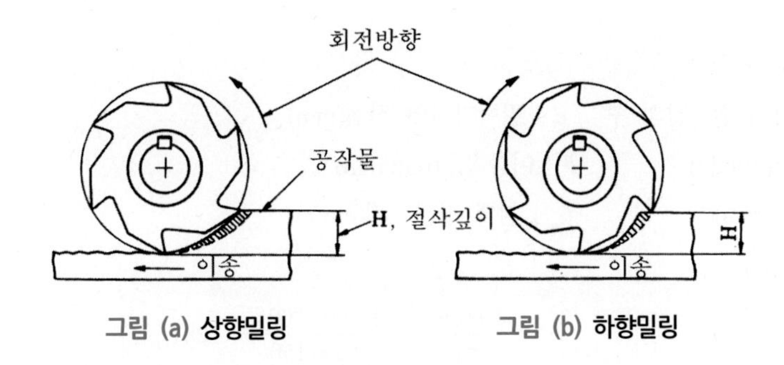

그림 (a) **상향밀링** 그림 (b) **하향밀링**

48. 직경 100 mm인 밀링커터를 사용하여 주축의 회전수 240 rpm으로 공작물을 가공한다. 커터의 날수가 10개이고, 날 1개당의 이송을 0.2 mm이라 하면 밀링커터의 이송속도는 얼마인가?

풀이 주축의 회전수 n, 커터수 z, 커터 1개당의 이송량 f_z, 이송속도를 f라 하면

$$f = n \cdot z \cdot f_z = 240 \times 10 \times 0.2 = 480(\text{mm/min})$$

49. 직경 120 mm의 고속도강 밀링커터로 연강을 가공하려고 한다. 밀링커터의 절삭속도를 40 m/min으로 하면 회전수는 얼마인가?

풀이 $v = \dfrac{\pi d n}{1,000}$

d : 밀링커터의 직경(mm)

v : 밀링커터의 절삭속도(m/min)

n : 회전수(rpm)

$$\therefore n = \frac{1,000v}{\pi d} = \frac{1,000 \times 40}{3.14 \times 120} \fallingdotseq 106(\text{rpm})$$

50. 직경 100 mm의 경질 밀링커터로 공작물을 가공할 때 작용하는 최대절삭력을 구하여라. 이때 허용전단응력은 5.2 kg/mm^{2}이고, 밀링커터의 아버의 지름은 36 mm이다.

풀이 M : 비틀림모멘트(kg·mm) D : 밀링커터의 직경(mm)

P_{max} : 최대절삭력(kg) d : 아버의 직경(mm)

τ : 허용전단응력(kg/mm^2)

$$M = \frac{D}{2} \times P_{max} = \frac{\pi}{16} d^3 \cdot \tau$$

$$\therefore P_{max} = \frac{2 \times \pi \times d^3 \times \tau}{16 \times D} = \frac{2 \times 3.14 \times 36^3 \times 5.2}{16 \times 100} \fallingdotseq 952(\text{kg})$$

51. 절삭날이 8개인 직경 150 mm의 고속도강 평 밀링커터로 절삭속도 60 m/min, 이송속도 280 mm/min, 절삭깊이 2 mm로 밀링가공할 때 칩의 평균두께를 계산하여라.

풀이 $v = \dfrac{\pi d n}{1{,}000}$

z : 밀링커터의 절삭날의 수 d : 밀링커터의 직경(mm)

v : 절삭속도(m/min) F : 이송속도(mm/min)

h : 절삭깊이(mm) t_m : 칩의 평균두께(mm)

n : 회전수(rpm)

$$n = \frac{1{,}000v}{\pi d} = \frac{1{,}000 \times 60}{3.14 \times 150} \fallingdotseq 128\,(\text{rpm})$$

$$t_m = \frac{F}{n \cdot z}\sqrt{\frac{k}{d}} = \frac{280}{128 \times 8}\sqrt{\frac{2}{150}} \fallingdotseq 0.0316(\text{mm})$$

52. 밀링머신에서 스파이럴 밀링장치로 커팅할 때 공작물의 원통직경을 120 mm, 스파이럴 각도를 30°로 할 경우의 리드(lead)의 값은?

풀이 소재의 지름을 D, 나선각을 α라고 하면 리드 L은

$$L = \pi D \cdot \cot\alpha = \frac{\pi D}{\tan\alpha}$$

$$\therefore L = \frac{\pi \times 120}{\tan 30^\circ} \fallingdotseq 653(\text{mm})$$

53. 분할대의 사용목적과 분할방법에 대하여 설명하여라.

풀이 분할대(index head 또는 dividing head)는 밀링머신에서 원주를 등간격으로 분할하고자 할 때 또는 원주를 등각도로 분할하고자 할 때 사용한다. 분할방법은 직접분할법, 단식분할법 및 차동분할법 등 3가지가 있다.

(1) 직접분할법(면판분할법 ; direct dividing method) : 이 방법은 분할판을 직접 회전시켜 분할하는 것이다. 예를 들어 분할판이 30등분되어 있는 것이라면 30의 인수인 2, 3, 5, 6, 10, 15, 30의 등분분할이 가능하다. 분할판은 24, 30, 36등분된 것들이 있다.

(2) 단식분할법(simple dividing method) : 이 분할법은 분할판과 주축이 웜과 웜기어로 연결되어 있으

며 그 회전비는 분할판의 크랭크가 40회전하면 주축이 1회전하도록 되어 있다. 분할판은 cincinnati 형과 Brown & Sharpe형이 있으며, 직접분할법으로 분할이 곤란한 것을 분할할 수 있다.

(3) 차동분할법(differential dividing method) : 단식분할법에서와는 달리 분할판이 고정되어 있지 않고 양쪽 방향으로 회전할 수 있다. 분할판의 회전방향은 중간 기어의 수에 따라 바뀌며, 직접분할법이나 단식분할법으로 분할할 수 없는 복잡한 분할에 이용된다.

54. 단식분할법의 원리를 설명하여라.

풀이 단식분할기구는 그림에서와 같이 분할판, 분할크랭크, 그리고 웜과 주축에 연결된 웜기어로 구성되어 있으며 웜과 웜기어의 잇수의 비로 인하여 분할크랭크가 40회전하면 주축이 1회전하도록 되어 있다.

N : 분할하려는 분할수

H : 분할판의 구멍수

1회의 분할에 필요한 구멍수를 h라 하면 웜과 웜기어의 회전비가 40이므로 다음과 같은 식이 성립된다.

$$\frac{h}{H} = \frac{40}{N}$$

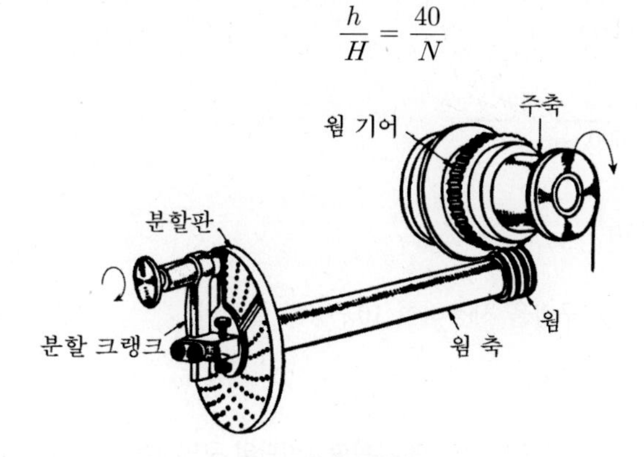

그림 단식분할기구

분할판의 구멍수는 다음 표와 같다.

표 분할판의 구멍수

형식		구멍수
Cincinnati type	전면 후면	24 25 28 30 34 37 38 39 41 42 43 46 47 49 51 53 54 57 58 59 62 66
Brown & Sharpe type	No. 1 No. 2 No. 3	15 16 17 18 19 20 21 23 27 29 31 33 38 39 41 43 47 49

55. 원주를 17등분, 64등분 및 $3\frac{1}{3}°$씩 분할하여라(단 분할판은 Brown & Shape사의 것을 사용하며 구멍수는 다음 표와 같다).

표 분할판의 구멍수(Brown & Shape사)

분할판 번호	구멍수
No.1	15 16 17 18 19 20
No.2	21 23 27 29 31 33
No.3	37 39 41 43 47 49

풀이 (1) 원주의 17등분

$$\frac{h}{H} = \frac{40}{N} = \frac{40}{17} = 2\frac{6}{17}$$

∴ 1번 분할판의 17구멍을 사용하여 2회전과 6구멍씩 돌린다.

(2) 원주의 64등분

$$\frac{h}{H} = \frac{40}{N} = \frac{40}{64} = \frac{10}{16}$$

∴ 1번 분할판의 16구멍을 사용하여 10구멍씩 돌린다.

(3) 원주를 $3\frac{1}{3}°$씩 분할

$$\frac{h}{H} = \frac{40}{N} = \frac{40 \times \theta°}{360} = \frac{\theta°}{9}$$

$$= \frac{3\frac{1}{3}}{9} = \frac{10}{27}$$

∴ 2번 분할판의 27구멍을 사용하여 10구멍씩 돌린다.

56. 밀링머신의 분할작업에서 $4\frac{1}{2}°$를 분할하여라(단 분할판 1번판의 구멍수는 15-16-17-18-19-20을 이용한다. 웜기어의 잇수는 40이다).

풀이 밀링머신에서 각도분할은 다음 식으로 계산한다.

$$t = \frac{D°}{9},\ t = \frac{4\frac{1}{2}°}{9} = \frac{9}{18}$$

∴ 18구멍을 사용하여 9구멍씩 돌린다.

57. 밀링작업에서 차동분할법을 이용하여 원둘레를 233등분하기 위해서는 어떤 변환기어를 사용해야 하는가?(단 A는 스핀들기어, B는 웜기어이다.)

풀이 등분분할수를 N, 단식분할이 가능한 N에 가까운 수를 N_1, 변환기어의 회전비를 R라 하면

$$R = \frac{40(N - N_1)}{N_1} = \frac{40(233 - 240)}{240} = -\frac{40 \times 7}{240} = -\frac{56}{48}$$

필요한 기어의 잇수는 A기어 56, B기어 48이고 값이(−)이므로 중간기어 1개가 필요하다.

V

연삭 및 입자가공

01장
연삭가공

1.1 연삭가공의 개요

연삭가공(研削加工, grinding)은 그림 5.1과 같이 연삭숫돌을 고속회전시켜 숫돌표면에 있는 숫돌입자(abrasive grain)의 예리한 모서리로 공작물의 표면으로부터 미소한 칩을 깎아내는 절삭가공이다. 따라서 정상적인 연삭이 행하여지는 경우에 대부분의 칩은 밀링커터에 의한 칩과 같이 가늘고 긴 꼬인 형상을 나타내고 있으나, 연삭이 바르게 되지 않는 경우에는 절삭으로 인한 발열 때문에 칩이 산화하여 불꽃이 되고 칩 속에는 이것이 구상(球狀)으로 응고된 것이 다량으로 나타난다.

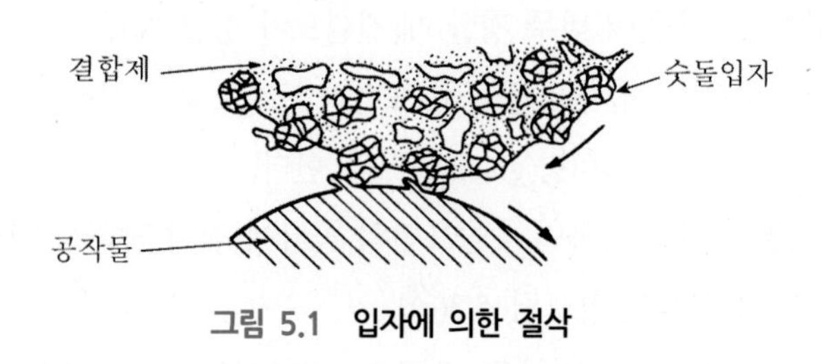

그림 5.1 입자에 의한 절삭

숫돌 입자는 결합제로 결합되어 있으며 입자(粒子)가 둔화되어 절삭저항이 결합제의 강도 이상이 되면 입자는 탈락되고 새로 예리한 입자가 출현한다.

숫돌 입자의 재질은 초기에는 금강사(emery), 코런덤(corundum) 등의 천연산이었으나, 그 후 탄화규소(SiC), 알루미나(Al_2O_3) 등의 인조 연삭숫돌이 개발되어 연삭능력이 크게 향상되었다.

1.2 연삭숫돌의 구성요소

연삭숫돌은 대단히 경한 물질의 숫돌입자, 이를 결합하여 일체가 되어 있는 결합제(結合劑, bond) 및 그 사이에 있는 공극, 즉 기공(氣孔, pore)으로 구성되어 있다(그림 5.2). 이들을 연삭숫돌의 3요소라고 한다.

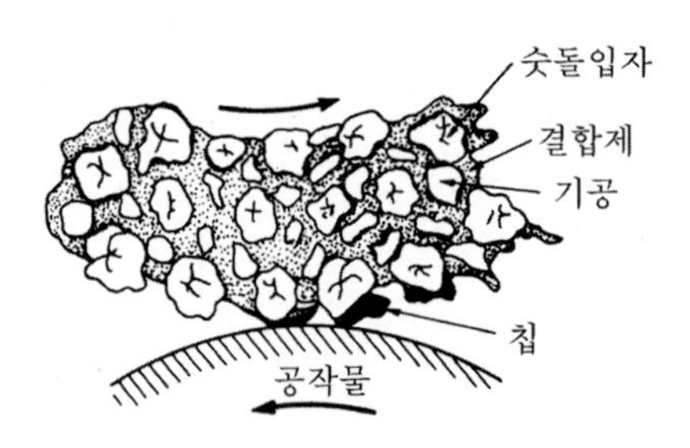

그림 5.2 연삭숫돌의 3요소

연삭숫돌이 다른 절삭공구와 다른 점은 절삭공구는 둔화된 날 끝을 재연삭(再研削)하는데 반하여 연삭숫돌은 절삭 중에 입자의 조직이 일부가 파쇄되어 새로운 날이 생긴다는 점이다. 즉, 연삭의 진행과 더불어 둔해진 날이 차츰 새로운 예리한 날로 대체되어가는 것이 연삭의 특징이며, 이것을 날의 자생작용(自生作用, self sharpening)이라 한다.

숫돌의 결합도가 약할 때는 공작물을 깎아내는 가공량에 비하여 숫돌의 손모량(損耗量)이 커진다. 이것을 셰딩(shedding)이라 한다. 또 숫돌이 너무 경할 때(결합도가 강할 때)는 무디어진 입자가 탈락하지 않으므로, 숫돌은 절삭을 할 수 없고 이 입자가 공작물 표면과 고속으로 마찰하게 되어, 공작물을 상하게 하고 표면을 변질시키게 된다. 이것을 글레이징(glazing)이라 한다[그림 5.3(b)]. 또 가공 부분이 너무 작거나 연질 금속을 연삭할 때 숫돌이 너무 연하면 숫돌표면의 공극에 칩이 막혀서 역시 연삭이 행하여지지 않게 된다. 이것을 눈메움(loading)이라 한다[그림 5.3(c)].

연삭숫돌은 숫돌 입자의 종류, 입도, 결합도, 조직 및 결합제의 다섯 가지로 구성되며 이를 연삭숫돌의 5대 구성요소라고 한다. 연삭숫돌은 공작물의 재질, 가공정밀도, 작업의 성질에 따라 적합한 것을 선택해야 한다.

1.2.1 숫돌 입자

연삭숫돌에 사용되는 숫돌 입자에는 천연산과 인조산이 있다.

천연산은 인조산보다 더 경한 에머리(emery), 코런덤(corundum), 다이아몬드(diamond) 등의 숫돌 재료가 있다.

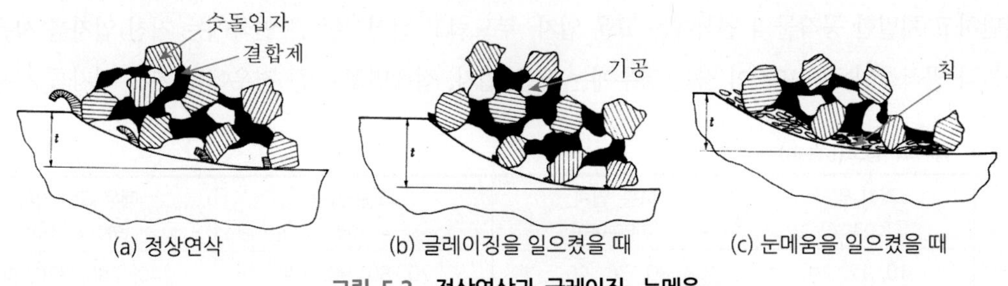

그림 5.3 정상연삭과 글레이징, 눈메움

다이아몬드 숫돌은 결합제로 베이클라이트를 사용하며 초경질 합금공구를 연삭하는 데 적당하다.

현재 많이 사용되는 인조산 연삭숫돌은 알루미나(Alumina, Al_2O_3)계와 탄화규소(SiC)계의 2종이다. 그리고 붕소와 다이아몬드도 일부 사용된다. 알루미나계 숫돌의 색깔은 연한 갈색을 띠고 있으며 "A" 숫돌이라 한다. 이것은 강인하고 인장강도가 높은 강철, 고속도강 등을 연삭하는데 사용된다. 순수한 알루미나(함유량 99% 이상)는 백색 산화알루미늄 숫돌 또는 "WA" 숫돌이라 한다.

탄화규소(SiC)계 숫돌의 색깔은 청자색을 띠고 있으나 흑색의 광택이 많이 나며 "C" 숫돌이라 한다. 순수한 탄화규소질은 "GC"라 하며, 녹색을 나타내고 있고 GC와 C 연삭숫돌은 주철, 황동, 초경합금 등 인장강도가 작은 재료의 연삭에 사용한다. 이들을 분류하여 표 5.1에 나타내었다.

표 5.1 숫돌 입자의 분류

기호	재질	순도	용도
A	흑갈색 알루미나 (약 95%)	2A	인장강도가 크고(30 kg/mm^2) 인성이 큰 재료의 강력 연삭이나 절단작업용, 탄소강
WA	흰색 알루미나 (99.5%)	4A	인장강도가 매우 크고(50 kg/mm^2) 인성이 많은 재료로서 발열하면 안되고, 연삭깊이가 얇은 정밀연삭용, 고속도강
C	흑자색 탄화규소 (약 97%)	2C	주철과 같이 인장강도가 작고 취성이 있는 재료, 절연성이 높은 비철금속, 석재, 고무, 플라스틱, 유리, 도자기 등
GC	녹색 탄화규소 (98% 이상)	4C	경도가 매우 높고 발열하면 안되는 초경합금, 특수강 등

1.2.2 입도

입자의 크기를 **입도**(粒度, grain size)라 하며 체 눈의 숫자로 표시한다. 표 5.2에 숫돌 입자의 입도를 나타내었다. 이 숫자는 메시(mesh)를 의미하며 30메시의 입자라 함은 1인치에 30개의 눈, 즉 1평방인치당 900개의 눈이 있는 체에 걸리는 입자를 말한다.

연삭작업에서 입도의 선정은 작업조건, 숫돌 치수의 대소, 결합도의 강약 등에 따라 다르다.

① 절삭여유가 큰 거친 연삭에는 거친 입자 사용

② 다듬질 연삭 및 공구의 연삭에는 고운 입자 사용

③ 단단하고 치밀한 공작물의 연삭에는 고운 입자, 부드럽고 전연성이 큰 연삭에는 거친 입자를 사용한다.

④ 숫돌과 공작물의 접촉면적이 작은 경우에는 고운 입자, 접촉면적이 큰 경우에는 거친 입자를 사용한다.

표 5.2 숫돌 입자의 입도(mesh)

구분	거친 입자 (coarse)	보통 입자 (medium)	고운 입자 (fine)	매우 고운입자 (extra fine)
입도	10, 12, 14, 16, 20, 24	30, 36, 46, 54, 60	70, 80, 90, 100 120, 150, 180, 220	240, 280, 320, 400 500, 600, 700, 800

1.2.3 결합도

결합도(結合度, grade)는 숫돌 입자의 크기에 관계없이 숫돌 입자를 지지하는 결합제의 결합력의 정도를 나타낸다. 결합도의 표시는 표 5.3과 같이 알파벳을 대문자로 표시하고 공작물의 재질과 가공정밀도에 따라 적당한 결합도의 숫돌을 선택해야 한다. 표 5.4에 결합도에 따른 숫돌의 선택기준을 나타내었다.

표 5.3 연삭숫돌의 결합도

기호	A ~ G	H, I, J, K	L, M, N, O	P, Q, R, S	T ~ Z
호칭	극히 연한 것	연한 것	보통 것	단단한 것	매우 단단한 것

표 5.4 결합도에 따른 숫돌의 선택기준

결합도가 높은 숫돌(굳은 숫돌)	결합도가 낮은 숫돌(연한 숫돌)
연질재료의 연삭 숫돌차의 원주속도가 작을 때 연삭깊이가 얕을 때 접촉면적이 작을 때 재료표면이 거칠 때	경질재료의 연삭 숫돌차의 원주속도가 클 때 연삭깊이가 깊을 때 접촉면적이 클 때 재료표면이 매끈할 때

1.2.4 조직

연삭숫돌이 단위체적당 들어 있는 입자수를 밀도(密度)라 하며 일정 체적 내에 입자의 수가 많으면 조직(組織, structure)이 조밀하고 적으면 성기다고 한다. 이를 기호와 번호로 나타내며 구체적으로는 표 5.5와 같다. 또한 연삭숫돌의 체적에 대한 입자체적의 비로 입자율(粒子率, grain percentage)을 표시하기도 한다.

$$\text{입자율} = \frac{\text{숫돌입자의 체적}}{\text{연삭숫돌의 체적}} \times 100\%$$

이 때 성긴 조직을 w, 중간 조직을 m, 조밀한 조직을 c로 표시한다.

그리고 조직의 선택기준은 표 5.6과 같다.

표 5.5 연삭숫돌의 조직

연삭숫돌의 조직	조밀	중간	성김
조직기호	c	m	w
조직번호	0, 1, 2, 3	4, 5, 6	7, 8, 9, 10, 11, 12
입자율(%)	50 이상	42 ~ 50	42 이하

표 5.6 조직의 선택기준

성긴 조직	조밀한 조직
연질 재료 거친 연삭 공작물과 숫돌의 접촉면적이 클 때	경질 재료 다듬질 연삭 공작물과 숫돌의 접촉면적이 작을 때

1.2.5 결합제

결합제(結合劑, bond)는 숫돌 입자를 결합하여 숫돌의 형상을 만드는 것이며 결합제의 요구조건은 다음과 같다.

① 임의의 형상으로 숫돌을 만들 수 있어야 한다.
② 결합능력을 광범위하게 조절할 수 있어야 한다.
③ 균일한 조직을 만들 수 있어야 한다.
④ 고속회전에도 파괴되지 않는 강도를 유지해야 한다.
⑤ 열이나 연삭액에 대해 안정되어야 한다.

결합제의 종류는 다음과 같다.

1) 비트리파이드 결합제(vitrified bond , V)

점토, 장석 등을 주원료로 약 1,300℃ 정도의 고온에서 가열하여 자기질화한 것이다. 이 결합제의 장점은 결합력을 광범위하게 조절하고 균일한 가공을 할 수 있으며, 물, 산, 기름, 온도 등에 영향을 받지 않고 다공성(多孔性)이어서 연삭력이 강한 숫돌을 제작할 수 있다. 결점은 충격에 의해 파괴되기 쉽다. 현재 사용되는 결합제의 약 90% 정도가 비트리파이트 결합제이며 연삭속도는 1,600 ~ 2,000 m/min 정도이다.

2) 실리케이트 결합제(silicate bond, S)

규산나트륨(물유리, water glass)을 입자와 혼합하여 성형한 후 수 시간 건조한 후 숫돌을 260℃에서 1 ~ 3일간 가열한다. 실리케이트 숫돌은 다른 방법에 의하여 결합한 것보다 무르기 때문에 쉽게 마멸된다.

용도는 연삭열을 되도록 적게 해야 하는 절삭공구의 절삭날 연삭이나 가열할 때 터지거나 비틀림이 일어나지 않으므로 대형 숫돌 제작에 적합하다.

3) 셸락 결합제(shellac bond, E)

천연 수지인 셸락이 주성분이며 비교적 저온에서 제작된다. 이 결합제는 강하며 탄성(彈性)이 크고 내열성(耐熱性)이 적어 얇은 숫돌 제작에 적합하다. 용도는 표면 연마가 필요한 부분, 큰 톱, 절단 작업 및 롤(roller)을 다듬거나 리머(reamer)의 인선가공에 사용된다. 연삭속도는 2,700 ~ 4,900 m/min 정도이다.

4) 고무 결합제(rubber bond, R)

결합제의 주성분은 생고무이며 이에 첨가되는 유황의 양에 따라 결합도가 달라진다. 탄성이 크므로 절단용 숫돌 및 센터리스 연삭기의 조정숫돌 결합제로 사용한다.

5) 레지노이드 결합제(resinoid bond, B)

열경화성(熱硬化性)의 합성수지인 베이크라이트가 주성분이며, 결합이 강하고 탄성이 풍부하여 절단 작업용 및 정밀 연삭용으로 적합하며 연삭속도는 2,800 ~ 4,900 m/min 정도이다.

6) 금속 결합제(metal bond, M)

수소 분위기 중에서 분말야금법으로 숫돌을 제작할 때 사용하는 결합제로서 구리, 철, 은, 니켈 및 코발트 등이 사용된다.

이것은 다이아몬드 숫돌에 주로 사용되고 다이아몬드 분말을 강하게 결합 시 기공이 적다.

1.2.6 연삭숫돌의 형상과 표시법

1) 연삭숫돌의 형상

그림 5.4는 연삭숫돌의 형상과 윤곽을 도시한 것이다. 그림에서와 같이 연삭숫돌은 13종이 있으며, 이들을 번호로 표시한다.

1호는 절단 및 홈가공에 사용되고, 1, 5, 7호는 내면연삭, 바깥지름 연삭, 손연삭, 2, 6호는 평면연삭에 사용하며, 11호는 공구연삭, 12호는 밀링커터, 호브 등의 윗면 경사를 연삭하는 데 적합하다. 13호는 톱날을 연삭하는 전용 숫돌이다.

그리고 연삭숫돌의 모서리 형상은 그림 5.5에 나타낸 12종류가 표준화되어 있으며, 치수는 그림에 나타낸 바와 같다.

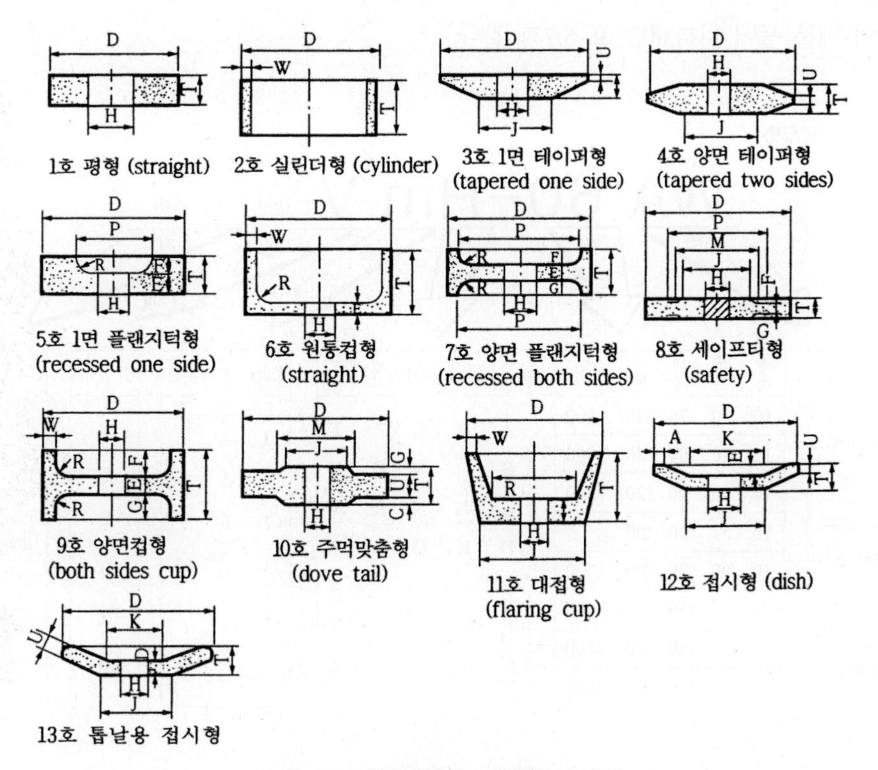

그림 5.4 연삭숫돌의 표준형상과 윤곽

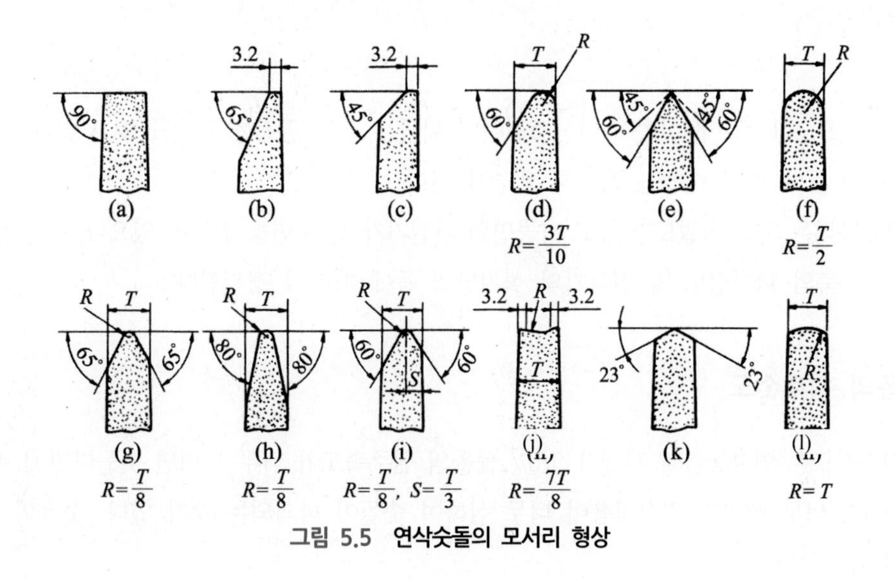

그림 5.5 연삭숫돌의 모서리 형상

2) 연삭숫돌의 표시법

연삭숫돌의 표시법은 i) 숫돌입자재료, ii) 입도, iii) 결합도(경도), iv) 조직, v) 결합제 등 5대 요소를 필수적으로 나타내고, 그 외 숫돌형상과 숫돌의 치수(외경, 두께, 내경)를 선택사항으로 표시한다. 이들을

모아서 하나의 예를 들어 나타내면 표 5.7과 같다.

표 5.7 연삭숫돌의 표시법

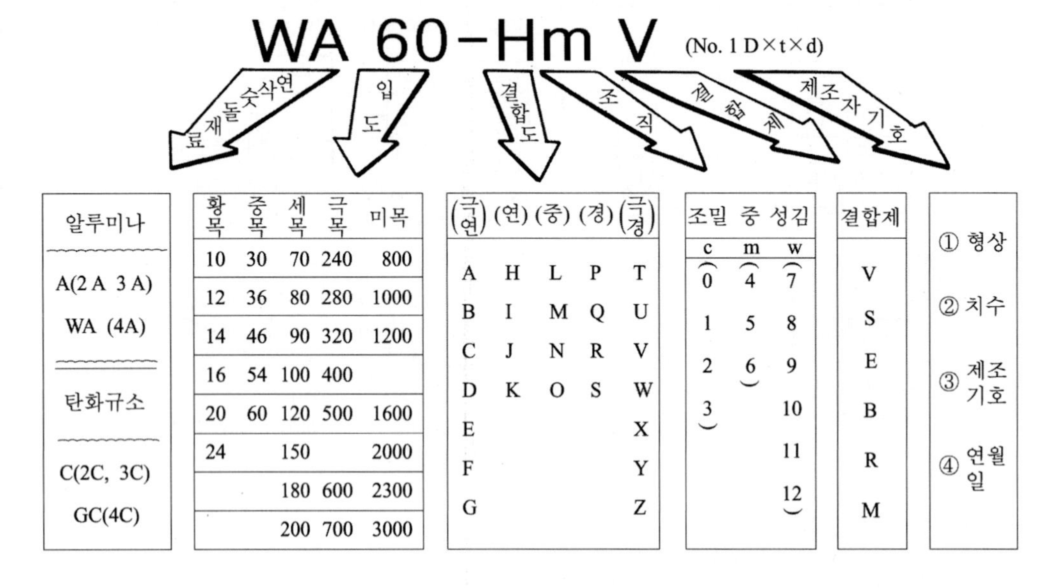

알루미나
A(2 A 3 A)
WA (4A)
탄화규소
C(2C, 3C)
GC(4C)

황목	중목	세목	극목	미목
10	30	70	240	800
12	36	80	280	1000
14	46	90	320	1200
16	54	100	400	
20	60	120	500	1600
24		150		2000
		180	600	2300
		200	700	3000

(극연)	(연)	(중)	(경)	(극경)
A	H	L	P	T
B	I	M	Q	U
C	J	N	R	V
D	K	O	S	W
E				X
F				Y
G				Z

조밀	중	성김
c	m	w
0	4	7
1	5	8
2	6	9
3		10
		11
		12

결합제
V
S
E
B
R
M

제조자기호
① 형상
② 치수
③ 제조기호
④ 연월일

1.3 연삭조건

숫돌의 원주속도, 연삭깊이, 이송이 연삭조건이며 이들은 서로 밀접한 관계를 맺고 있다. 공작물의 재질, 숫돌의 성질 등에 따라 이들을 적당히 택해야 한다.

연삭가공의 목적은 치수 정밀도가 높고 가공면의 거칠기가 작은 면을 얻는데 있으나, 이들은 주로 연삭기의 정도, 숫돌축의 회전정도 및 연삭기의 설치방법 등에 따라서 정해진다.

1.3.1 숫돌의 원주속도

숫돌의 원주속도는 연삭능률과 관계가 있고, 숫돌의 원주속도가 너무 느리면 숫돌마멸에 비하여 유용한 일이 적으며, 너무 빠르면 절삭작용이 너무 심하여 숫돌이 파괴되는 수가 있다. 숫돌의 원주속도는 다음과 같이 계산한다.

$$V = \frac{\pi D n}{1{,}000} \tag{5.1}$$

여기서 V : 숫돌의 원주속도(m/min)

D : 숫돌의 직경(mm)
n : 회전수(rpm)

숫돌의 원주속도는 표 5.8의 범위를 택하는 것이 좋다.

표 5.8 숫돌의 원주속도

작용 종류	속도(m/min)	속도(ft/min)
원통연삭	1,650 ~ 2,000	5,500 ~ 6,500
내면연삭	600 ~ 1,800	2,000 ~ 6,000
평면연삭	1,200 ~ 1,800	4,000 ~ 6,000
주물귀 절단(수동, 비트리파이드 숫돌 사용)	1,500 ~ 2,000	5,000 ~ 6,500
주물귀 절단(레지노이드 숫돌 사용)	2,100 ~ 2,900	7,000 ~ 9,500
습식공구연삭	1,500 ~ 1,800	5,000 ~ 6,000
건식공구연삭	1,400 ~ 1,800	4,500 ~ 6,000
금속절단(레지노이드)	2,700 ~ 4,900	9,000 ~ 16,000
초경합금연삭	1,400 ~ 1,650	4,500 ~ 5,500

1.3.2 공작물의 원주속도

공작물의 원주속도는 숫돌의 원주속도와 깊은 관계가 있으며 숫돌의 마모와 다듬질면의 관계에서는 속도가 느린 것이 좋고, 연삭능률면에서는 다소 큰 것이 유리하다. 표 5.9는 연삭가공에서 많이 사용되는 공작물의 원주속도 범위이다.

표 5.9 공작물의 원주속도(m/min)

피삭재	원통외면 연삭		내면 연삭
	다듬질 연삭	거친 연삭	
담금질된 강	6 ~ 12	15 ~ 18	20 ~ 25
특수강	6 ~ 10	9 ~ 12	15 ~ 30
강	8 ~ 12	12 ~ 15	15 ~ 20
주철	6 ~ 10	10 ~ 15	18 ~ 35
황동 및 청동	14 ~ 18	18 ~ 21	25 ~ 30
알루미늄	30 ~ 40	40 ~ 60	30 ~ 50

예제 5.1

지름 12 in인 연삭숫돌을 이용하여 강의 표면을 연삭가공하려고 한다. 직결된 전동기의 회전수를 1,500 rpm이라고 하면 연삭숫돌의 원주속도는 얼마인가?

풀이 연삭숫돌의 지름을 d, 회전수를 n이라 할 때 원주속도 v는

$$v = \frac{\pi d n}{1{,}000}$$

$$= \frac{3.14 \times 12 \times 25.4 \times 1,500}{1,000} \fallingdotseq 1,436\,(\mathrm{m/min})$$

예제 5.2

지름이 70 mm인 연삭숫돌을 내면연삭기에 고정하고 지름 120 mm의 구멍을 내면연삭한다. 연삭숫돌의 회전수가 5,000 rpm이고 공작물의 회전수가 300 rpm이라 하면, 연삭숫돌과 공작물이 접촉하는 곳에서의 연삭속도는 얼마인가?

풀이 연삭숫돌의 원주속도, 지름 및 회전수를 각각 v_1, d_1, n_1이라 하고, 공작물의 절삭속도, 지름 및 회전수를 각각 v_2, d_2, n_2라 하면 접촉점에서의 연삭속도

$$v = v_1 + v_2$$

$$= \frac{\pi d_1 n_1}{1,000} + \frac{\pi d_2 n_2}{1,000}$$

$$= \frac{3,14 \times 70 \times 5,000}{1,000} + \frac{3,14 \times 120 \times 300}{1,000}$$

$$= 1,212\,(\mathrm{m/min})$$

1.3.3 이송

원통연삭에서 이송은 공작물의 원주속도와 반비례 관계가 있으며, 원주속도가 크면 이송을 작게 한다. 그리고 원주속도가 아주 느릴 때에도 이송을 작게 한다.

이송은 숫돌의 폭 이하가 되어야 하며 숫돌의 폭 B에 대한 이송 f(mm/rev)의 표준값은 다음과 같다.

강 $f = \left(\frac{1}{3} \sim \frac{3}{4}\right)B$

주철 $f = \left(\frac{3}{4} \sim \frac{4}{5}\right)B$

다듬질연삭 $f = \left(\frac{1}{4} \sim \frac{1}{3}\right)B$

공작물의 회전수를 n(rpm)이라 하면 이송속도 f_v(mm/min)는 다음과 같다.

$$f_v = \frac{f \cdot n}{1,000} \tag{5.2}$$

1.3.4 연삭깊이

연삭깊이는 숫돌의 종류, 공작물의 재질 및 형상, 공작물의 가공면 정밀도 등에 따라 다르므로 표 5.10을 고려하여 선정한다. 강을 연삭할 때에는 일반적으로 표 5.11의 범위를 택한다.

표 5.10 연삭깊이의 선정조건

요소		선정 조건
숫돌의 성질과 형상	입도	입도가 클수록 연삭깊이를 크게 할 수 있으며 과대하게 하면 숫돌바퀴의 소모 또는 날막힘이 생긴다.
	결합도	큰 연삭깊이는 능률 향상의 면에서는 적당하나 숫돌바퀴는 결합도가 작게 작용한다(부드럽게 작용한다).
	직경	숫돌바퀴가 작을수록 연삭깊이를 크게 할 수 있다.
	원주속도	숫돌바퀴의 원주속도가 작을수록 연삭깊이를 크게 할 수 있다.
공작물의 성질과 형상	직경	가공지름이 작을수록 연삭깊이를 크게 할 수 있으나 공작물의 강성을 고려해야 한다. 큰 재료에 대해서는 연삭깊이를 과대하게 해서는 안 된다.
	원주속도	공작물의 원주속도가 클수록 연삭깊이를 크게 할 수 있다.

표 5.11 강의 연삭깊이(mm)

	원통연삭	내면연삭	평면연삭	공구연삭
거친 연삭	0.01 ~ 0.04	0.02 ~ 0.04	0.01 ~ 0.27	0.07
다듬질 연삭	—	0.0025 ~ 0.005	—	0.02

1.3.5 연삭동력

연삭저항은 그림 5.6과 같이 3개의 분력으로 분해되며 연삭조건과 공작물의 재질과 형상, 연삭숫돌의 종류와 형상 등에 따라 변한다. 외경 연삭작업에서 연삭숫돌의 원주속도를 v[m/min], 연삭저항을 F[kg]라 하면 연삭동력 N은 다음 식으로 계산된다.

$$N = \frac{F \cdot v}{75 \times 60\eta}\,[\mathrm{HP}] \tag{5.3}$$

여기서 η : 연삭기의 효율

$F = \sqrt{F_1{}^2 + F_2{}^2 + F_3{}^2}$

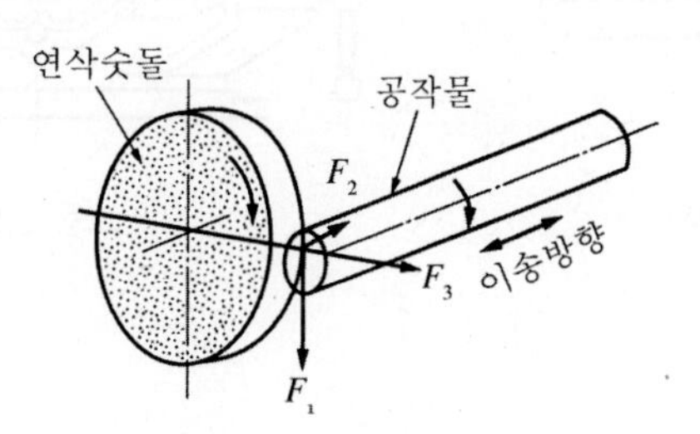

그림 5.6 연삭저항

예제 5.3

연삭작업에서 공작물에 가해지는 힘 $F=25$ kg, 연삭속도 $v=1{,}800$ m/min라고 하면 연삭에 필요한 동력은 얼마인가? (단 기계적인 효율은 무시한다.)

풀이 연삭동력을 N이라 하면

$$N=\frac{F\cdot v}{75\times 60}=\frac{25\times 1{,}800}{75\times 60}=10\,(\mathrm{HP})$$

예제 5.4

평면연삭에서 연삭력 $F=20$ kg, 연삭숫돌의 원주속도 v = 2,700 m/min이고, 공급된 동력 $N=15$ HP이라 하면 이 연삭기의 효율(η)은 얼마인가?

풀이 $N=\dfrac{F\cdot v}{75\times 60\times \eta}$ 에서

$$\eta=\frac{F\cdot v}{75\times 60\times N}\times 100=\frac{20\times 2{,}700}{75\times 60\times 15}\times 100=80\%$$

1.3.6 연삭숫돌의 수정

1) 드레싱

연삭숫돌의 입자가 무디어지거나 입자와 입자 사이에 칩이 끼어 눈메움(loading)이 생기면 연삭이 잘 되지 않는다. 이때 숫돌의 예리한 날이 다시 나타나도록 하는 작업을 **드레싱**(dressing)이라 하며, 건식 드레싱과 습식 드레싱이 있다. 드레싱에 사용되는 공구를 드레서(dresser)라고 하며 그림 5.7과 그림 5.8에 성형 드레서와 R 드레서를 나타내었다.

그림 5.9는 다이아몬드 드레서로 연삭숫돌을 드레싱할 때의 설치각을 표시한 것이다.

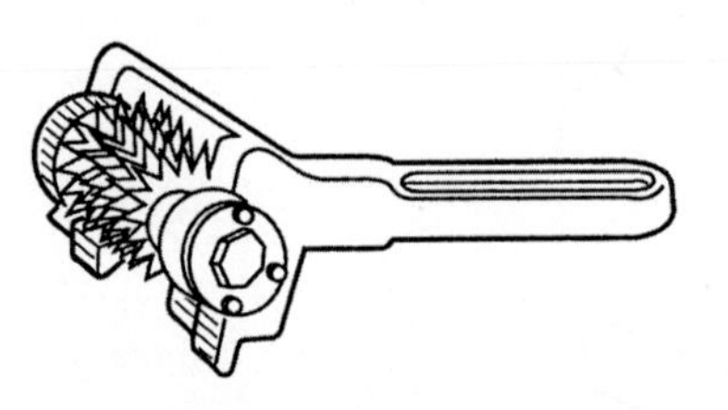

그림 5.7 성형 드레서

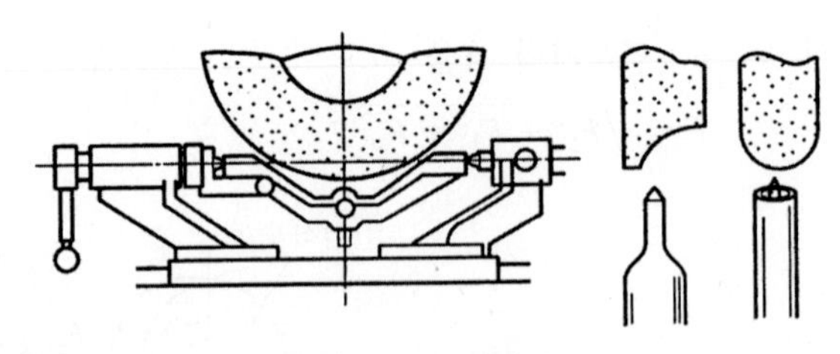

그림 5.8 R 드레서

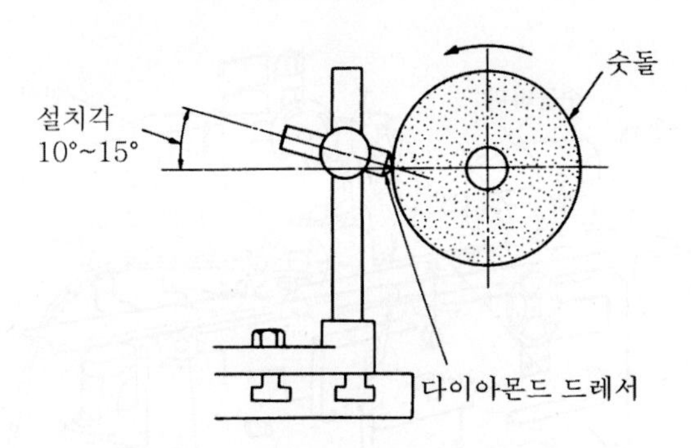

그림 5.9 다이아몬드 드레서의 설치각

2) 트루잉

연삭숫돌은 연삭작업 중에 입자가 떨어져 나가며 점차 숫돌의 형상이 처음의 단면형상과 달라진다. 특히 나사가공, 기어연삭, 윤곽연삭 등의 가공에서는 제품을 정확한 단면으로 깎아 다듬어야 한다. 즉, 연삭숫돌의 외형을 수정하여 규격에 맞는 제품으로 만드는 과정을 **트루잉**(truing)이라 한다. 트루잉하는 방법은 그림 5.9에서와 같이 다이아몬드 공구를 테이블에 견고하게 고정하고 연삭숫돌 표면을 깎아낸다. 트루잉 작업 시 다이아몬드 드레서가 1회에 깎아내는 깊이는 0.02 mm를 표준으로 한다.

1.4 연삭기의 종류

1.4.1 원통연삭기

원통의 외주를 연삭하는 연삭기를 **원통연삭기**(圓筒硏削機, cylindrical grinding machine)라고 한다.

그림 5.10에 나타낸 바와 같은 원통연삭기는 베드(bed) 위에 숫돌대와 구동장치, 그리고 테이블 위에는 주축대와 심압대가 설치되어 있다. 공작물은 주축대와 심압대 사이에 장착하고 주축대의 구동장치로 공작물을 회전시킨다. 테이블은 유압 구동장치로 좌우로 왕복시키며 대형 연삭기는 공작물을 정위치에 두고 숫돌대를 테이블 위에서 움직이게 한다. 원통 연삭기의 연삭방법은 그림 5.11과 같은 세 종류가 있다.

1) 공작물에 이송을 주고 연삭숫돌에 절삭깊이를 주는 것(그림 5.11(a))

2) 연삭숫돌에 이송과 절삭 깊이를 주는 것(그림 5.11(b))

3) 공작물, 연삭숫돌 모두 이송을 주지 않고 연삭숫돌에 절삭깊이를 주는 것(plunge cut)(그림 5.11(c))

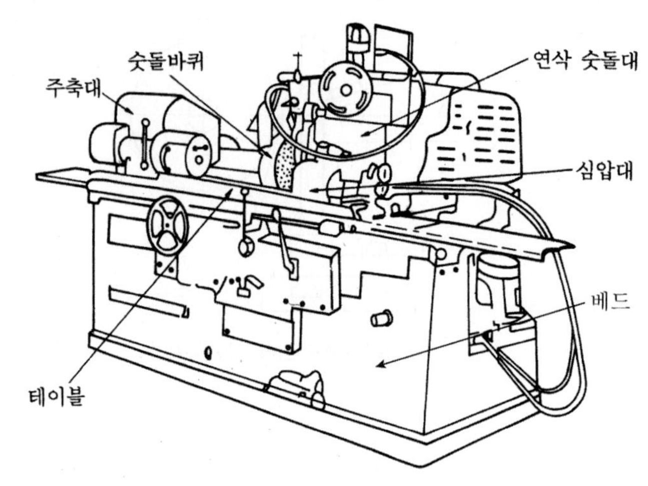

그림 5.10 원통연삭기의 구조

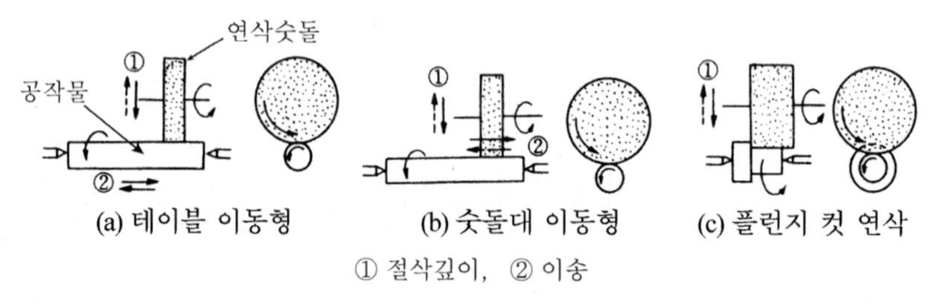

그림 5.11 원통연삭방법

1.4.2 만능연삭기

원통외주연삭뿐만 아니라 내면연삭, 표면연삭, 단면연삭 등을 할 수 있도록 숫돌대 및 주축대가 회전할 수 있고 테이블 자체도 회전할 수 있는 연삭기를 **만능연삭기**(萬能硏削機, universal grinding machine)라고 한다. 만능연삭기에서 가공할 수 있는 것을 그림 5.12에 나타내었다.

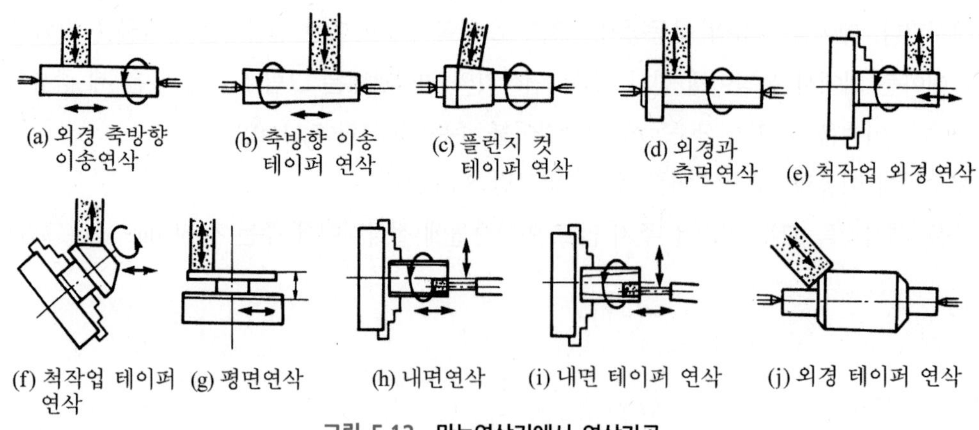

그림 5.12 만능연삭기에서 연삭가공

1.4.3 내면연삭기

공작물의 내면을 연삭하기 위한 연삭기를 **내면연삭기**(內面研削器, internal grinding machine)라고 한다. 이것은 숫돌의 크기가 작기 때문에 필요로 한 절삭속도를 얻기 위해서는 숫돌주축의 회전수가 커야 하고, 외주연삭에 비하여 숫돌의 마모가 크다.

내면연삭방식으로는 그림 5.13과 같이 공작물에 회전운동을 행하게 하는 보통형과 공작물은 회전하지 않고 숫돌축이 회전연삭운동과 동시에 어떤 축을 중심으로 회전이송운동(공전운동)을 행하는 플라네타리형(planetary type)이 있으며, 모두 길이방향 이송은 숫돌대 또는 주축대의 왕복운동에 의한다. 두 가지 모두 플런지컷 연삭도 할 수 있다.

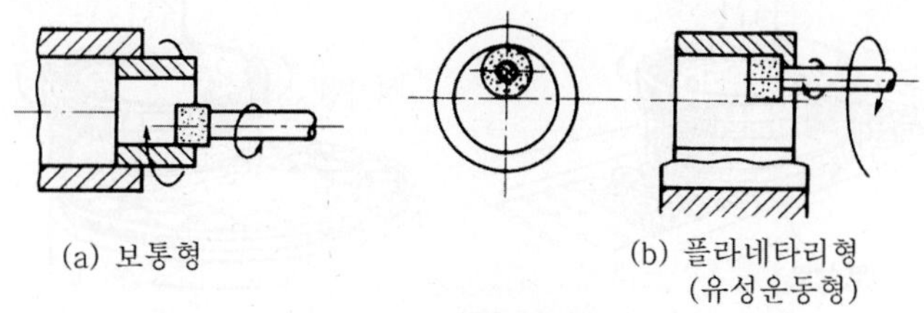

그림 5.13 원통내면연삭

1.4.4 평면연삭기

평면을 가공하기 위한 연삭기를 **평면연삭기**(平面研削機, surface grinding machine)라 하며, 평면연삭기는 숫돌의 원주면을 이용하는 숫돌차의 주축이 수평인 것과 숫돌의 측면을 이용하는 숫돌차의 주축이 수직인 것이 있다.

그림 5.14는 4가지의 평면연삭방식을 보여 주며, 그림 5.15는 평면연삭기의 예이다.

① 연삭숫돌 : 수평축, 공작물 : 직선왕복운동(그림 a)

② 연삭숫돌 : 수평축, 공작물 : 회전운동(그림 b)

③ 연삭숫돌 : 수직축, 공작물 : 직선왕복운동(그림 c)

④ 연삭숫돌 : 수직축, 공작물 : 회전운동(그림 d)

테이블에 공작물을 고정하는 방법에는 자석 척(magnetic chuck)을 사용하는 것(그림 5.16)과 바이스(vise)를 사용하는 경우가 있다.

수직형의 경우에는 특히 숫돌축이 테이블의 운동면에 정확하게 수직이 되어 있어야 한다. 이 경우에는 그림 5.17과 같은 연삭자국이 생긴다. 숫돌축이 조금이라도 경사되면 그림 5.18과 같은 자국이 되고, 다듬질면은 중앙부가 오목하게 된다. 거칠은 연삭의 경우는 능률을 향상시키기 위하여 고의로 숫돌축을 기울일 때도 있다.

원테이블의 경우는 중심부 쪽이 이송속도가 느리므로 중심부 쪽이 더 많이 깎이는 경향이 있다.

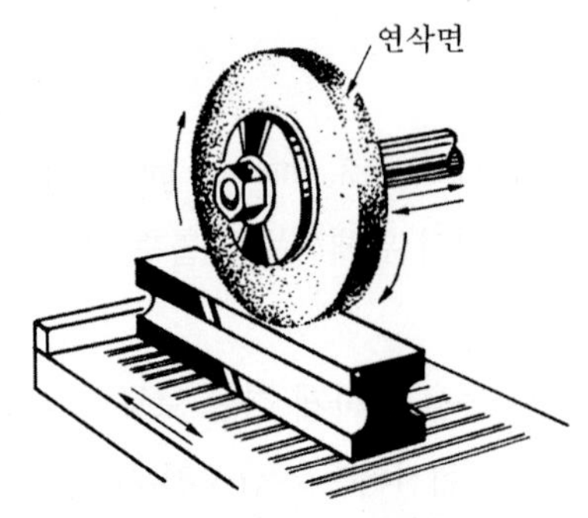

(a) 연삭숫돌 : 수평축
공작물 : 직선왕복운동

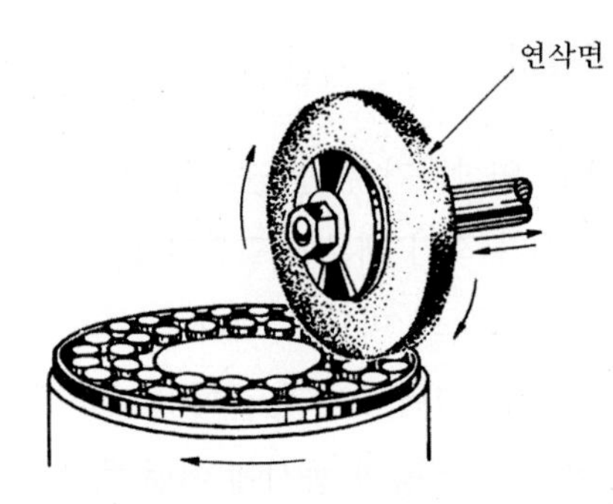

(b) 연삭숫돌 : 수평축
공작물 : 회전운동

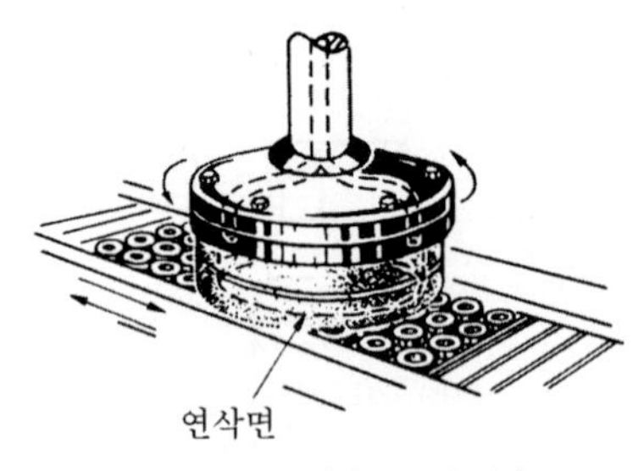

(c) 연삭숫돌 : 수직축
공작물 : 직선왕복운동

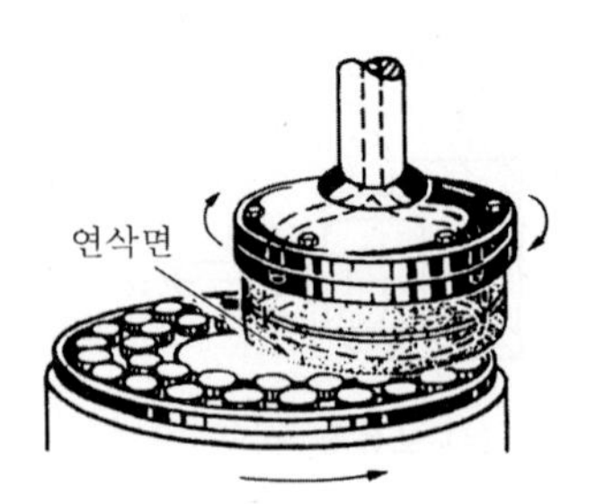

(d) 연삭숫돌 : 수직축
공작물 : 회전운동

그림 5.14 평면연삭방법

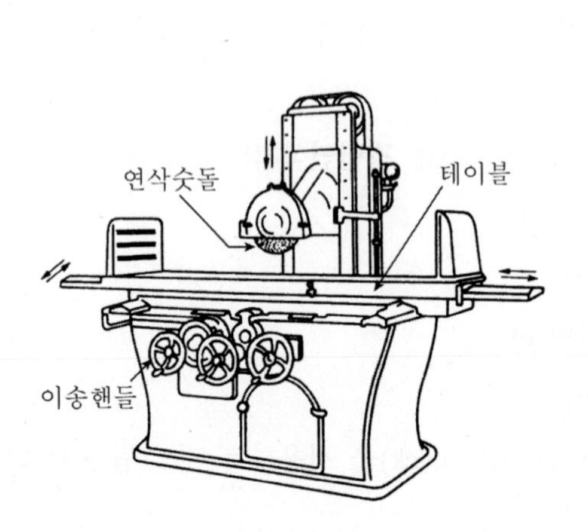

그림 5.15 평면연삭기

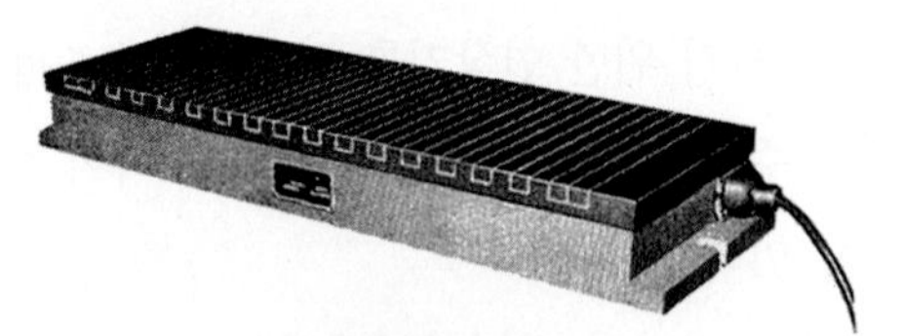

(a) 사각테이블형

(b) 원테이블형

그림 5.16 평면연삭용 자석 척

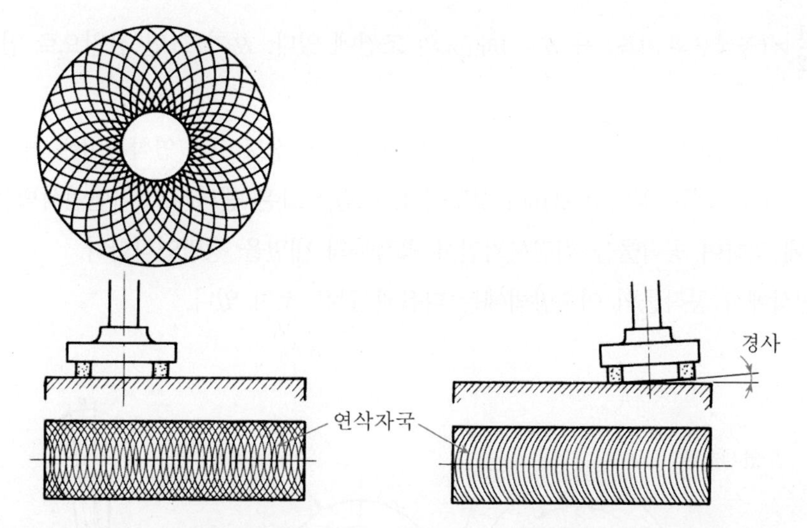

그림 5.17 수직형 숫돌축의 연삭자국　　그림 5.18 경사된 수직형 숫돌축의 연삭자국

1.4.5 센터리스 연삭기

센터리스 연삭기(centerless grinding machine)는 원통연삭과 내면연삭에 사용되며 공작물을 센터로 지지하지 않고, 연삭숫돌(grinding wheel)과 조정숫돌(regulating wheel) 사이에 공작물을 삽입하고 지지대로 지지하면서 연삭하는 것이다. 조정숫돌은 고무결합제(rubber bond)를 사용한 것으로서 공작물과 조정숫돌의 마찰력에 의하여 공작물을 회전시키고 조정숫돌의 공작물에 대한 압력으로 공작물의 회전속도를 조정한다.

센터리스 연삭의 장점은 다음과 같다.

① 연삭에 숙련을 요하지 않는다.
② 연속적인 연삭을 할 수 있다.
③ 공작물의 굽힘이 없으므로 중연삭(重硏削)을 할 수 있다.
④ 공작물의 축방향에 추력(推力, thrust force)이 없으므로 지름이 작은 공작물의 연삭에 적합하다.

그림 5.19는 센터리스 연삭의 원리를 보여주며 f : 공작물의 이송속도(mm/min), N : 조정숫돌의 회전수(rpm.), α : 연삭숫돌에 대한 조정숫돌의 경사각(2° ~ 8°), d : 조정숫돌의 지름(mm)이라 하면

$$f = \pi d N \cdot \sin\alpha \qquad (5.4)$$

으로 정의된다.

공작물의 회전방향과 연삭숫돌의 회전방향은 반대이며(때로는 동일방향) 지지판의 형상과 위치는 그림

5.20과 같이 $\frac{1}{2}\times$(공작물의 지름) ≒ $H < 15\text{mm}$의 조건에 있다. H가 크면 진원으로 연삭되지만 진동이 생기기 쉽다.

연삭속도는 연삭숫돌의 원주속도로 표시하며 2,000 m/min 정도이다. 연삭깊이는 거친가공에서는 최대 0.2 mm, 다듬질가공에서는 최대 0.02 mm 정도이다. 그림 5.21은 센터리스 내면연삭법을 보여주며, 지지롤과 조정 롤에 의하여 공작물을 회전시키면서 공작물의 내면을 정밀연삭한다.

센터리스 연삭에서 공작물의 이송방법에는 다음과 같은 것이 있다.

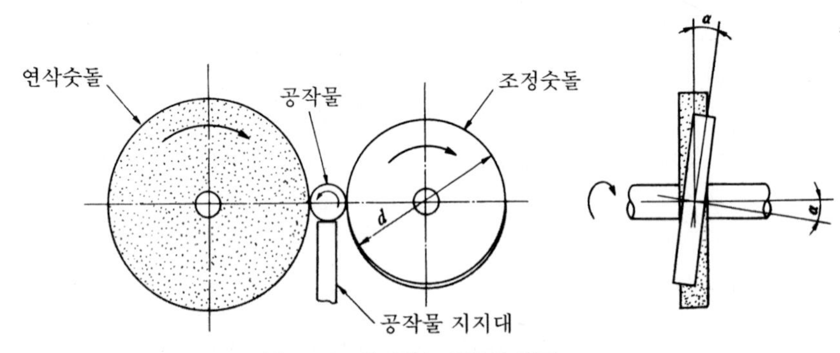

그림 5.19 **센터리스 연삭의 원리**

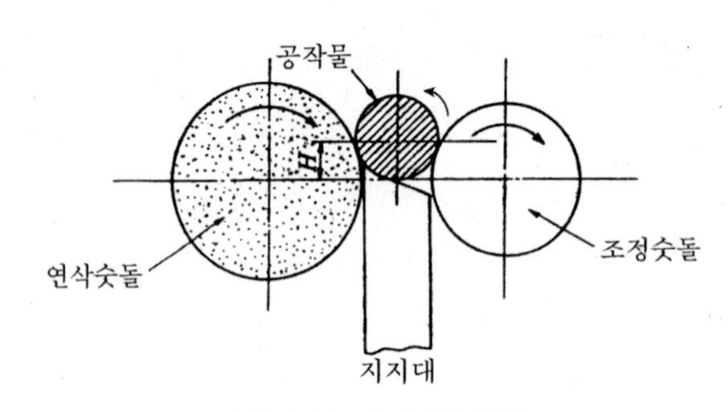

그림 5.20 **지지대의 위치**

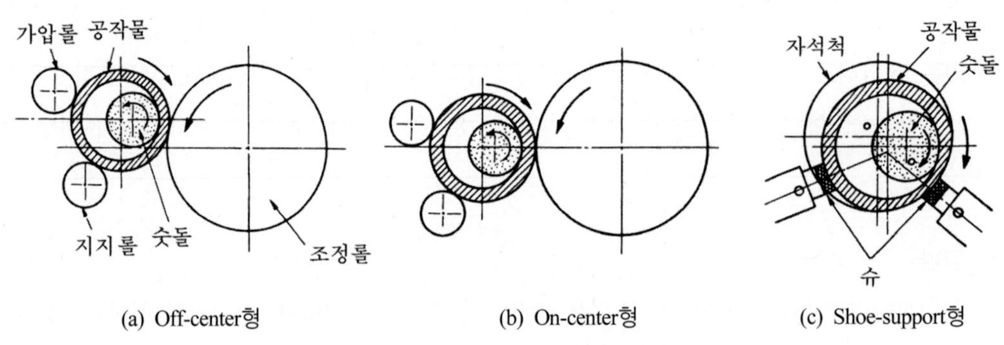

(a) Off-center형 (b) On-center형 (c) Shoe-support형

그림 5.21 **센터리스 내면연삭방법**

1) 통과이송법

통과이송법(through feed method)은 공작물을 연삭숫돌과 조정숫돌 사이로 통과시켜 한쪽에서 반대쪽으로 빠져나가는 동안에 연삭을 한다. 공작물 이송은 그림 5.22와 같이 조정숫돌로 한다. 조정숫돌은 연삭숫돌 축에 대해서 2~8° 경사시킨다.

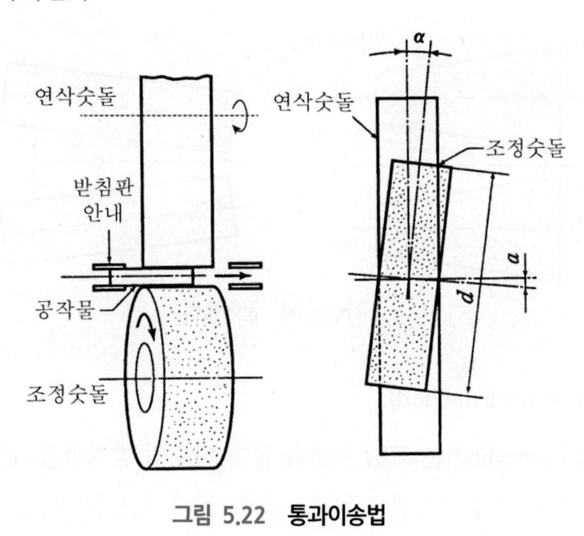

그림 5.22 **통과이송법**

2) 가로이송법

가로이송법(in feed method)은 그림 5.23과 같이 단이 있는 공작물을 연삭할 때 사용하는 방법이며 공작물은 이송되지 않는다.

가로이송법은 플런지컷(plunge cut) 연삭으로, 공작물 형상에 맞추어 성형한 숫돌에 공작물을 눌러가며 연삭한다. 즉, 숫돌축이 공작물의 반경방향으로 이송하는 방식이다.

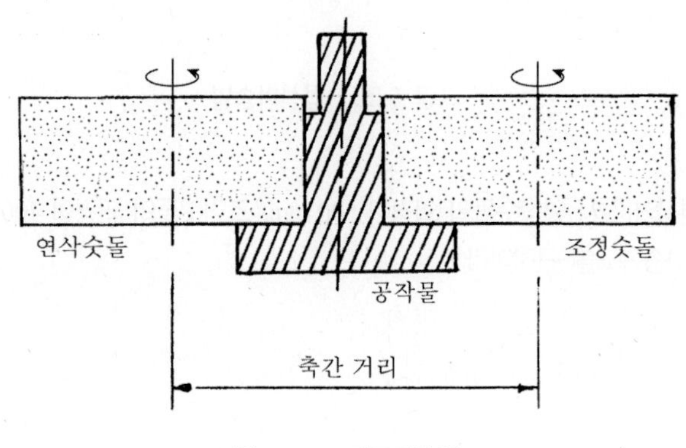

그림 5.23 **가로이송법**

3) 끝이송법

끝이송법(end feed method)은 그림 5.24와 같이 테이퍼형상의 공작물을 연삭하는 경우에 사용되는 방식이며, 연삭숫돌, 조정숫돌, 받침판은 고정하여 두고, 공작물을 손이나 기계장치로 숫돌축방향으로 이송을 준다.

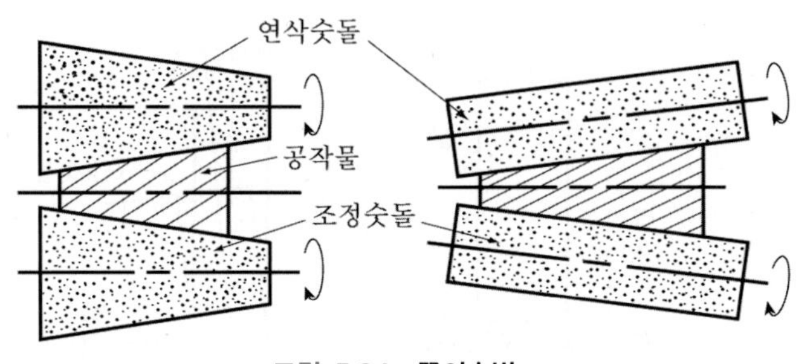

그림 5.24 **끝이송법**

4) 접선이송법(tangential feed method)

접선이송법(tangential feed method)은 그림 5.25와 같이 다수의 받침판을 숫돌바퀴의 주위를 회전할 수 있도록 배열하여 각 받침판 사이에 공작물을 넣고, 연삭숫돌과 조정숫돌의 그 접선방향으로 공급하여 연삭하는 방식이다.

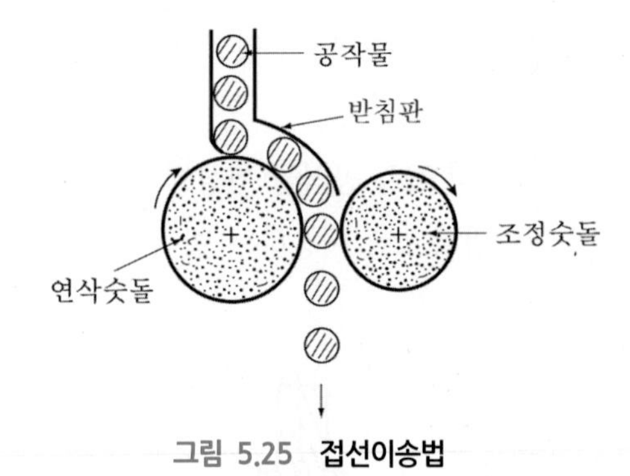

그림 5.25 **접선이송법**

예제 5.5

센터리스 연삭기에서 연삭가공 시 연삭숫돌의 외경이 500 mm, 조정숫돌의 외경이 400 mm, 회전수가 30 rpm, 경사각이 4°일 때 공작물의 이송속도를 구하여라.

풀이 $f = \pi d N \sin\alpha$

$= \pi \times 400 \times 30 \times 0.07 = 2{,}630 \text{ mm/min}$

1.4.6 특수연삭기

1) 공구연삭기

바이트나 밀링커터 및 드릴 등 절삭공구를 연삭하는데 사용하는 연삭기를 공구연삭기(工具研削機, tool grinding machine)라 한다. 그리고 바이트, 밀링커터 및 드릴의 연삭을 한 대의 공구연삭기에서 할 수 있는데 이것을 만능공구연삭기(universal tool grinding machine)라고 한다. 이것은 원통연삭기의 테이블과 주축대를 수직축 둘레로 선회시킬 수 있음과 동시에 숫돌헤드도 수직축 둘레로 선회하며, 외면, 내면, 평면 등의 연삭도 가능한 부속장치를 가진 것이다. 만능공구연삭기의 예를 그림 5.26에 표시하였다.

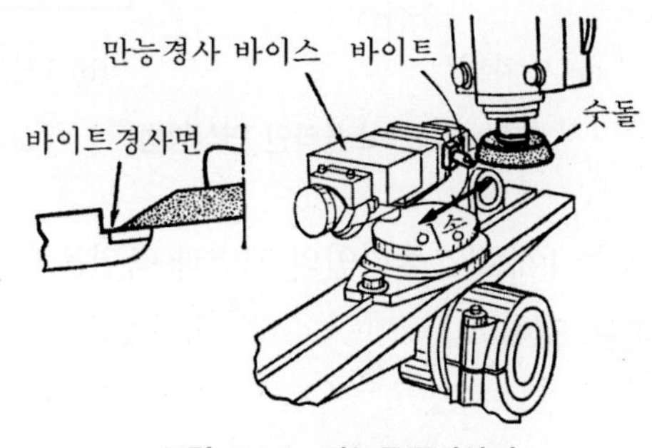

그림 5.26 만능공구연삭기

2) 나사연삭기

나사연삭기는 나사 게이지, 공구나 측정기의 이송나사 등과 같이 고정밀도를 요하는 나사의 가공 또는 다듬질에 이용되며, 그림 5.27과 같이 1개의 산형 숫돌에 의한 연삭과 다산형 숫돌에 의한 것이 있다.

1산형 숫돌에 의한 방법은 공작물의 축방향으로 이송을 주어 연삭하며 1패스(pass) 또는 그 이상의 패스로 완성한다.

다산형 숫돌에 의한 방법은 공작물이 1회전하기 전에 전나사 깊이로 연삭을 시작한다.

1산형 숫돌에서는 정밀도가 높은 제품을 얻을 수 있으나, 생산 속도가 늦으며 다산형 숫돌은 정밀도는 다소 떨어지나 대량생산에 적합하다.

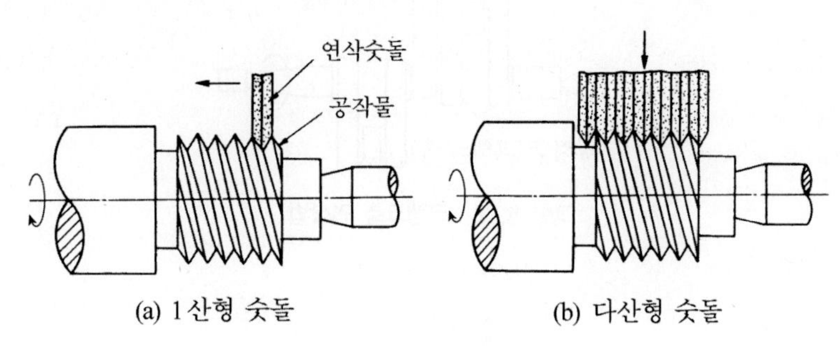

그림 5.27 나사연삭방법

3) 스플라인 연삭기

스플라인 연삭기는 스플라인(spline) 축을 전문적으로 연삭하는 연삭기이며, 그림 5.28과 같이 단차법과 연삭숫돌을 3개 동시에 사용하는 3차법이 있다.

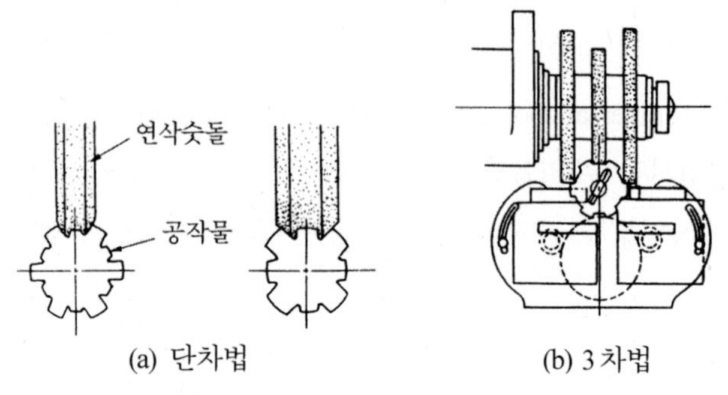

그림 5.28 스플라인 연삭방법

단차법은 그림 5.28(a)와 같이 숫돌 1개로 스플라인의 저면과 측면을 동시에 연삭하는 것이고, 3차법은 그림 (b)와 같이 분담하여 연삭하는 것이다.

4) 크랭크축 연삭기

크랭크축 연삭기는 그림 5.29와 같이 원통연삭에서의 플런지 컷 연삭과 같은 방법이며, 다만 가공부가 연삭기의 센터에 직접 지지되지 않는다는 것이 다를 뿐이다.

그림 5.29는 크랭크축의 저널(journal)을 연삭하는 것이며, 숫돌은 나사장치 또는 유압장치에 의하여 연삭깊이를 주는 방향으로 이송되며 연삭무늬를 피하기 위하여 미소한 세로이송을 줄 때도 있다.

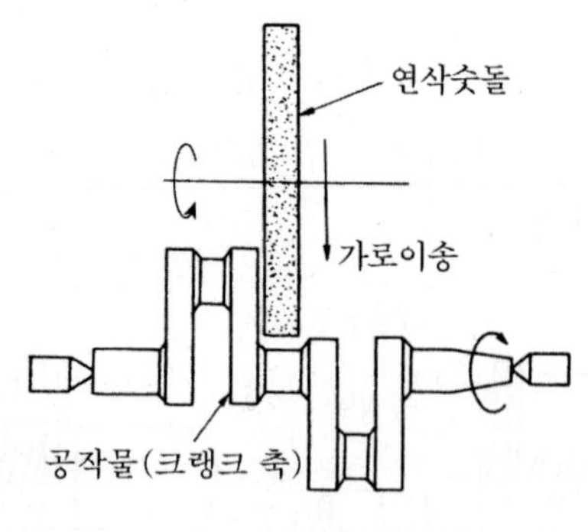

그림 5.29 크랭크축 연삭법

5) 롤러 연삭기

롤러 연삭기는 금속압연용, 제지용, 인쇄용 등의 롤러(roller)를 전문적으로 정밀연삭하는데 이용하는 연삭기이며, 원통연삭기와 다른 점은 세로이송과 가로이송을 동시에 주어 롤러의 중앙부를 볼록하게 또는 오목하게 연삭할 수 있는 것이다.

6) 기어 연삭기

기어(gear)를 연삭하는 방법에는 그림 5.30과 같이 기어와 맞물리는 랙(rack)을 연삭숫돌로 연삭하는 **창생법**(創生法, generated method)과 그림 5.31과 같이 치형 커터와 같은 숫돌로 잇빨을 1개씩 분할하여 연삭하는 **성형법**(成形法, formed wheel method)이 있다.

그림 5.30(a)에서 G는 소형 전동기에 의하여 회전하는 숫돌이며, 2개의 숫돌차는 서로 압력각으로 경사져서 랙의 경사면을 이룬다. 랙에 대하여 기어를 회전시키면 인볼류트(involute) 치형이 연삭되며 숫돌이 잇빨에 접하는 부분은 미소하기 때문에 약간 마멸되어도 랙은 변하지 않는다. 그림에서와 같이 기어는 회전하면서 좌우로 움직이며 테이블에 의하여 상하이동도 된다.

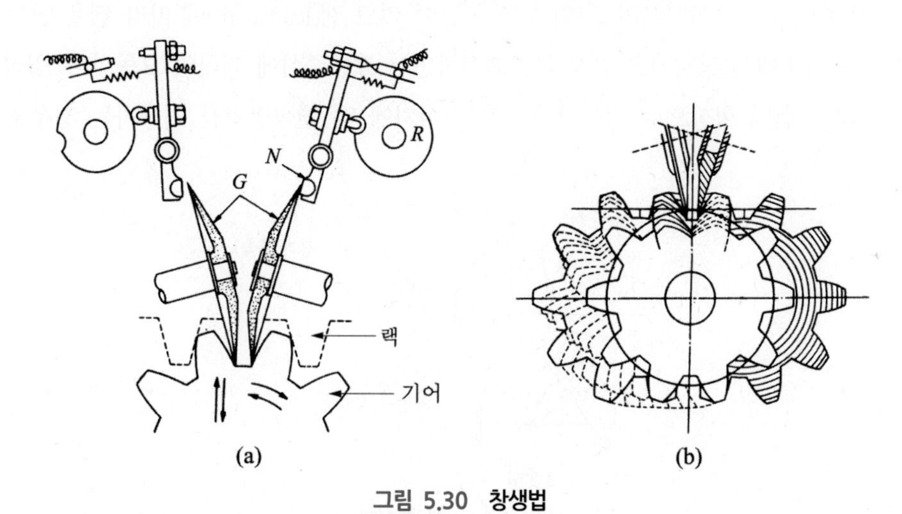

그림 5.30 창생법

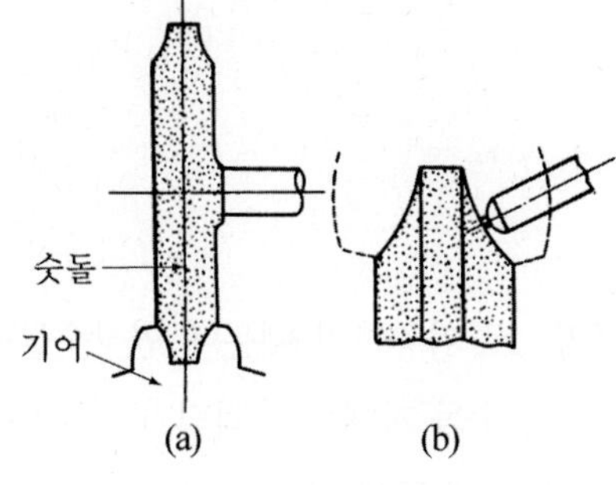

그림 5.31 성형법

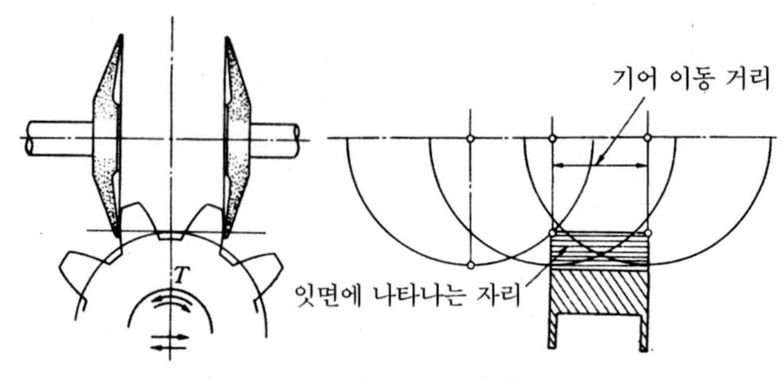

그림 5.32 0° 연삭법

그림 5.32는 0°연삭법(zero degree grinding method)이며, 잇빨의 두께를 측정하는 원리를 이용한 것이다. 숫돌축은 수평이며, 기어는 회전하면서 좌우로 운동한다. 그리고 경사연삭은 두 개의 숫돌축이 약간 기울어져서 연삭하는 것을 말한다(그림 5.30(a) 참조).

7) 캠 연삭기

캠 연삭기는 일종의 모방연삭기이며, 그림 5.33과 같이 리드 캠(lead cam)에 따라 캠을 연삭한다. 공작물과 리드 캠을 동일축에 고정시키고 공작물은 회전하면서 요동중심에 대하여 요동한다. 공작물은 연삭숫돌에 의하여 리드 캠의 형상으로 연삭된다. 원통연삭기에 캠 연삭장치를 이용하는 경우도 있다.

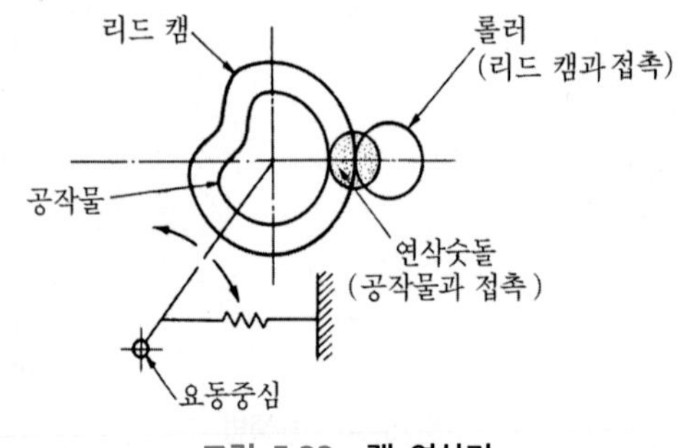

그림 5.33 캠 연삭기

1.4.7 연삭숫돌의 고정

1) 연삭숫돌의 고정

연삭숫돌은 고속회전으로 높은 정밀도로 가공하기 때문에 연삭숫돌을 고정시킬 때 불균형이 나타나지 않도록 충분한 주의가 있어야 한다. 또한 숫돌 자체는 파괴되기 쉬우므로 축에 고정할 때 큰 힘을 주거나, 불균형에 의한 원심력은 고속회전을 할 때 숫돌에 많은 응력이 발생하여 파괴의 원인이 된다. 숫돌은 비교적 취약하므로 중심축으로 직접 지지하는 것은 위험하며 그림 5.34와 같이 평탄한 숫돌 측면을 플랜지(flange)로 고정한다. 숫돌 측면과 플랜지 사이에는 두께 0.5 mm 이하의 압지(押紙) 또는 고무와 같은 연한 재료로 패킹을 한다. 플랜지가 축에 접촉하는 부분은 압입 또는 키로써 고정하여 연삭숫돌의 공전을 방지한다. 플랜지용 너트의 나사는 숫돌이 회전함에 따라 감기는 방향을 가져야 한다.

2) 연삭숫돌의 균형

연삭숫돌의 균형을 잡는 것은 연삭작업의 정밀도를 높이며 숫돌의 파괴를 방지하기 위하여 반드시 필요한 사항이다. 균형이 잡히지 않은 숫돌은 진동이 나타나고 가공면에 떨림 자리가 나타난다. 균형을 잡기 위하여는 그림 5.35와 같은 밸런싱 머신(balancing machine) 또는 자동 밸런싱 머신에 숫돌을 장치하여 어떤 위치에서도 정지하도록 균형추(balancing weight)로 조정한다. 숫돌균형 조정장치는 대형 숫돌의 플랜지(flange)에 부착되어 있으며 그림 5.36과 같이 균형추의 위치를 이동하여 숫돌의 균형을 잡는다. 균형추는 나사를 풀면 원형 홈을 따라 자유로이 움직일 수 있다.

연삭숫돌의 균열 및 음향검사는 연삭숫돌의 외관을 살펴보고 균열의 유무를 확인한 후 나무나 플라스틱 해머로 연삭숫돌의 외주 부분을 가볍게 두들겨 울리는 소리에 의하여 균열의 유무를 파악한다.

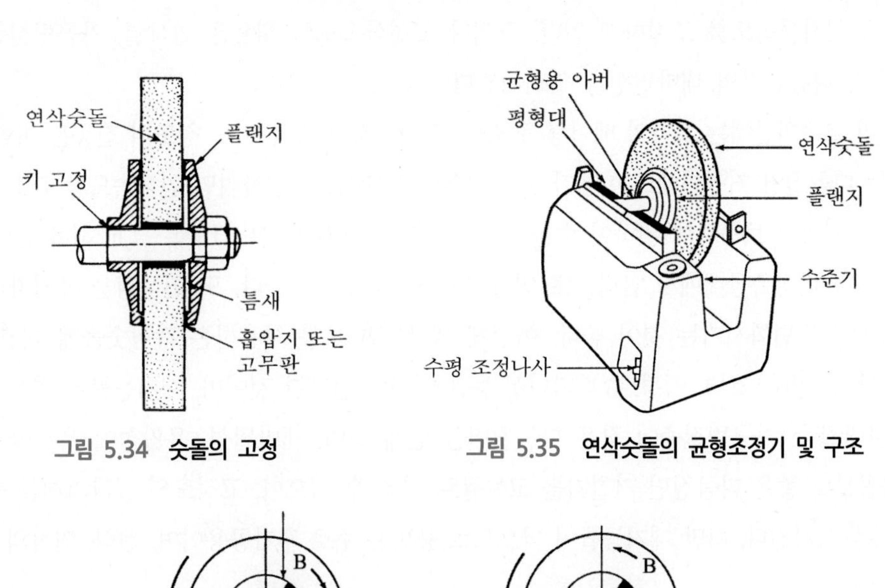

그림 5.34 숫돌의 고정

그림 5.35 연삭숫돌의 균형조정기 및 구조

(a) A쪽이 아래로 내려갈 때 :
B, C를 화살표 방향으로 이동

(b) A쪽이 위로 올라갈 때 :
B, C를 A쪽에 가깝게 이동

그림 5.36 연삭숫돌의 균형추 조정

02장

입자가공

2.1 입자가공의 개요

연삭숫돌을 이용하는 가공법은 두 가지이고 그중 하나가 연삭가공이다. 연삭가공은 가공정밀도와 다듬질면을 중시하면서도 한편으로는 가능한 한 큰 제거능률을 얻으려고 한다. 고제거능률의 실현은 적당한 절삭깊이라는 제약하에 수행되어야 하므로, 숫돌강도 등이 허용하는 한 연삭속도를 높이고 이에 알맞는 숫돌연삭깊이, 공작물속도를 조절하게 된다. 그러나 고연삭속도의 채용은 연삭열, 가공변질층의 발생을 일으키게 하고, 다듬질면의 내마멸성을 열화시킨다.

또 숫돌축의 고속회전에는 고가의 베어링 구조를 필요로 하고 결국 어느 정도의 진동은 피할 수 없으므로, 얻게 되는 다듬질면 거칠기에도 한계가 있다. 이들 문제점을 개선하려면 연삭속도를 감소시켜야 하지만 제거능률의 저하를 보충하기 위하여 숫돌과 공작물간의 접촉면적은 되도록 크게 해야 한다. 접촉면적을 증가시키려면 면접촉상태에서 압력으로 연삭깊이를 주는 것이 좋다. 또 연삭성을 유지하려면 숫돌면에서의 연삭방향을 변화시키는 것이 좋다. 이렇게 생각하면 보통 사용하는 각형숫돌에 대고 칼을 가는 경우를 상상할 수 있다. 호닝, 래핑, 슈퍼피니싱 등은 이것이 발달한 것이며, 제거능률은 연삭가공에 미치지 못하나 열변질층, 가공변질층이 작은 다듬질면을 얻게 되며, 내마멸성, 윤활성이 우수한 다듬질면이 되고 연삭가공보다 좋은 다듬질면 거칠기를 고능률로 얻을 수 있으며, 고정도의 공작기계를 필요로 하지 않는 등의 특징을 가진다. 다만 제거능률이 낮으므로 용도는 주로 후가공용이며, 절삭, 연삭의 후가공으로 사용되고 있다.

2.2 호닝

그림 5.37에 나타낸 바와 같은 **호닝 머신**(honing mcahine)은 정밀 보링 머신, 연삭기 등으로 가공한 공형내면, 외형표면 및 평면 등의 가공표면을 **혼**(hone)이라고 하는 세립자로 만든 공구를 회전운동과 동시에 왕복운동을 시키고, 공작물에 스프링 또는 유압으로 접촉시켜 매끈하고 정밀하게 가공하는 기계이다.

호닝에 의하여 구멍의 위치를 변경시킬 수 없으며 혼의 중심선은 먼저 공정에서 가공된 구멍의 중심축을 따를 뿐이다. 혼의 절삭날과 가공면 사이의 동작은 호닝 머신과는 관계가 없고, 혼은 중심축에서 방사상으로 같은 압력에 의하여 벌어지며, 압력이 높은 곳에는 많은 양을 깎아내므로 높은 부분, 테이퍼부, 원형이 일그러진 부분 등을 깎아내어 가공한다. 따라서 혼을 축방향으로 왕복운동시킴과 동시에 회전시켜 작업하며 내연기관이나 액압장치의 실린더 등을 다듬질하는 데 널리 사용된다.

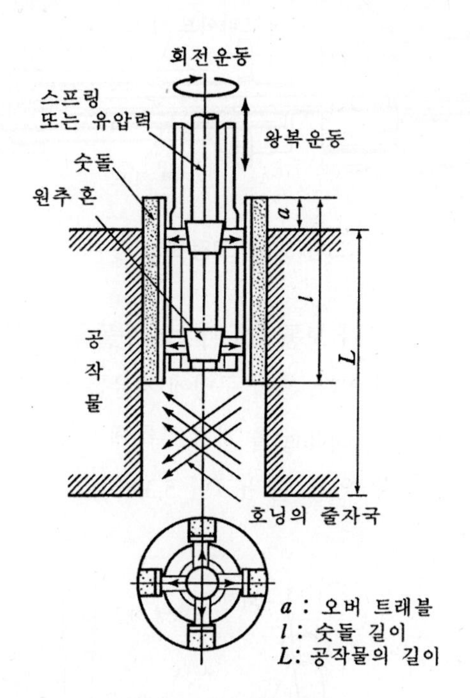

그림 5.37 호닝의 개념

호닝가공의 특징은 다음과 같다.

① 발열이 적고 경제적인 정밀절삭을 할 수 있다.

② 전가공에서 나타난 직선도, 테이퍼, 진원도를 바로 잡는다.

③ 표면 정밀도를 높인다.

④ 정확한 치수로 가공을 할 수 있다.

호닝에 적합한 재료에는 주철, 강, 초경합금, 황동, 청동, Al, Cr, 은(Ag) 등의 금속과 유리, 세라믹, 플라스틱 등의 비금속이 있으며, 경도에는 제한이 없고 다만 호닝 속도에 차이가 있을 뿐이다. H_RC 65 정도의 강의 호닝 속도는 0.15 ~ 0.30 mm/min이다.

2.2.1 호닝 공구

1) 호닝 공구

호닝 공구에는 작업 조건에 따라 여러 가지 종류가 있으며, 그림 5.38에서와 같이 몸체(body), 콘(cone), 콘 로드(cone rod), 드라이브 샤프트(drive shaft) 등으로 구성되어 있다.

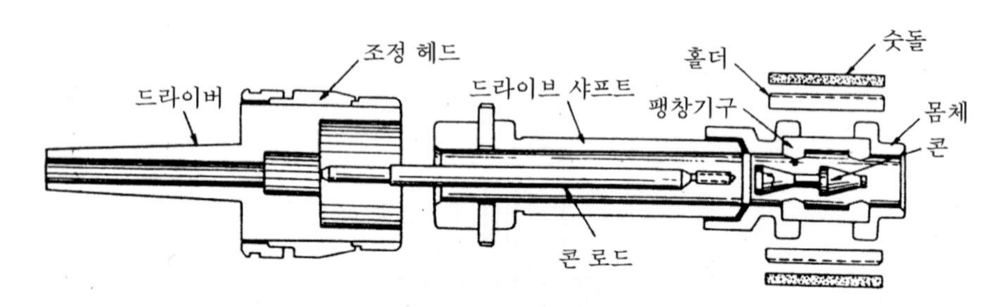

그림 5.38 고정 호닝 공구

혼(home)에는 여러 가지 형식이 있으나 보통 3개 이상의 숫돌을 등간격으로 배열하여 균일하게 반지름 방향으로 출입할 수 있는 구조로 되어 있다. 혼이 구멍에 자유롭게 출입하여 정확한 구멍으로 다듬기 위하여, 혼을 유니버셜 커플링(universal coupling)을 거쳐 주축에 연결하거나(그림 5.39(a)), 혼을 주축에 고정하고, 공작물을 자유로이 이동할 수 있게 한다(그림 5.39(b)).

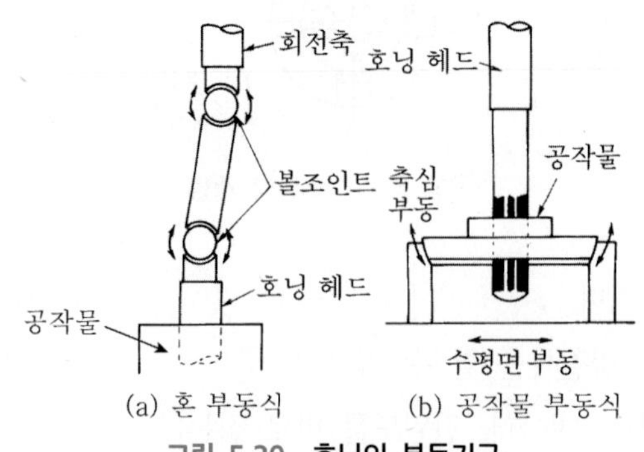

그림 5.39 호닝의 부동기구

2) 호닝숫돌

호닝숫돌은 연삭작업에 사용되는 숫돌과 재질은 같으나, 형상이 각봉상을 하고 있는 점이 다르다. 숫돌 입자로서는 산화알루미늄(A) 및 탄화규소(SiC)가 주로 사용되나 초경합금이나 자기(磁氣) 등을 연삭할 때에는 다이아몬드가 사용된다. 결합제로서는 비트리파이드 결합제(V)나 레지노이드 결합제(B)가 주로 사용된다.

(1) 입도

호닝숫돌 입자의 크기는 공작물의 표면정밀도에 따라 다르며 거친 다듬질에는 #120 ~ 180, 중간 다듬질에는 #320 ~ 400, 정밀 다듬질에는 #600이 사용된다.

그림 5.40은 호닝숫돌의 입도와 가공면의 조도와의 관계를 나타낸 것이다. 그림에서와 같이 숫돌의 입도가 클수록, 즉 숫돌 입자의 크기가 작을수록 표면조도가 양호함을 알 수 있다.

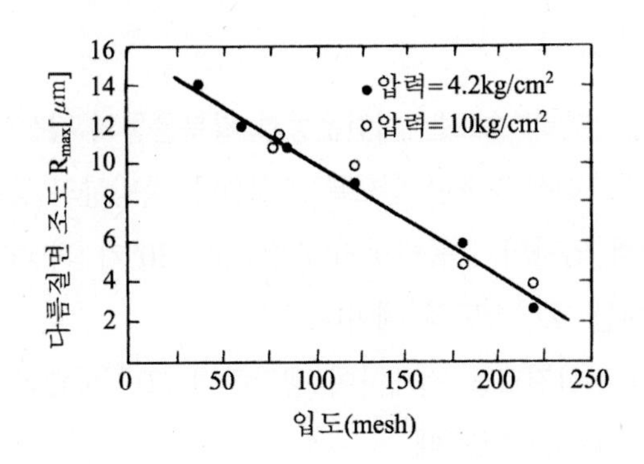

그림 5.40 숫돌입도와 다듬질면 조도

(2) 호닝숫돌의 크기

숫돌 작용 면적은 구멍 크기에 대하여 어떤 비의 값을 가져야 한다.

즉, l : 숫돌의 길이, D : 구멍의 지름이라 할 때 숫돌 표면의 접촉비 ϕ는

$$\phi = \frac{A}{l\pi D} = \frac{A}{\pi D^2} = \frac{l \cdot b}{\pi D^2} = \frac{l}{D} \cdot \frac{b}{\pi D} = \lambda \cdot \rho \tag{5.5}$$

단 b : 숫돌의 전체 폭, A : 숫돌의 작용 면적이고, 보통 호닝에서는 $\lambda = \frac{l}{D} = 1 \sim 2$, $\rho = \frac{b}{\pi D} = 0.6 \sim 0.8$이다.

숫돌의 길이는 구멍 길이의 $\frac{1}{2}$보다 크면 안 된다. $\frac{1}{2}$보다 크게 되면 공작물에 접촉하지 않는 곳이 있어 숫돌의 마멸이 불균일하며, 따라서 가공구멍의 치수가 불량하게 된다. 그림 5.41은 구멍 지름과 숫돌 표면 접촉비의 관계이다. 구멍의 지름이 커질수록 숫돌 표면 접촉비가 직선적으로 감소함을 알 수 있다.

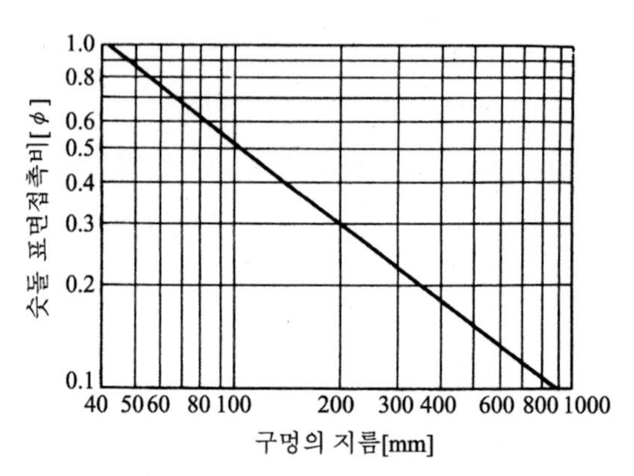

그림 5.41 구멍 지름과 숫돌의 표면적의 접촉비

2.2.2 호닝가공 조건

1) 호닝 속도

공작물의 표면을 통과하는 입자의 속도는 회전운동과 왕복운동의 합성이다. 축방향의 왕복속도는 15 ~ 60 m/min 범위에서 이상적인 드레싱 작용을 얻도록 조절한다. 축방향의 왕복속도는 호닝 원주속도의 1/2 ~ 1/5 정도로 하고, 원주방향과 입자의 운동방향의 각은 10 ~ 30°가 적당하다.

표 5.12는 주철과 강에 대한 호닝속도의 예이다.

지금 숫돌상의 한 점 P의 절삭진로를 전개하여 생각하면 그림 5.42와 같이 된다. 즉, 교차각(交叉角) θ는 원주속도를 v_r, 왕복속도를 v_a라 할 때

$$\theta = \tan^{-1}(v_a/v_r) \tag{5.6}$$

절삭속도 v는

$$v = \sqrt{{v_r}^2 + {v_a}^2} \tag{5.7}$$

이다. 교차각 θ는 상승, 하강행정에서 일정하다. 또 한 개의 숫돌의 경로는 S_1, S_2, S_3이나 이와 대칭인 위치에 있는 숫돌은 위상이 가령 반회전만큼 처져서 S_1'부터 시작하므로, 가공면상에는 그림과 같은 크로스 해치(cross hatch)의 자국이 남는다. 내면연삭의 다듬질면에서는 연삭자국은 원주방향뿐이며 내연기관의 실린더와 같은 경우, 자국은 피스톤의 운동방향과 직각이므로 마멸이 진행되기 쉽다. 이에 대하여 호닝의 자국은 피스톤의 운동방향과 어떤 각도를 이루므로 기계적으로 강하다. 또 윤활유의 침투도 양호하고 가공변질층도 작으므로 호닝 다듬질면은 내마멸성이 좋다.

표 5.12 호닝속도

피삭재	경도(H_RC)	공작물 형상	호닝속도(m/min)
주철	15 ~ 50	홈 있음	61
	15 ~ 50	홈 없음	33
	50 ~ 65	홈 있음	33
	50 ~ 65	홈 없음	18
강	15 ~ 35	홈 있음	45
	15 ~ 35	홈 없음	24
	35 ~ 50	홈 있음	24
	35 ~ 50	홈 없음	18
	50 ~ 65	홈 있음	24
	50 ~ 65	홈 없음	15

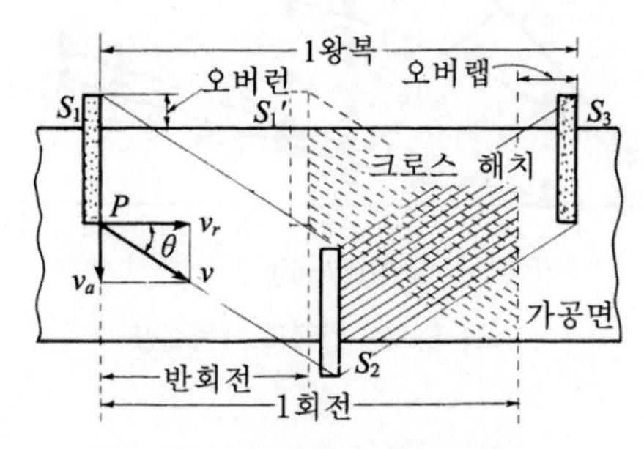

그림 5.42 크로스 해치의 생성기구

교차각 θ가 너무 크거나 작으면 숫돌 입자가 같은 홈자국을 통과하여 자연히 절삭량이 줄어든다. 그림 5.43에서 교차각이 40 ~ 50°일 때 디듬질량이 가장 많다는 것을 알 수 있다. 즉, $\tan\theta = \frac{v_a}{v_r} = \frac{1}{3} \sim \frac{1}{2}$ 정도로 하면 좋다.

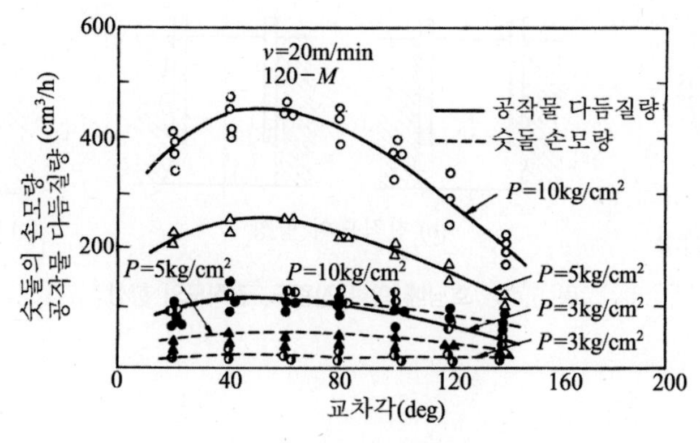

그림 5.43 교차각의 영향

2) 호닝 압력

호닝 압력은 가공면의 정밀도나 작업능률에 영향을 준다. 압력이 커짐에 따라 다듬질량은 증대하나, 압력이 너무 크면 다듬질량의 증가는 압력의 증가에 따르지 못하고 발생열과 숫돌의 소모만 커진다. 그림 5.44는 압력과 다듬질량의 관계를 나타낸 것인데, 압력은 10 kg/cm²까지 다듬질량이 압력에 비례하여 증가하지만, 그 이상에서는 다듬질량이 거의 일정하다.

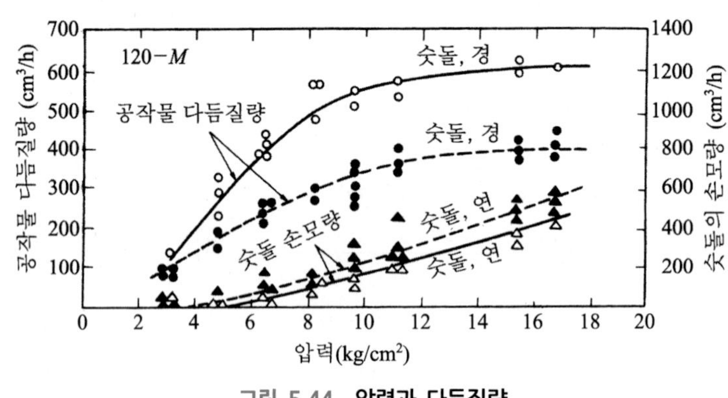

그림 5.44 **압력과 다듬질량**

3) 호닝에 의한 가공정밀도

호닝에 의한 다듬질면의 치수 정도는 0.005 ~ 0.01 mm, 거칠기는 1 ~ 4 μm 정도의 것을 얻게 된다.

또 호닝의 원리를 외면 및 평면에 적용하고 있는 예도 있다. 그림 5.45는 호닝에 의한 진원도, 진직도의 향상의 원리를 설명한 것이다.

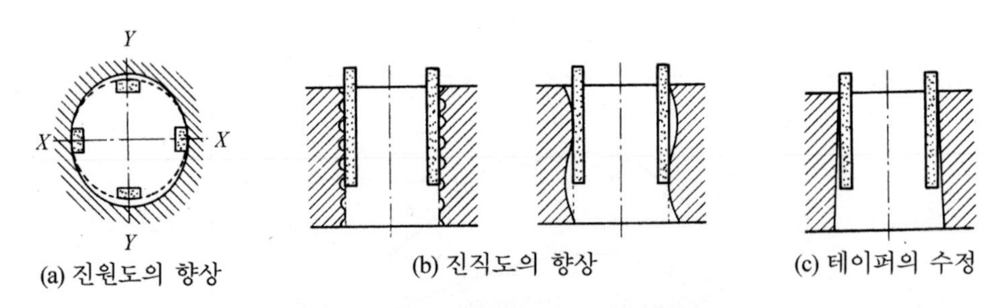

그림 5.45 **호닝에 의한 진원도, 진직도의 향상**

2.2.3 액체 호닝

액체 호닝(liquid honing)은 그림 5.46과 같이 연삭입자를 액체와 혼합하여 약 6 kg/cm²의 압축공기로 분사시켜 경화된 금속, 플라스틱, 고무 및 유리의 표면에 부딪치게 하여 표면을 다듬는 습식 정밀가공

방법이며, 무광택의 배 껍질 모양의 다듬질면을 얻는다. 공작액은 물이며 금속 표면에 녹이 발생하는 것을 방지하기 위하여 방청제를 혼합한다.

작업방법은 샌드 블라스팅(sand blasting)과 같으며 압축공기압은 5.5 ~ 6.5 kg/cm^2, 노즐과 공작물간의 거리는 60 ~ 80 mm 정도, 그림 5.47에 나타낸 분사각(θ)는 공작물 표면에 대하여 40 ~ 50° 정도가 표준이다.

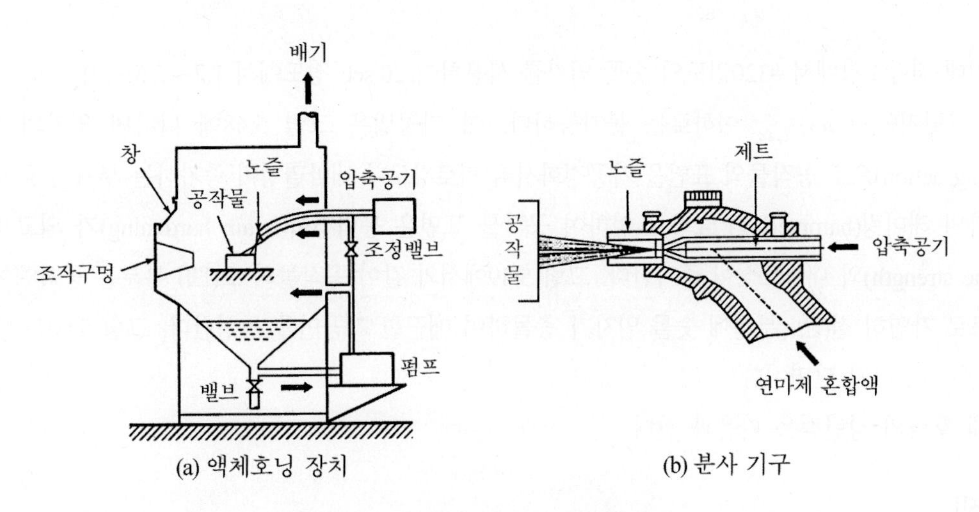

그림 5.46 액체 호닝의 분사기구와 장치

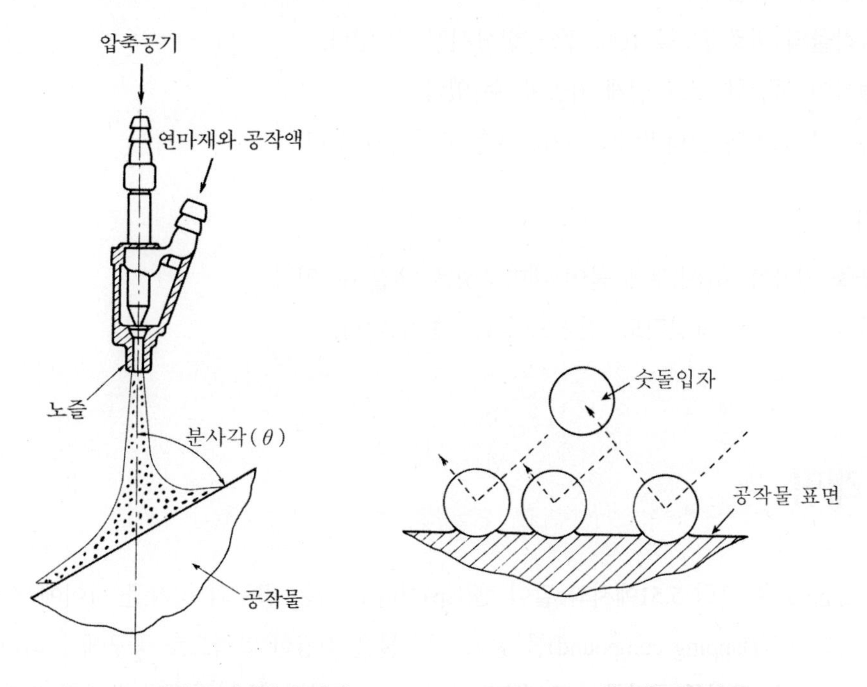

그림 5.47 액체 호닝에서 분사각

그림 5.48 입자의 피닝작용

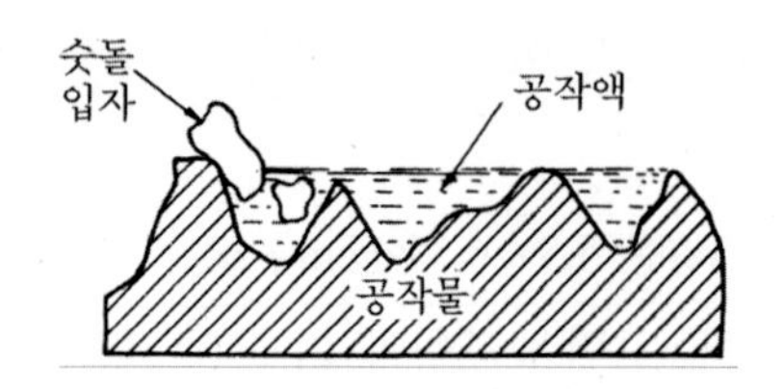

그림 5.49 **액체 호닝에서 숫돌 입자의 작용**

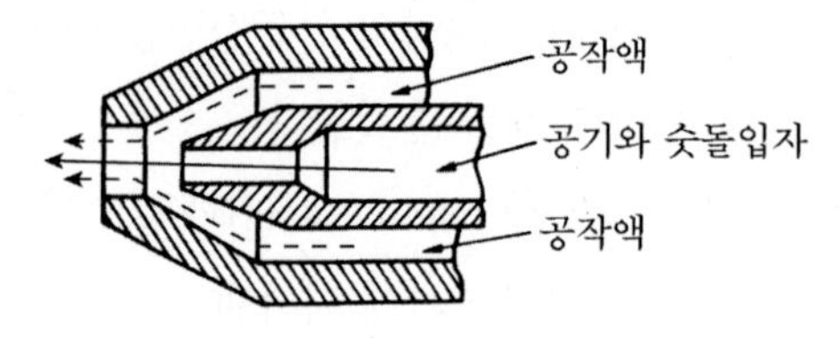

그림 5.50 **액체 호닝용 노즐**

예컨대 저탄소강에서 #320입도의 숫돌 입자를 사용하여 20 sec 정도에서 1.2 ~ 2.5μmH_{max}로 가공할 수 있다. 그렇지만 1 μmH_{max} 이하로는 불가능하다. 이 가공법은 그림 5.48에 나타낸 입자의 피닝작용(peening action)으로 공작물의 표면을 가공경화시켜 피로강도나 내마멸성이 증가하는 부차적 효과도 있다.

입자의 해머링(hammering) 효과로 인하여 공작물 표면은 응력경화(strain hardening)가 되고 피로강도(fatigue strength)와 내마모성이 증가한다. 그림 5.49에서와 같이 공작물의 요(凹) 부분은 공작액이 채워져 있으므로 자연히 철(凸) 부분에 숫돌 입자가 충돌하여 매끈한 가공면을 형성한다. 그림 5.50은 액체 호닝용 노즐(nozzle)의 단면이다.

액체 호닝의 장단점은 다음과 같다.

[장점]

① 가공시간이 짧다.
② 공작물의 피로강도를 10% 정도 향상시킬 수 있다.
③ 형상이 복잡한 것도 쉽게 가공할 수 있다.
④ 공작물 표면의 산화막이나 버(burr)를 제거하기 쉽다.

[단점]

① 숫돌 입자가 요(凹)부에 묻어 내마모성을 해칠 수 있다.
② 다듬질면의 정도(진직도, 진원도 등)가 좋지 않다.

2.3 래핑

래핑(lapping)은 그림 5.51에서와 같이 랩(lap)이라고 하는 공구와 공작물 사이에 적당한 입자를 기름 등에 혼합한 랩제(lapping compound)를 넣고, 공작물을 적당한 압력으로 공구에 눌러대고 상대운동을 시킴으로써 입자로 하여금 공작물의 표면으로부터 극히 소량의 칩을 깎아내게 하여 표면을 평활하게 다듬는 가공법이다. 입자는 랩액 중에서 전동하며 모서리로 칩을 절삭하는 것 외에 특히 경하고 여린 재료에서는 공작물에 미소파쇄를 일으켜서 가공된다. 그러면서 랩도 동시에 깎여진다. 랩의 형상은 다듬을 면의 형상에 따라 적당한 형상을 사용한다.

래핑으로 다듬기를 요하는 것에는 블록 게이지(block gauge), 한계 게이지(limit gauge), 플러그 게이지(plug gauge), 볼, 롤, 내연기관의 연료분사 펌프, 프리즘 및 렌즈 등이 있다.

그림 5.51 평면의 래핑

래핑의 장단점은 다음과 같다.

[장점]

① 거울면(mirror plane)과 같은 다듬질면을 얻을 수 있다.

② 평면도, 진원도, 진직도 등은 거의 이상적인 기하학적 형상을 얻을 수 있다.

③ 대량생산에 적합하다.

④ 시설과 작업 방법이 간단하다.

⑤ 다듬질면은 내마모성과 내식성이 좋다.

[단점]

① 랩제가 비산하여 다른 기계나 제품에 부착하면 마멸의 원인이 된다.

② 고도의 정밀가공을 위해서는 숙련을 요한다.

③ 작업자의 옷이 더럽혀진다.

2.3.1 래핑의 종류

1) 습식래핑

습식래핑(wet lapping)은 랩제를 공작물과 랩 사이에 대량으로 공급하여 행하는 것이며, 주로 거친 래핑에 사용한다. 비교적 고압력, 고속도로 행하고, 절삭량도 크나 다듬질면은 래핑에 의한 미세하고 불규칙한 자국이 남아 순한 광택을 나타낸다. 그림 5.52(a)와 같은 습식래핑은 일반 래핑작업에 널리 사용된다.

2) 건식래핑

건식래핑(dry lapping)은 랩제를 랩에 고르게 누른 다음 이를 충분히 닦아내고, 랩에 파묻힌 입자만으로 래핑작용을 하게 하는 것이며 보통은 습식래핑 뒤에 한다. 절삭량은 극히 작지만 매우 양호한 광택이 있는 다듬질면을 얻는다. 그림 5.52(b)와 같은 건식래핑은 블록 게이지나 길이 측정기의 측정면 등의 다듬질 작업에 사용되고 있다.

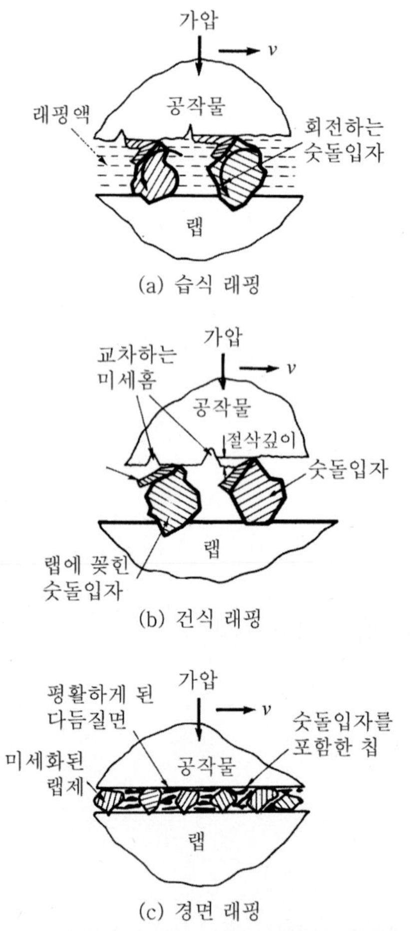

그림 5.52 래핑에서 숫돌 입자의 상태와 다듬질 방법

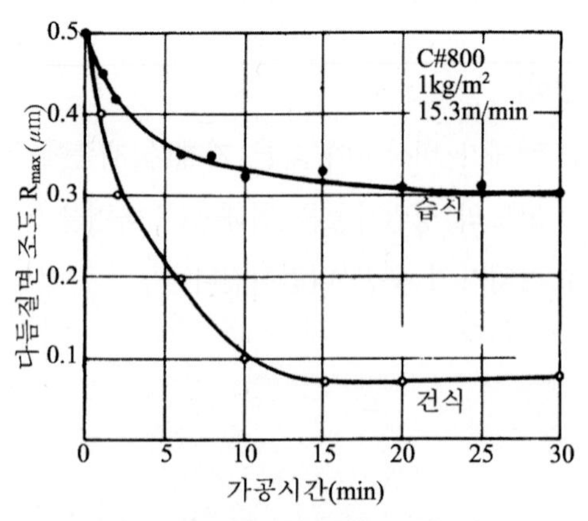

그림 5.53 건식법과 습식법의 다듬질면의 비교

3) 경면래핑

그림 5.52(c)에 나타낸 **경면래핑**(mirror lapping)은 극히 미세한 랩제에 의한 습식래핑으로 경면(鏡面)과 같은 다듬질면을 얻는 방법이다.

래핑은 절삭량이 극히 적으므로 전가공(前加工)에서 필요한 형상 및 치수를 충분하게 얻어 놓고 경면래핑으로는 다듬질면의 거칠기만 향상시키는 것이다. 따라서 래핑의 절삭여유는 매우 작고 습식 래핑에서도 0.01 ~ 0.02 mm 정도로 한다.

그림 5.53은 건식법과 습식법에 의한 다듬질면의 표면조도를 비교한 것인데, 건식법이 표면조도가 훨씬 더 양호함을 알 수 있다.

2.3.2 랩 재료

랩 재료는 연하고 입자가 치밀하며 표면에 공극이나 결함이 없어야 한다. 이에 적합한 재료에는 주철, 강, 황동, 동, 납, 활자금속, Al, 바빗 메탈(babbitt metal) 및 주석 등이다. 그러나 앞에서 열거한 랩 재료가 적당하지 않을 때에는 비금속 재료를 사용하기도 한다. 비금속 랩 재료에는 목재, 가죽 및 화이버(fibre) 등이 있다.

2.3.3 랩제와 래핑유

랩제(lapping powder)의 중요한 성질은 경도, 모서리의 예리함, 인성(靭性) 등이다. 경도가 크고 예리하며, 강도가 클수록 작업 능률이 높다. 그러나 다듬질면의 조도를 좋게 하기 위해서는 평평한 입자가 좋고, 둥근 입자와 평평한 입자가 쉽게 분쇄되어 새로운 절삭날이 노출되는 것이 절삭능률을 크게 한다.

랩제를 경도가 큰 것부터 나열하면 다이아몬드, 탄화붕소(B_6C, boron carbide), 탄화규소(SiC), 산화 알루미늄(Al_2O_3) 등이다.

래핑유는 래핑입자를 섞어서 사용하는 것으로 입자를 지지함과 동시에 분리시키고 공작물에 윤활을 주어 긁힘을 방지한다. 래핑유로는 석유, 물, 올리브유, 돈유, 벤졸 및 그리스(grease) 등이 사용된다.

2.3.4 래핑 작업조건

1) 랩 속도

공작물과 래핑과의 상대속도를 랩 속도라 한다. 습식법에서는 랩제나 래핑유가 비산(飛散)하지 않을 정도의 속도이면 된다. 건식법에서는 속도가 너무 높으면 랩이 과열되기 쉬우므로 주의해야 한다. 대체적인 랩 속도는 50 ~ 80 m/min가 많이 사용된다.

2) 래핑 압력

랩 입자가 거칠면 압력을 높이는데 압력을 너무 높이면 흠집이 생기기 쉽고, 또 너무 낮으면 광택이 나지 않는다. 일반적으로 습식압력은 0.5 kg/cm^2 정도이며, 건식압력은 1.0 ~ 1.5 kg/cm^2 정도이다.

2.3.5 랩 작업방식

랩 작업방식에는 수동작업에 의한 핸드래핑(hand lapping)과 기계작업에 의한 기계래핑(machine lapping)이 있으며, 공작물의 형상이나 부품의 종류에 따라 평면래핑, 원통래핑, 구면래핑, 나사래핑 및 기어래핑 등이 있다.

핸드 래핑은 원형 단면봉의 외면이나 구멍내면 등의 가공을 행하는 것이며, 비교적 소량생산에 이용된다.

평면 래핑은 3개의 면을 서로 비벼 문질러서 행하는 것이 완전한 평면을 얻는 방법이나, 보통은 랩을 정확한 평면으로 다듬어 놓고 이것을 사용하여 공작물을 래핑한다. 습식법의 경우는 랩에 적당한 홈(groove)을 두고 랩제가 접촉면에 고르게 분포되고 남은 것은 이 홈으로 밀려들어가도록 한다.

원형단면축 외면의 래핑은 공작물을 선반 등에 설치하여 회전운동을 하게 하고 그림 5.54(a)와 같은 랩들을 이용하여 손으로 이를 축방향으로 움직여 전장을 래핑한다. 구멍내면의 래핑에는 그림 5.55와 같은 랩에 회전운동을 주고 공작물을 손으로 잡고 축방향으로 왕복시키며 작업한다.

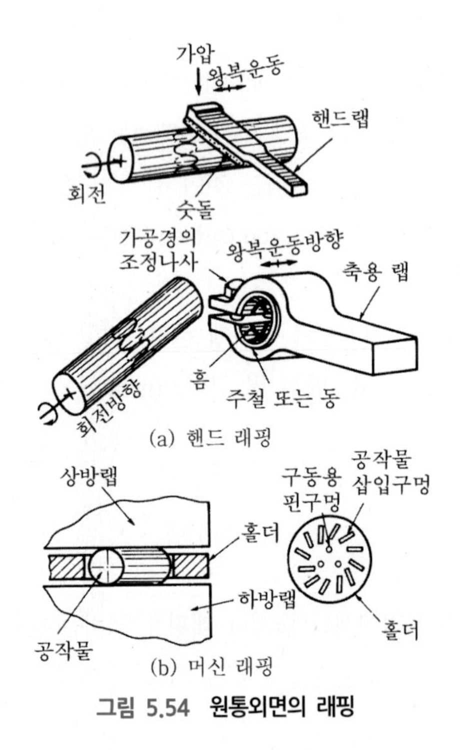

그림 5.54 원통외면의 래핑

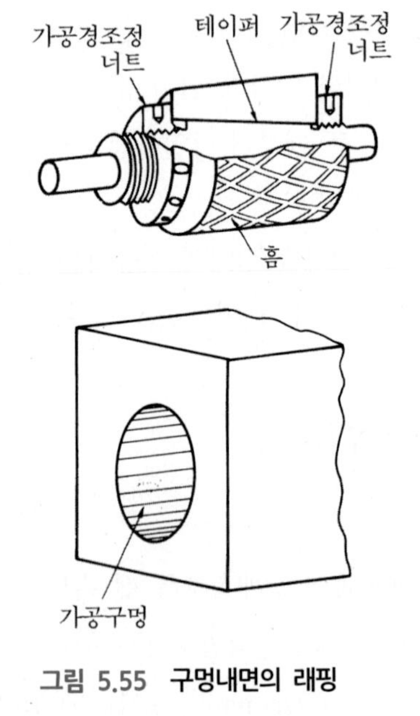

그림 5.55 구멍내면의 래핑

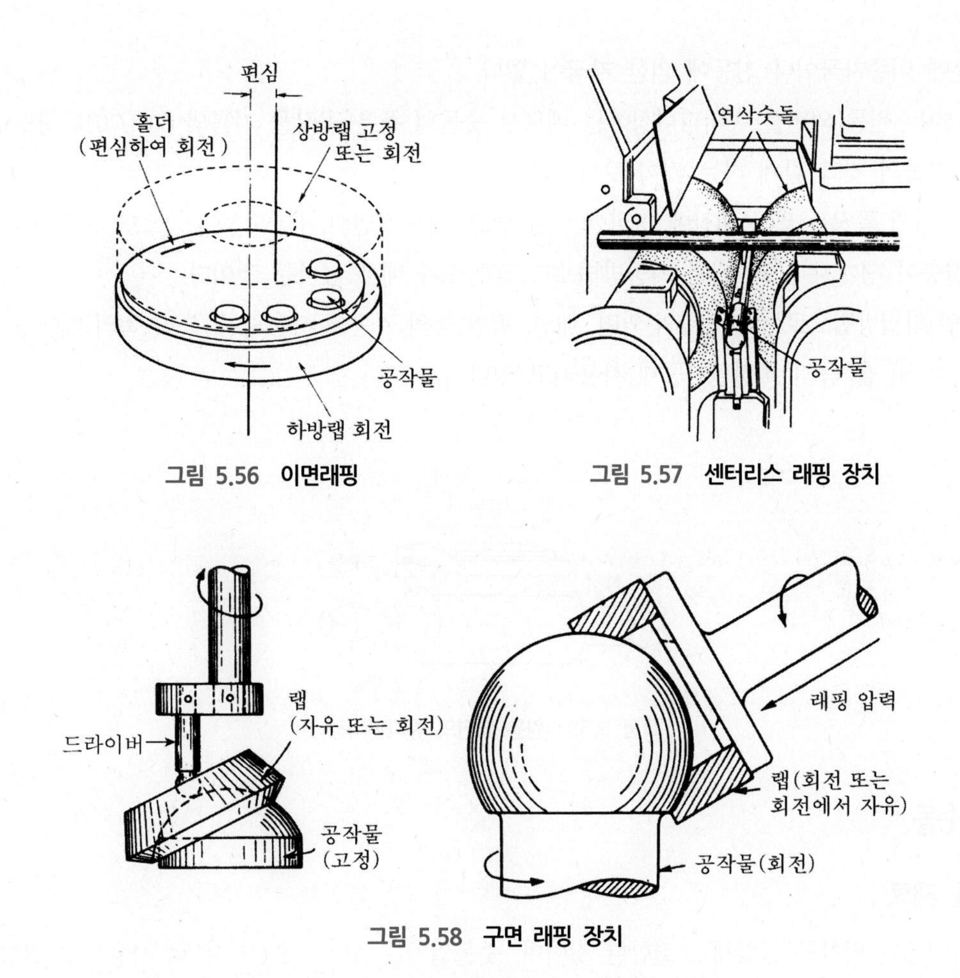

그림 5.56 **이면래핑**

그림 5.57 **센터리스 래핑 장치**

그림 5.58 **구면 래핑 장치**

대량생산의 경우는 래핑머신을 사용한다. 래핑머신은 상하 2매의 원형의 랩이 있고 이 사이에 공작물을 홀더에 끼워 설치하고, 적당한 압력을 가하면서 한쪽 랩을 회전시키고 이 사이에 랩제를 공급하는 것이다. 원통형 공작물의 외면이나[그림 5.54(b)], 평면의 래핑(그림 5.56)을 할 수 있다.

특수한 방법으로서 그림 5.57과 같은 센터리스 래핑(centerless lapping)과 그림 5.58과 같은 구면 래핑(spherical lapping)도 있다.

2.4 슈퍼피니싱

슈퍼피니싱(superfinishing)은 공작물 표면에 미세한 입자로 된 숫돌을 접촉시키면서 진동을 주는 정밀가공이며, 이것은 치수 변화가 주목적이 아니고 고정밀도의 표면을 얻는 것이 주목적이다.

연삭에서는 숫돌과 가공면의 접촉 면적이 작아서 이송자국이 생기지만 슈퍼피니싱에서는 접촉면적이

크기 때문에 이송자국이나 진동에 의한 자국이 없다.

그림 5.59는 원통 외면을 슈퍼피니싱하는 예로서 숫돌의 폭은 공작물 지름의 60 ~ 70% 정도로 하며, 길이는 공작물의 것과 같게 하는 것이 보통이다.

슈퍼피니싱의 특징은 짧은 시간에 정밀한 면을 얻고, 다듬질면의 내마모성이 좋으며 온도상승이 거의 없고, 변질층이 생기지 않고, 다른 가공방법보다 정밀도가 매우 높다는 것이다.

기본적인 작업방법으로는 원통형의 외면, 내면, 평면 등의 가공에 사용되며, 특히 축의 베어링 접촉부, 각종 게이지 및 롤 등의 초정밀가공에 사용되고 있다.

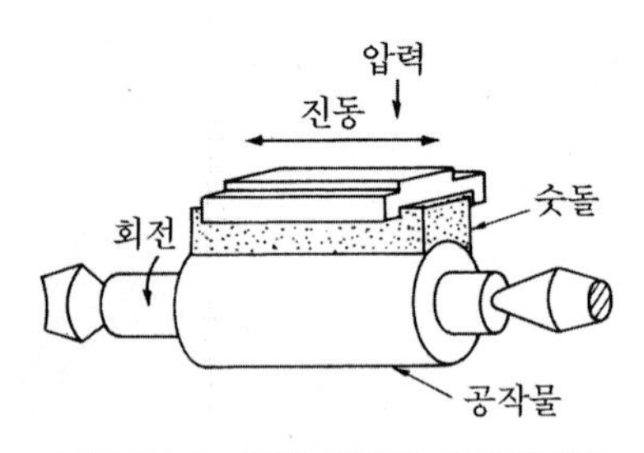

그림 5.59 원통 외면의 슈퍼피니싱

2.4.1 숫돌

1) 숫돌 재료

숫돌은 미세한 입자를 결합제로 결합한 것이며, 숫돌입자는 Al_2O_3, SiC가 주로 사용되고 결합제로는 비트리파이드 결합제(V), 실리케이트 결합제(S), 레지노이드 결합제(B), 고무 결합제(R) 등이 사용된다.

2) 입도

입자가 크면 다듬질 능률은 크게 되지만 다듬질면의 조도가 좋지 않게 되며, 또 작으면 반대 현상이 생긴다. 그러나 입자가 작을 때 눈막힘(loading)이 생겨 전가공면(前加工面)이 제거되지 않아서 오히려 좋지 않은 표면상태를 얻을 수도 있다. 가공조건과 다듬질 정도에 따라 보통 #100 ~ 1,000인 숫돌이 사용된다.

표 5.13은 공작물에 따른 숫돌의 입도를 보여 준다.

표 5.13 숫돌의 입도

공작물	입도 # (mesh)
브레이크 통, 클러치 판, 관성 바퀴	180 ~ 320
크랭크 축, 캠축, 피스톤, 밸브 로드	500
경면	600

3) 결합도(경도)

슈퍼피니싱에 사용되는 숫돌은 연삭숫돌에 비하여 연하게 결합한다. 결합도가 크면 새로운 입자의 출현이 힘들고, 너무 무르면 숫돌의 소모가 크며 다듬질면이 거칠어진다.

4) 숫돌의 압력

숫돌 압력의 대소에 따라 숫돌의 손모량, 공작물의 조도, 다듬질량 등이 달라지며, 그림 5.60은 이들의 경향을 보여 준다. 숫돌 손모량과 다듬질 량은 압력이 증가함에 따라 급격하게 증가하지만, 표면조도는 숫돌 손모량과 다듬질 량 만큼 큰 변화를 보이지 않는다.

숫돌의 압력은 호닝의 것에 비하여 낮고, 0.2 ~ 2 kg/cm^{2}의 범위이다.

표 5.14는 공작물의 재질에 따른 숫돌의 압력을 표시한다.

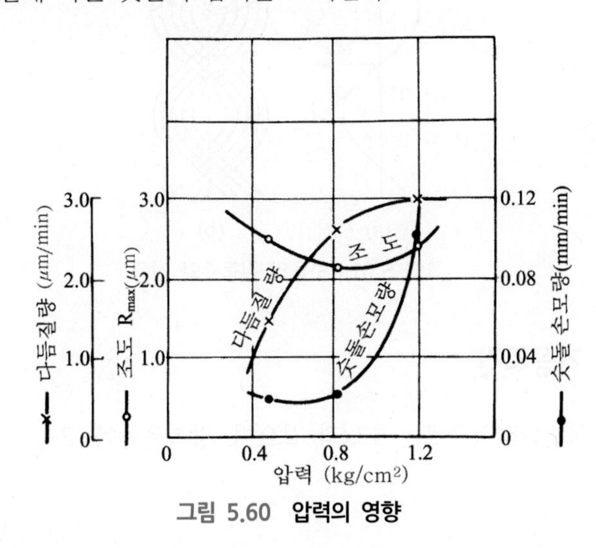

그림 5.60 압력의 영향

표 5.14 공작물의 경도와 압력

공작물 재료	쇼어(Shore) 경도	압력(kg/cm^2)
경강	21 ~ 30	<0.8
반경강	17 ~ 32	<0.8
주철	27 ~ 36	<1.1
알루미늄	11 ~ 13	<0.2

5) 숫돌의 진동수와 진폭

슈퍼피니싱은 숫돌의 진동수가 높고 진폭이 작다는 것이 특징이며, 이것은 공작물의 원주속도와 관련시켜 숫돌 입자가 동일한 경로를 지나지 않도록 해야 한다.

그림 5.61에서 θ : 홈집의 교차각, N : 회전수(rpm), n : 진동수, a : 진폭으로 하면 절삭방향각은

$$\frac{\theta}{2} = \tan^{-1}\frac{2an}{\pi DN} \tag{5.8}$$

$$\therefore \text{ 홈집의 교차각 } \theta = 2\tan^{-1}\frac{2an}{\pi DN} \tag{5.9}$$

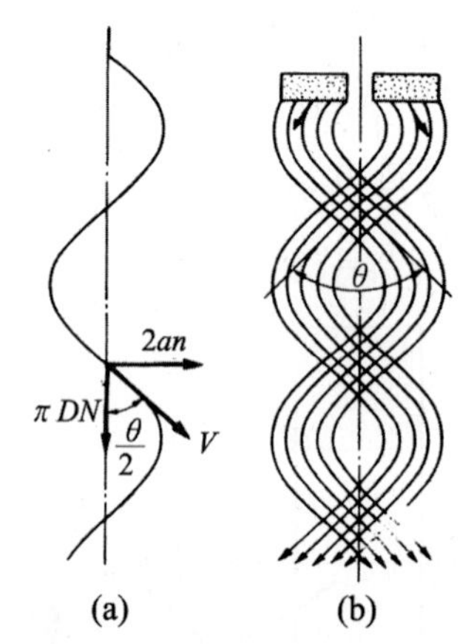

그림 5.61 숫돌의 진동수와 진폭

2.4.2 슈퍼피니싱의 가공조건

슈퍼피니싱의 운동기구는 원리적으로는 호닝과 같으며, 왕복운동이 고속, 소행정의 진동으로 변한 것 뿐임을 알 수 있다.

1) 공작물의 속도

공작물의 속도가 크면 숫돌 입자가 작용하는 절삭저항이 작으므로, 결합도가 큰 숫돌을 사용하는 것과 같은 효과가 나타나서 새로운 입자의 출현이 어렵게 되며 절삭 능력이 떨어진다. 그러나 속도가 느리면 다듬질 능률은 좋으나 가공물 표면이 거칠게 된다.

이상의 것을 고려하면 가공 초에는 6 ~ 10 m/min의 저속, 마무리에는 8 ~ 27 m/min로 하는 것이 좋다. 그림 5.62는 공작물의 속도가 공작물의 조도, 숫돌 손모량/절삭길이에 미치는 영향을 보여준다.

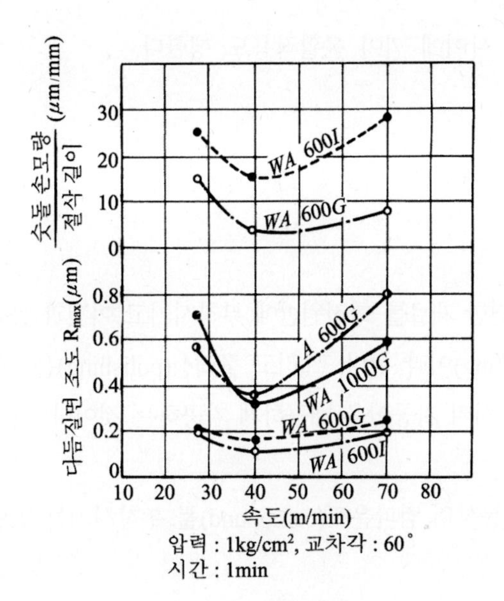

그림 5.62 속도의 영향

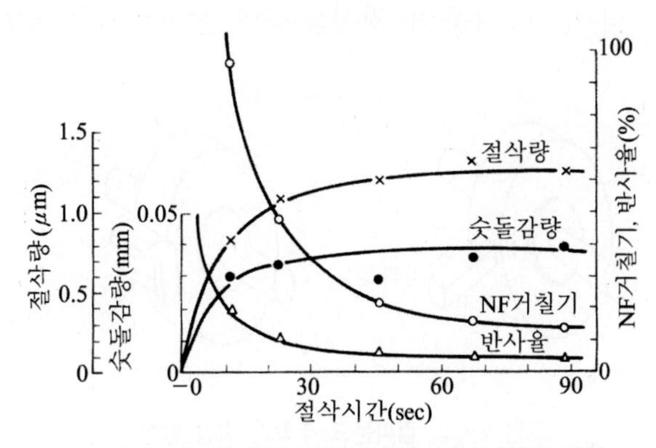

그림 5.63 슈퍼피니싱에서 각종 파라미터의 변화

2) 절삭량

원통외면을 슈퍼피니싱하여 절삭량, 숫돌감멸량, 다듬질면거칠기(*N. F.* 조도), 숫돌의 절삭면의 반사율의 시간적 경과를 측정한 한 예를 그림 5.63에 표시하였다. 최초의 10초간은 절삭량, 숫돌감멸량은 모두 크고 숫돌에는 거의 눈메움(loading)이 생기지 않는다. 이것은 전가공에 의한 가공면의 요철 때문에 숫돌의 압력은 낮아도 실제로 공작물과 접촉하고 있는 부분의 압력은 매우 높아져 있으므로, 숫돌이 드레싱(dressing) 작용을 받아 항상 예리한 날이 생겨서 활발히 절삭을 하고 있음을 나타내는 것이다. 숫돌의 날이 무디어지면 절삭자국도 얕아지고 다듬질면이 평활해짐과 더불어 숫돌은 눈메움상태가 되고, 어느 시간 이후는 절삭이 행해지지 않게 되어 슈퍼피니싱이 완료되는 것이다. 이 사이에 풍부하게 공급되는 가공액은 최초는 칩과 숫돌부스러기의 세척작용과 절삭에 의한 발열의 냉각작용을 하고, 숫돌의 눈메움

과 더불어 숫돌과 다듬질면 사이에 끼어 윤활작용도 행한다.

2.5 버핑과 폴리싱

헝겊, 피혁 및 직물 등의 연한 재료를 회전원반에 부착시키고 이것과 공작물을 접촉시켜 마찰에 의하여 다듬질하는 방법을 버핑(buffing)이라 한다. 그리고 폴리싱(polishing)은 연삭숫돌과 같이 미세한 입자로 된 고형 숫돌에 마찰 작용을 시켜 가공면을 매끈하게 가공하는 것이다. 따라서 폴리싱이 버핑에 선행되는 작업이다.

그림 5.64는 버프(buff)에 봉상의 컴파운드(compound)를 부착시키는 방법과 버핑(buffing) 방법을 보여준다.

버핑은 다듬질량이 극히 적기 때문에 정밀도를 요하는 가공보다는 외관을 좋게 하기 위한 광내기(coloring)에 주로 이용된다. 식기, 가정용품 및 장식품 등의 연마에 많이 이용된다.

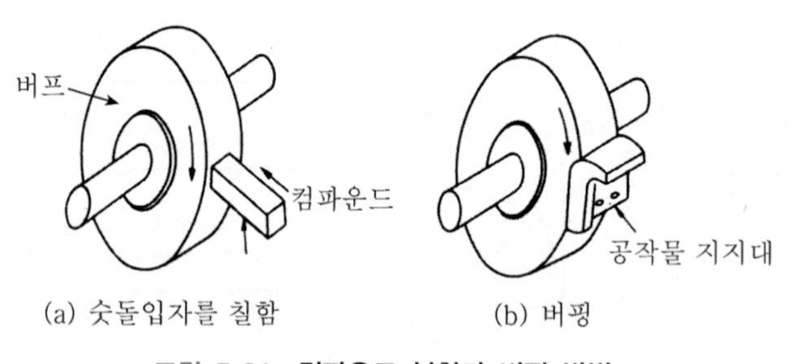

그림 5.64 컴파운드 부착과 버핑 방법

2.5.1 버핑 재료 및 연삭제

버프의 재료에는 사용 목적에 따라 여러 가지가 있으나 직물, 피혁, 코르크(cork), 목재 등이 사용되며 이것을 조합하는 방법도 여러 가지가 있다. 강성이 큰 버프일수록 공작물에 큰 힘이 작용되므로 연삭능률은 높으나 광내기(coloring) 면에서는 강성이 약한 것이 좋다. 또 버프의 무게가 무거울수록 원심력이 크기 때문에 강성이 커진다. 이 외에도 버프의 내구력도 고려해야 한다.

버핑 연삭제에는 경한 것과 연한 것이 있으며, 전가공의 흠집을 제거하는 것이 주목적일 때에는 경도가 큰 Al_2O_3, SiC 등을 입도 #300 정도로 하여 사용하고, 중간 다듬질에는 #400 ~ #2,000 정도의 에머리(emery) 등을 사용한다. 광내기용에는 경도가 낮은 Cr_2O_3, 규조토 등이 사용된다.

2.5.2 컴파운드

거친 버핑에는 버프의 외주에 숫돌 입자를 아교로 접착시키거나 유지로 굳혀 봉상으로 만들고 이것을 컴파운드(compound)라 한다.

컴파운드의 작용에는 ① 연삭작용, ② 버니싱(burnishing)작용, ③ 화학작용 등이 있다. 연삭작용은 다듬질량을 크게 하고, 버니싱작용은 공작물이 압력을 받아 고속도로 마찰을 할 때 표면이 국부적으로 고온으로 되어 표층의 유동을 초래하여 평활한 면을 얻는 것으로서, 특히 아연합금, 알루미늄, 동 같은 것에 중요한 역할을 한다. 화학작용은 버핑에 의한 것으로서 고열로 인하여 유지 중의 지방산이 금속과 반응하여 금속비누를 발생시키고 가공면을 경면으로 되게 한다.

2.5.3 버핑 조건

버프의 속도가 너무 낮으면 강성이 떨어지고, 속도가 너무 크면 공작물과의 사이에 마찰력이 커져서 버프의 소모가 많아지거나 또는 버프가 타는 경우도 있다. 표 5.15는 수기가공에서의 버프의 원주속도이다.

표 5.15 수가공 버핑의 표준속도(ft/min)

가공정도 \ 재질	탄소강	스테인리스강	황동	Ni 강	Cr 강	연한 금속
보통 완성가공	9,000	10,000	4,000 ~ 9,000	5,000 ~ 9,000	–	4,600 ~ 8,000
광택있는 완성가공	4,600 ~ 8,000	7,000 ~ 9,000	7,000 ~ 9,000	6,000 ~ 8,000	7,000 ~ 8,000	1,000 ~ 7,000

버프에 대한 압력은 버프의 종류, 공작물의 재질, 다듬질 정도 등에 따라 다르다. 일반적으로 거친 다듬질에는 큰 압력을 주고, 버프의 강성이 클 때에는 압력을 작게 한다.

그림 5.65(a)와 같이 회전방향과 공작물의 이송방향이 반대인 것이 동일방향인 그림 5.65(b)보다 매끄러운 면이 얻어진다.

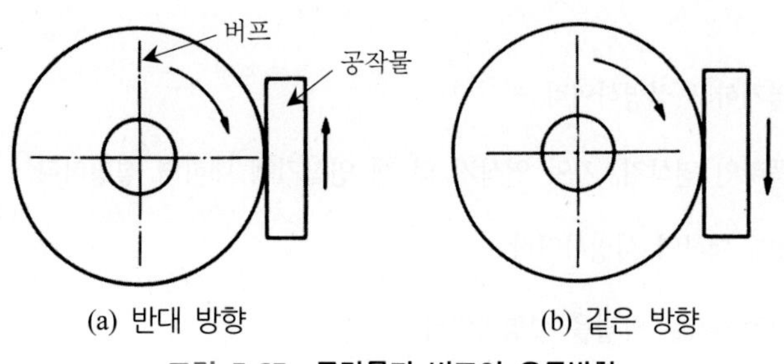

그림 5.65 공작물과 버프의 운동방향

연습문제

제1장 연삭가공

1. 연삭숫돌의 3요소에 대하여 설명하여라.

2. 연삭숫돌의 5대 구성요소에 대하여 설명하여라.

3. 연삭가공에서 다음을 설명하여라.

1) self sharpening　　2) shedding　　3) glazing　　4) loading

4. 숫돌 입자의 종류를 열거하고 각각의 용도를 설명하여라.

5. 연삭숫돌의 5대 구성요소 가운데 조직을 입자율로 표시할 수 있다. 입자율을 설명하라.

6. 결합제의 종류를 열거하고 설명하여라.

7. 연삭숫돌의 표시법에 대하여 하나의 예를 들어 설명하여라.

8. 연삭숫돌은 5대 구성요소 외에 추가로 표시하는 것이 있다. 이에 대하여 설명하라.

9. 연삭가공에서 드레싱과 트루잉을 비교하여 설명하여라.

10. 연삭기의 종류를 열거하고 설명하여라.

11. 원통연삭방법의 종류를 열거하고 설명하여라.

12. 평면연삭방법의 종류를 열거하고 설명하여라.

13. 센터리스 연삭의 원리를 설명하여라.

14. 센터리스 연삭의 특징을 설명하여라

15. 센터리스 연삭에서 공작물의 이송방법에 대하여 설명하여라.

16. 센터리스 연삭에서 공작물의 이송속도를 f(mm/rev), 연삭숫돌의 회전수를 n(rpm), 조정숫돌의 회전수를 N(rpm), 연삭숫돌에 대한 조정숫돌의 경사각을 $\alpha°$, 연삭숫돌과 조정숫돌의 직경을 각각 d 및 D(mm)라고 할 때 공작물의 이송속도를 구하라.

17. 특수연삭기의 종류를 열거하고 설명하여라.

18. 특수연삭기 가운데 스플라인 연삭기, 기어 연삭기 및 캠 연삭기에 대하여 설명하라.

19. 0°연삭법과 경사연삭법에 대하여 설명하여라.

20. 숫돌축에 연삭숫돌을 고정시키는 방법을 설명하여라.

제2장 입자가공

21. 입자가공의 종류를 열거하고 설명하여라.

22. 호닝가공의 원리와 특징을 설명하여라.

23. 혼(hone)에 대하여 설명하라.

24. 액체 호닝에 대하여 설명하여라.

25. 액체 호닝에서 노즐의 분사각에 대하여 설명하라.

26. 래핑의 원리를 설명하라.

27. 래핑의 장단점을 설명하여라.

28. 래핑의 종류를 열거하고 설명하여라.

29. 센터리스 래핑과 구면 래핑에 대하여 설명하라.

30. 슈퍼피니싱에 대하여 설명하여라.

31. 버핑과 폴리싱에 대하여 설명하여라.

32. 버핑에 사용되는 컴파운드에 대하여 설명하라.

심화문제

01. 연삭숫돌의 3요소를 그림을 그려서 설명하여라.

풀이 연삭숫돌은 그림에서와 같이 숫돌입자, 결합제 그리고 공극(기공)의 세 부분으로 이루어진다. 숫돌입자는 천연입자와 인조입자가 있으며 탄화규소(SiC), 산화알루미늄(Al_2O_3), 탄화붕소(B_4C) 등의 인조입자가 많이 쓰인다. 그리고 결합제는 숫돌입자와 입자를 결합시키는 재료로서 입자 사이에 기공이 잘 생기고 고속회전에 대한 강도가 충분하여야 하며 임의의 형상 및 크기로 잘 성형되어야 한다.

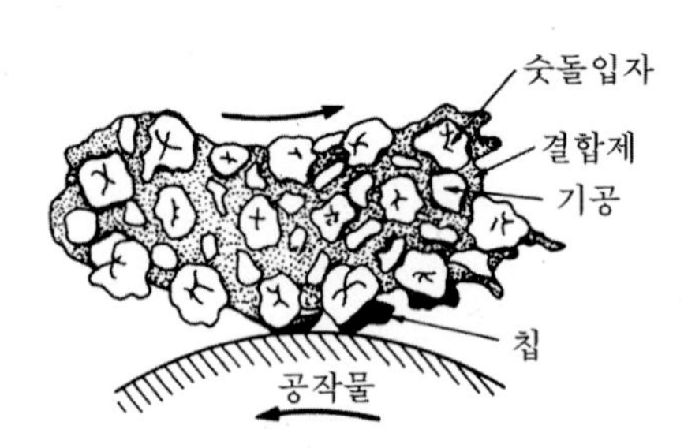

그림 **연삭숫돌의 조직과 연삭작용**

02. 연삭숫돌의 5대 구성요소에 대하여 설명하고, 구체적인 예를 하나 들어라.

풀이 연삭숫돌의 5대 구성요소는 숫돌입자(Abrasive grain), 입도(Grain size), 결합도(grade), 조직(structure) 및 결합제(bond) 등이며 이들은 각각 다음과 같다.

(1) 숫돌입자 : 천연입자와 인조입자가 있으며 천연입자에는 사암, 에머리(emery), 코런덤(corundum) 및 다이아몬드 등이 있고 인조입자에는 탄화규소(SiC), 산화알루미늄(Al_2O_3) 및 탄화붕소(B_4C) 등이 있다. 천연입자는 입자의 크기 및 질이 균일하지 않으므로 숫돌의 마모가 불균일하다. 따라서 천연입자보다 인조입자를 많이 사용하고 있다. 인조입자 가운데 탄화규소는 경도가 높은 주철, 냉강주철 및 초경합금 등의 연삭에 많이 사용되며, 산화알루미늄은 탄소강이나 고속도강의 연삭에 많이 사용된다.

(2) 입도 : 숫돌입자의 크기를 나타내는 것으로서 단위는 mesh로 나타낸다. 거친연삭에는 입도가 큰 것을, 다듬질연삭에는 입도가 작은 것을 사용한다. 그리고 경한 재료에는 입도가 작은 것을, 연성이 크거나 연한 재료에는 입도가 큰 것을 사용한다.

(3) 결합도 : 숫돌입자를 결합시키는 점착력의 정도를 나타내며 이를 경도(hardness)라고도 한다. 숫돌입자가 숫돌에서 쉽게 탈락될 때 이를 연하다(또는 무르다)고 하며, 쉽게 탈락되지 않을 때 이를 경하다(또는 단단하다)고 한다. 결합도가 너무 크면 숫돌입자가 정상적으로 탈락되지 않고 공작물의 표면을 손상시키는 글레이징(glyzing)현상을 일으키고, 결합도가 너무 작으면 숫돌입자가 쉽게 탈락되어 눈메움(loading)현상이 나타나서 연삭을 방해한다.

(4) 조직 : 연삭숫돌의 단위체적당 입자수(이것을 밀도라고 한다)로 나타내며, 입자수가 많으면 조직이

치밀하고 입자수가 적으면 성기다라고 한다. 또한 이것은 연삭숫돌의 체적에 관한 숫돌입자체적의 비인 입자율로 나타내기도 한다. 조직의 선택기준은 연한 재료에는 성긴 조직, 경한 재료에는 치밀한 조직을 사용하고 또한 거친 연삭에는 성긴 조직, 다듬질 연삭에는 치밀한 조직을 사용한다.

(5) 결합제 : 숫돌입자를 결합시켜 숫돌형상을 갖도록 하는 재료로서 가장 많이 사용되는 비트리파이드 결합제(V)를 비롯하여 실리케이트 결합제(S), 고무 결합제(R), 셀락 결합제(E), 레지노이드 결합제(B) 및 금속 결합제(M) 등이 있다.

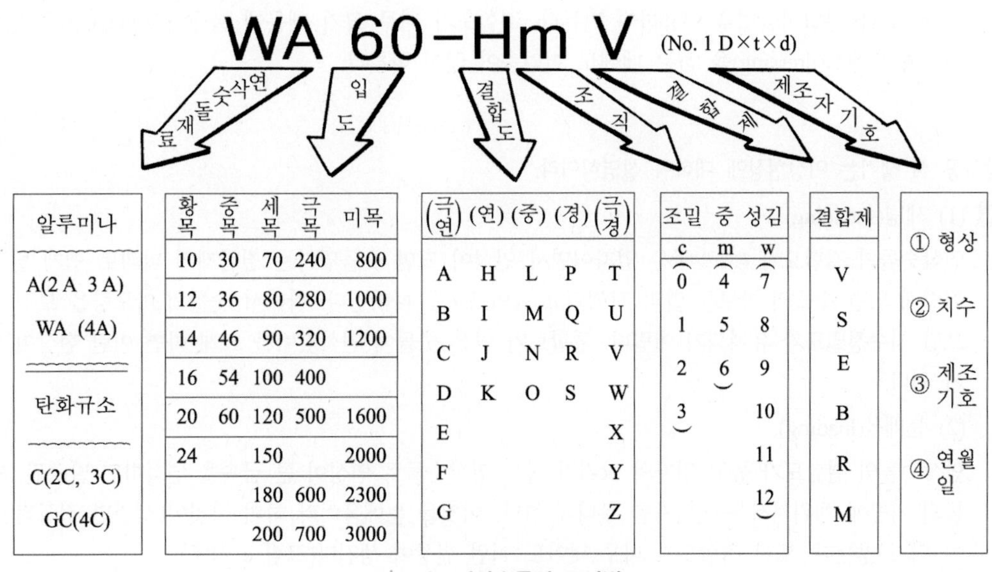

그림 연삭숫돌의 표시법

03. 연삭숫돌을 결합시키는 결합제의 종류를 열거하고 설명하여라.

풀이 (1) 비트리파이드 결합제(vitrified bond) : V

점토가 주성분인 결합제로서 강도가 크고 다공성이 양호하며 가격이 싸기 때문에 현재 가장 많이 쓰이는 결합제이다.

(2) 실리케이트 결합제(silicate bond) : S

규산소다가 주성분인 결합제로서 비트리파이드 결합제보다 결합도는 낮지만 열의 흡수능력은 우수하다.

(3) 셀락 결합제(shellac bond) : E

셀락이 주성분이며 숫돌입자에 셀락을 피복시켜 압축성형하고 가열하여 만든다. 강도와 탄성이 우수하므로 얇은 형상의 숫돌을 만들 때 적합하다.

(4) 고무 결합제(rubber bond) : R

주성분이 고무이며 여기에 유황 등을 첨가시켜 연삭숫돌을 만든다. 탄성이 우수하여 절단용으로 쓰이는 얇은 숫돌이나 센터리스연삭기의 조정숫돌을 만들 때 사용된다.

(5) 베이크라이트 또는 레지노이드 결합제(bakelite or resinoid bond) : B

합성수지가 주성분이며 내열성과 탄성이 우수하기 때문에 건식절삭용으로 많이 쓰인다.

(6) 비닐 결합제(vinyl bond) : PVA

폴리비닐(Polyvinyl)을 주성분으로 하는 결합제로서 탄성이 매우 우수하다. 버핑작업에 사용되는 버프(buff)와 같은 성질을 갖는다.

(7) 금속 결합제(metal bond) : M

동, 황동, 철 및 니켈 등의 미세입자가 결합제인 것을 금속 결합제라 하며 다이아몬드 숫돌입자를 결합하고자 할 때 분말야금법을 이용하여 만든다. 결합도가 너무 크기 때문에 글레이징(glazing)을 일으키기 쉬우며 드레싱(dressing)을 하는 데에도 어려움이 많이 따른다.

04. 연삭가공 시 생기는 이상현상에 대하여 설명하여라.

풀이 (1) 세딩(shedding)

연삭숫돌의 결합도가 낮고 굵은 입자이면서 인성이 크면 숫돌입자는 결합제의 파괴로 쉽게 탈락된다. 이렇게 되면 숫돌의 마모는 빨리 진행되고 표면조도는 나빠진다. 따라서 숫돌의 마모량을 보정하지 않으면 치수정밀도가 유지되기 어렵다. 결합도가 낮은 숫돌에 연삭깊이를 크게 하면 이런 현상이 일어나기 쉽다.

(2) 눈메움(loading)

연삭숫돌의 결합도가 높고 입자의 크기가 작은 연삭숫돌로 연성이 큰 금속을 연삭하면 발생된 칩이 숫돌의 기공에 채워져서 숫돌입자를 무디게 한다. 이것을 눈메움이라 하며 이것이 생기면 정상적인 연삭이 되지 않는다. 또한 결합도가 너무 낮아도 이런 현상이 생긴다(그림 c 참조).

(3) 글레이징(glazing)

연삭숫돌의 결합도가 너무 커서 입자가 정상적으로 탈락되지 않고 공작물의 표면을 긁어 버린다. 이것을 글레이징이라 하며 숫돌입자와 공작물의 마찰저항이 증가하여 발열량이 많아지며 진동이 발생하기 쉽고 가공변질층도 깊어진다(그림 b 참조).

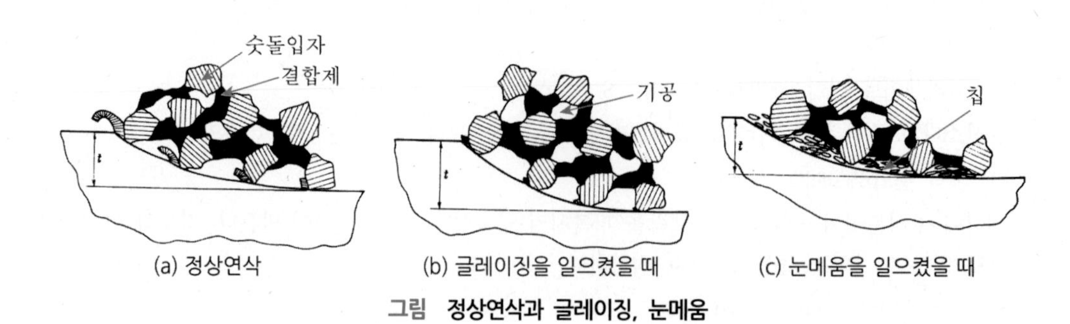

그림 정상연삭과 글레이징, 눈메움

05. 연삭가공에서 드레싱(dressing)과 트루잉(truing)이란 무엇인가?

풀이 (1) 드레싱 : 연삭작업을 계속하면 연삭숫돌의 입자가 둔해지거나 눈메움이 생겨 연삭능력이 점차 저하되어 연삭이 잘 되지 않는다. 이때 숫돌의 표면에 예리한 날이 나오도록 드레서(dressor)라는 공구로 연삭숫돌을 가공하는 작업을 말한다. 건식과 습식 드레싱이 있다.

(2) 트루잉 : 연삭작업중 숫돌의 일부가 파손되거나 떨어져나가 균형을 이루지 못하고 못쓰게 된다. 이때 숫돌을 정상적인 단면형상으로 가공하는 것을 트루잉이라 한다. 트루잉을 하면 드레싱도 함께 된다.

06. 원통연삭기의 3가지 연삭방식에 대하여 그림을 그려서 설명하여라.

풀이 (1) 테이블 이동식

그림(a)에서와 같이 테이블에 이송을 주고 숫돌차로 깊이를 조정하는 방식이다.

(2) 숫돌대 이동식

그림(b)에서와 같이 숫돌대에 이송을 줌과 동시에 깊이를 조정하는 방식이다. 위의 테이블 이동식이나 숫돌대 이동식에서와 같이 주축방향으로 공작물이나 숫돌차가 이송운동을 하며 연삭하는 것을 트래버스 연삭(traverse grinding)이라 한다.

(3) 플런지 컷 연삭(plunge-cut grinding)

그림(c)에서와 같이 공작물은 회전운동을 하고 숫돌차로 깊이를 주어 연삭하는 방식으로서 공작물이나 숫돌이 축방향으로 이송되지 않는 것이 트래버스연삭과의 차이점이다. 플런지 컷 연삭은 짧은 공작물의 전체길이를 동시에 연삭할 수 있으며 간단한 형상의 총형가공도 가능하다. 그러나 접촉면적이 커져서 연삭력도 많이 소요되므로 소요동력도 커야 하며 강성도 충분해야 한다.

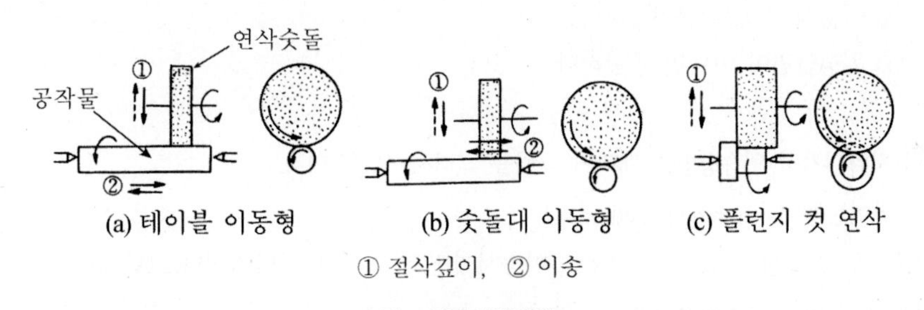

그림 원통연삭방법

07. 센터리스(centerless)연삭의 원리를 그림을 그려서 설명하고 장단점을 설명하여라.

풀이 센터리스연삭은 그림 (a)에서와 같이 공작물을 센터로 지지하지 않고 연삭숫돌(grinding wheel)과 조정숫돌(regulating wheel) 사이에 넣고 지지판으로 지지하면서 연삭하는 것이다. 조정숫돌의 재질은 마찰력이 커야 하며, 공작물과 조정숫돌의 마찰력에 의해서 공작물을 회전시키고, 조정숫돌이 공작물에 가하는 압력의 크기로서 공작물의 회전수를 조정한다. 공작물의 이송은 숫돌의 축방향으로 진행되며, 이것은 그림 (b)에서와 같이 연삭숫돌과 조정숫돌이 약간 경사져 있기 때문에(2°~8°) 가능하다.

공작물의 이송속도 (f)는 조정숫돌의 직경을 d(mm), 조정숫돌의 회전수를 n(rpm) 그리고 연삭숫돌에 대한 조정숫돌의 경사각을 $\alpha°$ 라 하면

$$f = \pi dn \cdot \sin\alpha \text{ (mm/min)}$$

이 된다.

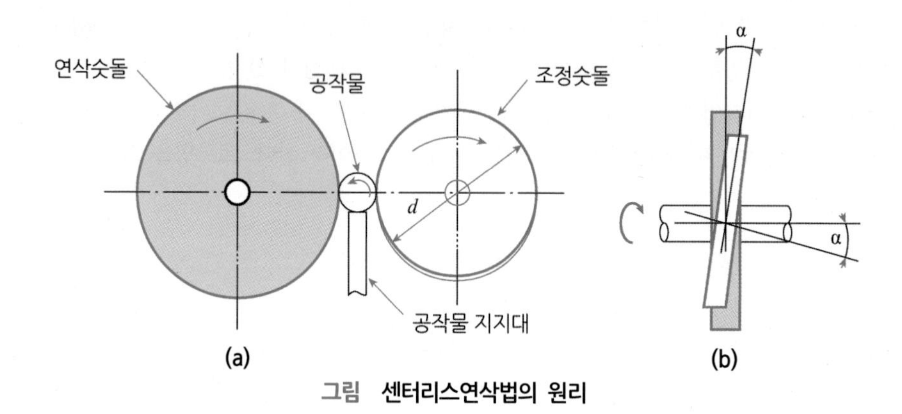

그림 센터리스연삭법의 원리

센터리스연삭의 장단점은 다음과 같다.

장점 ① 작업에 숙련이 필요하지 않다.
② 연속적인 작업을 할 수 있다.
③ 공작물에 굽힘모멘트가 작용하지 않기 때문에 큰 힘을 가할 수 있다.
④ 직경이 작고 길이가 긴 공작물의 연삭에 적당하다.
⑤ 작업의 자동화가 가능하다.

단점 ① 무거운 공작물의 연삭은 곤란하다.
② 직경이 크고 길이가 짧은 공작물의 연삭은 비경제적이다.
③ 키홈의 가공은 불가능하다.
④ 원형단면이 아니면 곤란하다.

08. 센터리스연삭기의 4가지 이송방법에 대하여 그림을 그려서 설명하여라.

풀이 (1) 통과이송법(throughfeed method)

조정숫돌로 공작물을 그 축방향으로 이송시키면서 연삭하는 방법이다(그림 a).

(2) 가로이송법(infeed method)

공작물을 축방향으로 이송시키지 않는 연삭법으로 원통연삭에서의 플런지 컷 연삭에 해당된다(그림 b).

(3) 끝이송법(end feed method)

숫돌의 원주를 테이퍼로 하거나 두 개의 숫돌을 경사시켜 테이퍼진 공작물의 표면을 연삭하는 방식이다(그림 c).

(4) 접선이송법(tangential feed method)

숫돌차의 둘레에 받침판을 설치하고 그 사이에 공작물을 넣어 양 숫돌의 접선방향으로 이송시키며 연삭하는 방식이다(그림 d).

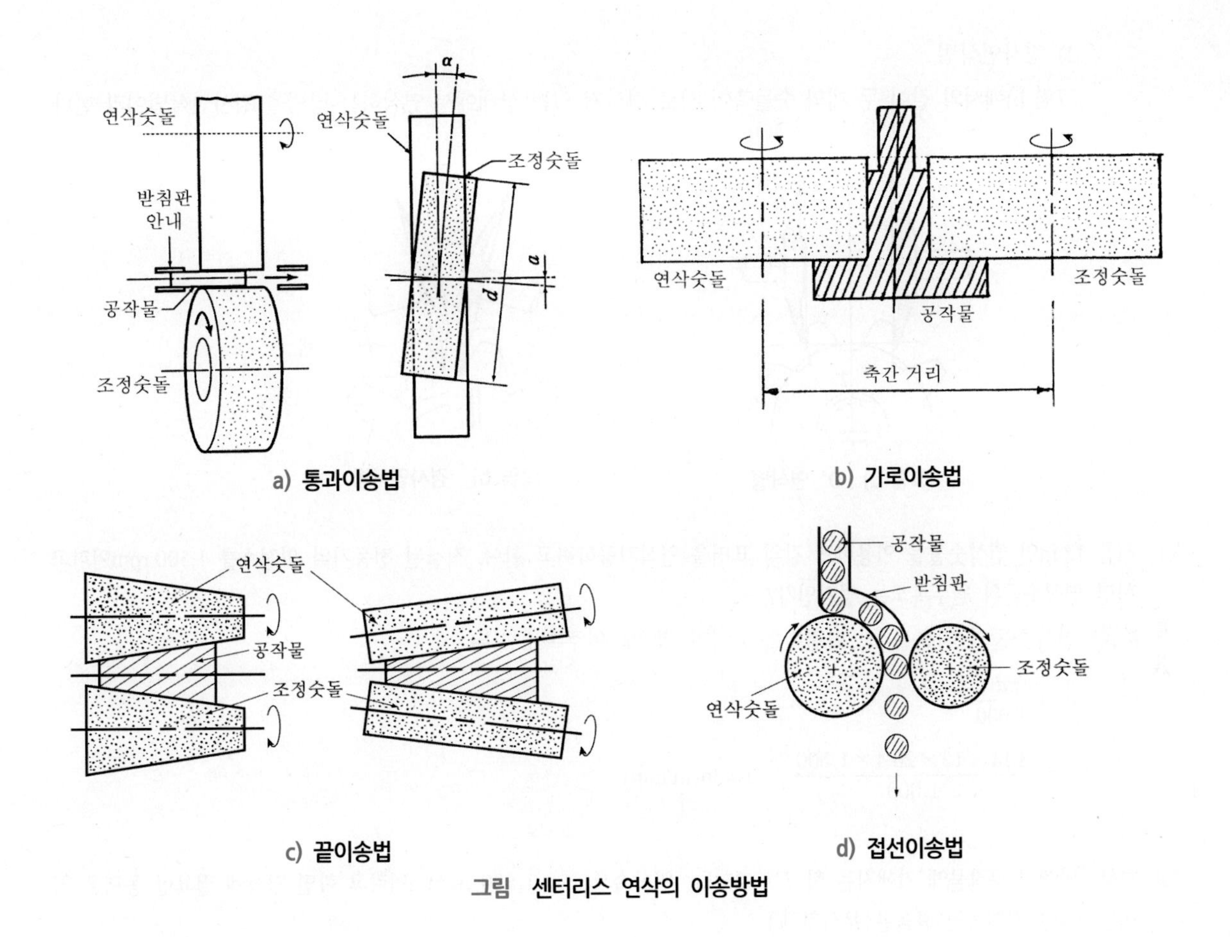

그림 센터리스 연삭의 이송방법

09. 다음을 설명하여라.

(1) 터리모션 (2) 스파크아웃

풀이 (1) 터리모션(tarry motion) : 원통연삭을 할 때 끝부분도 진정한 트래버스(traverse)연삭이 되도록 하기 위하여 길이방향 이송의 끝에서 이송을 잠깐 동안 정지시키는 것을 말한다. 이것을 드웰모션(dwell motion)이라고도 하며, 이 드웰시간은 공작물이 1~2회전할 시간이면 된다.

(2) 스파크아웃(spark out) : 연삭가공을 하면 불꽃이 비산한다. 이것은 연삭숫돌이 공작물을 가공하고 있다는 것을 의미한다. 다듬질연삭의 경우 최후에는 가공정밀도를 높이기 위하여 연삭깊이를 주지 않고 불꽃이 비산하지 않을 때까지 길이방향으로 몇 번 이송시키는 것을 말한다. 여기에 필요한 시간을 스파크 아웃시간(spark out time)이라 한다.

10. 0°연삭법과 경사연삭법을 설명하여라

풀이 1) 0°연삭법(zero degree grinding method)

기어의 치의 간격이나 치의 두께를 측정하는 원리를 이용한 것으로서 그림 a)에서와 같이 두 개의 숫돌축이 나란한 경우(0°)의 연삭법을 0°연삭법이라 한다.

2) 경사연삭법

그림 b)에서와 같이 두 개의 숫돌축이 서로 경사져 있는 상태에서 연삭하는 방법을 경사연삭법이라 한다.

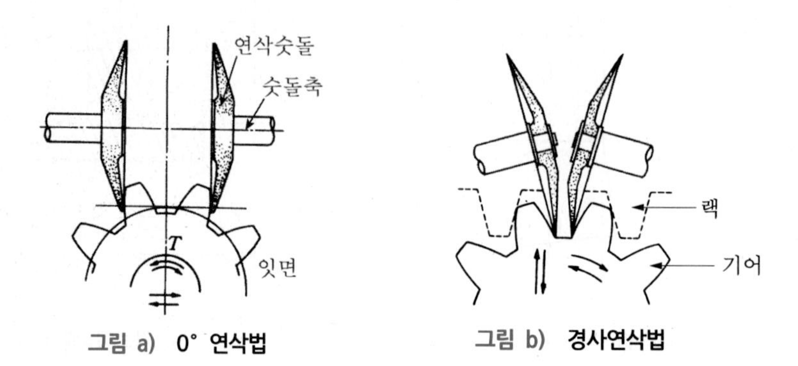

그림 a) 0° 연삭법　　　그림 b) 경사연삭법

11. 지름 12 in인 연삭숫돌을 이용하여 강의 표면을 연삭가공하려고 한다. 직결된 전동기의 회전수를 1,500 rpm이라고 하면 연삭숫돌의 원주속도는 얼마인가?

풀이 연삭숫돌의 지름을 d, 회전수를 n이라 할 때 원주속도 v는

$$v = \frac{\pi dn}{1{,}000}$$

$$= \frac{3.14 \times 12 \times 25.4 \times 1{,}500}{1{,}000} \fallingdotseq 1{,}436(\text{m/min})$$

12. 연삭작업에서 공작물에 가해지는 힘 $F = 25$ kg, 연삭속도 $v = 1{,}800$ m/min이라고 하면 연삭에 필요한 동력은 얼마인가?(단 기계적인 효율은 무시한다.)

풀이 연삭동력을 N이라 하면

$$N = \frac{F \cdot v}{75 \times 60} = \frac{25 \times 1{,}800}{75 \times 60} = 10(\text{HP})$$

13. 평면연삭에서 연삭력 $F = 20$ kg, 연삭숫돌의 원주속도 $v = 2{,}700$ m/min이고 공급된 동력 $N = 15$ PS이라 하면 이 연삭기의 효율(η)은 얼마인가?

풀이 $N = \dfrac{F \cdot v}{75 \times 60 \times \eta}$에서

$$\eta = \frac{F \cdot v}{75 \times 60 \times N} \times 100 = \frac{20 \times 2{,}700}{75 \times 60 \times 15} \times 100 = 80\%$$

14. 센터리스연삭기에서 직경 20 mm인 탄소강의 표면을 연삭하려고 한다. 연삭숫돌의 직경 600 mm, 회전수가 1,200 rpm, 조정숫돌차의 직경이 500 mm, 회전수가 150 rpm이다. 연삭숫돌차와 조정숫돌차의 경사각이 7°라면 공작물의 이송속도는 얼마인가?

풀이 연삭숫돌과 조정숫돌의 직경을 각각 d 및 d_r, 연삭숫돌과 조정숫돌의 회전수를 각각 m 및 m_r, 공작물의 이송속도를 v_f, 경사각을 α라고 하면

$v_f = \pi d_r n_r \sin\alpha$

$= 3.14 \times 500 \times 150 \times \sin 7° = 28{,}260$(mm/min)

$= 28.26$(m/min)

15. 지름이 70 mm인 연삭숫돌을 내면연삭기에 고정하고, 지름 120 mm의 구멍을 내면연삭한다. 연삭숫돌의 회전수가 5,000 rpm이고 공작물의 회전수가 300 rpm이라 하면 연삭숫돌과 공작물이 접촉하는 곳에서의 연삭속도는 얼마인가?

풀이 연삭숫돌의 원주속도, 지름 및 회전수를 각각 v_1, d_1, n_1이라 하고 공작물의 절삭속도, 지름 및 회전수를 각각 v_2, d_2, n_2라 하면 접촉점에서의 연삭속도

$v = v_1 + v_2$

$= \dfrac{\pi d_1 n_1}{1{,}000} + \dfrac{\pi d_2 n_2}{1{,}000}$

$= \dfrac{3.14 \times 70 \times 5{,}000}{1{,}000} + \dfrac{3.14 \times 120 \times 300}{1{,}000}$

$= 1{,}212$ (m/min)

16. 연삭숫돌차의 바깥지름이 300 mm, 회전수 1,500 rpm, 공작물의 원주속도가 20 m/min일 때 연삭속도는 얼마인가? (단 공작물은 연삭숫돌과 각각 시계방향으로 외접하여 회전하고 있다.)

풀이 연삭속도를 v, 연삭숫돌의 원주속도를 v_1, 공작물의 원주속도를 v_2라 하면

$v = v_1 + v_2$

$= \dfrac{\pi dn}{1{,}000} + v_2$

$= \dfrac{\pi \times 300 \times 1{,}500}{1{,}000} + 20$

$\fallingdotseq 1{,}434$(m/min)

17. 호닝(honing)가공에 대하여 설명하여라.

풀이 호닝가공은 그림 a에서와 같이 혼(hone)이라는 공구에 연삭숫돌을 끼워서 원통형상의 공작물 내면을 정밀가공하는 것을 말한다.

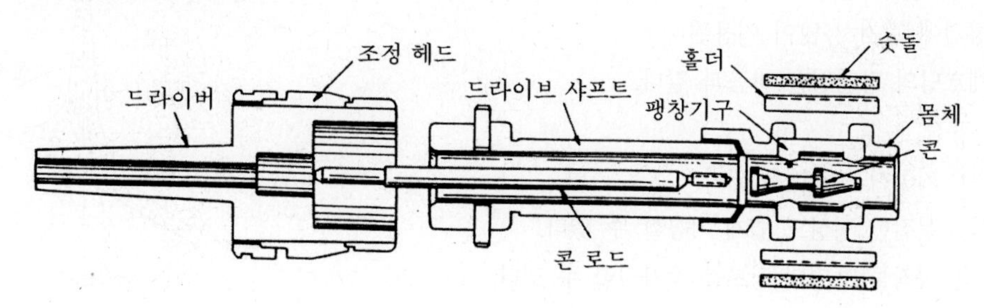

그림 a 혼공구

혼은 회전운동과 축방향의 진석운동을 같이 하며 작업중 절삭유를 공급하여 열의 발생을 줄이고 칩을 쉽게 제거하도록 한다. 호닝에 적당한 재료로서는 강, 초경합금, 주철, 동, 알루미늄 등의 금속과 유리, 플라스틱, 세라믹 등의 비금속이 있으며 공작물의 재질에 따라 호닝속도에 차이를 둔다.

호닝가공은 수평식 및 수직식이 있으며 이 가운데 수직식이 많이 이용된다. 수평식은 공작물의 직경이 작고 길이가 긴 경우에 사용되며 제품을 호닝가공함으로써 정확한 치수가공 및 가공정밀도를 높일 수 있을 뿐만 아니라 전가공에서 나타난 날무늬, 테이퍼 등을 없애고 진원도, 원통도 등을 양호하게 할 수 있다. 그림 b는 혼숫돌과 공작물의 접촉상태를 나타낸 것이다.

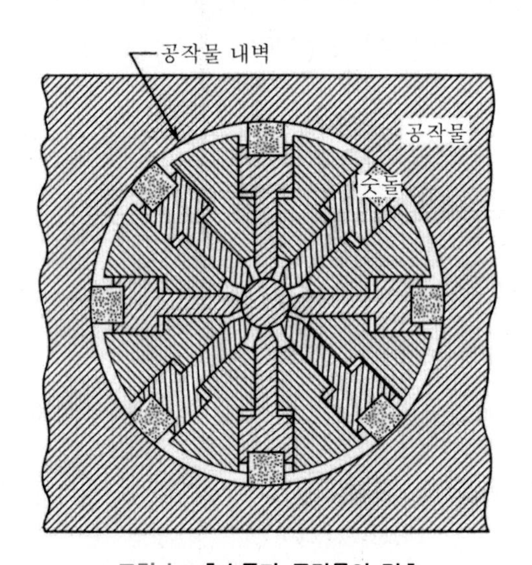

그림 b 혼숫돌과 공작물의 접촉

18. 액체호닝(liquid honing)이란 무엇인가? 그리고 액체호닝의 장단점을 설명하여라.

풀이 액체호닝은 그림에서와 같이 숫돌입자를 랩제와 혼합시킨 후 이것을 압축공기로 불어서 공작물의 표면에 분사시킨 다음 공작물의 표면을 가공하는 것이다. 이와 같이 하면 공작물의 표면이 매끈하게 되어 표면조도가 양호해질 뿐만 아니라 피닝(peening)효과에 의하여 표면의 피로강도를 증가시켜 기계적 성질을 개선할 수 있다. 또한 재료의 인장강도를 5~10% 정도 증가시킬 수 있기 때문에 베어링 접촉면의 내마모성 증가, 볼트의 피로한계의 상승 및 절삭공구의 수명 증가 등 다방면에 걸쳐서 많이 이용된다.

액체호닝의 장단점은 다음과 같다.

(1) 장점

① 가공시간이 매우 짧다.

② 복잡한 형상도 쉽게 가공할 수 있다.

③ 공작물 표면의 강도를 증가시킬 수 있다.

④ 공작물 표면의 산화물이나 이물질을 제거하기 쉽다.

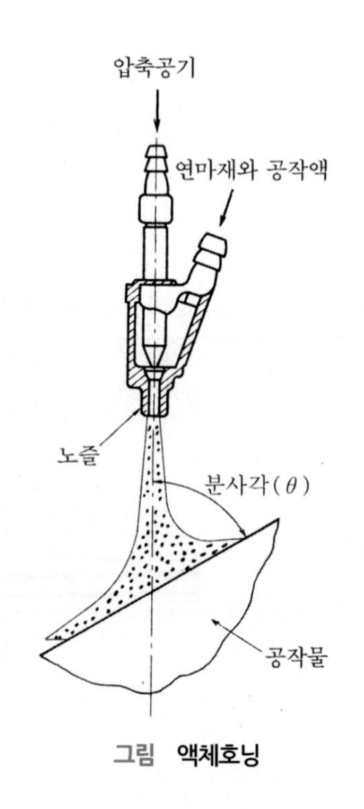

그림 액체호닝

(2) 단점

① 가공정밀도가 높지 않다.

19. 래핑(lapping)의 개요와 그 특징을 설명하여라.

풀이 그림에서와 같이 회전판인 랩과 공작물 사이에 랩제를 넣고 이들을 상대운동시켜서 미세한 칩을 생성시키며 가공하는 것을 래핑이라 한다. 랩제로서는 다이아몬드, 탄화붕소, 탄화규소 및 산화알루미늄 등이 사용되며 랩으로 사용되는 재료로서는 표면이 연하고 기공이나 결함이 없어야 한다. 그리고 공작물보다 연질이어야 하며 이에 적합한 재료로서는 주철, 동, 납, 알루미늄, 주석 등의 금속과 목재, 피혁, 고무 등의 비금속이 있다.

래핑은 원통래핑, 평면래핑, 센터리스래핑, 구면래핑 등이 있으며 그림은 평면래핑에 사용되는 공작물의 고정구를 나타내고 있다. 래핑을 필요로 하는 제품으로서는 각종 게이지, 롤러, 프리즘, 렌즈 등이 있다.

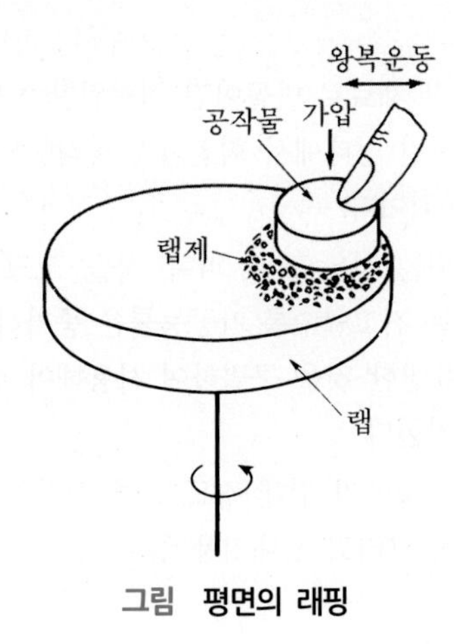

그림 평면의 래핑

래핑의 특징을 열거하면 다음과 같다.

① 거울면과 같은 표면을 얻을 수 있다.

② 대량생산이 가능하다.

③ 진원도, 평면도, 진직도 등이 우수하다.

④ 평면의 내마모성 및 내식성이 우수하다.

⑤ 랩제가 비산하여 주위에 영향을 미친다.

20. 슈퍼피니싱(superfinishing)에 대하여 그림을 그려서 설명하여라.

풀이 슈퍼피니싱은 그림에서와 같이 공작물의 표면에 미세한 입자로 된 숫돌을 접촉시키고 이것에 진동을 주어 표면을 정밀가공하는 것이다. 이 가공법은 공작물의 치수변화보다 고정밀도의 표면을 얻기 위함이다. 그림에서와 같이 숫돌의 폭이 커서 공작물과의 접촉면적이 크기 때문에 숫돌을 왕복운동시켜도 연삭에서와 같은 이송자국(feed mark)이 생기지 않는다. 그리고 가공표면은 마찰계수가 작고 내마모성이 커진다.

사용되는 숫돌재료는 탄화규소, 산화알루미늄 등이며 결합제로는 비트리파이드, 실리케이트, 레지노이드, 고무 등이고 숫돌에 가하는 압력은 0.2.~2.0 kg/cm^{2}으로서 호닝보다는 낮다. 평면, 원통 및 구면 등을 가공할 수 있다.

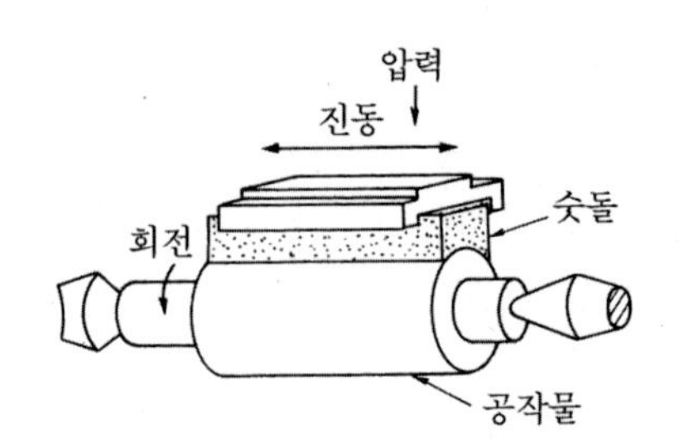

그림 원통 외면의 슈퍼피니싱

21. 버핑(buffing)에 대하여 설명하여라.

풀이 버핑이란 고무나 피혁 등 유연한 재료로 만들어진 회전원판(이것을 버프라 한다)의 표면에 숫돌입자를 바르고 이것을 공작물과 접촉시킨 상태에서 회전시켜 공작물의 표면을 가공하는 것이다. 이는 공작물 표면의 광택을 내는 것이 주목적이다.

버프의 재료로서 많이 사용되는 것은 고무, 피혁, 직물, 코크, 목재 등이며 경우에 따라서 이들을 조합하여 사용하기도 한다. 버프는 견고할수록 가공능률은 증가하지만 광택을 내는 데는 좋지 않기 때문에 목적에 따라 견고한 것과 유연한 것을 구별하여 사용해야 한다. 그리고 버프의 무게가 무거울수록 원심력이 증가하여 강성이 증가한다.

숫돌입자는 전가공의 흔적을 없애기 위해 경도가 큰 산화알루미늄이나 탄화규소 등을 사용하고 중간다듬질인 경우에는 에머리를, 그리고 광내기용에는 경도가 낮은 Cr_2O_3, 규조토 등을 사용한다.

22. 슈퍼피니싱(superfinishing)의 가공조건 가운데 다음에 관하여 설명하여라.

(1) 숫돌의 압력 (2) 공작물의 속도 (3) 숫돌의 진동수와 진폭 (4) 절삭유의 점도

풀이 (1) 숫돌의 압력

압력의 크기에 따라 숫돌의 마모량, 공작물의 다듬질량, 그리고 공작물의 표면조도 등이 달라진다. 압력이 증가함에 따라 숫돌의 마모량과 공작물의 다듬질량은 증가하지만 공작물의 표면조도는 뚜렷한 경향을 나타내지 않는다. 숫돌의 압력은 0.2.~2.0 kg/cm^{2}의 범위가 적당하며 호닝의 압력에 비해 낮은 편이다.

(2) 공작물의 속도

공작물의 속도가 증가하면 새로운 숫돌입자의 생성이 어려워서 가공능률이 감소하지만 표면조도는 양호하게 된다. 이와 반대로 공작물의 속도가 감소하면 가공능률은 증가하지만 표면조도는 불량하게 된다.

(3) 숫돌의 진동수와 진폭

그림은 숫돌의 진동수와 진폭의 관계를 나타낸 것이다.

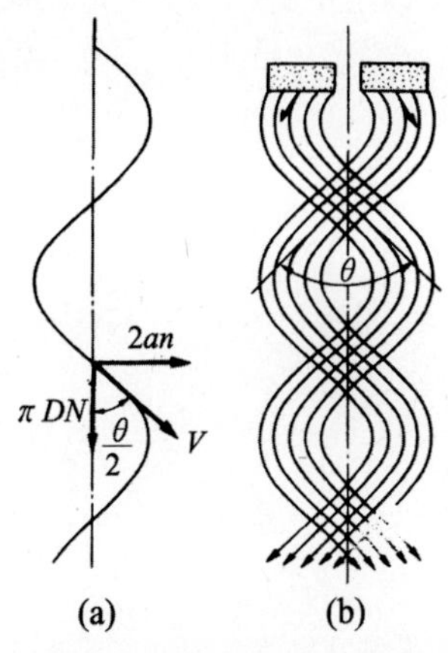

그림 숫돌의 진동수와 진폭

여기서 θ : 홈집의 교차각, N : 회전수(rpm), n : 진동수, a : 진폭

이라 하면 숫돌의 궤적에 따른 교차각은 그림에서와 같이

$$\frac{\theta}{2} = \tan^{-1}\frac{2an}{\pi DN}$$

$$\therefore\ \theta = 2\tan^{-1}\frac{2an}{\pi DN}$$

이 된다.

여기서 교차각이 매우 크거나 너무 작으면 숫돌입자가 동일한 경로를 지나가기 때문에 가공능률이 저하된다. 그렇지 않은 범위 안에서는 진동수가 높고 진폭이 작은 것이 공작물의 표면조도를 양호하게 하는데 도움이 된다.

(4) 절삭유의 점도

표면조도를 양호하게 하려면 절삭유의 점도가 커야 하지만 숫돌표면을 깨끗하게 하기 위해서는 점도가 낮은 것이 좋다. 일반적으로 석유가 많이 사용되며 스핀들유와 기계유를 10~30% 정도 혼합하여 사용할 때도 있다.

VI

열처리

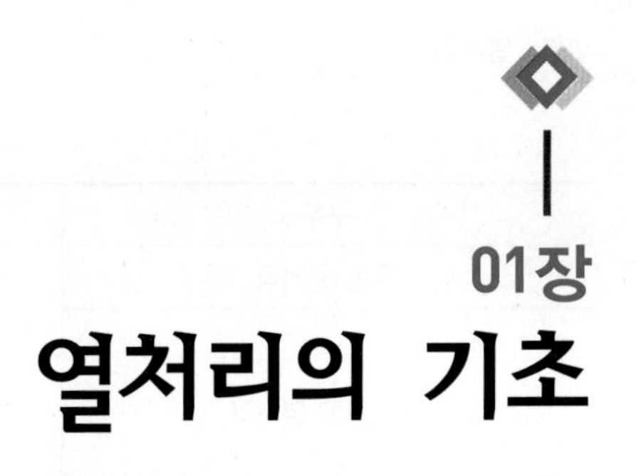

01장 열처리의 기초

1.1 열처리의 개요

금속재료를 가열하고 냉각하는데 있어서 그 속도를 변화시키면 조직의 변화가 일어남과 동시에 기계적, 물리적 성질의 변화가 일어나기 때문에 사용목적에 적합하도록 가열과 냉각속도를 조정하여 성질의 변화를 일으키게 하는 것을 **열처리**(熱處理, heat treatment)라 한다. 또 사용용도에 따라서 표면과 내부와의 기계적 성질이 다를 경우 재료 표면에 어떤 원소(元素)를 첨가하여 경화시키고, 내부는 인성을 갖게 하는 처리를 **표면처리**(表面處理, surface treatment)라고 한다. 여기에는 침탄법(carburizing), 질화법(nitriding porcess) 및 청화법(cyaniding) 등이 있다. 강에 대한 열처리의 종류는 표 6.1과 같다.

표 6.1 열처리의 종류

구분	종류	소분류
보통 열처리	풀림(annealing)	완전풀림 구상화 풀림 응력제거 풀림
	불림(normalizing)	보통 수준 불림 2단 불림
	담금질(quenching)	보통 담금질 인상 담금질
	뜨임(tempering)	저온 뜨임 고온 뜨림 뜨임 경화
등온 열처리	등온 풀림	등온 풀림
	등온 불림	등온 불림
	등온 담금질	마르퀜칭 오스템퍼링

(계속)

구분	종류	소분류
등온 열처리	등온 뜨임	등온 뜨림
표면경화 열처리	화학적 표면경화법	침탄법 질화법
	물리적 표면경화법	고주파 경화 화염 경화

1.2 가열과 냉각

1.2.1 가열방법

금속의 가열방법에는 가열온도와 속도가 인자로서 작용한다. 표 6.2에서와 같이 가열온도는 변태점(變態點) 이상과 이하에서 열처리 내용이 달라진다. A_1 변태점 이상으로 가열하는 것이 어닐링(annealing), 노멀라이징(normalizing) 및 담금질(quenching)이며, A_1 변태점 이하로 가열하는 것이 템퍼링(tempering) 처리이다.

가열속도는 표 6.3과 같이 늦은 경우와 빠른 경우가 있는데 서서히 가열하는 것이 전통적인 방법이다. 급속 가열은 새로운 방법으로, 현재 어닐링과 담금질에 사용되고 있다(고주파 담금질, 화염 담금질 등).

표 6.2 가열온도와 열처리

구분	종류
A_1 변태점 이상	어닐링, 노멀라이징, 담금질
A_1 변태점 이하	저온 어닐링, 템퍼링, 시효

표 6.3 가열속도와 열처리

가열속도	종류
서서히 가열	어닐링, 노멀라이징, 담금질, 템퍼링
급속 가열	어닐링, 담금질

1.2.2 냉각방법

냉각방법에 의해서 열처리 내용이 달라진다. 냉각방법에는 필요한 온도와 냉각속도로 냉각시키는 두 가지 방법이 있다.

필요한 온도범위에는 두 가지 종류가 있다. 그림 6.1에서와 같이 열처리 온도부터 화색(火色)이 없어지는 온도(약 550℃)까지의 범위와 약 250℃ 이하의 온도 범위이다.

전자의 Ar′ 범위(약 550℃)는 담금질 효과가 나타나든가 또는 나타나지 않든가를 결정하는 온도 범위로서 임계구역(臨界區域)이라고도 한다. 즉, 이 구역을 빨리 냉각시키면 강은 경화되며 늦게 냉각되면 경화가 일어나지 않는다.

후자인 Ar″ 범위(250℃ 이하)는 담금질 처리의 경우에만 필요한 온도이며, 여기서 담금질 균열을 결정지어 주는 위험지대가 되어 이를 위험구역이라 한다. 따라서, 냉각은 신중히 해야 한다.

'필요한 냉각속도로 냉각시킨다'라고 하는 것은 표 6.4에서와 같이 어닐링은 서서히(노냉), 노멀라이징은 약간 빨리(공냉), 담금질은 빨리(수냉, 유냉) 냉각시키는 것을 의미한다.

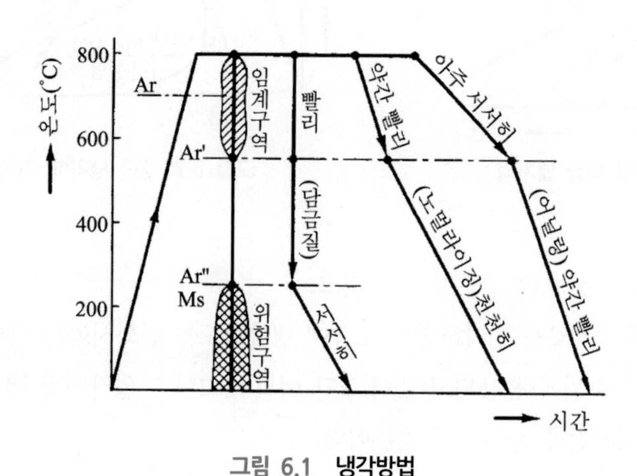

그림 6.1 냉각방법

표 6.4 냉각방법과 열처리

냉각속도	열처리의 종류
서서히(노냉)	어닐링
약간 빨리(공냉)	노멀라이징
빨리(수냉, 유냉)	담금질

1.2.3 냉각방법의 형태

열처리의 냉각방법에는 표 6.5와 같이 3가지가 있다.

표 6.5 냉각방법과 열처리의 종류

냉각방법	열처리와 종류
연속 냉각	보통 어닐링, 보통 템퍼링, 보통 담금질
2단 냉각	2단 어닐링, 2단 템퍼링, 인상 담금질
항온 냉각	항온 어닐링, 항온 템퍼링, 오스템퍼링, 마르템퍼링, 마르퀜칭

1) 연속 냉각

연속 냉각(C.C : continuous cooling)은 금속재료를 완전히 냉각될 때까지 계속하는 방법으로 가장 보편적, 초보적인 기술이다. 그림 6.2는 연속냉각의 열처리를 표시한 것으로 보통 어닐링, 보통 노멀라이징 및 보통 담금질이 여기에 속한다.

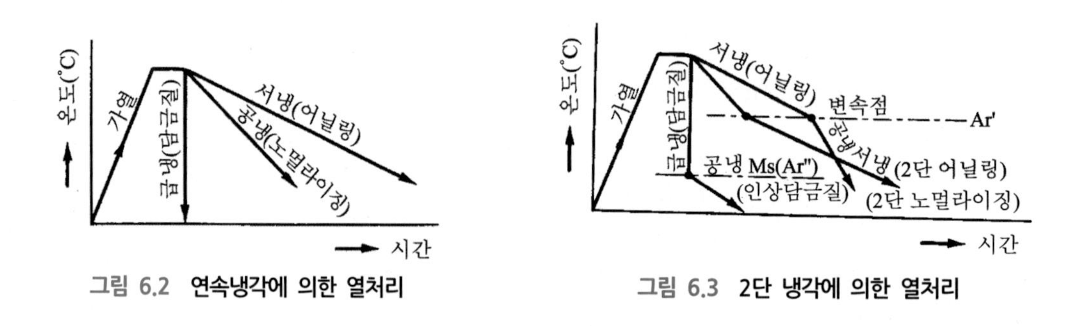

그림 6.2 연속냉각에 의한 열처리

그림 6.3 2단 냉각에 의한 열처리

2) 2단 냉각

그림 6.3에서와 같이 금속재료를 냉각하면서 도중에 냉각속도를 변화시키는 방법을 2단 냉각(S.C : step cooling)이라 하며 현장에서 널리 응용되고 있다. 2단 어닐링, 2단 노멀라이징 및 인상 담금질 등이 여기에 속하며, 변태속도는 Ar′점과 Ar″점이 기준이다.

3) 항온 냉각

항온 냉각(I.C : isothermal cooling)은 그림 6.4와 같이 금속재료에 열욕을 사용하여 항온을 유지하면서 냉각하는 방법으로 고급 기술에 속한다.

새로운 열처리 기술은 항온 냉각에서 이루어진다.

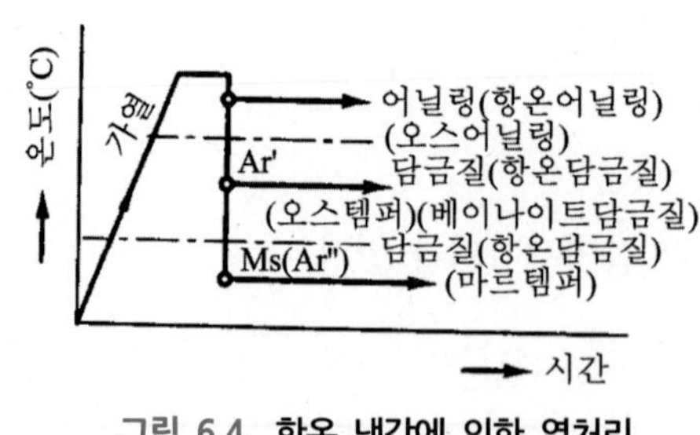

그림 6.4 항온 냉각에 의한 열처리

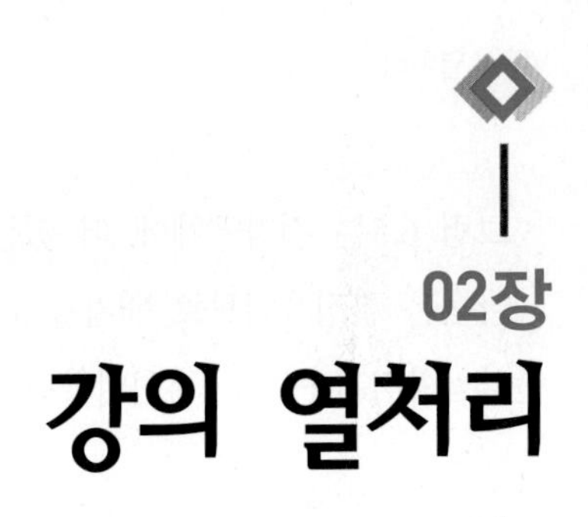

02장
강의 열처리

2.1 금속원자의 구조

물질을 형성하고 있는 원자들은 그 배열형식이 크게 두 가지로 분류된다. 하나는 원자(또는 분자)가 불규칙적으로 배열되어 있는 비정질(비결정체)이고, 다른 하나는 원자(原子)가 규칙적으로 배열되어 있는 **결정체**(結晶體, crystal)이다. 또한 결정에는 결합방법에 따라 이온결합, 공유결합, 금속결합 등이 있다.

원자의 최외곽 전자(電子)는 그 원자의 특성을 가장 잘 표현해주는 것이다. 그러나 금속에서와 같이 원자가 많이 모여서 최외곽 전자가 서로 접촉할 정도까지 가까워지면 각각의 전자는 특정의 원자핵에 점유되지 않고 자유로이 움직이는 자유전자(自由電子)가 된다. 이 자유전자는 각 원자핵과의 사이에 전기적인 흡인력(吸引力)을 가지고 있어서 자유전자를 매체로 하여 각각의 전자는 결합을 하게 되며, 이러한 결합을 **금속결합**(金屬結合)이라 한다.

이와 같은 금속결합의 경우 각각의 원자는 흡인력과 원자핵간의 반발력 및 전자간의 반발력이 균형을 이루는 위치에 자리잡고 있다. 따라서 금속은 전자로 형성된 전자액체 또는 −전기의 액체 안에 + 전하를 띤 입자, 즉 +이온이 일정한 거리를 유지하며 떠 있는 상태라고 생각할 수 있다. 이러한 자유전자(즉, 전자액체)로 인하여 금속의 특색인 전기나 열의 전도성, 기계적 강도나 가소성, 광택 등이 나타나게 된다.

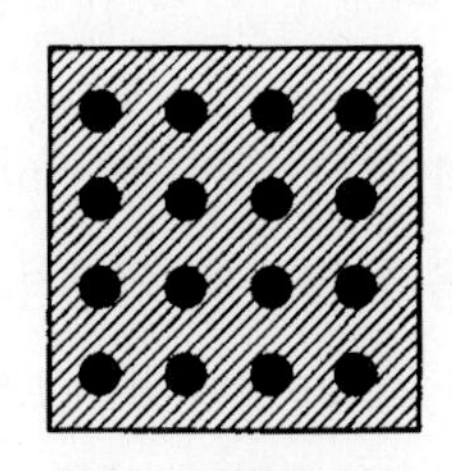

그림 6.5 전자액체 중에 뜨는 +이온

그림 6.5는 전자액체에 떠 있는 이온의 상태를 표시한 그림이다.

금속은 결정체이므로 원자를 3차원적으로 규칙적인 배열을 할 수 있으며, 일반적으로 그림 6.6과 같이 면심입방격자(FCC), 체심입방격자(BCC) 및 조밀육방격자(HCP)의 3종류로 구분할 수 있다.

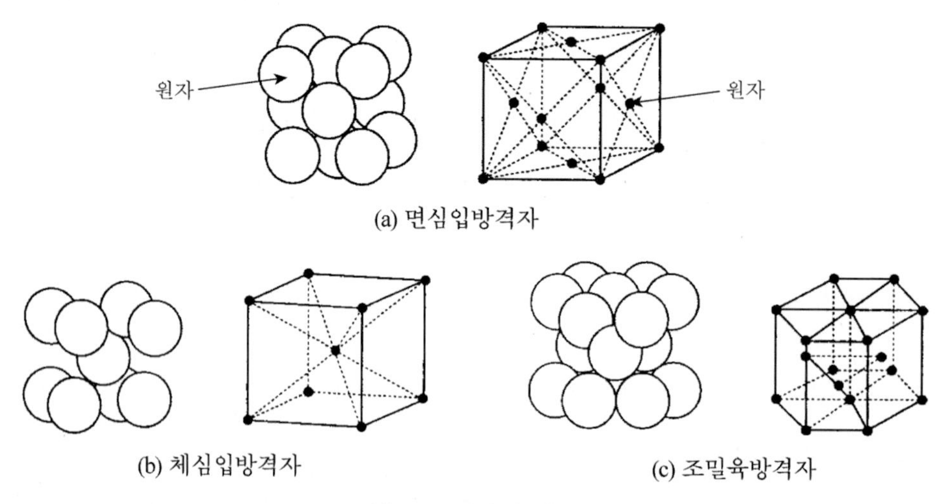

그림 6.6 결정구조의 종류

2.1.1 면심입방격자

면심입방격자(面心立方格子, Face-Centered Cubic lattice : FCC)는 그림 6.6(a)와 같이 입방체의 각 정점과 각 면의 중심에 원자가 위치하고 있는 것이다. 면심입방격자를 가지는 금속 또는 합금은 Ag, Au 및 Al 등으로서 표 6.6에서 알 수 있듯이 전성과 연성이 좋다.

2.1.2 체심입방격자

체심입방격자(體心立方格子, Body-Centered Cubic lattice : BCC)는 그림 6.6(b)와 같이 입방체의 각 정점과 중심에 원자가 위치하고 있는 간단한 격자구조를 가진 것이다. 이 격자구조를 갖는 금속은 전성과 연성이 면심입방격자의 금속 다음으로 좋다.

일반적으로 철은 상온에서 체심입방격자로 이루어져 있으며 이러한 구조를 가진 철을 α철이라 한다. α철은 911℃까지는 안정하나 온도가 더 올라가면 면심입방격자를 갖는 γ철로 변한다. γ철은 1,392℃까지는 안정된 상태로 존재하지만 그 이상의 온도로부터 융점(1,536℃)까지의 사이에서는 다시 체심입방격자를 갖는 β철로 변한다. 이와 같이 순철은 911℃와 1,392℃에서 구조변화를 일으키며, α철은 상온에서는 강자성체이나 780℃ 이상에서는 상자성체로 변한다.

2.1.3 조밀육방격자

조밀육방격자(稠密六方格子, Hexagonal Close－Packed latttice : HCP)는 그림 6.6(c)와 같이 정육각주의 정점(頂點)과 상하면의 중심 및 정육각주를 형성하고 있는 6개의 정삼각주의 중심을 하나 건너 원자가 위치하고 있으며, 모든 조밀육방격자 구조의 금속은 다른 구조의 것에 비해 연성이 떨어진다.

표 6.6 주요 금속의 결정구조

결정 구조	금 속
면심입방격자(FCC)	Ag, Al, Au, Ca, Cu, r－Fe, Ni, Pb, Pt, Rh, Th
체심입방격자(BCC)	Ba, Cr, α－Fe, K, Li, Mo, Ta, V, Rb, Nb, W
조밀육방격자(CHP)	Mg, Zn, Cd, Ti, Zr, Be, Co, Ce, Tl, Os

[비고] Rb : 루비듐, 원자번호 37, 제5주기 원소, 비중 1.5
Nb : 네오듐, 원자번호 60, 제5주기 원소, 비중 7.0
Tl : 탈륨, 원자번호 81, 제6주기 원소, 비중 12.0
Os : 오스뮴, 원자번호 76, 제6주기 원소, 비중 22.0
Rh : 로듐, 원자번호 45, 제5주기 원소, 비중 12.5
Th : 토륨, 원자번호 90, 악티늄족, 비중 11.7

2.2 순철의 변태

순철(純鐵)을 상온에서부터 가열하면 시간 경과에 따른 온도상승은 일정한 비율로 계속 상승하지 않고 그림 6.7과 같이 어떤 온도에 이르면 반드시 일시 정체하는 곳이 있다. 이 온도와 시간과의 관계를 가열곡선(加熱曲線)이라 하며, 용융상태로부터 점차 냉각하는 경우의 선도를 냉각곡선(冷却曲線)이라 한다. 가열곡선에서는 768℃, 906℃, 1,401℃, 1,528℃에서 정지하고 있다.

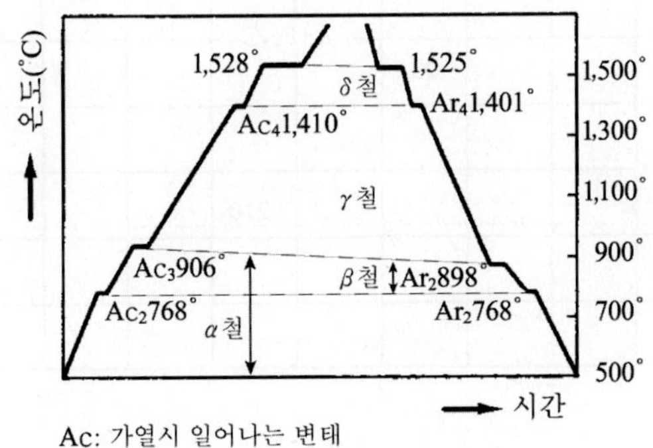

그림 6.7 순철의 가열 냉각곡선

768℃를 A_2 변태점이라 하며, 강이 강자성을 잃는 최고온도이며 이를 **자기변태점**(磁氣變態点)이라고도 한다.

905℃는 A_3 변태점, 1,401℃는 A_4 변태점이라 한다. 이들은 다같이 물리적 및 화학적 성질이 급변하는 온도이며, **동소변태점**(同素變態点)이라 하며 동소변태점에서는 결정립이 변화한다. 1,528℃는 용융점(melting point)이며 철이 녹는 온도이다. A_3 변태점 이하의 원자배열은 체심입방정계(BCC)이며 이를 β철이라 하고, A_3 변태점부터 A_4 변태점까지의 원자배열은 면심입방정계(FCC)이며 이를 γ철이라 한다. 그리고 A_4 변태점 이상의 원자 배열은 체심입방정계(BCC)이며 이를 δ철이라 한다.

2.3 철 – 탄소 평형상태도

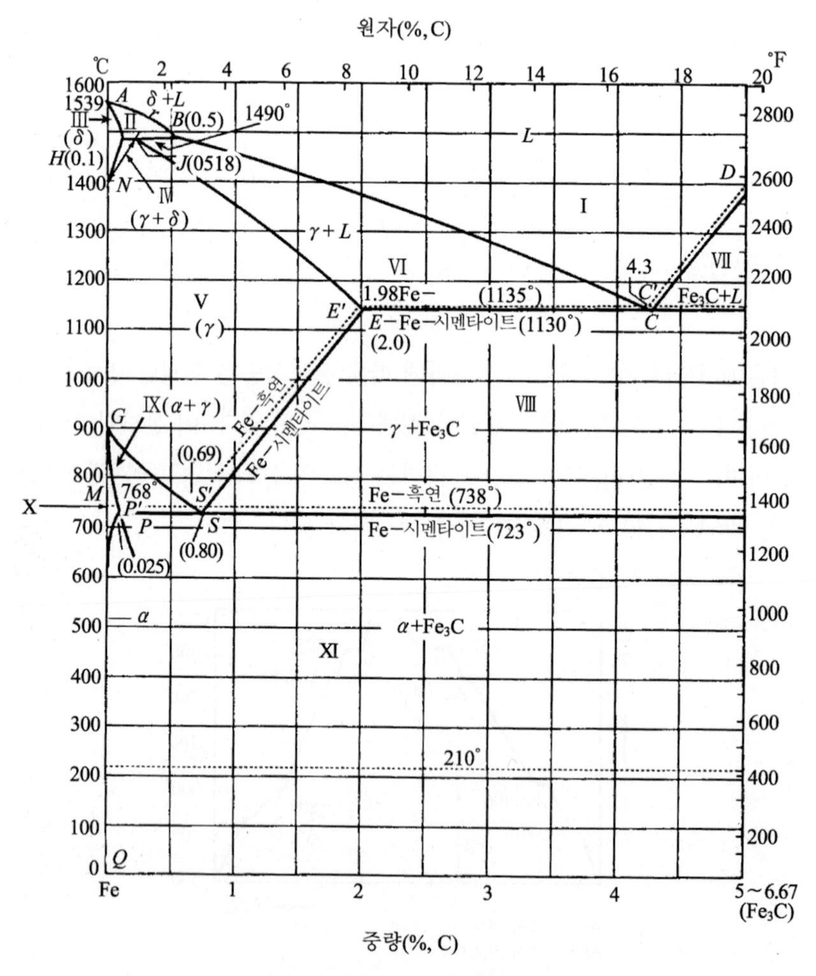

그림 6.8 Fe–C계 평형 상태도

순철은 탄소와의 친화력이 크므로 철-탄소 합금으로 존재한다. 순철의 변태는 그림 6.8의 Fe-C 평형 상태도상에서 탄소량(0%)의 합금으로 나타내고 있다. 그림에는 나타나고 있지 않으나 탄소량 6.67%의 것을 Fe_3C(탄화철)라 하며, 시멘타이트(cementite)라 한다. 일반적으로 탄소(C) 0.03 ~ 1.7%를 함유하는 철-탄소 합금을 **강**(鋼, steel)이라 하고, 탄소 1.7% 이상을 포함하는 것을 **주철**(鑄鐵, cast iron)이라 한다. 탄소는 강 속에서 단체로서가 아니라 시멘타이트로 존재한다.

탄소강에는 변태를 일으키는 점, 즉 A_1, A_2, A_3 및 A_4 변태점이 있다. A_1 변태점은 순철에는 없었던 것으로 탄소량에 관계없이 723℃에서 나타나며, 탄소가 0.83%일 때는 A_3 변태점과 일치한다. A_1 변태점은 강을 냉각할 때 γ고용체인 오스테나이트(austenite)가 α철과 시멘타이트와의 기계적 혼합물로 분열하는 변태점이다. A_3 변태점은 탄소 함유량이 감소할수록 상승하고 이 점보다 온도가 높은 범위에서는 오스테나이트 조직이 된다.

순철에 탄소가 첨가되면 α철, γ철, δ철은 모두 탄소를 용해하여 각각 α, γ, δ 고용체(固溶體)를 만든다. α고용체의 용해온도는 727℃에서 약 0.05%C, 상온에서 0.087%C의 값이며 공업적으로는 거의 순철의 경우인 α철과 같다. 이를 페라이트(ferrite)라 하며 성질은 무르고, 연성이 크다. γ고용체는 1,130℃에서 최대 1.7%C를 용해하며 γ고용체를 오스테나이트(austenite)라 하고 인성이 있는 성질을 갖는다.

표 6.7은 각 구역의 조직성분을 표시하며, 표 6.8은 각 조직성분의 명칭과 결정구조를 표시한다.

표 6.7 Fe-C 상태도의 조직성분

구역	조직성분	구역	조직성분
I	용액	VII	Fe_3C + 융액
II	δ고용체 + 용액	VIII	γ고용체 + Fe_3C
III	δ고용체	IX	α고용체 + γ고용체
IV	δ고용체 + γ고용체	X	α고용체
V	γ고용체	XI	α고용체 + Fe_3C
VI	γ고용체 + 융액		

표 6.8 조직성분의 명칭과 결정구조

기호	명칭	결정구조
α	α 페라이트	B. C. C
γ	오스테나이트	F. C. C
δ	δ 페라이트	B. C. C
α+Fe_3C	시멘타이트 또는 탄화철	금속간 화합물
Fe_3C	펄라이트	α와 Fe_3C의 기계적 혼합
γ + Fe_3C	레데뷰라이트	γ와 Fe_3C의 기계적 혼합

2.4 강의 조직

2.4.1 페라이트

페라이트(ferrite)를 지철(地鐵) 또는 α철이라 하며, C가 0.0025% 이하 고용된 고용체이다. 현미경으로 보면 조직이 백색으로 보이며, 강철 조직에 비하여 무르고 경도와 강도가 극히 작아 순철(純鐵)이라 한다. 브리넬 경도(H_B) 80, 인장강도 30 kg/mm^2 정도이며, 상온으로부터 768℃까지 강자성체이다.

2.4.2 시멘타이트

시멘타이트(cementite)는 일반적으로 탄소강이나 주철 중에 섞여 있다. 탄소 6.67%C와 Fe의 금속간 화합물로서 침상조직(針狀組織, dendrite)을 형성한다. 비중은 7.8 정도이며 상온에서 강자성체이며, A_0 변태점에서 자력을 상실한다. 브리넬 경도(H_B)는 800 정도이며, 취성(脆性, brittleness)이 매우 크다.

2.4.3 펄라이트

펄라이트(pearlite)는 페라이트와 시멘타이트가 서로 파상적으로 혼입된 조직(그림 6.9)으로 현미경 조직은 흑색이고 보통 C가 0.77% 함유된 강이다. 이것은 A_1 변태점에서 반응하여 생긴 조직으로 브리넬 경도(H_B) 150~200, 인장강도 60 kg/mm^2 정도이고 강인한 성질이 있다.

2.4.4 오스테나이트

오스테나이트(austenite)는 탄소가 고용된 면심입방격자(FCC) 구조의 $\gamma-$Fe로서 매우 안정된 조직이다. 성질은 끈기가 있고 비자성체의 조직으로서 전기 저항이 크고, 경도는 작으나 인장강도에 비하여 연신율(延伸率)이 크다. 탄소강의 경우는 이 조직을 얻기가 어려우나 Ni−Cr−Mn 등을 첨가하면 이 조직을 얻을 수 있다. 그림 6.10은 오스테나이트 조직을 나타낸 것이다.

그림 6.9 펄라이트 조직

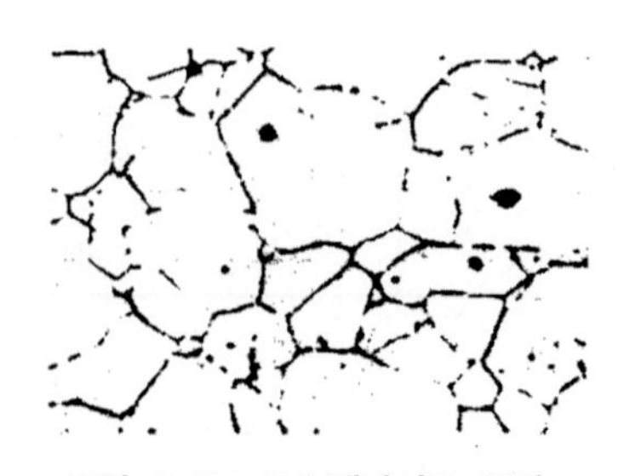

그림 6.10 오스테나이트 조직

2.4.5 마르텐사이트

그림 6.11과 그림 6.12에 나타낸 마르텐사이트(martensite) 조직은 매우 경하고 연성이 적은 강자성체이며 조직은 침상조직이다. 탄소강을 물로 담금질(quenching)하면 α −마르텐사이트가 되어 상온에서는 불안정하며, 100 ~ 150℃로 가열하면 β −마르텐사이트로 변하여 α −마르텐사이트보다 안정하다. 브리넬 경도(H_B)는 720 정도이다.

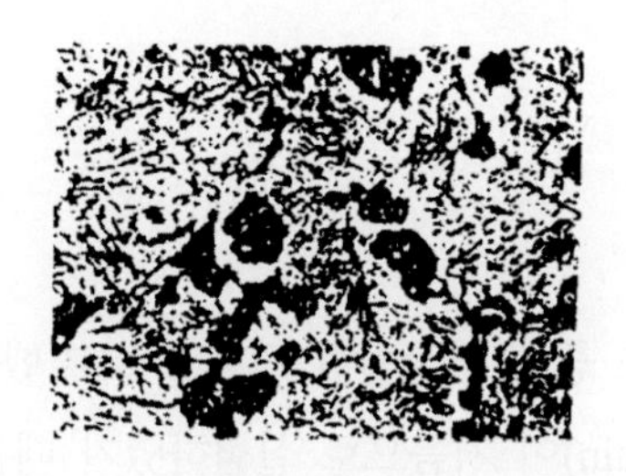

그림 6.11 마르텐사이트(침상) + 펄라이트 (검은 괴상) 조직

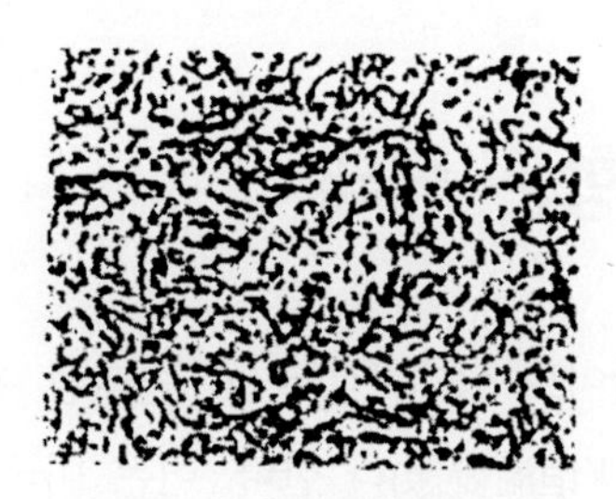

그림 6.12 마르텐사이트 조직

2.4.6 트루스타이트

트루스타이트(troostite)는 보통 강을 기름으로 담금질하였을 때 일어나는 그림 6.13과 같은 조직이며 마르텐사이트를 약 400℃로 풀림(tempering)하여도 쉽게 이 조직을 얻는다. 이 조직은 미세한 $\alpha + Fe_3C$의 혼합조직으로서 부식이 쉽고 마르텐사이트보다 경도는 적으나 끈기가 있으며 연성이 우수하다. 공업적으로 유용한 조직이며 탄성한도가 높다.

2.4.7 소르바이트

소르바이트(sorbite)는 페라이트와 시멘타이트의 혼합조직으로 트루스타이트보다 냉각속도가 느린 Ar_1 변태를 600 ~ 650℃에서 일어나게 하였을 때 나타나는 조직으로 그림 6.14와 같다. 또 트루스타이트와 펄라이트의 중간 조직으로 대형 강재의 경우 기름 중에 담금질했을 때 나타나고, 소형 강재는 공기 중에 냉각시켰을 때 많이 나타난다. 마르텐사이트 조직을 500 ~ 600℃에서 풀림시켜도 나타난다. 이 조직은 트루스타이트보다 연하고 끈기가 있기 때문에 양호한 강인성(强靭性)과 탄성이 요구되는 시계의 태엽, 스프링 등이 이 조직으로 되어 있다.

그림 6.13 **트루스타이트 조직**

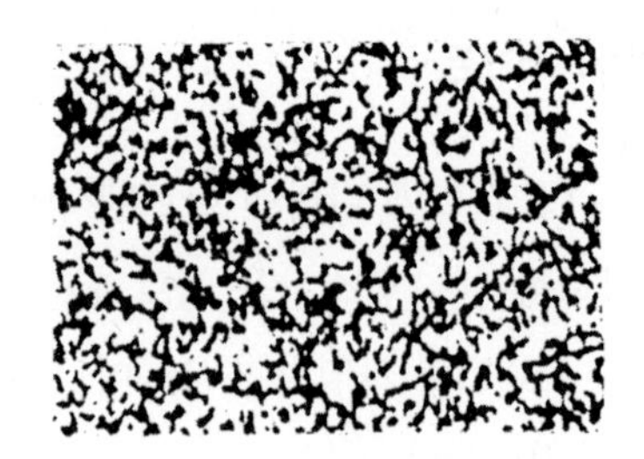

그림 6.14 **소르바이트 조직**

2.5 강의 항온 변태

강을 오스테나이트 상태로부터 A_1 변태점 이하의 항온 중에 담금질한 그대로 유지했을 때 나타나는 변태를 **항온 변태**(恒溫變態)라 한다. 이는 미국인 베인(Bain)이 처음으로 실험하였기 때문에 **베이나이트**(bainite) **변태**라고 한다.

예를 들면, C 0.78%의 탄소강을 A_1 점 이상의 오스테나이트 상태에서 625℃의 용융연욕(熔融鉛浴) 중에 담금질한 후 일정 시간 유지한 다음 수중에 담금하고, 그때의 조직을 검사한 결과 20초까지는 오스테나이트 조직이 그대로 남아 있어 변태가 전혀 없었다.

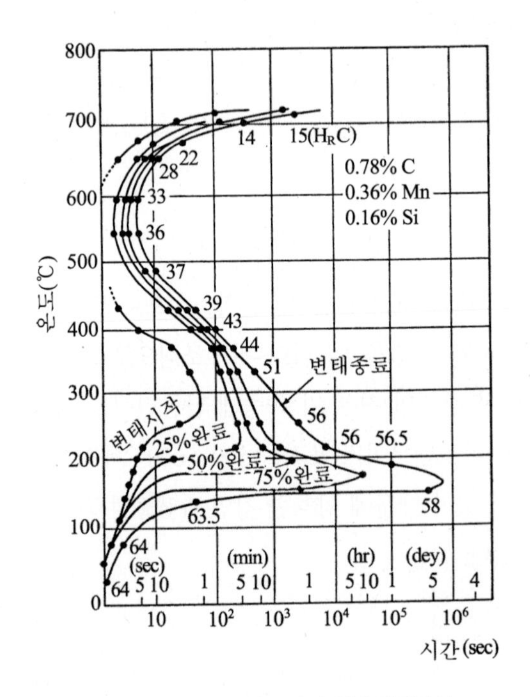

그림 6.15 **0.77% 탄소강의 항온변태곡선**

그러나 20초 경과 후에는 부분적으로 펄라이트로 변태하기 시작하였고 다시 오스테나이트를 580℃ 연욕 중에 담그면 1초 이내에 미세한 펄라이트로 변태하기 시작하여 4초 후에 완료되었다. 495℃의 연욕 중에는 수초 후에 변태가 시작, 200초 후에는 모두 베이나이트로 변태하며, 그것은 마르텐사이트와 미세한 펄라이트와의 중간상태의 조직이다.

이상 실험한 것을 공석강(共析鋼, eutectoid steel)에 대해서 행한 결과를 나타낸 것이 그림 6.15이며, 이것을 **베인의 S곡선**이라고 한다.

이 곡선의 특징은 560℃ 부근에서는 극히 짧은 시간(1초 이내)에 변태가 시작되어 급히 완료되는데, 이때 변태속도가 최대가 되며 이 부분을 S곡선의 코(nose)라 한다.

이와 같은 S곡선은 모든 탄소강에 나타나지만 오늘날에는 그 상태가 약간 불안전하다는 것을 알게 되어 S곡선 대신 그림 6.16과 같은 C곡선을 만들게 되었다. 이것은 S곡선이 저온에서 그 상태가 많이 변화된 형태이며, 보통 S곡선과 C곡선을 TTT(temperature time transformation)곡선이라고도 한다.

그림 6.16의 C곡선에서 abc선의 왼쪽은 불안정한 오스테나이트이고, abc선은 Ar_1 변태의 개시선이며, a′b′c′선이 그 완료선이다. ab, a′b′선에서는 온도가 내려갈수록 보통 펄라이트, 소르바이트 및 트루스타이트 조직이 나타난다. 즉, bb′선보다 높은 온도에서는 펄라이트가 생성되고, bb′선까지의 온도 구간에서는 베이나이트 조직이 생성된다.

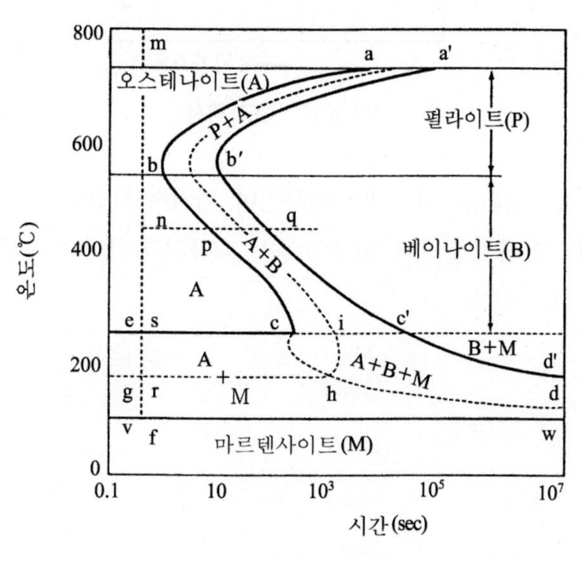

그림 6.16 C 곡선

그림 6.16의 s점은 마르텐사이트의 발생이 시작되는 온도로서 이것을 Ms점, f점은 완료하는 온도로 M_f 점이라 한다. 그러므로 마르텐사이트 변태는 Ms점에서 시작하여 M_f점에서 완료된다.

2.6 연속냉각 변태

강재를 담금질할 때의 현상을 TTT곡선과 연결하여 생각하면 일정 속도로 연속냉각을 하게 되므로 S곡선과의 관계에서도 약간의 차이가 생긴다.

이 연속냉각변태(連續冷却變態)를 CCT(continuous cooling transformation)라 하고 그것을 표시하는 곡선을 CCT곡선이라 한다.

그림 6.17에서 abc, a′b′c′, ec, vw선은 전술한 그림 6.16과 같다. 고온에서 일정한 속도로 냉각시켰을 때의 냉각과정은 완만한 냉각일 때는 pqr과 같고, 급냉일 때는 ps와 같은 포물선 형태를 나타낸다.

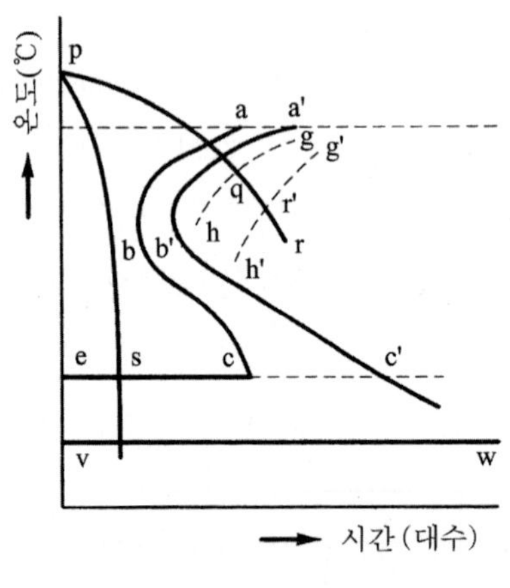

그림 6.17 CCT 곡선

이것은 횡축의 시간을 대수(對數)로 표시했기 때문이며, 따라서 서냉일 때 Ar′ 변태는 gh곡선의 q점에서 시작하여 g′h′곡선의 r′점에서 끝나며, 급냉일 때는 ps곡선과 같이 변화해서 s점까지는 변화가 없고 s점에서 다시 Ar″변태가 시작된다.

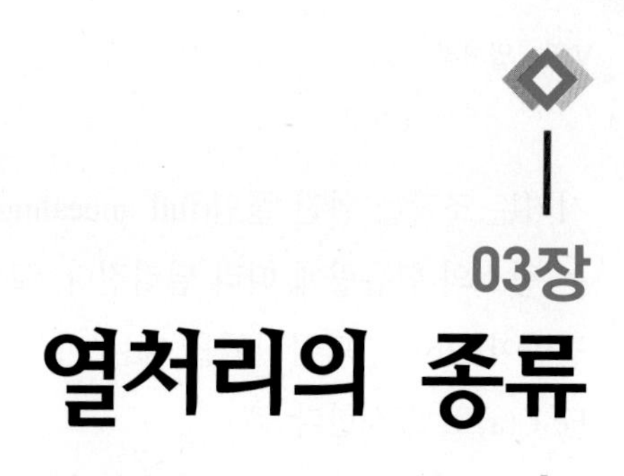

03장

열처리의 종류

3.1 풀림

풀림(燒鈍, annealing)이란 강을 일정 온도에서 일정 시간 가열한 후 서서히 냉각시키는 조작을 말하며 그 목적은 다음과 같다.

① 금속 합금의 성질을 변화시키며 일반적으로 강의 경도가 낮아져서 연화(軟化)된다.

② 조직의 균일화, 미세화가 된다.

③ 가스 및 불순물의 방출과 확산(擴散, diffusion)을 일으키고 내부응력을 제거시킨다.

풀림(소둔) 방법은 완전 풀림, 구상화 풀림 및 항온 풀림 등이 있다.

3.1.1 완전 풀림

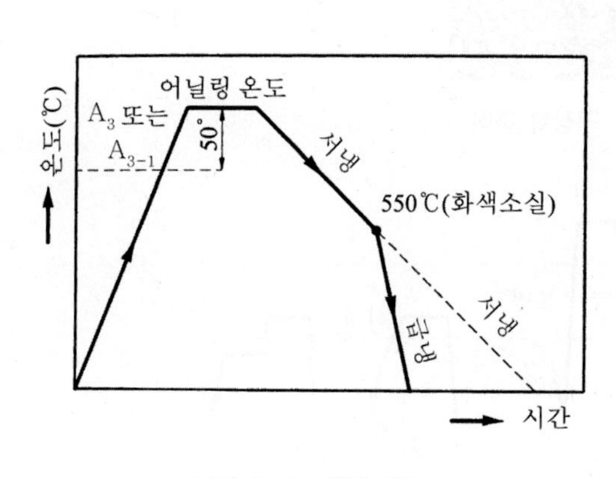

그림 6.18 풀림 온도

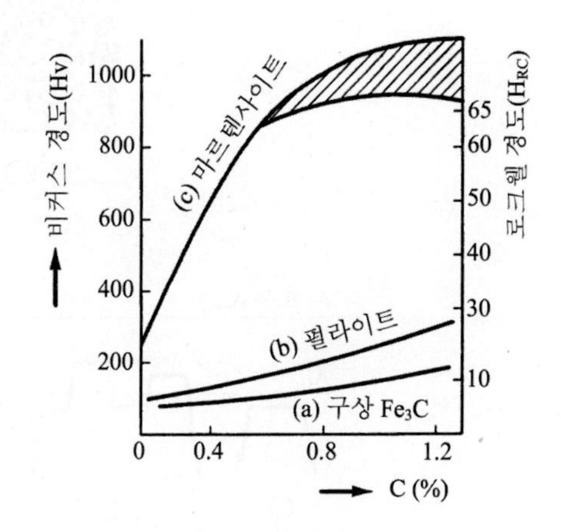

그림 6.19 탄소 함유량과 경도의 관계

강을 Ac_1(과공석강) 또는 Ac_3(아공석강) 이상의 고온으로 일정 시간 가열한 후 노 안에서 천천히 냉각

시키는 조작을 완전 풀림(full annealing)이라고 말한다. 그림 6.18은 풀림온도를 표시한 것이며 경도(H_B)는 탄소의 함유량에 따라 달라진다. 그림 6.19는 그 관계를 나타낸 것으로 완전 풀림하였을 때의 경도를 펄라이트(b)로, 담금질했을 때는 마르텐사이트(c)로 표시한다. 또, 구상화 풀림하였을 때의 경도를 구상 Fe_3C(a)로 표시한다.

3.1.2 구상화 풀림

구상화 풀림(spheroidizing annealing)이란 강이 탄화물(Fe_3C)을 구상화(球狀化)하기 위하여 행하는 열처리이며, 그림 6.20은 구상화 조직을 나타낸 것이다. 공구강에는 담금질의 사전처리로서 필요한 조작으로 그림 6.21과 같은 방법이 있다.

① Ac_1 직하(直下) 650~700℃에서 가열 유지 후 냉각한다.

② A_1 변태점을 경계로 가열 냉각을 반복한다(A_1 변태점 이상으로 가열하여 망상 Fe_3C를 없애고 직하 온도로 유지하여 구상화한다).

③ Ac_3 및 Acm 온도 이상으로 가열하여 Fe_3C를 고용시킨 후 급냉하여 망상 Fe_3C를 석출하지 않도록 한 후 다시 가열하여 앞의 ① 또는 ②의 방법으로 구상화한다.

④ Ac_1점 이상 Acm 이하의 온도로 가열 후 Ar_1점 이하까지 서냉한다.

⑤ ④와 같은 방법으로 하여 Ar_1점 이하의 어떤 온도에서 일정시간 유지한 후 변태가 완료되면 냉각한다.

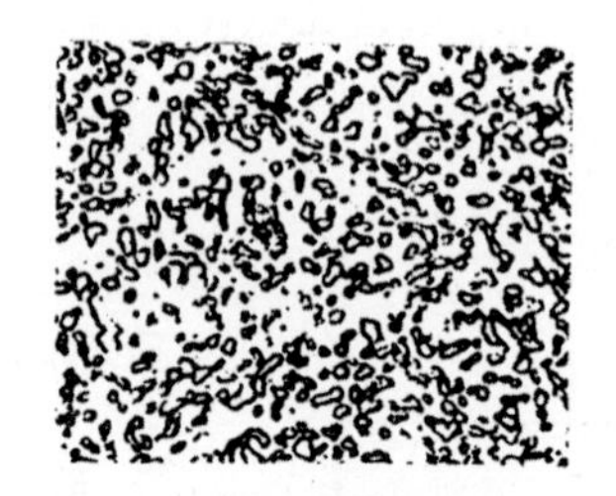

그림 6.20 구상화 조직

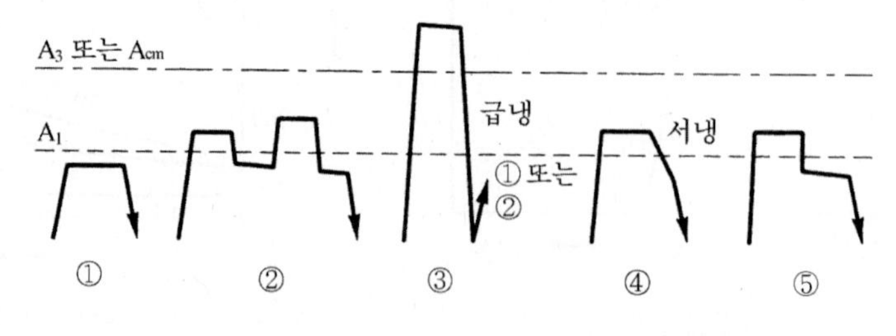

그림 6.21 Fe_3C의 구상화 풀림

3.1.3 항온 풀림

S곡선의 코(nose) 혹은 이것보다 높은 온도에서 처리하면 비교적 빨리 연화되어 어닐링의 목적을 달성할 수 있다. 이와 같이 항온(恒溫) 변태처리에 의한 어닐링을 **항온 풀림**(isothermal annealing)이라 한다. 이때 어닐링 온도로 가열한 강을 S곡선의 코 부근의 온도(600~650℃)에서 항온 변태를 시킨 후 공냉 및 수냉한다.

그림 6.22는 S곡선에 있어서의 항온 풀림을, 그림 6.23은 항온 어닐링의 과정을 설명한 것이다.

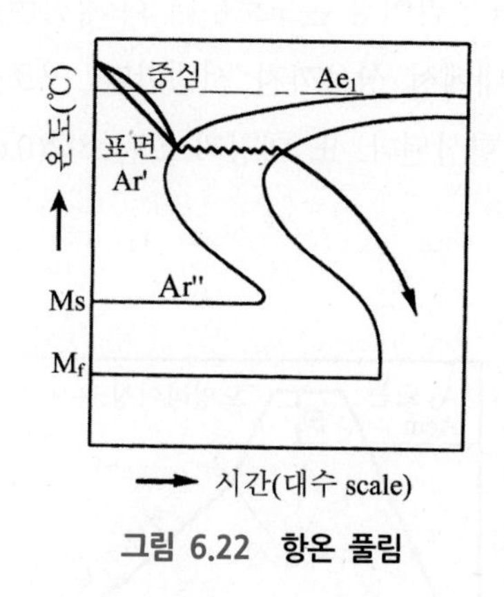

그림 6.22 항온 풀림

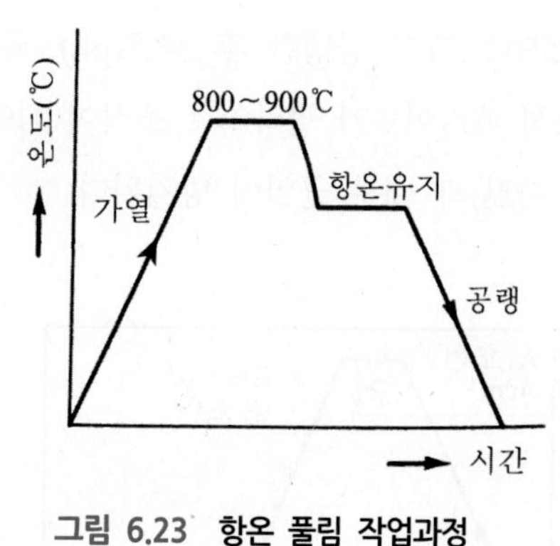

그림 6.23 항온 풀림 작업과정

항온 풀림을 하면 짧은 시간에 작업을 끝낼 수 있는 점과 노(爐)를 순환적으로 이용할 수 있는 장점이 있기 때문에 순환 어닐링이라 하기도 한다. 보통 공구강 및 자경성(自硬性)이 강한 특수강을 연화 어닐링하는 데 적합한 방법이다.

3.2 불림

불림(燒準, normalizing)은 강을 표준상태로 하기 위한 열처리이며 가공으로 인한 조직의 불균일을 해소하고, 결정립을 미세화(微細化)시켜 기계적 성질을 향상시킨다. A_3 또는 Acm보다 50℃ 정도 높게 가열하면 섬유상 조직은 소실(燒失)되고, 과열조직과 주조조직이 개선되며 대기 중에 방냉하면 결정립이 미세해져 강인한 펄라이트 조직이 된다.

불림(소준)의 종류는 보통 노멀라이징, 2단 노멀라이징, 등온 노멀라이징 및 2중 노멀라이징 등이 있다.

3.2.1 보통 노멀라이징

보통 노멀라이징(conventional normalizing)은 그림 6.24와 같이 일정한 노멀라이징 온도에서 상온에 이르기까지 대기 중에 방냉한다. 바람이 부는 곳이나 양지바른 곳의 냉각속도가 달라지고 여름과 겨울은 동일한 조건의 공냉이라 하여도 노멀라이징의 효과에 영향을 미치므로 주의를 요한다.

3.2.2 2단 노멀라이징

2단 노멀라이징(stepped normalizing)은 그림 6.25와 같이 노멀라이징 온도로부터 화색(火色)이 없어지는 온도(약 550℃)까지 공냉한 후 피트(pit) 혹은 서냉 상태에서 상온까지 서냉한다. 구조용강(0.3 ~ 0.5%C)은 초석 페라이트가 펄라이트 조직이 되어 강인성이 향상된다. 또 대형의 고탄소강(0.6 ~ 0.9%C)에서는 백점(白點)과 내부 균열이 방지된다.

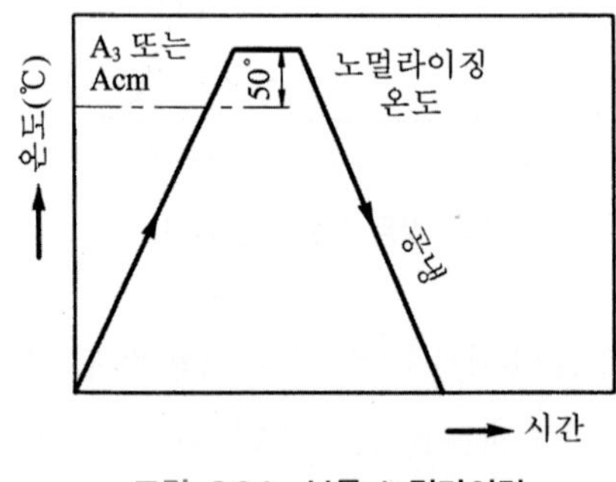

그림 6.24 보통 노멀라이징

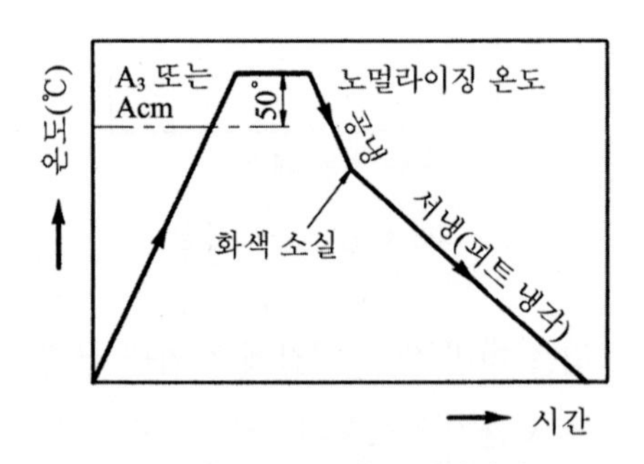

그림 6.25 2단 노멀라이징

3.2.3 등온 노멀라이징

등온 노멀라이징(isothermal normalizing)은 등온(等溫) 변태 곡선의 코의 온도에 상당하는(550℃) 부근에서 등온 변태시킨 후 상온까지 공냉한다. 그림 6.26과 같이 노멀라이징 온도에서 등온까지의 냉각은 열풍 냉각에 의하여 이루어지고 그 시간은 5 ~ 7분 정도가 적당하며 보통 저탄소 합금강은 절삭성이 향상된다.

3.2.4 2중 노멀라이징

그림 6.27에 나타낸 것이 2중 노멀라이징(double normalizing)인데, 처음 930℃로 가열 후 공냉하면 전 조직이 개선되어 저온 성분을 고용시키며 다음 820℃에서 공냉하면 펄라이트가 미세화된다. 보통 차축재와 저온용 저탄소강의 강인화에 적용된다.

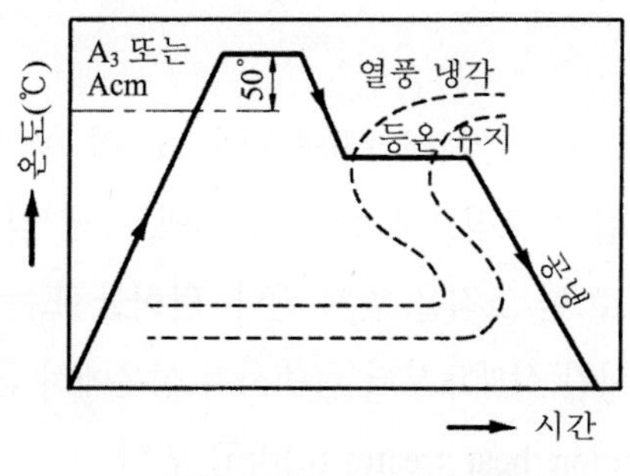

그림 6.26 등온 노멀라이징

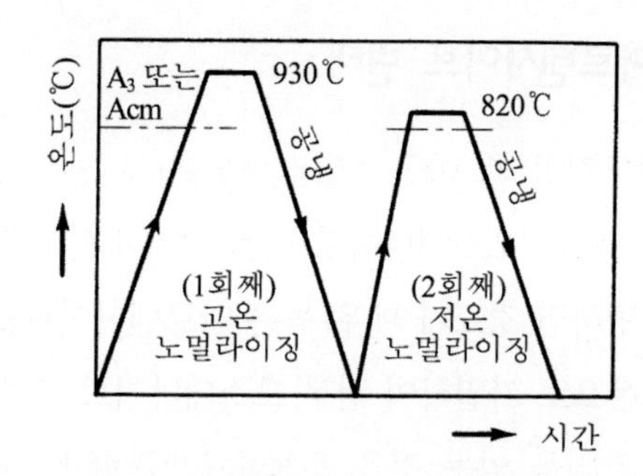

그림 6.27 2중 노멀라이징

3.3 담금질

강(鋼)에서 담금질(燒入, quenching)이란 강을 임계온도 이상의 상태로부터 물, 기름 등에 넣어서 급냉시켜 마르텐사이트 조직을 얻는 열처리(heat treatment)이다.

3.3.1 담금질 온도

일반적으로 담금질(소입)의 목적은 될 수 있는 대로 높은 경도를 얻는데 있으므로 탄소 함유량에 따라 적당한 담금질 온도를 선택한다. 그림 6.28은 탄소 함유량과 담금질 온도와의 관계를 표시한 것인데, 담금질 온도가 약간 낮으면 균일한 오스테나이트를 얻기 어렵고, 또 담금질하여도 경화가 잘 되지 않는다. 한편 담금질 온도가 너무 높으면 과열로 인하여 조직이 거칠어질뿐만 아니라 담금질 중에 깨지는 일이 있으므로 주의를 요한다.

그러므로 담금질 온도는 A_3점보다 30～40℃ 높은 범위가 적당하고 과공석강(過共析鋼)에 있어서는 Acm선 이상의 온도에서 담금질하면 담금 균열을 일으키므로 Acm선과 A_1점의 중간온도에서 초석 Fe_3C가 혼합된 조직으로 담금질하는 것이 좋다.

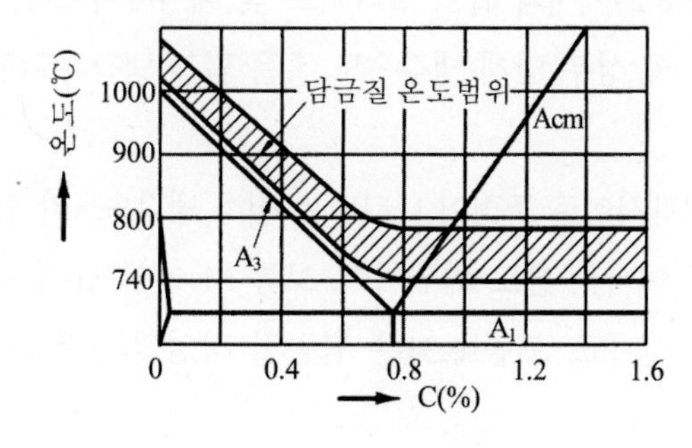

그림 6.28 탄소강의 담금질 온도

3.3.2 마르텐사이트 변태

강을 담금질할 때 아공석강(亞共析綱)의 경우 Ac_3, 과공석강(過共析鋼)의 경우 Ac_1점 이상의 온도로 가열하여 균질의 오스테나이트 또는 여기에 탄화물이 혼합된 조직으로 한 다음 수냉, 유냉 및 특수한 방법으로 급냉하면 경도가 매우 높은 마르텐사이트를 주체로 한 조직을 얻게 된다. 탄화물 또는 금속간 화합물을 고온으로 가열하여 전부 오스테나이트 중에 고용시킨 상태로부터 급냉시켜 상온에서 균일한 오스테나이트 조직을 얻는 것을 **용체화처리**(溶體化処理, solution heat treatment)라고 한다.

마르텐사이트는 펄라이트나 베이나이트 변태와는 다른 상태로 생성된다. 즉, 펄라이트 변태와 동일한 핵의 발생과 성장이 아니고 성분도 확산되지 않는다. 따라서 마르텐사이트 조직은 모체인 오스테나이트 조성과 동일하다. 또 마르텐사이트 변태 개시온도는 냉각속도를 크게 하더라도 강화되지 않고 일정하다. 일반적으로 마르텐사이트의 생성 개시온도 Ms와 종료온도 M_f는 강의 조성 및 오스테나이트 입도에 좌우된다. 마르텐사이트는 γ고용체에서 발생한 전단응력에 의해 생성되며, 그 시간은 10.7초 이내라고 한다.

또 마르텐사이트 변태의 진행은 온도 강하에 의함이며 M_f가 실온 이하인 경우 상온에서 잔류한 γ(오스테나이트)는 심냉처리(深冷処理, sub zero treatment)에 의해서 마르텐사이트 변태가 진행된다. 마르텐사이트 조직이 경도가 큰 이유는 다음과 같다.

① 결정의 미세화

② 급냉으로 인한 내부 응력

③ 탄소 원자에 의한 Fe격자의 강화 등

3.3.3 담금질 작업

담금질의 주요 목적은 재료의 경화(硬化)에 있으며 가열온도는 변태점보다 50℃ 정도 높다. 그러므로 특히 주의할 점은 임계구역, 즉 Ar′ 변태구역은 급냉시키고 균열이 생길 위험이 있는 Ar″변태구역에서는 서냉하는 것이다. 여기서 임계구역이란 담금질 온도로부터 Ar′까지의 온도 범위 혹은 베이나이트점까지의 온도 범위를 말하며, 그림 6.29에서와 같이 펄라이트 및 베이나이트가 생성되지 않는 최소의 냉각속도를 각각 하부 임계 냉각속도 및 상부 임계 냉각속도 혹은 **임계 냉각속도**(臨界冷却速度, critical cooling rate)라고 한다.

따라서 임계 냉각속도는 마르텐사이트 조직이 나타나는 최소 냉각속도라 할 수 있다. 위험구역은 Ar″이하로서 마르텐사이트 변태가 일어나는 온도 범위이며, 보통 Ms에서 M_f까지를 말한다. 그림 6.30은 강의 C%와 Ms점의 관계를 나타낸 것이고, 그림 6.31은 담금질 작업의 내용을 설명한 것이다.

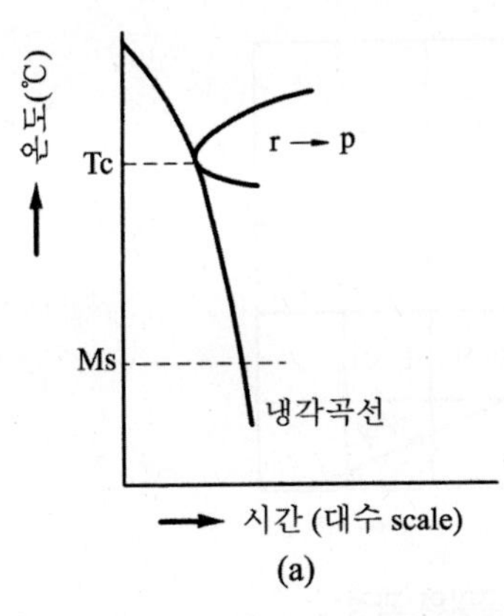

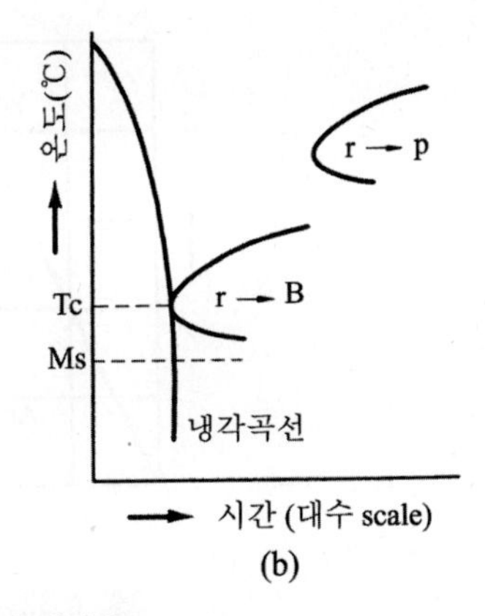

그림 6.29 담금질의 냉각속도

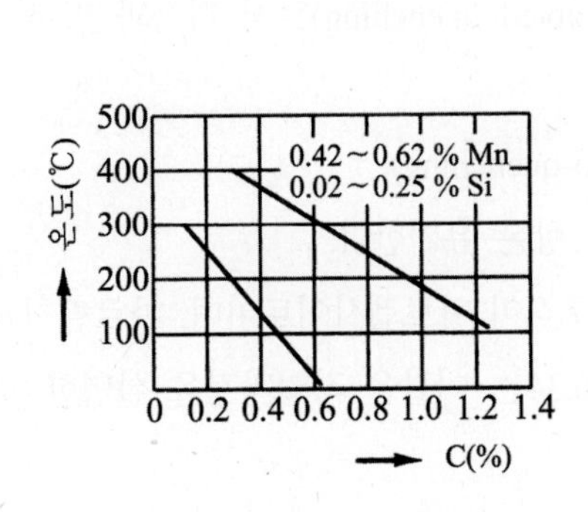

그림 6.30 탄소강의 C%와 Ms점, M_f점과의 관계

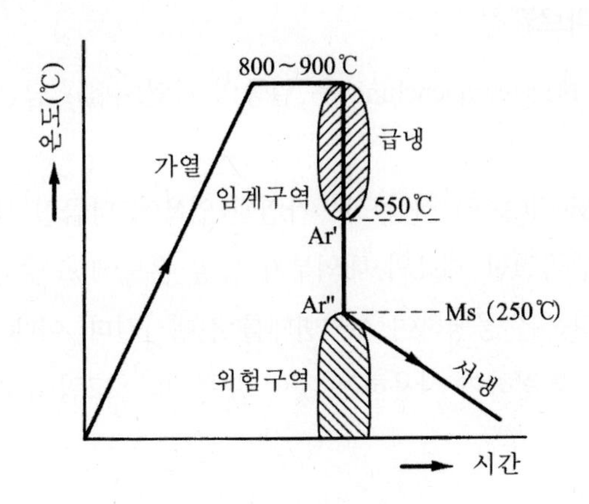

그림 6.31 담금질 작업

1) 인상 담금질

담금질 작업에 있어서 Ar′에서는 급냉하고, Ar″에서는 서냉하게 되면 중간 온도에서 냉각속도를 변화시켜주어야 한다. 냉각속도의 변환을 냉각시간으로 조절하는 담금질을 **인상**(引上) **담금질** 또는 **시간 담금질**(time qenching)이라 하며, 최초에는 냉각수로 급냉시키고 적정 시간이 지난 후에는 인상하여 유냉 또는 공냉한다(그림 6.32).

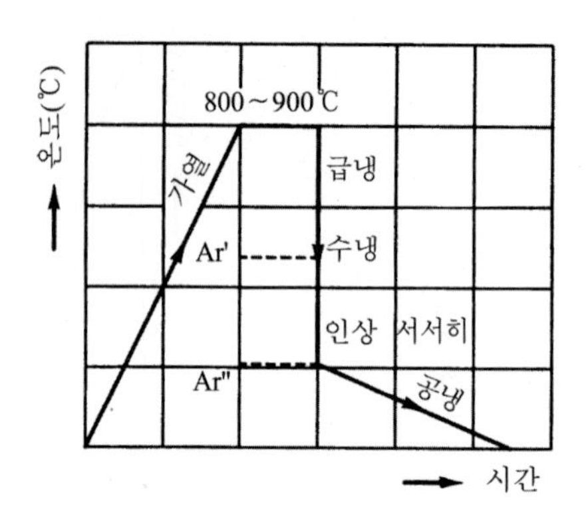

그림 6.32 인상 담금질의 과정

2) 마르퀜칭

마르퀜칭(marquenching)은 일종의 중단(中斷) 담금질(interrupted quenching)로서 다음과 같은 과정을 거친다.

① Ms점(Ar″) 직상으로 가열된 염욕에 담금질한다(thermo-quenching).

② 담금질한 재료의 내외부가 동일 온도에 도달할 때까지 항온 유지한다.

③ 다음은 공냉하여 Ar″변태를 진행시킨다. 이때 얻어진 조직이 마르텐사이트이며, 마르퀜칭 후에는 템퍼링하여 사용하는 것이 보통이다. 그림 6.33, 그림 6.34는 이같은 작업과정을 설명한 것이다.

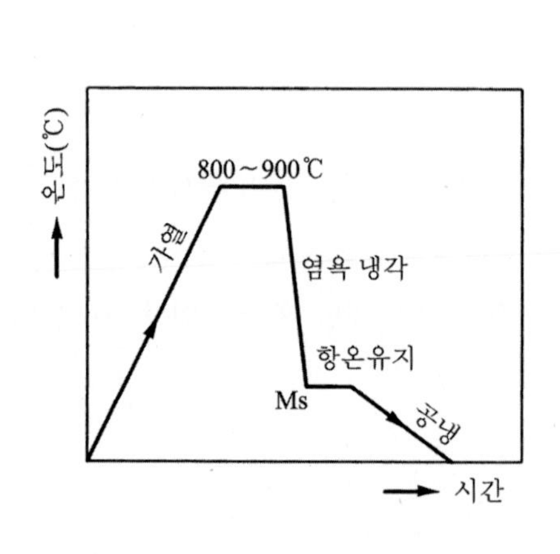

그림 6.33 마르퀜칭 과정

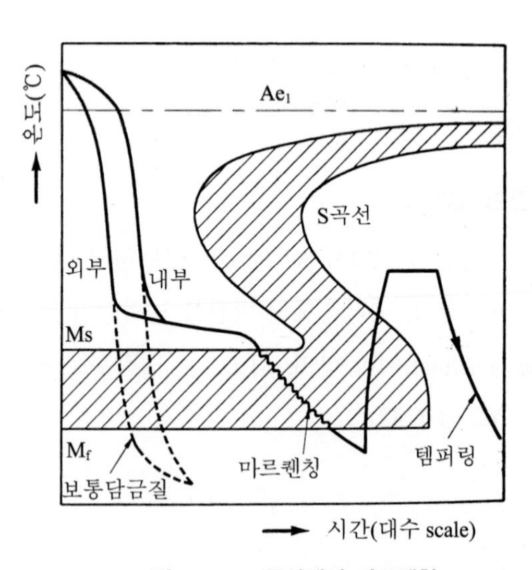

그림 6.34 S곡선에서 마르퀜칭

이 방법의 특징은 Ms점 직상에서 냉각을 중지하고, 강재 내외부의 온도를 동일하게 한 다음 Ar″ 온도 구역을 서냉한 것이다. 이와 같이 강재 내외부가 동시에 서서히 마르텐사이트화 하기 때문에 균열과 비틀림 등이 생기지 않는다. 물론 이때 얻은 조직은 마르텐사이트이므로 목적에 따라서 템퍼링을 하고 적당한 경도 및 강도를 유지하도록 해야 한다.

3) 오스템퍼링

오스템퍼링(austempering)은 Ar′와 Ar″ 사이의 온도로 유지한 열욕에 담금질하고 과냉각의 오스테나이트 변태가 끝날 때까지 항온으로 유지해주는 것이며, 이때 얻어지는 조직이 베이나이트(bainite)이다. 그러므로 오스템퍼링을 베이나이트 담금질이라고도 한다.

보통 Ar′에 가까운 오스템퍼링을 하면 연질의 상부 베이나이트, Ar″ 부근의 온도에서는 경질의 하부 베이나이트 조직을 얻을 수 있다. 그림 6.35는 S곡선의 오스템퍼링이며, 이것과 비교하기 위하여 보통의 담금질과 템퍼링에 대한 내용을 그림 6.36에 나타내었다.

오스템퍼링 열처리는 보통의 담금질과 템퍼링에 비하여 연신율과 충격값 등이 크며, 강인성이 풍부한 재료를 얻을 수 있고 담금질 균열과 비틀림 등이 생기지 않는다. 오스템퍼링은 H_RC 40 ~ 50 정도로 강인성이 필요한 제품에 적용하면 효과적이다. 표 6.9는 오스템퍼링에 사용되는 염욕제를 나타낸 것이다.

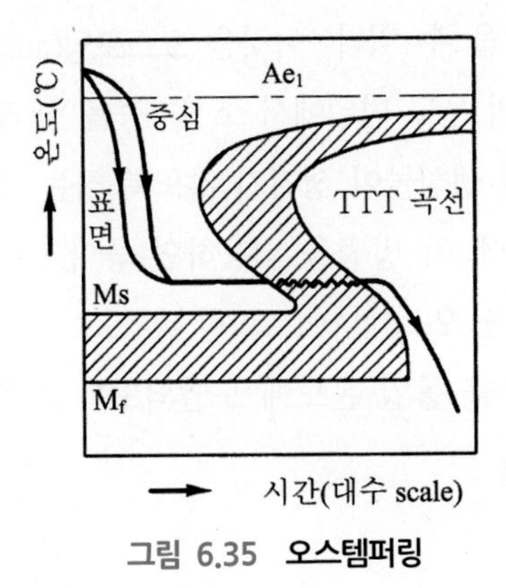

그림 6.35 **오스템퍼링**

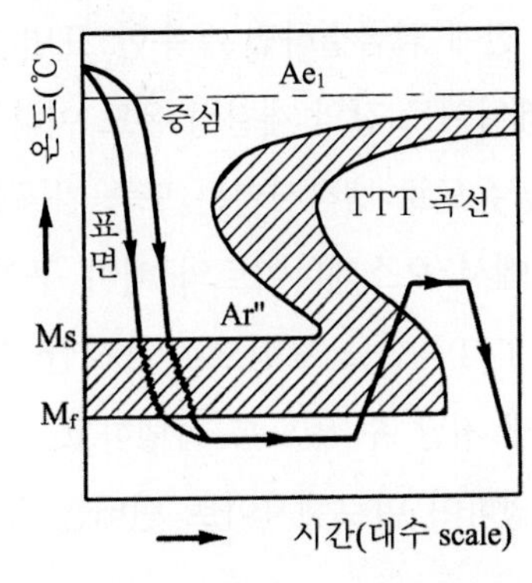

그림 6.36 **일반적인 담금질과 뜨임**

표 6.9 오스템퍼링에 사용되는 염욕제

종류	배합비율(중량 %)	융용온도(℃)	사용온도범위(℃)
염	질산칼륨 - 56 아질산소다 - 44	145	150 ~ 400
	질산소다 - 50 아질산소다 - 50	221	230 ~ 500
금속	비스무트 - 48 납 - 26 주석 - 13 카드뮴 - 13	70	80 ~ 750
	비스무트 - 50 납 - 28 주석 - 22	100	110 ~ 800
	비스무트 - 56.5 납 - 43.5	125	140 ~ 800

4) 오스포밍

0.95% 탄소강을 TTT곡선의 베이(bay) 구역에서 숏 피닝(shot peening)을 하고 베이나이트의 변태 개시선에 도달하기 전에 담금질하면 우수한 표면 경화층을 얻을 수 있다. 이것을 **오스포밍**(ausforming)이라 한다. 즉, 오스테나이트 강의 재결정 온도 이하 Ms점 이상의 온도 범위에서 소성가공을 한 후 담금질하는 조작으로서 가공온도로 냉각시키는 도중 가공할 때에 변태 생성물이 생기지 않도록 하는 것이 효과적이므로, TTT곡선에서 오스테나이트의 베이 구역이 넓은 강에 이 방법을 적용하면 좋다.

그림 6.37은 TTT곡선을 모형으로 표시한 것이며, 시편을 오스테나이트화한 후 오스테나이트의 베이 구역을 무사하게 지날 수 있도록 급냉하고, 시편의 내외부를 동일 온도에 도달되도록 소성가공을 하여 공냉, 유냉, 수냉하여 마르텐사이트 변태를 일으키게 한다.

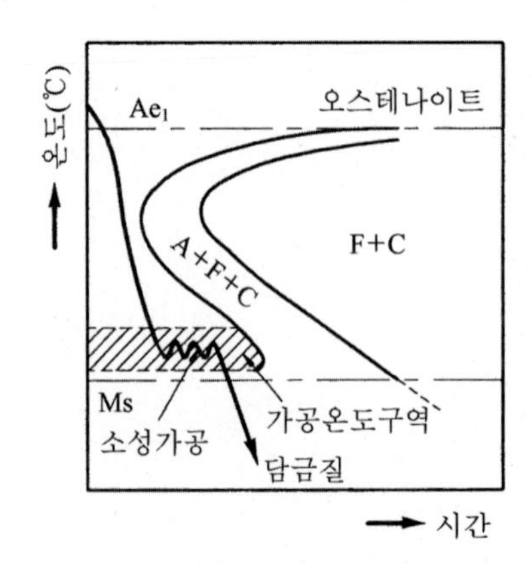

그림 6.37 강의 TTT곡선과 오스포밍의 온도 범위

3.4 뜨임

3.4.1 뜨임 조직과 온도

담금질한 강은 경도(硬度, hardness)는 크나 **취성**(脆性, brittleness)이 있다. 따라서 경도만 크면 이런 성질이 있어도 사용되는 줄(file), 면도칼 등은 그대로 사용된다. 그러나 다소 경도가 떨어져도 인성이 필요한 기계 부품은 담금질한 강을 재가열하여 인성(靭性)을 증가시킨다.

이와 같이 담금질한 강을 적당한 온도로 A_1 변태점 이하에서 가열하여 인성을 증가시키는 조작을 **뜨임**(燒戾, tempering)이라 한다. 뜨임(소려)의 목적은 내부 응력의 제거와 강도 및 인성을 증가시키는 것이다.

뜨임으로 생기는 강의 조직변화는 재질에 따라 차이는 있으나 대략 표 6.10과 같다.

표 6.10 뜨임에 의한 조직변화

조직명	온도범위
오스테나이트 → 마르텐사이트	150 ~ 300℃
마르텐사이트 → 트루스타이트	350 ~ 500℃
트루스타이트 → 소르바이트	550 ~ 650℃
소르바이트 → 펄라이트	700℃

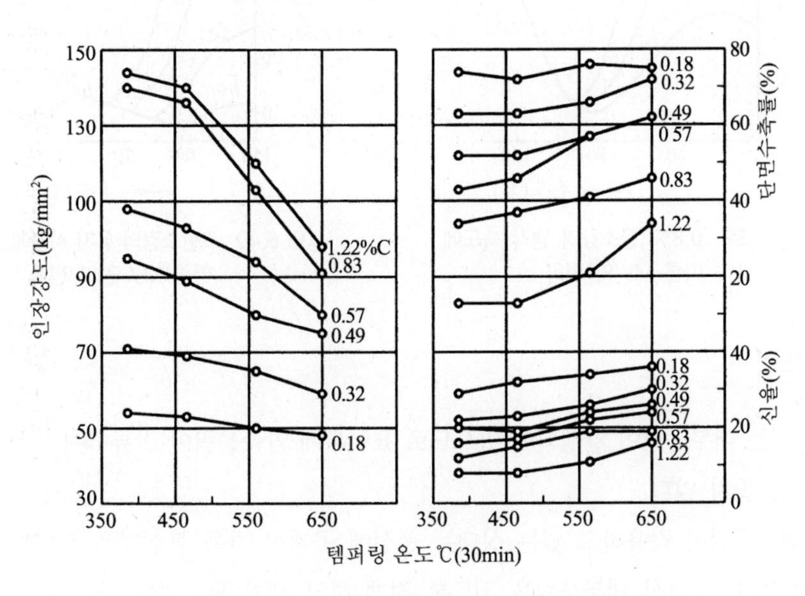

그림 6.38 각종 탄소강의 뜨임에 의한 기계적 성질의 변화

그림 6.38은 탄소량이 다른 각종 탄소강의 뜨임에 의한 인장강도와 인성 등을 나타낸 것이다. 뜨임 온도의 상승에 따라 인장강도는 점차 감소하고 있는 반면에 인성은 점점 상승한다. 따라서 고탄소강은 저탄

소강 보다 각각 그 변화의 정도가 크며, 동일한 뜨임 온도를 비교하면 고탄소강은 저탄소강 보다 인장강도가 높고 전(연)성 등은 적다.

3.4.2 심냉처리

0℃ 이하의 온도, 즉 심냉(sub-zero) 온도에서 냉각시키는 조작을 **심냉처리**(深冷處理, sub-zero treatment)라 한다.

이 처리의 주목적은 경화된 강 중의 잔류 오스테나이트를 마르텐사이트화시키는 것으로서 공구강의 경도와 성능을 향상시킬 수 있다. 또한 게이지와 베어링 등 정밀 기계 부품의 조직을 안정시키고 시효(時效)에 의한 형상과 치수 변화를 방지할 수 있으며, 특수 침탄용강의 침탄 부분을 완전히 마르텐사이트로 변화시켜 표면을 경화시키고 스테인리스강에는 우수한 기계적 성질을 부여한다.

그림 6.39, 그림 6.40은 냉각속도 및 정지시간에 따른 Ms′점의 변화를 나타낸 것이다.

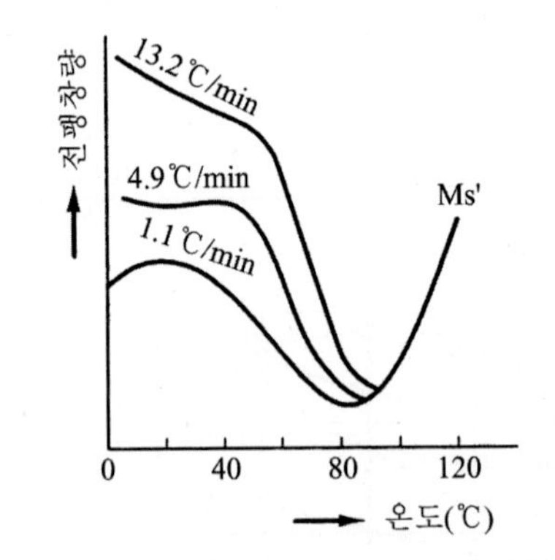

그림 6.39 0.8% 탄소강의 냉각 속도에 따른 Ms′의 변화

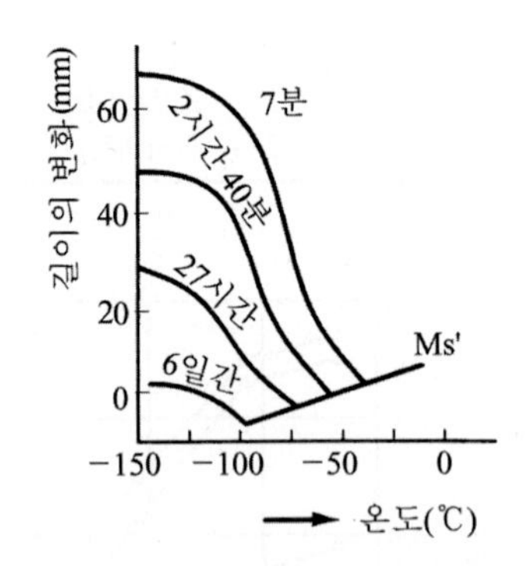

그림 6.40 고탄소강의 유지 시간에 따른 Ms′ 점의 변화

3.4.3 저온 뜨임

담금질한 재료에는 내부응력이 발생되어 있으므로 표면부에 압축응력이 잔류하여 있는 경우를 제외하고는 일반적으로는 좋지 않다.

표면부에 큰 인장응력이 작용하고 있는 상태는 풍선에 공기를 가득 불어넣은 상태와 비슷하여 항상 파손의 위험성이 있다. 따라서 내부응력을 되도록 적게 하고 제거하는 것이 바람직하다.

내부응력을 완전히 제거하려면 풀림을 하는데 이 때에는 경도를 크게 감소시키지 않고 내부응력만 제거해야 한다. 그러므로 경도를 희생시키지 않고 내부응력을 제거하기 위해서 실시하는 것이 **저온 뜨임**이며 이것의 장점은 다음과 같다.

[장점]

① 담금질에 의한 응력의 제거

② 치수의 경년 변화 방지

③ 연마 균열 방지

④ 내마모성 향상

그림 6.41은 0.025%C의 암코철과 0.3%C의 탄소강 환봉(직경 5 mm)을 850℃에서 수중 담금질한 것을 저온 뜨임으로 응력을 제거한 결과이다.

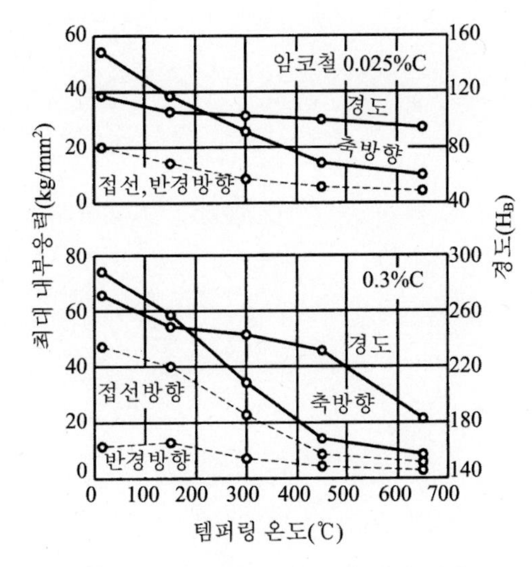

그림 6.41 템퍼링에 의한 내부응력 제거

3.4.4 고온 뜨임

고온 뜨임은 구조용 합금강처럼 강인성을 필요로 하는 것에 적용된다. 뜨임 온도는 400~650℃를 택하고 뜨임 온도에서 급냉시킨다. 뜨임하는 횟수는 1회로 한다.

서서히 냉각시키면 뜨임 취성이 나타나게 되므로 주의를 요하게 되며, 담금질한 후 400~650℃에서 뜨임하는 조작을 조질(調質)이라고 한다. 300℃에서 뜨임하면 오히려 여린 성질이 되기 때문에 이 온도에서는 뜨임을 하지 않는다.

3.4.5 뜨임 경화

고속도강을 담금질한 후에 550~600℃로 재가열하면 다시 경화된다. 이것을 뜨임 경화(temper

hardening)라 한다. 따라서 이런 경우는 뜨임 온도로부터 냉각은 공기냉각이 필요하며, 급냉시키면 뜨임 균열이 일어나므로 주의해야 한다.

뜨임 시간은 30～60분간을 표준으로 하되 필히 2～3회 반복 실시한다. 2회째 뜨임 온도는 첫 번째보다 약 30～50℃ 낮게 하는 것이 좋다.

04장
표면경화 열처리

4.1 표면경화의 개요

표면경화법(表面硬化法, surface hardening)이란 표층은 경화시키고 내부는 강인성을 유지하게 하는 열처리이다. 이 처리에 의한 표면은 마모와 피로에 잘 견디며, 내부는 강인성을 갖게 되어 내충격성을 높이게 된다.

강의 표면경화법은 화학적 방법과 물리적 방법으로 구분된다.

화학적 방법에는 침탄법(carburizing), 청화법(cyaniding), 질화법(nitriding) 등이 있고, 물리적 방법에는 고주파 표면경화법(induction hardening)과 화염경화법(flame hardening) 등이 있다. 그리고 금속침투법으로 크로마이징, 카로라이징 등 여러 가지 종류가 있다.

4.2 표면경화 열처리의 종류

4.2.1 침탄법

침탄법(浸炭法, carburizing)에는 침탄제에 따라 고체 침탄법, 액체 침탄법 및 가스 침탄법 등이 있다.

고체 침탄법이란 탄소 함유량이 적은 저탄소강을 침탄제 속에 묻고 밀폐시켜 900~950℃의 온도로 가열하면 탄소가 재료 표면에 약 1 mm 정도 침투하여 표면은 경강이 되고 내부는 연강이 된다.

이것을 재차 담금질하면 표면은 열처리가 되어 단단해지고 내부는 저탄소강이 그대로 연강이 되는데, 이것을 침탄 열처리라 한다.

그림 6.42는 고체 침탄 후의 열처리 과정을 설명한 것이다.

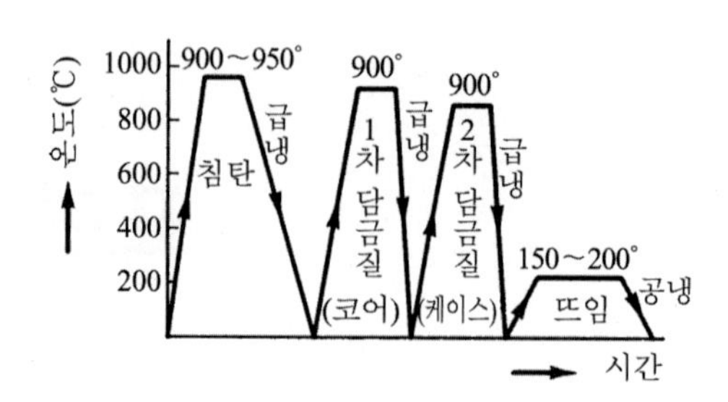

그림 6.42 고체 침탄 담금질의 열처리 작업

침탄용 강의 구비조건은 다음과 같다.

① 저탄소강이어야 한다.

② 표면에 결함이 없어야 한다.

③ 장시간 가열하여도 결정입자가 성장하지 않아야 한다.

4.2.2 질화법

질화법(窒化法, nitriding)은 합금강을 암모니아(NH_3) 가스와 같이 질소를 포함하고 있는 물질로 강의 표면을 경화시키는 방법이며, 침탄법에 비하여 경화층은 얇으나 경도는 크다. 담금질할 필요가 없고 내마모성 및 내식성이 크며 고온이 되어도 변화하지 않으나, 처리 시간이 길고 생산비가 많이 든다. 표 6.11은 침탄법과 질화법을 비교한 것이다.

표 6.11 침탄법과 질화법의 비교

침탄법	질화법
1. 경도가 낮다. 2. 침탄 후 열처리가 필요하다. 3. 침탄 후에도 수정이 가능하다. 4. 표면경화를 짧은 시간에 할 수 있다. 5. 변형이 많이 생긴다. 6. 침탄층은 여리지 않다.	1. 경도가 높다. 2. 질화 후 열처리는 필요 없다. 3. 질화 후 수정이 불가능하다. 4. 표면경화 시간이 길다. 5. 변형이 적다. 6. 질화층은 여리다.

4.2.3 청화법

청화법(靑化法, cyaniding)은 탄소, 질소가 철과 작용하여 침탄과 질화가 동시에 일어나게 하는 것으로서 이를 침탄 질화법(浸炭 窒化法)이라고도 한다. 청화제로는 NaCN, KCN 등이 사용된다.

[장점]

① 균일한 가열이 이루어지므로 변형이 적다.
② 산화가 방지된다.
③ 온도 조절이 용이하다.

[단점]

① 비용이 많이 든다. ② 침탄층이 얇다. ③ 가스가 유독하다.

4.2.4 화염 경화법

화염 경화법(火炎 硬化法, flame hardening)은 산소-아세틸렌 화염으로 제품의 표면을 외부로부터 가열하여 담금질하는 방법이다. 산소-아세틸렌 화염온도는 약 3,500℃이므로 강의 표면을 용해하지 않도록 주의해야 한다. 담금질 냉각액은 물을 사용하며 담금질 후에는 150~200℃로 뜨임한다.

4.2.5 고주파 경화법

표면경화할 재료의 표면에 코일을 감아 고주파, 고전압의 전류를 흐르게 하면, 내부까지 적열되지 않고 표면만 급속히 가열되며 이후 냉각액으로 급냉시켜 표면을 경화시키는 방법을 **고주파 경화법**(高周波 硬化法, induction hardening)이라 한다.

[특징]

① 담금질 시간의 단축 및 경비가 절약된다.
② 생산 공정에 열처리 공정의 편입이 가능하다.
③ 무공해 열처리 방법이다.
④ 담금질 경화 깊이 조절이 용이하다.
⑤ 부분 가열이 가능하다.
⑥ 질량 효과가 경감된다.
⑦ 변형이 적은 양질의 담금질이 가능하다.

4.3 금속 침투법

금속 침투법(金屬 浸透法, metallic cementation)은 제품을 가열하여 그 표면에 다른 종류의 금속을 피복하는 동시에 **확산**(擴散, diffusion)에 의하여 합금 피복층을 얻는 방법을 말하며, 크롬(Cr), 알루미늄(Al), 아연(Zn) 등을 피복시키는 방법을 많이 사용하고 있다.

4.3.1 크로마이징

크로마이징(chromizing)은 Cr을 강의 표면에 침투시켜 내식, 내산 및 내마멸성을 양호하게 하는 방법으로, 다이스, 게이지, 절삭 공구 등에 이용된다. 이를 Cr 침투법(chromizing)이라고 한다.

1) 고체 분말법

소재를 Cr 또는 Fe−Cr 분말 60%, Al_2O_3 30%, NH_4Cl 3%의 혼합 분말 중에 넣어 980 ~ 1,070℃에서 8 ~ 15시간 동안 가열하면 0.05 ~ 0.15 mm의 Cr 침투층이 얻어진다.

2) 가스 크로마이징

가스 크로마이징(gas chromizing)은 $CrCl_2$ 가스를 이용하여 Cr 합금을 형성하도록 한 것으로서 이의 조성식은 다음과 같다.

$$CrCl_2 + Fe \rightleftarrows Cr + FeCl$$

$$Cr_2O_3 + 2Fe + 3C \rightleftarrows 2[Fe-Cr] + 3CO$$

4.3.2 카로라이징

카로라이징(calorizing)은 Al을 강의 표면에 침투시켜 내스케일성을 증가시키는 방법으로, Al 분말 49%, Al_2O_3 분말 49%, NH_4Cl 2%와 강 부품을 용기에 넣어 노 내에서 950 ~ 1,050℃로 가열하고 3 ~ 15시간 유지시켜 0.3 ~ 0.5 mm 정도의 깊이로 침투시킨다. 이것은 취성이 매우 커서 950 ~ 1,050℃에서 4 ~ 5시간 확산 풀림하여 사용하며, 900℃까지 고온 산화에 견디므로 고온에 사용되는 기계 기구의 부품에 이용된다. 이를 Al 침투법이라고 한다.

4.3.3 실리콘나이징

실리콘나이징(siliconizing)은 강의 표면에 Si를 침투시켜 내산성을 증가시키며 펌프축, 실린더의 라이너

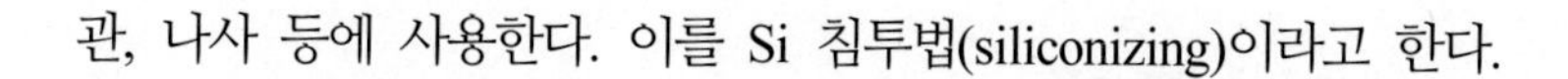
관, 나사 등에 사용한다. 이를 Si 침투법(siliconizing)이라고 한다.

1) 고체 분말법

강 부품을 규소 분말, Fe−Si, Si−C 등의 혼합물 속에 넣고 회전로나 침탄로에서 950~1,050℃로 되었을 때 Cl_2 가스를 통과시켜 Fe−Si, Si−C와 반응하면 $SiCl_4$ 가스가 발생하며, 이 가스가 강에 침투 확산하게 된다. 이를 고체분말법이라고 한다. 보통 2~4시간의 처리로 0.5~1.0 mm 정도가 침투된다.

2) 가스법

가스법은 $SiCl_2$와 H_2의 혼합가스를 950~1,050℃로 가열한 강에 통과시켜 Si를 침투시키는 방법으로 950℃에서 11시간의 처리로 약 1.2 mm 정도 침투된다.

4.3.4 보론나이징

보론나이징(boronizing)은 강의 표면에 붕소(B)를 침투 및 확산시키는 방법으로 경도(Hv 1,300~1,400)가 높아 처리 후에 담금질이 필요 없으며, 경화 깊이는 약 0.15 mm 정도이다. 이를 B 침투법(boronizing)이라고 한다.

4.3.5 기타

위의 방법 외에 흑연봉을 양극(+)에, 모재를 음극(−)에 연결하고 공기 중에 방전시키면 철강 표면에 2~3 mm 정도의 침탄 질화층을 만드는 방전 경화법, 용접에 의한 하드페이싱(hard facing), 금속 분말을 분사하는 메탈 스프레이(metal spray) 방법 등이 있다.

연습문제

제1장 열처리의 기초

1. 열처리의 종류를 열거하고 설명하여라.

2. 금속재료에 대한 가열방법의 종류를 열거하고 설명하여라.

3. 냉각방법의 종류를 열거하고 설명하여라.

제2장 강의 열처리

4. 금속결정의 구조에 대하여 설명하여라.

5. 면심입방격자, 체심입방격자와 조밀육방격자의 격자구조를 그림을 그려서 설명하고, 각각에 해당하는 금속을 3가지씩 열거하라.

6. 순철의 변태에 대하여 설명하여라.

7. 철–탄소 평형상태도에 대하여 설명하여라.

8. 탄소강을 열처리할 때 일어나는 변태점 A_1, A_2, A_3 및 A_4의 온도를 표시하라.

9. 강의 조직의 종류를 열거하고 설명하여라.

10. 강의 조직 가운데 다음을 설명하라.
① 페라이트 ② 시멘타이트 ③ 펄라이트 ④ 오스테나이트
⑤ 마르텐사이트

11. 강의 항온 변태에 대하여 설명하여라.

12. TTT곡선에 대하여 설명하여라.

13. CCT곡선에 대하여 설명하여라.

제3장 열처리의 종류

14. 풀림(annealing) 열처리에 대하여 설명하여라.

15. 구상화 풀림에 대하여 설명하여라.

16. 불림(normalizing) 열처리에 대하여 설명하여라.

17. 2단 및 2중 노멀라이징에 대하여 설명하여라.

18. 담금질(quenching) 열처리에 대하여 설명하여라.

19. 용체화처리에 대하여 설명하여라.

20. 담금질 열처리의 종류를 열거하고 설명하여라.

21. 인상 담금질에 대하여 설명하여라.

22. 마르퀜칭(marquenching)에 대하여 설명하여라.

23. 오스템퍼링(austempering)에 대하여 설명하여라.

24. 오스포밍(ausforming)에 대하여 설명하여라.

25. 뜨임(tempering) 열처리에 대하여 설명하여라.

26. 저온 뜨임과 고온 뜨임에 대하여 설명하여라.

27. 심냉처리(sub-zero treatment)에 대하여 설명하여라.

제4장 표면경화 열처리

28. 표면경화 열처리의 주목적은 무엇인가?

29. 표면경화처리법의 종류를 열거하고 설명하여라.

30. 침탄법과 질화법을 비교 설명하여라.

31. 청화법과 화염경화법을 설명하여라.

32. 고주파 경화법의 특징을 설명하여라.

33. 금속침투법의 종류를 열거하고 설명하여라.

34. 금속침투법 가운데 다음의 방법에 대하여 설명하여라.
① chromizing ② gas chromizing ③ calorizing ④ siliconizing
⑤ boromizing

심화문제

01. 순철의 변태에 대하여 변태의 종류, 온도 및 특성 등을 설명하여라.

풀이 탄소가 0.01%보다 작게 함유된 철을 순철이라 한다. 순철을 가열 또는 냉각하면 그림에서와 같이 A_2, A_3, A_4의 변태점이 나타나며 이들 변태점을 경계로 하여 순철의 조직 및 기계적 성질이 달라진다.

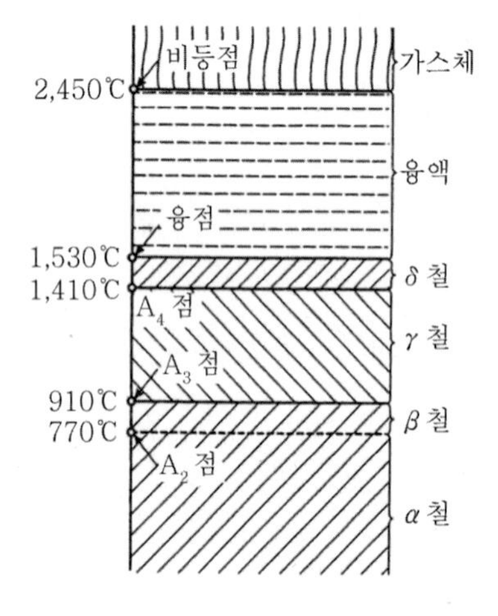

그림 **순철의 변태**

α철 : A_2 변태점 이하의 철

β철 : A_2 ~ A_3 변태점 사이의 철

γ철 : A_3 ~ A_4 변태점 사이의 철

δ철 : A_4 변태점 이상의 철

A_1 변태점은 탄소의 함유량에 관계없이 723℃에서 일어나며 A_2 변태점은 자기변태를 일으키는 자기변태점이다. A_2, A_3, A_4 변태점의 온도는 각각 770℃, 910℃ 그리고 1,410℃이다. 그리고 순철은 1,530℃가 되면 끓고 2,450℃가 되면 기체로 변한다. 결정격자의 α, β, δ철은 체심입방격자의 배열을 하고 있고 γ철은 면심입방격자의 배열을 하고 있다.

02. 항온열처리에 대하여 그림을 그려서 설명하여라.

풀이 항온열처리(isothermal heat treament)란 담금질과 뜨임의 두 가지를 동시에 할 수 있는 열처리로서 그림에서와 같다. 즉, 그림에서 AB 사이에 가열하여 오스테나이트로 한 다음 BC간을 일정온도로 유지한다. 그리고 CD간은 염로(salt bath) 중에서 급냉시켜 담금질한다. 그 후 DE 사이를 뜨임온도로 일정시간 유지한 다음 공기중에서 냉각시켜 뜨임처리한다.

열처리의 온도, 시간 및 변태의 관계를 나타낸 선도를 항온변태선도라 하며 이를 TTT선도(Time-

Temperature-Transformation Diagram)라고도 한다. 항온변태를 이용한 열처리로서는 marquenching, austempering, martempering 및 time quenching 등이 있다.

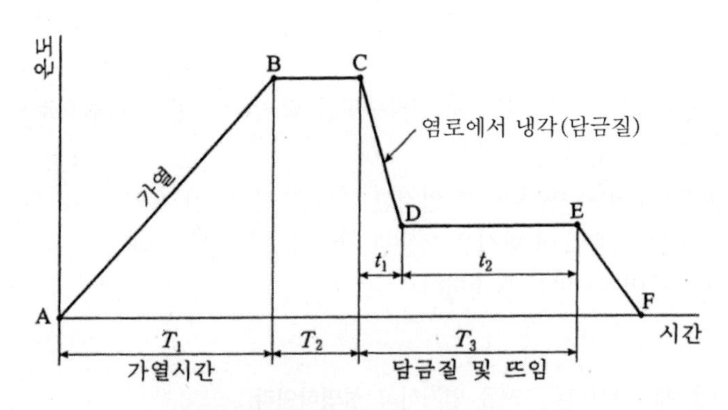

그림 항온열처리에서의 가열 및 냉각

03. 뜨임취성의 종류를 열거하고 설명하여라.

풀이 금속을 연화시켜 인성을 부여하기 위하여 뜨임열처리를 하는데 경우에 따라서는 인성이 증가하지 않고 감소하는 현상이 나타난다. 이것을 뜨임취성(temper brittleness)이라 하며 다음과 같이 세 가지로 나타낼 수 있다.

(1) 저온뜨임취성 : 탄소가 0.2~0.4% 함유된 강을 뜨임열처리할 때 뜨임온도가 300~350℃에서는 인성이 저하된다.

(2) 뜨임시효취성 : 뜨임온도가 500℃ 부근에서 시간이 경과함에 따라 인성이 저하되는 현상이다.

(3) 뜨임서냉취성 : 뜨임온도가 550~650℃에서 서냉시킨 것의 취성이 물이나 기름에서 냉각시킨 것보다 크게 나타나는 현상이다.

04. 항온열처리 가운데 응용열처리의 종류를 열거하고 설명하여라.

풀이 (1) 마르퀜칭(marquenching) : 마르퀜칭은 금속을 Ms점보다 약간 높은 온도에서 염욕로(salt bath)에 넣고 담금질하여 항온처리한 다음 꺼내어 공기중에서 냉각시키는 열처리이다. 합금강이나 고탄소강 담금질에 적합하며 물에 넣어서 담금질하는 것보다 경도는 낮지만 균열이 생기지 않는다.

(2) 오스템퍼링(austempering) : 오스템퍼링은 마르텐사이트가 시작되는 점인 Ms점보다 약간 높은 온도에서 항온유지하여 베이나이트 조직을 완전히 석출시킨 다음 공기중에서 냉각시키는 열처리이다. 공구강이나 고탄소강의 열처리에 적합하며 베이나이트 담금질이라고도 한다.

(3) 마르템퍼링(martempering) : Ms점보다 낮은 온도인 100~200℃에서 항온유지한 후에 공기중에서 냉각시키는 열처리로서 마르텐사이트와 베이나이트의 혼합조직으로 나타난다. 경도가 크고 인성이 양호하여 균열이나 변형이 생기지 않는다.

(4) 타임퀜칭(time quenching) : 타임퀜칭은 물 또는 기름에 넣어 담금질하다가 300~400℃가 되면 꺼내고 금속의 표면온도가 약간 상승하면 다시 물 또는 기름에 넣어서 냉각시키는 열처리이다. 탄소공구강에 이용된다.

05. 냉각법의 종류를 열거하고 설명하여라.

풀이 (1) 연속냉각 : 금속을 일정한 온도까지 가열한 다음 완전하게 냉각될 때까지 연속해서 냉각시키는 방법이며 보통의 담금질, 풀림열처리, 불림열처리 등이 있다. 가장 일반적이고 자주 이용되는 냉각법이다.

(2) 계단냉각 : 금속을 냉각할 때 냉각속도를 몇 번 바꾸는 냉각법으로서 계단듬금질, 2단 풀림처리 등이 여기에 속한다.

(3) 항온냉각 : 어느 시간대에서 일정한 온도로 일정시간 유지한 뒤 냉각시키는 방법으로서 새로운 열처리 기술은 주로 이 방식을 응용한 것이다. 항온열처리와 이를 응용한 마르퀜칭, 오스템퍼링, 마르템퍼링 등이 이 방식에 속한다.

06. 강을 급냉시켰을 때 나타나는 조직을 열거하고 설명하여라.

풀이 (1) 오스테나이트(austenite) : 냉각효과가 가장 클 때 나타나는 조직으로서 고온에서 안정된 조직을 갖는다. 니켈, 크롬, 망간 등을 포함한 특수강에서 나타나며 다각형 형상이다.

(2) 마르텐사이트(martensite) : 강을 수중에서 냉각시켰을 때 나타나는 조직으로서 침상의 조직이다. 내식성 및 경도가 크다.

(3) 트루스타이트(troostite) : 마르텐사이트의 다음 단계에서 나타나는 조직으로서 탄화철이 큰 입자로 구성되어 있다. 마르텐사이트 조직보다 경도가 낮고 내식성이 양호하지 못하다.

(4) 소르바이트(sorbite) : 큰 재료를 액체 속에서 또는 작은 재료를 공기중에서 냉각시킬 때 나타나며 입상의 조직이다. 트루스타이트 조직보다 경도가 낮고 인성이 크다.

07. 강을 서냉시켰을 때 나타나는 조직을 열거하고 설명하여라.

풀이 (1) 페라이트(ferrite) : 탄소를 소량 함유한 순철의 조직으로서 백색이며 경도와 강도가 낮다.

(2) 펄라이트(pearlite) : 오스테나이트를 서냉시키면 A_1 변태점 부근에서 완료되며 페라이트와 Fe_3C가 함께 존재하는 조직이다. 열처리조직 가운데 연성이 가장 좋기 때문에 절삭성이 매우 좋다.

(3) 시멘타이트(cementite) : 침상조직으로서 탄화철(Fe_3C)을 말한다. 경도가 크며 취성이 높은 반면 연성은 매우 낮다.

08. 열처리의 종류를 열거하고 설명하여라.

풀이 (1) 담금질(quenching) : 금속의 경도를 증가시키기 위하여 가열한 후 물이나 기름 등에 넣어서 급냉시킨다.

(2) 풀림(annealing) : 금속을 가열한 후 서서히 냉각시켜 내부응력을 제거하고 재료를 연화시킨다.

(3) 뜨임(tempering) : 담금질한 강은 경도는 크지만 인성이 부족하다. 그렇기 때문에 인성을 부여하기 위해 A_1 변태점 이하의 적당한 온도까지 가열한 후 서냉시킨다.

(4) 노멀라이징(normallizing) : 노멀라이징은 풀림처리에 의한 과도한 연화와 입자의 성장을 피하기 위하여 A_3보다 50~80℃ 정도 높게 가열한 후 냉각시키는 열처리이며 이것을 불림열처리라고도 한다.

(5) 특수열처리 : 강의 경도를 증가시키기 위하여 행하는 항온열처리와 계단열처리가 있고 표면만을 경화시키는 표면경화열처리가 있다.

09. 표면경화법의 종류를 열거하고 설명하여라.

풀이 압연가공에 사용되는 롤러의 몸체는 경도가 커야 되지만 저널(journal)부분은 몸체만큼 경도가 크지 않아도 된다. 또한 어떤 제품의 표면은 경도가 매우 크고 내부는 인성이 큰 것이 필요하다. 이런 조건을 만족시키기 위하여 물체의 표면만을 경화시켜 내마모성과 경도를 증가시키고 내부는 충격에 견딜 수 있도록 본래의 인성을 그대로 유지하게 하는 열처리를 표면경화법(surface hardening)이라 한다. 표면경화법에는 침탄법, 질화법, 청화법, 고주파담금질 및 화염담금질 등이 있다.

(1) 침탄법 : 담금질할 소재의 표면에 탄소를 침투시켜 담금질하면 표면은 탄소량이 많으므로 경도가 높고 내부는 표면보다 연성이 좋게 된다. 이와 같이 침탄처리하여 담금질하는 것을 침탄법이라 한다.

(2) 질화법 : 질소를 강의 표면에 침투시키면 표면은 경도와 내마모성이 매우 크게 된다. 이것을 질화법이라 하며 이 방법은 질화층이 생기는 것만으로도 큰 경도가 얻어지므로 담금질할 필요가 없다.

(3) 청화법 : 강에 청화물 (CN)을 침투시켜 침탄과 질화가 동시에 진행되게 하는 표면경화법을 청화법이라 한다. 청화물인 KCN 또는 NaCN 등에 강을 일정시간 침적하여 가열하고 물이나 기름에서 담금질한다.

(4) 화염담금질 : 중탄소강 이상의 탄소강에 산소-아세틸렌가스 등의 화염을 사용하여 부분적으로 가열한 뒤 공기제트나 물에 넣고 냉각시켜 경화시키는 방법으로서 저널베어링이나 긴 축 등의 경화에 이용된다.

(5) 고주파담금질 : 소재의 둘레에 코일을 감고 여기에 고주파 유도전류를 보내 소재의 표면만을 가열한 후 냉각시키는 방법으로서 중심부까지 열이 전달되지 않으므로 소재 재질의 변형이 적고 탈탄 및 산화가 일어나기 어렵다.

(6) 심냉처리(sub-zero treatment) : 강을 담금질하면 오스테나이트가 잔류한다. 이것을 마르텐사이트로 변화시키거나 오스테나이트를 안정화시키기 위하여 0℃ 이하의 온도에서 처리하는 것을 심냉처리라 한다. 이렇게 하면 잔류 오스테나이트의 일부 또는 전부가 마르텐사이트로 바뀐다. 강을 냉각시킬 때에는 기름, 물 및 소금물 등에 넣어서 냉각시키며 이때 냉각액을 잘 순환하게 하여 온도를 일정하게 유지하는 것이 중요하다.

10. 시효경화에 대하여 설명하여라.

풀이 고용체는 일반적으로 저온일 때보다 고온일 때 많은 합금원소를 고용한다. 합금성분이 높은 온도에서 고용의 범위에 있으면 고온으로 유지한 상태에서 풀림처리하기 때문에 고용체는 균일한 상태가 되고 이 후 수중에서 담금질하면 그 상태를 그대로 유지한 채 상온의 상태가 되어 과포화 고용체가 된다. 이것은 시간이 지남과 함께 용질원자가 석출하여 강도와 경도가 커진다. 이와 같은 현상을 시효경화(age hardening) 또는 석출경화라 한다. 동소변태가 일어나지 않는 비철금속은 시효경화에 의하여 경도와 강도가 크게 증가한다.

11. 질화처리에 대하여 설명하여라. 그리고 특징을 설명하여라.

풀이 질소는 고온에서 철과 화합하여 질화철을 만든다. 이 질화철은 경도가 매우 크며 취성도 커서 충격에 매우 약하다. 그러나 표면에만 작용시키면 표면은 경도 및 내마모성이 커지고 내부는 연성이 큰 재료로 된다. 이와 같은 원리를 이용하여 철을 500℃ 정도의 암모니아가스 중에서 장시간 가열하면 철이 암모니아 속의 질소를 흡수하여 Fe_2N 또는 Fe_4N 등의 질화물을 형성한다. 이를 질화처리(nitriding)라고 한다. 이때 암모니아는 다음과 같은 반응을 한다.

$$2NH_3 \rightarrow N_2 + 3H_2$$

이와 같이 하여 생긴 N_2가 철과 화합하여 질화철을 형성한다.

질화처리의 특징은 다음과 같다.

① 경화층은 매우 얇지만 표면의 경도는 침탄처리한 것보다 더 단단하다.

② 내마모성 및 내부식성이 양호하다.

③ 질화처리한 후 담금질할 필요가 없으므로 변형이 적다.

④ 600℃ 이하의 온도에서는 가열하여도 경도가 감소되지 않고 산화도 잘 되지 않는다.

12. 뜨임열처리에서 심냉처리의 목적과 과정을 그림을 그려서 설명하여라.

풀이 필요한 금속의 조직 또는 기계적 성질을 얻기 위하여 0℃ 이하의 온도에서 처리하는 것을 심냉처리라 하며, 담금질에 의하여 경화된 강에 잔류한 오스테나이트를 마르텐사이트로 변화시키거나 오스테나이트를 안정화시키는 것이 목적이다.

강을 급냉에 의한 담금질을 하였을 때 그림 a)와 같이 오스테나이트가 잔류하며, 그 양은 고탄소강일수록 많고 담금질 온도 1,000℃ 정도까지는 온도에 따라 오스테나이트 양이 증가한다. 잔류 오스테나이트 양은 수중에서 담금질한 것보다 유중에서 담금질한 것이 많으며, 수중에서 보통 담금질했을 때 고탄소강에서는 10%, H.S.S. 에서는 20%, 스테인리스강에서는 100% 정도이다.

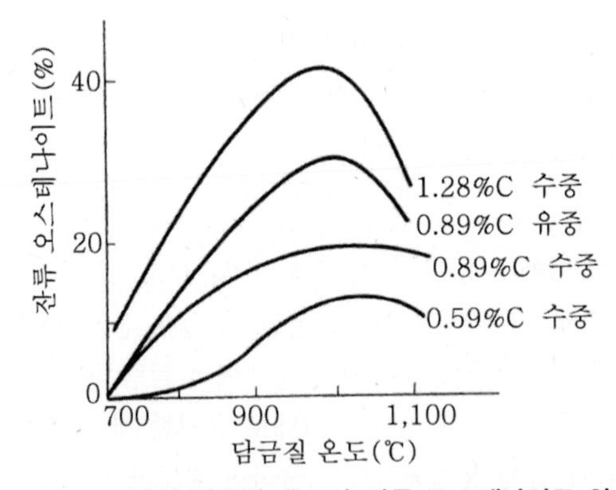

그림 a) 강의 담금질 온도와 잔류 오스테나이트 양

이와 같은 잔류 오스테나이트가 있는 것은 담금질에서 마르텐사이트로 될 수 있는 온도범위가 되지 못한데 있는 것 같다. 이와 같은 것을 심냉처리하면 잔류 오스테나이트의 일부 또는 전부를 마르텐사이트로 변태시킬 수 있다.

그림 b)는 심냉처리에 의한 경도변화를 나타낸 것이다. 담금질된 강을 상온에서 오래 방치하여 aging된 것 또는 뜨임한 것은 잔류 오스테나이트가 이미 안정되어 심냉처리의 효과가 없으며, 이 현상을 잔류 오스테나이트의 안정이라 한다.

그림 c)는 담금질 후 각 온도에서 1시간 뜨임한 다음 -195℃에서의 심냉처리에 의한 변태량의 관계를 나타낸 것이다.

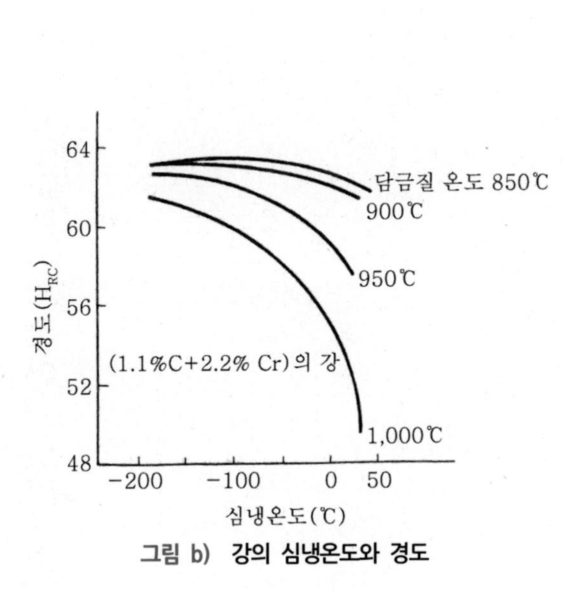

그림 b) 강의 심냉온도와 경도

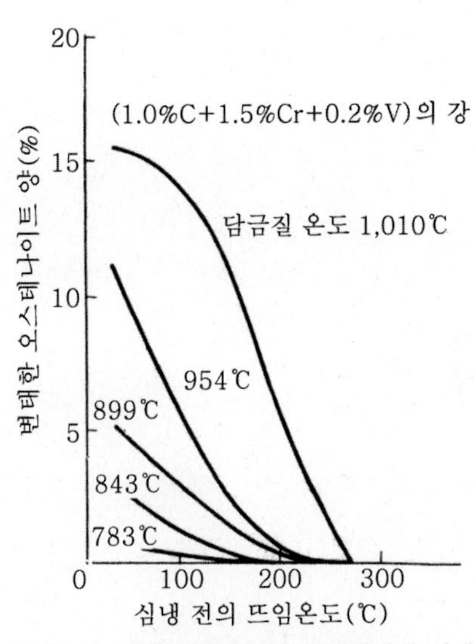

그림 c) 강의 뜨임온도와 심냉처리에 의해 변태한 오스테나이트 양

VII

측 정

01장 측정의 기초

1.1 측정의 개요

측정 및 계측은 모두 영어의 measurement의 의미로써, 측정량이 기준량의 몇 배가 되는가를 결정하는 것으로 혼용되어 쓰기도 하지만, 특히 전기적 양을 계측(instrumentation)할 때는 전기계측 혹은 **계측**(計測)이라 한다. 한편, 원하는 부품을 공작기계로 가공하여 원하는 목적에 따라 형상, 치수, 가공방법 및 재질의 상태 등이 기준에 적합한가를 가공 중 또는 가공 후에 계측하는 것을 **측정**(測定)이라 한다. 즉, 측정은 기계로 가공한 부품이나 기계요소의 치수, 각도, 형상, 정도 등의 양을 단위로서 사용되는 다른 양과 비교하는 것으로써 측정 중에 포함된 단위의 적(積)으로 표시되는 것을 말한다.

1.1.1 측정과 검사

측정(measurement)이란 하나의 실험과정에 의해 물리적인 양 또는 크기의 단위로 나타내는 것, 즉 길이와 각도 같은 값을 알아내는 것이라고 할 수 있다. **검사**(檢査, inspection)란 검사대상이 판정기준과의 비교를 통하여 규정된 조건, 예측된 조건을 충족시킬 수 있는지의 여부를 확인하는 것이다. 즉, 주어진 오차의 한계(공차)나 오차허용도를 만족하는지 확인하는 과정이라 할 수 있다. 검사는 감각에 의해 주관적으로 일어날 수 있고, 측정에 의해 객관적으로 일어날 수도 있다(그림 7.1 참조).

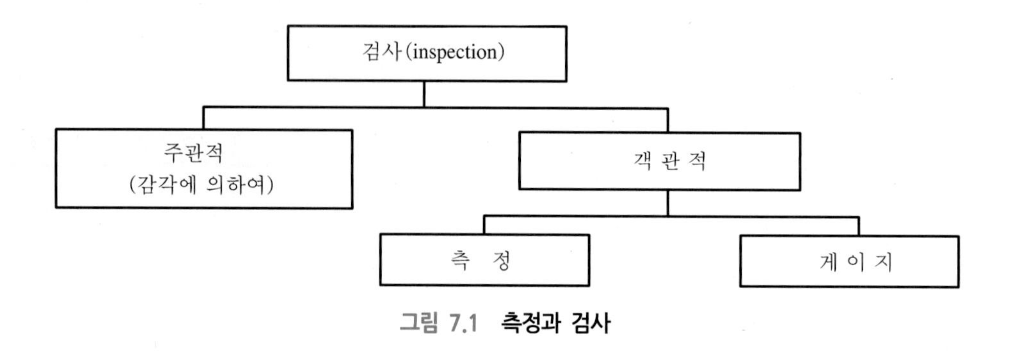

그림 7.1 측정과 검사

1.1.2 정밀측정의 개념

정밀측정(精密測定, precision measurement)이란 그 시대의 측정 및 가공기술 수준에서 볼 때 상용화된 공작기계 및 측정기의 분해능(分解能, resolution) 수준을 다루는 측정을 말한다. 광학식 리니어 스케일, NC 공작기계 및 3차원 측정기 분해능 수준인 0.1 ~ 10 μm 수준의 측정을 정밀측정이라 할 수 있다. 정밀측정에 비하여 고정밀 혹은 초정밀 측정이라 하는 것은 nm(10^{-1} ~ 10^{-3} μm) 수준의 측정을 의미한다. 나노테크놀로지(nanotechnology)라는 용어가 최근 초정밀 측정에서 많이 등장하는데, 이는 1 ~ 1,000 nm을 다루는 가공, 측정기술을 의미한다.

1.2 측정방법

측정법은 크게 직접측정(直接測定)과 간접측정(間接測定)으로 구분된다. 직접측정이란 기준이 되는 양과 직접 비교해서 값을 구하는 것이고(자를 대고 직접 재는 경우), 간접측정이란 측정되는 양과 일정한 관계를 맺고 있는 양에 대해서 직접측정하여 계산에 의해서 목적하는 양의 값을 구하는 것이다. 또 측정은 절대측정과 상대측정으로 분류되기도 하는데, 절대측정이란 물리량을 절대적으로 측정하는 것이고, 상대측정이란 같은 종류의 물리량을 이미 알고 있는 것과 비교해서 그것과의 크기의 비를 구하는 것을 말한다.

1.2.1 직접측정

직접측정(direct measurement)은 일정한 길이나 각도가 표시되어 있는 측정기구를 사용하여 측정한 눈금을 읽는 것으로써, 버니어 캘리퍼스(vernier calipers), 마이크로미터(micrometer) 등이 이에 속한다.

1.2.2 간접측정

기하학적으로 간단하지 않은 물체의 경우, 구하는 양을 직접 측정할 수가 없는 경우가 많다. 이와 같은 경우에는 피측정물의 많은 양 $y_1, y_2 \cdots$를 측정하여 $x = f(y_1, y_2 \cdots)$에서 x를 구한다. 예를 들면, 사인바(sine bar)에 의한 각의 측정, 롤과 블록게이지에 의한 테이퍼 측정, 삼침에 의한 나사의 유효지름 측정 등이 이에 속하며, 레이저 간섭계에 의한 공작기계의 기하학적 정밀도 측정도 일종의 간접측정(indirect measurement)이다.

1.2.3 상대측정

상대측정(relative measurement)은 이미 알고 있는 표준 양과 비교하여 비교량과의 차를 이용하여 구하는 것을 말한다. 예를 들면, 다이얼게이지, 공기 마이크로미터 및 전기 마이크로미터 등이 있다.

1.2.4 절대측정

절대측정(absolute measurement)은 어떤 정의 또는 법칙에 따라서 측정하고자 하는 값을 구하는 것으로써, 예를 들면 옴의 법칙 $E = IR$에서 도선에 흐르는 전류(I)와 전압(E)을 측정해서 저항 R을 구하는 방법을 말한다.

1.2.5 한계게이지법

한계게이지법(limit gauge method)은 부품의 치수가 허용한계, 즉 최대 허용치수와 최소 허용치수 사이에 있는가를 측정하는 것으로, 치수는 직접 측정이 어렵지만 적합 여부를 판정하는데 편리하여 대량생산되는 제품에 적합하다.

1.3 공차와 오차

1.3.1 공차

기계요소부품을 정확한 치수로 가공한다는 것은 거의 불가능하다. 따라서 정확한 치수로 가공이 불가능하기 때문에 정밀한 부품에는 일반적으로 각 부분에 요구되는 허용치수를 미리 도면에 표시해주는 데 이를 공차(公差, tolerance)라 한다. 즉, 기준치수에 공차가 주어졌을 때 상한과 하한을 나타내는 2개의 치

수를 한계치수라 하며, 큰 값을 최대 허용치수, 작은 값을 최소 허용치수라 한다. 표 7.1은 공차의 종류와 특성을 나타낸 것이다.

표 7.1 공차의 종류와 특성

공차의 종류		공차의 특성
형상공차		진직도
		진원도
		선의 윤곽도
		평면도
		원통도
		면의 윤곽도
위치공차	방향공차(자세공차)	평행도
		직각도, 경사도
	위치공차	위치도
		대칭도
		동축도, 동심도
	진동공차	진동(원주진동, 전진동)

1.3.2 측정 오차

측정 시 아무리 주의를 기울여도 그 참값(true value)을 구하기는 불가능하다. 즉, 측정에는 반드시 **오차**(誤差, error)를 포함하고 있다. 측정값을 M, 그 참값을 T라 하면 오차의 크기 E는 $E=M-T$로 정의된다. 오차의 절대치 $|E|$를 오차의 크기라 하며, 이 값을 참값 T로 나눈 값을 백분율로 표시한 것을 상대 오차(相對誤差, relative error)라 한다. 측정치의 정확도가 낮으면 낮을수록 측정값과 참값 사이의 오차는 커지게 된다.

오차는 그 발생원인에 따라 계통적 오차(systematic error)와 우연 오차(random error) 두 종류로 구분할 수 있다. 측정결과의 정밀도는 계통적 오차가 제외될 경우에 측정치에 대해 결정할 수 있다. 즉, 계통적 오차가 작아지면 작아질수록 측정의 결과는 양호하고, 측정 오차의 우연 오차가 작으면 작을수록 측정의 반복정밀도가 좋아진다.

1) 계통적 오차

측정기기 제작상 문제점에 따른 오차, 기기의 마모 및 손실 등에서 오는 계기 오차(instrumental error)와 측정환경 변화에 따른 환경 오차(environmental error), 그리고 이론식의 실제 적용과정에서 생기는 수학적 계산 오차 등을 **계통적 오차**(系統的 誤差)라고 한다. 일반적으로 계통적 오차에는 일정한 총계와 일정한 기호가 있다. 즉, 계통적 오차는 (+)이거나 (−)이기도 하며, 측정을 반복할지라도 계통적 오차는 항상 일정하다. 계통적 오차는 반복측정으로 확인할 수 없으며, 보다 정확한 다른 측정기기와의 비교측정으로 확인 가능하다.

2) 우연 오차

측정 시에는 항상 **우연 오차**(偶然誤差)가 발생하는데, 우연 오차는 측정대상, 측정기기, 측정기구와 측정조건에 의해 파악할 수 없고, 영향을 끼치지 않는 변화에 의해 일어나게 된다. 측정자가 같은 조건하에서 같은 측정기구를 이용하여 같은 측정물을 반복 측정하더라도 측정치는 각각 다르게 나타난다. 이와 같이 불규칙적으로 나타나는 오차를 우연 오차라고 한다.

1.3.3 측정과 정도

측정 시에 발생하는 오차의 정도, 즉 측정이 얼마만큼 정확한가를 객관적으로 표시하기 위한 척도가 **정도**(精度)이다. 일반적으로 정도란 측정 오차의 작은 정도(程度)를 말하며 오차가 적을수록 측정 정도가 좋다고 할 수 있다. 측정 오차에는 앞에서 설명한 바와 같이 계통적 오차와 우연 오차의 두 종류가 있으므로 계통적 오차의 작은 정도, 즉 참값에 대한 한쪽으로의 치우침의 작은 정도를 **정확도**(正確度, accuracy)라 하며, 우연 오차, 즉 측정치의 산포(흩어짐)의 작은 정도를 **정밀도**(精密度, precision) 또는 반복정밀도, **반복능**(反復能, repeatability)이라 한다.

그림 7.2는 정확도와 반복정밀도를 모형적으로 설명한 것이다. 반복정밀도는 우연 오차의 크기로 결정되므로 측정치의 산포(散布)의 정도, 즉 분포의 퍼짐을 표시하는 척도인 **모표준편차**(母標準偏差)를 사용하여 반복정밀도의 양을 표시하며, 이것이 작을수록 산포가 작으며 정밀도가 좋음을 나타내고 있다. 표 7.2는 정확도와 정밀도를 비교한 것이다.

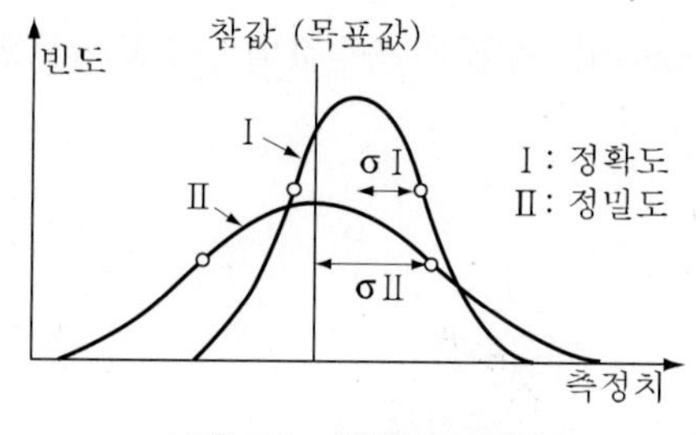

그림 7.2 정확도와 정밀도

표 7.2 정확도와 정밀도의 비교

	정확도	정밀도
뜻	한쪽으로 치우침이 작은 정도	흩어짐(산포)이 작은 정도
양적 표시	모평균 - 참값	모표준 편차
원인	계통오차	우연 오차

1.3.4 측정 오차의 원인

기하학적 형상의 측정 시 발생하는 측정 오차의 원인은

- 측정물 자체에 관계되는 요인
- 측정의 표준기에 관계되는 요인
- 측정기기의 요인
- 측정작업에 기인하는 요인
- 측정환경에 의한 요인

등이 있으며, 이러한 오차들은 서로 겹치고, 상호 영향을 주어 측정 오차로서 나타난다.

1.4 측정값의 통계적 해석

측정값의 통계적 해석은 실험 및 측정결과의 불확실성을 해석적으로 결정할 수 있기 때문에 흔히 사용하는 방법이다. 통계적 오차는 수많은 측정을 통하여 최소화할 수 있으며, 우연 오차나 기타 오차에 비해 훨씬 작아야 한다.

1.4.1 산술평균

측정량의 최확치(most probable value)는 수많은 측정값의 산술평균(算術平均, arithemetic mean)으로 구한다.

$$\bar{x} = \sum_{i=1}^{n} x_i / n \qquad (7.1)$$

여기서 $\bar{x}$: 산술평균, $x_1, x_2, \cdots, x_n$: 측정값
n : 측정회수

1.4.2 표준편차

편차(偏差, deviation)란 측정집단의 산술평균으로부터 어느 측정값의 벗어남을 말하며, 평균편차(平均偏差, D)는 측정에 사용된 측정기의 정도를 나타낸다.

$$D = \frac{\Sigma |d|}{n} \tag{7.2}$$

여기서 $d_1 = x_1 - \overline{x},\ d_2 = x_2 - \overline{x},\ d_n = x_n - \overline{x}$

표준편차(標準偏差, standard deviation)는

$$\sigma^1 = \sqrt{\frac{1}{n}\sum_{i=1}^{n}(x_i - \overline{x})^2}$$

으로 정의되나, 측정횟수 n은 한정되어 있으므로, 실제 측정에 있어서의 표준편차(σ)는 측정값으로 다음 식으로부터 구한다.

$$\sigma = \sqrt{\frac{1}{n-1}\sum_{i=1}^{n}(x_i - \overline{x})^2} \tag{7.3}$$

1.4.3 오차의 정규분포

오차확률은 가우스(Gauss)에 의하면 오차 x의 함수로 다음과 같이 표시된다.

$$f(x) = \frac{1}{\sigma\sqrt{2\pi}}\exp\left|-\frac{1}{2}\left(\frac{x-\mu}{\sigma}\right)^2\right| \tag{7.4}$$

이러한 분포를 **정규분포**(正規分布, normal distribution)라 하고, $f(x)$를 **확률밀도함수**(確率密度函數, probability density function)라고 한다.

그림 7.3의 가우스의 확률곡선에 참값에 대한 측정치, 시료평균, 모평균의 관계를 표시하였다. 또한 확률곡선에서 곡선에 의한 면적은 총 측정 횟수를 의미하며, 표준편차(σ)의 크기에 따라서 확률곡선면적이 달라진다. 즉, 확률(確率)이 달라짐을 의미한다.

예를 들면, $\pm 2\sigma$의 경우 확률값의 신뢰성은 95.46%라고 할 수 있고, $\pm 3\sigma$의 경우 신뢰성은 99.72%라고 할 수 있다.

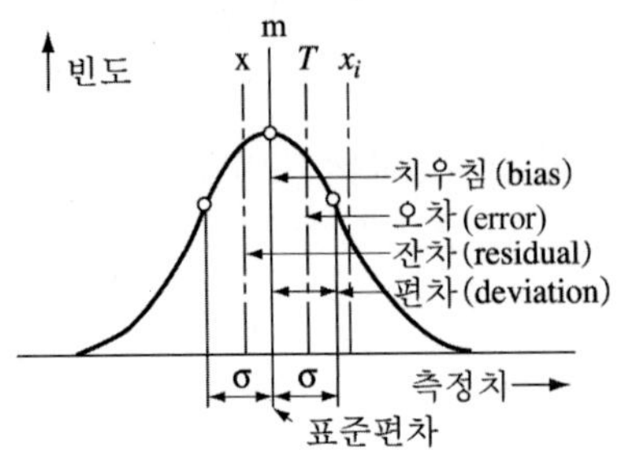

(a) 측정값과 참값, 모평균과의 관계도

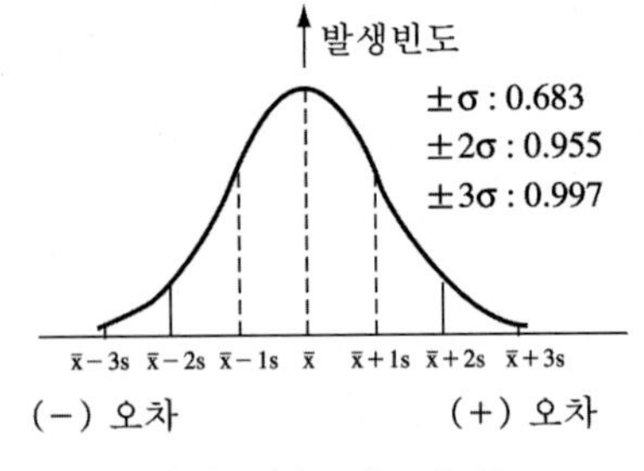

(b) σ에 따른 확률의 도수 분포도

그림 7.3 **오차의 정규분포도**

1.5 측정기의 분류

1.5.1 측정기의 종류

1) 도기

도기(度器, standard)란 일정한 길이나 각도를 눈금이나 면으로 표시하여 구체화한 것을 말한다.

① 선도기(線度器, line standard) : 2개의 눈금(선과 선)의 간격을 일정한 길이로 연속적으로 나타낸 것이다.

예 표준자, 금속자 등

② 단도기(端度器, end standard) : 블록게이지와 같은 것으로 단도기는 2개의 단면이 평행, 평면이고, 단면이 직사각형인 막대 모양의 게이지, 즉 두 단면 사이의 간격으로 길이를 나타낸다.

예 블록게이지(blockgauge), 각도게이지, 직각자, 표준게이지 등

2) 지시측정기

측정 중에 표점이 눈금에 따라 이동하거나 눈금이 기준선에 따라 이동하는 측정기를 지시측정기(指示測定器, indicating measuring instrument)라고 한다. 이 경우 표점으로는 보통지침, 광지침, 버어니어, 물체의 선 등 여러 가지 형태가 있고 측정기는 측정기구, 지침 및 눈금으로 되어 있다.

예 버니어 캘리퍼스, 마이크로미터, 지침측미기(micro indicator) 등

3) 인디케이터

인디케이터(indicator)는 일정량의 조정 또는 지시에 사용한다.

예 측정압을 일정하게 하기 위한 측장기 또는 마이크로미터

4) 시준기

시준기(視準器)는 광학식으로 광을 확대하여 측정하기 위한 시준선 또는 조준선을 측정 물체에 맞추어 사용하는 측정기이다.

예 현미경, 망원경, 투영기 등

5) 게이지

게이지(gauge)는 측정할 때 움직이는 부분을 갖지 않은 것을 말한다. 일반적으로 측정기의 가동부분을 고정하면 게이지가 된다.

예 드릴게이지, 피치게이지 등

1.5.2 측정 방식

측정 방식에는 편위법, 영위법, 치환법 및 보상법 등이 있는데, 이들 방법은 측정하고자 하는 대상, 정도, 용도, 범위 등을 고려하여 적합한 방식을 택해야 한다.

1) 편위법

편위법(偏位法, deflection method)은 측정하고자 하는 물체의 작용에 의하여 계측기의 지침에 변위를 일으켜, 이 변위를 눈금과 비교하여 측정치를 얻는 방식으로써, 다이얼게이지, 전류계, 전압계 등 일반적인 계측기가 이 방식이다. 정밀도가 낮은 것이 보통이며, 조작이 간단하여 널리 쓰이고 있다(그림 7.4(a) 참조).

2) 영위법

영위법(零位法, zero method)은 예를 들면, 그림 7.4(b)의 천칭과 같이 추(기준량)를 조절함으로써 측

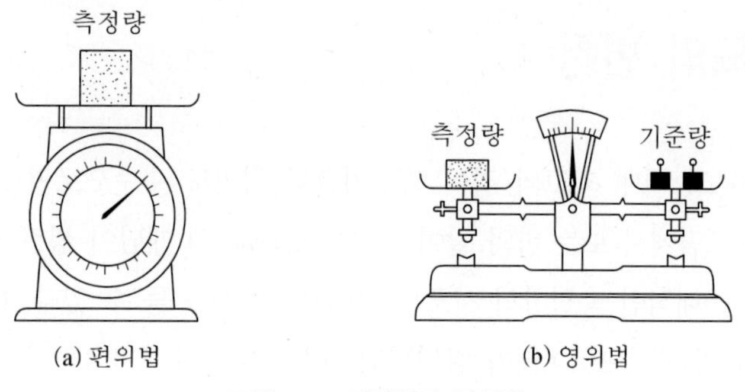

그림 7.4 편위법과 영위법

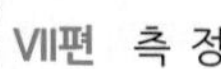

정하고자 하는 물체에 양의 지침이 0점(zero point)이 되었을 때의 기준량으로 나타내는 방법이다. 일반적으로 미리 알고 있는 양의 정밀도는 사람이 눈금을 보는 것보다 정확하므로 정밀도가 높은 측정을 할 수 있다.

3) 치환법

그림 7.5와 같이 다이얼게이지를 이용하여 길이 측정을 할 경우에 블록게이지를 놓고 측정한 후 피측정물을 측정하였을 때 지시눈금의 차 H_2-H_1을 읽고 사용한 블록게이지의 높이 H_0를 알면 피측정물의 높이 $H=H_0+(H_2-H_1)$에서 구할 수 있다. 이처럼 지시량과 미리 알고 있는 양으로부터 측정량을 구하는 방법을 치환법(置換法, substitution method)이라 한다.

4) 보상법

측정량과 크기가 거의 같은 알고 있는 양을 준비하여 측정량과의 차이로부터 측정량을 알아내는 방법을 보상법(補償法, compensation method)이라 한다.

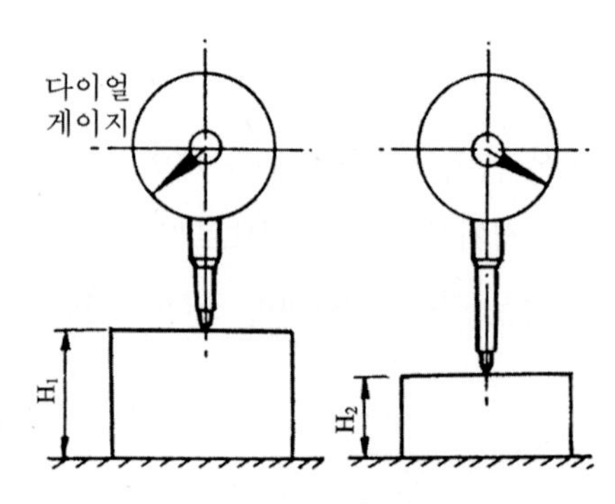

그림 7.5 다이얼게이지를 이용한 두께 측정

1.6 측정 정밀도의 변천

길이 정의의 정확성은 그 시대 최고의 길이 측정기술의 정밀도 수준으로써 그림 7.6을 보면 기술의 진보수준을 알 수 있다. 그림에서 보는 바와 같이 미크론(micron)의 개념이 생긴 것은 20세기에 들어와서의 일이다. 현장을 위한 근대적인 측정기의 시초는 마이크로미터를 들 수 있다. 1848년 프랑스의 팔머에 의해 오늘날과 같은 형식의 마이크로미터가 발명되었으며, 2차원 측정기로써 공구현미경이 1920년경 투아이스사에 의해 개발되었다. 3차원 측정기가 최초로 개발된 것은 1960년대의 일로써, 영국의 페란티사에서 모아레 스케일을 장착한 디지털 3차원 측정기가 그것이다.

근대적 형상측정기의 효시는 표면거칠기 측정기로 볼 수 있으며, 1920년 독일의 슈말츠에 의해 개발되었으며, 현재와 같은 차동변압기식의 표면거칠기 측정기는 1937년 타리셔프가 개발하였다.

측정 정밀도는 시대와 더불어 향상되었으며, 그림 7.7은 공작기계 정밀도, 측정기기의 정밀도를 시대의 변천에 따라 표시한 것이다. 정밀도가 대수 곡선상으로 향상되고 있다. 특히 1900년 전후부터 다시 급격한 곡선으로 변화하고 있다. 표면의 미세한 단차나 요철측정에 있어서 현재는 분자 레벨의 오더(order)에 들어가 있고, 그 구배는 더욱 급격한 양상을 보이고 있다.

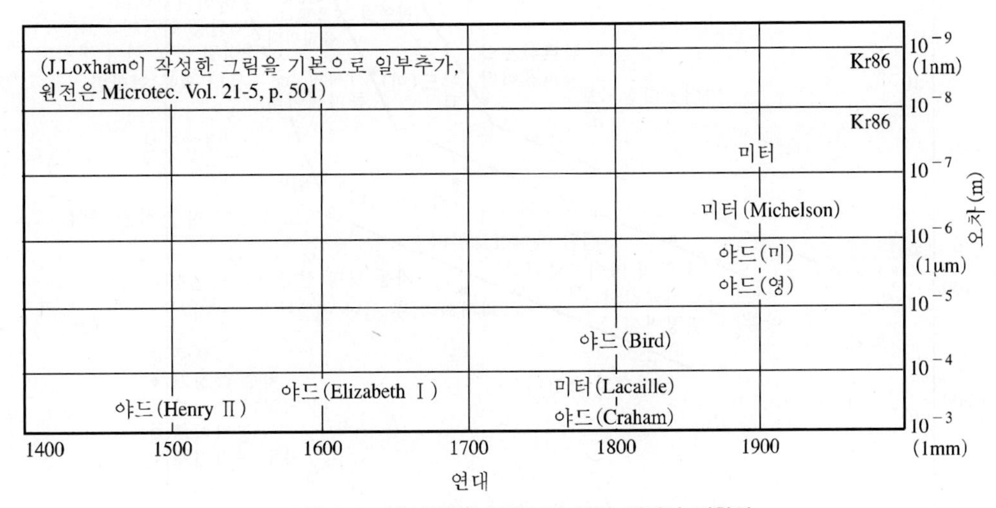

그림 7.6 각 시대에 있어서의 길이 정의의 정확성

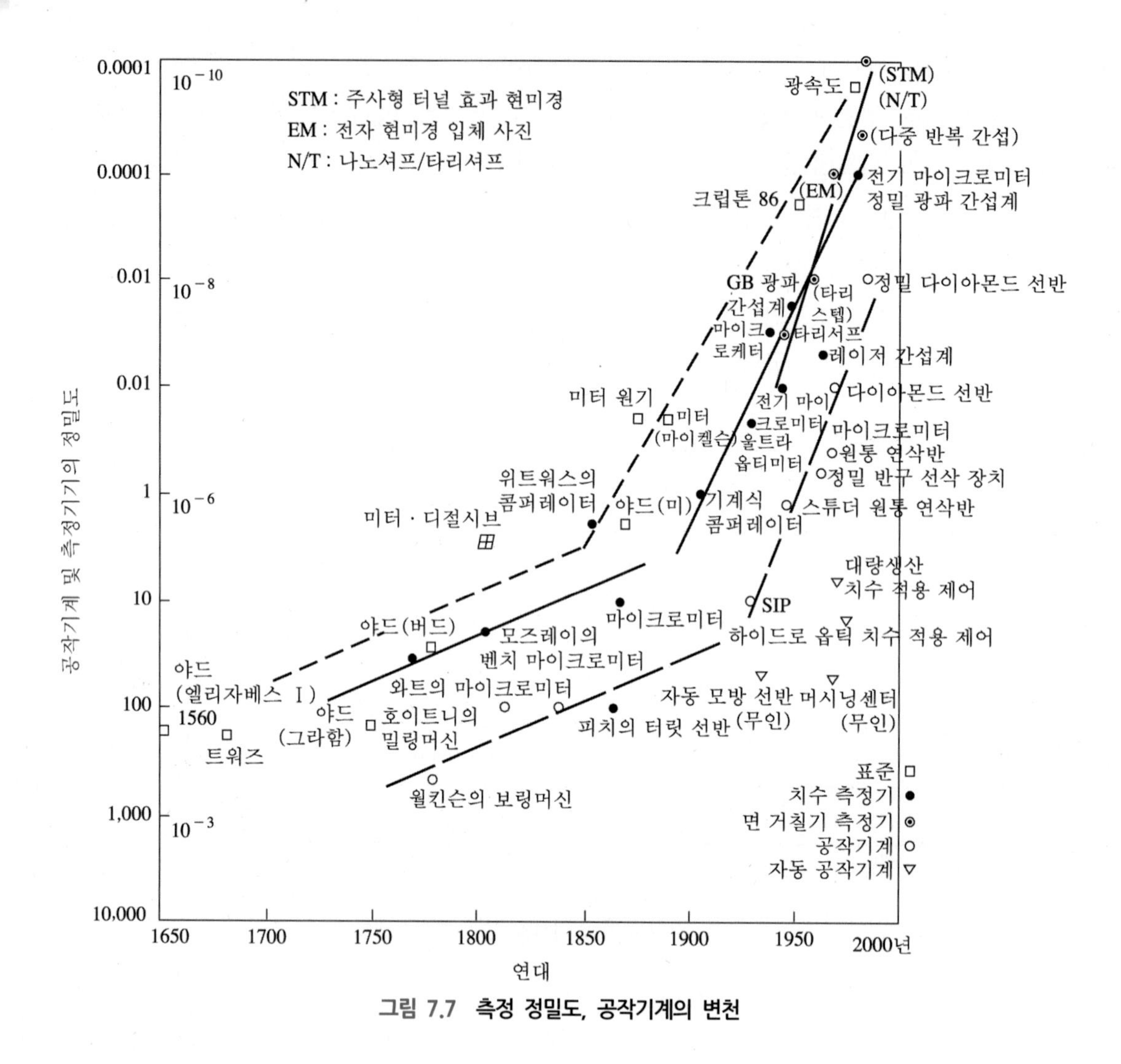

그림 7.7 측정 정밀도, 공작기계의 변천

길이의 측정 정밀도로서 길이의 표준기 등 게이지 및 환축(丸軸), 환혈(丸穴)의 측정 정밀도를 일본공업기술원, 일본계량연구소 등의 여러 측정결과에 입각해서 종합한 것이 그림 7.8이다. 이 측정 정밀도에는 정확성과 정밀성이 포함되어 있으며, 종축은 치우침과 오차를 포함한 측정 오차를 측정길이로 나눈 상대치로 표시하고 있다. 오른쪽 아래의 경사진 선에 mm 단위의 수치를 표시하였다.

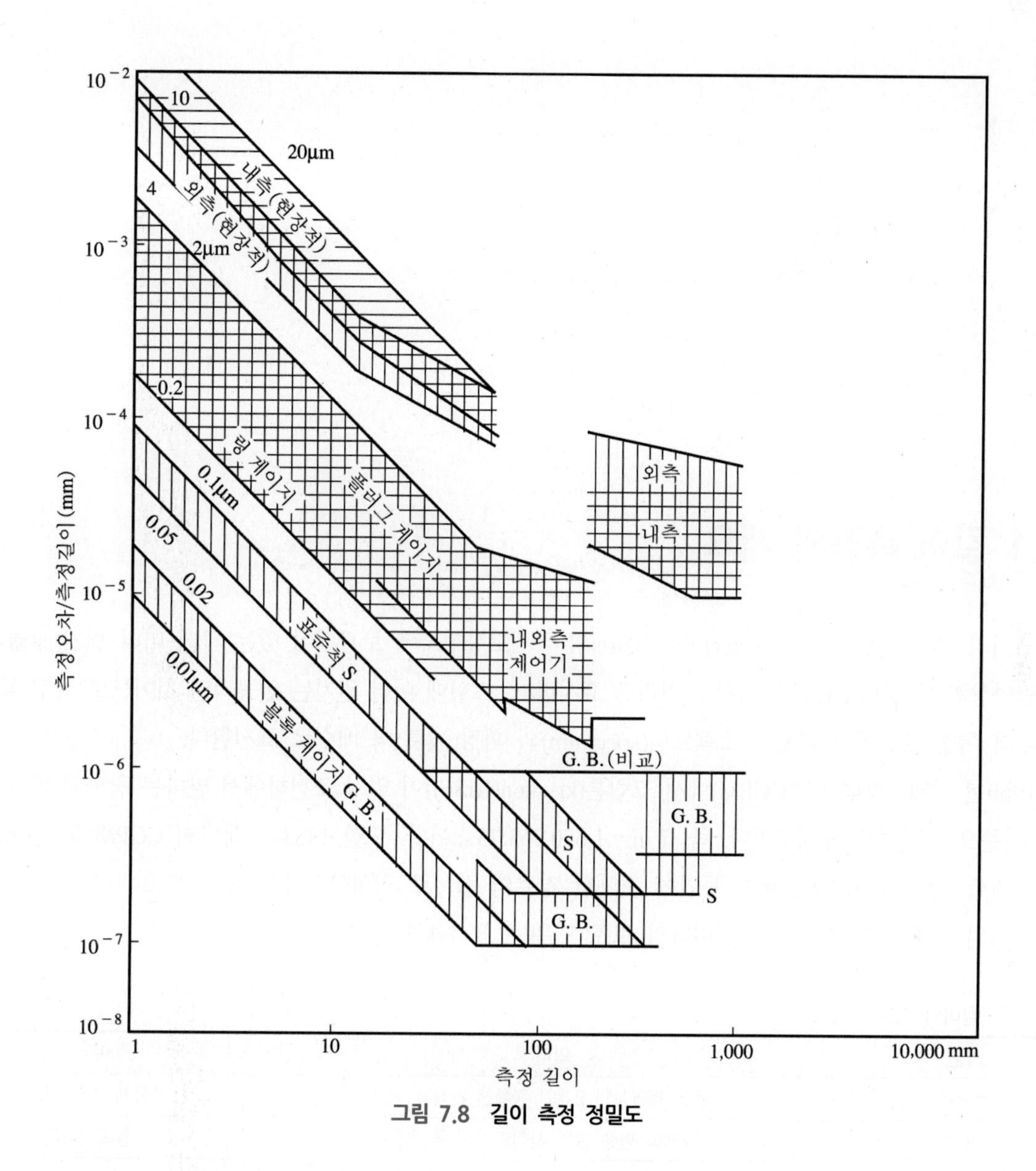

그림 7.8 길이 측정 정밀도

02장

길이 측정

2.1 길이 측정의 개요

길이의 기본 단위는 미터(meter)이며, Paris의 국제도량형국에 보관되어 있는 국제 미터 원기(原器)의 중립면상의 두 점의 0℃에 있어서의 거리로 표시한다. 그런데 미터 원기는 인공적인 것이므로 특정 물질로부터 특정 조건에서 나오는 스팩트럼(spectrum)의 파장(波長)의 배수로 표시한다.

1960년 국제도량형총회(CGPM)에서 크립톤(krypton(Kr86))이 일정 조건하에서 발하는 광파의 파장(λ)을 기준으로 미터를 규정하였다. 즉, 1 m = 1,650,763.73 λ이다. 또한 1983년 제17회 CGPM에서 1 m는 진공에서 빛이 1/299,792,458초 동안에 진행한 경로의 길이로 정의하였다.

길이의 기준은 표 7.3과 같고 미터의 보조 단위는 표 7.4와 같다.

표 7.3 **길이의 기준 방식**

기준	의미	예
선기준	동일 평면상의 2개의 평행선 간격을 기준	국제 미터 원기
단면기준	2개의 평행 끝면 사이의 간격을 기준	블록게이지
광파기준	특정 물체에서부터 한 가지 색에 의한 파장을 기준	크립톤 86

표 7.4 **미터 단위**

m	dm	cm	mm	μm	nm	Å
1	10^{-1}	10^{-2}	10^{-3}	10^{-6}	10^{-9}	10^{-10}
—	—	—	1	10^{-3}	10^{-6}	10^{-7}

영국에 야드(yard)에 대한 원기가 있으며, 16 2/3 ℃에서의 원기의 표점거리를 1야드로 정의하고 있다. 야드의 보조단위는 표 7.5와 같다.

공업 분야에서는 인치(inch) 단위도 많이 사용되며, 연속적으로 2등분하여 1/2 in, 1/4 in, 1/8 in, 1/16 in, 1/32 in, 1/64 in, 1/128 in으로 세분되고, 10진법의 단위인 mile, micro inch 등이 사용된다. 인치와 미터 단위의 환산관계는 다음과 같다.

영국식 1 in = 25.39978 mm
미국식 1 in = 25.400051 mm

표 7.5 야드 단위

yd	ft	in	line	mile	micro inch
1	3	36	432	—	—
—	1	12	144	—	—
—	—	1	—	103	106

2.2 길이 측정에 영향을 미치는 인자

2.2.1 온도의 영향

온도의 변화에 따라 측정물과 측정기가 신축(伸縮)하기 때문에 측정 온도를 지정할 필요가 있으며, 지정된 온도가 아닐 때에는 측정 온도를 표시하거나 혹은 지정된 온도의 측정값으로 환산해야 한다. 길이의 표준온도는 20℃로 정해져 있다.

α_1 : 측정기의 선팽창계수
α_2 : 측정물의 선팽창계수
t : 측정 시의 온도
L : t ℃ 때의 측정물의 길이
L' : 20℃ 때 측정물의 길이라고 하면 다음 관계식이 성립한다.

$$L' = L + L \cdot \alpha_2(20-t) - L \cdot \alpha_1 \cdot (20-t) = L - L \cdot \alpha_2(t-20) + L \cdot \alpha_1 \cdot (t-20)$$
$$= L + (\alpha_1 - \alpha_2)(t-20) \cdot L = L\{1+(\alpha_1-\alpha_2)(t-20)\} \quad (7.5)$$

정밀한 측정은 20℃, 기압 760 mmHg, 상대습도 58%의 표준 조건에서 행한다. 1 μm 이하의 측정에서는 측정자의 체온이 영향을 미칠 정도이므로 주의해야 한다.

일반적으로 강은 표준온도 20℃에서 온도가 1℃ 상승함에 따라 1 m에 대하여 약 11 μm 정도 늘어나며 이것이 **선팽창계수**(線膨脹係數)이다. 각종 재료의 선팽창계수를 표 7.6에 나타내었다.

표 7.6 각종 재료의 선팽창계수(단위 : deg^{-1})

재료	성분	α	재료	성분	α
알루미늄	—	22.9×10^{-6}	크롬	—	8.11×10^{-6}
듀랄루민	Cu4, Mg0.5, Mn0.5, Al 나머지	22.6×10^{-6}	동	—	15.85×10^{-6}
주철	C 3.08, Si 1.68, Fe 나머지	8.4×10^{-6}	황동	Cu 71.5, Zn 27.7	18.8×10^{-6}
탄소강	C 0.49, Fe 나머지	11.3×10^{-6}		Cu 56.4, Zn 43.6	19.1×10^{-6}
니켈강	C 0.41, Ni 2.0, Fe 나머지	11.6×10^{-6}	청동	Cu 86.3, Sn 9.7, Zn 4.0	18.0×10^{-6}
니켈크롬강	C 0.17, Ni 3.94, Cr 2.50,	10.8×10^{-6}	백금이리듐	Py 90, Ir 10	8.84×10^{-6}
인바	Fe 나머지	0.877×10^{-6}	척도용 유리	—	10.2×10^{-6}
니켈	Ni 36, Fe 64	12.36×10^{-6}			

예제 7.1

강제의 표준척을 가진 측장기에서 황동제 부품의 길이를 측정하였을 때 150.000 mm이었다. 표준온도에서의 길이는 얼마인가? 표준척의 온도는 25.0℃, 부품의 온도는 27.0℃, 표준척의 선팽창계수는 $11.5\times10^{-6}\ deg^{-1}$, 황동의 선팽창계수는 $18.5\times10^{-6}\ deg^{-1}$이다.

풀이 $L = 150.000\times\{1+11.5\times10^{-6}\times(25.0-20.0)-18.5\times10^{-6}(27.0-20.0)\}$

$= 150.000\times\{1+10^{-6}\times(57.5-129.5)\}$

$= 150.000-0.0108 = 149.989$ (답 149.989 mm)

2.2.2 측정력의 영향

길이의 측정은 측정기와 측정물을 접촉시켜 측정하는 경우가 많으므로 측정력(測定力)이 작용하게 되며, 그것으로 인하여 접촉 변형이 발생하므로 보통 측정력은 50 ~ 1,000 g 정도로 한다. 특히 측정력이 커서 측정기에 처짐(deflection)이 생길 때에는 측정 오차가 너무 크게 된다.

또한 측정물의 길이가 길 때는 접촉부의 스트레인 외에 전체의 압축스트레인도 고려해야 한다. 이 수축량 ΔL은 후크의 법칙에 의해 다음과 같이 된다.

$$\Delta L = L\frac{P}{AE} \tag{7.6}$$

여기서 L : 전장(mm)
P : 하중(kg)
E : 종탄성계수(kg/mm^2)
A : 단면적(mm^2)

예컨대 $L = 100$ mm, $A = 20\ mm^2$인 경우 봉강은 압축력 $P = 1$ kg에 의하여 $\Delta L = 0.25\ \mu m$만큼 수축된다.

2.3 길이 측정기

2.3.1 버니어 캘리퍼스

버니어 캘리퍼스(vernier calipers)는 본척과 부척(vernier)를 이용하여 $\frac{1}{20}$ mm, $\frac{1}{50}$ mm, $\frac{1}{500}$ in 등의 정도까지 읽을 수 있는 길이 측정기의 일종이다.

버니어 캘리퍼스는 여러 가지의 구조가 있으나 그림 7.9와 같이 KS에서는 M형, CB형 및 CM형을 규정하고 있다.

표 7.7은 버니어 캘리퍼스(vernier calipers)의 호칭치수와 정밀도를 나타낸다.

표 7.7 버니어 캘리퍼스의 호칭치수와 정밀도

종류	호칭치수(눈금 전 길이)	본척의 눈금	부척	최소 읽음 길이
M형	15 cm(6 in) 20 cm(8 in) 30 cm(12 in)	1 mm	19 mm를 20등분	1/20 mm
		1/16 in	7/16 in를 8등분	1/128 in
CB형	15 cm(6 in)	1/2 mm	12 mm를 25등분	1/50 mm
	20 cm(8 in)	1/40 in	24/40 in를 25등분	1/1000 in
CM형	30 cm(12 in)	1 mm	49 mm를 50등분	1/50 mm
	60 cm(24 in)	1/20 in 또는 1/40 in	49/20 in를 50등분	1/100 in
	100 cm(40 in)		24/40 in를 25등분	

부척(副尺, vernier)의 눈금은 본척(本尺)의 $(n-1)$개의 눈금을 n등분한 것으로 본척의 1눈금을 A, 부척의 1눈금을 B라고 하면 1눈금의 차 C는 다음과 같다.

$$C = A - B = A - \frac{n-1}{n}A = \frac{1}{n}A \tag{7.7}$$

공작물을 측정하여 부척의 m번째의 눈금이 본척의 눈금과 일치하였다 하고 부척의 0눈금의 좌측에서 본척의 눈금까지의 길이를 l_0라 하면 공작물의 치수 l은 다음과 같다.

$$l = l_0 + m \cdot C \tag{7.8}$$

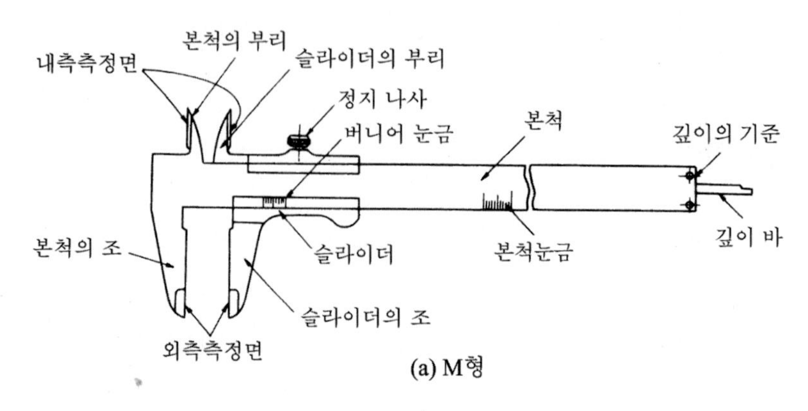

(a) M형

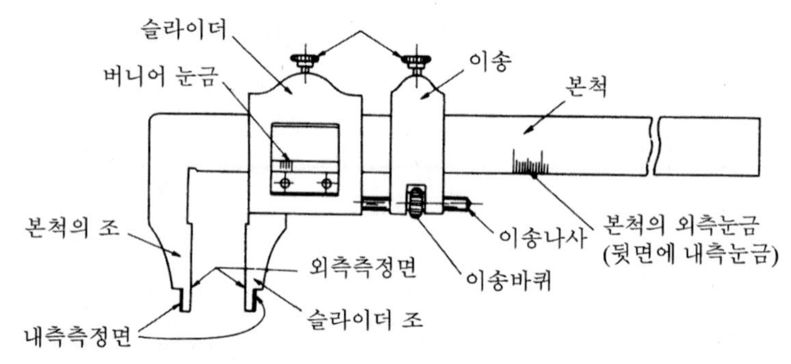

(b) CB형

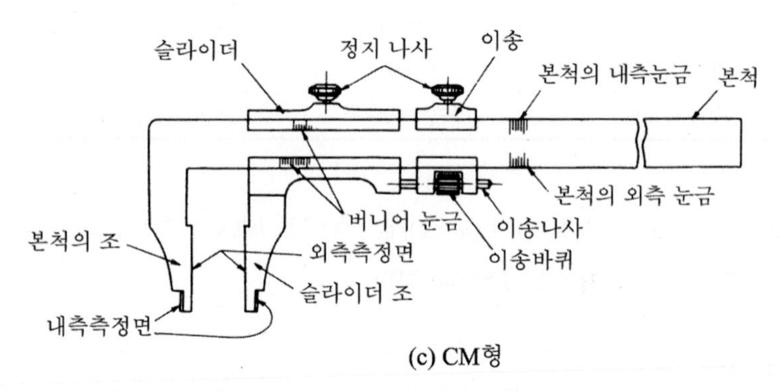

(c) CM형

그림 7.9 버니어 캘리퍼스(KS B 5203)

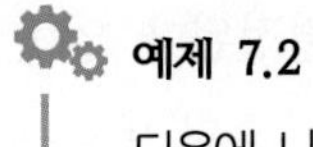

예제 7.2

다음에 나타낸 버니어 캘리퍼스의 눈금을 읽어라.

(1)

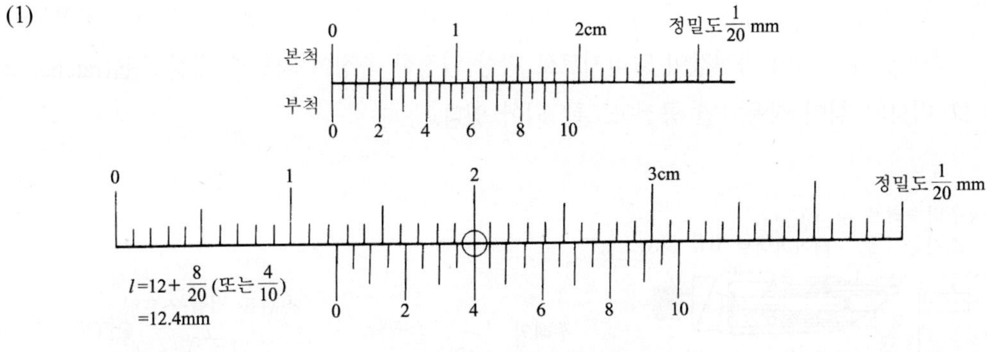

그림 7.10

(2)

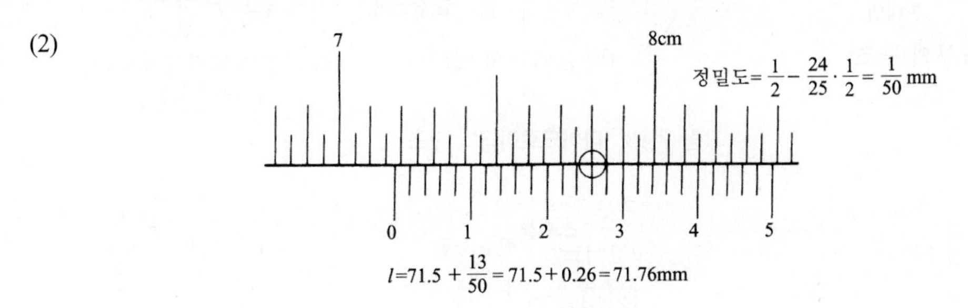

그림 7.11

(3)

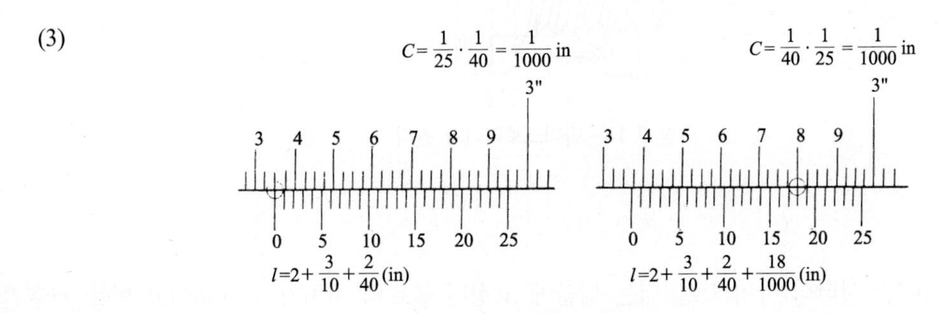

그림 7.12

2.3.2 마이크로미터

마이크로미터(micrometer)는 나사가 1회전함에 따라 1피치 만큼 전진한다는 원리를 이용한 측정기로서, 그림 7.13과 그림 7.14에 외측 마이크로미터의 구조와 원리를 나타내었다. 미터식은 피치(그림 7.14에서 P)가 0.5 mm이므로 스핀들이 1 mm를 이동하려면 2회전이 필요하다. 팀블(thimble)의 원주는 50등분되었으므로 $0.5\times\frac{1}{50}=\frac{1}{100}$이 된다.

마이크로미터의 정도(精度)는 나사의 피치 오차, 팀블 및 슬리브(sleeve)의 눈금 오차로 결정된다. 일반적인 측정 범위는 0 ~ 500 mm까지 25 mm의 간격으로 구분되어 있고, 앤빌(anvil)을 바꾸어 측정 범위를 여러 가지로 변화시킬 수 있게 된 것도 있다. 또 마이크로미터는 스핀들과 앤빌의 사이에 공작물을 끼울 때의 힘, 즉 측정압에 의하여 측정값이 달라지므로 항상 일정한 측정이 되도록 래칫 스톱(ratchet stop)을 이용하여 그 이상의 힘이 작용하면 공전하도록 되어 있다.

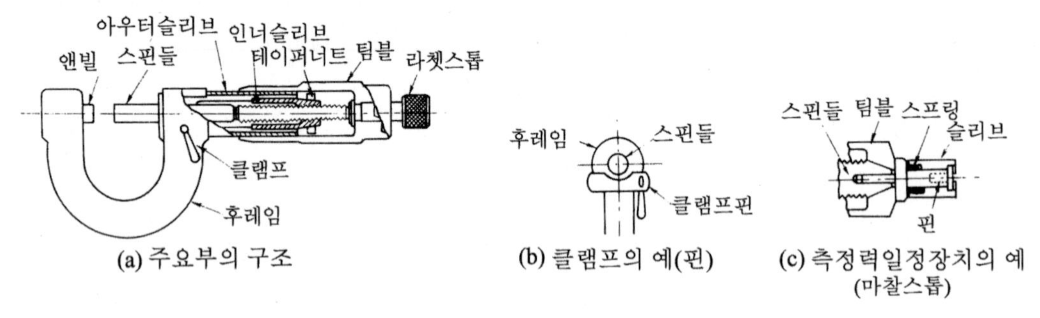

그림 7.13 마이크로미터의 구조

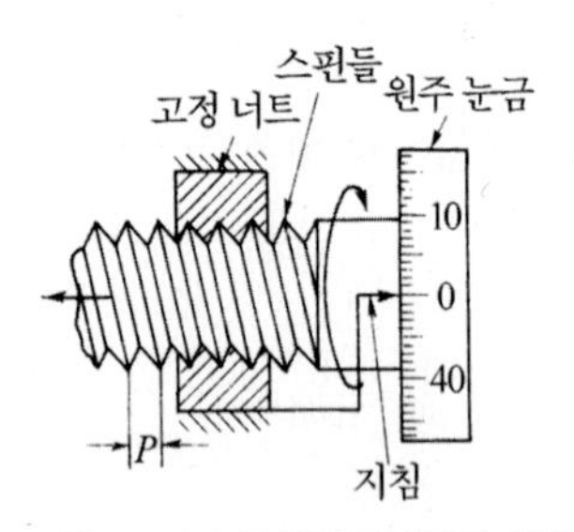

그림 7.14 마이크로미터의 원리

1) 미터식

그림 7.15에 나타낸 미터식 마이크로미터는 팀블에 고정된 볼트의 피치가 $\frac{1}{2}$ mm이고 팀블 원추면에 50등분한 눈금이 있으므로 팀블상의 1눈금이 움직이면 스핀들은 $\frac{1}{2}\times\frac{1}{50}=\frac{1}{100}$ mm 움직인다. 그림 7.16에서와 같이 팀블상의 9눈금을 10등분하여 슬리브에 표시함으로써 팀블상의 최소 눈금의 $\frac{1}{10}$까지 읽을 수 있도록 부척(vernier)을 둔 것도 있다.

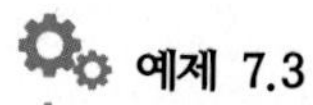

예제 7.3

다음에 나타낸 미터식 마이크로미터의 눈금을 읽어라.

(1) (2)

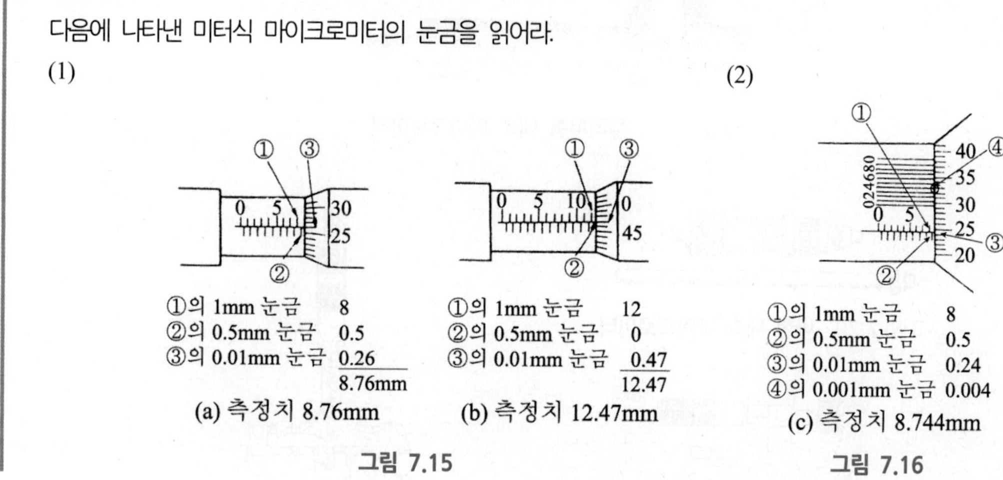

(a) 측정치 8.76mm (b) 측정치 12.47mm

그림 7.15

(c) 측정치 8.744mm

그림 7.16

2) 인치식

나사의 피치가 $\frac{1}{40}$ in이고 팀블 원추면에 25등분한 눈금이 있으므로 팀블상의 1눈금이 움직이면 스핀들은 $\frac{1}{40} \times \frac{1}{25} = \frac{1}{1000}$ in 움직인다.

예제 7.4

다음에 나타낸 인치식 마이크로미터의 눈금을 읽어라.

(1) (2)

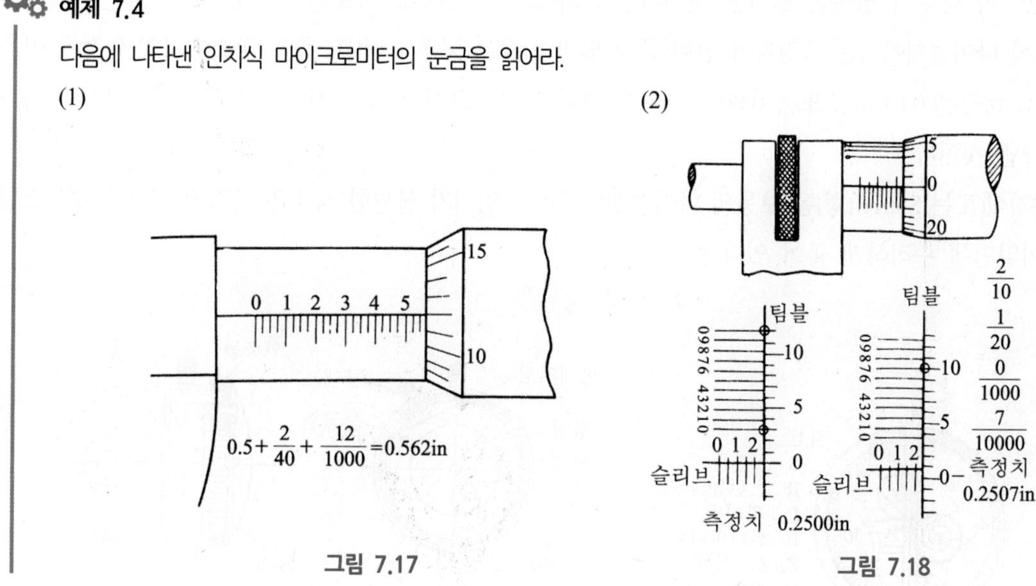

그림 7.17

그림 7.18

그림 7.19는 내측 마이크로미터, 그림 7.20은 바(bar)형 내측 마이크로미터, 그림 7.21은 나사 마이크로미터, 그림 7.22는 깊이(depth) 마이크로미터이다.

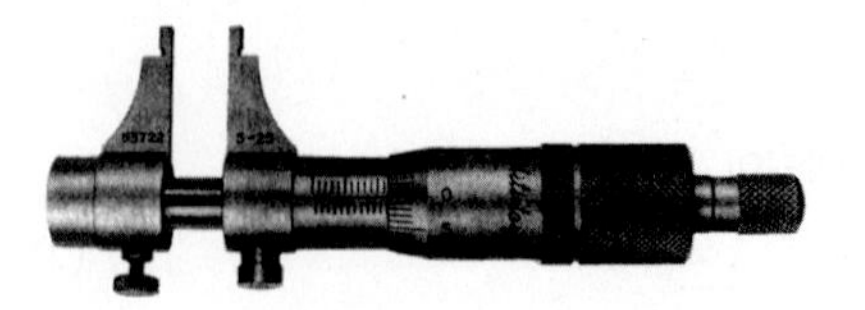

그림 7.19 캘리퍼형 내측 마이크로미터

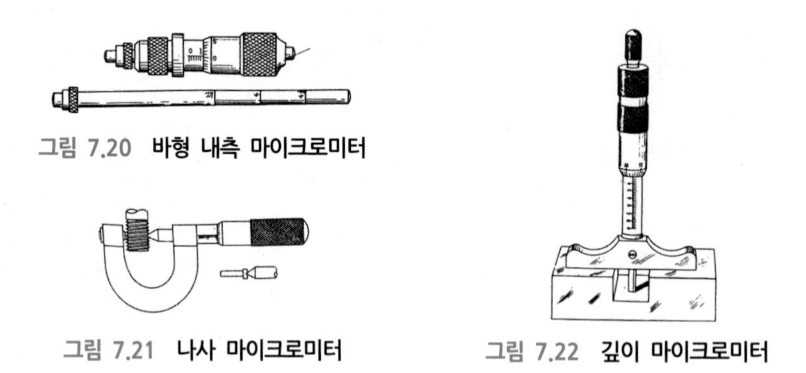

그림 7.20 바형 내측 마이크로미터

그림 7.21 나사 마이크로미터

그림 7.22 깊이 마이크로미터

2.3.3 다이얼게이지

다이얼게이지(dial gauge)는 측정스핀들의 변위(變位)를 치차(랙과 피니언) 등으로 회전운동으로 변환확대시켜 다이얼상의 지침으로 길이를 바로 읽을 수 있게 한 것이다. 그림 7.23은 0.01 mm 눈금의 다이얼게이지의 구조와 각부의 명칭을 표시한 것이다. 이 외에도 지렛대식, 백플런저식 등이 있다.

지렛대식 다이얼게이지는 측정자가 선회할 수 있어서 작은 구멍의 내부, 좁은 장소에서의 측정에 이용된다. 최소 눈금은 0.01 mm 또는 0.005 mm이다(그림 7.24). 그림 7.25는 지렛대식 다이얼게이지의 측정예를 나타낸 것이다.

백플런저식(또는 Starrett형)은 보통의 다이얼게이지로는 읽기가 불편한 장소의 측정에 적합하도록 스핀들이 다이얼면에 수직하게 붙어 있다.

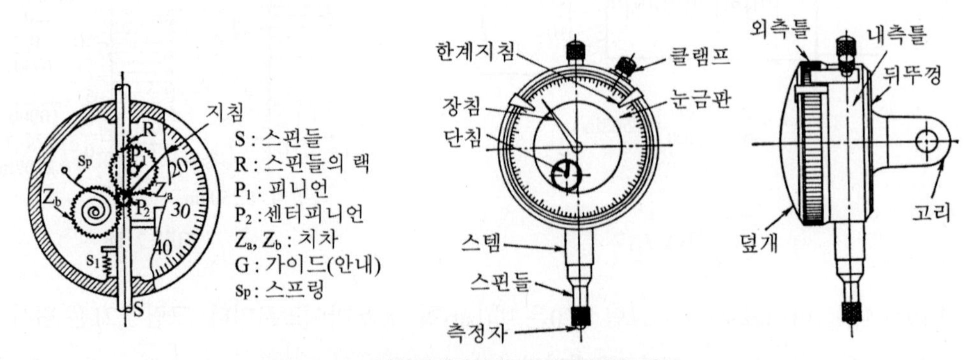

그림 7.23 다이얼게이지의 구조와 각부 명칭

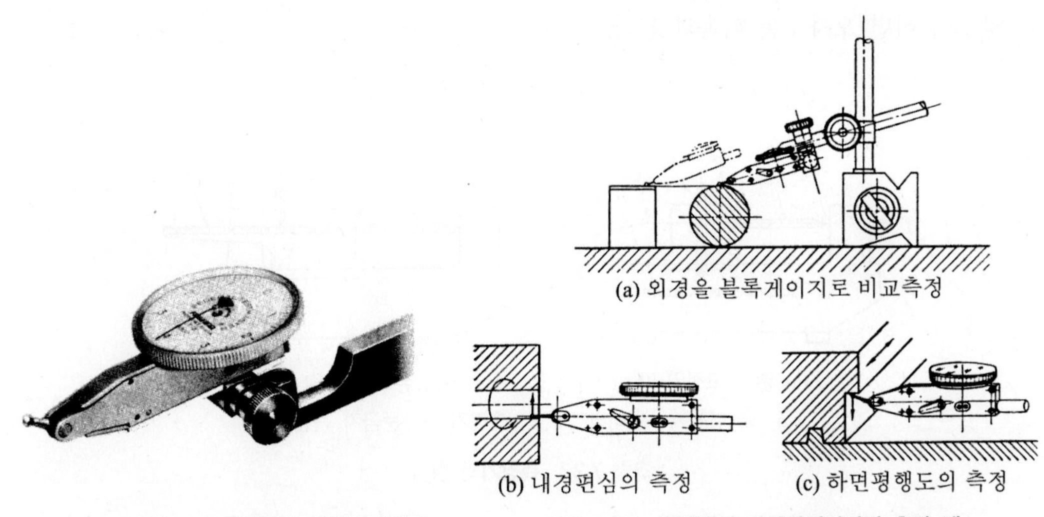

그림 7.24 **지렛대식 다이얼게이지**

그림 7.25 **지렛대식 다이얼게이지의 측정 예**

다이얼게이지는 공작기계의 정도검사, 기계가공 시의 이송량, 절삭깊이의 측정 및 원통형 공작물의 편심의 측정 등에 널리 이용된다. 그림 7.26은 그 측정 예를 도시한 것이다.

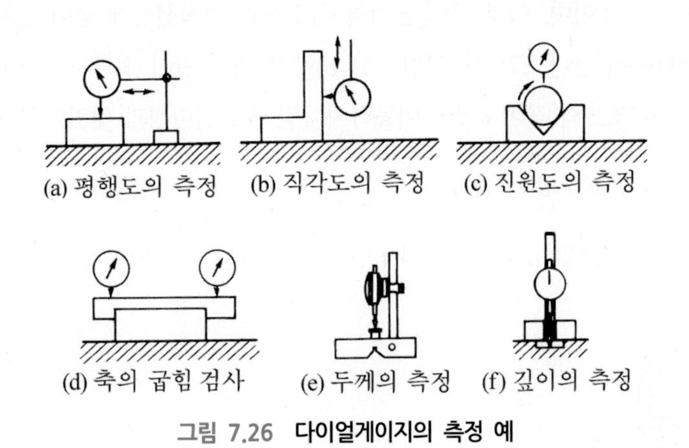

그림 7.26 **다이얼게이지의 측정 예**

2.3.4 측장기

측장기(測長器, measuring machine)는 정밀도가 높은 베드상에 본척과 부척이 있어 측정기, 게이지, 공구 등을 비교적 큰 치수로 정밀하게 측정하는 데 사용되며, 대표적인 것은 그림 7.27에서와 같이 본척이 고정식인 것과 이동식인 것이 있다.

1 mm까지는 본척에서 읽고 그 이하는 마이크로미터나 그 외의 부척에서 읽는다.

그림 7.27(a)에서 슬라이딩(sliding)면이 정확하지 않거나 다소의 휨이 생기면 현미경 지지부가 경사지는 결과를 초래한다. 그림 7.28과 같이 현미경의 기울임각과 측정자의 중심선 C에서 본척까지의 거리를

각각 α 및 h라 하면 오차 e는 다음과 같다.

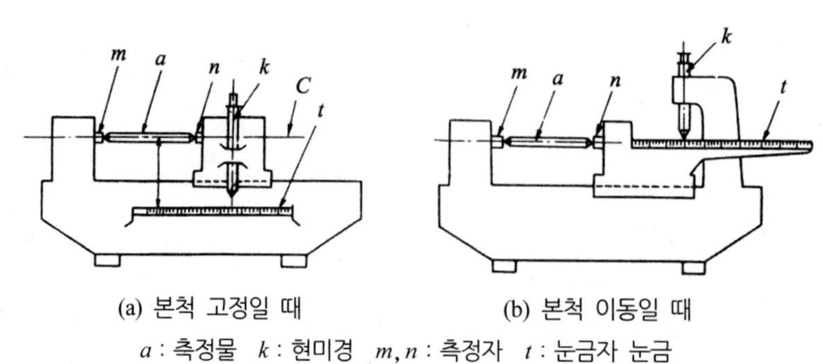

그림 7.27 측장기의 형식

$$e = h \cdot \tan\alpha \tag{7.9}$$

위 식에서 $h = 100\text{mm}$, $\alpha = 1'$라 하면 $e = 100 \times \tan 1' = 0.03\ \text{mm}$로 되며, $e = 0.1\ \mu\text{m}$로 하기 위해서는 $\tan\alpha = 0.0001/100$, $\alpha = 0.2''$보다 작아야 하나 실제로 거의 불가능하기 때문에 $h = 0$로 하면 좋다. 그림 7.27(b)가 이에 일치하는 구조이며, 이와 같이 본척을 측정물과 일직선상에 놓아 오차를 줄이는 것을 아베의 원리(principle of Abbe)라 한다. 그런데 그림 7.27(b)에서 베드 면이 정확하지 못하여 본척이 α만큼 경사져(그림 7.28 참조) 그림 7.29와 같이 b점이 이동하여 a점에서 현미경과 맞았다면 오차 e는 다음과 같다.

$$e = L - L \cdot \cos\alpha = L(1 - \cos\alpha) \tag{7.10}$$

실제에 있어서 $\alpha < 10''$이므로 α로 인한 식 (7.10)의 오차는 무시할 수 있다.

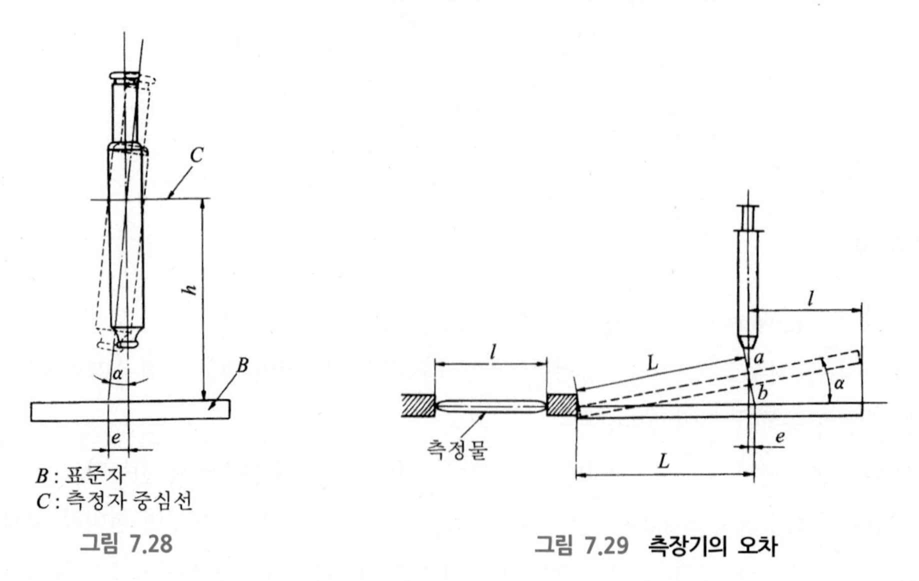

그림 7.28

그림 7.29 측장기의 오차

2.3.5 미니미터

미니미터(minimeter)는 그림 7.30과 같이 지렛대를 이용하여 측정량을 100, 200, 500, 1,000배로 확대하는 측정기이다. 스핀들 a의 상하운동에 따라 지침 c는 b를 중심으로 회전운동을 하여 l_2/l_1배로 확대하여 나타난다. 이때 지침 c의 길이는 100 mm 이상으로 하는 것은 곤란하므로 l_1을 1 ~ 0.1 mm로 하고 b점은 나이프 에지(knife edge)로 지지한다.

2.3.6 옵티미터

미니미터는 레버에 의하여 측정자의 눈금을 확대하나 옵티미터(optimeter)는 그림 7.31과 같이 광학적으로 확대하는 측정기이다.

외부광원에서 눈금자 *S*를 조명하여 그 투과 광선이 대물 렌즈 O를 통해 평행광선이 되며 측정자에 의하여 움직이는 경사경 *M*에 이른다. 거기서 반사된 광선은 측정자의 ϕ의 움직임에 대하여 2ϕ의 기울기로서 초점면에 눈금자의 상을 나타낸다. 이때 대물 렌즈의 초점 거리를 *f*, 대안 렌즈의 배율을 m이라 하면 옵티미터의 배율은 $2f{\cdot}m/a$으로 표시되고 약 800배이다. 헤드의 정밀도는 ±0.25 μm이다.

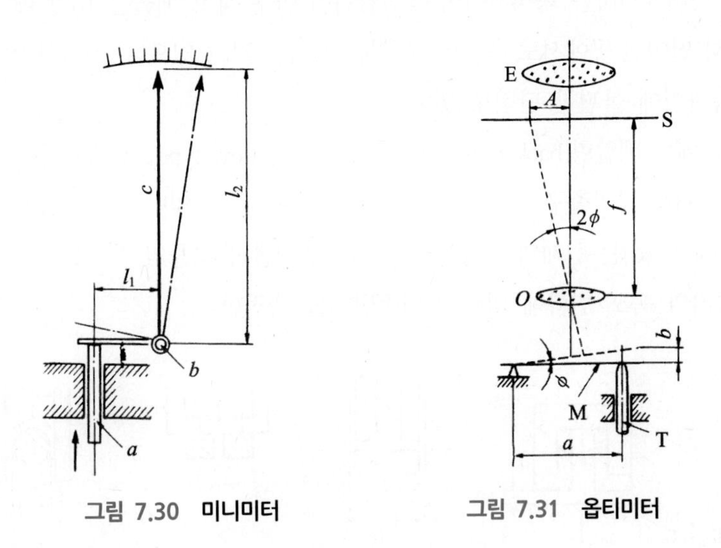

그림 7.30 미니미터

그림 7.31 옵티미터

2.3.7 전기 마이크로미터

전기 마이크로미터(electric micrometer)는 측정자의 기계적 변위를 전기량으로 변환하여 지시계에 나타내는 정밀 측정기로서, 0.01 μm 정도의 미소 변위까지 측정하는 것도 있다. 변환 방식에는 저항형, 용량형 및 유도형이 있다.

그림 7.32는 유도형 전기 마이크로미터로서 측정 스핀들 T가 판 스프링에 지지된 가동철편 *A*를 상하운동시킨다. *A*가 양 코일 L_1과 L_2의 중심위치에 있으면 양 코일의 유도전류값은 같다. 유도형 전기 마이크로미터는 철편 A가 한쪽 코일에 접근하면 인덕턴스(inductance) L_1 및 L_2를 변화시켜 교류 브리지(bridge) 회로에 생긴 전류를 정류하여 전류계에 나타낸 전류값이 길이 변위에 비례하는 원리를 이용한다.

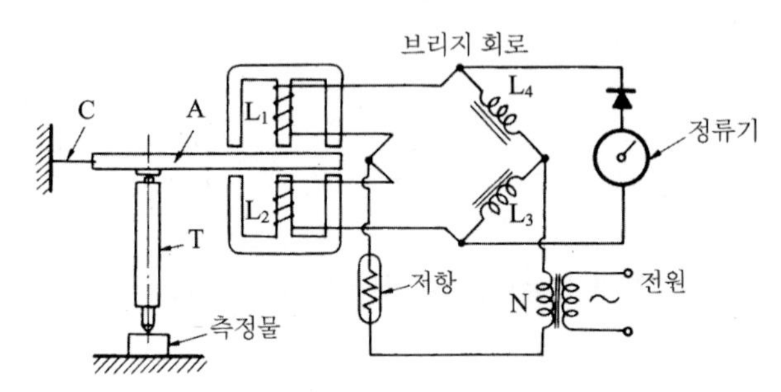

그림 7.32 **유도형 전기 마이크로미터**

2.3.8 공기 마이크로미터

공기 마이크로미터(air micrometer, pneumatic micrometer)는 길이의 미소변위를 공기의 압력, 유량 및 유속으로 변환하여 확대지시하는 측정기이며 측정압력이 아주 작고 배율은 10만 배까지 가능하며, 측정부분으로부터 상당히 떨어진 곳에서도 측정할 수 있는 장점을 갖고 있으나, 정밀한 압력조정기 등의 보조장치를 요하고 이동하기에 불편한 단점도 있다.

공기 마이크로미터에는 배압형(back pressure type), 유량형(flow type) 및 유속형(velocity type, Venturi type)이 있고, 그림 7.33은 공기출구 노즐(nozzle)의 형상이며, (a)는 일반적인 외측용, (b)는 내측용, (c)는 작은 구멍의 내경측정용, (d)는 선재의 외경측정용이다. 측정물과 노즐의 간극을 통하여 유출하는 공기의 압력, 유량 또는 공기의 속도 변화에 의하여 미소변위를 측정한다.

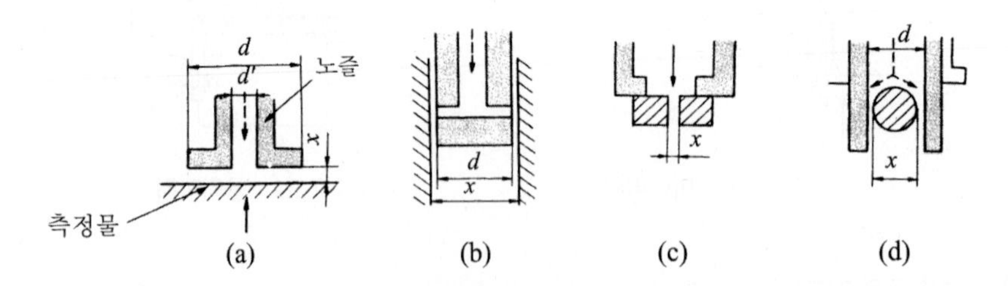

그림 7.33 **공기 마이크로미터의 출구 노즐형상**

그림 7.34는 현장에서 많이 사용되는 유량식 공기 마이크로미터이며 유입노즐이 없고, 유출량의 변화는 지시부(테이퍼 유리관)의 후로우트의 위치로 지시된다. 배율조정은 블록게이지 등을 사용하여 배율조정노브 및 영점조정노브로 행한다.

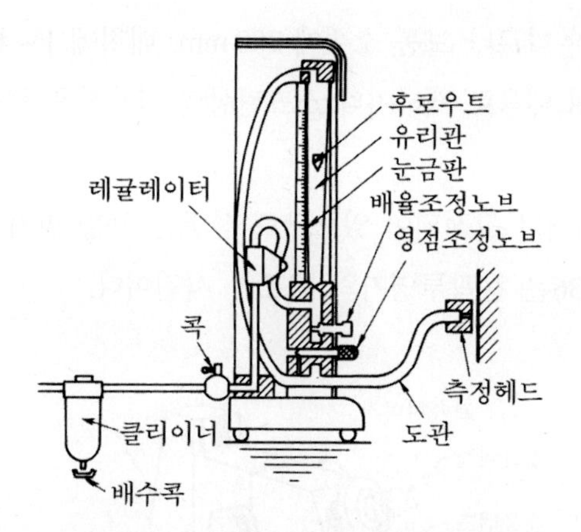

그림 7.34 유량식 공기 마이크로미터

공기 마이크로미터의 특징으로서 다음을 들 수 있다.

① 비교적 간단히 고배율(5,000 ~ 10,000)을 얻을 수 있다.

② 무접촉식의 측정이 가능하다.

③ 구멍내경 등의 측정에 적합하다.

④ 많은 치수의 동시측정, 자동선별, 제어가 가능하다.

2.3.9 공구현미경

공구현미경(工具顯微鏡, tool microscope)은 길이 및 각도 측정, 윤곽 검사 등에 편리하도록 된 현미경의 일종이며, 특히 절삭공구의 측정에 많이 사용된다.

공구현미경의 구조는 그림 7.35와 같으며 마이크로미터를 이용하여 측정물 지지대를 이동할 수 있어 좌우 25 ~ 150 mm, 전후 25 ~ 50 mm의 측정범위를 갖고 정밀도는 0.01 ~ 0.001 mm의 범위에 있다.

배율은 대상 렌즈의 교환에 의하여 10, 15, 30, 50배 정도로 할 수 있다.

2.3.10 윤곽투영기

윤곽투영기(輪郭投影機, profile projector, contour projector, optical projector, optical comparator)는 피측정물의 확대 실상을 스크린상에 나타나게 하여 윤곽을 검사하거나 치수를 측정하는 광학식 측정기이다.

광원으로서는 텅스턴 필라멘트(tungsten filament) 전구 또는 고압 수은 등을 사용하고, 투영 렌즈와 스크린의 위치가 정해져 있으므로 리졸버(resolver)의 회전으로 렌즈를 교환하여 배율을 10, 15, 20, 25, 50, 100배 등으로 조정한다.

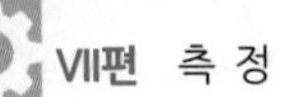

스크린의 크기는 필요에 따라 다르나 보통 소형에 200 mm, 대형에 1 ~ 1.5 m 정도이며, 측정물의 치수는 스크린상에서 직접 측정하여 배율로 제하거나 스크린상의 십자선을 중심으로 마이크로미터를 움직여서 측정할 수 있다.

대물 렌즈와 스크린 간의 거리가 고정되어 있으므로 선명한 상을 얻기 위해서는 측정물이 놓여 있는 테이블을 이동시킨다. 그림 7.36은 윤곽투영기의 구조와 사진이다.

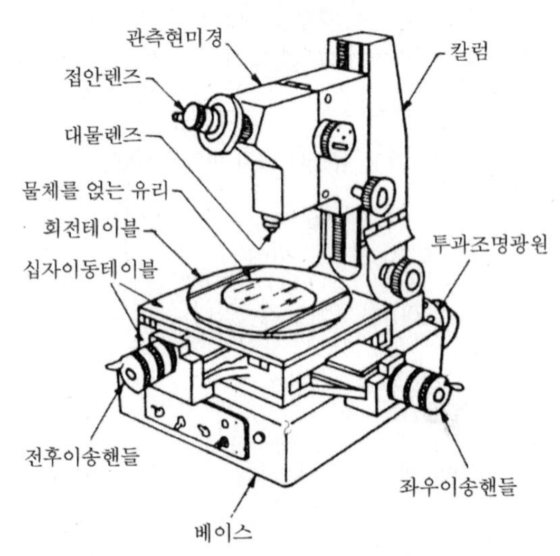

그림 7.35 공구현미경의 구조

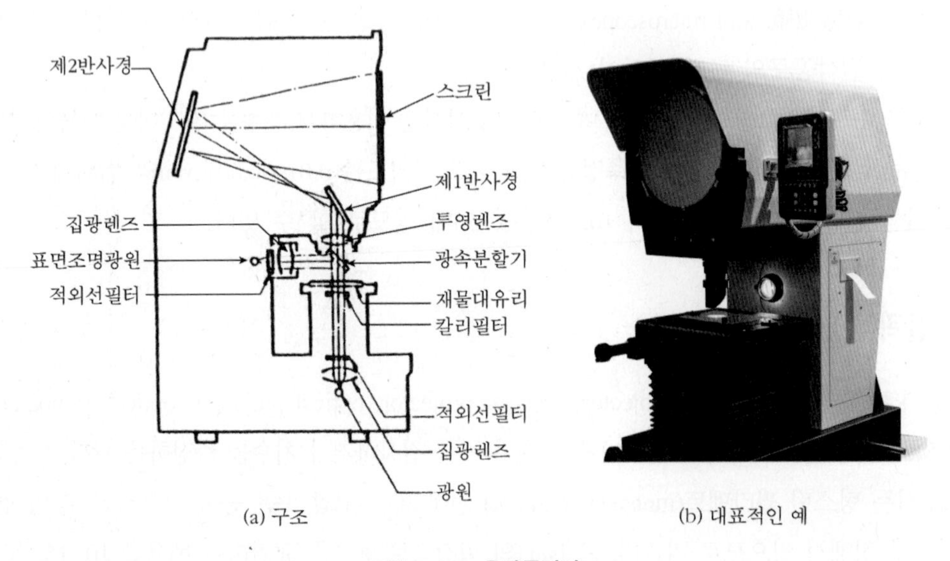

그림 7.36 윤곽투영기

2.4 길이 측정 게이지

제품치수 및 형상의 적부판정법으로서 정밀한 표준 치수 형틀을 사용하며, 이 형틀을 게이지(gauge)라 한다. 길이 측정 게이지에는 표준게이지와 한계게이지가 있다.

2.4.1 표준게이지

표준게이지(standard gauge)는 공작에서 길이측정의 표준(標準)으로 사용되는 것으로서 대표적인 것은 표 7.8과 같다.

표 7.8 표준게이지의 종류

게이지 명칭	단면형상	적용
블록 게이지	평면	제1차, 제2차적 표준
봉 게이지	평면, 곡면	〃
플러그 게이지	원통면	제2차적 표준
링 게이지	〃	〃
원판 게이지	원판, 원통면	〃
강구	구면	〃

1) 표준 블록게이지

표준 블록게이지(standard block gauge)는 직육면체의 합금강 블록을 열처리하고, 내부응력을 제거하여 연삭 및 래핑(lapping)한 것이며, H_RC 65 이상이고 지정된 치수로 되어 있다. 그림 7.37은 103개조의 블록게이지 세트를 보여 준다.

표 7.9는 블록게이지의 표준조합을 나타내며 표 7.10은 블록게이지의 정밀도를 나타낸다.

표 7.9 블록게이지의 표준조합의 예

조	조합 개수	치수단계(mm)	호칭치수(mm)	사용가능범위(mm)
103개 조	1 49 49 1	- 0.01 0.5 25	1.005 1.01 1.02⋯1.49 0.5 1.0⋯24.5 25 50 75 100	치수 단계 0.005로 2 ~ 225
8개 조	4 2 2	25 50 100	125 150 175 200 250 300 400 500	치수 단계 25로 250 ~ 1200
9개 조	9 9	0.001(+) 0.001(-)	1.001 1.002⋯1.009 0.991 0.992⋯0.999	—

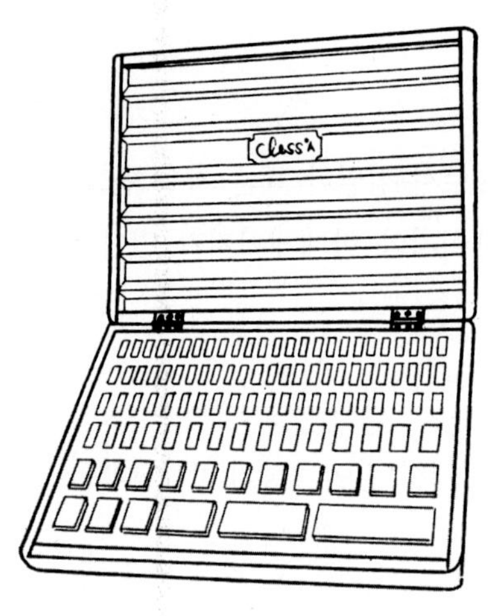

그림 7.37 블록게이지 세트

표 7.10 블록게이지의 정밀도(μm)

호칭치수 (mm)	기준용 AA	참조용 A	검사용 B	공작용 C	D
20까지	0.045	0.08	0.15	0.20	0.70
20 ~ 25까지	0.05	0.09	0.15	0.20	0.70
25 ~ 30까지	0.055	0.10	0.20	0.30	0.80
30 ~ 40까지	0.065	0.12	0.20	0.30	0.90
40 ~ 50까지	0.08	0.15	0.25	0.40	1.00
50 ~ 75까지	0.12	0.22	0.46	0.60	1.20
75 ~ 100까지	0.16	0.30	0.55	0.80	1.50
100 ~ 125까지	0.20	0.37	0.65	1.00	1.50
125 ~ 150까지	0.24	0.45	0.80	1.20	2.00
150 ~ 175까지	0.28	0.52	0.95	1.40	2.00
175 ~ 200까지	0.32	0.60	1.10	1.60	2.60
200 ~ 250까지	0.40	0.75	1.40	2.00	2.50
250 ~ 300까지	0.48	0.90	1.70	2.40	3.50
300 ~ 400까지	0.64	1.12	2.20	3.20	4.50
400 ~ 500까지	0.80	1.15	2.70	4.00	4.50

2) 표준봉게이지

표준봉게이지(standard bar gauge)는 그림 7.38에 나타낸 형상의 것으로 양단의 길이(L)가 75, 100, 125, 150 mm··· 등과 같은 규정치수로 되어 있으며, 단면이 평면인 것과 구면인 것이 있다. 주로 평행면, 원통 지름, 캘리퍼스 조절 및 정밀측정공구의 검사에 사용된다.

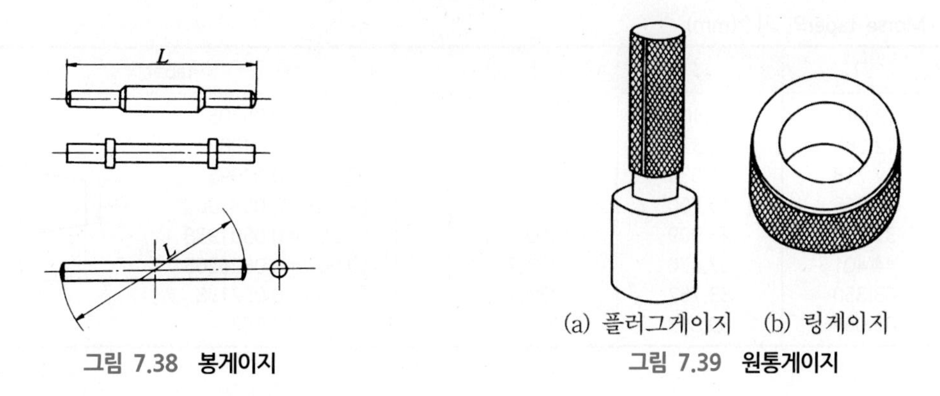

(a) 플러그게이지 (b) 링게이지

그림 7.38 **봉게이지**

그림 7.39 **원통게이지**

3) 표준 원통게이지

표준 원통게이지(standard cylindrical gauge)는 그림 7.39에서와 같이 플러그게이지(plug gauge)와 링게이지(ring gauge)가 1세트로 되어 있으며 담금질하여 호칭치수로 다듬는다. 플러그 게이지는 구멍가공을 할 때 공경(孔径)을 검사하거나 마이크로미터의 검사에 사용되고 링게이지는 축의 바깥지름을 검사하거나 캘리퍼스로 치수를 옮길 때 사용한다.

4) 표준 테이퍼게이지

표준 테이퍼게이지(standard taper gauge)는 각도를 측정할 때 사용되나 표준게이지의 일종이므로 길이 측정 게이지와 함께 일괄해서 취급한다. 표준 플러그게이지, 링게이지와 같이 플러그 테이퍼게이지와 링 테이퍼게이지가 1세트를 이루며, 공작물의 테이퍼 측정에 사용된다. 그림 7.40은 테이퍼게이지의 형상을 나타내며, 테이퍼에는 Morse taper와 Brown & Sharpe taper가 있다. 전자는 드릴링 머신과 선반에서 주로 이용되고, 후자는 밀링머신과 연삭기에 주로 이용되며 표 7.11은 Morse taper의 규격을 표시한다.

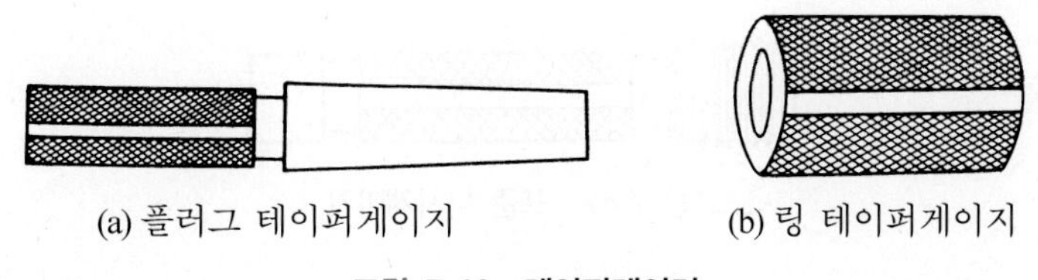

(a) 플러그 테이퍼게이지 (b) 링 테이퍼게이지

그림 7.40 **테이퍼게이지**

5) 표준 롤러게이지

표준 롤러게이지(standard roller gauge)는 지름과 길이가 동일한 롤러로서 담금질하여 정밀가공한 것이다. 몇 가지의 게이지와 함께 조합되어 테이퍼 측정 또는 마이크로미터 등의 검사에 이용된다.

표 7.11 Morse taper의 치수(mm)

No.	D	d	l	taper
0	9.045	6.401	50.8	1 : 19.212 = 0.05205
1	12.065	9.371	54	1 : 20.048 = 0.04988
2	17.718	14.534	65	1 : 20.020 = 0.04995
3	23.268	19.760	81	1 : 19.922 = 0.050196
4	31.269	25.909	103.2	1 : 19.254 = 0.0501938
5	44.401	37.470	131.7	1 : 19.002 = 0.0526265
6	63.350	53.752	184.1	1 : 19.180 = 0.052138
7	83.061	69.853	254	1 : 19.231 = 0.052

6) 표준 원판게이지

표준 원판게이지(standard disc gauge)는 담금질하여 정밀가공한 원판을 그림 7.41과 같이 자루에 고정하여 제품의 검사와 마이크로미터 등의 검사에 사용된다.

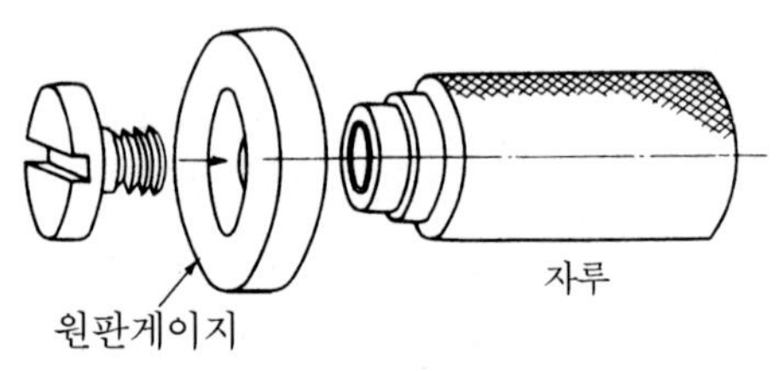

그림 7.41 원판게이지

7) 표준 나사게이지

표준 나사게이지(standard thread gauge)는 그림 7.42와 같은 형상으로서 각종 치수의 나사 가공 시에 사용된다. 특히 다이스(dies)와 탭(tap) 등의 정밀한 나사를 제작할 때 사용된다.

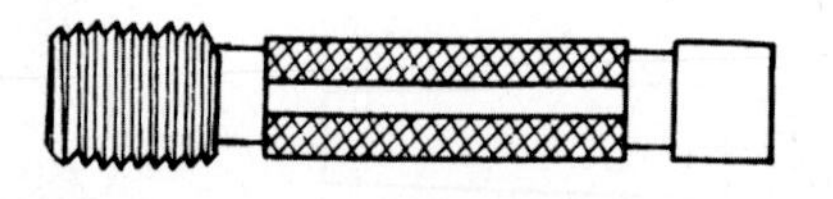

그림 7.42 표준 나사게이지

8) 기타 표준게이지

그림 7.43는 두께 게이지(thickness gauge)이며 간극을 측정할 때, 그림 7.44는 반지름게이지(radius gauge)로서 곡률반경(曲率半徑, curvature radius)을 측정할 때, 와이어게이지(wire gauge)는 선재의 직경 또는 판재의 두께를 측정할 때, 나사 피치 게이지(pitch gauge)와 기어 피치게이지(gear pitch gauge)는 각종 나사의 피치 및 기어의 피치를 측정할 때 그리고 드릴게이지(drill gauge)는 드릴 직경을 측정할 때 각각 사용된다.

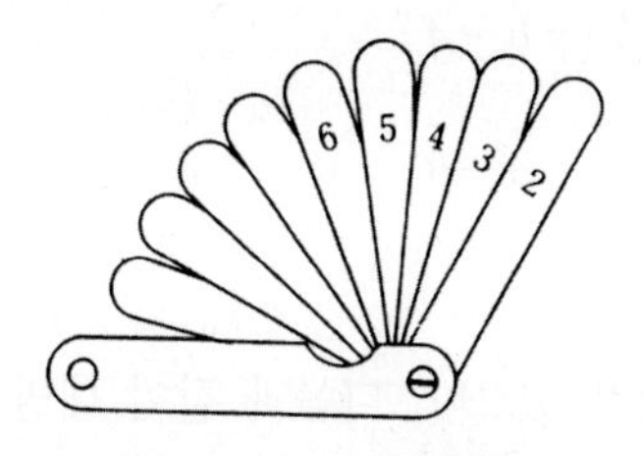

그림 7.43 두께(틈새) 게이지

그림 7.44 반지름게이지

2.4.2 한계게이지

기계를 제작할 때 설계도면에 표시된 치수로 정확히 가공하는 것은 불가능하다. 기계의 가공 정도(精度)는 측정기의 정밀도, 가공자의 숙련에 따라 각각 치수가 다르게 되므로 설계자가 미리 **허용 오차**(許用誤差, allowable error)를 정하여 최대와 최소 치수 내의 것을 합격으로 한다. 이때 그 최대와 최소 치수의 **한계**(限界, limit)를 측정하는 데 사용되는 게이지를 **한계게이지**(limit gauge)라 한다. 그리고 최대 치수와 최소 치수의 차를 **공차**(公差, tolerance)라 한다.

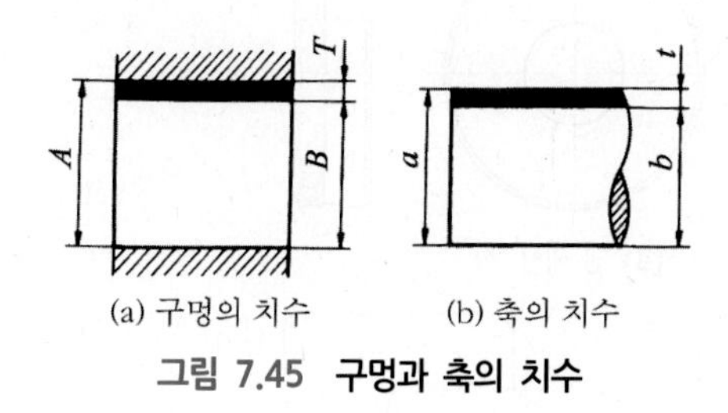

그림 7.45 구멍과 축의 치수

1) 공차(tolerance)

그림 7.45에서

$$구멍의\ 공차\ T = (최대\ 치수) - (최소\ 치수) = A - B$$

$$축의\ 공차\ t = (최대\ 치수) - (최소\ 치수) = a - b$$

2) 틈새와 죔새(allowance and interferance)

$$최소\ 틈새 = (구멍의\ 최소\ 치수) - (축의\ 최대\ 치수) = B - a$$

$$최대\ 틈새 = (구멍의\ 최대\ 치수) - (축의\ 최소\ 치수) = A - b$$

$$최소\ 죔새 = (축의\ 최소\ 치수) - (구멍의\ 최대\ 치수) = b - A$$

$$최대\ 죔새 = (축의\ 최대\ 치수) - (구멍의\ 최소\ 치수) = a - B$$

이다.

측정부의 치수, 내부, 외부 등에 따라 각종 형상의 게이지가 있으나, 다음과 같이 대별할 수 있다.

① 축용 한계게이지
② 구멍용 한계게이지
③ 테이퍼용 한계게이지
④ 나사용 한계게이지

축용 한계게이지에는 그림 7.46과 같이 링게이지와 판형의 스냅게이지 등이 있으며, 한계게이지의 장단점은 다음과 같다.

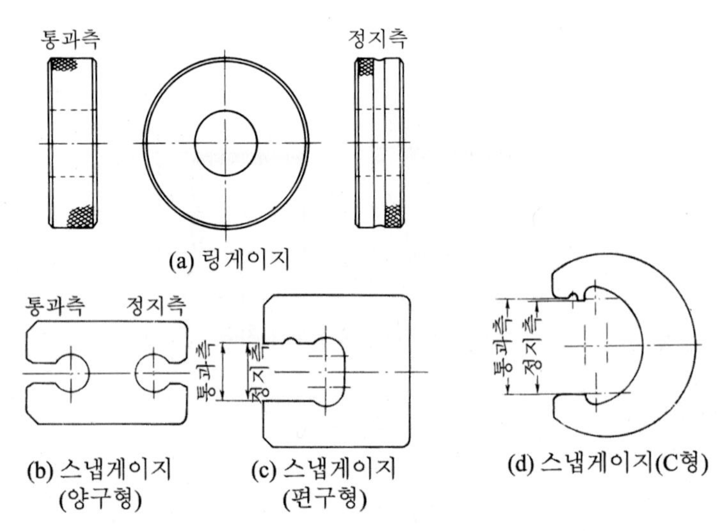

그림 7.46 **축용 한계게이지**

[장점]

① 제품 간의 호환성이 있다.
② 필요 이상의 가공을 하지 않으므로 가공이 용이하다.
③ 분업방식을 취할 수 있다.

[단점]

① 게이지의 제작비가 많이 든다.

또 구멍이나 축 이외의 부분을 검사하는 여러 가지 한계게이지가 있다.

비교적 많이 사용되는 것에 그림 7.47과 같은 판게이지가 있다.

그림 7.48, 그림 7.49 및 그림 7.50은 각각 원통형 플러그게이지, 링게이지 및 스냅게이지의 실물을 나타낸 것이다.

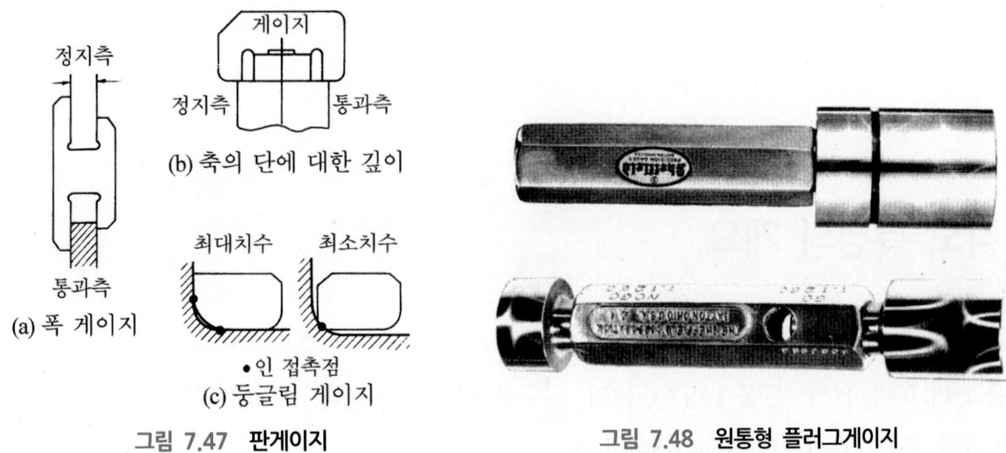

그림 7.47 **판게이지**

그림 7.48 **원통형 플러그게이지**

그림 7.49 **링게이지**

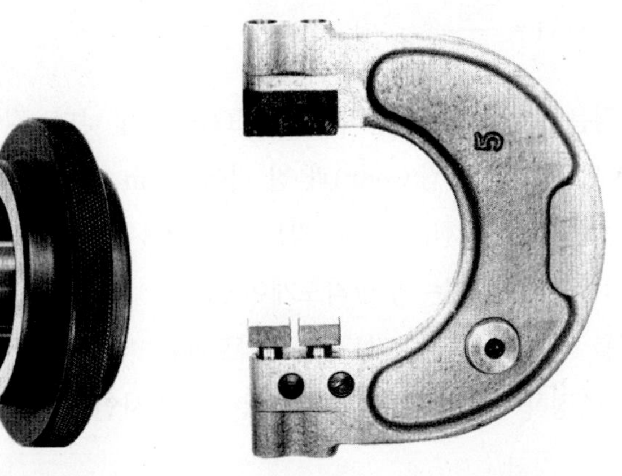

그림 7.50 **조정식 스냅게이지**

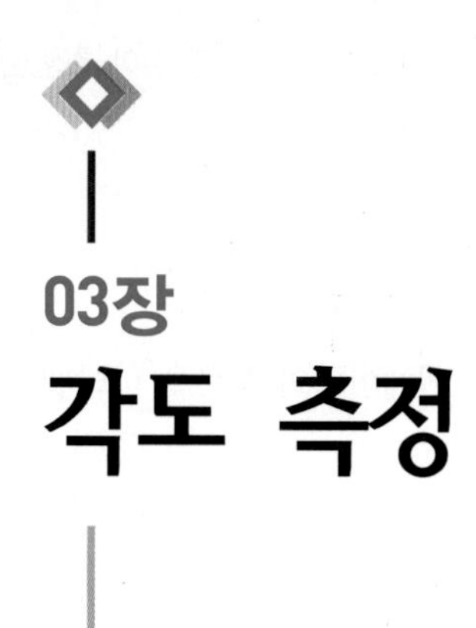

03장 각도 측정

3.1 각도 측정의 개요

각도의 단위에는 도(度, degree)와 라디안(radian)이 있다. 도(°)는 원주를 360등분한 호(弧, arc)에 대한 중심각을 1°라 하며, 1°의 $\frac{1}{60}$을 1분(′), 1°의 $\frac{1}{3600}$을 1초(″)라 한다. 그리고 원의 반지름과 같은 길이의 호에 대한 중심각을 1라디안(radian)이라 한다.

$$1\ \text{rad} = \frac{180^\circ}{\pi} \tag{7.11}$$

각도의 측정은 길이의 측정에 비하여 정도(精度)가 낮다. 길이의 측정은 현미경으로 확대되나 각도의 측정은 반사에 의한 방법, 웜(worm)과 웜 기어(worm gear)에 의한 방법에 의존하기 때문이다. 그림 7.51은 각도의 확대법을 예시한 것이다. 각도 측정법을 대별하면 다음과 같다.

① 각도 기준과 비교하는 방법(각도게이지)
② 각도기를 사용하는 방법(각도정규, 각도계)
③ 길이를 측정하여 삼각법으로 계산하는 방법(사인 바)

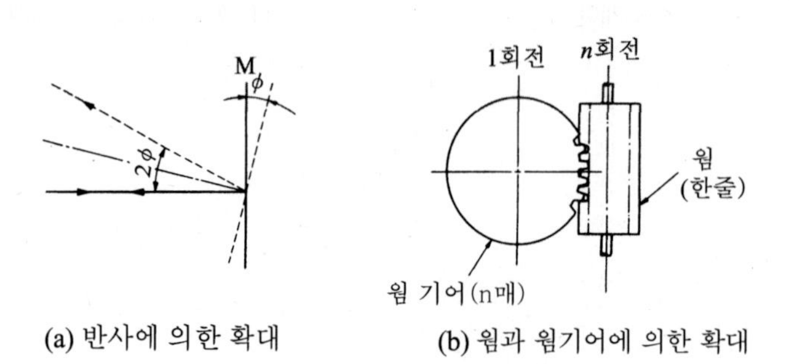

(a) 반사에 의한 확대　　(b) 웜과 웜기어에 의한 확대

그림 7.51 각도의 확대법

3.2 각도 측정기

3.2.1 각도게이지

각도게이지(angle gauge)는 길이 측정에서의 블록게이지에 해당하는 것이며, 블록게이지와 같이 밀착시켜 임의의 각도를 만들 수 있다. 일반적으로 사용되는 것은 그림 7.52에 나타낸 바와 같은 요한슨식과 N.P.L.식이 있다. 전자는 2개의 블록의 조합으로 10~350° 사이에서는 1′ 간격으로, 0~10°, 350~360° 사이에서는 1°간격으로 임의의 각도를 조정할 수 있다. N.P.L.식은 표 7.12와 같은 범위의 각도를 얻을 수 있다.

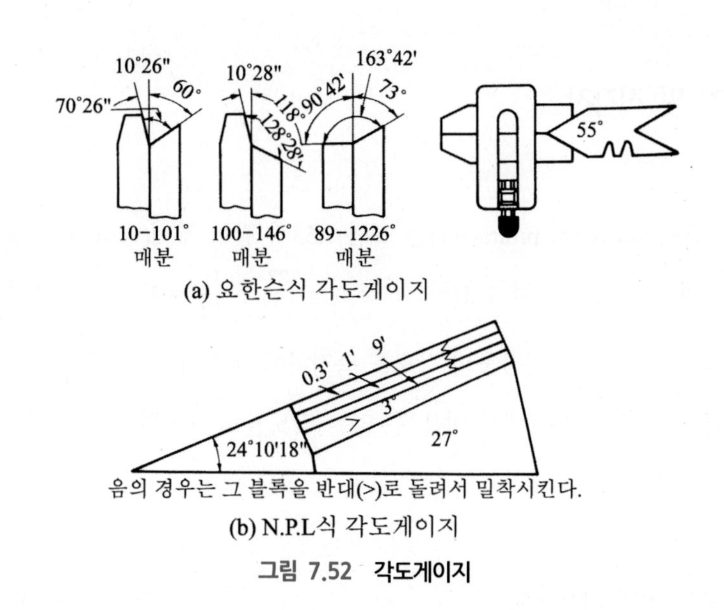

그림 7.52 각도게이지

표 7.12 N.P.L.식 각도게이지

각 블록의 각도	개수	얻게 되는 각도		측정면 [mm]
		범위	단계	
45°, 30°, 15°, 5°, 3°, 1° 40′, 25′, 10′, 5′, 3′, 1′ 30″, 20″	14	0~99°	10″	길이 100
45°, 30°, 14°, 9°, 3°, 1° 50′, 25′, 9′, 3′, 2′, 1′ 30″, 15″, 5″	12 15	0~102°	1′ 5″	100×15
20°, 5°, 3°, 1° 20′, 9′, 3′, 1′ (90°, 60°, 30°)	9	0~90°	1′	약 50×10

요한슨식은 측정면이 작고 필요한 각도를 만드는데 각도블록의 개수를 많이 마련해야 하나, N.P.L.식은 이 결점을 보완한 것이다. 그림 7.52는 각도게이지의 사용법의 한 예를 표시한 것이다.

각도 조합법의 예를 들면 다음과 같다. 음호의 각도는 그 블록을 지향을 반대로 하여 밀착시킴을 뜻한다.

 **예제 7.5**

N.P.L.식 각도게이지를 이용하여 다음의 각도를 나타내어라.

1. 77°	2. 64°	3. 18′	4. 56′
+45°	+45°	+25′	+50′
+30°	+30°	− 9′	+ 9′
+ 3°	−14°	+ 2′	− 3′
− 1°	+ 3°	18′	56′
77°	64°		

3.2.2 만능분도기 및 직각자

1) 만능분도기

만능분도기(萬能分度器, universal protractor)는 그림 7.53과 같이 부척(vernier)이 붙어 있다. 부척의 12개 눈금이 본척의 23개 눈금(23°)과 겹쳐지므로 $C = 2° - \frac{23°}{12} = \frac{1°}{12} = 5'$로 되어 부척의 1눈금은 본척의 2눈금(2°)보다 $\frac{1°}{12} = 5'$ 만큼 작다. 공작물의 각도를 측정하여 부척의 m번째의 눈금이 본척의 눈금과 일치하고 부척의 0눈금 좌측 또는 우측에서 읽을 수 있는 각도를 $\alpha_0°$라 하면, 공작물의 각도 $\alpha°$는 다음과 같다.

$$\alpha = \alpha_0 + m \cdot C \tag{7.12}$$

그림 7.54는 만능분도기의 사용 예이다.

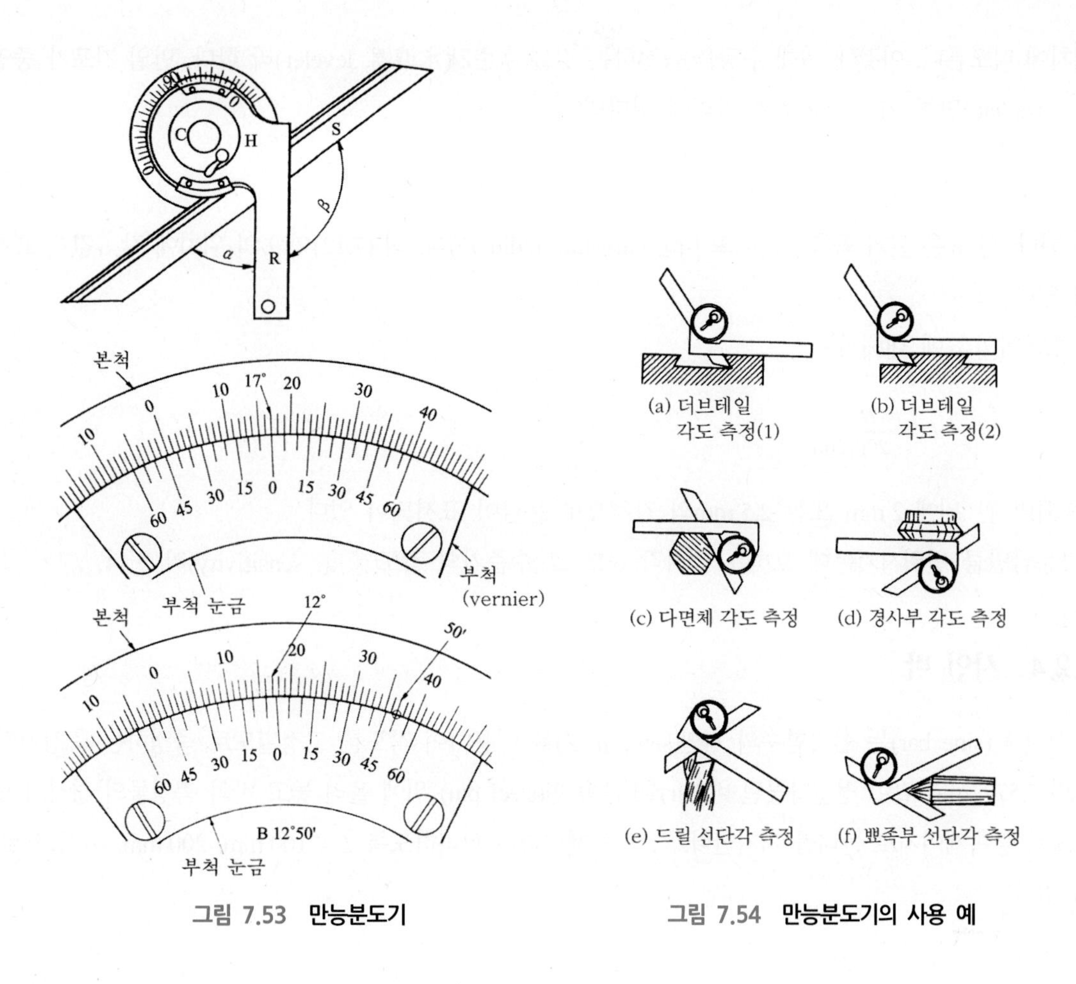

그림 7.53 **만능분도기**

그림 7.54 **만능분도기의 사용 예**

2) 직각자

그림 7.55와 같은 방법으로 직각자(square)를 사용하여 직각도(直角度)를 측정할 수 있다.

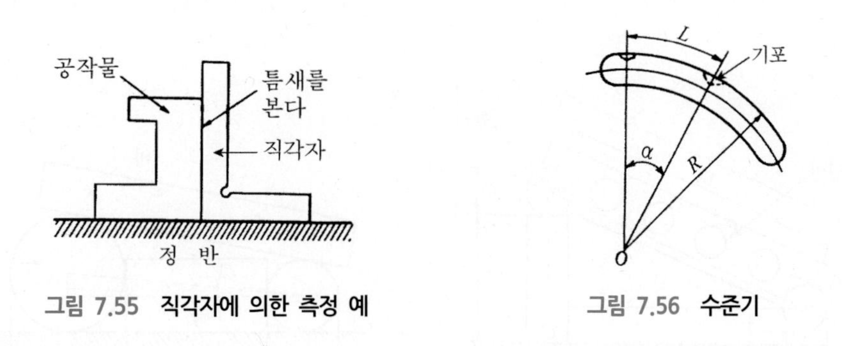

그림 7.55 **직각자에 의한 측정 예**

그림 7.56 **수준기**

3.2.3 수준기

그림 7.56과 같이 유리관에 알코올(alcohol) 등을 봉입하고 작은 기포를 남겨 놓으면 이것은 항상 높은

위치에 떠오른다. 이것에 의해 수평을 측정하는 것을 **수준기**(水準器, leveler)라 한다. 만일 기포가 중앙에서 α(radian)만큼 기울어져 L의 거리에 있다면

$$L = R \cdot \alpha \tag{7.13}$$

가 된다. 단 R은 관의 **곡률반경**(曲率半徑, curvature radius)이다. 식 (7.12)의 L의 위치에 각 α값이 표시되어 있다.

초단위의 α에 대해서는

$$L = \frac{R \cdot \alpha}{206,265} \tag{7.14}$$

가 되며 관 위에 2 mm 또는 2.5 mm의 간격으로 눈금이 표시되어 있다.

1눈금만큼 변위시키는데 요하는 경사각 α를 그 수준기의 **감도**(感度, sensitivity)라 한다.

3.2.4 사인 바

사인 바(sine bar)는 삼각함수의 **사인**(sine, 正弦)을 이용하여 각도를 고정밀도로 측정하는 측정기이다. 그림 7.57에서와 같이 정밀가공된 바(bar)를 금속 핀(steel pin) 위에 올려 놓고 바와 측정물의 경사가 일치되도록 블록게이지로 롤러를 지지한다. 각도를 계산하기 편리하도록 $L=$ 100 mm, 200 mm, ⋯ 등으로 되어 있다.

$$L = X - D$$

$$\sin\alpha = \frac{H-h}{L}$$

$$\therefore\ \alpha = \sin^{-1}\frac{H-h}{L} = \sin^{-1}\frac{H-h}{X-D} \tag{7.15}$$

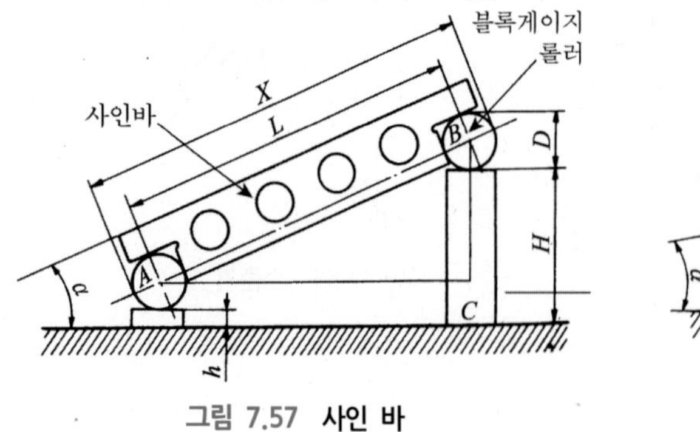

그림 7.57 사인 바

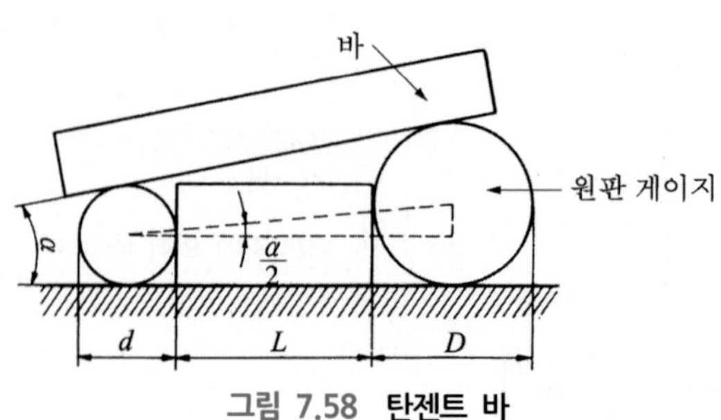

그림 7.58 탄젠트 바

3.2.5 탄젠트 바

탄젠트 바(tangent bar)는 그림 7.58과 같으며, 사인 바를 이용한 측정법에서 블록게이지 대신 오차를 줄이기 위하여 원판게이지를 사용한다.

$$\tan\frac{\alpha}{2} = \frac{\frac{D}{2} - \frac{d}{2}}{\frac{D}{2} + \frac{d}{2} + L} = \frac{D-d}{D+d+2L}$$

$$\therefore \alpha = 2 \cdot \tan^{-1}\frac{D-d}{D+d+2L} \tag{7.16}$$

3.2.6 오토콜리미터에 의한 방법

오토콜리미터(autocollimeter)는 직각도(直角度, squareness), 평면도(平面度, flatness), 평행도(平行度, parallelness) 및 미소 각도의 변화나 흔들림 등의 측정에 널리 이용되고 있다.

최소 눈금값은 1분, 5분, 1초 외에 2중합치식으로 하여 0.5초까지 읽을 수 있는 것도 있다. 오토콜리미터에 의한 측정에서는 측정 조건에 따른 적절한 측정법을 고려해야 한다. 그림 7.59에 그 한 예를 표시한다. 그림에서 (a)는 분할대의 정도 측정, (b)는 안내면의 직각도 측정, (c)는 직방체의 직각도 측정, (d)는 운동체의 진직도 측정, 그리고 (e)는 펜타프리즘의 직각도 측정 예를 각각 나타내었다.

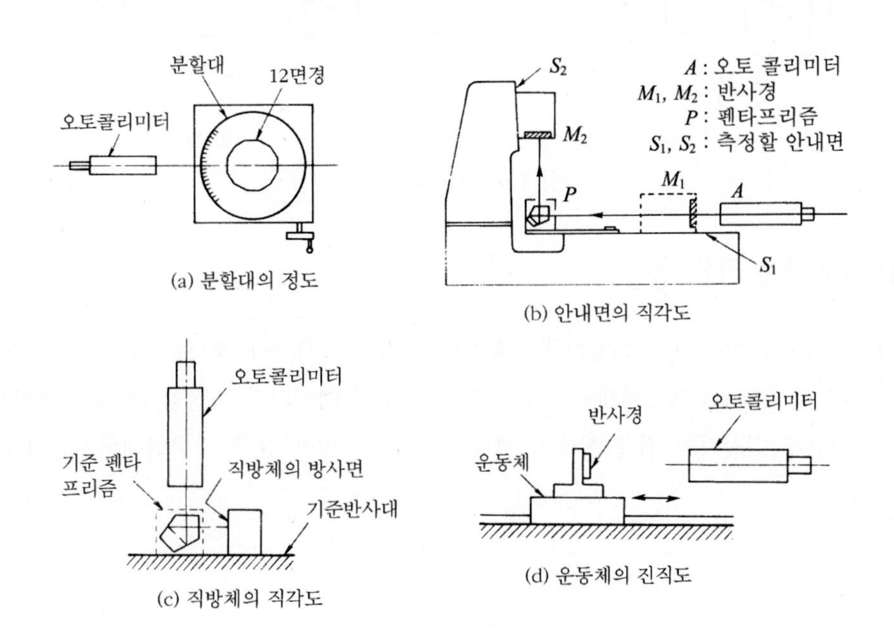

(계속)

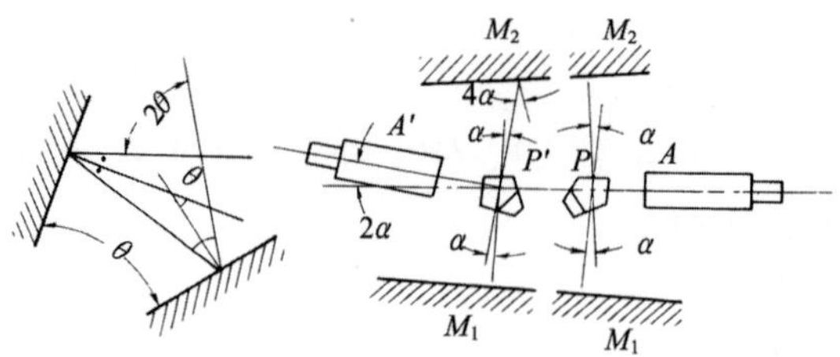

M_1, M_2 : 평면경, P, P' : 펜타프리즘 A, A': 오토콜리미터

(e) 펜타프리즘의 직각도

그림 7.59 오토콜리미터에 의한 측정 예

3.3 테이퍼의 측정

그림 7.60(a)에서 원추지름 D와 높이 L의 비는 D/L이며 D를 1로 환산한 $\left(\frac{1}{x}\right)$이 테이퍼(taper)이고 각 α를 테이퍼각(taper angle)이라 한다.

$$\frac{1}{x} = \frac{D}{L} = 2 \cdot \tan\frac{\alpha}{2} \tag{7.17}$$

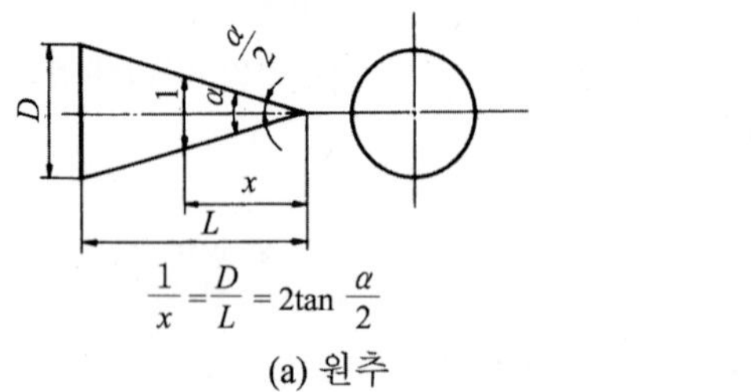

$\frac{1}{x} = \frac{D}{L} = 2\tan\frac{\alpha}{2}$

(a) 원추

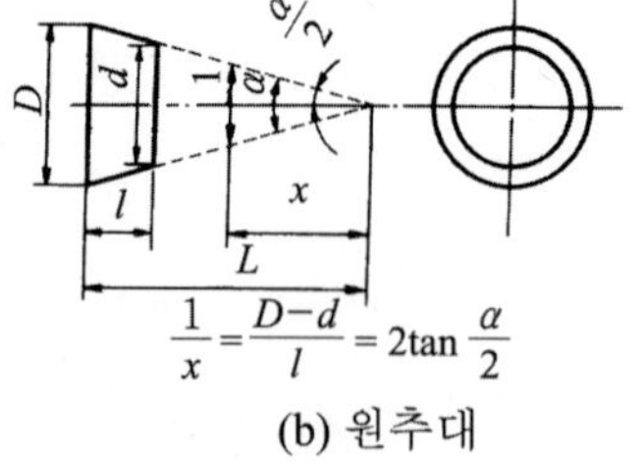

$\frac{1}{x} = \frac{D-d}{l} = 2\tan\frac{\alpha}{2}$

(b) 원추대

그림 7.60 테이퍼 측정

3.3.1 테이퍼게이지에 의한 측정

표준 테이퍼게이지(standard taper gauge)에는 Morse taper식과 Brown & Sharpe식이 있으며, 플러그(plug) 테이퍼게이지와 링(ring) 테이퍼게이지가 있다. 공작물의 테이퍼를 측정할 때 게이지에 광명단 등을 발라 끼우고 가볍게 회전시켜 접촉 상태를 본다. 앞에서 설명한 표준 테이퍼게이지를 참조하라.

3.3.2 롤게이지(또는 강구)와 블록게이지에 의한 측정

1) 외측 테이퍼 측정

그림 7.61과 같이 테이퍼의 작은 단면이 축에 직각인가를 확인하고 2개의 동일 지름의 롤게이지(또는 강구)와 높이 h_1 및 h_2인 블록게이지를 각각 2개씩 준비한다. M_1 및 M_2를 마이크로미터로 측정하여 다음과 같이 테이퍼를 계산한다.

$$\text{테이퍼} = \frac{\mathrm{M_2 - M_1}}{\mathrm{h_2 - h_1}}$$

$$\text{테이퍼각 } \alpha = 2 \cdot \tan^{-1}\frac{M_2 - M_1}{2(h_2 - h_1)} \tag{7.18}$$

$$D_1 = M_1 - d\left(1 + \cos\frac{\alpha}{2}\right)$$

$$D_2 = M_2 - d\left(1 + \cos\frac{\alpha}{2}\right)$$

2) 내측 테이퍼 측정

그림 7.61에서와 같은 방법으로 그림 7.62에서 M_1 및 M_2를 측정하여 다음 식으로 테이퍼와 테이퍼각 등을 구한다.

$$\text{테이퍼} = \frac{\mathrm{M_2 - M_1}}{\mathrm{h_1 - h_2}}$$

$$\text{테이퍼각 } \alpha = 2 \cdot \tan^{-1}\frac{M_2 - M_1}{2(h_1 - h_2)} \tag{7.19}$$

$$D_1 = M_1 + d\left(1 + \cos\frac{\alpha}{2}\right)$$

$$D_2 = M_2 + d\left(1 + \cos\frac{\alpha}{2}\right)$$

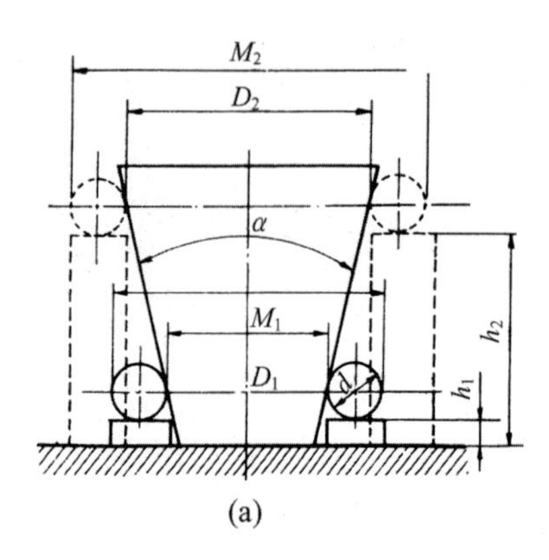

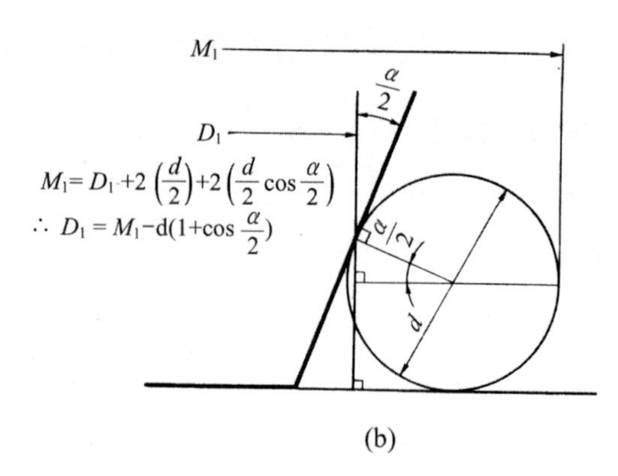

그림 7.61 롤게이지에 의한 외측 테이퍼 측정

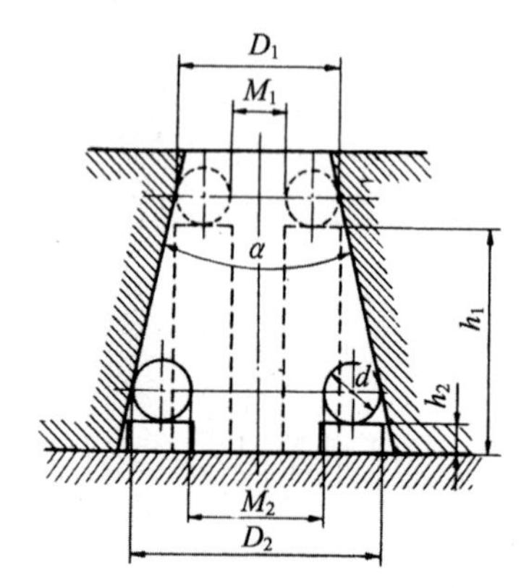

그림 7.62 강구에 의한 내측 테이퍼 측정

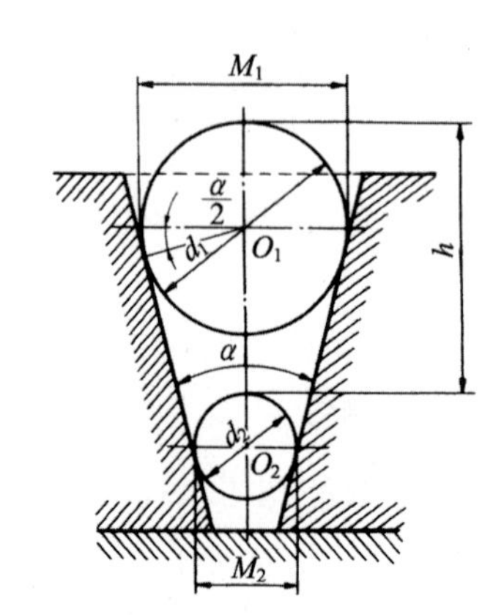

그림 7.63 강구에 의한 작은 구멍의 내측 테이퍼 측정

단 D_1 및 D_2는 **강구**(鋼球, steel ball)의 중심선상에서 측정한 것이다.

3.3.3 강구를 사용한 측정

테이퍼 구멍이 작을 때 그림 7.63과 같이 2개의 강구를 넣어 테이퍼를 측정한다.

$$\text{테이퍼} = \frac{M_1 - M_2}{o_1 o_2} = \frac{2\left(\dfrac{d_1}{2} sec\dfrac{\alpha}{2} - \dfrac{d_2}{2} \cdot sec\dfrac{\alpha}{2}\right)}{h - \dfrac{d_1}{2} + \dfrac{d_2}{2}}$$

$$= \frac{2(d_1 - d_2) \cdot \sec\dfrac{\alpha}{2}}{2h(d_1 - d_2)} \tag{7.20}$$

3.3.4 링게이지 또는 원판게이지에 의한 측정

1) 외측 테이퍼 측정

그림 7.64와 같이 ring을 끼우고 양 게이지의 거리를 마이크로미터로 측정하여 다음 식으로 테이퍼를 구한다.

$$\text{테이퍼} = \frac{d_1 - d_2}{M - l} \tag{7.21}$$

2) 내측 테이퍼 측정

그림 7.65와 같이 테이퍼 구멍에 게이지를 끼우고 마이크로미터로 두 원판의 거리 M을 측정한다.

$$\text{테이퍼} = \frac{d_1 - d_2}{M + l - L} \tag{7.22}$$

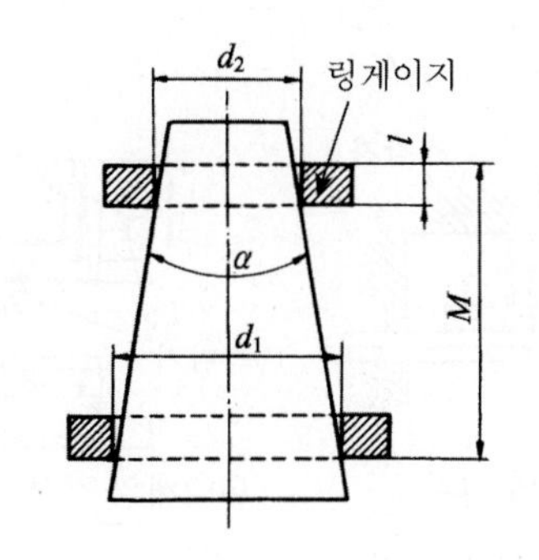

그림 7.64 링게이지에 의한 테이퍼 측정

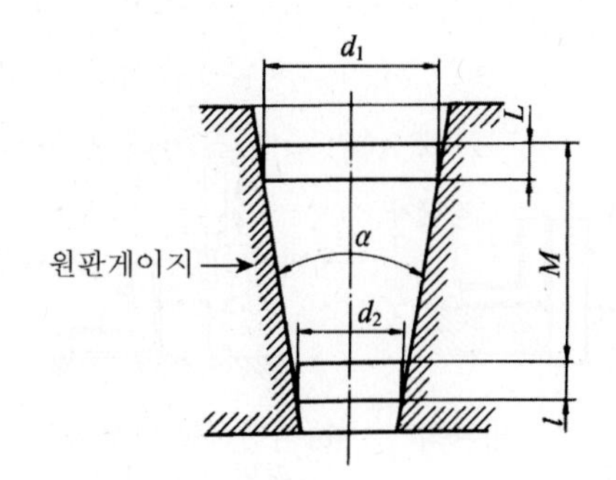

그림 7.65 원판게이지에 의한 테이퍼 측정

3.4 평행도 및 직각도의 측정

기계의 직선부 또는 평면 부분이 기준선 또는 기준평면에 대하여 평행한가를 나타내는 것이 **평행도**(平行度, parallelness)이며, 기계의 직선 부분 또는 평면 부분이 다른 직선 또는 평면에 대하여 직각인가를 나타내는 것이 **직각도**(直角度, squareness)이다. 그림 7.66과 그림 7.67은 각각 평행도와 직각도의 측정 예이다.

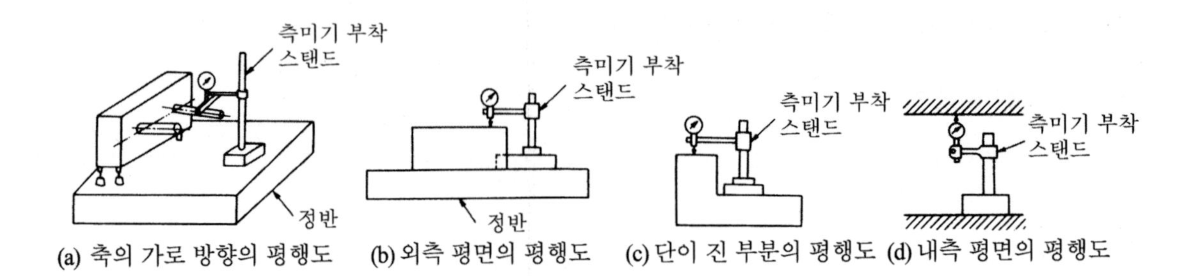

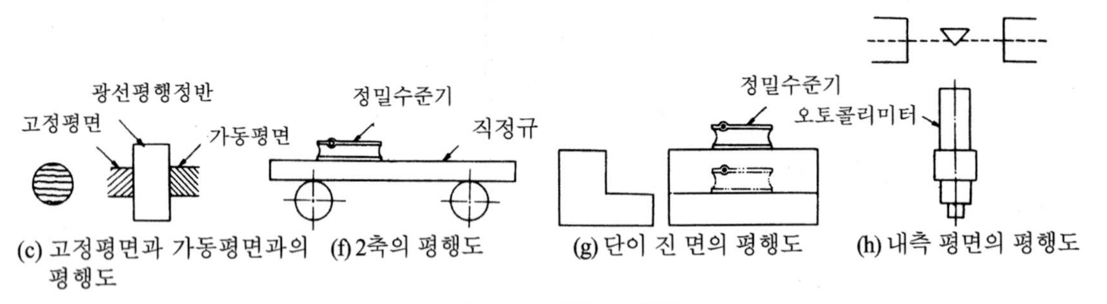

그림 7.66 **평행도의 측정**

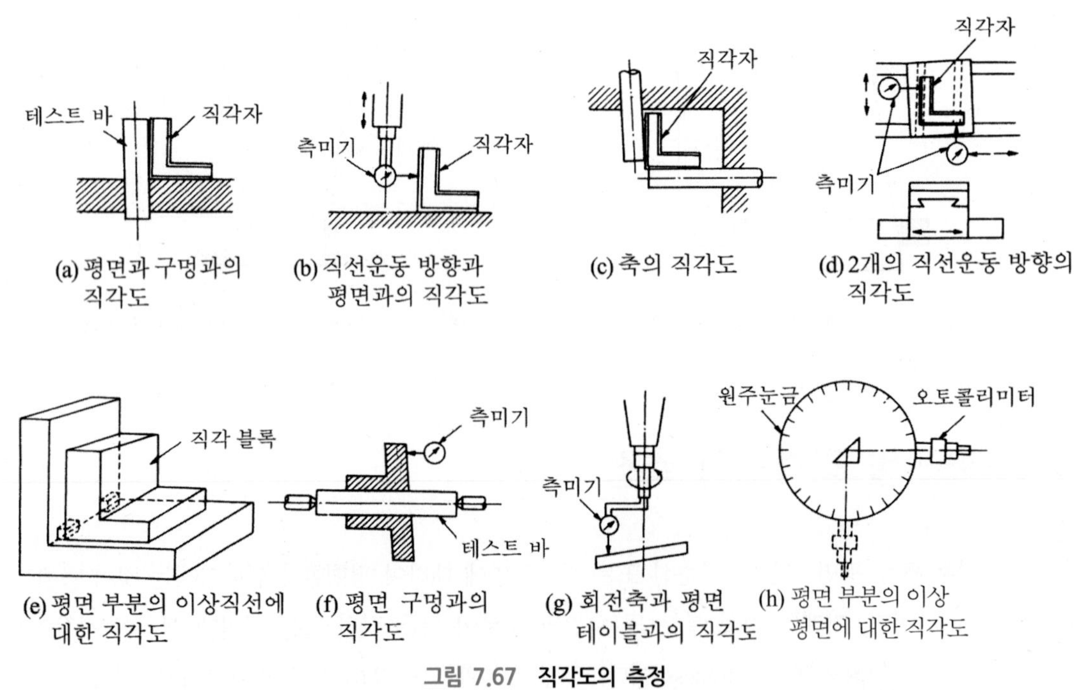

그림 7.67 **직각도의 측정**

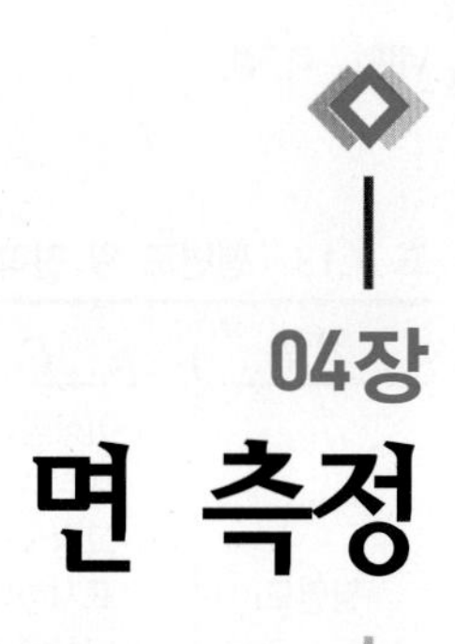

04장

면 측정

4.1 면 측정의 개요

기계가공에 의한 가공면은 기하학적인 이상면에 크고 작은 요철(凹凸)면의 연속이며, 이들 면은 공작기계의 정도, 공구의 형상, 가공 방법 및 소재 등의 영향을 받는다. 면의 정도를 측정하는 대상에는 평면도(平面度, flatness), 진직도(眞直度, straightness) 및 표면조도(表面粗度, surface roughness) 등이 있다.

4.2 평면도 및 진직도의 측정

4.2.1 평면도 및 진직도의 표시법

기계의 평면 부분이 이상평면보다 얼마만큼 차이가 있는가를 나타내는 것이 평면도(flatness)이다. 또 기계의 직선 부분이 이상직선보다 얼마만큼 차이가 있는가를 표시하는 것이 진직도(strainghtness)이다. 평면도 및 진직도의 표시법은 표 7.13과 같으며 KS B 0603과 KS B 0601에 규정되어 있다.

표 7.13 평면도 및 진직도의 표시법

명칭	표시법	표시 예
평면도	(1) 이상평면에 평행하며, 평면 부분의 가장 높은 곳과 낮은 곳을 지나는 두 개 평면을 생각하고, 이 두 평면의 거리로 나타낸다. (2) 고정도의 평면이나 대형의 평면 등에서 (1)의 표시가 불가능할 때는 다음과 같이 표시한다. 이상평면에 대한 (ㄱ) 평균곡률반경 (ㄴ) 경사의 최대편차 (ㄷ) 최대의 틈새의 크기 (ㄹ) 서로 닿는 부분의 양	평면도 _mm, _μ 곡률반경 _μm 최대경사 _sec _mm/m 틈 새 _mm 닿 는 량 _개/_cm² _%
진직도	(1) 이상직선에 평행하고, 직선 부분의 가장 높은 곳과 낮은 곳을 지나는 두 개 직선을 생각하며, 이 두 직선의 거리로 나타낸다. 방향을 생각할 때(수평방향, 연직방향 등) 수평방향의 진직도는, 이상직선에 평행한 두 개의 연직면에서 기계의 직선 부분을 끼웠을 때 두 평면의 최대간격으로 표시한다. (2) 축심의 진직도는 이상축심을 포함하는 임의의 절단면의 방향의 진직도중 최대치로 표시한다. (3) 고정도의 기계의 직선 부분이나 긴 부분에서 (1)의 표시가 불가능할 때는 특례로 표시해도 좋다.	직 진 도 _mm _μ 최대경사 _sec _mm/m

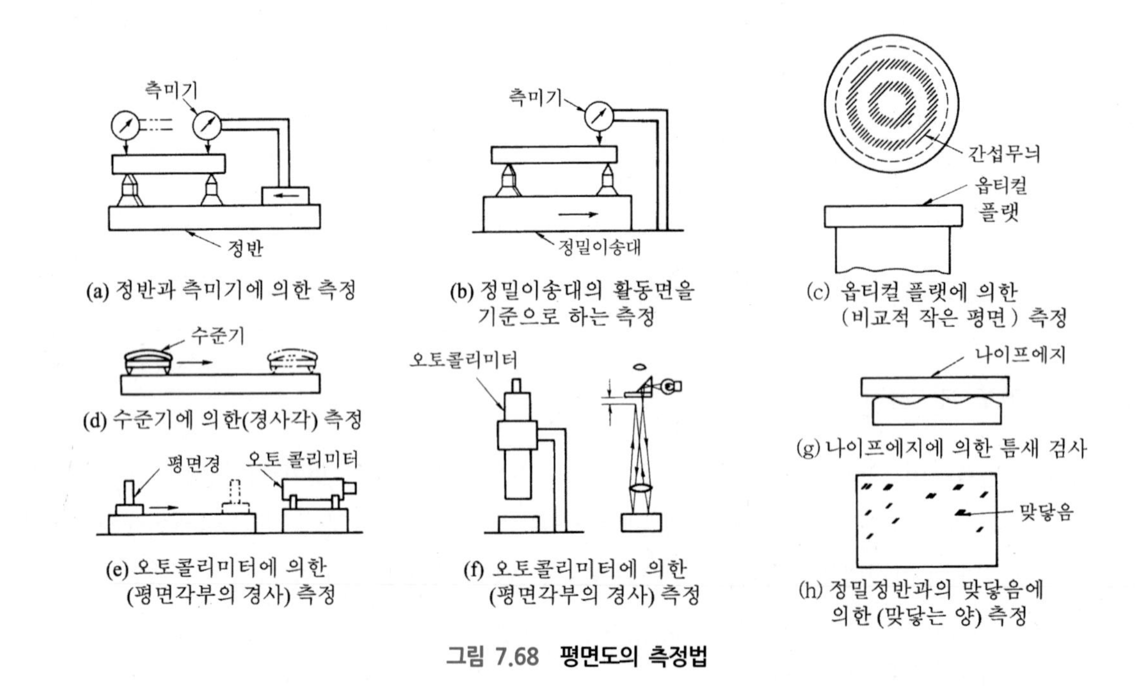

그림 7.68 평면도의 측정법

4.2.2 평면도 및 진직도의 측정

평면도(平面度, flatness) 및 **진직도**(眞直度, straightness)를 측정하는데는 주로 수준기, 오토콜리미터, 측미기(測微器), 정반(surface plate), 정밀 이송대, 광선정반(optical flat) 등을 사용한다. 그림 7.68, 그림 7.69는 평면도 및 진직도의 측정법을 도시하며, 표 7.13과 표 7.14는 그림 7.68의 설명이다.

표 7.14 평면도의 측정방법의 보기

측정방법	설명도	측정기구
정반 위에 3개의 받침판을 놓고, 그 위에 측정할 기계부품을 올려놓아, 그 평면 부분의 3점으로부터 정해지는 이상평면을 정반과 평행이 되도록 하고, 측미기를 정반면에 평행으로 이동시켰을 때의 눈금을 읽어 그의 최대치와 최소치의 차를 구한다.	그림 7.68 (a)	정반, 측미기
이송대의 미끄럼면을 기준으로 하여 위의 방법으로 측정한다.	" (b)	정밀 이송대, 측미기
광선 정반을 대어 그 간섭무늬로부터 평행도를 구한다.	" (c)	광선 정반
경사각을 연속적으로 측정하여 그 값으로부터 평행도를 구한다.	" (d)	수준기 또는 오토콜리미터
오토콜리미터를 사용하여 평균 곡률반지름을 구해서 평면도를 추정한다.	" (f)	오토콜리미터
평면 각 부의 경사를 측정하여 경사의 최대 편차로서 평면도를 추정한다.	" (e)	수준기 또는 오토콜리미터
나이프에지로서 틈을 만들어 가장 큰 틈의 크기로부터 평면도를 추정한다.	" (g)	나이프에지(knife edge), 틈새게이지
정밀 정반에 평면을 맞닿게 했을 때 서로 닿는 부분의 양으로부터 평면도를 추정한다.	" (h)	정밀 정반

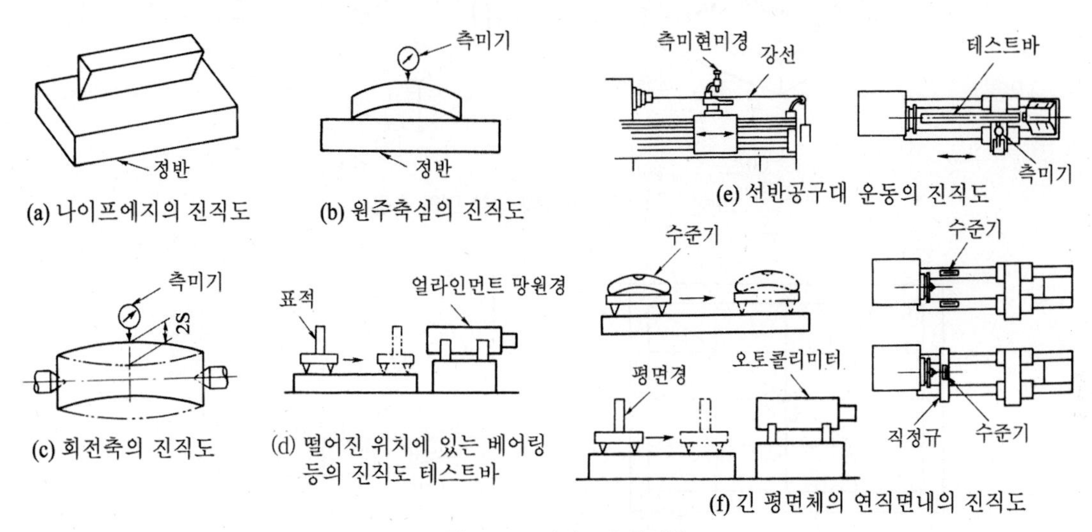

그림 7.69 진직도의 측정법

1) 직각정규에 의한 측정

직각정규(直角正規, straight edge)에는 공구실용 직각정규, 강제장방형 단면직각정규 및 주철제 직각정규 등이 있다. 공구실용 직각정규는 그림 7.70과 같은 것으로서 에지(edge)부는 약간 둥글게 되어 있고 열의 전도를 막기 위하여 불량도체의 손잡이가 있는 것도 있다. 측정법은 직각정규를 측정물에 접촉시켜 에지와 면 사이에서 나오는 햇빛에 의한다. 햇빛의 길이가 3 μm 이상이면 백색이고 그보다 좁으면 다른 색으로 보인다. 그리고 0.5 μm 이하이면 보이지 않는다.

그림 7.71(a)에서는 동일 치수의 블록게이지를 받쳐 직각정규와 면의 거리를 블록게이지에 의하여 측정하고, 그림 7.71(b)에서는 직각정규 외에 인디케이터(indicator)를 슬라이딩시키면서 측정면을 측정하는 것

이다. 그리고 그림 7.72와 같은 넓은 면을 측정할 때에는 A, E, U점에 같은 치수의 블록게이지를 놓고 M점을 구하여 그 높이에 맞는 블록게이지를 놓는다. 같은 방법으로 나머지 점에서 높이에 맞는 블록게이지를 놓는다.

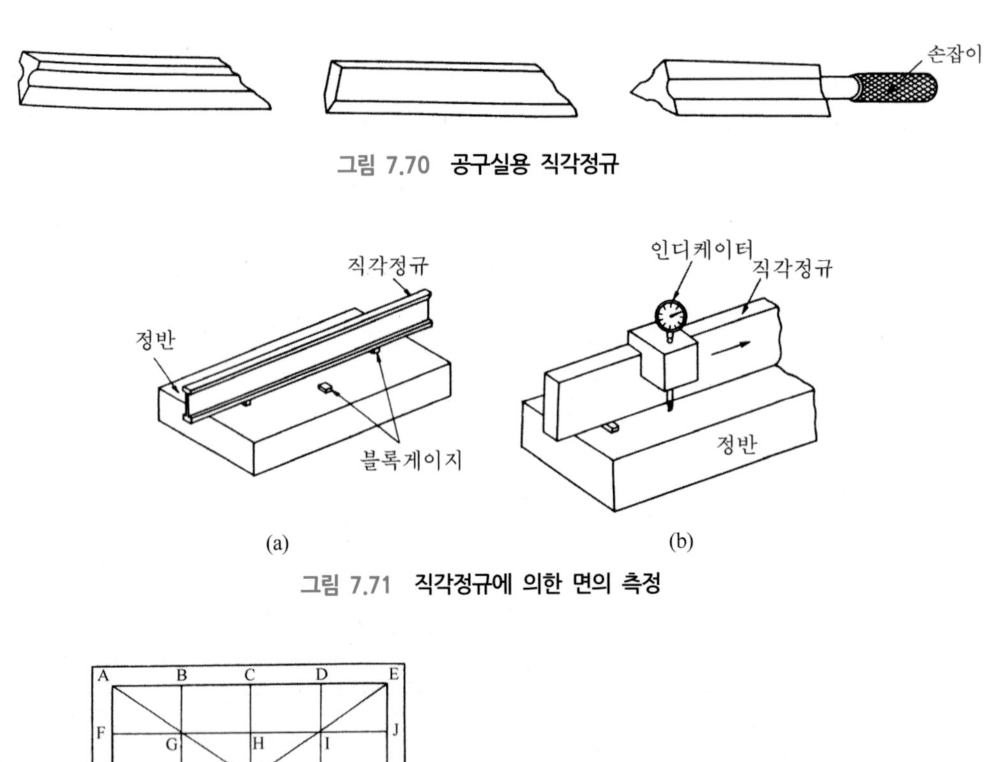

그림 7.70 **공구실용 직각정규**

그림 7.71 **직각정규에 의한 면의 측정**

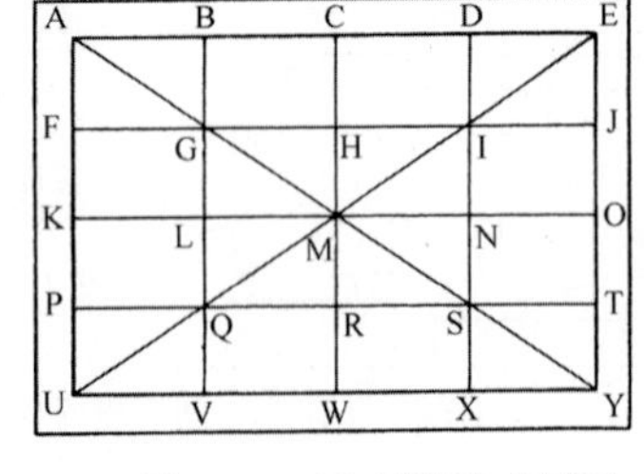

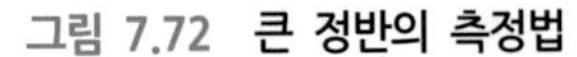
그림 7.72 **큰 정반의 측정법**

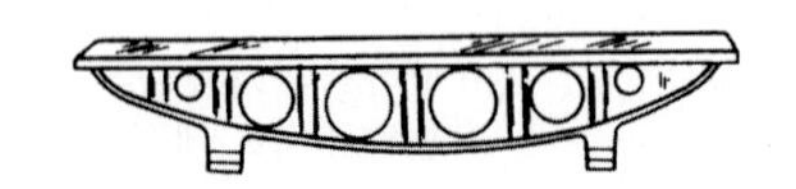

그림 7.73 **주철제 직각정규**

그림 7.73은 주철제 직각정규이며 이것은 좁고 긴 정반이라고 할 수 있다. 이것은 기계의 설치, 기계 공구지지면의 중심맞추기와 평면 측정에 사용되며, 평면 측정에는 표면에 광명단(光明丹) 등을 바르고 측정면을 접촉시켜서 밀어 보아 광면단이 묻어있는지를 확인하는 방법도 있다.

2) 광선정반에 의한 측정

광선정반(光線定盤, optical flat)은 수정이나 광학유리로 된 지름 30 ~ 60 mm, 두께 10 ~ 12 mm 정도의 원판으로서 상하면이 평행하게 정밀가공되어 있다.

대개의 광파간섭(光波干涉)을 이용한 측정에서는 단색광원을 사용한다. 이들은 단일 **파장**(波長, wave length)의 빛을 방사하며, 광원으로는 셀레늄, 헬륨, 카드뮴 등이 사용된다. 각 밴드(무늬)는 11.6마이크로인치(11.6×10^{-6} in)의 높이의 차를 나타낸다. 이 **간섭무늬**(interference band)는 그림 7.74와 같은 현상으로 생기게 된다. 즉, 광선정반(optical flat)은 입사한 광의 일부는 바로 광선정반 바닥면에서 반사되나, 일부는 이를 통과하여 측정면 표면까지 도달된 후 반사된다.

그림에서 *A*점에서 반사된 광은 180°만큼 위상이 지체되어, 이 틈새(gap)를 지날 때 1/2파장의 길이를 더 지나가게 된다. 이리하여 *A*에서 검은 밴드가 생긴다. *B*점에서는 정반과 측정면간의 거리는 3/4파장이므로 여분의 경로길이는 1.5파장이며, 이와 반사(정반바닥에서의)로 인한 180°의 위상 변화를 가진 빛과 중첩시키면 2개의 반사광은 위상이 동조되어 밝은 밴드가 된다. C에서는 다시 검은 밴드가 된다. 만약 단색광이 23.2마이크로인치의 파장을 가지면 각 간섭밴드는 11.6마이크로인치를 나타낸다. 이리하여 정확한 평면 부분에서는 규칙적인 간섭밴드가 나타나고, 이것이 흐트러지면 정확한 평면이 아님을 나타낸다.

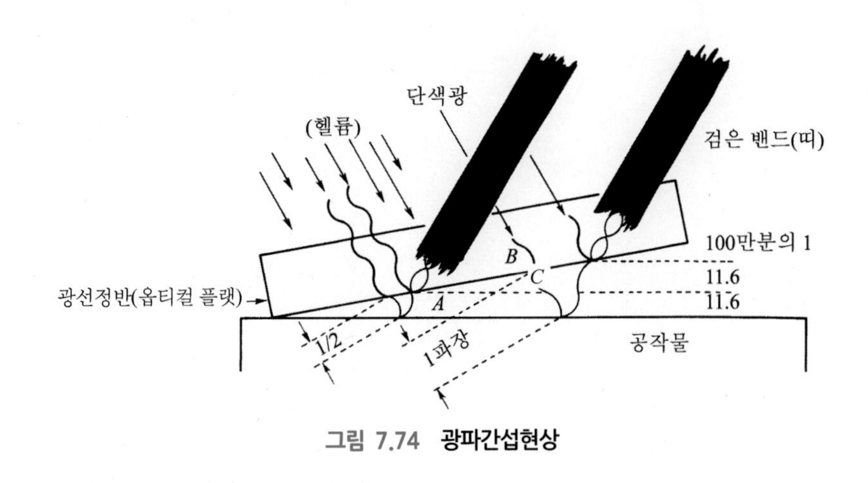

그림 7.74 광파간섭현상

광선정반으로 측정하면 그림 7.75와 같은 다양한 간섭무늬가 나타난다.

간섭무늬의 간격은 사용 광선의 반파장에 해당하며 백색광에 대해서는 약 0.25 μm이다. 그러므로 간섭무늬의 형상과 수에 의하여 측정면의 정밀도를 알 수 있다. 그림 7.75(d), (e)는 비슷한 무늬로써 요철을 판정하기는 어렵다. 이때는 광선정반의 중앙을 손끝으로 눌러 무늬가 중앙에서 외측으로 움직이면 볼록면, 반대로 외측에서 중앙으로 움직이면 오목면이다. 그림 7.75(d), (e)는 무늬가 4개이므로 중앙에서는 $0.25\ \mu m \times 4 = 1\ \mu m$의 높이 및 깊이를 갖고 있다.

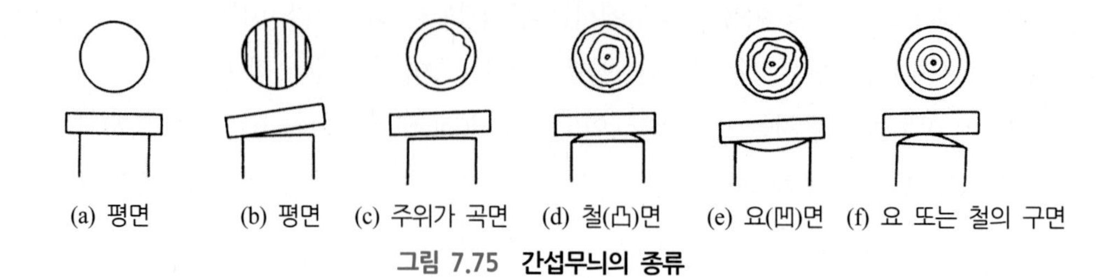

그림 7.75 간섭무늬의 종류

05장 나사 측정

5.1 나사 측정의 개요

나사를 사용 목적에 따라 분류하면 체결용 나사와 동력전달용 나사가 있으며, 나사산의 형상에 따라 분류하면 삼각나사(triangular thread), 둥근나사(round thread), 제형(梯形)나사(trapezoidal thread), 사각나사(square thread) 및 톱니나사(buttress thread) 등이 있다. 그림 7.76은 각종 나사의 나사산의 형상이다.

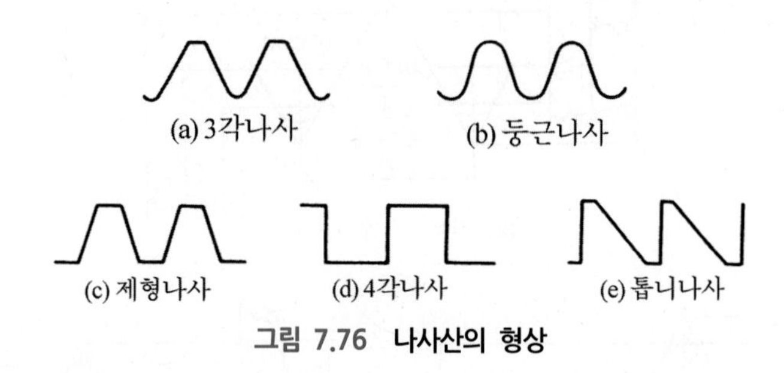

그림 7.76 나사산의 형상

표 7.15 3각나사의 종류

구분	명 칭	규격	적용 범위
미터식	미터 보통 나사	KS B 0201	호칭 지름 0.25 ~ 68 mm
	미터 가는 나사	KS B 0204	호칭 지름 1 ~ 300 mm
인치식	위트워스 보통 나사	1971. 7 폐지	호칭 지름 1/4 ~ 6″
	위트워스 가는 나사		1호, 2호 호칭 지름 9.5 ~ 150 mm
	유니파이 보통 나사	KS B 0203	No. 1 ~ 12 및 호칭 지름 1/4 ~ 4″
	유니파이 가는 나사	KS B 0206	No. 0 ~ No. 12 및 호칭 지름 1/4 ~ 1 1/2″

이 장에서는 삼각나사의 측정법에 대하여 취급하며, KS규격에서는 표 7.15, 표 7.16 및 그림 7.77에서와 같이 미터 나사와 인치 나사를 규정하고 있다.

표 7.16 각종 나사의 치수

기호	미터 보통 나사	위트워스 보통 나사	유니파이 보통 나사
H	0.866025 P	0.9605 P	0.866025 P
H_1	0.541266 P	0.6403 P	0.541266 P
r	–	0.1373 P	-
d_1	d^{-2} H₁	d^{-2} H₁	25.4d – 0.649519 P
d_2	d – H₁	d – H₁	25.4d – 1.0892532 P
$D_1{}'$	–	d_1 + 2 × 0.0769 h	-
P	P	25.4 /n	25.4 /n
α	60°	55°	60°

* n : 나사산 수/in

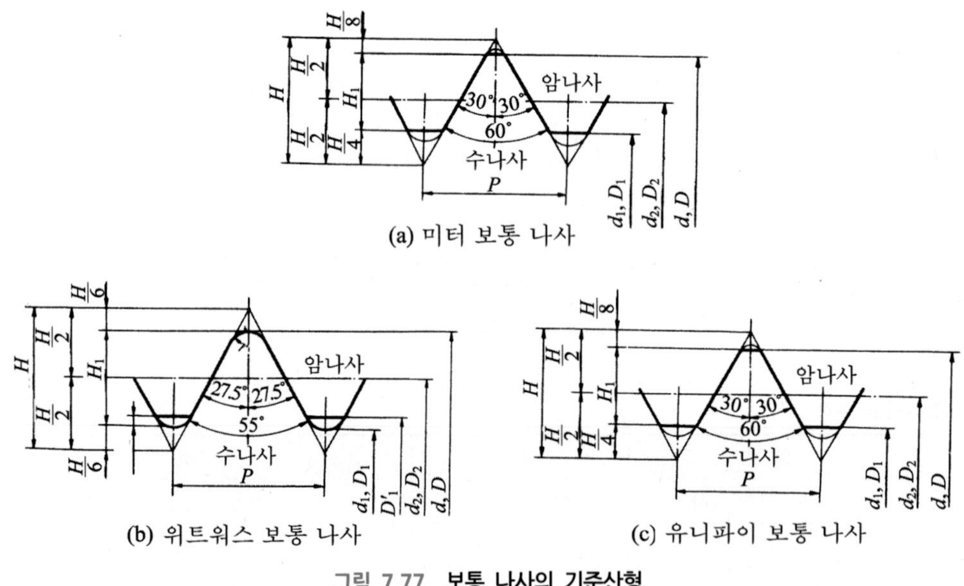

그림 7.77 **보통 나사의 기준산형**

나사를 측정할 때에는 다음 다섯 가지 요소를 측정한다(그림 7.78 참조).

① **바깥지름**(outside diameter) : 나사산 끝과 끝을 접하는 가상 원통의 지름(d)

② **골지름**(full diameter) : 나사의 골과 골을 접하는 가상 원통의 지름(d_1)

③ **유효 지름**(effective diameter) : 나사홈의 너비와 나사산의 너비가 같도록 한 가상 원통의 지름(d_2)이

며, 보통 개략값으로 바깥지름과 골지름의 평균값을 택한다.

④ **피치**(pitch) : 축선을 포함하는 단면에서 이웃하는 나사산과 산 또는 골과 골 사이의 거리(p)

⑤ **나사산의 각** : 축선을 포함하는 단면에서 이웃하는 2개의 나사산의 면이 이루는 각(α)

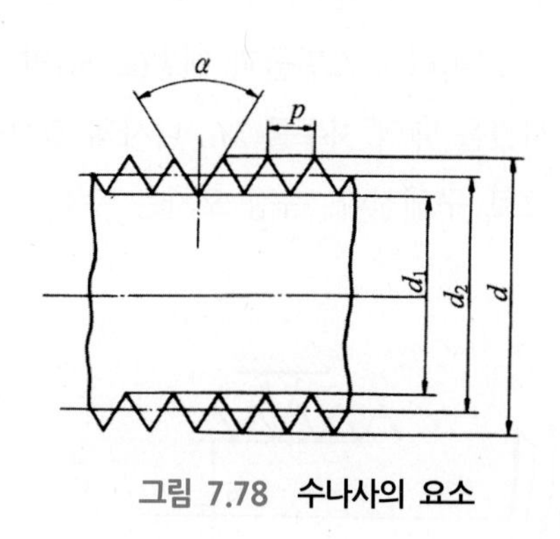

그림 7.78 **수나사의 요소**

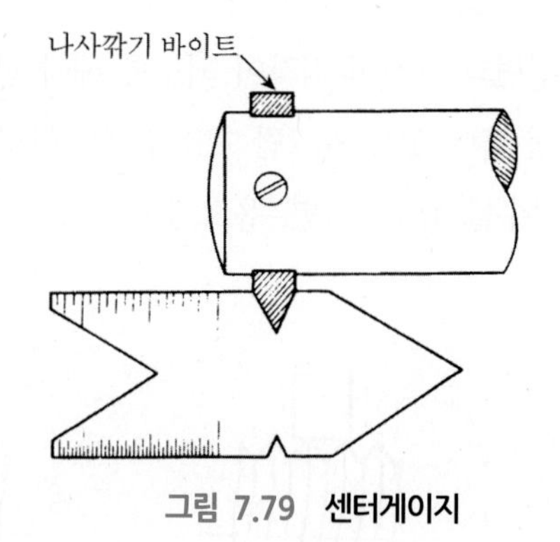

그림 7.79 **센터게이지**

5.2 나사 측정

5.2.1 게이지에 의한 측정

1) 표준게이지

표준 나사 링게이지와 표준 나사 플러그게이지가 있으며, 수나사 또는 암나사의 기준이 되는 게이지이다. 앞에서 설명한 표준 나사 게이지를 참조하라.

2) 한계게이지

나사가 공차범위에 있는지를 확인하기 위하여 통과측(go end)과 정지측(not go end)이 있는 플러그게이지와 링게이지가 있다.

3) 각도게이지(screw thread angle gauge)

선반의 나사절삭용 바이트의 각을 측정하고 검사하는 데 사용되며, 그림 7.79의 센터게이지 등이 이에 속한다.

4) 피치게이지

나사의 피치(pitch)를 측정하는 게이지이다.

5.2.2 수나사의 측정

1) 나사 마이크로미터에 의한 측정

그림 7.80, 그림 7.81과 같이 나사 마이크로미터로 수나사의 바깥지름과 골지름 및 유효지름을 측정하며, 이때 측정면과 축선이 직각이 되도록 해야 한다. 마이크로미터의 스핀들과 앤빌(anvil)의 선단에 각각 원추형과 V형 홈이 있으며(그림 7.81 참조), 이것을 접촉시켰을 때의 치수를 M_1, 나사의 경사면에 접촉시켰을 때의 치수를 M_2라 하면, 유효경 d_2는 $d_2 = M_2 - M_1$으로 구해진다. 측정 오차는 수십 μm에 달한다.

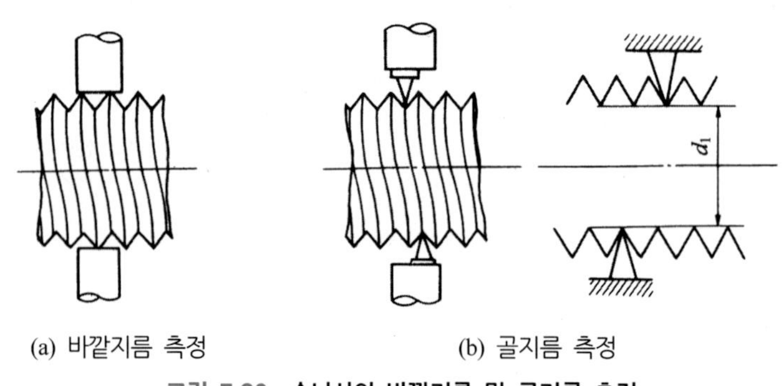

(a) 바깥지름 측정　　(b) 골지름 측정

그림 7.80 수나사의 바깥지름 및 골지름 측정

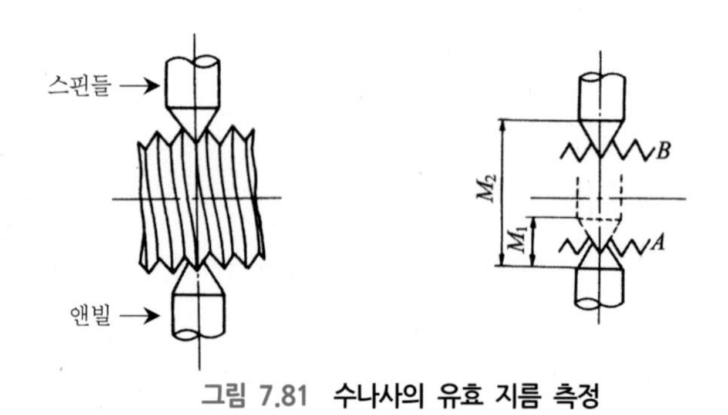

그림 7.81 수나사의 유효 지름 측정

2) 삼침법

그림 7.82와 같이 나사의 골에 3개의 침을 끼우고 이들 침의 외측거리 M을 외측 마이크로미터, 측장기 등으로 측정하여 수나사의 유효 지름을 계산하는 방법을 **삼침법**(三針法, three wire method)이라 한다.

침의 지름을 W, 나사의 피치를 p, 나사산의 각을 α라 하면 유효 지름 d_2는 다음과 같다.

$$AB = \frac{W}{2} + OC - AC$$

$$= \frac{W}{2} + \frac{W}{2} \cdot \operatorname{cosec}\frac{\alpha}{2} - \frac{p}{4} \cdot \cot\frac{\alpha}{2} \tag{7.23}$$

그런데 $d_2 = M - 2AB$이므로

$$\therefore\ d_2 = M - W\left(1 + \text{cosec}\frac{\alpha}{2}\right) + \left(\frac{p}{2} \cdot \cot\frac{\alpha}{2}\right) \tag{7.24}$$

미터나사(metric thread)에서는 $\alpha = 60°$이고, 위트워스나사(whitworth thread)에서는 $\alpha = 55°$이므로

$$d_{2m} = M - 3W + 0.86603p \ \ (\text{미터나사})$$
$$d_{2w} = M - 3.1657W + 0.96049p \ \ (\text{위트워스나사}) \tag{7.25}$$

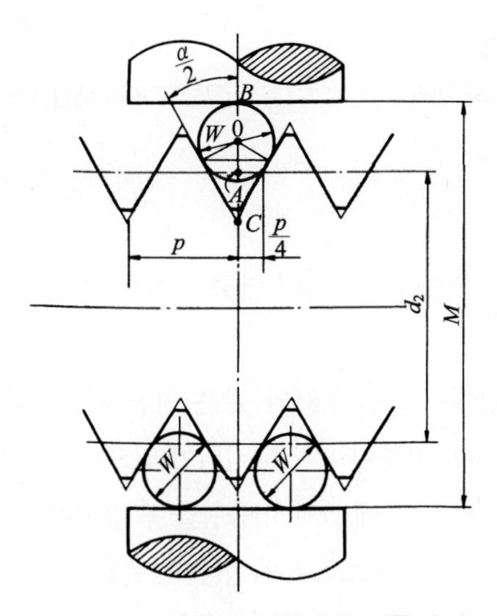

그림 7.82 3침법에 의한 유효 지름 측정

3) 광학적 방법

광학적(光學的) 방법은 측정압력으로 인한 오차가 없으며 유효경(有效徑) d_2는 복잡한 계산이 필요 없고 직접 읽을 수 있다. 특히 나사각의 정확한 측정은 이 방법에 의존한다.

나사 측정용 광학장치에는 현미경을 사용하는 것과 투영장치를 사용하는 것이 있으며, 높은 정밀도를 요하지 않는 짧은 것을 측정할 때에는 공구현미경이 사용되고, 보다 정도 높고 긴 것의 측정에는 윤곽투영기 등이 사용된다.

공구현미경의 대안 렌즈에는 그림 7.83과 같은 **형판**(型板, templet plate)이 있어 나사각과 피치를 검사할 수 있고 분도기의 눈금이 있는 대안 렌즈를 사용하면 임의의 각도도 측정할 수 있다.

그림 7.84와 같이 대안 렌즈상의 십자선에 나사산면(flank) $E_1\ F_1$를 겹치게 했을 때 마이크로미터의 읽음과 $E_2\ F_2$를 겹치게 했을 때 마이크로미터의 읽음의 차가 나사의 피치이고, E_1F_1과 E_3F_3에 대한 읽음의 차가 나사의 유효경이 된다.

윤곽투영기는 스크린에 확대된 상을 실측하거나 촬영하여 검사하고 측정하는 데 사용된다.

그림 7.83 **대안 렌즈의 형판**

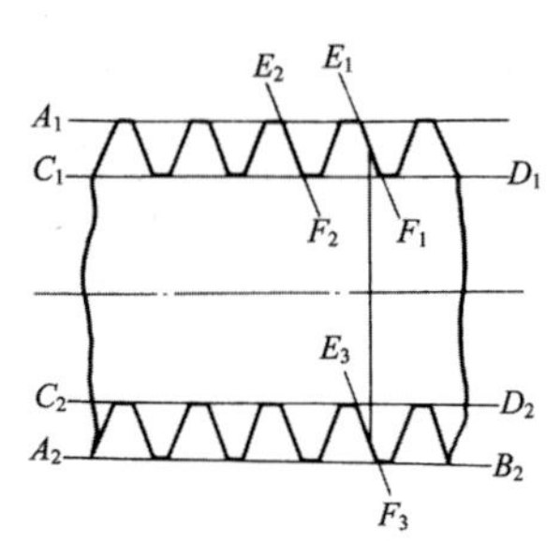

그림 7.84 **대안 렌즈에 의한 나사의 피치와 직경 측정**

5.2.3 암나사의 측정

암나사의 측정에는 수나사의 경우보다 어려움이 많고 오차도 크며, 직경 10 mm 이하의 나사에 대하여는 측정이 거의 불가능하다.

직경이 큰 암나사의 피치 측정에는 그림 7.85와 같은 만능 피치 측정기를 사용한다.

베드 A 위에 이동대 *B*가 있고 *B*에 표준자 *C*가 고정되어 있으며 레버 *D*가 연결되어 있다. *D*의 선단에 있는 측정구 *F*를 나사골에 따라 움직일 때 *B*의 이동량을 측정현미경 *G*로 읽으면 피치를 알 수 있다.

골직경과 안직경은 내측 마이크로미터 등으로 측정하고, 유효경은 삼침법에 의하여 측정할 수 있다.

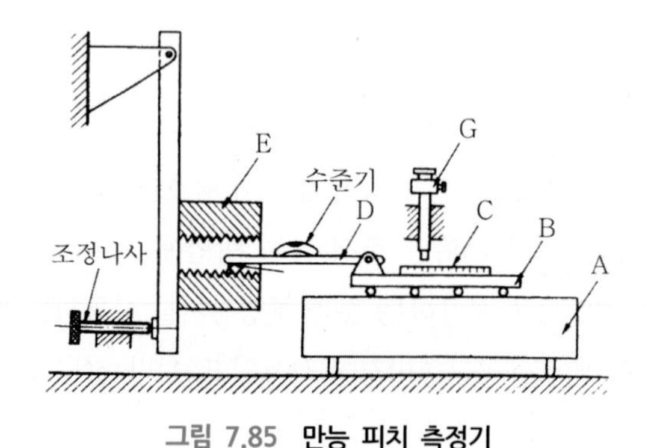

그림 7.85 **만능 피치 측정기**

5.2.4 테이퍼 나사의 측정

관과 관부품 등에는 유체의 누수를 막기 위하여 테이퍼 나사를 사용하며 이에 대한 규격은 KS B 00222에 규정되어 있다. 그림 7.86에 나타낸 테이퍼 나사 검사용 플러그게이지와 링게이지를 사용하여 검사한다.

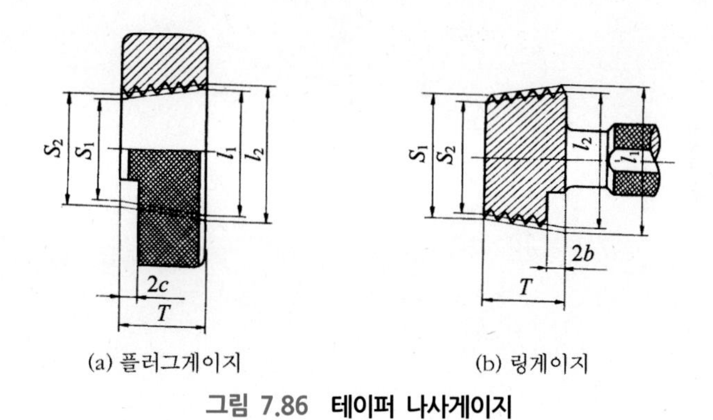

(a) 플러그게이지 (b) 링게이지

그림 7.86 테이퍼 나사게이지

06장

기어 측정

6.1 기어 측정의 개요

기어(齒車, gear)는 축과 치형에 따라 평 기어(spur gear), 베벨기어(bevel gear), 웜 기어(worm gear), 헬리컬 기어(helical gear), 인볼류트 기어(involute gear) 및 사이클로이드 기어(cycloid gear) 등이 있으며, 기어시험기에는 치형을 검사하는 치형 검사기, 피치 및 편심오차(偏心誤差)를 검사하는 기어검사기, 한 쌍의 기어를 맞물리어 검사하는 물림검사기 및 이두께를 검사하는 이두께 측정기 등이 있다.

일반적으로 인볼류트 치형의 평 기어가 많이 사용되며, 측정할 각 요소는 그림 7.87에 나타내었고, 이들 각 부의 명칭(기호 포함)과 치수비를 표 7.17에 나타내었다.

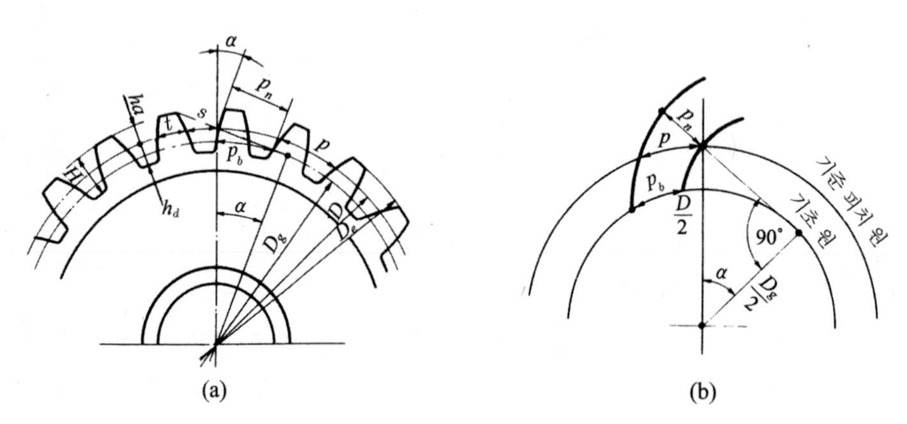

그림 7.87 기어의 형상 및 측정부

6.2 기어 측정

6.2.1 피치 측정

기어의 피치에는 그림 7.87과 같이 **원주(圓周) 피치**(circular pitch) p, **법선(法線) 피치**(normal pitch) p_n 및 **기초원(基礎圓) 피치**(base circle pitch) p_b가 있으며, 이들의 관계는 다음과 같다.

$$p_n = p_b = p \cdot \cos\alpha \tag{7.26}$$

표 7.17 표준 기어 각부의 명칭과 치수비

기호	명칭	치수비	
		미터식	인치식
α	압력각		
p	원주 피치	$\pi M = \frac{\pi D}{Z}$	$\frac{\pi}{DP} = \frac{\pi D}{Z}$
p_n	법선 피치	$\pi M \cdot \cos\alpha$	
p_b	기초원 피치	p_n	
t	이두께	$1.5708M = \frac{p}{2}$	$\frac{1.5708}{DP} = \frac{p}{2}$
s	이홈의 폭	〃	〃
h_a	이끝높이	$M = \frac{p}{\pi}$	$\frac{1}{DP} = \frac{p}{\pi}$
h_d	이뿌리높이	$1.157M$	$\frac{1.157}{DP}$
H	총이높이	$2.157M$	$\frac{2.157}{DP}$
D	피치원 지름	$MZ = \frac{p \cdot Z}{\pi}$	$\frac{\pi}{DP} = \frac{\pi \cdot Z}{\pi}$
D_g	기초원 지름		
D_e	이끝원 지름	$(Z+2)M$	$\frac{Z+2}{DP} = \frac{(Z+2)p}{\pi}$

1) 원주 피치 측정

그림 7.88과 같이 이끝면 또는 이뿌리면을 지지하고 인접한 피치점에 접촉시켜 두 점간의 직선길이를 측정하거나 이 점들이 기어 중심에 대하여 이루는 중심각을 측정한다.

2) 법선 피치 측정

그림 7.89와 같이 곡선의 성질을 이용한 것으로 기초원의 법선상에서 인접한 치면간의 거리를 측정한다.

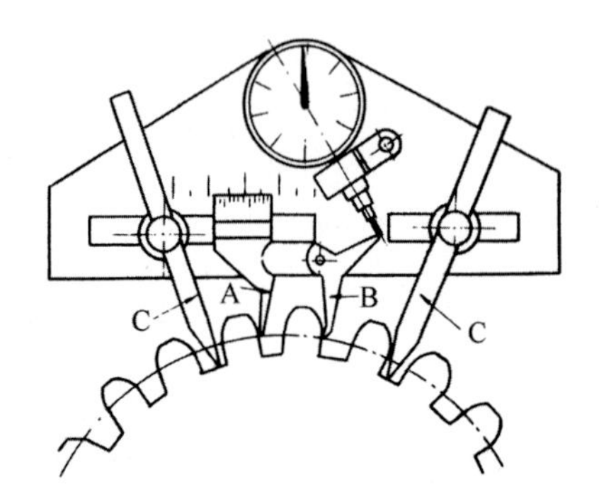

그림 7.88 **피치 측정기(C. Mahr)**

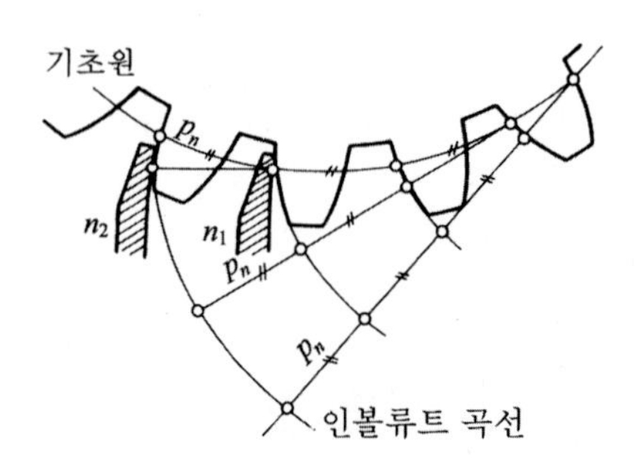

그림 7.89 **법선 피치 측정**

3) 측정결과 처리

그림 7.90과 같이 p_n을 기준 법선피치, $p_{n1}, p_{n2}, \cdots, p_{ni}$를 실제의 법선피치라 하고, $x_i = p_{ni} - p_n$을 기준으로 하여 다음과 같은 양을 구한다.

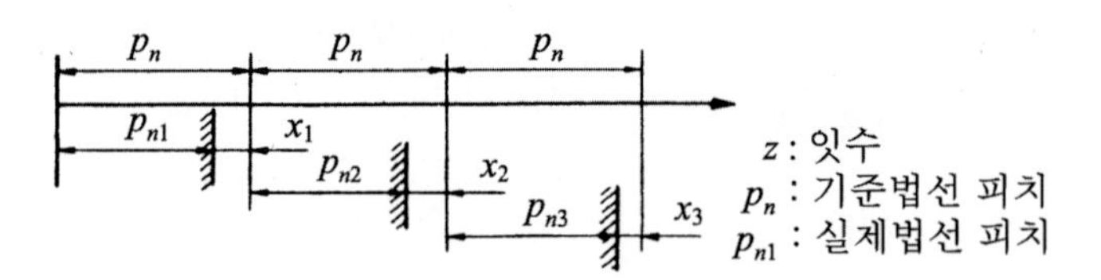

그림 7.90 **법선 피치 오차**

① 평균법선(平均法線) 피치 오차(x_m) : 측정값 x_i의 평균값으로 다음과 같이 나타낼 수 있다.

$$x_m = \frac{x_1 + x_2 \cdots + x_z}{z} = \frac{\sum_{i=1}^{z} x_i}{z} \tag{7.27}$$

② 단일법선(單一法線) 피치 오차(e_i) : 각 측정값 x_i에서 평균법선 피치 오차 x_m을 뺀 값이다.

$$e_i = x_i - x_m \tag{7.28}$$

③ 누적법선(累積法線) 피치 오차(E_i) : 단일법선 피치 오차 e_1를 $i = 1$에서 i까지 가산한 값으로 나타낸다.

$$E_i = (e_1 + e_2 + \cdots + e_i) = \sum_{i=1}^{n} e_i \tag{7.29}$$

기어의 최후 z매째의 누적법선 피치 오차 E_z는 다음과 같이 0이 된다.

$$E_z = \sum_{i=1}^{z} e_i = \sum_{i=1}^{z}(x_i - x_m) = \sum_{i=1}^{z}\left(x_i - \frac{\sum_{i=1}^{z} x_i}{z}\right) = \sum_{i=1}^{z} x_i - \frac{\sum_{i=1}^{z} x_i}{z} \cdot z = 0$$

④ 인접법선(隣接法線) 피치 오차(δ) : 인접한 단일법선 피치 오차의 차로 나타낸다.

$$\delta = e_i - e_i - 1 \tag{7.30}$$

δ는 동적 하중이나 소음에 대하여 중요한 영향을 미친다.

6.2.2 이두께 측정

제작된 기어의 이두께를 측정하여 소정의 정밀도를 갖고 있는지를 확인하는 방법으로서, 현 이두께 측정법, 걸치기 이두께 측정법 및 핀(또는 볼)에 의한 측정법 등이 있다.

1) 현 이두께(chordal thickness) 측정

임의의 깊이에서 이두께 T를 측정할 수 있으나 일반적으로 이론적인 피치 원상에서 측정하며, 측정된 현(弦)의 이두께 T는 피치원상의 두께와 차이가 있으나 그 차는 일반적으로 무시한다.

그림 7.91에서

Z : 잇수　　　　　　　　　　d_p : 피치원의 지름

d_a : 이끝 원의 지름　　　　　S : 이끝 높이(addendum)

H : 수정된 이끝 높이(addendum)　T : 현 이두께

라 하면

$$T = 2\left(\frac{d_p}{2} \cdot \sin\gamma\right) = 2\left[\frac{d_p}{2}\sin\left(\frac{2\pi}{Z}/4\right)\right]$$

$$= 2\left(\frac{d_p}{2}\sin\frac{\pi}{2Z}\right) = \mathrm{d_p} \cdot \sin\frac{\pi}{2Z} \tag{7.31}$$

$$H = \frac{d_p}{2}(1-\cos\gamma) + \frac{d_a - d_p}{2} = \frac{d_p}{2}\left(1-\cos\frac{\pi}{2Z}\right) + S \tag{7.32}$$

가 되며 H와 T를 측정하여 식 S와 피치원상의 이두께 $\frac{\pi d_p}{2Z}$를 산출하여 검사할 수 있다.

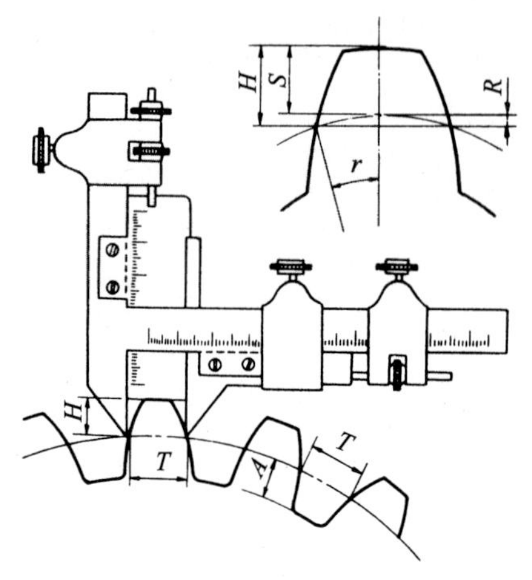

그림 7.91 **치형 버니어 캘리퍼스에의 측정**

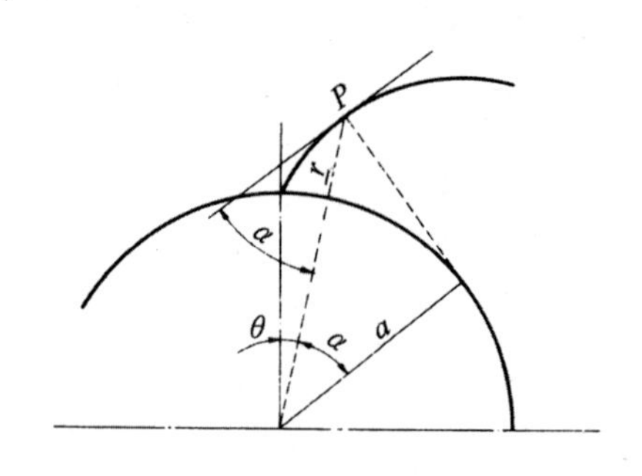

그림 7.92 **인볼류트 치형 곡선**

2) 걸치기 이두께 측정

이 측정법은 외경변화에 의한 영향을 받고, 비틀림 각(helix angle)이 크고 치면이 좁을 때에는 충분한 수의 치(齒)를 캘리퍼로 물릴 수 없다.

그림 7.92의 인볼류트(involute) 치형곡선에서

a : 기초원의 반지름 r : 동경(動徑)
θ : 방향각(radian) α : 압력각(radian)

이라 하면 다음의 관계식이 얻어진다.

$$r = \frac{a}{\cos\alpha} \tag{7.33}$$

그림 7.93과 같이 3개의 이를 포함하는 걸치기 이두께 M을 측정하고, 다음의 계산값과 비교한다. 편의상 기초원을 이 뿌리원보다 작게 표시했다.

r : 피치원의 반지름
T : 피치원상의 원주 이두께
S : 측정구간에서의 이 홈의 수
α : 압력각(도)

이라 하면 다음 관계식이 얻어진다.

$$M = a\left(2 \cdot \frac{T/2}{r} + \frac{2\pi \cdot S}{Z} + 2 \cdot \theta\right) = a\left(\frac{T}{r} + \frac{2\pi \cdot S}{Z} + 2 \cdot \theta\right) \tag{7.34}$$

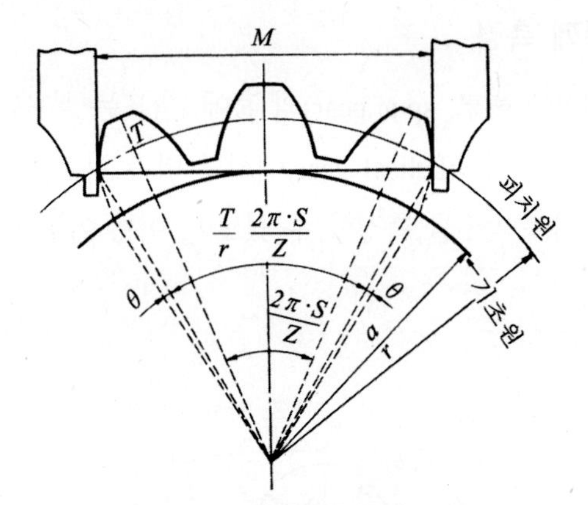

그림 7.93 걸치기 이두께 검사법

식 (7.32)에 식 (7.31)을 대입하면

$$M = r \cdot \cos\alpha\left(\frac{T}{r} + \frac{2\pi \cdot S}{Z} + 2 \cdot \theta\right) \tag{7.35}$$

그런데 $T = \frac{1}{2}\times(\text{pitch}) = \frac{1}{2} \cdot \frac{2\pi}{Z} \cdot \mathrm{r} = \frac{\pi}{2} \cdot \mathrm{r}$이므로

$$M = r \cdot \cos\alpha\left(\frac{\pi}{Z} + \frac{2\pi \cdot S}{Z} + 2 \cdot \theta\right) = r \cdot \cos\alpha\left[\frac{\pi(1+2S)}{Z} + 2 \cdot \theta\right] \tag{7.36}$$

diametral pitch $DP = \frac{Z}{D}(D\,\text{inch}) = \frac{Z}{2\mathrm{r}}$에서 $r = \frac{Z}{2 \cdot DP}$

$$\therefore M = \frac{1}{DP}\left[\frac{\pi(1+2S)}{2} \cdot \cos\alpha + Z \cdot \theta\cos\alpha\right] \tag{7.37}$$

만일 $\frac{\pi}{2}cos\alpha = C_1,\ \theta \cdot \cos\alpha = C_2$로 놓으면

$$M = \frac{1}{DP}[(1+2S) \cdot C_1 + Z \cdot C_2] \tag{7.38}$$

또 $(1+2S)C_1 + Z \cdot C_2 = C$로 놓으면

$$M = \frac{1}{DP} \cdot C(\text{in}) \tag{7.39}$$

C는 S의 함수이며 S는 적당히 택할 수 있으나 피치원 부근에서 측정하는 것이 좋다.

3) 핀(또는 볼)에 의한 이두께 측정

그림 7.94에서와 같이 평 기어(平歯車, spur gear)의 홈에 핀(또는 볼)을 넣어 2개의 핀의 외측 치수를 측정하여 이두께를 구한다. 헬리켈 기어(helical gear)에서도 외측 치수를 측정하고 헬리컬 내접(內接) 기어(helical internal gear)에서는 내측 치수를 측정할 수 있으며, 이는 이두께 측정 중에서 가장 정확한 방법 중의 하나이다.

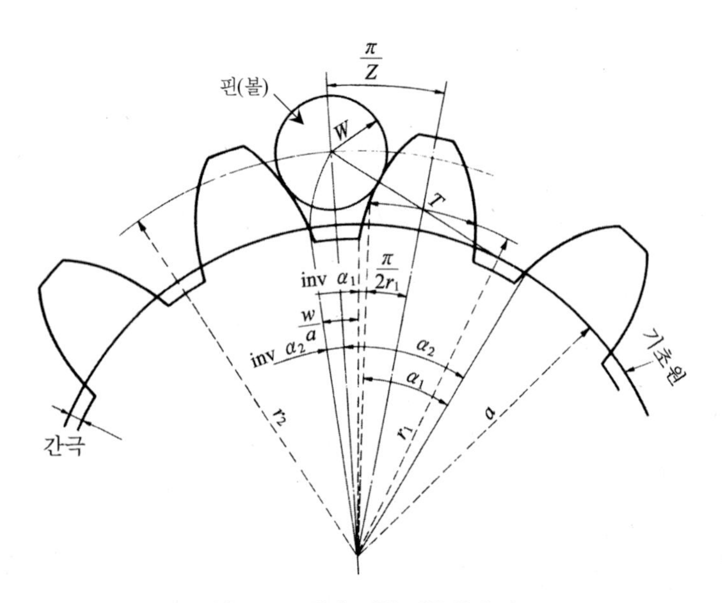

그림 7.94 핀에 의한 이두께 측정

T : 피치원상의 원주 이두께 r_1 : T측정 위치까지의 반지름
α_1 : r_1에서의 압력각 W : 핀의 반지름
r_2 : 기어의 중심과 핀의 중심간의 거리 α_2 : r_2에서의 압력각
Z : 잇수

라고 하면 치중심과 인볼류트 곡선의 시작점 간의 중심각은

$$\frac{T}{2r_1} + \mathrm{inv}\alpha_1 \tag{7.40}$$

이다.

또 다른 인볼류트는 그림에서와 같이 핀의 중심을 통과하고 치중심과 인볼류트 곡선이 시작되는 시점의 중심각은

$$\frac{T}{2r_1} + \mathrm{inv}\alpha_1 + \frac{\mathrm{W}}{\mathrm{a}} \ \text{(대략값)}$$

$$\therefore \ \mathrm{inv}\alpha_2 = \frac{\mathrm{T}}{2\mathrm{r}_1} + \mathrm{inv}\alpha_1 + \frac{\mathrm{W}}{\mathrm{a}} - \frac{\pi}{\mathrm{Z}} \tag{7.41}$$

이고

$$r_2 = \frac{r_1 \cdot \cos\alpha_1}{\cos\alpha_2} \tag{7.42}$$

이다.

잇수가 짝수이면 핀이 끼워진 홈간의 직선은 기어의 중심을 통과할 것이고, 이때의 측정 거리를 M이라 하면

$$M = 2(r_2 + W) \tag{7.43}$$

가 되고, 잇수가 홀수일 때에는

$$M = 2\left(r_2 \cdot \cos\frac{\pi}{2Z} + W\right) \tag{7.44}$$

식 (7.39)에서

$$T = 2r_1\left(\frac{\pi}{2} + \mathrm{inv}\alpha_2 - \mathrm{inv}\alpha_1 - \frac{\mathrm{W}}{\mathrm{a}}\right) = 2r_1\left(\frac{\pi}{2} + \mathrm{inv}\alpha_2 - \mathrm{inv}\alpha_1 - \frac{W}{\mathrm{r}_1 \cdot \cos\alpha_1}\right) \tag{7.45}$$

이다. 식 (7.45)에 의하여 이두께를 계산하고 검사한다.

연습문제

제1장 측정의 기초

1. 측정방법의 종류를 열거하고 설명하여라.

2. 측정과 계측의 의미를 각각 설명하여라.

3. 직접측정과 간접측정에 대하여 설명하여라.

4. 절대측정과 상대측정에 대하여 설명하여라.

5. 정밀측정의 범위를 설명하여라. 그리고 초정밀측정의 범위도 설명하여라.

6. 측정 오차에 대하여 설명하여라.

7. 공차와 오차를 비교설명하여라.

8. 공차의 종류를 열거하고 설명하여라.

9. 계통적 오차와 우연 오차에 대하여 설명하여라.

10. 정확도(accuracy)와 정밀도(precision)를 그림을 그려서 설명하여라.

11. 측정오차의 원인에 대하여 설명하여라.

12. 표준편차에 대하여 설명하여라.

13. 오차의 정규분포에 대하여 설명하여라.

14. 다음의 측정기에 대하여 설명하여라.
① 도기 ② 지시측정기 ③ 인디케이터 ④ 시준기
⑤ 게이지

15. 측정방법 가운데 편위법과 영위법을 설명하여라.

16. 시대별 측정 정밀도의 변천과정을 그림을 그려서 설명하여라.

제2장 길이 측정

17. 1 m를 정의하라.

18. 길이 측정에 영향을 미치는 인자에 대하여 설명하여라.

19. 길이 측정기의 종류를 열거하고 설명하여라.

20. 온도가 길이 측정에 영향을 미치는 것에 대하여 설명하여라.

21. 버니어 캘리퍼스의 측정원리에 대하여 설명하여라.

22. 외측 마이크로미터의 측정원리를 설명하여라.

23. 지렛대식 다이얼 게이지의 용도를 설명하여라.

24. 측장기의 측정원리와 오차발생에 대하여 설명하여라.

25. 아베의 원리(principle of Abbe)에 대하여 설명하여라.

26. 유도형 전기 마이크로미터의 측정원리를 설명하여라.

27. 공기 마이크로미터의 측정원리를 설명하고 특징을 열거하라.

28. 공구현미경과 윤곽투영기에 대하여 설명하여라.

29. 표준게이지의 종류를 열거하고 각각의 측정원리를 설명하여라.

30. 표준게이지 가운데 다음을 설명하여라.
① 블록게이지 ② 봉게이지 ③ 원통게이지 ④ 테이퍼게이지
⑤ 롤러게이지 ⑥ 원판게이지 ⑦ 나사게이지

31. 한계게이지에 대하여 설명하여라.

32. 축용 한계게이지에 대하여 설명하여라.

33. 틈새와 죔새에 대하여 설명하여라.

제3장 각도 측정

34. 각도측정기의 종류를 열거하고 설명하여라.

35. 요한슨식과 NPL식 각도게이지에 대하여 설명하여라.

36. 수준기에 의한 각도측정방법을 설명하여라.

37. 사인 바에 의한 각도측정법을 설명하여라.

38. 오토콜리미터에 의한 측정법의 원리를 설명하고, 용도에 대하여 설명하여라.

39. 테이퍼 측정방법의 종류를 열거하고 설명하여라.

40. Ball을 이용한 내측 테이퍼 측정에 대하여 설명하여라.

41. 평행도와 직각도 측정방법을 설명하여라.

제4장 면 측정

42. 평면도와 진직도의 측정방법에 대하여 설명하여라.

43. 평면도와 진직도의 표시방법에 대하여 설명하여라.

44. 직각정규를 이용하여 면의 평면도를 측정하는 방법에 대하여 설명하여라.

45. 광파간섭현상에 대하여 설명하여라.

제5장 나사 측정

46. 나사의 종류를 용도에 따라 분류하고 설명하여라.

47. 나사에 대하여 그림을 그리고 다음을 설명하여라.

① 바깥지름 ② 골지름 ③ 유효지름 ④ 피치
⑤ 나사산의 각도

48. 나사마이크로미터를 이용한 수나사의 측정방법에 대하여 설명하라.

49. 삼침법에 의한 나사 측정방법을 설명하여라.

50. 대안 렌즈에 의한 나사의 피치와 직경 측정 방법에 대하여 설명하여라.

51. 테이퍼나사의 측정방법에 대하여 설명하여라.

제6장 기어 측정

52. 기어를 그리고 다음을 설명하여라.

① 피치원 지름 ② 기초원 지름 ③ 이끝원 지름 ④ 이끝높이
⑤ 이뿌리높이 ⑥ 총이높이 ⑦ 이두께 ⑧ 압력각
⑨ 원주피치 ⑩ 법선피치 ⑪ 기초원피치 ⑫ 이 홈의 폭

53. 기어의 원주피치와 법선피치 측정방법에 대하여 설명하여라.

54. 기어의 이두께 측정방법에 대하여 설명하여라.

55. 현(弦) 이두께 측정방법에 대하여 설명하여라.

56. 핀(또는 볼)에 의한 이두께 측정방법을 그림을 그려서 설명하여라.

57. 걸치기 이두께 측정방법을 설명하여라.

심화문제

01. 오차의 종류를 열거하고 설명하여라.

풀이 측정을 할 때 측정기, 측정방법 및 측정조건의 선정 등을 바르게 하여도 얻어진 측정값과 지정치수(측정대상물의 이상적인 치수) 사이에는 차이가 생긴다. 이를 오차(error)라 하며 다음과 같이 나타낼 수 있다.

$$오차율 = 측정값 - 지정치수$$

측정대상물의 지정치수가 클수록 측정기의 규모도 커야 하며 측정방법이나 측정조건도 복잡하게 되어 오차도 크게 된다. 그러므로 오차의 크기만으로 측정의 정확도를 비교하기란 어렵다. 따라서 오차는 오차율로서 나타낸다.

$$오차율 = \frac{오차}{지정치수} \times 100\%$$

이것이 작을수록 정밀도 또는 정확도가 높다고 할 수 있다.

오차의 종류를 대별하면 다음과 같다.

(1) 측정자의 오차 : 측정하는 사람이 눈금을 잘못 읽거나 기록을 잘못하는 등으로 인하여 생기는 오차이다.

(2) 계통적 오차 : 발생원인을 미리 알고 있는 오차이다.

① 이론오차 : 온도변화에 따른 팽창이나 수축으로 인하여 발생하는 오차로서 이론적으로 보정이 가능하다.

② 측정기의 고유오차 : 측정기 자체가 가지고 있는 오차이며 정밀도가 높은 다른 측정기와 비교함으로써 보정이 가능하다.

③ 개인오차 : 측정하는 사람에 따라서 측정기의 취급방법이나 눈금을 읽는 방법에 차이가 날 수 있는데 이로 인하여 생기는 오차이다. 측정기술을 충분히 습득하거나, 다수의 측정값의 평균치와 비교함으로써 보정이 가능하다.

(3) 우연오차 : 앞에서 열거한 오차들을 보정하여도 여러 가지 작은 오차들이 중첩되어 불규칙하게 나타난다. 이를 우연오차(random error)라 하며 이는 발생원인을 알 수 없을 뿐만 아니라 불규칙하게 나타나므로 보정이 불가능하다.

02. 표준편차(standard deviation)에 대하여 설명하여라.

풀이 표준편차 : S_d

측정값 : $x_1, x_2, x_3, \cdots, x_n$

측정값의 평균값 : $\bar{x}$

$$\bar{x} = \frac{1}{n}\sum_{i=1}^{n} x_i$$

표준편차 S_d는 다음과 같다.

$$S_d = \sqrt{\frac{1}{n-1}\sum_{i=1}^{n}(x_i - \bar{x})^2}$$

즉, 표준편차는 각 측정치의 오차 $(x_i - \bar{x})$를 제곱한 것의 평균값의 평방근이다.

03. 정밀도와 정확도에 관하여 도수분포도를 그려서 설명하여라.

풀이 예를 들어, 길이 L로 가공한 부품의 실제 길이를 여러 번 측정하면 아래 그림과 같은 정규분포에 가까운 분포를 나타낸다. 측정치의 평균값을 $\bar{x}$라 하고 지정치수(L)와 측정치의 평균값($\bar{x}$)과의 차를 δ_m이라 하면 이 δ_m의 작은 정도를 정확도(accuracy)라 한다. 그리고 측정치의 범위(ϵ)가 넓게 분포되어 있는데, 측정치의 평균값($\bar{x}$)에 대한 ϵ의 작은 정도를 정밀도(precision)라고 한다.

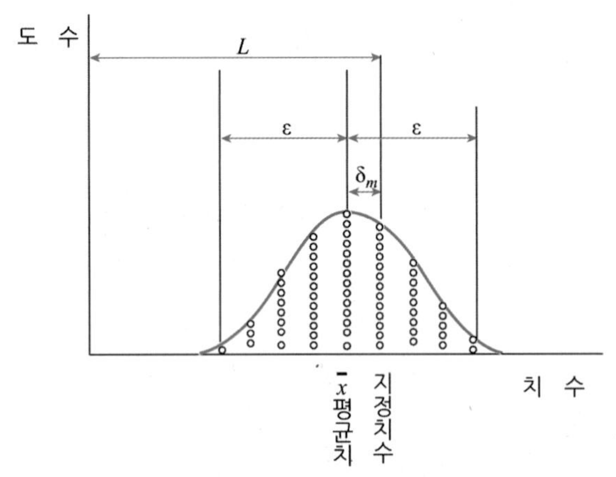

그림 길이 L로 가공한 부품의 측정치의 도수분포

04. 길이측정에 영향을 미치는 인자를 열거하고 설명하여라.

풀이 (1) 온도의 영향 : 측정대상물과 측정기는 온도가 변함에 따라 길이가 변하기 때문에 실내온도를 표준온도인 20℃로 해놓고 측정하거나 임의의 온도에서 측정하여 20℃일 때의 길이로 환산하여야 한다. 임의의 온도에서 측정대상물의 길이를 측정하여 이것을 20℃일 때의 길이로 환산하는 식은 다음과 같다.

L : 임의의 온도(t℃)에서 측정대상물의 길이

L_1 : 20℃일 때 측정대상물의 길이

t : 측정시의 온도

α_1 : 측정기의 열팽창계수

α_2 : 측정대상물의 열팽창계수

$$\begin{aligned} L_1 &= L + L \cdot \alpha_2 (20-t) - L \cdot \alpha_1 (20-t) \\ &= L - L \cdot \alpha_2 (t-20) + L \cdot \alpha_1 (t-20) \\ &= L + (\alpha_1 - \alpha_2)(t-20) \cdot L \end{aligned}$$

(2) 측정력의 영향 : 측정기를 측정대상물에 직접 접촉시켜 측정하는 경우에는 측정력이 작용하여 영향을 미친다. 그로 인하여 측정오차가 생긴다.

(3) 측정기의 선택 : 측정기 자체의 오차가 있으며 이것을 수시로 점검 및 보정할 필요가 있다.

05. 다이얼게이지의 구조를 그리고 이를 이용한 길이측정원리를 설명하여라.

풀이 다이얼게이지는 랙(rack)과 피니언(pinion)을 이용하여 미소길이를 확대표시하는 측정기로서 내부구조 및 각부 명칭은 그림과 같다. 즉, 게이지 스핀들의 선단이 물체에 닿으면 이것이 상하이동하면서 맞물려 있는 피니언을 회전시키게 되는데 이것은 눈금판의 침을 회전시켜 미소길이의 변화를 알 수 있으며 공작물의 평행도, 직각도, 진원도 등을 측정할 수 있다.

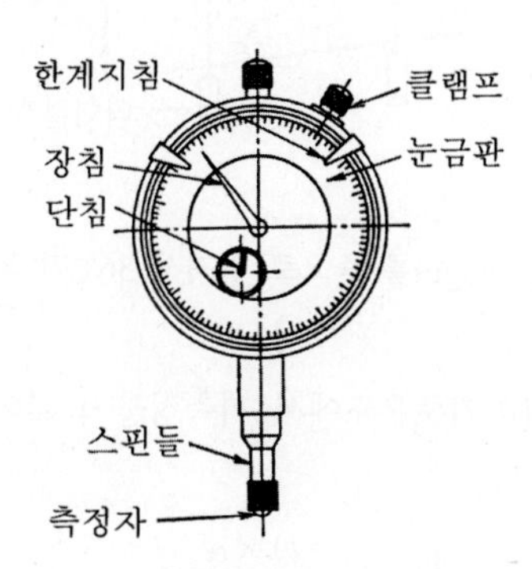

그림 다이얼게이지의 각부 명칭

06. 버니어 캘리퍼스의 아들자의 한 눈금은 어미자의 $n-1$개의 눈금을 n등분한 것이다. 어미자의 한 눈금을 a라 하면 한 눈금의 차는 어떻게 되는가?

풀이 아들자의 한 눈금을 b, 한 눈금의 차를 c라 하면

$$c = a - b = a - \frac{n-1}{n}a = \frac{1}{n}a$$

07. 어미자에 새겨진 0.5 mm의 24눈금(12 mm)으로 아들자를 25등분할 때 어미자와 아들자의 한 눈금의 차는 얼마인가?

풀이 $0.5 - \frac{12}{25} = \frac{25}{50} - \frac{24}{50} = \frac{1}{50}$ mm

08. 본척의 최소눈금이 1 mm이고 버니어의 눈금은 24.5 mm를 25등분하였다면 최소측정값은?

풀이 M : 최소측정값

l : 본척의 길이

n : 등분수

$$M = \frac{n-l}{n} = \frac{25-24.5}{25} = 0.02 \text{ (mm)}$$

09. 그림과 같이 다이얼게이지를 이용하여 테이퍼를 검사할 때 테이퍼값이 1/25이 되기 위해서는 다이얼게이지의 눈금 이동량은 얼마나 되어야 하는가?

풀이 $\frac{1}{25} \times 100 \times \frac{1}{2} = 2(\mathrm{mm})$

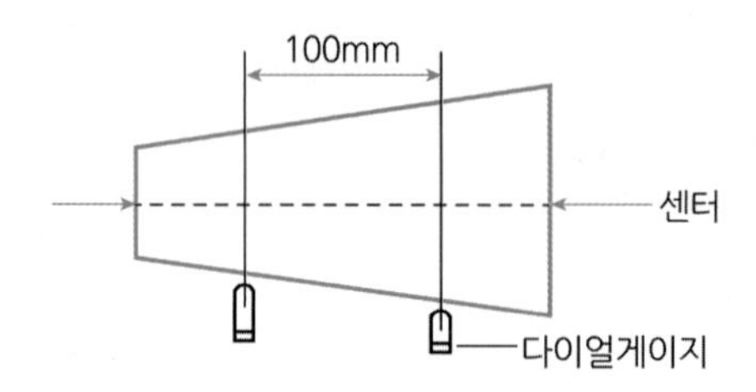

10. 20℃에서 20 mm의 블록게이지(block gauge)를 손으로 만져서 36℃가 되었다. 이때 블록게이지에 생긴 오차는?(단 $\alpha = 1.0 \times 10^{-6}/℃$)

풀이 t : 기준온도, t_1 : 측정온도, l : 기준온도에서 피측정물의 길이, r : 변화된 길이(=오차), α : 피측정물의 선팽창계수

$$\begin{aligned} r &= (t_1 - t) \times \alpha \times l \\ &= (36-20) \times 1.0 \times 10^{-6} \times 0.02 \\ &= 0.32(\mu\mathrm{m}) \end{aligned}$$

11. 길이 측정기로 듀랄루민 부품의 길이를 측정하였더니 25.000 mm였다. 이때 측정기의 온도가 26℃, 부품의 온도가 50.0℃, 선팽창계수가 각각 11.5×10^{-6}/deg, 22.6×10^{-6}/deg라고 하면 표준온도에서 측정했을 때 부품의 길이는 얼마가 되는가?

풀이 표준온도(20℃)에서 측정대상물의 길이 l_s는

$$l_s = l\{1 + \alpha_s(t_s - 20) - \alpha(t - 20)\}$$

단 α_s : 측정기의 선팽창계수(/deg) α : 측정대상물의 선팽창계수(/deg)
t_s : 측정기의 온도(℃) t : 측정대상물의 온도(℃)
l : 측정대상물의 t(℃)에서의 길이

$$\begin{aligned} l_s &= 25.000\{1 + 11.5 \times 10^{-6} \times (26.0 - 20) - 22.6 \times 10^{-6} \times (50.0 - 20)\} \\ &= 24.985(\mathrm{mm}) \end{aligned}$$

12. 길이 측정에서 아베(Abbe)의 원리에 대하여 설명하여라.

풀이 아베의 원리는 측장기에 있어서 표준척, 측미현미경, 측정물 지지대 등을 고정 및 이동시킬 때 상호위치 관계를 규정한 원리이다.

그림에서와 같이 표준자를 고정시키고 측미현미경을 이동시켜 현미경의 선단에 부착된 앤빌이 측정물에 닿게 한다. 측미현미경을 이동시킬 때 오차가 발생하며, 이 오차 가운데 현미경의 이동에 따른 축의 경사에 의한 것이 매우 크다. 이것에 의한 오차 ΔL은 다음과 같다.

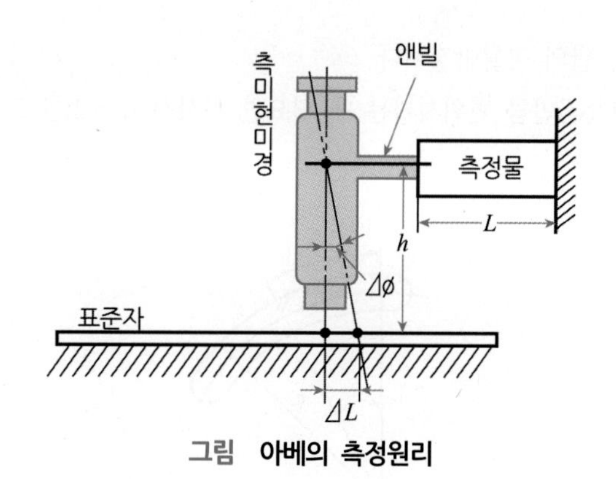

그림 아베의 측정원리

$$\Delta L = h \tan \Delta\phi \fallingdotseq h\Delta\phi$$

($\Delta\phi$가 매우 작을 때 $\tan \Delta\phi \fallingdotseq \Delta\phi$ ⋯ rad 단위)

ΔL은 $\Delta\phi$에 비례하여 생기기 때문에 상당량이 되며 무시할 수 없는 크기이다.

위와 반대로 측미현미경을 고정시키고 표준척을 이동시킬 때도 마찬가지이다. 이와 같이 표준척과 측정물 사이에는 측정방향이 일직선상에 있어야 한다는 것이 아베의 원리(principle of Abbe)이다.

13. 사인바(sine bar)를 이용하여 각도를 측정하는 방법에 대하여 설명하여라.

풀이 삼각함수의 사인(sine)을 이용하여 각도를 측정하는 방법으로서 그림과 같이 바(bar)의 양단에 정밀가공된 롤을 끼우고 일정 거리만큼 유지시킨다. 두 롤의 중심을 잇는 선과 바의 상면은 평행하게 되며, 두 롤의 중심거리는 계산하기 편리하도록 100 mm나 200 mm 등으로 되어 있다.

정반 위에 블록게이지를 얹고 그 위에 피측정물을 올려놓는다. 이때 경사진 사인바의 각도를 다음과 같이 계산한다.

$$\sin\alpha = \frac{H_1 - H_2}{L}$$

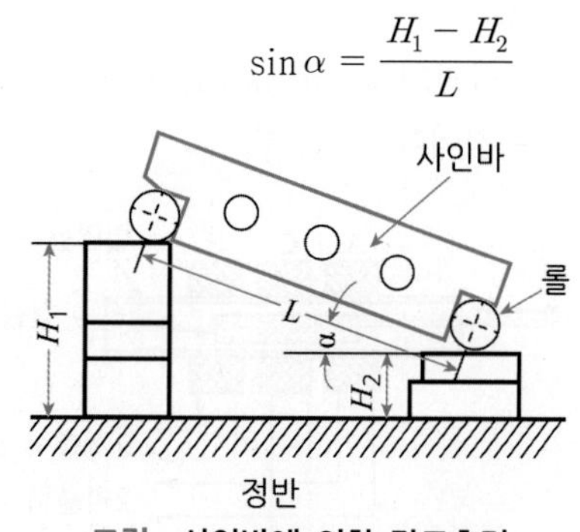

그림 사인바에 의한 각도측정

14. 수준기(level)에 의한 각도 측정원리를 그림을 그려서 설명하여라.

풀이 그림에서와 같이 유리관에 알코올이나 액체를 넣고 작은 공간을 두면 이것은 언제나 가장 높은 부분으로 떠오르게 된다. 이때 공간이 중앙에서 α(rad)만큼 기울어져 L만큼 떨어진 거리에 있다면

$$L = \alpha \cdot R$$

이 된다. 여기서 R은 관의 곡률반경이다.

유리관 속의 공간을 1눈금만큼 변위시키는 데 필요한 경사각 α(rad)를 그 수준기의 감도(sensitivity)라고 한다.

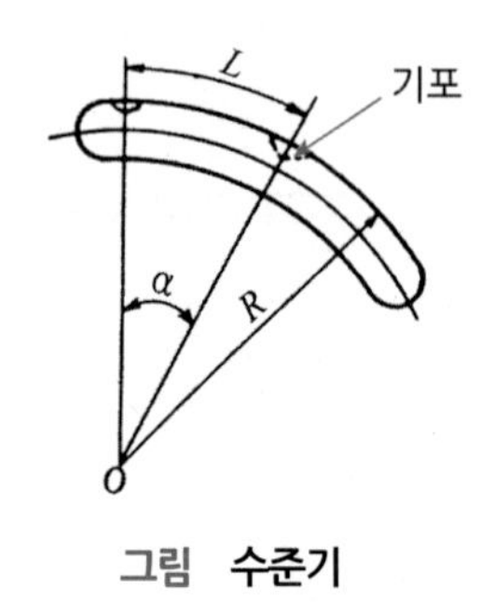

그림 수준기

15. 각종 테이퍼의 측정방법에 대하여 설명하여라.

풀이 (1) 테이퍼게이지에 의한 측정 : 표준 테이퍼게이지를 이용하여 테이퍼를 측정하는 것으로서 플러그(plug) 테이퍼게이지와 링(ring) 테이퍼게이지가 한 세트로 되어 있다.

(2) 롤러게이지와 블록게이지에 의한 측정 : 롤러게이지로 테이퍼부의 양단의 직경을 구하고 블록게이지로 높이를 구하여 높이에 대한 직경의 차의 비로서 테이퍼를 계산한다.

(3) 강구(steel ball)에 의한 측정 : 내측 테이퍼인 경우, 직경이 다른 두 개의 강구를 테이퍼부에 넣어 측정한다.

(4) 링게이지 또는 원판게이지에 의한 측정 : 링 또는 원판게이지로 테이퍼부의 내 · 외측 직경을 두 곳 측정하여 테이퍼를 구한다.

16. 차동변압기(LVDT)에 대하여 설명하여라.

풀이 차동변압기는 linear variable differential transformer(LVDT)로서 기계적인 변위를 이것에 비례한 전압 또는 전류로 변환하여 나타내는 것이다.

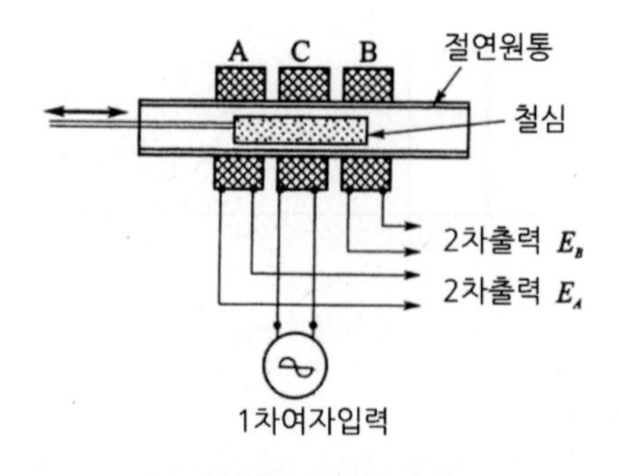

그림 차동변압기의 원리

차동변압기의 모양은 그림과 같으며 절연체의 원통 속에 철심이 들어 있고 원통에 A, B, C로 표시한 코일이 감겨 있다. 가운데 있는 C는 1차여자입력에 의해서 축방향으로 교류자속을 발생시키는 1차 코일이고 A, B는 C를 중심으로 좌우대칭을 이루는 2차 코일이다. A와 B에는 C에서 발생된 교류자속에 의해 각각 E_A 및 E_B의 2차 출력(전압)이 발생된다. 원통 속에 있는 철심이 중앙에 있으면 $E_A = E_B$가 되지만 철심이 어느 한쪽으로 치우치면 E_A, E_B의 차가 생기며 그 차 $E_A - E_B$의 값이 전기계기에 나타난다. 철심의 이동량(변위)이 작을 때 $E_A - E_B$는 변위에 비례하여 변화한다. 이것이 차동변압기이며 이 원리는 측정기에도 널리 이용되고 있다.

17. 길이 300 mm의 사인바로 29°를 측정하려면 블록게이지는 몇 mm를 사용하면 되는가?(단 사인바와 측정면이 일치함)

풀이 사인바의 길이를 L, 측정하려는 각도를 θ, 블록게이지의 길이를 l이라 하면

$$l = L \cdot \sin\theta = 300 \times \sin 29° = 145.44(\text{mm})$$

18. 200 mm의 사인바를 사용하여 피측정물의 경사면과 사인바의 측정면이 일치하였을 때 블록게이지의 높이가 42 mm 이었다면 이때의 각도 (θ)는 얼마인가?

풀이 $200\sin\theta = 42$

$$\sin\theta = \frac{42}{200} = 0.21$$

$$\therefore \theta = 12.12°$$

19. 양 롤의 중심거리가 100 mm인 사인바를 사용하여 피측정물의 높이를 측정한 결과 블록게이지의 높이가 17.45 mm에서 피측정물의 경사면과 사인바의 측정면이 일치하였다. 이때의 각도는 몇 도인가?

풀이 사인바의 길이 : L, 블록게이지의 높이 : h라고 하면 구배각 α는 다음과 같다.

$$\sin\alpha = \frac{h}{L} = \frac{17.45}{100} = 0.1745$$

$$\therefore \alpha \fallingdotseq 10° 3'$$

20. 수나사의 그림을 그려서 다음을 표시하고 각각에 대하여 설명하여라.

1) 바깥지름 2) 골지름 3) 유효지름 4) 피치
5) 나사산의 각

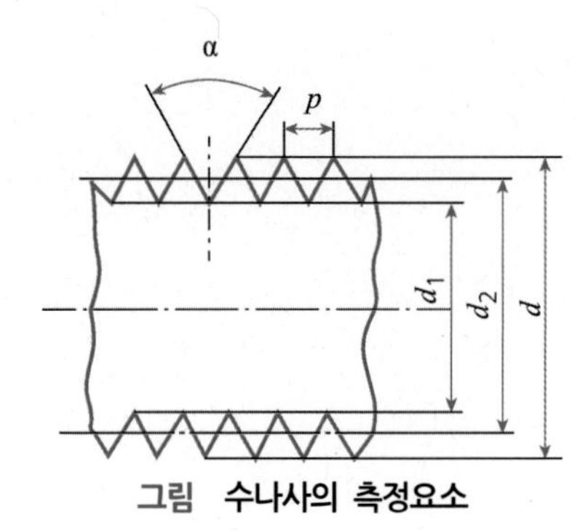

그림 수나사의 측정요소

풀이 (1) 바깥지름

나사산의 끝과 끝을 접하는 가상원통의 지름(d)이다.

(2) 골지름

나사의 골과 골을 접하는 가상원통의 지름(d_1)이다.

(3) 유효지름

나사의 산과 홈의 폭이 같도록 한 가상원통의 지름(d_2)으로서 보통 바깥지름과 골지름의 평균값으로 나타낸다. 즉, $d_2 = \dfrac{d + d_1}{2}$ 이다.

(4) 피치

나사의 이웃하는 산과 산 사이 또는 골과 골 사이의 거리(P)이다.

(5) 나사산의 각

이웃하는 두 개의 나사산의 면이 이루는 각(α)이다.

VIII

CNC 공작기계

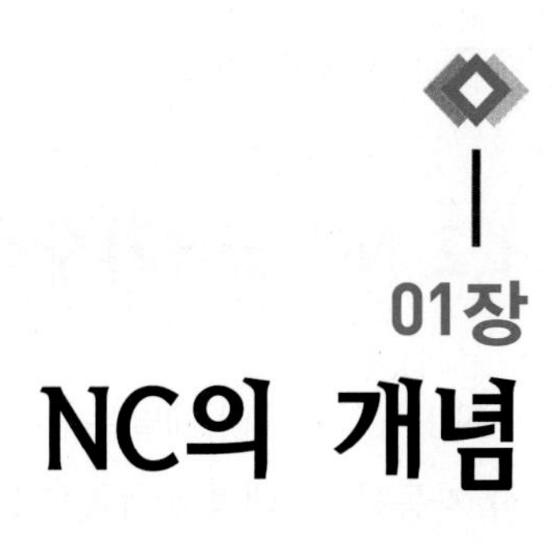

01장 NC의 개념

1.1 NC와 NC 공작기계의 정의

수치제어 공작기계(數値制御工作機械 : numerical control machine tool)는 공구와 공작물의 상대운동을 수치로 제어하는 공작기계를 의미한다. 즉 NC란 numerical control의 약자로 이송거리, 이송속도, 운동의 종류, 작업조건 등을 수치와 부호(符號)로 구성된 **수치정보**(數値情報, numerical data)로 종이테이프 또는 디스크에 기록하고, 이를 공작기계의 제어시스템에 지령하여 가공이 이루어지는 것을 말한다.

NC(수치제어)는 가공기술상의 큰 혁신이 이루어졌을 뿐만 아니라 관리면에서 매우 큰 변혁을 가져온 것이다. 또한 1대씩의 단독기의 자동화에 머물지 않고, 여러 대의 기계군(機械群)을 시스템으로 제어하거나 관리하기 위해서 가장 적합한 것이라 하겠다. 컴퓨터와 연결된 기계공장의 근대화 관리에는 중요한 역할을 하고 있고 그 가치는 점차 높아질 것으로 본다.

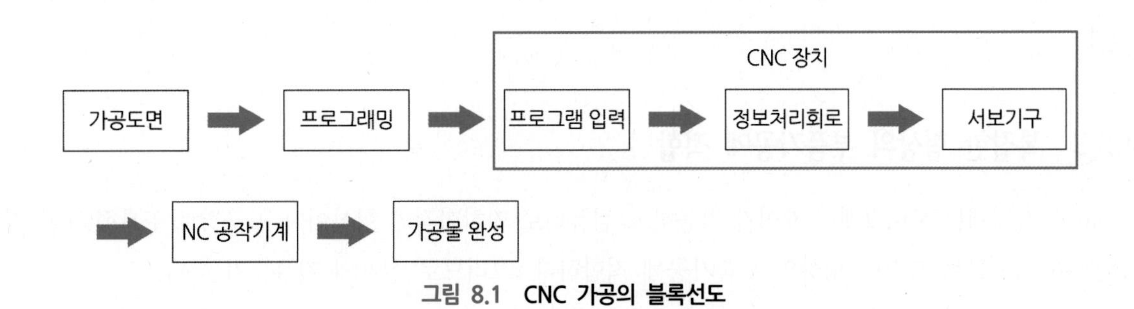

그림 8.1 CNC 가공의 블록선도

범용 공작기계는 사람이 직접 기계를 조작하지만 수치제어 공작기계는 NC 장치에서 NC 프로그램에 의해 기계조작이 이루어지므로, 기계 본체와 NC 장치(NC controller)가 분리되어 구성된 것이 차이점이다. 그림 8.1은 NC 작업이 이루어지는 순서를 보여주고 있다. 여기서 컴퓨터를 이용하여 프로그램을 입력시키고 정보처리를 하며 서보기구를 제어하는 것을 CNC(computerized numerical control)라고 한다.

1.2 NC 공작기계의 특징

NC 공작기계의 개발은 지금까지 인간이 수행하던 작업을 기계 자체에서 수행할 수 있게 하였으며, 생산 자동화 및 대량생산(大量生産)에 획기적인 전기를 마련하게 되었다. NC 공작기계는 NC 명령이 서보기구(servo mechanism)에 전달되어 절삭점의 위치와 속도를 제어하여 가공이 이루어지며 프로그램 및 데이터의 저장, 연산기능(演算機能)이 첨부되어 프로그램제어가 가능하다. 따라서 NC 공작기계는 범용 공작기계와 비교하여 다음과 같은 특징을 가지고 있다.

1.2.1 자동화에 의한 다품종 대량생산

NC 공작기계에서는 프로그램을 한 번 작성하면 동일한 가공을 반복할 수 있으므로 대량생산이 가능하고, 가공 부품의 종류가 많은 제품의 경우 전용기(專用機)를 사용하는 것보다 효율적으로 제품생산이 가능하다. NC 공작기계에 있어서도 제품의 종류가 달라지면 NC 프로그램, 치공구, 소재 등이 교환되어야 하므로 각 부품의 수요가 적은 소량생산의 경우에는 부적당하다.

그림 8.2는 범용기, 전용기 및 NC 공작기계의 생산개수에 따른 생산단가를 나타낸 것인데, NC 공작기계에 의한 생산단가는 동일형상의 제품이 10~100개 정도일 때 가장 싸다고 할 수 있다.

1.2.2 품질의 균일성, 정밀도 향상 및 조립작업 능률화

절삭가공에서 주축회전수, 이송, 절삭깊이, 사용공구 및 절삭유의 사용유무 등이 NC로 정량화하게 되므로 작업자가 바뀌어도 일정한 품질의 부품이 가공된다. 따라서 조립작업에서도 능률 향상을 기할 수 있다.

1.2.3 복잡한 형상의 부품가공에 적합

NC 공작기계는 프로그래밍 제어가 가능하고 컴퓨터로 기하학적인 형상이나 공구경로(工具徑路)를 연산할 수 있으므로 복잡한 형상의 부품가공에 적합하다. 그러므로 설계의 자유도가 높다.

그림 8.3은 범용기, 전용기 및 NC 공작기계의 제품 생산개수와 부품형상의 복잡성을 나타낸 것인데, NC 공작기계는 부품의 형상이 복합하면서 생산개수가 많을 때 가장 경제적이라고 할 수 있다.

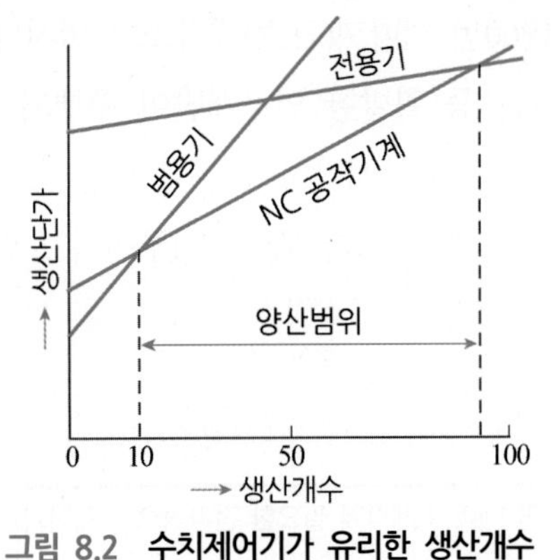

그림 8.2 수치제어기가 유리한 생산개수

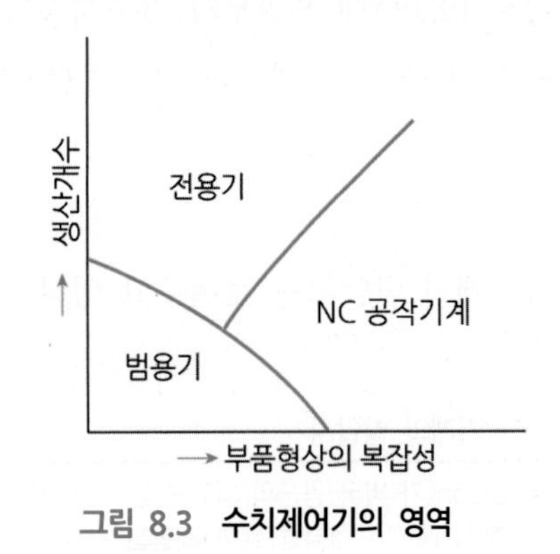

그림 8.3 수치제어기의 영역

1.2.4 작업관리의 정량화 및 표준화가 가능하고 공정관리가 용이

작업조건 및 공구에 관한 각종 정보가 DB에 저장되어 가공을 표준화하고 합리화(合理化)할 수 있다. 작업시간 및 부품공정의 진행을 컴퓨터로 수치화하여 관리를 합리적으로 할 수 있다.

1.2.5 생산원가의 감소

NC 공작기계를 사용하면 숙련된 작업자가 아닌 경우에도 복잡한 가공이 가능하고, 작업조건이 표준화(標準化)되어 한 사람의 작업자가 여러 대의 공작기계를 조작할 수 있으므로 인건비를 절약할 수 있다. 주변 설비인 CAD/CAM과의 연계 활용으로 제품생산 시간이 단축된다. 단 NC 공작기계는 가격면에서 범용 공작기계에 비하여 비싸기 때문에 생산비와 가동률이 문제가 될 수 있다.

1.3 NC 공작기계의 발달사

NC 공작기계는 미국의 Parsons 법인에 의해 연구개발이 시작되어 1951년 MIT공과대학 서보기구연구소와 공동개발에 의해 최초로 탄생되었다. 1952년 처음으로 3축의 NC 공작기계가 개발되어 Cincinnati Milacron의 수직형 밀링머신에 적용되었다. 그 이후 1958년 자동공구교환장치(自動工具交換裝置, ATC, automatic tool changer)가 부착된 머시닝센터의 개발을 시작으로 1960년대에 들어서 급속한 발달이 이루어졌으며, 컴퓨터 및 NC 장치의 고도화와 함께 컴퓨터에 의한 직접 제어방식인 DNC(direct numerical control)가 개발되었다. DNC 방식의 최초의 시스템은 1967년 영국의 모린스사에서 개발한 System 24로서 처음으로 무인화공장에 적용되었다. 이 시스템은 사회적인 문제로 실현되지는 않았지만 각국에서 많은 연구와 개발을 통해 FMS, FA로 발전되어 공장의 무인화가 실현되고 있다.

일본의 경우 1950년대 후반부터 연구개발이 시작되어 1960년 히따찌(日立)제작소가 머시닝센터를 개발하고, 1966년 FANUC사에서 IC화된 NC 장치를 개발하는 등 활발한 연구개발이 수행되고 있다.

한국은 1970년대 중반에 KIST를 중심으로 NC 선반이 개발되기 시작하여 현재 두산인프라코어(주), 현대정공(주), 화천기공(주) 등의 공작기계 회사 및 관련 연구소에서 기술개발이 이루어지고 있다. 표 8.1은 NC 공작기계의 발달사를 보여주고 있다.

표 8.1 NC 공작기계의 발달사

1948	T. Parsons가 미국 공군의 의뢰를 받아 항공기 부품의 검사용 판 게이지 제작에 필요한 전자적으로 제어되는 공작기계를 고안해서 MIT의 협력을 얻어 개발을 시작
1952	MIT가 NC 밀링머신을 최초로 개발하고 수치제어(NC)라 함
1955	미국 Bendix사가 NC밀링 100대를 미 공군에 납품
1956	미국 Kearney & Trecker사가 CNC Profile 개발
1957	일본 동경공대와 이께가이(池具)철공이 최초의 NC 선반 개발
1959	Kearney & Trecker사가 NC 밀링머신을 기초로 하여 자동공구 교환장치(ATC)가 부착된 머시닝센터를 개발
1959	미국 MIT에서 NC 자동프로그램인 APT(Ⅰ) 개발
1964	일본 Hitachi사에서 일본 최초 머시닝 센터 개발
1964	독일 아헨공대에서 EXAPT 시스템 개발
1964	일본 이께가이와 후지쯔에서 DNC 시스템 개발
1962	미국의 Bendix사가 적응제어 시스템 개발
1966	일본의 FANUC사가 최초 IC화된 NC 장치 개발
1967	영국의 Molins사가 DNC(군 관리시스템) 시스템 24를 발표
1976	KIST 정밀기계기술센터에서 NC 선반 개발(국산 1호기)
1977	한국의 KIST-화천기공사 국산 NC 선반 개발
1981	통일산업에서 국산 머시닝센터 생산
1984	한국 통일산업에서 한글 CNC TEPS 개발
1991	한국 큐빅테크에서 국내 최초 CAM 시스템(OMEGA) 개발
1994	한국 (주)터보테크에서 2축 선반용 CNC 개발
1995	한국 (주)대우종합기계에서 FMS 시스템 개발
1999	한국 (주)터보테크에서 개방형 PC-NC 개발
2003	한국 (주)대우종합기계에서 복합가공 머시닝센터 개발

NC의 발달과정을 분류하면 다음과 같다.

- 제1단계 : 공작기계 1대를 NC 1대로 단순제어하는 단계(NC)
- 제2단계 : 공작기계 1대를 NC 1대로 제어하는 복합기능 수행단계(CNC)
- 제3단계 : 여러 대의 공작기계를 컴퓨터 1대로 제어하는 단계(DNC)
- 제4단계 : 여러 대의 공작기계를 컴퓨터 1대로 제어하는 생산관리 수행단계(FMC)
- 제5단계 : 여러 대의 공작기계를 컴퓨터 1대로 제어하며 FMS를 포함한 무인화 단계(CIMS)

* FMC : flexible manufacturing cell

* FMS : flexible manufacturing system

* CIMS : computer integrated manufacturing system

02장

NC 공작기계의 구성

2.1 NC 공작기계의 구성

NC 공작기계는 NC 테이프 등에 기억된 수치정보를 NC 장치에서 읽어 공작기계의 서보 모터를 구동하고, 여기에 연결된 구동요소(서보모터, 볼스크류 등)에 의해 테이블을 직선운동(直線運動)시켜 제품을 가공할 수 있도록 구성되어 있다. NC 공작기계는 크게 나누어 하드웨어인 공작기계 및 NC 장치 그리고 소프트웨어인 NC 프로그램으로 구성되어 있으며, 그림 8.4는 NC 공작기계의 구성에 대하여 나타내고 있다. 하드웨어로는 공작기계 본체, 제어시스템 및 주변장치 등이 있으며, 주어진 가공도면대로 NC 프로그램을

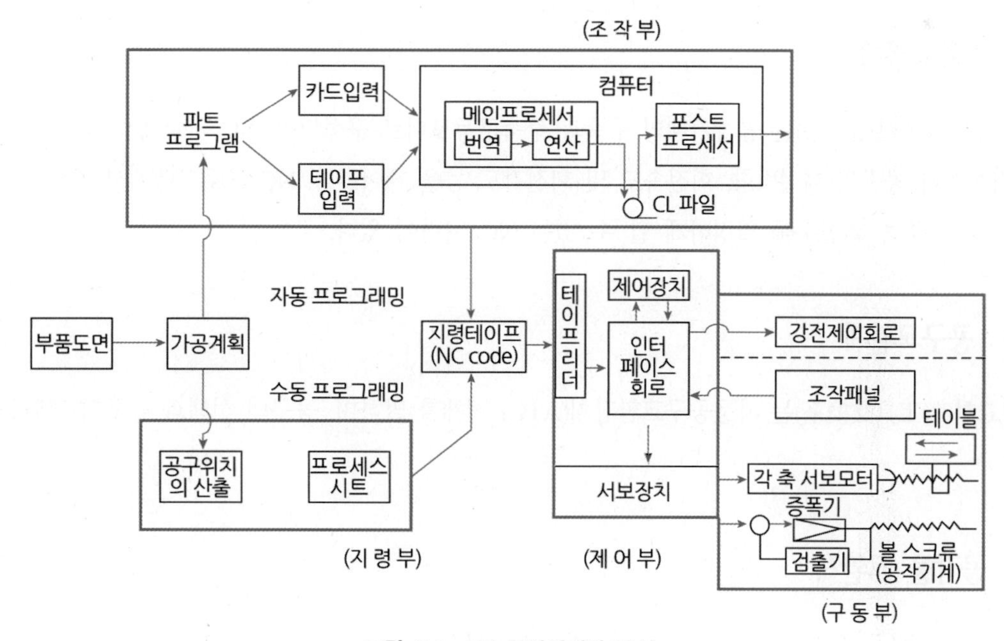

그림 8.4 NC 공작기계의 구성

작성하여 종이테이프, 하드디스크 및 다른 매체를 통하여 수치제어장치의 제어부에 전달한다. 여기서는 수치제어정보를 이해하고 서보기구를 구동시키기 위한 펄스신호(pulse signal)를 발생한다. 수치제어장치에서는 펄스신호에 따라 서보기구를 구동시키고 테이블과 공구대 등의 각 부의 운동을 제어하여 기계가공을 행한다.

2.2 NC 공작기계의 구성요소

NC 공작기계에서 NC 장치에 의해 구동되는 구성요소(構成要素)를 기능면에서 분류하면 이송구동계, 주축회전계, 공구교환계, 공작물 교환계, 윤활유 및 절삭유 공급계로 나누어 볼 수 있다.

2.2.1 이송구동계

이송구동계(移送驅動系)는 공작물 또는 공구의 이송에 관계하는 것으로 NC 장치로 구동되는 기본적인 기능이다. 이 경우 이송방향, 이송속도, 이송량, 이송방법 등이 NC로 제어된다. 이송구동계는 이송테이블, 볼스크류, 서보모터로 구성되며, NC 지령에 의해 서보모터와 볼스크류가 구동하여 목적하는 형상으로 공작물을 가공한다.

2.2.2 주축회전계

주축회전계(主軸回轉系)는 공작기계의 주축과 주축구동모터로 구성되며, NC 지령에 의해 주축에 설치된 공작물이나 공구의 회전방향, 회전속도 및 회전각도 등을 제어한다. NC 프로그램에서 절삭속도를 일정하게 또는 주축 회전수를 일정하게 할 수 있는 NC 지령이 있다.

2.2.3 공구교환계

공구교환계(工具交換系)는 자동공구교환장치(ATC) 전체를 말하며, 공구의 선택과 공구의 교환을 제어한다.

2.2.4 공작물 교환계

공작물 교환계(工作物 交換系)는 자동팰릿교환장치(APC, automatic pallet changer)의 동작을 제어하여

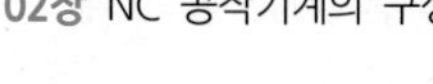

공작물의 장착(loading), 탈착(unloading), 가공면의 변경 및 가공물의 교환을 한다.

2.2.5 윤활유 및 절삭유 공급계

윤활유 및 절삭유 공급계는 공작기계에 오일 및 절삭유의 공급을 제어하는 것이다.

2.3 NC 장치의 구성

1970년대에 마이크로컴퓨터의 개발과 함께 공작기계의 수치제어장치(數値制御裝置)에 이것이 빠르게 이용되었다. 그 이후 NC에서 CNC(computerized numerical control)로 수치제어장치의 기능도 소프트웨어로 실현할 수 있도록 되었다. 종래의 수치제어장치가 시퀀스제어(sequence control)에 의해서 기능 대부분을 하드웨어에서 실현한 하드웨어(hardward) NC라고 하면, CNC는 수치제어기능이 컴퓨터에서 소프트웨어로 실현되므로 소프트웨어(software) NC라고 할 수 있다. 사용되고 있는 컴퓨터도 최근은 32비트 CPU와 병렬처리방식 등 그 성능과 처리속도가 크게 향상되었다. 그림 8.5는 마이크로 프로세서, 시스템 버스, 메모리 및 프로그램 메모리로 구성된 수치제어장치의 기본적인 하드웨어를 보여주고 있다.

수치제어장치의 구성을 기능적인 측면에서 살펴보면 기본 연산부와 인터페이스부로 이루어져 있다. 기본 연산부의 핵심은 마이크로 프로세서이며 연산기능뿐만 아니라 순서에 따라 작업을 분배(分配)하는 기능이 있다. 기록기억소자(ROM)에 작업순서나 기능 등의 프로그램을 내장하고 있어 NC 프로그램과는 관계없이 NC 장치 자체를 제어하고 NC 프로그램의 내용을 해독하는 작업을 수행하며 RAM(random access memory)에는 많은 NC 프로그램을 저장할 수 있다. 기본 연산부에는 최근 32비트 CPU의 이용이 일반화되고 있고, 이러한 배경에 따라 곡면가공(曲面加工) 등의 복잡한 가공을 고속, 고정도로 수행할 수 있게 되었다. 즉, NC 데이터의 고속처리, 고도의 제어이론에 기초한 서보처리 등 연산량이 많은 경우에도 가능하게 되었다. 수치제어장치에 있어 인터페이스는 외부에서부터 데이터를 입력할 목적의 입력(入力) 인터페이스와 외부에 데이터를 출력하는 출력(出力) 인터페이스로 분류된다.

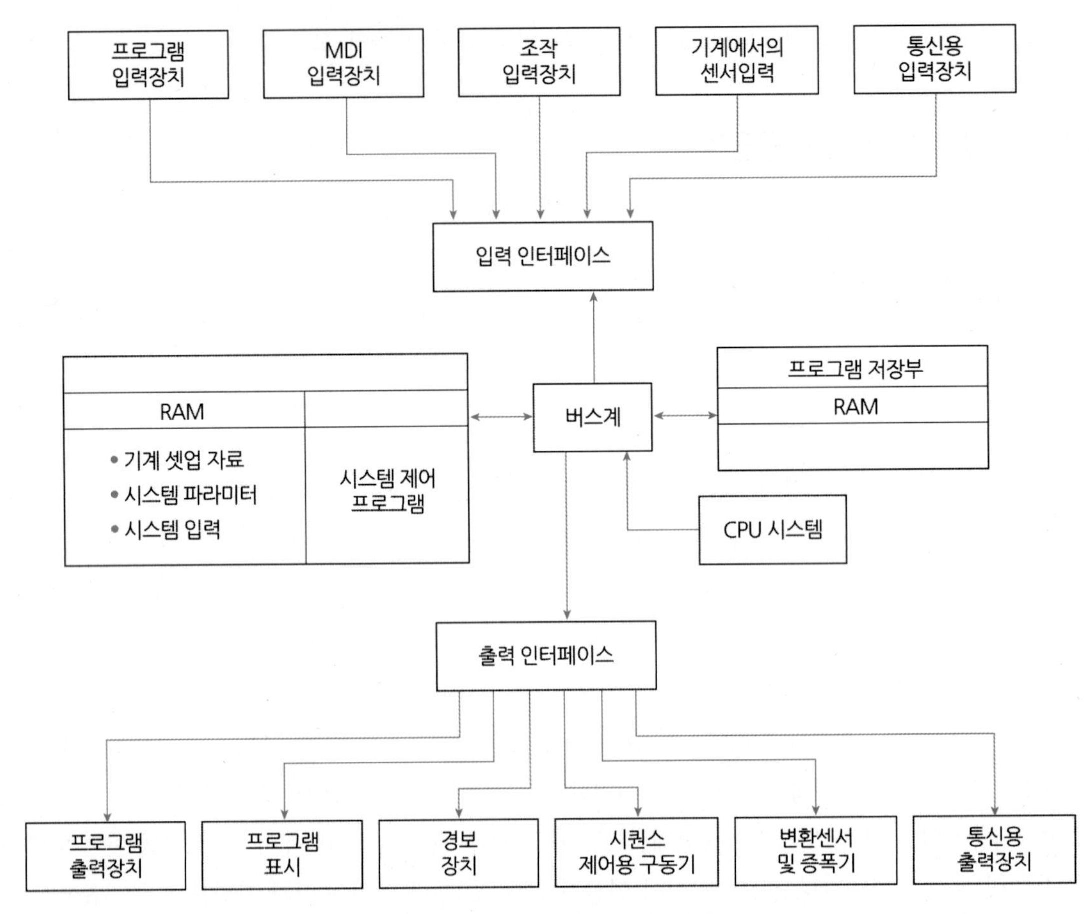

그림 8.5 **수치제어장치의 기본구성**

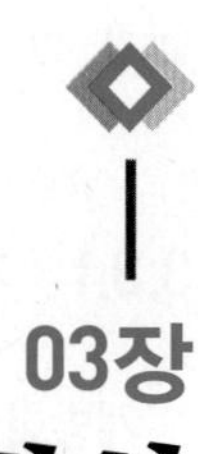

03장

NC 공작기계의 제어방식

3.1 서보기구

일반적으로 기계의 위치(位置)나 각도(角度)를 제어량으로 삼는 피드백 제어(feedback control)를 서보기구(servo mechanism)라 하며, 그 목적은 입력에 대하여 출력을 희망하는 정도(精度)로 안정하고 신속하게 추종시키는 데 있다.

공작기계에 있어 서보기구는 테이블이나 공구대(工具台)를 NC 프로그램에 주어진 위치의 목표값으로 움직여서 목적하는 가공을 실현하는 것이다. 그림 8.6은 서보기구의 기본 구성을 보여주고 있으며, 서보기구의 중요한 구성요소는 제어부, 인터페이스, 서보엠프, 서보모터, 볼스크류(ball screw), 테이블, 위치검출기 및 속도검출기 등이 있다. 여기서 제어부는 입력지령치와 제어대상기계의 움직임을 피드백 신호와 비교하여 서보모터에 대하여 가장 적절한 제어신호를 만들어내는 연산기구이다. 서보 증폭부는 지령값과 검출된 실제의 위치를 비교하여 얻은 신호를 증폭하여 서보모터의 구동신호를 발생시킨다. 출력신호 검출부는 현재의 위치를 검출하여 목적 위치에 도달할 때까지 피드백 신호를 발생시킨다.

이들 요소들의 구성방법에 의해 서보기구는 위치와 속도검출기가 없는 개방회로 방식(open loop system)과 위치와 속도검출기를 갖춘 폐쇄회로 방식(closed loop system)으로 분류되며, 폐쇄회로 방식에 있어서도 위치검출기의 종류와 부착 위치에 따라 상대위치를 검출하는 반폐쇄회로 방식(semi closed loop system)과 절대위치를 검출하는 완전폐쇄회로 방식으로 나누어진다. 그리고 이들을 조합시킨 복합회로 방식이 있다.

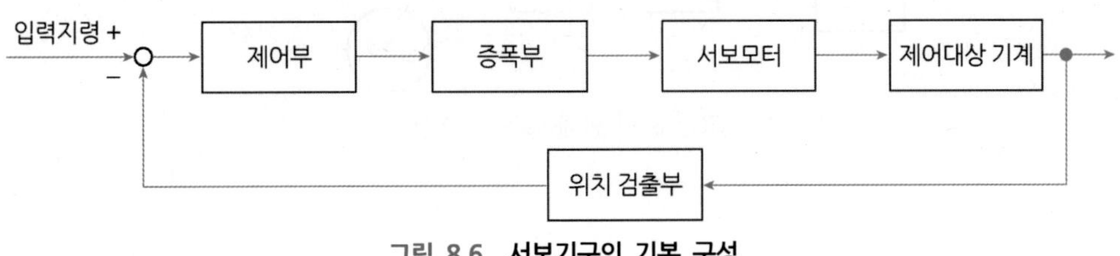

그림 8.6 서보기구의 기본 구성

3.3.1 개방회로 방식

개방회로 방식(開放回路 方式, open loop system)에서는 구동장치 자체가 위치결정과 속도제어기구를 가지고 있기 때문에 구동계의 위치정보를 컨트롤러측에 피드백하지 않는다. 이 방식은 간단하게 서보기구를 만들 수 있지만, 회전속도가 빠르고 출력 토크가 저하하는 경우 부하의 변동에 따른 이탈 토크 때문에 지령한 위치와 일치하지 않을 수 있으므로 주의가 필요하다. 또한 부드러운 회전이 얻어지지 않는 결점 등으로 공작기계의 제어에는 거의 사용되지 않고 있다. 그림 8.7은 개방회로 방식을 보여주고 있다.

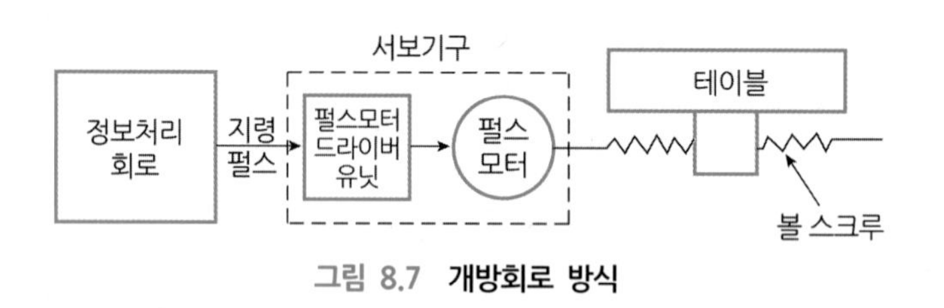

그림 8.7 **개방회로 방식**

3.3.2 반폐쇄회로 방식 (1)

첫 번째 반폐쇄회로 방식(半閉鎖回路 方式, semi closed loop system)은 서보모터 축상에 위치검출기와 회전속도검출기를 붙여 컨트롤러가 이들의 신호를 항상 검출하면서 축의 각변위와 각속도를 제어하는 방식이다. 일반적으로 각변위와 각속도 검출기는 서보모터 출력축의 반대측에 부착하는 방법으로 비교적 간단하게 공작기계에 부착하는 것이 가능하다. 이 방식의 최종 위치결정 정도(精度)는 개방회로 방식과 같이 서보모터 이하의 전달 구동계에 크게 의존하는 것이며 고정도의 위치 결정 정도는 얻어지지 않는다. 그러나 서보회로 내에서는 전달구동계에 의한 기계적 진동과 마찰 등의 비선형요소가 들어 있지 않아 안정된 제어가 가능하다. 그림 8.8은 반폐쇄회로 방식(1)을 보여주고 있다. 이 방식은 볼 스크류와 너트 사이에서 발생하는 오차는 검출할 수 없다.

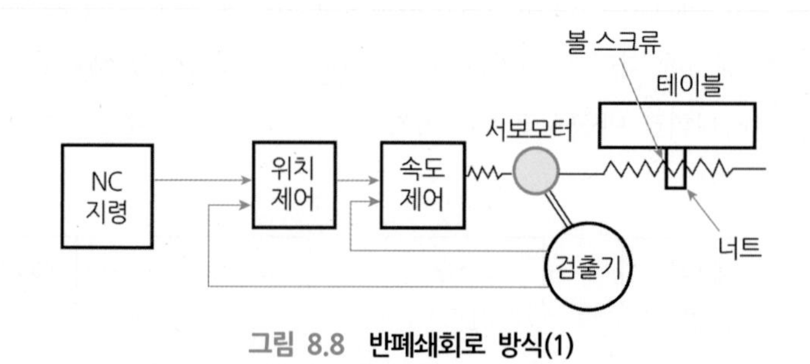

그림 8.8 **반폐쇄회로 방식(1)**

3.3.3 반폐쇄회로 방식(2)

두 번째 반폐쇄회로 방식(半閉鎖回路 方式, semi closed loop system)은 볼 스크루의 끝에 위치검출기와 회전속도 검출기를 붙여 컨트롤러가 이들의 신호를 항상 검출하면서 축의 각변위와 각속도를 제어하는 방식이다. 그림 8.9는 반폐쇄회로 방식(2)을 보여주고 있다. 이 방식은 서보모터와 볼 스크류 사이에서 발생하는 오차를 검출할 수 있기 때문에 반폐쇄회로 방식(1)보다 오차를 더 정밀하게 검출할 수 있다. 일반적으로 최전속도 검출에는 로타리 엔코더(rotary encoder)를 많이 사용한다. 현재 NC 공작기계의 제어는 이 방식을 가장 많이 사용한다.

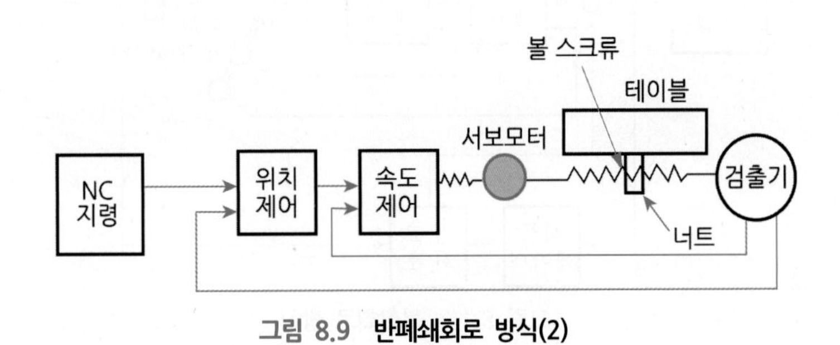

그림 8.9 반폐쇄회로 방식(2)

3.3.4 폐쇄회로 방식

폐쇄회로 방식(閉鎖回路 方式, closed loop system)은 그림 8.10에 나타낸 것과 같이 테이블에 위치검출기(리니어 스케일 등)를 부착하여 위치를 검출하고 피드백하여 비교회로를 통해 위치결정제어를 행하는 방식이다. 이 방식은 전달구동계의 기계적 진동이나 마찰 등의 비선형 요소가 서보계를 불안정하게 하는 경우가 있으므로 전달구동계의 구성이나 제어에 주의가 필요하다. 폐쇄회로 방식은 원리적으로 검출기의 분해능까지 정도를 향상시킬 수 있다.

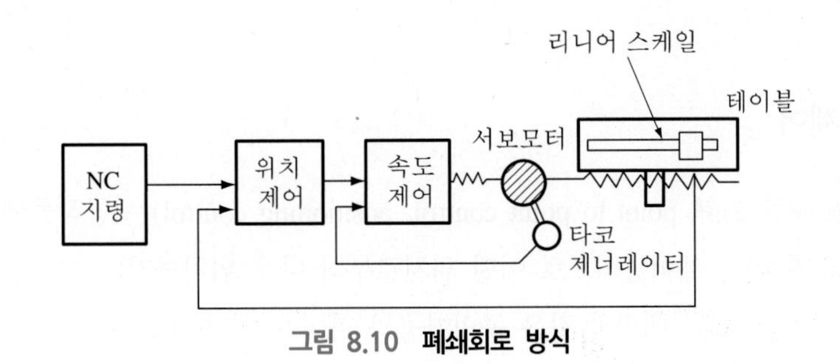

그림 8.10 폐쇄회로 방식

3.3.5 복합회로 방식

복합회로 방식(複合回路 方式, hybrid loop system)은 폐쇄회로 방식과 반폐쇄회로 방식을 합한 서보기구로서 가공조건이 나쁜 공작기계에도 높은 정밀도를 얻을 수 있다. 또한 대형공작기계의 서보기구로 사용된다. 그림 8.11은 복합회로 방식 서보기구를 나타낸 것이다.

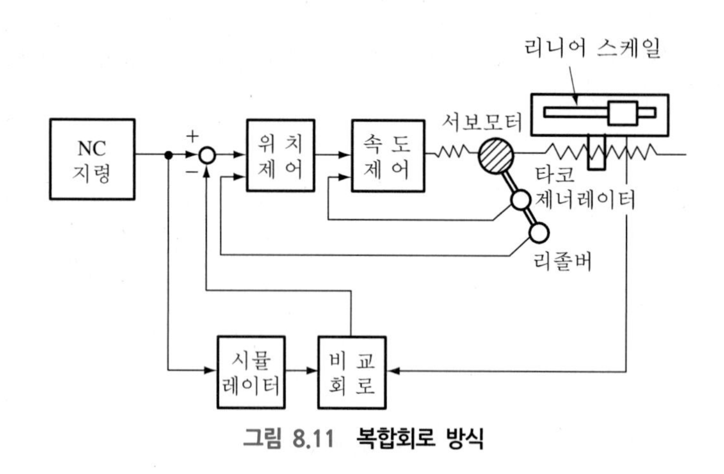

그림 8.11 복합회로 방식

3.2 NC의 제어방식

가공의 종류를 분류해 보면 드릴링과 펀칭, 프레스가공 등과 같이 절삭작업을 포함하지 않고 공구의 이동거리만이 문제가 되는 위치 결정 작업, 밀링이나 보링가공과 같이 위치 결정과 동시에 직선절삭가공을 병행하는 작업, 원호, 타원 등 곡선의 조합으로 되는 복잡한 형상의 공작물의 절삭가공 등으로 분류할 수 있다. 이와 같은 작업을 제어하는 방식이 위치결정 제어, 위치결정 직선절삭 제어 및 윤곽절삭 제어 등이다.

3.2.1 위치결정 제어

위치결정 제어(位置決定 制御, point to point control, positioning control)는 공작물에 대해서 공구가 주어진 위치에 도달하도록 하는 제어방식으로 어떤 위치로부터 다음 위치까지의 이동 중의 경로는 문제로 하지 않는다. 주로 드릴링, 보링, 태핑과 같은 구멍가공과 파이프 벤더(pipe bender), 스폿용접 등에 위치결정 제어가 쓰이고 있다.

그림 8.12는 위치결정 작업의 예로서 드릴링을 도시한 것이다. 구멍 P_1, P_2 및 P_3를 뚫을 때 점 P_1에서의

드릴의 위치 결정은 NC 제어로 하지만 점 P_1에서의 드릴링 작업의 상하운동, 경로 L_1 및 L_2를 지나 구멍 P_2의 위치가 결정되기까지의 속도 변화에 대한 제어는 하지 않는다. 그러나 드릴의 절삭저항의 변화나 테이블 또는 드릴이 이동하는 동안의 마찰 저항의 변화 등으로 어느 정도의 속도 변화가 나타난다. 속도 변화에 대한 원인은 구동전동기의 동력이 충분하지 못하기 때문이다. 이 때문에 구동동력(驅動動力)을 충분히 크게 하여 절삭 저항 및 마찰 저항의 변화를 모터(motor)의 토크에 흡수시켜 주축의 운동 속도를 거의 일정하게 한다.

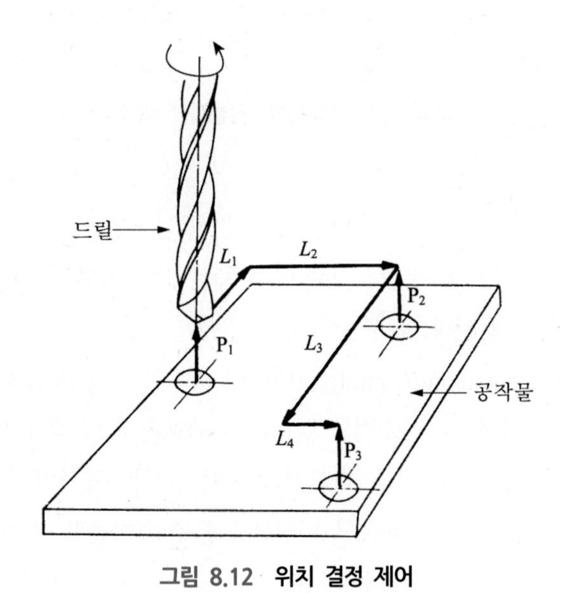

그림 8.12 위치 결정 제어

3.2.2 위치결정 직선절삭 제어

위치결정 직선절삭(直線切削) 제어(point-to-point straight cut control)는 기계가공에서 가장 널리 사용되는 제어방식으로서 위치결정 사이에 축방향으로 평행하게 움직이는 동안 절삭작업을 하는 경우이다. 이 경우는 선반, 밀링 머신 등에서 주로 사용하는 방법으로 그림 8.13에서와 같이 바이트가 점 P_1의 위치결정과 P_1에서 P_2 사이의 직선절삭작업, P_2-P_3점에서의 위치결정, P_3에서 P_4사이의 직선절삭작업과 같이 위치결정과 직선절삭작업이 되풀이되어 실시된다.

위치결정 동작은 소정의 위치에 대하여 구동전동기의 정확한 정지를 위한 제어를 실행해야 하며, 직선절삭 시 바이트의 이동 속도는 절삭깊이와 절삭속도, 즉 절삭토크 및 마찰 토크의 변화에 대하여 구동전동기의 토크가 무한대이면 속도 변화는 나타나지 않고 규정된 속도로 절삭할 수 있다. 그러나 구동전동기는 경제성 및 무게, 크기에 제한을 받기 때문에 최소한의 구동기 용량을 설정해야 하므로 속도 제어가 필요하게 된다.

따라서 직선절삭에 쓰이는 구동전동기는 속도 제어와 절삭속도의 변화에 대응하여 충분한 범위에서 동작되며, 저속 시에 필요한 토크(torque)를 충분히 공급할 수 있는 능력을 가져야 하므로 직류전동기와 유압 모터가 일반적으로 쓰인다.

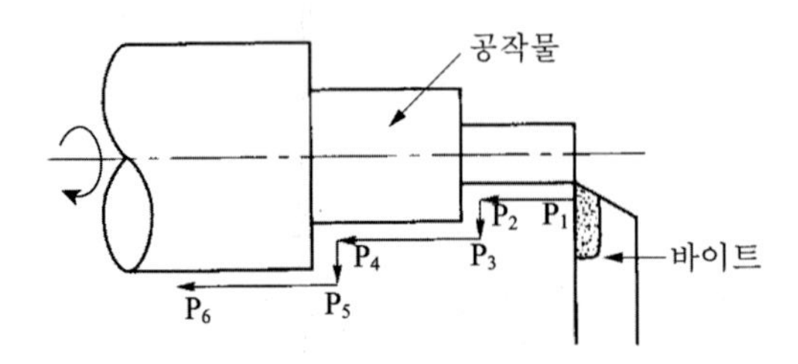

그림 8.13 **위치결정 직선절삭 제어**

3.2.3 윤곽절삭 제어

윤곽절삭(輪廓切削)은 가공면이 매우 복잡하거나 연속 곡선 또는 곡면을 절삭하는 것으로서 선반, 밀링 머신 및 형조각기 등에 널리 이용된다.

그림 8.14는 윤곽절삭 제어(contouring control)를 나타낸 경우로서 곡선 위에 점 P_1, P_2의 두 점을 잡고, 직선 P_1P_2가 곡선 P_1P_2에 대한 오차 ε이 소정의 일정값이 되도록 P_2의 좌표를 정하여 곡선 P_1P_2를 직선 P_1P_2로 근사적(近似的)으로 절삭하는 것이다. 따라서 P_1P_2의 길이는 곡선의 곡률(曲率)에 따라 변화하게 된다. 이 근사직선 P_1P_2를 XY 성분으로 분해하고 X 성분을 공구의 이동량, Y 성분을 공작물의 이동량으로 하여 각각의 구동전동기의 동작량으로 나타내게 한다. 또 이동 속도는 주변 속도를 일정하게 하고 절삭하기 위하여 공구 및 공작물에 주어진 위치지령과 함께 각각의 속도 지령이 이 벡터(vector) 성분에 의해서 주어지게 된다.

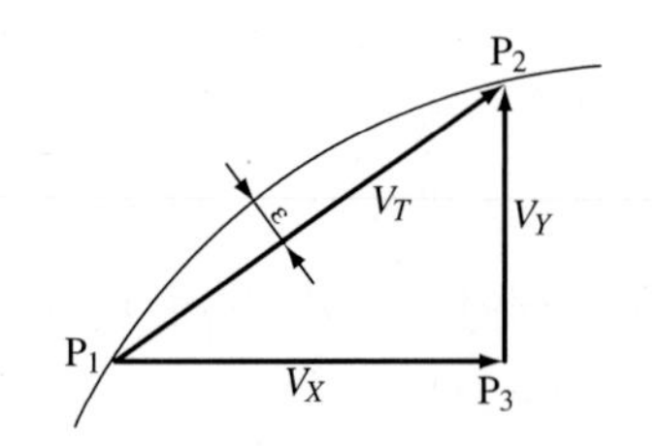

그림 8.14 **윤곽절삭 시의 직선근사**

일반적으로 이동 거리 P_1P_2 및 주변 절삭속도 V_T가 주어지면 NC 내의 계산기구에 의하여 각 축의 성분 P_1P_3 및 P_3P_2가 결정되며, V_X, V_Y가 자동적으로 계산되어 이를 각 구동전동기에 지령하게 된다. 이 같은 방법을 직선보간(直線補間, linear interpolation)이라 하고, 원호를 따라 분배 회로(分配 回路)를 가지는 것을 원호보간(圓弧補間, circular interpolation)이라고 한다.

3.3 보간회로

직선보간이나 원호보간에는 여러 가지 방식이 있으며, 여기서는 DDA 방식과 대수연산방식에 관하여 설명한다.

3.3.1 DDA 방식

DDA란 **계수형 미분해석기**(計數形 微分解析機器, Digital Differential Analyzer)의 약자이다. 그림 8.15는 디지털 적분기이며, 두 개의 레지스터 X와 R이 있고 용량은 동일하다. 적분되는 변수 x가 수치화되어서 레지스터(register) X에 기입되었다고 하자. 적분변수가 양자화된 1개의 증분량을 Δt라고 하면 적분치는 $x \cdot \Delta t$만큼 증가한다. Δt의 신호펄스가 나타나면 x를 R 레지스터의 내용 r에 가산하여 $r + x \cdot \Delta t$를 새로운 r로 한다. R과 X는 같은 용량이 R 레지스터로 하였으므로 가산(加算)을 계속하며 오버플로우 펄스(overflow pulse)가 나타난다. 이것을 Δz라고 하면 이 오버플로우 펄스의 길이는 Δt 및 x에 비례한다. 이와 같은 방법으로 직선보간 및 원호보간의 펄스분배를 할 수 있다.

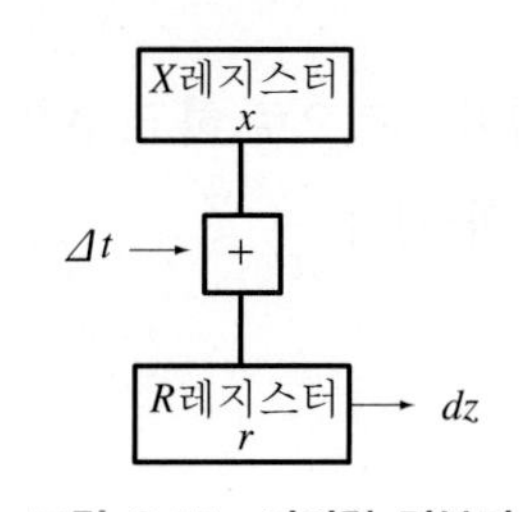

그림 8.15 디지털 적분기

1) 직선보간

그림 8.16(a)에서 직선의 미분방정식은

$$dx = x_c dt$$
$$dy = y_c dt \tag{8.1}$$

즉, 그림 8.16(a)와 같이 하면 된다.

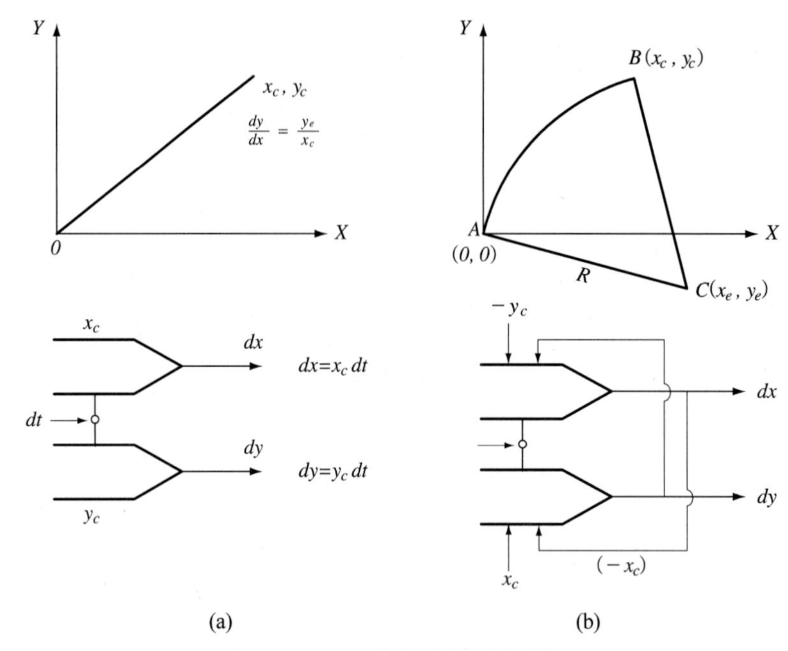

그림 8.16 DDA 방식 직선보간과 원호보간

2) 원호보간

그림 8.16(b)에 있어서 원호 AB를 움직이는 것으로 하고, A를 원점으로 하는 B점의 좌표 및 반지름을 주어진 값으로 하면 원의 방정식은 다음과 같다.

$$(x-x_c)^2+(y-y_c)^2=R^2$$

$$\frac{dy}{dx}=-\frac{x-x_c}{y-y_c} \tag{8.2}$$

따라서

$$dy=-(x-x_c)dt$$

$$dx=(y-y_c)dt \tag{8.3}$$

의 모양으로 펄스를 발생하면 된다.

3.3.2 대수연산방식

대수연산방식(代數演算方式)은 x방향과 y방향만으로 움직임을 한정하고, 계단식으로 곡선의 좌우를 순차적으로 이동하여 근사화(近似化)하는 방식이다.

1) 직선보간

그림 8.17(a)는 원점과 점 Pe를 통과하는 직선을 따라 움직이게 하는 경우에 대하여 생각한다.

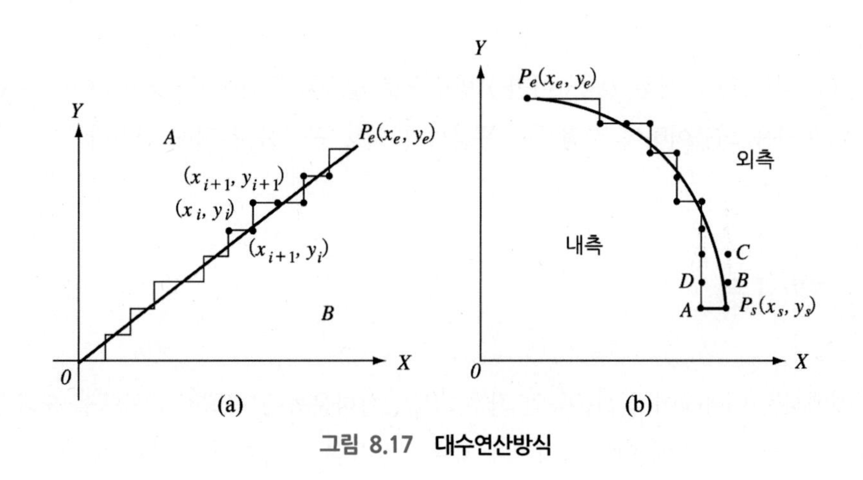

그림 8.17 대수연산방식

직선의 방정식은

$$y/y_e = x/x_e \tag{8.4}$$

이며, 제1상한의 임의의 점 $P(x_i, y_i)$가 직선 위쪽(A쪽)에 있으면 $y_i/y_e > x_i/x_e$가 되고, 직선 아래쪽(B쪽)에 있으면 $y_i/y_e < x_i/x_e$가 된다.

$y_i/y_e - x_i/x_e = D$로 놓고, 이 판별식(判別式) D를 사용하여 표시하면

$D > 0$는 점이 직선 위쪽에(A의 위치)
$D = 0$은 직선과 일치하고
$D < 0$은 직선 아래쪽에(B의 위치)

있음을 나타낸다.

점 (x_i, y_i)가 직선 아래쪽에 있고 $D < 0$이면, Y방향으로 펄스를 1개 공급한다. 만일 이 점에서도 $D < 0$이면 다시 펄스를 공급하여 $D > 0$이 되도록 계속한다. $D > 0$이 되면 X방향으로 펄스를 1개 공급한다. 이와 같이 $D > 0$이면 X방향으로 펄스를 공급한다.

$D < 0$이면 Y방향으로 펄스를 되풀이 발생하여 직선 가장 가까이를 계단상으로 움직이게 한다. 이것을 대수연산방식이라고 한다.

2) 원호보간

그림 8.17(b)와 같이 **좌표원점**(座標原點)을 중심으로 하여 시점 P_s 및 종점 P_e를 통과하는 원을 생각한

다. 이때의 판별식 D는

$$D = x_i^{\,2} - x_s^{\,2} + y_i^{\,2} - y_s^{\,2} \tag{8.5}$$

로 표시되고, 점 (x_i, y_i)가 원호(圓弧)의 외측에 있으면 $D > 0$, 원호와 일치하면 $D = 0$, 원호 내측에 있으면 $D < 0$가 된다. 제1상한의 경우 $D < 0$이면 Y방향으로 펄스를 공급하고, $D \geqq 0$이면 $-X$방향으로 펄스를 공급한다. 이것을 되풀이하여 시점부터 종점까지 원호 근방을 추적해 나간다.

3.4 동시 제어축

NC 공작기계에서는 이송축이 직선운동인 좌우, 전후, 상하운동에 평행한 좌표축을 오른손 직교좌표계(直交座標系)로 정의하여 그것에 의해 공작기계 각부의 운동을 제어한다. 공작기계는 보통 X, Y, Z로 표시되는 직선운동 좌표계와 A, B, C로 표시되는 각축의 회전운동 좌표계가 있으며, 그 외 필요에 따라 보조 좌표계가 주어진다.

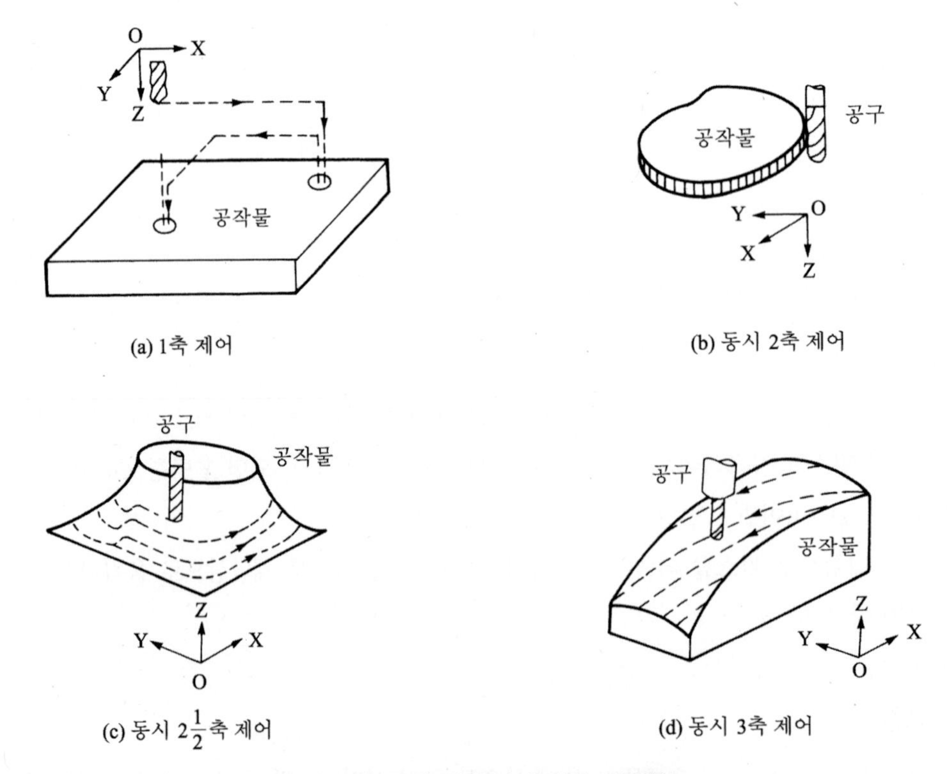

그림 8.18 동시 제어축수에 따른 가공방식

수치제어 공작기계에서는 각 축의 직선운동과 회전운동을 각각 독립된 축으로 생각하여 제어가 가능하도록 되어 있다. 따라서 제어할 수 있는 축의 수를 제어축수, 동시에 일정한 상호관계를 가지면서 제어가 가능한 축수를 **동시 제어축수**(同時 制御軸数)라 한다.

동시 제어축수의 종류에 따라 가공형태를 분류하면 그림 8.18과 같다. 여기에서 1축 제어는 제어할 수 있는 축수가 한 개인 제어방식이고, 2축 제어는 동시 제어할 수 있는 축수가 두 축인 경우이며, $2\frac{1}{2}$축 제어의 경우 2축은 동시 제어하고 1축은 동시 제어되지 않고 다른 축의 운동에 이어서 일정한 한 순간에만 이송이 이루어지는 것을 의미한다. 3축 제어는 동시 제어 가능한 축의 수가 3개인 제어방식으로 3차원 형상 가공이 가능하다.

04장

NC 프로그램

4.1 좌표계

NC 공작기계의 좌표계(座標系)와 운동기호는 KS B 0126에 제정되어 있으며, 표준좌표계는 그림 8.19에 나타낸 오른손 직교좌표계(right hand cartesian coordinate system)를 기준으로 한다.

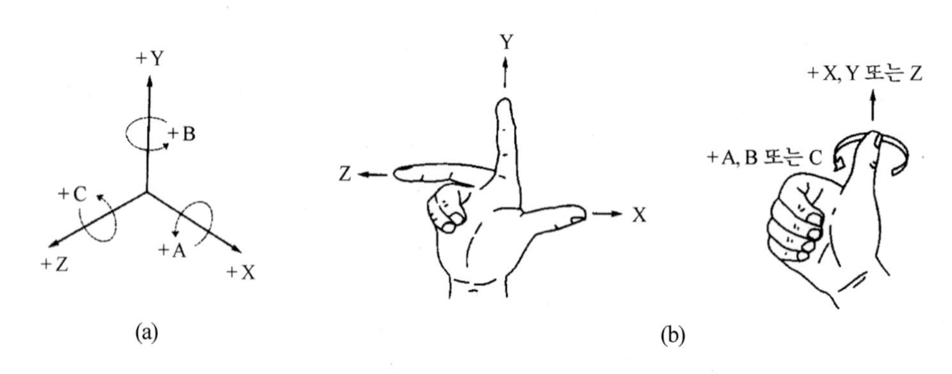

그림 8.19 오른손 직교좌표계

공작기계의 좌표축(座標軸)과 운동의 기호는 다음과 같이 정한다.

(1) 가공작업의 프로그램은 표준좌표계(오른손 직교좌표계)에 의해 시행한다.

(2) 공작기계의 좌표축의 기호는 X, Y 및 Z를 사용하고 좌표축에 평행한 주요 직선운동의 기호도 각각 X, Y 및 Z를 사용한다. 좌표축 주위의 회전운동의 기호는 A, B 및 C를 사용한다.

(3) NC 공작기계의 직선운동의 원점(0, 0, 0) 및 회전운동의 기준선(0, 0, 0)은 임의의 점에 고정시킬 수 있다.

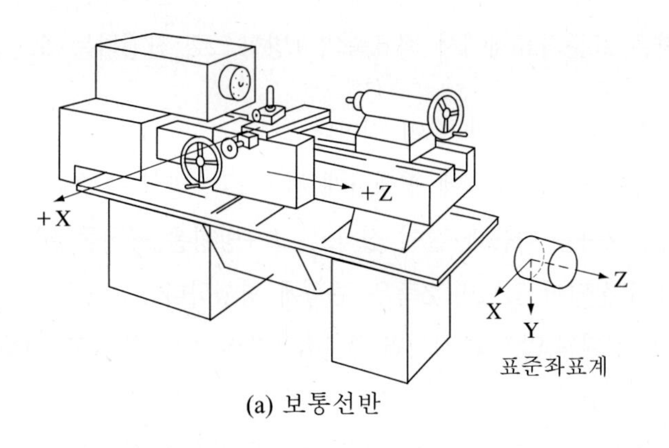

(a) 보통선반

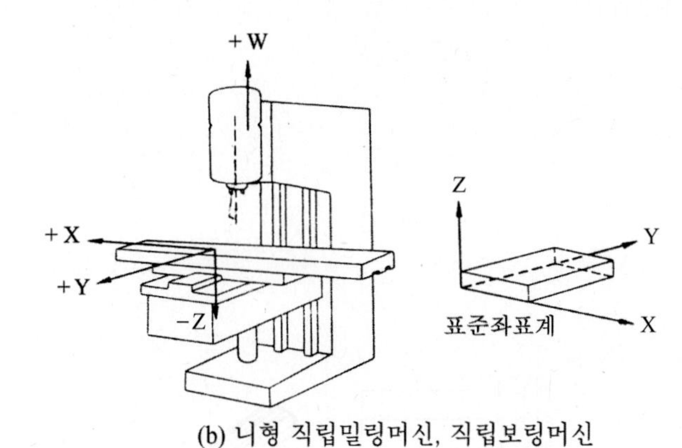

(b) 니형 직립밀링머신, 직립보링머신

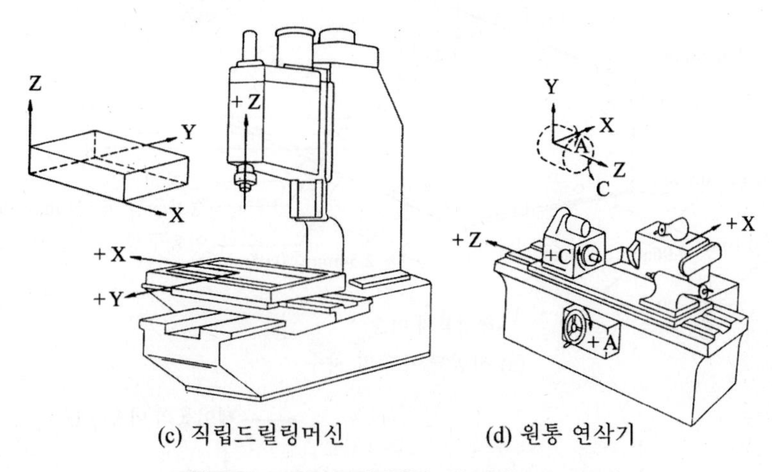

(c) 직립드릴링머신 (d) 원통 연삭기

그림 8.20 각종 공작기계의 좌표축(KS B 0126)

한편 좌표축 및 운동의 +방향은 다음과 같다.

(1) 좌표축의 +방향은 공작물 위에서 +의 치수가 증가하는 방향이다.

(2) 직선운동의 +방향은 공작기계 좌표축의 +방향이다.

(3) 회전운동의 +방향은 표준좌표계에서 좌표축의 +방향으로 진행하는 오른손나사의 회전방향이다.

그리고 NC 공작기계의 Z축은 다음과 같이 정한다.

(1) 공작물이 회전할 경우 Z축은 주축에 평행하게 하고 그 +방향은 주축에서 공구를 보는 방향이다.

(2) 공구가 회전할 경우 Z축은 다음과 같이 정하고 그 +방향은 공작물로부터 주축을 보는 방향이다.

① 주축의 방향이 고정되어 있으면 Z축은 주축에 평행하다 .

② 주축의 방향이 고정되지 않고 움직이면 주축좌표계의 어느 한 축과 평행하게 되는 축을 Z축으로 한다.

그림 8.20에는 KS B 0126에서 규정해놓은 각종 공작기계의 좌표축을 나타내었다.

4.2 NC 테이프

4.2.1 NC 테이프

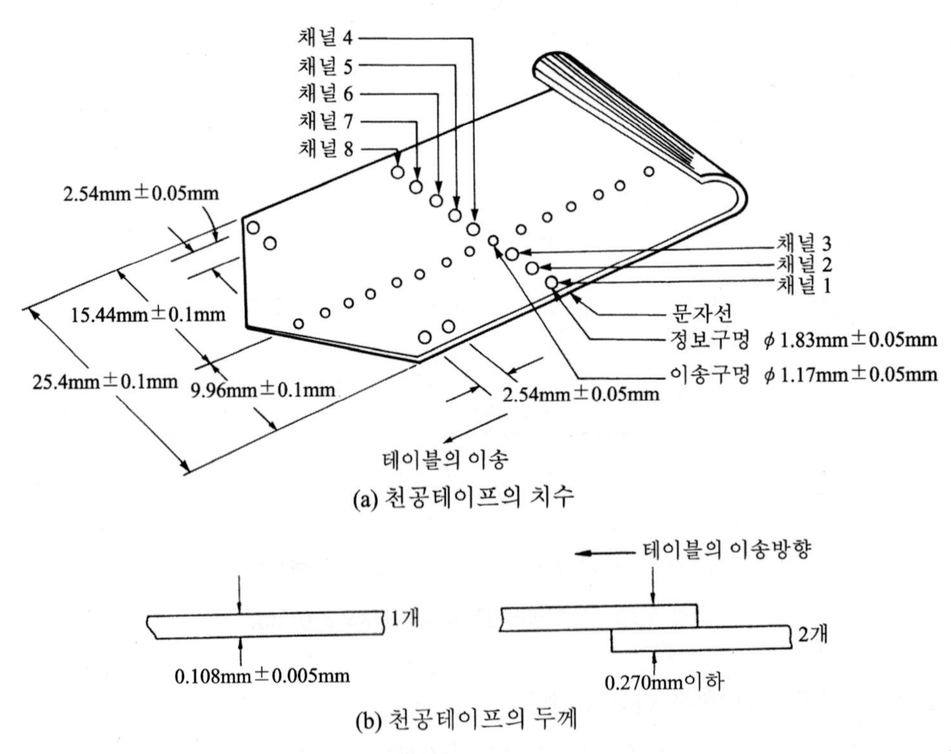

그림 8.21 천공테이프의 치수규격(EIA, RS-227)

NC 공작기계에 사용하는 테이프(tape)는 25.4 mm(1 ″) 폭이고 8단위의 천공(穿孔)테이프가 사용된다. 테이프의 폭, 두께, 구멍위치 및 지름 치수 등은 EIA와 ISO에 규정되어 있다. 그림 8.21에 나타낸 천공테이프의 치수는 EIA RE-227-A의 규격을 나타냈으며, 우리나라에서는 대체로 이것을 많이 사용하였다. 그러나 점차 ISO 규격을 많이 사용한다. 8개의 구멍(channel)은 하나의 숫자, 문자 및 부호 등을 표현하며 이것을 캐릭터(character)라고 한다.

테이프 구멍의 길이방향의 열을 채널(channel) 또는 트랙(track)이라 한다. 채널은 1채널에서 8채널까지 있다.

4.2.2 NC 테이프 코드

프로그램 시트(program sheet)를 작성할 때에는 문자, 숫자 및 부호로써 기술하는데, 이 문자, 숫자, 부호의 하나하나를 캐릭터라 하며, 테이프의 수평방향의 한 줄의 구멍은 이 1개의 캐릭터를 표시하는 것이다. 따라서 지령의 최소 정보단위가 된다. 이를 **부호**(符號, code)라 한다. 이 코드는 2진법으로 되며 1은 구멍을 뚫고 0은 뚫지 않는다. 테이프 코드에는 EIA 코드와 ISO 코드의 두 종류가 있다.

1) EIA 코드

EIA **코드(EIA RS-244-A)**는 미국 전기공업협회(Electronics Industries Association)에서 결정한 코드로서 NC 공작기계에 많이 쓰이고 있으며, 그림 8.22와 그림 8.23에 표시한 바와 같다. 이 코드의 특징은 캐릭터를 나타내는 수평방향의 구멍수가 항시 홀수여야 한다는 것이다. 제5채널을 **패리티 채널**(parity channel)이라 하며, 2진수의 구멍이 짝수이면 제5채널에 1개의 구멍을 뚫어주어 홀수가 되도록 한다. 예를 들면, 숫자 6을 표현하려면 제2채널과 제3채널에 구멍을 뚫어주면 되지만 이때에 구멍의 수가 짝수가 되므로 패리티 오차(parity error)가 발생한다. 이를 방지하기 위하여 제5채널에 구멍을 뚫어 3개(홀수)의 구멍이 되도록 하여 6을 표현한다.

테이프 진행방향 →

제7채널	○	○	○	○	○	○	○	○	○	○	○	○	○	○	○	○	○	○								
제6채널	○	○	○	○	○	○	○	○	○										○	○	○	○	○	○	○	○
숫자코드	1	2	3	4	5	6	7	8	9	1	2	3	4	5	6	7	8	9	2	3	4	5	6	7	8	9
	a	b	c	d	e	f	g	h	i	j	k	l	m	n	o	p	q	r	s	t	u	v	w	x	y	z

그림 8.22 EIA 코드에 있어서 문자의 구멍 구성

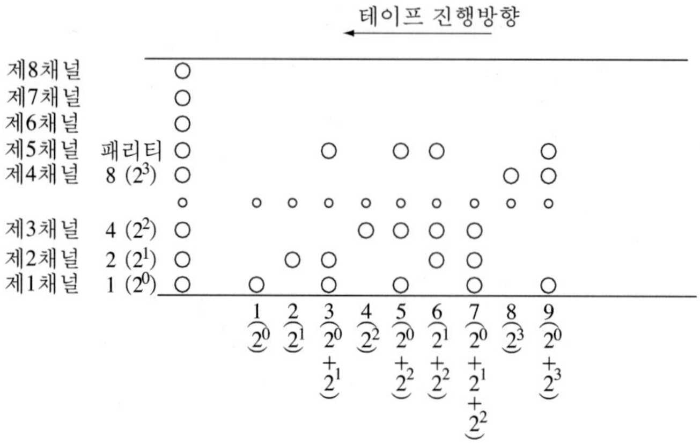

테이프 진행방향

제8채널
제7채널
제6채널
제5채널 패리티
제4채널 8 (2^3)
제3채널 4 (2^2)
제2채널 2 (2^1)
제1채널 1 (2^0)

1 (2^0) 2 (2^1) 3 (2^0+2^1) 4 (2^2) 5 (2^0+2^2) 6 (2^1+2^2) 7 ($2^0+2^1+2^2$) 8 (2^3) 9 (2^0+2^3)

그림 8.23 EIA 코드에 있어서 숫자의 구멍 구성

2) ISO 코드

ISO 코드(ISO R840)는 국제표준규격(國際標準規格, International Organization Standardization)에서 정한 코드로서 주로 컴퓨터와 데이터 통신에 많이 쓰이고 있다. 그러나 최근 NC 공작기계에서도 계산 기능을 갖는 프로그램에 사용되고 있다. 그림 8.24에 EIA와 ISO 테이프 코드를 표시하였다. ISO 코드의 특징은 캐릭터를 표현하는 수평방향의 구멍수가 항시 짝수 개이어야 한다. 제8채널을 패리티 채널이라 하고, 수평방향의 구멍수가 항상 짝수가 되도록 하는 데 사용한다. CR, ER, BS, TAB, DEL은 모두 테이프의 코드에만 쓰이고 인쇄되지 않는다.

표 8.2는 EIA 코드와 ISO 코드를 비교한 것이다.

표 8.2 EIA 코드와 ISO 코드의 비교

구분 \ 코드	EIA 코드	ISO 코드
채널의 합(구멍 수) 패리티 채널	홀수 제5채널	짝수 제8채널

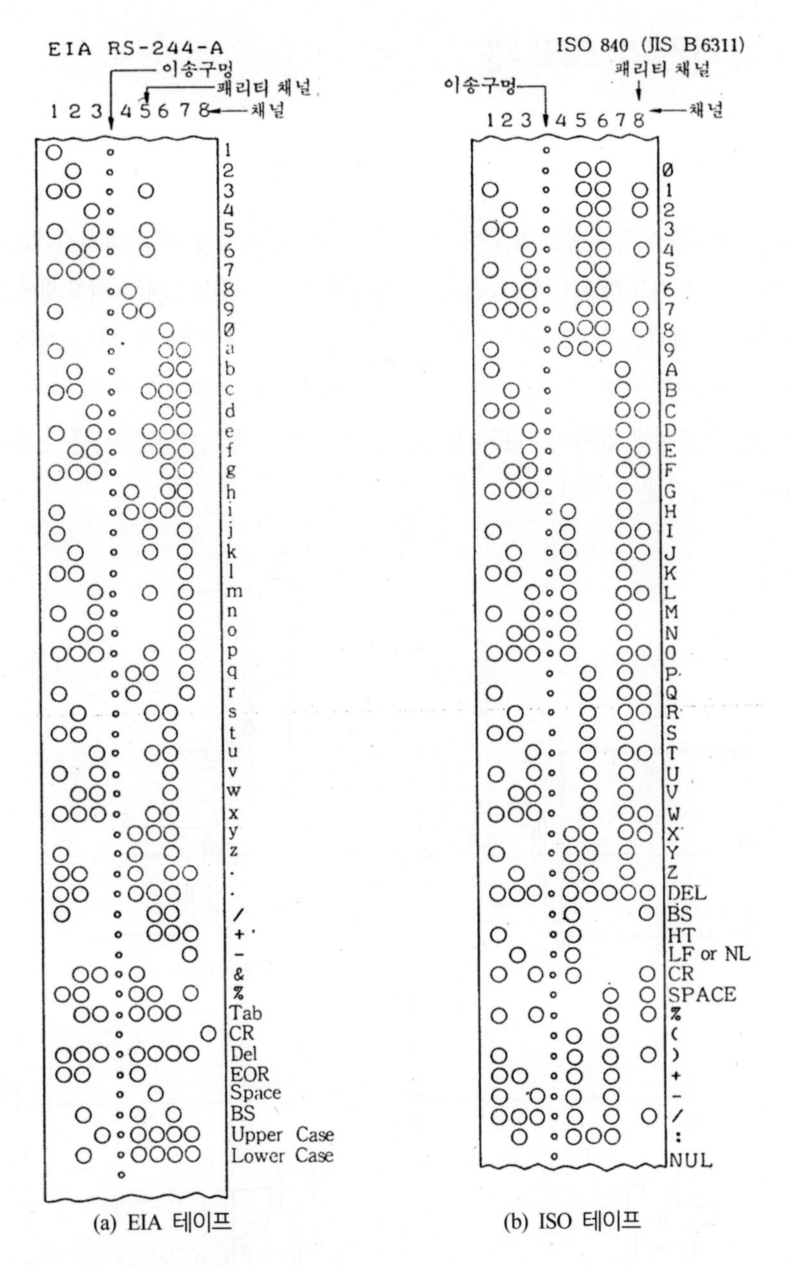

(a) EIA 테이프 (b) ISO 테이프

주 NC 테이프에서 기능 코드의 의미

EIA	ISO
Tab : Tabulation(무시)	HT : Horizontal Tabulation(무시)
CR : Carriage Return(복귀)	LF : Line Feed(개행)
Del : Delete(삭제)	DEL : Delete(삭제)
EOB : End of Block(블록 끝)	NL : New Line(복귀개행)
Space : 공간	SPACE : 공간
BS : Back Space(후퇴)	BS : Back Space(후퇴)
BLANK : 공백	NUL : Null(공백)

그림 8.24 EIA 및 ISO 테이프 코드

4.3 NC 공작기계의 좌표계

4.3.1 공작기계의 좌표계

실제로 공작물을 가공하는 경우에는 공구나 공작물의 위치를 분명히 해둘 필요가 있는데, 이 위치 관계를 분명하게 해주는 것이 **좌표계**(座標系, coordinate system)이다. 공작기계의 좌표계에는 그림 8.25와 같이 각 구동축을 가진 기계원점(機械原點, machine zero point)을 기준점으로 하는 **기계 좌표계**(機械 座標系)와 프로그램 가능한 원점을 가진 프로그램 좌표계가 있다. NC 프로그램의 경우에는 프로그램 좌표계를 이용한다. 이러한 좌표계에 있어서 좌표축은 오른손 직교좌표계(直交座標系)를 이용한다. 그림 8.26은 NC 선반의 좌표축을 나타낸 것이다.

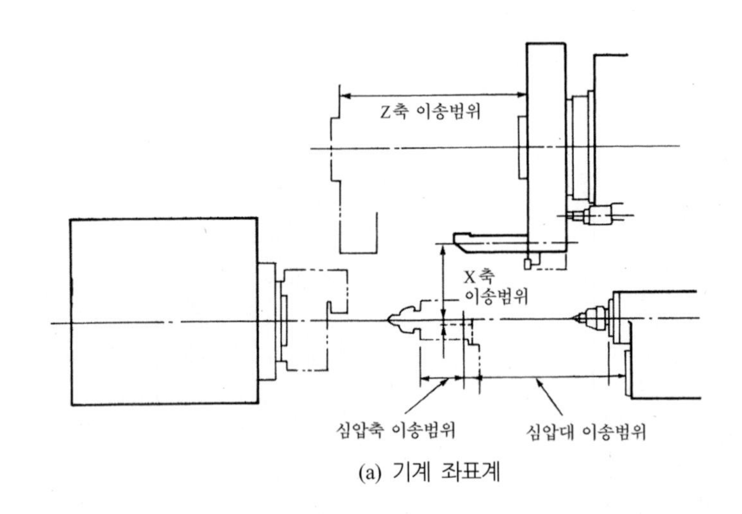

(a) 기계 좌표계

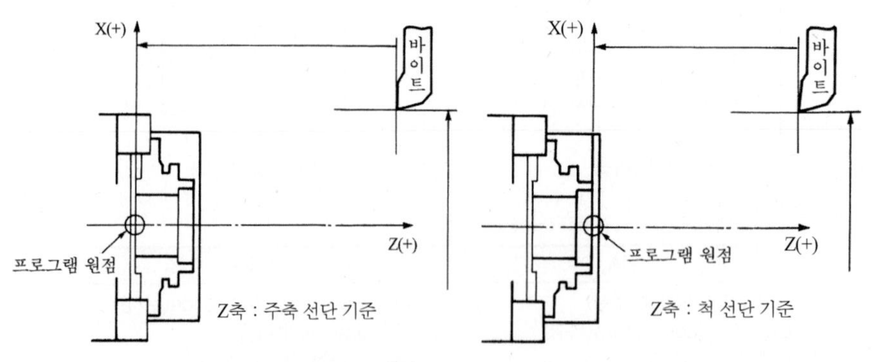

(b) 프로그램 좌표계

그림 8.25 기계 좌표계와 프로그램 좌표계

1) 기계 좌표계

NC 공작기계는 기계 고유의 기준점(기계원점)을 가지고, 이 기계 기준점에 의해 공작기계의 좌표계, 즉 **기계 좌표계**를 설정한다. 기계 기준점은 원칙적으로 공구와 공작물이 가장 멀리 떨어지는 위치, 즉 테이블이나 주축헤드 동작의 끝점에 설정된다.

2) 공작물 좌표계

공작물 좌표계(工作物 座標系)는 공작물의 가공 기준점이 원점(原桌, zero point)으로 설정되는 좌표계를 말한다. 그리고 공작물 좌표계의 설정에는 다음 두 가지 방법이 있다. 한 가지는 공작물의 특정 위치에 원점을 설정해 놓고, 그 원점을 기준으로 해서 좌표계를 설정하는 방법이다. 다른 한 가지는 현재 위치를 원점으로 하여 다음 목표지점까지의 증가분(增加分)을 좌표값으로 취하는 방법이다.

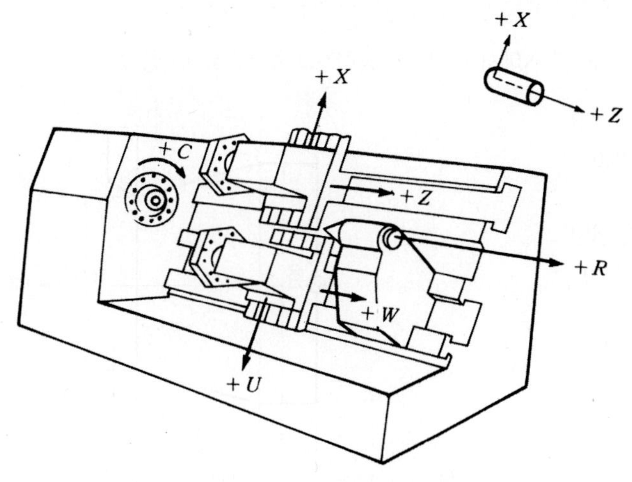

그림 8.26 NC 선반의 좌표계

4.3.2 프로그램 원점과 좌표계의 설정

프로그램할 때 기계의 좌표계를 확인하고 프로그램하기 편리한 곳으로 **프로그램 원점**을 설정한다. 그 원점을 기준으로 프로그램 좌표값을 지정한다.

4.3.3 직경지령

선삭하는 제품의 단면은 원형으로 되고 내외경은 직경을 측정하게 된다. 따라서 NC 선반에서 X축 좌표값은 **직경지령 방식**(直徑指令 方式)을 사용한다. 직경값으로 지령하면 공구는 지령된 값의 1/2만큼 이동한다. 또 공구의 이동을 지령하는 방법은 두 가지가 있다.

1) 절대지령 방식

절대지령(絶對指令) **방식**(absolute mode)은 공구가 이동하는 점을 프로그램 원점을 기준으로 한 좌표값으로서 지령하는 방법이다. 좌표치는 반드시 공구이동의 종점(終點)을 표시하며 어드레스(address)는 X, Z를 사용한다.

2) 증분지령 방식

증분지령(增分指令) **방식**(incremental mode)은 공구가 현재의 위치에서 다음 위치로 이동할 때 어느 방향으로 얼마만큼의 거리로 이동하라는 지령방식이다. X 성분의 어드레스는 U, Z 성분의 어드레스는 W이다.

한 지령절 내에서는 절대방식과 증분방식을 혼용해도 무관하다.

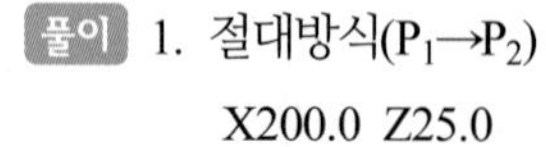

예제 8.1

선반에서 그림 8.27에 나타낸 P_1에서 P_2까지 가공하려고 할 때 절대지령 방식과 증분지령 방식으로 프로그램하라.

풀이 1. 절대방식($P_1 \rightarrow P_2$)

X200.0 Z25.0

2. 증분방식($P_1 \rightarrow P_2$)

U120.0 W-75.0

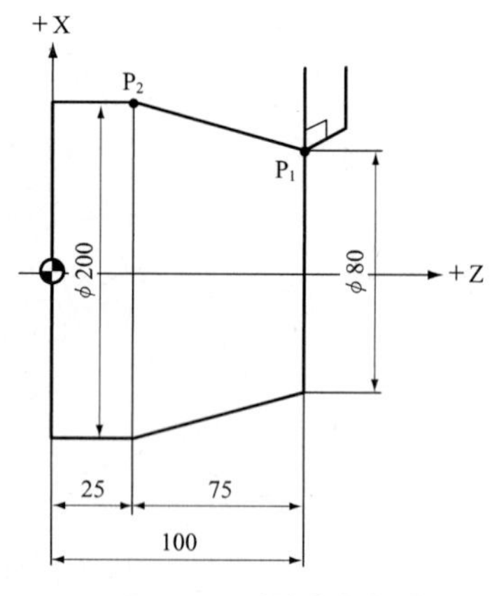

그림 8.27 지령방식의 예

4.3.4 최소 설정단위 및 최소 이송단위

NC 공작기계에서 공작물 및 공구의 상대위치 정보는 수치정보 자료에 의해 주어지게 된다. 따라서 프로그램 작업에서는 수치제어장치에 의해 설정 가능한 최소의 단위에 맞게 작업이 이루어져야 한다. 이때 수치제어장치에 의해 설정 가능한 최소 변위를 **최소설정단위**(最小設定單位)라 하며, 수치제어장치가 공작기계의 조작부에 주어진 지령의 최소이송량을 **최소이송단위**(最小移送單位, BLU, basic length unit)라 한다. 수치제어장치에서는 보통 서보기구를 구동할 목적으로 펄스신호를 이용하고 있으며, 하나의 펄스신호가 최소 설정단위에 대응하고 있다.

현재 생산되고 있는 대부분의 CNC 공작기계의 최소 이송단위는 0.001 mm(1 μm)이며, 최근의 CNC 공작기계는 0.0001 mm까지 제어가능하다.

4.4 프로그램의 구성

4.4.1 수동 프로그램과 자동 프로그램

NC 가공에 필요한 가공공정 작성 및 제어지령용 펀치 테이프의 작성까지의 모든 단계가 프로그래밍에 포함되는데, 여기에는 수동(手動) 프로그램과 자동(自動) 프로그램이 있다. 그림 8.28은 수동 및 자동 프로그램의 방법을 보여주고 있다.

1) 수동 프로그램

수동 프로그램은 작업자가 NC 코드를 이용하여 프로그램을 작성하는 방법으로 도면(圖面)의 좌표값을 이용하여 계산한 공구의 운동을 가공 순서에 따라서 프로세스 용지에 기입하고, 이것을 전용 테이프에 펀치하여 NC 테이프를 작성하는 방식이다. 가공도면과 작업지침이 주어졌을 때 공구의 위치나 부품도면의 좌표 등을 일일이 계산하여 프로그램하는 방법으로 작업이 비교적 단순한 경우에 사용되며, 작업이 복잡한 부품의 경우에는 비효율적이고 프로그램이 어렵다.

2) 자동 프로그램

자동 프로그램은 컴퓨터 언어의 형식으로 된 자동 프로그램 시스템에서 공구 위치나 부품의 좌표 등을 계산하여 NC 장치가 인식하는 CL(cutter location) 데이터를 생성하는 방법이다. 따라서 계산시간 및 노력이 감소될 뿐 아니라 컴퓨터의 주변장치를 이용하여 테스트도 할 수 있고 오차를 검출할 수도 있다. 자동 프로그램 언어로는 미국에서 개발된 APT(automatically programmed tools), 독일에서 개발된 EXAPT 및 일본에서 개발된 EAPT 등이 있으며 그 종류는 표 8.3에 나타낸 바와 같다.

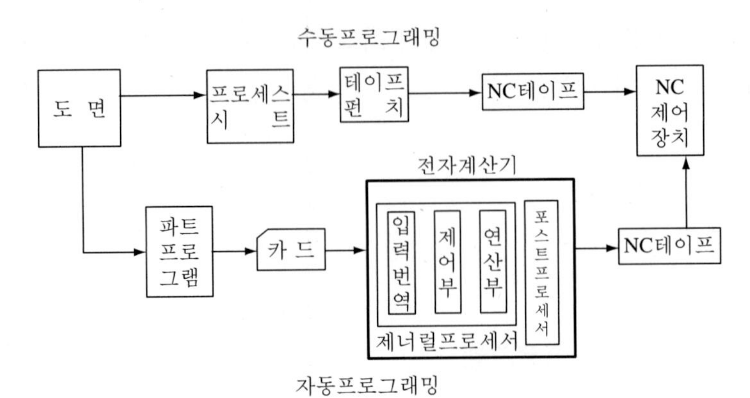

그림 8.28 수동 및 자동 프로그램

표 8.3 자동 프로그램의 종류

프로그램 명칭	대상	개발회사
APT-BP	위치결정	IBM
APT-IC	윤곽절삭	〃
APT-AC	〃	〃
AUTOPROMT	〃	〃
AUTOPROPS	위치결정	〃
AUTOSPOT	위치결정과 윤곽절삭	〃
SNAP	윤곽절삭	Brawn & Sharp
CINAP	〃	Cincinnati Milling Co.
CINTAP	〃	Cincinnati Milling Co.
SLIT	〃	Sundstrant Machine Tool
APT III, IV	〃	IITRI
EXAPT 1, 2	위치결정선삭	구주 EXAPT Verein
2 CL	윤곽절삭	영국 NEL
FAPT	〃	일본 후지쯔(富士通)
HAPT	〃	일본 히따찌(日立)

(1) APT

APT는 Automatically Programmed Tools의 약자이다. 미국에서 개발된 언어로 현존하는 것 중에서 대규모로 풍부한 기능을 가지고 있으며 언어가 복잡해서 대형 계산기 기구를 필요로 한다.

(2) EXAPT

EXAPT는 extended subset of APT의 약자인데 APT와 호환성을 가진 국제적 표준 자동 프로그램 언어이다. 이 언어는 독일 아헨(Aachen) 공과대학이 중심이 되어 개발된 언어이다. 이 언어는 공구의 동작뿐만 아니라, 가공공정, 절삭조건의 결정까지 자동화되어 수준은 높으나 가공 형상이 매우 제한된다.

(3) FAPT

FAPT는 일본의 FANUC 회사에서 개발한 자동 프로그램으로, 현재 우리나라에서 많이 사용되고 있는 언어이다.

4.4.2 프로그램의 구성

1) 어드레스

어드레스(address, 주소)는 영어 대문자(A ~ Z) 중 1개로 표시되며 각각의 어드레스는 각각 다른 기능이 부여되어 있다. 표 8.4는 NC 프로그램에 사용되는 어드레스와 그의 기능 및 의미를 나타내었다.

표 8.4 어드레스의 기능

기능	어드레스(주소)			의미
프로그램 번호	O			프로그램의 번호
전개번호	N			전개번호
준비기능	G			이동형태(직선, 원호보간 등)
좌표값	X	Y	Z	각 축의 이동위치(절대방식)
	U	V	W	각 축의 이동거리와 방향(증분방식)
	I	J	K	원호 중심의 각 축 성분, 면취량 등
	R			원호 반지름, 구석 R, 모서리 R 등
이송기능	F, E			이송속도, 나사 리드
보조기능	M			기계 작동부위 지령
주축기능	S			주축속도
공구기능	T			공구번호 및 공구보정번호
휴지	P, U, X			휴지시간(dwell)
프로그램 번호 지정	P			보조 프로그램 호출번호
전개번호지정	P, Q			복합반복 주기에서의 호출, 종료번호
반복빈도	L			보조 프로그램 반복횟수
매개변수	A, D, I, K			주기에서의 파라미터

2) 워드

워드(word)는 그림 8.29에서와 같이 어드레스와 수치(data)로 구성되며, 어드레스의 기능에 따라 그 역할이 결정된다.

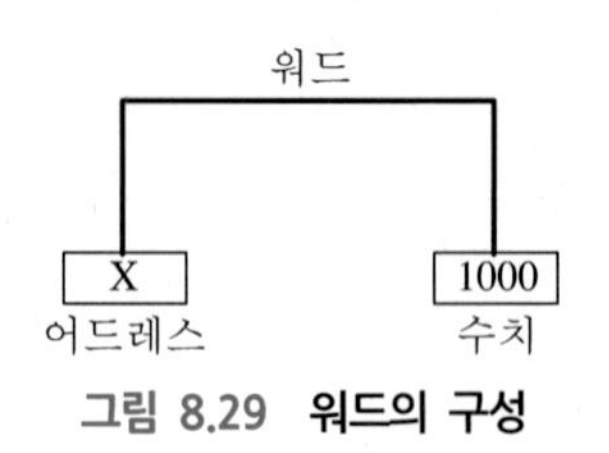

그림 8.29 워드의 구성

3) 블록

프로그램은 다음 예와 같이 여러 개의 워드(word)로 구성되며, 이 워드는 열을 이루고 있다. 이 한 열을 블록(block)이라 한다.

예 N0003 G50 X320.0 Y2500.0 EOB

이들의 각 블록은 기계가 1개의 동작을 하는데 필요한 정보(회전수, 이송속도, 이동위치 등)가 담겨져 있으며, 기계는 1개의 블록이 지시하는 대로 동작을 하게 된다. 한 개의 블록은 EOB(end of block)로 구별된다. 여기서는 EOB의 기호를 ';'으로 표시한다.

블록에 들어가는 단어(word)는 대체적으로 다음과 같은 순서로 나타낸다.

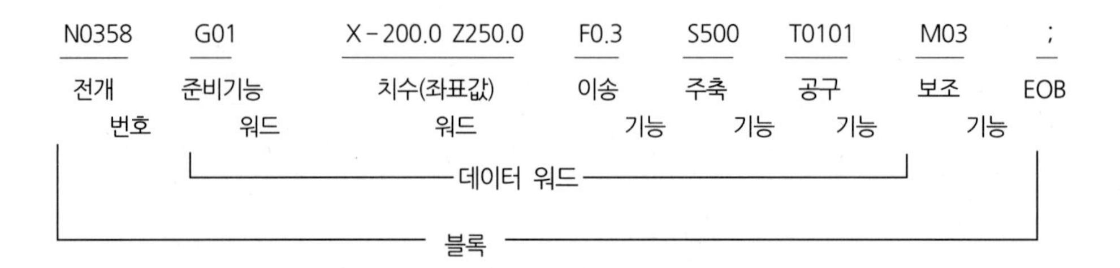

NC 테이프상의 블록은 그림 8.30과 같이 한 블록을 코드화하면 CR(carriage return, 복귀) 코드를 천공(punching)하여 한 블록의 끝을 표시한다.

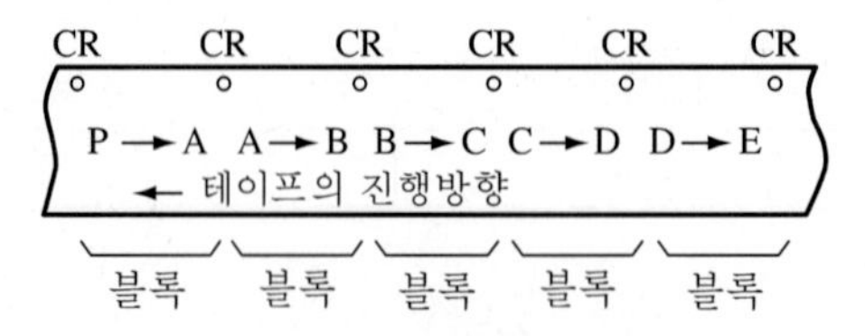

그림 8.30 블록의 설명

※ EOB나 CR이 누락되면 다음의 EOB나 CR이 나타날 때까지를 1개의 블록으로 간주한다.

4) 프로그램

여러 개의 블록이 모여서 하나의 프로그램(program)을 구성한다. 프로그램이 끝났음을 의미하는 것이 EOP(end of program)이다.

4.4.3 워드의 종류

프로그램은 프로그램 번호를 비롯하여 각각의 블록으로 구성되어 있으며, 블록은 워드로 구성되어 있다. 하나의 블록은 그림 8.31과 같은 순서로 표시되는 데 여기에 대하여 각각 설명하고자 한다.

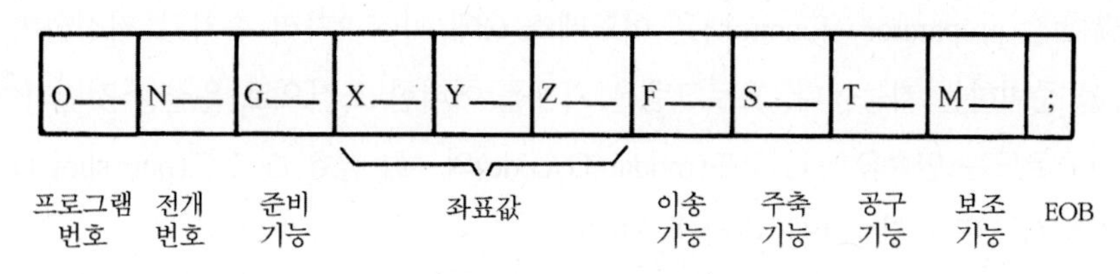

그림 8.31 블록의 구성

1) 프로그램 번호

NC 공작기계의 제어장치는 여러 개의 프로그램을 NC 메모리에 저장할 수 있다. 이때 프로그램과 프로그램을 구별하기 위하여 서로 다른 프로그램 번호(program number)를 붙이는데, 프로그램 번호는 로마자 “O” 다음에 4자리 숫자로 나타내며 1~9999까지 임의로 정할 수 있다.

예 O □ □ □ □ (0001~9999까지의 임의의 4자릿수)

O0001 ⟶ 프로그램 번호

※ 첫머리에 프로그램 번호가 없으면 첫 번째 블록의 전개번호가 프로그램 번호로 인정된다. 만일 프로그램과 전개번호가 없을 경우는 미리 MDI로 프로그램 번호를 입력시켜야 한다.

※ 보조 프로그램(sub-program)은 반드시 프로그램 번호가 있어야 한다. 모든 프로그램은 프로그램 번호로 시작하여 보조기능인 M02나 M30 또는 M99로 끝난다.

2) 전개번호

전개번호(展開番號, sequence number)는 블록의 번호를 지정하는 번호로서 프로그래머 또는 사용자가 알기 쉽도록 붙여놓은 숫자이다. 전개번호는 어드레스 N 다음에 4자리 이내의 숫자로 구성된다. 경우에 따라 이를 생략할 수 있으나 복합 반복주기(G70~G73)를 사용할 때는 반드시 전개번호를 사용해야 한다.

예 N □ □ □ □ (0001~9999까지의 임의의 4자릿수)

```
O9999 ──→ 프로그램 번호
전개번호
  N1        G50 X200.0 Z300.0 …… ;
  N20       G96 S120 M03 ;
  N300      G00 X70.0 Z0.0 T0101 M08 ;
  N4000     G01 X -1.0 F0.2 ;
   ⋮              ⋮
```

3) 준비기능(G)

준비기능(準備機能, preparatory function)은 어드레스 G에 이어 2자리 숫자로 지정하며, 이송의 구분, 주축의 제어 등을 준비하는 기능이다. 프로그램은 기계를 어떠한 조건으로 운전할 것인가에 따라 준비기능을 선정하며, G 코드는 연속유효 G 코드(modal G code)와 1회 유효 G 코드(one shot G code)가 있다. 표 8.5는 준비기능(G 코드) 일람표를 나타낸 것이다.

그룹(group) 01 ~ 07은 연속유효(modal) G 코드로서 한 번 지령(指令)하면 다음 동일군 내의 다른 G 코드가 나올 때까지 계속 유효하다. 그리고 00 그룹의 G 코드는 지령된 블록에서만 유효하다.

한 블록 내에서 그룹이 다른 여러 개의 G 코드를 지령할 수 있다. 그러나 동일 그룹의 G 코드가 여러 개 지령되면 나중에 지령한 것이 유효하다.

예 G00 G96 G40 X __ Z __ ;

그룹 04와 06은 단독 블록으로 지령해야 한다. △의 표가 있는 G 코드는 전원을 넣으면 유효한 G 코드로서 초기상태 G 코드이다.

표 8.6은 각 그룹별 G 코드의 기능을 표시하였다.

표 8.5 G 코드 일람표

지령	군(그룹)	기능	의미
△ G00	01	위치결정, 급속이송	급속으로 지령 끝점까지 가라.
G01	01	직선보간	지령시작점에서 끝점까지 직선가공하라.
G02	01	원호보간, CW	〃 시계방향으로 원호가공하라
G03	01	〃 CCW	〃 반시계방향으로 원호가공하라
G04	00	휴지(Dwell)	그 자리에서 쉬어라.
G10	00	공구보정치 설정	공구보정치 설정
G20	06	인치 자료 입력	입력단위가 인치.
△ G21	06	밀리미터 자료 입력	〃 밀리미터.
△ G22	04	내장행정한계 유효	금지구역에는 못 들어간다.
G23	04	〃 무효	금지구역에 들어가도 좋다.

(계속)

지령	군(그룹)	기능	의미
G27	00	원점복귀 점검	정확하게 원점복귀하는가?
G28	00	자동원점 복귀	자동적으로 기계원점에 복귀하라.
G29	00	원점으로부터의 궤환	원점에서 지령위치로 돌아오라.
G30	00	제2원점 복귀	자동적으로 제2원점에 복귀하라.
G32	01	나사가공	나사를 깎아라.
G34	01	가변 리드 나사절삭	리드가 변하는 나사를 절삭하라.
△ G40	07	인선반경 보정취소	인선반경 보정을 쓰지 않는다.
G41	07	왼쪽 인선반경 보정	프로그램 경로의 왼쪽에서 공구이동하라.
G42	07	오른쪽 인선반경 보정	〃 오른쪽에서 〃
G50	00	좌표지정(프로그램 원점 설정)	현위치의 좌표를 얼마로 설정하라.
	00	주축 최고 회전수 지정	몇 회전수 이상은 돌지마라.
G70	00	정삭주기	정삭한 후 지령시작점으로 돌아온다.
G71	00	내외경 황삭주기	지정구역을 황삭하라.
G72	00	단면 황삭주기	지정구역을 황삭하라.
G73	00	유형 반복주기	절삭 패턴을 옮기면서 가공하라.
G74	00	Z축 팩 드릴링	구멍뚫고 지령점으로 돌아오라.
G75	00	X축 홈 파기	홈을 파고 지령시작점으로 복귀하라.
G76	00	나사절삭 주기	나사가공 후 지령시작점으로 복귀하라.
G90	01	외경고정주기	외경가공 후 지령시작점으로 복귀하라.
G92	01	나사 〃	나사가공 후 〃 〃
G94	01	단면 〃	단면가공 후 〃 〃
G96	02	주속일정제어	주축속도지정은 m/분으로 한다.
△ G97	02	〃 취소	〃 회전/분으로 한다.
G98	05	분당 이송속도 지정(mm/min)	이송속도지정은 밀리/분으로 한다.
△ G99	05	회전당 이송속도 지정(mm/rev)	〃 밀리/회전으로 한다.

[주] 1) △표시 지령은 전원 공급 시 유효한 초기상태의 지령이다.
2) 00그룹의 G 코드는 1회 유효 G 코드이므로 지정된 블록에서만 유효하다.
3) 그룹 01~07의 G 코드는 한 번 지령되면 동일 그룹의 다른 G 코드가 지령될 때까지 유효하며 Reset Button의 영향도 받지 않는다.
4) G 코드는 다른 그룹이면 몇 개라도 동일 블록에 지령할 수 있다. 만약 같은 그룹에 속하는 G 코드를 동일 블록에 2개 이상 지령한 경우는 나중에 지령한 G 코드가 유효하다.

4) 좌표값

좌표값은 공구의 위치를 나타내는 어드레스와 이동방향과 양을 지령하는 수치(data)로 되어 있다. 또 좌표값을 나타내는 어드레스 중에서 X, Y, Z는 절대 좌표값에 사용하고 U, V, W, R, I, J, K는 증분좌표값에 사용한다.

표 8.6 그룹별 G 코드 및 기능

그룹	G 코드	기능
01	G00, G01, G02, G03, G32, G34 G90, G92, G94	위치결정, 직선 또는 원호보간, 나사절삭 등 움직임 관계
02	G96, G97	주속일정제어 및 주축회전수 지정 관계
04	G22, G23	내장 행정한계 관계
05	G98, G99	이송속도(mm/min 및 mm/rev) 관계
06	G20, G21	입력 데이터의 선정, 프로그램시 한 모드만 사용 가능
07	G40, G41, G42	공구인선반경 보정 관계

5) 이송기능(F)

이송기능(移送機能, feed function)이란 공작물과 공구와의 상대속도(相對速度)를 지정하는 것으로 이송속도(移送速度, feed rate)라고도 한다. 일반적으로 CNC 선반에서는 mm/rev 단위로, 머시닝센터에서는 mm/min 단위를 사용하고 있으며, mm 대신에 인치를 사용할 수 있는 것도 있다. 표 8.7은 분당 이송과 회전당 이송을 비교하여 나타낸 것이다.

표 8.7 분당 이송과 회전당 이송기능의 차이점

이송의 종류 / 구분	분당 이송(mm/min)	회전당 이송(mm/rev)
의미	매분당 공구의 이송거리	주축 1회전당 공구의 이송거리
지정 어드레스	F	F
지정 G 코드	G98	G99

(1) G98 모드(분당 이송속도 지정)에서의 지령

F 코드의 지령에 의해서 공구의 매분당 이송량을 지령한다. 선반에서는 별로 사용하지 않으나 밀링머신, 와이어 컷 방전가공기 및 머시닝센터 등에서 많이 사용된다.

예 매분당 100 mm씩 이송시키는 경우 : G98 F100.0

(2) G99 모드(회전당 이송속도 지정)에서의 지령

F 코드의 지령에 의해 주축 1회전당 이송량을 지령한다. 선반에서는 G99 모드에서 사용한다.

예 주축 1회전당 0.2 mm로 이송시키는 경우 : G99 F0.2

NC 선반에서는 전원이 들어가면 G99의 상태가 되므로 G99를 별도로 지령할 필요가 없다.

6) 주축기능(S)

주축기능(主軸機能, spindle speed function)은 주축의 회전수나 절삭속도를 지령하는 것으로 S 다음에 2자릿수 또는 4자릿수로 나타낸다. AC 모터를 주전동기로 사용할 때에는 2자리 숫자로 지령하는 것이 보통이지만, DC 모터를 사용하는 경우에는 부가전압 등을 제어함으로써 무단계적으로 회전수를 선택할 수 있기 때문에 4자리 숫자로써 회전수를 직접 지령하는 방법을 사용한다.

주속일정제어(周速一定制御) 기능(G96)에서 S는 절삭속도를 나타내고 주속일정제어 취소기능(G97)에서 S는 매분당의 회전수(rpm)를 나타낸다. 그리고 최고 회전수 설정기능(G50)에서 S는 최고 회전수(最高回轉數)를 나타낸다.

예 G96 …… S100 ; 주축의 절삭속도를 100 m/min으로 하라.
G97 …… S1500 ; 주축의 회저수를 1500 rpm으로 하라.
G50 …… S3000 ; 주축의 최고 회전수를 3000 rpm으로 하라.

7) 공구기능(T)

공구기능(工具機能, tool function)을 T기능이라고도 한다. 이것은 공구의 선택과 공구보정을 하는 기능이다. T에 이어 4자리 숫자로써 지령하며 이 숫자의 뜻은 다음과 같다.

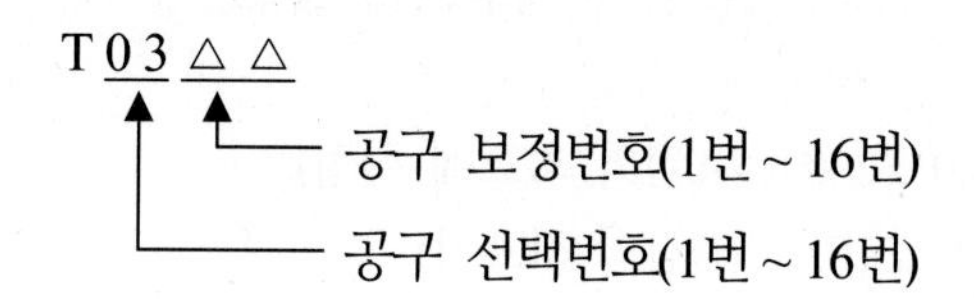

[지령의 예]

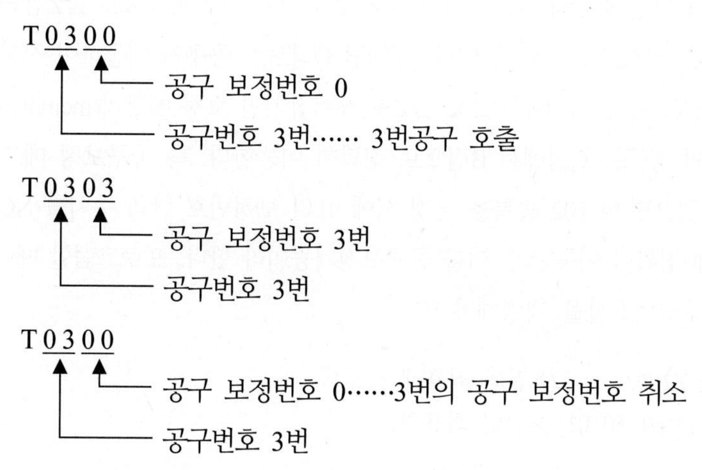

* T0303 뒤에 T0300이 지령되면 3번 공구의 보정을 취소한다는 뜻이다.

프로그램상에서 공구를 정확한 위치에 놓고 공작물을 가공한다는 것은 불가능하다. 따라서 가공하기 직전에 공구설정 오차를 수정할 필요가 있다. 이 수정기능을 공구보정기능(工具補正機能)이라고 한다. 공구를 동작시키기 전에 반드시 G50이나 자동 좌표계설정으로서 좌표계를 설정한다. 즉, 시작점을 NC 장치에 알려줌으로써 좌표계를 설정한다. 그림 8.32에서와 같이 시작점 A에서 B점으로 공구를 이동시키는 경우에는 다음과 같이 지령한다.

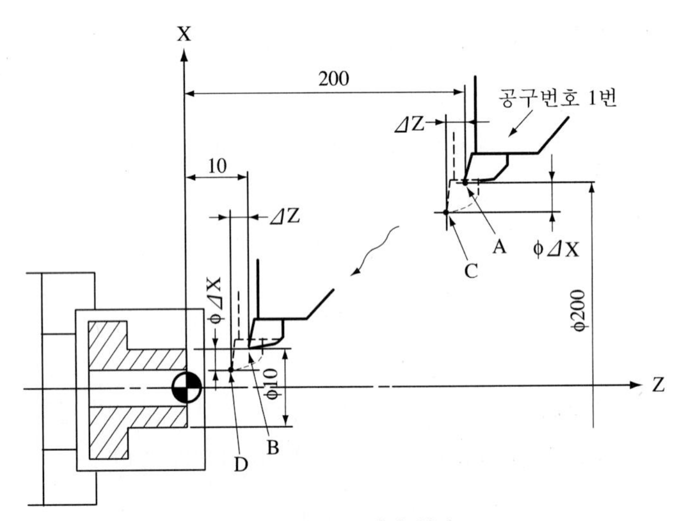

그림 8.32 공구보정의 설명도

N101 G50 X200.0 Z200.0 (A점의 좌표계 설정)
N102 G00 X10.0 Z10.0 (B점의 좌표치)

위와 같이 프로그램하면 공구가 그림 8.32와 같이 X축 방향으로 $\phi\Delta$X, Z축 방향으로 ΔZ만큼 벗어나서 C점에 설치되었다면 B점의 위치에서도 $\phi\Delta$X, ΔZ만큼 벗어난 D점으로 공구가 이동하여 정확한 치수로 가공되지 않는다. 이 벗어난 양을 가공 직전에 $\phi\Delta$X, ΔZ를 제어장치인 보정 메모리(memory)에 기억시키고 위의 프로그램을 지령하면 공구는 C점에서 B점으로 정확히 이동한다. 즉 공구보정 메모리에 표 8.8과 같이 공구보정량이 입력되었으면 N 102 블록을 실행 시에 01의 보정번호 난의 수치를 NC 장치가 바로 읽고 X10.0, Z10.0의 위치에 정확히 이동한다. 이를 공구보정기능이라 한다. 프로그램할 때에는 $\phi\Delta$X, ΔZ를 고려할 필요는 없고 보정번호만을 지령해야 한다.

N101 G50 X200.0 Z200.0 (A점의 좌표계 설정)
N102 G00 X10.0 Z10.0 T0101 (B점의 좌표치)

표 8.8 공구보정치의 예

옵셋(Offset) 번호	OFX (X축 옵셋량)	OFZ (Z축 옵셋량)	OFR (인선 R 보정량)	OFT 가상 인선방향
01	0.040	0.020	0.	0
02	0.060	1.560	0.8	0
03	0	0	0.2	0
⋮	⋮	⋮	⋮	⋮

(인선 R 보정은 선택기능임)

8) 보조기능(M)

보조기능(補助機能, miscellaneous function)은 M기능이라고도 하며, 어드레스 M에 이어 2자리 숫자로 써 지령하며 공작기계의 보조기능의 동작을 ON/OFF시키는 기능이다. 표 8.9는 보조기능 일람표이다. ON/OFF 기능이라 하면 주축의 모터를 회전시키거나 정지시키고, 절삭유를 공급하거나 중단시키며, 모터를 기동시키거나 정지하는 것 등 제어반 내의 릴레이를 ON/OFF시키는 기능이다. M기능은 1개의 블록에서는 1개씩만 쓸 수 있으며 2개 이상이면 맨나중의 것이 유효하다.

표 8.9 M기능 일람표

M 코드	의미
M00	Program Stop : M00가 지령된 블록을 다 수행한 후에 자동운전을 정지한다. Modal 정보는 계속 유효하며 Cycle Start 버튼을 누름으로써 자동운전이 다시 시작된다.
M01	Optional Stop : M00와 동일하며 기계조작반에 있는 Optional Stop 스위치를 On으로 했을 때 유효하다.
M02*	End of Program : 프로그램 종료를 나타낸다.
M30	End of Program : 이 지령을 만나면 프로그램이 종료되고 맨 첫머리로 되돌아간다.
M03	주축 정회전 : 이 지령에 앞서 기어변속단, 주축회전수 지령이 있어야 한다.
M04	주축 역회전
M05*	주축정지 : 주축정지는 M05 외에 M00, M01, M02, M30 또는 비상정지 버튼으로도 가능하다.
M06	공구교환
M08	절삭유 ON : 절삭유 공급
M09	절삭유 OFF : 절삭유 공급 중지
M19	주축 오리엔테이션 정지
M40	기어 중립
M41	기어 1단(L)
M42	기어 2단(M)
M43	기어 3단(H)
M44	기어 4단

(계속)

M 코드	의미
M60	공작물 교환
M68	Chuck Close : 척이 소재의 외경을 Clamping한다.
M69	Chuck Open : 척이 소재의 외경을 Unclamping한다.
M74	오차 검출 ON : 자동 가감속으로 모서리 부분이 날카롭게 되지 않는다.
M75	오차 검출 OFF : M74 해제
M76	나사 챔퍼가공 ON : G92와 G76과 같이 지령되며 나사의 끝에서 45° lead로 공구가 빠진다.
M77	나사 챔퍼가공 OFF : M76 해제
M78	Tail Stock Quill Forward : 심압대가 소재를 지지하기 위하여 전진한다.
M79	Tail Stock Quill Retract : 심압대가 소재에서 빠져나간다.
M98	보조 프로그램 호출 (NC에서 처리)
M99	보조 프로그램 끝 (NC에서 처리)

[주] 1) 하나의 블록에 M 코드를 두 개 이상 지령할 수 있다.
단, M02, M30, M06 및 M60은 하나의 블록에 이것만 단독으로 지령해야 된다.
2) M 코드에 *표시가 있는 것은 전원 투입과 동시에 설정된다.

4.4.4 입력양식

NC 선반에는 앞절에서 말한 바와 같이 여러 가지의 기능이 있고, 그 기능에 따른 어드레스가 정해져 있다. 이 어드레스에 데이터를 첨가해서 하나의 워드(word)를 이룬다. 이 데이터에 소수점을 사용할 수 있는 어드레스와 사용하지 못하는 어드레스가 있으며, 또 어드레스에 따라 2자릿수의 데이터, 4자릿수의 데이터를 첨가해야 하는 제한이 있다. 즉, 한 개의 워드를 작성하는 데 일정한 양식이 있으며, 이 양식을 **입력양식**(入力樣式, input format)이라 한다. 테이프상의 코드를 말할 때는 **테이프 포멧**(tape format)이라 하며 입력양식은 표 8.10과 같다.

표 8.10 입력양식

항목	데이터 자리수(미터식)	데이터 자리수(인치식)
프로그램 번호	O 04	O 04
블록 전개번호	N 04	N 04
준비기능	G 02	G 02
이동지령	X, Z ± 053	X, Z ± 044
	U, W ± 053	U, W ± 044
	I, K ± 053	I, K ± 044
	R ± 053	R ± 044

(계속)

항목	데이터 자리수(미터식)	데이터 자리수(인치식)
이송지령(mm/rev) (mm/min)	F 032	F 024
	F 050	F 032
	E 034	E 016
주축기능	S 04	S 04
공구기능	T 04	T 04
보조기능	M 02	M 02
복합 반복 주기	P, Q, L 04	P, Q, L 04
	D 04	D 04

[주] 각 지령절은 일반적으로 다음과 같은 순서로 구성된다.

N___ G___ X___ Z___ F___ S___ T___ M___ ;

위의 영문자와 숫자의 개념을 구체적으로 설명하면 다음과 같다.

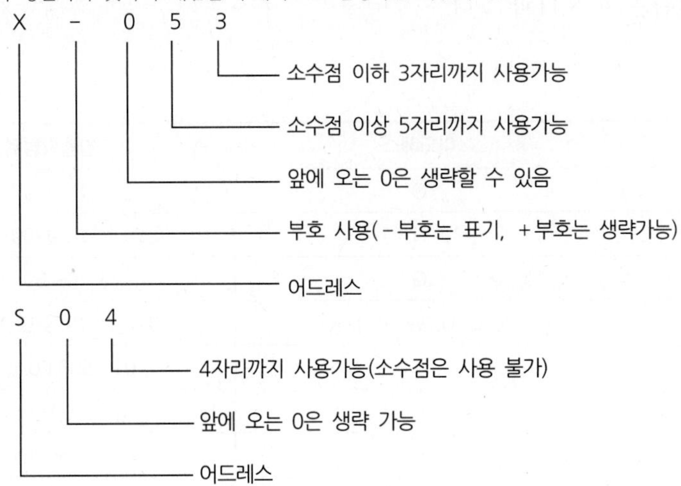

① 상기 워드의 앞에는 어드레스이며 어드레스 다음에 오는 0은 생략이 가능하다.
② N04……어드레스 N에 계속해서 4행 또는 3행의 정수를 나타낸다(N001 N002…).
③ G02……어드레스 G에 계속해서 2행의 정수를 나타낸다(G00, G01, G03…).
④ X ± 053…… 어드레스 X에 계속해서 + - 부호가 붙은 최대 8행의 수치로써 지령한다.
지령치에 있어서 mm의 소수점 위치는 아래 3자리와 4자리 사이에 있다.

[주] 1) X, Y, Z는 절대좌표치를 사용하고 U, V, W, R, I, J, K는 증분좌표치를 사용한다.
2) 좌표치를 나타내는 어드레스 X, Y, Z, U, V, W, I, J, K, R 및 이송을 나타내는 주소 E, F는 소수점을 사용할 수 있다.
예를 들면 X정방향으로 100 mm 움직이라 하면 워드는
X 100000 = X100.00 = X100.0 = X100.
0.01 mm만 움직이라 할 때
X10 = X0.01으로 표기된다.
3) X, U는 직경값으로 나타내는 프로그램이 일반적이나 이때에도 R, I와 X축 방향의 F의 값은 반경값으로 나타낸다.

4.4.5 소수점 입력

소수점은 이동, 이송 또는 휴지시간(休止時間)에 사용할 수 있으며, 소수점 입력이 가능한 어드레스는

X, Z, U, W, I, K, R, E, F 등이다.

예 X10.0 = 직경으로 10mm

Z − 6.0 = Z축의 −방향으로 6 mm

U − 7.0 = X축의 −방향으로 직경 7 mm

W12.0 = Z축의 +방향으로 12 mm

I − 6.5 = X축의 −방향으로 6.5 mm

K − 3.0 = Z축의 −방향으로 3 mm

E8.5761 = 리드가 8.5761 mm인 나사

F0.3 = 0.3 mm/rev 이송 또는 나사의 리드

각 어드레스의 지령치의 범위는 표 8.11과 같다.

표 8.11 지령치 범위

<table>
<tr><th colspan="2">기능</th><th>어드레스</th><th>입출력범위</th></tr>
<tr><td colspan="2">프로그램 번호</td><td>O</td><td>1 - 9999</td></tr>
<tr><td colspan="2">블록 전개번호</td><td>N</td><td>1 - 9999</td></tr>
<tr><td colspan="2">준비기능</td><td>G</td><td>0 - 99</td></tr>
<tr><td colspan="2">좌표치</td><td>X, Z, U, W, R, I, K</td><td>±0.001 - ±99999.999 mm</td></tr>
<tr><td colspan="2">회전당 이송속도</td><td>F</td><td>0.01 - 500.00 mm/rev</td></tr>
<tr><td colspan="2">분당 이송속도</td><td>F</td><td>1 - 15000 mm/min</td></tr>
<tr><td colspan="2">나사 리이드</td><td>E</td><td>0.001 - 500.0000 mm</td></tr>
<tr><td colspan="2">주축기능</td><td>S</td><td>0 - 9999</td></tr>
<tr><td colspan="2">공구기능</td><td>T</td><td>0 - 9999</td></tr>
<tr><td colspan="2">보조기능</td><td>M</td><td>0 - 99</td></tr>
<tr><td colspan="2">휴지</td><td>X, U, P</td><td>0 - 99999.999 sec</td></tr>
<tr><td colspan="2">블록 전개번호 지정</td><td>P, Q</td><td>1 - 9999</td></tr>
<tr><td colspan="2">반복횟수</td><td>L</td><td>1 - 9999</td></tr>
<tr><td rowspan="3">매개
변수</td><td>각도</td><td>A</td><td>특정의 값</td></tr>
<tr><td>절삭깊이</td><td>D, I, K</td><td>±0.001 - ±99999.999</td></tr>
<tr><td>주기반복횟수</td><td>D</td><td>1 - 9999</td></tr>
</table>

4.5 수동 프로그램

4.5.1 좌표계 설정

프로그램을 할 때 우선 좌표계를 설정한다. 프로그램 실행과 함께 공구가 출발하는 지점과 프로그램 원점과의 관계를 NC 장치에 입력해야 되는데, 이를 **좌표계 설정**(座標系 設定)이라 하며 G50으로 지령한다.

좌표계가 설정되면 공구의 출발 위치와 공작물 좌표계가 설정되기 때문에 가공을 시작할 때 공구는 좌표계가 설정된 지점에 있어야 하며, 또 공구교환도 이 지점에서 이루어지기 때문에 이 지점을 **시작점**(始作點, start point)이라고도 한다.

좌표계 설정은 절대지령 방식(絶對指令 方式)으로 하며 지령 포맷은 다음과 같다.

```
G50 X__ Z__ ;
```

X축은 중심선상에 원점을 설정하며 Z축은 소재의 오른쪽 단면이나 왼쪽 단면에 설정한다. 그림 8.33과 같은 경우는 좌표계설정을 다음과 같이 한다.

S점은 프로그램의 시작점으로서 좌표지령위치이며 또 작업자가 공구대를 실제로 이 위치에 갖다놓고 운전개시하는 위치이다. 공구교환도 대개 이 위치에서 하고 가공이 끝나면 공구가 이 위치로 되돌아오도록 프로그램을 한다.

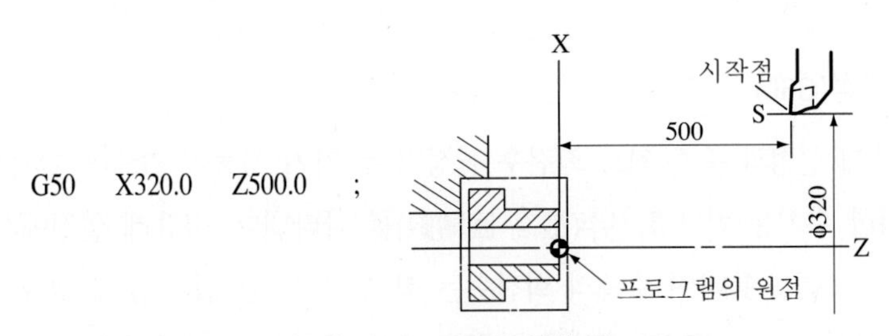

그림 8.33 좌표계 설정 예

4.5.2 주축기능

CNC 선반에서 절삭속도(切削速度)가 공작물의 가공에 미치는 영향은 매우 크다. 절삭속도란 공구와 공작물 사이의 상대속도이며 절삭속도는 주축의 회전수를 조절함으로써 가능하다.

$$N = \frac{1000V}{\pi D}\,[\text{rpm}] \;\; \text{또는} \;\; V = \frac{\pi N D}{1000}\,[\text{m/min}] \tag{8.6}$$

여기서 N : 주축회전수(rpm)

V : 절삭속도(m/min)
D : 공작물의 지름(mm)

1) 절삭속도 일정 제어(G96)

G96에서 S로 지정한 수치는 절삭속도(切削速度)를 나타낸다. CNC 장치는 S로 지정한 절삭속도가 유지될 수 있도록 바이트의 인선 위치에서 주축의 회전수를 계산하여 연속적으로 제어한다.

예 1. G96 S120 : 절삭속도가 120 m/min가 되도록 공작물의 지름에 따라 주축의 회전수가 변한다.
[주] G96으로 단면절삭을 할 때 공작물의 지름이 작아지면, 주축의 회전수가 매우 커야 된다. 주축의 회전수가 너무 커지면 공작기계에 과부하가 걸리므로 이것을 방지하기 위하여 G50에서 최고 속도를 지정하게 된다.

예 2. G50 X150.0 Z200.0 S1300 T0100 M42 ; (주축의 최고 회전수를 1,300 rpm으로 제한)
G96 S120 M03 ; (주축의 절삭속도를 120 m/min으로 제한)

2) 주축속도 일정 제어(G97)

G97에서 S로 지정한 수치는 주축회전수(主軸回轉數)를 나타낸다. 따라서 주축은 일정한 회전수로 회전하게 된다. 또한 G97 코드는 G96의 취소 기능을 가지고 있다.

예 G97 S400 …………… ; 주축은 400 rpm으로 회전한다.

3) 최고 회전수 설정(G50)

G50의 기능은 좌표계 설정과 주축 최고 회전수 설정의 두 가지 기능이 있으며 여기서는 후자에 속한다.

G50에서 S로 지정한 수치는 **최고 회전수**(最高 回轉數)를 나타낸다. 좌표계 설정에서 최고 회전수를 지정하게 되면 전체 프로그램을 통하여 주축의 회전수는 최고 회전수를 넘지 않게 된다. 또한 G96에서 최고 회전수보다 높은 회전수가 요구되어도 CNC 장치는 최고 회전수로 대체하게 된다.

예 G50 S2000 …………… ; 주축의 최고 회전수는 2,000 rpm이다.

예제 8.2

다음 프로그램에 의하여 그림 8.34에서와 같이 바이트가 P_1에서 P_2로 이동하였다. 바이트가 P_1 및 P_2 점에 있을 때 주축의 회전수는 각각 얼마인가?

G50 S1300 ;
G96 S120 ;

풀이 G96 S120이므로 절삭속도는 120 m/min이고, 주축 회전수는 바이트가 P_1 점에 있을 때

$$NP_1 = \frac{1000\times120}{3.14\times60} = 637\,\text{rpm}$$

바이트가 P_2점에 있을 때

$NP_2 = \frac{1000\times120}{3.14\times25} = 1529\,\text{rpm}$이다. 그런데 위의 프로그램의 G50에서 주축 최고 회전수를 1,300 rpm으로 지정했기 때문에 1,300 rpm 이상으로는 주축이 회전되지 않는다.

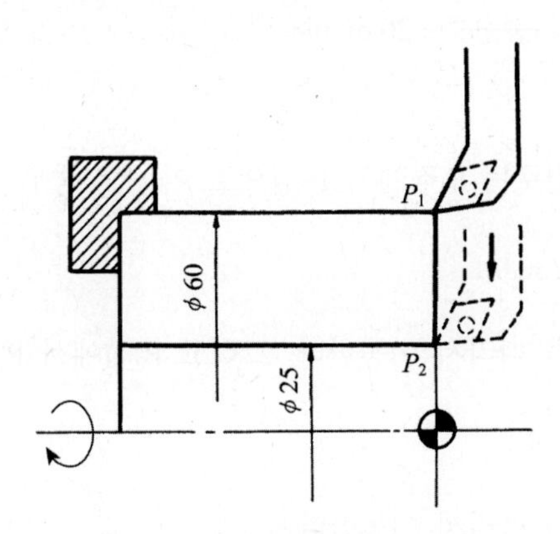

그림 8.34 선삭에서 공구의 이동

4.5.3 준비기능

1) 위치결정(G00)

위치결정(位置決定, positioning)은 공구의 위치만 이동시키는 것으로 지령 포맷은 다음과 같다.

```
G00 X(U) _____ Z(W) ____ ;
```

예제 8.3

그림 8.35에서와 같이 현재의 위치(A)에서 B까지 공구를 위치결정시키는 프로그램을 작성해 보자.

풀이 ① 1축씩 제어하는 경우

[절대지령 방식]	[증분지령 방식]
G00 X80.0 ;	G00 U－60.0 ;
Z100.0 ;	W－90.0 ;

② 2축을 동시 제어하는 경우

[절대지령 방식]	G00 X80.0 Z100.0 ;
[증분지령 방식]	G00 U-60.0 W-90.0 ;
[혼합지령 방식]	G00 X80.0 W-90.0 ;
또는	G00 U-60.0 Z100.0 ;

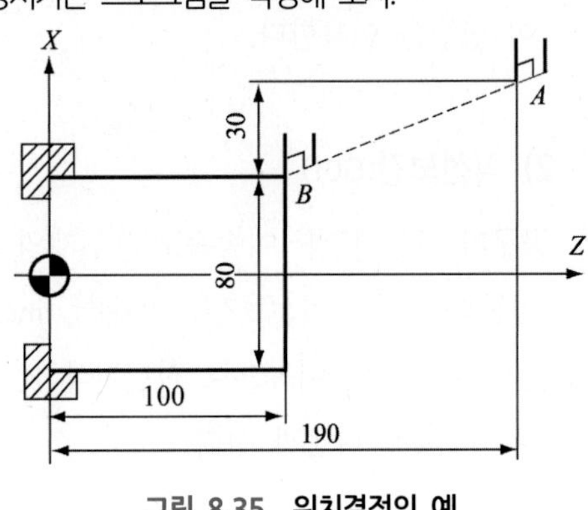

그림 8.35 위치결정의 예

위치결정(G00)에서는 공구의 이송속도를 지령하지 않는다. 공구의 이송속도는 기계에 내장되어 있는 급속이송속도(急速移送速度)로 움직인다. 두 축이 동시에 지령된 경우 두 축은 동시에 움직이며 이때의 이동경로(移動徑路)는 직선이 아닐 수 있다.

또한 X축과 Z축의 이송속도가 다를 수 있다. 예를 들어,

X축 방향의 이송속도 : 10 m/min
Z축 방향의 이송속도 : 20 m/min

이라 하면

그림 8.36에서 공구의 경로는 P_1점에서 P_2점으로 이동할 경우

G00 X20.0 Z30.0 ;

을 지령하면 공구는 실선을 따라서 이동한다. 그리고 P_2점에서 P_1점으로 이동할 경우

G00 X0.0 Z0.0 ;

을 지령하면 공구는 점선을 따라서 이동한다.

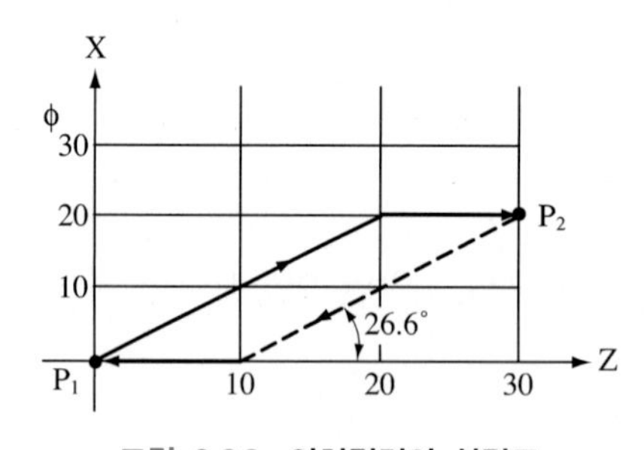

그림 8.36 위치결정의 설명도

현재 생산되는 CNC 공작기계는 모두 두 축 이상 동시 제어되기 때문에 이 다음의 프로그램 작성에서는 이 방법을 이용한다.

2) 직선보간(G01)

공구가 F로 지령한 이송속도로 현재의 위치에서 지령한 위치(X, Z) 또는 떨어진 거리(U, W)로 직선으로 이동하는 것을 직선보간(直線補間, linear interpolation)이라고 한다. 직선보간은 주로 직선절삭에 사용하는데, 한축만의 이동으로 직선절삭하는 것과 동시 두 축의 이동으로 경사면을 가공하는 것이 있다.

지령 포맷은 다음과 같다.

```
G01 X(U)__ Z(W)__ F__ ;
```

예제 8.4

그림 8.37과 같이 P_1에서 P_2까지 직선보간하고자 한다. 공구의 이송(속도)을 0.2 mm/rev로 할 경우 프로그램을 작성해 보자.

풀이 절대지령 방식 G01 X100.0 Z30.0 F0.2 ;
증분지령 방식 G01 U60.0 W-80.0 F0.2 ;
혼합지령 방식 G01 X100.0 W-80.0 F0.2 ;
〃 〃 G01 U60.0 Z30.0 F0.2 ;
으로 지령한다.

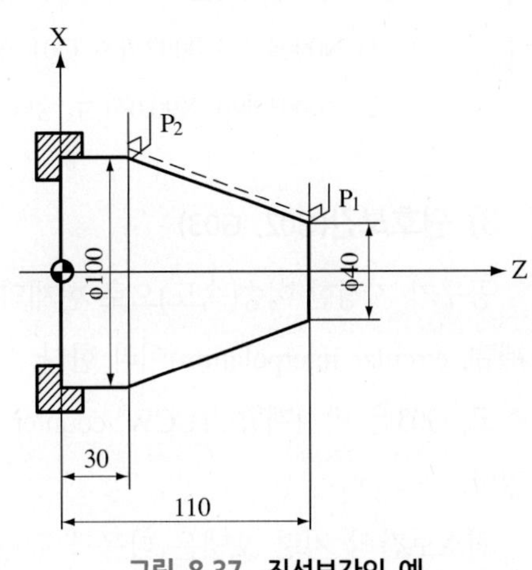

그림 8.37 직선보간의 예

예제 8.5

그림 8.38과 같이 소재를 가공하려 한다. P0점에서 출발하여 P1 ~ P6를 경유하여 P0점에 돌아오는 프로그램을 절대지령 방식으로 작성하라.
단, 공구의 이송(속도)는 0.15 mm/rev이다.

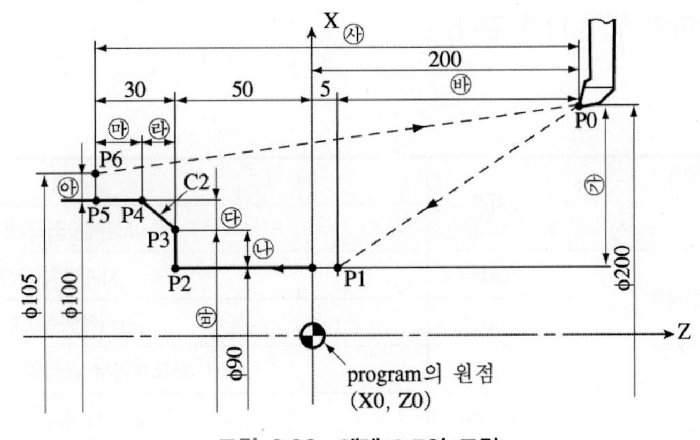

그림 8.38 예제 8.5의 그림

풀이 N0001 G50 X200.0 Z200.0 ; (좌표계 설정)

```
N0002 G00 X90.0 Z5.0 ; (P1)
N0003 G01 X90.0 Z-50.0 F0.15 ; (P2)
N0004 G01 X96.0 ; (P3)
N0005 G01 X100.0 Z-52.0 ; (P4)
N0006 G01 Z-80.0 ; (P5)
N0007 G01 X105.0 ; (P6)
N0008 G00 X200.0 Z200.0 ; (P0)
```

[주] 1) N0004 ~ N0007까지 G01 생략 가능
2) N0003에서 X90.0까지 생략 가능

3) 원호보간(G02, G03)

공구가 지정한 이송(속도)으로 현재의 위치에서 지령한 위치로 원운동(圓運動)하는 것을 원호보간(圓弧補間, circular interpolation)이라 한다. 원호보간에서 G02는 시계방향(CW, clockwise)으로 회전하는 경우이고, G03은 반시계방향(CCW, counter clockwise)으로 회전하는 것을 나타내며 이를 그림 8.39에 나타내었다.

원호보간의 지령 포맷은 다음과 같다.

```
G02 }  X(U)___ Z(W)___    { I___ K___ F___ ;
G03 }  원호종점좌표          원호중심좌표 이송
                           R___ F___ ;
                           원호반경 이송
```

위의 사항을 요약하면 표 8.12와 같다.

표 8.12 원호보간

조건		지령	의미 오른손 좌표계
1	회전방향	G02	시계방향(CW)
		G03	반시계방향(CCW)
2	원호종점좌표	X, Z	좌표계에서 끝점의 X, Z 위치
		U, W	시작점에서 끝점까지의 거리
3	원호중심좌표	I, K	시작점에서 중심까지의 거리(I는 항상 반경지정)
4	원호반경(선택기능)	R	원호의 반경(180° 이하의 원호)

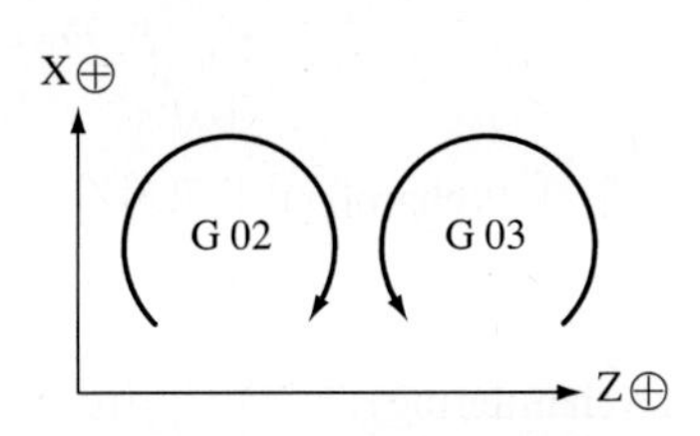

그림 8.39 원호의 회전방향

원호중심좌표(圓弧中心座標)는 절대지령 방식과 증분지령 방식(增分指令 方式)에 관계없이 증분값을 나타내며, 원호의 중심이 시작점에 대하여 어느 방향에 있는가를 나타내는 부호(+, −)가 필요하다.

예제 8.6

그림 8.40과 같이 A에서 D까지 직선보간 및 원호보간하고자 한다. 공구의 이송을 0.2 mm/rev로 하고 프로그램을 작성해 보자.

풀이 ① 원호중심좌표로 나타내는 경우

```
G01 X80.0 F0.2 ;                              (A→B)
G03 X100.0 Z-10.0(I0.0) K-10.0(F0.2) ;        (B→C)
G01(X100.0) Z-20.0 (F0.2) ;                   (C→D)
```

② 원호반경으로 나타내는 경우

```
G01 X80.0 F0.2 ;                              (A→B)
G03 X100.0 Z-10.0 R10.0 ;                     (B→C)
G01(X100.0) Z-20.0 (F0.2) ;                   (C→D)
```

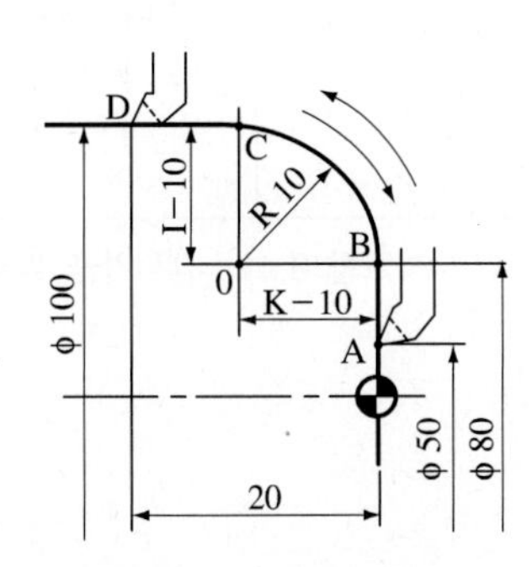

그림 8.40 원호보간지령 예

[주] 위의 프로그램에서 참고할 사항은 다음과 같다.

가. I나 K가 영(zero)이면 생략할 수 있다.
나. 이송은 한 번 지령하면 이하 생략할 수 있다.
다. 어떤 축의 값이 앞 블록과 동일하면 생략할 수 있다.
라. 위의 프로그램에서 괄호는 생략할 수 있음을 의미한다.

4) 챔퍼가공과 코너가공

직각(直角)으로 교차하는 두 면 사이에 챔퍼(chamfer)의 크기가 작으면 직선보간으로 가공하기 어렵다. 또한 원호의 반경(半徑)이 작으면 원호보간으로 가공하기도 어렵다. 이때 원호보간에 사용되는 어드레스(address) I, K와 R을 사용하여 챔퍼가공(chamfering)과 코너가공(cornering)을 할 수 있다. 챔퍼가공의 경우 45°만 가능하다. 이들에 관한 공구이동상태 및 지령 포맷을 그림 8.41과 그림 8.42에 나타내었다.

이때 주의사항은 다음과 같다.

① 면취(chamfer)나 코너(corner) R 가공은 G01 모드에서 X축이든 Z축이든 1축만 지령해야 하며, 다음 블록은 현재의 제어축에 대해서 1축만 직각으로 제어해야 한다.

② 증분지령 방식으로 프로그램할 경우 다음 지령절은 b에서부터 떨어진 거리를 지령해야 한다.

① 챔퍼가공(45°인 경우만 가능)

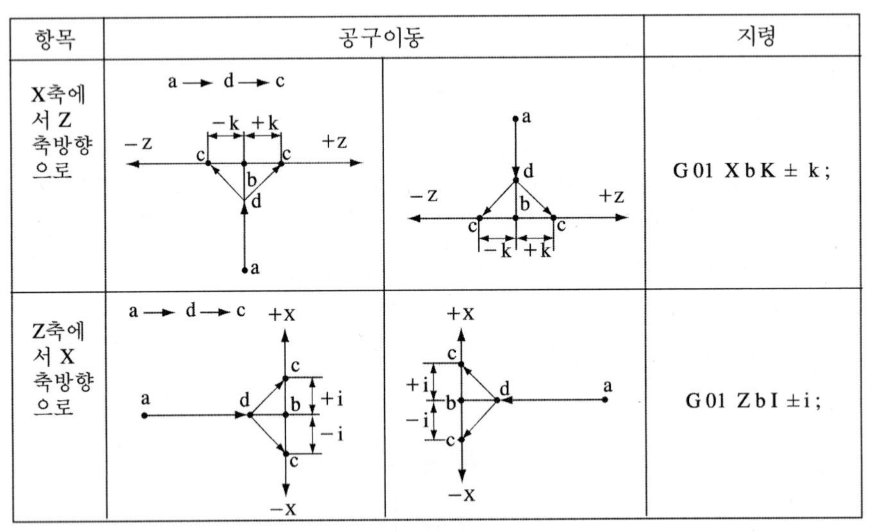

그림 8.41 챔퍼가공 설명도

② 코너(R) 가공

항목	공구이동		지령
X축에서 Z축방향으로	a → d → c		G01 X b R ± r;
Z축에서 X축방향으로	a → d → c		G01 Z b R ± r;

그림 8.42 **코너(R) 가공 설명도**

[주] 1) 챔퍼가공과 코너가공은 G01 모드에서 X축이나 Z축 가운데 한 축만 지령하여야 하며, 다음 블록은 현재의 제어축에 대하여 한 축만 직각으로 제어하여야 한다.

2) 증분지령방식으로 프로그램할 경우 다음 지령절은 b점에서 떨어진 거리를 지령해야 한다.

예제 8.7

그림 8.43과 같이 P_1에서 P_2까지 가공하려고 한다. 공구의 이송을 0.2 mm/rev로 하고 프로그램을 작성해 보자.

풀이 그림에서와 같이 코너와 챔퍼의 크기가 크지 않기 때문에 챔퍼가공과 코너가공을 이용하는 것이 좋다.

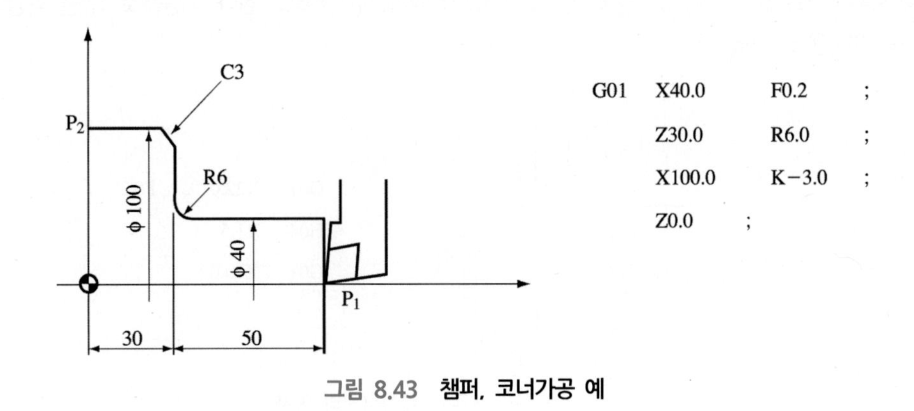

그림 8.43 **챔퍼, 코너가공 예**

5) 일시정지(G04)

일시정지(一時停止, dwell, 드웰) 기능은 P, U 또는 X를 사용하여 공구의 이송을 잠시 멈추는 것이다. 이러한 기능은 홈가공이나 드릴가공 등에서 간헐이송에 의해 칩(chip)을 절단하거나, 홈가공 시 회전당 이송에 의해 단차량이 없는 전원가공을 할 때 사용한다.

지령 포맷은 다음과 같다.

```
{ G04X (t) ;
{ G04U (t) ;
{ G04P (t) ;
```

G04가 지령되면 앞 블록의 지령을 수행하고 t초 경과한 후 다음 블록을 수행한다. X, U는 소숫점 사용이 가능하나 P는 사용하지 못하고 입력단위를 0.001로 해야 한다.

G04는 1회 유효 G 코드(one shot G code)이기 때문에 지령된 블록에서만 유효하며, 또한 이것만 단독으로 한 블록에 지령해야 된다.

예를 들어, 공구를 1.5초 동안 일시정지시키려면

```
     G04 X1.5 ;
또는 G04 U1.5 ;
또는 G04 P1500 ;
```

으로 지령한다.

예제 8.8

그림 8.44에서와 같이 단면가공 중에 공구를 1.5초간 일시정지시키려고 한다. 가공프로그램을 작성해 보자. 공구의 이송은 0.2 mm/rev이다.

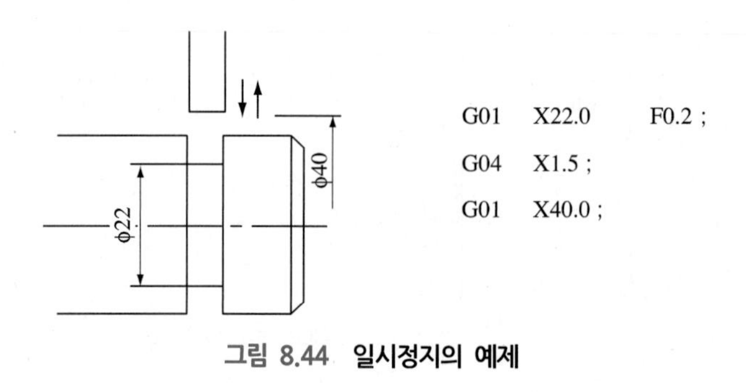

그림 8.44 일시정지의 예제

6) 원점복귀(G28, G29)

원점복귀(原點復歸, reference point return)는 가공을 끝낸 뒤 공구를 다시 원점으로 돌아오게 하는 것을 말한다.

(1) 자동원점복귀(G28)

```
G28    X(U)____  Z(W)____  ;
       └──────────────────┘
        경유점의 위치(거리)
```

이 지령에 의해 공구는 지정된 **경유점**(經由點)을 거쳐서 급속이동속도로 원점에 자동복귀한다. 원점복귀시킬 때는 그 앞 블록 또는 동일 블록에서 공구보정을 취소해야 한다. 취소하지 않으면 보정량만큼 차이가 생긴다.

예제 8.9

그림 8.45(a)에 나타낸 바와 같이 공구를 현재의 위치에서 원점으로 자동원점복귀시켜라. 단 사용한 공구는 1번 공구였다.

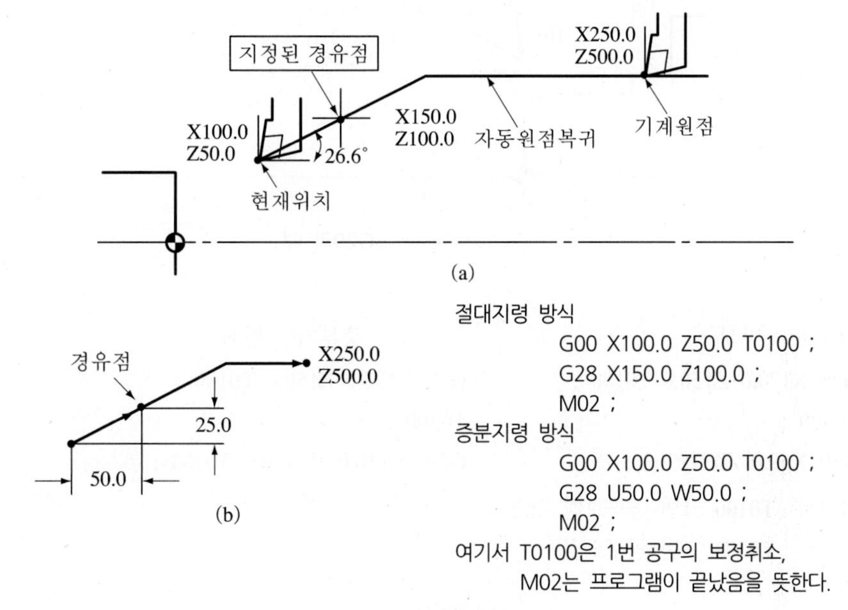

그림 8.45 자동원점복귀 예

(2) 원점에서 지령위치로 이동(G29)

위 지령에 의해 G28에서 지정한 중간경유점을 거쳐 G29에서 지령한 복귀점으로 위치결정한다. 따라서 이 지령은 G28 지령 직후에 지령해야 한다. 증분치(增分値)로 지령 시는 중간경유점에서 종점까지의 값으로 지령한다.

지령 포맷은 다음과 같다.

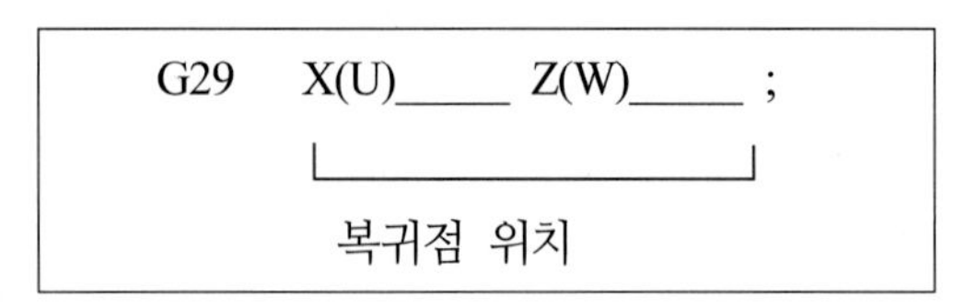

예제 8.10

그림 8.46에서와 같이 원점에서 지정된 위치(X60.0, Z0)로 공구를 복귀시키려고 한다. 프로그램을 완성하라. 단 원점 복귀 때는 1번 공구를 사용하였고 복귀점으로 이동시킬 때는 3번 공구를 사용하였다.

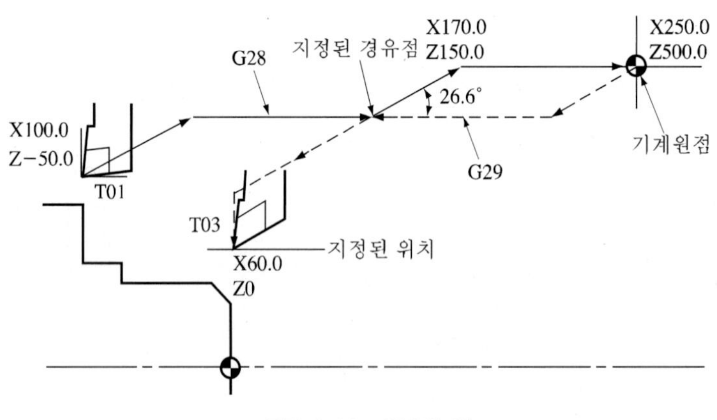

그림 8.46 G29의 예

풀이

절대지령 방식	증분지령 방식
G28 X170.0 Z150.0 T0100 ;	G28 X170.0 Z150.0 T0100 ;
T0300 ;	T0300 ;
G29 X60.0 Z0 T0303 ;	G29 U-110.0 W-150.0 T0303 ;

[주] 여기서 T0100 : 1번 공구보정 취소
T0303 : 3번 공구보정

7) 나사가공(G32, G92)

나사는 공구가 같은 경로를 반복가공함으로써 만들어진다. 나사가공(thread cutting) 지령은 주축에 장착되어 있는 위치 검출기(位置 檢出器, position coder)의 신호검출에 의해 나사절삭이 시작되므로 여러 번 반복해도 나사가공은 동일한 점에서 시작된다.

(1) 나사가공(G32)

평행나사 및 테이퍼 나사 등을 가공할 수 있으며 지령 포맷은 다음과 같다.

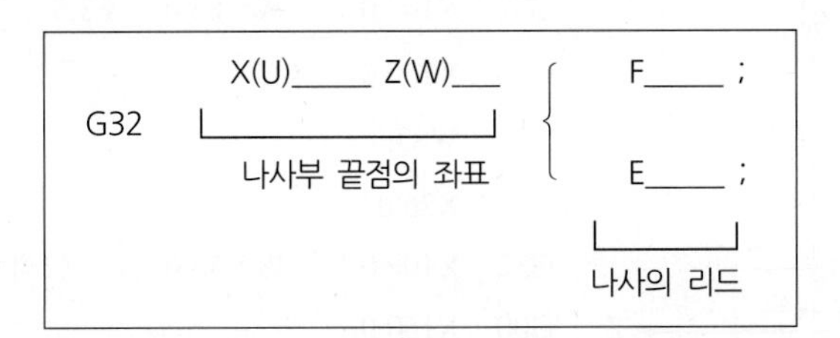

여기서 E는 나사의 피치(또는 리드)가 inch로 나타나 있을 경우 이것을 mm로 환산하여 지정한다. 예를 들어, 나사의 피치(pitch)가 1inch당 6개라고 하면 나사의 리드(lead)는 25.4/6 ≒ 4.2333…이 되어 E4.23333 이라고 입력시키면 된다.

예제 8.11

평행나사가공

그림 8.47에서와 같이 M40 나사가공을 하고자 한다. 나사의 리드가 4 mm, 불완전 나사부 δ_1 = 3 mm, δ_2 = 1.5 mm, 절삭깊이 1 mm일 때 2회 나사가공하는 프로그램을 작성하라.

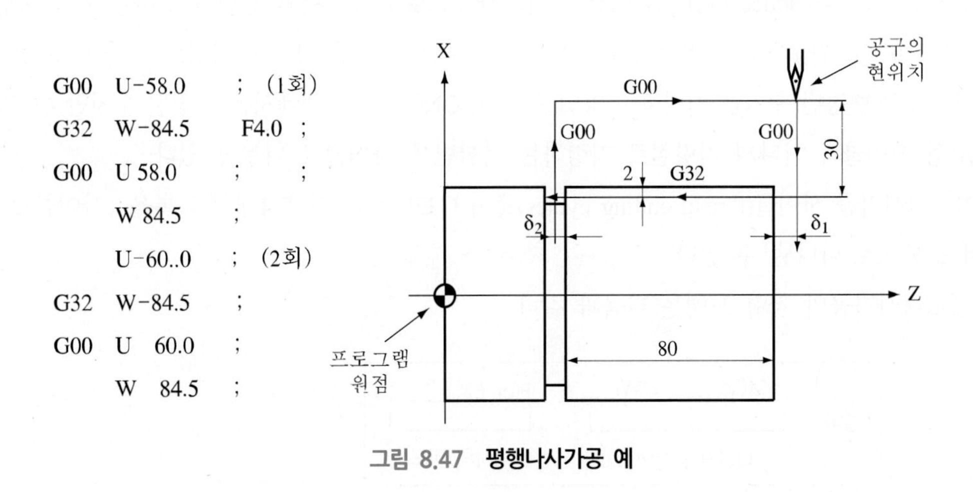

그림 8.47 평행나사가공 예

위의 그림에서는 프로그램 원점에서의 좌표값이 없기 때문에 증분지령 방식으로 프로그램해야 한다.

예제 8.12

테이퍼 나사가공

그림 8.48에서와 같이 테이퍼 나사를 가공하고자 한다. 나사의 리드가 3.5 mm, 불완전 나사부 $\delta_1 = 2$ mm, $\delta_2 = 1$ mm, 절삭깊이 1 mm로 하여 2회 나사가공할 때의 프로그램은 다음과 같다.

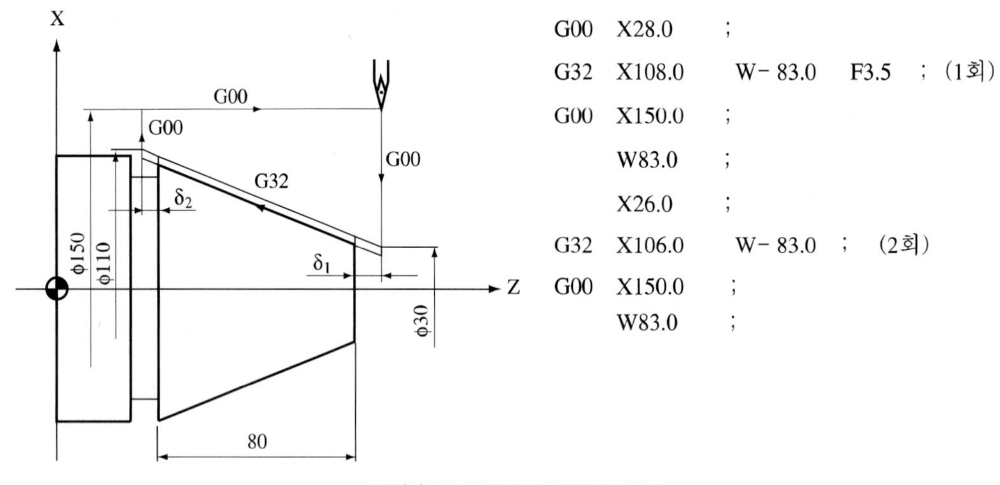

그림 8.48 테이퍼 나사가공 예

앞의 예에서와 같이 Z방향으로는 같은 거리를 반복하므로 이때는 증분값으로 나타내는 것이 편리하다.

(2) 나사가공 사이클(G92)

고정(固定) 사이클(canned cycle)을 이용한 나사가공으로 프로그램을 간단하게 하는 기능을 말한다. 선반가공에서 황삭(荒削)과 같이 반복적인 가공에서는 일련의 작업을 1개의 지령으로 묶을 수 있으며, 반복되는 가공에서 변경된 수치만 지령하는 방법도 있다. CNC 프로그램에서는 변경된 수치만 반복하여 지령하는 고정 사이클과 하나의 지령절로 지령하는 복합반복 사이클로 나누고 있다.

G92는 나사가공 사이클(thread cutting cycles)로서 G32에서 나타낸 4개의 블록을 1사이클로 생각하여 하나의 블록으로 나타낼 수 있다.

① 평행나사가공의 지령 포맷은 다음과 같다.

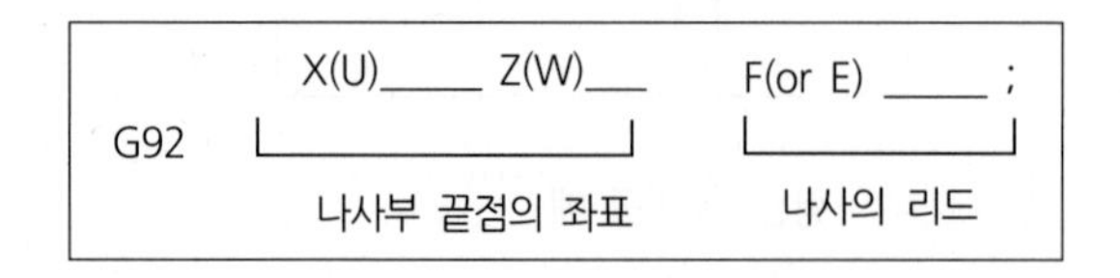

G92에서는 절삭깊이와 가공횟수를 별도로 지정하지 않는다. 나사는 피치의 크기에 따라서 산의 높이가 정해지며 가공횟수도 결정된다. 표 8.13은 피치(P)에 따른 나사가공 횟수와 절삭깊이를 나타낸 것이다.

예제 8.13

G92를 이용하여 그림 8.49에 나타낸 나사가공 프로그램을 작성해 보자.

풀이 그림에서 피치가 1 mm이므로 나사의 리드는 1 mm, 가공횟수는 4회이며(표 8.13 참조) 절삭깊이는 각각 0.25, 0.2, 0.1 및 0.05 mm씩이다. 이렇게 하여 프로그램을 작성하면 다음과 같다.

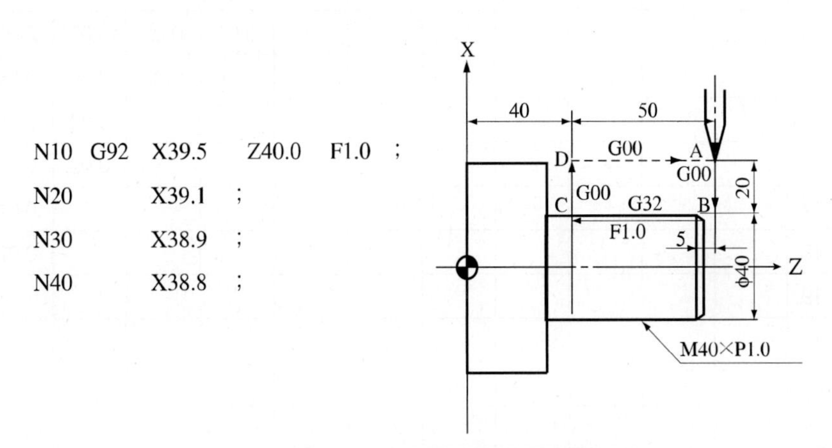

그림 8.49 G92 코드에 의한 나사절삭 예

표 8.13 나사가공 절입횟수

(S45C를 초경공구로 나사가공하는 경우)

H/8
0.072 P
R
H_1 H_2 H
P
H/4

피치	P	1.00	1.25	1.50	1.75	2.00	2.50	3.00	3.50	4.00	4.50	5.00	5.50	6.00
절삭깊이	H_2	0.60	0.74	0.89	1.05	1.19	1.49	1.79	2.08	2.38	2.68	2.98	3.27	3.57
접촉높이	H_1	0.541	0.677	0.812	0.947	1.083	1.353	1.624	1.894	2.165	2.435	2.706	2.977	3.248
구석반지름	R	0.07	0.09	0.11	0.13	0.14	0.18	0.22	0.25	0.29	0.32	0.36	0.40	0.43
가공횟수	1	0.25	0.35	0.35	0.35	0.35	0.40	0.40	0.40	0.40	0.40	0.45	0.45	0.43
	2	0.20	0.19	0.20	0.25	0.25	0.30	0.35	0.35	0.35	0.35	0.35	0.40	0.40
	3	0.10	0.10.	0.14	0.15	0.19	0.22	0.27	0.30	0.30	0.30	0.30	0.35	0.35
	4	0.05	0.05	0.10	0.10	0.12	0.20	0.20	0.25	0.25	0.30	0.30	0.30	0.30
	5		0.05	0.05	0.10	0.10	0.12	0.20	0.20	0.25	0.25	0.25	0.30	0.30
	6			0.05	0.05	0.08	0.10	0.13	0.14	0.20	0,20	0.25	0.25	0.25
	7				0.05	0.05	0.05	0.10	0.10	0.15	0,20	0.20	0.20	0.25

(계속)

가공횟수														
	8					0.05	0.05	0.05	0.10	0.14	0.15	0.15	0.15	0.20
	9						0.02	0.05	0.10	0.10	0.10	0.15	0.15	0.15
	10							0.02	0.05	0.10	0.10	0.10	0.10	0.15
	11							0.02	0.05	0.10	0.10	0.10	0.10	0.10
	12								0.02	0.05	0.09	0.10	0.10	0.10
	13								0.01	0.02	0.05	0.09	0.10	0.10
	14									0.02	0.05	0.05	0.08	0.10
	15										0.02	0.05	0.05	0.08
	16										0.02	0.05	0.05	0.05
	17											0.02	0.05	0.05
	18											0.02	0.05	0.05
	19												0.02	0.05
	20												0.02	0.05
	21													0.02
	22													0.02

② 테이퍼 나사가공의 지령 포맷은 다음과 같다.

```
G92 X(U)_____ Z(W)____ I_____ F_____;
```

여기서 I는 테이퍼 나사가공부 종점에서 시작점까지의 X축의 증분값을 나타내며 증감을 표시하는 부호(+, −)를 반드시 붙여야 한다. I의 부호는 그림 8.50에 나타낸 바와 같다.

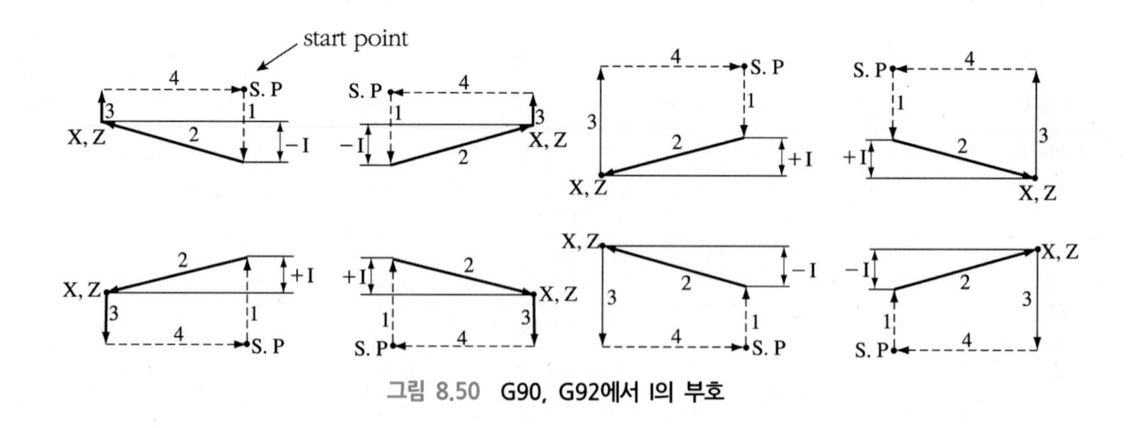

그림 8.50 G90, G92에서 I의 부호

예제 8.14

그림 8.51에 나타낸 테이퍼 나사가공 프로그램을 작성해 보자.

풀이 피치가 1 mm이므로 가공횟수와 절삭 깊이는 예제 8.13과 같다.

```
N10  G92  X75.5   W-60.0   I-19.0   F1.0  ;
N20  X75.1  ;
N30  X74.9  ;
N40  X74.8  ;
```

A－B간에서는 급속이송
B－C간에서는 나사의 리드
C－D간에서는 급속이송
D－A간에서도 급속이송으로 동작한다.

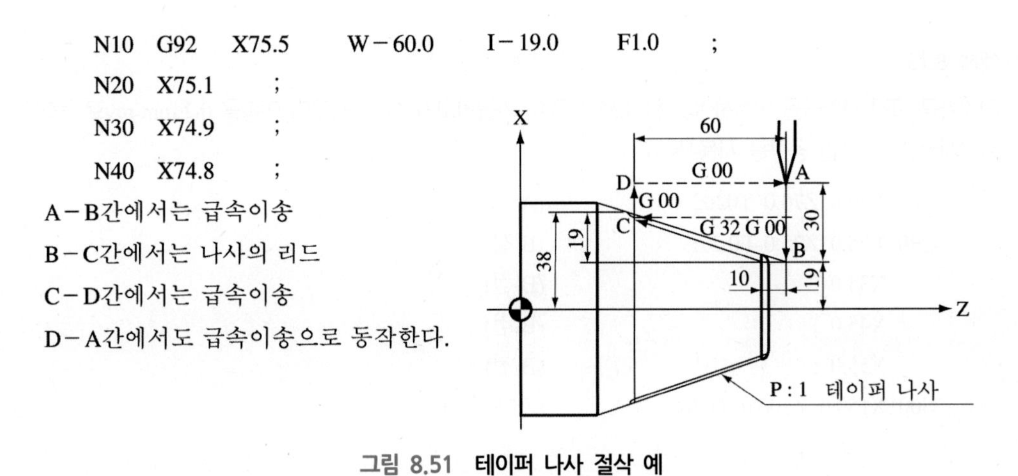

그림 8.51 **테이퍼 나사 절삭 예**

8) 외경가공 고정 사이클(G90)

고정 사이클(canned cycle)은 앞에서 설명한 바와 같이 변경되는 수치만 반복하여 지령하는 것이다. G90은 공작물을 외경가공(外徑加工)하고자 할 때 이용하는 고정 사이클이다.

(1) 평행가공

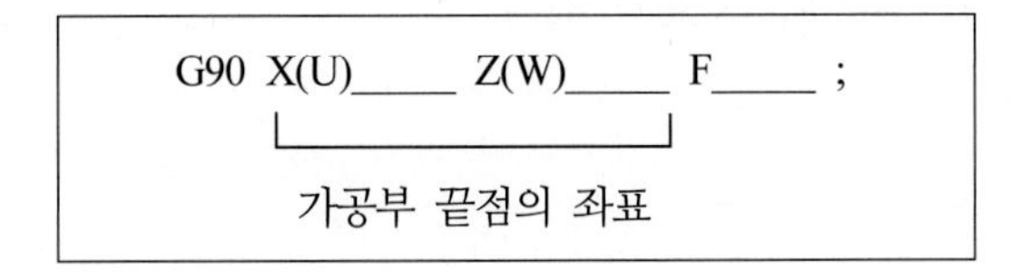

G90 X(U)_____ Z(W)_____ F_____ ;

가공부 끝점의 좌표

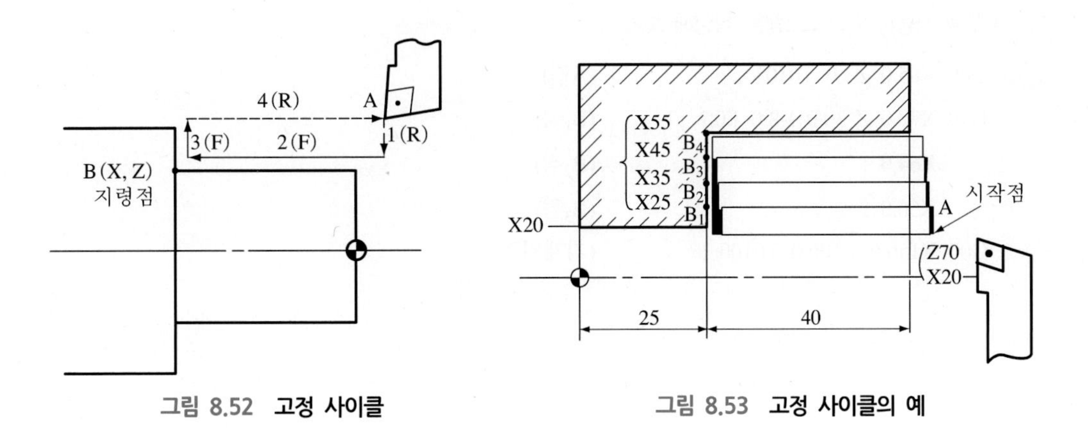

그림 8.52 **고정 사이클**

그림 8.53 **고정 사이클의 예**

그림 8.52에서 가공부 끝점은 B점을 뜻한다. 그리고 R은 급속이송(急速移送), F는 절삭이송(切削移送)을 뜻한다.

공구는 시작점(A)에서 출발하여 1, 2, 3, 4의 경로를 거쳐서 출발점으로 되돌아 온다.

예제 8.15

외경가공 고정 사이클을 이용하여 그림 8.53과 같이 가공하고자 한다. 공구의 이송을 0.2 mm/rev로 하여 프로그램을 완성시켜 보자. 2번 공구를 사용한다.

풀이

프로그램	위치
G00 X20.0 Z70.0 T0202 ;	(A점)
G90 X25.0 Z25.0 F0.2 ;	(B_1점)
X35.0 ;	(B_2점)
X45.0 ;	(B_3점)
X55.0 ;	(B_4점)
G00 X150.0 Z200.0 T0200 ;	(기계원점)

(2) 테이퍼가공

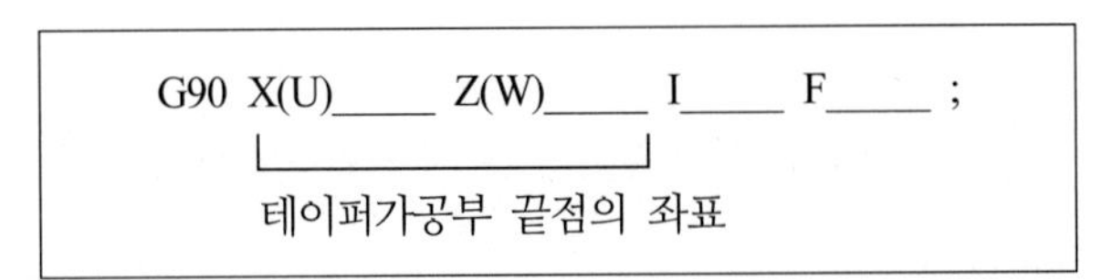

여기서 I는 테이퍼가공부 종점에서 시작점까지의 X축의 증분값을 나타내며 그림 8.54에서 (B−A′) 값이다. I의 부호는 테이퍼 나사가공에서 나타낸 그림 8.50과 같다.

예제 8.16

그림 8.55와 같이 테이퍼가공하고자 한다. 공구의 현재위치는 X85.0, Z3.0이고 절삭깊이는 4 mm, 이송 0.2 mm/rev, 1번 공구를 사용하여 프로그램을 작성해 보자.

풀이

프로그램	위치
G00 X85.0 Z3.0 T0101 ;	(A점)
G90 X72.0 Z-30.0 I-8.0 F0.2 ;	(B_1점)
X64.0 ;	(B_2점)
X56.0 ;	(B_3점)
G00 X150.0 Z100.0 T0100 ;	(기계원점)

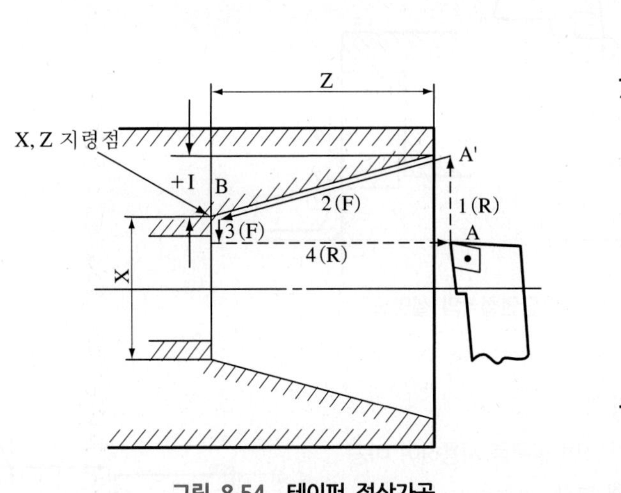

그림 8.54 테이퍼 절삭가공

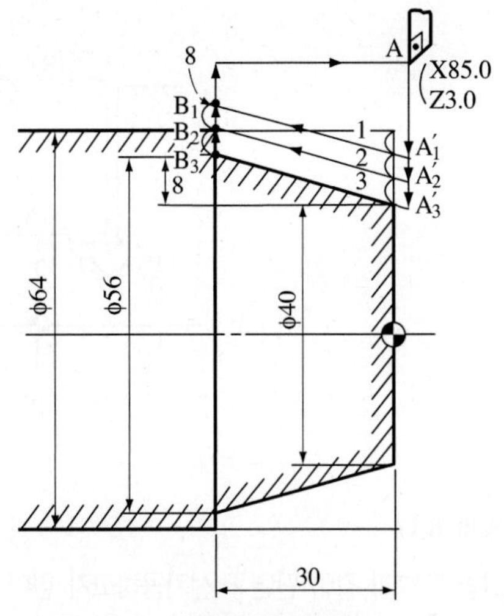

그림 8.55 테이퍼가공의 예

고정 사이클을 사용할 때 주의사항은 다음과 같다.

① 고정 사이클(canned cycle)에서는 싱글 블록 모드에서 사이클 시작 버튼을 누르면 1, 2, 3, 4의 동작을 1회만 수행한다.

② 고정 사이클이 끝나면 G90, G94는 항시 G00으로 취소시켜야 한다.

③ 고정 사이클은 연속 유효(modal) 지령이다.

9) 단면가공 고정 사이클(G94)

G94는 공작물의 단면(斷面)을 직선 또는 테이퍼가공할 때 고정 사이클을 이용하는 것이다.

(1) 단면 직선가공

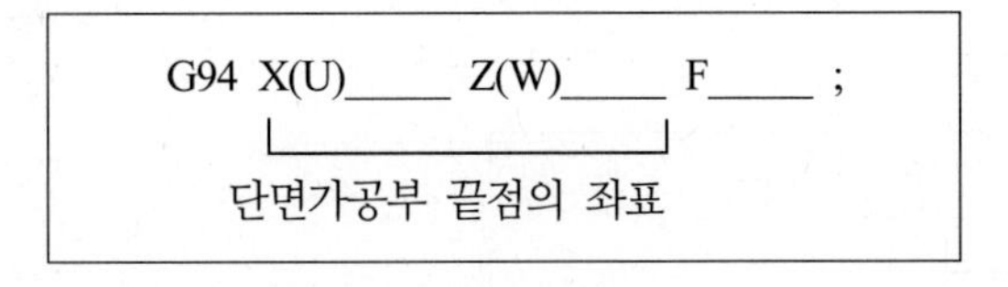
G94 X(U)____ Z(W)____ F____ ;

단면가공부 끝점의 좌표

이 사이클에서 공구는 그림 8.56과 같이 1, 2, 3, 4의 경로로 동작하며 가공부 끝점은 B점이다.

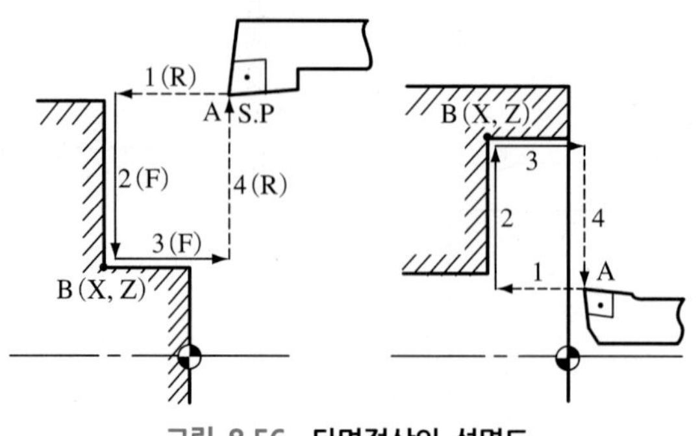

그림 8.56 단면절삭의 설명도

예제 8.17

그림 8.57과 같이 단면 직선가공하고자 한다. 1번 공구를 사용하여 이송 0.2 mm/rev로 가공할 때 프로그램을 작성해 보자.

풀이

```
G00  X90.0   Z3.0  T0101 ;
G94  X45.0   Z-4.0  F0.2 ;      (B1점)
             Z-8.0 ;            (B2점)
             Z-12.0 ;           (B3점)
             Z-16.0 ;           (B4점)
             Z-20.0 ;           (B5점)
G00  X150.0  Z100.0  T0100 ;    (기계원점)
```

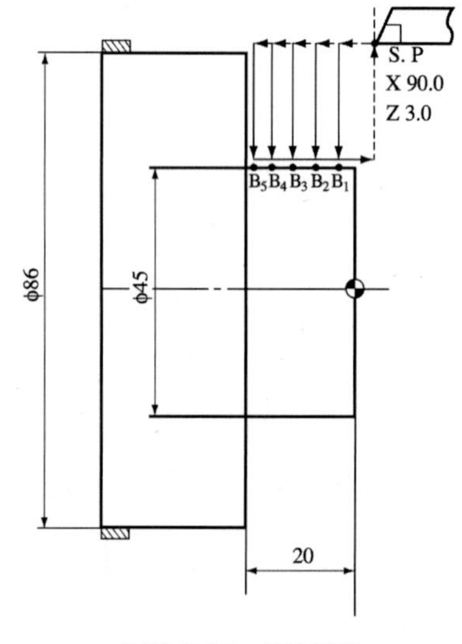

그림 8.57 단면절삭

(2) 단면 테이퍼가공

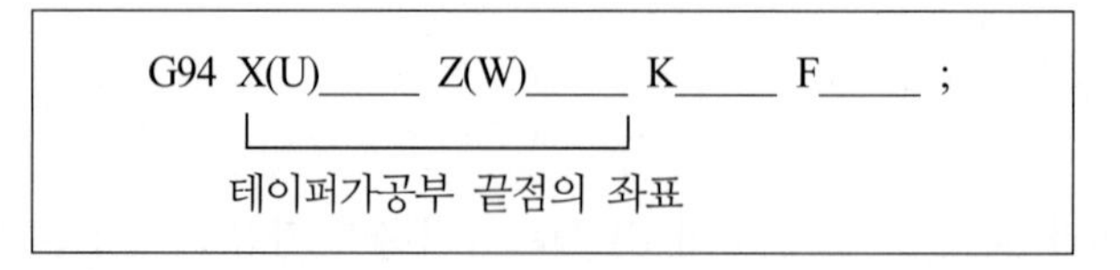

그림 8.58은 단면 테이퍼가공에 관한 것이다. 여기서 테이퍼가공부 끝점은 B점이다. 그리고 K는 테이퍼가공부 종점에서 시작점까지의 Z축의 증분값을 나타내며 증감(增減)을 표시하는 부호(+, −)를 반드시 붙여야 한다. K의 부호는 그림 8.59에 나타낸 바와 같다.

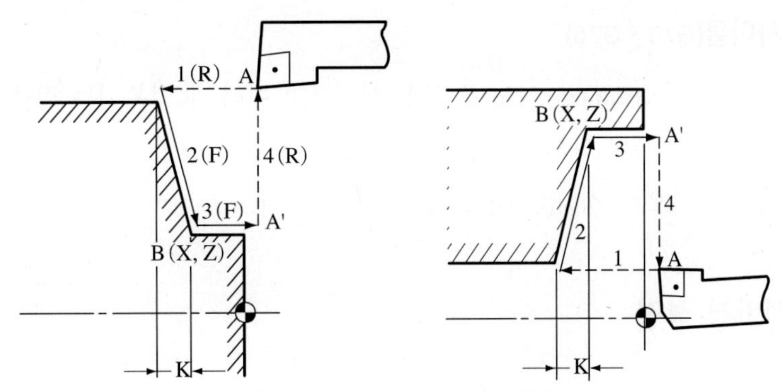

그림 8.58 단면 테이퍼가공 설명도

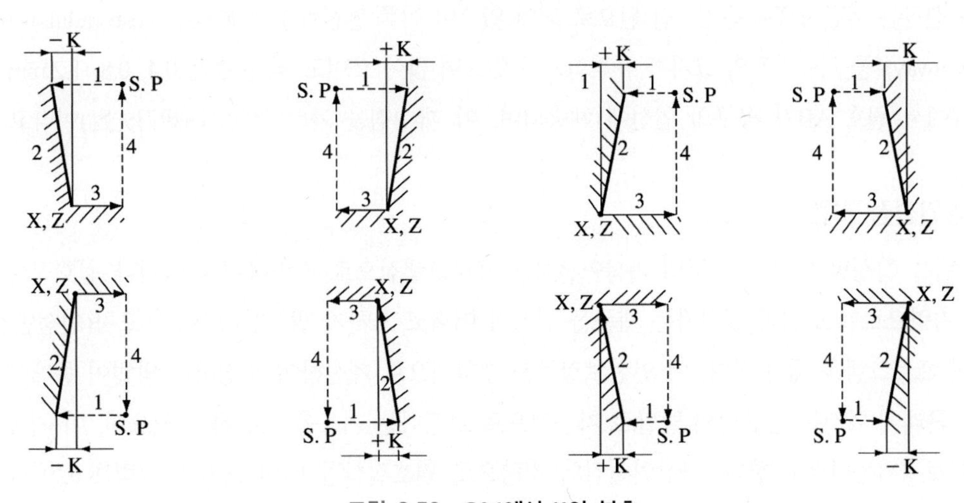

그림 8.59 G94에서 K의 부호

예제 8.18

그림 8.60과 같이 단면을 테이퍼가공하고자 한다. 4번 공구를 사용하고 이송을 0.2 mm/rev로 할 때 프로그램을 작성해 보자.

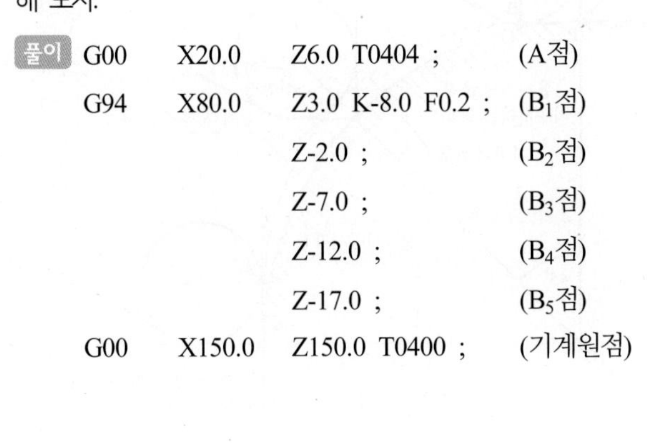

풀이

```
G00   X20.0    Z6.0  T0404 ;        (A점)
G94   X80.0    Z3.0  K-8.0  F0.2 ;  (B1점)
               Z-2.0 ;              (B2점)
               Z-7.0 ;              (B3점)
               Z-12.0 ;             (B4점)
               Z-17.0 ;             (B5점)
G00   X150.0   Z150.0  T0400 ;      (기계원점)
```

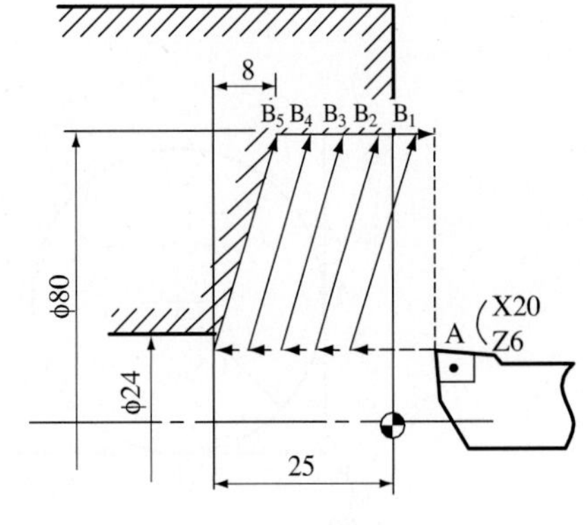

그림 8.60 단면절삭 예

10) 복합 반복 사이클(G70 ~ G76)

복합 반복 사이클(multiple repeating cycle)은 고정 사이클이 여러 개 반복되는 것을 말한다. 주로 내외경 황삭 및 단면 황삭가공 등에 이용되며 짧은 시간에 많은 양을 가공할 수 있다. 이와 같은 황삭(G71, G72, G73)이 끝나면 마지막으로 정삭(G70)으로 가공을 마친다.

4.5.4 공구 인선반경 보정

1) 공구 인선반경

공구의 선단은 일반적으로 반경 *r*인 원호로 되어 있으며 이를 **인선반경**(刃先半徑, nose radius)이라 한다. TA(throw away) 공구는 반경의 크기가 규격화되어 있으며 많이 쓰이고 있는 것은 0.4, 0.8, 1.2 mm 등이다. 그림 8.61에서 원호 AB가 공구의 인선에 해당되며, 이 때 P점을 **가상인선점**(假想刃先點)이라고 한다.

2) 가상인선점 지령

프로그램을 작성할 때에는 공구의 **가상인선점**을 프로그램점으로 지령하여 테이퍼나 원호절삭을 하게 된다. 이 지령으로는 도면과 일치하는 제품을 얻기가 어렵고 오차가 발생한다. 이의 오차(인선반경 보정)를 구하여 프로그램을 해야 한다. 이 인선보정치를 수학적으로 계산하여 보정하는 방법이 종래에 쓰이고 있었으나 근래에 와서는 컴퓨터의 발달로 자동적으로 보정하는 기능을 사용하고 있으며, 이 기능을 자동 인선반경 보정기능이라고 한다. 가상인선점의 지령으로 원호절삭할 때의 오차는 그림 8.62에서 실선과 점선 사이이며 가공 시 이 부분이 절삭되지 않는다.

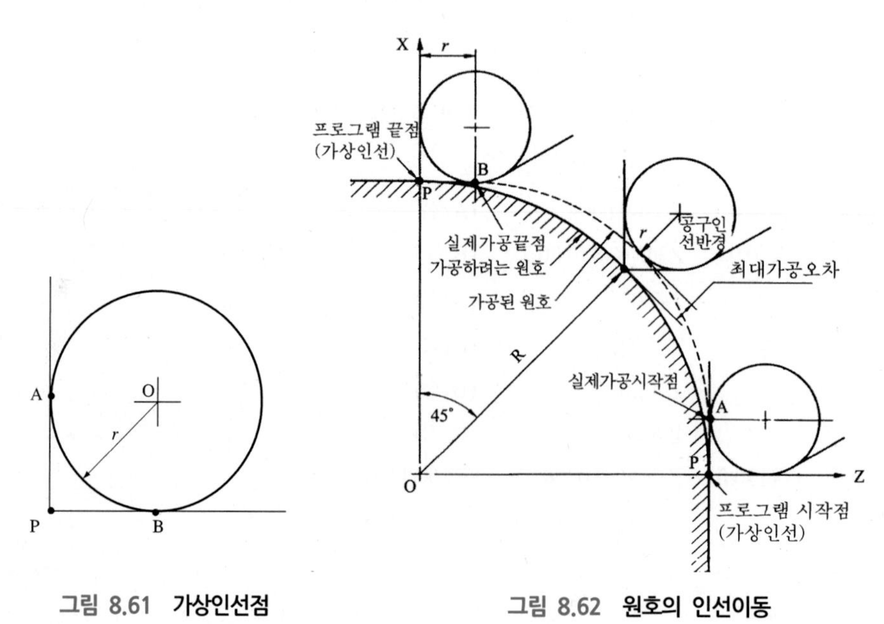

그림 8.61 가상인선점

그림 8.62 원호의 인선이동

3) 자동 인선반경 보정기능(G40, G41, G42)

(1) 자동 인선반경 보정기능의 개요

앞절에서 말한 바와 같이 테이퍼절삭과 원호절삭 프로그램은 가상인선점을 지령해야 한다. 그러나 오늘날의 NC 선반에서 NC 장치의 발달로 **자동 인선반경 보정기능**(自動 刃先半徑 補正機能)은 수동계산을 하지 않고 도면상의 A, B점을 지령하면 NC 장치는 자동적으로 가상인선 반경보정량 fx, fz를 계산하여 가상인선점이 수동계산에 의한 가상인선점 P_1, P_2에 가도록 자동적으로 이동지령을 한다.

이 기능을 자동 인선반경 보정기능이라 한다,

그림 8.63에서 가상인선점 지령방식은

G01 X(x_{P_1})____ F____ ; (P₁점의 좌표치)
X(x_{P_2})____ Z(z_{P_2})____ ; (P_2점의 좌표치)

이나 자동 인선반경 보정기능을 사용하면

G01 X(x_A)____ F____ ; (A점의 좌표치)
X(x_B)____ Z(z_B)____ ; (B점의 좌표치)

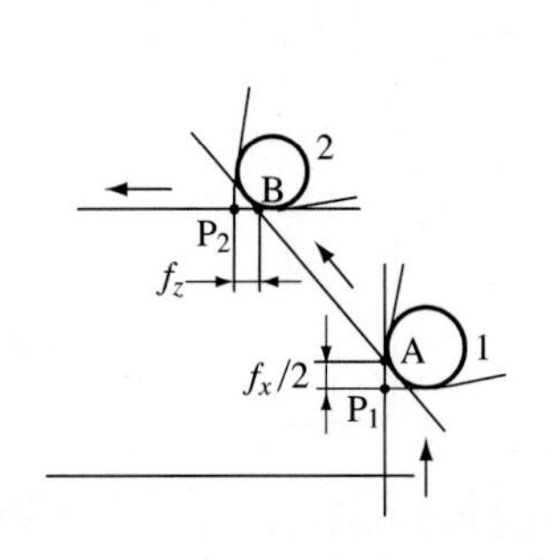

그림 8.63 테이퍼절삭

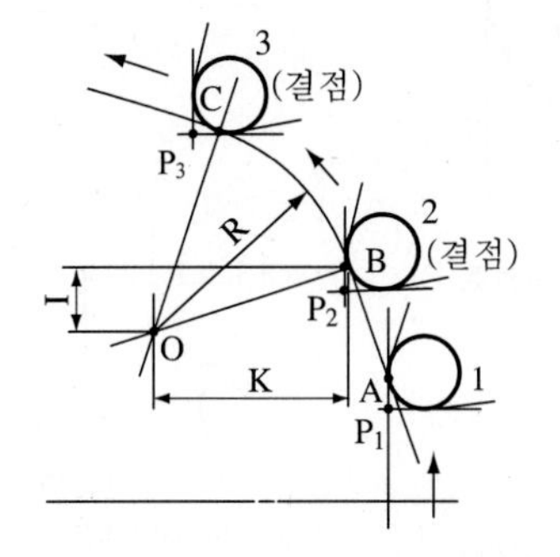

그림 8.64 원호절삭

이상과 같이 도면상의 점을 지령하면 가상 인선점이 P_1, P_2점에 이동하도록 NC 장치가 자동적으로 연산하여 준다. 또 그림 8.64와 같은 원호절삭의 경우는

G01 X(x_A)____ F____ ; (A점의 좌표치)
X(x_B)____ Z(z_B)____ ; (B점의 좌표치)
G03 X(x_C)____ Z(z_C)____ {R____ / I____ K____ ; (C점의 좌표치)
G01 X____ Z____ ;

이상과 같이 A, B, C점을 지령하면 NC 장치는 자동적으로 가상인선점을 연산하여 가상인선점이 P_1,

P_2, P_3로 시작한다.

(2) 자동 인선반경 보정기능의 사용준비

인선반경 r의 크기에 따른 보정량을 NC 장치에게 연산시키려면 공구 옵셋 메모리(offset memory) 내에 인선반경의 크기와 가상인선 번호를 입력시켜야 한다. 이같은 준비는 프로그램과는 관계가 없고 가공하려 할 때 기계에 다음과 같은 조작을 완료해야 한다.

① 인선반경 r의 크기

인선반경이 1.2 mm이면 1.2로 입력시킨다.

② 가상인선의 번호

그림 8.65와 같이 인선반경부에 번호를 붙여 사용한다. 그림 8.66을 참고하라. 이 가상인선의 번호를 공구 옵셋 메모리 T에 입력한다. 표 8.14에 인선반경 보정량 설정 예를 나타내었다.

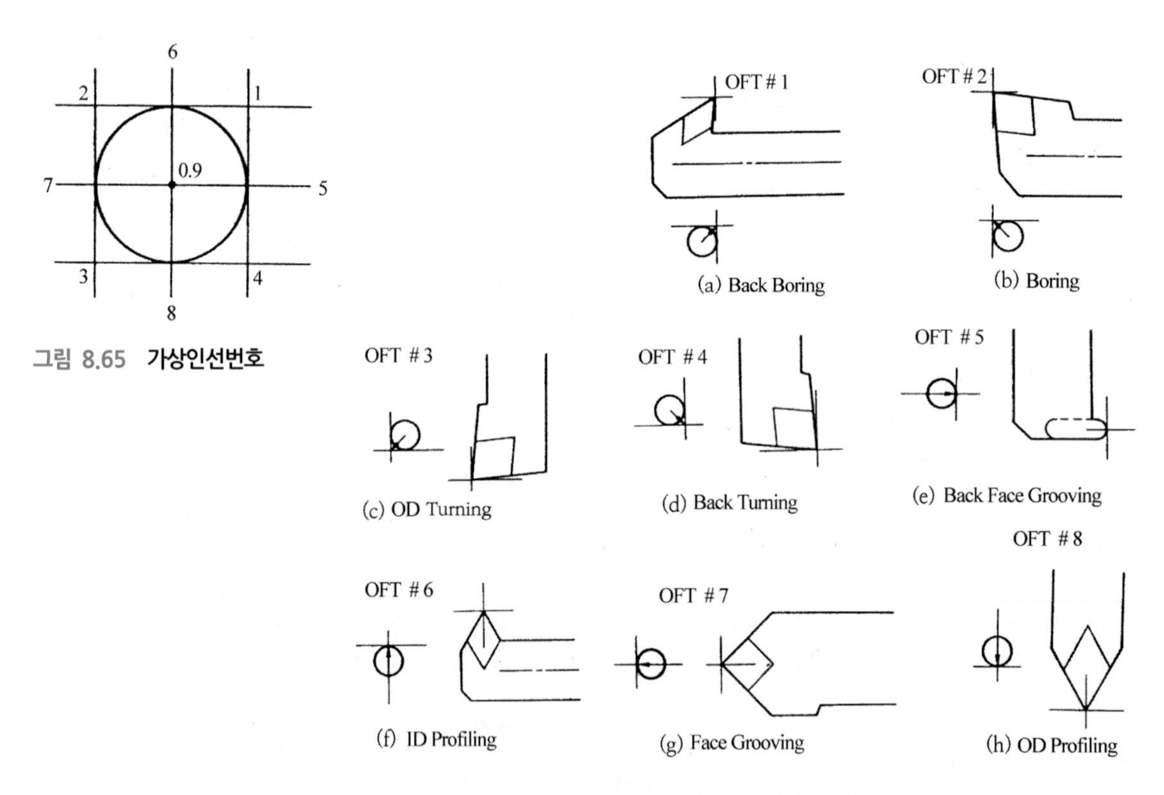

그림 8.65 가상인선번호

그림 8.66 가상인선의 번호와 용도

표 8.14 인선반경 보정량의 설정

옵셋번호	OFX	OFZ	OFR	OFT
01	0.75	-0.93	0.4	3
02	-1.234	10.987	0.8	2
·	·	·	·	·
·	·	·	·	·
16	·	·		

[주] 옵셋량의 범위 : 0 ~ ±999.999 mm

(3) 가공위치와 이동지령

프로그램을 할 때 작업자는 인선반경 보정을 하기 위해서는 공구가 프로그램 경로의 어느쪽에서 인선을 접해서 이동하는가를 정해야 한다. 이것은 G 코드의 G41과 G42로 지령하며 기능은 표 8.15와 같다.

표 8.15 G40, G41, G42의 기능

G 코드	공구경로	소재축
G40	공구인선반경 보정 취소	
G41	프로그램 경로의 왼쪽	오른쪽
G42	프로그램 경로의 오른쪽	왼쪽

예를 들면, 그림 8.67에서 f → g → h → i는 프로그램의 경로이며, 공구가 프로그램 경로에 대하여 좌측에서 동작을 해야 하므로 G41을 처음에 지령해야 한다.

```
G41   G01   X(g)____  Z(g)____  F____ ;
            X(h)____  Z(h)____ ;
            X(i)____  Z(i)____ ;
```

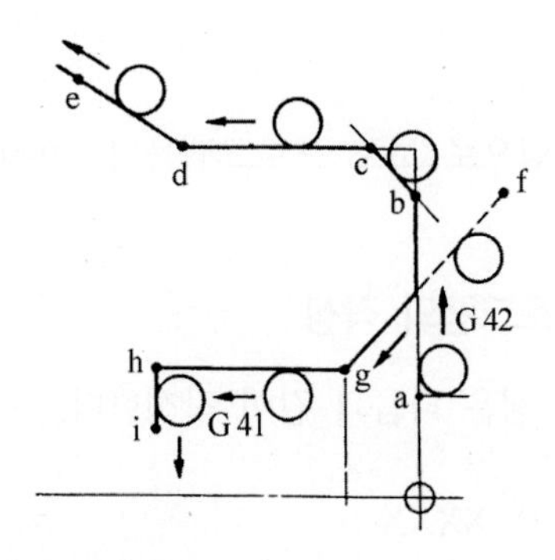

그림 8.67 자동인선반경 보정의 방향

으로 지령한다. 같은 방법으로 a, b, c, d, e가 프로그램의 경로이면 공구는 프로그램 경로의 우측에서 동작해야 하므로 G42를 처음부터 지령해야 한다.

```
G42   G01   X(a)____  Z(a)____  F____ ;
```

X(b)____ Z(b)____ ;
X(c)____ Z(c)____ ;
X(d)____ Z(d)____ ;
X(e)____ Z(e)____ ;

으로 지령한다. G40, G41, G42는 연속유효 G 코드이다.

4.5.5 보조 프로그램

프로그램 중에 어떤 고정된 시퀀스나 계속되는 패턴이 있을 때 이것을 보조(補助) 프로그램(sub-program)으로 해서 미리 메모리에 입력시켜 두고 프로그램을 간단히 할 수 있다.

보조 프로그램은 테이프 모드나 메모리 모드의 어느 모드에서도 호출할 수 있으며, 또 호출된 보조 프로그램이 다른 서브 프로그램을 호출할 수 있다. 그림 8.68은 보조 프로그램의 호출을 나타낸 것이다.

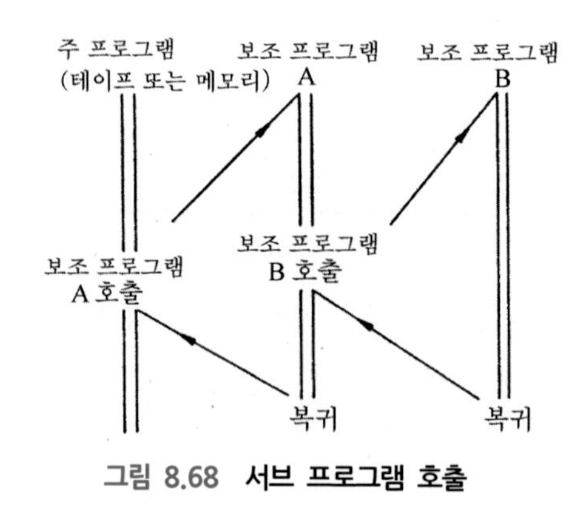

그림 8.68 서브 프로그램 호출

1회 호출지령으로 보조 프로그램을 1 ~ 9999까지 연속으로 반복시킬 수 있다.

1) 보조 프로그램의 작성

보조 프로그램은 다음과 같이 작성한다.

$\overline{O}$ XXXX ;
⋮
M99 ;

보조 프로그램의 첫머리에 주 프로그램(main program)과 같이 어드레스 $\overline{O}$에 프로그램 번호를 부여하며 M99로서 프로그램을 종료한다.

2) 보조 프로그램의 실행

보조 프로그램은 주 프로그램으로부터 호출되어 실행한다. 보조 프로그램의 호출은 다음과 같이 한다.

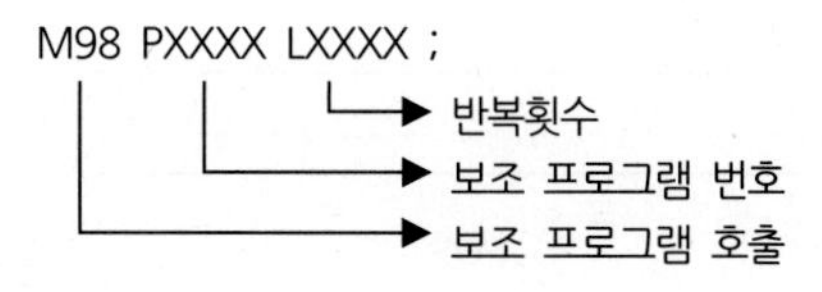

L을 생략하면 반복횟수는 1회다.

예 주 프로그램

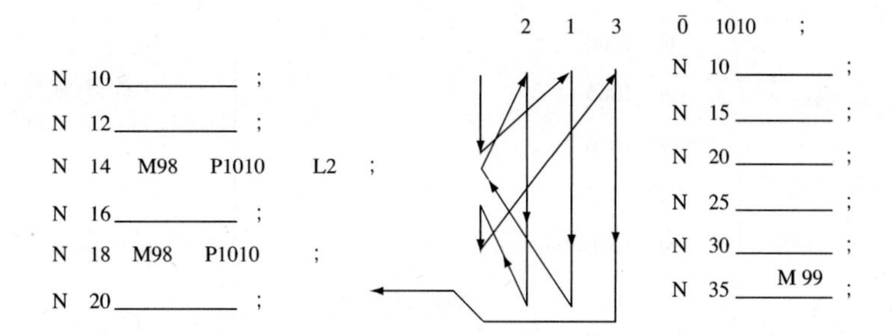

3) 특수한 사용방법

(1) 보조 프로그램에서 M99로 끝나는 마지막 블록에 어드레스 P에 어떤 전개 번호가 지정되면 메모리는 P에서 지정된 블록으로 간다.

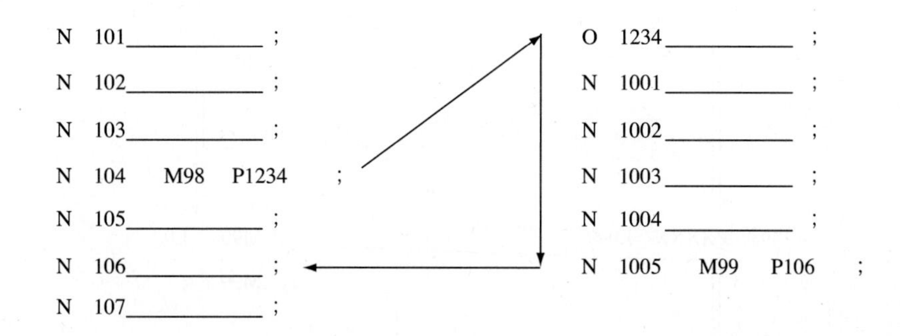

(2) 주 프로그램에서 M99가 지령되면 주 프로그램의 첫머리로 되돌아가며 계속 반복수행한다.

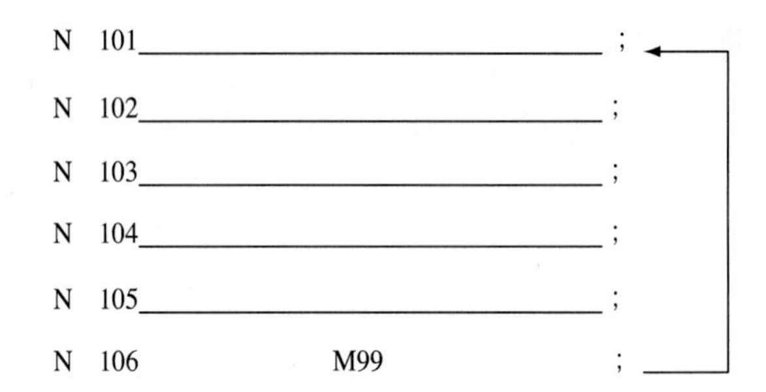

(3) 옵션 블록 스위치(Optional block switch)를 ON, OFF했을 때

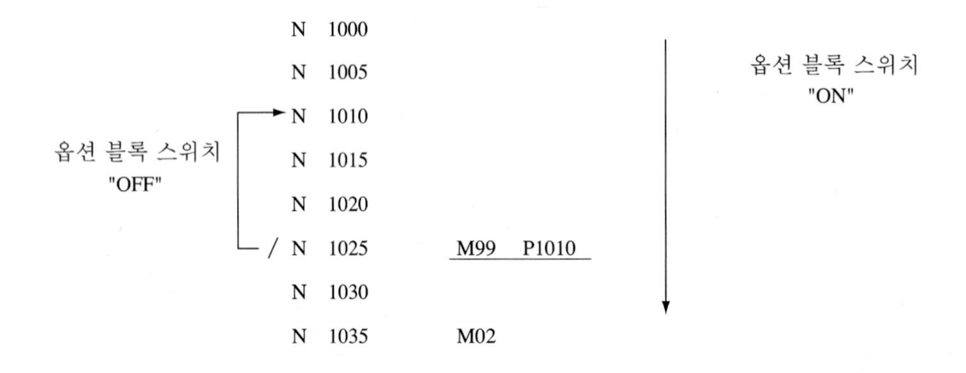

(4) M99 L α의 지령에서 $\alpha = 0$인 경우

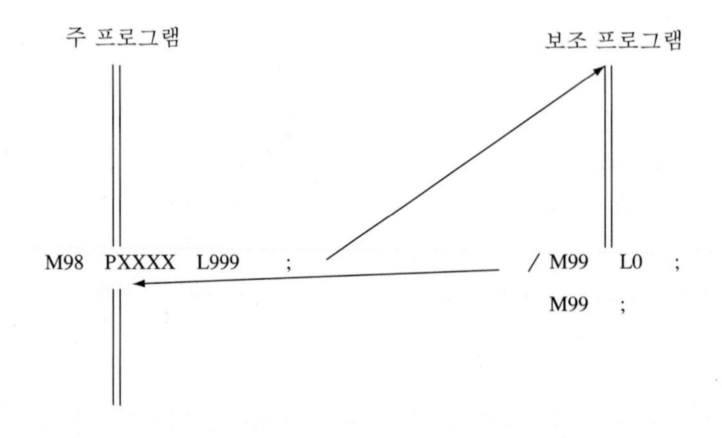

상기 프로그램에서 옵션 블록 스위치가 “OFF”일 경우 반복횟수는 0으로 되고 주 프로그램으로 되돌아간다.

4.6 자동 프로그램

4.6.1 APT

이는 NC용 자동 프로그램 중에서 가장 유명하며 가장 대규모의 것으로 세계 각국에서 널리 사용된다. APT(automatically programmed tools)란 이 자동 프로그램시스템을 말함과 동시에 그 프로그램 언어를 가리키기도 한다.

APT에서는 공작물을 절삭하기 위한 공구통로를 지정하는 방법으로 그림 8.69와 같이 교차하는 2개의 제어면(drive surface와 part surface)을 생각하여 그 양자에 공구가 접하면서 제3의 제어면(check surface)에 부딪칠 때 동작을 멈추도록 한다.

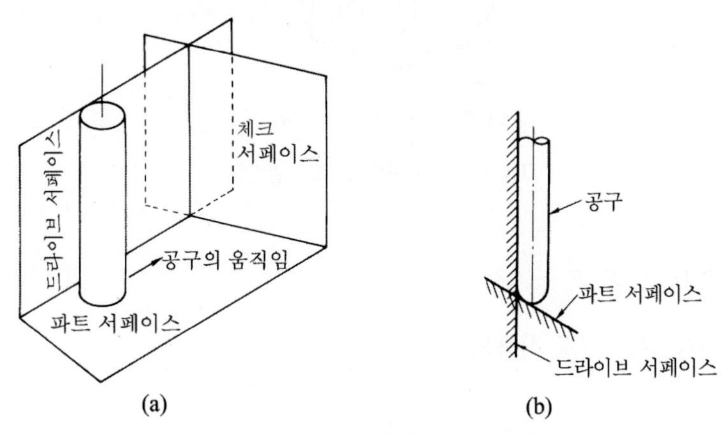

그림 8.69 **공구통로의 지정방법**

드라이브 서페이스에 대한 공구의 관계 위치로서는 그림 8.70(a), (b)와 같이 드라이브 서페이스의 우측 또는 좌측에 접하면서 진행하는 경우와 (c)와 같이 그 위를 진행하는 경우가 있다. 또 체크 서페이스와 공구와의 관계 위치로는 그림 8.71과 같이 (a) 공구가 처음 체크 서페이스에 접하는 곳에서 운동을 끝낸다. (b) 체크 서페이스 위에서 운동을 끝낸다. (c) 드라이브 서페이스와 체크 서페이스가 접하는 점에서 동작을 끝낸다 등의 4가지가 있다.

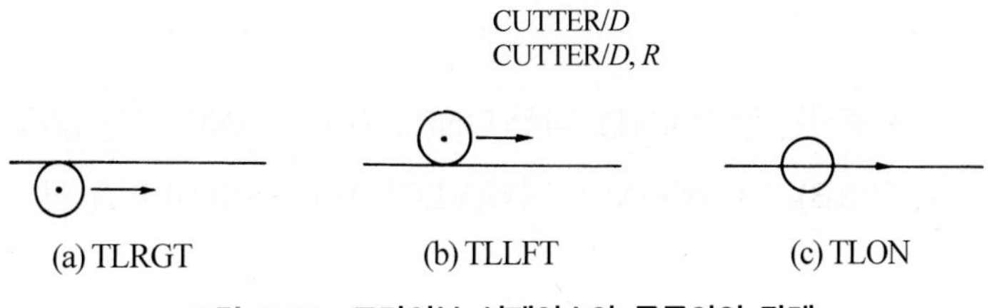

그림 8.70 **드라이브 서페이스와 공구와의 관계**

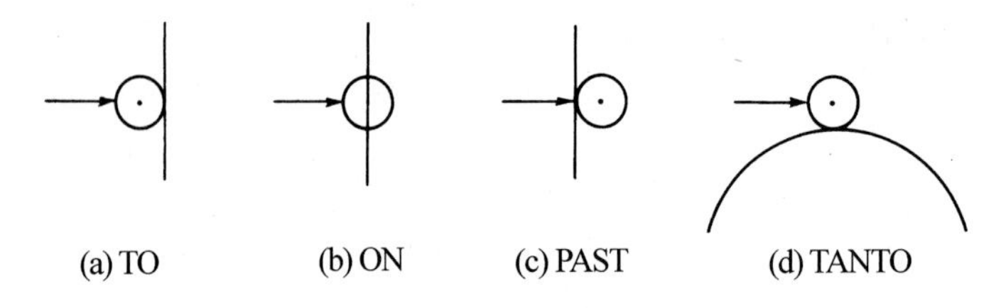

그림 8.71 체크 서페이스와 공구와의 관계

APT의 공구형상의 일반형은 그림 8.72에서 보듯이

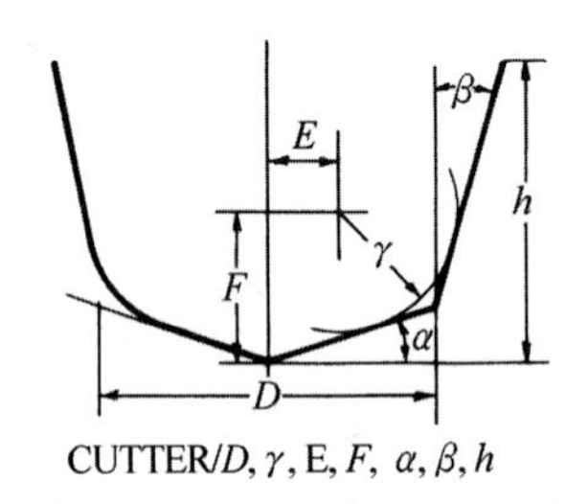

그림 8.72 공구의 정의의 일반형

CUTTER/D, γ, E, F, α, β, h

로 표시되나 그림 8.73과 같은 형도 사용되며

CUTTER/D
CUTTER/D, R

로 정의된다. 공구의 길이 h는 지정이 없는 경우는 127 mm로 정해져 있다.

공구의 중심축과 공구의 선단과의 교점을 공구단(tool end)이라 하고, APT의 주목적은 이 점의 X, Y, Z 좌표를 구하는 데 있다. 공구단과 파트 서페이스와는 그림 8.74에서 보듯이 공구단이 파트 서페이스 위에 있든가 또는 공구단에서 옵셋(offset)된 위치에 있든가의 어느 하나이며 각각 TLONPS, TLOFPS로 표시한다.

APT 언어에서는 문자, 숫자, 심볼(symbol), 스테이트먼트(statement) 및 특수문자 등이 기본요소로 사용된다.

APT에서 정의되는 도형으로서는 점(POINT), 직선(LINE), 평면(PLANE), 원(CIRCLE), 원통(CYLINDR), 타원(ELLIPS), 쌍곡선(HYPERB), 원추(CONE), 벡터(VECTOR), 구(SPHERE) 및 2차곡선(QADRIC) 등이 있다.

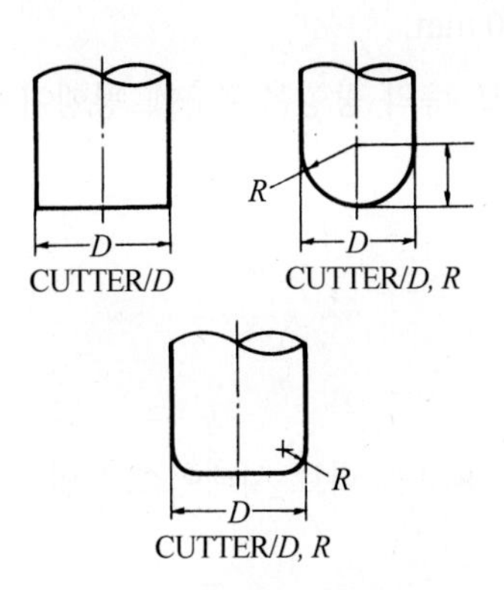

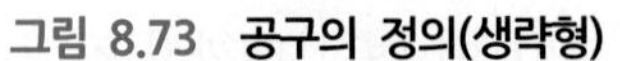
그림 8.73 공구의 정의(생략형)

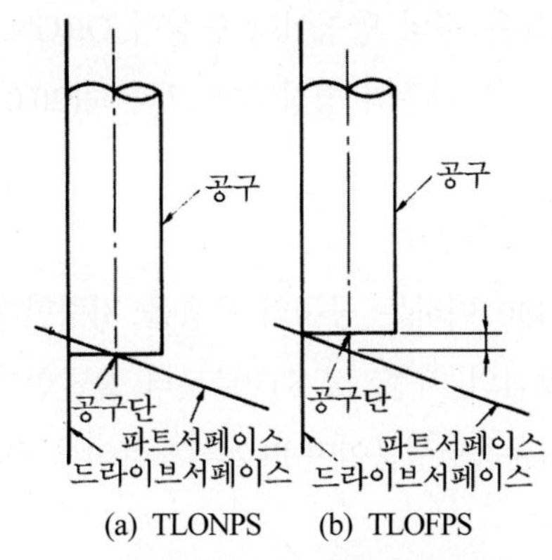

그림 8.74 공구단과 파트 서페이스와의 관계

파트 프로그램은 다음과 같은 부분으로 구성된다.

① 파트 프로그램의 명칭, 인쇄명령, 주의사항

② 정의문

③ 공구의 형상지정과 허용 오차

④ 초기운동명령문

⑤ 운동명령문

⑥ 공작기계에 관한 사항

⑦ 종료명령

이밖에 산술연산, 함수계산, 좌표변환지령 및 반복지령 등 여러 가지 수법이 사용된다.

그림 8.75는 APT 파트 프로그램의 예이다. 각 행의 내용은 다음과 같다.

010 이 파트 프로그램의 명칭

020 커터위치의 인쇄를 명령

030 포스트 프로세서의 명칭

040 허용 오차는 외측에 0.02 mm임을 표시

050 공구가 직경 10 mm의 볼엔드밀임을 표시

060 ~ 120 정의문

060 좌표원점은 ORGN로 이름 지음

070 공구를 최초에 놓은 위치

080 PL1은 평면의 명칭이며 Z = 10

090 PL2는 평면의 명칭이며 Y = 0

100 PL3은 평면의 명칭이며 X = 60

110 SPH1은 구의 명칭이며 중심이 ORGN, 반지름이 120 mm

120 CYL1은 원주의 명칭이며 그의 축(20,0,0)을 지나고 그 축의 방향은 Z축에 평행이며 반지름은 100 mm

130 주기를 적는다.

◎ 140 이하는 공구의 운동을 지령한다.

140 출발점의 지정, 점 STP로부터 출발한다.

150 출발운동명령문이며 PL2를 드라이브 서페이스로 하고, PL1을 파트 서페이스로 할 수 있는 위치 (1)로

160 PL2를 드라이브 서페이스로 삼아 그 우절하여 가서 SPH1에 접할 때까지 진행,

170 이하에서 파트 서페이스를 SPH1으로 한다.

180 드라이브 서페이스를 PL2로 삼고 상향으로 CYL1에 접하기까지 진행

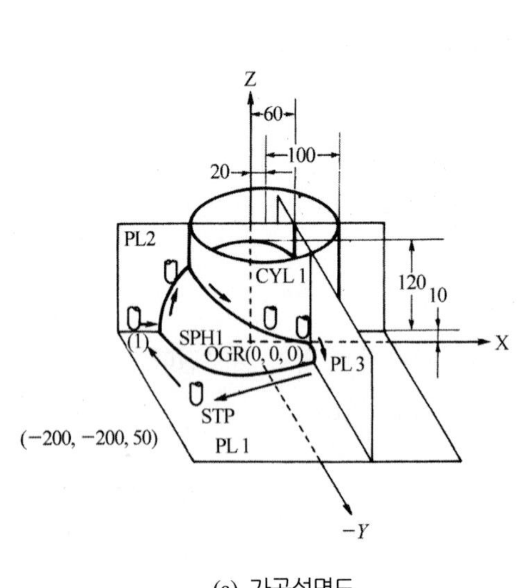

(a) 가공설명도

```
PARTBO       3D APT PART PROGRAM EXAMPLE NIKKAN   010
             CLPRNT                               020
             MACHIN/230  KSK                      030
             OUTTOL/0.02                          040
             CUTTER/10, 5                         050
ORGN    =    POINT/0, 0, 0                        060
STP     =    POINT/-200, −200, 50                 070
PL 1    =    PLANE/0, 0, 1, 10                    080
PL 2    =    PLANE/0, 1, 0, 0                     090
PL 3    =    PLANE/1, 0, 0, 60                    100
SPH 1   =    SPHRE/CENTER, OEGN, RADIUS 120       110
CYL 1   =    CYLNDR/CANON, 20, 0, 0, 0, 0, 1, 100 120
$$                                                130
             FROM/STP                             140
             GO/TO, PL 2, TO, PL 1                150
             TLEGT, GORGT/PL 2, TO, SPH 1         160
             PSTS/SPH 1                           170
             GOUP/PL 2, TO, CYL 1                 180
             GORGT/CYL 1, TO, PL 3                190
             GORGT/PL 3, YO, PL 1                 200
             GOTO/STP                             210
             END                                  220
             FINI                                 230
```

(b) 프로그램

그림 8.75 APT 파트 프로그램 예

190 우절하여 CYL1을 드라이브 서페이스로 삼고 PL3에 접할 때까지 진행

200 우절하여 PL3을 드라이브 서페이스 PL1에 접하기까지 진행

210 그곳부터 STP로 되돌아간다.

220 파트 프로그램의 종료를 표시

230 모든 파트 프로그램의 종료를 표시

4.6.2 EXAPT

APT가 공구경로를 계산하여 수치어를 구하는 기하학적 처리를 주로 하는 프로그램시스템인데 비하여, EXAPT의 특징은 절삭조건이나 공구의 종류, 절삭순서의 선택 등 기술업무를 프로그램화하고 있는 점이다.

1) EXAPT 1

EXAPT 1은 구멍뚫기 가공용의 프로그램이다.

파트 프로그램은 다음과 같은 항목으로 구성된다.

(1) 공작물의 기술

(2) 클리어런스 거리의 지정

(3) 공구교환위치의 지정

(4) 가공작업의 정의

(5) 이동명령

(6) 가공작업지령

등이 중요한 것이다. 그밖에 (7) 테이블의 회전, (8) 좌표계의 변환, (9) 연산명령, (10) 프로그램기법, (11) 네스팅(nesting), (12) 루프, 마크로, 서브루틴 등이 있다.

그림 8.76에 EXAPT 1의 가공 예를 표시한다.

그림의 파트 프로그램의 각 행은 다음과 같은 의미를 가지고 있다.

1행　파트 프로그램의 명칭과 도번

2행　이 부품을 가공하는 공작기계를 표시

3행　테이블 위 어디에 놓는가를 지시

4행　피치서클의 점의 Z치를 줌

5행　피치서클의 중심을 정의

6행　직경 110 mm의 원을 정의하여 C1이라 부름

7행　구멍의 위치를 표시한 피치서클을 정의

8행　재료번호의 지정

9행　클리어런스·디스턴스를 0.8 mm로 지정. 공작물의 상방 0.8 mm까지 신속이동이 가능하고 여기서부터 드릴링할 수 있음을 지시함.

10행　탭작업을 하는 기초구멍·구멍뚫기(직경 5 mm, 길이 12 mm, 공구번호 315)의 정의

11행　탭 M6(공구번호 416)의 정의

12행　직경 11 mm의 구멍뚫기의 정의

13행 17.5 mm 직경의 카운터 보링의 정의

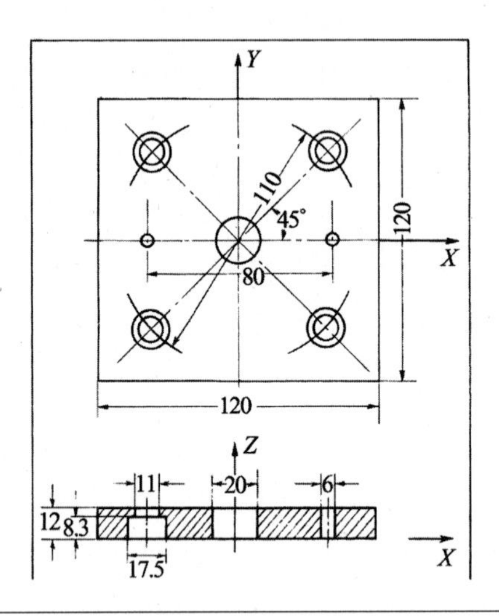


```
PARTNO/PLATE 73.006.013.019 (Example)              1
MACHIN/NOWE 3                                      2
TRANS/200, 100, 0                                  3
ZSURF/12                                           4
MP = POINT/0, 0, 12                                5
C1 = CITCLE/CENTER, MP, RADIUS, 55                 6
PAT = PATERN/ARC, C1, 45, CCLW, 4                  7
PART/MATERL, 12                                    8
CLDIST/0.8                                         9
HOLE1 = DRILL/SO, DIAMET, 5, DEPTH, 12, TOOL, 315  10
THREAD = TAP/SO, DIAMER, 6, DEPTH, 12, TOOL, 416   11
HOLE2 = DRILL/DIAMET, 11, DEPTH, 12                12
SINC = SINK/SO, DIAMET, 17.5, DEPTH, 8.3           13
REME = REAM/DIAMET, 20, DEPTH, 12                  14
COOLNT/ON                                          15
FROM/-100, 0, 100                                  16
WORK/PH, HOLE 1, THREAD                            17
GOTO/-40, 0. 12                                    18
GOTO/40, 0, 12                                     19
WORK/REME                                          20
GOTO.MP                                            21
WORK/HOLE 2, SINC                                  22
GOTO/PAT                                           23
FINI                                               24
```

그림 8.76 EXAPT 1의 가공 예

14행 리밍(reaming)의 가공사이클의 정의, 필요한 전작업이 자동적으로 정의된다.

이상이 작업이 행하여지는 위치나 작업내용의 정의이다. 이 다음부터 작업의 실시지령이 된다.

15행 이제부터의 작업에 냉각액을 사용할 것을 지령

16행 공구를 처음 맞추는 위치를 지정

17행 탭핑과 기초구멍뚫기 작업을 호출한다. 먼저 기초구멍 가공을 하고 이어 탭핑작업을 한다.

18행
19행 } 위의 작업이 행하여는 장소를 지시한다.

20행 리밍의 가공사이클을 호출

21행 리밍 및 그의 전공정이 모두 점 MP에서 행하여지게 한다.

22행 구멍뚫기와 카운터 보링 작업을 호출

23행 피치서클 위에서 위의 작업을 행하게 한다.

24행 프로그램의 종료를 표시하며 기계의 스위치를 끈다.

이 예에서 보듯이 EXAPT에서는 하나하나의 작업에 대하여 공구의 운동을 프로그램하지 않더라도, 작업명의 정의 또는 작업순서의 정의를 행하고 그것을 필요할 때 호출하여 작업을 지령하게 되어 있다.

2) EXAPT 2

이 프로그램은 선삭작업용이다. 소재의 형상, 다듬질 후의 형상 및 가공작업을 기술하여 입력정보로 한다. 이 시스템에서는 가공기술에 관한 데이터를 넣어 두고 가공작업의 분할, 공구의 운동, 이송이나 절삭속도 등을 전자계산기로 자동적으로 구한다. 이 가공기술에 관한 데이터는 사용회사가 가지는 표준으로 수정할 수가 있다.

EXAPT 2의 파트 프로그램은 일반사항의 기술, 형상의 기하학적 기술, 가공작업의 기술의 3부분으로 구성된다.

일반사항으로는 파트번호, 사용공작기계, 가공물 고정구, 가공부품의 소재를 기술하고 기하학적 형상에 대하여는 가공전의 소재의 형상, 다듬질 후의 형상을 기술한다. 가공작업에 관하여는 오프셋 양, 작업의 종류, 작업조건, 작업위치, 가공사이클 등을 기술한다.

4.6.3 FAPT

FAPT는 일본의 FUJITSU(富士通)가 개발한 것이며, 소형전자계산기로 사용할 수 있도록 간명한 언어로 구성된 것이 특징이다. APT가 3차원의 도형을 대상으로 하므로 3개의 면으로 동작이 규정되는데 대하여, 운동은 모두 점에서 점으로의 운동이고, 직선을 따라 진행하는 운동과 원호를 따라 움직이는 운동이 있으나, 시점과 종점을 주어야 한다.

이 시스템이 FUJITSU의 대표연산법에 의한 보간기능을 갖는 제어장치 FANUC을 대상으로 하여 개발된 것이며, 그것이 공구지름보정기능이 사용되는 것과 같이 공구의 공작물에 대한 위치를 지시하는 WL, WR, 원호회전방향 L, R, 공구반지름만큼, 공구중심의 이동위치를 지정의 종점위치로부터 신장하거나 단축하든가 하는 K2, WL ; K2, WR, 직선이나 원호의 지정위치에서 공구반지름만큼 외측을 이동하는 KO

등 이외에 도형의 법선이 불연속인 점에서 공구의 회전 K1 등의 수식어나 모드가 사용된다. 점군을 매끈한 곡선으로 연결하는 Currft나, 점군의 좌표를 읽는 Read의 기능 이외에 되풀이기능(Jump) 등을 구비하고 있다. 그림 8.77 및 그림 8.78에 가공물의 형상과 그 FAPT의 파트 프로그램을 나타내었다.

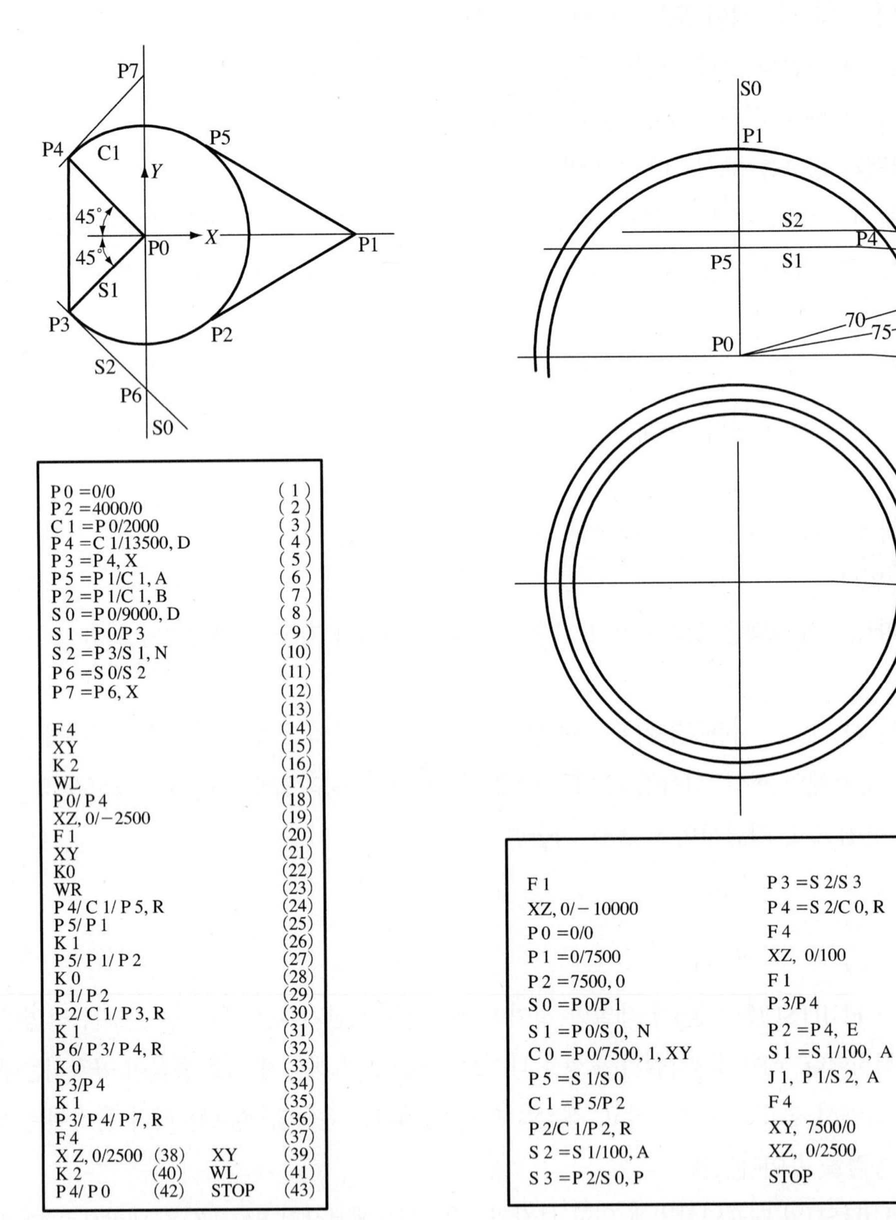

그림 8.77 FAPT 파트 프로그램(2차원 불연속선)

그림 8.78 FAPT 파트 프로그램(3차원 반구)

그림 8.77에서 처음 공구는 PO의 위쪽 15 mm에 위치한 것으로 한다. (1) ~ (11)은 도형의 정의이며, P_2, P_5는 P_1을 통과하고 원 C_1에 접하는 직선의 접점이고 위쪽 (A), 아래쪽 (B)으로 표시한다. 직선 SO는 X축과 90°를 이루는 선, P_4는 원 C_1 위에 있고, X축에서 135° 위치에 있는 점, P_3은 P_4이 X축 대칭점, (9) ~ (11)은 P_3 및 P_4에서 공구중심을 회전시키기 위하여 P_6, P_7를 구하기 위한 것이다.

먼저 $P_0 \rightarrow P_4$에서 공구반지름만큼 신장하고, 공구를 외측으로, 공구를 절삭위치에 내린다(19). $P_4 \rightarrow P_5$로 원호 C1을 따라 우회전, 또한 $P_5 \rightarrow P_1$로 진행한다. P1에서의 모서리는 불연속이므로 K1 모드를 사용하여 (27)과 같이 표시한다. 이와 같은 방법으로 P4점까지 돌아가서 공구를 끌어올리며 P0로 돌아간다.

그림 8.78은 반지름 70 mm의 반구(半球)를 반지름 5 mm의 볼포인트 엔드밀로 절삭하는 것이다. 공구의 통로로서 반지름 75 mm의 반구를 그리고 그 위의 통로로서는 처음에는 저면에서 평면 위를 공구가 구를 일주하고, 다음 공구를 1 mm 끌어올려서 절삭원 위의 점으로 이동시키고, 그 평면 내에서 구를 일주한다. 이와 같이 1 mm씩 공구를 끌어올려서 반구를 절삭하고, 정점 P_1에 도달할 때까지 계속한다. 점 P_1에 도달하였을 때 최초의 공구 위치로 이동시키고 여기서 처음 높이로 되돌려 보낸다.

연습문제 1

1. NC란 무엇을 의미하는가?

2. CNC를 설명하고, 이것이 NC와의 차이점에 대하여 설명하여라.

3. NC의 발달과정을 단계별로 설명하여라.

4. NC 공작기계의 특징을 설명하여라.

5. NC 공작기계의 구성요소를 간략히 설명하여라.

6. NC 가공에서 자동 프로그램에 의한 작업순서를 기술하라.

7. 서보기구의 종류를 열거하고 설명하여라.

8. 서보기구 가운데 반폐쇄회로 방식의 두 가지 방법에 대하여 설명하여라.

9. 폐쇄회로방식과 복합회로방식을 설명하라.

10. NC 공작기계의 제어방식의 종류를 기술하고, 각각의 특징을 설명하여라.

11. NC 공작기계에서 위치결정 직선절삭제어에 대하여 설명하여라.

12. NC 공작기계의 제어에 있어서 윤곽제어에 대하여 설명하여라.

13. 보간회로에서 DDA 방식과 대수연산방식에 대하여 설명하여라.

14. 동시 $2\frac{1}{2}$축 제어에 대하여 설명하여라.

15. NC 공작기계의 좌표계에 대하여 설명하여라.

16. 오른손 직교좌표계에 대하여 설명하여라.

17. NC 공작기계의 Z축에 대하여 설명하여라.

18. NC 테이프의 ISO 코드와 EIA 코드를 비교 설명하여라.

19. NC 프로그램의 구성요소인 워드와 블록에 대해 설명하여라.

20. NC 테이프에서 패리티 채널(parity channel)이란 무엇인가?

21. 공작기계의 기계 좌표계와 프로그램 좌표계에 대해 설명하여라.

22. 공구나 공작물을 이동시키는데 사용되는 지령방식인 증분지령과 절대지령에 대하여 설명하여라.

23. 최소 설정단위와 최소 이송단위에 대하여 설명하여라.

24. NC 프로그램에서 어드레스(address)가 무엇인지 설명하여라.

25. NC 프로그램에서 G, F, S, M 코드는 각각 무엇을 나타내는가 설명하여라.

26. 준비기능(어드레스 G)에 대하여 설명하여라.

27. G 코드 가운데 연속유효 G 코드와 1회 유효 G 코드에 대하여 설명하여라.

28. G 코드 가운데 그룹(group)의 의미는 무엇인가?

29. 회전당 이송(mm/rev)과 분당 이송(mm/min)에 대하여 설명하여라.

30. 공구보정기능에 대하여 설명하여라.

31. 보조기능(M기능)은 어떤 역할을 하는가?

32. 보조기능 가운데 한 블록에 이것만 단독으로 지령해야 하는 것이 있다. 몇 개의 예를 들어서 설명하여라.

33. G50은 어떤 내용을 포함하고 있는가?

34. 주속일정제어기능의 필요성을 설명하여라.

35. 최고 회전수를 설정해야 되는 이유는 무엇인가?

36. 준비기능에서 위치결정(positioning)의 의미는 무엇인가?

37. 위치결정(G00) 지령 시 공구의 이동경로에 대하여 설명하여라.

38. 공구를 이송시킬 때 급속이송과 절삭이송에 대하여 설명하여라.

39. 직선 보간은 무엇을 의미하는가?

40. 원호보간에서 원호중심좌표에 대하여 설명하여라.

41. 원호보간에서 시계방향(CW) 회전과 반시계방향(CCW) 회전에 대하여 설명하여라.

42. 드웰(dwell)이란 무엇인가?

43. 챔퍼가공(chamfering)의 필요성과 가공방법에 대하여 설명하여라.

44. 코너가공(cornering)의 필요성과 가공방법에 대하여 설명하여라.

45. 원점복귀란 무엇인가?

46. 원점복귀 지령 시 경유점을 거쳐서 원점복귀시키는 이유가 무엇인가?

47. 고정 사이클의 의미와 장점에 대하여 설명하여라.

48. 복합 반복 사이클은 무엇인가?

49. 가상인선점에 대하여 설명하여라. 그리고 원호 가공 시 생기는 오차에 대하여 설명하여라.

50. 자동 인선반경 보정기능이란 무엇인가?

51. 가상인선번호에 대하여 설명하여라.

52. G40, G41 및 G42에 대하여 설명하여라.

53. 메인 프로그램과 보조 프로그램의 관계를 설명하여라.

54. 보조 프로그램의 호출과 종료 방법에 대하여 설명하여라.

55. 자동 프로그램의 종류를 열거하고 특징을 설명하여라.

56. APT에 대하여 설명하여라.

57. 드라이브 서페이스, 파트 서페이스 및 체크 서페이스에 대하여 설명하여라.

58. APT, EXAPT 및 FAPT를 각각 비교 설명하여라.

심화문제 1

01. 범용기, 전용기 및 NC 공작기계로 제품을 가공할 때, 다음 항목에 대하여 그림을 그려서 NC 공작기계의 경제성을 설명하여라.

1) 제품형상의 복잡성과 생산개수　　2) 생산개수와 생산단가

풀이 범용기, 전용기 및 NC 공작기계를 이용하여 제품을 가공할 때 제품형상의 복잡성과 생산개수, 생산개수와 생산단가의 관계를 나타낸 것이 그림 a와 그림 b이다.

그림 a에서와 같이 제품의 형상이 별로 복잡하지 않으면서 대량생산을 해야 되면 전용기가 경제적이지만 형상이 복잡하고 생산개수가 많으면 NC 공작기계로 가공하는 것이 가장 경제적이다. 이것은 그림 b에 나타낸 바와 같이 생산개수가 10~100개 사이이면 NC 공작기계로 가공하는 것이 단가가 가장 싸기 때문이다. 한편, 생산개수가 소량이라도 제품의 형상이 복잡하면 NC 공작기계로 가공하는 것이 가장 경제적이다.

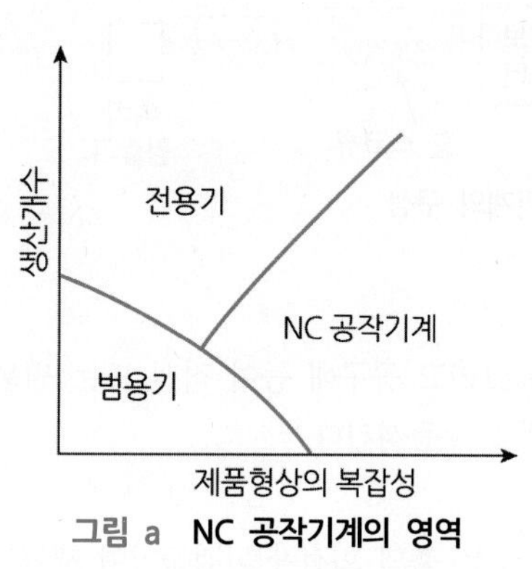

그림 a NC 공작기계의 영역

범용기
전용기
NC 공작기계
생산단가
양산범위
0　10　50　100
생산개수

그림 b NC 공작기계에 의한 경제적인 생산개수

02. NC 공작기계의 주요 구성요소를 그림을 그려서 설명하여라.

풀이 NC 공작기계는 그림에서와 같이 조작부, 지령부, 제어부, 구동부 및 검출부 등으로 구성되어 있다.

1) 조작부

NC 장치의 여러 가지 기능을 개시하고 정지시킨다든지, 각 기능을 선택하고 프로그램이나 설정치를 입력시키기 위하여 손으로 조작하는 부분이다.

2) 지령부

사람의 두뇌에 해당하는 부분으로서 조작부에서 입력된 정보를 테이프 리더(tape reader)가 읽고 판독하여 데이터를 기억하게 하고 분배하며 직선보간 및 원호보간 등 보간회로를 구성하게 한다.

3) 제어부

지령부에서 입력된 디지털 신호를 아날로그 신호로 바꾸어(D/A변환) 비교회로를 거쳐 구동회로로 보낸다. 비교회로는 입력된 신호와 위치검출기에서 피드백(feedback)되어 온 신호를 비교하여 제어한다.

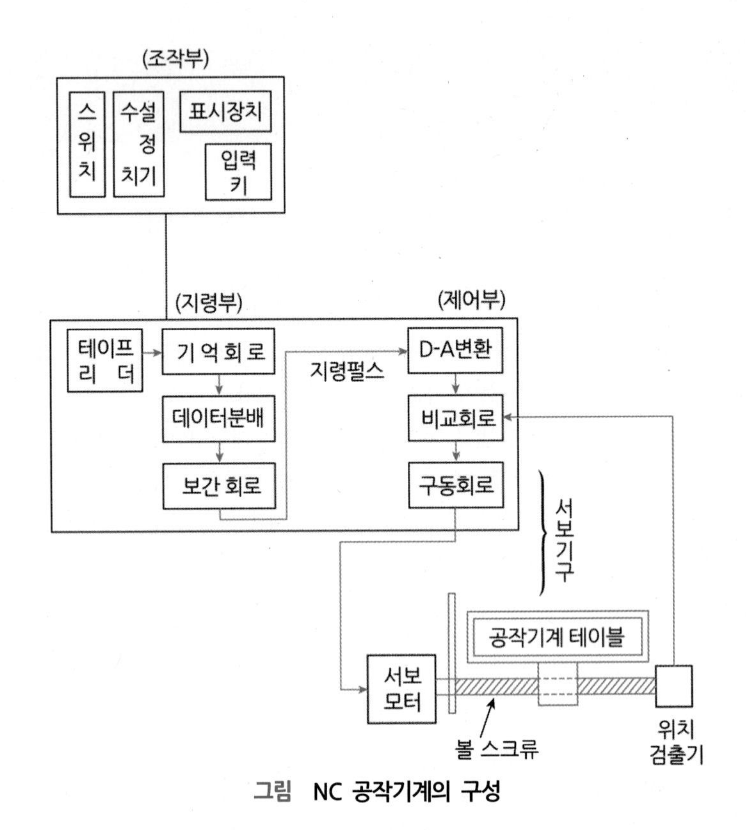

그림 NC 공작기계의 구성

4) 구동부

제어부에서 입력된 정보대로 테이블이나 칼럼 그리고 공구대 등이 직선 또는 원운동을 하는 부분이다. 즉, 서보모터를 구동시켜 각 축 및 공구대를 구동시킨다.

5) 검출부

직선왕복운동을 하는 축의 위치나 회전운동을 하는 축의 회전량을 검출하여 제어부에 있는 비교회로로 보내는 역할을 한다.

03. NC의 3요소에 대해 설명하여라.

풀이 수치제어(NC)란 공작기계의 각 기구의 운동을 수치나 부호로 구성된 수치정보로 제어하는 것을 말한다. 이때 각 기계의 기구를 서보 기구(servo mechanism)라 하는데, 이 서보 기구를 지령하는 프로그램을 종이 테이프에 천공(punching)하거나 혹은 자기테이프에 기록하여서 기계의 운동거리와 속도 및 운동의 종류 등을 부호로 지령하게 된다. 즉, 수치나 부호 등을 이용하여 전자계산기 기구로 하여금 제어하는 것을 NC라고 한다. NC의 구성은 서보 기구, 프로그램 기구 및 전자계산기 기구로 되어 있다.

1) 서보 기구 : 구동부로서 고도의 정밀도를 가지고 지령된 속도로 공구대나 테이블 등의 이동을 제어하는 부분이다. 그러므로 기계의 본체와 상호관계를 유지하면서 기계계의 특성과 서보계의 상호특성을 잘 조화시켜야 한다.

2) 프로그램 기구 : 공작물의 제작도면으로부터 NC의 지령용지 테이프를 만드는 과정의 시스템을 말하

며, 이 과정을 프로그래밍(programming)이라 한다. 공작물의 제작도면에서 절삭계획서의 작성, 프로세스 시트(process sheet) 작성, 종이테이프에 천공(punching)을 하게 되는데, 가장 중요한 작업은 절삭계획서를 작성하는 일이다. 즉, 주어진 도면 위에서 원점좌표를 결정하여 공작물을 원점에 대하여 모양과 치수를 결정하고 가공순서, 절삭속도 및 사용할 공구의 선정, 주축의 회전수 선정, 기계의 조작순서, 냉각유제의 지정, 공정 등 절삭에 필요한 모든 항목 및 순서를 상세히 검토하여 절삭계획을 수립한다.

3) 전자계산기 기구 : 일반적으로 공작기계에서는 공작물이나 절삭동작 등의 조건이 변하게 된다. 그러므로 가공조건이나 공작물의 형태가 바뀌어도 이에 대응하는 동작을 할 수 있어야 한다. NC 공작기계에서도 이 조건에 따라 프로그램이나 이미 프로그램된 지령테이프를 교환하여 가공동작을 할 수 있어야 한다. 이렇게 하기 위하여 NC에서는 프로그램을 바꿈으로써 이에 대응하는 여러 가지의 제어명령을 이 전자계산기 기구가 자동적으로 연산처리하여 제어동작을 한다.

04. NC 서보 기구의 구성요소를 그림을 그려서 설명하여라.

풀이 NC를 구성하는 서보 기구는 일정한 정밀도를 유지하면서 지령된 속도로 공구대, 테이블 등의 이동을 제어하는 구동부이다. 따라서 기계 본체와 밀접한 관계를 유지하며 기계계의 특성을 잘 조화시키지 않으면 NC의 목적을 완전히 달성할 수 없다.

서보 기구의 구성은 그림과 같이 목표치를 전기신호로 변환하여 서보계에 입력시켜 주는 설정부, 목표치, 즉 기준입력 e_i와 피드백(feed-back)량, 즉 기준입력에 따라 기계 전체가 실제로 이동한 양 e_f를 비교하여 그 과부족의 차, 즉 편차 ϵ을 증폭한다. 또한 서보계의 동작을 적절히 조절하여 그 편차신호에 소정의 특성을 가지게 하는 조절부, 이송나사를 구동하는 전기모터, 유압모터 및 구동증폭기 또는 기계 본체와 전동기를 연결하는 기어박스 등으로 구성된 조작부, 기계 본체인 제어대상, 그리고 기계 본체가 기준입력 또는 편차신호에 따라 움직인 실제의 이동량을 검출하는 검출기 및 증폭기로 된 피드백 요소로 구성되어 있다.

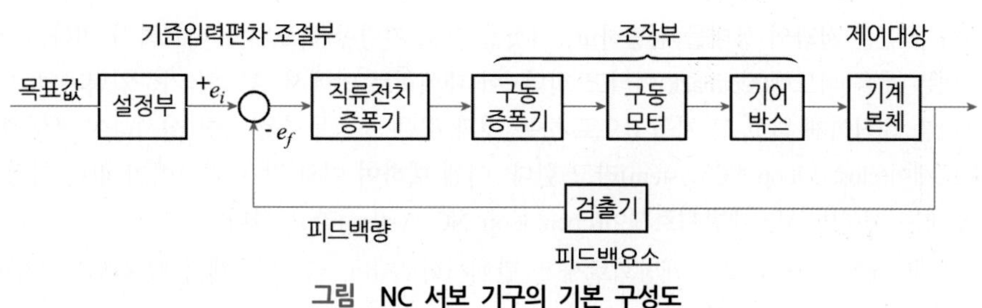

그림 NC 서보 기구의 기본 구성도

05. 윤곽제어에 대하여 설명하여라.

풀이 윤곽제어(contouring control) : 윤곽절삭은 그림 A와 같은 연속곡선 또는 곡면을 절삭하는 것으로 선반, 밀링머신 및 형조각기 등에 널리 이용된다. 윤곽절삭에 있어서 이와 같은 곡선을 절삭할 경우에는 그림 B와 같이 곡선 위에 P_1, P_2의 2점을 잡고 직선 P_1P_2가 곡선 P_1P_2에 대한 오차 ϵ이 소정의 일정치가 되도록 P_2점의 좌표를 정하고 곡선 P_1P_2를 직선 P_1P_2로 근사적으로 절삭한다. 따라서 P_1P_2의 길이는 곡

선의 곡률에 따라 변한다. 이 근사직선 P_1P_2를 XY성분으로 분해하고 예컨대 X성분을 공구의 이동거리, Y성분을 공작물의 이동거리로 하여 각각의 구동전동기에 위치로서 주어진다. 또 이송속도는 주변속도를 일정하게 되도록 하고 절삭하기 위하여 공구 및 공작물에 주어진 위치지령과 함께 각각의 속도지령이 이 벡터성분에서 주어진다. 일반적으로 이동거리 P_1, P_2 및 주변절삭속도 V_r가 주어지면 NC 자신이 가진 계산기구에 의하여 각 축의 성분 P_1P_3 및 V_x, P_3P_2 및 V_y가 자동적으로 계산되어 각 구동전동기에 지령한다. 이와 같이 임의의 곡선을 직선에 가까이 절삭하는 방법을 직선보간법(linear interpolation)이라고 한다. 또 원호를 따라 분배회로를 가지는 것을 원호보간법(circular interpolation)이라고 한다.

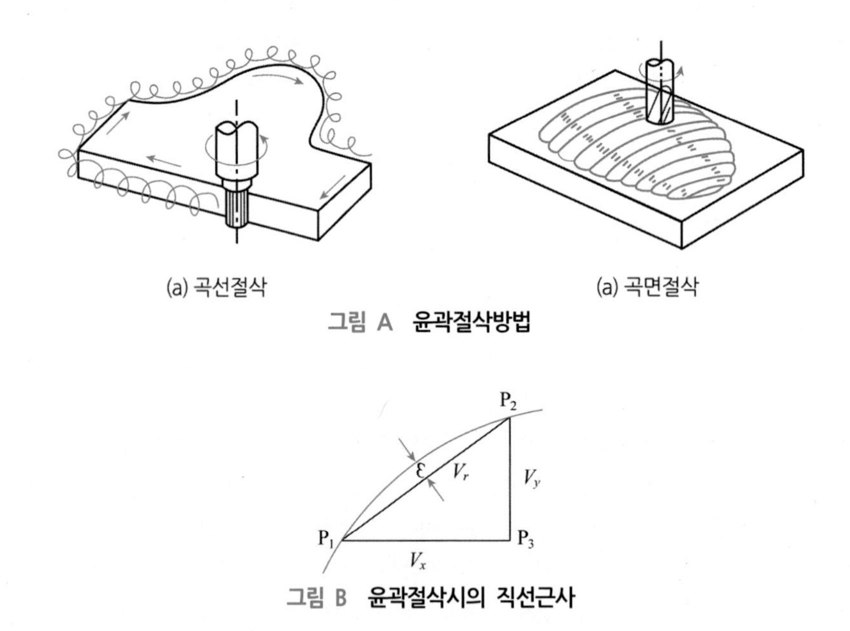

(a) 곡선절삭　　(a) 곡면절삭

그림 A　윤곽절삭방법

그림 B　윤곽절삭시의 직선근사

06. NC 제어방식의 종류를 열거하고 설명하여라.

풀이 제어하여 얻은 결과의 상태를 검출하고, 이것을 당초 지령한 목표치와 비교하기 위하여 입력측으로 돌려보내는 것을 피드백(feedback)이라고 한다. 이 패쇄회로 안에서 출력의 기준입력과의 차에 의하여 제어장치를 움직이게 하고 그 차를 0으로 하는 것과 같은 정정동력을 항상 실시하여 제어하는 방식을 폐쇄회로제어(closed loop NC system)라고 한다. 이에 대하여 이와 같은 피드백이 없는 지령, 즉 일방향으로 보내는 제어방식을 개방회로제어(open loop NC system)라고 한다.

NC 제어방식은 그림과 같이 개방회로제어, 반폐쇄회로제어, 폐쇄회로제어 및 복합회로제어방식으로 대별할 수 있다.

그림에서 (a)는 오차를 제어할 수 없으며, (d)는 가장 정밀하게 보정할 수 있는 방법이지만 위치가 이동되는 테이블에 위치검출기를 부착시켜야 하므로 여기서 오차가 생긴다. (b)는 리드 스크류(lead screw)와 테이블 사이에 생기는 오차를 검출할 수 없으며 (c)는 위의 단점들을 보완한 형태로서 현재 가장 많이 사용되는 방식이다. 그리고 (e)는 서보모터와 테이블에 위치검출기를 부착한 것이다. 대형공작기계의 제어나 오차의 원인을 좀 더 정확하게 파악하기 위하여 이와 같은 복합회로제어방식을 채택한다.

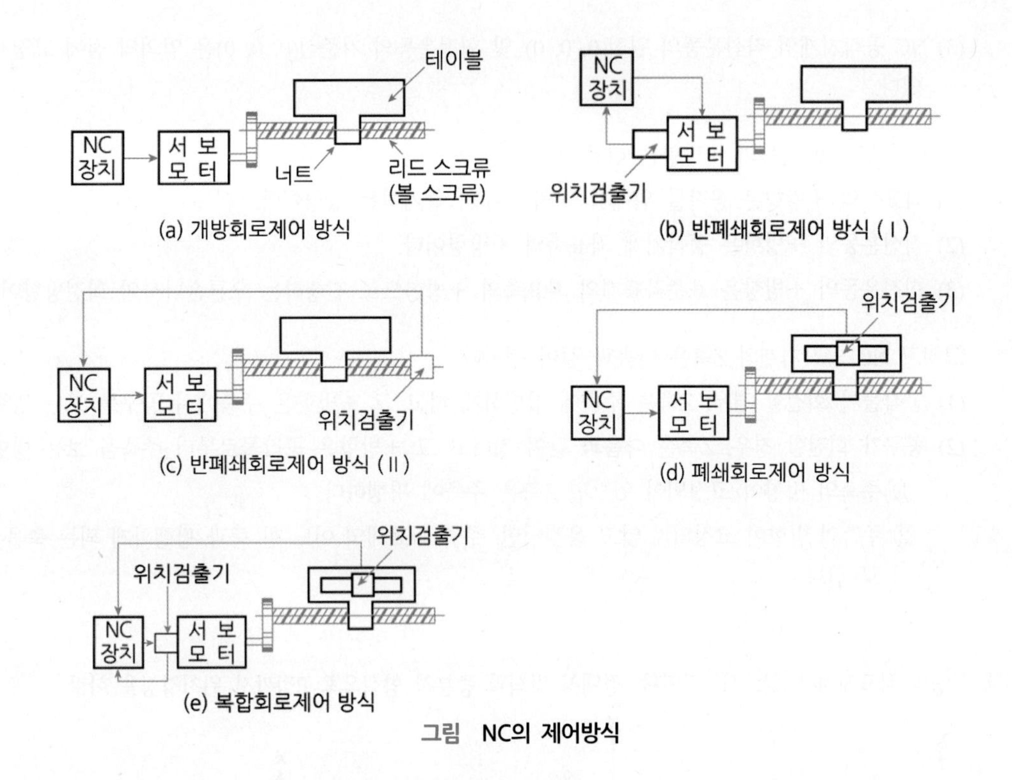

그림 NC의 제어방식

07. NC 공작기계의 좌표계와 운동기호에 대하여 설명하여라.

풀이 NC 공작기계의 좌표계와 운동기호는 KS B 0126에 제정되어 있으며 표준좌표계는 그림에 나타낸 오른손 직교좌표계(right hand cartesian coordinate system)를 기준으로 한다.

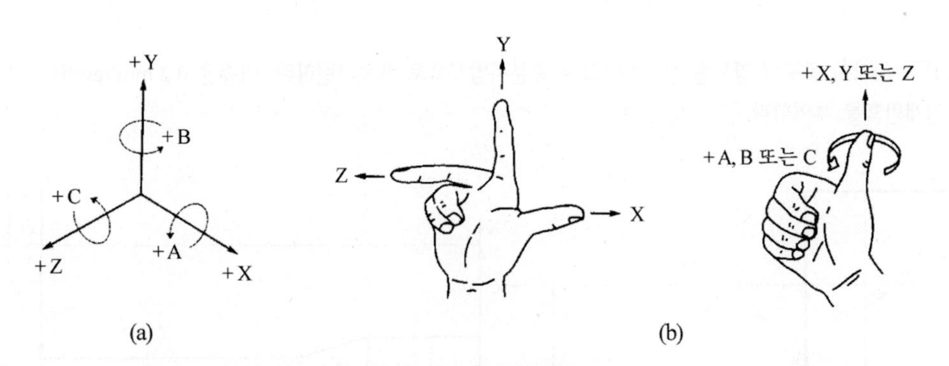

그림 오른손 직교좌표계

공작기계의 좌표축과 운동의 기호는 다음과 같이 정한다.

(1) 가공작업의 프로그램은 표준좌표계에 의해 시행한다.

(2) 공작기계의 좌표축의 기호는 X, Y 및 Z를 사용하고 좌표축에 평행한 주요 직선운동의 기호도 각각 X, Y 및 Z를 사용한다. 좌표축 주위의 회전운동의 기호는 A, B 및 C를 사용한다.

(3) NC 공작기계의 직선운동의 원점(0, 0, 0) 및 회전운동의 기준선(0, 0, 0)은 임의의 점에 고정시킬 수 있다.

한편 좌표축 및 운동의 +방향은 다음과 같다.

(1) 좌표축의 +방향은 공작물 위에서 +의 치수가 증가하는 방향이다.
(2) 직선운동의 +방향은 공작기계 좌표축의 +방향이다.
(3) 회전운동의 +방향은 표준좌표계의 좌표축의 +방향으로 진행하는 오른손나사의 회전방향이다.

그리고 NC 공작기계의 Z축은 다음과 같이 정한다.

(1) 공작물이 회전할 경우, Z축은 주축에 평행하게 하고 그 +방향은 주축에서 공구를 보는 방향이다.
(2) 공구가 회전할 경우, Z축은 다음과 같이 정하고 그 +방향은 공작물로부터 주축을 보는 방향이다.
  ① 주축의 방향이 고정되어 있으면 Z축은 주축에 평행하다.
  ② 주축의 방향이 고정되지 않고 움직이면, 주축 좌표계의 어느 한 축과 평행하게 되는 축을 Z축으로 한다.

08. 아래 그림의 좌표계에서 S는 시작점이다. 절대치 방식과 증분치 방식으로 P점까지 위치결정을 하라.

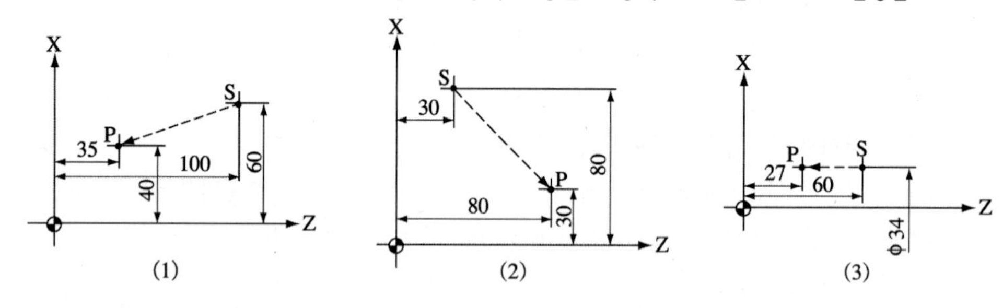

09. 그림 (1)~(8)까지 공구의 경로를 절대치방식과 증분치방식으로 프로그램하라. 이송은 0.2 mm/rev이다. 프로그램 번호와 전개번호를 부여하라.

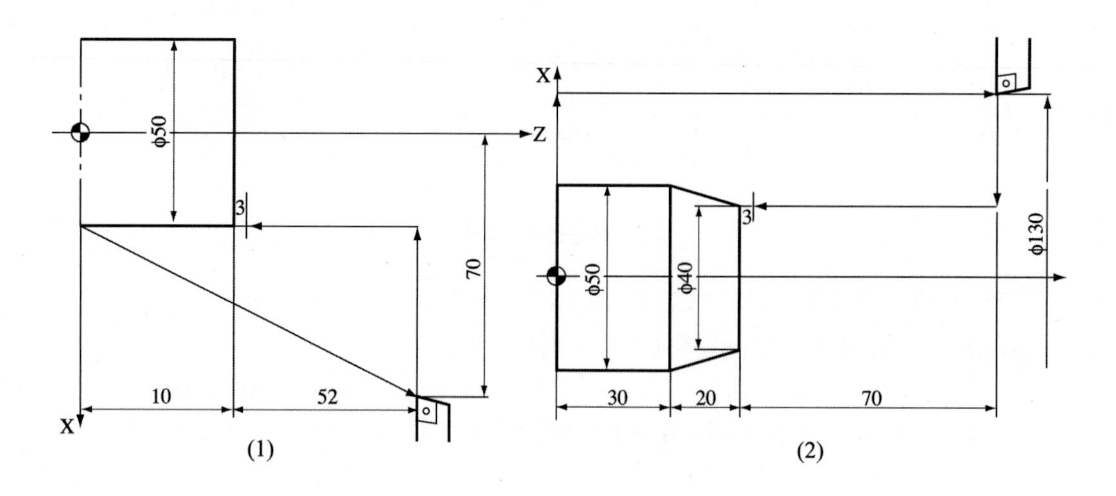

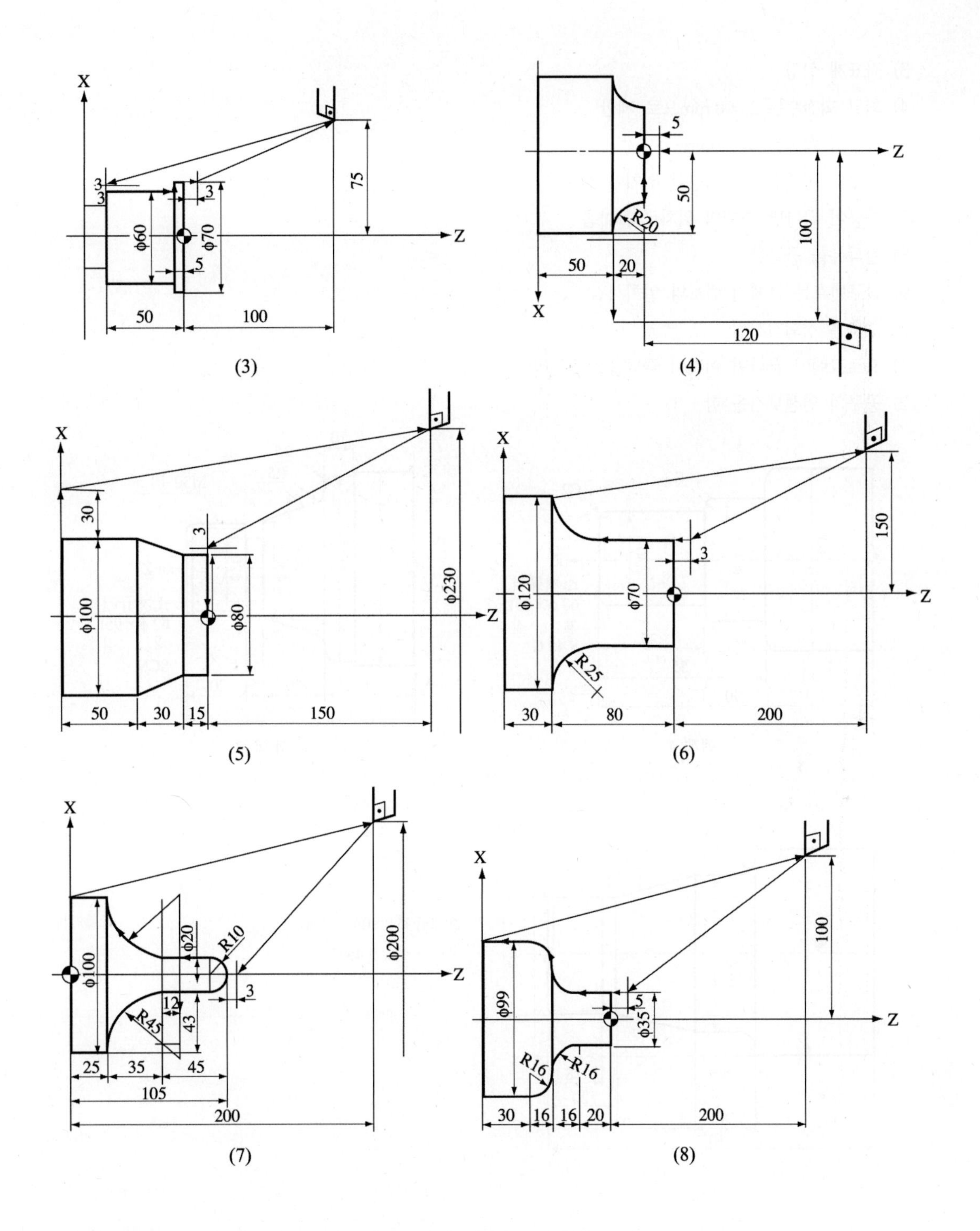

10. 다음의 예제 1 ~ 10을 프로그램하라. 그리고 다음 사항을 고려하라.

1) 프로그램 번호 부여

2) 전개번호 부여

3) 좌표계 설정
4) 최고 회전수는 2,000 rpm으로 제한
5) 공구의 이송은 0.2 mm/rev
6) 공구의 현재위치는 적당한 위치에 선정
7) 가공이 끝나면 현재의 위치로 돌아옴
8) 절삭유를 공급함
9) 공구번호는 문제의 번호와 일치시킴
10) 주축은 정회전시킴
11) 프로그램이 끝나면 이것이 끝났음을 표시함.
12) 공구의 인선보정을 함

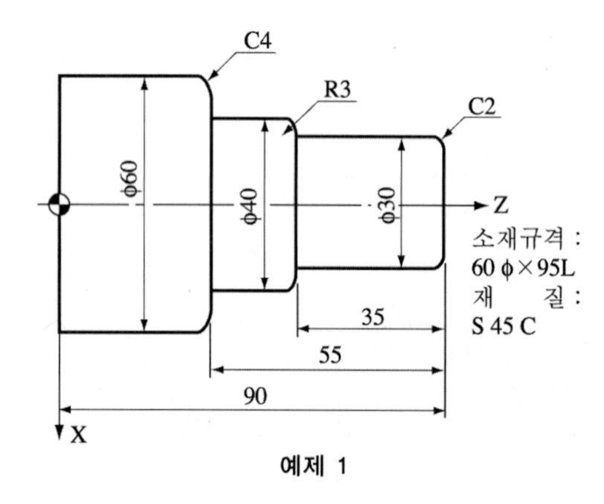

예제 1

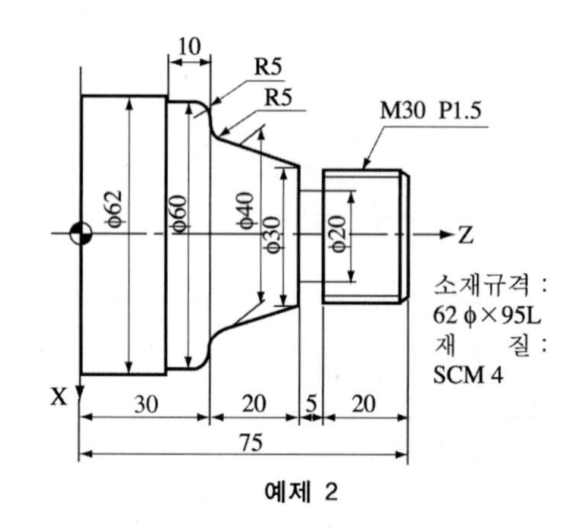

예제 2

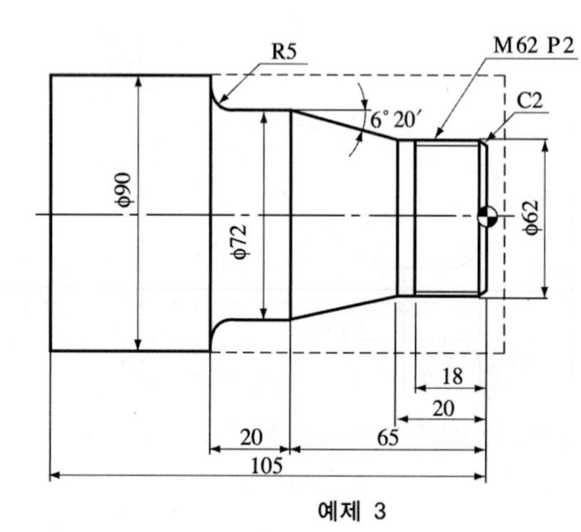

소재규격 : 90φ× 110L
재 질 : S 45 C

예제 3

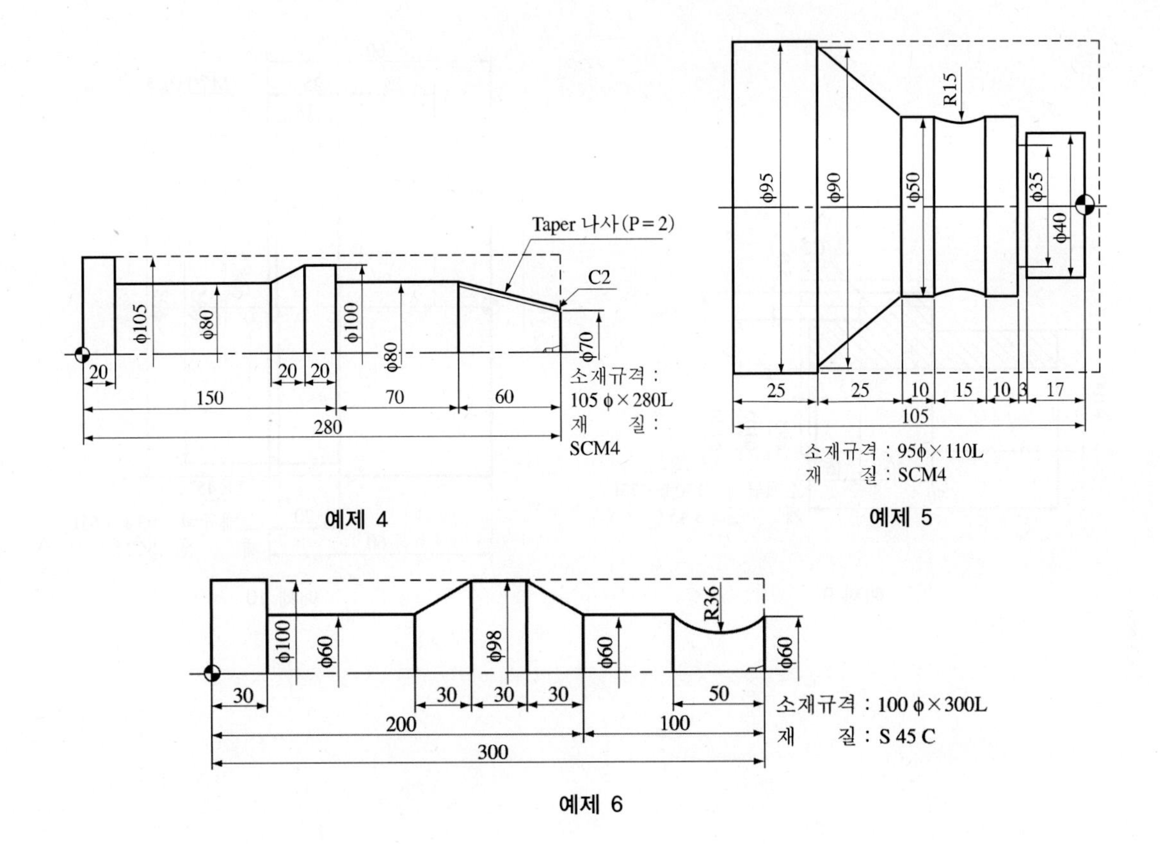

예제 4

예제 5

예제 6

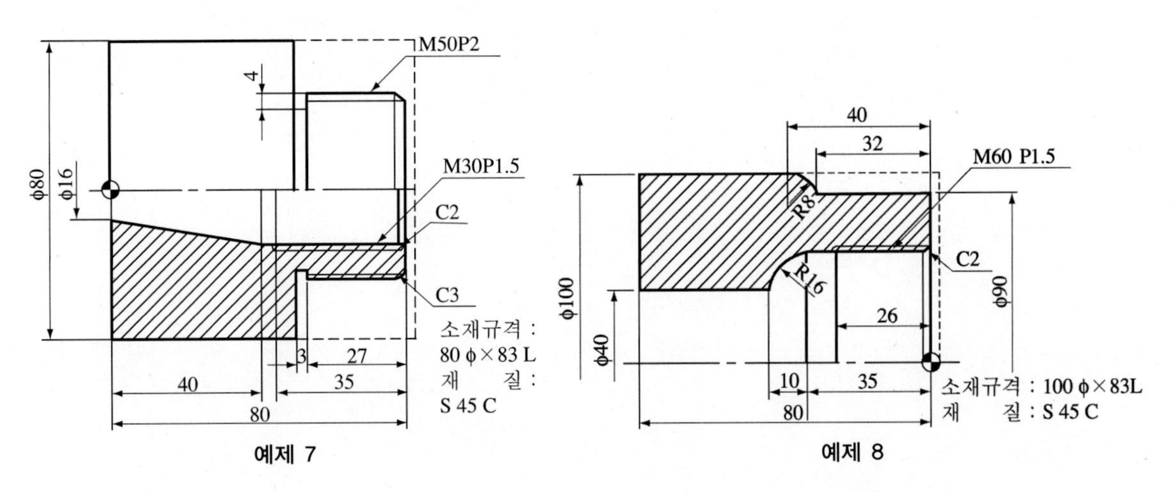

예제 7

예제 8

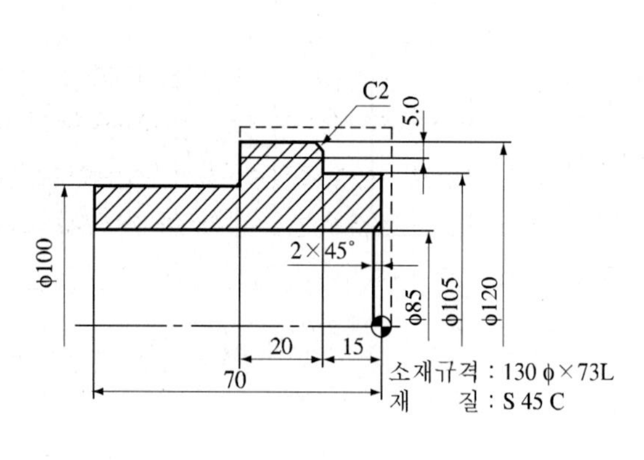
C2
5.0
φ100
2×45°
φ85
φ105
φ120
20
15
70
소재규격 : 130 φ×73L
재 질 : S 45 C

예제 9

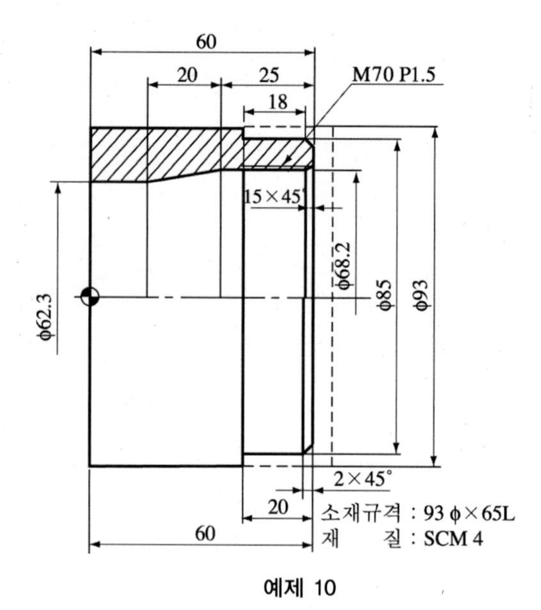
60
20
25
M70 P1.5
18
15×45°
φ62.3
φ68.2
φ85
φ93
2×45°
20
60
소재규격 : 93 φ×65L
재 질 : SCM 4

예제 10

05장

머시닝센터

5.1 머시닝센터의 구성

머시닝센터(machining center)의 구성은 범용밀링머신과 유사하며 베드 위에 칼럼(column)과 X, Y, Z축에 해당하는 니(knee), 새들(saddle), 테이블(table)에 서보모터에 의한 서보제어기구가 부착되어 테이블의 상하, 전후, 좌우운동이 NC 지령에 의해 이루어지도록 설치되어 있고, 공구가 장착되는 주축(spindle)과 CNC 컨트롤러로 이루어져 있다. 또한 자동공구교환장치(ATC, automatic tool changer)를 부착하여 밀링, 드릴링 및 보링가공 등 여러 가지 작업을 자동공구교환(自動工具交換)에 의해 수행할 수 있도록 한 것이다. 그림 8.79는 수평형 머시닝센터의 구조를 나타내고 있다.

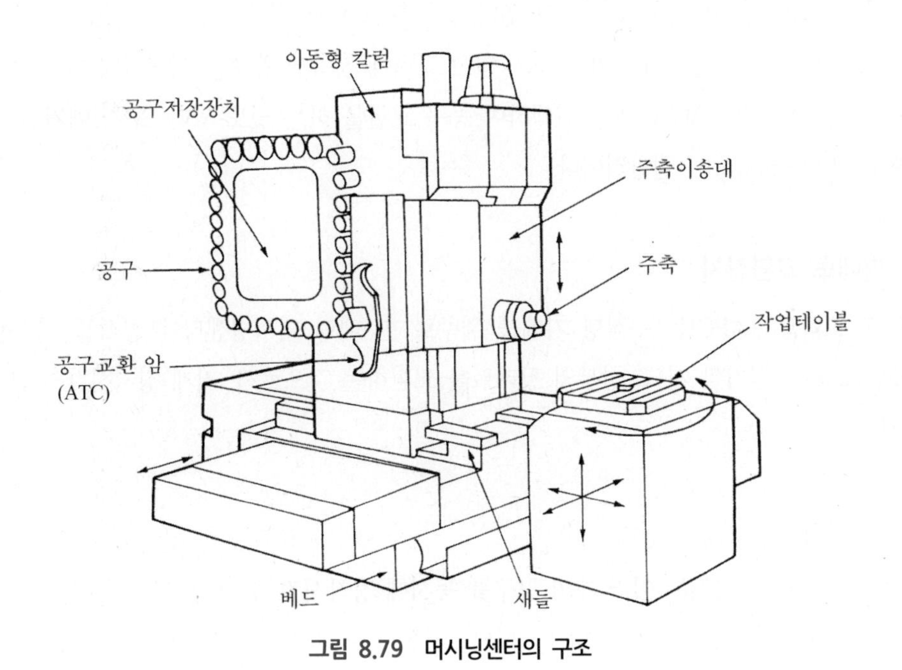

그림 8.79 머시닝센터의 구조

머시닝센터의 장점은 다음과 같다.

① 소형부품은 한 번에 여러 개 고정하여 연속작업을 할 수 있다.
② 공작물을 한 번 고정하고 면가공, 드릴링, 태핑, 보링작업 등을 연속공정으로 할 수 있다.
③ 형상이 복잡하고 공정이 다양한 제품일수록 가공효과(加工効果)가 크다.
④ 수십 개의 공구를 자동교환하여 공구교환에 걸리는 시간을 단축하고 많은 공구를 사용함으로써 복잡한 가공도 쉽게 할 수 있다.
⑤ 원호가공 등의 기능으로 엔드밀을 사용하여도 치수별 보링작업을 할 수 있어 특수공구의 제작이 불필요하다.
⑥ 주축 회전수의 제어범위가 크고 무단변속을 할 수 있어서 요구하는 회전수를 빠른 시간 내에 정확히 얻을 수 있다.

머시닝센터에는 공구를 자동으로 교환할 수 있는 자동공구 교환장치(ATC)와 자동 팔레트 교환장치(APC, automatic pallet changer)가 있다. 그리고 여러 개의 공구를 정착시킬 수 있는 공구저장장치(tool magazine)가 있다.

1) 자동공구 교환장치

자동공구 교환장치(自動工具交換裝置)에서 사용하는 공구홀더의 형상은 공작기계협회의 MAS 규격으로 정해져 있으며, 수직형 머시닝센터의 자동공구 교환은 터릿형도 있지만, ATC 암(arm)에 의해 공구저장장치에서 공구를 교환하는 방식이 주류를 이루고 있다.

소형 수직 머시닝센터에서는 ATC 암을 갖지 않고 주축에 장착된 공구를 매거진의 빈 포켓에 되돌리면서 필요한 공구를 매거진이 회전하면서 선택하여 공구 교환을 하는 것도 있다. 또한 매거진의 구조는 드럼(drum)형과 체인(chain)형이 일반적이다.

2) 자동 팔레트 교환장치

자동 팔레트 교환장치(APC)는 수직형 기계를 위주로 한 대형 머시닝센터에 공작물 회전용의 로터리 테이블(rotary table)을 첨가할 때 그 상부의 팔레트를 교환하는 것으로서, 기계 정지시간의 단축을 꾀하기 위한 장치이다.

3) 공구저장장치

공구저장장치(工具貯藏裝置)는 여러 개의 공구를 동시에 장착시킬 수 있는 것을 말하며 여기에 장착되어 있는 공구를 자동공구 교환장치에 의해 공구를 자동으로 교환할 수 있다.

5.2 좌표계

5.2.1 기준점과 좌표계

기준점(基準點)은 기계상의 고정위치로 기계 위의 임의의 점을 기준점으로 설정하고 프로그램 원점의 좌표계와 위치관계를 설정하여 준다.

1) 기계 좌표계

머시닝센터는 고유의 기계 기준점(기계원점)을 가지고, 이 기계 기준점에 의해 공작기계의 좌표계, 즉 **기계 좌표계**(機械 座標系)를 설정한다. 일반적으로 X, Y, Z축은 다음의 기준으로 정하게 된다. X축은 가능한 한 수평이며, 공작물 설치와 평행으로 둔다. Y축은 X, Z축과 직교하며 **오른손 직교 좌표계**를 따른다. Z축은 공작기계 주축의 축선에 평행하게 둔다. 그림 8.80은 머시닝센터에서의 좌표계를 보여주고 있다.

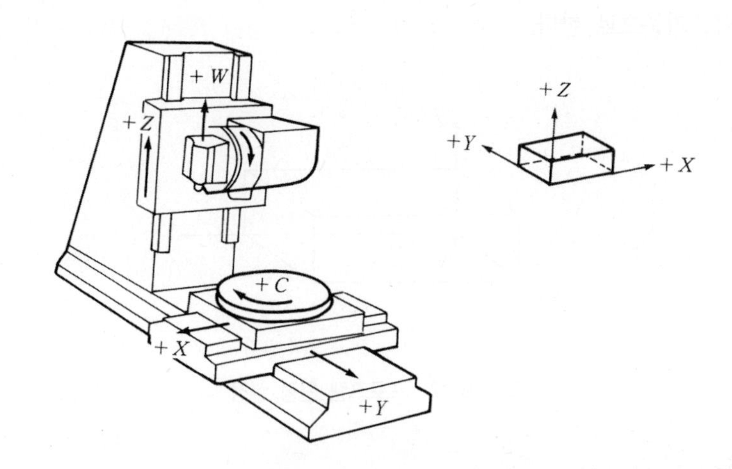

그림 8.80 머시닝센터의 좌표계

2) 공작물 좌표계

공작물 좌표계(工作物 座標系)는 공작물의 가공 기준점을 원점으로 설정되는 좌표계를 말한다. 공작물의 크기와 형상이 다른 경우 또는 테이블에 여러 개의 공작물을 설치할 경우 그림 8.81에서와 같이 여러 개의 공작물 좌표계를 설정할 수 있다.

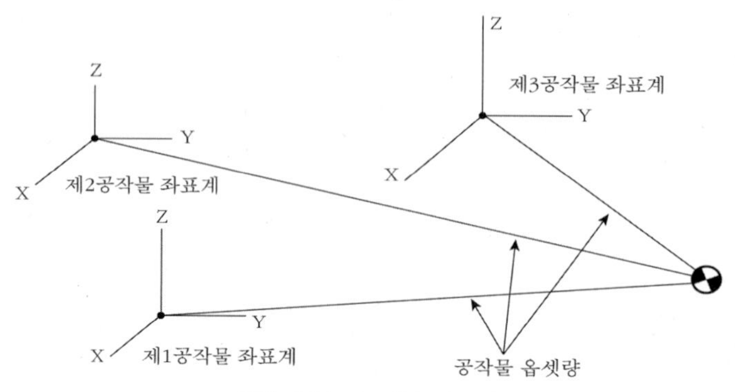

그림 8.81 공작물 좌표계

5.2.2 프로그램 원점과 좌표계

머시닝센터의 좌표는 주축의 중심선으로부터 좌우, 전후, 상하로 X축, Y축, Z축으로 설정하고 공작물상의 프로그램하기 편리한 곳을 **프로그램 원점**(原点)으로 한다. 그림 8.82에 프로그램 원점을 나타내었으며, 이는 공작물 좌표계를 기준으로 한다.

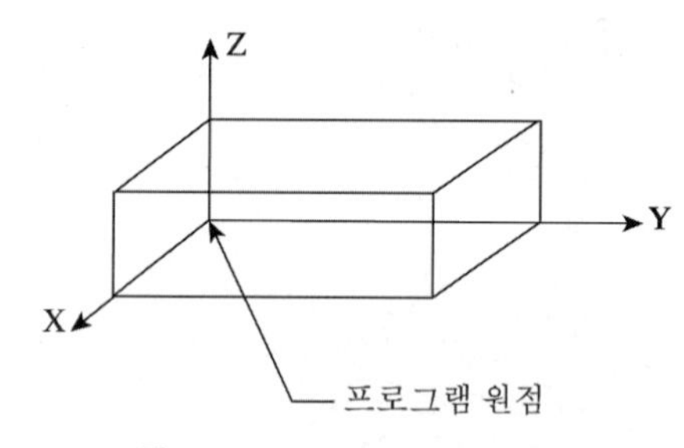

그림 8.82 프로그램 원점 설정

5.2.3 좌표계 설정과 시작점

프로그램을 할 때에는 프로그램의 원점과 좌표계가 설정되어야 하며, 보통 프로그램의 원점은 공작물 위의 임의의 한 점으로 한다. 그리고 공구의 **시작점**(始作点, starting point)을 G92(좌표계 설정)로 NC에 알려주어야 한다.

그림 8.83은 프로그램 원점과 시작점을 나타낸 것으로 이를 이용하여 좌표계를 설정하는 프로그램은 다음과 같다.

```
G92 X70.0 Y60.0 Z60.0 ;
```

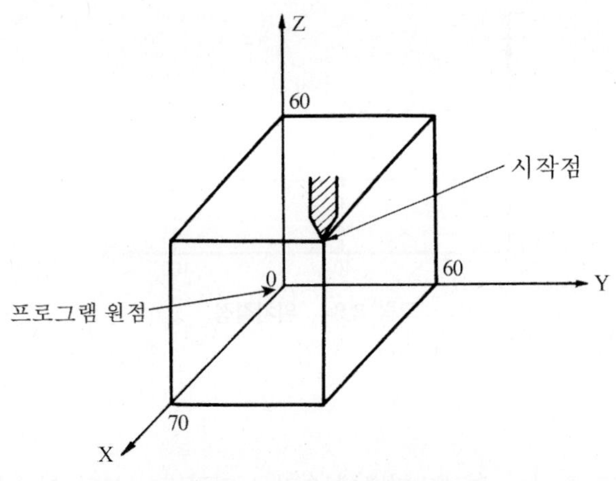

그림 8.83 프로그램 원점과 시작점

5.3 프로그램의 구성

본 교재에서는 FANUC Series 16-MA 시스템에 사용된 NC 프로그램을 중심으로 기술하였다.

5.3.1 절대지령 방식과 증분지령 방식

머시닝센터에서 **절대지령**(絶對指令)은 G90, **증분지령**(增分指令)은 G91을 사용하며 어드레스는 양쪽 모두 같다. NC 선반에서 증분지령은 어드레스(address) U, V 및 W를 사용하여 절대지령과 구분하였지만 머시닝센터에서는 준비기능으로 구분하는 것이 차이점이다.

그림 8.84에서와 같이 시점에서 종점으로 위치결정(位置決定, positioning)시키고자 할 때 절대지령 방식과 증분지령 방식의 프로그램은 다음과 같다.

절대지령 방식　G90 G00 X40.0 Y70.0 ;
증분지령 방식　G91 G00 X－60.0 Y40.0 ;

머시닝센터에 전원을 입력시키면 절대지령 방식으로 설정되기 때문에 프로그램이 절대지령 방식으로 되어 있으면 G90을 생략해도 된다.

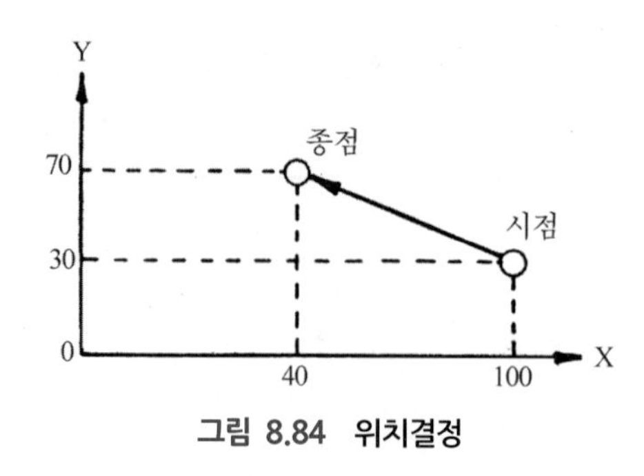

그림 8.84 위치결정

5.3.2 이송속도

공구의 **이송속도**(移送速度, feed rate)는 F 다음에 숫자로 지정되며 분당 이송속도와 회전당 이송속도의 두 가지가 있다. 이를 표 8.16에 나타내었다. 머시닝센터에서는 주로 분당 이송으로 나타내며 이것이 NC 선반과 차이점이다. 분당 이송은 회전당 이송에 회전수(rpm)를 곱하면 된다.

표 8.16 공구의 이송속도

종류	분당 이송[mm/min]	회전당 이송[mm/rev]
의미	매분당 공구이송거리	주축 1회전당 공구이송거리
G 코드	G94	G95
어드레스	F	F

5.3.3 준비기능(G)

머시닝센터에서 **준비기능**(準備技能, preparatory function)은 G 코드로 지령하며, G 코드에 따라 블록에서의 X, Y, Z 등의 단어의 의미가 달라진다. 머시닝센터에서 사용하는 주요 G 코드는 표 8.17과 같다.

표 8.17 준비기능(G) 일람표

G 코드	그룹	기능
G00*	01	위치결정(급송이송)
G01*		직선보간(절삭이송)
G02		원호보간 CW
G03		원호보간 CCW
G04	00	휴지시간(Dwell)
G10		옵셋량, 공구원점 옵셋량 설정

(계속)

G 코드	그룹	기능
G17*	02	XY평면 지정
G18		ZX평면 지정
G19		YZ평면 지정
G20	06	Inch 입력
G21*		Metric 입력
G27	00	원점 복귀 점검
G28		원점에 복귀
G29		원점으로부터의 복귀
G30		제2, 제3, 제4 원점에 복귀
G40*	07	공구경 보정 취소
G41		공구경 보정 좌측
G42		공구경 보정 우측
G43	08	공구길이 보정 + 방향
G44		공구길이 보정 – 방향
G45	00	공구위치 옵셋 신장
G46		공구위치 옵셋 축소
G47		공구위치 옵셋 2배 신장
G48		공구위치 옵셋 2배 축소
G49*	08	공구길이 보정 취소
G73-G89	09	드릴링, 보링 및 리밍 등의 각종 고정 사이클(5.4.8에 상세히 나타냄)
G90*	03	절대치 지령
G91*		증분치 지령
G92	00	좌표계 설정
G94*	05	분당 이송
G95		회전당 이송
G96	02	주속 일정제어
G97*		주속 일정제어 취소
G98*	04	고정 사이클 초기점(시작점) 복귀
G99		고정 사이클 R점 복귀

주 1) 00 그룹의 G 코드는 1회 유효 G 코드이므로 지정된 블록에서만 유효하다.
2) 그룹 01 ~ 09의 G 코드는 한 번 지령되면 동일 그룹의 다른 G 코드가 지령될 때까지 유효하며 Reset Button의 영향도 받지 않는다.
3) G 코드는 다른 그룹이면 몇 개라도 동일 블록에 지령할 수 있다. 만약 같은 그룹에 속하는 G 코드를 동일 블록에 2개 이상 지령한 경우는 나중에 지령한 G 코드가 유효하다.
4) G 코드에 * 표시가 있는 것은 전원을 투입하면 설정되는 것을 의미한다. G00, G01과 G90, G91은 파라메타 설정에 의해서 선택할 수 있다.
5) 고정 사이클 실행 중에 그룹 01의 G 코드가 지령되면 고정 사이클은 자동으로 취소되고 G80(고정 사이클 취소) 상태로 된다.

5.3.4 보조기능(M)

머시닝센터에서 **보조기능**(補助技能)은 M에 이어 두자리 숫자로 지령하며, 이 기능은 기계의 ON/OFF 제어에 사용한다. M 코드의 기능은 표 8.18과 같다.

표 8.18 보조 기능 일람표

M 코드	그룹	기능	M 코드	그룹	기능
M00	01	프로그램 정지	M06	00	공구 교환
M01		선택적 정지	M08	03	절삭유제 ON
M02*		프로그램 끝	M09*		절삭유제 OFF
M30		프로그램 끝과 시작점 복귀	M19	02	주축 오리엔테이션 정지
M03	02	주축 정회전	M60	00	공작물 교환
M04		주축 역회전	M98	04	보조 프로그램 호출
M05*		주축 정지	M99		보조 프로그램 종료

주 1) 00 그룹의 M 코드는 1회 유효 M 코드이다.
2) 01 ~ 04 그룹의 M 코드는 연속유효 M 코드이다.
3) 하나의 블록에 그룹이 다른 M 코드를 두 개 이상 지령할 수 있다.
단 M02, M30, M06 및 M60은 하나의 블록에 이것만 단독으로 지령해야 된다.
4) M 코드에 *표시가 있는 것은 전원 투입과 동시에 설정된다.

5.3.5 자동 가감속

공구(또는 주축)가 공작물과 접촉하지 않은 상태에서 이동 개시나 정지시 기계측에 진동이 일어나지 않고 가감속이 자동적으로 될 수 있도록 고려할 필요가 없다.

그러나 절삭이송시 자동 가감속 때문에 코너 부분에 R이 생기는데 이 경우는 그림 8.85에서와 같이 코너의 블록과 블록 사이에 적당한 휴지(Dwell)시간 (G04)을 넣는다.

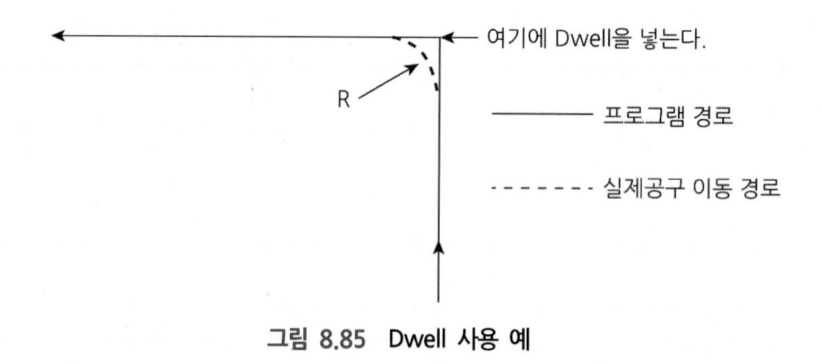

그림 8.85 Dwell 사용 예

G04를 지령하면 공구는 실선으로 프로그램 한 지령과 같이 이동한다. 이 둥글기 오차는 절삭 이동 속도가 빠를 때와 가감속이 빠를 때 더 크게 된다.

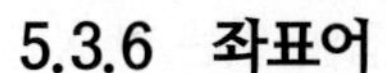

5.3.6 좌표어

좌표어(座標語)는 공구의 이동을 지령하며, 이동축을 표시하는 어드레스와 이동방향과 이동량을 지령하는 수치로 이루어져 있다. 표 8.19에 좌표어를 나타내었다.

표 8.19 좌표어

좌표어		내용
기본축	X, Y, Z	각 축의 어드레스, 좌표의 위치나 축간거리를 지정
부가축	A, B, C	X, Y, Z축의 회전축으로서 각도 표시
	U, V, W	제2의 X, Y, Z축으로서 각 축의 위치나 거리표시
원호보간	R	원호의 반경 지정
	I, J, K	X, Y, Z를 따라가는 원호의 시작점과 중심점간의 거리 지정

5.4 수동 프로그램

5.4.1 평면 선택(G17, G18, G19)

머시닝센터의 좌표축은 그림 8.86에서와 같이 X, Y 및 Z축이 각각 직교하고 있다. 머시닝센터에서 공작물을 가공할 때 XY평면을 사용하지만 원호보간이나 공구경 보정을 할 때 ZX평면이나 YZ평면을 사용할 수도 있다. 따라서 평면을 선택할 필요가 있다.

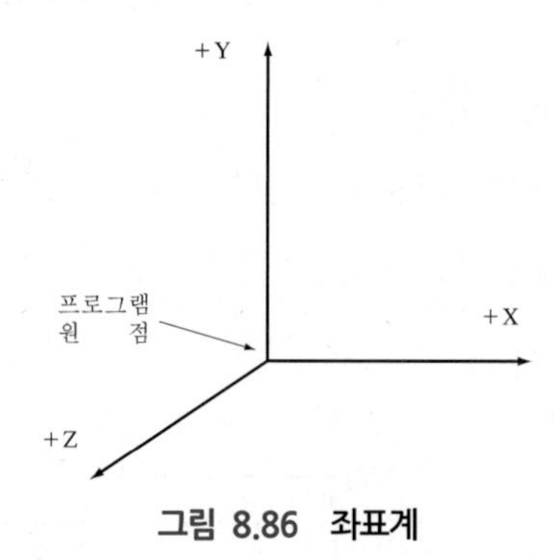

그림 8.86 좌표계

평면 선택 포맷은 다음과 같다.

```
G17  X_____  Y_____  ;
G18  Z_____  X_____  ;
G19  Y_____  Z_____  ;
```

전원을 투입하면 자동적으로 G17인 XY평면이 지령된다. 따라서 이후부터 별다른 언급이 없는 한 XY 평면으로 프로그램한다. 또한 NC 선반과 뚜렷하게 차이나는 것에 대해서 설명하겠다.

5.4.2 좌표계 설정(G92)

절대지령으로 공구를 어느 위치로 이동할 경우 미리 좌표계를 설정해 놓을 필요가 있다.

좌표계 설정의 지령 포맷은 다음과 같다.

G92 X____ Y____ Z____ ;

1) 공구의 선단을 좌표계로 설정하는 경우

그림 8.87과 같이 공구의 선단을 좌표계로 설정하는 경우는 자동공구 교환장치(ATC)가 없는 일반 NC 밀링에서 주로 사용하는 좌표계 설정 방법이다.

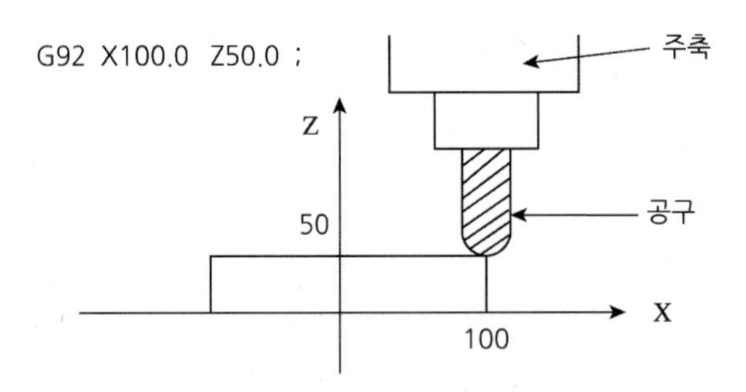

그림 8.87 공구의 선단을 좌표계로 설정

2) 주축 선단을 좌표계로 설정하는 경우

그림 8.88과 같이 기계의 주축 선단을 좌표계로 설정 하는 경우는 모든 공구를 호환성 있게 사용할 수 있다. 머시닝 센터는 모두 이 방법을 사용하며, 이 방법은 공구의 선단을 지령한 위치에 정확하게 이동하기 위한 옵셋(offset)이 필요하다.

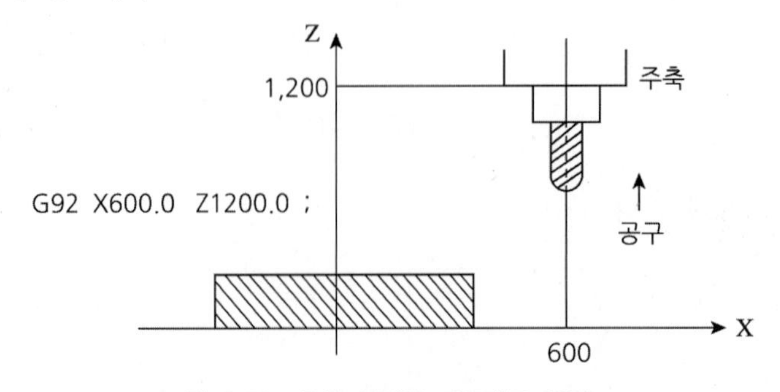

그림 8.88 주축 선단을 좌표계로 설정

5.4.3 위치결정(G00)

위치결정(位置決定, positioning)은 공구가 공작물과 접촉하지 않은 상태에서 지령된 위치로 빠르게 이동해 가는 것을 말한다.

지령 포맷은 다음과 같다.

G00 X____ Y____ ;

위치결정은 한 블록에 두 축까지 동시에 지령할 수 있으며, 각 축은 기계에 내장되어 있는 **급속이송속도**(急速移送速度)로 움직이기 때문에 프로그램에 축의 이송을 별도로 지령하지 않는다.

예제 8.19

그림 8.89에서와 같이 공구가 현재 원점(0, 0)에 있다. 이를 A점과 B점으로 위치결정시키고자 한다. 절대지령 방식과 증분지령 방식으로 프로그램해 보자.

풀이 1) 절대지령 방식

G90	G00	X30.0	Y20.0 ;
		X50.0	Y60.0 ;

2) 증분지령 방식

G91	G00	X30.0	Y20.0 ;
		X20.0	Y40.0 ;

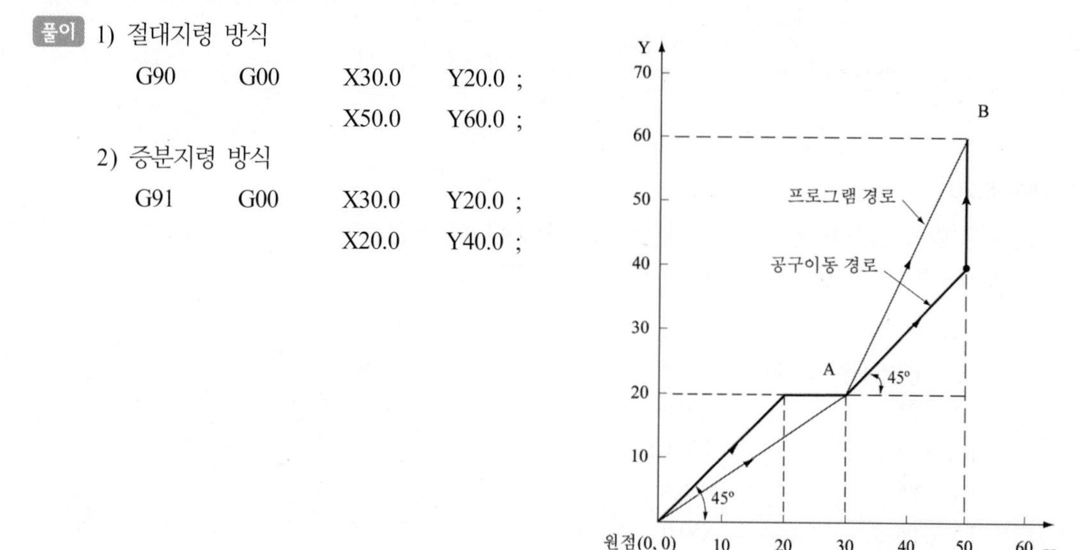

그림 8.89 위치결정

위와 같이 지령하면 X, Y축이 동시에 움직인다. X, Y축의 급속이송속도가 같으면 공구는 45°로 출발하여 어느 한 축을 끝까지 간 다음 나머지 축을 평행이동한다. 실제 공구가 이동하는 경로를 **공구이동경로**(工具移動經路)라고 한다. 또한 이동해갈 지점을 직선으로 연결한 것을 **프로그램 경로**라고 한다.

5.4.4 직선보간(G01)

직선보간(直線補間, linear interpolation)은 현재 위치에서 지령 위치까지 직선으로 공구를 절삭이송시키는 기능이다. 직선보간 지령은 G01에 이어서 "X, Y"로 각축의 이동지령을 하고, 어드레스 "F"로 이송속도를 지령한다.

직선보간에서는, 프로그램 예에서처럼 1축 이동 지령으로 이동 축에 평행한 직선절삭을, 2축 이동 지령으로 경사진 직선절삭을 할 수 있다. 또, G01 및 F기능은 연속유효(modal)코드이기 때문에, 계속해서 직선절삭을 지령할 경우는 G01, F기능(이송 속도를 변경하지 않을 경우)지령을 생략할 수 있다. 또 자유곡면 등 3차원 형상의 공작물을 가공하는 경우는, 동시 3축 이동을 지령하기도 하는데 일반적인 작업에서는 X, Y의 2축 이동지령으로 공작물의 형상을 가공한다. Z축 이동 지령으로 드릴 등에 의한 구멍가공을 할 수 있다.

직선보간 지령 포맷은 다음과 같다.

```
G01  X____  Y____   F____ ;
     └────────┘
      이동지령     이송속도
```

예제 8.20

그림 8.90에서와 같이 P1에서 P6까지 직선보간 하고자 한다. 이 때 공구의 이송속도는 120mm/min이다. 절대지령 방식과 증분지령 방식으로 프로그래해 보자. 공구는 P1점에 있다.

풀이 1) 절대지령 방식

P1 → P2 :	G90	G01	Y80.0	F120 ;	
P2 → P3 :			X60.0 ;		
P3 → P4 :			X100.0	Y50.0 ;	
P4 → P5 :			Y30.0 ;		
P5 → P6 :			X50.0	Y20.0 ;	

2) 증분지령 방식

P1 → P2 :	G91	G01	Y50.0	F120 ;	
P2 → P3 :			X30.0 ;		
P3 → P4 :			X40.0	Y-30.0 ;	
P4 → P5 :			Y-20.0 ;		
P5 → P6 :			X-50.0	Y-10.0 ;	

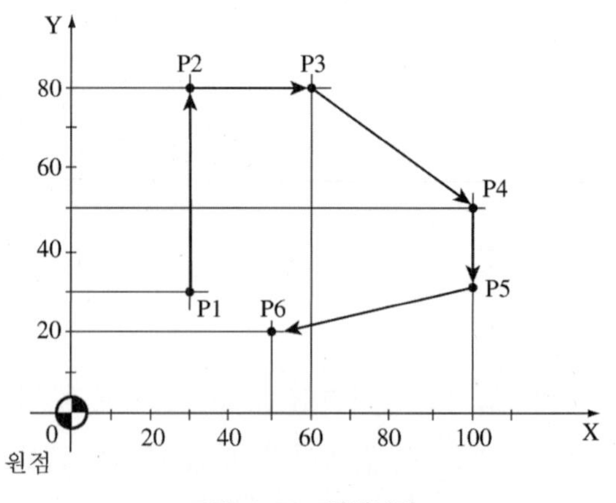

그림 8.90 직선보간

5.4.5 원호보간(G02, G03)

원호보간(圓弧補間, circular interpolation)은 현재 위치에서 지령 위치까지 원호를 따라 공구를 절삭이송시키는 기능을 말한다. G02는 시계방향으로 회전하면서 원호절삭을 하는 준비기능이고, G03은 반시계방향으로 회전하면서 원호절삭을 하는 준비기능이다.

원호보간 지령 포맷은 다음과 같으며 표 8.20과 같이 지령한다.

```
G17  { G02 }  X____  Y____  { R________ }  F____ ;
     { G03 }                { I____ J____ }
G18  { G02 }  X____  Z____  { R________ }  F____ ;
     { G03 }                { I____ K____ }
G19  { G02 }  Y____  Z____  { R________ }  F____ ;
     { G03 }                { J____ K____ }
평면선택 회전방향  원호종점좌표  { 원호반경______ }  이송
                              { 원호 중심 좌표 }
```

표 8.20 원호보간 지령

데이터			지령	의미
1	평면 선택		G17	XY평면 지정
			G18	ZX평면 지정
			G19	YZ평면 지정
2	회전방향		G02	시계방향(CW)
			G03	반시계방향(CCW)
3	원호종점좌표	G90 모드	X, Y, Z 중 2축	공작물 좌표계로 종점의 위치
		G91 모드	X, Y, Z 중 2축	시점부터 원호 종점까지 거리
4	원호중심좌표		I, J, K 중 2축	시점부터 원호 중심까지 거리
	원호반경		R	원호반경

전원 투입 시는 G17(XY평면 지정)이 선택된다.

시계방향, 반시계방향이라는 것은 오른손 직교 좌표계의 XY평면(XZ평면, YZ평면)에 대해 Z축(Y축, X축)의 정, 부 방향을 말하며 이는 그림 8.91과 같다.

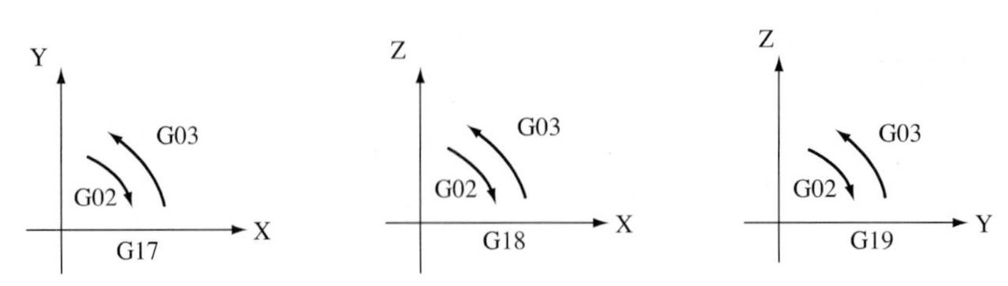

그림 8.91 원호보간에서 시계방향과 반시계방향

1) 원호중심좌표

① **원호중심좌표**(圓弧中心座標, I, J, K)는 원호의 시점(始點)에서 원호중심까지의 거리를 나타내며 G90, G91에 관계없이 증분값으로 나타낸다.

② 따라서 원호의 중심이 시점에 대해서 어느 방향에 있는가를 표시하는 부호(+, −)가 필요하다. 그림 8.92는 XY평면에서 I와 J의 부호를 나타낸 것이다.

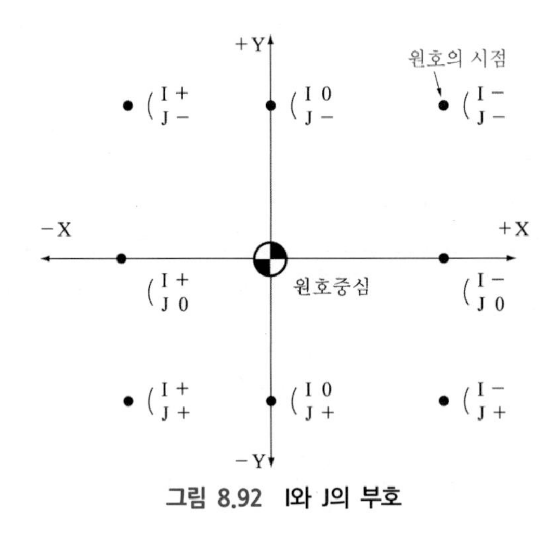

그림 8.92 I와 J의 부호

2) 원호반경

원호반경(圓弧半徑)은 원호가 180° 이하이면 R, 원호가 180° 이상이면 R−로 표시한다.

예제 8.21

그림 8.93에서와 같이 원호반경을 이용하여 시작점에서 종점까지 원호보간하고자 한다. 공구의 이송속도는 300 mm/min이며 증분치 방식으로 프로그램을 작성하여라.

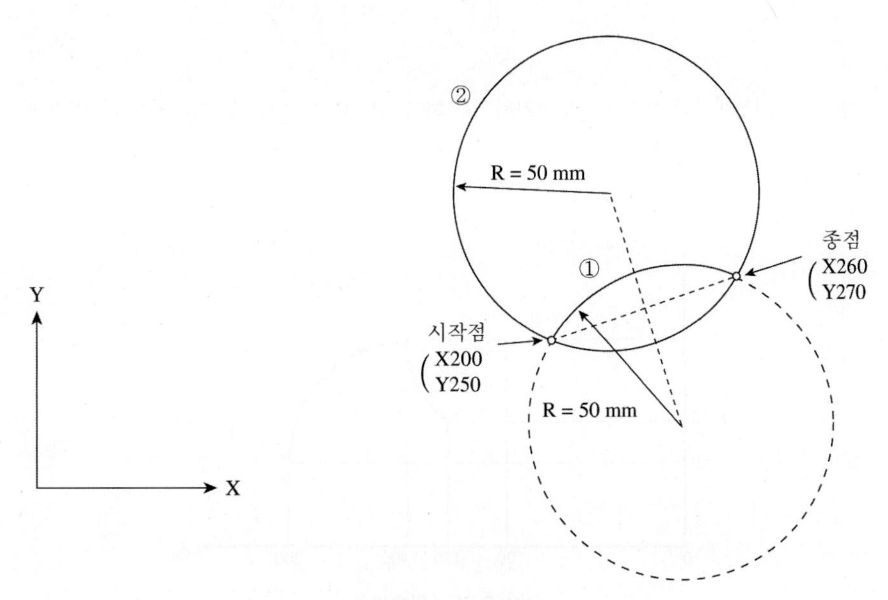

그림 8.93 원호반경을 이용한 원호보간 예 (1)

풀이 ①의 원호(180° 이하)의 경우

G91 G02 X60.0 Y20.0 R50.0 F300 ;

②의 원호(180° 이상)의 경우

G91 G02 X60.0 Y20.0 R-50.0 F300 ;

예제 8.22

그림 8.94에서와 같이 시작점에서 종점까지 원호보간하고자 한다. 공구의 이송속도는 120mm/min이며 절대치 방식과 증분치 방식으로 프로그램 하여라. 그리고 원호보간은 원호중심좌표(I, J, K)와 원호반경(R) 모두 나타내어라.

풀이 1) 절대지령(IJK지령)

G90 G02 X90.0 Y40.0 I-20.0 J-50.0 F120 ;

2) 절대지령(R지령)

G90 G02 X90.0 Y40.0 R54.0 F120 ;

3) 증분지령(IJK지령)

G91 G02 X30.0 Y-30.0 I-20.0 J-50.0 F120 ;

4) 증분지령(R지령)

G91 G02 X30.0 Y-30.0 R54.0 F120 ;

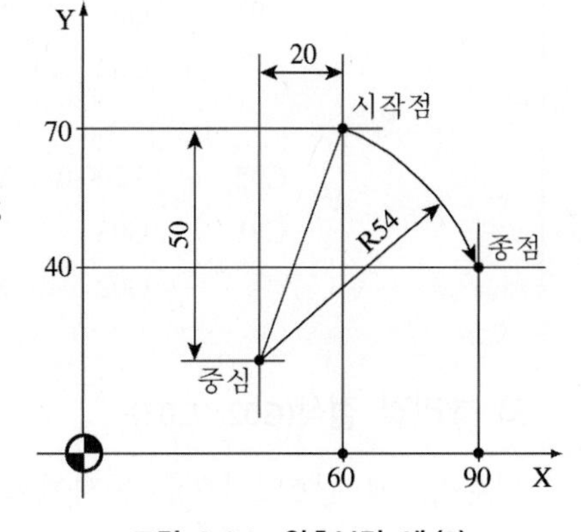

그림 8.94 원호보간 예 (2)

예제 8.23

그림 8.95에서와 같이 시점에서 종점까지 원호보간하고자 한다. 공구의 이송속도는 300 mm/min이며 좌표계를 먼저 설정한 다음 절대지령 방식과 증분지령 방식으로 프로그램해 보자. 또한 원호중심좌표에 의한 것과 원호반경에 의한 것으로 구분해 보자.

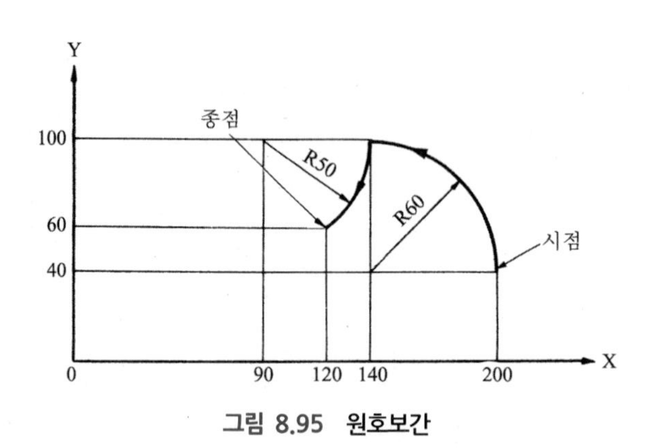

그림 8.95 원호보간

풀이 1) 절대방식의 경우

G92	X200.0	Y40.0	Z0	;		
G90	G03	X140.0	Y100.0	I-60.0	F300.0	;
	G02	X120.0	Y60.0	I-50.0		;

또는

G92	X200.0	Y40.0	Z0	;		
G90	G03	X140.0	Y100.0	R60.0	F300.0	;
	G02	X120.0	Y60.0	R50.0		;

2) 증분방식의 경우

G92	X200.0	Y40.0	Z0	;		
G91	G03	X-60.0	Y60.0	I-60.0	F300.0	;
	G02	X-20.0	Y-40.0	I-50.0		;

또는

G92	X200.0	Y40.0	Z0	;		
G91	G03	X-60.0	Y60.0	R60.0	F300.0	;
	G02	X-20.0	Y-40.0	R50.0		;

3) 헬리컬 절삭(G02, G03)

원호지령에 원호보간으로 동시에 움직이는 한 축의 직선축을 지령하는 것으로 **헬리컬 보간**(helical interpolation)이 가능하다.

즉, 공구를 나선상으로 움직이게 할 수 있다.

$$G17 \begin{Bmatrix} G02 \\ G03 \end{Bmatrix} X\_\_\_ \ Y\_\_\_ \begin{Bmatrix} R\_\_\_\_\_\_ \\ I\_\_\_ \ J\_\_\_ \end{Bmatrix} Z\_\_\_ \ F\_\_\_ \ ;$$

$$G18 \begin{Bmatrix} G02 \\ G03 \end{Bmatrix} X\_\_\_ \ Z\_\_\_ \begin{Bmatrix} R\_\_\_\_\_\_ \\ I\_\_\_ \ K\_\_\_ \end{Bmatrix} Y\_\_\_ \ F\_\_\_ \ ;$$

$$G19 \begin{Bmatrix} G02 \\ G03 \end{Bmatrix} Y\_\_\_ \ Z\_\_\_ \begin{Bmatrix} R\_\_\_\_\_\_ \\ J\_\_\_ \ K\_\_\_ \end{Bmatrix} X\_\_\_ \ F\_\_\_ \ ;$$

지령방법은 원호보간의 지령에서 원호 평면에 포함되어 있지 않은 다른 한 축의 이동지령을 하면 된다.

임의 각도의 원호(360°) 이내에 대해 임의의 양으로 한 축 지령을 할 수 있다.

F지령으로 원호의 이송속도를 지령한다.

그러므로 직선축의 속도는 $F \times \frac{\text{직선축의 길이}}{\text{원호의 길이}}$로 된다.

그림 8.96은 헬리컬 절삭 시 공구경로를 나타낸다.

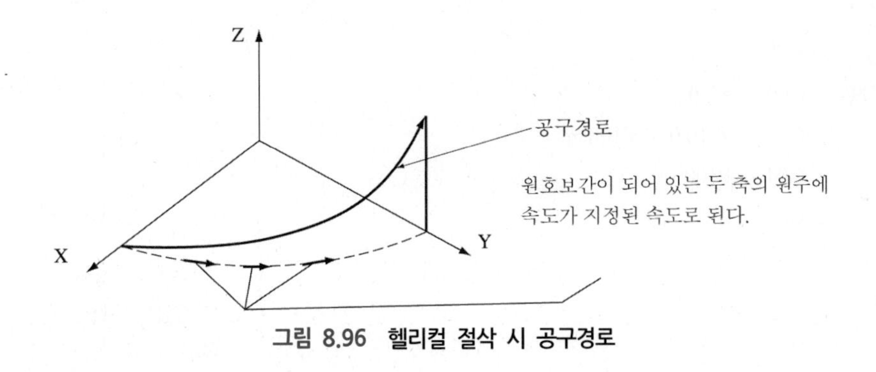

그림 8.96 헬리컬 절삭 시 공구경로

4) 드웰(G04)

드웰(dwell)은 다음 블록의 실행을 지정하는 시간만큼 쉬는 기능이다. 드웰 지령은 G04에 이어서 어드레스 "P(또는 X)" 드웰시간(sec : 초)을 지령한다. 드웰은 그림 8.97의 프로그램 예에서처럼 구멍가공, 카운터보링, 면취 등에 있어서, 구멍바닥에서 공구이동을 일시정지시키거나, 정삭면을 가공하는 경우에 이용된다.

드웰시간은 일반적으로, 아래의 예처럼 구멍바닥에서 공구가 1회전 이상되는 시간을 지령한다. 어드레스 "X"로 지령할 때는 드웰시간의 소숫점 입력이 가능하지만, X축의 이동지령과 구별하기 위해 일반적으로는 별로 사용하지 않는다. 대신 어드레스 "P"로 드웰시간을 지령한다. 단, 어드레스 "P"에서는 소숫점 입력을 할 수 없기 때문에, 드웰시간은 1/1000 sec로 환산(예 : 1 sec의 드웰시간을 P1000)해서 지령한다.

예 주축회전이 300 rpm 경우의 드웰시간

(계산식) 드웰시간 = 60(sec) / 300(회전) = 0.2(sec)

그래서 0.2 sec 이상의 드웰이 필요하다.

드웰시간을 0.5 sec로 하면 드웰은 다음과 같이 지령한다.

G04 P500 ; (또는 G04 X0.5 ;)

드웰의 지령 포맷은 다음과 같다.

$$G04 \begin{Bmatrix} X \_\_\_ \\ P \_\_\_ \end{Bmatrix} ;$$

드웰시간(sec)

예제 8.24

그림에서와 같이 보링바이트를 이용하여 구멍의 일부를 넓히고자 한다. 공구가 바닥에 닿았을 때 1초간 휴지(dwell) 시간을 가진 뒤 본래의 위치로 돌아오게 한다. 절대치 방식과 증분치 방식으로 프로그램하라. 단, 이송속도는 100 mm/min이다.

풀이 1) 절대지령

```
G90  G00  Z2.0 ;
     G01  Z-10.0  F100 ;
     G04  P1000 ;
     G00  Z22 ;
```

2) 증분지령

```
G91  G00  Z-20.0 ;
     G01  Z-12.0  F100 ;
     G04  P1000 ;
     G00  X32 ;
```

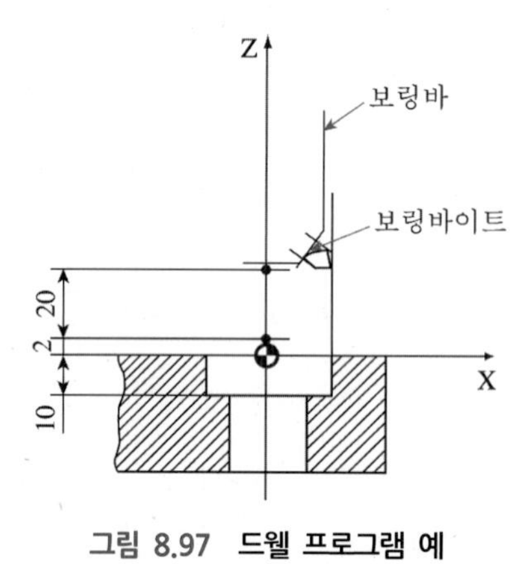

그림 8.97 드웰 프로그램 예

5) 자동 원점 복귀(G28)

공구를 현재 위치에서 기계 기준점으로 복귀시키는 것을 원점 복귀라고 한다. 이 원점 복귀를 프로그램으로 지령할 수 있는 기능이 **자동 원점 복귀**(自動原臭復歸)이다. 자동 원점 복귀는 G28에 이어서 중간점을 지령한다. G28 블록을 실행하면 공구는 현재 위치로부터 중간점을 경유해서 급송으로 기계 기준점으로 원점 복귀한다.

중간점의 지령치는 그림 8.98처럼 절대 지령과 증분 지령이 다르다.

또, 그림 8.99처럼 증분 지령으로 공구의 현재 위치를 중간점으로서 지령하면, 공구는 직접 기계 기준점으로 자동 복귀한다. 기계 기준점은 기계에 설정된 기계 고유의 위치이고, 일반적으로 이 위치에서 공구를 교환한다. 그래서 공구 교환 지령 전에 반드시 공구의 원점 복귀를 지령해야 한다.

G28 블록을 실행해도 그 이전의 연속유효(modal) 정보는 유효하다. 그래서 원칙적으로 다음 항에서 설명할 공구경 보정, 공구위치 옵셋은 G28 지령 전에 취소시켜 놓는다. 또, CNC 장치가 설정하는 기계 고유의 위치를 **원점**(原點, reference point)이라고 부른다. 통상 기계 기준점을 원점과 같은 위치에 설정한다.

원점 복귀의 지령 포맷은 다음과 같다.

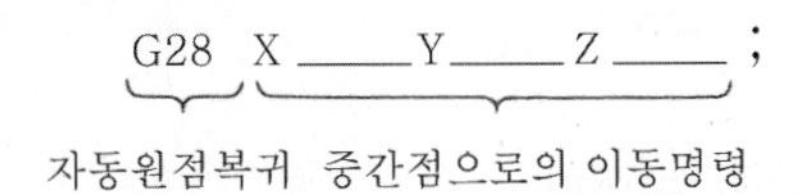

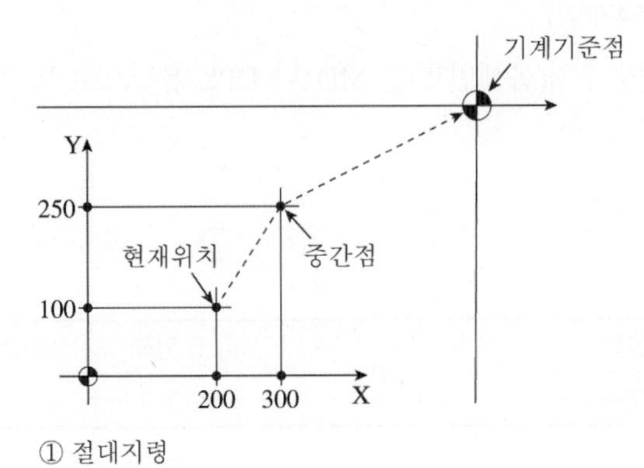

① 절대지령
G90 G28 X300.0 Y250.0 ;

② 증분지령
G91 G28 X100.0 Y150.0 ;

그림 8.98 프로그램 예

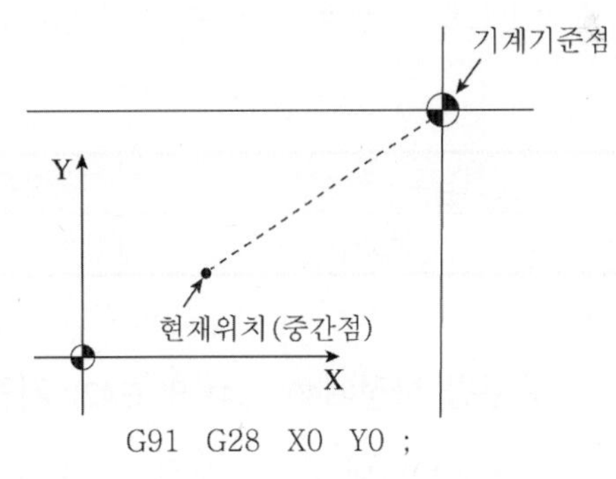

G91 G28 X0 Y0 ;

그림 8.99 G91에서의 G28지령

5.4.6 공구경 보정(G40, G41, G42)

1) 공구경 보정기능

그림 8.100에서 A의 형상을 한 공작물을 반경 R의 공구로 절삭하는 경우 공구 중심의 통로는 A에서 R만큼 떨어진 B로 된다.

이 경우에 공구가 어느 정도 떨어진 거리를 옵셋(offset)이라 하며 B는 A에서 R만큼 옵셋시킨 통로이다.

공구경 보정(工具徑補正)이란 그림에서와 같이 옵셋시킨 통로를 만드는 기능을 말한다. A의 형상을 공구경 보정기능을 이용해서 프로그램하여 실제 가공 시에 사용하는 공구반경 R을 측정한 후 이것을 옵셋량으로 하여 저장장치에 입력시키면 옵셋되는 통로 B로 형상 A를 가공한다.

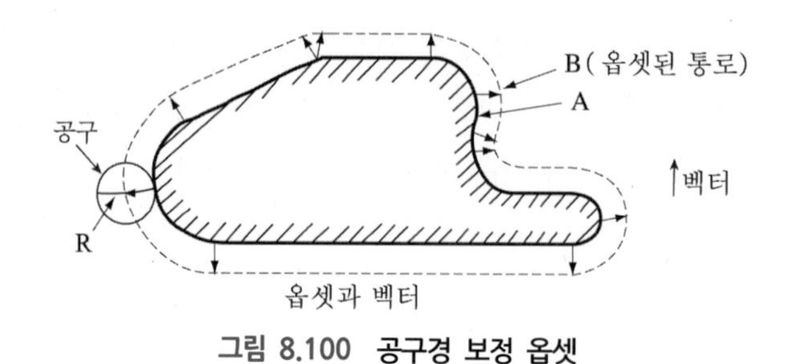

그림 8.100 공구경 보정 옵셋

2) 옵셋량(D 코드)

옵셋량은 최대 64(표준 32개)개를 옵셋 메모리에 설정할 수 있다.

(단, 공구길이 보정, 공구 위치 옵셋용을 합해서 64개임)

옵셋량은 프로그램상에 지령된 D Code에 두 자리의 수치(옵셋번호)를 MD1나 DPL 유닛으로 또는 테이프에 펀치하여 테이프 리더로 설정한다.

옵셋량으로 설정할 수 있는 값의 범위는 다음과 같다.

	mm 입력	inch 입력
옵셋량	0 ~ ±999.999 mm	0 ~ ±99.9999 inch

3) 공구경 보정(G40, G41 및 G42) 지령

표 8.21에 나타낸 공구경 보정기능은 G00, G01, G02, G03과 같이 지령되어 공동으로 공구진행방향(옵셋 방향)에 관한 1개의 모드를 규정한다.

표 8.21 공구경 보정기능

G 코드	기능
G40	공구경 보정 취소
G41	공구진행 방향 좌측 옵셋
G42	공구진행 방향 우측 옵셋

G41, G42는 장치를 옵셋 모드로 하기 위한 지령이고 G40은 취소 모드(cancel mode)로 하기 위한 지령이다.

공구경 보정 지령 포맷은 다음과 같다.

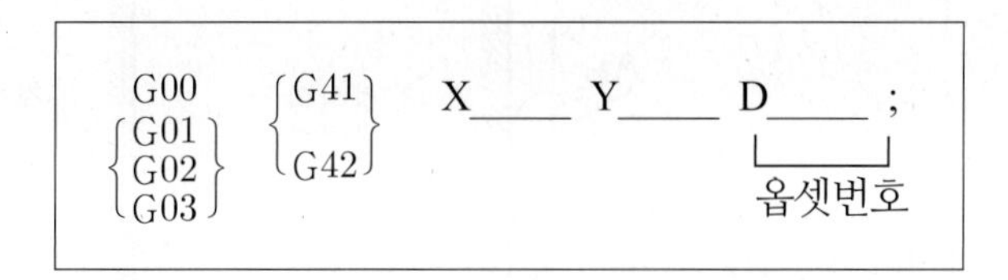

G41과 G42의 구분은 그림 8.101과 같이 공구가 프로그램 경로의 좌측으로 이동하면 G41, 그 반대이면 G42가 된다.

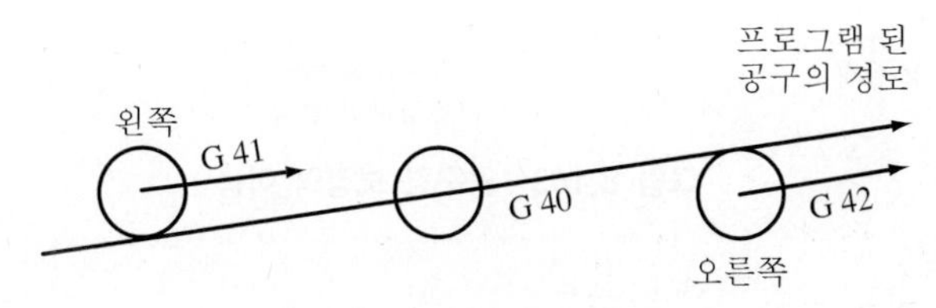

그림 8.101 공구경 보정의 구분

(1) 공구경 보정의 지령방법

그림 8.102는 공구경 보정을 이용한 프로그램 예이다. 공구경 보정은 보정량을 임의로 바꾸어 넣을 수 있으므로 공구경 보정을 이용하면 공구 직경의 대소에 관계없이 공작물의 형상에 따라 프로그램 작성이 가능하다(그림 8.103(b) 참조). 또, 보정량의 조정에 의해 임의의 크기로 정삭 여유치를 설정해서 황삭의 반복이나 정삭을 한 개의 프로그램으로 수행할 수 있는 등의 이점이 있다(그림 8.103(c) 참조).

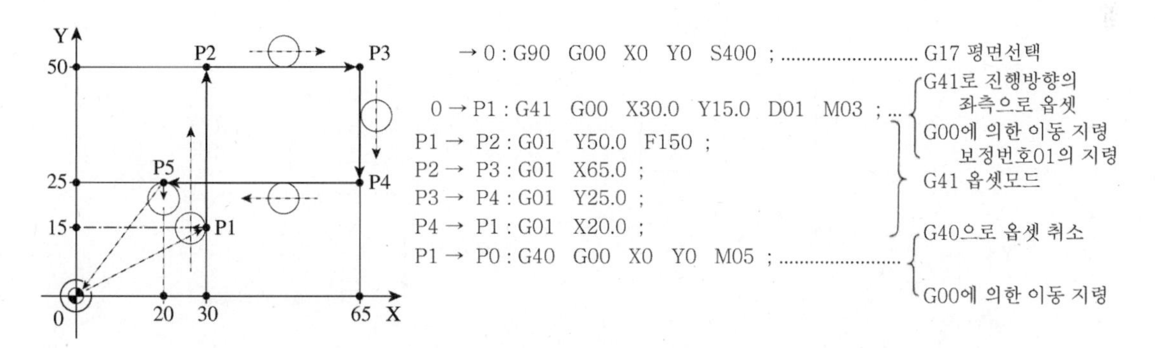

그림 8.102 공구경 보정 프로그램 예

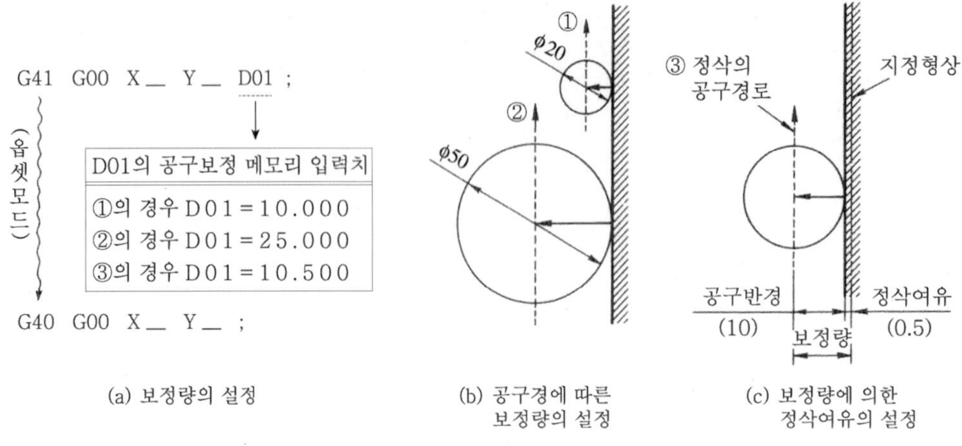

그림 8.103 공구경 보정의 이용

(2) 공구경 보정에서의 공구 동작

공구경 보정에서는 그림 8.104처럼 취소 모드, 스타트 업(start up), 옵셋 모드, 옵셋 취소의 순으로 동작한다.

① 취소 모드

전원을 투입한 후 프로그램을 실행하고 나서, M02나 M30을 지령하면 옵셋 취소(offset cancel) 모드로 된다. 취소 모드에서는 옵셋 벡터의 크기는 항상 0이고, 공구중심은 프로그램 된 경로와 일치한다. 프로그램은 취소 모드로 종료된다. 옵셋 모드로 프로그램을 종료시키면 공구는 보정량 만큼 옵셋된 위치에서 정지한다.

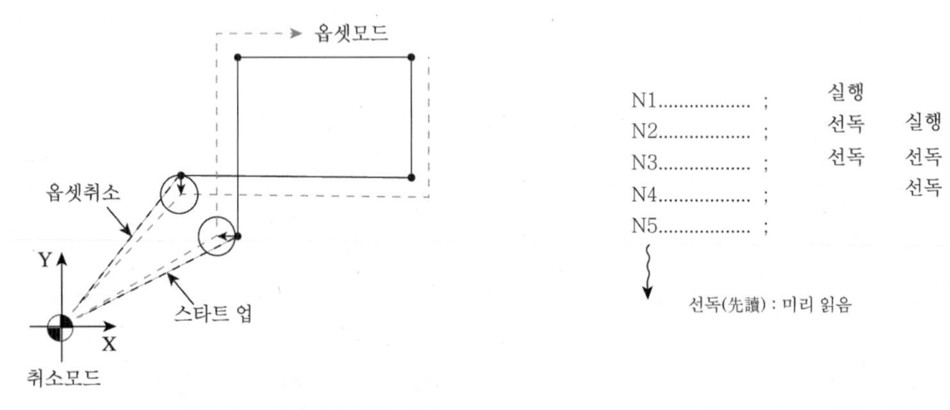

그림 8.104 공구경 보정에서의 공구 동작

그림 8.105 2 블록 선독

② 스타트 업

취소 모드로부터 옵셋 모드로 바뀔 때의 공구 움직임을 스타트 업이라 한다. 스타트 업은 다음 조건을 모두 만족하는 블록이 실행되었을 때 이루어진다.

ⅰ. G41 또는 G42가 지령되어 있다.

ii. 00이외의 옵셋 번호가 지령되어 있다.

iii. G00 또는 G01에 의해 이동 지령이 지령되어 있다.

스타트 업 모드에서는 두 블록 앞을 미리 읽어(선독) 실행하고(그림 8.105 참조) 스타트 업 종점 위치로 공구의 진행에 대하여 직각인 옵셋 벡터(그림 중의 화살표)로 되고, 옵셋 벡터 선단에 공구중심이 위치결정된다. 그림 8.106은 스타트 업에 있어서의 공구 경로이다.

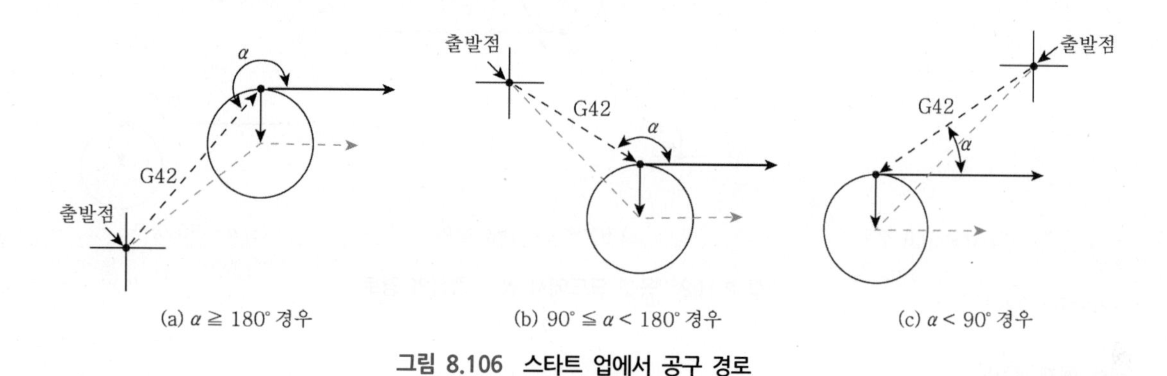

그림 8.106 스타트 업에서 공구 경로

③ 옵셋 모드

스타트 업에 의해 이후의 블록에서 공구경로는 보정량 만큼 옵셋된 경로로 된다. 이것을 옵셋 모드라 부른다. 옵셋 모드 중에는 그림 8.107처럼 G00, G01에 의한 이동지령은 물론 G02, G03에 의한 옵셋도 가능하다.

옵셋 모드에서는 두 블록을 미리 읽어 들이고, 옵셋된 두 개의 경로의 교점을 찾아 공구중심이 이동된다. 또, N6부터 N7까지의 공구경로는 그림 8.107과 같이 된다.

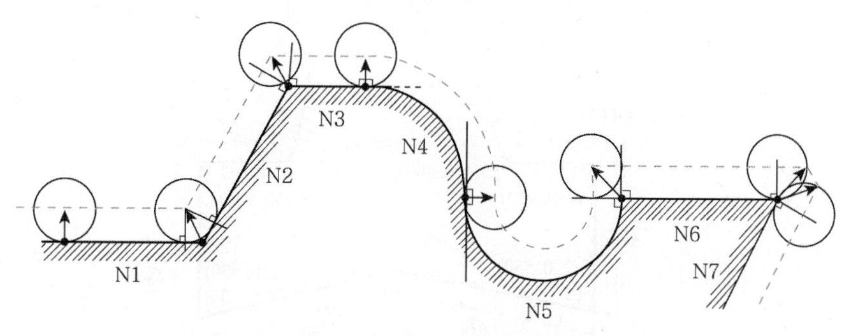

그림 8.107 옵셋 모드에서 공구 중심의 경로

④ 옵셋 취소

옵셋 모드에서 옵셋 취소 모드로 바뀔 때의 공구 움직임을 옵셋 취소라 한다. 옵셋 취소를 지령하면 G41, G42 옵셋 모드는 취소되고 프로그램에서 지령한 위치로 공구 중심이 위치결정된다. 옵셋 취소는 다음 조건중 1개라도 만족하는 블록이 실행되면 이루어진다.

i. G40이 지령되어 있다.

ii. 공구번호 00이 지령되어 있다.

옵셋 취소는 G00 또는 G01에 의한 이동지령 블록으로 지령한다. 그림 8.108은 옵셋 취소에 따른 공구의 동작을 보여준다.

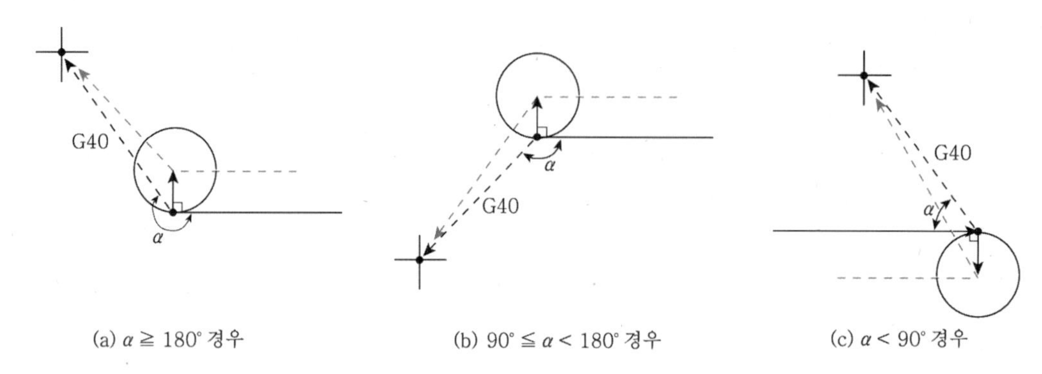

그림 8.108 옵셋 모드에서 공구 중심의 경로

예제 8.25

공구경 보정기능을 이용하여 그림 8.109에 나타낸대로 프로그램해 보자.
공구의 이송속도는 150 mm/min, 공구경의 옵셋량은 7번에 저장되어 있다.

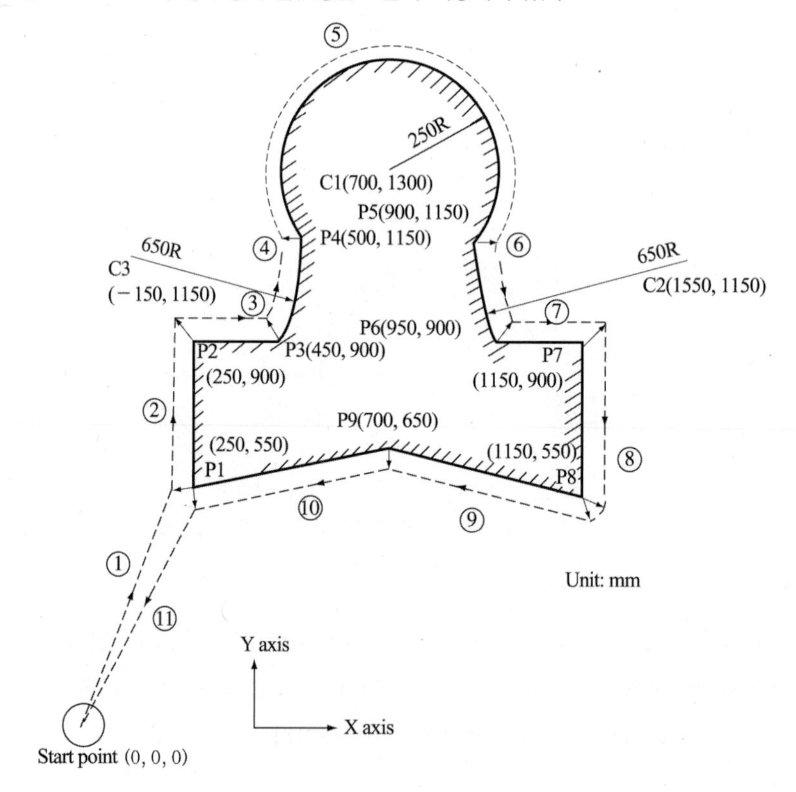

그림 8.109 공구경 보정 예제

풀이 G92 X0 Y0 Z0 ; (먼저 D07에 대응한 옵셋량을 MD1로 고정한다.)

```
① N1  G90  G17  G00      G41      D07      X250.0  Y550.0  ;
② N2            G01                        Y900.0  F150    ;
③ N3                                       X450.0  ;
④ N4            G03      X500.0   Y1150.0  I-600.0 J250.0  ;
⑤ N5            G02      X900.0            I200.0  J150.0  ;
⑥ N6            G03      X950.0   Y900.0   I650.0  J0      ;
⑦ N7            G01      X1150.0  ;
⑧ N8                              Y550.0   ;
⑨ N9                     X700.0   Y650.0   ;
⑩ N10           X250.0   Y550.0   ;
⑪ N11 G40  G00  X0       Y0       ;
```

위의 프로그램에 대하여 설명하면 다음과 같다.

①의 블록을 Start－Up이라 한다.

①의 블록 종점 P_1에서 $P_1 \rightarrow P_2$ 방향에 수직으로 공구경만 옵셋된다.

공구경은 D07로 지령되어 있는데 옵셋번호 7번으로 공구경이 설정되어 있으며 G41로 공구진행방향 좌측으로 옵셋된다.

한 번 Start－Up으로 옵셋된 후는 $P_1 \rightarrow P_2 \rightarrow P_3 \cdots P_8 \rightarrow P_9 \rightarrow P_1$과 공작물 형상대로 ②부터 ⑩까지 프로그램되면 자동적으로 공구경만 옵셋된다.

⑪ 블록에 G40이 있을 때 ⑩ 블록 종점 P_1은 $P_9 \rightarrow P_1$ 방향에 수직인 위치에 온다.

프로그램 최후는 ⑪과 같이 필히 G40으로 취소한다.

5.4.7 공구길이 보정(G43, G44, G49)

공구길이 보정은 공구의 길이를 보정하는 기능으로서 G43 및 G44로 옵셋방향을 설정하고 H 코드로 옵셋 메모리에 설정되어 있는 옵셋량을 지령한다. 공구길이 보정기능을 이용하면 길이가 다른 여러 개의 공구를 사용하여 가공할 경우에도 가공 프로그램은 한 개만 있으면 된다. 이들의 기능을 표 8.22에 나타내었다.

표 8.22 공구길이 보정기능

G 코드	기능
G43	공구길이 보정 + 방향
G44	공구길이 보정 – 방향
G49	공구길이 보정 취소

공구길이 보정 지령 포맷은 다음과 같다.

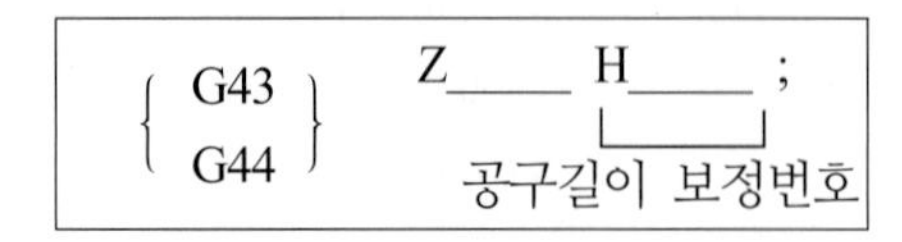

1) 공구길이 보정의 지령방법

공구길이 보정 + (G43)지령으로, 그림 8.110처럼 Z축 이동지령에 대해, 보정량을 (+)측(가산)으로 옵셋한다. 또, 공구길이 보정(-)(G44)지령으로 그림 8.111처럼 Z축 이동지령에 대해, 보정량을 –측(감산)으로 옵셋한다. 어드레스 “H”에 이어서 공구길이의 보정번호를 두자리 이내의 수치(01~99, 또 00는 보정량 0에 해당한다)로 지령한다. 여기에서 지령하는 보정번호에 대응하는 보정량(CNC 장치의 공구보정 메모리에 설정된 보정량)만큼 공구가 옵셋된다. 또, 보정 번호는 전항에서 설명한 공구길이 보정의 옵셋 번호 및 공구 위치 옵셋을 합쳐서 99개까지 사용할 수 있다.

G49 지령으로, G43 또는 G44의 공구길이 보정을 취소한다. G49 블록을 실행하면 공구는 프로그램에서 지령한 위치로 되돌아간다. 또, 보정번호 H00 지령에 의해서도 G49와 같이 공구길이 보정을 취소시킬 수 있다. 또, 최근에는 G28 지령으로 공구가 원점 복귀할 때 공구길이 보정이 취소되게 한다. 이 경우는 G49 지령을 생략해도 된다.

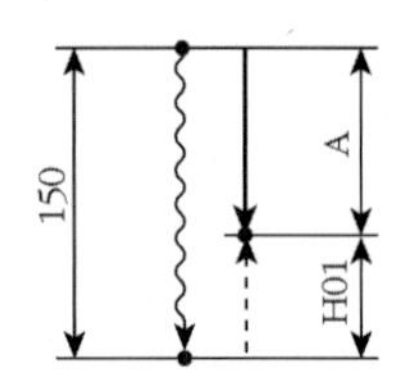

G91 G00 G43 Z-150.0 H01 ;

이동지령	-150.0
보정량(H01)	25.0
실제이동량 (A)	-125.0

그림 8.110 G43의 프로그램 예

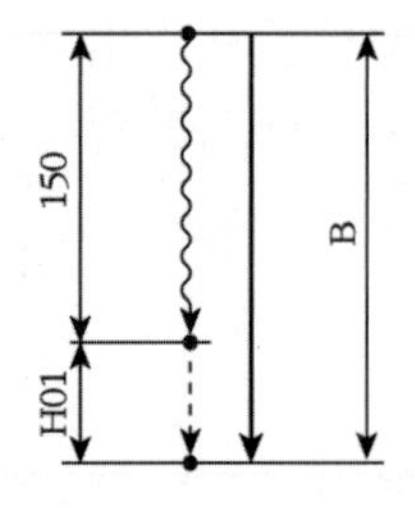

G91 G00 G44 Z-150.0 H01 ;

이동지령	-150.0
보정량(H01)	25.0
실제이동량 (B)	-175.0

그림 8.111 G44의 프로그램 예

2) 절대 지령에 있어서의 공구길이 보정

앞에서 설명한 것처럼 절대 지령은 설정된 공작물 좌표계내에서 이동 지령을 한다. 이 때문에 절대 지령에 있어서의 공구길이 보정은 공작물 좌표계에서 Z축 원점과 공구길이 보정으로 설정하는 보정량과의 관계로부터 그림 8.112~그림 8.114와 같은 공구길이 보정의 설정 방법이 얻어진다.

그림 8.112는 모든 공구의 길이를 미리 측정해서 그 측정치를 보정량(+값)으로 하는 방법이다. 그림 8.113은 인선 선단으로부터 공작물 기준면까지의 거리를 보정량 (-값으로 한다.)으로 하는 방법으로, 이 경우 공작물 좌표계의 Z축 원점을 기계 기준점에 일치시킨다.

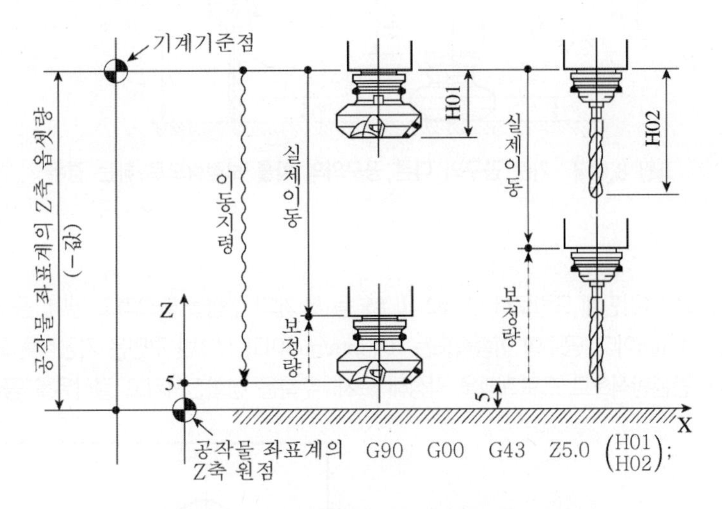

그림 8.112 공구길이를 보정량으로 하는 경우

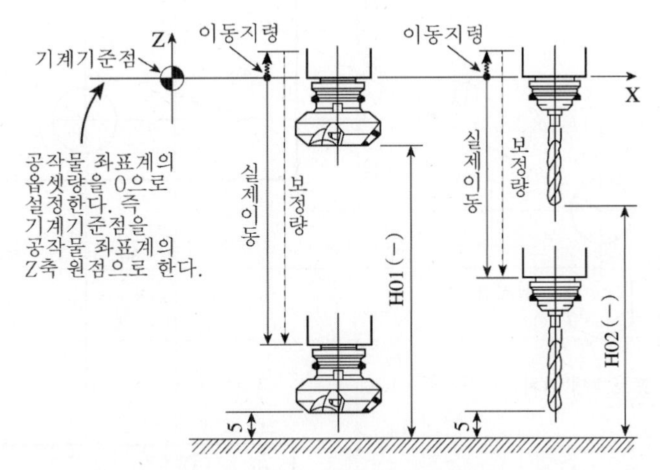

그림 8.113 인선 선단부터 공작물 기준면까지의 거리를 보정량으로 하는 경우

그림 8.114는 기준 공구를 지정하고, 다른 공구와 기준 공구와의 길이차를 보정량으로 설정하는 방법이다. 이 경우 기준 공구의 인선 선단과 공작물 표면까지의 거리를 측정하여 이것을 공작물 좌표계의 Z축

보정량으로 한다. 또, 기준공구의 보정량은 0을 설정한다.

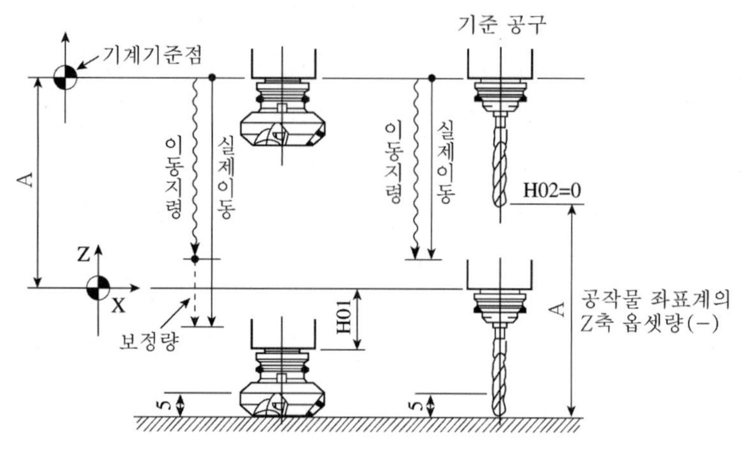

그림 8.114 기준 공구와 다른 공구와의 차를 보정량으로 하는 경우

예제 8.26

그림 8.115에서와 같이 4각판에 드릴로서 #1, #2 및 #3 등 세 개의 구멍을 뚫으려고 한다. 공구길이 보정 옵셋번호는 01번이며 보정량은 4 mm이다. 공구의 이송속도는 100 mm/min이고 1, 3번 구멍은 가공직후 2sec씩 휴지시간(dwell)을 가지려고 한다. 증분방식으로 프로그램을 작성해 보자. 주축은 정회전시키고 절삭유를 공급한다.

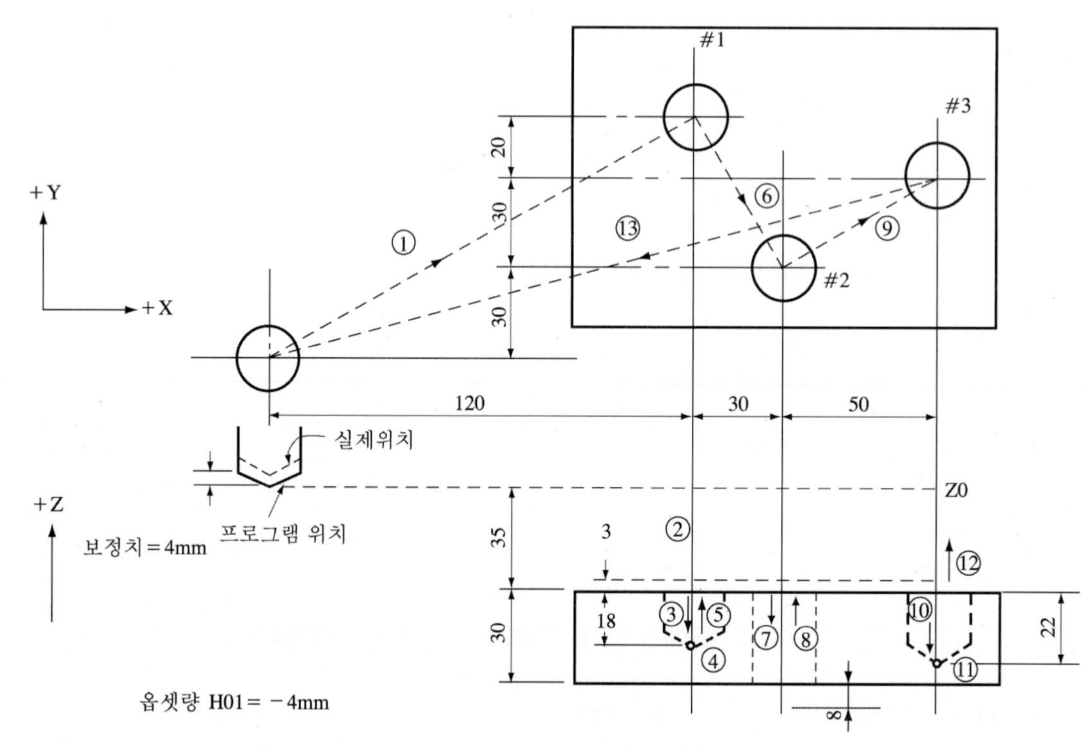

그림 8.115 공구길이 보정 예제

풀이

N1	G91	G00	X120.	Y80.	M03	;	①
N2		G44	Z-32.	H01	M08	;	②
N3		G01	Z-21.	F100		;	③
N4		G04		P2000		;	④
N5		G00	Z21.			;	⑤
N6			X30.	Y − 50.		;	⑥
N7		G01		Z − 41.		;	⑦
N8		G00		Z41.		;	⑧
N9			X50.	Y30.		;	⑨
N10		G01		Z − 25.		;	⑩
N11		G04		P2000		;	⑪
N12		G00	G49	Z57. H00	M09	;	⑫
N13			X − 200.	Y − 60.	M05	;	⑬
N14					M02	;	⑭

[주]
주축의 정회전과 정지는 M03, M05이다.
절삭유의 공급과 정지는 M08, M09이다.
공구의 실제 위치가 프로그램 위치보다 +쪽으로 되어 있으므로 공구길이 보정은 −쪽(G44)으로 한다.
공구길이 보정량(옵셋량) 4mm는 미리 offset register에 MDI(manual data input)로 입력시켜 놓았다.
④번과 ⑪번에서 2초씩 휴지시간을 갖는다.
⑫번의 H00는 공구의 길이보정량이 영(zero)임을 나타낸다.

5.4.8 공구위치 옵셋(G45 ~ G48)

G45~G48을 지령하면 NC 테이프 등으로 지령한 축의 이동거리를 옵셋량 메모리에 설정한 값만큼 증가, 감소 또는 2배 증가, 2배 감소시킬 수 있다.

표 8.23에 G 코드와 공구위치 옵셋 기능을 표시하였다.

표 8.23 공구위치 옵셋과 G 코드

G 코드	기능
G45	옵셋량 메모리에 설정한 양만큼 증가
G46	옵셋량 메모리에 설정한 양만큼 감소
G47	옵셋량 메모리에 설정한 양의 2배 증가
G48	옵셋량 메모리에 설정한 양의 2배 감소

여기서 G 코드는 Modal이 아니므로 지령한 블록에서만 유효하다. 이 옵셋량이 선택될 때까지 변하지 않는다.

H코드, D코드 모두 사용할 수 있지만 공구반경 보정량 메모리의 어드레스 선택에 D코드, 공구길이 보정량 메모리 어드레스 선택에 H코드를 사용하면 된다. 그리고 공구위치 옵셋에 H코드나 D코드를 사용하는 것은 파라메터 설정에 따른다. 옵셋 메모리에 공구반경을 설정하는 경우 공작물 형태를 그림 8.116에서와 같이 공구경로로 프로그램할 수 있다.

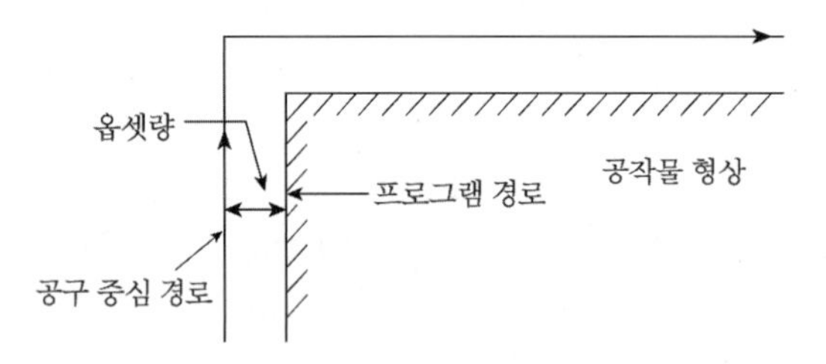

그림 8.116 공구위치 옵셋 설정에 의한 프로그램 경로와 공구중심경로

옵셋량으로 설정할 수 있는 값의 범위는 표 8.24와 같다.

표 8.24 옵셋량으로 설정 가능한 값

	mm 입력	inch 입력
옵셋량	0 ~ ± 999.999 mm	0 ~ ± 99.9999 inch
	0 ~ ± 999.999 deg	0 ~ ± 999.999 deg

이 공구위치 옵셋은 부가축에 유효하며 H00, D00 옵셋량은 항상 0이다.

증가, 감소는 축의 이동 방향으로 이루어지며 절대지령 시에도 축의 이동 방향으로 이루어진다.

공구위치 옵셋에 관한 주의사항은 다음과 같다(그림 8.117 참조).

① 동시 두 축 이동지령에 관해 G45~G48을 지령한 경우는 두 축 모두 보정이 된다.

G45의 경우

이동지령	X1000.0	Y500.0
옵셋량	+ 200.0	옵셋번호 02
프로그램 지령	G45 G01 X1000.0	Y500.0 D02 ;

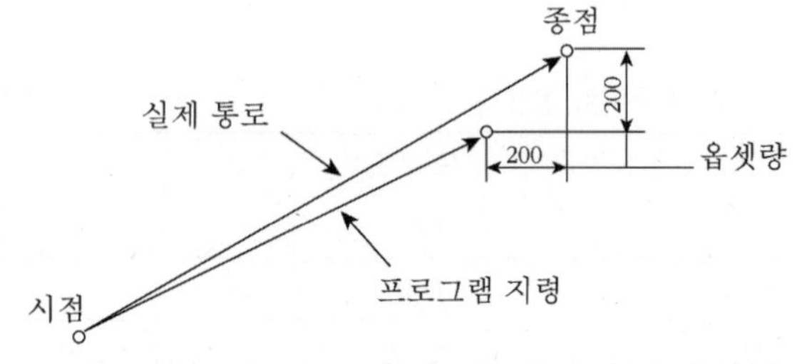

그림 8.117 공구옵셋 기능을 이용한 두 축의 이동지령

② 데이퍼 가공에서 공구반경 또는 직경을 보정할 때 그림 8.118에서와 같이 절입과도 또는 절입부족이 발생한다.

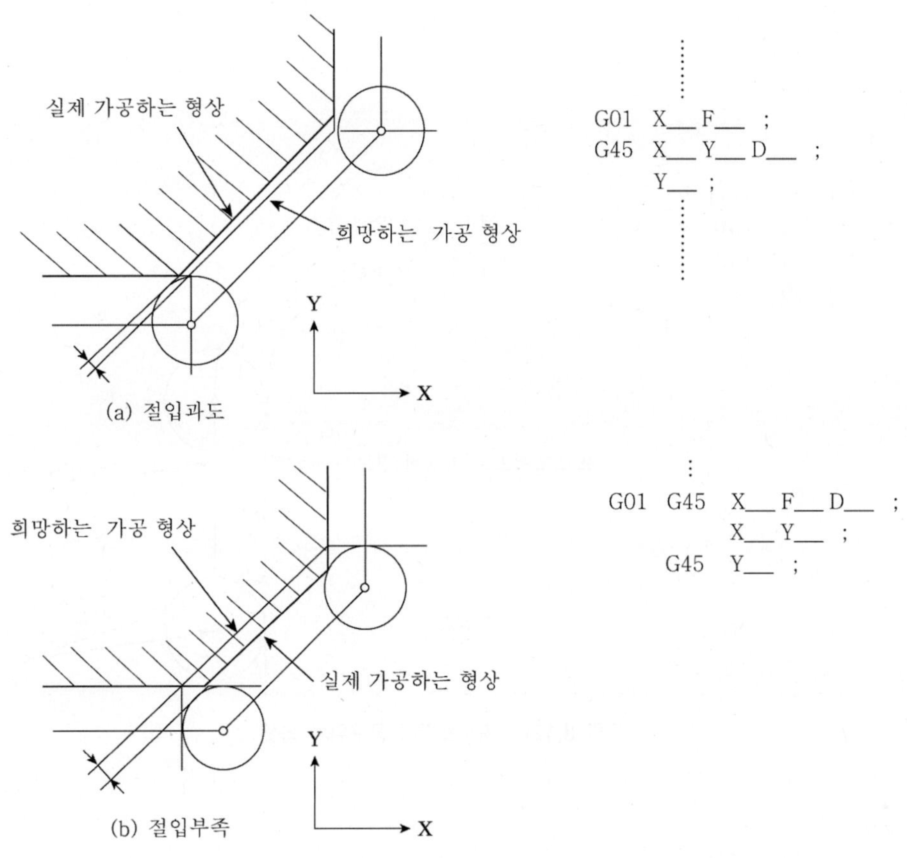

그림 8.118 공구위치 옵셋을 이용한 테이퍼 가공에서 절입과도와 절입부족 현상

그림 8.119는 공구위치 옵셋 기능을 이용했을 때 실제 공구경로를 나타낸 것이다. 예로서 옵셋량 +20.0을 옵셋 번호 01에 설정하였다면 프로그램은 다음과 같다. 원호의 반경은 70 mm이다.

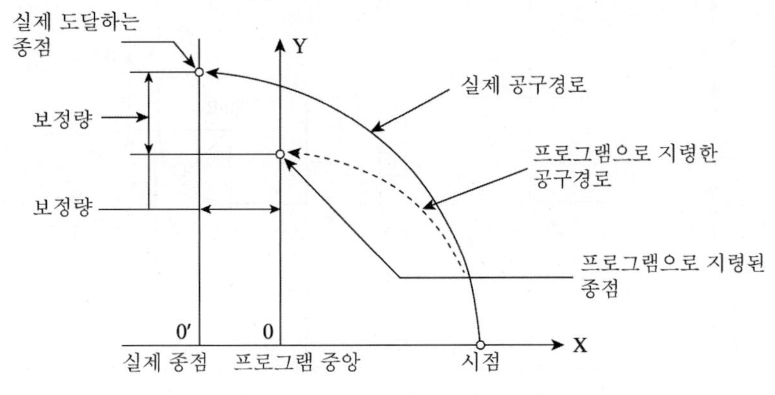

그림 8.119 원호보간시 공구위치 옵셋에 의한 실제 공구경로

(G91) G45 G03 X-70.0 Y70.0 I-70.0 D01 ;

그리고 원호보간시 공구위치 옵셋을 이용한 공구의 실제 이동경로는 그림 8.120과 같고 여기에 관한 프로그램은 다음과 같다.

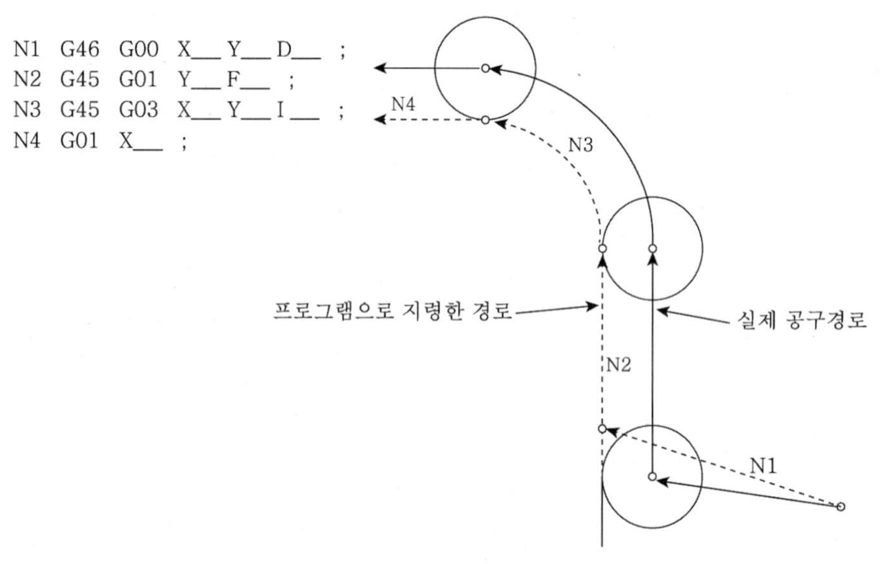

그림 8.120 원호보간시 공구위치 옵셋

예제 8.27

직경 20 mm인 엔드밀로 그림 8.121과 같은 형상의 제품을 공구위치 옵셋기능을 이용하여 번호순으로 가공하고자 한다. 옵셋량은 +10.0이며 옵셋번호는 01번이다. 주축의 절삭속도는 120 m/min이고 정회전시킨다. 증분방식으로 프로그램해보자. 절삭유를 공급한다.

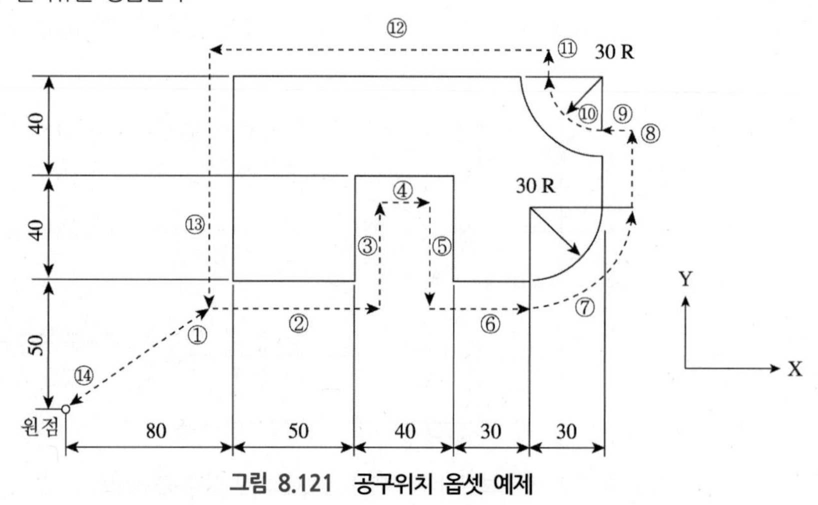

그림 8.121 공구위치 옵셋 예제

풀이

①	G91	G46	G00	X80.0	Y50.0	D01	M03	;
②		G47	G01	X50.0		F120	M08	;
③					Y40.0	;		
④		G48		X40.0	;			
⑤					Y-40.0	;		
⑥		G45		X30.0	;			
⑦		G45	G03	X30.0	Y30.0	J30.0	;	
⑧		G45	G01		Y20.0	;		
⑨		G46		X0	; …… 옵셋량만큼 -X 방향으로 이동			
⑩		G46	G02	X-30	Y30.0	J30.0	;	
⑪		G45	G01	Y0	; …… 옵셋량만큼 +Y 방향으로 이동			
⑫		G47	X-120	;				
⑬		G47	Y-80	;				
⑭		G46	G00	X-80	Y-50.0	M09	M05	;
⑮			M02	;				

5.4.9 고정 사이클(G73, G74, G76, G80 ~ G89)

고정 사이클(canned cycle)은 통상 몇 개 블록에서 지령하는 가공 동작을 G기능을 포함한 한 블록으로 지령하여 프로그램을 간단히 한다.

다음 표 8.25는 고정 사이클에 대한 상세 설명이다.

표 8.25 고정 사이클 일람표

G 코드	공구진입 (−Z방향)	구멍 바닥에서의 동작	공구후퇴 (+Z방향)	용도
G73	간헐이송	−	급속이송	고속 팩(심공) 드릴 사이클
G74	절삭이송	드웰→주축 정회전	절삭이송	역 태핑 사이클
G76	절삭이송	주축 정위치 정지	급속이송	정밀 보링 사이클
G80	−	−	−	고정 사이클 취소
G81	절삭이송	−	급속이송	드릴링 사이클, 스폿 보링
G82	절삭이송	드웰	급속이송	드릴링 사이클(카운터 보링 사이클)
G83	간헐이송	−	급속이송	팩(심공) 드릴링 사이클
G84	절삭이송	드웰→주축 역회전	절삭이송	태핑 사이클
G85	절삭이송	−	절삭이송	보링 사이클

(계속)

G 코드	공구진입 (-Z방향)	구멍 바닥에서의 동작	공구후퇴 (+Z방향)	용도
G86	절삭이송	주축 정지	급속이송	보링 사이클
G87	절삭이송	주축 정회전	급속이송	백 보링 사이클
G88	절삭이송	드웰→주축 정지	수동	보링 사이클
G89	절삭이송	드웰	절삭이송	보링 사이클

일반적으로 고정 사이클은 그림 8.122와 같이 6개 동작으로 이루어진다.

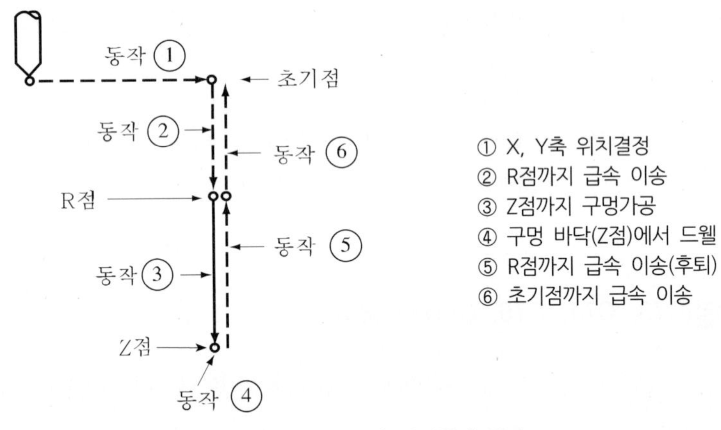

그림 8.122 고정 사이클의 동작

1) 고정 사이클의 지령

고정 사이클의 위치결정은 XY평면상에서 수행되고 드릴작업은 Z축에 의해 수행된다. 다음은 고정 사이클의 지령방식을 나타낸다.

① 지령방식 { G90 : 절대지령 / G91 : 증분지령

② 복귀점 { G98 : 초기점 / G99 : R점

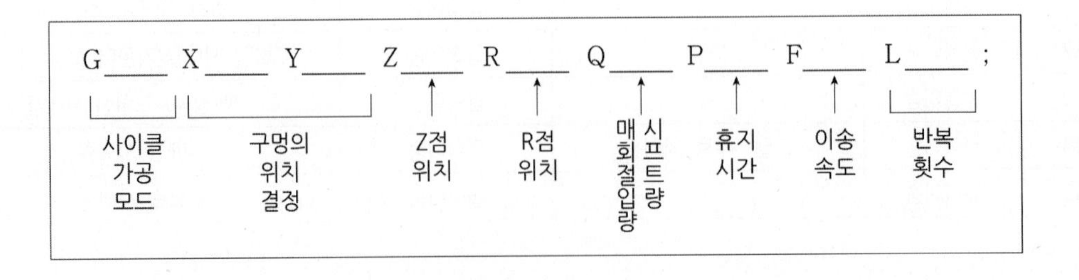

여기서, 구멍가공 모드 : 표에 기술한 G 코드를 사용한다.
구멍위치 데이터 X, Y : 증분값 또는 절대값으로 구멍의 위치를 지정한다.
구멍가공 데이터 Z : R점까지 또는 구멍 바닥까지를 증분값 또는 절대값으로 지령한다.
R : 초기점에서 R점까지의 거리를 지정한다. 동작은 급속이송
Q : G73, G83 모드에서는 매 절삭깊이를 지정하고 G76, G87 모드에서는 시프트(shift)량을 지정한다(통상 증분좌표로 지령한다)(그림 8.123 참조).
P : 구멍 바닥에서 드웰시간을 지령한다. 지령값은 G04와 동일
F : 이송속도를 지령한다.
L : 고정주기의 반복횟수를 지정한다. L이 지정되지 않으면 1회로 간주한다. L = 0이 지령되었을 때 구멍가공 데이터만 보존되고 가공은 수행하지 않는다(그림 8.124 참조).

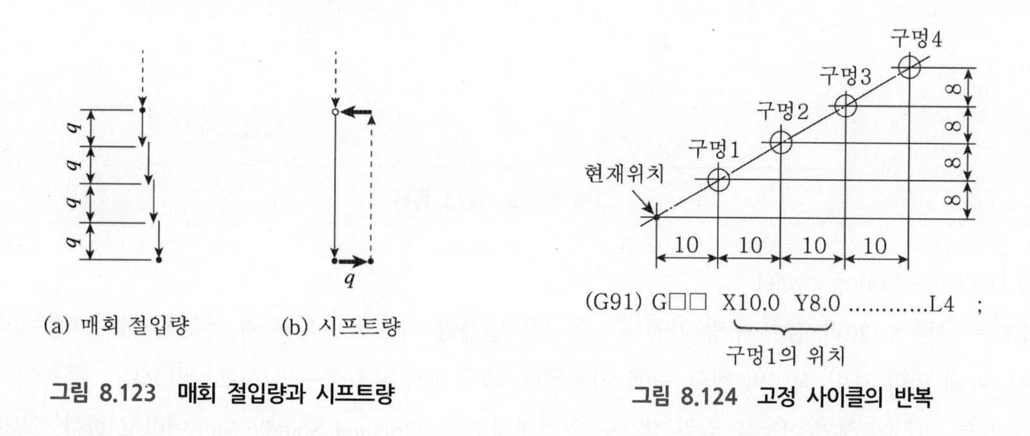

그림 8.123 매회 절입량과 시프트량

그림 8.124 고정 사이클의 반복

2) 고정 사이클의 취소

G80을 지령함으로써 이송속도를 제외한 고정 사이클의 데이터를 취소할 수 있다. 또, 고정 사이클 모드로 01그룹의 G코드(G00, G01, G02, G03)를 지령해도 고정 사이클은 취소된다.

3) 구멍가공 모드와 데이터 형식

주요한 고정 사이클의 구멍가공 모드와 그 데이터 형식을 아래에서 설명한다.

① G73(Pack drilling cycle : 고속으로 깊은 구멍가공 고정 사이클)

G73은 그림 8.125처럼 일정량의 절입을 반복하면서 고속으로 깊은 구멍을 드릴가공하는 사이클이다. 1회 절입량은 2~3 mm를 증분치로 지령한다.

또, 그림 중의 *d*는 기계측에 설정된 일정량의 후퇴량(통상 0.1 mm)이다.

[지령방법]

G73 X ____Y____Z____ R ____Q____P____ F____ ;

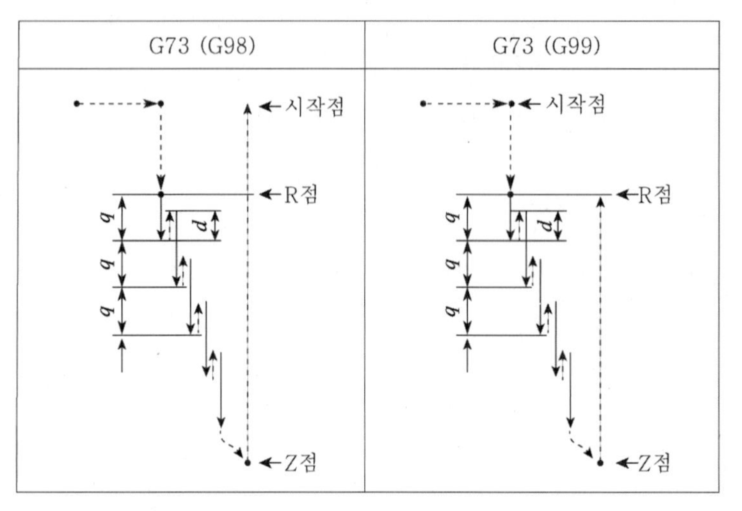

그림 8.125 G73 동작

② G76(Fine boring cycle)

G76은 그림 8.126과 같이 구멍 가공 후, 공구를 일정량 시프트(후퇴)시켜 복귀시키는 고정 사이클로, 보링바에 의한 보링 작업의 정삭 등에 이용된다. 그림에서 q가 공구의 시프트량으로 , 주축이 정각도(正角度) 위치에 정지(이것을 주축 정각도 위치정지 또는 Oriented Spindle Stop이라고 한다. 일명 OSS) 했을 때 공구 인선에 대하여, 반대측으로 공구를 시프트한다. 또 P는 드웰을 나타낸다.

[지령방법]

G76 X____Y____Z____R ____Q____P____ F____ ;

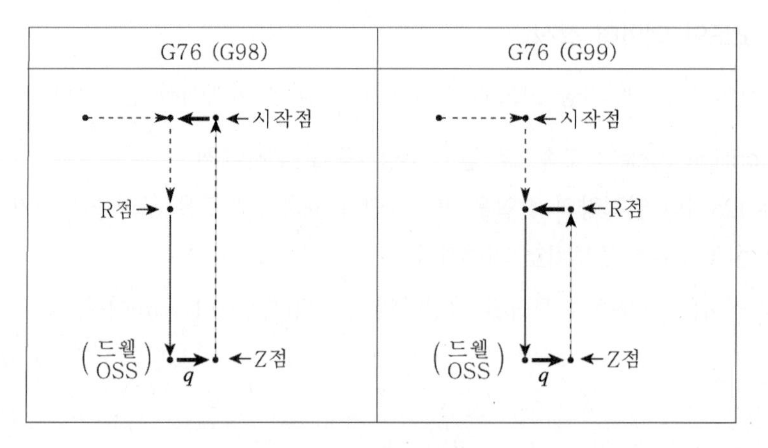

그림 8.126 G73 동작

③ G81(Drill cycle : spot boring)

G81은 드릴 가공의 가장 대표적인 고정 사이클로 스폿 보링이라고도 한다. 드릴 가공 후 공구는 회전하면서 급속 이송으로 시작점 또는 R점으로 복귀한다. 드릴이나 보링바에 의한 구멍의 황삭 가공 등에 이용된다. G81의 동작내용을 그림 8.127에 나타내었다.

[지령방법]

G81 X____Y____Z____R____F____ ;

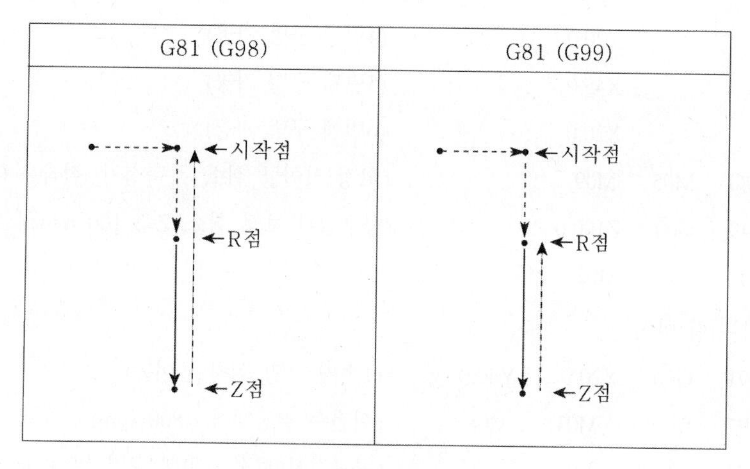

그림 8.127 G81 동작

예제 8.28

그림 8.128에서와 같이 Φ10 mm드릴을 이용하여 6개의 구멍을 번호순으로 뚫을려고 한다. 드릴링 고정 사이클(G81)을 이용하여 프로그램을 작성하라. 주축의 회전수는 1,800 rpm으로 일정하게 하고 주축은 정회전시키며 절삭유를 공급한다. 이송속도는 100 mm/min이고 R점에 복귀시키고 공구 옵셋 번호는 01이다.

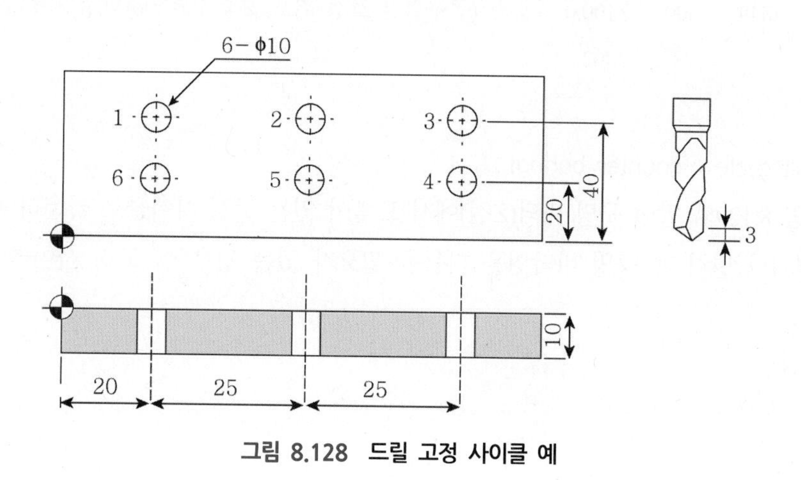

그림 8.128 드릴 고정 사이클 예

풀이 ① 절대지령 방식

```
G90  G00  X20.0  Y40.0 ;        (1번째 구멍 위치로 이송)
G97  S1800  M03  M08 ;          (회전수 일정제어, 1800 rpm)
G43  Z30.0  H01 ;               (공구길이 보정, 1번째 구멍 위 30 mm위치로 급속 이송)
G81  G99  Z-14.0  R4.0  F100;   (고정 사이클, R점 복귀)
          X45.0 ;               (2번째 구멍 가공)
          X70.0 ;               (3번째 구멍 가공)
          Y20.0 ;               (4번째 구멍 가공)
          X45.0 ;               (5번째 구멍 가공)
          X20.0 ;               (6번째 구멍 가공)
G80  M05  M09 ;                 (고정 사이클 취소, 주축정지, 절삭유 OFF)
G49  G00  Z100.0 ;              (공구길이 보정 취소, Z축 100 mm의 위치로 급속 이송)
          M02 ;
```

② 증분지령 방식

```
G91  G00  X20.0  Y40.0 ;        (1번째 구멍 위치로 이송)
G97  S1800  M03  M08 ;          (회전수 일정제어, 1800 rpm)
G43  Z30.0  H01 ;               (공구길이 보정, 1번째 구멍 위 30 mm위치로 급속 이송)
G81  G99  Z-14.0  R4.0  F100 ;  (고정 사이클, R점 복귀)
     G91  X25.0  L2 ;           (증분지령, 2번째, 3번째 구멍 가공)
          Y-20.0 ;              (4번째 구멍 가공)
          X-25.0  L2 ;          (5번째, 6번째 구멍 가공)
G80  M05  M09 ;                 (고정 사이클 취소, 주축정지, 절삭유 OFF)
G49  G00  Z100.0 ;              (공구길이 보정 취소, Z축 100 mm의 위치로 급속 이송)
          M02 ;
```

④ G82(Drill cycle : counter boring)

G82는 그림 8.129와 같이 구멍 바닥(Z점)에서 드웰이 있는 고정 사이클로 카운터 보링이라고도 부른다. 자리내기나 면취 등 구멍 바닥면을 다듬을 필요가 있는 경우 이 고정 사이클이 이용된다.

[지령방법]

G82 X____Y____Z____R____P____F____;

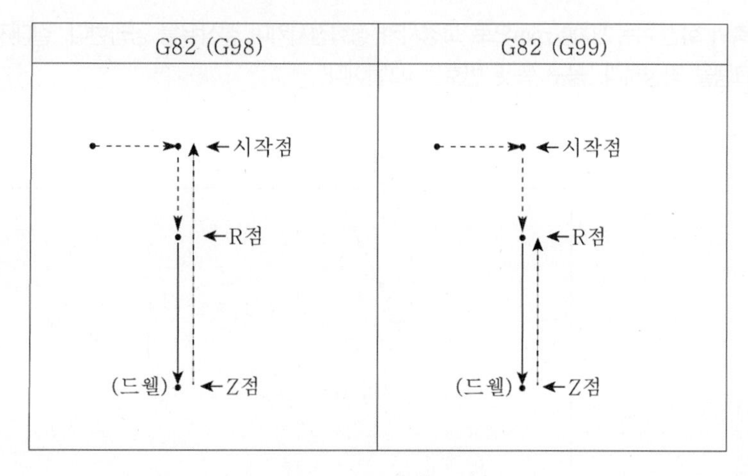

그림 8.129 G82 동작

⑤ G83(Back drilling cycle : 깊은 구멍가공 고정 사이클)

G83은 그림 8.130과 같이 일정량의 절입과 R점 복귀 동작을 반복하는 고정 사이클이다. 드릴에 의한 깊은 구멍가공 등에서 칩 제거와 공작물의 냉각이 필요한 경우에 이용된다. 매회 절입량 q는 증분치로 지령한다.

[지령방법]

G83 X____Y____Z____R____Q____F____ ;

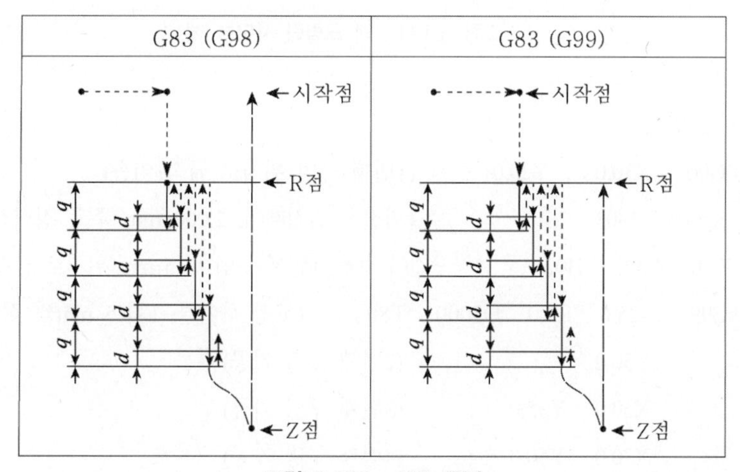

그림 8.130 G83 동작

예제 8.29

백 드릴링 사이클(G83)을 이용하여 다음 그림 8.131에서와 같이 번호순으로 구멍가공을 하고자 한다. 현재 드릴의 Z축의 위치는 200 mm인데 공작물의 표면 5 mm까지 급속이송하여 드릴가공을 하며 R점은 3 mm, 1회의 절입량은

5 mm이다. 주축의 회전수는 2,000 rpm으로 고정시켜 정회전시키며 절삭유를 공급한다. 절대지령 방식과 증분지령 방식으로 프로그램을 작성하라. 공구 옵셋 번호는 02번이다.

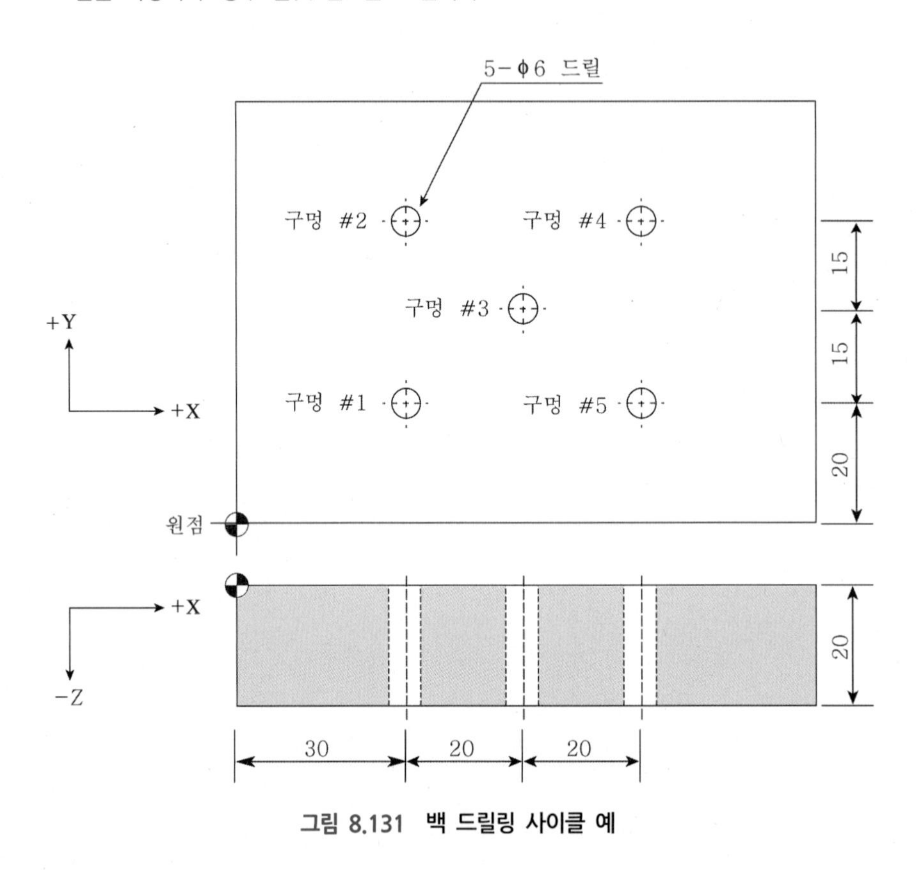

그림 8.131 백 드릴링 사이클 예

풀이 ① 절대지령 방식

```
G90  G00  X30.0   Y20.0 ;                        (1번째 구멍 위치로 급속 이송)
G97  S2000  M03 ;                                (회전수 일정제어, 2,000 rpm 주축 정회전)
G43  Z5.0  M08   H02 ;                           (공구길이 보정, 1번째 구멍 위 5 mm 위치로 급속 이송, 절삭유 공급)
G83  G99  Z-25.0  R3.0  Q5000  F80 ;             (고정 사이클, 1회 5 mm씩 절입, 1번째 구멍가공)
          Y50.0 ;                                (2번째 구멍 가공)
          X50.0  Y35.0 ;                         (3번째 구멍 가공)
          X70.0  Y50.0 ;                         (4번째 구멍 가공)
          Y20.0 ;                                (5번째 구멍 가공)
G80  M05  M09 ;                                  (고정 사이클 취소, 주축정지, 절삭유 공급정지)
G49  G00  Z200.0 ;                               (공구길이 보정 취소, Z축 200 mm의 위치로 급속 이송)
          M02 ;
```

② 증분지령 방식

```
G90  G00  X30.0  Y20.0 ;                      (절대지령, 1번째 구멍 위치로 급속 이송)
G97  S2000  M03 ;                             (회전수 일정제어, 2,000 rpm)
G43  Z5.0  M08  H02 ;                         (공구길이 보정, 1번째 구멍 위 5 mm 위치로 급속 이송, 절삭유 공급)
G83  G99  Z-25.0  R3.0  Q5000  F80 ;          (고정 사이클, 1회 5 mm씩 절입, 1번째 구멍 가공)
               Y50.0 ;                        (2번째 구멍 가공)
G91  X20.0  Y-15.0  L2 ;                      (증분지령, 3번째, 5번째 구멍 가공)
               Y30.0 ;                        (4번째 구멍 가공)
G80  M05  M09 ;                               (고정 사이클 취소, 주축 정지, 절삭유 공급 정지)
G49  G00  Z200.0 ;                            (공구길이 보정 취소, Z축 200 mm의 위치로 급속 이송)
               M02 ;
```

⑥ G84(Tapping cycle)

G84는 탭에 의한 나사절삭을 하는 고정 사이클이다. 그림 8.132처럼 나사 피치에 해당하는 이송속도로 주축 정회전으로 절삭이송과 주축 역회전으로 복귀 동작이 이루어진다. 또 탭핑을 하는 고정 사이클에서는 R점 위치를 공작물 윗면 7 mm 이상으로 설정한다. 이송속도(F)는 다음 계산식으로 구해진다.

F(mm/min) = 주축 회전수(rpm) × 피치(mm)

[지령방법]

G84 X____Y____Z____R____F____ ;

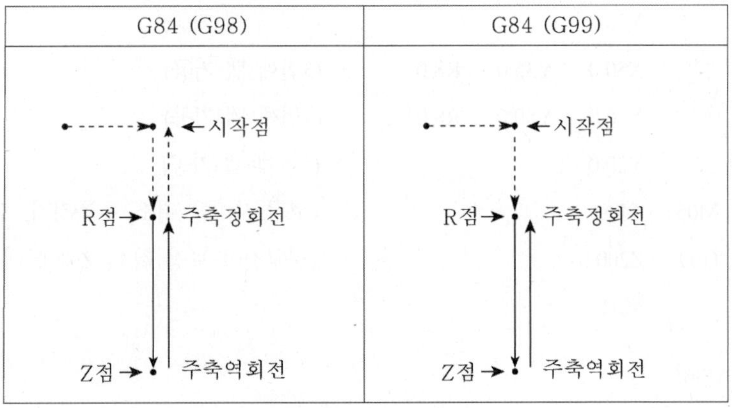

G84 (G98)	G84 (G99)
시작점 R점 → 주축정회전 Z점 → 주축역회전	시작점 R점 → 주축정회전 Z점 → 주축역회전

그림 8.132 G84 동작

예제 8.30

탭(M8×P1.25)으로 그림 8.133에서와 같이 번호순으로 암나사가공을 하고자 한다. 현재 탭의 Z축 위치는 200 mm이고 1번 구멍의 표면 위 5 mm까지 위치결정하여 암나사가공을 하며 R점은 3 mm이다. 주축의 회전수는 500 rpm이며 정회전시키고 절삭유를 공급한다. 절대지령 방식으로 프로그램하라. 공구 옵셋 번호는 04번이다.

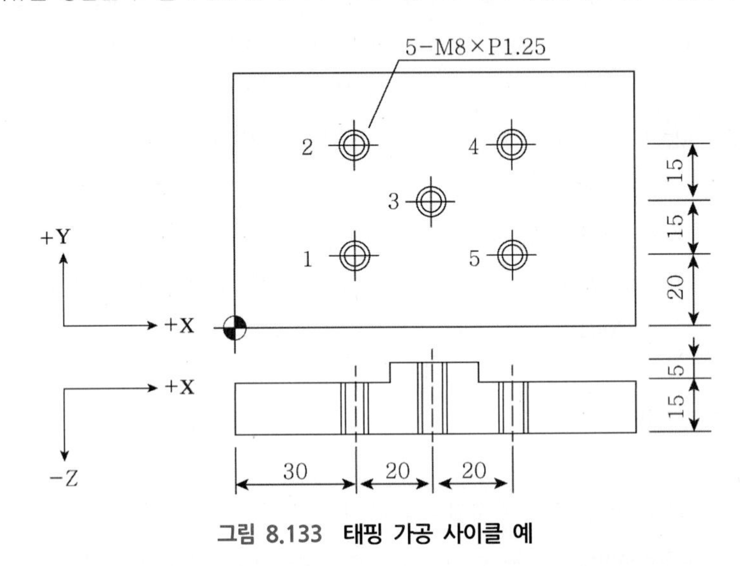

그림 8.133 태핑 가공 사이클 예

풀이

G90	G00	X30.0	Y20.0	;		(1번째 구멍 위치로 급속 이송)
G97	S500	M03	;			(주축 500 rpm으로 정회전)
G43	Z5.0	M08	H04	;		(절삭유 공급, 공구길이 보정)
G84	G99	Z-25.0	R3.0	F625	;	(이송속도 F = 주축회전수(rpm)×피치)
		Y50.0	;			(2번째 탭 가공)
		X50.0	Y35.0	R8.0	;	(3번째 탭 가공)
		X70.0	Y50.0	R8.0	;	(4번째 탭 가공)
		Y20.0	;			(5번째 탭 가공)
G80	M05	M09	;			(고정 사이클 취소, 주축정지, 절삭유 공급 중지)
G49	G00	Z200.0	;			(공구길이 보정 취소, Z축 본래 위치로 이동)
		M02	;			

⑦ G85(Boring cycle)

G85는 그림 8.134처럼 공구의 복귀동작도 주축 정회전에 의해 절삭이송 하는 고정 사이클이다. 리머 등에 의한 구멍의 다듬질가공에 이용된다.

[지령방법]

G85 X ____Y____Z____R ____ F____ ;

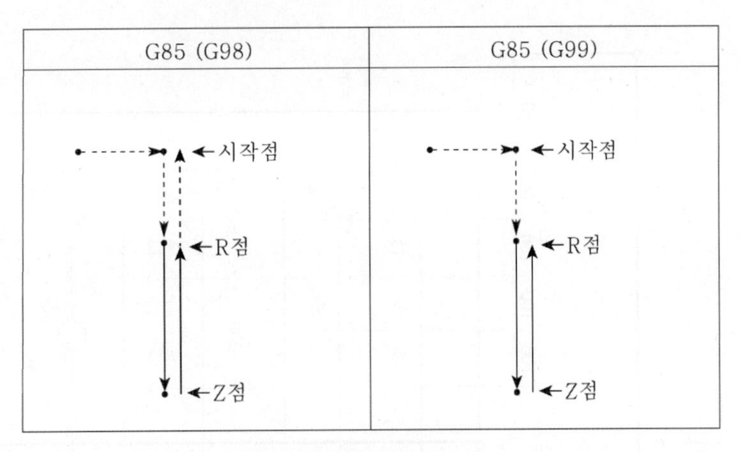

그림 8.134 G85 동작

⑧ G86(Boring cycle)

G86은 그림 8.135와 같이 주축 정지 후, 급속 이송으로 공구의 복귀동작이 이루어지는 고정 사이클이다. 보링바 등으로 보링작업할 때 이용된다.

[지령방법]

G86 X____Y____Z____R____F____ ;

G86 (G98)	G86 (G99)
(주축정회전) 시작점 R점 (주축정지) Z점	시작점 R점 (주축정회전) Z점 (주축정지)

그림 8.135 G86 동작

예제 8.31

그림 8.136에서와 같이 구멍을 뚫으려고 한다. 공구길이를 보정하고 고정 사이클을 이용하여 프로그램을 작성하라. 사용하는 공구의 직경, 공구길이 및 공구길이 보정번호는 그림에 나타낸 바와 같다.

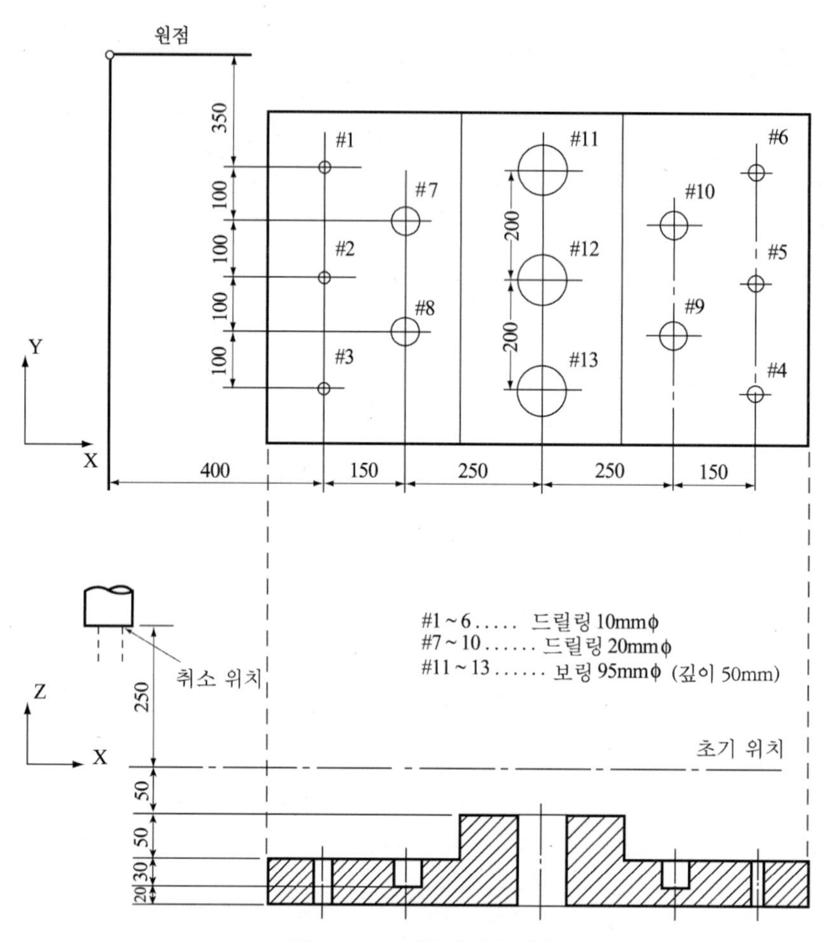

그림 8.136 고정 사이클 예제

주) 각각의 옵셋량을 옵셋번호 11에 +200.0, 옵셋번호 15에 +190.0, 옵셋번호 31에 +150.0을 설정한다.

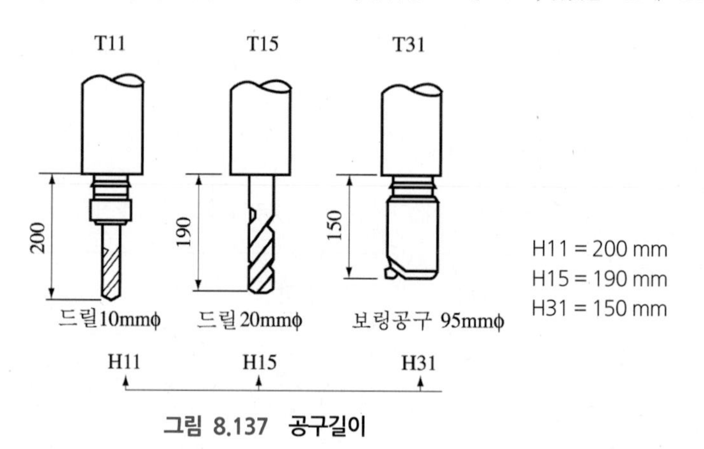

그림 8.137 공구길이

풀이 [프로그램]

N001 G92 X0 Y0 Z0 : 원점에서 좌표계 설정

N002 G90 G00 Z250.0 T11 M06 : 공구교환

```
N003   G43   Z0       H11 ; 초기점, 공구길이 보정
N004   S30   M03 ; 주축 절삭속도 30m/min으로 정회전
N005   G99   G81      X400.0   Y-350.0   Z-153.0   R-97.0   F12.0 ; 위치결정 후 #1 구멍가공
N006   Y-550.0 ; 위치결정 후 #2 구멍가공, R점 복귀
N007   G98   Y-750.0 ; 위치결정 후 #3 구멍가공, 초기점 복귀
N008   G99   X1200.0 ; 위치결정 후 #4 구멍가공, R점 복귀
N009   Y-550.0 ; 위치결정 후 #5 구멍가공, R점 복귀
N010   G98   Y－350.0 ; 위치결정 후 #6 구멍가공, 초기점 복귀
N011   G00   X0       Y0       M05 ; 원점 복귀, 주축정지
N012   G49   Z250.0   T15 : 공구길이 보정취소
N013   M06 ; 공구교환
N014   G43   Z0       H15 ; 초기점, 공구길이 보정
N015   S20   M03 ; 주축 절삭속도 20m/min으로 정회전
N016   G99   G82      X550.0   Y-450.0   Z-130.0   R97.0   P300   F70 ; 위치결정 후 #7 구멍
                                                                     가공, R점 복귀
N017   G98   Y-650.0 ; 위치결정 후 #8 구멍가공, 초기점 복귀
N018   G99   X1050.0 ; 위치결정 후 #9 구멍가공, R점 복귀
N019   G98   Y-450.0 : 위치결정 후 #10 구멍가공, 초기점 복귀
N020   G00   X0       Y0       M05 ; 원점 복귀, 주축정지
N021   G49   Z250.0   T31  ; 공구길이 보정 취소
N0022  M06  ; 공구교환
N023   G43   Z0       H31 ; 초기점, 공구길이 보정
N024   S10   M03 ;    주축 절삭속도 10m/min으로 정회전
N025   G85   G99      X800.0   Y－350.0   Z153.0   R-47.0   F50 ; 위치결정 후 #11 구멍가공,
                                                                 R점 복귀
N026   G91   Y-200.0  L2 ; 위치결정 후 #12, #13 구멍가공, R점 복귀
N027   G28   X0       Y0       M05 ; 원점 복귀, 주축정지
N028   G49   Z0 ; 공구길이 보정 취소
N029   M02 ; 프로그램 정지
```

(주) G98, G99에서 L로 횟수 지정을 할 경우, G98을 지령했을 때는 최초 구멍을 뚫고 나서 초기점에, G99를 지령했을 때는 R점에 복귀한다.

예제 8.32

머시닝센터를 이용하여 그림 8.138(a)와 같은 공작물에 Φ10 엔드밀로 윤곽가공을 하고 Φ5 드릴로 구멍가공을 하고자 한다. 엔드밀과 드릴의 절삭조건은 표 8.26과 같고, 그림 8.138(b)에 나타낸 궤적을 따라 번호순으로 가공하는 프로그램을 작성하라. 공구는 위치결정할 때 공작물의 표면 위 5 mm에 오게 하며 주축은 정회전시킨다. 그리고 절삭유를 공급한다. 구멍가공을 할 때는 고정사이클(G81)을 이용하고 프로그램이 끝나면 초기 상태로 복귀시킨다. 기계원점은 (-50, 25, 50)의 위치에 있다.

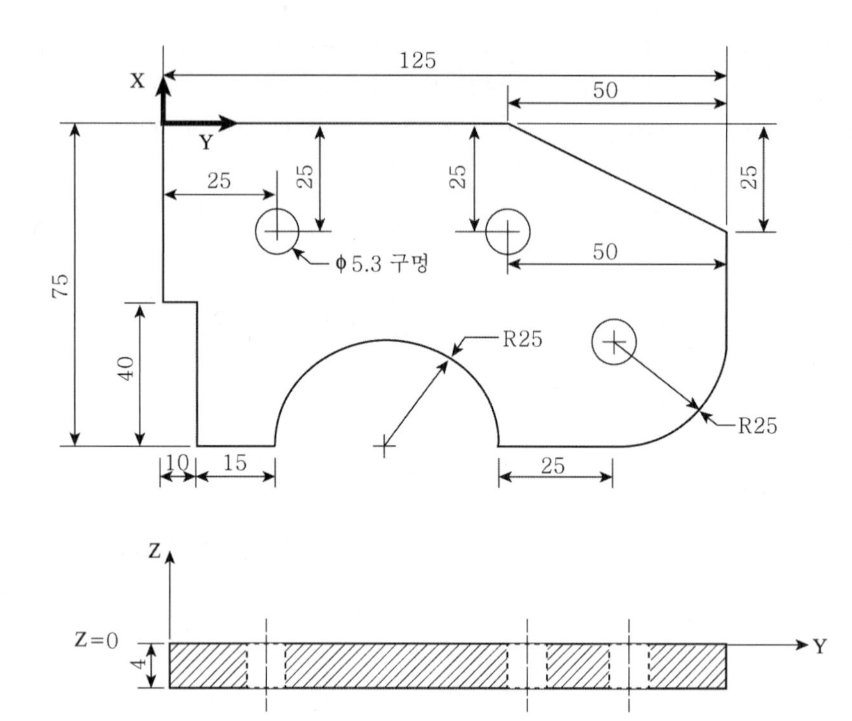

(a) 윤곽가공 공작물(단위 : mm)

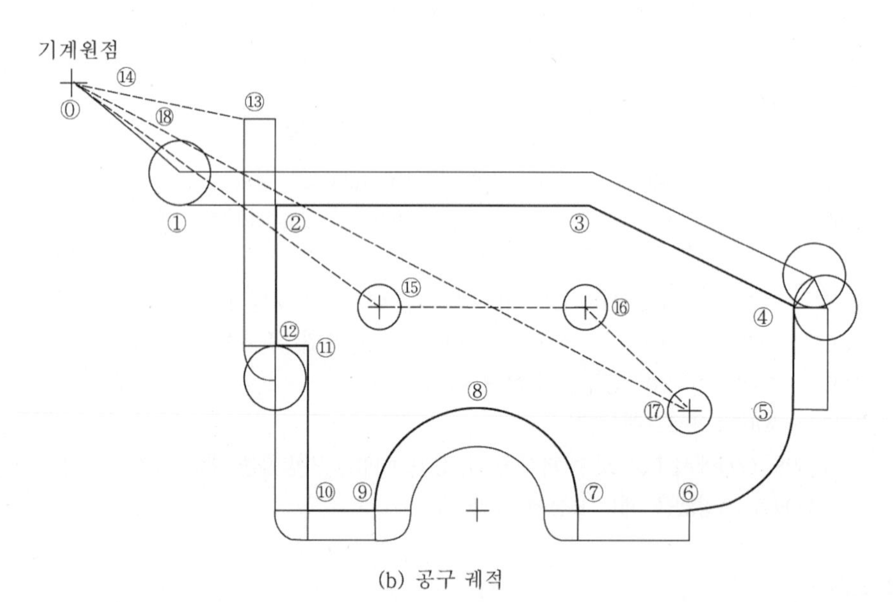

(b) 공구 궤적

그림 8.138 윤곽가공 예

표 8.26 절삭 조건(윤곽가공)

공구번호	작업	공구	회전수(rpm)	이송속도(mm/min)
01	깊이 4 mm 윤곽가공	Φ10 엔드밀	600	60
02	Φ5 구멍 관통가공	Φ5 드릴	2000	50

풀이

프로그램		설명
O0101		프로그램 번호
N0010 G90 G21 G40 G80	;	절대 좌표계, 미터 단위, 공구경 보정 취소, 고정사이클 취소
N0020 G91 G28 X0 Y0 Z0	;	기계 원점 복귀
N0030 G92 X-50. Y25.0 Z50.	;	공작물 좌표계 설정(공작물 좌표원점에서 기계원점은 (-50, 25, 50) 위치에 있음
N0040 G90 H01	;	공구길이 보정
N0050 G00 Z5. S600 M03	;	급속이송 표면 위 5.0 mm, 주축회전(CW) 600 rpm
N0060 G41 D01	;	공구경 좌측 보정
N0070 G01 Z-4. F60 M08	;	직선절삭(깊이 방향), 이송속도 60 mm/min, 절삭유 공급
N0080 G91 X30. Y-25.	;	기계원점 → ① 직선절삭
N0090 X20.	;	① → ② 직선절삭
N0100 X75.	;	② → ③ 직선절삭
N0110 X50. Y-25.	;	③ → ④ 직선절삭
N0120 Y-25.	;	④ → ⑤ 직선절삭
N0130 G02 X-25. Y-25. I25. J0.	;	⑤ → ⑥ 원호절삭(CW)
N0140 G01 X-25.	;	⑥ → ⑦ 직선절삭
N0150 G03 X-25. Y25. I25. J0.	;	⑦ → ⑧ 원호절삭(CCW)
N0160 X-25. Y-25. I0. J25.	;	⑧ → ⑨ 원호절삭(CCW)
N0170 G01 X-15.	;	⑨ → ⑩ 직선절삭
N0180 Y40.	;	⑩ → ⑪ 직선절삭
N0190 X-10.	;	⑪ → ⑫ 직선절삭
N0200 Y35.	;	⑫ → ② 직선절삭
N0210 Y20.	;	② → ⑬ 직선절삭
N0220 G90 Z5. M09	;	공작물 위 5 mm 위치로 절삭이송, 절삭유 OFF
N0230 G00 G40 Z50. M05	;	공작물 위 50.0 mm 위치로 급속이송, 공구경보정 취소, 주축정지
N0240 G91 G28 X0. Y0. Z0.	;	기계원점 복귀
N0250 M06 T02	;	공구 2로 교환
N0260 G00 G90 X25. Y-25. S2000 M03	;	첫 번째 구멍 위치로 급속이송, 2,000 rpm, 주축회전(CW)
N0270 G43 Z5. H02	;	공구 2 길이 보정하면서 공작물 위 5 mm 위치로 급속이송
N0280 M08	;	절삭유 공급
N0290 G81 G99 Z-7. R2.5 F50.	;	첫 번째 구멍 가공, 최종깊이 7 mm, 이송속도 50 mm/min, 공작물 위 2.5 mm(R점)로 복귀
N0300 X75.	;	두 번째 구멍 가공
N0310 X100. Y-50.	;	세 번째 구멍 가공
N0320 G80	;	고정 사이클 취소
N0330 G00 Z50. M05	;	공작물 위 50 mm로 급속이송, 주축 정지
N0340 M09	;	절삭유 OFF
N0350 M30	;	프로그램 끝, 메모리 초기 상태

연습문제 2

1. 머시닝센터의 주요부를 열거하고 설명하여라.

2. 머시닝센터의 장점에 대하여 설명하여라.

3. 머시닝센터에서 다음을 설명하여라.

1) ATC　　2) APC　　3) tool magazine

4. 머시닝센터에서 기계좌표계에 대하여 설명하여라.

5. 공작물 좌표계를 여러 개 설정할 필요성에 대하여 설명하여라.

6. 머시닝센터의 절대지령 방식과 증분지령 방식에 대하여 설명하고, 이것이 NC 선반과 어떻게 다른가에 대하여 설명하여라.

7. 회전당 이송(mm/rev)과 분당 이송(mm/min)을 각각 설명하고, 이 두 가지의 관계에 대하여 설명하여라.

8. 보조기능에서 주축 오리엔테이션 정지(M19)란 무엇인가?

9. NC 선반과 머시닝센터의 공구보정 기능의 종류를 열거하고 설명하여라.

10. 위치결정을 할 때 두 축을 동시에 지령하면 프로그램 경로와 공구의 실제 이동경로가 달라지는데, 이를 그림을 그려서 설명하여라.

11. 원호종점좌표에 대하여 설명하여라.

12. 원호중심좌표에 대하여 설명하여라.

13. 헬리컬 절삭에 대하여 설명하여라.

14. 공구경 보정을 해야 하는 이유에 대하여 설명하여라.

15. 공구경 보정에서 G41과 G42를 구분하여 설명하여라.

16. 공구길이 보정을 해야 하는 이유에 대하여 설명하여라.

17. 공구길이 보정기능인 G43, G44 및 G49에 대하여 설명하여라.

18. 고정사이클에서 R점은 무엇인가?

심화문제 2

01. 다음의 그림을 보고 좌표계 설정을 한 다음 원점에서부터 ① → ② → ③ → 원점의 차례로 절대방식과 증분방식으로 위치결정하라.

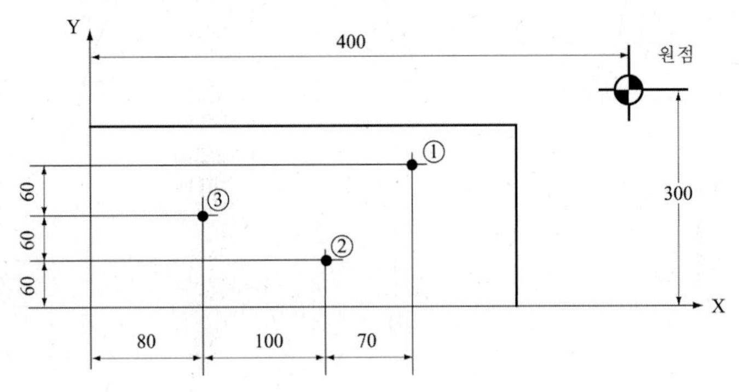

02. 그림 1)~2)의 공구경로를 G00 및 G01을 이용해서 프로그래밍하라. 그림 중에서 ---은 급속이송, —는 절삭이송이다. 이송속도는 150 mm/min으로 한다.

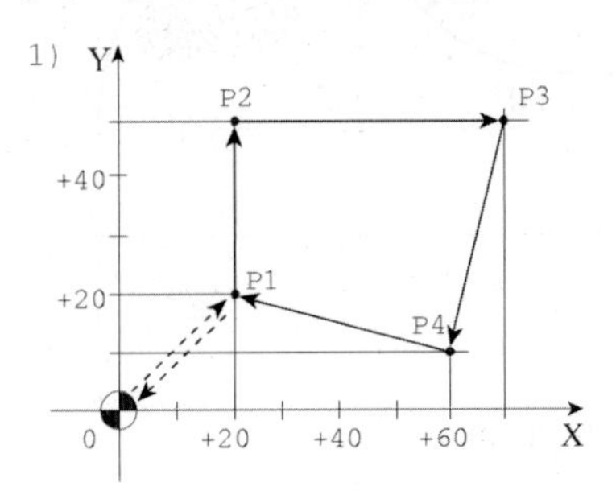

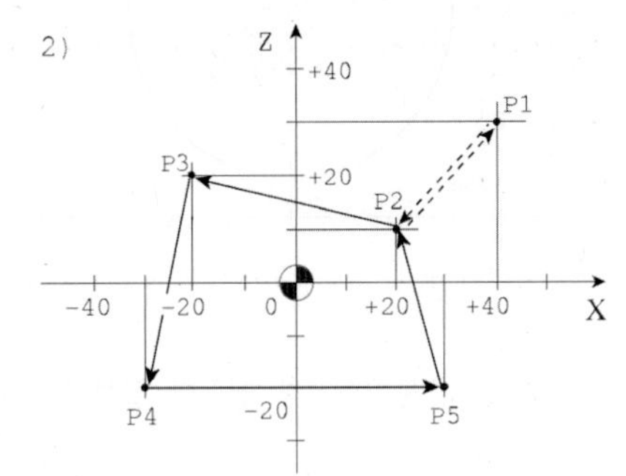

03. 다음의 그림을 보고 절대지령 방식과 증분지령 방식으로 직선 및 원호보간 프로그램을 작성하라. 공구의 이송속도는 200 mm/min이고 원호보간의 경우 원호중심좌표(I, J, K)에 의한 것과 원호반경(R)에 의한 것 모두 나타내어라.

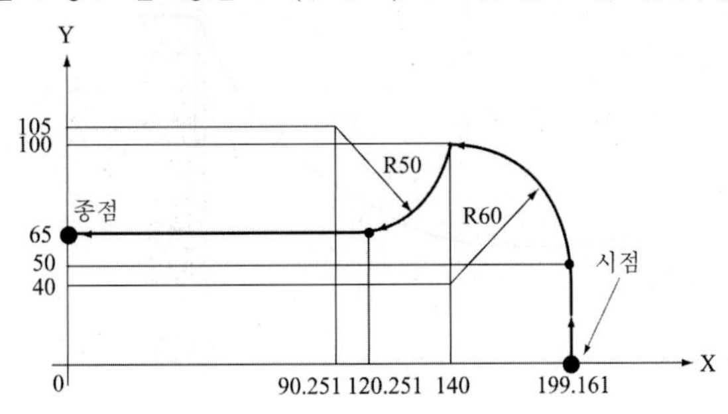

04. 다음을 절대지령 방식과 증분지령 방식으로 원호보간하라. 공구의 이송속도는 200 mm/min이다.

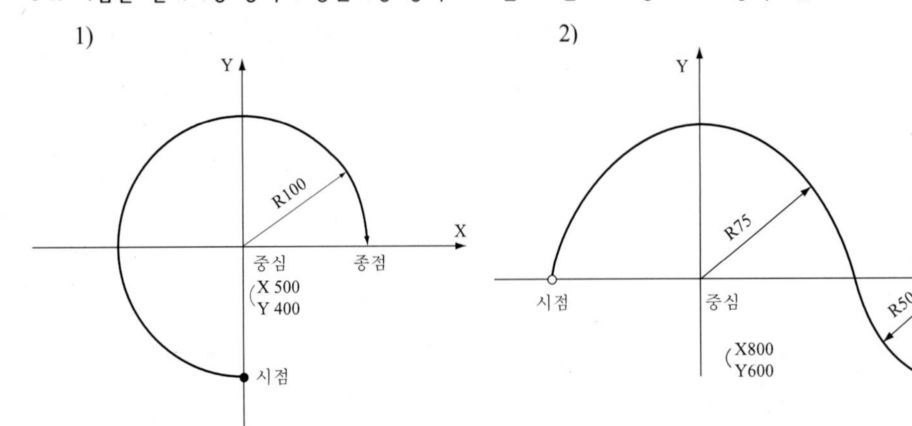

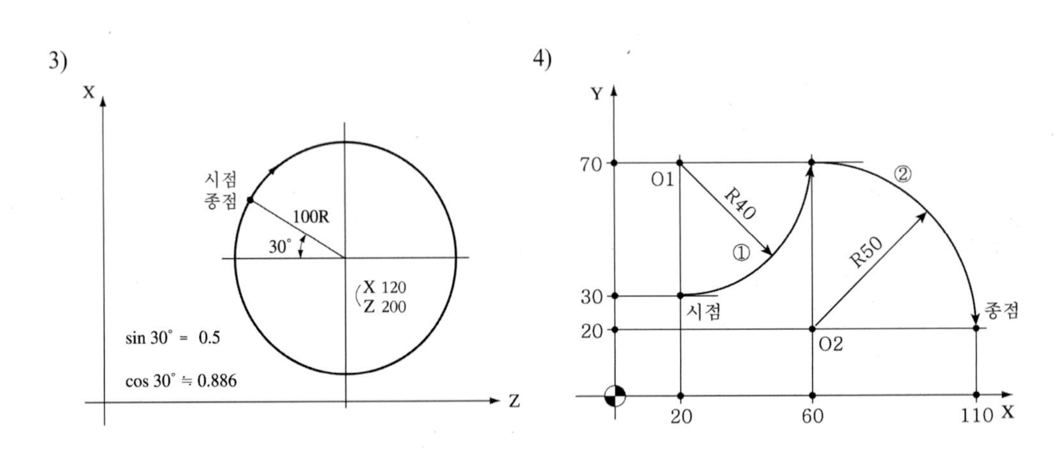

05. 다음을 절대방식과 증분방식으로 헬리컬 절삭을 하라. 이송은 100 mm/min이다.

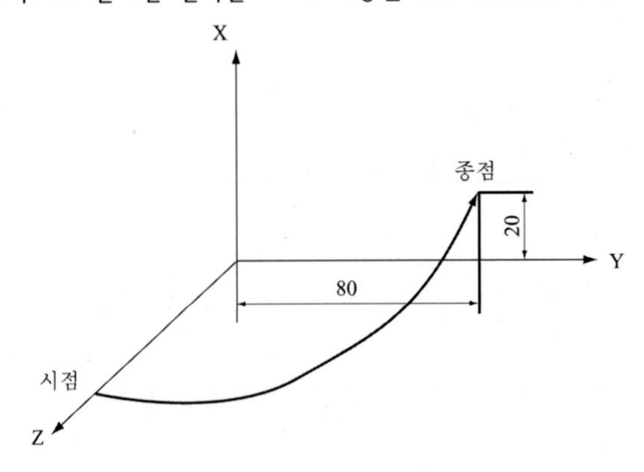

06. 원점에서의 복귀(G29)가 다음의 그림 A와 B로 되었을 때 A와 B에 맞는 G28 지령을 다음의 프로그램 속에 각각 작성하라.

A　N 1 ＿＿＿＿＿＿＿＿＿＿ ;
　N2　G29　X−180　Y−320 ;

B　N 1 ＿＿＿＿＿＿＿＿＿＿ ;
　N2　G29　X−180　Y−320 ;

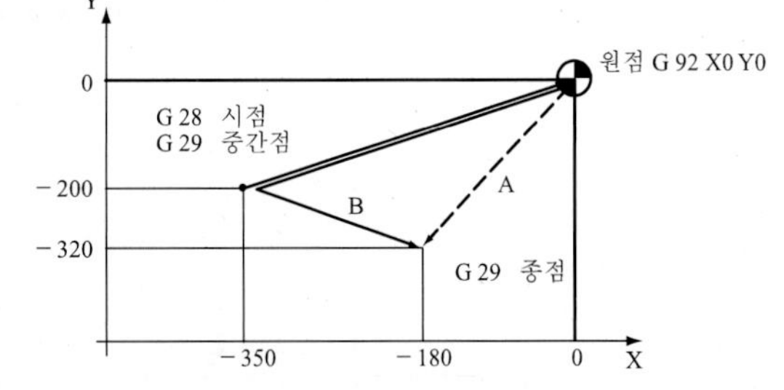

07. 다음 그림과 같은 형상을 아래의 절삭조건으로 번호순으로 가공하려고 한다. NC 프로그램을 작성하여라. 단, 공구경 좌보정(G41)을 사용하라.

절삭조건
- 공구직경 : 10 mm
- 이송속도 : 300 mm/min
- 회전수 : 200 rpm
- 공구회전방향 : 반시계방향

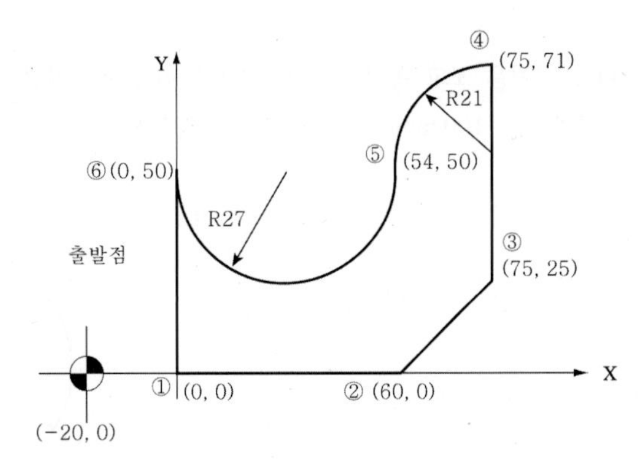

08. 다음 그림의 공작물을 가공하는 프로그램을 완성시켜라. 그림 1)은 공구경로의 순서이고, 그림 2)는 사용공구와 Z축 방향의 공구경로를 나타낸 것이다.

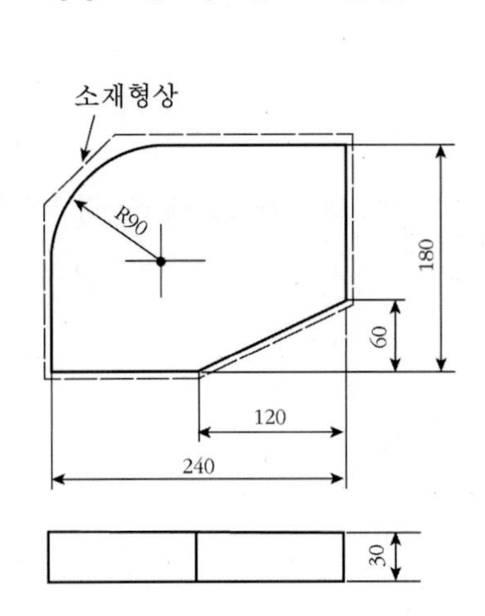

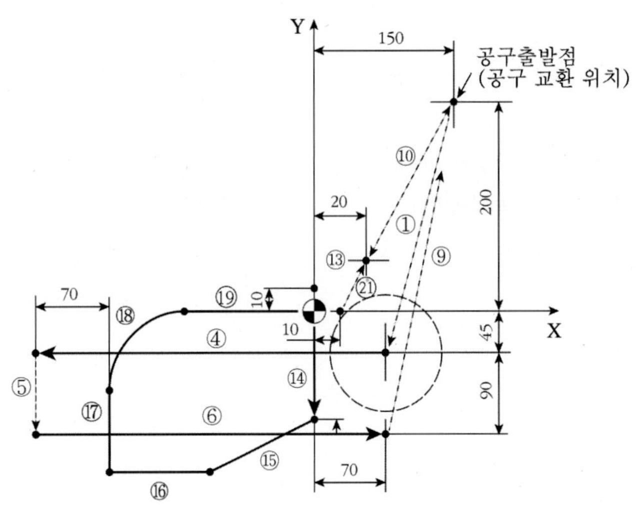

1) 공구경로의 순서

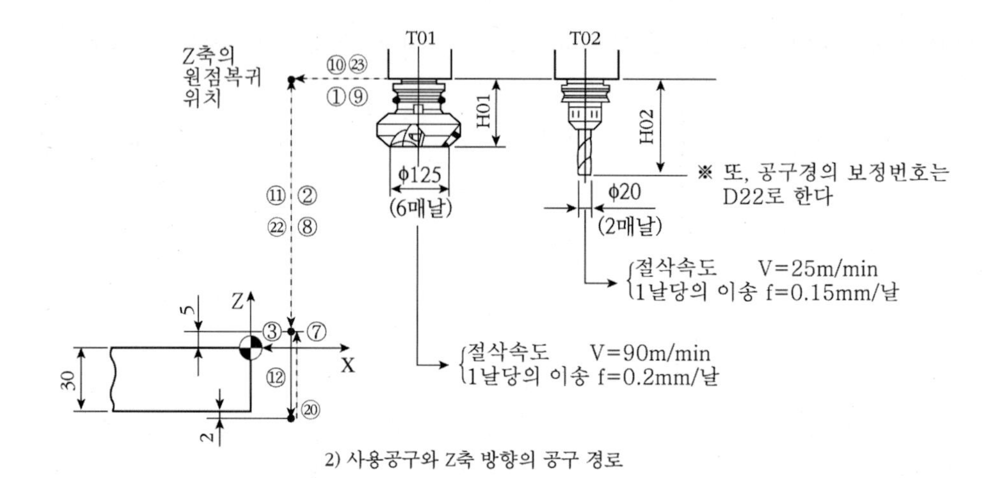

2) 사용공구와 Z축 방향의 공구 경로

09. 다음 그림을 보고 공구경 보정 기능을 이용하여 가공 프로그램을 절대치 방식과 증분치 방식으로 각각 작성하라. 이송속도는 100 mm/min이고 주축은 정회전하며 절삭유를 사용한다. 공구경 보정번호는 D01이다.

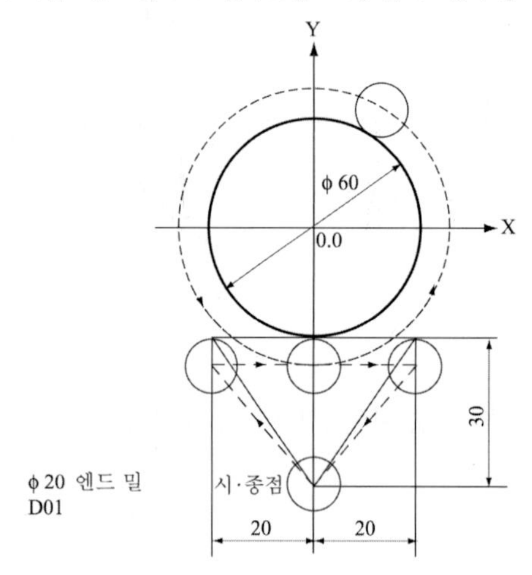

10. 다음 그림에서 Z원점에서 공작물 상면까지의 거리는 500, 공작물 두께(t) = 20, T02, D01, H02일 때 공구경 보정을 사용하여 프로그램하라.

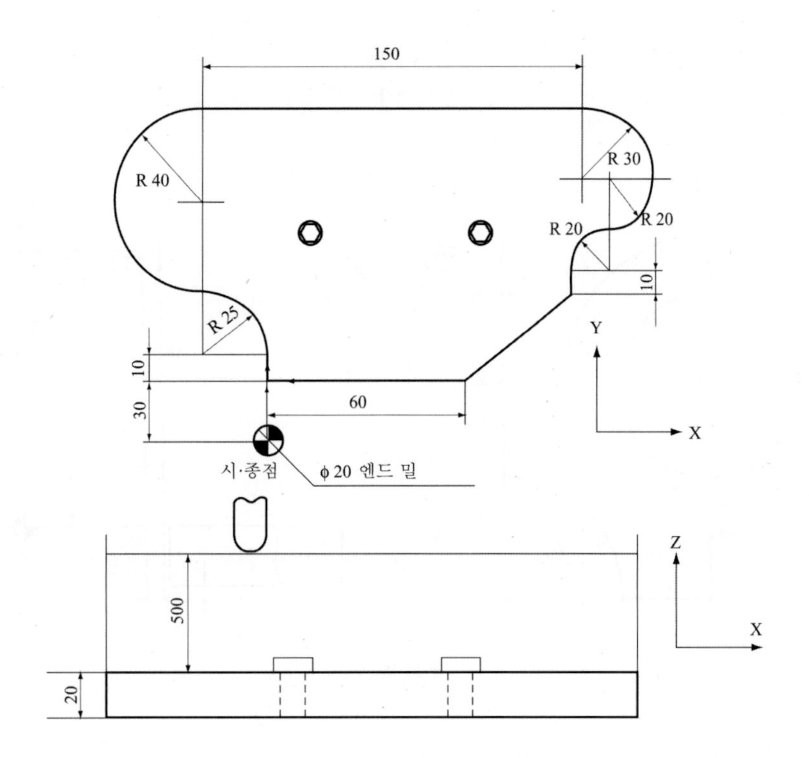

11. 다음 그림을 보고 NC 프로그램을 작성하여라. 그림 1)과 3)은 Φ20 엔드밀로 윤곽가공을 하고 그림 2)는 Φ15 드릴로 구멍가공을 한다. 주축의 회전수는 500 rpm이고 엔드밀의 이송속도는 200 mm/min, 드릴의 이송속도는 100 mm/min이다. 주축은 정회전하고 절삭유를 공급한다.

1) 2)

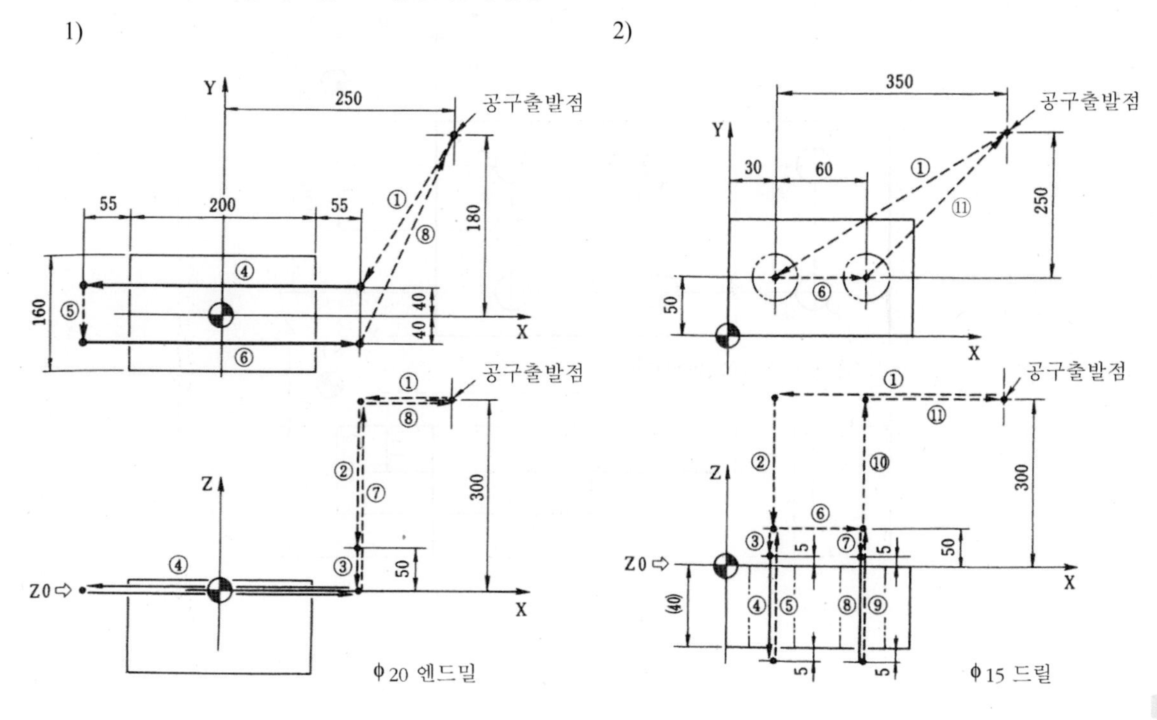

3)

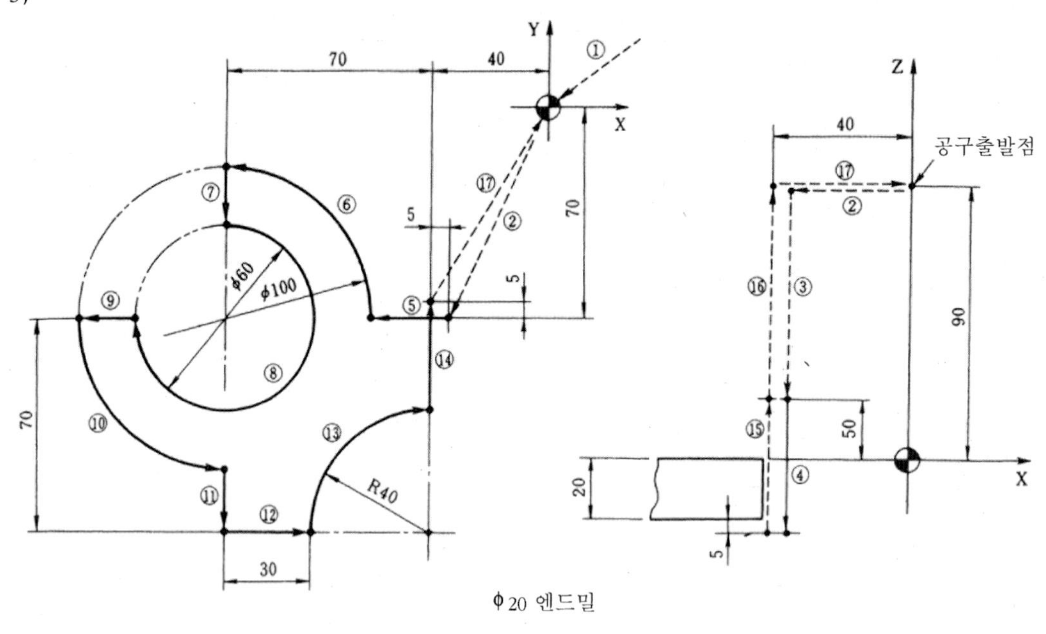

φ20 엔드밀

12. 다음 그림을 보고 고정 사이클을 이용하여 프로그램하라. 공구의 이송은 200 mm/min이다. 구멍가공은 화살표 순서(번호순서)대로 하고 가공이 끝난 후 공구는 처음의 위치로 돌아오게 한다. 모든 NC 기능을 다 활용하여 프로그램하라.

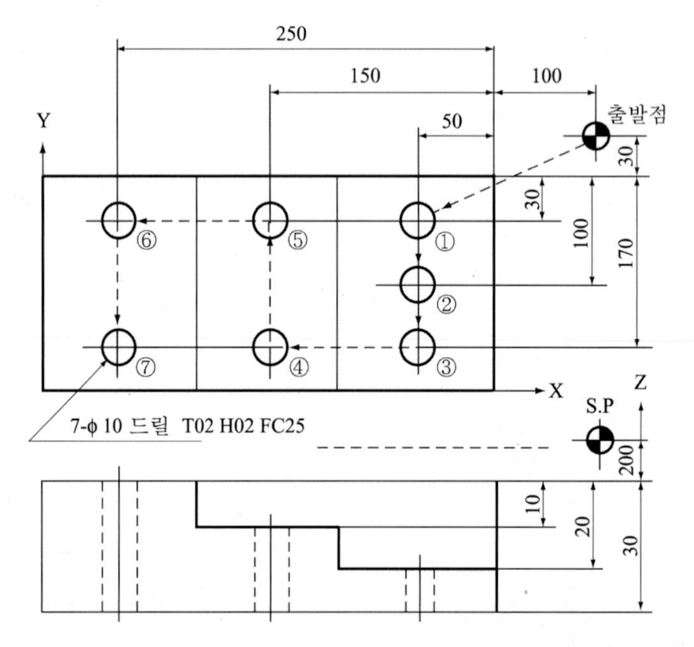

13. 그림 1)의 "2-M10×P1.5(관통나사)"를 Φ8.5 드릴에 의해 나사 기초 구멍가공, Φ25 면취공구에 의한 밀링가공, M10 탭에 의한 탭핑의 순으로 공구를 교환하면서 가공하는 프로그램을 작성하라. 또, 공구경로는 그림 1) 및 그림 2), 각 공구의 R점 및 X점 위치는 그림 3), 각 공구의 절삭조건은 표에 표시하였다.

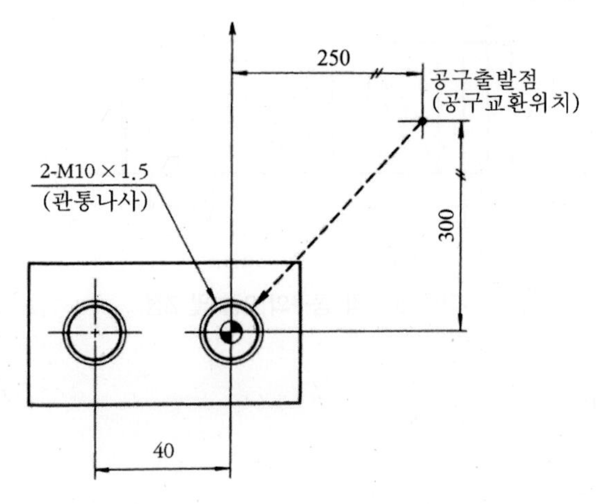

그림 1) 나사위치와 공구출발점

표 절삭 조건

공구번호	공구명	절삭속도	이송속도
T01	Φ8.5 드릴	20 m/min	0.2 mm/rev
T02	Φ25 면취공구	12m/min	0.2 mm/rev
T03	M10 탭	8 m/min	0.2 mm/rev

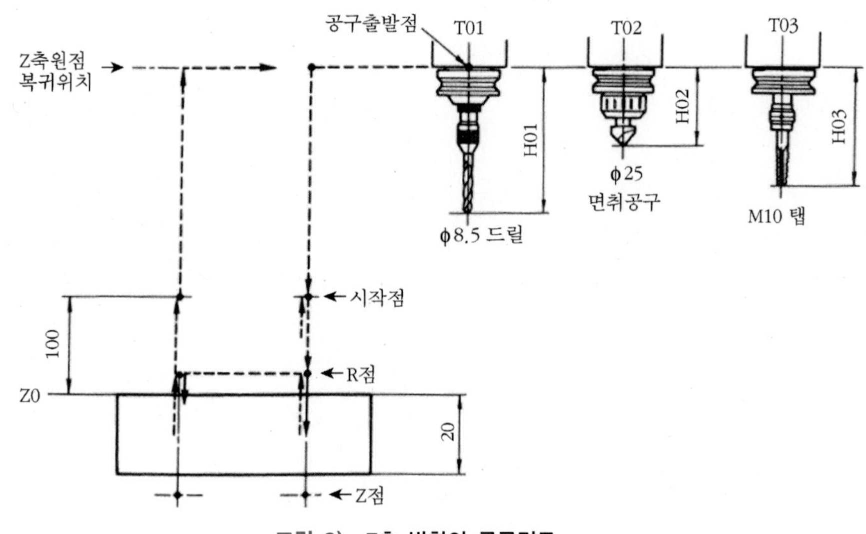

그림 2) Z축 방향의 공구경로

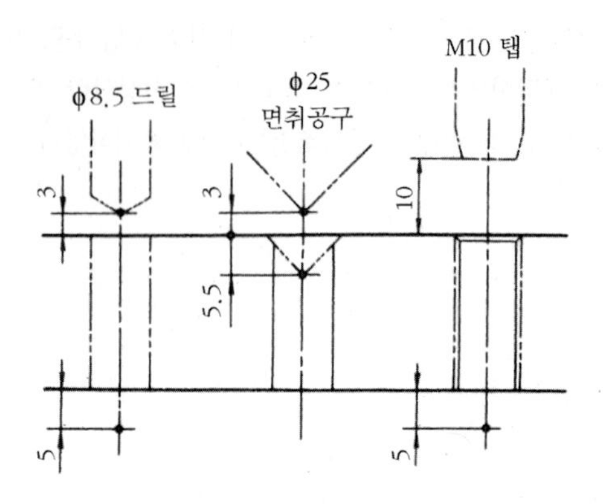

그림 3) 각 공구의 R점 및 Z점

부록 I

I-1. 결정면의 밀러 지수

금속 결정체의 면을 표시하기 위하여 그림 1과 같이 좌표축을 X, Y, Z로 하고, 이 세 축과 만나는 면을 ABC라 한다. 이들 세 축의 단위길이를 a, b, c로 하면 면 ABC는 각 축이 각각

$$\mathrm{OA} = \alpha \cdot a \quad \mathrm{OB} = \beta \cdot b \quad \mathrm{OC} = \gamma \cdot c$$

의 길이로 잘려 있다. 이 경우 α, β, γ는 양 또는 음의 정수이다. α, β, γ의 역수를 취하여

$$(1/\alpha : 1/\beta : 1/\gamma) = (hkl)$$

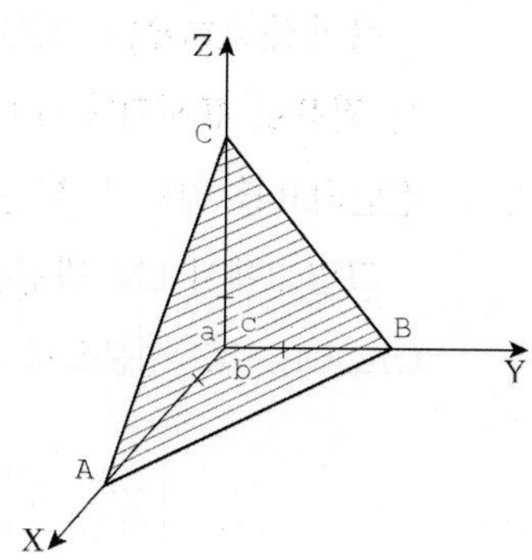

그림 1 결정면의 표시방법

로 표시하면 일반적으로 (hkl)은 간단한 정수비로 표시된다. 이 (hkl)을 결정면 ABC의 면지수(面指数) 또는 밀러지수(Miller's indices)라 한다.

그림의 X, Y, Z축의 음의 값에서 교차하는 경우의 지수(指数)는 음이 되고, $(\bar{h}\,\bar{k}\,\bar{l})$ 등과 같이 표시한다. 또 한 개의 축에 나란한 면지수는 무한대로 두 축을 자르고 있어 0이 된다. 즉 (hol)과 같이 표시한다.

원자면은 좌표축에 대한 경사만 중요하고 위치는 중요하지 않을 때가 많다. 즉, h, k, l은 가장 간단한 정수비를 사용하여 (111)와 (222)는 동일한 면이 된다.

그림 2에 몇 가지 예를 표시한다.

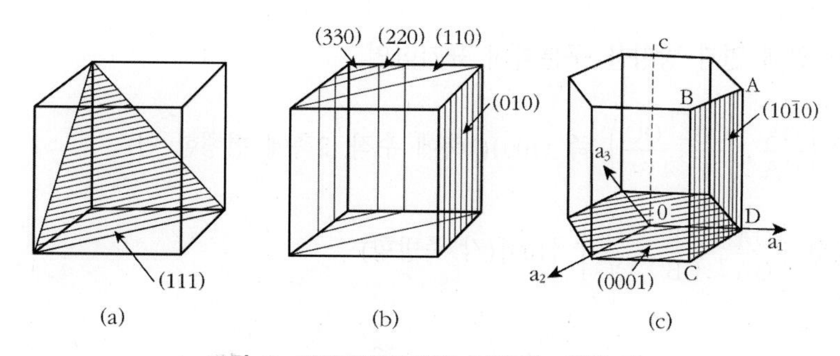

그림 2 결정격자의 면을 나타내는 방법 예

면지수의 특징은 한 쌍의 면지수의 순서를 바꾸어 나타낸 면은 결정학적으로 같은 값(等價)인 면을 나타낸다. 예를 들어 (100), (001), (010), $(\bar{1}00)$, $(00\bar{1})$, $(0\bar{1}0)$ 등으로 표시되는 것은 모두 결정학적으로 같은 의미를 가지고 있으며 이 6개의 등가인 면은 { }, 즉 $\{100\}$과 같이 표시한다. 따라서 (111), $(\bar{1}11)$, $(1\bar{1}1)$ 등도 $\{111\}$로 표시할 수 있다.

특정 1개의 결정면을 나타낼 경우는 ( ), 예를 들어 (100) 등으로 나타낸다.

육방정(六方晶)의 경우는 그림 2(c)와 같이 120°로 교차하는 세 개의 a축과 그것에 수직한 c축이 이루는 좌표로 표시되며 $(hkil)$로 표시하고 l은 c축이다. 결정 방향표시는 좌표의 원점을 통과하는 벡터의 선단좌표를 간단한 정수비로 고친 것을 사용하며 $[u\,v\,w]$, 육방격자의 경우는 $[u\,v\,t\,w]$로 표시한다.

그림 3에서 LM 방향은 LM에 평행하고 원점을 지나는 OE로서 표시될 수 있다. 또 OE는 3개의 축 OA, OB, OC 성분으로 분해된다. 따라서 단위 공간 격자가 OA, OB, OC로 주어져 있으면 LM 방향은

$$\left[\frac{\mathrm{OA}}{\mathrm{OA}}, \frac{\mathrm{OB}}{\mathrm{OB}}, \frac{\mathrm{OC}}{\mathrm{OC}}\right] \text{ 즉 } [111]$$

이 된다. 같은 방법으로 CG 방향 $[11\bar{1}]$, AF$[\bar{1}11]$, DB$[\bar{1}1\bar{1}]$, EO$[\bar{1}\bar{1}\bar{1}]$ 등이 있고 이들은 결정학적으로 등가인 방향으로 $\langle 111\bar{1}\rangle$과 같이 표시한다.

마찬가지로 CE 방향은

$$\left[\frac{\mathrm{CD}}{\mathrm{OA}}, \frac{\mathrm{CF}}{\mathrm{OB}}, \frac{\mathrm{O}}{\mathrm{OC}}\right] \text{ 즉 } [110]$$

GH 방향은

$$\left[\frac{\mathrm{EJ}}{\mathrm{OA}}, \frac{\mathrm{EI}}{\mathrm{OB}}, \frac{\mathrm{GE}}{\mathrm{OC}}\right] \text{ 즉 } [\bar{1}\bar{1}2]$$

으로 된다.

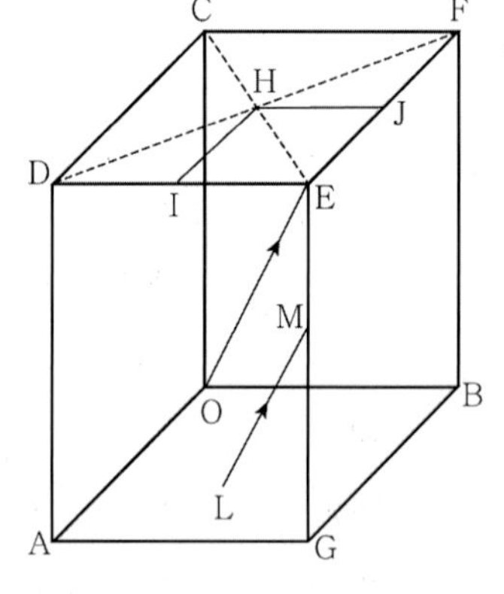

그림 3 단위격자의 방향기술방법

혼돈을 피하기 위해 면과 방향을 구분하여 표기하면

$$\text{면 } \left(\frac{\mathrm{OA}}{\mathrm{OA}}, \frac{\mathrm{OB}}{\infty}, \frac{\mathrm{OC}}{\infty}\right) \text{ 즉 } (100)\text{(1축에 수직, 2축에 평행한 면)}$$

$$\text{방향 } \left[\frac{\mathrm{OA}}{\mathrm{OA}}, \frac{\mathrm{O}}{\mathrm{OB}}, \frac{\mathrm{O}}{\mathrm{OC}}\right] \ [100]\text{(각 축방향)}$$

으로 된다.

I -2. 고체의 물성값

재료	밀도 lb/in^3	탄성계수 E 10^6 lb/in^2	항복 응력 σ_y 10^3 lb/in^2	최후강도 응력 σ_{ULT} 10^3 lb/in^2	융점 또는 그 범위 °F	열전도율 K lb/sec,°F	부피 비열 pc lb/in^2 °F	열확산율 K in^2/sec	열팽창 계수 10^{-6} in/in·°F	전기저항 (68°F)10^6 ohm-cm	근사적 가격 lb (1965)$
[순금속]											
알루미늄	0.10	10	3.5	11	1200	29	197	0.15	13.1	2.8	0.25
베릴륨	0.066	44	55	90	2340	20	284	0.067	6.4	5	62
코발트(소결)	0.32	30	44	100	2723	8.7	271	0.031	6.8	–	1.5
컬럼븀	0.31	23	24	39	4380	6.8	172	0.040	4.0	–	40
동	0.32	17	10	32	1980	51	254	0.20	9.3	1.7	0.3
하프늄(CR)	0.41	20	96	112	3800	–	123	–	3.4	30	–
금(CR)	0.70	12	30	32	1945	37.1	202	0.18	7.9	2.35	612
납	0.41	2	2	2.5	621	4.5	105	0.043	16.4	20	0.15
마그네슘	0.064	6.5	26	37	1170	9.5	147	0.065	14	9.2	0.4
몰리브덴(CR)	0.37	47	82	95	4730	1.7	193	0.0088	2.7	5.2	8
니켈	0.32	30	20	70	2625	7.9	356	0.022	6.6	9.5	1
팔라듐(CR)	0.43	17	30	47	2829	8.9	233	0.038	6.5	10.4	490
백금(CR)	0.78	21	27	45	3224	9.1	224	0.041	4.9	14.9	1550
로듐(CR)	0.45	42	–	300	3571	10.8	246	0.044	4.6	4.51	2450
은(CR)	0.38	11	44	54	1761	52	198	0.263	10.9	1.59	22.5
탄탈륨	0.60	27	48	60	5425	7.0	185	0.038	3.6	12.5	35
주석	0.264	6	1.3	2.2	449	8.0	133	0.06	13.0	12	1.2
티타늄	0.16	15	40	60	3040	2.1	200	0.01	5.0	55	1.3
텅스텐	0.70	58	220	220	6170	26.2	204	0.13	2.4	5.5	2.5
우라늄	0.68	30	25	90	2071	3.4	103	0.021	12.1	25.50	–
바나듐	0.22	22	55	68	3150	–	223	–	4.3	25	3.5
아연	0.26	12	–	20	786	13.4	227	0.058	13~18	6.0	0.2
지르코늄	0.25	12	16	36	3380	2.1	247	0.009	2.4	40	5
[합금]											
알루미늄 2024-T4	0.10	10.6	44	60	1180	23.5	205	0.11	13	5.8	0.3
6061-T4	0.10	10.0	21	35	1200	21.5	210	0.10	13	3.8	0.3
7075-T6	0.10	10.4	73	83	1180	15.1	217	0.07	13	5.7	0.3
황동, 카트리지 260,(CR)	0.31	16	63	70	1750	15.2	259	0.06	11	6.2	0.5
황색, 경, 270	0.31	15	60	74	1710	15.0	259	0.06	11	6.4	–

재료	밀도 lb/in^3	탄성계수 E 10^6 lb/in^2	항복 응력 σ_y 10^3 lb/in^2	최후강도 응력 σ_{ULT} 10^3 lb/in^2	융점 또는 그 범위 °F	열전도율 K lb/sec,°F	부피 비열 pc lb/in^2 °F	열확산율 K in^2/sec	열팽창 계수 10^{-6} in/in·°F	전기저항 (68°F)10^6 ohm-cm	근사적 가격 lb (1965)$
납, 360, 경	0.31	14	52	68	1650	15.0	259	0.06	11	6.6	–
청동, 인 510, 경	0.32	16	75	85	1920	8.7	260	0.03	10	9.6	0.8
주철, 25급	0.26	12	$+25_f$	-100_f	2150	5-7	245	–	6	50-200	–
50급	0.26	18	$+55_f$	-150_f	2150	5-7	245	–	6	50-200	–
마그네슘 AZ80A-T5	0.07	6.5	35	52	1115	6.3	150	0.042	14	14.5	–
강 C 1018(HR)	0.28	29	48	69	2775	5.8	277	0.021	6.7	14.3	0.04
C 1018(CR)	0.28	29	70	82	2775	5.8	277	0.021	6.7	14.3	0.04
C 1045, $H_B=277$	0.28	29	90	120	2750	5.8	277	0.021	8.3	19	0.04
C 1095, $H_B=375$	0.28	29	118	180	2750	5.8	277	0.021	8.1	18	0.04
4140, $H_B=385$	0.28	29	170	200	2700	5.8	277	0.021	8.3	19	0.04
스테인리스강 302(HR)	0.29	28	35	90	2590	2.0	315	0.006	9.6	72	0.4-0.6
302(CR)	0.29	28	75	110	2590	2.0	315	0.006	9.6	72	0.04
316(HR)	0.29	28	40	90	2550	2.0	315	0.006	9.4	74	0.04
405(HR)	0.28	29	40	70	2790	3.3	290	0.011	8.7	69	0.3-0.4
431, $H_B=415$	0.28	29	155	205	2650	3.1	290	0.011	9.5	72	–
4 M 355	0.28	29	181	216	2550	2.0	315	0.006	6.3	76	–
니켈합금 모넬 K-500(HR)	0.31	26	65	105	2460	2.4	368	0.0065	7.8	58	–
인코넬 X-750	0.30	31	92	162	2600	2.8	280	0.010	9.2	122	–
와스팔로이	0.29	32	120	188	–	3.2	280	0.011	9.7	–	5.15
[비금속]											
유리, 실리카	0.08	10.5	10_f	–	3050	0.17	177	0.001	0.3	10^9	–
파이로세람 9608	0.09	12.5	16_f	-20_f	2280	0.24	147	0.002	0.2-1.1	10^{24}	–
알루미나 95%	0.14	40	45_f	–	3686	2.2	155	0.014	3.7	10^4-10^7	–
흑연	0.06	0.5-2	$0.4-2_f$	–	6200	16-20	100	–	1.0-1.3	10^7	0.3
셀룰로스아세테이트	0.047	0.25	5_f	–	–	0.032	145	0.00022	70	10^6-10^8	0.5
나일론, 66	0.041	0.41	8_f	–	–	0.03	140	0.00022	55	10^{13}	1-2
에폭시	0.04-0.08	0.4-1.5	2-12	–	–	0.02-0.16	100	0.0002-0.002	20-50		0.6
테플론	0.08	0.04-0.07	2-3	–	~400	0.03	190	0.00016	55		3-5
[서미트]											
티타늄 탄화물	0.2-0.26	40-50	120_f-250_f	–	–	2.4	–	–	4.7	100	–
텅스텐, 티타늄 탄화물	0.4-0.5	65-90	125_f-350_f	–	–	3.5-7	–	–	3.5-4	–	–
텅스텐 탄화물	0.5-0.6	60-100	175_f-460_f	–	–	5.5-11	–	–	2.5-4	–	–
크롬 탄화물	0.25-0.29	–	100_f-120_f	–	–	–	–	–	5.8-6.3	–	–

첨자 f는 파단응력을 뜻함. CR : 냉간압연, HR : 열간압연.

I -3. 경도환산표

비커스(Vickers) 경도 (하중 50 kg)	브리넬(Brinell) 경도 (10 mm 강구 3,000 kg)	록크웰(Rockwell) 경도			쇼어(Shore) 경도	인장강도 (대략) (kg/mm²)
		A scale (60 kg)	B scale (100 kg, 강구)	C scale (150 kg)		
940	–	85.6	–	68.0	97	–
920	–	85.3	–	67.5	96	–
900	–	85.0	–	67.0	95	–
880	–	84.7	–	66.4	93	–
860	–	84.4	–	65.9	92	–
840	–	84.1	–	65.3	91	–
820	–	83.8	–	64.7	90	–
800	–	83.4	–	64.0	88	–
780	–	83.0	–	63.3	87	–
760	–	82.6	–	62.5	86	–
740	–	82.2	–	61.8	84	–
720	–	81.8	–	61.0	83	–
700	–	81.3	–	60.1	81	–
690	–	81.1	–	59.7	–	–
680	–	80.8	–	59.2	80	232
670	–	80.6	–	58.8	–	228
660	–	80.3	–	58.3	79	224
650	–	80.0	–	57.8	–	221
640	–	79.8	–	57.3	77	217
630	–	79.5	–	56.8	–	214
620	–	79.2	–	56.3	75	210
610	–	78.9	–	55.7	–	207
600	–	78.6	–	55.2	74	203
590	–	78.4	–	54.7	–	200
580	–	78.0	–	54.1	72	196
570	–	77.8	–	53.6	–	193
560	–	77.4	–	53.0	71	189
550	505	77.0	–	52.3	–	186
540	496	76.7	–	51.7	69	183
530	488	76.4	–	51.1	–	179
520	480	76.1	–	50.5	67	176
510	473	75.7	–	49.8	–	173
500	465	75.3	–	49.1	66	169

비커스(Vickers) 경도 (하중 50 kg)	브리넬(Brinell) 경도 (10 mm 강구 3,000 kg)	록크웰(Rockwell) 경도			쇼어(Shore) 경도	인장강도 (대략) (kg/mm²)
		A scale (60 kg)	B scale (100 kg, 강구)	C scale (150 kg)		
490	456	74.9	–	48.4	–	165
480	448	74.5	–	47.7	64	162
470	441	74.1	–	46.9	–	158
460	433	73.6	–	46.1	62	155
450	425	73.3	–	45.3	–	151
440	415	72.8	–	44.5	59	148
430	405	72.3	–	43.6	–	144
420	397	71.8	–	42.7	57	141
410	388	71.4	–	41.8	–	137
400	379	70.8	–	40.8	55	134
390	369	70.3	–	39.8	–	130
380	360	69.8	(110.0)	38.8	52	127
370	350	69.2	–	37.7	–	123
360	341	68.7	(109.0)	36.6	50	120
350	331	68.1	–	35.5	–	117
340	322	67.6	(108.0)	34.4	47	113
330	313	67.0	–	33.3	–	110
320	303	66.4	(107.0)	32.2	45	106
310	294	65.8	–	31.0	–	103
300	284	65.2	(105.5)	29.8	42	99
295	280	64.8	–	29.2	–	98
290	275	64.5	(104.5)	28.5	41	96
285	270	64.2	–	27.8	–	94
280	265	63.8	(103.5)	27.1	40	92
275	261	63.5	–	26.4	–	91
270	256	63.1	(102.0)	25.6	38	89
265	252	62.7	–	24.8	–	87
260	247	62.4	(101.0)	24.0	37	85
255	243	62.0	–	23.1	–	84
250	238	61.6	99.5	22.2	36	82
245	233	61.2	–	21.3	–	80
240	228	60.7	98.1	20.3	34	78
230	219	–	96.7	(18.0)	33	75
220	209	–	95.0	(15.7)	32	71
210	200	–	93.4	(13.4)	30	68

비커스(Vickers) 경도 (하중 50 kg)	브리넬(Brinell) 경도 (10 mm 강구 3,000 kg)	록크웰(Rockwell) 경도			쇼어(Shore) 경도	인장강도 (대략) (kg/mm^2)
		A scale (60 kg)	B scale (100 kg, 강구)	C scale (150 kg)		
200	190	–	91.5	(11.0)	29	65
190	181	–	89.5	(8.5)	28	62
180	171	–	87.1	(6.0)	26	59
170	162	–	85.0	(3.0)	25	56
160	152	–	81.7	(0.0)	24	53
150	143	–	78.7	–	22	50
140	133	–	75.0	–	21	46
130	124	–	71.2	–	20	44
120	114	–	66.7	–	–	40
110	105	–	62.3	–	–	–
100	95	–	56.2	–	–	–
95	90	–	52.0	–	–	–
90	86	–	48.0	–	–	–
85	81	–	41.0	–	–	–

부록 Ⅱ

Ⅱ-1. 그리스 문자

번호	그리스 문자		발음	번호	그리스 문자		발음
1	A	α	알파(Alpha)	13	N	ν	누(Nu)
2	B	β	베타(Beta)	14	Ξ	ξ	크사이(Xi)
3	Γ	γ	감마(Gamma)	15	O	o	오미크론(Omicron)
4	Δ	δ	델타(Delta)	16	Π	π	파이(Pi)
5	E	ϵ	엡실론(Epsilon)	17	P	ρ	로(Rho)
6	Z	ζ	제타(Zeta)	18	Σ	σ	시그마(Sigma)
7	H	η	에타(Eta)	19	T	τ	타우(Tau)
8	Θ	θ	세타(Theta)	20	Y	υ	업실론(Upsilon)
9	I	ι	이오타(Iota)	21	Φ	ϕ	파이(Phi)
10	K	κ	카파(Kappa)	22	X	χ	카이(Chi)
11	Λ	λ	람다(Lambda)	23	Ψ	ψ	프사이(Psi)
12	M	μ	뮤(Mu)	24	Ω	ω	오메가(Omega)

II-2. 원소의 주기율표

원자량은 국제화학회에서 나온 최신의 값이다. 인공적으로 만든 원소는 제외함.

족		I	II	III	IV	V	VI	VII	VIII	O
주기	계열									
1	1	1 H 1.0080								2 He 4.003
2	2	3 Li 6.940	4 Be 9.013	5 B 10.82	6 C 12.010	7 N 14.008	8 O 16.000	9 F 19.00		10 Ne 20.183
3	3	11 Na 22.997	12 Mg 24.32	13 Al 26.97	14 Si 28.06	15 P 30.98	16 S 32.066	17 Cl 34.457		18 A 39.944
4	4	19 K 39.096	20 Ca 40.08	21 Sc 45.10	22 Ti 47.90	23 V 50.95	24 Cr 52.01	25 Mn 54.93	26 Fe 27 Co 28 Ni 55.85 58.94 58.69	
	5	29 Cu 63.54	30 Zn 65.38	31 Ga 69.72	32 Ge 72.60	33 As 74.91	34 Se 78.96	35 Br 79.916		36 Kr 83.7
5	6	37 Rb 85.48	38 Sr 87.63	39 Y 88.92	40 Zr 91.22	41 Nb 92.91	42 Mo 95.95	43 Tc	44 Ru 45 Rh 46 Pd 101.7 102.91 106.7	
	7	47 Ag 107.880	48 Cd 112.41	49 In 114.76	50 Sn 118.70	51 Sb 121.76	52 Te 127.61	53 I 126.92		54 Xe 131.3
6	8	55 Cs 132.91	56 Ba 137.36	57-71 희토류*	72 Hf 178.6	73 Ta 180.88	74 W 183.92	75 Re 186.31	76 Os 77 Ir 78 Pt 190.2 193.1 195.23	
	9	79 Au 197.2	80 Hg 200.61	81 Tl 204.39	82 Pb 207.21	83 Bi 209.00	84 Po 210	85 At		86 Rn 222
7	10	87 Fr	88 Ra 226.05	89 악티늄족 계열**						

*희토류:

57 La	58 Ce	59 Pr	60 Nd	61 Pm	62 Sm	63 Eu	64 Gd	65 Tb	66 Dy	67 Ho	68 Er	69 Tm	70 Yb	71 Lu
132.92	140.13	140.92	144.27	145	150.43	152.0	156.9	159.2	162.46	164.94	167.2	169.4	173.04	174.99

** 악티늄족계열:

89 Ac	90 Th	92 U	93 Np	94 Pu	95 Am	96 Cm	97 Bk	98 Cf
227	231	238.07	237	239	243	247	247	252

• 원소기호 앞의 숫자는 원자번호, 아래쪽의 숫자는 원자량을 나타냄.

II-3. 단위환산표

(1) 길이환산표

미터(m)	인치(in)	피트(ft)	야드(yd)	마일(mile)	해리(n mile)	자(尺)
1	39.37	3.281	1.0936	6.214×10^{-4}	5.397×10^{-4}	3.3
0.0254	1	0.08333	0.0278	1.578×10^{-5}	1.37×10^{-5}	0.2766
0.3048	12	1	0.3333	1.894×10^{-4}	1.645×10^{-4}	1.006
1,609	63,360	5,280	1,760	1	0.8683	5,300
0.9144	36	3	1	5.682×10^{-4}	4.935×10^{-4}	3.061
1,853	72,953	6,079	2,026	1.1517	1	6,115
0.303	3.615	0.9942	0.332	1.883×10^{-4}	1.635×10^{-4}	1

(2) 면적환산표

m^2	in^2	ft^2	yd^2	에이커(acres)	평(坪)
1	1,550	10.76	1.196	2.471×10^{-4}	3.3058
6.452×10^{-4}	1	0.006944	7.716×10^{-4}	1.594×10^{-7}	0.00705
0.0929	144	1	0.111	2.296×10^{-5}	0.3071
0.836	1,296	9	1	2.066×10^{-4}	9.136
4,047	6,272,640	43,560	4,840	1	13,379
0.303	141.83	3,2562	0.1095	7.475×10^{-5}	1

(3) 체적환산표

리터(l)	m^3	in^3	ft^3	U.S. 갤런(gallon)	U.S. 온스(ounce)	되(升)
1	0.001	61.03	0.03532	0.2642	33.81	0.5544
1000	1	61,030	35.32	264.2	33,810	554.4
0.01639	1.639×10^{-5}	1	5.787×10^{-4}	4.329×10^{-3}	0.5541	0.009086
28.32	0.0283	1,728	1	7.481	9,575	15.7
3.785	0.003785	231	0.1337	1	128	2.098
0.02957	2.957×10^{-5}	1.805	1.044×10^{-3}	7.812×10^{-3}	1	0.01639
1.804	0.003254	110.1	0.0637	0.4766	61	1

(4) 질량환산표

kg	파운드(1b)		톤(ton)			관(貫)
	troy & apoth.	avoirdupois	미국 톤(ton)	영국 톤(ton)	ton	
1	2.6792	2.205	1.102×10^{-4}	9.8422×10^{-4}	10^{-3}	0.2667
0.3732	1	0.8229	4.114×10^{-4}	3.673×10^{-4}	3.732×10^{-4}	0.0995
0.4536	1.125	1	5×10^{-44}	4.464×10^{-4}	4.536×10^{-4}	0.121
907.2	2,431	2,000	1	0.8929	0.9072	241.9
1,016	2,722	2,240	1.12	1	1.016	270.9
1,000	2,679	2,205	1.102	0.9842	1	266.7
3.75	10.05	8.267	0.00413	0.00369	0.00375	1

* 미국 톤(short ton) : 2,000파운드(약 907.2 kg), 영국 톤 : 2,240파운드(1,016 kg)

(5) 속도환산표

m/sec	ft/sec	km/hr	mile/hr	knot
1	3.281	3.6	2.237	1.943
0.2778	0.9113	1	0.6214	0.53959
0.447	1.467	1.609	1	0.86839
0.3048	1	1.097	0.6818	0.59209
0.51479	1.68894	1.8532	1.15155	1

(6) 압력환산표

kg/cm^2	lb/in^2	대기압
1	14.22	0.9678
0.07031	1	0.06805
1.0332	14.70	1

(7) 밀도환산표

g/cm^3	lb/in^3	lb/ft^3
1	0.03613	62.43
27.68	1	1,728
0.01602	5.787×10^{-4}	1

(8) 힘 환산표

다인(dyne)	파운드(lb)	뉴톤(newton)
1	2.247×10^{-6}	10^{-5}
4.45×10^{5}	1	4.45
10^{5}	0.2247	1

(9) 일과 에너지

에르그(erg)	줄(joule)	kg-m	ft-lb
1	10^{-7}	1.02×10^{-8}	0.7381×10^{-7}
10^{7}	1	0.10204	0.7381
9.8×10^{7}	9.8	1	1.233
1.355×10^{7}	1.355	0.1383	1

(10) 공률환산표

metric 마력 PS	ft-lb 마력 HP	kW	kg-m/sec	ft-lb/sec	kcal/sec	Btu/sec
1	0.9863	0.7355	75	542.5	0.1757	0.6971
1.014	1	0.7457	76.04	550	0.1781	0.7068
1.360	1.341	1	102.0	737.6	0.2388	0.9478
0.01333	0.01315	0.009807	1	7.233	0.002342	0.009295
0.00184	0.00182	0.001356	0.1383	1	3.238×10^{-4}	0.001285
5.692	5.615	4.187	426.9	3,088	1	3.968
1.434	1.415	1.055	107.6	778.2	0.2520	1

참고문헌

[공통]
1. 김동원, 기계공작법, 청문각, 1991
2. 염영하, 신편 기계공작법, 동명사, 1987
3. 서남섭, 기계공작법, 동명사, 1996
4. 기계제작법 교재 편찬위원회 공역, 기계제작법, 청문각, 1998
5. 안성훈 외 4인 공역, 21세기 제조공학, 시그마프레스, 2011
6. 기계용어사전 편찬위원회편, 최신 기계용어대사전, 도서출판 세화, 1995
7. 김형섭 외 10명, 종합기계공학연습(상, 하), 청문각, 1985
8. 이 양 외 6명, 기계공학연습(상, 하), 동명사, 1975
9. 김동원, 기계공작법 총정리, 청문각, 1992
10. 염영하, 기계공작 문제와 해설, 동명사, 1984
11. 전언찬, 핵심기계공작법연습, 청문각, 1998
12. 고병두, 기계제작기술사 해설, 예문사, 2000
13. E. P. Degarmo, J. T. Black, R. A. Kohser, Materials and Processes in Manufacturing, Macmillan Pub. Co,, Inc. 1984
14. G. Boothroyd, Fundamentals of Machining and Machine Tools, McGraw-Hill Book Company, 1975
15. B. H. Amstead, P. F. Ostwald, M. Begeman, Manufacturing Processes, 8th e/d, John Wiley & Sons, 1987
16. P. F. Ostwald, Jairo Munoz, Manufacturing Processes and Systems, 9th e/d, John Wiley & Sons, 1997
17. M. P. Groover, Introduction to Manufacturing Processes, John Wiley & Sons, Inc. 2012
18. B. W. Niebel, A. B. Draper, R. A. Wysk, Modern Manufacturing Process Engineering, McGraw-Hill Book Co. 1989
19. N. H. Cook, Manufacturing Analysis, Addison-Wesley Pub. Co. Inc. 1966
20. S. D. El Wakil, Processes and Design for Manufacturing, 2nd e/d, PWS Publishing Co. 1998
21. A. D. Deutschman, W. J. Michels, C. E. Wilson, Machine Design, -Theory and Practice-, Macmillan Pub. Co,, Inc. 1975
22. P. K. Wright, D. A. Bourne, Manufacturing Intelligence, Addison Wesley Publishing Co., Inc. 1988
23. M. Kutz, Mechanical Engineers' Handbook, John Wiley & Sons, Inc. 1986

24. Taylor Lyman 외 5명, Metals Handbook, 8th e/d, (vol. 1~11), American Society for Metals
25. R. C. Dorf, A. Kusiak, Handbook of Design, Manufacturing and Automation, John Wiley & Sons, Inc. 1994
26. N. Taniguchi, Nanotechnology, Oxford Unversity Press, 1996
27. 賀勢 晋, 機械工作例題演習, コロナ社, 1991
28. 伊東 誼, 西脇信彦, 矢鍋重夫, わかりやすい工學問題の 解決方法, 森北出版株式會社, 1986
29. 新マシニング・ツール事典 編輯委員會, 新マシニング・ツール事典, (株)産業調査會, 1991
30. 機械工學 ポケットブック 編纂委員會. 新版 機械工學 ポケットブック, オーム社, 1985
31. 精密機械學會編, 新訂 精密工作便覽, コロナ社, 1987

[주조]
1. 박희선, 최신 금속강도학, 동명사, 1977
2. 이택순, 기계재료학, 동명사, 1989
3. 송광호, 김학윤, 양형렬, 기계재료, 보성문화사, 1986
4. 新素形材 Guide Book 編輯委員會, 新素形材, 日本 財團法人 素形材 Center, 1988
5. 日本鑄物協會編, 圖解 鑄物用語辭典, 日刊工業新聞社, 1973
6. JIS 機械工學便覽 編纂委員會, 新訂版 JIS 機械工學便覽, 日本機械協會, 1968

[용접]
1. 엄기원, 실용용접공학, 동명사, 1983
2. 염영하, 용접공학, 동명사, 1982
3. 김영식, 최신용접공학, 형설출판사, 1997
4. 강춘식 역, 용접야금공학, 반도출판사, 1989
5. 김교두 역, 최신용접핸드북, 대광서림, 1980
6. 대한용접학회 편, 용접용어사전, 원창출판사, 1992
7. A. L. Phillips, Welding Handbook. 6th e/d, Section One (Foundamentals of Welding), American Welding Society, 1968
8. J. R. Davis, ASM Special Handbook, –Stainless Steel–, The Materials Information Society, 1994
9. J. R. Davis, ASM Special Handbook, –Aluminum and Aluminum Alloys–, The Materials Information Society, 1994

[소성가공]
1. 김동원, 소성학, 청문각, 1998
2. 강명순, 소성가공학, 보성문화사, 1983
3. 원상백, 소성가공학, 형설출판사, 1982
4. 이동녕, 소성가공학, 문운당, 1998

5. R. A. C. Slater, Engineering Plasticity, -Theory and Application to Metal Forming Processes, The Macmillan Press Ltd, 1977
6. J. R. Dacis, ASM Special Handbook, -Stainless Steel-, The Materials Information Society, 1994
7. J. R. Dacis, ASM Special Handbook, -Aluminum and Aluminum Alloys-, The Materials Information Society, 1994
8. K. Washizu, Variation Methods in Elasticity and Plasticity, 2nd e/d, Pergamon Press
9. M. A. Sace, C. E. Massonnet, Plastic Analysis and Design of Plates, Shells and Disks, North-Holland Publishing Co. 1972
10. E. G. Thomsen, C. T. Yand, S. Kobayashi, Mechanics of Plastic Deformation in Metal Processing, The Macmillan Co. 1965
11. 新素形材 Guide Book 編輯委員會, 新素形材, 日本 財團法人 素形材 Center, 1988
12. ASTME編, 栗野常久 譯, 型設計 ハンドブック, 日刊工業新聞社, 1973

[절삭가공]
1. 강명순, 최신 공작기계, 청문각, 1991
2. 서남섭 편역, 절삭학 및 응용, 동명사, 1991
3. 염영하, 신편 공작기계, 동명사, 1986
4. 전언찬 외 4인 편역, 절삭가공, 인터비젼, 2006
5. 전언찬 외 5인, 기계가공시스템, 청문각, 2016
6. 이화수 역, 알기 쉬운 정밀공학, -정밀도를 높이는 설계와 가공의 원리-, 한국경제신문사, 1993
7. 신기계공학편람 편찬위원회, 신기계공학편람, 청문각, 1997
8. E. M. Trent, P. K. Wright, Metal Cutting, 4th e/d, Butterworth Heinemann, 2000
9. D. A. Stephenson, J. S. Agapiu, Metal Cutting Theory and Practice, Marcel Dekker, Inc. 1997
10. Sandvik, Modern Metal Cutting, Sandvik Coromant, 1994
11. 杉田忠彰, 上田完次, 稲村豊四郎, 基礎切削加工學, 共立出版株式會社, 1974
12. 中澤 弘, やさしい精密工學, 工業調査會, 1993
13. 隈部淳一郎, 表面加工(上, 下), 實教出版株式會社, 1978
14. 臼井英治, 切削・研削加工學 上, -切削加工-, 共立出版株式會社, 1983
15. 佐野清人, 改訂新版 切削加工技術データ集, 新技術開發センタ, 1980
16. 101選 編輯委員會編, やさしい生産加工技術 101選, 工業調査會, 1992

[연삭 및 입자가공]
1. 이용성, 절삭 및 연삭이론, 동명사, 1986
2. R. K. Springborn, Cutting and Grinding Fluids, ASTME, 1967
3. 101選 編輯委員會編, やさしい生産加工技術 101選, 工業調査會, 1992
4. 隈部淳一郎, 表面加工(上, 下), 實教出版株式會社, 1978
5. 臼井英治, 切削・研削加工學 下, -研削加工-, 共立出版株式會社, 1983

[열처리]

1. 양형렬, 박인선, 신편열처리공학, 동명사, 1993
2. 이상윤 외 5인 편저, 최신 금속열처리, 원창출판사, 1993
3. 홍영환 외 3인 공역, 탄소강 열처리, 원창출판사, 1993
4. 김한군 외 3인 공역, 열처리 가이드, 원창출판사, 1993
5. 이수진 외 3인 공역, 강의 열처리 도해와 조직(1, 2), 원창출판사, 1991
6. J. R. Davis, ASM Special Handbook, -Stainless Steel-, The Materials Information Society, 1994
7. 日本熱處理技術協會編, 熱處理の基礎(I, II), 日刊工業新聞社, 1970

[측정]

1. 박준호, 정밀측정시스템공학, 야정문화사, 1996
2. 한응교 역, 최신 계측공학, 청문각, 1989
3. 이성철, 정밀계측공학, 동명사, 1991
4. 김종성, 한정빈, 김평길, 정밀측정, 현문출판사, 1978
5. 김윤제, 선양래, 신편 계측공학, 동명사, 1992
6. 이화수 역, 알기 쉬운 정밀공학, -정밀도를 높이는 설계와 가공의 원리-, 한국경제신문사, 1993
7. 신기계공학편람 편찬위원회, 신기계공학편람, 청문각, 1997
8. E. O. Doebelin, Measurement Systems, -Application and Design-, 3rd e/d, McGraw-Hill Book Company, 1983
9. T. G. Beckwith, N. L. Buck, R. D. Marangoni, Mechanical Measurements, 3rd e/d, Addison Wesley Publishing Co. 1982
10. 中澤 弘, やさしい精密工學, 工業調査會, 1993
11. 101選 編輯委員會編, 生産加工技術 101選, 工業調査會, 1992

[CNC 공작기계]

1. 최진원 외 4인, 최신 CNC 공작기계 프로그래밍, 문운당, 1991
2. 최병규, CAM 시스템과 CNC 절삭가공, 청문각, 1991
3. 박원규, 현동훈, 최신 CNC 가공, 청문각, 1998
4. 김형중, 신재철, 조창길, CNC가공과 응용(Ⅰ, Ⅱ), 동명사, 1987
5. 전언찬 외 5인, 기계가공시스템, 청문각, 2016
6. 안중환, 김선호, 김화영, CNC 공작기계 -원리와 프로그래밍-, ㈜북스힐, 2006
7. FANUC Series 15-MA 취급설명서, FANUC KOREA, 1990
8. ㈜통일 연수부, NC교육교재, ㈜통일, 1985
9. R. S. Pressman, J. E. Williams, Numerical Conrtol & Computer Aided Manufacturing, John Wiley & Sons, Inc. 1977
10. C. H. Chang, M. A. Melkanoff, NC Machine Programming and Software Design, Prentice-Hall

International, Inc. 1989
11. K. Rathmill, Control and Programming in Advanced Manufacturing, IFS Ltd, 1988
12. FANUC Series 16-MA 取扱説明書, FANUC LTD, 1990
13. FANUC PMC-MODEL RB, RC プログラミング説明書(ラダー言語), FANUC LTD, 1990

찾아보기

ㄱ

ㅁ

ㅅ

ㅇ

ㅈ

ㅊ

ㅍ

기타

저자소개

전언찬

동아대학교 기계공학과 졸업
충남대학교 대학원 기계공학과 졸업(공학박사)
동아대학교 기계공학과 교수(정년퇴임)
일본 동경공업대학 객원연구원
일본 동경농공대학 방문교수
한국기계가공학회 회장
동아대학교 창업지원단장
전국창업선도대학 협의회 회장
현재 동아대학교 기계공학과 명예교수

변상민

부산대학교 기계설계공학과 졸업
POSTECH 대학원 기계공학부 졸업(공학박사)
영남대학교 기계공학부 객원교수
㈜포스코 기술연구소 책임연구원
현재 동아대학교 기계공학과 교수

이현섭

부산대학교 기계공학부 졸업
부산대학교 대학원 기계공학부 졸업(공학박사)
SK하이닉스반도체 연구원
UC Berkeley 박사후 연구원
동명대학교 기계공학부 조교수
현재 동아대학교 기계공학과 부교수

3판

기계공작법

2016년 02월 20일 제2판 1쇄 발행
2022년 06월 10일 제3판 1쇄 발행
등록번호 1968. 10. 28. 제406-2006-000035호
ISBN 978-89-363-2333-2(93550)

값 35,000원

지은이 전언찬 · 변상민 · 이현섭
펴낸이 류원식

편집팀장 김경수

편집진행 김선형

펴낸곳 교문사
10881, 경기도 파주시 문발로 116

문의
TEL 031-955-6111
FAX 031-955-0955
www.gyomoon.com
e-mail. genie@gyomoon.com